常用焊接设备手册

张应立　周玉华　主　编

金盾出版社

内容提要

本书以常用焊接设备的选用、管理、维护和常见故障排除方法为主线，详细介绍了多种国内外焊接设备的分类、组成、结构特点、工作原理、技术参数、安装调试和安全使用等方面的知识。主要内容包括：焊接设备概述，弧焊电源，埋弧焊设备，气体保护焊设备，电阻焊设备，特种焊接设备，气焊设备，切割设备，火焰喷熔、喷涂和钎焊设备，焊接设备的维修和调试验收，焊接工艺装备，焊接辅助设备，焊接检测和试验仪器，焊接机器人。

本书资料翔实，数据准确，内容实用。本书既可作为焊接设备的采购、管理、操作和维修人员的常备参考书，也可供相关专业科研、生产单位的工作者和大专院校师生参考阅读。

图书在版编目（CIP）数据

常用焊接设备手册/张应立，周玉华主编. —北京：金盾出版社，2015.12

ISBN 978-7-5186-0532-3

Ⅰ. ①常… Ⅱ. ①张… ②周… Ⅲ. ①焊接设备-技术手册 Ⅳ. ①TG43-62

中国版本图书馆 CIP 数据核字（2015）第 215143 号

金盾出版社出版、总发行

北京太平路 5 号（地铁万寿路站往南）

邮政编码：100036 电话：68214039 83219215

传真：68276683 网址：www.jdcbs.cn

封面印刷：中画美凯印刷有限公司

正文印刷：中画美凯印刷有限公司

装订：中画美凯印刷有限公司

各地新华书店经销

开本：850×1168 1/32 印张：39.375 字数：1170 千字

2015 年 12 月第 1 版第 1 次印刷

印数：1～3 000 册 定价：160.00 元

前　言

焊接设备是实现焊接工艺所必需的装备。为确保焊接质量、操作安全和提高生产效率，除高水平的焊接工艺设计，合理选择焊接方法、焊接接头形式和焊接材料，严格遵守焊接工艺规程和安全规章制度之外，正确选用焊接设备及辅助机具也是至关重要的。

随着科学技术的快速发展，焊接领域的新技术也不断涌现。大量的机械设备取代了手工操作，自动化设备早已在焊接生产过程中大显身手，不仅显著降低了操作者的劳动强度，同时也大大提高了生产效率和产品质量。对于近几年涌现出来的先进焊接设备及工装卡具，许多焊接操作人员、管理人员了解甚少。但在激烈的市场竞争条件下，对于焊接企业的领导者、管理人员和操作人员，如何合理选择和正确使用、及时维修、妥善保管焊接设备及辅助机具，已经是关系到企业生存的必备常识和基本技能。为此，我们在焊接专业的多名专家、技术人员和技师的指导和帮助下，编写了这本书，以方便焊接专业及相关人员在工作中查阅参考。

为了更好地帮助从事焊接工作的技术人员和操作人员全面了解焊接设备，本书在选录焊接设备及辅助机具的类型、数据和资料时，注重其先进性、准确性和实用性，并较全面系统地介绍了多种国内外常用焊接设备及辅助机具的结构特点、选用安装、使用维护和常见故障排除等方面的知识。由于焊接设备的正确使用与焊接工艺要求之间有直接关系，因此，我们还特别编入了一些典型的焊接工艺设计实例，以帮助读者合理有效地运用专业设备完成焊接操作。针对有些焊接设备虽然其生产厂家已停止生产，但实际使用者仍然很多的情况，我们重点介绍了这类焊接设备的维护和修理知识内容。而对于能够代表焊接设备发展趋势的先进机型，我们重点介绍了其特点和应用条件，以及合理选用配套设备的方法。

本书由张应立、周玉华担任主编，参加编写的还有周玉良、贾晓娟、张峥、王登霞、张莉、甘敏、周琳、耿敏、梁润琴、张军国、陈洁、吴兴莉、程世明、杨再书、邓尔登、王丹、王正常、候勇、钱璐、徐婷、薛安梅、黄月圆、李守银、王海、陆彩娟、方汪键、连杰、车宣雨、陈明德、张举素、张应才、唐松惠、王正荣、张举容、杨雪梅、李祥云、程力、郭会文、王美玲、智日宝、王威振、李家祥、王仕婕、谢美、周玥、黄德轩、王杰、杨晓娅、刘波、吴兴惠等。全书由高级工程师刘军、张梅主审。在本书编写过程中，我们参考了大量技术资料，并得到贵州路桥集团有限公司领导的大力支持与帮助。在此，特向关心和支持本书编写的各位领导、专家和参考文献的编著者表示衷心的感谢。

由于作者水平有限，实践经验不足，加之时间仓促，书中难免存在缺点和不足，敬请广大读者与专家批评指正。

作　者

目　录

1 焊接设备概述

1.1 焊接设备的发展和常用术语

1.1.1 焊接设备的发展

焊接技术的发展与近代工业和科学技术的发展紧密相连。弧焊电源和设备又是弧焊技术发展水平的主要标志，并与弧焊技术的发展是相互促进和密切相关的。

1802 年，俄国学者发现了电弧放电现象，并提出利用电弧热熔化金属的可能性。但是，电弧焊真正应用于工业是在 1892 年出现了金属极电弧焊接方法以后。当时，电力工业发展较快，弧焊电源本身也有了很大的改进。到了 20 世纪 20 年代，除弧焊发电机外，已开始应用结构简单、成本低廉的弧焊变压器。

随着生产的进一步发展，许多产品不仅对焊接的数量大幅增加，而且对焊接质量也有了更高要求，加上焊接冶金科学的发展，20 世纪 30 年代，在薄药皮焊条的基础上研制成功了焊接性能优良的厚药皮焊条，使焊接技术比起其他技术显示出更多的优越性。同时，机械制造、电机制造、电力拖动和自动控制等科学技术的发展，也为实现焊接过程机械化、自动化提供了物质条件和技术保障。在 20 世纪 30 年代后期，研制成功了埋弧焊。20 世纪 40 年代初，由于航空、核能等科学技术的发展，迫切需要大量使用轻金属或合金材料，如铝、镁、钛、锆及其合金等。这些材料的化学性能活泼，其产品对焊接质量的要求很高，氩弧焊就是为了满足上述要求而发展起来的新的焊接方法。20 世纪 50 年代起又相继出现了二氧化碳焊等各种气体保护电弧焊，以及能够焊接高熔点金属材料的等离子弧焊。

各种焊接方法的问世促进了弧焊电源与设备的飞速发展，20 世纪 40 年代开始出现了用硒片制成的弧焊整流器。到了 20 世纪 50 年代末，大容量硅整流器件和晶闸管的问世为发展新的弧焊整流器提供了有力的技术支持。20 世纪 70 年代以来，又相继成功研制了脉冲弧焊电源、逆变式弧焊电源、矩形交流弧焊电源等。

弧焊电源的发展总是围绕着外特性的调节和控制方式进行的，其目标都是为了能达到既满足弧焊工艺的基本要求、参数调节精确和控制灵活，同时又符合节能、节材和环保的要求。早期的弧焊电源主要是机械调节型，后来发展为电磁控制型，而近年已发展为电子控制型。目前国内应用仍以机械调节型和电磁控制型为主，虽然它们的结构特点决定了具有控制参数少、调节精度低和稳定性较差等缺点，但由于价格较便宜，维修方便，在一些中、小型企业仍受欢迎。从弧焊电源的未来发展趋势看，会有五个方面的变化。

①晶闸管式弧焊电源已经代替了电动式弧焊发电机、磁放大器式弧焊整流器，也部分代替了动铁式、动圈式弧焊整流器。随着逆变器的发展，晶闸管式弧焊电源也将逐渐被逆变式整流器所代替。

②高效节能且轻量化的弧焊逆变器将会飞速发展，成为弧焊电源的主流。

③矩形波交流弧焊电源将逐渐代替正弦波弧焊变压器，以满足铝制品的焊接工艺需要，并可部分代替直流弧焊电源。

④能精密控制的晶体管式、场效应管式弧焊电源等将会进一步发展，并配以计算机控制和模糊、人工神经网络控制和专家系统，使其智能化以适应弧焊机器人、全位置自动化焊接和高质量、高精度焊接的需要。

⑤改革电子控制弧焊电源的制造工艺，逐步采用模块化的组装结构，以提高它的工作可靠性、稳定性，减少维修工作量，还可以大大简化生产过程，提高生产效率。

弧焊电源与设备的快速发展，不仅表现为品种的大量增加，还表现在广泛应用了电子技术、控制技术（PID 控制、模糊控制、人工神经网络技术和智能控制）、计算机技术的理论知识和最新成果，使得弧焊电源与设备的质量和性能不断得以改善和提高。例如，采用单旋钮调节，即用一个旋钮就可以对电弧电压、焊接电流和短路电流上升速度等同时进行调节，并获得最佳配合；通过电子控制电路获得多种形状的外特性，以适应各种弧焊工艺的需要；采用多种电压、电流波形，以满足某些弧焊工艺的特殊需要；采用电压和温度补偿控制；设置电流递增和电流衰减环节，以防止引弧冲击和提高填满弧坑的质量；采用计算机控制，具有记忆、预置焊接参数和在焊接过程中自动变化焊接参数等功能，使弧焊电源与设备智能化。

目前，我国弧焊电源与设备的制造、研究状况，无论是在品种、数量，还是在质量、性能和自动化程度方面，都远远不能满足使用的要求，与世界工业发达国家比较，尚存在较大差距。为了适应我国经济发展的需要，必须努力从事弧焊电源与设备的研制，充分利用电子技术、计算机技术和大功率电子器件，不断提高产品质量。大力发展高效、节能、性能良好的新型弧焊电源与设备。积极研制计算机控制的弧焊电源与设备。此外，在特殊环境（高原、水下和野外）下工作的弧焊电源，还必须具备相应对环境的适应性。随着焊接工艺的发展，对弧焊电源提出的新要求，要不断改进和提高弧焊电源与设备的性能。

1.1.2 焊接设备常用术语

根据 GB 15579.1—2004 的规定，焊接设备常用术语见表 1-1。

表 1-1 焊接设备常用术语

术语	定义
弧焊电源	提供电流和电压，并具有适合于弧焊和类似工艺所需特性的设备
工业和专业使用	仅供专业人员和受过培训的人员使用
专业人员	受过专业训练，具有一定的设备知识和足够的经验，能判断和处理可能发生的事故的人
受过培训的人员	熟悉所指派的工作，并了解因疏忽等原因而可能发生各种事故和危险的人员
型式检验	对按照某种按设计方案制造的一台或多台产品所进行的试验，以检验其是否符合有关标准的要求
例行检验	在生产过程中或产品制成后，对每台产品所进行的试验，以检验其是否符合有关标准或规程的要求
一般目测检验	用肉眼观察来证实产品不存在与有关标准明显不符合的缺陷
下降特性	在正常焊接范围内，焊接电源具有在焊接电流增大时，电压降大于 7V/100A 的静态外特性
平特性	在正常焊接范围内，焊接电源具有在焊接电流增大时，电压降小于 7V/100A 或电压增高小于 10V/100A 的静态外特性

续表 1-1

术　语	定　义
静特性	在约定焊接条件下，焊接电源的负载电压与焊接电流的关系
焊接回路	包括焊接电流所要通过的所有导电材料的电路
控制回路	用于焊接电源的操作控制，或用于对电源电路进行保护的电路
焊接电流	在焊接过程中焊接电源输出的电流
负载电压	焊接电源在输送焊接电流时，其输出端之间的电压
空载电压	在外部焊接回路开路时，焊接电源输出端之间的电压（不包括任何引弧或稳弧电压）
约定值	测定参数时，用作比较、标定和测试的标准值
约定焊接状态	在额定输入电压和频率或额定转速下，由相应的约定负载电压在约定负载上产生的约定焊接电流使焊接电源达到热稳定时的工作状态
约定负载	功率因数≥0.99 的实际无感恒定电阻负载
约定焊接电流（I_2）	在相应的约定负载电压下焊接电源输送给约定负载的电流
约定负载电压（U_2）	约定焊接电流有确定线性关系（确定线性关系因焊接工艺不同而异）的焊接电源的负载电压。对交流而言，U_2 指有效值；对直流而言，U_2 指算术平均值
额定值	制造厂为了明确部件、装置和设备的运行条件而规定的值
额定性能	一组额定值和工作状态
额定输出	焊接电源输出的额定值
额定最大焊接电流（I_{2max}）	在约定焊接状态下，焊接电源在最大调节位置时所能获得的约定焊接电流的最大值
额定最小焊接电流（I_{2min}）	在约定状态下，焊接电源在最小调节位置时所能获得的约定焊接电流的最小值
额定空载电压（U_0）	在额定输入电压和频率或额定空载转速下测得的空载电压，如果焊接电源装有防触电装置，则空载电压指在该装置动作之前所测到的电压
降低的额定空载电压（U_r）	装有电压降低装置的焊接电源，在该装置有效地降低了电压后立即测得的空载电压
转换的额定空载电压（U_s）	装有交流电转换成直流电装置的焊接电源的直流空载电压
额定输入电压（U_1）	焊接电源设计制造所依据的输入电压有效值
额定输入电流（I_1）	在额定的约定焊接状态下，焊接电源输入电流的有效值

续表 1-1

术　语	定　义
额定空载电流（I_0）	焊接电源在额定空载电压下的输入电流
额定最大输入电流（I_{1max}）	额定输入电流的最大值
最大有效输入电流（I_{1eff}）	根据额定输入电流（I_1）及其相应的负载持续率（X）和空载电流（I_0），按下式计算得到有效输入电流的最大值 $I_{1eff}^2 = I_1^2 X + I_e^2 (1 - X)$

1.2　焊接设备的分类、选用和管理

1.2.1　焊接设备的分类

焊接设备的种类很多，一般按焊接热源的不同进行分类。焊接设备的分类如图 1-1 所示。

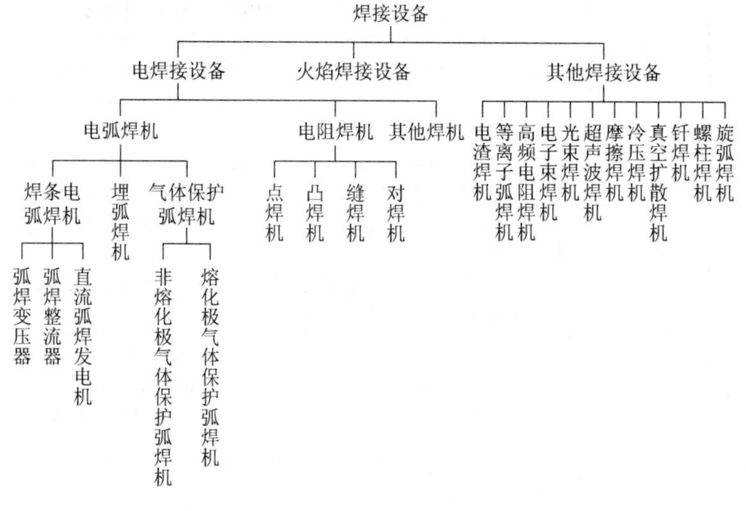

图 1-1　焊接设备的分类

1.2.2　选用焊接设备的原则

焊接设备的选用是制定焊接工艺的一项重要内容，对顺利完成焊接任务至关重要。选用焊接设备的一般原则见表 1-2。

表 1-2　选用焊接设备的一般原则

序号	选用原则	具体考虑因素
1	适用性	1. 被焊接的材料：焊接普通低碳钢时，选用弧焊变压器即可；焊接合金钢及难熔、活泼和耐腐蚀的金属时，则要根据具体情况，可选用惰性气体保护焊机、等离子弧焊机和电子束焊机等要求稳定性好、控制较准确的焊接设备。 2. 焊接对象的结构形式及尺寸大小：视实际情况采用适宜的焊接方法而选用不同类型的设备，如电渣焊机、埋弧焊机、气体保护弧焊机、焊条电弧焊机和电阻焊机等。 3. 焊件的质量要求：焊件的质量要求高，则应选用调节性能和可靠性较高的焊接设备。 4. 设备的使用场合和环境：流动使用的设备其尺寸和重量不宜过大；野外作业无电源和气源时，应选用柴油机驱动的发电机等。 5. 根据焊条类型：如果用酸性焊条焊接，应首先考虑选用 BX_3-300、BX_3-500、BX_1-300、BX_1-500 等交流弧焊机；如果用碱性焊条焊接，应首先选用 ZX_3-250、ZX_3-400、ZX_5-250、ZX_5-400、ZX_7-315、ZX_7-400 等焊接设备。 6. 采用计算机控制或机器人焊接的自动生产线应选用控制特性好、易于实现互联控制的设备，如晶体管焊接电源、逆变焊接电源等。 7. 设备的特性（综合功能）及技术参数的调节范围应满足焊接对象对焊接工艺提出的要求。 8. 对焊后不允许再加工或热处理的精密机件，应选用能量集中，不需添加填充金属、热影响区小、精度的电子束焊机
2	经济性	1. 在满足焊接工艺要求的情况下，尽可能地选用节能、低耗、功率因数高的设备，如低功率输入的弧焊变压器和逆变式弧焊整流器等； 2. 焊接对象固定、生产批量大的产品应选用高效率的设备，如专用自动焊机的电阻焊机
3	成套性	1. 应选用所需的焊接辅助材料（气体、焊丝、电极等）来源方便的焊机； 2. 应首先考虑选用的辅机、附件、易损零件是否配套，来源是否可靠，自制是否方便的焊接设备

续表 1-2

序号	选用原则	具体考虑因素
4	安全性	1. 应选用有可靠的安全保险装置的焊机，以保证操作人员的人身安全和设备运行安全； 2. 应首先选用噪声低、排放的污物少、符合工业卫生标准要求的焊接设备，以加强对工人的劳动保护
5	维修方便、费用低	1. 应首先选用结构可靠、零件耐用、故障少、维修费用低的焊机； 2. 应首先选用维修方便、装拆快、器件标准化、通用性好的焊机； 3. 应首先选用与工厂的维修能力相适应的焊机

1.2.3 焊接设备的管理

1. 焊接设备的配置

①焊接设备和使用条件应满足相关设备许可规则的强制性要求。

②焊接设备应满足使用时的焊接工艺要求。

③购置焊接设备时，其型号、规格、生产厂家等，应事先征求焊接责任人的意见。

2. 焊接设备的验收、调试和安装

①新购置的焊接设备应由生产部门会同生产车间、焊接责任人、设备员负责开箱验收，根据装箱单清点并登记附件、工具和技术文件。常用随机附件、工具由生产车间操作人员领用保管，随机技术文件与资料由设备员登记后归档，每台设备逐一编号、贴上设备标签。

②焊接设备可由设备供应商负责调试，由生产部门、生产车间、焊接责任人共同验收，验收合格后填写“设备安装、调试验收记录”，由参加验收人员签字后正式移交车间投入使用。

③焊机应安装在干燥、通风良好、无腐蚀气体、无剧烈振动的环境中，周围的环境温度一般不宜超过 40℃。在室外安装焊机要采用必要的防潮措施。

④焊机必须有单独的开关熔断器接入电网，以保证安全。

⑤新焊机或长期搁置的焊机安装前，应用压缩空气吹去灰尘，然后检查其绝缘电阻。整个焊机的绝缘电阻一般应在 0.5MΩ以上，低于该值

时则应对焊机进行干燥处理。

⑥安装前应检查焊机内部接线端连接是否良好，有无松动。

⑦焊机机壳必须有可靠接地，接地线与外壳的连接点应保证接触良好。

⑧安装台夹具使用高度应适宜，基础牢固，此外还应校准水平。

⑨焊机接入电网，应检查开关及全部接线，确保接法正确，连接可靠，输出端无短路；应检查焊机输出端的空载电压是否正常，电流调节范围及其他各项功能是否正常可靠。

3. 焊机的使用

①焊工除应了解和熟悉焊机的基本构造、主要技术指标和使用、维护、保养知识外，还应具有鉴别焊机是否出现异常现象的能力，一旦发现异常情况应及时停机并与电工共同检查处理。

②焊机起动前应检查焊钳或焊丝是否与工件接触，禁止在二次线短路的情况下起动。对直流电源，还应注意或鉴别输出端焊接电缆的极性接法是否正确。

③应避免焊机在过载状态下运行。

④使用硅整流焊机时，要特别注意防止硅整流器件过热，要经常检查冷却风扇是否正常，以防止烧坏硅整流器件。

⑤埋弧焊机施焊前应根据焊丝直径正确选择导电嘴尺寸，以免造成焊丝接触不良或送丝不畅。

⑥工作完毕或离开焊接场地时，必须切断电源。

4. 焊机的维护保养

①焊机应经常维护和保养，使其在良好的状态下运行。

②焊机上安装的电流表、电压表应定期检测，保证其在检验周期内。

③定期检查由设备保管人员负责，定期检查项目包括：焊机的电源开关是否正常，焊接电缆连接处是否接触良好，接地线连接处是否牢固，电缆线绝缘层有无损坏。对交流弧焊机，应常调整电流机构保持转动灵活，并定期给螺栓加油润滑。对硅整流焊机，要特别注意保持硅整流器件及有关电子线路的清洁、干燥，经常检查风扇的冷却效果，不得在不通风的状态下使用。对埋弧焊机，每日工作完毕后，应将焊接小车或机头部位的焊剂、渣壳及碎末清理干净，保持机头及各活动部件清洁。

④焊接设备发生事故应及时通知生产部门。焊接设备的封存、启用、报废由生产部门会同车间及相关人员共同决定。

1.3 电焊机基本知识

电焊机是将电能转换为焊接能量，使金属或非金属工件的焊接部分熔化或塑性挤压，达到原子间结合的一种热加工设备。

1.3.1 电焊机的结构、分类、特点和适用范围

1. 电焊机的基本结构

电弧焊机通常由机体、焊接电源和控制器三部分组成。但不同焊机的结构有很大不同，如最简单的手工电弧焊机，仅含弧焊电源和焊钳，焊条送进和焊钳沿焊缝移动则完全由焊工操作；而自动电弧焊机的机体则包括输送焊丝和移动电弧机构、保护介质（Ar、CO_2气体和焊药）的输送和冷却系统等。

电阻焊机一般由装有电阻变压器、加压机构、气液压系统和电极的机体及控制器等组成。

2. 电焊机的分类

（1）按利用电能的形式分类 按利用电能的形式，电焊机可分为电弧焊机、电阻焊机和其他电焊机，如图1-2所示。电焊方法主要有电弧焊、电阻焊、高频焊等。电阻焊是利用大电流发热使工件熔化而焊接，一般薄板焊接的点焊机就属于电阻焊接电源，是一种低压大电流（3V、10kA）的工频电源。高频焊接电源是感应加热电源。

电焊机（焊接电源）本质是一种具有陡降输出特性的大功率电源，当无负载时具有较高的输出电压；当有负载时电压急剧下降，近似有恒电流特性，输出有交流的也有直流的。

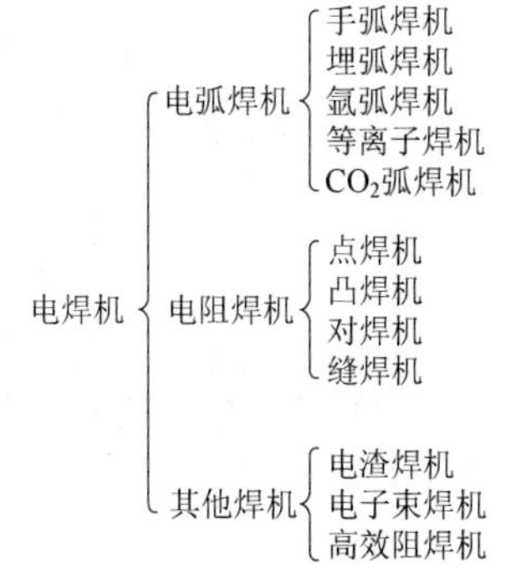

图1-2 电焊机的分类

50Hz 工频交流弧焊电源本质是一个降压变压器，将 380V 或 220V 的工频交流电降压到 60V 左右，再串联电感，保证陡降的输出特性。一般将变压器和电感做成一体，结构简单、易造易修、成本低；但其输出电流波形为正弦波，电流过零时间长，小电流时电弧稳定性很差，功率因数低，一般用于焊条电弧焊、埋弧焊和钨极惰性气体保护电弧焊等。

电弧的阴极受阳离子撞击发热量高，阳极受电子撞击发热量低。交流电弧的工件和焊条两个电极的发热量相同，与工件散热快、焊条散热慢不适应。如果用直流电弧，负极接工件、正极接焊条，则发热量适应散热量。直流电弧由于电流没有过零，电弧稳定性很好，在要求较高时使用。

（2）按焊接电流种类和焊机结构分类　电焊机按焊接电流种类和焊机结构分类见表 1-3。

表 1-3　电焊机按焊接电流种类和焊机结构分类

电焊机的分类	说　明
按焊接电流种类分	有直流电焊机和交流电焊机两类，而直流电焊机又可分为旋转式（焊接发动机）和整流式（焊接整流器、逆变焊机等）两种
按焊机结构分	1. 交流电焊机包括：动铁心式、动绕组式和同体式等，常用的有 BX1-330 型动铁心式交流电焊机； 2. 旋转式直流电焊机包括：三电刷裂极式、三电刷差复励式、间极磁分路式、他励式和平复励式等，常用的有 AX-320 型三电刷裂极式直流电焊机； 3. 整流式直流电焊机包括：磁放式、动绕组式、动铁心式、饱和电抗器式和晶闸管式等，常用的有 ZCG-300 型磁放大式硅整流电焊机和新推广使用的 ZX7-400ST 逆变焊机

（3）按电焊机类型的品种分类　电焊机主要类型的品种分类见表 1-4。

表 1-4 电焊机主要类型的品种分类

基本类型	品种分类					
	按结构类型	按电极类型分	按送丝方式分	按电源类别分	按压力传动方式分	按焊接方式分
焊条电弧焊机	—	—	—	弧焊变压器 直流弧焊发电机 弧焊整流器	—	—
埋弧焊机	自动焊车悬挂式机头	单丝 双丝 多丝	等速送丝 变速送丝	—	—	—
钨极氩弧焊机	—	—	—	交流 直流 脉冲直流	—	—
熔化极气体保护弧焊机	半自动软管 半自动无软管自动焊枪	—	推丝 拉丝 推拉丝	—	—	—
等离子弧焊机	手工焊枪 自动焊枪	—	—	—	—	—
点焊机	固定式 悬挂式	单点 双点 多点	—	工频、储能 直流冲击波 二次侧整流	气压式 液压式 杠杆式	—
凸焊机	固定式	—	—	工频、储能 直流冲击波 二次侧整流	气压式	—
缝焊机	固定式 悬挂式	纵缝 横缝	—	工频、储能 直流冲击波 二次侧整流	气压式 液压式 杠杆式	—
对焊机	固定式	—	—	工频、储能 直流冲击波 二次侧整流	气压式 液压式 杠杆式	电阻连续闪光预热闪光
电渣焊机	丝极 板极 熔化嘴	单丝 双丝 多丝	—	—	—	—

3. 电焊机的特点和适用范围

电焊机的特点和适用范围见表1-5。

表1-5　电焊机的特点和适用范围

类别	种类	特　点	适用范围
电弧焊机	焊条电弧焊机	焊条电弧焊的焊机通常由弧焊变压器、直流弧焊发电机或弧焊整流器三种弧焊电源配以焊钳组成； 弧焊变压器是一种具有高漏抗电磁结构的下降外特性变压器； 直流弧焊发电机是一种具有去磁或分磁励磁系统的下降外特性直流发电机，通常由电动机或内燃机拖动； 弧焊整流器是一种具有下降外特性的变压器或与磁放大器的组合体，利用半导体整流器将交流电转变为直流电，或利用晶闸管、大功率晶体管作为可控整流器获得下降外特性	用于手工交流电弧焊焊接碳钢或手工直流电弧焊焊接碳钢、合金钢、不锈钢、耐热钢等材料
	埋弧焊机	电弧在焊剂层下燃烧，利用颗粒状焊剂作为金属熔池的覆盖层。焊剂靠近熔池处熔融并形成气泡，将空气隔绝使其不侵入熔池，这类焊机通常用于自动焊	用于中厚度钢板直缝和环缝拼接
	钨极氩弧焊机	利用钨极作为电极，氩气作为金属熔池的保护层将空气隔绝，不使熔池受空气的侵入	用于轻金属、不锈钢、耐热钢等材料的焊接
	熔化极气体保护弧焊机	利用惰性气体、二氧化碳气体或混合气体作为金属熔池的保护层，焊丝的熔化速度较高，如使用管状焊丝还可在焊缝中渗入合金元素	用于不锈钢、轻金属、普通碳素钢及低合金钢材的焊接
	等离子弧焊机	利用惰性气体（如氩、氦气体）作为保护，并压缩电弧产生高温等离子弧作为熔化金属的热源进行焊接；这种焊机的特点是电弧能量集中、温度高、穿透能力强	用于铜、铝及其合金、不锈钢及其他难熔金属的焊接
电阻焊机	点焊机	利用强大的电流流过被焊金属，将结合点加热至塑熔状态并施加压力形成焊点	主要用于金属薄板定位焊

续表 1-5

类别	种类	特　点	适用范围
电阻焊机	凸焊机	焊接原理、焊机结构类型与点焊机相同，但电极是平面板状。被焊金属的焊接处预先冲成凸出点，在压紧通电状态下一次可以形成几个焊点	用于薄板不等厚度焊件或有电镀层的金属板焊接
	缝焊机	焊机结构类型类似点焊机，电极是一对滚轮，被焊金属经过渡轮电极的通电与挤压，即形成一连串焊点	用于薄板缝焊
	对焊机	利用强大的电流流过两根被焊工件的接触点，将金属接触端面加热成塑性状态并施加顶锻压力，即形成焊接接头	用于棒料、钢管、线材、板材等对接焊
特种焊接设备	电子束焊机	利用高速运动的电子轰击被焊金属时产生的热量将金属加热熔化达到焊接；其特点是焊缝深、宽比大，热影响区小，焊后不需要再加工，焊缝不受空气侵入，焊接质量高	用于难熔及活性金属，如钨、钼、锆、钽、铌等材料的焊接
	激光焊机	利用激光光源，经聚焦系统聚焦后所得高能量的光束将金属熔化而焊接	适用于金属与非金属材料的焊接，如集成电路金属封盖与陶瓷底盘的焊接
	超声波焊机	利用超声波机械振动的能量，在压力状态下使被焊金属结合而焊接	适用于金属薄膜、细丝和工件导电性能差等材料的焊接，或要求焊缝热影响区小的工件的焊接
	摩擦焊机	利用被焊工件高速旋转摩擦产生的热量将金属加热，待达到适宜于焊接的温度时立即快速自动停止旋转，并施加顶锻压力，即完成焊接过程；这类焊机的结构类型与对焊机类似，被焊工件的旋转力一般是以电动机驱动	适用于铜棒、钢管对接焊和异种金属的对接焊
	冷压焊机	利用挤压机构产生的压力，将两个被焊工件挤压达到分子与分子相互结合而焊接	适用于铝-铝、铜-铜、铝-铜焊接

续表 1-5

类别	种类	特点	适用范围
特种焊接设备	电渣焊机	利用电流通过液态焊剂（渣池）产生电阻热使金属熔化焊接；焊接时将填充金属（焊丝或板极）连续不断地送入渣池，使其熔化为液态金属填补焊缝间隙而形成焊缝	适用于重型机械制造大厚度钢材的焊接
	真空扩散焊机	真空室内，焊件接触并在一定的温度和压力条件下，产生微观塑性变形，原子相互扩散，形成焊接接头	适用于结构复杂，厚度差别大的金属或金属与陶瓷的焊接

1.3.2 电焊机型号编制方法（GB/T 10249—2010）

产品型号由汉语拼音字母和阿拉伯数字组成。

1. 产品型号的编制

产品型号的编制如下：

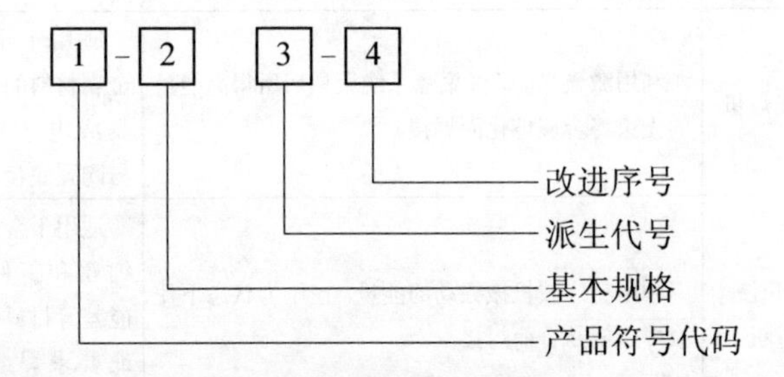

①型号中 2、4 各项用阿拉伯数字表示。

②型号中 3 项用汉语拼音字母表示。

③型号中 3、4 项如果不用可空缺。

④改进序号按产品改进程序用阿拉伯数字编号。

2. 产品符号代码的编制

产品符号代码的编制如下：

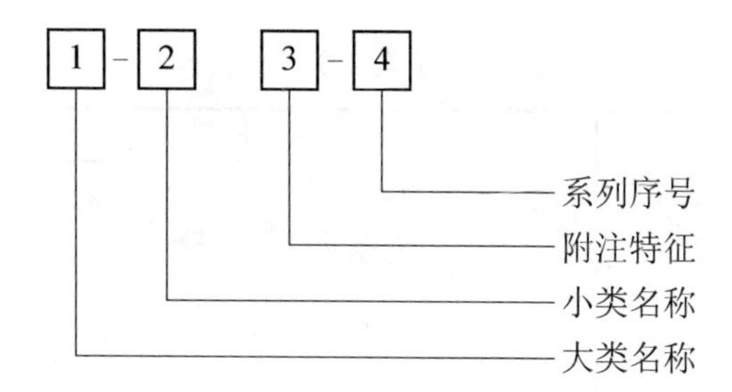

①产品符号代码中 1、2、3 各项用汉语拼音字母表示。

②产品符号代码中 4 项用阿拉伯数字表示。

③附注特征和系列序号用于区别同小类的各系列和品种，包括通用和专用产品。

④产品符号代码中 3、4 项如果不需表示，可以只用 1、2 项。

⑤可同时兼作几大类焊机使用时，其大类名称的代表字母按适用范围选取。

⑥如果产品符合代码的 1、2、3 项的汉语拼音字母表示的内容，不能完整表达该焊机的功能或有可能存在不合理的表述时，产品的符号代码可以由该产品的产品标准规定。

⑦电焊机部分产品符号代码（GB/T 10249-2010）见表 1-6。

表 1-6 电焊机部分产品的符号代码（GB/T 10249—2010）

产品名称	第一字母		第二字母		第三字母		第四字母	
	代表字母	大类名称	代表字母	小类名称	代表字母	附注特征	数字序号	系列序号
电弧焊机	B	交流弧焊机（弧焊变压器）	X	下降特性	L	高空载电压	省略	磁放大器或饱和电抗器式
							1	动铁心式
							2	串联电抗器式
			P	平特性			3	动圈式
							4	
							5	晶闸管式
							6	变换抽头式

续表 1-6

产品名称	第一字母		第二字母		第三字母		第四字母	
	代表字母	大类名称	代表字母	小类名称	代表字母	附注特征	数字序号	系列序号
电弧焊机	A	机械驱动的弧焊机（弧焊发电机）	X	下降特性	省略	电动机驱动	省略	直流
			P	平特性	D	单纯弧焊发电机	1	交流发电机整流
			D	多特性	Q	汽油机驱动	2	交流
					C	柴油机驱动		
					T	拖拉机驱动		
					H	汽车驱动		
	Z	直流弧焊机（弧焊整流器）	X	下降特性	省略	一般电源	省略	磁放大器或饱和电抗器式
			P	平特性	M	脉冲电源	1	动铁心式
			D	多特性	L	高空载电压	2	
					E	交直流两用电源	3	动线圈式
							4	晶体管式
							5	晶闸管式
							6	变换抽头式
							7	逆变式
	M	埋弧焊机	Z	自动焊	省略	直流	省略	焊车式
			B	半自动焊	J	交流	1	
			U	堆焊	E	交直流	2	横臂式
			D	多用	M	脉冲	3	机床式
							9	焊头悬挂式
	N	MIG/MAG 焊机（熔化极惰性气体保护弧焊机/活性气体保护焊机）	Z	自动焊	省略	直流	省略	焊车式
			B	半自动焊	M	脉冲	1	全位置焊车式
			D	点焊	C	二氧化碳保护焊	2	横臂式
			U	堆焊			3	机床式
			G	切割			4	旋转焊头式
							5	台式
							6	焊接机器人
							7	变位式

续表 1-6

产品名称	第一字母		第二字母		第三字母		第四字母	
	代表字母	大类名称	代表字母	小类名称	代表字母	附注特征	数字序号	系列序号
电弧焊机	W	TIG 焊机	Z S D Q	自动焊 手工焊 点焊 其他	省略 J E M	直流 交流 交直流 脉冲	省略 1 2 3 4 5 6 7 8	焊车式 全位置焊车式 横臂式 机床式 旋转焊头式 台式 焊接机器人 变位式 真空充气式
电弧焊机	L	等离子弧焊机/等离子弧切割机	G H U D	切割 焊接 堆焊 多用	省略 R M J S F E K	直流等离子 熔化极等离子 脉冲等离子 交流等离子 水下等离子 粉末等离子 热丝等离子 空气等离子	省略 1 2 3 4 5 8	焊车式 全位置焊车式 横臂式 机床式 旋转焊头式 台式 手工等离子
渣焊接设备	H	电渣焊机	S B D R	丝板 板极 多用极 熔嘴				
渣焊接设备	H	钢筋电渣压力焊机	Y		S Z F 省略	手动式 自动式 分体式 一体式		
电阻焊机	D	点焊机	N R J Z D B	工频 电容储能 直流冲击波 次级整流 低频 逆变	省略 K W	一般点焊 快速点焊 网状点焊	省略 1 2 3 6	垂直运动式 圆弧运动式 手提式 悬挂式 焊接机器人

续表 1-6

产品名称	第一字母		第二字母		第三字母		第四字母	
	代表字母	大类名称	代表字母	小类名称	代表字母	附注特征	数字序号	系列序号
电阻焊机	T	凸焊机	N R J Z D B	工频 电容储能 直流冲击波 次级整流 低频 逆变			省略	垂直运动式
	F	缝焊机	N R J Z D B	工频 电容储能 直流冲击波 次级整流 低频 逆变	省略 Y P	一般缝焊 挤压缝焊 垫片缝焊	省略 1 2 3	垂直运动式 圆弧运动式 手提式 悬挂式
	U	对焊机	N R J Z D B	工频 电容储能 直流冲击波 次级整流 低频 逆变	省略 B Y G C T	一般对焊 薄板对焊 异形截面对焊 钢窗闪光对焊 自行车轮圈对焊 链条对焊	省略 1 2 3	固定式 弹簧加压式 杠杆加压式 悬挂式
	K	控制器	D F T U	点焊 缝焊 凸焊 对焊	省略 F Z	同步控制 非同步控制 质量控制	1 2 3	分立元件 集成电路 微机
螺柱焊机	R	螺柱焊机	Z S	自动 手工	M N R	埋弧 明弧 电容储能		

续表 1-6

产品名称	第一字母		第二字母		第三字母		第四字母	
	代表字母	大类名称	代表字母	小类名称	代表字母	附注特征	数字序号	系列序号
摩擦焊接设备	C	摩擦焊机	省略 C Z	一般旋转式 惯性式 振动式	省略 S D	单头 双头 多头	省略 1 2	卧式 立式 倾斜式
		搅拌摩擦焊机	产品标准规定					
电子束焊机	E	电子束焊枪	Z D B W	高真空 低真空 局部真空 真空外	省略 Y	静止式电子枪 移动式电子枪	省略 1	二极枪 三极枪
光束焊接设备	G	光束焊机	S	光束			1 2 3 4	单管 组合式 折叠式 横向流动式
	G	激光焊机	省略 M	连续激光 脉冲激光	D Q Y	固体激光 气体激光 液体激光		
超声波焊机	S	超声波焊机	D F	点焊 缝焊			省略 2	固定式 手提式
钎焊机	Q	钎焊机	省略 Z	电阻钎焊 真空钎焊				
焊接机器人	产品标准规定							

⑧电弧焊机大小类名称及其代表符号见表1-7。

表1-7　电弧焊机大小类名称及其代表符号

大类			小类			基本规格	举例
名称	简称	代表符号	名称	简称	代表符号		
弧焊发电机	发	A	下降特性	下	X	额定电流/A	AX-320 AP-1000
			平特性	平	P		
			多特性	多	D		
弧焊变压器	变	B	下降特性	下	X	额定电流/A	BX1-330 BP-3×500
			平特性	平	P		
弧焊整流器	整	Z	下降特性	下	X	额定电流/A	Z×7-400ST ZPG1-500
			平特性	平	P		
			多特性	多	D		

⑨附加特征名称及其代表符号见表1-8。

表1-8　附加特征名称及其代表符号

大类名称	附加特征名称	简称	代表符号
弧焊发电机	同轴电动发电机组		
	单纯弧焊发电机	单	D
	汽油机驱动	汽	Q
	柴油机驱动	柴	C
弧焊整流器	硒整流器	硒	X
	硅整流器	硅	G
	锗整流器	锗	Z
弧焊变压器	铝绕组	铝	L
埋弧焊机	螺柱焊	螺	L
明弧焊机	氩	氩	A
	氢	氢	H
	二氧化碳	碳	C
	螺柱焊	螺	L
对焊机	螺柱焊	螺	L

⑩特殊环境名称及其代表符号见表1-9。

表1-9 特殊环境名称及其代表符号

特殊环境名称	简　称	代表符号
热带用	热	T
湿热带用	湿热	TH
干热带用	干热	TA
高原用	高原	G
水下用	水下	S

1.3.3 电焊机型号和铭牌

电焊机型号和铭牌见表1-10。

表1-10 电焊机型号和铭牌

型号和铭牌	介　绍
电焊机型号	1. 标志方法：电弧焊机的大小类名称及其代表符号见表1-7； 2. 附加特征：附加特征名称及其代表符号见表1-8，如焊接发电机为柴油机驱动，焊接变压器为铝绕组，焊接整流器为硅整流器等； 3. 特殊环境：特殊环境名称及其代表符号见表1-9
电焊机铭牌	每台电焊机上都有铭牌，在铭牌上都列有该台焊机的型号和主要参数，如输入的初级电压、相数、功率、发电机，还列有接法、转数、功率；输出的次级列有空载电压、工作电压、电流调节范围、负载持续等内容

1.3.4 电焊机主要技术参数

为了保证电焊机在规定的技术条件下满足不同用户的使用要求，各类电焊机标准对主要技术参数做出规定。

1. 电弧焊机

额定电流、额定负载持续率、工作周期、电流调节范围、额定负载电压、送丝速度、焊接速度等。

2. 电阻焊机

额定容量、额定负载持续率、二次空载电压调节范围、最大短路电流、最大电极压力、最大顶锻力、最大夹紧力等。

3. 特种焊接设备

电子束焊机：加速电压、电子束流、真空室容积、真空度等。激光焊机：输出功率。超声波焊机：输出功率。摩擦焊机：顶锻压力、旋转速度。冷压焊机：顶锻压力。电渣焊机：额定电流、送丝速度。真空扩散焊机：真空室容积、真空度、加热温度、加压范围等。

我国对电弧焊机额定焊接电流（A）等级（GB/T 8118—2010）的规定见表 1-11。

表 1-11　电弧焊机额定焊接电流（A）等级（GB/T 8118—2010）

额定电流范围	等级系列	具体等级/A	说明
100A 以下	R5 优先数系	10、16、25、40、63、100	电流等级基本上按 $\sqrt[5]{10}$ 倍数增加
100A 以上	R10 优先数系	125、160、200、250、315、400、500、630、800、1000、1250、1600、2000	电流等级基本上按 $\sqrt[10]{10}$ 倍数增加

表中具体电流等级及 2000A 以上额定电流由制造厂和用户商定。

额定负载持续率 *FS* 按下式计算

$$FS=\frac{t}{T}\times 100\% \tag{1-1}$$

式中：t—— 一个周期内焊机连续工作的时间；

T—— 一个周期的时间（10min）。

GB/T 8118—2010 规定：焊机的额定负载持续率分别为 20%、35%、60%、80%、100%。例如，某焊机的额定负载持续率为 60%，表示该焊机在额定焊接电流下、在 10min 内可连续工作不超过 6min，然后休息 4min 以上才能再继续工作。

工作周期分为两种，即 10min 和连续。其中 10min 适用于手工焊。

我国电阻焊机的额定容量以额定视在功率表示，对于电焊机、凸焊机、缝焊机规定（kV · A）：5、10、16、25、40、63、80、100、125、160、200、250、315、400，当小于 5kV · A 和大于 400kV · A 时，由制造厂和用户商定。

1.3.5　电焊机安全技术要求

使用电焊机时，操作人员需要更换焊条、焊丝或调节焊头、电极，常与焊机的输出回路接触，因此，除了规定操作人员在进行焊接作业时必须遵守一定的操作规程外，对电焊机的安全技术也提出了严格的要求。国际电工委员会（IEC）第 26 技术委员会（TC26）专门负责制定电焊机安全技术的国际标准。我国也采用了有关条款，并制定了相应的国家标准。

我国电弧焊设备安全技术要求现有三个国家标准，即 GB 15579.1—2013、GB 15579.11—2012 和 GB 15579.12—2012，分别对焊接电源、电焊钳和焊接电缆耦合装置的安全技术要求做出了规定。

国家标准中对电弧焊电源规定外壳最低防护等级应为 IEC 60529 规定的 IP21，户外使用的应是 IP23。电源输出端应予以防护，防止人体或金属物件的无意识接触。空载电压会直接危及操作者的安全，不同工作条件下允许的空载电压值见表 1-12。

表 1-12 允许的空载电压值

序号	工 作 条 件	空载电压/V
1	触电危险性较大的环境	DC U_{max}≤113 AC U_{max}=68 和 U_{rms}=48
2	触电危险性不大的环境	DC U_{max}≤113 AC U_{max}=113 和 U_{rms}=80
3	对操作人员加强保护的机械夹持焊枪	DC U_{max}≤141 AC U_{max}=141 和 U_{rms}=100
4	特殊工艺	DC U_{max}≤141 AC U_{max}=710 和 U_{rms}=500

对于电焊工高空作业，或在封闭金属容器或不能处于自然位置下焊接等焊接触电危险性较大的环境中，电弧焊机应加装防触电装置，以减少触电危险，保证焊工安全。

标准中还对电弧焊设备的绝缘电阻、介电强度、电气间隙、爬电距离、温升限值和外壳、手把、提升装置的耐冲强度等做出了规定。

国家标准 GB 15578—2008《电阻焊机的安全要求》规定电阻焊控制器的外壳防护等级为 IP20；金属操作手柄的温度不能超过 10℃，非金属材料不能超过 30℃；可能触及的金属表面壳体温升不超过 20℃，非金属材料不超过 40℃。此外，对电阻焊机的绝缘电阻、介电强度、器件温升，气路、油路、水路耐压及各种保护装置也做出了相应规定。

1.3.6 各类电焊机的对比及适用范围

各类电焊机的对比及适用范围见表 1-13。

表 1-13 各类电焊机的对比及适用范围

名 称	优 缺 点	适 用 范 围
旋转式直流电焊机（焊接发电机）	优点：可以选择极性，电弧稳定，焊接电流稳定； 缺点：噪声大，结构复杂，维修困难，易产生磁偏吹	用于焊条电弧焊、氩弧焊、等离子弧焊和切割等
硅整流式直流电焊机（焊接整流器）	优点：噪声小，空载损耗小，可以选择极性； 缺点：飞溅大，易损坏，焊接电流不稳定	用于焊条电弧焊、氩弧焊、等离子弧焊和切割、碳弧气刨等
交流电焊机（焊接变压器）	优点：成本低，结构简单，质量轻，易维修； 缺点：不能选择极性，电弧稳定性较差	用于焊条电弧焊（用酸性焊条时）、氩弧焊（焊接铝母线）、埋弧焊等

1.4 焊接电弧基础知识

电弧是电弧焊的热源，而弧焊电源则是电弧能量的供应者。弧焊电源电特性的好坏会影响电弧燃烧的稳定性，而电弧是否稳定燃烧又直接影响焊接过程的稳定性和焊缝的质量。所以，必须先了解焊接电弧的产生和电特性，进而才能研究电弧对弧焊电源电气性能的要求。

1.4.1 焊接电弧的产生和分类

1. 焊接电弧的产生

焊接电弧是由焊接电源供给的，具有一定电压的两电极之间或电极与母材之间，在气体介质中产生的强烈而持久的放电现象。它是电弧焊的热源。焊接电弧的产生，必须同时具备下列三个条件。

（1）空载电压 空载电压越高，越有利于引燃电弧和电弧稳定燃烧，但从经济观点和安全角度考虑，又希望空载电压低一些。我国通常规定的空载电压 U_0 为：

IGBT 逆变焊机 U_0 为 70～80V

弧焊整流器 $U_0 \leqslant 90V$

弧焊变压器 $U_0 \leqslant 80V$

带防电击开关焊条电弧焊机，其空载电压可以适当提高一些，见表 1-14。

表 1-14 带防电击开关焊条电弧焊机的空载电压

额定电流 I_0/A	空载电压 U_0/V	
	弧焊整流器	弧焊变压器
＜500	≤85	≤85
≥500	≤95	≤95

（2）导电粒子 无论采用哪种方法引弧，都是为了在电极空间介质中，能产生足够的导电粒子用以传送电荷。为此，在焊条药皮中常加入易于电离的碱金属、碱土金属及其化合物，如 K_2O、Na_2O、SiO_2 和 K_2CO_3 等。

（3）短路 短路接触式引弧（引燃）是焊条电弧焊常用的引弧方法，主要有直击法、划擦法两种，如图 1-3、图 1-4 所示。

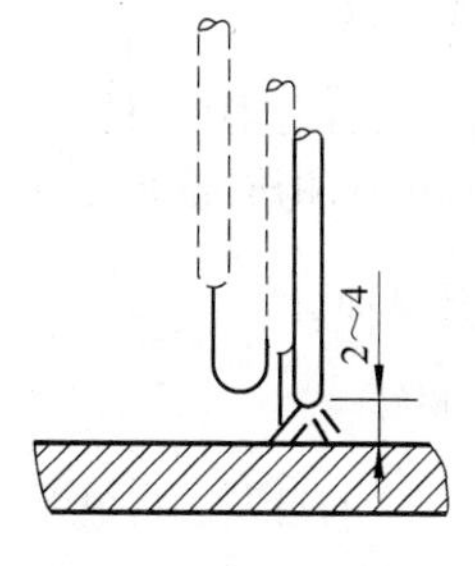

图 1-3 直击法引弧

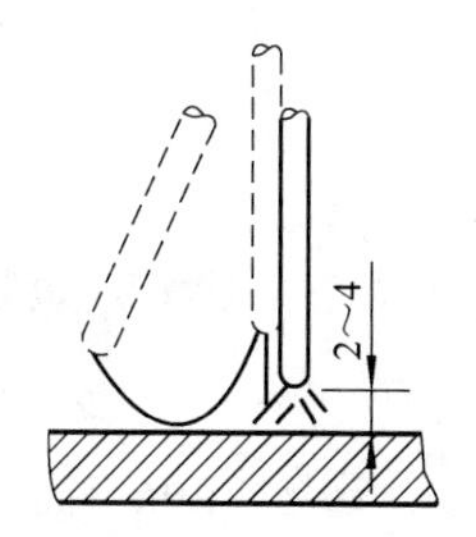

图 1-4 划擦法引弧

焊条与焊件表面并非理想的平面接触，而是靠某些凸起点接触。在瞬时短路过程中，焊条与焊件表面接触的凸起点处电流密度极大，电阻热把焊条端部接触处加热到接近熔化状态，以便提起焊条后产生强烈的电子热发射和金属蒸气。在合适的空载电压下，保证电弧能够顺利地引燃并维持正常的燃烧。

所以，空载电压、导电粒子、短路是焊接电弧产生的必备条件。

焊接电弧的产生除上述介绍的短路接触式引弧外，还有非接触引弧。非接触引弧是指在电极与工件之间存在一定间隙，施以高电压击穿间隙，使电弧引燃。

非接触引弧需采用引弧器才能实现，它可分为高频高压引弧和高压脉冲引弧，如图 1-5 所示。高压脉冲的频率一般为 50Hz 或 100Hz，电压峰值为 3000～5000V；高频高压引弧则需用高频振荡器，它每秒振荡 100 次，每次振荡频率为 150～260kHz，电压峰值为 2000～3000V。

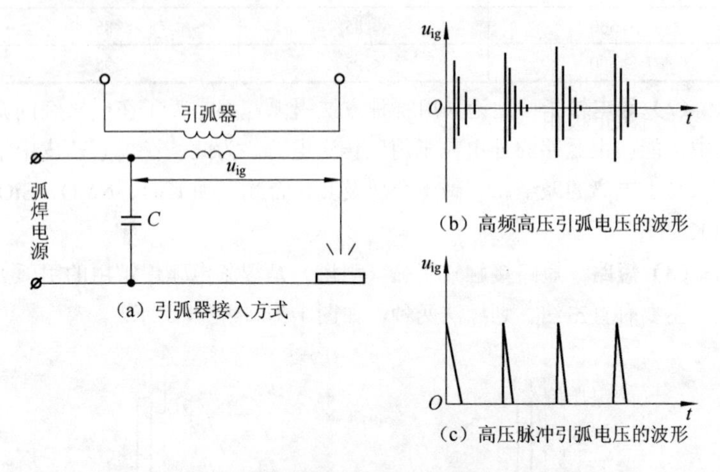

图 1-5　高频高压引弧和高压脉冲引弧

u_{ig}——引弧器电压；t——时间

可见，这是一种依靠高电压使电极表面产生的自发射将电弧引燃的方法，这种引弧方法主要应用于钨极氩弧焊和等离子弧焊。引弧时，电极不必与工件短路，这样不但不会污染工件和电极的引弧点，而且也不会损坏电极端部的几何形状，还有利于电弧的稳定燃烧。

2. 焊接电弧的分类

焊接电弧的性质与供电电源的种类、电弧的状态、电弧周围的介质及电极材料有关。

①按电流种类不同可分为交流电弧、直流电弧和脉冲电弧（包括高频脉冲电弧）。

②按电弧状态不同可分为自由电弧和压缩电弧。

③按电极材料不同可分为熔化极电弧和非熔化极电弧。

④按电弧周围介质不同可分为明弧和埋弧。

1.4.2 焊接电弧的结构和伏安特性

直接焊接电弧（简称焊接电弧）的结构和电特性，即伏安特性，包括静特性和动特性。直流电弧和交流电弧是焊接电弧的两种最基本的形式。

1. 焊接电弧的结构和压降分布

焊接电弧的构造如图 1-6 所示，电弧沿着其长度方向分为三个区域。电弧与电源正极相接的一端称为阳极区；与电源负极相接的一端称为阴极区；阴极区与阳极区之间的部分称为弧柱区，或称为正柱区、电弧等离子区。阴极区的宽度仅为 10^{-5}～10^{-4}cm，阳极区的宽度为 10^{-4}～10^{-3}cm，因此，电弧长度可以认为近似等于弧柱长度。弧柱部分的温度高达 5000～50000K。沿着电弧长度方向的电位分布是不均匀的。在阴极区和阳极区，电位分布曲线的斜率很大，而在弧柱区电位分布曲线则较平缓，并可认为是均匀分布的，电弧各区域电压分布如图 1-7 所示。这三个区的电压降分别称为阴极压降 U_i、阳极压降 U_y 和弧柱压降 U_z，它们组成了总的电弧电压 U_f，并可表示为

$$U_f = U_i + U_y + U_z \tag{1-2}$$

由于阳极压降 U_y 基本不变（可视为常数），而阴极压降 U_i 在一定条件下（指的是电弧电流、电极材料和气体介质等）基本也是固定的数值，弧柱压降 U_z 则在一定气体介质下与弧柱长度成正比，因此，弧长不同，电弧电压也不同。

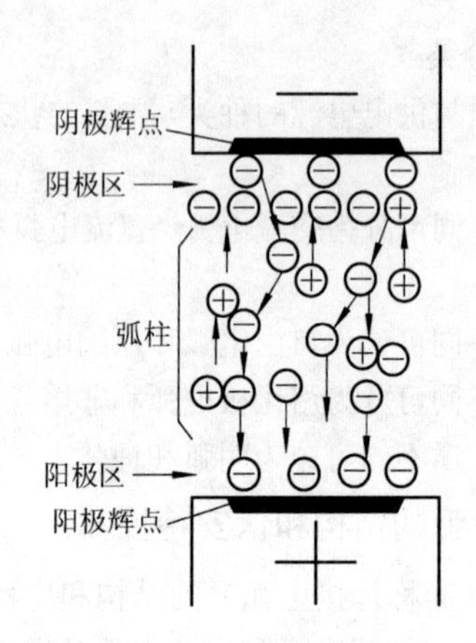

图 1-6　焊接电弧的构造

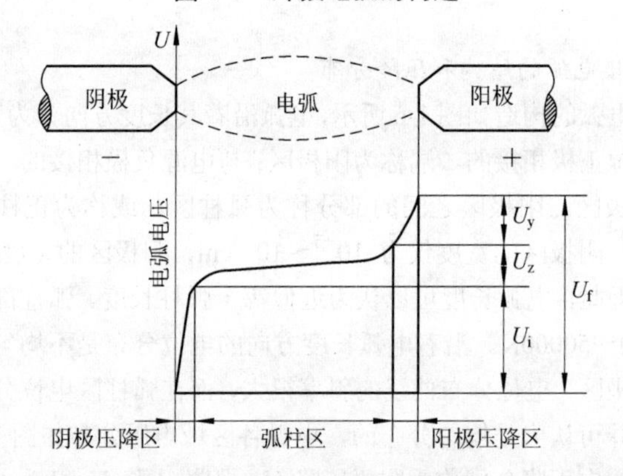

图 1-7　电弧各区域电压分布

U_y——阳极压降；U_i——阴极压降；U_z——弧柱压降；U_f——电弧电压

2. 焊接电弧的电特性

焊接电弧的电特性包括静特性和动特性。

（1）焊接电弧的静特性　一定长度的电弧在稳定状态下，电弧电压 U_f 与电流 I_f 之间的关系称为焊接电弧的静态伏安特性，简称伏安特性或静特性，可表示为

$$U_f=f\,(I_f) \tag{1-3}$$

焊接电弧是非线性负载，即电弧两端的电压与通过电弧的电流之间不是成正比关系。

当电弧电流从小到大在很大范围内变化时，焊接电弧的静特性曲线近似呈 U 形，故也称为 U 形特性，如图 1-8 所示。

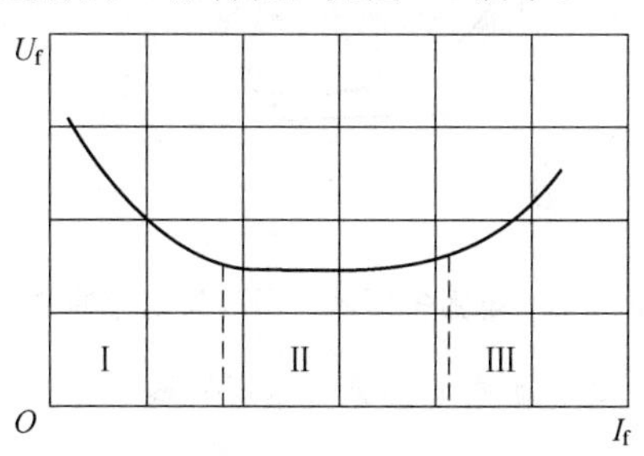

图 1-8 焊接电弧的静特性曲线

U 形特性曲线可看成由三段（I、II、III）组成。在 I 段，电弧电压随电流的增加而减少，是下降特性段；在 II 段，呈等压特性，即电弧电压不随电流而变化，是平特性段，在 III 段，电弧电压随电流增加而增加，是上升特性段。

由式（1-2）可知，电弧电压是阴极压降、阳极压降和弧柱压降之和。因此，只要弄清每个区域的压降和电流的关系，则不难理解焊接电弧的静特性为何会形成 U 形特性。

在阳极区，阳极压降 U_y 基本上与电脑无关，$U_y=f(I_f)$ 为一水平线，电弧各区域的压降与电流的关系如图 1-9 所示。

在阴极区，当电弧电流 I_f 较小时，阴极辉点（在阴极上电流密度高的光点）的面积 S_i 小于电极端部的面积。这时，S_i 随 I_f 增加而增大，阴极辉点上的电流密度 $j_i=\dfrac{I_i}{S_z}$ 基本上不变。这意味着阴极的电场强度不变，因而 U_i 也不变。此时，$U_i=f(I_f)$ 为一条水平线。等阴极辉点面积和电极端部面积相等时，I_f 继续增加，而 S_i 不能再扩张，于是 j_i 也就随着增大了。这势必造成 U_i 增大，以加剧阴极的电子发射。因此，U_i 随 I_f 的增大而上升，如图 1-9 所示的 U_i 曲线。

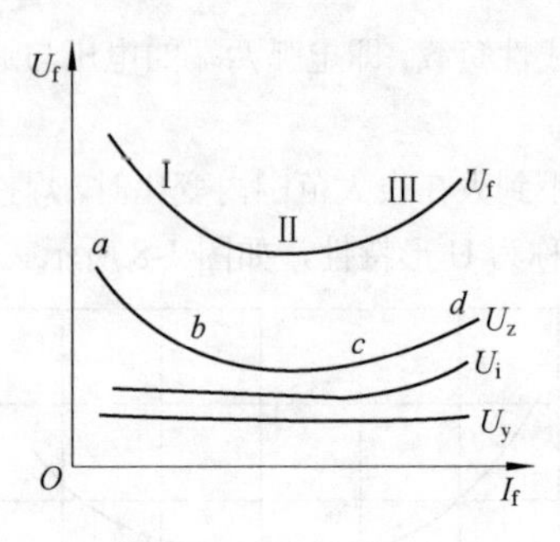

图 1-9　电弧各区域的压降与电流的关系

在弧柱区，可以把弧柱看成是一个近似均匀的导体，其电压降可表示为

$$U_z = I_f R_z = I_f \frac{l_z}{S_z r_z} = j_z \frac{l_z}{r_z} \tag{1-4}$$

式中：I_f——电弧电流；

R_z——弧柱电阻；

l_z——长度；

S_z——弧柱截面积；

r_z——弧柱的电导率；

j_z——弧柱的电流密度。

可见，当弧柱长 l_z 一定时，U_z 与 j_z 和 r_z 有关。可把 U_z 与 I_f 的关系分为 ab、bc、cd 三段（图 1-9 的 U_z 曲线）来分析。

①在 ab 段：电弧电流较小，S_z 随 I_f 的增加而扩大，而且 S_z 扩大较快，使 $j_z = \frac{I_f}{S_z}$ 大大降低。同时，I_f 增加使弧柱的温度和电离度均增高，因而 r_z 增大，由式（1-4）可知，j_z 减小和 r_z 增大，都会使 U_z 下降，所以 ab 段为下降形状。

②在 bc 段：电弧电流中等大小，S_z 随 I_f 成比例地增大，j_z 基本不变，此时 r_z 不再随温度增加。故 $U_z = j_z \frac{l_z}{r_z} \approx$ 常数，bc 段为水平形状。

③在 cd 段：电弧电流很大，随着 I_f 的增加，r_z 仍基本不变，但 S_z

不能再扩大了，j_z随着I_f的增加而增加，所以U_z随I_f的增加而上升，*cd*段为上升形状。

综上所述，将U_y、U_i和U_z的曲线叠加起来，即得到U形静特性曲线——$U_f=f(I_f)$。

不同弧焊方法的电弧，在其正常使用范围内只处于电弧静特性中的某一段或两段特性，常用弧焊方法所用电弧的静特性曲线如图1-10所示。在图1-10（a）和图1-10（c）中，l_1、l_2分别表示电弧长度为L_1、L_2时的静特性曲线，且$L_2>L_1$。

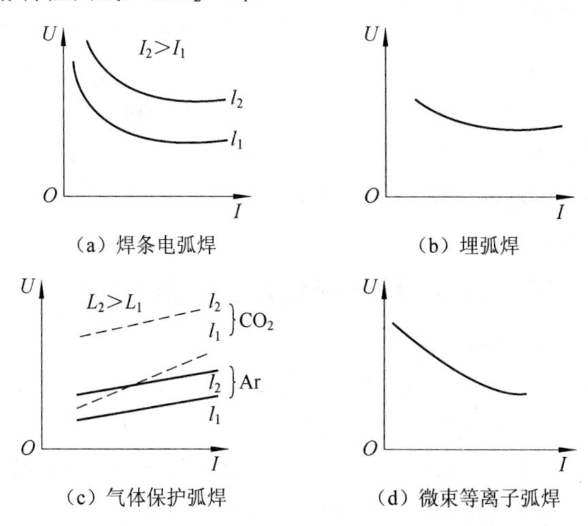

图1-10 常用弧焊方法所用电弧的静特性曲线

（2）焊接电弧的动特性 上面讨论的电弧静特性是在稳定状态下得到的。如图1-11所示的*abcd*电弧静特性曲线，但是在某些焊接过程中，电流和电压都在高速变动时，电弧达不到稳定状态。所谓焊接电弧的动特性是指在一定的弧长下，当电弧电流很快变化的时候，电弧电压和电流瞬时值之间的关系——$u_f=f(i_f)$。

如果图1-11中的电流由*a*点以很快的速度连续增加到*d*点，则随着电流增加，电弧空间的温度升高。但是后者的变化总是滞后于前者。这种现象称为热惯性。当电流增加到i_b时，由于热惯性关系，电弧空间

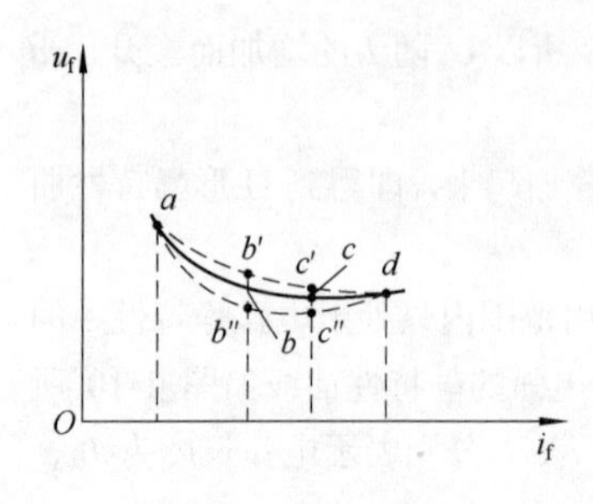

图 1-11　电弧的动特性曲线

温度还没达到 i_b 时稳定状态的温度。由于电弧空间温度低，弧柱导电性差，阴极辉点与弧柱截面积增加较慢，维持电弧燃烧的电压不能降至 b 点，而将提高到 b' 点。以此类推，对应于每一瞬间电弧电流的电弧电压，就不在 $abcd$ 实线上，而是在 $ab'c'd$ 虚线上。即在电流增加的过程中，动特性曲线上的电弧电压比静特性曲线上的电弧电压值高；反之，当电弧电流由 i_d 迅速减小到 i_a 时，同样由于热惯性的影响，电弧空间温度来不及下降。此时，对应每一瞬时电弧电流的电压将低于静特性的电压，而得到 $ab''c''d$ 曲线。图 1-11 中的 $ab''c''d$ 和 $ab'c'd$ 曲线为电弧的动特性曲线。电流按不同规律变化时将得到不同形状的动特性曲线。电流变化速度越小，静、动特性曲线就越接近。

1.4.3　交流电弧和提高电弧稳定性的措施

1. 交流电弧的特点

交流电弧一般是由 50Hz 按正弦规律变化的电源供电。每秒内电弧电流 100 次过零点，即电弧的熄灭和引燃过程每秒出现 100 次，这就使交流电弧放电的物理条件也随着改变，具有特殊的电和热的物理过程，这对电弧的稳定燃烧和弧焊电源的工作有很大的影响。交流电弧的特点如下。

（1）电弧周期性地熄灭和引燃　交流电流每当经过零点并改变极性时，电弧熄灭、电弧空间温度下降。这就使电弧空间的带电质点发生中和现象，降低了电弧空间的导电能力。在电压改变极性的同时，上半周内电极附近形成的空间电荷力图向另一极运动，加强了中和作用，电弧空间的导电能力进一步降低，使下半周电弧重新引燃更加困难。只有当电源电压 U 增至大于引燃电压 U_{yh} 后，电弧才有可能引燃，交流电源电压 U、电弧电压 U_f 如图 1-12 所示。如果焊接回路中没有足够的电感，则从上半波电弧熄灭至下半波电弧重新引燃之间可能有一段电弧熄灭时间。在熄灭时间内，若电弧空间热量越少、温度下降越严重，将使

U_{yh}增大、熄灭时间增长，电弧也越不稳定。若$U_{yh} > U_{max}$（电源电压最大值），就不能重新引燃电弧。

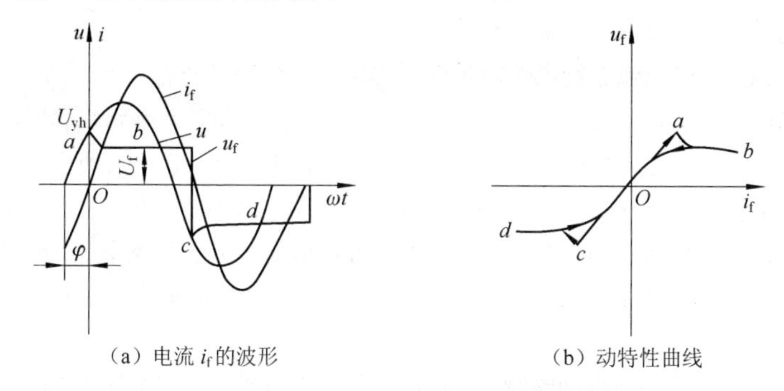

（a）电流i_f的波形　（b）动特性曲线

图 1-12　交流电源电压 u、电弧电压 u_f

（2）电弧电压和电流波形发生畸变　埋弧焊电弧电压和电流的波形如图 1-3 所示。由于电弧电压和电流是交变的，电弧空间和电极表面的温度也就随时变化。因此，电弧电阻不是常数，也将随电弧电流i_f的变化而变化。这样，当电源电压u按正弦规律变化时，电弧电压u_f和电流i_f就不按正弦规律变化，而发生了波形畸变。电弧越不稳定（u_{yh}越大，熄弧时间越长），电流波形暗变就越明显（与正弦曲线的差别越大）。图 1-13（a）所示为电弧不连续燃烧，发生畸变的电弧电压及电流的波形，图 1-13（b）则为电弧连续燃烧的电弧电压及电流的波形。

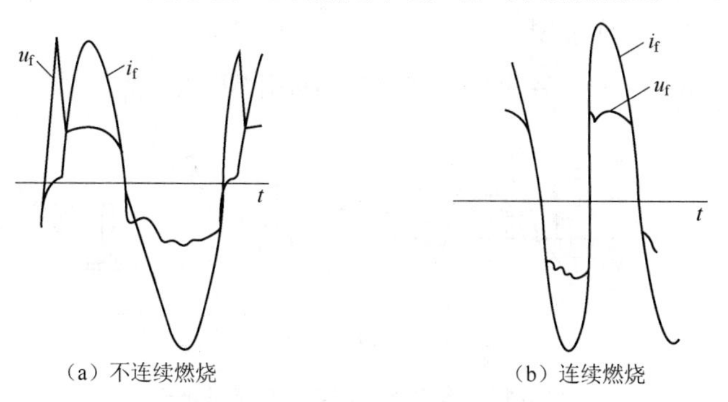

（a）不连续燃烧　（b）连续燃烧

图 1-13　埋弧焊电弧电压和电流的波形

（3）热惯性作用较为明显　由于 u_f、i_f变化得很快，电及热的变化来不及达到稳定状态，使电弧温度的变化落后于电流的变化。这可由电弧的动特性曲线 $u_f=f(i_f)$ 表明。

（4）交流电弧连续燃烧的条件　交流电弧燃烧时若有熄弧时间，则熄弧时间越长，电弧就越不稳定。为了保证焊接质量，必须将熄弧时间减小至零，过零后电弧要重新点燃，称为电弧再引燃。再引燃所需的电压称为再引燃电压 U_r。再引燃电压低，有利于电压稳定。再引燃电压的高低取决于电极材料、气体介质与电流过零后的电流上升速率 di/dt。热阴极、气体介质中含低电离能元素、电流上升速率 di/dt 高时，再引燃电压 U_r 低。

焊接回路是阻性回路时，电弧电压与电弧电流的波形如图 1-14（a）所示，当电源电压 U 低于电弧电压 U_a 时，电弧中段电源电压 U 高于电弧再引燃电压 U_r 时，电弧重新引燃。为压缩电弧中段时间在焊接回路中串入足够的电感，使电弧电流滞后电源电压，电流过零时下半波电源电压已到达再引燃电压值，这样电弧便可连续。连续电弧的电压、电流波形如图 1-14（b）所示。要使电弧能连续稳定燃烧，电路参数应满足下式要求

$$\frac{U_o}{U} \geqslant \frac{1}{\sqrt{2}}\sqrt{m^2+\frac{\pi^2}{4}} \tag{1-5}$$

式中：U_o——变压器输出空载电压；

U——负载电压；

m——$m=\frac{U_r}{U}$为1.3~1.5，U_r为再引燃电压。

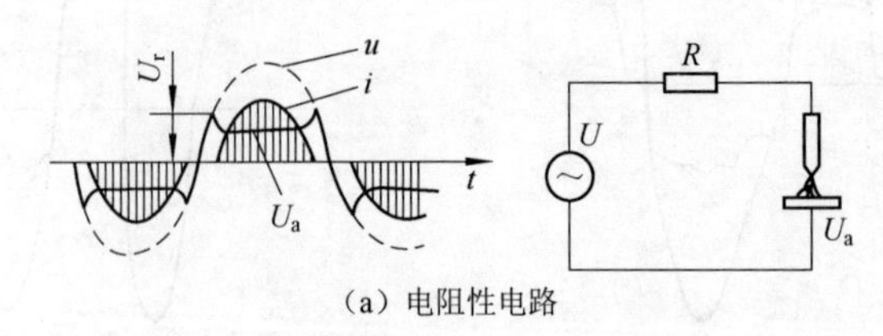

（a）电阻性电路

图 1-14　电弧电压与电弧电流的波形

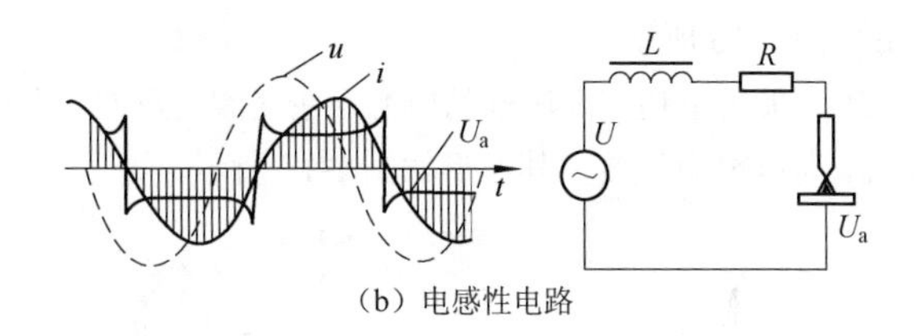

（b）电感性电路

续图 1-14　电弧电压与电弧电流的波形

2. 交流电弧动特性

交流电弧电流瞬时值与电压瞬时值之间的关系曲线称为交流电弧动特性，如图 1-15 所示。电流上升时的动特性曲线与下降时的动特性曲线并不重合，这是电弧空间热惯性引起的。电源频率越高，惯性效果越显著，动特性曲线变得越圆滑，如图 1-15（b）、（c）所示。

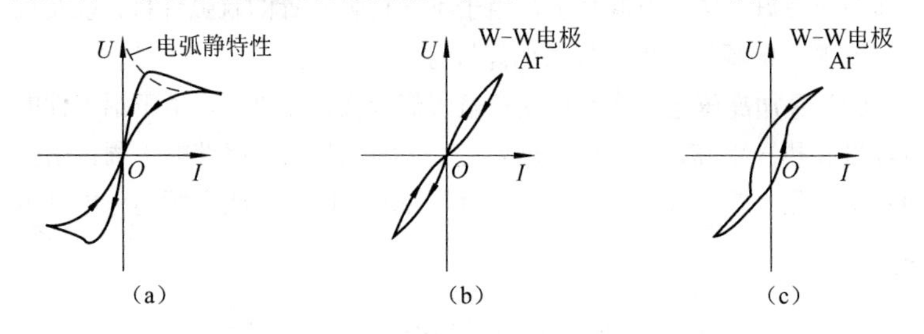

图 1-15　交流电弧动特性

3. 提高交流电弧稳定性的措施

（1）提高弧焊电源频率　有的国家曾采用一种 200～400Hz 可连续调节的弧焊电源。由于此种弧焊电源结构复杂、成本高，因此很少使用。近年来，由于大功率电子元器件和电子技术的发展，已普遍采用较高频率的交流弧焊电源。

（2）提高电源的空载电压　提高电源的空载电压能提高交流电弧的稳定性。但空载电压高会带来对人身不安全、增加材料消耗、降低功率因数等不利后果，所以，提高空载电压是有限度的。

（3）改善电弧电流的波形　如使电弧电流波形为矩形波，则电弧电流过零点时将具有较大的增长速度，从而可减小电弧熄灭的倾向，矩形电流的波形如图 1-16 所示。

此外，还可采用小功率高压辅助电源，在交流矩形波（方波）过零点处叠加一个高压窄矩形波，其波形如图 1-17 所示。

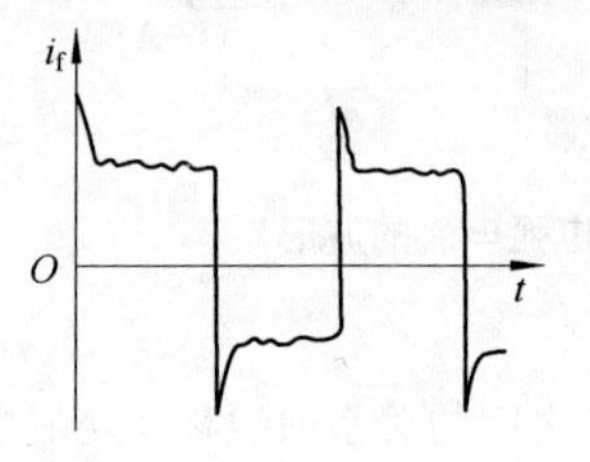

图 1-16 矩形波电流的波形

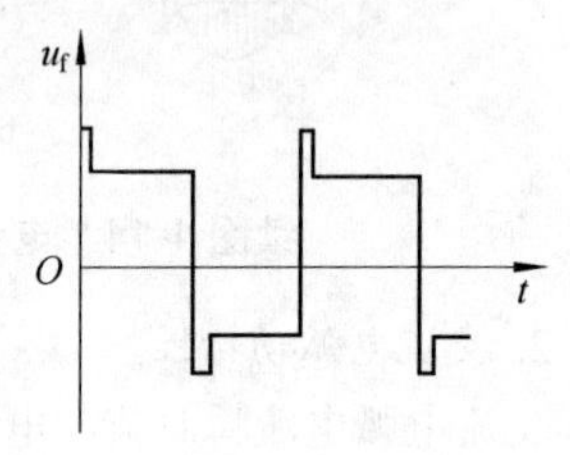

图 1-17 叠加高压窄矩形波的波形

随着晶闸管技术的发展，已经出现多种形式的矩形波弧焊电源，其稳弧效果良好。这种电源甚至可用于不加稳弧装置的氩弧焊接，以及代替直流弧焊电源用于碱性焊条的焊接等。

(4) 叠加高压电 在钨极交流氩弧焊焊接铝工件时，由于铝工件的热容量和热导率高，熔点低、尺寸又大，因此其为负极性的半周再引弧困难。为此，需在这个半周再引弧时，叠加高压脉冲或高频高压电使电弧稳定燃烧。

1.5 电弧焊接过程的自动调节系统

1.5.1 熔化极电弧的自身调节系统

1. 熔化极电弧自身调节系统的静特性

熔化极电弧焊过程中焊丝的熔化速度 v_m 正比于焊接电流 I，并随弧长（弧压）的缩短（减少）而增加。用数学公式表示为

$$v_m = k_i I - k_u U \tag{1-6}$$

式中：k_i——熔化速度随焊接电流而变化的系数，其值取决于焊丝电阻率、直径、伸出长度和电流数值［cm/（s·A)]；

k_u——熔化速度随电弧电压而变化的系数，其值取决于弧柱电位梯度、弧长的数值［cm/（s·V)]。

如果焊丝以恒定送丝速度 v_f 送给，则弧长稳定时必有

$$v_f = v_m \tag{1-7}$$

式（1-7）实际上是任何熔化极电弧系统的稳定条件方程。把式（1-6）代入式（1-7），整理后可得

$$I = v_f/k_i + k_u/k_i \cdot U \tag{1-8}$$

式（1-8）表示在给定送丝速度条件下，弧长稳定时电流和电弧电压之间的关系，或者说等速送丝电弧焊的稳定条件，通常称为自身调节系统的静特性或等熔化曲线方程。在该曲线的每一点，即每一种 I 和 U 组合条件下焊丝的熔化速度都等于给定的送丝速度。另一方面，电弧总是由焊接电源供电的，这些 I 和 U 应同时满足电源外特性曲线给定的关系。因此，电弧自身调节系统的静态工作点和静特性曲线如图 1-18 所示，在给定保护条件、焊丝直径、伸出长度的情况下，选定一种送丝速度和几种不同的电源外特性曲线 A_a、A_b、A_c 进行焊接，测出每一次焊接过程的焊接电流、电弧电压，即可在 U-I 坐标系中作出一条等熔化曲线 abc。该曲线 abc 即为电弧的自身调节静特性。

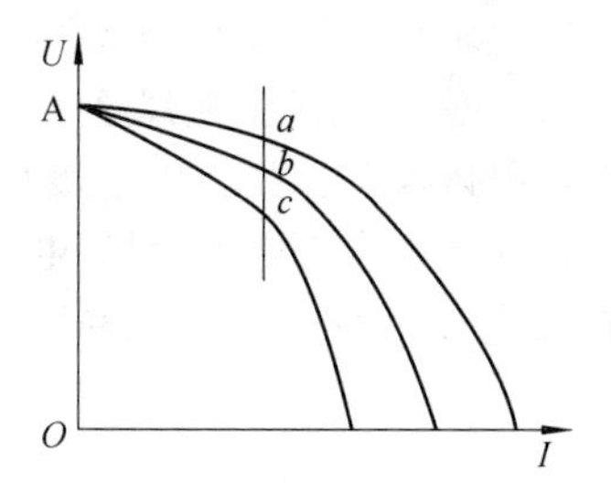

图 1-18 电弧自身调节系统的静态工作点和静特性曲线

2. 电弧自身调节作用的精度

（1）弧长波动时的调节精度 弧长波动时电弧自身调节系统的工作点移动如图 1-19 所示，l_0、l_1 分别为弧长为 l_0、l_1 时的电弧静特性曲线，$l_0 > l_1$，曲线 O_0O_1 为电源的外特性曲线；$V_{m0} = V_f$ 为电弧的自身调节系统静特性。由图可知，等速送丝的稳定自动电弧焊过程中，如果弧长突然缩短，则电流变大，电弧工作点将暂时从 O_0 点移到 O_1 点，因为

$$V_{m0} = k_i I_0 - k_u U_0$$

$$V_{m1} = k_i I_1 - k_u U_1$$

$$I_1 > I_0,\quad U_1 < U_0$$

所以

$$V_{m1} > V_{m0} = V_f$$

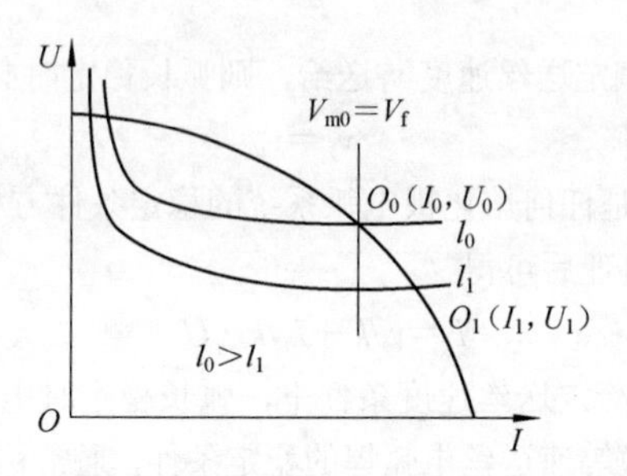

图 1-19 弧长波动时电弧自身调节系统的工作点移动

于是弧长将因熔化速度增加而得到恢复。如果弧长缩短是在焊枪与工作表面距离不变的条件下发生的，则电弧的稳定工作点最后将回到 O_0 点，调节过程完成后系统将不存在任何静态误差。当送丝速度瞬时加快或减慢时，可能形成这样的调节过程。

实际上，弧长波动经常是由焊枪相对的高度变化而引起的。焊枪的相对高度发生变化，则焊丝地伸出长度将会随之变化。这时，弧长的调节过程必然是在焊丝伸出长度有变化的条件下发生的。调节过程结束后将由焊丝伸长（缩短）以后电弧自身调节系统的静特性曲线和电源外特性曲线交点决定。焊枪高度波动时电弧自身调节系统的静态误差如图 1-20 所示，曲线 1 为弧长为 l_0 时的电弧静特性曲线；曲线 2 为正常焊丝伸出长度时的自身调节特性曲线；曲线 3 为焊丝伸出长度伸长时的自身调节特性曲线；曲线 4 为陡降电源外特性曲线。调节过程完成后系统的稳定工作点从原来的 O_0 点移到了 a 点。调节过程完成后系统将存在静态误差。误差大小除了与伸出长度变化量、焊丝直径和电阻率有关外，还与电源外特性曲线形状有关。

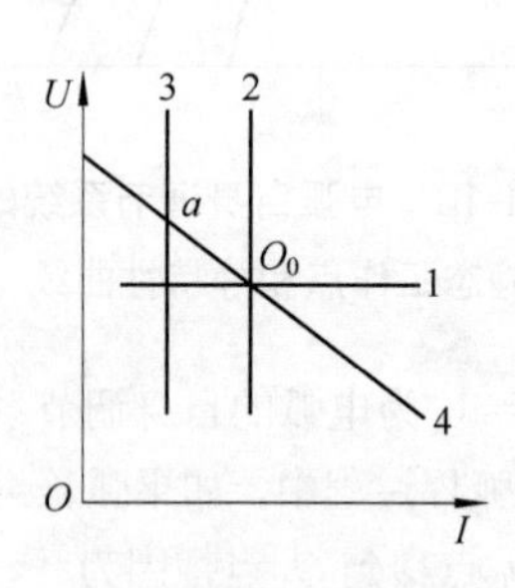

图 1-20 焊枪高度波动时电弧自身调节系统的静态误差

（2）网络电压波动时的系统误差 网络电压波动时，等速送丝电弧焊系统将产生电弧电压或电流的静态误差。

3. 电弧自身调节作用的灵敏度

如上所述，在等速送丝的熔化极电弧过程中，弧长的波动是能够通过焊丝熔化速度的自身调节作用得到补偿的。但是这一补偿也需要时间过程。如果这个调节过程所需要的时间很长，则焊接过程的稳定性仍然将受到明显的影响。因此，只有当这个调节时间很短，或者说电弧自身调节作用很灵敏时，焊接过程的稳定性才能得到保证。

显然，电弧自身调节作用的灵敏度将取决于弧长波动时引起的焊丝熔化速度变化量的大小，这个变化量越大，弧长恢复得就越快，调节时间越短，自身调节作用的灵敏度就高。反之，调节作用的灵敏度就低。电弧自身调节作用的灵敏度取决于如下几点。

（1）焊丝的直径和电流密度 当焊丝很细或电流密度足够大时，电弧自身调节的作用就会很灵敏。因此，对于一定直径的焊丝，如果电流足够大，就会有足够的灵敏度。电流不够大时，电弧自身调节作用的灵敏度就很低。在一定的工艺条件下，每一种直径的焊丝都有一个能依靠自身调节作用保证焊接电弧过程稳定的最小电流值。等速送丝电弧焊只有在电流下限以上应用才比较合理，或者说应在电流密度足够大时采用。电弧自身调节作用足够灵敏时的电流下限见表1-15。

表1-15 电弧自身调节作用足够灵敏时的电流下限

焊丝直径/mm	2	3	4	5	6
I_{min}/A	250	350	500	650	900

（2）电源外特性的形状 电源外特性曲线形状对电弧自身调节灵敏度的影响如图1-21所示，当电弧静特性曲线形状为平的时候，采用缓降外特性比陡降外特性能在弧长发生同样波动时获得较大的ΔI，即$\Delta I_2 > \Delta I_1$，使自身调节作用比较灵敏。因此，一般（长弧焊的）等速送丝焊均采用缓降特性，甚至平特性。

（3）弧柱的电场强度 电场强度越大，弧长变化时电弧电压和电流变化量越大，电弧自身调节灵敏度就越高。但是电场强度大意味着电弧稳定性低，应该采用空载电压较高的电源。埋弧焊的弧柱电场强度较大（30～38V/cm）采用缓降特性电源就能保证足够的自身调节灵敏度，也保证了引弧和稳弧的空载电压要求。熔化极氩弧焊时，弧柱电场强度较低，为了保证长弧焊时电弧自身调节作用的灵敏度应采用平的或上升的电源。由于电弧稳弧性好，空载电压较低的平或上升特性电源一般不会造成电弧燃烧不稳或引弧的困难。如果采用L形特性电源当然更为理想。

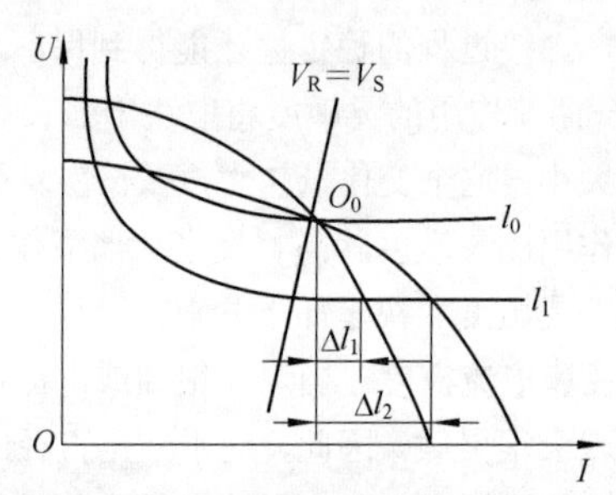

图1-21　电源外特性曲线形状对电弧自身调节灵敏度的影响

（4）电弧长度　在电弧长度很短的条件下，由于电弧固有的自调节系数（K_u）明显增大，即使采用恒流（垂直下降）电源，电弧自身调节作用仍然十分灵敏。因此在短弧焊条件下，等速送丝熔化极电弧焊也可以采用陡降或垂直下降外特性电源。这一方案国外已在熔化极氩弧焊中采用。但缺点是对于给定的电流值，送丝速度的允许范围很窄，送丝过快会造成短路，送丝过慢则会造成熄弧和回烧导电嘴。为此，国外已采用了按焊接电流一定的比例，送进焊丝的等速送丝熔化极氩弧焊控制方法，这种控制方法的基本原理是调整焊接电流的给定控制信号，同时经比例放大电路（用集成电路运算放大器组成）给出送丝速度控制信号，使送丝速度与焊接电流保持一定的比例。这种采用恒流电源的自调节电弧焊不但电流和电压都十分稳定，在自调节过程中没有明显的电流变化，因此熔深、熔宽都十分均匀，而且实现了电流和电压的单旋钮调节，使用十分方便。

1.5.2　电弧电压自动调节系统

粗焊丝熔化极自动电弧焊依靠自身调节作用不能保证足够的焊接过程稳定性，因此产生了带有电弧电压调节器的变速送丝式自动埋弧焊。电弧电压自动调节系统又称为电弧电压均匀调节系统。它产生于20世纪40年代埋弧自动焊发展的初期，目前仍在埋弧和粗丝气体保护熔化极电弧焊中广泛应用。

1. 电弧电压调节器的原理

用于熔化极电弧焊的电弧电压调节器的基本原理是用电弧电压来控制送丝速度，通过送丝速度随弧压（弧长）的增大（减少）来自动补偿弧长的波动，保持电弧过程的稳定性。从自动调节的结构来看，这是一种以电弧电压为被调量，以送丝速度为操作量的闭环系统。

2. 电弧电压调节器的精度

（1）弧长波动时的调节器精度 带有弧压调节器的电弧焊稳定弧长将由系统静特性曲线和电源外特性曲线交点 O_0 的电流和电压数值决定，弧长波动时电弧电压调节系统的静态误差如图 1-22 所示。当弧长发生波动时，如突然缩短（图 1-22 中由 l_0 缩短为 l_1），则一方面送丝速度立刻减慢，另一方面焊丝熔化速度也会因此时电流的暂时增加而增加，两者都使弧长重新拉到原来数值。即自身调节作用将仍对弧长恢复起辅助作用。如果弧长的波动是在焊枪相对工件高度，即焊丝伸出长度不变的条件下发生的，则最后电弧稳定工作点将回到原点 O_0，调节过程将不带有静态误差。但是如果弧长波动是在焊枪高度有变化，即在焊丝伸出长度和系统静特性有变化的条件下，则新的稳定工作点 O_0' 将带有静态误差。调节精度取决于伸出长度变化量、焊丝直径和电流密度、焊丝的电阻率。但在一般变速送丝式自动电弧焊用于粗焊丝和电流密度较低的条件下，焊丝伸出长度对系统静特性影响不大，则此时系统的误差也将是可以不计的。

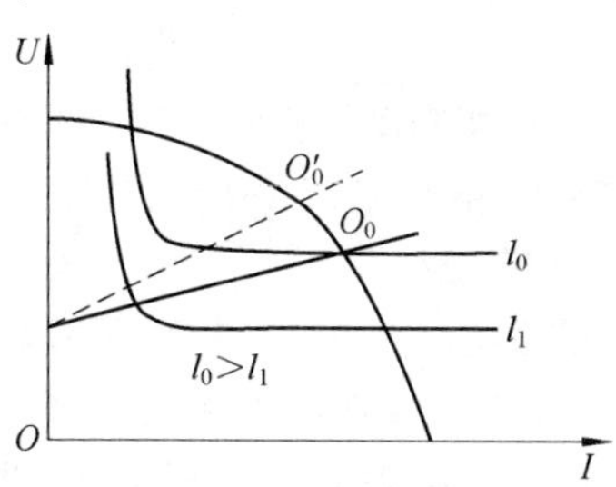

图 1-22 弧长波动时电弧电压调节系统的静态误差

（2）电网电压波动时的系统误差　电网电压波动时的系统误差除了取决于网压波动大小之外，还与系统静特性曲线与电源外特性曲线的斜率有关。

（3）调节灵敏度　电弧电压调节系统用于自身调节的作用不够灵敏的粗焊丝自动电弧焊。其调节灵敏度，即弧长变动时的恢复速度，主要取决于弧长变动时送丝速度的变化量大小。

一般电弧电压调节器的放大系数越大，调节灵敏度就越高。但由于系统中的惯性（特别是送丝电动机机械转动惯性）越大，系统越容易发生振荡，灵敏度就越受限制，造成系统不稳定。因此，不能无限增大放大系数。为了减少系统惯性，提高灵敏度，国外已经采用转动惯性特小的印刷电动机作为送丝电机。

弧柱电场强度增大，弧长变动时引起的ΔU_a增大，这时调节灵敏度也增大。因此，如果采用同样的电弧电压调节器，埋弧焊比氩弧焊灵敏度高；或者说氩弧焊如果采用电弧电压调节方法调节器，放大倍数应更大一些。

1.5.3　弧长调节系统

自动焊机有两种弧长调节系统，一种是等速送丝系统，另一种是变速送丝系统。

1. 等速送丝弧长调节系统

等速送丝弧长调节系统利用电弧的自身调节作用进行弧长的调节，即弧长变化时，将引起焊丝熔化速度变化来实现自动调节。当弧长增加时，焊丝熔化速度下降，使弧长恢复；反之，焊丝熔化速度增大，使弧长恢复。

等速送丝系统在埋弧半自动焊机和部分埋弧自动焊机中得到广泛采用。等速送丝系统宜采用缓降和平外特性电源。

2. 变速送丝弧长调节系统

变速送丝弧长调节系统也称为电弧电压反馈调节系统。它是根据电弧电压变化来控制送丝速度，实现自动调节。当弧长增加时，电弧电压增高，控制系统迫使送丝速度提高，使弧长恢复；当弧长缩短时，迫使送丝速度降低，使弧长恢复。

变速送丝系统适用于大直径焊丝的埋弧自动焊等，需选用陡降外特性电源。

3. 等速、变速送丝系统的比较

等速、变速送丝系统的比较见表 1-16。

表 1-16 等速、变速送丝系统的比较

项　目	等 速 送 丝	变 速 送 丝
控制电路及机构	简单	复杂
适用的弧焊电源外特性	缓降特性、平特性、微升特性	陡降特性、垂特性
适用的焊丝直径/mm	0.8～5	3～6
电弧电压调节方法	改变弧焊电源外特性	改变送丝控制系统给定电压
焊接电流调节方法	改变送丝速度	改变弧焊电源外特性
弧长变化时调节效果	好	好
网路电压波动的影响	产生静态电弧电压误差	产生静态焊接电流误差

1.5.4 电弧焊过程参数控制系统

电弧焊过程参数控制系统的概念与 20 世纪 60 年代以来，逐渐在金属加工及其他生产过程控制技术中发展着的适应控制概念相一致，讨论这类涉及电弧焊过程中质量参数（熔池高度、熔池深度等）自动检测闭环自动调节控制系统的特点：以反映焊缝成形质量的某些间接参数为检测量；根据上述质量参数的检测量来调节电弧能量参数，因此电弧参数（焊速或焊接电流）将不再是恒值。

1. 垂直自动焊光电控制系统

采用气体保护熔化极电弧和强制成形的垂直自动焊，又称为气电焊，是目前生产中应用比较普遍的一种垂直自动焊接方法。这种焊接方法是依靠夹持在焊缝坡口两侧的水冷成形滑块实现焊缝的强制成形。电弧在前后滑块夹住的坡口内燃烧并形成熔池，滑块上部还通入保护气体，垂直自动焊熔池液面高度光电检测如图 1-23 所示，随着电弧燃烧，焊丝熔化金属填满坡口，跟随成形滑块向上移动形成垂直焊缝。滑块的上升可以采用链条牵引或垂直自行小车等多种方式。滑块上升速度即为焊接速度。这种焊接方法的焊缝质量常与熔池液面高度的稳定性有很大关系，液面过高和过低都会造成保护不良而影响焊接质量。由于坡口尺寸不均匀及焊接变形等原因，滑块采用等速上升方法往往不能保证液面高度稳定和焊缝质量，采用以液面高度为控制量的自动调节方法是解决这个问题的有效途径。

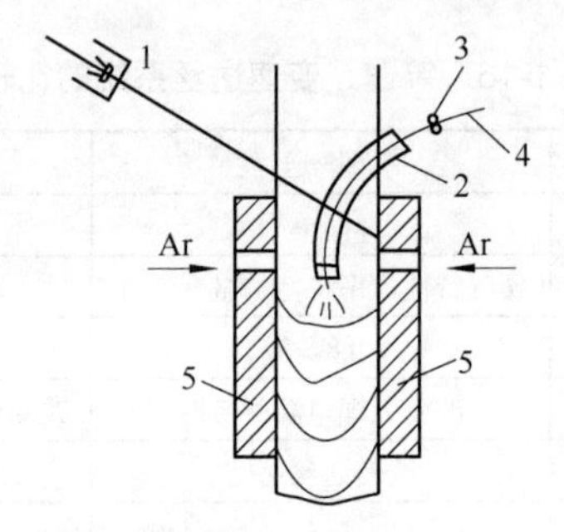

图 1-23　垂直自动焊熔池液面高度光电检测

1. 光电器件；2. 导电杆；3. 送丝轮；4. 焊丝；5. 成形滑块

实验证明，强制成形气电垂直自动焊时，电弧在成形滑块的出气孔下 10mm 左右的地方形成熔池焊缝质量最为理想。为了检测液面高度，可以滑块顶部透射出来的弧光信号作为检测信号（图 1-23），熔池液面升高时，滑块顶部射出的弧光增强，反之则减弱。现代电子工业所提供的各种光电及红外元器件，都可用来检测熔池上部弧光辐射的强度。目前采用的主要是半导体光电元器件：光敏电阻、光敏二极管、光敏晶体极管和光电池。这些光电元器件在电弧焊接自动控制系统中有着广泛的应用。

（1）光敏电阻　光敏电阻又称为光导管，它是直接利用半导体材料的光导效应，即半导体材料电阻率随光照强度发生变化的特性。光敏电阻是利用光导效应制成的一种可变电阻元件。光敏元器件如图 1-24 所示。硫化镉（CdS）和硫化铅（PbS）是最常见的两种。利用图 1-24（a）所示电路即可将光信号换成电信号。

（2）光敏二极管　利用反向偏差 P-N 结受光照时，光敏二极管可使二极管反向电流增加。光敏二极管是利用这种特性制成的光敏器件。

因此，光敏二极管使用时应反向偏置［图 1-24（b）］。

（3）光敏晶体管 光敏晶体管是兼有光敏二极管和晶体管特性的器件，它在将光信号变为电信号的同时又将信号电流放大，如图 1-24（c）所示。结面积较大的集电极-基极二极管在光照下产生反向电流，这一电流流经基极-发射极二极管时就得到了放大，这样光敏晶体管就可得到相当于二极管的（$1+\beta$）倍光电流输出。由于光敏晶体管可由光照引起基极电流，经常不用基极引线。

光敏二极管、光敏晶体管都可以用锗或硅制成，目前常用的是硅。

（4）光电池 光电池又称为光生伏特二极管。它是利用不加偏压的二极管受光照后引起的光生电压（电动势）的原理制成，常用的有硒、硅两种。使用时将其与空载电阻连接［图 1-24（d）］，即可获得电信号输出。

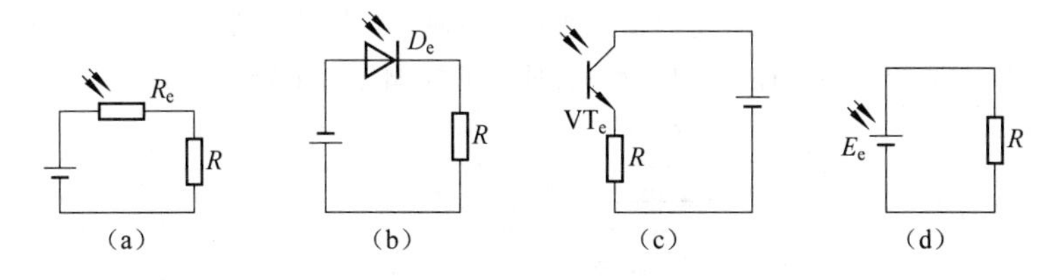

图 1-24 光敏元器件

由于每种半导体材料只对一定波长范围的光波有灵敏反应，因此，光电元器件使用时应注意它们的光谱响应范围。此外，感光面大小也是一个应注意的问题。光电池具有较大的感光面，可用于杂散光线或非聚焦状态光束的接收。光敏二极管、光敏晶体管的感光面只有结附近的一个极小面积，为了提高灵敏度可把入射窗口做成透镜形式，因此，只有入射光方向接近于管壳轴线时才有最大灵敏度。使用时应特别注意对准入射光方向。

2. 熔透适应控制系统

（1）熔透量的检测方法 熔透量是电弧焊时最重要的质量指标，保证足够而均匀的溶透量是大多数电弧焊生产的基本要求，这对于在不能进行双面自动焊或单面焊双面成形的情况下尤其重要。然而由于种种原因，电弧电压、焊接电流和焊速的恒值控制并不能保证熔透量的恒值控制。如果能直接检测熔透量，并以此调节电弧能量参数自然十分理想，但直接检测比较困难。目前，焊缝熔透量的检测方法有三种，如图 1-25 所示。

①光电法。利用上述光电元器件检测熔池背面的红外辐射、透射到熔池背面的弧光辐射是目前最简便的一种间接检测熔透程度的方法。前者应用于钨极氩弧焊、熔入式等离子弧焊；后者应用于穿孔型等离子弧焊［图 1-25（a）］。

②等离子弧接触导电法。利用等离子流的导电性可组成如图 1-25（b）所示的接触式熔透检测方法。当焊缝被完全焊透并有等离子流从熔孔中流出并碰到铜测棒时，电阻 R 上将有电流流过，其数值将正比于熔孔大小。若未焊透时电流为零。

③音响法。利用等离子弧穿透时的音响效应用拾音器检测，这种方法特别适合于小直径管道环缝焊透质量的检测［图 1-25（c）］。

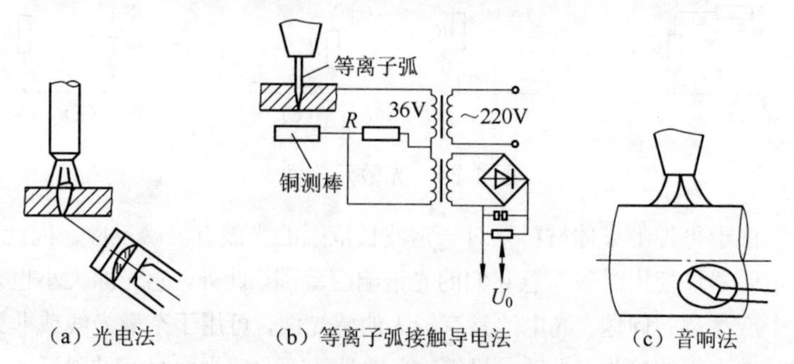

图 1-25 焊缝熔透量的检测方法

以上检测方法都必须在焊缝背面取得检测信号，当焊接过程为工件移动式时检测元器件的安置比较方便，而对大多数采用电弧移动式的生产过程则比较困难。

（2）操作量的选择

①焊速。焊速为操作量是一种简单的控制方式。这种控制方式将熔透检测信号送入焊速控制电路以调节焊接速度，从而保证熔速保持

恒定。

②脉冲电流宽度。在脉冲电弧焊时，根据熔透检测信号控制脉冲电流宽度是保证恒定熔透量的一种更为理想的控制方法。

上述熔透适应控制系统实际上还是一个单输入、单输出的反馈控制系统。为了能够在有衬垫的条件下从被面检测熔透深度或直接从焊缝正面检测焊缝熔池，人们正在研究从背面或正面多点检测温度场，然后通过一定的数学模型推算出焊缝熔深量的适应控制系统。

2 弧焊电源

弧焊电源是用来对电弧焊接提供电能的一种专用设备，是电弧焊接设备中的核心部分。弧焊电源和一般电力电源不同，它必须具有弧焊工艺所要求的电气性能，如合适的空载电压、一定形状的外特性、良好的动特性和灵活的调节特性等。

2.1 弧焊电源基础知识

2.1.1 弧焊电源的分类

弧焊电源按输出电流种类不同分有直流、交流和脉冲三大弧焊电源类型。按输出电流种类不同进行分类比较便于选用，每一大类中又按其工作原理、结构特征或使用的关键器件不同细分成若干种类型，弧焊电源的分类如图 2-1 所示。

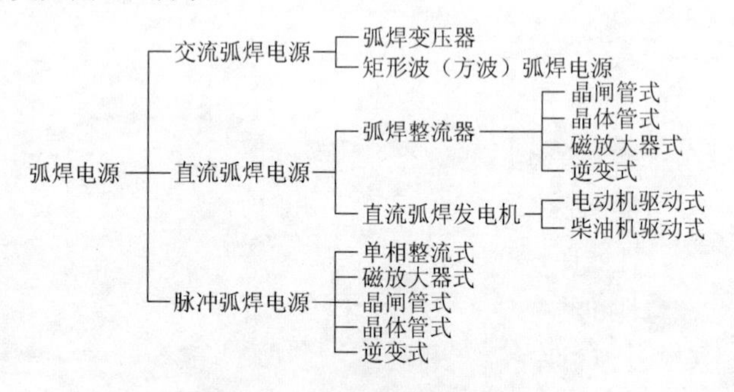

图 2-1 弧焊电源的分类

2.1.2 弧焊电源基本特点和适用范围

工业上普遍应用的是交流和直流弧焊电源，而脉冲弧焊电源目前只在有限范围内使用。弧焊电源基本特点和适用范围见表 2-1。

表 2-1 弧焊电源基本特点和适用范围

<table>
<tr><th colspan="2">类　型</th><th>特　点</th><th>适用范围</th></tr>
<tr><td rowspan="2">交流弧焊电源</td><td>弧焊变压器</td><td>结构简单、易造、易修、耐用、成本低、磁偏吹小、空载损耗小、噪声小，但其电弧稳定性较差，功率因数低</td><td>酸性焊条电弧焊、埋弧焊和 TIG 焊</td></tr>
<tr><td>矩形波（方波）弧焊电源</td><td>电流过零点极快，其电弧稳定性好，可调节参数多，功率因数高，设备较复杂，成本较高</td><td>焊条电弧焊、埋弧焊和 TIG 焊</td></tr>
<tr><td rowspan="2">直流弧焊电源</td><td>弧焊整流器</td><td>与直流弧焊发电机相比，空载损耗小，节能、噪声小、控制与调节灵活方便，适应性强，技术和经济指标高</td><td>各种弧焊</td></tr>
<tr><td>直流弧焊发电机</td><td>由柴（汽）油发动机驱动发电机而获得直流电；输出电流脉动小，过载能力强，但空载损耗大、效率低、噪声大</td><td>各种弧焊</td></tr>
<tr><td colspan="2">脉冲弧焊电源</td><td>输出幅值大小周期变化的电流，效率高，可调参数多，调节范围宽而均匀；热输入可精确控制，设备较复杂</td><td>TIG、MIG、MAG 焊和等离子弧焊</td></tr>
</table>

2.1.3 对弧焊电源的基本要求

从经济观点考虑，要求弧焊电源结构简单轻巧、制造容易、消耗材料少、节省电能、成本低；从使用观点考虑，要求弧焊电源使用方便、可靠、安全，性能良好和容易维修。

在电气特性和结构方面，弧焊电源还具有不同于一般电力电源的特点。这主要是由于弧焊电源的负载是电弧，它的电气性能要适应电弧负载的特性。因此，弧焊电源要保证引弧容易，保证电弧稳定，保证焊接规范稳定，具有足够宽的焊接规范调节范围。

为满足工艺要求，弧焊电源的电气性能应考虑以下几方面的基本要求。

1. 对弧焊电源外特性的要求

为使电源-电弧系统稳定工作，工作点必是电源外特性曲线与电弧静特性曲线的交点，如图 2-2 电源-电弧系统稳定工作条件中的 A_0、A_1 点。若弧长因干扰由 l 增长到 l_1，则工作点由 A_0、A_1、移至 A_0'、A_1'。干扰去掉之后，弧长恢复到原来长度 l_0 原在 A_0' 的电源电压高于电弧电压，焊接电流将增加、电源电压将下降，直至恢复 A_0 点为止，所以 A_0 点是能够自动恢复的稳定工作点。A_1' 点的情况则不同了，当弧长恢复到原来长度 l 后，电源电压高于电弧电压，焊接电流增加，工作点不可能再回到 A_1 点，而是逐渐移到 A_0 点。所以 A_1 点不是稳定工作点，只有 A_0 点才是稳定工作点，作为系统稳定工作点 A_0 应具备的条件：在 A_0 点电弧静特性曲线的斜率 $\tan\alpha_a$ 与该点电源外特性曲线的斜率 $\tan\alpha_p$ 之差大于零，即

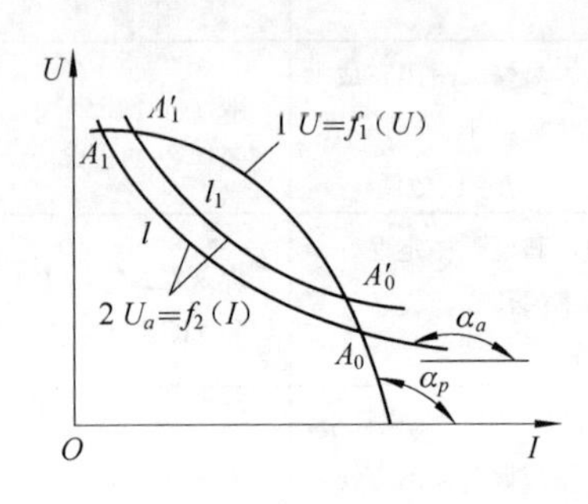

图 2-2 电源-电弧系统稳定工作条件

$$\tan\alpha_a - \tan\alpha_p > 0 \tag{2-1}$$

式（2-1）即电源-电弧系统的稳定工作条件。由于不同的焊接方法使用的电弧静特性区段不同，所以为满足系统稳定工作，不同焊接方法需要不同的电源外特性。常用电源外特性的形状和适用范围见表 2-2。

表 2-2 常用电源外特性的形状和用途

类型	平特性	缓降特性	陡降特性	垂直下降特性	垂直下降带外拖特性
形状	U O I	U O I	U O I	U O I	U O I

续表 2-2

类型	平特性	缓降特性	陡降特性	垂直下降特性	垂直下降带外拖特性
适用范围	CO_2保护焊 熔化极气体保护焊	等速送丝埋弧焊熔化极气体保护焊	手弧焊 均匀调节埋弧焊 熔化极气体保护焊	非熔化极气体保护焊	非熔化极气体保护焊

2. 对弧焊电源焊接电流和负载电压的要求

各种焊接方法的电弧电压应符合表 2-3 的规定。

表 2-3 各种焊接方法的电弧电压

焊接方法	电弧电压公式	电流≥600A 时电压要求
药芯焊条电弧焊	$U_2=20+0.04I_2$	电压保持 44V 恒定
TIG 焊	$U_2=10+0.04I_2$	电压保持 34V 恒定
MIG/MAG 焊	$U_2=14+0.05I_2$	电压保持 44V 恒定
埋弧焊（下降特性）	$U_2=20+0.04I_2$	电压保持 44V 恒定
埋弧焊（平特性）	$U_2=14+0.05I_2$	电压保持 44V 恒定

注：U_2是电弧电压；I_2是负载电流。

3. 对弧焊电源空载电压的要求

弧焊电源空载电压 U_0 越高越容易引弧，对交流电压来说，高的空载电压能使电弧燃烧稳定。但是，空载电压高，则设备的容量增大，体积增加，消耗材料增多，不经济；同时，高的空载电压也使触电的危险性增大。确定空载电压的原则：在确保引弧容易、燃弧稳定的前提下，尽可能用较低的空载电压。国家标准 GB 15579.1—2013 规定了不同环境下各类弧焊电源的额定空载电压值，详见表 2-4。

表 2-4 额定空载电压值

工 作 条 件		额定空载电压值
a	触电危险较大的环境	直流 113V 峰值，交流 68V 峰值和 48V 有效值
b	触电危险不大的环境	直流 113V 峰值，交流 113V 峰值和 80V 有效值

续表 2-4

工作条件		额定空载电压值
c	对操作人员加强保护的机械夹持焊枪	直流 141V 峰值，交流 141V 峰值和 100V 有效值
d	等离子切割	直流 500V 峰值

①表 2-4 中工作条件 a 对于整流式直流焊接电源，要求在整流器损坏（如开路、短路或一相有故障）时，空载电压仍不超过上述限值。

这类电压标以符号 S 。

②表 2-4 中工作条件 c 中的数值仅适用于满足下述要求的情况：

焊枪不用手持；

焊接停止时空载电压应能自动切断；

防止直接接触带电部件，应具有最低防护等级 IP2X，或有防触电装置。

③表 2-4 中工作条件 d 如果完全满足下述要求，可以使用超过 113V 直流峰值的空载电压。

如果与等离子弧切割电源配套的割炬，从焊接电源拆除或未安装割炬，则安全装置应能防止空载电压的输出。

控制电路（如启动开关）切断后的 2s 内，空载电压降至 68V 峰值以下。

当导弧和主电弧熄灭而使得电弧电流中断时，喷嘴与工件或地之间的电压不超过 68V 峰值。

应在使用说明中给出符合这些要求的条件。

这类电源可标以符号 S 。

4. 对弧焊电源调节性能的要求

电弧焊时，常常要根据焊接材料、工件厚度、焊条（或焊丝）直径及采用的熔滴过渡形式，选择不同焊接参数，如焊接电流和电弧电压等，故电源必须具备可调性。常用弧焊方法的电源调节性能见表 2-5。

表 2-5 常用弧焊方法的电源调节性能

弧 焊 方 法	电源调节性能	说 明
焊条电弧焊	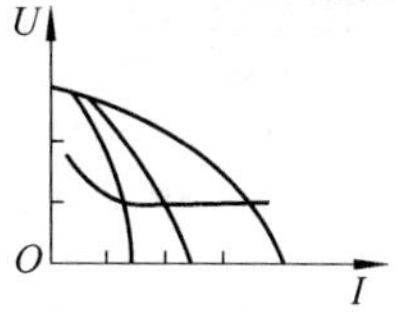	焊条电弧焊采用的焊接电流范围不大，焊接参数调节时，电弧电压一般保持不变，只改变焊接电流
焊条电弧焊	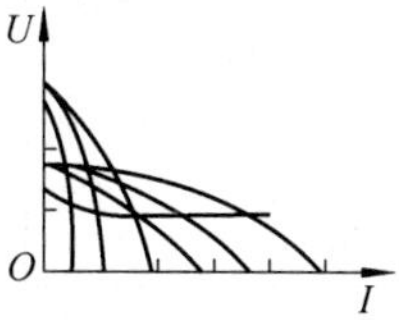	小电流焊接时，空载电压较高易引弧，且电弧稳定；大电流焊接时，空载电压较低，经济性好，为焊条电弧焊电源的理想调节性能
埋弧自动焊	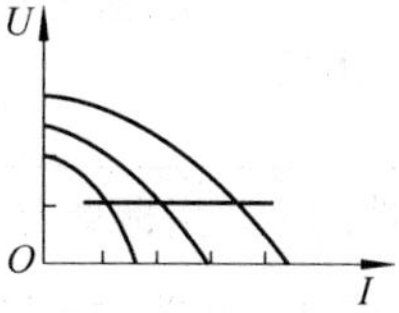	为保证合理的焊缝形状，要求焊接电流增大时电弧电压也相应增大，因此采用改变空载电压调节焊接电流的调节性能
熔化极气电焊（等速送丝系统）	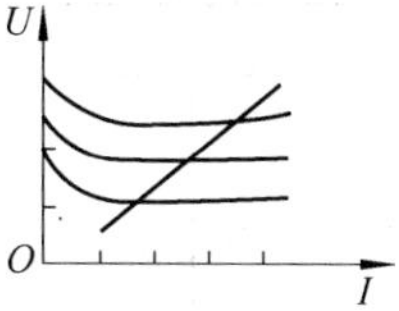	除要求通过送丝机构实现焊丝送进速度（焊接电流）的调节外，还要求空载电压（电弧电压）可以调节

5. 对弧焊电源动特性的要求

弧焊电源动特性是指弧焊电源向电弧输出的电流和电压对时间的关系，它表示弧焊电源对电弧瞬时变化的反应能力。弧焊电源动特性对电弧稳定性、熔滴过渡、飞溅及焊缝成形等影响很大，它是直流弧焊电源的一项重要技术参数。交流弧焊电源因其电磁惯性小，动特性一般能满足要求，可不予考虑。

①直流弧焊电源的动特性参数见表 2-6。

表 2-6　直流弧焊电源的动特性参数

动特性参数	参数的意义	对焊接过程的影响
瞬时短路电流峰值	焊接回路突然短路时输出电流的峰值，一般分为从空载到短路和从负载到短路两种情况	参数值过大，则电弧冲击力大，容易引起飞溅；参数值过小，则电弧显得无力，不易引弧
恢复电压最低值	弧焊电源从稳定短路状态突然开路时，其端电压恢复至空载电压值的过程中所出现的电压最低值，它决定了空载电压恢复的快慢	焊接引弧或熔滴将电弧短路后又重新引燃时，电源由短路到空载，要求空载由电压有足够的恢复速度，参数太低，电弧不稳定，易于熄灭
短路电流上升速度	焊接回路突然短路时，短路电流上升的快慢	对熔滴短路过渡的电弧焊关系较大，该参数过大则会产生大量小颗粒飞溅；参数值过小，将产生大颗粒飞溅，甚至焊丝成段爆裂

②直流弧焊电源动特性的主要指标见表 2-7。

表 2-7　直流弧焊电源动特性的主要指标

指　　标	对弧焊过程的影响
对瞬时短路电流峰值的要求 1. 直流弧焊发电机 从空载到短路：额定级 I_{sd}/I_{wd}≤2.5，25%额定级 I_{sd}/I_{wd}≤3； 从负载到短路：额定级 I_{sd}/I_{f}≤2.5，25%额定级 I_{sd}/I_{f}≤3； 2. 弧焊整流器 从空载到短路：额定级 I_{sd}/I_{wd}≤2.5，25%额定级 I_{sd}/I_{wd}≤3； 从空载到短路后经 0.05s，额定级、25%额定级 I'_{sd}/I_{wd}≤1.5； 从负载到短路：额定级、25%额定级 I_{sd}/I_{f}≤3； 注：I_{sd}—瞬时短路电流峰值；I_{wd}—稳态短路电流值；I_{f}—短路前负载电流值；I'_{sd}—短路 0.05s 后的瞬时电流值	为保证短路引弧可靠和顺利进行熔滴过渡，缩短弧焊电源处于短路状态的时间，瞬时短路电流峰值应适当增大；但是，为避免焊条（焊丝）过热、工件烧穿、弧焊电源过载，以及减小金属飞溅，其值也不可过大

续表 2-7

指　　标	对弧焊过程的影响
对短路电流上升速度的要求，此项指标系指短路电流由最低值上升到最高值与时间间隔的比值 细丝 CO_2 气电焊：70～180kA/s； 粗丝 CO_2 气电焊：10～20kA/s； 其他电弧焊：适当值	短路电流上升速度过小，会产生大颗粒飞溅，焊接过程稳定性差；但上升速度过大，会产生严重的小颗粒飞溅，焊缝成形不良
对恢复电压最低值的要求 U_{min} 称为恢复电压最低值，对直流弧焊发电机要求 U_{min}≥30V，对弧焊整流器不考核 U_{min}	U_{min} 过小，会造成电弧不稳，甚至产生断弧

2.2 交流弧焊电源

交流弧焊电源输出的电流波形有两种：一种是近似正弦波，即普通工频交流电的波形，其电源称为弧焊变压器；另一种是矩形波，又称为方波，其电源称为矩形波（方波）交流弧焊电源，它是近年发展起来的新型电源。

弧焊变压器是用近似正弦波的交流电形式向焊接电弧输送电能的设备。主要用于焊条电弧焊、埋弧焊和 TIG 焊，一般具有下降的外特性。

2.2.1 弧焊变压器的基本概念

弧焊变压器是一种具有下降外特性的降压变压器，通常又称为交流弧焊机。获得下降外特性的方法是在焊接回路中串联一个可调电感器，弧焊变压器工作原理如图 2-3 所示。此电感器可以是一个独立的电抗器，也可以利用弧焊变压器本身的漏感来代替。

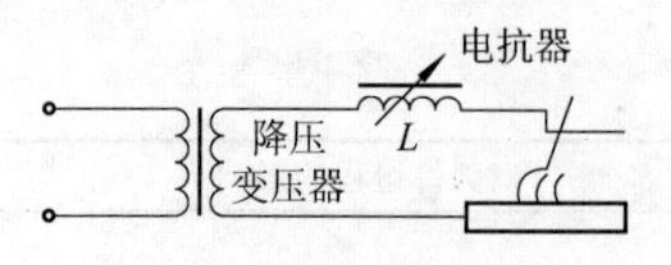

图 2-3　弧焊变压器工作原理

由于弧焊变压器的电抗是可以连续调节的，因此可以获得良好的焊接电流调节特性。当电抗从最小值变化到最大值时，焊接电流将从最大值变化到最小值，这个电流变化范围是弧焊变压器的重要技术指标之一。此外，电抗还有保证电弧稳定燃烧、限制短路电流增长速度和改善动特性的作用。根据串联电感器的形式，交流弧焊电源的分类见表 2-8。

表 2-8　交流弧焊电源的分类

分　　类	结构原理	规范调节	备　　注
分体式（BP3 X-500 BX10-500）		$I=\dfrac{\sqrt{U_0^2-U^2}}{kw\mu_0 N_r^2 S}\cdot\delta$ 式中：k——常系数； S——动铁心截面积； w——电抗器绕组有效匝数； μ_0——空气磁导率。 调节 δ（或饱和电抗器的激磁电流 I_y）即改变了焊接电流 I	1-2、3-5、4-6 连接输出小挡电流，1-2、1-3、2-4、5-7、6-8 连接输出大挡电流
同体式 BX2 系列：BX2-500，BX2-700，BX2-1000 型配 MZ1-1000 型自动焊机，BX2-2000 型配 MZ2-1500 自动焊机		调节原理与分体式基本相同，改变动静铁心间的间隙 δ，可以调节焊接电流；W_r 与 W_2 绕组应反接	用于大功率焊机：BX2-500 BX2-1000 BX2-2000

续表 2-8

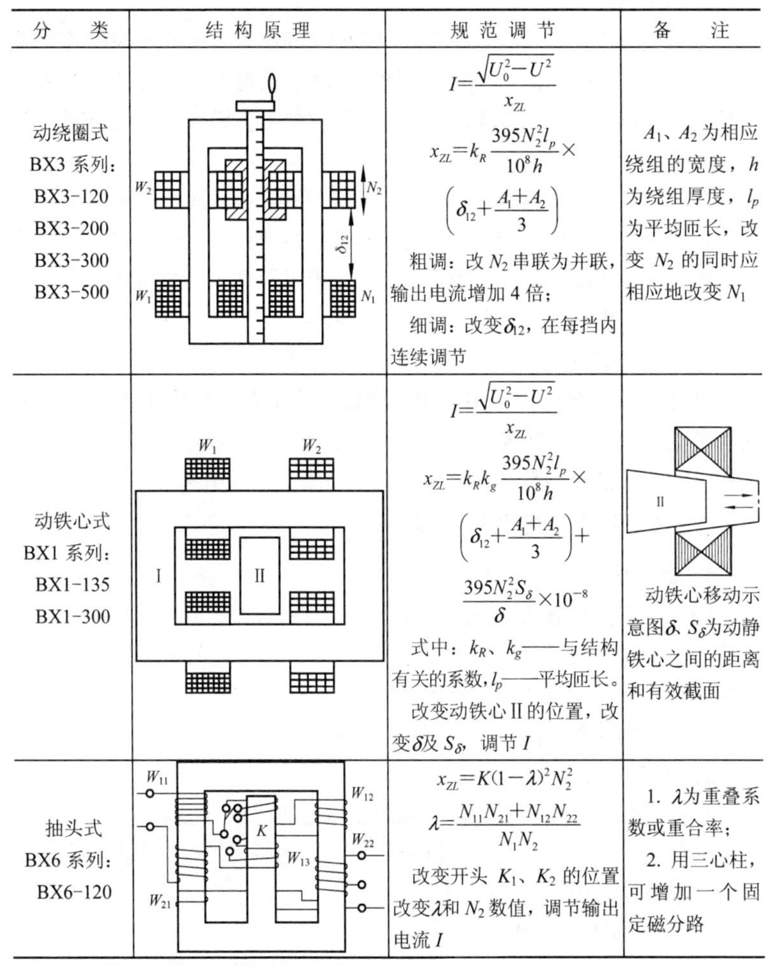

分　类	结构原理	规范调节	备　注
动绕圈式 BX3 系列： BX3-120 BX3-200 BX3-300 BX3-500		$I=\frac{\sqrt{U_0^2-U^2}}{x_{ZL}}$ $x_{ZL}=k_R\frac{395N_2^2 l_p}{10^8 h}\times\left(\delta_{12}+\frac{A_1+A_2}{3}\right)$ 粗调：改 N_2 串联为并联，输出电流增加 4 倍； 细调：改变 δ_{12}，在每挡内连续调节	A_1、A_2 为相应绕组的宽度，h 为绕组厚度，l_p 为平均匝长，改变 N_2 的同时应相应地改变 N_1
动铁心式 BX1 系列： BX1-135 BX1-300		$I=\frac{\sqrt{U_0^2-U^2}}{x_{ZL}}$ $x_{ZL}=k_R k_g\frac{395N_2^2 l_p}{10^8 h}\times\left(\delta_{12}+\frac{A_1+A_2}{3}\right)+\frac{395N_2^2 S_\delta}{\delta}\times 10^{-8}$ 式中：k_R、k_g——与结构有关的系数，l_p——平均匝长。 改变动铁心 II 的位置，改变 δ 及 S_δ，调节 I	动铁心移动示意图 δ、S_δ 为动静铁心之间的距离和有效截面
抽头式 BX6 系列： BX6-120		$x_{ZL}=K(1-\lambda)^2N_2^2$ $\lambda=\frac{N_{11}N_{21}+N_{12}N_{22}}{N_1N_2}$ 改变开头 K_1、K_2 的位置改变 λ 和 N_2 数值，调节输出电流 I	1. λ 为重叠系数或重合率； 2. 用三心柱，可增加一个固定磁分路

注：各式中的 N 表示相应绕组 W 匝数。

2.2.2 分体式弧焊变压器

1. 结构特点

分体式弧焊变压器分别由一台独立的降压变压器和一台独立的电

抗器组成，其结构原理见表 2-8。

2. 工作原理

分体式弧焊变压器将电网电压（220V/380V）降到 60～80V（空载电压），串联电抗器使变压器输出特性下降，获得下降外特性，以满足电弧稳定燃烧的需要。串联电抗器有一活动铁心，通过改变铁心间隙大小，调节焊接电流。

分体式弧焊变压器有单站式、多站式两种。单站式小电流焊接时电弧不稳定，另外结构不紧凑，经济指标低，目前已不生产；多站式设备投资少，利用率高，电网三相负载均匀，但灵活性差，变压器故障将影响多个工位，电能及电工材料耗量比较大。

3. 特点和适用范围

分体式弧焊变压器可用一个主变压器附上若干个电抗器制成多头式焊条电弧焊机。电抗器铁心有振动，小电流焊接时，电弧稳定性差，结构不紧凑，消耗材料多。该弧焊变压器用于焊条电弧焊。

2.2.3 同体式弧焊变压器

1. 结构特点

同体式弧焊变压器焊机由一台具有平特性的降压变压器叠加一个电抗器组成，见表 2-8，变压器与电抗器有一个共同的磁轭。变压器的一次绕组分别绕在变压器侧柱上，二次绕组与电抗器绕组串联后向电弧供电，电抗器铁心中间留有可调的间隙δ，以调节焊接电流。

2. 工作原理

同体式弧焊变压器与分体式弧焊变压器的工作原理基本相同，只是由于同体式弧焊变压器与电抗器有一个共同的磁轭，结构变得紧凑，并能节省部分铁心的材料。

3. 特点和适用范围

同体式弧焊变压器与分体式相比结构紧凑，节省材料，效率较高，降低电能消耗，占地面积小。但其较笨重，移动困难，因小电流焊接时，电弧不够稳定，故宜制成大、中容量的电源，主要用于自动与半自动埋弧焊。一般设有遥控的电流调节装置。

2.2.4　动线圈式弧焊变压器

1. 结构特点

焊机有一个高而窄的口字形铁心，目的是保证一次、二次绕组之间的距离δ_{12}有足够的变化范围，见表 2-8。变压器的一次、二次绕组分别做成匝数相等的两盘，用夹板成一体。一次绕组固定于铁心底部，二次绕组可用丝杆带动，摇动手柄则上下移动改变δ_{12}，从而调节电流。

2. 工作原理

由于变压器的一次、二次绕组分成两部分安装，使得两者之间造成较大的漏磁，焊接时使一次电压迅速下降，从而获得下降的外特性。

3. 特点和适用范围

小电流时，同体式弧焊变压器空载电压较高，容易引弧。不必使用电抗器，节省材料，结构简单，体积小，易制造，较经济。有两个空气隙，附加损耗大，宜制成中、小容量焊机，主要用于焊条电弧焊。

2.2.5　动铁心式弧焊变压器

1. 结构特点

动铁心式弧焊变压器焊机由一台一次、二次绕组分别绕在两侧心柱上的变压器，以及中间插入的一个活动铁心组成，见表 2-8。

2. 工作原理

由于变压器的一次、二次绕组分别绕在两侧的心柱上，产生很大的漏磁，二次绕组就起了相对于电抗器绕组的作用，并且焊接时中间的活动铁心中形成分路，造成更大的漏磁，使二次电压迅速下降，从而获得了下降的外特性。

3. 特点和适用范围

动铁心式弧焊变压器没有活动铁心，从而避免振动而引起的电弧不稳，且噪声较小，小电流焊接时电弧较稳定。但要靠改变绕组匝数实现焊接电流的粗调，使用不方便。此外，消耗电工材料多，经济性较差，因绕组移动距离受限，故适于制成中等容量焊条电弧焊电源。空载电压高的动铁心式弧焊变压器可用于 TIG 焊。

2.2.6　抽头式弧焊变压器

1. 结构特点

抽头式弧焊变压器一次、二次绕组绕在两个铁心柱上，用变换抽头的方法改变空载电压及漏磁，以调节焊接电流，见表 2-8。

2. 工作原理

抽头式弧焊变压器的基本工作原理与动圈式弧焊变压器相似。一次绕组分绕在口字铁心的两个心柱上，二次绕组仅在一个心柱上。所以，一次、二次绕组之间产生较大的漏磁，从而获得下降外特性。电流调节时是有级的。

3. 特点和适用范围

抽头式弧焊变压器结构简单，体积小，耗料少，易于制造，无活动部分，无振动，使用可靠，成本低。但其电流调节是有限的，调节性能欠佳且不方便。一般制成小容量、低负载持续率的焊条电弧焊电源，适于农村及修配站使用。

2.2.7　常用弧焊变压器型号和技术参数

常用弧焊变压器技术参数（一）～（五）分别见表 2-9～表 2-13。

表 2-9　常用弧焊变压器技术参数（一）

技术参数＼型号	BX1-120	BX1-135	BX1-160	BX1-200	BX1-250
结构形式	动铁式				
额定焊接电流/A	120	135	160	200	250
输入电源	单相，220V，50Hz	单相，220V/380V，50Hz	单相，220V/380V，50Hz	单相，220V/380V，50Hz	单相，380V，50Hz
二次空载电压/V	50	Ⅰ：75 Ⅱ：60	80	80	78
额定工作电压/V		30	21.6～27.8	21.6～27.8	22.5～32
额定一次电流/A	29.8	40/23	35.4		54
焊接电流调节范围/A	60～120	Ⅰ：25～85 Ⅱ：50～150	40～192	40～200	62.5～300

续表 2-9

技术参数 \ 型号		BX1-120	BX1-135	BX1-160	BX1-200	BX1-250
额定负载持续率（%）		20	65	60	40	60
额定输入容量/（kV·A）		6	8.7	13.5	16.9	20.5
各负载持续率时容量/（kV·A）	额定负载持续率	6	8.7	13.5	16.9	20.5
	100%	2.7	—	10.4	10.7	15.9
各负载持续率时焊接电流/A	额定负载持续率	120	135	160	200	250
	100%	54	110	124	126	194
质量/kg		32	98	93	93	116
外形尺寸/mm	长	360	680	587	587	600
	宽	245	480	325	325	360
	高	305	580	668	645	720
适用范围		手提轻便弧焊电源	焊条电弧焊，电弧切割		焊条电弧焊	

表 2-10　常用弧焊变压器技术参数（二）

技术参数 \ 型号	BX1-400	BX1-500		BX1-630	BX3-120-1
结构形式	动铁式				动圈式
额定焊接电流/A	400	500	500	630	120
输入电源	单相，380V，50Hz	单相，220V/380V，50Hz	单相，380V，50Hz	单相，380V，50Hz	单相，220V/380V，50Hz
二次空载电压/V	77	77	80	80	Ⅰ：75 Ⅱ：70
额定工作电压/V	24～36	24～36	20～44	22～44	25
额定一次电流/A	83	142/82	83	147.5	41/23.5
焊接电流调节范围/A	100～480	100～500	—	110～760	Ⅰ：20～65 Ⅱ：60～160
额定负载持续率（%）	60	40	60	60	60

续表 2-10

技术参数＼型号		BX1-400	BX1-500		BX1-630	BX3-120-1
额定输入容量/（kV·A）		31.4	39.5	42	56	9
各负载持续率时容量/（kV·A）	额定负载持续率	31.4	39.5	42	56	9
	100%	24.4	25	32.5	43.4	7
各负载持续率时焊接电流/A	额定负载持续率	400	500	500	630	120
	100%	310	316	387	488	93
质量/kg		144	144	310	270	100
外形尺寸/mm	长	640	640	820	760	485
	宽	390	390	500	460	470
	高	764	754	790	890	680
适用范围		焊条电弧焊	焊条电弧焊电源及切割电源，适于厚板			焊条电弧焊

表 2-11　常用弧焊变压器技术参数（三）

技术参数＼型号	BX3-200		BX3-300	BX3-300-2	BX3-1-400
结构形式	动圈式				
额定焊接电流/A	200		300	300	400
输入电源	单相，380V，50Hz	单相，220V/380V，50Hz	单相，380V，50Hz	单相，220V/380V，50Hz	单相，220V/380V，50Hz
二次空载电压/V	80/65	70/70	75/60	Ⅰ：78 Ⅱ：70	Ⅰ：88 Ⅱ：80
额定工作电压/V	30	—	22～35	32	20
额定一次电流/A	36.5	67.5/39.5	54	105/61.9	158/93.4
焊接电流调节范围/A	Ⅰ：30～90 Ⅱ：95～265	Ⅰ：35～100 Ⅱ：95～250	Ⅰ：40～150 Ⅱ：120～380	Ⅰ：40～125 Ⅱ：120～400	Ⅰ：60～180 Ⅱ：175～500
额定负载持续率（%）	60	40	60	60	60
额定输入容量/（kV·A）	14	15	20.5	23.4	35.6

续表 2-11

技术参数 \ 型号		BX3-200		BX3-300	BX3-300-2	BX3-1-400
各负载持续率时容量/（kV·A）	额定负载持续率	14	15	20.5	23.4	35.6
	100%	11	9.4	16	18.5	28
各负载持续率时焊接电流/A	额定负载持续率	200	200	300	300	400
	100%	155	125	232	232	310
质量/kg		122	100	190	183	225
外形尺寸/mm	长	525	445	580	730	730
	宽	460	410	565	540	540
	高	690	750	900	900	900
适用范围		焊条电弧焊，也可作电弧切割用				

表 2-12 常用弧焊变压器技术参数（四）

技术参数 \ 型号		BX3-500-2	BX3-1-500	BX6-200	BX6-120	BXD6-120
结构形式		动圈式		抽头式		
额定焊接电流/A		500	500	200	120	120
一次电压/V		单相，220V/380V，50Hz		单相，380V，50Hz		
二次空载电压/V		Ⅰ：75 Ⅱ：70	Ⅰ：88 Ⅱ：80	48～70	50	
额定工作电压/V		40	20	22～28	25	25
额定一次电流/A		176/101.4	201/119	40	6	14.5/20.5
焊接电流调节范围/A		Ⅰ:60～220 Ⅱ:220～655	Ⅰ:50～200 Ⅱ:200～600	60～200	45～160	Ⅰ:98～115 Ⅱ:110～130
额定负载持续率（%）		60	60	20	20	60
额定输入容量/（kV·A）		38.6	45	15	6	8.4
各负载持续率时容量/（kV·A）	额定负载持续率	38.6	45	15	—	8.4
	100%	30.5	35	—	—	—

续表 2-12

技术参数 \ 型号		BX3-500-2	BX3-1-500	BX6-200	BX6-120	BXD6-120
各负载持续率时焊接电流/A	100%	388	387	—	54	—
	额定负载持续率	500	500	—	120	120
质量/kg		225	225	49	20	35
外形尺寸/mm	长	730	890	270	445	320
	宽	540	350	351	140	225
	高	900	550	474	190	280
适用范围		供焊条电弧焊和电弧切割用	供电弧焊及电弧切割用	手提式焊条电弧焊电源		

表 2-13　常用弧焊变压器技术参数（五）

技术参数 \ 型号		BP-3×500		BX2-500	BX2-1000	BX2-2000
		电源	附电抗器			
结构形式		分体式		同体式		
额定焊接电流/A		3×500	155	500	1000	2000
一次电压/V		三相，220V/380V，50Hz	—	单相，220V/380V，50Hz		单相，380V，50Hz
二次空载电压/V		70	—	80	69～78	72～84
额定工作电压/V		—	—	—	42	50
额定一次电流/A		320/185	25	45	340/196	450
焊接电流调节范围/A			25～210	200～600	400～1200	80～2200
额定负载持续率（%）		100	65	50	60	50
额定输入容量/（kV·A）		122	—	42	76	170
各负载持续率时容量/（kV·A）	100%	—	—	32.5	59	120
	额定负载持续率	—	—	42	76	170
各负载持续率时焊接电流/A	100%	—	—	388	775	L400
	额定负载持续率	—	—	500	1000	2000

续表 2-13

技术参数 \ 型号		BP-3×500		BX2-500	BX2-1000	BX2-2000
		电源	附电抗器			
质量/kg		700	62	445	560	890
外形尺寸/mm	长	1360	361	950	741	1020
	宽	860	402	744	950	818
	高	1120	732	1215	1220	1260
适用范围		可同时供12个焊工工作的多站式焊条电弧焊电源		自动与半自动埋弧焊电源		

2.3 直流弧焊电源

2.3.1 直流弧焊发电机

直流弧焊发电机是由旋转的原动机（电动机、内燃机等）驱动弧焊发电机而发出适于焊接用的直流电。电动机为弧焊发电机提供机械能，而弧焊发电机则把机械能转变成焊接所需的电能。直流弧焊发电机主要用于焊条电弧焊、埋弧焊和 TIG 焊，故需具有下降外特性。

1. 弧焊发电机的基本原理

弧焊发电机从本质上来讲仍然属于发电机，只是由于其负载特性不同，因此要求输出特性满足一定的条件。在说明弧焊发电机的基本原理时，应当着重分析其与普通发电机的不同。目前，弧焊发电机主要用于焊条电弧焊、埋弧焊和钨极氩弧焊，因此需要具有下降外特性。此外，亦需具有良好的调节性能和动特性。

直流弧焊发电机也是靠电枢上的导体切割磁极和电枢之间空气隙内的磁力线而感应出电动势，感应电动势 E 为

$$E=K\boldsymbol{\Phi} \tag{2-2}$$

式中：$\boldsymbol{\Phi}$——每个主磁极磁通量；

K——常数，由电枢转速及结构确定。

发电机的电枢电压 U_a 为

$$U_a = E - I_a R_a \qquad (2\text{-}3)$$

式中：I_a ——电枢电流；

R_a ——电枢电阻。

由于系统内阻一般很小，R_a 可以忽略，而发电机 Φ 一般与 I_a 无关，所以发电机的外特性应当是平外特性。为获得下降外特性，有以下几种办法。

（1）在电枢电路中串联镇定电阻　串联镇定电阻的电路如图 2-4 所示，R_z 即为镇定电阻器，发电机本身外特性近于平外特性，即 $U_a \approx E \approx U_o$。负载电压 U_f 与负载电流 I_f（电枢电流 I_a）的关系是

$$U_f = U_o - I_f (R_a + R_z) \qquad (2\text{-}4)$$

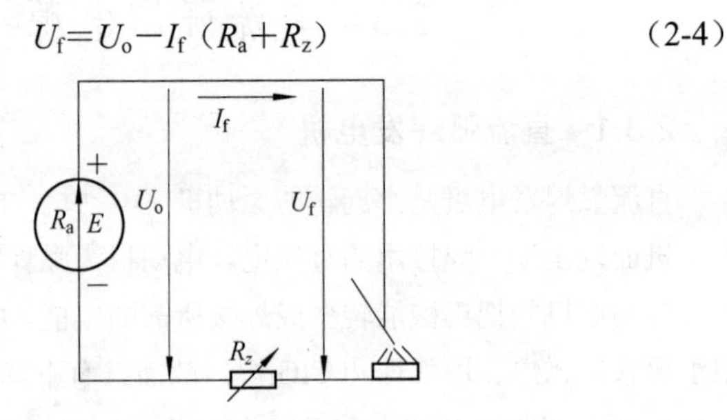

图 2-4　串联镇定电阻的电路

这种方法是通过人为的增大电压内阻来改变输出外特性的。这种方法使镇定电阻 R_z 上的能量被浪费了，所以效率很低，只用于多站式直流发电机。

（2）改变磁极磁通 Φ　由式（2-2）可知，电枢电动势 E 与 Φ 成正比，因而只要设法使 Φ 随 I_f 的增大而减小就可获得下降外特性，即

$$\Phi = \Phi_p - \Phi_b = \frac{I_p N_p}{R_{mp}} - \frac{I_f N_b}{R_{mb}} \qquad (2\text{-}5)$$

式中：Φ_p、Φ_b——励磁、去磁磁通；

I_p、N_p——去磁绕组的电流和匝数；

R_{mp}——励磁磁路的磁阻；

N_b——去磁绕组的匝数；

R_{mp}——励磁磁路的磁阻。

于是

$$U_f = E - I_f R_a = K\left(\frac{I_p N_p}{R_{mp}} - \frac{I_f N_b}{R_{mb}}\right) - I_f R_a = \frac{KI_p N_p}{R_{mp}} - I_f\left(\frac{KN_b}{R_{mb}} + R_a\right) \quad (2\text{-}6)$$

因为 $\frac{KI_p N_p}{R_{mp}} = U_o$ 及令 $\frac{KN_b}{R_{mb}} = R_b$，$R_b$是考虑去磁作用的等效电阻，而且在弧焊发电机中 R_a很小，可以略去。所以

$$U_f = U_o - I_f R_b \quad (2\text{-}7)$$

即与负载电流成正比的去磁作用，可等效为在电枢串联了电阻。这样既可获得下降外特性，又不增加能量损耗。式（2-7）又可写成

$$I_f = \frac{U_o - U_f}{R_b} \quad (2\text{-}8)$$

由式（2-8）可知，改变 U_o（改变 I_p）及 R_b都可调节电流。

2. 直流弧焊发电机的分类

根据产生去磁磁通的方式不同，直流弧焊发电机可以分为差复激式（用串联绕组去磁）、裂极式（用电枢反应去磁）、换向极式（用换向极绕组去磁）。

根据原动机的不同，直流弧焊发电机可以分为以下几类。

（1）直流弧焊发电机 用三相发电机提供动力。电动机与发电机同轴共壳组成一体式焊机。

（2）直流弧焊柴（汽）油发电机 用柴油机或汽油机驱动发电机。可以组成汽车式，用汽车的发电机驱动一台或两台发电机。这种焊机适用于野外作业、没有电源的情况。

典型直流弧焊发电机的工作原理见表 2-14。

表 2-14　典型直流弧焊发电机的工作原理

类型	工作原理	焊接电流调节
差复激式	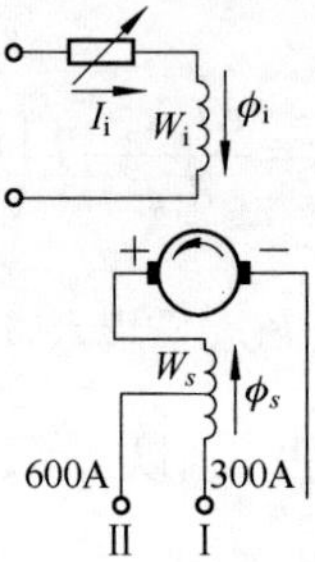 I_i W_i ϕ_i + − W_s ϕ_s 600A 300A II I	分析空载电压和短路电流方程 $U_0=\frac{K}{R_m}I_tN_t$，$I_d=\frac{N_tI_t}{N_s}$ 可知：N_s 改变时，U_0 不变，I_d 改变，N_s 增加，外特性向内移动，焊接电流减小，反之增大。 I_t 改变，U_0，I_d 均改变；I_t 减小，U_0 降低，I_d 减小；外特性向左下方移动，焊接电流减小，反之增大
裂极式	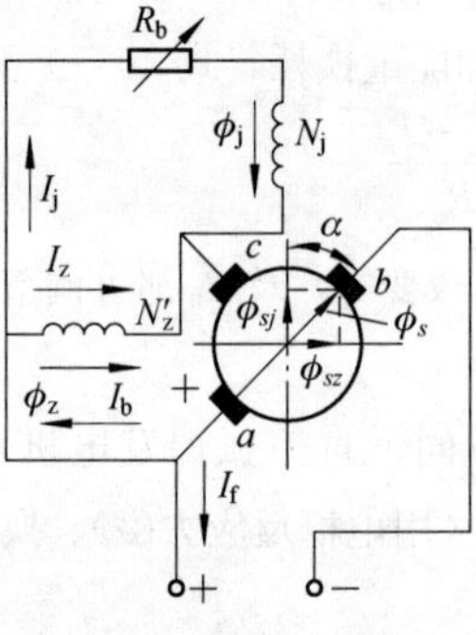 R_b ϕ_j N_j I_j α c b I_z N'_z ϕ_{sj} ϕ_s ϕ_{sz} ϕ_z I_b + a I_f + −	由空载电压方程和短路电流方程 $U_0=K\frac{I_jN_j}{R_m}$，$I_d=\frac{2I_jN_j}{N_s\cos\alpha}$ 可知，改变电刷位置使 α 改变可以调节短路电流；α 改变三挡将电流输出分为三挡。每挡内改变 I_j 可以细调输出焊接电流。I_j 改变，U_0 也跟着改变。I_j 减小，外特性向左下方移动，焊接电流减小
换向极式	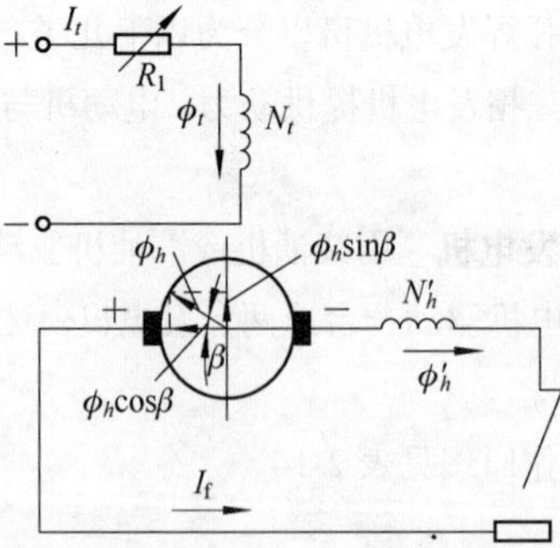 I_t + R_1 ϕ_t N_t − ϕ_h $\phi_h\sin\beta$ + − N'_h β ϕ'_h $\phi_h\cos\beta$ I_f 由于换向极式的特殊结构形式，使换向极磁通倾斜，与中性面夹角 β 垂直分量 $\phi_h\sin\beta$ 有去磁作用	由空载电压和短路方程 $U_0=\frac{K}{R_m}I_tN_t$，$I_d=\frac{I_tN_t}{N'_h\sin\beta}$ 可知：改变电刷位置，使 β 增大，I_d 将减小。 电刷置于左、中、右三个位置，将输出电流分为三挡，每挡用改变 I_t 细调；I_t 减小，空载电压降低，外特性向左下方移动

直流弧焊发电机具有坚固耐用、电流稳定等优点。缺点是效率低、噪声大、耗材量大，因而电动机驱动的弧焊发电机已在淘汰之列，但现有不少厂矿企业仍在使用，故本书仍做简要介绍。

3. 常用直流弧焊发电机技术参数

①差复激式弧焊发电机技术参数见表2-15。

表2-15 差复激式弧焊发电机技术参数

技术参数 \ 型号			AX-250	AX-300	AX7-250	AX7-500
结构形式			差复激式			
弧焊发电机	额定焊接电流/A		250	300	250	500
	焊接电流调节范围/A		50～300	60～360	60～300	120～600
	空载电压/V		50～70	50～75	60～90	40～90
	工作电压/V		22～32	22～34	22～32	25～40
	额定负载持续率（%）		60			
	各负载持续率时功率/kW	100%	195	230	194	385
		额定负载持续率	—	—	7.5	20
	各负载持续率时焊接电流/A	100%	—	—	5.4	13.5
		额定负载持续率	250	300	250	500
使用焊条直径/mm			1～6	1～6	1.6～6	2.5～10
电动机	功率/kW		10	10	10	26
	电压/V		220/380	220/380	380	380
	电流/A		19.4	19.4	20.8	50.5
	频率/Hz		50			
	转速/（r/min）		2900			
	功率因数		0.9	0.9	0.9	0.89
机组效率（%）			52	52	50.5	
质量/kg			220	250	290	480
外形尺寸/mm	长		770	830	900	1100
	宽		418	470	540	650
	高		715	685	840	950

续表 2-15

技术参数 \ 型号	AX-250	AX-300	AX7-250	AX7-500
适用范围	焊条电弧焊电源，使用小电流时可焊接薄板结构		焊条电弧焊电源，使用小电流时可焊接薄板结构	焊条电弧焊电源，可焊接厚钢板，亦可供埋弧自动焊、半自动焊电源或碳弧气刨电源

②裂极式、换向极式直流弧焊发电机技术参数见表 2-16。

表 2-16　裂极式、换向极式直流弧焊发电机技术参数

技术参数 \ 型号			AX-320	AXD-320	AX3-300	AX3-300-1	AX4-300
结构形式			裂极式		换向极式		
弧焊发电机	额定焊接电流/A		320	320	300	300	300
	焊接电流调节范围/A		45～320	45～320	50～375	45～375	45～375
	空载电压/V		50～80	50～80	55～70	55～70	55～80
	工作电压/V		30	30	22～35	25～35	25～35
	额定负载持续率(%)		50	50	60	60	60
	各负载持续率时功率/kW	额定负载持续率	9.6	9.6	9.6	9	9
		100%	7.5	7.5	6.72	6.9	6.9
	各负载持续率时焊接电流/A	额定负载持续率	320	320	300	300	300
		100%	250	250	230	230	230
使用焊条直径/mm			3～7	2～6	2～7	3～7	2～7
电动机	功率/kW		14		10	10	10
	电压/V		220/380 380/660	—	380	220/380 380/660	380
	电流/A		47.8/27.6 27.6/15.95	—	20.8	26/20.8 20.8/12	20.8

续表 2-16

<table>
<tr><th colspan="3">技术参数 \ 型号</th><th>AX-320</th><th>AXD-320</th><th>AX3-300</th><th>AX3-300-1</th><th>AX4-300</th></tr>
<tr><td rowspan="3">电动机</td><td colspan="2">频率/Hz</td><td>50</td><td></td><td>50</td><td>50</td><td>50</td></tr>
<tr><td colspan="2">转速/（r/min）</td><td>1450</td><td>1450</td><td>2900</td><td>2900</td><td>2900</td></tr>
<tr><td colspan="2">功率因数</td><td>0.87</td><td></td><td>0.88</td><td>0.87</td><td>0.86</td></tr>
<tr><td colspan="3">机组效率（%）</td><td>53</td><td>62</td><td>52</td><td>52</td><td>52</td></tr>
<tr><td colspan="3">质量/kg</td><td>560</td><td>365</td><td>250</td><td>200</td><td>250</td></tr>
<tr><td colspan="2" rowspan="3">外形尺寸/mm</td><td>长</td><td>1202</td><td>940</td><td>875</td><td>810</td><td>1040</td></tr>
<tr><td>宽</td><td>600</td><td>475</td><td>500</td><td>460</td><td>580</td></tr>
<tr><td>高</td><td>992</td><td>665</td><td>763</td><td>700</td><td>800</td></tr>
<tr><td colspan="3">适用范围</td><td>焊条电弧焊电源，使用小电流时可焊接薄板结构</td><td>适用范围同 AX-320 型，适用于无电源地区，由其他原动机驱动</td><td colspan="3">焊条电弧焊电源，使用小电流时可焊接薄板结构</td></tr>
</table>

③柴油机驱动直流弧焊发电机技术参数见表 2-17。

表 2-17 柴油机驱动直流弧焊发电机技术参数

技术参数 \ 型号	AXC-160	AXC-200	AXC-315	AXC-400
配用柴油机型号	S195L	S195L	295G	495J
额定焊接电流/A	160	200	315	400
额定负载持续率（%）	60	35	60	60
工作电压/V	22～28	21.4～28	28	23～39
空载电压/V	42～65	40～70	50～80	65～90
焊接电流调节范围/A	32～200	40～200	40～320	40～480
输出功率/kW	5	5.6	9.6	14.1
额定转速/（r/min）	2900	2000	1500	2000
机组净重/kg	315	320	1400	1200
机组外形尺寸/（mm×mm×mm）	—	1350×735×840	3600×1500×1510	2470×1680×1790

注：表 2-17 所列的焊机适合于无交流电源场所，供单人操作的直流电弧焊电源使用，用以焊接金属结构。

④AX9-500 型旋转直流弧焊发电机技术参数见表 2-18。

表 2-18 AX9-500 型旋转直流弧焊发电机技术参数

<table>
<tr><th>项 目</th><th colspan="2">技术参数</th><th colspan="2">项 目</th><th>技术参数</th></tr>
<tr><td>电流调节范围/A</td><td colspan="2">100～600</td><td rowspan="6">电动机</td><td>功率/kW</td><td>26</td></tr>
<tr><td>空载电压/V</td><td colspan="2">70～90</td><td>电源电压/V</td><td>220/380</td></tr>
<tr><td>工作电压/V</td><td colspan="2">24～44</td><td>输入电流/A</td><td>88.2/50.9</td></tr>
<tr><td>额定负载持续率（%）</td><td colspan="2">60</td><td>频率/Hz</td><td>50</td></tr>
<tr><td rowspan="3">发电机功率/kW</td><td>额定负载持续率</td><td>20</td><td>转速/（r/min）</td><td>1450</td></tr>
<tr><td rowspan="2">100%</td><td rowspan="2">12.5</td><td>功率因数</td><td>0.88</td></tr>
<tr><td colspan="2">机组效率（%）</td><td>54</td></tr>
<tr><td rowspan="2">焊接电流/A</td><td>额定负载持续率</td><td>500</td><td colspan="2">质量/kg</td><td>700</td></tr>
<tr><td>100%</td><td>385</td><td colspan="2">外形尺寸/（mm×mm×mm）</td><td>1162×630×1000</td></tr>
</table>

注：AX9-500 型旋转直流弧焊发电机可做埋弧焊电源，也可以用作手工焊和碳弧切割电源。使用直径为 2～6mm 的焊条，焊接厚度 4～15mm 的结构钢件。

⑤AXD-320 型旋转直流弧焊发电机技术参数见表 2-19。

表 2-19 AXD-320 型旋转直流弧焊发电机技术参数

<table>
<tr><th>负载持续率
技术参数</th><th>100</th><th>75</th><th>50</th></tr>
<tr><td>电流调节范围/A</td><td colspan="3">45～320</td></tr>
<tr><td>空载电压/V</td><td colspan="3">50～80</td></tr>
<tr><td>工作电压/V</td><td colspan="3">30</td></tr>
<tr><td>额定负载持续率（%）</td><td colspan="3">50</td></tr>
<tr><td>容量/（kV·A）</td><td>7.5</td><td>8.4</td><td>9.6</td></tr>
<tr><td>电流/A</td><td>250</td><td>280</td><td>320</td></tr>
<tr><td>转速/（r/min）</td><td colspan="3">1450</td></tr>
<tr><td>发电机效率（%）</td><td colspan="3">62</td></tr>
<tr><td>质量/kg</td><td colspan="3">365</td></tr>
<tr><td>外形尺寸/（mm×mm×mm）</td><td colspan="3">940×475×665</td></tr>
</table>

注：AXD-320 型旋转直流弧焊发电机可作为单人直流弧焊电源，可以用直径为 2～6mm 的焊条，并可以用小电流焊接薄板结构，电弧稳定。

⑥AX7 系列弧焊发电机技术参数见表 2-20。

表 2-20 AX7 系列弧焊发电机技术参数

技术参数 \ 型号		AX7-250	AX7-300	AX7-400	AX7-500 AX7-500-1
电流调节范围/A		60～300	60～360	80～500	120～600
空载电压/V		60～90	50～90	60～90	40～90
工作电压/V		22～32	22～34	23～40	25～44
额定负载持续率（%）		60			
各负载持续率时发动机功率/kW	额定负载持续率	7.5	9.6	14.4	20
	100%	5.4	6.7	9.9	13.5
各负载持续率时焊接电流/A	额定负载持续率	250	300	400	500
	100%	194	230	310	385
电动机	功率/kW	10	12	20	26
	电源电压/V	380			
	输入电流/A	20.8	24.4	40	50.5
	频率/Hz	50			
	功率因数	0.88	0.88	0.90	0.89
	转速/（r/min）	2900			
机组效率（%）		50.5	52	53	54
质量/kg		290	300	370	480
外形尺寸/（mm×mm×mm）		900×540×840	930×540×820	950×590×890	1120×650×950

注：AX7 系列直流弧焊发电机可作为手工焊接电源，用于焊接金属结构件。AX7-500-1 型直流弧焊机，也可以供埋弧焊等电源使用。

⑦API-350 型直流弧焊发电机技术参数见表 2-21。

表 2-21 API-350 型直流弧焊发电机技术参数

直流弧焊机	容量/(kV·A)	电流/A	空载持续率（%）	空载电压/V	工作电压/V	电流范围/A
	9.8/12.3	280/350	100/65	35	15～35	350
三相异步电动机	容量/(kV·A)	电压/V	电流/A	额定负载持续率（%）	转速/（r/min）	功率因数
	14	380	27.3	100	2920	0.86

注：XP1-350 适用于细焊丝。

⑧AX8-500 型旋转直流弧焊发电机的技术参数见表 2-22。

表 2-22 AX8-500 型旋转直流弧焊发电机技术参数

<table>
<tr><th>项目</th><th>技术参数</th><th colspan="2">项目</th><th>技术参数</th></tr>
<tr><td>电流调节范围/A</td><td>125～500</td><td rowspan="5">电动机</td><td>功率/kW</td><td>30</td></tr>
<tr><td>空载电压/V</td><td>50～85</td><td>电源</td><td>三相，380V</td></tr>
<tr><td>工作电压/V</td><td>25～44</td><td>频率/Hz</td><td>50</td></tr>
<tr><td rowspan="2">额定负载持续率（%）</td><td rowspan="2">60</td><td>转速/（r/min）</td><td>2950</td></tr>
<tr><td>功率因数</td><td>0.91</td></tr>
<tr><td>发电机功率/kW
（额定负载持续率时）</td><td>20</td><td colspan="2">质量/kg</td><td>520</td></tr>
<tr><td>焊接电流/A
（额定负载持续率时）</td><td>500</td><td colspan="2"></td><td></td></tr>
</table>

注：AX8-500 型旋转直流弧焊发电机可供手工直流电弧焊、埋弧焊和碳弧切割电源使用。

⑨AXC7-320、AXC7-400 型柴油机驱动直流弧焊发电机组技术参数见表 2-23。

表 2-23 AXC7-320、AXC7-400 型柴油机驱动直流弧焊发电机组技术参数

技术参数 \ 型号	AXC7-320	AXC7-400
电流调节范围/A	40～320	80～400
空载电压/V	50～80	65～90
工作电压/V	30	23～39
额定负载持续（%）	50	60
额定焊接电流/A	320	400
转速/（r/min）	1500	2000
机组质量/kg	1700	1200
外形尺寸/（mm×mm×mm）	2350×1845×2000	2445×1680×1800

注：本表焊机适用无交流电的场所，供单人操作的直流弧焊电源使用，用以焊接金额结构件。

⑩柴（汽）油机驱动直流弧焊发电机技术参数见表2-24。

表2-24 柴（汽）油机驱动直流弧焊发电机技术参数

技术参数		型号	AXC-320	AXC7-500	AXQ1-160	AXQ7-250	AXT1-2×250
直流弧焊发电机	焊机型号		AXD-320	AXD7-500	AXD1-160	AXD7-250	AXD-250(两台)
直流弧焊发电机	形式		自励	他励	自励	他励	自励
直流弧焊发电机	额定焊接电流/A		320	500	160	250	250
直流弧焊发电机	焊接电流调节范围/A		40～320	80～500	40～200	60～300	60～250
直流弧焊发电机	空载电压/V		50～80	50～95	40～75	60～90	50～80
直流弧焊发电机	工作电压/V		30	23～40	22～26	22～32	30
直流弧焊发电机	额定负载持续率(%)		50	60	60	60	60
直流弧焊发电机	各负载持续率时功率/kW	额定负载持续率		20	4.2	7.5	2×7.5
直流弧焊发电机	各负载持续率时功率/kW	100%		13.5	4	5.5	
直流弧焊发电机	各负载持续率时焊接电流/A	额定负载持续率	320	500	160	250	
直流弧焊发电机	各负载持续率时焊接电流/A	100%	250	387	124	195	
直流弧焊发电机	额定转速/（r/min）		1500	2900	2900	2900	1500
直流弧焊发电机	适用焊条直径/mm		3～7	4～8	2～4	3～5	
发动机参数	型号		3110-64	495D	270F	470F	东方红-75型履带式4125A
发动机参数	形式		水冷、立式、四冲程、涡流燃烧室	水冷、立式、单列、四冲程	风冷、水平对置、顶置气门、四冲程	风冷、水平对置、顶置气门、四冲程	水冷、四冲程、涡流式
发动机参数	气缸数/只		3	4	2	4	4
发动机参数	气缸直径/mm		110	95	70	70	123
发动机参数	活塞行程/m		150	110	65	65	152
发动机参数	压缩比		17∶1	20∶1	7∶1	7∶1	16∶1
发动机参数	额定功率/kW		33.1	36.8	6.6	13.2	55.2
发动机参数	转速/（r/min）		1500	3000	3000	3000	1500
发动机参数	燃料		10号或20号轻柴油	0号或10号轻柴油	66号汽油	66号汽油	0号或10号轻柴油

续表 2-24

技术参数 \ 型号		AXC-320	AXC7-500	AXQ1-160	AXQ7-250	AXT1-2×250
发动机参数	起动方式	电起动	电起动	电起动或手摇	电起动或手摇	汽油机起动
	调整装置	全程高速		自动调速器	自动调速器	
机组安装方式		单轴拖车式	双轴拖车式	管架推移式	管架推移式	履带式拖拉机驱动
机组质量（不包括燃油，冷却水）/kg		1700	1300	240	456	7290
外形尺寸/mm	长	2350	3700	960	1440	4498
	宽	1845	1660	710	820	1970
	高	2000	1650	864	1140	2250
适用范围		单人焊条电弧焊直流焊接电源	焊条电弧焊、埋弧焊、碳弧气刨	单人焊条电弧焊直流电源	单人焊条电弧焊直流电源	可供两个岗位焊条电弧焊

⑪越野汽车焊接工程车技术参数见表 2-25。

表 2-25 越野汽车焊接工程车技术参数

技术参数 \ 型号	AXH-200	AXH-250	AXH-400	AXH-315
额定焊接电流/A	200	250	400	315
额定负载持续率（%）	35	60	60	60
工作电压/V	21.4～28	30	23～39	32.6
空载电压/V	40～70	50～90	65～90	50～80
焊接电流调节范围/A	40～200	50～315	65～480	45～320
输出功率/kW	5.6	7.5	14.1	9.6
额定转速/（r/min）	2000	1500	2000	1450
柴油机型号	S195L	—	495J	—
汽车底盘	—	—	跃进 134	—
工程车发动机功率/kW	—	88	—	—

注：适用于野外无交流电源的场所，用于焊接金属结构件。

⑫目前，市场还出现一批小型弧焊发电机，该焊机从焊机的质量和性能上都能满足焊接要求，并且售价低廉，维修简易，焊接生产中搬运轻便、灵活，是晶闸管焊机研究中的重大突破。小型直流弧焊发电机技术参数见表2-26。

表2-26　小型直流弧焊发电机技术参数

技术参数 \ 型号	ZX5-63	ZX5-100
电源电压/V	220	
空载电压/V	76	
额定焊接电流/A	63	100
电流调节范围/A	8～63	8～100
额定负载持续率（%）	35	
额定输入容量/（kV·A）	2.6	4.2
频率/Hz	50	
质量/kg	8	13

注：适用范围与表2-25焊机相同。

⑬常用弧焊发电机技术参数见表2-27。

表2-27　常用弧焊发电机技术参数

汽油机驱动弧焊发电机								
产品名称	型号	额定输入容量/（kV·A）	空载电压/V	额定焊接电流/A	电流调节范围/A	额定负载持续率（%）	额定转速/（r/min）	适用范围
汽油机驱动弧焊发电机	PKH-250Q	12	80～90	250	25～250	60	3000	适用于野外无电源条件下钢结构焊接
	PKH-350Q	15	80～90	350	35～350	60	3000	
	AXQ1-200A-OHV	8	60～85	200	40～210	80	3000～3400	石油、燃气、供热管道焊接，钢轨、道岔现场维修
	AXQ1-300A-2OHV	10.6	60～85	300	50～350	80	3000～3400	石油、燃气、供热管道焊接，钢轨、道岔现场维修
	AXQ1-400A-2OHV	12	60～85	400	50～400	80	3000～3400	

续表 2-27

产品名称	型号	额定输入容量/(kV·A)	空载电压/V	额定焊接电流/A	电流调节范围/A	额定负载持续率（%）	额定转速/（r/min）	适用范围
汽油机驱动弧焊发电机	WS/AXQ1-200A-2OHV	8	60～85	200	10～210	80	3000～3400	石油、燃气、供热管道打底焊接
	WS/AXQ1-300A-OHV	10.6	60～85	300	20～350	80	3000～3400	
汽油机驱动等离子切割机	LG50A	9.4	250	50	—	80	3000～3400	铁路弯道切割

柴油机驱动弧焊发电机

产品名称	型号	额定输入容量/(kV·A)	空载电压/V	转速/(r/min)	额定焊接电流/A	额定工作电压/V	电流调节范围/A	额定负载持续率（%）	备注
柴油机驱动直流弧焊机组	AXD-200	6	45～65	2900	200	28	40～200	35	配柴油机
	AXC-250F	9	40～62	3000	250	28	50～250	50	
	AXD-315	10	50～70	2900	315	33	60～315	35	配柴油机
	AXD-400	12	65～90	2000	400	36	60～400	60	
	AXD-500	15	70～95	3000	500	40	80～500	60	配柴油机

拖拉机驱动弧焊发电机

产品名称	型号	额定输入容量/(kV·A)	转速/(r/min)	额定焊接电流/A	额定工作电压/V	电流调节范围/A	额定负载持续率（%）	空载电压/V
拖拉机驱动直流弧焊机组	AXT-400	—	2000	400	36	65～400	60	60～90

续表 2-27

产品名称	型号	额定输入容量/(kV·A)	转速/(r/min)	额定焊接电流/A	额定工作电压/V	电流调节范围/A	额定负载持续率(%)	空载电压/V
车载直流弧焊机组	AXH-400	—	2000	400	36	80～400	60	60～90

2.3.2 弧焊整流器

弧焊整流器是将交流电经过变压和整流后获得直流电输出的弧焊电源，它是随着大容量、高性能整流器件和控制器件的发展而发展的。弧焊整流器与直流弧焊发电机相比，具有制造维护简单、噪声小、空载损耗小，节省能源和材料、质量轻、成本低和效率高优点。因此，弧焊整流器的应用越来越广泛，并已取代了直流弧焊发电机。

1. 弧焊整流器的组成

弧焊整流器是将 50Hz 的工频单相或三相电网电压，利用降压变压器将高电压降为焊接时所需的低电压，经整流器整流和输出电抗器滤波，从而获得直流电，对焊接电弧提供电能。为了获得脉动小、较平稳的直流电，以及使电网三相负载均衡，通常采用三相整流电路。弧焊整流器的电路一般由主变压器、外特性调节机构、整流器和输出电抗器等几部分组成。图 2-5 所示为硅弧焊整流器的组成。

（1）主变压器 其作用是把三相 380V 的交流电变换成几十伏的三相交流电。

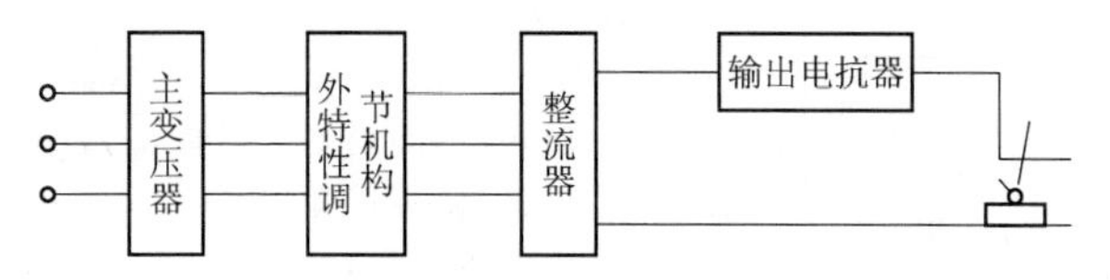

图 2-5 硅弧焊整流器的组成

（2）外特性调节机构 其作用是使硅弧焊整流器获得形状合适且可以调节的外特性，以满足焊接工艺的要求。

(3) 整流器　其作用是把三相交流电变换成直流电。通常采用三相桥式整流电路。

(4) 输出电抗器　它是接在直流焊接回路中一个带铁心、有气隙的电感线圈，其作用主要是改善硅弧焊整流器的动特性和滤波。

此外，硅弧焊整流器中都装有风扇和指示仪表。风扇用以加强对上述各部分特别是硅二极管的散热，仪表用以指示输出电流或电压值。

2. 弧焊整流器的分类

弧焊整流器按整流器件种类不同可分为硅整流、晶闸管整流两类；按交流电种类不同可分为单相、三相两类；按外特性种类不同可分为外下降特性、平特性和多种特性三类；按适用范围不同可分为单站、多站两类。还可以按外特性调节机构的作用原理不同分为抽头式、动铁心式、动线圈式、附加变压器式、磁放大器式和自调电感式，详见表 2-28。

表 2-28　弧焊整流器的分类

形　式	外特性	特点及适用范围	国产部分型号
动铁心式	下降特性	由动铁心式主变压器和硅器件组组成；三相动铁心式制造比较复杂，很难做到三相磁分路对称，国内尚无统一型号；单相动铁心式制造简单，性能较好，可交、直流两用；一般用于焊条电弧焊和钨极氩弧焊	ZXG9-150、-300、-500（单相）
动线圈式	下降特性	由动线圈式主变压器和硅器件组组成；结构简单，质量轻，焊接过程比较稳定；缺点是有振动和噪声，不易实现网路电压补偿，不易遥控；主要用于焊条电弧焊和钨极氩弧焊	ZXG1-160、-250、-400，ZXG6-300
磁放大器式	平特性（其空载电压高于工作电压，又称为 L 特性）、下降特性、垂特性，或多特性	为目前采用较广泛的形式；优点是只要很小的控制电流，就可控制很大的输出电流，调节方便；可以遥控，能进行网路电压补偿，并可通过不同的反馈获得不同的静态和动态特性；缺点是消耗材料较多，成本较高；可用于焊条电弧焊、埋弧焊、气电焊或兼有几种用途	ZXG-300、-400、-500 ZXG2-400 ZXG7-300、-500 ZXG7-300-1 ZPG1-500、-1500 ZPG2-500 ZDG-500-1 ZDG7-1000

续表 2-28

形　式	外特性	特点及适用范围	国产部分型号
抽头式	平特性（空载电压与工作电压接近）	由抽头式主变压器和硅器件组组成；结构简单，质量轻，价格便宜，便于维修；用于 CO_2 气电焊	ZPG-200 ZPG8-250
多站式	下降特性，形状为倾斜直线	由平特性主变压器和硅器件组组成，再加可调镇定电阻器；优点是可以集中供电，设备利用率高，占地面积小；缺点是耗电量大。主要用于焊条电弧焊	ZPG6-1000
可控硅式	平特性、下降特性和多种特性	由平特性主变压器和可控硅器件组组成；优点是功率因数高，动特性好，可进行电压补偿，消耗材料少。缺点是电路结构比较复杂；可用于焊条电弧焊、埋弧焊、气电焊及等离子弧焊	ZDK-160 ZDK-500

3. 硅弧焊整流器的基本原理

硅弧焊整流器是一种用硅二极管作为整流器件，把交流电经过变压、整流后，供给电弧负载的直流电源。弧焊整流器工作原理如图 2-6 所示。

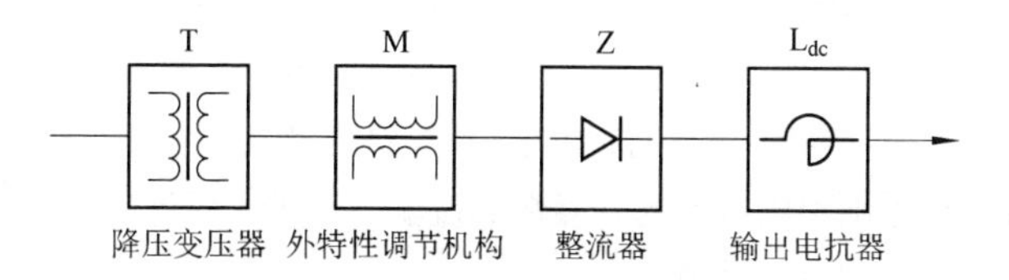

图 2-6　弧焊整流器工作原理

（1）降压变压器 T　变压器将网络电压 220/380V 降至几十伏，有单相和三相两类。可通过改变匝数和接法调节空载电压，可通过改变漏抗的方法，调节输出特性和焊接电流。

（2）外特性调节机构 M　外特性调节机构有机械式和电磁式两类。机械式调节机构与弧焊变压器的外特性调节机构相同，有抽头式、动绕组式、动铁心式，其特点是通过改变降压变压器的绕组匝数，一、二次相对位置或动静铁心的相对位置，调节漏抗值来完成外特性的调节。电磁式是在平特性降压变压器与桥式整流器之间加一个饱和电抗器M，获得恒压、恒流，或缓降外特性输出。磁饱和电抗器若为自饱和无反馈式则获恒流源、全部内反馈获恒压源，部分内反馈，则为缓降外特性。

（3）整流器Z 用硅二极管组成的单相或三相整流桥，将交流电整流成直流电。若输出电流在1000A以上，建议采用双反星形带衡电抗器的整流电路。

（4）输出电抗器 L_{dc} 直流回路中串联的铁心线圈，有滤波、限制电流增长速度、改善动特性的作用。改变电抗器绕组匝数和调节铁心间空气隙长度，可以改变电感量大小。

4. 硅弧焊整流器的分类

硅弧焊整流器可按有无磁饱和电抗器进行分类。

（1）有磁饱和电抗器的硅弧焊整流器 这类硅弧焊整流器根据其结构特点不同又可分为以下几类。

①无反馈磁饱和电抗器式硅弧焊整流器。

②外反馈磁饱和电抗器式弧焊整流器。

③全部内反馈磁饱和电抗器式硅弧焊整流器。

④部分内反馈磁饱和电抗器式硅弧焊整流器。

（2）无磁饱和电抗器的硅弧焊整流器 这类硅弧焊整流器按主变压器的结构不同又可分为以下几类。

①变压器为正常漏磁的硅弧焊整流器，其外特性近于水平，按空载电压调节方法不同又可分为抽头式、辅助变压器式和调压器式。

②变压器为增强漏磁的硅弧焊整流器，由于其主变压器增强了漏磁，因而无须外加电抗器即可获得下降外特性，按增强漏磁的方法不同又可分为动线圈式、动铁心式和抽头式。

5. 硅弧焊整流器的特点和应用

各类硅弧焊整流器的特点和应用见表2-29。

表 2-29 各类硅弧焊整流器的特点和应用

种类	说　明	
磁放大器式硅弧焊整流器	主电路和外特性曲线	1. 无反馈式 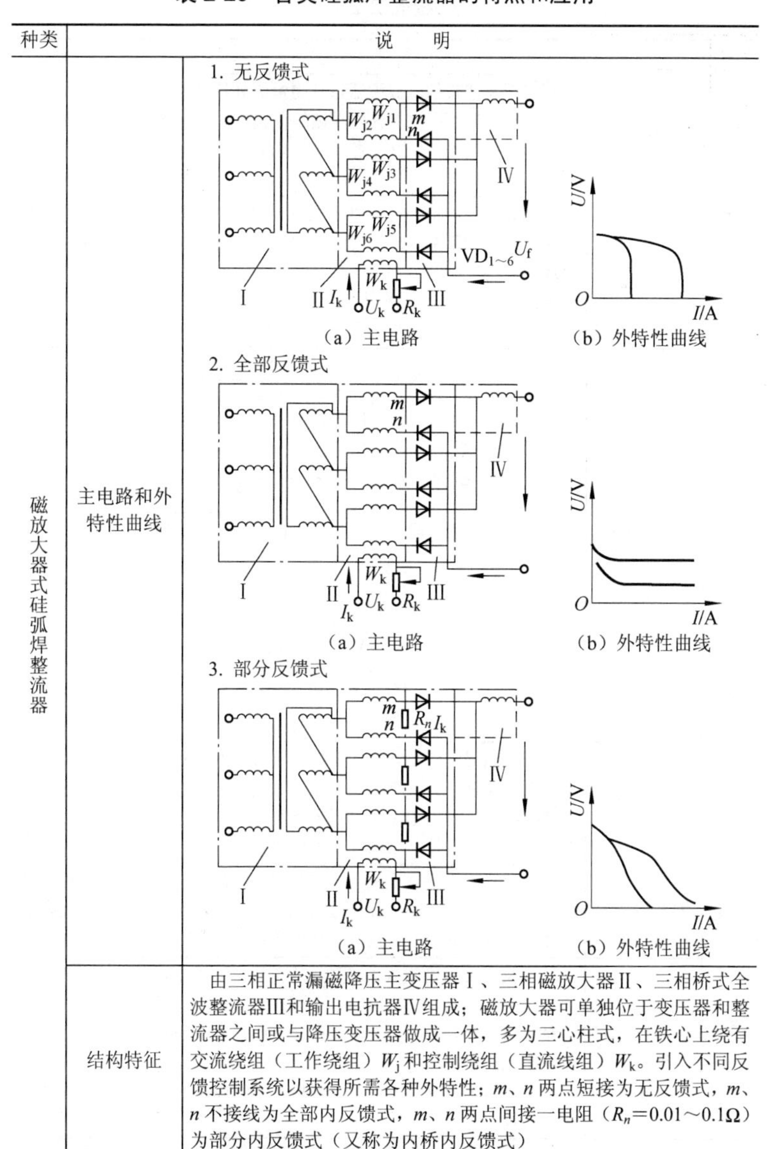 (a) 主电路　(b) 外特性曲线 2. 全部反馈式 (a) 主电路　(b) 外特性曲线 3. 部分反馈式 (a) 主电路　(b) 外特性曲线
	结构特征	由三相正常漏磁降压主变压器Ⅰ、三相磁放大器Ⅱ、三相桥式全波整流器Ⅲ和输出电抗器Ⅳ组成；磁放大器可单独位于变压器和整流器之间或与降压变压器做成一体，多为三心柱式，在铁心上绕有交流绕组（工作绕组）W_j和控制绕组（直流线组）W_k。引入不同反馈控制系统以获得所需各种外特性；m、n 两点短接为无反馈式，m、n 不接线为全部内反馈式，m、n 两点间接一电阻（R_n=0.01～0.1Ω）为部分内反馈式（又称为内桥内反馈式）

续表 2-29

种类	说明	
磁放大器式硅弧焊整流器	控制与调节	利用无反馈式的磁放大器可获得恒流外特性；利用全反馈式的可获得恒压外特性；用部分内反馈的可获得下降外特性； 调节控制绕组 W_k 的直流电流大小（通过改变 R_k）可实现焊接电流的调节
	优缺点与应用范围	可制成各种形状外特性以适应各种焊接方法需要；能遥控且控制方便，但结构复杂、质量轻、用料多，且磁惯性大，调节速度慢，已逐渐被淘汰； 下降或恒流外特性的硅弧焊整流器用于焊条电弧焊、埋弧焊和TIG 焊等；恒压外特性的用于 MIG/MAG 焊
动线圈式硅弧焊整流器	主电路和外特性曲线	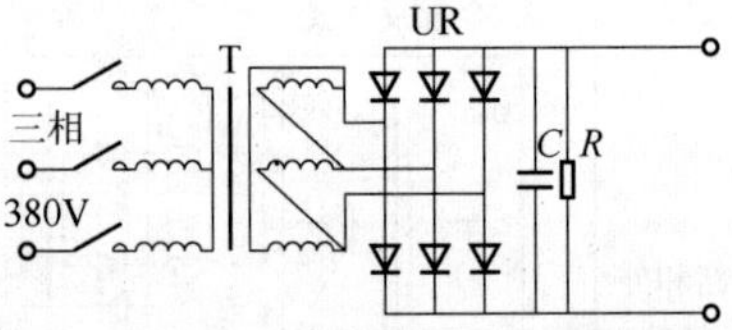 三相 380V T UR C R （a）主电路 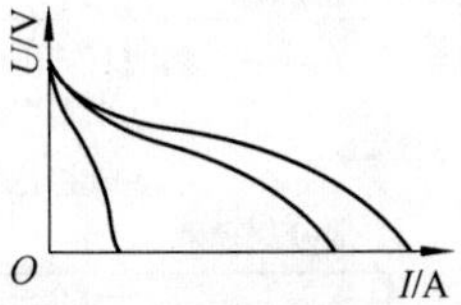 U/V O I/A （b）外特性曲线
	结构特征	由增强漏磁的三相动圈式弧焊变压器 T 和三相桥式整流器 UR 组成，变压器铁心为三个心柱和上下轭构成三棱柱形；每相二次绕组安置在心柱下方，固定不动；一次绕组安置在心柱上方并通过手动的螺栓传动机构使其沿螺杆上下移动
	控制与调节	一、二次绕组耦合不紧密，漏抗很大，故可获得下降外特性；调节一、二次绕组的距离即可改变漏抗大小，从而调节电流；当距离增加，漏抗也增加，导致电流减少
	优缺点与应用范围	结构及线路简单，节省材料，质量轻、动特性好、飞溅少，一般不用输出电抗器，其输出电流和电压受电网电压和温升的影响较小，但是绕组可动，使用时有轻微振动和噪声，不易实现遥控，不能补偿电网电压的波动； 适于不需远距离调节焊接参数场合下的焊条电弧焊、TIG 焊和等离子弧焊

续表 2-29

种类	说　明	
抽头式弧焊整流器	主电路与外特性曲线	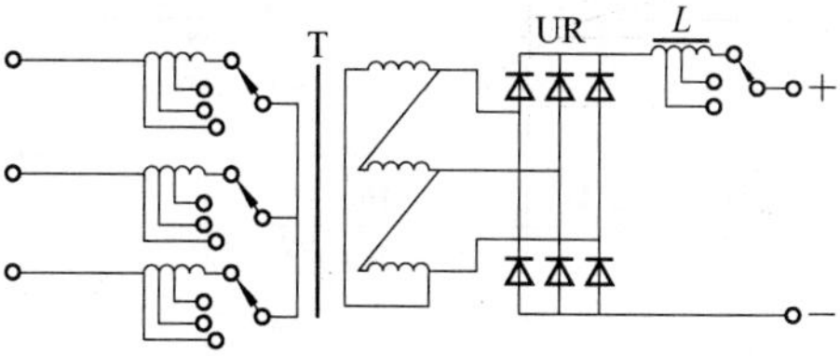 （a）主电路 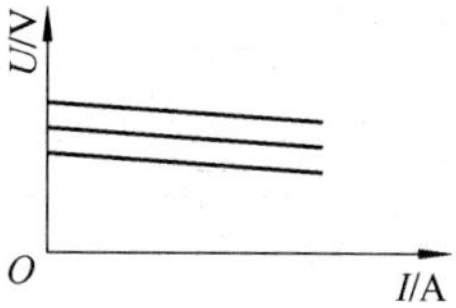 （b）外特性曲线
	结构特征	由抽头式弧焊变压器 T、整流器 UR 和输出电抗器 L 组成。变压器为正常漏磁三相降压变压器，一次绕组上设有许多抽头，有些在二次绕组也有抽头，用以改变绕组的匝数达到参数的调节； 输出电抗器利用抽头或变动铁心气隙以调节电感量
	控制与调节	外特性为平的或稍微下降的。通过改变一、二次绕组匝数来调节空载电压和电流。由输出电抗器滤波和调节动特性，以控制电流上升速度，减少金属飞溅
	优缺点与应用范围	结构简单、可靠和实用、成本低、噪声小、电弧稳定。但不能遥控及补偿电网电压波动，电流调节不方便。 用于等速送丝的自动或半自动焊，如细丝 CO_2 焊等

从表 2-29 看出，磁放大器式硅弧焊整流器属电磁控制型直流弧焊电源，而动线圈式（或动铁心式）和抽头式硅弧焊整流器则属机械控制型直流弧焊电源。

6. 常用硅弧焊整流器技术参数

常用硅弧焊整流器技术参数（一）～（十）见表 2-30～表 2-39。

表 2-30　常用硅弧焊整流器技术参数（一）

技术参数＼型号		ZXE1-160	ZXE1-300	ZXE1-1500
结构形式		动铁心式		
特点		交直流两用		
输出	额定焊接电流/A	160	300	500
	电流调节范围/A	交流：8～180；直流：7～150	50～300	交流：100～500；直流：90～450
	额定工作电压/V	27	32	交流：24～40；直流：24～38
	空载电压/V	80	60～70	80（交流）
	额定负载持续率(%)	35	35	60
	额定输出功率/kW	—	—	—
输入	电源电压/V	380		
	额定输入电流/A	40	59	—
	相数	1	1	1
	频率/Hz	50		
	额定容量/（kV·A）	15.2	22.4	41
功率因数		—	—	—
效率（%）		—	—	—
质量/kg		150	200	250
适用范围		焊条电弧焊、交直流钨极氩弧焊电源	焊条电弧焊、交直流钨极氩弧焊电源	焊条电弧焊、交直流钨极氩弧焊电源

表 2-31　常用硅弧焊整流器技术参数（二）

技术参数＼型号		ZX3-160	ZX3-250	ZX3-400	ZX3-500
结构形式		动线圈式			
外特性		下降特性			
输出	额定焊接电流/A	160	250	400	500
	电流调节范围/A	32～192	50～300	80～480	100～600
	额定工作电压/V	22～28	22～32	23～39	24～44

续表 2-31

技术参数 \ 型号		ZX3-160	ZX3-250	ZX3-4500	ZX3-500
输出	空载电压/V	72	72	71.5	72
	额定负载持续率（%）	60			
	额定输出功率/kW	—	—	—	—
输入	电源电压/V	380			
	额定初级相电流/A	16.8	26.3	42	54
	相数	—	—	—	—
	频率/Hz	50			
	额定容量/（kV·A）	11	17.3	27.8	35.5
功率因数		—	—	—	—
效率（%）		—	—	—	—
质量/kg		138	182	270	238
适用范围		焊条电弧焊电源		中厚板焊条电弧焊电源	

表 2-32 常用硅弧焊整流器技术参数（三）

技术参数 \ 型号		ZX-30	ZX-50	ZX-100	ZX-200N	ZX-300N
结构形式		磁放大器式				
输出	额定焊接电流/A	30	50	100	200	300
	焊接电流调节范围/A	2～30	5～50	5～100	15～200	30～300
	空载电压/V	80	120	80	70	70
	工作电压/V	12	22～40	20	16～25	16.5～30
	额定负载持续率（%）	60				

续表 2-32

<table>
<tr><td colspan="3">型号
技术参数</td><td>ZX-30</td><td>ZX-50</td><td>ZX-100</td><td>ZX-200N</td><td>ZX-300N</td></tr>
<tr><td rowspan="2">输出</td><td rowspan="2">各负载持续率时焊接电流/A</td><td>额定[①]</td><td>30</td><td>—</td><td>100</td><td>200</td><td>300</td></tr>
<tr><td>100%</td><td>23</td><td>—</td><td>77.5</td><td>155</td><td>230</td></tr>
<tr><td rowspan="5">输入</td><td colspan="2">电源电压/V</td><td colspan="5">380</td></tr>
<tr><td colspan="2">电源相数</td><td colspan="5">3</td></tr>
<tr><td colspan="2">频率/Hz</td><td colspan="5">50</td></tr>
<tr><td colspan="2">额定电流/A</td><td>2.08</td><td>—</td><td>7.58</td><td>26.3</td><td>32</td></tr>
<tr><td colspan="2">额定容量/（kV·A）</td><td>1.36</td><td>5.14</td><td>5</td><td>15.55</td><td>21</td></tr>
<tr><td colspan="3">质量/kg</td><td>34</td><td>65</td><td>65</td><td>170</td><td>220</td></tr>
<tr><td colspan="2" rowspan="3">外形尺寸/mm</td><td>长</td><td>520</td><td>575</td><td>575</td><td>575</td><td>600</td></tr>
<tr><td>宽</td><td>250</td><td>280</td><td>280</td><td>410</td><td>440</td></tr>
<tr><td>高</td><td>380</td><td>450</td><td>450</td><td>825</td><td>940</td></tr>
<tr><td colspan="3">适用范围</td><td colspan="2">用作小电流 TIG 焊电源，也可用作焊条电弧焊电源</td><td colspan="2">主要用作 TIG 焊电源，也可用作焊条电弧焊电源</td><td>用作等离子弧切割、堆焊、喷涂等电源</td></tr>
</table>

注：①指额定负载持续率，下同。

表 2-33 常用硅弧焊整流器技术参数（四）

<table>
<tr><td colspan="2">型号
技术参数</td><td>ZX-400-1</td><td>ZX-500R</td><td>ZX-1000R</td><td>ZX-1600</td><td>ZX-2000</td></tr>
<tr><td colspan="2">结构形式</td><td colspan="5">磁放大器式</td></tr>
<tr><td rowspan="5">输出</td><td>额定焊接电流/A</td><td>400</td><td>500</td><td>1000</td><td>1600</td><td>2000</td></tr>
<tr><td>焊接电流调节范围/A</td><td>100～500</td><td>40～500</td><td>100～1000</td><td>160～1600</td><td>200～2000</td></tr>
<tr><td>空载电压/V</td><td>300/180</td><td>70～80</td><td>90/80</td><td>90/80</td><td>90/80</td></tr>
<tr><td>工作电压/V</td><td>160/50</td><td>25～40</td><td>25～45</td><td>30～45</td><td>30/45</td></tr>
<tr><td>额定负载持续率（%）</td><td>60</td><td>60</td><td>80</td><td>100</td><td>60</td></tr>
</table>

续表 2-33

<table>
<tr><th colspan="3">型号
技术参数</th><th>ZX-400-1</th><th>ZX-500R</th><th>ZX-1000R</th><th>ZX-1600</th><th>ZX-2000</th></tr>
<tr><td rowspan="3">输出</td><td rowspan="2">各负载持续率时焊接电流/A</td><td>额定</td><td>—</td><td>500</td><td>1000</td><td>—</td><td>2000</td></tr>
<tr><td>100%</td><td>—</td><td>315</td><td>890</td><td>1600</td><td>1550</td></tr>
<tr><td colspan="2">额定输出功率/kW</td><td>64</td><td>—</td><td>—</td><td>—</td><td>—</td></tr>
<tr><td rowspan="5">输入</td><td colspan="2">电源电压/V</td><td colspan="5">380</td></tr>
<tr><td colspan="2">电源相数</td><td colspan="5">3</td></tr>
<tr><td colspan="2">频率/Hz</td><td colspan="5">50</td></tr>
<tr><td colspan="2">额定电流/A</td><td>—</td><td>53.8</td><td>152</td><td>243</td><td>304</td></tr>
<tr><td colspan="2">额定容量/（kV · A）</td><td>130</td><td>38</td><td>100</td><td>160</td><td>200</td></tr>
<tr><td colspan="3">质量/kg</td><td>1350</td><td>360</td><td>800</td><td>1600</td><td>1200</td></tr>
<tr><td colspan="2" rowspan="3">外形尺寸/mm</td><td>长</td><td>1350</td><td>760</td><td>910</td><td>1360</td><td>1360</td></tr>
<tr><td>宽</td><td>745</td><td>520</td><td>700</td><td>850</td><td>850</td></tr>
<tr><td>高</td><td>1610</td><td>1000</td><td>1200</td><td>1450</td><td>1450</td></tr>
<tr><td colspan="3">适用范围</td><td>等离子弧喷涂切割、堆焊</td><td colspan="2">用作焊条电弧焊电源，也可用作TIG焊、埋弧焊、碳弧气刨电源</td><td colspan="2">主要用作埋弧自动焊电源，也可用作气体保护焊、碳弧气刨电源</td></tr>
</table>

表 2-34　常用硅弧焊整流器技术参数（五）

<table>
<tr><th colspan="2">型号
技术参数</th><th>ZX-100</th><th>ZX-500-1</th><th>ZP-500-1</th><th>ZP-400</th><th>ZP-1500</th><th>ZD-1000R</th></tr>
<tr><td colspan="2">结构形式</td><td colspan="6">磁放大器式</td></tr>
<tr><td rowspan="5">输出</td><td>额定焊接电流/A</td><td>100</td><td>500</td><td>500</td><td>400</td><td>1500</td><td>1000</td></tr>
<tr><td>焊接电流调节范围/A</td><td>40～100</td><td>50～500</td><td>35～500</td><td>—</td><td>200～2000</td><td>100～1000</td></tr>
<tr><td>空载电压/V</td><td>350</td><td>80</td><td>75</td><td>—</td><td>85</td><td>90/80</td></tr>
<tr><td>工作电压/V</td><td>150</td><td>25～40</td><td>15～42</td><td>18～36</td><td>40</td><td>24～44</td></tr>
<tr><td>额定负载持续率（%）</td><td>60</td><td>80</td><td>60</td><td>60</td><td>60</td><td>80</td></tr>
</table>

续表 2-34

技术参数 \ 型号			ZX-100	ZX-500-1	ZP-500-1	ZP-400	ZP-1500	ZD-1000R
输出	各负载持续率时焊接电流/A	额定	100	500	500	400	2000	1000
		100%	—	450	400	310	1500	895
	额定输出功率/kW		13	20	21	13.6（kV·A）	—	—
输入	电源电压/V		380					
	电源相数		3					
	频率/Hz		50					
	额定电流/A		—	63.5	56	45	248	152
	额定容量/（kV·A）		38	45	37	29.7	163	100
功率因数 $\cos\varphi$			—	0.64	—	0.55	—	—
效率（%）			—	70	88	70	—	—
质量/kg			—	320	450	310	1250	800
外形尺寸/mm		长	750	492	1180	730	1360	910
		宽	472	650	840	560	800	700
		高	545	1130	656	1120	1450	1200
适用范围			用作等离子弧切割电源	用作熔化极自动、半自动氩弧焊电源	用作熔化极气体保护焊电源	用作 CO_2 气体保护焊电源	用作粗丝 CO_2 气体保护自动焊电源	用作埋弧自动焊、碳弧气刨电源，亦可用作粗、细丝气体保护焊电源
备注			—	—	—	—	—	具有平、陡两种外特性

表 2-35 常用硅焊整流器技术参数（六）

技术参数 \ 型号		ZX-160	ZX-250	ZX-400	ZX-1000
结构形式		磁放大器式			
外特性		下降特性			
输出	额定焊接电流/A	160	250	400	1000
	电流调节范围/A	20～200	30～300	40～480	100～1000
	额定工作电压/V	21～28	21～32	21.6～40	24～44
	空载电压/V	70	70	70	90/80
	额定负载持续率（%）	60			
	额定输出功率/kW	—	—	—	—
输入	电压/V	380			
	额定输入电流/A	18	28	53	152
	相数	3			
	频率/Hz	50			
	额定输入容量/（kV·A）	12	19	34.9	100
功率因数		—	—	—	—
效率（%）		—	—	—	—
质量/kg		170	200	330	820
适用范围		用作焊条电弧焊、钨极氩弧焊电源	用作焊条电弧焊、钨极氩弧焊电源，等离子喷渡、碳弧气刨电源		可作为埋弧焊、粗丝 CO_2 气体保护焊和碳弧切割电源

表 2-36 常用硅焊整流器技术参数（七）

技术参数 \ 型号	ZX-1500	ZX-1600	ZDG-500-1	ZDG-1000R
结构形式	磁放大器式			
外特性	下降特性	下降特性	具有平直及陡降外特性	

续表 2-36

技术参数 \ 型号		ZX-1500	ZX-1600	ZDG-500-1	ZDG-1000R
输出	额定焊接电流/A	1500	1600	500	1000
	电流调节范围/A	200～1500	400～1600	50～500	100～1000
	额定工作电压/V	34～45	36～44	15～40（平特性）	24～44
	空载电压/V	95	90/80	95	90/80
	额定负载持续率（%）	100	80	60	80
	额定输出功率/kW	—	—	20	—
输入	电压/V	380			
	额定输入电流/A	320	243	—	152
	相数	3			
	频率/Hz	50			
	额定输入容量/（kV·A）	210	160	37	100
功率因数		—	—	—	—
效率（%）		—	—	—	—
质量/kg		1300	1200	55	820
适用范围		用作埋弧焊电源	用作埋弧焊、粗丝 CO_2 气体保护焊和碳弧切割电源	用作 CO_2 气体或 Ar 气体保护下，进行熔化极或不熔化极电弧焊接电源	用作埋弧焊和碳弧切割电源，也可用作粗丝气体保护焊电源

表 2-37 常用硅弧焊整流器技术参数（八）

技术参数 \ 型号		ZP6-250	ZP-2000		ZP-1000	
			焊机本身	附镇定电阻器	焊机本身	附镇定电阻器
结构形式		抽头式	多站式			
输出	额定焊接电流/A	250	2000	BPF-300	1000	PZ-300 6×300
	焊接电流调节范围/A	—	—	25～330	—	15～300

续表 2-37

技术参数＼型号			ZP6-250	ZP-2000		ZP-1000	
				焊机本身	附镇定电阻器	焊机本身	附镇定电阻器
输出	空载电压/V		18～36	74	64	70	—
输出	工作电压/V			68	32	60	30
输出	额定负载持续率（%）		60	100	—	100	60
输出	各负载持续率时焊接电流/A	额定	250	—	—	—	300
输出	各负载持续率时焊接电流/A	100%	196	2000	—	1000	—
输出	额定输出功率/kW		6.5		—	60	—
输入	电源电压/V		380	380	—	380	—
输入	电源相数		3	3	—	3	—
输入	频率/Hz		50	50	—	50	—
输入	额定电流/A		15	243	—	115	—
输入	额定容量/（kV·A）		10	150	—	72	—
功率因数 $\cos\varphi$			0.81	0.97	—	0.89	—
效率（%）			80	91	—	86	—
质量/kg			155	1200	29	400	35
外形尺寸/mm		长	605	1180	594	650	530
外形尺寸/mm		宽	470	960	470	690	360
外形尺寸/mm		高	905	2160	505	1170	710
适用范围			用作 CO_2 气体保护焊电源	可同时供 10～24 个焊接岗位的焊条电弧焊电源		可同时供六个焊接岗位的焊条电弧焊电源	
备注				与 BPF-300 配套使用		与 PZ-300 配套使用	

表 2-38 常用硅弧焊整流器技术参数（九）

技术参数＼型号		ZXG-400	ZPG1-500	ZXG7-300-1	ZPG7-1000	ZPG6-1000（多站式）
输出	额定焊接电流/A	400	500	300	1000	1000
输出	电流调节范围/A	40～480	35～500	20～300	200～1000（降） 100～1000（平）	15～300（站） （六个站）

续表 2-38

技术参数		型号：ZXG-400	ZPG1-500	ZXG7-300-1	ZPG7-1000	ZPG6-1000（多站式）
输出	空载电压/V	80	75	72	70～90	60
输出	额定工作电压/V	36	15～42	25～30	28～44（降） 30～50（平）	30
输出	额定负载持续率（%）	60	60	60	100	100（60）
输出	额定输出功率/kW	14.4	21	9.6	—	—
输入	电网电压/V	380				
输入	相数	3				
输入	频率/Hz	50				
输入	额定初级相电流/A	53	56	—	125	—
输入	额定容量/(kV · A)	34.9	37	22	100	70
功率因数 $\cos\varphi$		—	—	—	0.65	—
效率（%）		75	88	68	80	86
质量/kg		315	450	200	800	400
外形尺寸/mm	长	690	1180	410	950	650
外形尺寸/mm	宽	490	830	600	700	620
外形尺寸/mm	高	952	656	790	1500	1170
适用范围		手弧焊（焊条 $\phi3$～$\phi7$）	氩弧焊 CO_2 焊	TIG 焊	粗丝 CO_2 焊埋弧焊	多站手弧焊
特点		由平特性变压器、磁饱和电抗器、硅二极管整流桥和输出电抗器组成；外特性形状取决于饱和电抗反馈形式，改变饱和电抗器的直流控制电流实现规范调节，降特性用于手弧焊、TIG 焊，平特性用于 CO_2 焊和多站手弧焊				

表 2-39 常用硅弧焊整流器技术参数（十）

产品名称	技术参数 型号	电源	输入容量/（kV·A）	送丝速度范围/（m/min）	电流调节范围/A	额定工作电压/V	额定负载持续率（%）	适用焊丝直径/mm
抽头式 CO_2 半自动焊机	NB（C）-160	三相，380V	5～5.2	1.5～13	30～200	22	35/40/60	0.6～1.0
	NB（C）-200		5.8～16.5	1.5～13	35～200	24		0.6～1.2
	NB（C）-250		9～9.9	1.5～13	50～250	26.5		0.8～1.2
	NB（C）-315		12.8～98.8	1.5～13	50～315	30		0.8～1.2
	NB（C）-350		13～19	1.5～13	70～350	31.5		0.8～1.2
	NB（C）-400		18.8～22.5	1.5～13	80～400	34		0.8～1.6
	NB（C）-500		27～32.8	1.5～13	80～500	39		0.8～1.6
	NB（C）-630		39	1.5～13	100～630	44		0.8～1.6

7. 晶闸管式弧焊整流器的基本原理

大功率晶闸管在20世纪60年代问世后，弧焊电源出现了晶闸管式弧焊整流器。由于其本身具有良好的可控性，因而对电源外特性形状的控制、焊接参数的调节都可以通过改变晶闸管的导通角来实现，而不需要用磁饱和电抗器，它的性能更优于磁饱和电抗器式电源。国产晶闸管式弧焊整流器主要有ZDK系列和ZX5系列。

晶闸管式弧焊整流器的原理如图2-7所示。图中T为三相平特性降压变压器，将380V降至几十伏电压。SCR为晶闸管可控制整流桥，将交流电变成直流电，并通过控制信号的改变获得所需的外特性和电流、电压的数值。L_{dc} 为输出电抗器，可以改善动特性、控制熔滴过渡、减少飞溅。由电流、电压检测和反馈电路M获取的反馈信号与来自给定电路G的给定信号比较后，经运算放大器放大送至脉冲移相电路，控制SCR的导通角，实现对外特性的控制和焊接参数电流、电压的调节。

8. 晶闸管式弧焊整流器的组成、特点和应用

晶闸管式弧焊整流器的组成、特点和应用见表2-40。

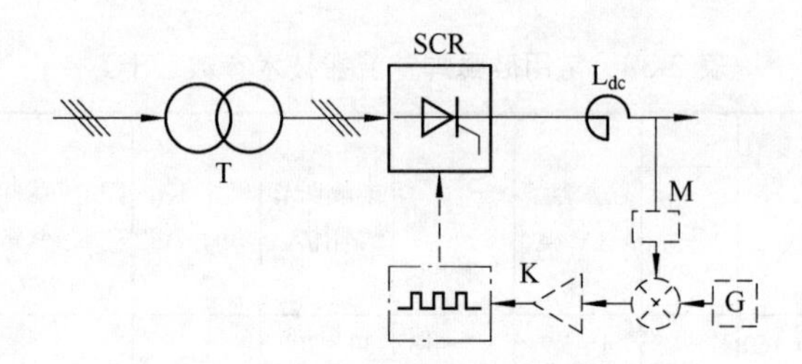

图 2-7　晶闸管式弧焊整流器的原理

表 2-40　晶闸管式弧焊整流器的组成、特点和应用

项　　目	说　　明
电路组成	晶闸管式弧焊整流器的组成
结构特征	主电路由主变压器 T、晶闸管整流器 UR 和输出电抗器 L 组成。C 为晶闸管的触发电路
控制与调节	当要求得到下降外特性时，触发脉冲的相流器的组成由给定电压 U_{gi} 和电流反馈信号 U_{fi} 确定；当要求得到平外特性时，其动特性指标（如 di_{sd}/dt、I_{sd}/I_{wd} 等）加以控制和调节
特点	1. 调节特性好。改换反馈方法和深度，能方便地获得恒流、恒压和缓降外特性。容易补偿网压及环境温度的影响。可以满足不同弧焊方法的要求，并获得稳定的焊接规范。 2. 电流、电压调节范围大，保证电弧稳定的最小输出电流比较小，这对薄板焊接是有利的。 3. 动特性好，反应速度快，系统的时间常数为十几毫秒，比磁放大式硅整流弧焊电源小 9/10，甚至更小。

续表 2-40

项目	说明
特点	4. 输入功率小，效率高。同样输出300A和500A焊接电流，晶闸管式弧焊整流器的输入功率为12～18kW和28～32kW，而磁放大器式硅弧焊整流器的输入功率为21.5kW和40kW。 5. 体积小、质量轻、结构简单
适用范围	1. 平特性晶闸管弧焊整流器，用于熔化极气体保护焊（包括自动、半自动、全位置、断续、连续焊）、埋弧焊，要求一般的数控焊机电源、弧焊机器人电源； 2. 下降特性晶闸管焊接整流器，用于手弧焊、TIG焊、等离子弧焊（包括自动焊、脉冲焊、微机控制的全位置自动焊）电源； 3. 下降特性交流晶闸管弧焊电源，主要用于铝及其合金的手弧焊和自动钨极氩弧焊

9. 常用晶闸管式弧焊整流器技术参数

①晶闸管式焊接整流器技术参数（一）～（三）见表2-41～表2-43。

表 2-41 晶闸管式弧焊整流器技术参数（一）

技术参数 \ 型号		ZDK-250	ZDK-500	ZX5-250	ZX5-400	NZC6-400
输出	额定焊接电流/A	250	500	250	400	400
	电流调节范围/A	30～300	50～600	50～250	80～400	60～450
	空载电压/V	77	—	55	63	65
	额定负载持续率（%）	60	80	60	60	60
	额定工作电压/V	18～32	40	30	36	40
输入	电网电压/V	380				
	相数	3				
	频率/Hz	50	50	50	50	50/60
	额定容量/（kV·A）	14.5	36.4	14	21	23
功率因数 cosφ		—	—	0.7	0.75	0.76
效率（%）		—	—	70	75	75
质量/kg		185	350	160	200	170

续表 2-41

技术参数＼型号		ZDK-250	ZDK-500	ZX5-250	ZX5-400	NZC6-400
外形尺寸/mm	长	780	940	605	653	590
	宽	560	540	501	504	500
	高	920	1000	914	1010	900
适用范围		CO_2焊、手弧焊、钨极氩弧焊	CO_2焊、手弧焊、TIG焊、埋弧焊	手弧焊	手弧焊 TIG焊	熔化极气体保护焊

表 2-42 晶闸管式弧焊整流器技术参数（二）

型号＼技术参数	电源	输入容量/（kV·A）	空载电压/V	额定焊接电流/A	电流调节范围/A	额定负载持续率（%）	外特性
ZX5-315	三相，380V	16～25	60～73	315	40～315	35/60	下降特性
ZX5-500		34～42	62～75	500	75～500	35/60	下降特性
ZX5-630		43～56	62～75	630	126～630	35/60	下降特性
ZX5-800		62～67	70～78	800	160～800	60/80	下降特性
ZX5-1000		80～87	78～80	1000	200～1000	60/80	下降特性
ZX5-1250		99～105	78～80	1250	250～1250	60/80	下降特性
ZX5-1000		72	65	1000	200～1000	60/80/100	平/下降特性
ZX5-1250		83	65～72	1250	250～1250	60/80/100	平/下降特性
ZX5-1600		124	65～72	1600	300～1600	60/80/100	平/下降特性

表 2-43 晶闸管式弧焊整流器技术参数（三）

技术参数＼型号		ZD-160	ZD-250	ZD-500	ZX5-250	ZX5-400
输出	额定焊接电流/A	160	250	500	250	400
	焊接电流调节范围/A	10～195	15～300	50～600	25～250	40～400
	空载电压/V	78		78		
	工作电压/V	16～27	16～30	40	21～30	21～36
	额定负载持续率（%）	60	60	80	60	60
	额定输出功率/kW	7.6	14.5	—	—	—

续表 2-43

技术参数＼型号		ZD-160	ZD-250	ZD-500	ZX5-250	ZX5-400
输入	输入电源	三相，380V，50Hz				
	额定电流/A	11.5	18	49	—	—
	额定容量/（kV·A）	9.4	14.5	36.4	14	24
功率因数 cosφ		0.54	0.94	0.96	0.75	0.75
效率（%）		95	96	97	—	—
质量/kg		195	280	350	150	200
外形尺寸/mm	长	860	900	940	780	1000
	宽	530	570	540	400	530
	高	195	930	1000	440	440
适用范围		用作焊条电弧焊电源、气体保护焊电源和等离子焊电源		焊条电弧焊，CO_2气体保护焊，埋弧焊	用作焊条电弧焊电源	
备注		具有平特性和下降外特性				

②部分国外晶闸管式弧焊整流器技术参数（一）、（二）见表 2-44 和表 2-45。

表 2-44　部分国外晶闸管式弧焊整流器技术参数（一）

技术参数＼型号		PULSE350	NZC6-315T	Tran401 smig	GLC403A-TS	TR-800
输出	额定焊接电流/A	350	315	400	400	800
	电流调节范围/A	70～350	30～315	40～400	0～400	1～800
	空载电压/V	55	40	—	51	—
	额定工作电压/V	—	15～32	34	18～42	5～45
	额定负载持续率（%）	100	60	—	60	60
输入	电网电压/V	三相，380V，50Hz/60Hz			三相，50Hz/60Hz，220V/380V/415V	三相，50Hz/60Hz，380V/440V
	额定容量/（kV·A）	20	—	23	13.8	67
	质量/kg	200	180	315	230	700

续表 2-44

技术参数 \ 型号		PULSE350	NZC6-315T	Tran401 smig	GLC403A-TS	TR-800
外形尺寸/mm	长	500	650	1250	1200	790
	宽	710	530	560	1580	1220
	高	890	1040	1350	1125	1780
适用范围		脉冲MIG焊	熔化极气体保护焊	各种气体保护焊、焊条电弧焊	各种气体保护焊	熔化极气体保护焊、焊条电弧焊和埋弧焊

表 2-45 部分国外晶闸管式弧焊整流器技术参数（二）

技术参数 \ 型号		EUROTIG25（德国）	YD-500 SV21	LAH500E（瑞典）	G630-1（德国）	THT800（意大利）
输出	额定焊接电流/A	350	500	500	630	800
	电流调节范围/A	5～350	60～500	50～500	15～630	800
	空载电压/V	100	—	50	100	85
	额定工作电压/V	32	16～45	—	44	30
	额定负载持续率（%）	80	60	60	35	—
输入	电网电压/V	380	380	220/550	380/415/500	220/380
	相数	3				
	频率/Hz	50/60				
	额定容量/（kV·A）	20	31.9	26.9	—	39
功率因数 $\cos\varphi$		0.65	0.8	0.79	0.69	0.85
效率（%）		—	—	91	—	—
质量/kg		270	172	210	290	305
外形尺寸/mm	长	—	500	—	1040	1150
	宽	—	650	—	520	620
	高	—	1020	—	700	870
适用范围		等离子弧焊、手弧焊、TIG焊	熔化极活性气体保护焊	熔化极气体保护焊	钢、铸铁和铝的堆焊、修补焊	碳弧气刨、MAG焊手弧焊

2.4 脉冲弧焊电源

脉冲弧焊电源输出的焊接电流是周期变化的脉冲电流，它是为焊接薄板和热敏感性强的金属及全位置焊接而设计的。脉冲弧焊电源最大的特点是能提供周期性脉冲焊接电流，包括基本电流（维弧电流）和脉冲电流；可调参数多，能有效控制热输出和熔滴过渡，可以用低于喷射过渡临界电流的平均电流来实现喷射过渡，对全位置焊接有独特的优越性；应用范围很广泛，现已用于熔化极和非熔化极电弧焊、等离子弧焊等焊接方法中。由于脉冲电流焊接可以精确地控制焊缝的热输入，使熔池体积及热影响区减少，高温停留时间缩短，因此无论是对薄板还是厚板，普通金属、稀有金属和热敏感性强的金属都有较好的焊接效果。

2.4.1 脉冲弧焊电源的分类、特点和适用范围

1. 脉冲弧焊电源的分类

脉冲弧焊电源一般由基本电流电源和脉冲电流电源组成。基本电流电源提供基本电流，脉冲电流电源提供脉冲电流。如果两类电源独立并联供电，则称为双电源式（并联式）脉冲弧焊电源；如果两类电源综合为一体，则称为单电源式（一体式）脉冲弧焊电源。基本电流电源一般为通用直流弧焊电源。

①脉冲弧焊电源按获得脉冲电流原理不同分类见表 2-46。

表 2-46 脉冲弧焊电源按获得脉冲电流原理不同分类

类　型	原理线路特点	输出波形及频率	工 作 原 理
硅二极管整流式	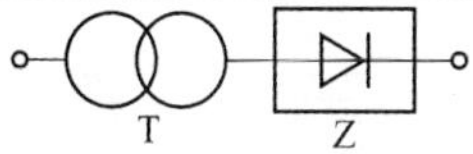 T　Z	 50Hz或100Hz	T 降压，硅二极管 Z 整流，获得脉冲电流
磁放大器式	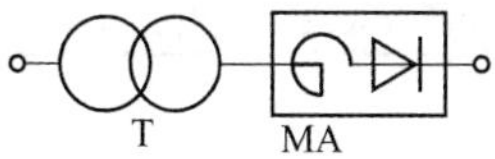 T　MA	 10Hz以下	给磁放大器 MA 提供脉冲激磁电流，或使 MA 三相阻抗不平衡均能获得脉冲输出

续表 2-46

类型	原理线路特点	输出波形及频率	工作原理
晶闸管断续器式	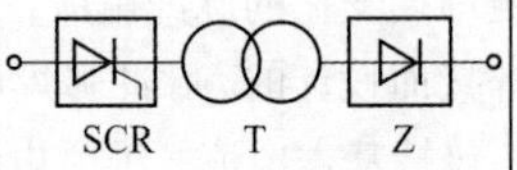 SCR　T　Z	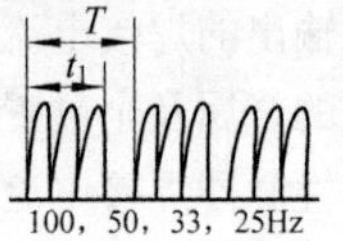 T　t_1　100，50，33，25Hz	在交流侧变压器 T 的原边，用 SCR 组成交流断续器
	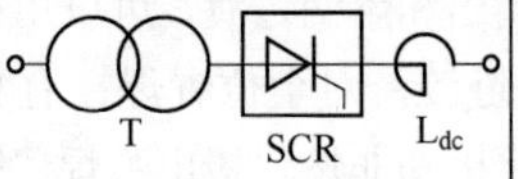 T　SCR　L_{dc}	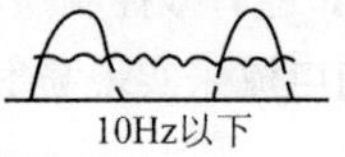 10Hz以下	在交流侧变压器 T 的副边，用 SCR 组成交流断续器
	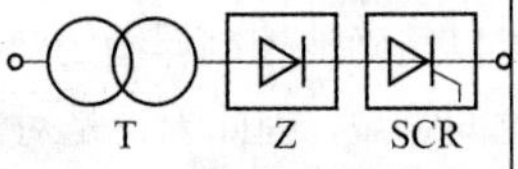 T　Z　SCR	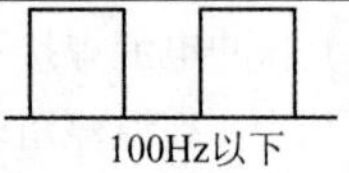 100Hz以下	在直流侧用 SCR 组成直流断续器
晶体管式	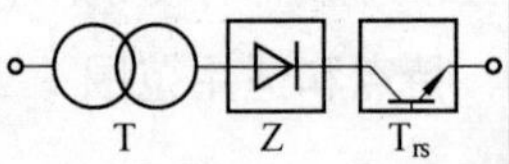 T　Z　T_{rs}	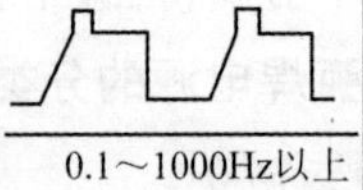 0.1～1000Hz以上	用不同波形的控制信号控制大功率晶体组 Trs，即可输出不同波形脉冲
逆变式	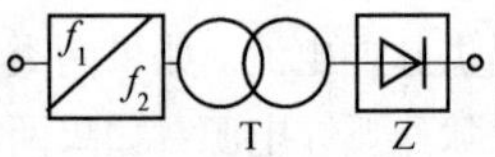 f_1　f_2　T　Z	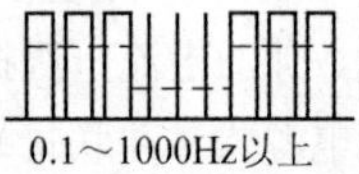 0.1～1000Hz以上	将脉冲指令信号送到给定电路控制逆变器，即可获得脉冲电流

②脉冲弧焊电源按获得脉冲电流所用主要器件不同分类见表 2-47。

表 2-47　脉冲弧焊电源按获得脉冲电流所用主要器件不同分类

类型	获得脉冲电流主要器件
单相整流式	晶体二极管单相半波或单相全波整流电路
磁饱和电抗器式	在普通磁饱和电抗器式弧焊整流器的基础上发展而来；又分为阻抗不平衡型、脉冲励磁型
晶闸管式	由普通弧焊整流器的交流侧或直流侧接入大功率晶闸管断续器构成；又分为交流断续器式、直流断续器式
晶体管式	在焊接主路中接入起电子开关或可调电阻作用的大功率晶体管

2. 脉冲弧焊电源的特点

①焊接电流为可控周期性变化的脉冲电流。通过对它的控制，可方便地改变电弧功率和熔池大小，并有效地控制熔滴过渡形式。

②可调参数多，晶闸管、晶体管和逆变式脉冲弧焊电源的焊接参数，如基值电流、脉冲电流幅值、脉冲频率、脉冲电流宽度比、脉冲电流上升率和下降率六个参数均可大幅度调节，这对改善焊接质量和满足多种弧焊工艺的需要是很有利的。

3. 脉冲弧焊电源的适用范围

①适宜手弧焊、等离子弧焊、各种气体保护焊。

②适宜不同厚度板材的焊接。用小脉冲电流可以焊接 01.mm 以下的超薄板。用窄间隙脉冲气体保护焊，可焊 150mm 以上的厚板。

③适宜于多种材料的焊接。用脉冲弧焊电源可以焊接碳钢、低合金钢、高合金钢、热敏感材料和稀有金属。

④适宜全位置焊接。单面焊双面成形、封底焊和管道自动焊等。

⑤晶闸管、晶体管、逆变式脉冲弧焊电源便于实现微机控制，可以用于弧焊机器人电源。

2.4.2 常用脉冲弧焊电源技术参数

①常用脉冲弧焊电源技术参数见表 2-48。

表 2-48 常用脉冲弧焊电源技术参数

结构特征及型号 / 技术参数		基本：三相饱和电抗器式硅弧焊整流器，陡降特性； 脉冲：单相整流式，平特性	基本：三相硅整流式，电阻限流，陡降特性； 脉冲：晶体管式，陡降特性
		ZPG3-200	NSA5-25 的电源
输出	额定焊接电流/A	脉冲：200（100Hz 平均值）	
	电流调节范围/A	基本：10～80	基本：0.8～3；脉冲 1～25
	空载电压/V	基本：75	基本：100；脉冲：30
	额定工作电压/V	基本：30； 脉冲：有效值 20～40	
	脉冲频率/Hz	50，100	15～45
	额定负载持续率（%）	60	
	额定输出功率/kW	—	—

续表 2-48

技术参数 \ 结构特征及型号		基本：三相饱和电抗器式硅弧焊整流器，陡降特性 脉冲：意想整流式，平特性	基本：三相硅整流式，电阻限流，陡降特性 脉冲：晶体管式，陡降特性	
		ZPG3-200	NSA5-25 的电源	
输入	电网电压/V	380		
	相数	基本：三相；脉冲：单相	3	
	频率/Hz	50		
	额定初级相电流/A	47	—	
	额定容量/（kV·A）	31	—	
功率因数		—	—	—
效率（%）		—	—	—
质量/kg		385	55	电源与控制箱做成一体
外形尺寸/mm	长	715	440	
	宽	555	500	
	高	1130	250	
适用范围		配 NZA20-200 自动氩弧焊机、NBA2-200 半自动氩弧焊机，用作氩弧焊电源可焊不锈钢、铝及铝合金等	配 NSA5-25 手工钨极氩弧焊机，用作氩弧焊电源可焊不锈钢厚度 0.1～0.5mm	

②ZXM 系列脉冲弧焊整流器技术参数见表 2-49。

表 2-49　ZXM 系列脉冲弧焊整流器技术参数

技术参数 \ 型号		ZXM-25	ZXM-160	ZXM-250	ZXM5-100
类别		晶体管双开关电路	直流或脉冲方波	直流或脉冲三相磁放大器	电弧电流，TIG 脉冲
额定焊接电流/A	脉冲	25	160	250	100
	基值	5	—	250	—
空载电压/V		40	90	90	80
工作电压/V		11	—	20	—
额定负载持续率（%）		60			
电流调节范围/A	脉冲	1～25	10～160	10～300	10～130
	基值	1～5	—	10～300	—

续表 2-49

技术参数＼型号	ZXM-25	ZXM-160	ZXM-250	ZXM5-100
额定脉冲频率/Hz	25	主脉冲电流时间调节范围：0.1～1.7s	—	—
额定脉冲调宽比	50%	脉冲周期调节范围：0.2～2.6s	—	脉冲电流占空比：10%～90% 基值电流百分比：10%～90%
脉冲频率/Hz	1.5～25	脉冲前沿上升时间≥0.03s	0.5～10	0.25～10
辅助引弧空载电压/V	150	脉冲后沿下降时间≥0.06s	—	电流递增时间 0～5s
焊接电流衰减时间/s	2～6	1～10	—	1～10
质量/kg		190	—	—
外形尺寸/（mm×mm×mm）	1144×684×1206	885×560×880	—	760×470×640
电源	三相，380V，50Hz			
输入容量/（kV·A）	1.65	8.6	37.0	9
适用范围	小电流 TIG 自动焊厚度 0.1～0.3mm 不锈钢	TIG 焊ϕ1.6～ϕ2.5mm 不锈钢、耐热合金、Ti、热敏感材料	TIG 焊不锈钢、碳钢	TIG 焊薄板不锈钢等合金

③WSM 系列脉冲焊机技术参数见表 2-50。

表 2-50 WSM 系列脉冲焊机技术参数

技术参数＼型号	WSM-160	WSM-200	WSM-315	WSM-315P	WSM-400	WSM-400P
额定输入电压	三相，380V					
额定输入容量/（kV·A）	3.1	4.3	8.3	8.9	12.3	13
额定输入电流/A	4.7	6.5	12.7	13.6	18.7	19.8
焊接输出电压/V	18	18	20	10.4～22.6	22	10.4～26

续表 2-50

技术参数＼型号	WSM-160	WSM-200	WSM-315	WSM-315P	WSM-400	WSM-400P
空载电压/V	—	—	—	54	—	54
基值电流范围/A	5～160	5～200	5～315	—	5～400	—
焊接电流/A	5～160	5～200	5～315	10～315	5～400	10～400
脉冲频率范围/Hz	0.2～50	0.2～50	0.2～50	2.5～200	0.2～50	2.5～200
额定负载持续率（%）	60					
功率因数	0.95	0.95	0.95	—	0.95	—
焊机质量/kg	15	15	30	29	35	29

2.5　新型弧焊电源

2.5.1　晶体管弧焊电源

晶体管弧焊电源是 20 世纪 70 年代后期发展起来的一种弧焊电源。它的主要特点是：在焊接主回路中串入大功率晶体管组，起到线性放大器（可控电阻）或电子开关的作用，依靠多种电子控制电路进行各种闭环控制，从而获得不同的外特性和输出电流波形。

1. 晶体管弧焊电源的工作原理和外特性控制

（1）工作原理　晶体管弧焊电源的工作原理如图 2-8 所示。这种弧焊电源由变压器 TC 降压，在经整流器 UR 整流，然后在直流主回路中串入大功率晶体管组 V。从本质上说，大功率晶体管组在主回路中可以起到线性放大器作用，也可以起到电子开关的作用。根据晶体管组的工作方式不同，常把前者称为模拟式晶体管弧焊电源，后者则称为开关式晶体管弧焊电源。晶体管弧焊电源的控制电路，从主电路中的输出检测器 M 中取出反馈信号（电压反馈信号 mU_h 和电流反馈信号 nI_h），与给定值信号 $i=f_1(t)$ 和 $u=f_2(t)$ 分别在放大器 N_1、N_2 比较放大后得出控制信号，经比例加法器 N_3 综合放大后，输入控制晶体管组 V 的基极，从而可以获得所需的外特性。

晶体管弧焊电源的上述两种形式，既可输出平稳的直流电压、电流，也可以输出脉冲电压、电流。但是，输出脉冲电压、电流更能体现它的优越性。因此，在实际应用中多采用脉冲电压、电流输出，通常也把这类弧焊电源称为晶体管式脉冲弧焊电源。

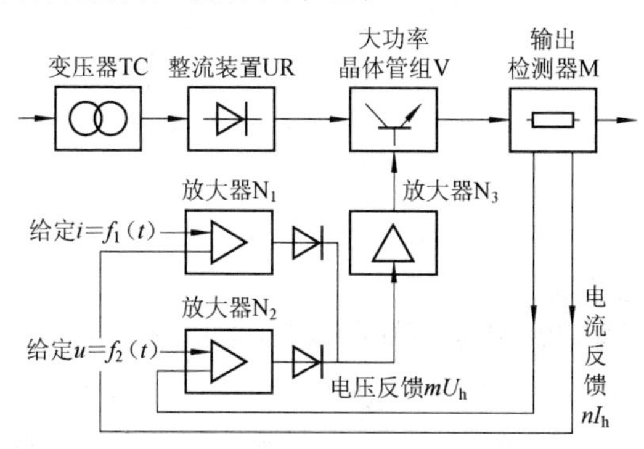

图 2-8　晶体管弧焊电源的工作原理

（2）外特性控制　晶体管弧焊电源的外特性控制是靠改变电压电流的反馈量来实现的。若仅引入电压反馈，可获得恒压源；若仅引入电流反馈，则获得恒流源；若同时引入电压、电流反馈，则得到缓降外特性。下降的斜率取决于电压、电流反馈量的比例，即

$$\frac{\mathrm{d}u_{\mathrm{h}}}{\mathrm{d}I_{\mathrm{h}}}=-\frac{K_2}{K_1}\cdot\frac{n}{m} \tag{2-9}$$

式中：U_{h}——输出电压；

I_{h}——输出电流；

K_2，K_1——放大器放大系数；

n，m——放大器采样比例系数。

图 2-9 所示为晶体管弧焊电源外特性曲线。其中 1 曲线为仅有电压反馈的恒压源外特性，2 曲线为仅有电流反馈的恒流特性，3、4 曲线为是混合反馈的缓降外特性。P 点是仅取决于给定电压和给定电流的工作点。改变电压、电流反馈量的比例，即改变 K_2/K_1 或 n/m，能使外特性曲线绕 P 点转动。因此可以得到所需任意斜率的外特性曲线，以满足不同焊接方法的需要，获得优良的焊接质量。

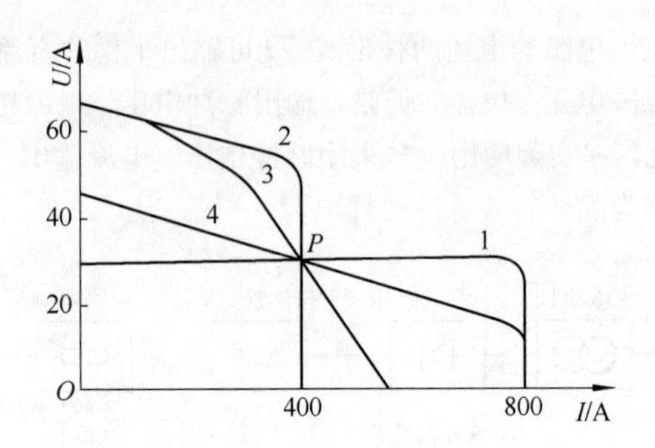

图 2-9　晶体管弧焊电源外特性曲线

2. 晶体管弧焊电源的特点

与晶闸管弧焊电源比较，晶体管弧焊电源的优缺点如下。

①晶体管通断速度快、控制灵活、精度高，模拟式输出电压无脉动，可以获得任意的电流输出波形，外特性形状可以进行任意调整。

②可调参数多，调节范围宽。特别是晶体管脉动弧焊电源，脉冲电压幅值、脉冲宽度、脉冲频率、基值电流等均可精密控制，无级调节，对电弧能量能够准确控制。适用于不同焊接方法、不同材质和不同形体工件的焊接。

③回路时间常数小，动态反应速度快，反应速度模拟式仅 30～50μs，开关式 300～500μs。借助于电子电抗器和脉冲波形控制，可以实现无飞溅或少飞溅焊接。

④抗干扰能力强，可对网络电压波动、环境温度变化及其他因素变化进行有效的补偿，保证输出电压、电流的稳定性。

⑤脉冲频率高，可达 20～30kHz，开关式晶体管弧焊电源可以通过调节脉冲占空比，获得所需的规范参数和外特性形状。

⑥其缺点是功耗大、效率低、成本高、维修技术要求高。

3. 晶体管弧焊电源的适用范围

晶体管弧焊电源是一种焊接性能十分优越的弧焊电源，它能满足多种弧焊方法的需要。开关式最适宜钨极氩弧焊和等离子弧焊；模拟式最适宜熔化极气体保护焊。但由于其成本高、耗能大，只有在质量要求高的场合才采用，一般用作高合金钢、管道自动焊、特种材料和复杂构件的脉冲弧焊、微机控制弧焊和机器人弧焊电源。

4. 常用晶体管弧焊电源技术参数

常用晶体管弧焊电源技术参数见表 2-51。

表 2-51 常用晶体管弧焊电源技术参数

<table>
<tr><td colspan="3">型号
技术参数</td><td>PULSE
350</td><td>NZC6
-315T</td><td>TRNSMIG
401
（德国）</td><td>CLC403
PA-TS
（德国）</td><td>TR-800
（日本）</td></tr>
<tr><td rowspan="5">输出</td><td colspan="2">额定焊接电流/A</td><td>350</td><td>315</td><td>400</td><td>400</td><td>800</td></tr>
<tr><td colspan="2">电流调节范围/A</td><td>70～350</td><td>30～315</td><td>40～400</td><td>0～400</td><td>1～800</td></tr>
<tr><td colspan="2">空载电压/V</td><td>55</td><td>40</td><td>—</td><td>51</td><td>—</td></tr>
<tr><td colspan="2">额定工作电压/V</td><td>—</td><td>15～32</td><td>34</td><td>18～42</td><td>5～45</td></tr>
<tr><td colspan="2">额定负载持续率（%）</td><td>100</td><td>60</td><td>—</td><td>60</td><td>60</td></tr>
<tr><td rowspan="4">输入</td><td colspan="2">电网电压/V</td><td>380</td><td>380</td><td>380</td><td>220/380/415</td><td>380/440</td></tr>
<tr><td colspan="2">相数</td><td colspan="5">3</td></tr>
<tr><td colspan="2">频率/Hz</td><td colspan="5">50/60</td></tr>
<tr><td colspan="2">额定容量/（kV·A）</td><td>20</td><td>—</td><td>23</td><td>13.8</td><td>67</td></tr>
<tr><td colspan="3">功率因数 cosφ</td><td>—</td><td>—</td><td>0.98</td><td>—</td><td>—</td></tr>
<tr><td colspan="3">质量/kg</td><td>200</td><td>180</td><td>315</td><td>230</td><td>700</td></tr>
<tr><td colspan="2" rowspan="3">外形尺寸/mm</td><td>长</td><td>500</td><td>650</td><td>1250</td><td>1200</td><td>790</td></tr>
<tr><td>宽</td><td>710</td><td>530</td><td>150</td><td>1580</td><td>1220</td></tr>
<tr><td>高</td><td>890</td><td>1040</td><td>1350</td><td>1125</td><td>1780</td></tr>
<tr><td colspan="3">适用范围</td><td>脉冲熔化极氩弧焊</td><td>熔化极气体保护焊</td><td>不同气体保护焊和手弧焊</td><td>不同气体保护焊</td><td>埋弧焊、手弧焊和熔化极气体保护焊</td></tr>
</table>

2.5.2 逆变式弧焊电源

逆变式弧焊电源简称弧焊逆变器，是逆变技术在焊接领域中具体应用的新型弧焊电源，它具有高效节能、质量轻、体积小、高效节能、控制性能好，负载适应性强和良好弧焊工艺性能等独特优点，在焊接电源中占重要地位。

1. 弧焊逆变器的组成

弧焊逆变器的基本组成如图 2-10 所示。

（1）主电路　由供电系统、电子功率系统和焊接电弧等组成。

①供电系统。供电系统将工频交流电经整流器整流变换为直流电供给电子功率系统（逆变器）。此外，还通过变压、整流、滤波和稳定系统对电子控制系统提供所需的各组不同大小的直流稳压电源。

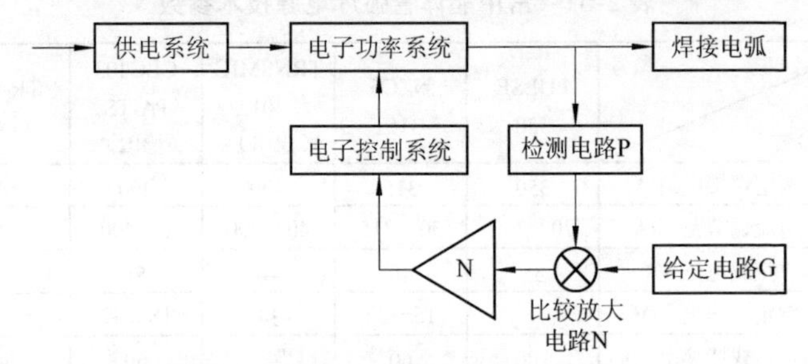

图 2-10　弧焊逆变器的基本组成

②电子功率系统。电子功率系统是弧焊逆变器 UI 的主电路，起着开关、变换电参数（电压、电流及波形）的作用，并以低电压大电流向焊接电弧提供所需的电气性能和工艺参数。这里必须指出，电子功率系统其本身并不能焊接，必须与电子控制系统结合起来才能焊接。

（2）电子控制系统　电子控制系统对电子功率系统提供足够大、按电弧所需变化规律的开关脉冲信号，驱动逆变器主电路的工作。电子控制系统往往包括驱动电路。

（3）反馈给定系统　反馈给定系统由检测电路 P、给定电路 G、比较放大电路 N 等组成。检测电路 P 主要用于提取电弧电压和电流的反馈信号；给定电路 G 用于提供给定信号，决定对电弧提供焊接参数的大小；比较放大电路 N 用于把反馈信号与给定信号比较后进行放大，与电子控制系统一起实现对弧焊逆变器的闭环控制，并使它获得所需的外特性和动特性。

2. 弧焊逆变器的基本工作原理

弧焊逆变器的基本工作原理如图 2-11 所示。在供电系统中，单相或三相交流电网电压，经输入整流器 UR_1 整流和滤波器 L_1C_1 滤波后获得逆变器 UI 所需的平滑直流电压。该直流电压在电子功率系统中经逆变器的大功率开关器件（晶闸管、晶体管、场效应晶体管或 IGBT）组 Q 的交替开关作用，变成几千至几万赫兹的中高频电压，再经过中（高）频变压器 T 将至适合于焊接的几十伏低频电压，并借助于电子控制系统的控制驱动电路和给定反馈电路（P、G、N 等组成）及焊接回路的阻抗，获得焊接工艺所需的外特性和动特性。如果需要采用直流电进行焊接，还需经整流器 UR_2 的整流和 L_2C_2 的滤波，把中（高）频交流电变成稳定的直流电输出。

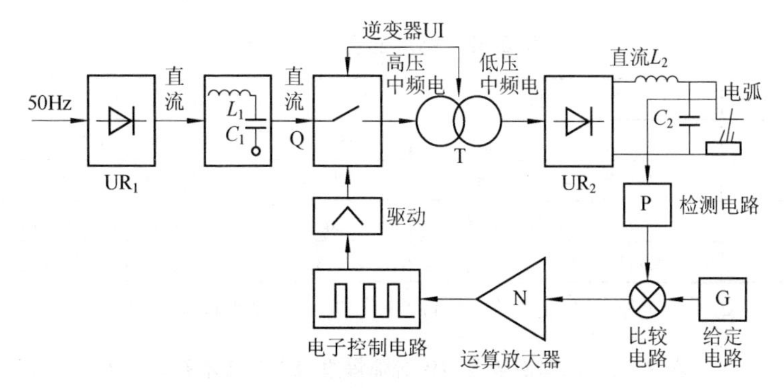

图 2-11 弧焊逆变器的基本工作原理

弧焊逆变器主电路的基本工作原理可以归纳为：

工频交流→直流→逆变为高、中频交流→降压→直流输出。

3. 弧焊逆变器的特点

①高效节能。弧焊逆变器的功率因数为 0.99，空载耗损仅有数瓦至百余瓦，效率为 80%～90%。

②节材。材料消耗少，质量轻，仅为传统焊机 1/10～1/5。变压器质量仅为传统焊机变压器的数十分之一。

③调节性能好。弧焊逆变器调节速度快，规范参数均可无级均匀调节。规范调节方式有三种：定脉宽调频率、定频率调脉宽、脉宽与频率混合调节。

④外特性形状便于控制。弧焊逆变器加入不同的反馈可获得多种不同形状的外特性，能满足不同焊接方法的需要。可以用作手弧焊、气体

保护焊、等离子弧焊、管状焊丝电弧焊、机器人弧焊电源等。

⑤弧焊逆变器动特性好，电弧稳定，金属飞溅少。

⑥弧焊逆变器是具有广阔应用范围和发展前途的换代新产品，制造要求较高，目前故障率还较高。随着技术发展和元器件质量提高，这些缺点很快会得到克服。

4. 弧焊逆变器的分类及与弧焊直流电源比较

①弧焊逆变器的分类见表2-52。

表2-52　弧焊逆变器的分类

序号	类　别	工作频率/kHz	所用的大功率开关器件
1	晶闸管式弧焊逆变器	0.5～5	快速晶闸管（FSCR）
2	晶体管式弧焊逆变器	可达50	开关晶体管（GTR）
3	场效应管式弧焊逆变器	20	功率场效应管（MOSFRT）
4	绝缘栅双极晶体管式弧焊逆变器	10～30	绝缘栅双极晶体管（IGBT）

②弧焊逆变器与传统弧焊直流电源技术参数比较见表2-53。

表2-53　弧焊逆变器与传统弧焊直流电源技术参数比较

型　号		AX7-400	ZXG1-400	ZXG-400	ZX5-400	ZX7-400-2	COVP-350	ZX7-400IGBT
名称		直流弧焊发电机	硅弧焊整流器	磁放大器式弧焊整流器	晶闸管弧焊整流器	晶闸管逆变弧焊整流器	晶体管逆变弧焊整流器	逆变式弧焊电源
额定输出电流/A		400	400	400	400	400	350	400
额定负载持续率（%）		60						
输出空载电压/V		60～90	71.5	80	63	70～80	—	75
输出电压		三相，380V						
效率（%）		53	76.5	83	74	83	—	≥90
功率因数cosφ		0.9	0.68	0.55	0.75	≥0.98	—	≥0.95
质量/kg		370	238	310	220	66	62	33
外形尺寸/mm	长	950	885	990	594	540	380	550
	宽	590	570	490	495	310	640	320
	高	890	1075	950	1000	430	615	390

5. 晶闸管式弧焊逆变器的组成与工作原理

晶闸管式弧焊逆变器的工作原理如图 2-12 所示，与图 2-11 比较基本相同，只是逆变器中的大功率开关器件为晶闸管。

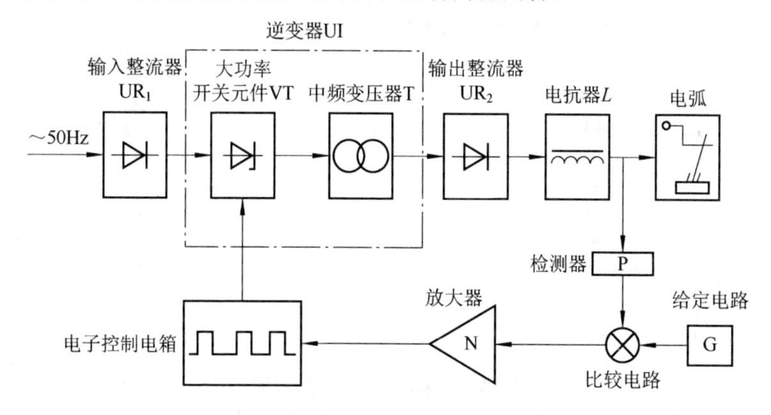

图 2-12 晶闸管式弧焊逆变器的工作原理

现以图 2-13 所示的晶闸管式弧焊逆变器主电路为例，介绍其主电路的组成与工作原理。

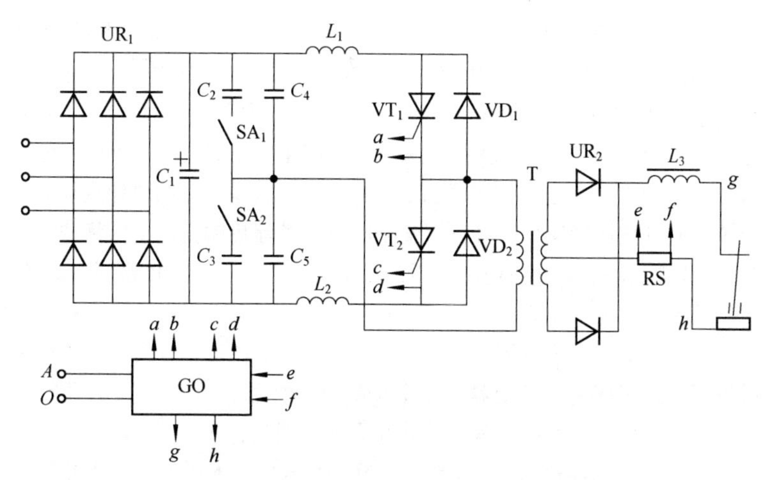

图 2-13 晶闸管式弧焊逆变器主电路

主电路由输入整流器 UR_1、逆变器电路和输出整流器 UR_2 等组成。主电路的核心部分是逆变电路，它由晶闸管 VT_1、VT_2，中频变压器 T，电容 C_2～C_5，电感线圈 L_1、L_2 等组成，构成所谓“串联对称半桥式”逆变器。对称半桥式逆变器原理如图 2-14 所示。

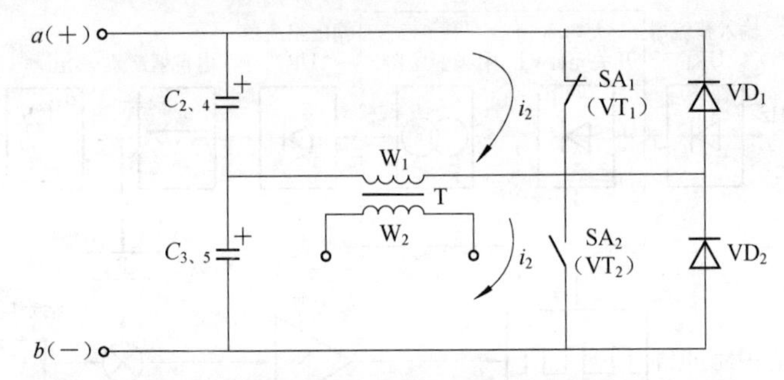

图 2-14　对称半桥式逆变器原理

在图 2-14 中，当开关 SA_1（VT_1）闭合，而 SA_2（VT_2）断开时，电容 $C_{2、4}$ 的放电电流 i_1 由 $C_{2,4}^{+}$ →SA_1→T→ $C_{2,4}^{-}$，电容 $C_{3、5}$ 的充电电流则由 a(+)→SA_1→T→ $C_{3,5}^{+}$ → $C_{3,5}^{-}$ →b(−)，从而在中频变压器 T 上形成正半波的电流 i_1。当 SA_2 闭合，SA_1 断开时，电容 $C_{3、5}$ 的放电电流 i_2 由 $C_{3,5}^{+}$→T→SA_2→$C_{3,5}^{-}$，电容 $C_{2,4}$ 的充电电流由 a(+)→$C_{2,4}^{+}$→$C_{2,4}^{-}$→T→SA_2→b(−)，从而在变压器 T 上形成负半波电流。这样 SA_1、SA_2 每交替闭合和断开一次，就在变压器 T 上产生一个周波的交流电，它们每秒通断的次数决定了逆变器的工作频率，这就是所谓的“逆变调频”原理。通过这样的逆变，将三相整流器 UR_1 整流后的直流电转换成 1～2kHz 或更高的中频交流电。然后，经变压器 T 降压，UR_2 整流，从而得到稳定的直流输出。

晶闸管式弧焊逆变器，由于采用大功率晶闸管作为开关器件，而这种管子是最早应用于逆变器的，技术成熟，容量大，但它本身的开关速度慢。管子的技术性能使晶闸管式弧焊逆变器具有如下特点。

①工作可靠性较高。晶闸管的生产历史长，技术成熟，设计者和生产厂家对它的性能、结构特点了解得比较透彻，掌握比较好。

②逆变工作频率较低。晶闸管是所用半导体开关管中速度最慢的器件，即受到管子关断时间的制约所致。逆变工作频率只有数千赫，因此焊接过程存在噪声，并且不利于效率的提高和进一步减轻质量和减小体积。

③驱动功率低，控制电路比较简单。晶闸管采用较窄的脉冲就可达到触发导通的目的，通常脉冲宽度为10μs，幅值在安培级之内。因此，所需要触发脉冲功率还是比较小的，它的控制驱动电路也可相应简化（相对于晶体管式弧焊逆变器而言）。

④控制性能不够理想。晶闸管一旦导通后，只要有足够的维持电流就能一直导通下去。但这对于逆变器工作来说却是一个很大的缺点，即关断困难。若关断措施工作不可靠，则两个交替工作的晶闸管可能同时导通，使网路电源被短路，以致烧坏晶闸管，并使逆变过程失效。

⑤晶闸管的价格相对比较低，有利于降低成本。

⑥单管容量大，不必解决多管并联的复杂技术问题。

6. 晶体管式弧焊逆变器的组成与工作原理

晶闸管式弧焊逆变器虽然具有晶闸管生产技术成熟、管子容量大、价格便宜等优点，但存在工作频率低，关断难和有电弧噪声等问题。因此，在 20 世纪 80 年代初又研制出了工作频率较高、控制特性好的晶体管式弧焊逆变器。

（1）晶体管式弧焊逆变器的组成　晶体管式弧焊逆变器的主要特性是采用大功率晶体管（GTR）组取代大功率晶闸管，作为逆变器的大功率开关器件。相对前面所述的晶闸管逆变弧焊电源，晶体管式弧焊逆变器的控制灵活，响应速度快。GTR 为全控型器件，逆变器工作频率可达 15～20kHz，而晶闸管逆变器工作频率一般仅为 1～5kHz，逆变器的控制方式也不同。晶体管式弧焊逆变器一般采用脉冲宽度调节（PWM）方式，而晶闸管式逆变器一般采用脉冲频率调节（PFM）方式。

（2）晶体管式弧焊逆变器的工作原理　晶体管式弧焊逆变器的工作原理如图 2-15 所示。它与晶闸管式弧焊逆变器的主要区别仅在逆变电路上，其余部分基本相同，逆变器是整个电源的核心和关键。晶体管式逆变器主电路常采用全桥、半桥式逆变器，而单端正激和推挽式逆变器都较少用。现以全桥逆变电路为例来讲述晶体管式弧焊逆变器的工作原理。

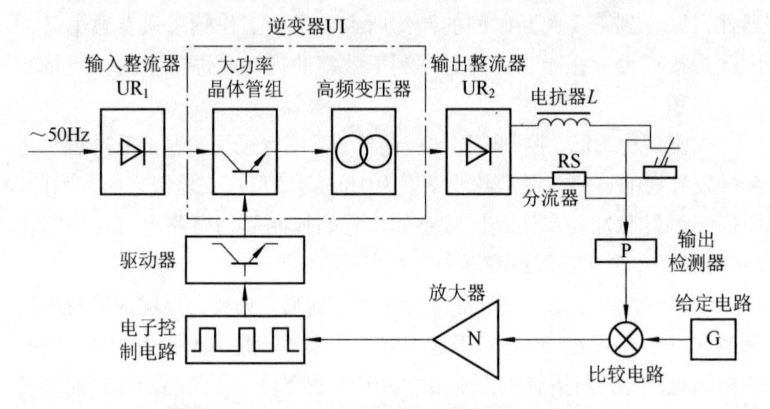

图 2-15　晶体管式弧焊逆变器的工作原理

如图 2-16 所示是桥式 GTR 逆变器电路，图中 C_1、C_3 是低频滤波电容，一般容量较大，而 C_2、C_4 为高频滤波电容，滤除电源上的高频杂波，R_1、R_2 为均压电阻。对逆变器来说，可以把整流滤波后的输出当作电压源。这是一个较为常用的电路。图中 VD_7～VD_{10} 为钳位二极管，VD_{11}、VD_{12} 为整流二极管，L 为输出滤波电感。

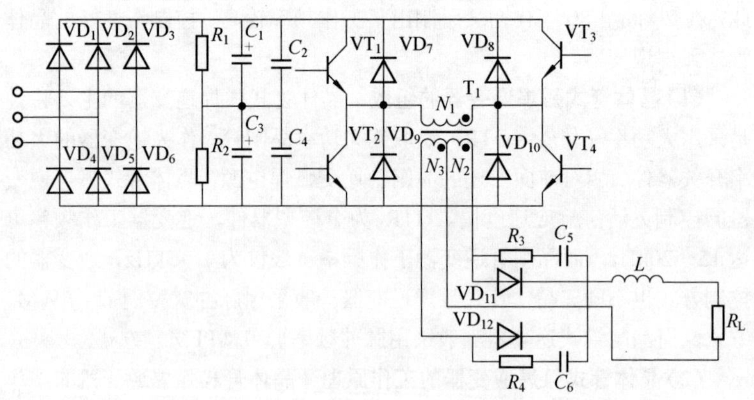

图 2-16　桥式 GTR 逆变器电路

桥式 GTR 逆变器电路相关波形如图 2-17 所示，VG_1 为 VT_1、VT_4

的驱动波形，VG_2为VT_2、VT_3的驱动波形。全桥逆变电路的工作过程可分为四个阶段，图2-17是该电路中的典型波形。

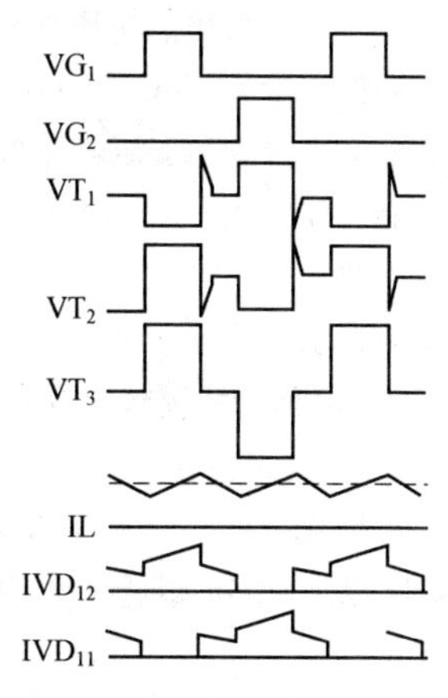

图2-17 桥式GTR逆变器电路相关波形

①第一阶段。VG_1为高电平，VG_2为低电平，此时VT_1和VT_4导通，VT_1和VT_4上的电压为零，变压器上所加电压左正右负。变压器二次侧的同名端为正，所以VD_{12}导通，输出电流为逆变器输出电流。

②第二阶段。VG_1和VG_2都为低电平。此时，VT_1、VT_4截止，变压器输入为零，由于二次绕组的作用，输出电流不可以突变，所以VD_{11}、VD_{12}充当续流二极管的作用，VD_{12}电流下降，VD_{11}电流上升，两个整流管共同分担滤波电感的电流。此时变压器二次侧的两个绕组电流方向相反，变压器二次侧等效于短路状态，所以变压器的一次侧等效于一根导线。但由于变压器在绕制时不可避免地会存在漏感，漏感的储能作用会使变压器一次侧电流保持原来的方向，而此时VT_1、VT_4已经关断，因此电流会由VD_8、VD_9流回输入电源。同时漏感的感应电压也被限制在输入电源电压，所以VD_8、VD_9又被称为钳位二极管。这就是我们看到GTR在关断时产生的电压尖峰。当漏感的能量释放完后，该尖峰电压消失，两只GTR共同承担一半的电源输入电压。

③第三阶段。VG_1为低电平，VG_2为高电平。此时VT_2、VT_3导通，变压器一次电压为右正左负，输出电压改变方向。根据变压器的同名端，可以知道此时VD_{11}导通，VD_{12}关断，而VT_2、VT_3的电压为零，VT_1、VT_4承担输入电源电压。必须指出的是，由于在VD_{11}导通之前，VD_{12}内有电流流过，所以VD_{12}的关断需要反向恢复时间。在此时间内，VD_{12}等效于短路，所以变压器的二次侧在此时被短路，无法输出功率，而且对一次侧的GTR也有很大的电流冲击。我们称这种现象为二次侧短路

效应。为了避免该效应的不良影响，二次侧的输出滤波二极管必须采用反向恢复时间很短的快速恢复二极管。

④第四阶段。VG_1、VG_2都为低电平。此时同第二阶段，VD_{11}、VD_{12}充当续流二极管，变压器等效于短接。但一次电流方向不同，所以漏感的储能会使VD_7、VD_{10}导通。

由此可见，VT_1、VT_4和VT_2、VT_3的交替导通，使变压器的输入电压反向，从而实现了把高压直流电转变为中频交流电的目的。

(3)晶体管式弧焊逆变器的特点　桥式逆变器在大功率逆变电源中应用很广。与晶闸管式弧焊逆变相比，晶体管式弧焊逆变器具有以下特点。

①逆变器的工作频率较高。晶体管式弧焊逆变器的工作频率可达16kHz以上，因而既无噪声的影响，又利于进一步减轻弧焊电源的质量和体积。

②采用“定频率调脉宽”的方式调节焊接参数和外特性。可以无级调节焊接参数，不必分挡调节，操作方便。

③控制性能好。晶闸管式弧焊逆变器晶闸管导通时间的长短不决定于触发脉冲的宽度，而决定于逆变回路的电参数（如L、C等），且关断较麻烦。而晶体管式弧焊逆变器采用电流型控制，用基极电流控制晶体管的开关，控制性能好，不存在通易关难的问题，而且控制比较灵活，受主电路参数影响较小。

④晶体管式弧焊逆变器存在明显的缺点：一是晶体管存在二次击穿问题；二是控制驱动功率较大，需要设驱动电路。

7. MOSFET式和IGBT式弧焊逆变器的组成和工作原理

晶体管（GTR）式弧焊逆变器与晶闸管式相比，虽然提高了逆变频率，有利于提高效率，减小电源的体积和质量，但它的过载能力差，稳定性不理想，存在二次击穿和需要较大的电流驱动（电流控制型）。因此，随后研制出性能更为理想的大功率MOS（MOSFET）场效应晶体管，简称场效应管。它属于电压控制型，只需要极微小的电流就能实现开关控制，而且开关速度更快，无二次击穿问题。

但是，场效应管也存在一定不足之处，主要是场效应管的容量不够大，允许通过电流较小，需采用多管关联方式，调试较麻烦。为了把晶体管的大容量和场效应管的电压控制等独特优点结合起来，又研制出了IGBT 功率开关管。由于 IGBT 容量较大，生产调试相对比较方便，因而很快得到推广和应用。虽然 IGBT 式弧焊逆变器的逆变频率没有MOSFET 式高，但 IGBT 式和 MOSFET 式弧焊逆变器各有特色，成为当前并举发展和推广的新型弧焊电源。

MOSFET 式和 IGBT 式弧焊逆变器的组成和工作原理与 GTR 式相比大同小异，图 2-18 所示为它们的工作原理。对比图 2-15，有如下异同点。

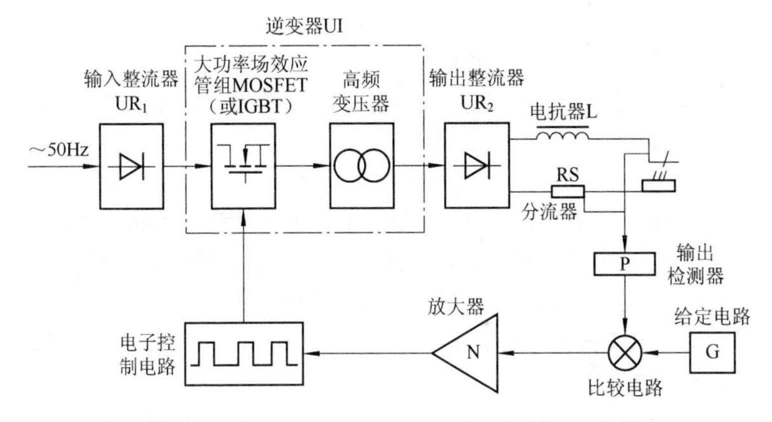

图 2-18 MOSFET 式和 IGBT 式弧焊逆变器的工作原理

（1）三种弧焊逆变器的相同点 IGBT 和 GTR 式的主电路逆变频率 20kHz 左右，MOSFET 式一般采用 40～50kHz。特性的获得与控制都采用“定频率调脉宽”的调节方式。而且，输入整流滤波电路、逆变主电路、输出滤波电路、带反馈的闭环控制电路及其原理基本相同。

（2）三种弧焊逆变器的不同点

①MOSFET 式和 IGBT 式主电路分别采用大功率 MOSFET 和 IGBT 管组，取代功率开关晶体管（GTR）。

②MOSFET 式和 LGBT 式采用电压控制（属电压控制型）。

③MOSFET 式和 IGBT 式只需要极小的驱动功率，而 GTR 式需要较大的驱动功率，因而为驱动功率放大往往需要增设驱动电路。

8. MOSFET 式和 IGBT 式弧焊逆变器的特点和应用

（1）MOSFET 式弧焊逆变器 与 GTR 式相比，MOSFET 式弧焊逆变器有如下特点。

①控制功率极小。MOSFET 的直流输入电阻很高，采用电压控制，只要控制电压大于一定值，MOSFET 就能进入饱和导通状态，因而所需控制功率极小。而开关晶体管（GTR）只有在基极控制电流足够大时才能达到饱和导通状态，而且管子的放大倍数一般较小，需要较大的控制功率。

②工作频率高。MOSFET 的逆变器速度可达 40kHz 以上，且开关过程损耗小，有利于提高逆变器的效率和减小体积。

③多管并联相对较易实现。

④过载能力强，热稳定性好。MOSFET 不存在二次击穿问题，可靠工作范围更宽，动特性更好。

⑤管子的容量较小，成本较高。

MOSFET 式弧焊逆变器可以输出直流、脉冲、矩形波交流焊接电源，它不仅可以应用于焊条电弧焊、钨极氩弧焊、熔化极气体保护焊、等离子弧焊，还可用于半自动焊、自动焊、机器人焊接等。

（2）IGBT 式弧焊逆变器 IGBT 式弧焊逆变器与 MOSFET 式相比有如下特点。

①由于 IGBT 耐压 1200V，最大容量可达 600A；而 MOSFET 耐压 1000V，最大容量只有 30A 左右。因此，即便用于埋弧焊的 IGBT 式弧焊逆变器也不必采用多管并联方式，减少了调试工作。

②IGBT 的饱和压降比较低，有利于减少逆变器的功率损耗。

③IGBT 的开关损耗比 MOSFET 大，这与它们的开关速度有关。IGBT 工作频率为 10～30kHz，MOSFET 的工作频率在 30kHz 以上。

IGBT 式弧焊逆变器除输出直流外，还有脉冲、矩形波交流输出，具有多种外特性。可用于焊条电弧焊、CO_2 焊、MAG/MIG 焊、等离子弧焊等。

由以上分析可知，弧焊逆变器的产生和快速度发展是以电力半导体器件制造技术的发展为前提的。没有高工作频率、大容量的半导体器件的成功研制，就不可能制造出性能优良的弧焊逆变器。

9. 逆变式弧焊电源技术参数

①常用逆变式弧焊电源技术参数（一）、（二）见表2-54和表2-55。

表2-54 常用逆变式弧焊电源技术参数（一）

技术参数＼型号			ZXG7-250（晶闸管式）	ZXG7-400（晶闸管式）	PCS300（晶闸管式）	CARRY-WELD-350（晶闸管式）	EUROT-RANS-500（晶体管式）
输出	额定焊接电流/A		250	400	300	350	500
	电流调节范围/A		50～300	80～400	10～350	25～350	50～500
	空载电压/V		70	80	80	71	50
	额定工作电压/V		—	—	34	32	15～40
	额定负载持续率（%）		60	60	60	35	60
输入	电源		三相，380V	三相，380V，50Hz	三相，380V/415V，50Hz/60Hz	三相，380V，50Hz/60Hz	三相，380V，50Hz/60Hz
	额定一次电流/A		9	21.3	18	7.9	—
	额定容量/（kV·A）		—	—	—	12	19
效率（%）			83	83	80	—	88
质量/kg			33	75	100	42	100
外形尺寸/mm		长	—	600	710	645	920
		宽	—	360	360	293	530
		高	—	460	610	413	830
适用范围			用作焊条电弧焊、TIG焊电源	用作焊条电弧焊、TIG焊电源	TIG焊、MIG焊、MAG焊、焊条电弧焊	焊条电弧焊、TIG焊、MIG焊、MAG焊	焊条电弧焊、MIG焊、TIG焊、MAG焊

表2-55 常用逆变式弧焊电源技术参数（二）

技术参数＼型号		ACCUT1-G300F（晶体管式）	LH1315（晶体管式）	ISI5（晶体管式）
输出	额定焊接电流/A	300	315	200
	电流调节范围/A	4～300	8～315	3～200
	空载电压/V	80	65	40～80

续表 2-55

技术参数 \ 型号		ACCUT1-G300F（晶体管式）	LH1315（晶体管式）	ISI5（晶体管式）
输出	额定工作电压/V	30	—	—
	额定负载持续率（%）	40	35	60
输入	电源	三相，380V，50Hz/60Hz	三相，380V，50Hz/60Hz	三相，380V/100V，50Hz/60Hz
	额定容量/（kV·A）	16.5	10.5	6.5
效率（%）			85	
质量/kg		64	28	13.5
外形尺寸/mm	长	390	—	460
	宽	555	—	180
	高	690	—	325
适用范围		焊条电弧焊、TIG 焊	焊条电弧焊、TIG 焊	焊条电弧焊、TIG 脉冲焊

②ARC 系列焊条电弧焊机技术参数见表 2-56。

表 2-56　ARC 系列焊条电弧焊机技术参数

技术参数 \ 型号	ARC-140	ARC-160	ARC-180	ARC-200
额定输入电压/V		220		
额定输入频率/Hz		50/60		
额定输入电流/A	19	22.2	25.8	29.6
额定输入容量/（kV·A）	4.2	4.9	5.7	6.6
空载电压/V		58		
焊接电流/A	10～140	10～160	10～180	10～200
焊接电压/V	18.4～23.6	18.4～24.4	18.4～25.2	18.4～26
额定负载持续率（%）		60		
外形尺寸/（mm×mm×mm）		420×155×300		
质量/kg	8	9	9	9

③晶闸管式弧焊逆变器技术参数见表 2-57。

表 2-57 晶闸管式弧焊逆变器技术参数

技术参数 \ 型号		ZX5-160B（晶闸管式）	ZX5-250B（晶闸管式）	ZX5-400B（晶闸管式）	ZX5-630B（晶闸管式）
输出	额定焊接电流/A	160	250	400	630
	电流调节范围/A	30～160	40～250	40～400	63～630
	额定工作电压/V	—	—	36	40
	空载电压/V	60	65	67	67
	额定负载持续率（%）	60			
	额定输出功率/kW	—	—	—	—
输入	电压/V	380			
	额定输入电流/A	—	—	48	80
	相数	3			
	频率/Hz	50			
	额定输入容量/(kV·A)	11	19	32	53
功率因数		—	—	0.6	0.6
效率（%）		—	—	75	78
质量/kg		—	—	—	—
适用范围		焊条电弧焊，TIG焊、埋弧焊、碳弧气刨电源	焊条电弧焊、TIG焊、埋弧焊、碳弧气刨电源	焊条电弧焊、TIG焊、埋弧焊、碳弧气刨电源、控制线路稍加改动可用于各种气体保护焊电源	

④场效应管式弧焊逆变器技术参数见表 2-58。

表 2-58 场效应管式弧焊逆变器技术参数

技术参数 \ 型号		ZXC-63	ZX6-160	LUB315	LUC500	500ADT-CXP2
输出	额定焊接电流/A	63	160	315	500	500
	电流调节范围/A	3～63	5～160	8～315	8～500	50～500
	空载电压/V	50	50	56	65	—
	额定工作电压/V	16	24	—	—	16～42
	额定负载持续率（%）	60				
	额定输出功率/kW	—	—	—	—	—

续表 2-58

技术参数 \ 型号			ZXC-63	ZX6-160	LUB315	LUC500	500ADT-CXP2
输入	电网电源/V		220	380	380	380	380
	相数		1	3	3	3	3
	频率/Hz		50/60				
	额定一次相电流/A		—	—	—	—	—
	额定容量/（kV·A）		—	—	9.8	21.7	25.6
功率因数 cosφ			0.99	0.99	0.95	0.97	—
功率（%）			80	83	85	83	—
质量/kg			9	15	58	72	53
外形尺寸/mm		长	430	500	—	—	310
		宽	180	220	—	—	580
		高	270	300	—	—	540
适用范围			TIG 焊	TIG 焊、焊条电弧焊	计算机控制焊条电弧焊、MIG 焊、MAG 焊、TIG 焊	—	MAG 焊、MIG 脉冲焊
生产地			国产	国产	瑞典 ESAB	瑞典 ESAB	日本 HITACHI

⑤IGBT 逆变多功能弧焊电源技术参数见表 2-59。

表 2-59 IGBT 逆变多功能弧焊电源技术参数

技术参数 \ 型号		WSM-125D	WSM-160D	WSM-250D	WSM-315D
电网电压/V		220/380	380	380	380
相数		1/3	3	3	3
脉冲电流调节范围/A		3～125	3～160	3～250	3～315
维弧电流调节范围/A		3～125	3～160	3～150	3～315
输出脉冲频率/Hz	低频	0.1～10			
	高频	50～500			
占空比（%）		10～90 连续可调			

续表 5-59

型号 技术参数		WSM-125D	WSM-160D	WSM-250D	WSM-315D
额定焊接电流/A		125	160	250	315
额定负载持续率（%）		60			
效率（%）		90			
质量/kg		18	20	22	23
外形尺寸/mm	长	480			
	宽	360			
	高	300			

⑥ZX7 系列弧焊逆变器技术参数见表 2-60。

表 2-60 ZX7 系列弧焊逆变器技术参数

型号 技术参数	ZX7-200S/ST	ZX7-315S/ST	ZX7-400S/ST
电源	三相，380V，50Hz		
额定输入功率/kW	8.75	16	21
额定输入电流/A	13.3	24.3	32
额定焊接电流/A	200	315	400
额定负载持续率（%）	60		
最高空载电压/V	70～80		
焊接电流调节范围/A	20～200	30～315	40～400
效率（%）	83		
外形尺寸/（mm×mm×mm）	600×355×540	600×355×540	640×355×470
质量/kg	59	66	66
适合范围	用于 ϕ2.5mm 以下各种焊条进行焊条电弧焊，也可以进行手工钨极氩弧焊	焊条电弧焊和手工钨极氩弧焊两用焊机；氩弧焊时，采取划擦法引弧；焊条电弧焊时，适用于 ϕ6mm 以下各种焊条的焊接	
型号 技术参数	ZX7-300S/ST （晶闸管式）	ZX7-500S/ST （晶闸管式）	ZX7-630S/ST （晶闸管式）
电源	三相，380V，50Hz		

续表 2-60

技术参数＼型号	ZX7-300S/ST（晶闸管式）	ZX7-500S/ST（晶闸管式）	ZX7-630S/ST（晶闸管式）
额定输入功率/kW	—	—	—
额定输入电流/A	—	—	—
额定焊接电流/A	300	500	630
额定负载持续率（%）	60		
最高空载电压/V	70～80		
焊接电流调节范围/A	Ⅰ挡：30～100 Ⅱ挡：90～300	Ⅰ挡：50～167 Ⅱ挡：150～500	Ⅰ挡：60～210 Ⅱ挡：180～630
效率（%）	83		
外形尺寸/（mm×mm×mm）	640×355×470	690×375×490	720×400×560
质量/kg	58	84	98
适合范围	“S”：焊条电弧焊电源； “ST”：焊条电弧焊、氩弧焊两用电源		

技术参数＼型号	ZX7-125（场效应管式）	ZX7-200（场效应管式）	ZX7-250（场效应管式）	ZX7-315（场效应管式）	ZX7-400（场效应管式）
	场效应管式				
电源	一相，220V，50Hz	三相，380V，50Hz			
额定输入功率/kW	3.5	6.6	8.3	11.1	16
额定输入电流/A	15	11	13	17	22
额定焊接电流/A	125	200	250	315	400
额定负载持续率（%）	60				
最高空载电压/V	50	<80	60	65	65
焊接电流调节范围/A	20～125	8～200	40～250	50～315	60～400
效率（%）	90	>85	90	90	90
外形尺寸/（mm×mm×mm）	350×150×200	413×193×318	400×160×250	450×200×300	560×240×355
质量/kg	10	23	15	25	30
适合范围	具有电流响应速度快，静、动特性好，功率因数高、空载电流小、效率高等特点，适用于各种低碳钢、低合金钢及不同类型结构钢的焊接				

续表 2-60

型号 技术参数	ZX7-160（晶闸管式）	ZX7-200（晶闸管式）	ZX7-250（晶闸管式）	ZX7-315（晶闸管式）	ZX7-400（晶闸管式）	ZX7-500（晶闸管式）	ZX7-630（晶闸管式）
电源	三相，380V，50Hz						
额定输入功率/kW	4.9	6.5	8.8	12	16.8	23.4	32.4
额定输入电流/A	7.5	10	13.3	18.2	25.6	35.5	49.2
额定焊接电流/A	160	200	250	315	400	500	630
额定负载持续率（%）	60						
最高空载电压/V	75						
焊接电流调节范围/A	16～160	20～200	25～250	30～315	40～400	50～500	60～630
效率（%）	≥90						
外形尺寸/（mm×mm×mm）	500×290×390				550×320×390		
质量/kg	25	30	35	35	40	40	45
适合范围	采用脉冲宽度调制（PWM）、20kHz 绝缘门极双极型晶体管（IGBT）模块逆变技术；具有引弧迅速可靠、电弧稳定、飞溅小、体积小、质量轻、高效节能、焊缝成形好，并可“防粘”等特点。用于焊条电弧焊、碳弧气刨电源						

⑦MOSFET 逆变直流氩弧焊机技术参数（深圳某公司产品）见表 2-61。

表 2-61 MOSFET 逆变直流氩弧焊机技术参数（深圳某公司产品）

型号 技术参数	TIG160S	TIG180S	TIG200S
电源电压/V	AC200		
额定输入电流/A	16	18	20
空载损耗/W	35		
电流调节范围/A	10～160	10～180	10～200
额定输出电流/A	160	180	200
绝缘等级	B		
外壳防护等级	IP21		
功率因数	0.93		
负载持续率（%）	60		

续表 2-61

技术参数 \ 型号	TIG160S	TIG180S	TIG200S
效率（%）	85		
主机质量/kg	8	9	9

⑧MOSFET 逆变交、直流氩弧焊机技术参数（深圳某公司产品）见表 2-62。

表 2-62　MOSFET 逆变交、直流氩弧焊机技术参数（深圳某公司产品）

技术参数 \ 型号	TIG200AC/DC	TIG250AC/DC	TIG315AC/DC
电源电压/V	AC220	AC380	
额定输入电流/A	20	10	14
电流调节范围/A	20～200	20～250	20～315
绝缘等级	B		
外壳防护等级	IP21		
功率因数	0.93		
负载持续率（%）	60		
效率（%）	85		
主机质量/kg	20	29.5	36.5

⑨SCR 逆变半自动气体保护焊机系列技术参数（四川某公司产品）见表 2-63。

表 2-63　SCR 逆变半自动气体保护焊机系列技术参数（四川某公司产品）

技术参数 \ 型号	NB-400	NB-500
输入电压	三相，380V，50～60Hz	
额定输入功率/kW	21	30
额定输入电流/A	32	46
额定输出电流/A	400	500
电压、电流调节范围	第一挡：80～200A，16～24V 第二挡：100～350A，20～30V 第三挡：200～400A，24～36V	第一挡：100～200A，19～31V 第二挡：130～350A，23～40V 第三挡：200～500A，26～45V
适用焊丝	ϕ1.0，ϕ1.2，ϕ1.6	ϕ1.0，ϕ1.2，ϕ1.6
效率（%）	80	

续表 2-63

型号 技术参数	NB-400	NB-500
功率因数	0.7～0.9	
冷却方式	风冷	

⑩SCR 逆变式气体保护焊机系列技术参数（山东某公司产品）见表 2-64。

表 2-64 SCR 逆变式气体保护焊机系列技术参数（山东某公司产品）

型号 技术参数	NB-250	NB-400
输入电压	三相，380V，50～60Hz	
额定输入电流/A	20	29
额定输入功率/kW	9	21
电流调节范围/A	60～300	60～400
负载持续率（%）	60	
效率（%）	82	
功率因数	0.83	
质量/kg	45	80

2.5.3 矩形波交流弧焊电源

矩形波交流弧焊电源又称为方波交流弧焊电源。矩形波交流弧焊电源输出交流电的波形是矩形，其特点是电流过零点时的上升速度非常快，即使不用稳弧装置，焊接时电弧也非常稳定。把它用于铝、镁及其合金的 TIG 焊和碱性焊条电弧焊非常有利。

根据获得矩形波交流电流的原理和主要器件的不同，矩形波交流弧焊电源可分为：逆变式、晶闸管电抗器式、数字开关式和饱和电抗器式四种。

1. 矩形波交流弧焊电源的工作原理

①晶闸管电抗器式矩形波交流弧焊电源的工作原理如图 2-19 所示。降压变压器 T，将 380V、50Hz 的电压降至数十伏，经 SCR_1、SCR_3 和 SCR_2、SCR_4 开关作用和 L_{dc} 的储能作用获得带尖峰的矩形波。控制 SCR_1、SCR_3 和 SCR_2、SCR_4 的导通角，可以改变正、负半波的幅值和时间比。

准确地控制正、负半波的能量比，满足某些特殊弧焊工艺的需要。通过电流负反馈，可获得下降外特性。若将图 12-19（b）所示电路进行改造，去掉 R_D 短接 b、c 点，从 e、d 引出焊接电流，可用作直流弧焊电源。此时 L_{dc} 作为输出电抗器起滤波和改善动特性作用。

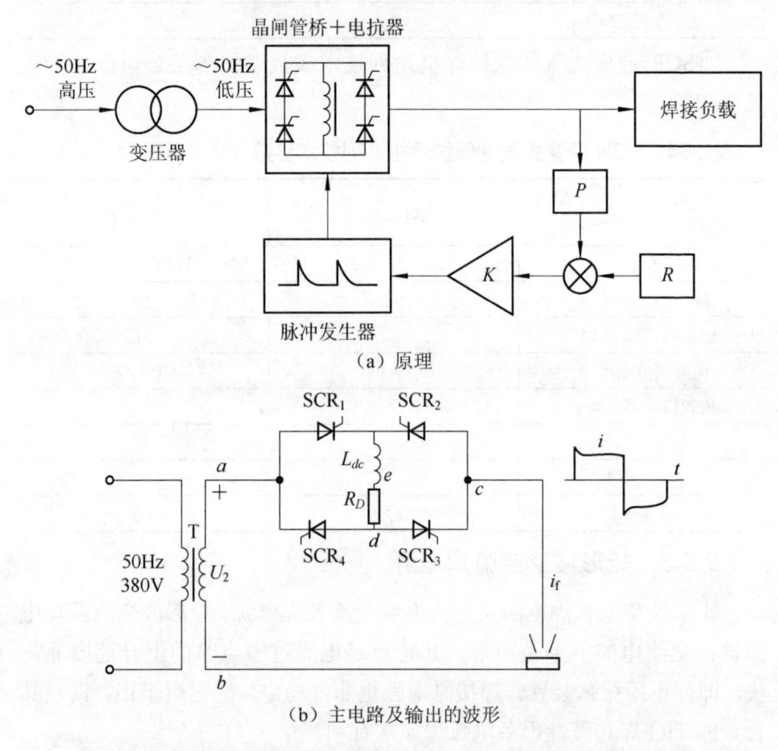

图 2-19　晶闸管电抗器式矩形波交流弧焊电源的工作原理

②逆变式矩形波交流弧焊电源的工作原理如图 2-20 所示。降压变压器将 380V、50Hz 的交变电压降至数十伏。晶闸管整流器进行可控整流获得幅值可调的直流，并通过电流负反馈获得所需的下降外特性。电抗器滤波后得到稳定的直流。晶闸管逆变器将直流变成矩形波交流的原理如图 2-20（b）所示。当 SCR_1、SCR_3 和 SCR_2、SCR_4 交替导通时，在 a、b 两点间即可输出矩形波焊接电流，其波形在前沿有一尖峰，这是

电容 C_1 造成的。它有利于电弧引燃，对稳弧有利。

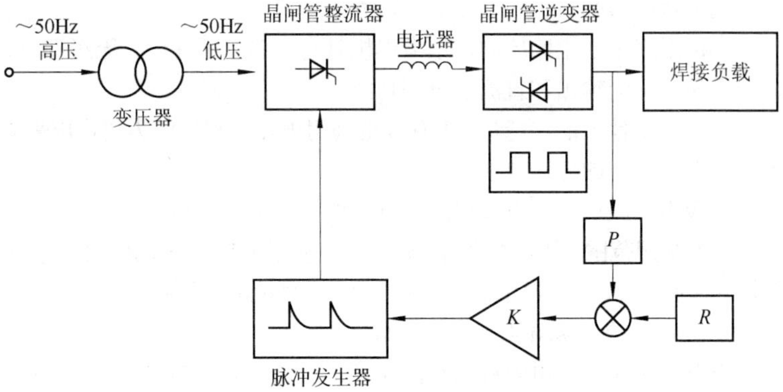

（a）原理

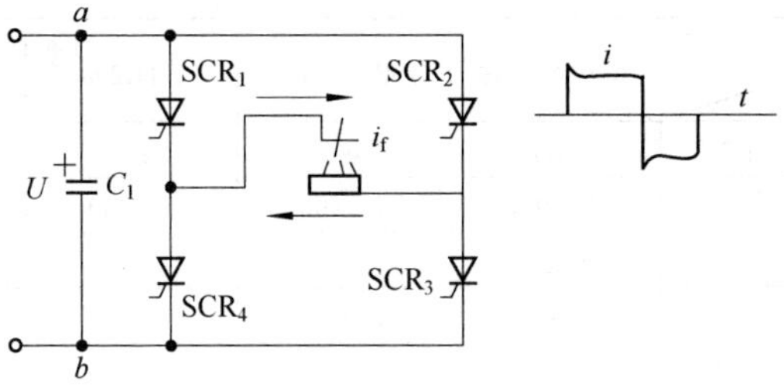

（b）逆变主电路及其波形

图 2-20 逆变式矩形波交流弧焊电源的工作原理

2. 矩形波交流弧焊电源的特点和适用范围

（1）特点 矩形波交流弧焊电源属于电子控制类型的弧焊电源，其特点如下。

①因矩形波电流过零点的上升速度快，故电弧稳定，重新引弧容易，用于 TIG 焊铝、镁及其合金时，可不必外加稳弧的高压脉冲或高频引弧稳弧装置。

②正负半波通电时间比和电流比值均可调，可确保阴极雾化作用，获得最佳熔深和提高生产率；可以调节焊接热输入以满足某些弧焊工艺的特殊需要；焊接铝、镁及其合金时不必采用消除直流分量的隔直装置。

③外特性形状由电子电路来控制，故可根据焊接工艺需要任意调节，抗干扰能力强。

④由于用电子电路控制，该类焊机具有网路电压补偿、无级调节、遥控操作、交流输出和直流输出等功能。

⑤调节工件上的线能量，更有效地利用电弧热和电弧力的作用来满足某些弧焊工艺的特殊要求。

⑥应用于碱性焊条电弧焊时，可使电弧稳定、飞溅小。

（2）适用范围　矩形波交流弧焊电源主要用于铝、镁及其合金的交流钨极气体保护焊，也可以用于碱性条手弧焊、埋弧焊和交流等离子弧焊等。

3. 矩形波交流弧焊电源技术参数

矩形波交流弧焊电源技术参数（一）、（二）见表2-65和表2-66。

表2-65　矩形波交流弧焊电源技术参数（一）

技术参数＼型号	300AAD-GP	OMNITIG400	DTB200	TIG404
额定焊接电流/A	300	400	200	400
电流调节范围/A	5～300	7～500	5～200	6～400
空载电压/V	62	100	41	98
额定工作电压/V	30	10～36	—	—
额定负载持续率（%）	40	35	35	35
输入电源	三相，380V，50Hz/60Hz	三相，220V/380V，50Hz/60Hz	单相，220V/380V	三相，220V/380V/415V，50Hz/60Hz
额定容量/（kV·A）	12.5	13.8	—	13.4
质量/kg	—	298	135	280
外形尺寸/（mm×mm×mm）	280×535×495	1200×550×1080	—	1080×640×960

表2-66　矩形波交流弧焊电源技术参数（二）

技术参数＼型号		300AAD-GP（日本）	OMNITIG-400（德国）	COMBITIG-GW23（德国）	DTB200（瑞典）	TIG404（德国）
输出	额定焊接电流/A	300	400	230	200	400
	电流调节范围/A	5～300	7～400	15～230	5～200	6～400

续表 2-66

技术参数 \ 型号		300AAD-GP（日本）	OMNITIG-400（德国）	COMBITIG-GW23（德国）	DTB200（瑞典）	TIG404（德国）
输出	空载电压/V	62	100	95	41	98
	额定工作电压/V	30	10～36	11	—	—
	额定负载持续率（%）	40	35	35	35	35
输入	电网电源/V	380	220/380	380	220/500	220/380/415
	相数	3	3	3	1	3
	频率/Hz	50/60				
	额定一次相电流/A	—	36	—	—	—
	额定容量/（kV·A）	12.5	13.8	—	—	13.4
功率因数 $\cos\varphi$		—	—	—	0.65	0.8
效率（%）		—	—	—	76	—
质量/kg		—	298	100	135	280
外形尺寸/mm	长	280	1200	850	—	1080
	宽	535	550	500	—	640
	高	495	1080	620	—	960
适用范围		矩形波交流钨极氩弧焊、直流钨极氩弧焊、碱性焊条电弧焊		矩形波交流钨极氩弧焊	矩形波交流钨极氩弧焊、直流钨极氩弧焊、碱性焊条电弧焊	

2.6 弧焊电源的选择、安装、使用和改装

2.6.1 弧焊电源的选择

弧焊电源在焊接设备（焊机）中是决定电气性能的关键部分。尽管弧焊电源具有一定的通用性，但不同类型的弧焊电源，在结构、电气性能和技术参数等方面却各有不同。因而，在应用时只有合理选择，才能确保焊接过程顺利进行，既经济又获得良好的焊接效果。交、直流弧焊

电源的性能比较见表 2-67。交、直流弧焊电源的技术参数比较见表 2-68。

表 2-67 交、直流弧焊电源的性能比较

类型 特点	交流	直流	类型 特点	交流	直流
电弧稳定性	较差	较好	构造、维修	较简	较繁
极性	无	有	噪声	不大	发电机大，整流器小
磁偏吹	很小	大	成本	低	高
空载电压	较高	较低	供电特点	一般单相	一般三相
触电危险性	较大	较小	质量	较小	较大

表 2-68 交、直流弧焊电源的技术参数比较

主要指标	交流弧焊电源	直流弧焊发电机	弧焊整流器	弧焊逆变器
每 1kg 焊着金属消耗电能/（kW·h）	3～4	6～8	—	—
效率（%）	60～90	30～60	—	80～90
功率因数	0.3～0.6	0.6～0.7	0.6～0.75	0.9～0.99
空载功率因数	0.1～0.2	0.4～0.6	0.65～0.7	—
空载损耗功率/kW	0.2	2～3	0.3～0.35	—
制造材料消耗（%）	30～35	100	介于两者之间	—
制造工时/h	20～30	100	介于两者之间	—
价格（%）	30～40	100	—	—
每台占用面积/m^2	1～1.5	1.5～2	—	—

一般应根据焊接电流的种类、焊接工艺方法、弧焊电源的功率、工作条件和节能要求来选择弧焊电源。

1. 根据焊接电流的种类选择弧焊电源

焊接电流有直流、交流和脉冲三种基本类型，因而也就有相应的直流弧焊电源、交流弧焊电源和脉冲弧焊电源。除此之外，还有逆变弧焊电源。应按技术要求、经济效果和工作条件来合理地选择弧焊电源的种类。

由表 2-67 和表 2-68 可知，一般交流弧焊电源比直流弧焊电源具有

结构简单、制造方便、使用可靠、维修容易、效率高和成本低等一系列优点，因此，对于一般的场合可以选用交流弧焊电源。例如，焊接普通低碳钢工件、民建结构等。经过改善波形（如矩形波）或采取稳弧措施的交流弧焊电源，常可代替直流弧焊电源。此外，铝及其合金的钨极氩弧焊最好采用矩形波交流弧焊电源。但是，由于普通交流弧焊电源的电弧稳定性较差，焊接质量不高，且无极性之分，因此它在某些工业发达的国家中有逐渐减少使用的趋势。

在直流弧焊电源中，弧焊整流器又较之直流弧焊发电机有更多的优点，因而在工业发达国家中绝大多数采用弧焊整流器，在我国也推广使用。由于产品的工艺要求不同，合金钢、铸铁和非铁金属等结构要求用直流电源才能施焊，其使用的焊条有J507、ED267等。另外，有些焊接工艺要求较大的熔深（如高压管道的焊接）；CO_2气体保护焊采用活性气体保护，且没有稳弧剂；在水下进行湿式电弧焊；有些场合要求弧焊电源除用于焊接外，还需用于碳弧气刨、等离子切割等工艺。在上述情况下，都应采用直流弧焊电源。有的单位电网容量小，要求三相均衡用电，宜选用直流弧焊电源。在水下、高山、野外施工等场合没有交流电网，需选用汽油或柴油发动机拖动的直流弧焊发电机。

在小单位或实验室，由于设备数量有限而焊接材料的种类较多，可选用交、直流两用或多用弧焊电源。

脉冲弧焊电源具有线能量小、效率高、焊接热循环可控制的优点，可用于要求较高的焊接工作。对于焊接热敏感性大的合金钢、薄板结构、厚板的单面焊双面成形、管道及全位置自动弧焊工艺，采用脉冲弧焊电源较为理想。

2. 根据焊接工艺方法选择弧焊电源

通常，选择弧焊电源是在焊接方法确定之后进行，使用者事前应充分掌握各种弧焊方法对电源的基本要求及各类弧焊电源的基本特点。此外，还要综合考虑焊件的材料与结构的特点及其焊接质量的要求。具体选择方法如下。

（1）焊条电弧焊 焊条电弧焊既可用交流弧焊电源，又可用直流弧焊电源，但要求具有下降外特性（包括缓降、恒流或恒流加外拖等）。

空载电压有效值在 80V 以下，额定工作电流一般为 50～500A，额定负载持续率为 35%或 60%。

用酸性焊条焊接一般钢结构，可选用交流弧焊电源，如弧焊变压器，即 BX 系列产品；用碱性焊条焊接较重要的钢结构，可选用直流弧焊电源，如弧焊整流器，即 ZX 系列产品；在没有电供应的野外作业，可选用柴（汽）油直流弧焊发电机。

（2）埋弧焊　埋弧焊的弧焊电源选择必须考虑焊丝直径、自动送丝方式和焊接电流大小这三个因素。若用细焊丝（如ϕ1.6～ϕ3mm）且采用等速送丝方式，宜选用平特性的弧焊电源；若用粗焊丝（如直径≥4mm），最好采用以电压反馈的变速送丝方式，这时，宜用缓降外特性的弧焊电源。小电流（300～500A）焊接可用直流弧焊电源或矩形波交流弧焊电源；中等电流（600～1000A）可用交流或直流弧焊电源，如同体式弧焊变压器和大容量硅弧焊整流器等；大电流（1200～2500A）宜用交流弧焊电源。小电流焊时空载电压为 65～75V，大电流焊时空载电压为 80～100V；额定负载持续率为 60%或 100%。

（3）TIG 焊和等离子弧焊　影响这两种弧焊电弧稳定燃烧的焊接参数是焊接电流，为了减小焊接过程中弧长变化对焊接电流大小的影响，宜用下降（最好是恒流的）外特性弧焊电源。TIG 焊铝、镁及其合金时，宜用弧焊变压器，最好采用矩形波交流弧焊电源。焊接其余金属均用直流弧焊电源，如弧焊整流器、弧焊逆变器等。空载电压为 65～80V。小容量的焊接电流一般为 5～100A，中等容量为 100～500A。微束等离子弧焊的焊接电流最小至 0.1A。

（4）CO_2 气体保护焊和熔化极氩弧焊　可选用平特性（对等速送丝而言）或下降特性（对于变速送丝而言）的弧焊整流器和弧焊逆变器。对于要求较高的氩弧焊必须选用脉冲弧焊电源。

（5）熔化极气体保护焊　细焊丝（直径≤1.6mm）时用等速送丝系统，宜用平特性直流弧焊电流；焊丝直径较粗（直径>1.6mm）时，宜用变速送丝系统和缓降特性的直流弧焊电源。平特性弧焊电源的空载电压常为 40～50V，缓降特性弧焊电源的空载电压可高达 60～70V。额定电弧电压为 20～40V，额定焊接电流为 160～500A，额定负载持续率为 60%

和 100%。

采用短路熔滴过渡型的熔化极气体保护焊时，要求弧焊电源输出电抗器的电感量可调，最好能无级调节。

铝、镁及其合金熔化极氩弧焊时，可用矩形波交流弧焊电源。

（6）脉冲弧焊 无论是熔化极或非熔化极脉冲气体保护焊，还是等离子脉冲弧焊或手工脉冲弧焊，如果用于一般要求的场合都可选用单相整流式或磁放大器式脉冲弧焊电源；如果用于要求高的场合，则应选用电子控制的晶闸管式、晶体管式或逆变式脉冲弧焊电源。其外特性可以是平的、下降的或双阶梯（框）形的，根据不同弧焊方法的要求而定。其空载电压一般为 50～60V，额定脉冲电流一般在 500A 以下，额定负载持续为 35%、60%和 100%。

从上述可知，一种焊接工艺方法并非一定要用某一种类型的弧焊电源。但是被选用的弧焊电源必须满足该种工艺方法对电气性能的要求，其中包括外特性、调节性能、空载电压和动特性。如果某些电气性能不能满足要求，也可通过改装来实现，这正体现了弧焊电源具有一定的通用性。

弧焊电源类型和外特性及其应用范围见表 2-69，可供选择弧焊电源时参考。

表 2-69 弧焊电源类型和外特性及其应用范围

弧焊电源			弧焊方法								弧焊机器人	
类型		外特性	焊条电弧焊		钨极氩弧焊		熔化极气体保护焊		埋弧焊		电流	要求
			电流	要求	电流	要求	电流	要求	电流	要求		
机械控制型	抽头式：弧焊变压器、弧焊整流器	下降	≅	低	≅	低	—	—	≅	低	—	—
		平	—	—	—	—	=	低	—	—	—	—
	动铁心式、动绕组式：弧焊变压器、弧焊整流器	下降	≅	低	≅	低	—	—	≅	低	—	—
		平	—	—	—	—	—	—	—	—	—	—

续表 2-69

弧焊电源			弧焊方法								弧焊机器人	
类型		外特性	焊条电弧焊		钨极氩弧焊		熔化极气体保护焊		埋弧焊		电流	要求
			电流	要求	电流	要求	电流	要求	电流	要求		
电磁控制开型	磁放大器式弧焊整流器	下降	=	中	△	中	=	中	=	中	—	—
		平					=	中	=	中	—	—
	柴（汽）油弧焊发电机	下降	=	中	=	中	=	中	=	中	—	—
		平	—	—	—	—	=	中	=	中	—	—
电子控制型	晶闸管式弧焊电源	下降	=	高	△	高	△	高	=	高	△	高
		平	—	—	—	—	△	高	=	高	△	高
	晶体管式弧焊电源	下降	=	高	△	高	△	高	—	—	△	高
		平	—	—	—	—	△	高	—	—	△	高
	晶闸管 晶体管 场效应管	弧焊逆变器 下降	=	高	≌	高	△	高	=	高	△	高
		弧焊逆变器 平	—	—	—	—	△	高	=	高	△	高
	矩形交流弧焊电源	下降	□	高	□	高	□	高	□	高	□	高
		平	—	—	—	—	□	高	□	高	□	高

注：1. 电流："＝"表示直流；"≌"表示交、直流；"△"表示直流或脉冲；"□"表示直流或交流矩形波。

2. 要求：高、中、低分别对应于焊接工作要求为高、中、低的不同场合。

3. 根据弧焊电源的功率选择弧焊电源

（1）粗略确定弧焊电源的功率　焊接时主要的焊接参数是焊接电流。为简便起见，可按所需的焊接电流对照弧焊电源型号后面的数字来选择容量。例如，BX1-300 中的数字"300"就是表示该型号电源的额定电流为 300A。

弧焊电源的输出电流值，主要由其允许的温升确定。弧焊电源的温升除取决于焊接电流外，还取决于负荷状态，如连续焊接或间歇焊接。因而在确定用焊接电流时，需要考虑负载持续率。不同负载持续率与焊接电流的对照关系见表 2-70。

表 2-70 不同负载持续率与焊接电流的对照关系

负载持续率 *FS*（%）	100	80	60（额定值）	40	20
焊接电流/A	116	130	150	183	260
	230	257	300	363	516
	387	434	500	611	868
	775	868	1000	1222	1735

（2）不同负载持续率 *FS* 下的许用焊接电流 在前面已讨论过，弧焊电源能输出的电流值，主要由其允许温升确定。因而在确定许用焊接电流时，需考虑负载持续率 *FS*。在额定负载持续率 FS_e 下，以额定焊接电流 I_e 工作时，弧焊电源不会超过它的允许温升。当 *FS* 改变时，弧焊电源在不超过其允许温升情况下使用的最大电流，可以根据发热相等，达到同样额定温度的原则进行换算。

根据发热量相等的原则，在 A、B 两种情况下的发热量应相等，即

$$Q = I_A^2 R t_A = I_B^2 R t_B$$

所以

$$I_B = I_A\sqrt{\frac{t_A}{t_B}} = I_A\sqrt{\frac{t_B/T}{t_B/T}} \tag{2-10}$$

或

$$I_B = I_A\sqrt{\frac{FS_A}{FS_B}} \tag{2-11}$$

若 A 种情况下的电流为额定值 I_e，则可推导出任何情况下的许用电流计算公式

$$I = I_e\sqrt{\frac{FS_e}{FS}} \tag{2-12}$$

当实际的负载持续率比额定负载持续率大时，许用的焊接电流应比额定电流小；反之亦然。例如，已知某弧焊电源的额定负载持续率 FS_e 为 60%，输出的额定电流 I_e 为 500A，可按式（2-12）求出在其他负载持续率下的许用电流，不同负载持续率下的许用焊接电流见表 2-71。

表 2-71 不同负载持续率下的许用焊接电流

负载持续率 FS（%）	50	60	80	100
许用焊接电流 I/A	548	500	433	387

（3）额定容量 S_e（功率） 额定容量是电网必须向弧焊电源供应的额定视在功率。对弧焊变压器而言，它等于额定一次电压 U_{1e}（V）与额定一次电流 I_{1e}（A）的乘积，即

$$S_e = U_{1e} I_{1e} (\mathrm{V \cdot A}) \tag{2-13}$$

或

$$S_e = \frac{U_{1e} I_{1e}}{1000} (k\mathrm{V \cdot A}) \tag{2-14}$$

在实际运行中，弧焊电源的输出功率 P 还与功率因数有关，即

$$P = S_e \cos\varphi \tag{2-15}$$

S_e 是指额定负载持续率 FS_e 下的额定容量。若 FS 不同，对应的容量 S 可用下式换算

$$S = S_e \sqrt{\frac{FS_e}{FS}} \tag{2-16}$$

4. 根据工作条件和节能要求选择弧焊电源

在一般生产条件下，尽量采用单站弧焊电源。但是在大型焊接车间，如船体车间，焊接站数量多而且集中，可以采用多站式弧焊电源。由于直流弧焊电源需用电阻箱分流而耗电较大，应尽可能少用。

在维修性的焊接工作情况下，由于焊缝不长，连续使用电源的时间较短，可选用额定负载持续率较低的弧焊电源。例如，采用负载持续率为 40%、25%，甚至 15%的弧焊电源。

弧焊电源用电量很大，从节能要求出发，应尽可能选用高效节能的弧焊电源，如弧焊逆变器，其次是弧焊整流器、变压器，尽量不用弧焊发电机。

任何弧焊电源，无论是新的还是长期放置未用的，在安装之前都应按产品说明书或有关国家标准进行检查，安装时应根据弧焊电源的特点、所处工作环境与条件、供电情况等分别做处理。

2.6.2 弧焊电源的安装

现以应用最为广泛的焊条电弧焊为例，简单介绍弧焊电源的安装知识。焊条电弧焊用弧焊变压器安装接线如图 2-21 所示。由图可知，在主回路中除了弧焊电源外，还有电缆、熔断器、开关等附件。

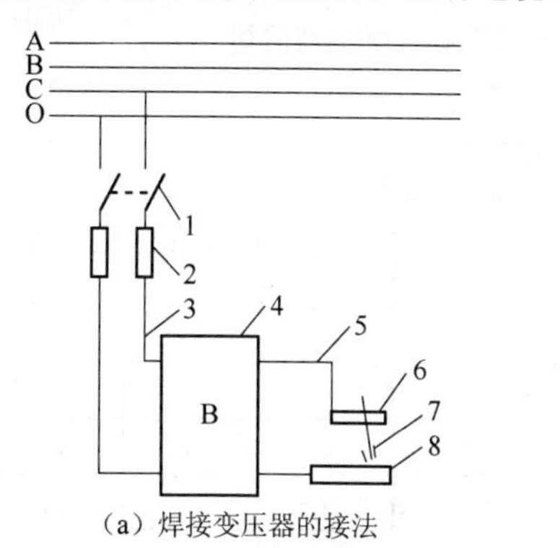

（a）焊接变压器的接法

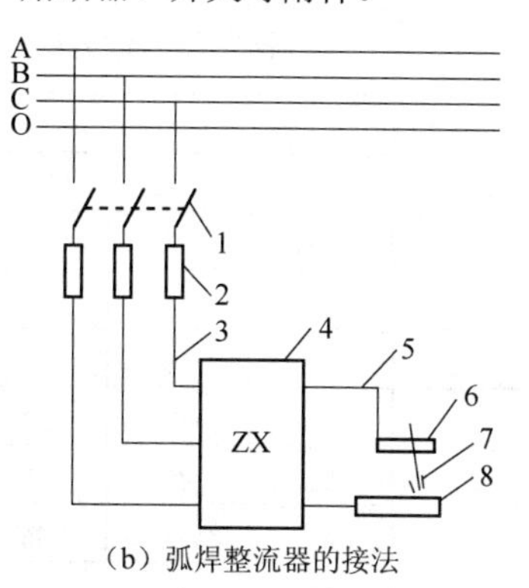

（b）弧焊整流器的接法

图 2-21 焊条电弧焊用弧焊变压器安装接线

1. 开关；2. 熔断器；3. 动力线；4. 弧焊变压器；5. 焊接电缆；6. 焊钳；7. 电焊条；8. 焊件

弧焊变压器的输入端多为单相，只需选用一个单相开关，两个熔断器和两根动力线。若是弧焊整流器或弧焊逆变器，其输入端多为三相，则相应需一个三相开关、三个熔断器和三根动力线，输出端需两根焊接电缆。根据安装要求介绍有关附件的选择。

1. 电缆的选择

电缆包括从电网到弧焊电源的动力线和从弧焊电源到焊钳、焊件的焊接电缆。

（1）动力线的选择

①材料。在不影响使用性能的条件下，尽量选用铝电缆。

②电压等级。一般选用耐压为交流 500V 的电缆为动力线。

③使用范围。在室外用的电缆必须能耐日晒和雨淋；在室内使用的电缆必须有更好的绝缘。在需要移动的场合应采用柔软的多芯电缆，在

固定场合用单芯电缆。

④电缆截面积。根据允许温升确定许用电流密度和电缆截面积。许用电流密度与材料性质和散热条件有关。

动力线通用橡套软电缆的载流量见表2-72。

表2-72 动力线通用橡套软电缆的载流量

主线芯截面积/mm²	载流量/A						
	YZ、YZW			YC、YCW			
	二芯	三芯	四芯	单芯	二芯	三芯	四芯
1	17	14	13	—	—	—	—
1.5	21	18	18	—	—	—	—
2	26	22	22	—	—	—	—
2.5	30	25	25	37	30	26	27
4	41	35	36	47	39	34	34
6	53	45	45	52	51	43	44
10	—	—	—	75	74	63	63
16	—	—	—	112	98	84	84
25	—	—	—	148	135	115	116
35	—	—	—	183	167	142	143
50	—	—	—	226	208	176	177
70	—	—	—	289	259	224	224
95	—	—	—	253	318	273	273
120	—	—	—	415	371	316	316

（2）焊接电缆的选择 选择焊接电缆时，应考虑其绝缘性、耐磨性和柔软性，而且能承受较大机械力。焊接电缆的截面积是根据焊接电流和导线长度来选择的。此外，还要注意焊接电缆压降对焊接质量的影响，一般压降宜小于4V（约为工作电压的10%）。当焊接电缆长度较大时，应适当加大焊接电缆的截面。焊接电缆不同电流、不同长度时电缆截面面积见表2-73。

表 2-73 焊接电缆不同电流、不同长度时电缆截面面积（mm^2）

焊接电流/A	电缆长度/m								
	20	30	40	50	60	70	80	90	100
100	25	25	25	25	25	25	25	28	35
150	35	35	35	35	50	50	60	70	70
200	35	35	35	50	60	70	70	70	70
300	35	50	60	60	70	70	70	85	85
400	35	50	60	70	85	85	85	95	95
500	50	60	70	85	95	95	95	120	120
600	60	70	85	85	95	95	120	120	120

焊接电缆线长度一般为 20～30m，确实需要加长时，可将焊接电缆线分为两节导线，连接焊钳的一节用细电缆，减轻焊工的手臂负重劳动强度；另一节按长度及使用的焊接电流选择略粗的电缆，两节用电缆快速接头连接。焊接电缆有 YHH 型焊接用橡胶电缆和 YHHR 型焊接用橡胶软电缆两种。常用焊接电缆的技术参数见表 2-74。可以按表 2-75 选择动力线和焊接电缆的型号和类型。

表 2-74 常用焊接电缆的技术参数

电缆型号	截面面积/mm^2	线芯直径/mm	电缆外径/mm	电缆质量/（kg/km）	额定电流/A
YHH 型（焊接用橡胶电缆）	16	6.23	11.5	282	120
	25	7.50	12.6	397	150
	35	9.23	15.5	557	200
	50	10.50	17.0	737	300
	70	12.95	20.6	990	450
	95	14.70	22.8	1339	600
	120	17.15	25.6	—	—
	150	18.90	27.3	—	—
YHHR 型（焊接用橡胶软电缆）	6	3.96	8.5	—	35
	10	34.89	9.0	—	60
	16	6.15	10.8	282	100
	25	8.00	13.0	397	150

续表 2-74

电缆型号	截面面积/mm^2	线芯直径/mm	电缆外径/mm	电缆质量/（kg/km）	额定电流/A
YHHR 型（焊接用橡胶软电缆）	35	9.00	14.5	557	200
	50	10.60	16.5	737	300
	70	12.95	20	990	450
	95	14.70	22	1339	600

表 2-75 焊接电缆的型号、类型和适用范围

型 号	类 型	特点和适用范围
YHZ	中型橡套电缆	500V，电缆能承受一定的机械外力
YHC	重型橡套电缆	500V，电缆能承受较大的机械外力
YHH	电焊机用橡套软电缆	供连接电源用
YHHR	电焊机用橡套特软电缆	主要供连接卡头用
KVV 系列	聚氯乙烯绝缘及护套控制电缆	用于固定敷设，供交流 500V 及以下或直流 1000V 及以下配电装置，作为仪表电器连接用
VV 系列	聚氯乙烯绝缘及护套电力电缆	用于固定敷设，供交流 500V 及以下或直流 1000V 及以下电力电路
VLV 系列		用于 1～6kV 电力电路

2. 熔断器的选择

熔断器主要起过载或短路保护作用，常用的熔断器有管式、插式和螺旋式等。熔断器内装有熔丝，熔丝多由低熔点合金材料制成。熔断器的额定电流大于或等于熔丝的额定电流。

对于弧焊变压器、弧焊整流器和弧焊逆变器，只要保证熔断器的额定电流大于或等于该弧焊电源的额定一次电流即可。对于直流弧焊发电机，由于电动机起动电流很大，熔断器不可按电动机额定电流来选用，而应按熔断器额定电流选择

熔断器额定电流＝（1.5～2.5）×电动机额定电流

当有起动器时，系数取 1.5。

熔断器的选择主要是熔丝的选择，熔丝额定电流确定后，即可查到相应熔断器型号。常用低压熔丝技术参数见表 2-76。

表 2-76 常用低压熔丝技术参数

类型	直径/mm	额定电流/A	类型	直径/mm	额定电流/A
铅锡合金丝［其中ω(pb)=95%，ω(Sn)=5%］	0.813	4.1	铜线	0.56	15
	0.915	4.8		0.71	21
	1.22	7		0.74	22
	1.63	11		0.91	31
	1.83	13		1.02	37
	2.03	15		1.22	49
	2.34	18		1.42	63
	2.65	22		1.63	78
	2.95	26		1.83	96
	3.26	30		2.03	115

对于弧焊变压器、整流弧焊逆变器，熔丝额定电流应略大于弧焊电源的额定一次电流。常用焊条电弧焊电源熔丝电流的选用见表 2-77。

表 2-77 常用焊条电弧焊电源熔丝电流的选用

弧焊电源型号	熔丝额定电流/A
BX6-120-2，ZX-160，ZXG1-160，ZX250	20～25
BX3-160，BX1-160，ZX-250，ZXG1-250，ZX5-400	35～40
BX3-350，BX3-300，BX1-250，ZX-400，ZXG1-400	50～60
BX3-400，BX1-400，BX1-500	80～90

3. 开关的选择

常用的开关有刀开关、铁壳开关和空气开关。弧焊变压器、弧焊整流器和弧焊逆变器等弧焊电源用的开关额定电流应大于或等于焊接电源的一次额定电流。HK2 系列刀开关技术参数见表 2-78。HH3、HH4 型铁壳开关表 2-79。

表 2-78 HK2 系列刀开关技术参数

额定电压/V	额定电流/A	极数
250	10、15、30	2
380	15、30、60	3

表 2-79　HH3、HH4 型铁壳开关技术参数

型　　号	额定电压/V	额定电流/A	极　　数
HH3	440	15、30、60、100、200	3
HH4	380	15、30、60	2 或 3

空气开关是近年来广泛应用的一种低压电器，也称为空气断路器。这种开关结构紧凑，使用和安装方便，价格低廉，性能可靠，适合于早开晚闭的场合。常用空气开关技术参数见表 2-80。

表 2-80　常用空气开关技术参数

技术参数＼型号	壳架等级额定电流/A	额定电流/A	额定工作电压/V	额定绝缘电压/V	额定极限短路分断能力/kA	额定运行短路分断能力/kA	极数	飞弧距离/mm
HYCM1-63L	63	6、10、16、20、25、32、40、50、63	400	500	25	12.5	3	≤50
HYCM1-63M	63		400	500	50	25	3、4	≤50
HYCM1-100L	100	10、16、20、25、32、40、50、63、80、100	690	800	35/8	17.5/4	3	≤50
HYCM1-100M	100		690	800	50/10	25/5	2、3、4	≤50
HYCM1-100H	100		690	800	85/20	42.5/10	3	≤50
HYCM1-225L	225	100、125、140、160、180、200、225	690	800	35/8	17.5/4	3	≤50
HYCM1-225M	225		690	800	50/10	25/5	2、3、4	≤50
HYCM1-225H	225		690	800	85/20	42.5/10	3	≤50
HYCM1-400L	400	225、250、315、350、400	690	800	50/10	25/5	3、4	≤100
HYCM1-400M	400		690	800	65/10	32.5/5	3	≤100
HYCM1-400H	400		690	800	100/20	50/10	3	≤100
HYCM1-630L	630	400、500、630	690	800	50/10	25/5	3、4	≤100
HYCM1-630M	630		690	800	65/10	32.5/5	3	≤100
HYCM1-630H	630		690	800	100/20	50/10	3	≤100

附近选择好后，即可进行弧焊电源的安装。各类弧焊电源的安装见表 2-81。

表 2-81 各类弧焊电源的安装

<table>
<tr><th>类型</th><th>内　容</th></tr>
<tr><td>弧焊变压器</td><td>1. 安装前检查
①外观的检查：检查接线柱、螺母、垫圈等是否完整无损，仪表是否完好正常，机壳应有 8mm 以上接地螺钉，电流调节机构动作平稳，焊机滚轮灵活，手柄、吊攀齐全可靠，铭牌技术数据齐全清晰，漆层光整；
②内容机件的检查：内容各机件应完整无损、电路接头无移动，活动线圈（或活动铁心）移动正常；
③绝缘电阻的检查：一般使用 500V 绝缘电阻表检测，应符合下列要求
<table>
<tr><th>检 测 部 位</th><th>绝缘电阻/MΩ</th></tr>
<tr><td>一、二次回路之间</td><td>≥5</td></tr>
<tr><td>一次回路与机架之间</td><td>≥2.5</td></tr>
<tr><td>二次回路与机架之间</td><td>≥2.5</td></tr>
<tr><td>控制回路与机架及其他回路之间</td><td>≥2.5</td></tr>
</table>
2. 安装时注意事项
①弧焊变压器的一次电压与网络电压一致，一次电压有 380V、220V 或两用的，电网功率应够用。
②弧焊变压器和电网之间应装有独立的开关和熔断器；开关、熔断器、电缆的选择要正确，导线截面积和长度要合适，以保证在额定负载时动力线电压压降不大于电网电压的 5%，焊接回路电缆线压降不大于 4V；电缆绝缘应良好。
③弧焊变压器外壳应接地或接零，若电网电源为三相四线制，应将外壳接到中性线上；若为为不接地的三相制，则应将机壳接地。
④室内安装时，应置于通风、干燥处；室外安装时要有防雨淋、日晒和防潮措施；焊机附近不得有灰尘、烟雾、霉菌、水蒸气和有害工业气体等。
⑤安装多台弧焊变压器时，应分别接在三相电网上，尽量保持三相负载均衡</td></tr>
<tr><td>弧焊整流器和弧焊逆变器</td><td>1. 安装前检查
检查项目与弧焊变压器相同，但内部检查时要注意整流器件保护电路的电阻、电容接头是否松动，以防止使用时浪涌电压损坏整流器件；在用 500V 绝缘电阻表作为绝缘电阻检测之前，应先用导线将整流器或整流器件、大功率电子器件等短路，以防止这些器件检测时被过电压击穿。
2. 安装时注意事项
除与前面弧焊变压器安装注意事项中的①～④相同外，还应注意：
①接线时一定要保证冷却风扇转向正确，以便内部热量顺利排出；
②安装晶闸管式弧焊整流器或逆变器时，应注意主回路晶闸管的电流极性与触发信号极性的配合（相序配合）；
③当弧焊整流器作为其他设备的配套电源使用时，其质量检查应先单独检查，然后配套检查，注意设备运行是否正常，如空载电压、工作电压、电流是否正常等</td></tr>
</table>

2.6.3　弧焊电源的正确使用

正确地使用和维护弧焊电源，不仅能使其保持正常的工作性能，而且能延长弧焊电源的使用寿命。

1. 弧焊电源的使用和维护

①使用前必须按产品说明书或有关国家标准对弧焊电源进行检查，并尽可能详细地了解其基本原理，为正确使用建立一定的知识基础。

②焊接前要仔细检查各部分的接线是否正确，特别是焊接电缆的接头是否拧紧，以防过热或烧损。

③弧焊电源接入电网后或进行焊接时，不得随意移动或打开机壳的顶盖。

④空载运转时，首先听其声音是否正常，然后检查冷却风扇是否正常鼓风，旋转方向是否正确。

⑤机内要保持清洁，定期用压缩空气吹净灰尘，定期通电和检查维修。

⑥要建立必要的严格管理和使用制度。

2. 弧焊电源的串、并联使用

当一台弧焊电源的空载电压或工作电压不能满足需要时，可将多台弧焊电源串联使用。串联时，一般采用同型号弧焊电源，且必须采用顺接，即正负相连接的方式。当一台弧焊电源的焊接电流不能满足需要时，可将多台弧焊电源并联使用。

(1)弧焊变压器的并联　空载电压相同的弧焊变压器，不论其型号、容量是否相同均可并联使用。若空载电压不同，则并联后在空载情况下弧焊变压器之间会出现不均衡环流，增加电能的消耗。

两台弧焊变压器并联时，应将两者的一次绕组接在网路同一相，二次绕组也必须接同名端相连，弧焊变压器并联线路如图 2-22 所示。图 2-22 和图 2-23 中标有黑点的一端即是同名端。同名端能同为正或同为负，否则两台焊机的二次绕组将在通电后迅速烧毁。二次绕组同名端的测量如图 2-23 所示，将两台焊机二次绕组的一个接线端连接在一起，焊机二次绕组的另一端接一个电压表（量程在 200V 左右），接好后接通一次电源，此时如果电压表指示为0或接近0，则同名端连接正确，如图2-23（a）所示的接法，将接表的两端短接即可。如果电压表显示电压为两台焊机空载电压之和，则不是同名端相连，如图2-23（b）所示接法，应将一个焊机的两端交换连接。

多台并联时，也必须接在同一相上，不可分组分相接入电网，否则将不存在同名端，因为各焊机的二次绕组之间永远不能在同一相位上，互相之间的电位差大于焊机的空载电压，通电后将迅速烧毁焊机。使用时，还要注意负载电流的协调分配，这可以通过各弧焊变压器的电流调节装置调节。

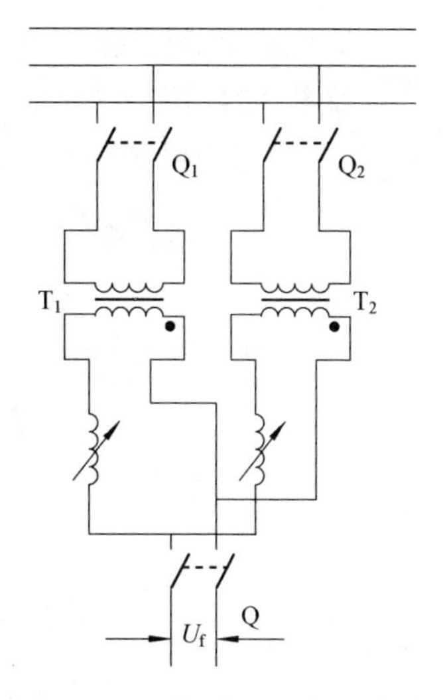

图2-22 弧焊变压器并联线路

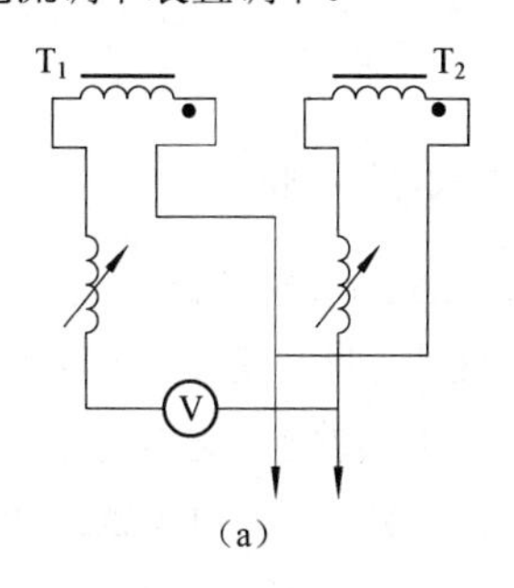

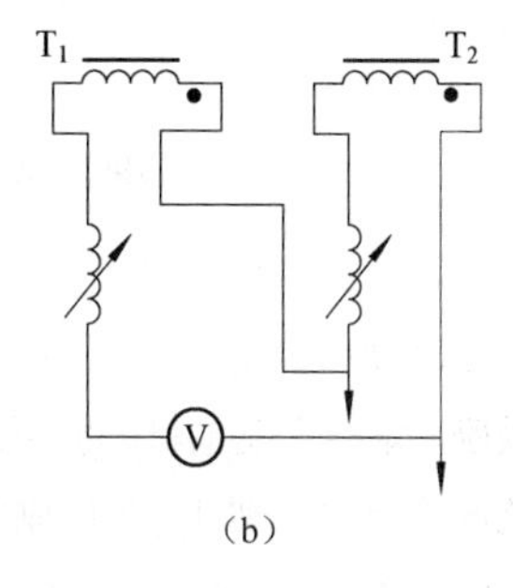

图2-23 同名端的测量

（2）弧焊发电机并联运行 并联的发电机最好是同型号、同空载电压、外特性相似的焊机。如果上述条件不能满足，并联时要谨慎，防止出现发电机之间的串流或电磁系统混乱的现象。并联发电机时必须同极性相连。

各并联运行焊机必须分别起动，待运转正常，验明极性相同时，才能接通电源投入使用。发电机并联时必须注意下述的规定要求。

①他激加串联去磁式焊机（AX7）并联可直接通过开关 P 并入使用，如图 2-24 所示。有电流反馈的他激加串联去磁式焊机（AX9），应使用一只公用控制箱对两台发电机的他激绕组供电。

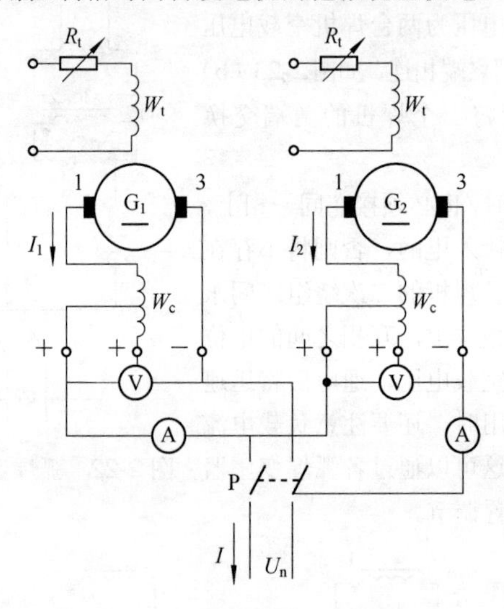

图 2-24　他激加串联去磁式焊机并联

②并激加串联去磁式（AX1）焊机并联线路如图 2-25 所示，裂极式（AX）焊机并联线路如图 2-26 所示。这类焊机并联方法的特点是交叉激磁，即一个发电机的激磁绕组由另一发电功供电。这样若有一台发电机电势增加，则 1、2 电刷间电势变大，使另一台发电机激磁电流增加，因而电势也增加。这样就能保证焊机稳定地并联工作。

（3）弧焊整流器的并联　具有下降外特性的弧焊整流器都可以并联使用，但接线时，必须同极性相连，弧焊整流器并联线路如图 2-27 所示。由于整流器有整流器件彼此阻断作用，因此不致因空载电压不同而产生均衡电流。不同的弧焊整流器并联时最好其容量相接近，使用时要注意电流的合理调配。

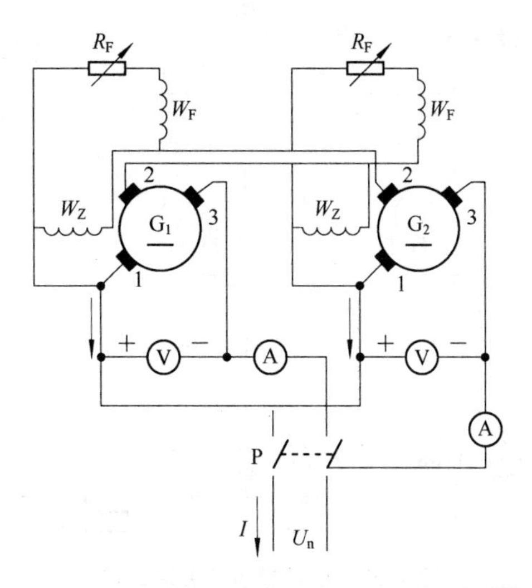

图 2-25 并激加串联去磁式（AX1）焊机并联线路

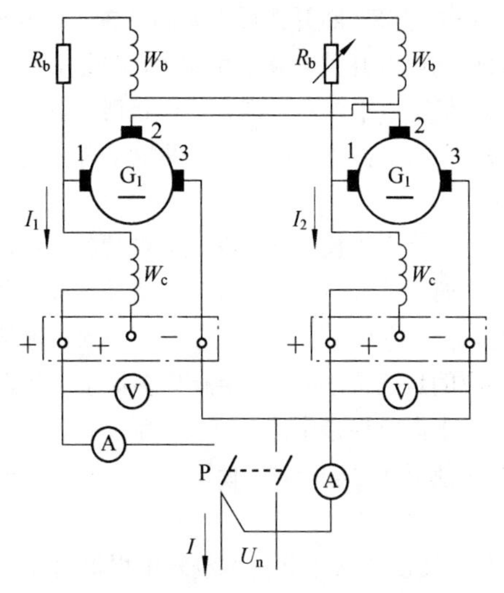

图 2-26 裂极式（AX）焊机并联线路

3. 弧焊机的操作方法

①弧焊电源的开机程序：接通电源开关→合上弧焊电源的开关→调

节电流或变换极性→试焊→焊接。

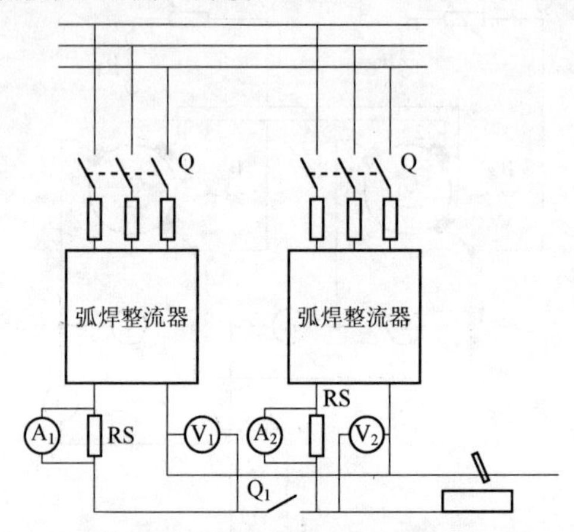

图 2-27　弧焊整流器并联线路

关机程序：停止焊接→断开弧焊电源的开关→断开电源开关。

②弧焊发电机的电源开关必须采用磁力起动器，并且必须使用降压起动器。起动电焊机时，电焊钳和焊件不能接触，以防短路。在合、拉电源闸刀开关时，头部不得正对电闸。电焊机不得在输出端短路状态下起动。

③在焊接过程中，不能长时间短路，不得超载使用，特别是弧焊整流器在大电流工作时，长时间短路易使硅整流器损坏。调节焊接电流和变换极性连接时，应在空载下进行。焊接电源必须在标牌上规定的电流调节范围内及相应的负载持续率下使用。许多焊条电弧焊机电流调节范围的上限电流都大于额定焊接电流，但应特别注意，只有在负载率小于额定负载持续率时使用才是安全的。使用焊接电流与负载持续率的关系详见表 2-70。

④露天使用时，要防止灰尘和雨水浸入电焊机内部。搬运电焊机时，不应使弧焊整流器受到较剧烈的振动，保持焊接电缆与电焊机接线柱的接触良好。每台电焊机机壳都应可靠接地，以确保安全。铜地线截面面积不得小于 6mm^2，铝地线截面面积不得小于 12mm^2。

2.6.4 弧焊电源的改装

弧焊电源具有一定的通用性，但当其通用性不能满足某种焊接工艺要求时，可以选用性能相近或较易改装的弧焊电源进行改装使用。例如，交、直流两用的碱性低氢型焊条要求交流弧焊电源的空载电压为 70～75V，这样才能保证电弧稳定燃烧。如果现有的弧焊变压器空载电压太低，则只需对其稍加改装——增加二次绕组的匝数，即可满足要求。

弧焊整流器也较易通过改装使其具有所需的性能。例如，焊条电弧焊用的磁性放大器式弧焊整流器具有下降外特性。为使其能用于细丝、等速送丝的 CO_2 气体保护焊，只需将磁放大器的三个内桥电阻摘掉或增大其阻值，就可使其成为具有平外特性或缓降外特性的细丝 CO_2 焊电源。如果需要将其作为脉冲弧焊电源，将磁放大器改成阻抗不平衡，或降低某一相的电压，或把恒定的励磁电流改为脉冲式励磁电流，就可将其改装成为脉冲弧焊电源。

另外，具有平外特性的晶闸管式、晶体管式弧焊整流器或逆变器，在需要恒流特性时，通过变更反馈电路的接法和参数，将电压负反馈改为电流负反馈，即可达到目的。

必要时，弧焊发电机也可加以改装。例如，把 AX1-500 型去磁绕组 W_C 去掉，并将并励绕组改成他励绕组，就可以将下降外特性改为平外特性。

3 埋弧焊设备

埋弧焊设备由埋弧焊电源、埋弧焊机和辅助设备组成。

3.1 埋弧焊电源

埋弧焊时，电弧静特性工作段为平或略上升曲线，为了获得稳定的工作点，电源的外特性应采用缓降特性或平特性曲线，弧焊电源外特性和电弧静特性曲线如图 3-1 所示。对于等速送丝焊机的细丝焊（焊丝直径 1.6～3mm），采用平特性曲线的焊接电源；对于粗丝焊（焊丝直径≥4mm），宜采用缓降特性焊接电源配以电压反馈的变速送丝焊机较好。

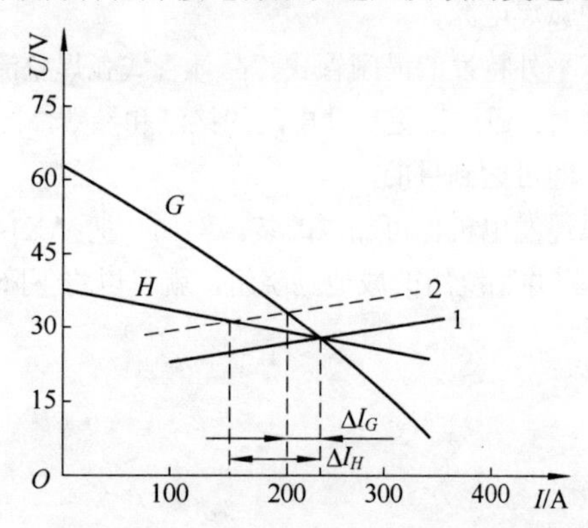

图 3-1　弧焊电源外特性和电弧静特性曲线

1. 变化前电弧静特性；2. 变化后电弧静特性

H——平特性电源；*G*——缓降特性电源；

单丝埋弧焊电源可以用交流、直流或交直流并用，单丝埋弧焊电源的选用见表 3-1。对于单丝、小电流（300～500A），可用直流电源，如弧焊整流器（ZX-500）、弧焊发电机、晶闸管式弧焊整流器（ZD5-500），也可以采用矩形波交流弧焊电源（日本300AAD-GP）；对于单丝、中大电源（600～1000A），可用交流或直流电源，如弧焊变压器（BX2-700、BX2-1000）、硅弧焊整流器（ZP-1000）、晶体管弧焊整流器（日本TP-800）；对于单丝、大电流（1200～2500A），宜用交流电源。对于双丝和三丝埋弧焊，焊接电源可采用直流或交流，也可以交直流并用，多种组合。埋弧焊电源ZX-600、BX1-1600、BX2-2000在使用稳弧性差的焊剂时（如中氟和高氟焊剂），宜采用直流电源。

表3-1 单丝埋弧焊电源的选用

焊接直流/A	焊接速度/（cm/min）	电源类型
300～500	＞100	直流
600～1000	3.8～75	交流、直流
≥1200	12.5～38	交流

埋弧焊用焊接电源的原理与一般手工电弧焊相同，但在电气特性与结构形式方面有自己的特点。

①电源容量大。这是因为埋弧焊自动焊的焊接电流大，电源容量一般比其他方法均大。

②负载持续率高。埋弧自动焊的负载持续率是按100%设计的，这与手弧焊接电源有明显的不同。

③在窄间隙埋弧自动焊接时，焊丝伸入焊接间隙中，使用直流焊接电源难以克服磁偏吹现象，交流正弦波焊接电源过零时间长，电弧不够稳定，因此需用晶闸管电抗器式矩形波交流焊接电源。此外，埋弧自动焊机有等速送丝与变速送丝之分，对焊接电源提出不同的要求。粗丝焊机一般选用陡降特性的电源，细丝焊机选用缓降特性或平特性的电源。可选用直流电源，也可选用交流电源。采用高氟焊剂时只能选用直流焊机。交流电源一般用于电流很大时或要求磁偏吹较低时。

3.2　埋 弧 焊 机

3.2.1　埋弧焊机的分类

埋弧焊机分为半自动埋弧焊机和自动埋弧焊机两大类。按送丝方式可分为等速送丝式和变速送丝式；按用途不同可分为通用式和专用式；按焊丝数目不同可分为单丝和多丝；按焊机行车方式不同可分为小车式、门架式和悬臂式。

1. 半自动埋弧焊机

半自动埋弧焊机用来焊接不规则焊缝、短小焊缝等施焊空间受阻的焊缝。焊机的功能是将焊丝通过软管连续不断地送入施焊区，传输焊接电源，控制焊接起动和停止，向焊接区铺撒焊剂。半自动埋弧焊机典型的结构如图 3-2 所示。

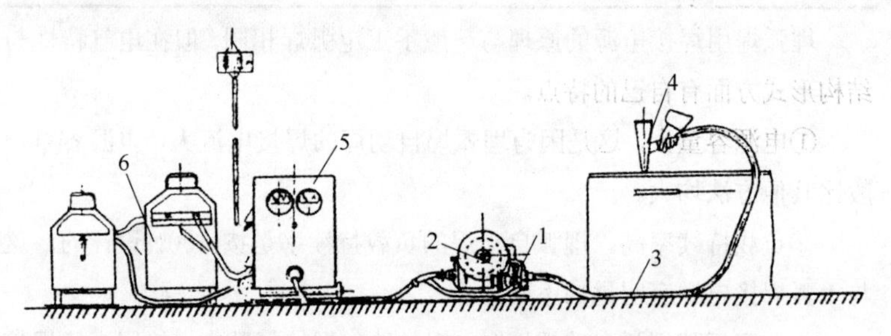

图 3-2　半自动埋弧焊机典型的结构

1. 送丝机；2. 焊丝盘；3. 送丝软管（电缆）；4. 焊枪；5. 控制箱；6. 焊接电源

2. 自动埋弧焊机

自动埋弧焊机用于焊接规则的长焊缝，其主要功能是连续不断地向电弧焊接区输送焊丝，传输焊接电流，使电弧沿焊缝均匀移动，控制电弧的能量参数，控制焊接起动和停止，向焊接区铺撒焊剂，焊前调节焊丝末端位置，预置有关焊接规范参数。根据不同的施焊需要设计了焊车式、悬挂式、车床式、门架式、悬臂式五种类型的自动埋弧焊机。常见自动埋弧焊机的结构如图 3-3 所示。

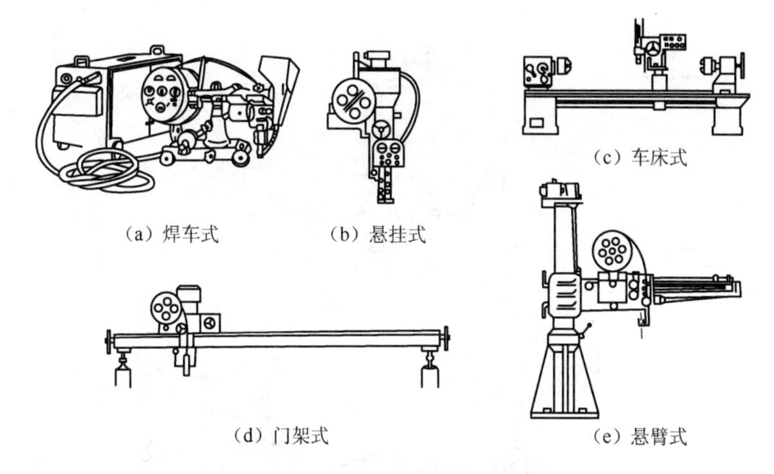

(a) 焊车式 (b) 悬挂式 (c) 车床式 (d) 门架式 (e) 悬臂式

图 3-3 常见自动埋弧焊机的结构

3.2.2 埋弧焊机的组成

埋弧焊机通常由焊接电源、机头（送丝机构和机头调整机构）、行走机构、控制箱、焊丝盘、焊剂漏斗等组成。埋弧焊电源详见本章 3.1 节所述。

1. 自动焊车

图 3-4 为 MZT-1000 型自动焊车。机头上装有送丝机构，其作用是将焊丝送入电弧区。机头上导电嘴的高低可通过手轮来调节，以保证焊丝有合适地伸出长度。导电嘴内装有两副导电衬套，可根据焊丝直径的粗细和衬套的磨损情况进行更换，以保证导电良好。焊接电源的一个极就接在导电嘴上。

为了能方便地焊接各种类型焊缝，并使焊丝能准确地对准施焊位置，焊车的一些部位可以做一定的移动和转动，各部位的移动和转动的调整参数见表 3-2。

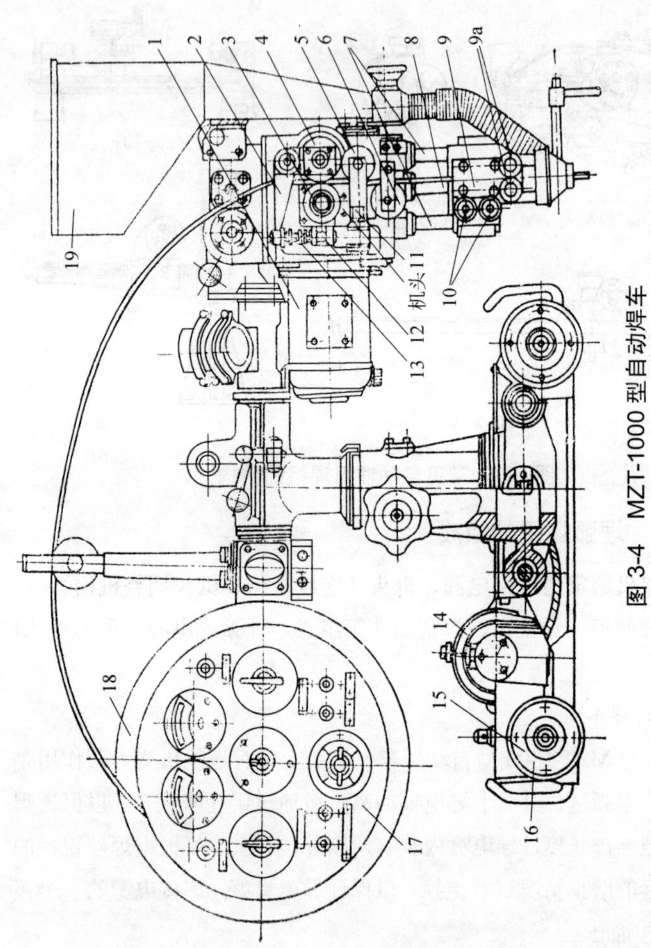

图 3-4　MZT-1000 型自动焊车

1. 送丝电动机；2. 摇杆；3、4. 送丝轮；5、6. 矫直滚轮；7. 圆柱导轨；8. 螺杆；9. 导电嘴；9a. 螺钉（压紧导电块用）；10. 螺钉（接电极用）；11. 螺钉；12. 调节螺母；13. 弹簧；14. 小车电动机；15. 小车车轮；16. 小车；17. 控制盒；18. 焊丝盘；19. 焊剂斗

表 3-2　MZT-1000 型自动焊车可调部位的调整参数

部　位	转　动	移　动	备　注
立柱	—	横向平移 60mm	用于对准焊缝
水平梁	水平旋转 90°	—	—
—	垂直旋转 90°	—	—

续表 3-2

部　　位	转　　动	移　　动	备　　注
机头	左右旋转 15°	—	调整电弧方向
—	前后旋转 45°	—	调整焊丝倾角
导电嘴	—	上下移动 80mm	调整焊丝伸出长度

2. 送丝机构

典型的送丝机构由拖动电动机、机械传动机构、送丝滚轮和矫直轮构成。图 3-5 所示为 MZ-1000 型埋弧焊机的送丝机构传动系统。

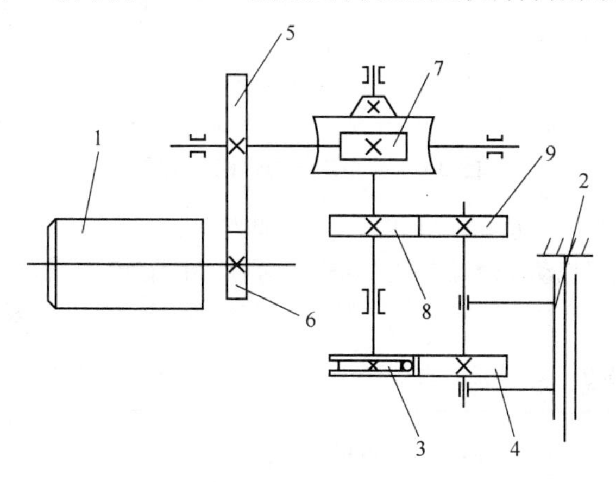

图 3-5　MZ-1000 型埋弧焊机的送丝机构传动系统

1. 电动机；2. 杠杆；3、4. 送丝滚轮；5、6. 圆柱齿轮；
7. 蜗轮蜗杆；8、9. 圆柱齿轮

新型埋弧焊机的送丝机构一般采用直流电机拖动系统，利用晶闸管整流电路进行供电与调速，调速比在 10∶1 左右。为使直流电极的转速免受电网电压波动和运行中机械阻力变化的影响，通常要在晶闸管触发电路中加入必要的反馈信号。加入电枢电势负反馈信号和电流截止负反馈信号的晶闸管触发电路，结构较简单、性能好，是中小功率直流拖动控制电路中较理想的形式，典型的晶闸管拖动电路如图 3-6 所示。

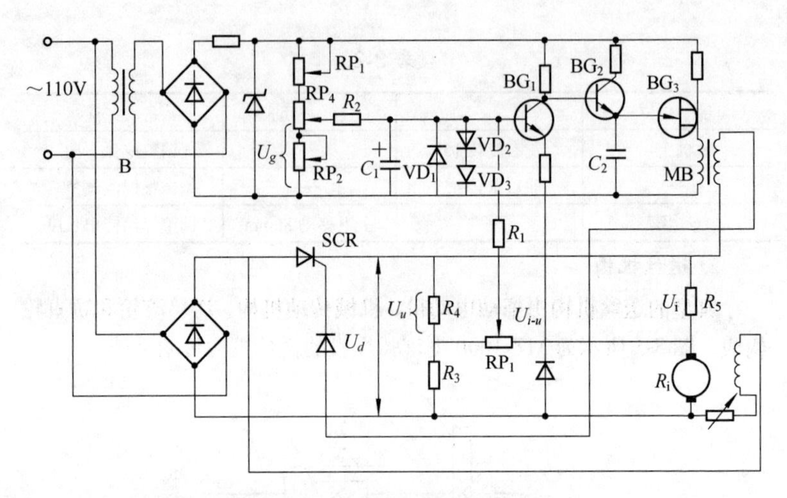

图 3-6　典型的晶闸管拖动电路

送丝机构也可采用交流电机拖动，此时，送丝机构与行走机构常采用一个电机拖动，通过调整传动齿轮副的变比调节送丝速度与行走速度。MZ-1000 型焊机的送丝、焊接速度与可调齿轮的关系见表 3-3。

表 3-3　MZ-1000 型焊机的送丝、焊接速度与可调齿轮的关系

送丝速度 /（m/h）	52.0	57.0	62.5	68.5	74.5	81.0	87.5	95.0	103	111	120	129	139
焊接速度 /（m/h）	16.0	18.0	19.5	21.5	23.0	25.0	27.5	29.5	32.0	34.5	37.5	40.5	46.5
主动轮齿数	14	15	16	17	18	19	20	21	22	23	24	25	26
从动轮齿数	29	38	37	36	25	34	33	32	31	30	29	28	27
送丝速度 /（m/h）	150	162	175	189	204	221	239	260	282	307	335	367	403
焊接速度 /（m/h）	47.0	50.5	54.5	59.0	62.5	69.0	74.5	81.0	88.0	96.0	104	114	126
主动轮齿数	27	28	29	30	31	32	33	34	35	36	37	38	39
从动轮齿数	26	25	24	23	22	21	20	19	18	17	16	15	14

变速送丝埋弧焊机除了要有正常的送丝速度及行走控制外，还需要

根据电弧电压反馈信号对送丝速度进行控制。新型焊机通常采用晶闸管整流电路实现弧压反馈。

3. 机头调节机构

利用机头调节机构可使焊机适应各种类型的焊接接头，并使焊丝对准焊接位置。送丝机头应有足够的调节自由度，图 3-7 为 MZT-1000 型自动焊车机头调节结构。其中 X 方向的调节范围为 60mm，Y 方向的调节范围为 80mm，它们一般用螺纹传动副由手工进行调节，并可在焊接过程中连续进行。α、β、γ 为转动角度调节，调节好后再用螺钉夹紧固定，但应注意在焊接过程中不宜进行调节，以免破坏焊接过程的稳定性。在门架式、悬臂式等大型自动焊机中，上述调节机构 X、Y 方向的移动及 α 方向的转动等运动均可分别由独立的电动机驱动，X、Y 方向的调节范围也可扩大到 5～10m，以适应大型结构焊接的需要。传动机构采用链条传动式或齿条传动式均可。

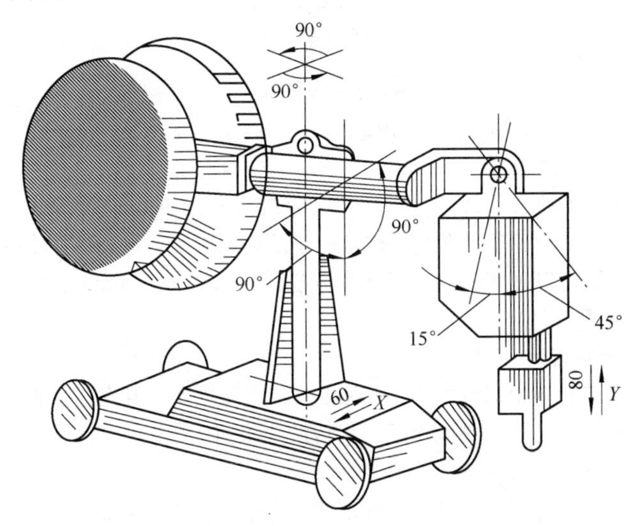

图 3-7 MZT-1000 型自动焊车机头调节机构

4. 行走机构

行走机构的主要作用是移动电弧或工件。通用焊机的行走机构为焊接小车，主要由行走传动机构、行走轮和离合器等组成，行走机构如图 3-8 所示。行走电动机 1 通过两级蜗轮蜗杆 2、3 减速后驱动行走轮 4 行走。离合器 6 通过手柄 5 操作，离合器合上时电动机才可驱动行走轮。打开时可用手推动小车。

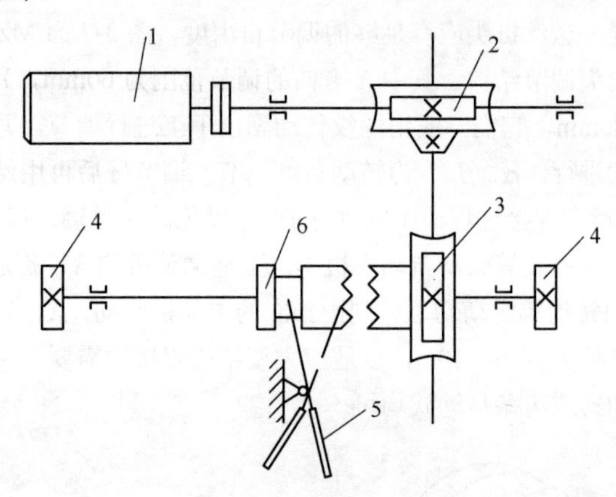

图 3-8　行走机构

1. 行走电动机；2、3. 蜗轮蜗杆；4. 行走轮；5. 手柄；6. 离合器

5. 焊丝盘

焊丝盘有内盘式与外盘式两种结构。直径为 3～6mm 的焊丝一般使用内盘式，这种焊丝盘在装入焊丝时是从外周向中心进行的，使用时则从中心开始，既便于盘绕，又不会自松。>6mm 或<3mm 的焊丝一般使用外盘式。

6. 控制箱

控制箱装有中间继电器、接触器、降压变压器、电流互感器或分流器等。箱壁上装有控制电路的三相转换开关和接线板等。

7. 焊剂斗与回收器

焊剂斗的作用是将足够的焊剂送入焊接区，而回收器的作用是从焊缝区上回收未熔化的焊剂。往焊剂斗中加入焊剂可以手工进行，也可采用气压输送装置。

焊剂回收器分吸压式与吸入式两种形式，焊剂回收器类型与性能特点见表 3-4。

表 3-4 焊剂回收器类型与性能特点

类型	性能特点	驱动方式
吸入式	1. 采用抽吸的方法形成真空吸入焊剂； 2. 回收的焊剂不易受潮； 3. 焊剂回收和撒布不能同时进行	内装抽气机或真空泵
吸压式	1. 采用射吸的方法形成真空吸入焊剂； 2. 回收的焊剂易受潮； 3. 焊剂回收和撒布可以同时进行	接入 0.3～0.5MPa 压缩空气进行射吸

8. 易损件与辅助装置

（1）导电嘴 导电嘴的作用是将电流导入焊丝，其既要导电又要耐磨，一般用耐磨铜合金制成。导电嘴的结构如图 3-9 所示。滚轮（动）式靠导电滚轮 1 将电流导入焊丝，弹簧 3 将滚轮压紧；瓦片（夹瓦）式靠弹簧 3 的压力将焊丝夹紧在接触瓦片 4 的中间，电流由瓦片导入焊丝，为延长瓦片使用寿命，在瓦片内装一对衬瓦，磨损后仅更换衬瓦即可；管式（偏心式）电流由导电杆导入焊丝，利用导电杆 8 与导电嘴 10 中心的偏差，造成焊丝的弯曲，增大焊丝与导电嘴的接触压力，改善导电性能，这种导电方式在焊丝直径<2mm 时效果较好。

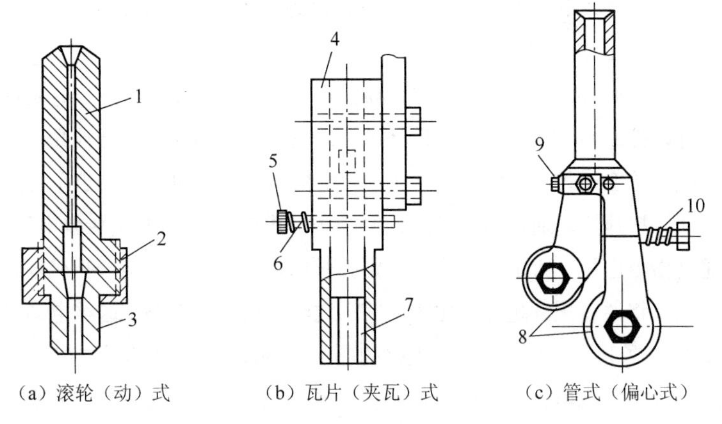

（a）滚轮（动）式　（b）瓦片（夹瓦）式　（c）管式（偏心式）

图 3-9 导电嘴的结构

1. 导电滚轮；2、5. 旋紧螺钉；3、6. 弹簧；4. 接触瓦片；7. 可换衬瓦；8. 导电杆；9. 螺帽；10. 导电嘴

导电嘴导电性和对中性对焊接质量影响较大，应予重视。应及时调节导电嘴在焊接机头上的位置，保证焊丝有合适的干伸长度。

(2)送丝滚轮　送丝滚轮采用合金钢材制成，淬火后有很高的硬度。为了改善滚轮与焊丝的啮合，送丝滚轮表面常铣出高度为0.8～1.0mm、顶角为80°～90°的齿纹。小直径焊丝可采用单主动滚轮，滚轮表面不必铣齿，只需要开出V形槽即可。

(3)导向滚轮　导向滚轮是一种简易的焊缝跟踪装置，它与焊接机头或导电嘴刚性相连，依靠导向装置使机头在行进中对准焊缝。采用导向滚轮导向的方法其可靠性与精度都较低，现在已有一些更好的方法可以使用。

通用焊机的送丝机构、行走机构、机头调节机构、导电嘴、焊丝盘、焊剂斗等均安装在焊接小车上。

3.2.3　典型埋弧焊机

1. MZ-1000型焊机

MZ-1000型焊机是应用广泛的一种电弧电压自动调节、变速送丝的典型自动埋弧型焊机，它由焊车、电源、控制电路等组成。

(1)工作原理

①MZ-1000型焊机电路的控制原理如图3-10所示，图中M_2是焊车的行走控制电动机，通过触发环节，改变整流电路晶闸管导通角，使输出电压改变，控制M_2直流电动机的电枢电压，获得所需的小车行走速度即焊接速度。通过转换开关控制小车前进或后退。M_1是送丝电动机，通过指令电压，给定一个维持一定弧长的送丝速度，平衡一旦破坏，电弧电压将通过采样电路、比较电路、送丝特性控制电路、送丝电动机触发电路改变送丝电动机整流电路的晶闸管导通角，改变输出电压，使直流控制电动机电枢电压改变，获得希望的送丝速度，维持给定的弧长。焊丝的反抽运动由送丝电动机换向电路实现。

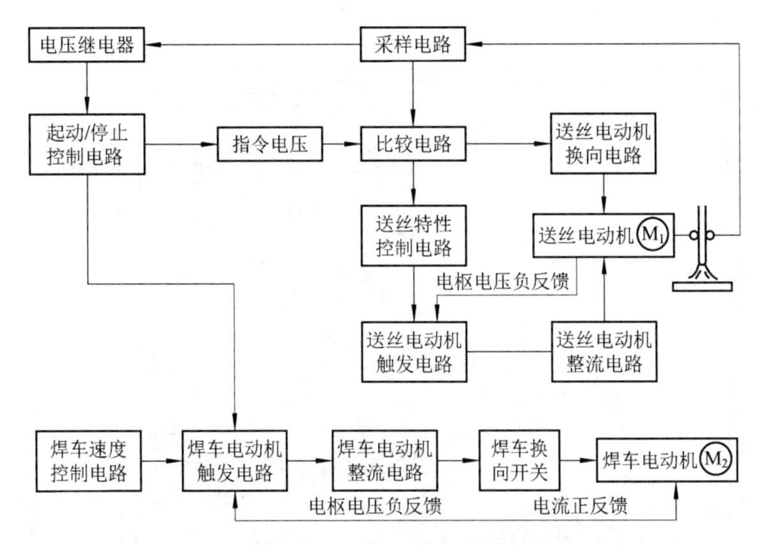

图 3-10 MZ-1000 型焊机电路的控制原理

②MZ-1000 型焊机电气原理如图 3-11 所示，图中点划线框内为 MZ-1000 型焊机配用的 ZXG-1000R 直流焊接电源。R_3、R_5等组成采样电路，将电弧电压加到R_4的两端，R_4与$D_{12\text{-}15}$整流桥组成比较电路。R_4将电弧电压与“指令电压”（其值由电位计 W_1 决定）反向串联后加到$D_{12\text{-}15}$整流桥的交流端，该整流桥的交流端电压控制由 G_1、G_2、J_4等器件组成的“送丝电动机的换向电路”通过 $J_{4\text{-}1}$～$J_{4\text{-}4}$实现 M_1的正反转，实现焊丝的送进或反抽。整流桥的直流端电压控制则由 G_3、G_4、B_3等器件组成的“送丝电动机触发电路”，这个触发电路还接受送丝电动机电枢电压负反馈，用来控制由晶闸管 KP_1、二极管 D_{25}等器件组成的“送丝电动机整流电路”，向送丝电动机 M_1馈电。为了调节与校正送丝的最大速度与起始速度，由调整电位计起“送丝特性控制电路”作用，改善控制特性。“电压继电器电路”由继电器 J_1、稳压器 WZ_1及R_1、C_1、D_5等元器件组成。按钮 AN_1和 AN_2、继电器 J_2、J_3、J_5等器件组成焊机的“起停控制电路”。焊车速度控制由 W_2实现。G_5、G_6、B_4等组成“焊车电机触发电路”。KP_2、D_{32}等器件组成“焊车电机整流电路”。K_5作为“焊车换向开关”控制“焊车电机 M_2”的转向，以改变焊车运行方向。

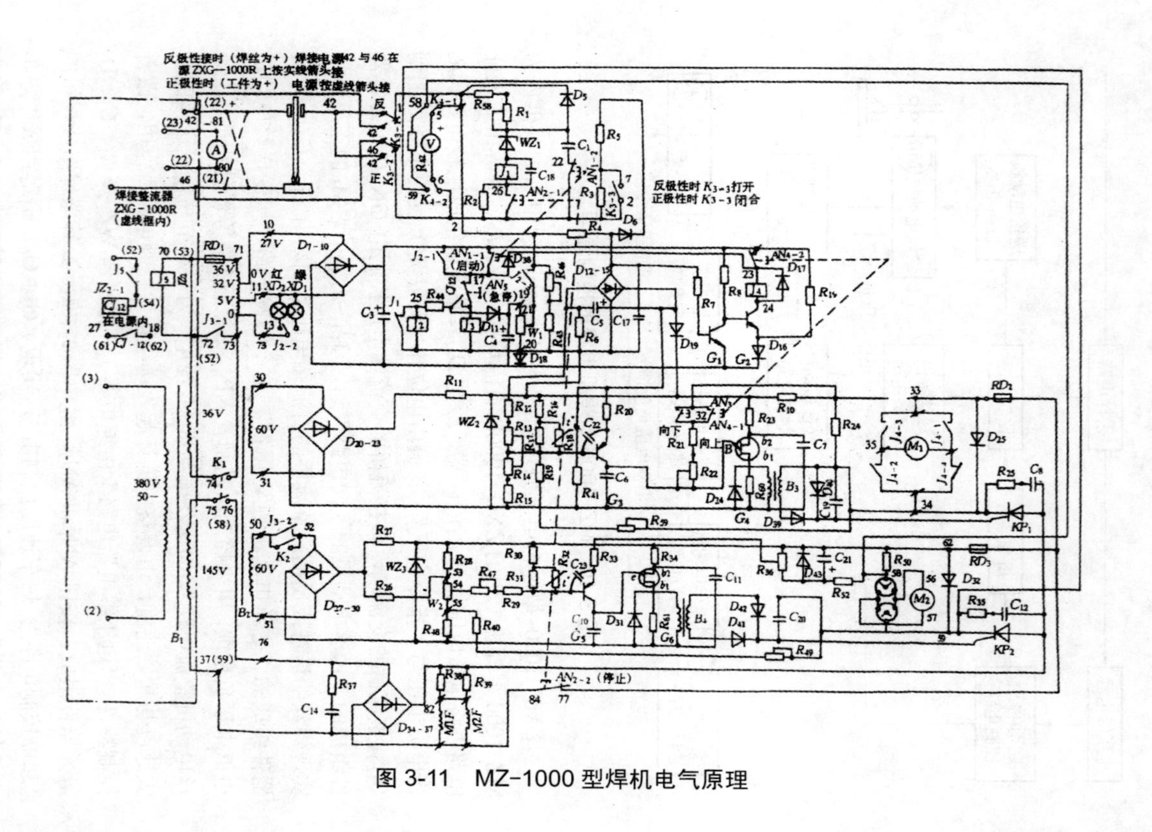

图 3-11　MZ-1000 型焊机电气原理

（2）与 MZ-1000 型焊机配用的焊车 MZT-1000

①焊车 MZT-1000 是焊机 MZ-1000 的核心，是焊机的执行机构，通过对送丝电动机 M_1 和焊车行走电动机 M_2 的控制，实现焊丝的送进和速度调节及焊车的行走和速度调节、焊车的结构如图 3-4 所示。

②MZT-1000 焊车的送丝机构的传动系统如图 3-5 所示，行走机构的传动系统如图 3-8 所示。

2. MZ1-1000 型焊机

MZ1-1000 型焊机是根据电弧的自身调节原理设计的等速给送式自动焊机，故其控制系统较 MZ-1000 型自动焊机简单。可使用交流或直流焊接电源，焊接有、无坡口的对接、搭接焊缝，船型位置的角焊缝，容器的内、外环缝和直缝等。

（1）焊机构造

①MZ1-1000 型焊机的焊车如图 3-12 所示。

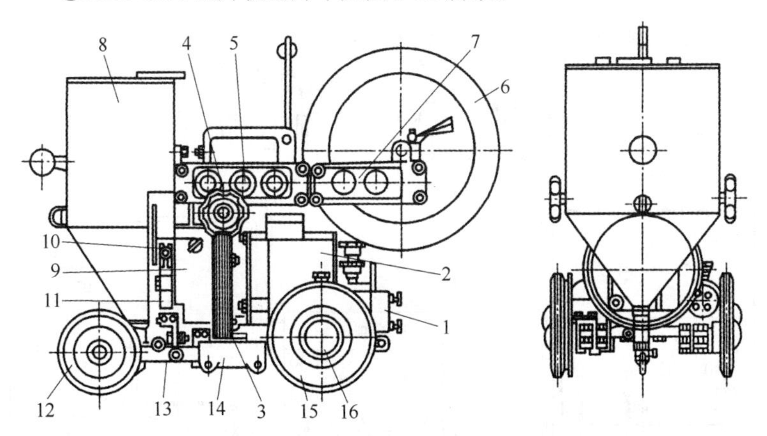

图 3-12 MZ1-1000 型焊机的焊车

1、9. 减速机构；2. 电动机；3. 蜗轮；4. 手轮；5. 控制板；6. 焊丝盘；7. 电流电压表；8. 焊剂斗；10. 压紧轮；11. 导电嘴；12. 前轮；13. 连杆；14. 前底架；15. 后轮；16. 离合器手轮

②焊接电源。可配用 BX2-1000 型交流焊接变压器，或配用具有缓降外特性的直流电焊机或焊接整流器。

（2）工作原理　MZ1-1000 型焊机的焊丝是等速给送的。由于焊丝给送和焊车行走合用一台交流电动机，故电气线路较为简单。MZ1-1000 型焊机外部接线（交流电源）如图 3-13 所示。MZ1-1000 型焊机外部接线（直流电源）如图 3-14 所示。

3. LT-7 型焊机

LT-7 型焊机是美国林肯（LINCOLN）公司生产的一种小车式自动埋弧焊机。这种焊机结构紧凑、体积小，配备不同的部件或附件可形成不同的型号。当配备相应的轨道及导向装置时，可焊接水平位置的对接、角接与搭接焊缝及与水平方向成一定坡度的平直角焊缝，在滚轮架等配合下也可焊接筒体的内外环缝。焊机控制系统较完善，有焊接参数的预调与实时调节功能、焊接电流与焊接电压自动补偿功能，可在焊接与非焊接两种状态下对小车行进速度调节，可通过按钮对焊接机头（导电嘴）的上升、下降进行微调。

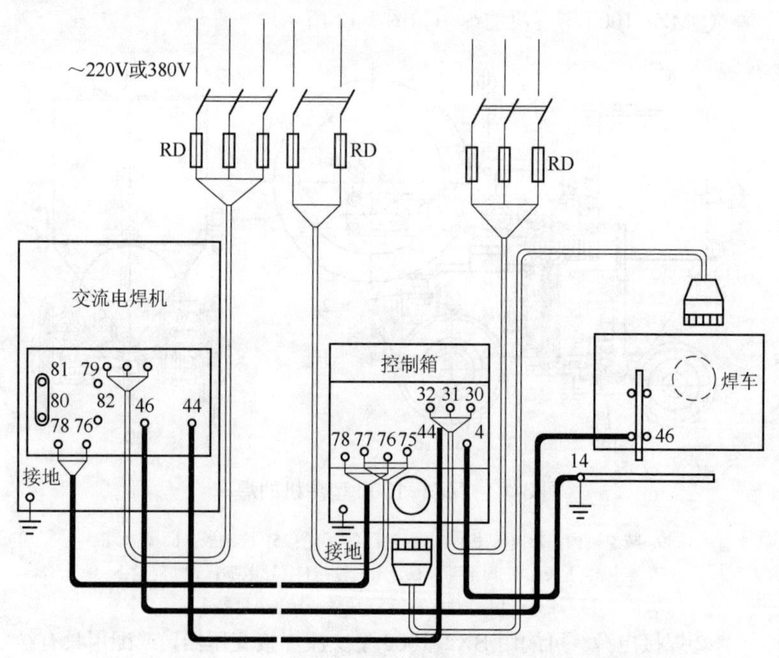

图 3-13　MZ1-1000 型焊机外部接线（交流电源）

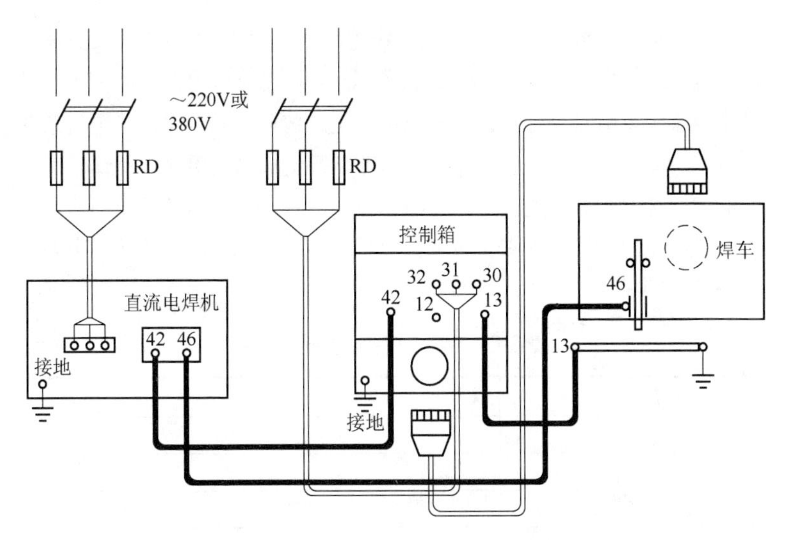

图 3-14 MZ1-1000 型焊机外部接线（直流电源）

LT-7 型焊机技术参数见表 3-5。

表 3-5 LT-7 型焊机技术参数

项　目	技 术 参 数
焊接电流/A	600～1500
焊丝直径/mm	2.4、3.0、3.2、4.0、4.8
焊丝干伸长/mm	12～127
焊车行走速度/（cm/min）	15～180
没节导轨长度/m	1.8
电缆长度/m	30.5
焊剂斗质量/kg	6.8
焊车尺寸/（mm×mm×mm）	840×360×698
焊机质量/kg	29.5

4. SW-81 型自动埋弧焊机

SW-81 型自动埋弧焊机是日本大阪变压器株式会社生产的系列埋

弧焊机中的一种轻型焊机，可以配用交流焊接电源，也可以配用直流焊接电源。该焊机的主要特点是机头体积小，可以方便地拆下并装于小型操作机架上，用以进行小直径容器或管道内缝的焊接；焊机采用齿条式导轨，与焊接小车啮合良好；送丝和焊车行走机构采用单结晶体管触发的晶闸管控制电路（与国产 MZ-1000 型焊机类似），线路简单可靠。

SW-81 型焊机技术参数及其配用的 KRUM-1000 型交流弧焊电源技术参数分别见表 3-6 和表 3-7。

表 3-6　SW-81 型焊机技术参数

项　目	技 术 参 数
焊接电流/A	300～1000
焊丝直径/mm	4.0、4.8
最大送丝速度/（m/min）	2.1
送丝电机	75W 用磁盘式电动机
送丝方式	电弧电压反馈变速送丝
机头水平调整范围/mm	40
机头垂直调整范围/mm	50
焊车行走速度/（cm/min）	10～100
焊车行走电动机	40W 直流伺服电动机
导轨	齿条式（宽 200mm，长 1.8m）
焊剂斗容量/L	3
焊机质量/kg	27

表 3-7　KRUM-1000 型交流弧焊电源技术参数

项　目	技 术 参 数
额定输入电流/A	1000
一次电压	单相，200V、220V、380V、400V、415V、440V
电源频率/Hz	60/50
空载电压/V	88

续表 3-7

项　目	技 术 参 数
额定输入功率/kW	90、50
额定一次电流/A	450、410、240、225、220、205
最大输入电流/A	1250
额定电弧电压/V	44
连续输入电流/A	800
质量/kg	520

3.2.4 常用埋弧焊机技术参数

MB-400A 型半自动埋弧焊机技术参数见表 3-8。国产自动埋弧焊机技术参数见表 3-9。

表 3-8 MB-400A 型半自动埋弧焊机技术参数

项　目	技 术 参 数
电源电压/V	220
工作电压/V	25～40
额定焊接电流/A	400
额定负载持续率（%）	100
焊丝直径/mm	1.6～2
焊丝盘容量/kg	18
焊剂漏斗容量/L	0.4
焊丝送进速度调节方法	晶闸管调速
焊丝送进方式	等速
配用电源	ZX-400

3.2.5 埋弧焊辅助设备

埋弧焊辅助设备包括自动埋弧焊夹具、焊接操作机、焊件变位机、焊缝成形装置、焊剂回收装置等。

表 3-9　国产自动埋弧焊机技术参数

技术参数＼型号	NZA-1000	MZ-1000	MZI-1000	MZ2-1500	MZ3-500	MZ6-2-500	MU-2×300	MU1-1000
送丝方式	变速送丝	变速送丝	等速送丝	等速送丝	等速送丝	等速送丝	等速送丝	变速送丝
焊机结构特点	埋弧、明弧两用焊车	焊车	焊车	悬挂式自动机头	电磁爬行小车	焊车	堆焊专用焊机	堆焊专用焊机
焊接电流/A	200～1200	400～1200	200～1000	400～1500	180～600	200～600	160～300	400～1000
焊丝直径/mm	3～5	3～6	1.6～5	3～6	1.6～2	1.6～2	1.6～2	焊带 宽 30～80mm 厚 0.5～1cm
送丝速度/（cm/min）	50～600（弧压反馈控制）	50～200（弧压 35V）	87～672	47.5～375	180～700	250～1000	160～540	25～100
焊接速度/（cm/min）	3.5～130	25～117	26.7～210	22.5～187	16.7～108	13.3～100	32.5～58.3	12.5～58.3
焊接电流种类	直流	直流或交流	直流或交流	直流或交流	直流或交流	直流	直流	直流
送丝速度调整方法	用电位器无级调速（改变晶闸管导通角来改变电动机转速）	用电位器调整直流电动机转速	调换齿轮	调换齿轮	用自耦变压器无级调节直流电动机转速	用自耦变压器无级调节直流电动机转速	调换齿轮	用电位器无级调节直流电动机转速

表 3-10 为上海沪东焊接设备总厂（以下简称上海沪东）生产的三种埋弧自动焊机技术参数，其性能特点是：采用大功率可控硅电源，可焊接位于水平面或与水平面成 10° 的斜面上开口或不开口的对接焊缝或角焊缝；焊接电流调节范围大，电流稳定，噪声小；设有双传动送丝功能，送丝能力强；送丝速度和焊接速度可无级调节、保证焊接稳定；可直焊、环焊、角焊、搭接焊及船形位置和角焊接。

表 3-10 上海沪东焊接设备总厂生产的三种埋弧自动焊机技术参数

技术参数 \ 型号	MZ-630	MZ-1000	MZ-1250
额定输入电压	三相，AC380V		
额定输入容量/（kV·A）	47	75	93.7
额定空载电压/V	75		
额定工作电压/V	25～44	28～44	30～44
电流调节范围/A	120～630	200～1000	250～1250
焊丝直径/mm	1.6～2.0	3.0～5.0	3.0～6.0
焊接速度/（m/min）	0.2～2.2		
送丝速度/（m/min）	0.3～3.0		
横梁可升降高度/mm	100		
机头可调节距离（上下、左右、前后）/（mm×mm×mm）	100×100×10		
横臂绕小车回转角度/（°）	±90		
额定负载持续率（周期 10min）（%）	100		
冷却方式	风冷		
电源质量/kg	230	500	530
小车质量/kg	54		
电源外形尺寸/(mm×mm×mm)	865×565×990	1030×670×1080	1030×670×1080
小车外形尺寸/(mm×mm×mm)	1020×480×740		

表 3-11 为哈尔滨通天焊接设备有限公司（以下简称哈通公司）生产的埋弧自动焊机技术参数，其性能与上海沪东生产的焊机技术参数是

相同的，但有些指标不同，读者可以自行对比一下，以便于在选用时参考。

表 3-11　哈通公司生产的埋弧自动焊机技术参数

技术参数＼型号	MZ-630	MZ-1000	MZ-1250
输入电压	三相，AC380V		
适用焊丝直径/mm	1.6～3	2.1～6	2.1～6
引弧方式	划擦、定点		
额定焊接电流/A	630	1000	1250
焊接速度/（m/min）	25～170		
送丝速度/（m/min）	50～630	20～200	20～170
机头可调节距离/mm	100×100×60		
机头绕小车回转角/（°）	360		
机头左右偏转角/（°）	45		
机头前后偏转角/（°）	90		
焊剂容量/L	10		
焊丝盘质量/kg	25		
外形尺寸/（mm×mm×mm）	950×500×770		
额定负载持续率（%）	60		

3.3　埋弧焊机电气控制

在埋弧焊的焊接中，电弧长度、焊接电流与焊接速度是保证焊接质量的重要因素，因此埋弧焊机控制系统的主要任务是保证焊接时这三个参数的稳定。

3.3.1　电弧自动调节原理

在埋弧焊接过程中，电弧自动调节问题是一个重要问题。因为焊接过程是一个复杂的过程，焊丝在高温中不断地熔化，焊丝通过送丝机构不断地被送进，理想的情况是焊丝的输送速度 $v_{送}$ 等于焊丝的熔化速度 $v_{熔}$，以使电弧稳定。但实际上，焊丝的熔化会使电弧拉长，而焊丝的补充又可能使电弧缩短，其他各种外界因素（如坡口大小、电网波动等）都会引起弧长的变化，而要维持电弧继续燃烧，必须要不断恢复平衡，通过电弧的自调节作用或采取强迫调节的方法使弧长保持恒定。

1. 电弧自调节作用

图 3-15 所示为电弧自调节作用的原理。

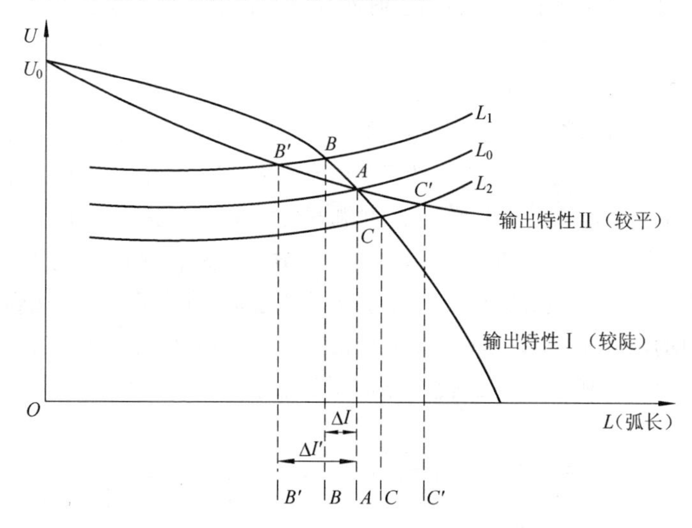

图 3-15 电弧自调节作用的原理

设电弧在 A 点燃烧，此时 $v_{送}=v_{熔}$，现由于扰动电弧升高（弧长由 L_0 变为 L_1），工作点突然移到 B 点或 B' 点，按图 3-15 弧焊电源的输出特性，焊接电流将减小 ΔI 或 $\Delta I'$，电流减小使焊丝的熔化速度 $v_{熔}$ 变慢，在送丝速度 $v_{送}$ 不变的情况下，就会出现 $v_{送}>v_{熔}$ 状态，结果会使弧长逐步缩短直至恢复到原始 A 点的稳定状态。相反，如果电弧在 A 点燃烧，扰动突然使电弧缩短，工作点突然移到 C 点或 C' 点，则焊接电流将增加，焊丝的熔化速度 $v_{熔}$ 变快而使 $v_{送}<v_{熔}$，电弧长度必然会逐步升高直至恢复。从扰动的发生到电弧的稳定，这一恢复过程其速度是一个比较重要的指标，恢复过程时间越短，电弧越稳定。而恢复过程的快慢同扰动后

的电流变化量ΔI有关，ΔI越大，焊丝的熔化速度变化量就越大，电弧恢复时间越快，由图 3-15 可见，ΔI大小与弧焊电源的输出特性斜率有关，图中输出特性曲线 II 比输出特性曲线 I 要平，因此扰动发生后$\Delta I'$比ΔI要大，电弧恢复时间要快。

这种在扰动发生后，电弧依靠电流的变化能自动改变焊丝熔化速度，使电弧能逆扰动方向调整而恢复稳定的作用被称为电弧自调节作用。

2. 电弧强迫调节

电弧自调节作用是依靠电流的变化而实现的，而电流波动太大会对焊接熔深造成不良影响。为了使电流变化小些，应该选用负载特性较陡的弧焊电源，而这样一来，电弧长度的恢复时间就会变长，难以稳定。如果在扰动发生后，人为地逆干扰方向改变焊丝的输送速度$v_{送}$，“强迫”电弧恢复到原来位置，这就是电弧强迫调节的原理。要达到这一目的，最好的方法是取电弧长度信号对送丝速度实现闭环控制。

图 3-16 所示为电弧强迫调节闭环系统的结构。

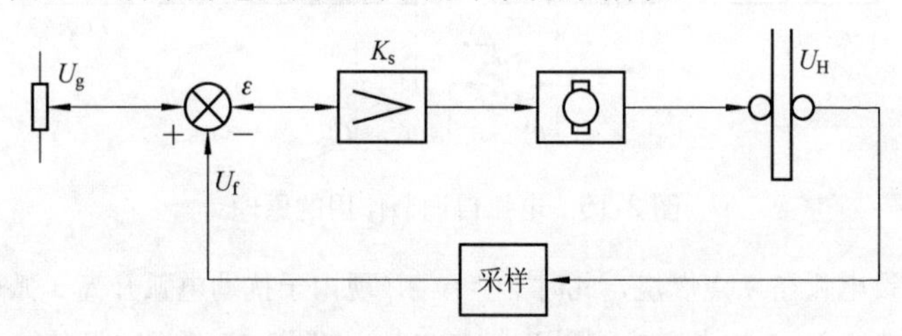

图 3-16　电弧强迫调节闭环系统的结构

通常情况下弧长是极难测出的，因此大多数场合采用的是以电弧电压U_H来代替，因为电弧电压U_H与弧长L之间为正比关系，如图 3-17 所示，即

$$U_H = KL + b \tag{3-1}$$

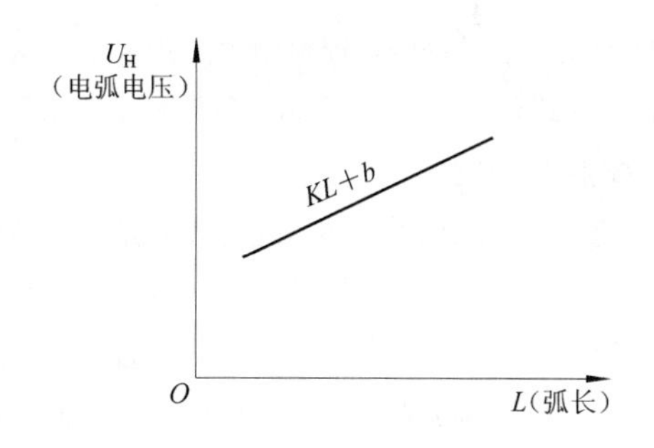

图 3-17 电弧电压 U_H 与弧长 L 关系

如图 3-16 所示，电弧电压 U_H 经采样处理后变为 U_f，与给定电压 U_g 相比较，产生差值 ε，放大器将此差值 ε 放大并输出至送丝电动机，改变送丝速度，控制弧长，这是一个弧压负载反馈系统。

在这样的闭环系统中，系统的开环放大倍数 K_s 是很重要的，K_s 越高，电弧在扰动后系统调节幅度越大，电弧恢复稳定的时间越短，但由于系统存在惯性的原因，K_s 不能过大，过大会引起超调，甚至会造成系统振荡，使系统不能正常工作，因此，如何减少系统惯性，是闭环控制系统的努力方向。

上述的闭环系统是以电弧电压（电弧长度）为反馈参数的，这样的反馈系统适应于下降外特性弧焊电源。除此之外，还有以焊接电流为反馈参数的闭环系统，它可以配用平特性弧焊电源，这样在焊接过程中电弧长度（电弧电压）保持不变，通过放大控制送丝电动机运转，以焊接电流增大、送丝速度减慢的负反馈方式使电弧稳定。

这种形式的主要优点是可以配平特性弧焊电源，因为平特性电源可以节省材料，减小电源损耗。但焊接时，电流的波动比起电弧电压来说要频繁得多，因此这种系统对电路的要求高。同时，为了使系统能适应电流变化快的要求，一般要考虑采取减少系统中机械和电气惯性的措施，以达到高精度的控制。

3.3.2 埋弧焊送丝系统控制电路

埋弧焊送丝系统控制电路的送丝方式有两种：等速送丝与变速送

丝。等速送丝是指在焊接过程中，焊丝由恒定的速度输送，电弧以自身调节作用工作。变速送丝大多采用弧压反馈式闭环控制系统，也有采用焊接电流负反馈式闭环控制。

等速送丝系统首先要求送丝速度稳定，尤其是在负载变化时；其次要求有足够的调速范围，以适应不同的焊接规范要求。变速送丝除以上要求外还有响应速度及放大倍数等要求，使系统能工作在最佳状态。

除正常焊接外，埋弧焊引弧也是一个比较重要的问题，对于配用平特性的电源来说，因其短路电流较大，故引弧时只要焊丝慢速下送“刮擦”引出电弧，相对来说容易些。而对于下降特性电源，必须先将焊丝与工件短路，然后反抽才能引出电弧。因此，在引弧过程中必须有一“反抽”动作。弧压反馈式变速送丝一般可依靠弧压反馈过程自动进行，而等速送丝则必须由人工手动控制实现。

现以成都焊研威达自动焊接设备有限公司的 MZ-1250 型埋弧焊机系统控制电路为例加以说明。

1. 小车驱动部分控制电路即焊接速度的控制部分

MZ-1250 小车行走驱动控制电路如图 3-18 所示，输入交流 110V 电压经 UR28-31 构成的整流电路整流后，为小车行走驱动电路提供 DC110V 左右的电压，此电压经电阻 R_{15}、R_4 降压，12V 稳压管 VS_4 稳压后，为单结晶体管 VU_{34} 提供直流电源和同步过零信号，此 12V 电压经二极管 VD_8，极性电容器 C_9 整流滤波后为晶体管 VT_{35} 提供发射极电源，RP_5、RP_6 分别用于调整上下限速度，RP_4 用于控制焊接速度，当焊接按钮起动后，KC_1 常闭触电断开，VT_{35} 基极锁定电压解除，RP_4 的控制电压通过基极电阻 R_7 来调整 VT_{35} 的集电极电流，进而调整了通过 RT_2、R_5、VT_{35} 对电容 C_4 的充电电流大小，从而单结晶体管 VU_{34} 过零关闭后，通过 C_4 充电到 VU_{34} 的开通电压的时间得以调整。也就是晶闸管 VH_{36} 的导通角得以调整，从而调整了 VH_{36} 提供给电动机 M_1 的电枢电压，同时也就控制了小车的焊接速度。

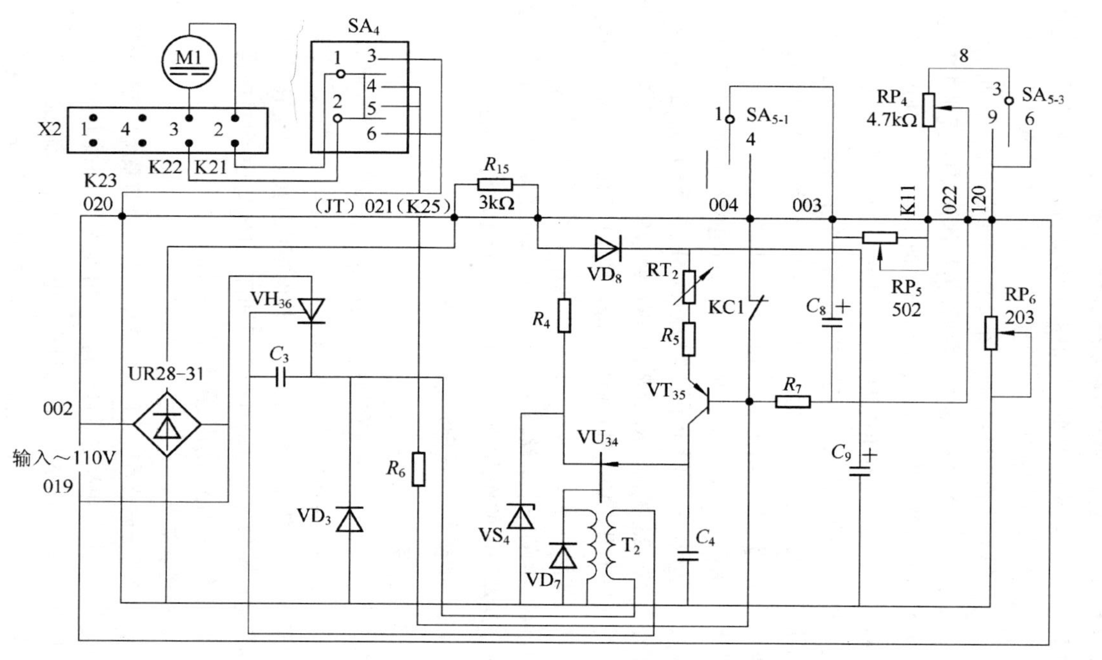

图 3-18 MZ-1250 小车行走驱动控制电路

2. 送丝部分控制电路即焊接电压的控制部分

MZ-1250 送丝部分控制电路如图 3-19 所示，交流 110V 电压经 UR16-19 构成的整流电路整流后，通过 R_{17} 降压，R_1 限流，稳压管 VS_2 稳压后，为单结晶体管 VU_{32} 提供一个 12V 的梯形波电压，此电压经整流二极管 VD_5，滤波电容 C_5 整流滤波后，为晶体管 VT_{33} 提供 12V 电源，电位器 RP_1 用于调整慢送丝速度，RP_2 用于调整手动送丝速度。手动送丝时，KC_5 吸合，电位器 RP_2 的滑动点电位经基极电阻 R_8 加至晶体管 VT_{33} 的基极，从而给定了送丝电动机 M_2 的一个手动送丝转速。当焊接按钮起动后，KC_1 解锁，电位器 RP_1 的滑动点电位经基极电阻 R_9 加至晶体管 VT_{33} 的基极，从而给定了送丝电动机 M_2 的一个慢送丝转速。慢送丝引燃弧后，KC_2 吸合，电位器 RP_3 的滑动点电位经基极电阻 R_9 加至晶体管 VT_{33} 的基极，从而给定了送丝电动机 M_2 的一个焊接送丝转速。电弧电压经 UR20-23 整流，R_{12}、R_{14} 分压，经 VS_9、RP_7 加至电位器 RP_3 两端，当弧压上升，VS_{33} 基极电压下降，送丝电动机 M_2 的一个送丝转速增加，加快送丝速度，弧压下降。当弧压下降，VS_{33} 基极电压上升，送丝电动机 M_2 的一个送丝转速降低，减小送丝速度，弧压上升，从而起到稳定送丝速度的作用。KC_4 用于切换送丝电动机的方向。

3.3.3　埋弧焊弧长自动调节系统

1. 等速送丝弧长调节系统

等速送丝弧长调节系统利用电弧的自身调节作用来进行调节，即利用弧长变化引起焊丝熔化速度变化来实现自动调节。当弧长增加时，焊丝熔化速度下降，使弧长恢复；反之，焊丝熔化速度增大，使弧长恢复。

等速送丝系统在半自动埋弧焊机和部分自动埋弧焊机中得到广泛采用。等速送丝系统宜采用缓降和平外特性电源。

2. 变速送丝弧长调节系统

变速送丝弧长调节系统又称为电弧电压反馈调节系统，当焊丝较粗、电流密度不够大时，单靠电弧自动调节作用维持系统稳定是不可能的，这时应采用电弧电压反馈系统，即通过电弧电压变化来控制送丝速度，实现自动调节。当弧长增加时，电弧电压增高，控制系统迫使送丝速度提高，使弧长恢复；反之，弧长缩短时，迫使送丝速度降低，使弧长恢复。变速送丝系统适用于大直径焊丝的自动埋弧焊，需选用陡降外特性电源。

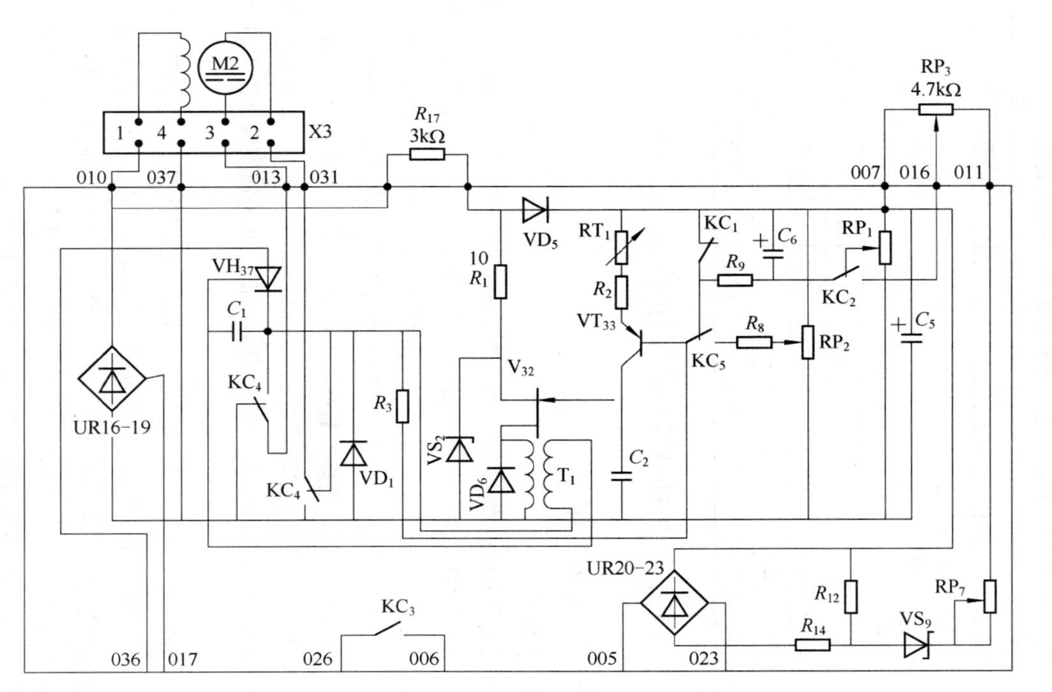

图 3-19 MZ-1250 送丝部分控制电路

等速送丝系统和变速送丝系统的比较见表 3-12。

表 3-12　等速送丝系统和变速送丝系统的比较

项　目	等速送丝系统	变速送丝系统
控制电路及机构	简单	复杂
适用的弧焊电源外特性	缓降特性、平特性、微升特性	陡降特性、垂特性
适用的焊丝直径/mm	0.5～0.8	3～6
电弧电压调节方法	改变弧焊电源外特性	改变送丝控制系统给定电压
焊接电流调节方法	改变送丝速度	改变弧焊电源外特性
弧长变化时调节效果	好	好
网络电压波动的影响	产生静态电弧电压误差	产生静态焊接电流误差

3.4　自动埋弧焊焊机的正确使用

3.4.1　基本操作

1. 准备

焊前先将工件点固并铺平，然后在工件上铺上焊车轨道。将焊车放在轨道上，调整导电嘴与工件的高度（15～20mm），并使导电嘴对准焊缝中心。松开离合器，用手拉动小车沿焊缝行走，观察导电嘴是否始终对准焊缝，如有时偏离，应查明原因并进行调整。调好后将焊机拉到起焊位置，闭合离合器。将焊丝装在焊丝盘上，并使焊丝穿过送丝机构和导电嘴，同时在焊剂斗中装满焊剂。空载调试，接通电源，焊接电源内的风扇起动。接通控制箱（控制盒）电源，开关拨到调试位置进行调试。

①选择焊接方向和焊速。把开关拨到向右或向左位置，合上焊车的离合器，焊车开始移动，要改变焊接方向和移动速度可调节焊接速度旋钮。

②选择焊丝向上抽或向下送。按住焊丝向上按钮或向下按钮，焊丝向上抽或向下送。由于空载时，焊丝向上抽或向下送的速度是不能调节的，因此它们的速度都较慢。调试时手指必须按住按钮，松开即停止上抽或下送。

③极性的选择。极性的选择开关分为正极性和反极性，开关位置应和电源极性保持一致，如接反，则引弧后焊丝不会向下送，反而焊丝会向上抽，无法进行正常焊接，此时应将极性开关拨到另一边位置，埋弧焊一般采用直流反接。

④电压调节。开关拨到焊车一侧位置，则电压表指示值为焊车电压，开关拨到电弧电压侧，调节旋钮，可选定电弧电压，但在空载时电压表无显示值。

⑤焊接电流的调节。焊接电流调节分为大、小两挡，根据板厚和焊丝直径的粗细确定焊接电流的大小。开关拨到大挡位置，焊接电流为300A以上；开关拨到小挡位置，焊接电流为300A以下。电流调节分为近控和远控调节，近控旋钮位于电源面板上，而远控旋钮位于操作者附近便于操作的位置，近控和远控旋钮不能同时使用，且应调换旋钮接线。

⑥送丝速度调节。MZ-1000型属于变速送丝，电弧电压反馈调节弧长，如选定了焊接电压，即可确定送丝速度。在焊接过程中自动调节电弧长度、送丝速度。

2. 焊接

按调试方法调好焊接电流、电弧电压、焊接速度，把“调试—焊接”开关拨到焊接位置上。调节焊丝末端到工件的距离（如接触引弧），焊丝末端与工件轻微接触，并接触良好，如划擦引弧，焊丝末端离开工件15～20mm。

①引弧。合上焊车的离合器，打开焊剂漏斗阀门，按住“焊接”按钮，按钮指示灯亮，电弧自动引燃，焊车移动，进入焊接过程，此时手指松开“焊接”按钮。

②电弧对准焊缝移动。在焊接过程中，要求电弧能正对焊缝中心移动，但由于焊车轨道与焊缝不平行，环缝时工件转动偏移等种种原因，电弧不能在焊缝中心燃烧，形成焊缝焊偏。因此，操作者应凭经验（焊缝在焊剂层下无法观察）随时调节焊车上向左右移动的手轮。

③收尾。当一条焊缝焊完或停止焊接时，按控制箱上的“停止”按钮即可，并关焊剂斗。

④紧急停止。在焊接过程中，如出现故障，按“急停”按钮，焊机上所有动作就会立即停止，但会产生弧坑未填满等缺陷。一般非紧急情况应按“停止”按钮，使焊机自动完成收尾部位各种动作。

⑤关机。焊接结束或下班时应关焊机。先按“停止 1”，电弧继续燃烧，使末端远离工件，电弧自然熄灭；然后按“停止 2”，关掉控制箱上的电源。关掉接在电源上的电源开关，焊车停放在适当的位置。

MZ-1000 型焊机动作程序如图 3-20 所示。

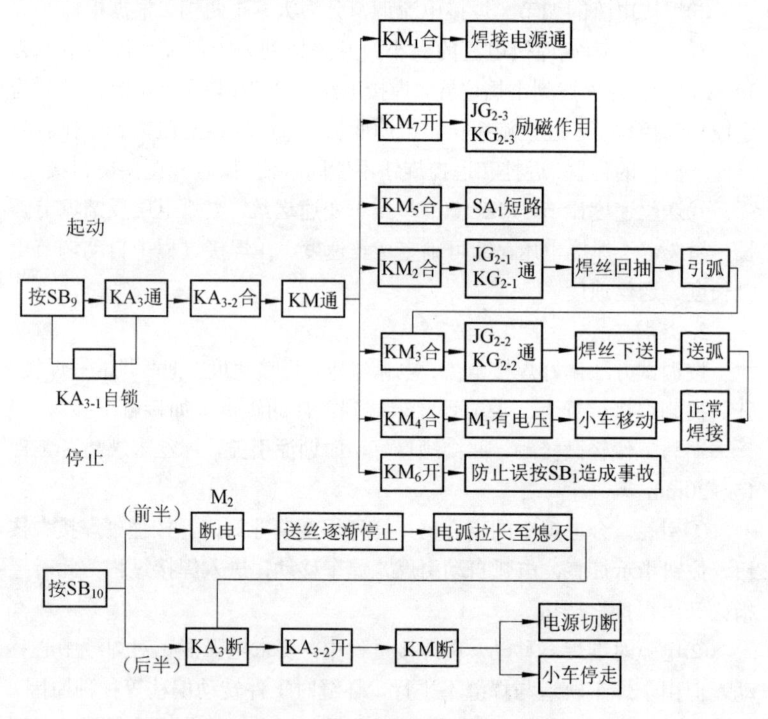

图 3-20 MZ-1000 型焊机动作程序

3.4.2 焊车的特殊使用方法

焊车加装或改装一定的部件后，可以焊接多种焊缝。

①在焊接搭接或无坡口对接焊缝时，焊车使用两个相同的带橡胶轮缘的前车轮。这时，焊车应在轨道上行走，以保证其行走方向准确无误。

②如图 3-21 所示，当焊接带坡口的对接焊缝时，只安装一个前车轮，并装上双滚轮导向器，导向器的滚轮引导焊车沿坡口前进。焊接时前车轮悬空，只有当焊接到头，导向器离开不起作用时，前车轮才开始起作用。

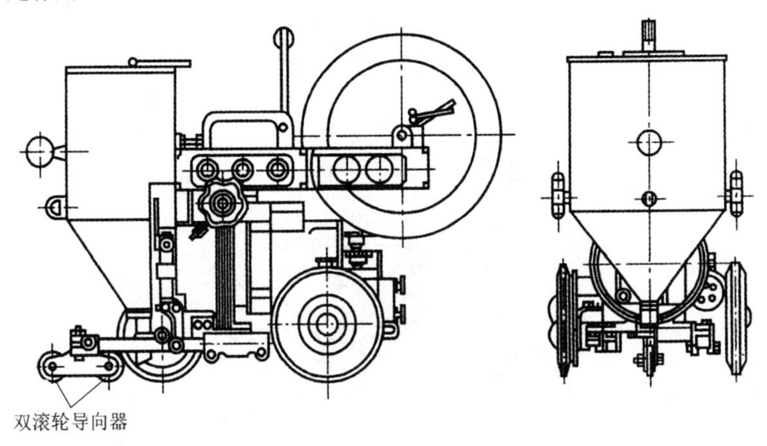

图 3-21　焊接带坡口的对接焊缝

③如图 3-22 所示，当用倾斜焊丝来焊接角焊缝时，在前底架上除了两个带橡胶轮缘的支承车轮以外，还装上一个带有前定位滚轮的支杆，焊车的后面则安装后定位滚轮，它们都支承在立板上，并加长导电嘴，这样就保证了焊接时精确的导向。也可以让焊车在平行于焊缝的轨道上移动。

④如图 3-23 所示，当焊接船形位置角焊缝时，机头回转一定的角度，焊车车轮在梁的腹板上行走，前底架上安装一单滚轮导向器，在焊缝底部滚动并导向。焊车尾部再安装一根支杆，支杆端部的支承轮支承在梁的翼板上。

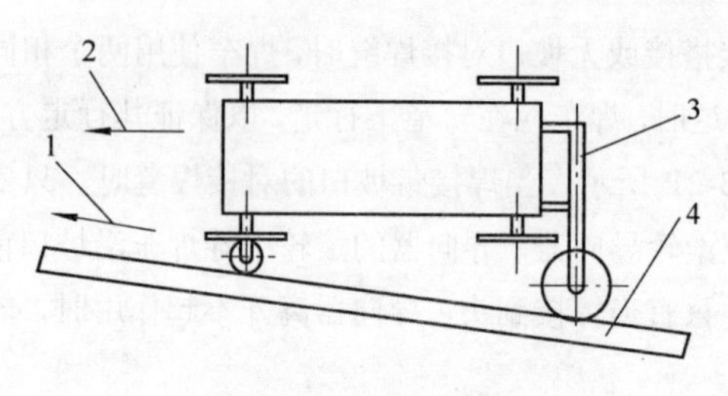

图 3-22　焊接角焊缝

1. 焊接方向；2. 焊车方向；3. 底板；4. 立板

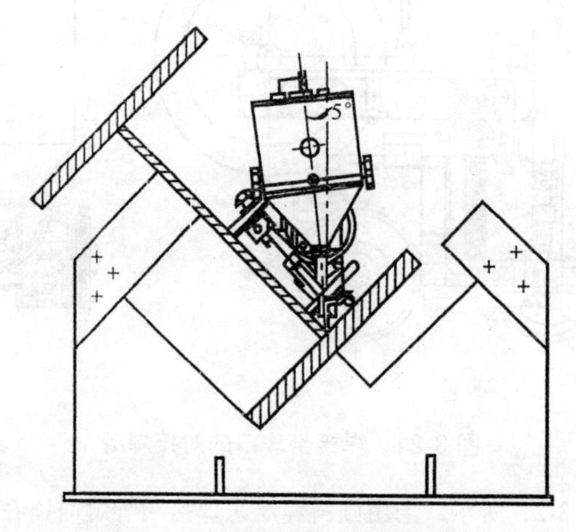

图 3-23　焊接船形位置角焊缝

3.4.3　环缝焊接

环缝是制造筒形件时必有的焊缝，环缝的焊接应将自动焊机头（送丝机构）与滚胎配合使用。图 3-24 所示为在滚胎上进行环缝埋弧自动焊。

焊接时，应先将工件点焊定位，然后放在滚胎上，并调整好工件的旋转速度。为了保证焊接熔池在水平位置结晶，无论是内环缝还是外环缝，焊丝均应前移 50～70mm。

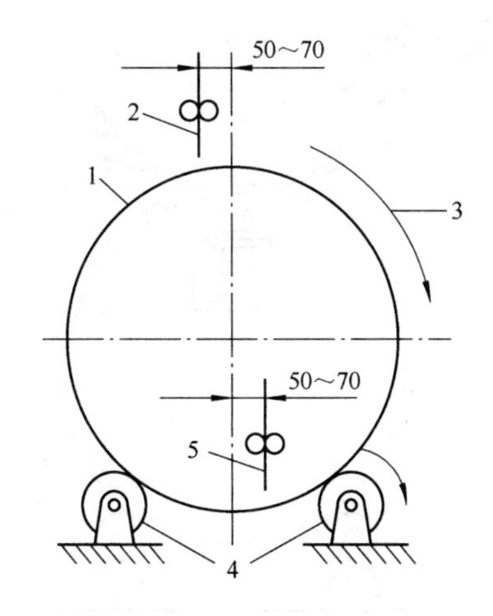

图 3-24 在滚胎上进行环缝埋弧自动焊

1. 工件；2、5. 焊丝；3. 旋转方向；4. 滚胎

3.5 埋弧焊焊接胎具的改进

3.5.1 筒体纵缝焊接胎具的改进

改进前的焊接设备是在框架上装有能调整衬垫装置的支柱和固定筒体的压板，还装有埋弧焊机和可调的行走滚轮。焊接时，先用起重机吊钩吊到支柱上并转移到框架中的一定位置处，用 32 个 M20 螺栓将筒体紧固；焊接后，将所有螺栓松开，再由起重机吊出，如此连续操作。

为了简化装置程序，对设备进行如下改进。

①把用起重机吊入筒体改为由台车载入并把焊缝位置对准焊机头，然后用气动夹紧，使其固定在一定位置上，运送筒体的台车如图 3-25 所示。具体做法是将 M20 螺栓固定压紧板改为操纵空气阀，利用气压和弹簧板来压紧，而且一次操作，30 个弹簧板可同时紧固筒体。

②采用焊剂撒布调整器，减少了操作时间，且焊剂撒布均匀，不浪费，确保了焊缝质量，焊剂撒布调整器如图 3-26 所示。传送带可用废

旧消防水龙带制作。工作时，随着筒体的转动，焊剂随之被带入坡口内。

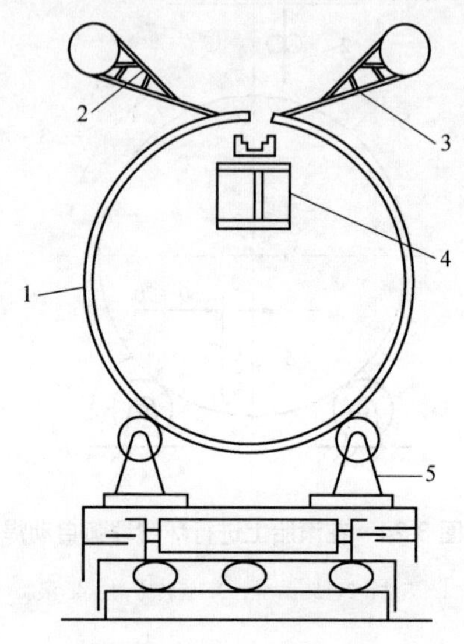

图 3-25　运送筒体的台车

1. 筒体；2. 空气软管；3. 弹簧板；4. 衬垫装置；5. 台车

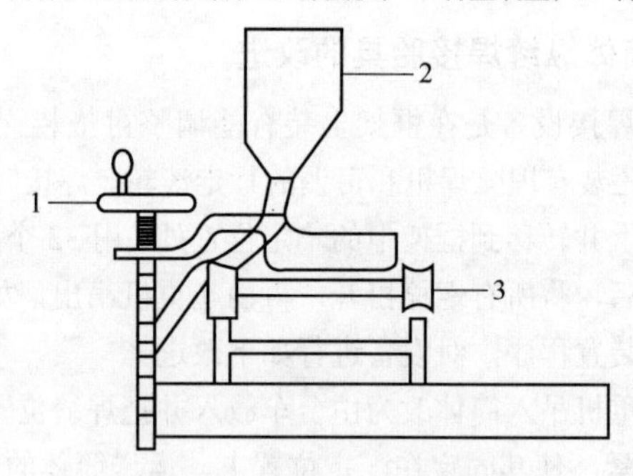

图 3-26　焊剂撒布调整器

1. 手柄；2. 装入焊剂；3. 行走台车

③为了适应焊接大直径筒体的需要，在支柱中间采用了“二段式”的螺栓组合方法，安装了辅助支柱，如图 3-27 所示。由于增加了支柱

高度，使可焊筒体直径增至 750mm。

改进后，大大缩短了工序的时间，减少了手工操作，减轻了劳动强度，提高了生产率。一个筒体改进前平均作业时间为 42min，改进后为 23min，消除了危险操作，且压板紧固力均匀，背面焊道质量好。

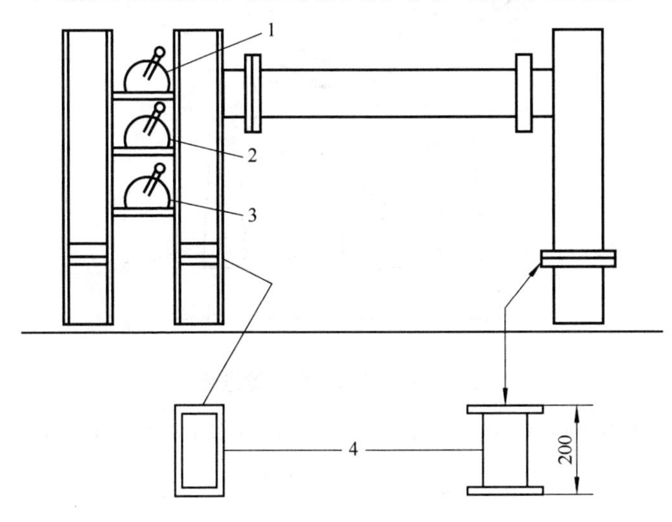

图 3-27　辅助支柱

1、2、3. 把柄；4. 柱

3.5.2　筒体环缝焊接胎具的改进

为了提高焊缝质量，焊接内部环缝时，外部焊接坡口内需加焊剂垫。由于环焊缝焊接时，筒体不断地滚动，采用一般的方法焊剂垫很难加入并保持在坡口内。为此设计专用胎具，借助弹簧的张力作用，将焊剂挤压入焊缝坡口里，环焊缝焊剂输送带图 3-28 所示。同时，由于弹簧的弹性，筒体的不圆度不会影响焊剂的输入。

该装置解决了焊接环缝时焊缝打底的烧穿问题，保证了环缝打底焊道的背面焊接质量。如果规范控制得当，能保证正面焊接、反面成形。

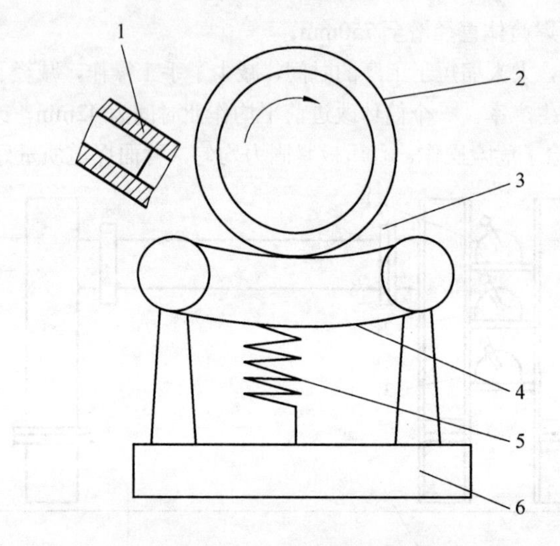

图 3-28　环焊缝焊剂输送带

1. 焊剂回收装置；2. 筒体；3. 焊剂加入；4. 传送带；5. 弹簧；6. 支架

4 气体保护焊设备

气体保护焊是在某种气体对焊接区保护的条件下所进行的电弧焊工艺。根据保护气体的不同，气体保护焊分为氩气保护焊、氦气保护焊、CO_2气体保护焊和活性气体保护（MAG）焊。由于保护气体的性质不同，各种气体保护焊设备也有所差别。

4.1 气体保护焊供气设备

4.1.1 气瓶

根据气体在气瓶中的形式不同，可将气瓶分为三类。

1. 压缩气瓶

压缩气瓶是通过对气体进行压缩将气体储存于气瓶中。氩气瓶、氦气瓶、氮气瓶、氢气瓶、氧气瓶都是压缩气瓶。在压缩气瓶中储存的气体仍以气体状态存在。这几种气瓶的外形结构基本相同，其工作压力均为 15MPa。压缩气瓶技术参数见表 4-1。

表 4-1 压缩气瓶技术参数

型　　号	气瓶外径/mm	容积/L	长度/mm	质量/kg	工作压力/MPa	设计壁厚/mm	瓶体材料
WMA219-25-15	219	25	870	22	15	5.7	37Mn
WMA219-36-15		36	1200	44			
WMA219-38-15		38	1260	46			
WMA219-40-15		40	1320	48			
WMA219-47-15		47	1570	65			
WMA219-50-15		50	1620	68			
WZA232-35-15	232	35	1050	39	15	5.4	37Mn
WZA232-38-15		38	1140	42			
WZA232-40-15		40	1200	44			
WZA232-43-15		43	1270	47			

续表 4-1

型　号	气瓶外径/mm	容积/L	长度/mm	质量/kg	工作压力/MPa	设计壁厚/mm	瓶体材料
WZA232-45-15	232	45	1320	49	15	5.4	37Mn
WZA232-47-15		47	1370	51			
WZA232-50-15		50	1450	54			

2. 液化气瓶

有些气体在一定的压力下便可液化，这些液化的气体在瓶中储存可大大增加储存量，这类气瓶便是液化气瓶，如 CO_2 气瓶、液化石油气气瓶等。

3. 溶解乙炔气瓶

由于乙炔气体的特殊化学性质，既不能用压缩气瓶储存，也不能液化后储存在气瓶中，因此以上两种气瓶是不能储存乙炔的。但乙炔在加压条件下能大量溶解于丙酮，溶解乙炔气瓶就是根据这一特性制造的。

除溶解乙炔气瓶外，其他气瓶均可根据容积和工作压力选用。例如，CO_2 气瓶工作压力不超过 7MPa，表 4-1 中的气瓶工作压力均为 15MPa，则均可用于储存 CO_2 气体。为了区分气瓶的用途，国家标准 GB 7144—1999 中规定了气瓶装不同气体的气瓶颜色标记，详见表 4-2。

表 4-2　装不同气体的气瓶颜色标记

气体名称	分子式	颜色	字样	字色	色　环
乙炔	C_2H_2	白	乙炔不可近火	大红	
氢	H_2	淡绿	氢	大红	p=20MPa，淡黄色单环 p=30MPa，淡黄色双环
氧	O_2	淡蓝	氧	黑	p=20MPa，白色单环 p=30MPa，白色双环
氮	N_2	黑	氮	淡黄	
空气		黑	空气	白	
二氧化碳	CO_2	铝白	液态 CO_2	黑	p=20MPa，黑色单环
氨	NH_3	淡黄	液氨	黑	—
氯	Cl_2	深绿	液氯	白	—
甲烷	CH_4	棕	甲烷	白	—

续表 4-2

气体名称	分子式	颜色	字样	字色	色　环
天然气		棕	天然气	白	—
乙烷	C_2H_6	棕	液化乙烷	白	—
丙烷	C_3H_{28}	棕	液化丙烷	白	—
丁烷	C_4H_{10}	棕	液化丁烷	白	—
氩	Ar	银灰	氩	深绿	p=20MPa，白色单环 p=30MPa，白色双环
氦	He	银灰	氦	深绿	
氖	Ne	银灰	氖	深绿	p=20MPa，白色单环 p=30MPa，白色双环
氪	Kr	银灰	氪	深绿	
氙	Xe	银灰	氙	深绿	

注：p 为气瓶的公称工作压力。

4.1.2 减压器

气瓶中的气体压力较高，不能直接用于焊接或切割，必须通过减压才能使用。这就需要用到减压器。

1. 减压器的作用与分类

减压器的作用有两个：一是减压作用，即将气瓶的压力降低后再输送到软管中去；二是稳压作用。在使用过程中，气瓶的压力是逐渐降低的，在焊接过程中，减压器前的压力可以降低，但减压器后的压力则必须稳定，这也是靠减压器来完成。

减压器按其用途不同，可分为集中式和岗位式；按所用的气体不同，可分为氩气减压器、氦气减压器、CO_2 减压器等。

①R82 和 R85 系列减压器技术参数见表 4-3。

表 4-3　R82 和 R85 系列减压器技术参数

型　　号	气体	输入最高压力/MPa	输出压力/MPa	进气压力表/MPa	出气压力表/MPa	进气口形式	出气口形式
R82C-40	CO_2	15	0.01～0.28	25	0.4	G5/8	M16×1.5
R82C-80		15	0.02～0.56	25	1	G5/8	M16×1.5

续表 4-3

型号	气体	输入最高压力/MPa	输出压力/MPa	进气压力表/MPa	出气压力表/MPa	进气口形式	出气口形式
R82C-120	CO_2	15	0.03～0.85	25	1.6	G5/8	M16×1.5
R85MC-125		15	0.03～0.85	25	1.6	G3/4	G3/4
R85MC-200		15	0.07～1.4	25	2.5	G3/4	G3/4
R85MC-125A		15	0.03～0.85	25	1.6	—	—
R85MC-200A		15	0.07～1.4	25	2.5	—	—
R82IN-15	氩气 Ar 氦气 He 氮气 N_2	15	0.01～0.1	25	0.25	G5/8	M16×1.5
R82IN-40		15	0.01～0.28	25	0.4	G5/8	M16×1.5
R82IN-80		15	0.02～0.56	25	1	G5/8	M16×1.5
R82IN-125		15	0.03～0.85	25	1.6	G5/8	M16×1.5
R85IN-125		15	0.03～0.85	25	1.6	G5/8	M22×1.5
R85IN-200		15	0.07～1.4	25	2.5	G5/8	M22×1.5
R85MIN-125		15	0.03～0.85	25	1.6	G3/4	G3/4
R85MIN-200		15	0.07～1.4	25	2.5	G3/4	G3/4
R85MIN-125-A		15	0.03～0.85	25	1.6	—	—
R85MIN-200-A		15	0.07～1.4	25	2.5	—	—
R85LIN-80		25	0.02～0.56	—	1	G3/4	G3/4
R85LIN-125		25	0.03～0.85	—	1.6	G3/4	G3/4
R85LIN-200		25	0.07～1.4	—	2.5	G3/4	G3/4
R82Q-15	空气	15	0.01～0.1	25	0.25	G5/8	M16×1.5
R82Q-40		15	0.01～0.28	25	0.4	G5/8	M16×1.5
R82Q-80		15	0.02～0.56	25	1	G5/8	M16×1.5
R82Q-125		15	0.03～0.85	25	1.6	G5/8	M16×1.5
R85LQ-80		25	0.02～0.56	N—A	1	G3/4	G3/4
R85LQ-125		25	0.03～0.85	N—A	1.6	G3/4	G3/4
R85LQ-200		25	0.07～1.4	N—A	2.5	G3/4	G3/4

②常用氩气减压器技术参数见表 4-4。

表 4-4 常用氩气减压器技术参数

型　号		YQAr-731L1＃	YQAr-731L＃
使用介质		氩气	
输入压力/MPa		15	
调节范围/MPa		0.15（调定）	
公称流量/（L/min）		25	
质量/kg		—	1
安装连接尺寸	输入/in	G5/8	
	输出/mm	M16×1.5	M12×1
配置压力规格/MPa	输入	0～25	
	输出	—	—

③常用 CO_2 减压器技术参数见表 4-5。

表 4-5 常用 CO_2 减压器技术参数

型　号		YQT-731LR＃	YQT-731L1＃	YQTs-711＃	YQT-731	YQT-341＃
使用介质		CO_2	CO_2	CO_2	—	CO_2
输入压力/MPa		15	15	15	—	15
调节范围/MPa		0.1～0.6	0.5（调定）	0.01～0.1	0.01～0.25	0.01～0.6
公称流量		25L/min	25L/min	$3m^3/h$	$5m^3/h$	$10m^3/h$
质量/kg		2	—	1	1.23	2
安装连接尺寸	输入/in	G5/8				
	输出/mm	M16×1.5				
配置压力规格/MPa	输入	0～25	0～25	0～25	0～16	0～25
	输出	—	—	0～0.025	0～0.6	0～1.6

2. 减压器的结构原理

减压器的外形如图 4-1、图 4-2 所示，其工作原理如图 4-3 所示。高压气体从气体入口进入后，减压活门封闭使气体无法通过；此时顺时针旋转手柄使调节螺钉向上压紧主弹簧，主弹簧将减压活门顶开，使气体流入低压室，此时低压表显示低压室的压力。当不用气时，低压室气压升高，弹性薄膜下移压缩主弹簧，减压活门封闭，高压气体不再进入，低压室保持压力不变。再次用气时，低压室压力下降，主弹簧再将减压活门顶开，高压气体流入低压室继续供握。

3. 减压器的选用

（1）进气压力　进气压力就是气瓶压力，一般看高压表的量程。在选用时高压表的量程一定要大于气瓶最高压力的1/4。

（2）出气压力　出气压力就是使用压力，一要看低压表的量程。低压表的量程要大于使用压力，但不能大太多，否则就调不准低压室的压力了。一般不超过使用压力的5倍。

（3）气体流量　根据焊接的需要，气体流量不能小于所需的流量。

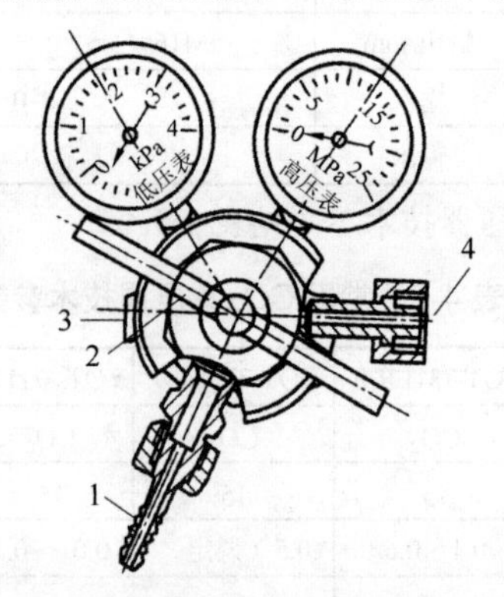

图 4-1　减压器的外形（一）

1. 接软管；2. 手柄；3. 安全阀；4. 接气瓶

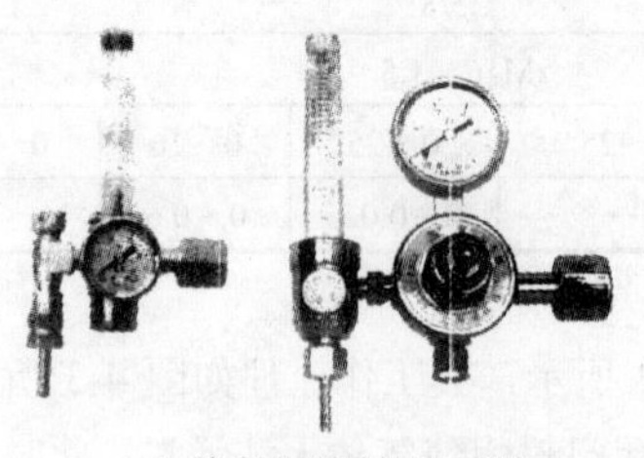

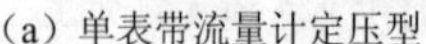

（a）单表带流量计定压型

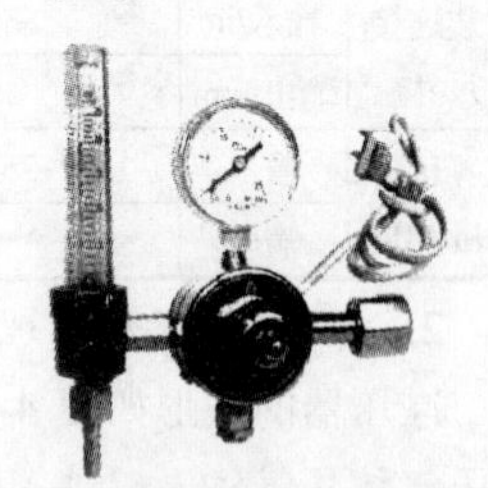

（b）单表带流量计和加热器型

图 4-2　减压器的外形（二）

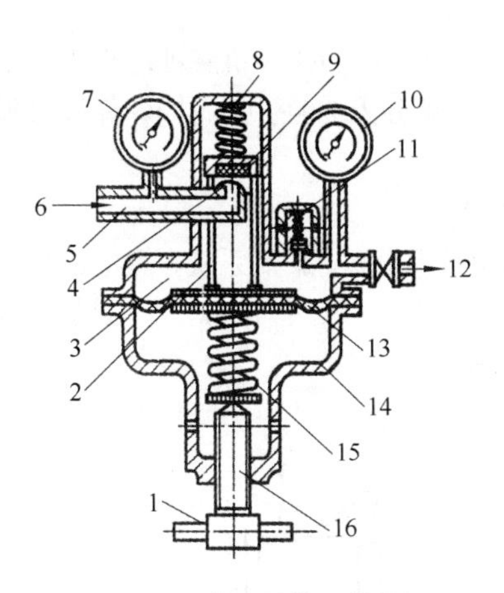

图 4-3 减压器的工作原理

1. 手柄；2. 传动杆；3. 低压室；4. 活门座；5. 高压室；6. 气体入口；7. 高压表；8. 副弹簧；9. 减压活门；10. 低压表；11. 安全阀；12. 气体出口；13. 弹性薄膜；14. 外壳；15. 主弹簧；16. 调节螺钉

（4）气体种类 一般来说，应按减压器上所标的使用气体来选用减压器，如氩气减压器用于氩气瓶；氮气减压器用于氮气瓶；氢气减压器用于氢气瓶，这是选择减压器的一般原则。但在特殊情况下也允许代用，如氧气减压器可代替氩气减压器用于氩气瓶，也可代替氮气减压器用于氮气瓶。但要注意燃气减压器不可随便代用，尤其不能与软管一起代用。

4.1.3 送气软管

送气软管内径为 30mm，长度一般为 30m。

4.2 钨极（非熔化极）惰性气体保护焊（TIG 焊）设备

4.2.1 钨极惰性气体保护焊设备的分类和组成

1. 分类

钨极惰性气体保护焊又称为 TIG 焊。按操作方式不同可分为手工 TIG 焊机和自动 TIG 焊机两种；按所用电源类型不同可分为直流 TIG

焊机、交流 TIG 焊机和脉冲 TIG 焊机三种，此外还有交直流两用 TIG 焊机；按引弧方式不同可分为接触引弧式 TIG 焊机和非接触引弧式 TIG 焊机两种。

2. 组成

TIG 焊机通常由弧焊电源、控制系统、焊枪、水冷系统和供气系统组成。自动 TIG 焊机还配有行走小车、焊丝送进机构等。图 4-4 所示为手工 TIG 焊机的配置。

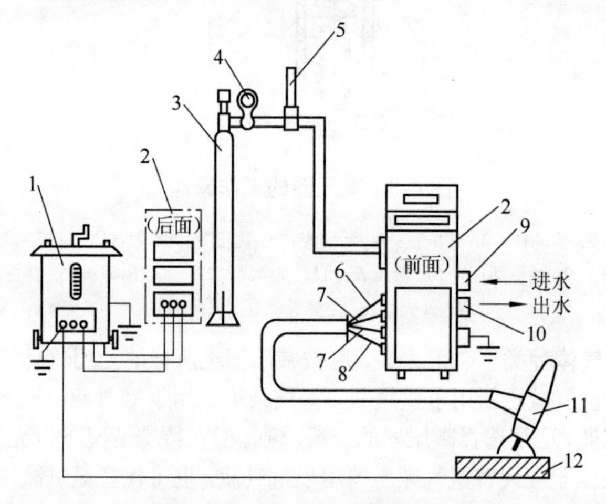

图 4-4 手工 TIG 焊机的配置

1. 电源；2. 控制箱；3. 氩气瓶；4. 减压阀；5. 流量计；6. 电缆；7. 控制线；8. 氩气管；9. 进水管；10. 出水管；11. 焊枪；12. 工件

交流 TIG 焊机所需的引弧和稳弧装置及隔直装置等，经常和控制系统设置在一个控制箱内，现在专用 TIG 焊机为了使设备结构紧凑已趋于和电源组合成一体。

自动 TIG 焊机比手工 TIG 焊机多了一个焊枪移动装置和一个送丝机构，通常将两者结合在一台可行走的焊接机头（小车）上。

专用自动 TIG 焊机机头是根据用途和产品结构而设计的，如管子-管板孔口环缝自动 TIG 焊机、管子对接内环缝或外环缝自动 TIG 焊机等。

（1）弧焊电源 TIG 焊机要求使用具有陡降外特性或垂直外特性

的弧焊电源，主要是为了得到稳定的焊接电流。TIG 焊机的电源有直流、交流和脉冲电源三种。直流电源有旋转式弧焊发电机、磁放大器式弧焊整流器、可控硅弧焊整流器、晶体管电源、逆变电源等几种。交流电源有正弦波交流电源和方波交流电源。

要根据不同的被焊材料，选择不同的电源类型和极性。电源类型和极性的选择见表 4-6。

表 4-6 电源类型和极性的选择

<table>
<tr><th>被焊材料</th><th>直流正接</th><th>直流反接</th><th>交流</th></tr>
<tr><td>铝及铝合金</td><td rowspan="3">最差</td><td rowspan="2">良好</td><td rowspan="3">最佳</td></tr>
<tr><td>铝青铜、铍青铜</td></tr>
<tr><td>铸铝</td><td rowspan="7">最差</td></tr>
<tr><td>黄铜、铜基合金</td><td rowspan="4">最佳</td><td>良好</td></tr>
<tr><td>无氧铜</td><td>最差</td></tr>
<tr><td>铸铁</td><td rowspan="3">最佳</td></tr>
<tr><td>异种金属</td></tr>
<tr><td>合金钢堆焊</td><td>良好</td></tr>
<tr><td>高碳钢、低合金钢、低碳钢</td><td>最佳</td><td>良好</td></tr>
<tr><td>镁及其合金、镁铸件</td><td>最差</td><td>良好</td><td>最佳</td></tr>
<tr><td>高合金、镍及其合金、不锈钢</td><td rowspan="3">最佳</td><td rowspan="3">最差</td><td rowspan="3">良好</td></tr>
<tr><td>钛及其合金</td></tr>
<tr><td>银</td></tr>
</table>

TIG 焊机所用电源的空载电压一般要比手工电弧焊电源的空载电压高，标准规定 TIG 焊机的空载电压见表 4-7。

表 4-7 TIG 焊机的空载电压

<table>
<tr><th colspan="2" rowspan="2">焊机及电流种类</th><th colspan="2">手　工</th><th colspan="2">自　动</th></tr>
<tr><th>交流（有效值）</th><th>直流（平均值）</th><th>交流（有效值）</th><th>直流（平均值）</th></tr>
<tr><td rowspan="2">空载电压
/V</td><td>最小</td><td>70</td><td>65</td><td>70</td><td>65</td></tr>
<tr><td>最大</td><td>90</td><td>80</td><td>100</td><td>100</td></tr>
</table>

（2）控制系统　手工钨极氩弧焊的控制系统一般包括引弧装置、稳弧装置、电磁气阀、电源开关、继电保护和指示仪表等部分。其动作由装在焊枪上的低压开关控制，即通过控制线路中的中间继电器、时间继电器和延时电路等对各系统工作程序实现控制。手工钨极氩弧焊控制程序如图 4-5 所示。

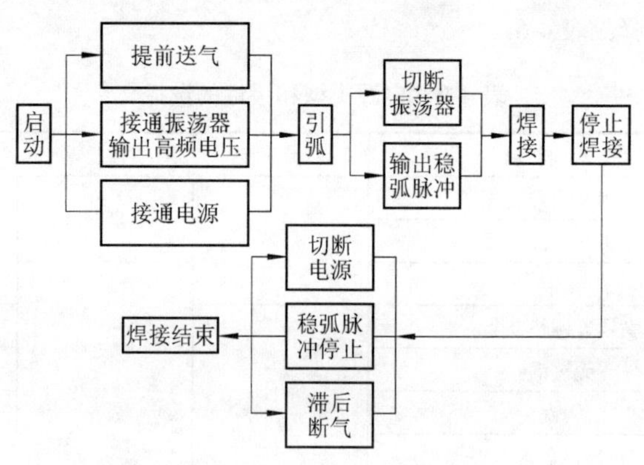

图 4-5　手工钨极氩弧焊控制程序

1）引弧装置。钨极氩弧焊的引弧方式有非接触引弧和接触引弧两种。

①非接触引弧。大电流钨极氩弧焊焊机一般不采用接触引弧，因为接触引弧时影响焊缝力学性能。大电流钨极氩弧焊焊机常用非接触引弧方式有高频振荡器引弧和高压脉冲引弧两种。高频振荡器是一种氩弧焊常用的引弧装置。由于氩气的电离势很高，氩气流又有冷却作用，加之电极、工件和气体都处于冷态，开始引弧比较困难，故必须配置高频振荡器。高频振荡器与电源的连接方式如图 4-6 所示。它在焊接时起到第一次引弧的作用，引弧后即自动切断。脉冲稳弧器是为克服交流电源电弧不稳而设置的。

②接触引弧。接触引弧是通过接触-回抽过程实现的。引弧时首先使钨极与工件接触，此时，短路电流被控制在较低的水平（通常小于 5A）；钨极回抽后，在很短的时间（几微秒）将电流切换为所需要的大电流，将电弧引燃。该方法仅适用于直流正接的直流氩弧焊机。其最大

的优点是避开了高频电及高压脉冲的干扰，可用于计算机控制的焊接设备或焊接机器人中。

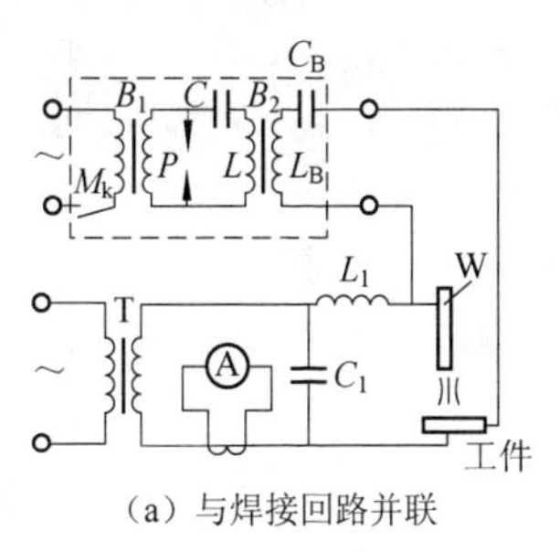

（a）与焊接回路并联

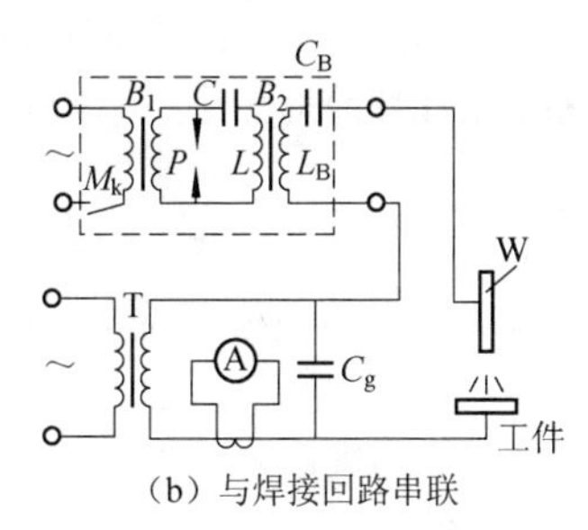

（b）与焊接回路串联

图 4-6 高频振荡器与电源的连接方式

2）脉冲引弧和稳弧装置。脉冲引弧是在钨极与工作之间加一高压脉冲电，使两极间气体介质电离而引弧。在交流 TIG 焊时，既可用高压脉冲来引弧，又可用它来稳弧。利用高压脉冲代替高频振荡引弧和稳弧，避免了高频电对人体的危害和对电子器件及无线电的干扰，但必须使所输送的高压脉冲与焊接电流严格同步，即焊接电流过零点的瞬间正好给送电弧，才能起到稳弧的作用。脉冲稳弧器工作线路如图 4-7 所示。

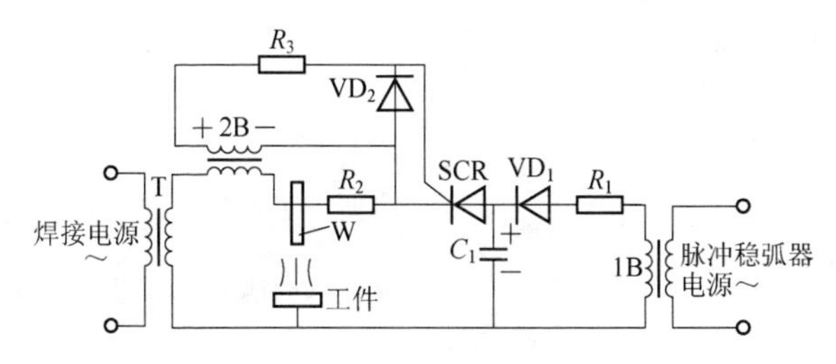

图 4-7 脉冲稳弧器工作线路

3）焊接电流衰减装置。焊接电流衰减装置的作用是当停止焊接时，使焊接电流逐渐减小，以填满弧坑，降低熔化金属在凝固时的冷却速度，避免焊缝结尾处出现弧坑裂纹等缺陷。这是现代焊机的一个重要功能。

（3）焊枪 焊枪又称为焊炬，是 TIG 焊机的关键组成部件之一。

1）焊枪的作用与要求。焊枪的作用是夹持钨级、传导焊接电流和输送并喷出惰性保护气体。为了保证获得高质量的焊缝金属，它应满足下列要求。

①喷出的惰性保护气体具有良好的流动状态和一定的挺度，通过控制系统能在焊前提前送气，焊后滞后断气，这样才能对焊接进行可靠的保护。

②有良好的导电性、气密性和水密性（用水冷时）。

③大容量的焊枪（或焊头）能通水冷却。充分冷却以保证能持久工作。

④喷嘴与钨极之间绝缘良好，以免喷嘴和工件接触发生短路，打弧。

⑤质量轻，结构紧凑，可达性好，装拆与维修方便。

2）焊枪的分类及型号编制方法。焊枪依据冷却方式不同可分为水冷和气冷两种。水冷焊枪用水对焊接电缆及喷嘴进行冷却，因此能够承受较大的电流。气冷焊枪结构简单、质量轻、便于操作，但允许通过的电流较小。一般来说，电流在 160A 以上的设备必须采用水冷焊枪。

另外，按照焊枪的外部形状及特征不同，TIG 焊枪又可分为笔式及手把式两种。

焊枪型号的编制方法：

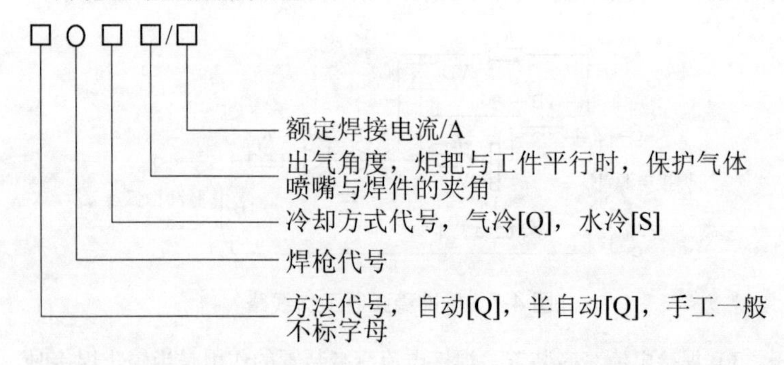

3）焊枪的组成。焊枪由炬体、钨极夹头、夹头套筒、绝缘帽、喷嘴、手柄、控制开关等组成。焊接电流为 10～500A。水冷式半自动钨级氩弧焊枪的组成如图 4-8 所示，QQ-85/150-1 型气冷式钨极氩弧焊枪的组成如图 4-9 所示。

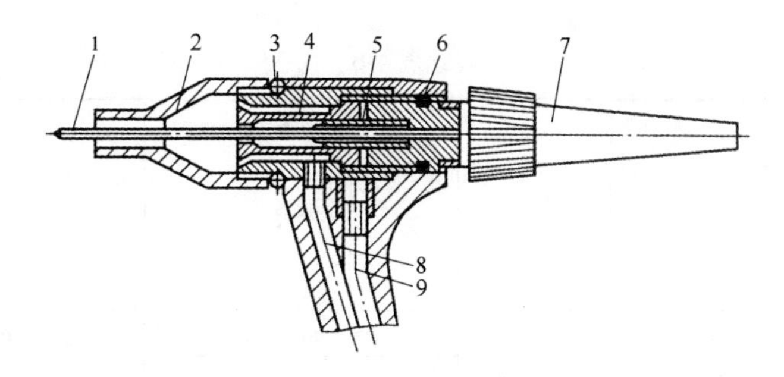

图 4-8 水冷式半自动钨极氩弧焊枪的组成

1. 钨极；2. 陶瓷喷嘴；3. 密封圈；4. 夹头套管；5. 电极夹头；6. 枪体塑压件；7. 绝缘帽；8. 进气管；9. 冷却水管

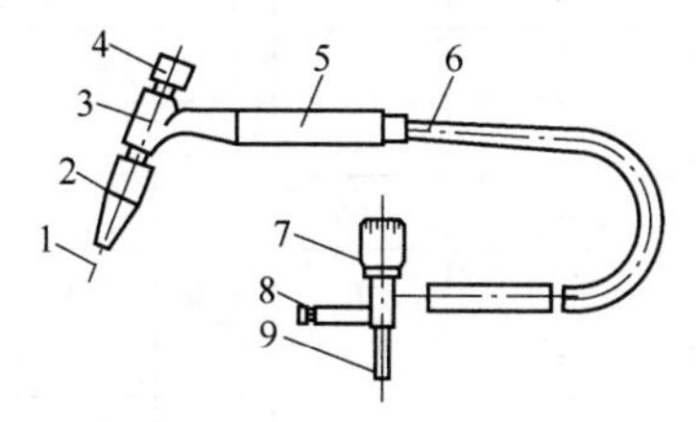

图 4-9 QQ-85/150-1 型气冷式钨极氩弧焊枪的组成

1. 钨极；2. 陶瓷喷嘴；3. 炬体；4. 短帽；5. 把手；6. 电缆；7. 开关手柄；8. 进气口；9. 通电接头

4）手工 TIG 焊枪的选用。典型国产手工 TIG 焊枪技术参数见表 4-8。

表 4-8 典型国产手工 TIG 焊枪技术参数

技术参数 / 型号	冷却方式	出气角度/（°）	额定电流（直流正接）/A	钨极尺寸/mm		开关类型	质量/kg
				长度	直径		
PQ-150	循环水冷却	65	150	110	1.6、2、3	推键	0.13
PQ-350		75	350	150	3、4、5	推键	0.3
PQ-500		75	500	180	4、5、6	推键	0.45
QS-0°/150		0（笔式）	150	90	1.6、2、2.5	按钮	0.14

续表 4-8

技术参数 型号	冷却方式	出气角度/（°）	额定电流（直流正接）/A	钨极尺寸/mm		开关类型	质量/kg
				长度	直径		
QS-85°/150	循环水冷却	85	150	110	1.6、2、3	微动开关	0.13
QS-65°/200		65	200	90	1.6、2、2.5	按钮	0.11
QS-85°/250		85	250	160	2、3、4	船形开关	0.26
QS-65°/300		65	300	160	3、4、5	按钮	0.26
QS-75°/350		75	350	150	3、4、5	推键	0.30
QS-75°/400		75	400	150	3、4、5	推键	0.40
QS-75°/500		75	500	180	4、5、6	推键	0.45
YT-30TSW1		—	300	—	—	—	—
YT-50TSW1		—	500	—	—	—	—
QQ-0°/10	气冷	0（笔式）	10	100	1.0、1.6	微动开关	0.08
QQ-65°/75		65	75	40	1.0、1.6	微动开关	0.09
QQ-0°～90°/75		0～90（可变）	75	70	1.2、1.6、2	按钮	0.15
QQ-85°/100		85（近直角）	100	160	1.6、2	船形开关	0.2
QQ-0°～90°/150		0～90（可变）	150	70	1.6、2、3	按钮	0.2
QQ-85°/150-1		85	150	110	1.6、2、3	按钮	0.15
QQ-85°/150		85	150	110	1.6、2、3	按钮	0.2
QQ-85°/200		85	200	150	1.6、2、3	船形开关	0.26
YT-128TVTA		—	120	—	1.0、1.6、2.0	—	0.9
YT-15TS1（C1）		—	150	—	1.0、1.6、2.0、2.4	—	1.2
YT-158TPVTA		—	150	—		—	1.2
YT-15TS1		—	150	—		—	—
YT-20TS1		—	200	—	1.6、2、3	—	—

选用手工 TIG 焊枪时应考虑工件材质、工件厚度、焊道层数、电流的种类及极性、钨极直径、坡口形式、焊接速度、接头的空间位置、经济性等因素。手工 TIG 焊枪的选用见表 4-9。

表 4-9 手工 TIG 焊枪的选用

序号	焊接材料和电流种类及极性	板厚/mm	焊丝直径/mm	焊接电流/A	坡口形式	喷嘴孔径/mm	氩气流量/（L/min）	钨极直径/mm	层数	焊接速度/（mm/min）	选用焊枪
1	铝或铝合金；交流、高压脉冲稳弧	0.6～1	0～0.6	50～70	卷边形	6.8	4～5.7	1～1.6	1	200～400	QQ 系列≤75A
2		2.0	1.6～2.0	60～110	卷边形	6.8	4.8～6	1.6～2.5	1	150～300	QQ 系列≤150A QS 系列≤150A
3		3.0	2～3	100～140	I 形	8.9	5～6	2～3	1	≤300	
4		4.0	3～4.5	140～180	I 形或 V 形（加衬垫）	9、10	6～8.4	3～4	1	≤280	QQ 系列≤200A QS 系列≤250A
5		5.0	4～5.5	170～220	I 形或 V 形（加衬垫）	9、12	8～10.5	3～4	1	≤260	QQ 系列≤200A QS 系列≤350A
6		6.0	4～5.5	200～270	I 形或 V 形	12、16	10.5～12	3～5	1～2	≤250	QQ 系列≤200A QS 系列≤350A
7		8.0	4～5.5	240～320	V 形或 U 形	12、16	11～12.7	3～5	2～3	≤170	QS 系列≤500A
8		12.0	>6	250～400	U 形	16、18	11.5～14.5	4～6	2～4	≤80	QS 系列≤500A
9	不锈钢；直流正接	0.6～1	0～1.6	30～70	卷边形	6.8	4	1～1.6	1	100～400	QQ 系列≤75A
10		2.0	1.6～2	60～120	卷边形或 I 形	6.8	4～5	1.6～2.5	1	150～300	QQ 系列≤150A QS 系列≤150A
11		3.0	2～3	110～150	I 形	8.9	5～6	2～3	1	≤300	QQ 系列≤150A QS 系列≤250A

续表 4-9

序号	焊接材料和电流种类及极性	板厚/mm	焊丝直径/mm	焊接电流/A	坡口形式	喷嘴孔径/mm	氩气流量/（L/min）	钨极直径/mm	层数	焊接速度/（mm/min）	选用焊枪
12	不锈钢；直流正接	4.0	2.5～4	130～180	I形或V形（加衬垫）	9	6～8	2.5～3	1	≤280	QQ系列≤200A QS系列≤250A
13		5.0	3～5	150～220	I形或V形（加衬垫）	9、12	8～9	3～4	1	≤250	QQ系列≤200A QS系列≤350A
14		6.0	3～5	180～250	I形或V形	12、16	9～10	3～5	1～2	≤250	QQ系列≤200A QS系列≤350A
15		8.0	4～6	220～300	V形或U形	12、16	9～11	3～5	2～3	≤220	QS系列≤350A
16		12.0	5～6	300～400	U形	16、18	11～14	4～6	2～4	≤150	QS系列≤500A
17	低碳钢、低合金钢；直流正接	0.8	1.6	100	卷边形	6、8	4～5	1.2～2.5	1	300～380	QQ系列≤150A QS系列≤150A
18		1～1.2	1.6	100～125	卷边形	6、8	4～5	1.6～2	1	300～450	QQ系列≤150A QS系列≤150A
19		1.5	1.6～2	100～140	卷边形或I形	8、9	5～6	2～3	1	300～450	QQ系列≤150A QS系列≤150A

续表 4-9

序号	焊接材料和电流种类及极性	板厚/mm	焊丝直径/mm	焊接电流/A	坡口形式	喷嘴孔径/mm	氩气流量/（L/min）	钨极直径/mm	层数	焊接速度/（mm/min）	选用焊枪
20		2～3	2～3	140～170	卷边形或I形	8、9	6～8	2.5～3	1	300～400	QQ 系列≤200A QS 系列≤250A
21		3～4	3～4	150～200	I 形或 V 形（加衬垫）	9、12	8～10	3～4	1～2	250～280	QQ 系列≤200A QS 系列≤250A
22	紫铜；直流正接	0.6～1	0～1.6	60～90	I 形	6、8	4～5	1～1.6	1	—	QQ 系列≤150A QS 系列≤150A
23		2.0	2～3	100～140	I 形	8、9	4～6	2～3	1	—	QQ 系列≤200A QS 系列≤250A
24		3.0	3～4.5	140～180	V 形	9、10	5～7	3～4	1	—	QQ 系列≤200A QS 系列≤250A
25		4.0	4～5	180～250	V 形带钝边	12、16	7～8.5	3～4	1	—	QQ 系列≤200A QS 系列≤350A
26		6.0	5.5～6.5	300～400	V 形带钝边	16、18	10～13.5	4～6	1～2	—	QS 系列≤500A

自动 TIG 焊用的水冷式焊枪往往是大电流连续工作，其内部结构和手工 TIG 焊焊枪一样。

5）喷嘴。喷嘴的形状和尺寸对气流的保护性能影响很大，为了取得良好的保护效果，通常使出口处获得较厚的层流层，在喷嘴下部为圆柱形通道，通道越长，保护效果越好；通道直径越大，保护范围越宽，但可达性变差，且影响视线。通常，圆柱通道内径 D_n、长度 l_0 和钨极直径 d_w 之间的关系如下

$$D_n=(2.5\sim3.5)\,d_w$$

$$l_0=(1.4\sim1.6)\,D_n+(7\sim9)$$

有时在气流通道中加设多层铜丝网或多孔隔板（称为气筛）以限制气体横向运动，有利于形成层流。喷嘴内表面应保持清洁，若喷孔沾有其他物质，将会干扰保护气柱或在气柱中产生紊流，影响保护效果。

有些金属（如钛等）在高温下对空气污染很敏感，焊接时应使用带拖罩的喷嘴。

喷嘴材料有陶瓷、纯铜和石英三种。高温陶瓷喷嘴既绝缘又耐热，应用广泛，但焊接电流一般不超过 300A；纯铜喷嘴使用电流可达 500A，需用绝缘套与导电部分隔离；石英喷嘴透明，焊接可见度好，但价格较高。

6）钨极。钨极是 TIG 焊焊枪中的易耗材料。钨的熔点为 3400℃，是熔点最高的金属，在高温时有强烈的电子发射能力，是目前最好的熔化电极材料。

当在钨中加入微量电子逸出功较小的稀土元素，如钍（Th）、铈（Ce）、锆（Zr）等，或它们的氧化物，如氧化钍（ThO_2）、氧化铈（CeO）等，则能显著地提高电子发射能力，既易于引弧和稳弧，又可提高其电流的承载能力（载流能力）。钨极的载流能力除了与它们的成分有关外，还和焊接时的极性有很大关系，而且受到焊枪类型、电极粗细、电极伸出长度、保护气体性质等的影响。钨极接负极（正极性）时，在不过热条件下，载流能力比电极接正极（负极性）时大得多（约 10 倍），而且也比交流 TIG 焊时载流能力大。钨电极的化学成分和载流能力分别见表 4-10 和表 4-11。由于电极的最大载流能力的影响因素很多，所以

只能给出一个近似电流范围。

表 4-10　钨电极的化学成分

牌号	名称	掺杂质	掺杂量（%）	其他杂质（%）	钨	电子逸出功/eV	色标
WC20	铈钨	CeO_2	1.8～2.2	<0.2	余量	2.7～2.8	灰
WT20	钍钨	ThO_2	1.7～2.2	<0.2		2.0～2.3	红
WL10	镧钨	La_2O_3	0.8～1.2	<0.2		2.8～3.2	黑
WL15	镧钨	La_2O_3	1.3～1.7	<0.2		2.8～3.0	金黄
WL20	镧钨	La_2O_3	1.8～2.2	<0.2		2.6～3.7	天蓝
WZ3	锆钨	ZrO_2	0.2～0.4	<0.2		2.5～3.0	棕
WZ8	锆钨	ZrO_2	0.7～0.9	<0.2		2.5～3.0	白

表 4-11　钨电极的载流能力

电极直径/mm	直流正接			直流反接	交流
	纯钨	钍钨	铈钨	纯钨	
1.0	20～60	15～80	20～80	—	—
1.6	40～100	70～150	50～160	10～30	20～100
2.0	60～150	100～200	100～200		
3.0	140～180	200～300	—	20～40	100～160
4.0	240～320	300～400	—	30～50	140～220
5.0	300～400	420～520	—	40～80	200～280
6.0	350～450	450～550	—	60～100	250～300

铈钨极与钍钨极相比有如下优点：铈钨极的弧束细长，热量集中，可提高电流密度 5%～8%，烧失率低，寿命长，采用直流电时，阴极电压降低 10%，易引弧；用直流小电流焊接金属箔时，其引弧电流可减少 50%，且电弧稳定。

（4）供气系统和氩气流量调节器（氩气表）

①供气系统。供气系统的作用是使钢瓶内的氩气按一定流量从焊枪的喷嘴送入焊接区，主要包括氩气瓶、减压器、气体流量计和电磁气阀等部分。钨极氩弧焊供气系统如图 4-10 所示。

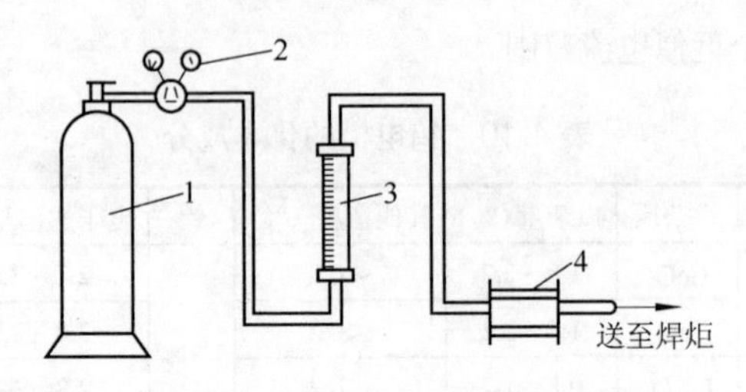

图 4-10　钨极氩弧焊供气系统

1. 氩气瓶；2. 减压器；3. 气体流量计；4. 电磁气阀

②氩气流量调节器（氩气表）。氩气流量调节器由进气压力表、减压过滤器、流量表、流量调节器等组成，起到降压、稳压作用，也可以方便地调节流量。如果没有专用的氩气流量调节器，可用氧气来降压和稳压，通过浮子流量计测定和调节流量，但使用前需标定浮子流量计的刻度。

（5）水冷系统　用水冷式焊枪时，需有供冷却水的系统。对于手工水冷式焊枪，通常将焊接电缆装入通水的软管中制成水冷电缆，这样可大大提高电流密度，减轻电缆质量，使焊枪更轻便。在水路中串接水压开关，保护冷却水接通并达到一定压力后才起动焊机。常用的 LF 型水压开关，其最高水压为 0.5MPa。动作的最小流量为 1L/min，水管直径为 6.35mm（1/4in）。

(6)送丝机构和焊接小车　自动 TIG 焊机需配备焊丝送进机构和携带焊枪移动的行走小车（或机头）。对于小车或自动 TIG 焊机，当焊接参数确定后，焊接过程的送丝速度和焊枪移动速度（焊接速度）是恒定的，所以其传动机构与等速送进埋弧自动焊机相似。

4.2.2　钨极氩弧焊机的分类

1. 直流 TIG 焊机

焊接电源能够提供直流电流的氩弧焊机称为直流 TIG 焊机。一般常采用正接方法焊接，即工件接电源正极，焊枪接负极。因正极的发热量远大于负极，所以正接时，钨极发热量较小，不易过热，可以在较大电流下焊接。同时，工件发热量大、熔深大、生产率高，而且由于钨极为负极，热电子发射能力强，电弧稳定而集中。

直流 TIG 焊机的原理如图 4-11 所示。电源由电网取得，经变压器降压后由整流器整流得到所需直流电压，经调整、滤波形成焊接所需的直流电流，焊接具有下降外特性。

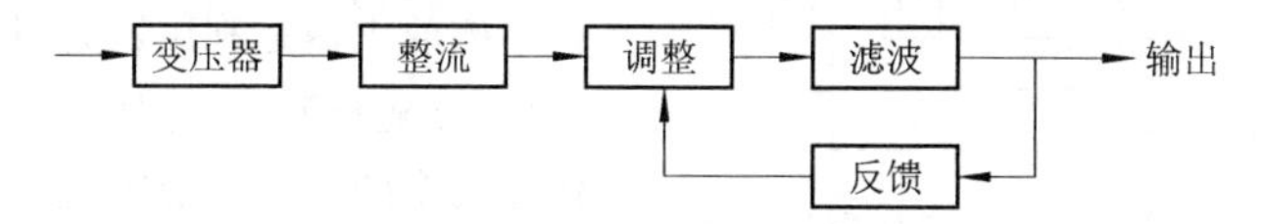

图 4-11 直流 TIG 焊机的原理

按照整流器件不同，直流 TIG 焊机可分为硅整流式、晶闸管式和晶体管式。

（1）硅整流式直流 TIG 焊机 硅整流式直流 TIG 焊机的整流器件是硅整流二极管，它的作用是将变压器降压后的交流低压转换成直流，而根据焊接电流调节和外特性获得方式不同又可分成以下几种类型。

①动铁心式硅整流 TIG 焊机。这种焊机焊接电流的调节和下降外特性的获得是由变压器来完成的，它有一个位置可调的动铁心插在变压器的一次绕组和二次绕组之间，动铁心提供了一个磁分路，以增强漏磁铁，动铁心式弧焊变压器结构原理如图 4-12 所示。图中动铁心 b 可与静铁心 a 做相对移动，通过调节漏磁达到调节焊接电流的目的。

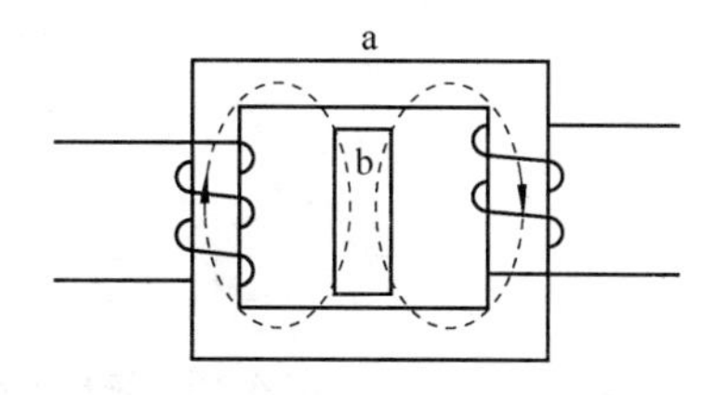

图 4-12 动铁心式弧焊变压器结构原理

另外，还有控制电路来完成焊接时提前送气、滞后断气、高频引弧等功能。

这种焊机的优点是结构简单、可靠性好、成本低、使用维修方便；不足之处是引弧收弧时没有电流缓升缓降功能，焊接电流不能太小。

②动圈式硅整流 TIG 焊机。它的基本原理与动铁心式完全相同，只是通过改变焊接变压器一、二次绕组的相对位置，改变漏抗，从而调节焊接电流和获得所需下降外特性，动圈式弧焊变压器结构原理如图 4-13 所示。

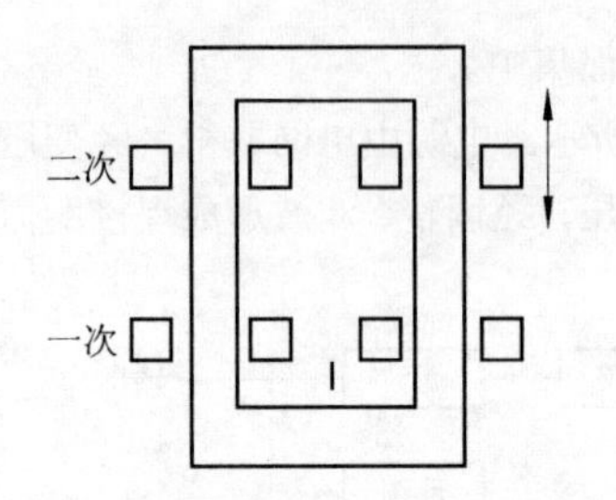

图 4-13 动圈式弧焊变压器结构原理

动圈式比动铁心式弧焊变压器焊接规范稳定，振动和噪声小，缺点是不经济。

③磁放大器式硅整流 TIG 焊机。磁放大器是利用铁磁材料的磁导率μ随直流磁场强度 H 的变化而改变的特性来放大直流信号的。磁放大器也称饱和电抗器，通过调节铁心的磁饱和程度改变其电感值大小，达到调节电流和获得所需下降特性的目的。

磁放大器式硅整流弧焊机的原理如图 4-14 所示。

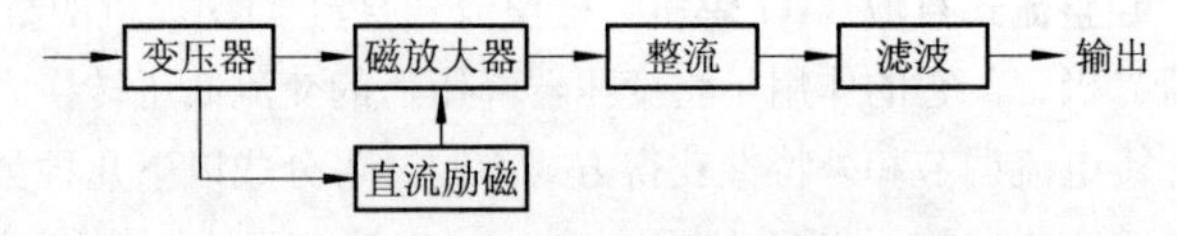

图 4-14 磁放大器式硅整流弧焊机的原理

磁放大器的工作原理如图 4-15 所示。

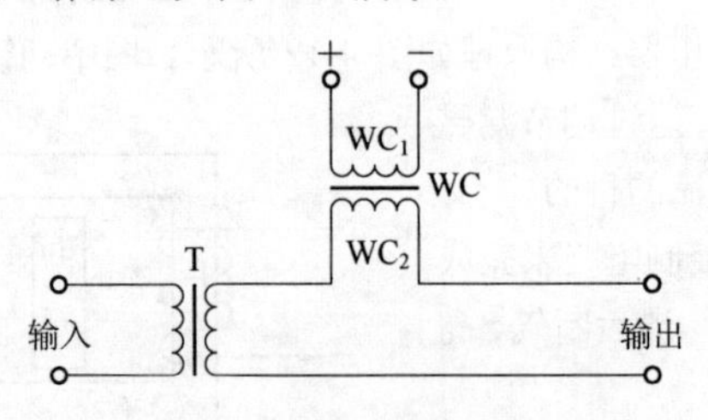

图 4-15 磁放大器的工作原理

图 4-15 中 T 为焊接变压器，而 WC 上分别绕有直流控制绕组 WC_1 和交流工作绕组 WC_2。WC_1 由直流电源供电，线圈中有较小的直流电流，用以控制交流绕组中的工作电流。也就是说，改变控制绕组中的直流电流大小使工作绕组呈现不同电抗值。实质上，磁放大器在放流电路中成为可变电抗器。这样就改变了输出端的交流电压，经整流后，达到了控制焊接电流的目的。

硅整流式直流 TIG 焊机除整流器部分外，还有一部分电子电路，这就是氩弧焊控制器。其功能是引燃电弧和完成焊接所需程序的控制，包括电磁气阀、水流继电器、高频发生器和辅助变压器等。该装置还可完成提前送气、滞后断气，实现焊枪水量不足或断水保护，产生高频火花等。

（2）晶闸管式直流 TIG 焊机 晶闸管式直流 TIG 焊机主回路用晶闸管整流，利用晶闸管的可控整流性能，使焊接电源外特性变化且焊接参数的调节比较容易。这是目前国内外应用比较广泛的一种方式。

晶闸管式直流氩弧焊机由主回路、晶闸管触发电路、外特性控制电路、程序控制电路和引弧电路组成。

1）主回路。主回路的作用是将输入的交流电能转变成符合焊接要求的直流电能。主回路包括主变压器、整流电路、滤波电感。主变压器将电网高压（380V 或 220V）变成低压（几十伏），整流电路将交流转变成直流，滤波电感可减小直流的脉动。各种方式的整流电路适用于不同情况，常用的整流电路有三相桥式全控整流电路和带平衡电抗器的双反星形可控整流电路。

2）晶闸管触发电路。触发电路的作用是使晶闸管导通，并稳定可靠地工作。对触发电路要求晶闸管阳极和阴极间应加正向脉冲信号；触发信号应有足够的功率；触发脉冲应有一定宽度，并能移相且有一定移相范围；触发脉冲在时间上应与晶闸管电源电压同步。

触发电路的类型有单结晶体管触发电路、晶体管触发电路和运算放大器式触发电路。每类触发电路由脉冲产生电路、同步电路、移相电路和脉冲输出电路组成。

另外，根据主回路的方式不同，可将触发电路设计成二套、三套和六套。

3）外特性控制电路。直流氩弧焊机需要陡降外特性，曲线形状是通过电流反馈来控制的，电流反馈闭环控制系统如图 4-16 所示。

输出电流采样由分流器或电流传感器（CT）来完成，然后将其放大与给定量进行比较，放大后去控制触发电路，使晶闸管导通角发生变化而获得所需外特性。

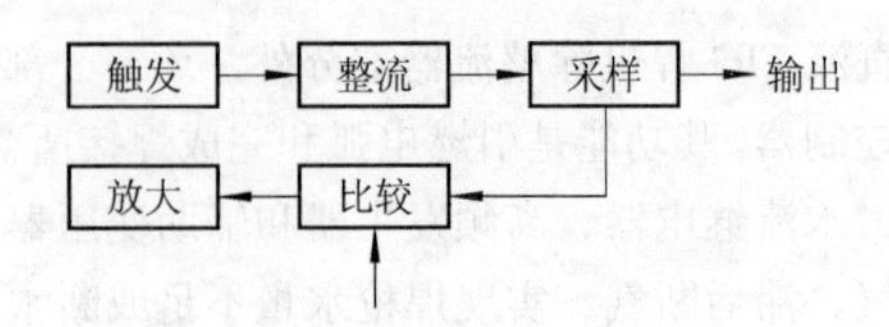

图 4-16 电流反馈闭环控制系统

一般情况下采样信号幅度较小，必须使放大环节有一定放大量才能得到所需信号。较大的放大量可有较陡的下降外特性，焊接电流稳定，但此时闭环系统稳定性较差，所以放大量应适中。

4）程序控制电路。程序控制电路是根据直流氩弧焊的工艺需要而设置的。例如，焊接时必须先给气后通电，然后有高频引弧，有时还要求焊接电流缓升；焊接结束时，先断电后断气，有时要求焊接电流缓降至 0。以上过程中各部分时间要求独立可调，在实际中该部分常由延时电路和继电器组成。

5）引弧电路。直流 TIG 焊机可有以下几种方法引燃电弧。

①短路引弧。依靠钨极和引弧板接触引弧。这种方法的缺点是引弧时钨极损耗大，端部易受损伤，所以不常使用。

②高频引弧。利用高频振荡器产生的高频、高压击穿钨极与工件之间的间隙而引燃电弧。一般情况下高频为 150Hz 左右，高压为 3kV 左右。

③脉冲引弧。利用脉冲发生器产生 10kV 左右，频率为 50～100Hz 的脉冲高压以击穿钨极与工件的间隙而引燃电弧。

（3）晶体管式直流 TIG 焊机 晶体管式直流 TIG 焊机的电路结构特点是：利用功率晶体管或场效应管与辅助电路的配合，来获得所需外特性及焊接电流调节。

1）模拟式晶体管直流 TIG 焊机。它的电路结构形式是在整流滤波之后，电路中串入功率晶体管或场效应管放大器。模拟式晶体管直流氩弧焊机工作原理如图 4-17 所示。

在此电路中，晶体管处于线性放大状态，流过晶体管的电流就是焊接电流，这一电流受晶体管基极信号的控制，而基极信号又由输出电流取样经比较放大后得到。所以通过上述闭环控制，可以得到所需的外特性曲线。

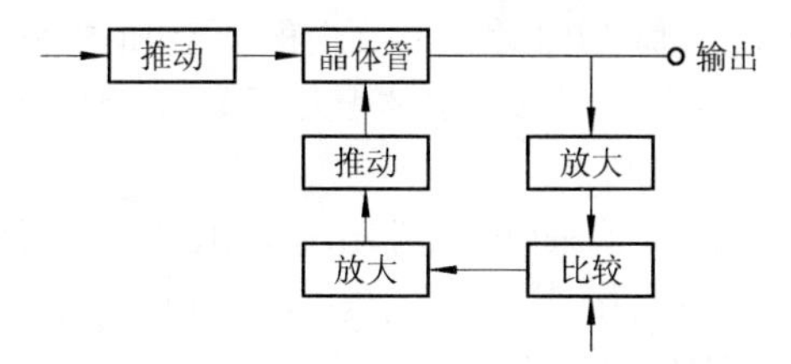

图 4-17 模拟式晶体管直流氩弧焊机工作原理

模拟式晶体管直流 TIG 焊机可看作具有电流负反馈的功率放大器，它可以在很宽的频率范围内获得所需电流波形。另外，由于晶体管响应速度快，因此焊机动特性好，但由于该功率放大器处于放大状态，因此功耗大，效率低。

2）开关式晶体管直流 TIG 焊机。鉴于上述模拟式电路耗损大的缺点，若使晶体管处于开关工作状态，既可得到所需电流波形，又大大降低了损耗，这就是开关式晶体管直流 TIG 焊机。该焊机电路有如下特点。

①主电路有两种形式：一是开关与负载串联；二是开关与负载并联。

②需驱动电路，以提供晶体管基极驱动信号，保证晶体管在饱和、截止状态之间迅速转换。

③驱动信号以脉冲方式输入，通过调整脉冲占空比来达到调节电压的目的。占空比的调节可以通过改变脉冲宽度、频率来实现。

2. 逆变式直流 TIG 焊机

在电路中将直流电转换成交流电的过程称为逆变。用以实现这种转换的电路称为逆变电路，采用逆变技术做成的焊机则为逆变焊机。逆变式直流 TIG 焊机工作原理如图 4-18 所示。

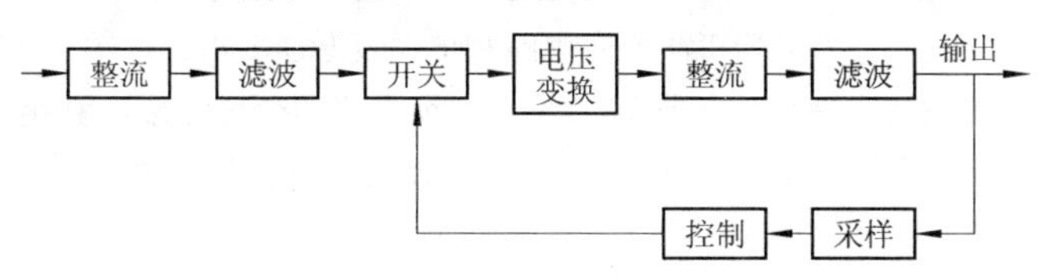

图 4-18 逆变式直流 TIG 焊机工作原理

（1）逆变焊接电源的优点

①高效节能、体积小、质量轻。逆变技术的根本是工作频率的提高，一般为 20kHz 左右。而变压器铁心截面面积与绕组的乘积与工作频率成反比，所以逆变焊接电源主变压器体积大大减小，质量降低。这样，其铜损和铁损也随之减小。

同时，由于逆变电源采用开关控制，因此比模拟控制功率损耗小得多。另外，它由电网直接整流得到高压，在同样输出功率的条件下，控制功耗小，逆变器转换时励磁电流很小。

除此之外，电路工作在中频范围内，使电路中滤波电感减小，因此，可提高逆变电源的效率至 80%～90%。功率因数高，降低了电能消耗。

②特性便于控制。由于工作频率高，所以逆变电源有良好的动态响应，可以进行高速控制，达到良好的焊接工艺性能。同时，可以根据不同弧焊方法的需要，设计出不同的外特性。

③调节速度快。所有焊接参数均可无级调节，可实现计算机或单旋钮控制。

（2）逆变焊接电源的分类 逆变焊接电源根据采用功率开关器件的种类不同，可分为晶闸管逆变电源、晶体管逆变电源、场效应管逆变电源和绝缘栅双极型晶体管（IGBT）逆变电源四种方式。

晶闸管逆变电源受限于器件本身的工作频率；场效应管逆变电源由于多管并联带来诸多技术问题，目前已不常采用；晶体管逆变电源用于中小电流焊接电源；由于 IGBT 器件的发展及所体现出的优越性，IGBT 逆变电源已成为当前逆变焊接电源的主要种类，具有饱和压降低、输出容量大、驱动功率小，适合作为大功率逆变电源等优点。

（3）逆变电源主回路的基本形式

①单端式。按中频变压器二次侧整流二极管连接方式的不同，单端逆变电源又可分为单端正激逆变电路和单端反激逆变电路。图 4-19 所示为单端正激逆变电路的典型形式。这种电路的变压器磁心利用率较低，但逆变器易实现，工作可靠，工作频率高，适合作为中小功率的焊接电源。

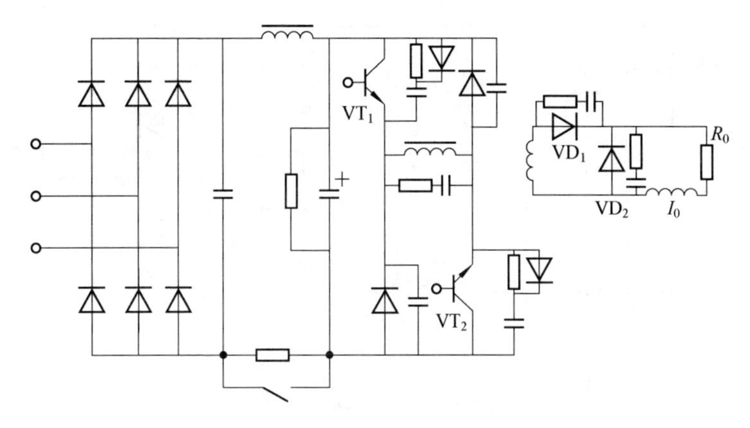

图 4-19 单端正激逆变电路

②推挽式。推挽式逆变电路如图 4-20 所示。该电路采用两只功率开关管，能获得较大的功率输出，且两组输入驱动电路不需绝缘，从而简化了驱动电路和过电流保护措施。但因开关功率管必须承受较高耐压，对器件要求较高，故采用不多。

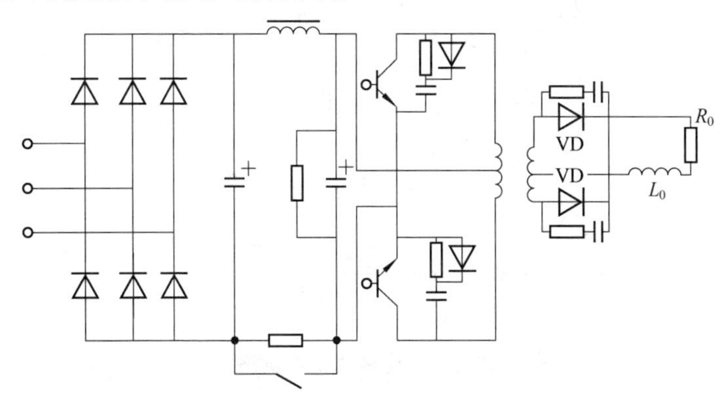

图 4-20 推挽式逆变电路

③半桥式。半桥式逆变电路如图 4-21 所示，该电路特点是功率开关器件承受电压不高，所需驱动功率较小，具有抗不平衡能力，在中功率焊接电源得到广泛应用。

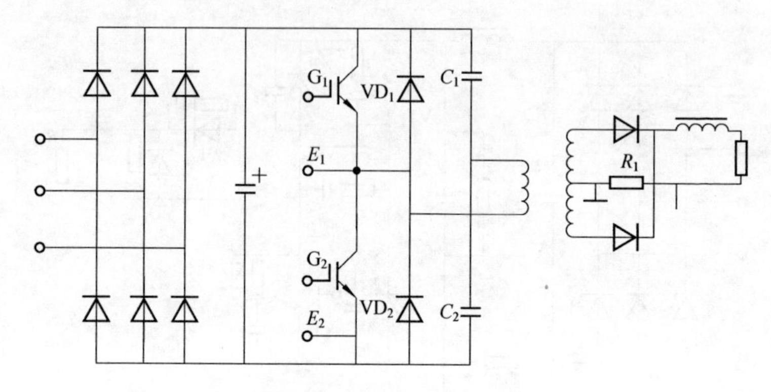

图 4-21 半桥式逆变电路

④全桥式。全桥式逆变电路如图 4-22 所示。该电路的使用的功率开关器件及辅助元件较多，电路复杂，四组驱动电路需绝缘。但对功率开关器件耐压要求低，可获得大功率输出。

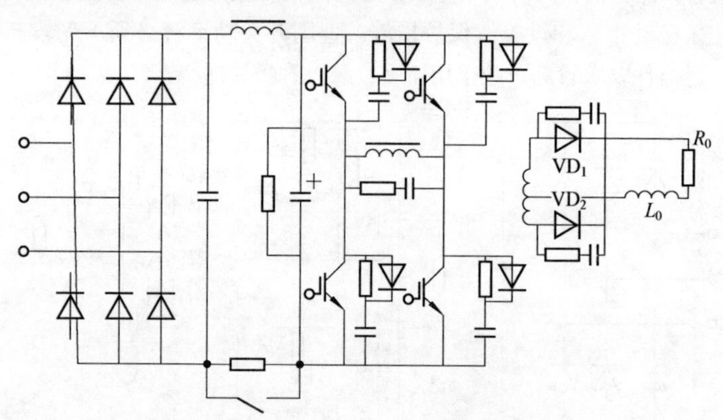

图 4-22 全桥式逆变电路

3. 交流 TIG 焊机

（1）普通交流 TIG 焊机 普通交流 TIG 焊机可分动铁心式和动线圈式两种，分别用可动铁心和可动线圈来调节焊接电流，另有隔直流电路、引弧装置、稳弧电路、程序控制电路等。但这两种焊机均不能实现焊接电流的缓升和缓降。

（2）方波交流 TIG 焊机　形成交流方波的方式有磁放大器式、二极管整流式、晶闸管整流式和逆变式。

①磁放大器式方波钨极交流氩弧焊机工作原理如图 4-23 所示，其中 T 为主变压器，L_1 为交流绕组，L_3 为控制绕组。通过改变 L_3 中的直流电流，可以得到所需陡降外特性和调节焊接电流。另外，使 L 处于磁饱和状态，便可得到近似方波的焊接电流。

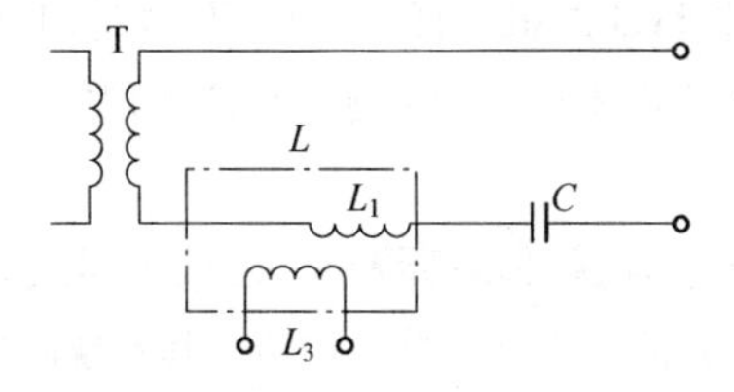

图 4-23　磁放大器式方波钨极交流氩弧焊机工作原理

②二极管整流式方波钨极交流氩弧焊机工作原理如图 4-24 所示，其中 T 为主变压器，L_1 为电抗器，L_2 为储能电感。L_1 控制决定了外特性和调节焊接电流，流过电感 L_2 的电流为直流。

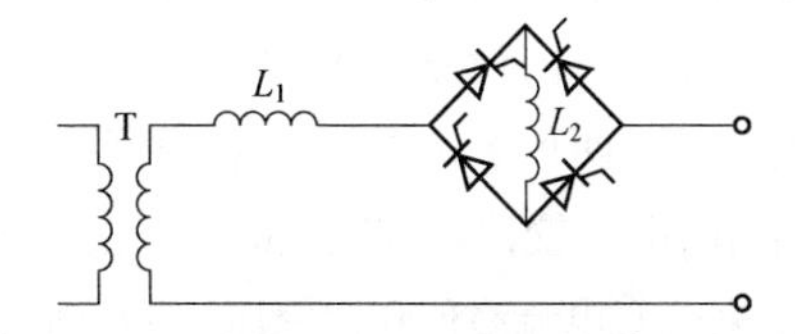

图 4-24　二极管整流式方波钨极交流氩弧焊机工作原理

该电路可输出接近于矩形波的电流，无法实现电流的缓升缓降，由于电弧稳定性不十分理想，仍需另设置稳弧电路。

③晶闸管整流式方波钨极交流氩弧焊机工作原理如图 4-25 所示，其电路形式与二极管整流类似，只不过是用晶闸管取代二极管，基本原理则相同。该电路陡降外特性的获得是通过控制晶闸管导通来实现的，能产生较好的方波交流电流。

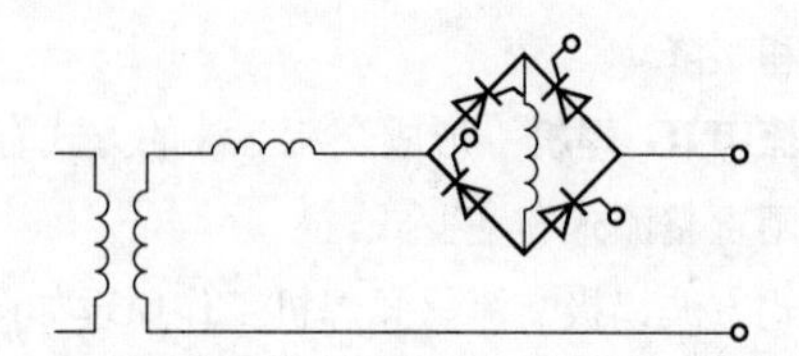

图 4-25　晶闸管整流式方波钨极交流氩弧焊机工作原理

4. 脉冲 TIG 焊机

（1）直流脉冲 TIG 焊机　直流脉冲 TIG 焊机的种类较多，但它们都是在直流氩弧焊机的基础上加以脉冲控制实现的。在此介绍实现脉冲控制的方法。

①磁放大器式直流脉冲氩弧焊机。磁放大器式焊接电源动特性较差，时间常数大，只能产生低频脉冲电流。其实现脉冲控制的方法是在磁放大器的控制绕组中加入低频脉冲信号，便可在主电路中获得脉冲电流。低频脉冲信号的产生有多种方式，最常用的是晶体管脉冲发生器和晶闸管脉冲发生器。

②晶闸管式直流脉冲氩弧焊机。晶闸管控制性能好，可较灵活地改变脉冲频率、占空比、峰值和底值电流；还可获得较小的时间常数，以提高脉冲频率。目前主要有两种形式脉冲电源，一种是交流相控制，另一种是直流斩波形。以上两种形式各有特点，主要区别是晶闸管在脉冲电源主回路中的作用不同。交流相控制型晶闸管接在交流回路中，通过控制晶闸管导通角来改变电流峰值和占空比；直流斩波形晶闸管作为开关接在电源和负载之间。

③晶体管式直流脉冲氩弧焊机。用晶体管作为控制元件其优点十分突出，它比晶闸管有更快的反应速度，脉冲频率大大提高，使得脉冲频率范围很宽，控制也更精准。晶体管电源可分为开关式和模拟式两种，两种方式都需要脉冲发生器，同时在电路中加入各种控制功能，即可完成脉冲宽度、峰值电流、脉冲频率等参数的调节。

（2）交流钨极脉冲氩弧焊机　在交流钨极脉冲氩弧焊机中，交流脉冲波形是通过接在交流回路中的交流断续器来控制的，交流断续器实际上就是一个交流开关，目前最常用的是由两只晶闸管反并联所构成。通过控制电路控制晶闸管的导通及过零自然关断，起到了交流开关的作用。

因此，交流钨极脉冲氩弧焊机的电路由两大部分组成，一是带有交流开关的主电路，二是交流开关的控制电路。控制电路中设置了脉冲频率、占空比、脉冲幅度等调节功能。

4.2.3 钨极氩弧焊机的特点和技术参数

1. 直流手工钨极氩弧焊机

（1）直流手工钨极氩弧焊机特点 直流手工钨极氩弧焊机焊接时有直流反接和直流正接两种接法。

①采用直流正接时，工件接正极，钨棒接负极，由于钨极（通常为铈钨极或钍钨极）的电子逸出功较小，电子发射能力强，而且耐高温，因此，较小直径的钨棒就可承载较大的电流。与直流反接相比，在同样的焊接电流下，直流正接可采用较小直径的钨棒，这样就使电流密度增大，从而提高了电弧稳定性，并在工件上形成窄而深的熔池。实际产生中，这种接法广泛用于除铝、镁及其合金以外的其他金属的焊接。

②采用直流反接时，工件接负极，电子从工件的熔池表面发射，经过电弧加速撞向电极，使钨极易因过热而烧损，因此，钨极的载流能力较小，电弧也不够稳定。但直流反接时，电弧具有“阴极清理作用”，能去除工件表面的氧化膜。实际生产中，这种接法仅用于焊接铝、镁及其合金的薄板。

（2）典型国产钨极氩弧焊机技术参数 以前较常用的直流手工钨极氩弧焊机一般配用晶闸整流电源、独立的控制箱、焊机等，国产直流手工钨极氩弧焊机技术参数见表 4-12。近年来，还开发了新型绝缘栅双极型晶体管（IGBT）逆变式钨极氩弧焊机，这种焊机的特点是体积小、质量轻，且电源与控制箱一体化，国产 IGBT 逆变式直流手工钨极氩弧焊机技术参数如表 4-13。

表 4-12 国产直流手工钨极氩弧焊机技术参数

技术参数 \ 型号		NSA-300	NSA1-300-2	NSA4-300	WS-250	WS-300	WS-400	YE-150TMVTA
弧焊电源输入电压/V		—	380	380	380	380	380	220（单相）
控制箱输入电压/V		220	380	110	—	220	—	—
空载电压/V		80	70	72	—	80	—	57～62
工作电压/V		12～20	12～20	25～30	11～22	11～23	20	12～17
焊接电流调节范围/A		30～300	30～300	20～300	25～250	30～340	60～450	8～150
额定焊接电流/A		—	300	300	250	300	400	150
额定负载持续率（%）		60	60	60	60	60	60	20
焊弧电源额定容量/（kV·A）		—	15.55	23	18	22.6	30	11.4
钨极直径/mm		2～6	1～6	1～5	—	2～6	1～7	1～2.4
引弧方式		高频引弧						
氩气流量/（L/min）		25	25	15		25	25	—
冷却水流量/（L/min）		1	1	>1	>1	>1	>1	—
质量/kg	电源	—	220	200	260	270	350	62
	控制箱	—	—	8	—	—	—	
外形尺寸/（mm×mm×mm）	电源	—	600×440×940	410×600×790	690×500×1140	690×500×1140	740×540×1180	460×300×520
	控制箱	—	450×440×244	260×240×135	—	—	—	

续表 4-12

型号 技术参数	NSA-300	NSA1-300-2	NSA4-300	WS-250	WS-300	WS-400	YE-150TMVTA
适用范围	用于焊接厚度为1～10mm的不锈钢、高合金钢及铜等		用于焊接不锈钢构件	用于焊接不锈钢、铜、银、钛及其合金			用于焊接厚度为0.5～3mm的不锈钢、厚度为0.5～1.5mm的黄铜等
备注	—	配用ZXG-300N型电源	配用ZXG7-300-1型电源	—	—	—	一体化晶闸管焊机

表 4-13 国产IGBT逆变式直流手工钨极氩弧焊机技术参数

型号 技术参数	WS-160	WS9-160S/T	YC-200BL1HDE	WS200	WS-315/315B	WS9-315S/T	WS-400/400B	WS-630D
弧焊电源输入电压/V	220	380	220	220	380	380	380	380
相数	1	3	1	1	3	3	3	3
频率/Hz	50/60	—	—	—	50/60	—	—	50/60
空载电压/V	—	—	—	—	67±5	—	67±5	—
额定容量/(kV·A)	5	—	7.5	6.6	12.5	—	18.4	34

续表 4-13

<table>
<tr><th>技术参数 \ 型号</th><th>WS-160</th><th>WS9-160S/T</th><th>YC-200BL1HDE</th><th>WS200</th><th colspan="3">WS-315/315B</th><th>WS9-315S/T</th><th colspan="2">WS-400/400B</th><th>WS-630D</th></tr>
<tr><td>工作电压/V</td><td>—</td><td>12～18</td><td>10～18</td><td>—</td><td colspan="3">12～20</td><td>12～18</td><td colspan="2">—</td><td>—</td></tr>
<tr><td>焊接电流调节范围/A</td><td>3～160</td><td>2～165</td><td>5～200</td><td>3～200</td><td colspan="3">20～315</td><td>2～320</td><td colspan="2">25～400</td><td>20～630</td></tr>
<tr><td>额定焊接电流/A</td><td>160</td><td>165</td><td>200</td><td>200</td><td>315</td><td>273</td><td>244</td><td>—</td><td>400</td><td>310</td><td>630</td></tr>
<tr><td>额定负载持续率（%）</td><td>60</td><td>60</td><td>20</td><td>35</td><td>60</td><td>80</td><td>100</td><td>—</td><td>60</td><td>100</td><td>60</td></tr>
<tr><td>钨极直径/mm</td><td>—</td><td>1～3</td><td>1～3.2</td><td>—</td><td colspan="3">1～6</td><td>1～6</td><td colspan="2">—</td><td>—</td></tr>
<tr><td>氩气流量/（L/min）</td><td>—</td><td>—</td><td>1～25</td><td>—</td><td colspan="3">—</td><td>—</td><td colspan="2">—</td><td>—</td></tr>
<tr><td>保护气预通时间/s</td><td>—</td><td>—</td><td>0.2</td><td>—</td><td colspan="3">—</td><td>—</td><td colspan="2">—</td><td>0.3</td></tr>
<tr><td>保护气滞后时间/s</td><td>0～15</td><td>—</td><td>5</td><td>0～15</td><td colspan="3">—</td><td>—</td><td colspan="2">—</td><td>0～30</td></tr>
<tr><td>质量/kg</td><td>13.5</td><td>—</td><td>10</td><td>14</td><td colspan="3">44～48</td><td>—</td><td colspan="2">48～52</td><td>60</td></tr>
<tr><td>外形尺寸/（mm×mm×mm）</td><td>420×170×283</td><td>—</td><td>150×345×235</td><td>420×170×283</td><td colspan="3">700×340×610</td><td>—</td><td colspan="2">700×340×610</td><td>340×550×630</td></tr>
<tr><td>引弧方式</td><td colspan="11">高频引弧</td></tr>
<tr><td>适用范围</td><td>用于焊接不锈钢、高合金钢及铜等</td><td>用于焊接不锈钢、耐热合金、钛合金等</td><td>用于焊接不锈钢、耐热合金钢薄板</td><td>适于不锈钢、钛及铜薄板的精密焊接</td><td colspan="7">用于焊接不锈钢、耐热合金钢、钛合金及铜合金</td></tr>
</table>

2. 交流钨极氩弧焊机

（1）交流钨极氩弧焊机的特点 交流钨极氩弧焊机采用具有陡降特性的交流电源。交流钨极氩弧焊机分为正弦波交流和方波交流两种。利用交流钨极氩弧焊机焊接时，焊接电弧的极性发生周期性变化，因此，其工艺上兼有直流正接和直流反接的特点。交流钨极氩弧焊机广泛用于铝、镁及其合金的焊接，在交流负半波（工件为负极）时，氩弧对工件产生阴极雾化作用；在交流正半波时，电弧的热量主要集中于工件上，不但使钨极得以冷却，还使焊缝得到足够的熔深。但交流钨极氩弧焊存在电弧不稳定及直流分量等问题，因此在焊接设备上应采取专门的措施予以解决。

（2）国产钨极氩弧焊机技术参数

1）国产常用交流（正弦波）手工钨极氩弧焊机技术参数见表4-14。

表4-14 国产常用交流（正弦波）手工钨极氩弧焊机技术参数

型号	WSJ-150	WSJ-300	WSJ-400-1	WSJ-500	NSA-300-1	NSA-400	NSA-500-1
弧焊电源输入电压/V	220/380	380	380	220/380	380	220/380	380
相数	1/3	3	3	1/3	3	1/3	3
频率/Hz	50						
空载电压/V	80	—	72	—	—	88	88
工作电压/V	—	22	26	30	20	20	20
焊接电流调节范围/A	30～150	50～300	50～400	50～500	50～300	60～500	50～500
额定焊接电流/A	150	300	400	500	300	500	500
额定负载持续率（%）	35	60	60	60	60	60	60
钨极直径/mm	0.5～2.4	1～6	1～7	—	—	1～7	2～7
氩气流量/（L/min）	—	20	25	25	20	25	25

续表 4-14

型号		WSJ-150	WSJ-300	WSJ-400-1	WSJ-500	NSA-300-1	NSA-400	NSA-500-1
冷却水流量/（L/min）			1					
弧焊电源额定容量/（kV·A）		8	—	—	—	—	35.6	—
引弧方式		—	—	—	—	高压脉冲引弧		
稳弧方式		—	—	—	—	高压脉冲		
质量/kg	电源	—	166	—	—	166	225	292（总质量）
	控制箱	—	57	—	—	57	80	
外形尺寸/（mm×mm×mm）	电源	—	600×350×670	—	730×540×900	600×350×670	730×540×900	890×550×555
	控制箱	—	635×350×500	550×400×1000	550×400×1000	620×345×520	550×400×1000	569×444×972
焊枪		—	PQ1-350，PQ1-150	PQ1-350，PQ1-150	—	—	—	PQ1-350，PQ1-550
适用范围		用于铝、镁及其合金的焊接						

2）国产常用交流（方波）手工钨极氩弧焊机技术参数见表 4-15。

表 4-15　国产常用交流（方波）手工钨极氩弧焊机技术参数

技术参数 \ 型号	WSE120	WSE160	WSE200	WSE250	WSE315
输入电压/V	220	220	380	380	380
相数	1	1	3	3	3
频率/Hz	50/60				
额定输入容量/（kV·A）	3.9	5.8	7.0	9.5	13
电流调节范围/A	10～120	10～160	10～200	10～250	10～315
额定焊接电流/A	120	160	200	250	315
工作电压/V	14.8	16.4	18	20	22.6

续表 4-15

技术参数 \ 型号	WSE120	WSE160	WSE200	WSE250	WSE315
额定负载持续率（%）	40	60	60	100（水冷） 40（风冷）	60（水冷） 20（风冷
交流方波频率范围/Hz	10～200				
极性比调节范围（%）	5～95				
脉冲基值电流范围/A	10～72	10～96	10～120	10～150	10～190
脉冲峰值电流范围/A	10～120	10～160	10～200	10～250	10～315
脉冲间歇时间/s	0.0025～1				
脉冲维持时间/s	0.0025～1				
电流上升时间/s	0～5				
电流衰减时间/s	0～10	0～15	0～15	0～15	0～15
保护气预通时间/s	0～2				
保护气滞后时间/s	0～15	0～30	0～30	0～30	0～30
外壳防护等级	IP21				
外形尺寸/（mm×mm×mm）	420×170×283	500×200×350	500×200×380	500×200×380	500×200×380
质量/kg	16	28	36	38	40

除了直流钨极氩弧焊机和交流钨极氩弧焊机以外，国内外均生产了大量的交直流两用设备，以提高设备的利用率。国产常用交直流两用手工钨极氩弧焊机技术参数见表 4-16。

3）交流方波、直流两用手工钨极氩弧焊机主要特性如下。

①交流方波自稳弧性能好，并且电弧弹性好、穿透力强。交流焊时，一旦高频引弧后，焊接电弧稳定，不需要高频稳弧。交流方波正负半周宽度（SP%值）可调，可以获得铝及铝合金的最佳焊接参数。

②控制电路设有固定电流上升时间和可调的电流衰减自动装置。可对电网电压波动自动补偿，以确保焊接质量。

③功能强，可一机四用，即交流方波氩弧焊、直流氩弧焊、交流方波焊条电弧焊、直流焊条电弧焊。

表 4-16　国产常用交直流两用手工钨极氩弧焊机技术参数

型　号		WSE-150	WSE-250	WSE-400	NSA2-300-1	NSA-300-1	WSE5-500	WSE-160/125
弧焊电源输入电压/V		380						
空载电压/V		82	75（直流） 85（交流）	70	80	80	80	100（直流） 80（交流）
工作电压/V		16	11～20（直流） 11.6～20（交流）	12～28	12～20	20	—	25（直流） 26.4（交流）
焊接电流调节范围/A		15～180	25～250（直流） 40～250（交流）	50～450	35～300	50～300	40～500	12～140（直流） 15～180（交流）
额定焊接电流/A		150	250	400	300	300	500	125（直流） 160（交流）
额定负载持续率（%）		35	60	60	60	60	35	35
钨极直径/mm		0.8～3	1.6～4	1～8	1～6	1～5	—	1～4
氩气流量/（L/min）		—	—	30	25	20	—	—
冷却水流量/（L/min）		—	—	20	1	1	—	—
焊弧电源额定容量/（kV·A）		—	22	—	21	—	40	—
质量/kg	电源	150	230	250	220	—	—	100（总质量）
	控制箱	42	—	—	—	57	—	
外形尺寸/（mm×mm×mm）	电源	654×466×722	810×620×1020	560×500×1000	1095×665×1255	—	—	—
	控制箱	580×422×430			550×440×1000	620×345×520		560×480×670
适用范围		焊接 0.5～3mm厚的不锈钢	焊接1～6mm厚的铝及其合金及1～12mm厚的不锈钢	焊接铝及其合金、不锈钢、高合金钢、紫铜等			焊接铝、镁及其合金、不锈钢	焊接铝、铝镁及其合金、不锈钢

4）交流方波、直流钨极氩弧焊机技术参数见表4-17。

表4-17 交流方波、直流钨极氩弧焊机技术参数

技术参数＼型号	WSE5-160	WSE5-315	WSE5-500
输入电压/频率	单相，380V/50Hz		
额定输入容量/（kV•A）	12.8	25	40
额定焊接电流/A	160	315	500
空载电压/V	80		
电流调节范围/A	16～160	30～315	50～500
额定负载持续率（%）	60	35	60
SP调节范围（%）	35～70	35～70	—
绝缘等级	B级		
电流上升时间/s	固定1～2		
电流衰减时间/s	可调0.5～8		
适用范围	最适宜焊接铝及铝合金、镁及镁合金、钛及钛合金、铜及铜合金、各种不锈钢及高、低合金钢等金属		

3. 自动钨极氩弧焊机

（1）自动钨极氩弧焊的特点 与手工钨极氩弧焊相比，自动钨极氩弧焊机具有下列特点。

①送丝和电弧的移动均通过机械方式自动进行，焊接过程稳定，劳动条件好，对工人的技术要求较低。

②焊接设备较复杂，设备价格较高。

③自动焊只能焊一些形状简单的焊缝或接头，如直缝、环缝、管子对接接头、管子相贯线、管板接头等。自动钨极氩弧焊机按用途分类，可分为通用自动焊机和专用自动焊机两大类。

（2）通用自动钨极氩弧焊机 通用自动钨极氩弧焊机有悬臂式、焊车式、机床式等几种。

1）悬臂式自动钨极氩弧焊机。悬臂式自动钨极氩弧焊机由悬挂式机头、焊丝盘、立柱、横梁、控制箱、电源及气路、水路等组成，焊丝盘与机头均悬挂在横梁上。

2）焊车式和机床式自动钨极氩弧焊机。焊车式自动钨极氩弧焊机由焊接小车、控制盘、电源及气路、水路等组成，焊接机头、焊丝盘、控制盘等均安装在小车上，随小车一起行走；而机床式自动钨极氩弧焊机由机床式机架、控制箱、电源及气路、水路等组成，机头、行走机构及焊丝盘均安装在固定的机床上。

①自动钨极氩弧焊机技术参数见表4-18。

②通用自动钨极氩弧焊机技术参数见表4-19。

表4-18 自动钨极氩弧焊机技术参数

技术参数＼型号	WZE2-500	WZE-500	WZE-300
结构形式	悬臂式	小车式	
电源电压/V	380（三相四线）	380	380
额定焊接电流/A	500	500	300
电极直径/mm	2～7	2～7	2～6
填充焊丝直径/mm	（不锈钢）0.8～2.5 （铝）2～2.5	（不锈钢）0.8～2.5 （铝）2～2.5	0.8～2
额定负载持续率（%）	60		
焊接速度/（m/h）	5～80	5～80	6.6～120
送丝速度/（m/h）	20～1000	20～1000	13.2～240
保护气体导前时间/s	—	3	—
保护气体滞后时间/s	—	25	—
电流衰减时间/s	—	5～15（额定电流时）	—
氩气流量/（L/min）	—	50	—
冷却水消耗量/（L/min）	—	1	—
适用范围	可焊接不锈钢、铝及铝合金等化学性质活泼和耐高温合金，交、直流两用	可焊接不锈钢、铝及铝合金、化学活泼和耐高温金属材料，交、直流两用	可焊接不锈钢、铝、铜、镁、钛、锆金属及其合金，交直、流两用

表4-19 通用自动钨极氩弧焊机技术参数

技术参数＼型号	NZA-300-1	NZA2-500-1	NZA2-300	NZA-500-1	NZA27-30	NZA4-300	NZA21-120-1
结构形式	悬臂梁式	悬臂梁式	焊车式	焊车式	机床式	机床式	机床式
电源输入电压/V	380						
相数	3						
空载电压/V	—	81（交流） 68（直流）	60～80	68（直流） 81（交流）	—	70	—
电流调节范围/A	35～300	50～500	20～300	50～500	5～30	40～300	4～120
额定焊接电流/A	300	500	300	500	30	300	120
额定负载持续率（%）	60	60	60	60		60	60
额定输入容量/（kV·A）	—	41（交流） DC（直流）	—	—	—	—	—
钨极直径/mm	1～6	2～7	2～6	2～7	1	2～6	1～2
填充焊丝直径/mm	1～2	0.8～2.5	1～2	0.8～2.5 （不锈钢） 2～2.5（铝）	—	—	—
可焊工件长度/mm	2000	＜1800	—	—	—	—	—
可焊环焊缝直径/mm	—	＜1500	—	—	—	—	—
焊接速度/（m/h）	10～60	5～80	12～108	5～80	0.3～25（r/min）	10～110	1～6（r/min）
送丝速度/（m/h）	10～60	20～1000	25～220	20～1000	—	25～150	—

续表 4-19

技术参数 \ 型号		NZA-300-1	NZA2-500-1	NZA2-300	NZA-500-1	NZA27-30	NZA4-300	NZA21-120-1
氩气流量/（L/min）		—	50	—	—	—	20	5～9
悬臂伸出长度/mm		3500	2660	—	—	—	—	—
悬臂垂直行程/mm		1000	900（水平行程）	—	—	—	—	—
悬臂回转角/（°）		±180	±180	—	—	—	—	—
冷却水流量/（L/min）		—	—	—	—	—	2	1.5～4
躯架横向位移/mm		—	—	±25	—	—	—	—
焊枪上下调节距离/mm		—	—	<110	—	—	—	—
外形尺寸/（mm×mm×mm）	焊机	—	3200×1000×2700	—	—	—	—	
	控制箱	—	850×600×1227	640×610×715	830×600×1200	850×600×1227	1220×1000×1225	560×300×390
	小车	—	—	820×310×440	920×350×670	920×350×670	—	—
	工作台	—	—	—	—	—	790×610×1115	650×440×300
适用范围		—	—	用于焊接不锈钢、耐热钢、低合金钢、镍、铜、钛、锆、铝、镁及其合金等	用于焊接各种不锈钢、耐热合金及各种非铁金属	用于焊接直径为30～125mm、厚为0.1～0.5mm、高为75～300mm的不锈钢及紫铜的波纹管	主要用于焊接宽度小于300mm，厚度为2～4mm的带状不锈钢或高合金钢	主要用于焊接直径为8～70mm的不锈钢、纯铁等管件的环焊缝

（3）专用自动钨极氩弧焊机 专用自动钨极氩弧焊机的类型较多，常见的有管子对接焊机、管板对接焊机、薄板焊机等。

1）管子对接钨极氩弧焊机及管板对接钨极氩弧焊机。在锅炉、化工、电力、原子能等工业部门的管线机、换热器的生产及安装过程中，经常会遇到固定管子的对接和管板对接问题，钨极氩弧焊是解决这些问题的最佳方法。目前，国内外已生产了多种形式的专用管子对接、管板对接自动钨极氩弧焊机。

管子对接钨极氩弧焊机由管子对接机头、控制箱或控制盒、弧焊电源等组成，可对处于固定状态的、任意长度的管子进行焊接。焊接过程中，机头绕管子轴线旋转，在计算机程序控制下进行分段焊接。可从管子侧面安装、拆下机头。安装时要求焊缝两侧的管子平直部分应具有一定长度，管子离开墙面一定距离。机头有敞开式和封闭式两种。利用前者焊接时，电弧是明弧；利用后者焊接时，电弧被机头遮蔽住。封闭式机头通常需要水冷。管板对接钨极氩弧焊接由管板焊接机头、控制箱及电源组成。

国产管子对接、管板对接自动钨极氩弧焊机技术参数见表 4-20。

2）薄板钨极焊丝焊机。薄板焊接最大的难点在于在焊接过程中薄板变形较大，容易烧穿。因此，必须选用控制精度高的电源及焊接工装。采用的电源一般为脉冲钨极氩弧电源，以利于控制热输出；焊接工装需要有很高的制造精度，通常采用气动琴键式压板结构，配用可调的衬垫，以保证在整个焊缝方向上均匀压紧工件、具良好的散热性。

常见的薄板焊机有纵缝焊机和环缝焊机两种。

目前，薄板焊机的供货方式有两种，一种为整套供货，另一种为以焊接工装（焊接机床）为主，用户根据需要自行选择电源及附件。

①国产薄板对接纵缝自动钨极氩弧焊机技术参数见表 4-21。

表 4-20　国产管子对接、管板对接机自动钨极氩弧焊机技术参数

技术参数＼型号	NZA-250-1（管子对接机）	NZA7-1（管子对接机）	NZA7-2（管子对接机）	NZA7-200（管子对接机）	NZA-300-1（管子对接机）	WZM-400B（管子对接机）	NZA4-75（管子对接机）
电源输入电压/V	380						
相数	3						
空载电压/V	—	80	70	70	—	—	—
工作电压/V	—	—	16～25	—	—	—	—
电源容量/（kV·A）	—	6	—	16	—	—	6
电流调节范围/A	20～300	5～100	20～200	20～200	30～300	40～400	10～75
额定焊接电流/A	250	100	—	200	300	400	75
额定负载持续率（%）	60	—	—	60	60	60	60
电极直径/mm	—	1、1.6、2	1、2、3	1、2、3	—	—	1～2
填充焊直径/mm	—	无	0.5，0.8，1，1.2	0.8，1，1.2	—	1.0～1.2，热丝（热丝电流为30～150A）	无
焊接管子直径/mm	32～42 壁厚：1～5	8～26	20～60	小机头：50～108 中机头：108～159 大机头：159～219	32～42 壁厚：3～5	30～70	—
焊枪最大旋转半径/mm	—	70	—	—	—	—	—

续表 4-20

技术参数 \ 型号		NZA-250-1（管子对接机）	NZA7-1（管子对接机）	NZA7-2（管子对接机）	NZA7-200（管子对接机）	NZA-300-1（管子对接机）	WZM-400B（管子对接机）	NZA4-75（管子对接机）
焊接角速度/（r/min）		0.25～2	0.28～2.8	—	—	0.3～1.3	0.3～3	—
焊接速度/（m/h）		—	—	10～40	2.5～25	—	—	0.3～5（r/min）
送丝速度/（m/h）		—	—	15～60	15～60	—	24～30	—
焊枪可调角度（°）		—	—	—	—	—	—	45
焊枪位移/mm	径向	—	—	15	—	—	—	±15
	轴向	—	—	10	—	—	—	1～10
外形尺寸/（mm×mm×mm）	机头	—	—	160×220×220	—	—	8000×1900×3040（焊机外形尺寸）	200×200×230
	控制箱	650×555×1515	—	650×450×1000	—	—		600×300×410
氩气流量/（L/min）		—	—	2.6～26	—	—	—	4～12
适用范围		焊接直径为32～42mm的不锈钢、合金钢管子	用于直径为8～26mm的不锈钢管子的对接	用于直径为20～60mm的不锈钢管子的对接	用于直径为50～219mm的不锈钢管、高合金钢管、碳钢管的对接	适于焊接各种耐热合金钢钢管	用于电站锅炉的管子焊接	不锈钢管板焊接专用设备
备注		配用脉冲电源	配用ZXG-100型弧焊电源	—		配用脉冲电源	—	配用ZXG-100型弧焊电源

表 4-21　国产薄板对接纵缝自动钨极氩弧焊机技术参数

<table>
<tr><th colspan="2">技术参数　型号</th><th>BZH-1</th><th>ZF-200</th><th>NZM4-160A</th><th colspan="2">NZA35-25</th></tr>
<tr><td rowspan="2">输入电压/V</td><td>电源</td><td>380</td><td>220</td><td>380</td><td colspan="2">380</td></tr>
<tr><td>控制箱</td><td>—</td><td>—</td><td>—</td><td colspan="2">220</td></tr>
<tr><td colspan="2">额定焊接电流/A</td><td>160</td><td>—</td><td>160</td><td colspan="2">200</td></tr>
<tr><td colspan="2">额定负载持续率（%）</td><td>60</td><td>—</td><td>60</td><td colspan="2">60</td></tr>
<tr><td colspan="2">焊接电流调节范围/A</td><td>—</td><td>—</td><td>—</td><td colspan="2">15～200</td></tr>
<tr><td colspan="2">脉冲频率/Hz</td><td>10000</td><td>—</td><td>10000</td><td colspan="2">1500～2500</td></tr>
<tr><td colspan="2">脉冲峰值电流/A</td><td>50～270</td><td>—</td><td>50～270</td><td colspan="2">1～25</td></tr>
<tr><td colspan="2">基值电流/A</td><td>50</td><td>—</td><td>50</td><td colspan="2">1～5</td></tr>
<tr><td colspan="2">焊接速度/（mm/min）</td><td>100～3000</td><td>200～1000</td><td>800～5000</td><td colspan="2">180～1800</td></tr>
<tr><td rowspan="3">焊枪夹持机构调节范围/mm</td><td>垂直调节</td><td>150</td><td>30</td><td>150</td><td colspan="2">—</td></tr>
<tr><td>水平前后调节</td><td>100</td><td>30</td><td>100</td><td colspan="2">—</td></tr>
<tr><td>水平左右调节</td><td>±30°</td><td>30</td><td>±30°</td><td colspan="2">—</td></tr>
<tr><td colspan="2">可焊工件长度/mm</td><td>1000</td><td>200（最大）</td><td>—</td><td>1500</td><td>1000</td></tr>
<tr><td colspan="2">可焊工件厚度/mm</td><td>0.1～1.0</td><td>0.3～0.5</td><td>0.3～1.0</td><td>1～3</td><td>0.1～0.3</td></tr>
<tr><td rowspan="2">外形尺寸/（mm×mm×mm）</td><td>电源</td><td>—</td><td>—</td><td>—</td><td colspan="2">—</td></tr>
<tr><td>焊接机床</td><td>—</td><td>980×600×1425</td><td>—</td><td colspan="2">3050×830×1500</td></tr>
<tr><td colspan="2">适用范围</td><td>可配用 WSM4-160 晶体管电源，也可配用微束等离子焊电源；焊接机床采用琴键式结构，用电动滑板带动焊枪行走</td><td>配用适当的脉冲 TIG 焊电源或微束等离子焊电源；用于 50～100mm 的筒体纵缝的焊接，也可用于带材的焊接</td><td>用于焊接宽度不大于 1m，厚度为 0.3～1.0mm 的不锈钢、硅钢片、低合金钢等</td><td colspan="2">焊接厚度为 0.1～0.3mm 的薄板时可不用添加焊丝；焊接厚度为 1～3mm 的薄板时最好添加焊丝</td></tr>
</table>

②国产薄板环缝自动钨极氩弧焊机技术参数见表 4-22。

表 4-22　国产薄板环缝自动钨极氩弧焊机技术参数

<table>
<tr><th colspan="2">技术参数　型号</th><th>DHF-70</th><th>HF-150</th><th>HF-200</th><th>CWT-300</th></tr>
<tr><td rowspan="3">控制箱输入</td><td>电压/V</td><td colspan="4">220</td></tr>
<tr><td>相数</td><td colspan="4">1</td></tr>
<tr><td>频率/Hz</td><td>50</td><td>50</td><td>50</td><td>50/60</td></tr>
<tr><td colspan="2">工件回转半径/mm</td><td>≤200</td><td><300</td><td>≤200</td><td>≤304</td></tr>
<tr><td colspan="2">可焊工件最大长度/mm</td><td>—</td><td>400</td><td>200（垂直方向）
400（水平方向）</td><td>可选</td></tr>
</table>

续表 4-22

技术参数＼型号		DHF-70	HF-150	HF-200	CWT-300
主轴转速/（r/min）		0.6～14（无级调速）	0.6～14（无级调速）	0.6～14（无级调速）	0.01～99.9
主轴中心孔尺寸/mm		70	—	32	—
主轴中心高/mm		—	150	—	—
气动元件工作压力/MPa		0.15～0.4	0.15～0.5	—	—
焊枪调节范围/mm	x	30	30	30	76
	y	30	30	30	—
	z	60	60	60	—
工作台转动范围/（°）		—	0～60	—	—
焊机外形尺寸/（mm×mm×mm）		820×600×1340	1200×710×1456	—	—
适用范围		配用合适的TIG焊电源、微束等离子电源，可焊接不锈钢保温杯和类似工件的端部环缝	配用合适的TIG焊电源、微束等离子电源，可焊接不锈钢保温杯和汽车减振器转向节总成等工件的环缝	配用合适的TIG焊电源、微束等离子电源可焊接汽车、摩托车零部件的环缝	配用合适的TIG焊电源、微束等离子电源可进行环缝的精密焊接

4. 特种钨极氩弧焊机

（1）WSM系列直流钨极脉冲氩弧焊机 该焊机是一种手工焊接设备，若配以合适的辅助设备，可作为自动焊接设备。焊机采用直径为1.6～5mm的铈钨极，可以焊接高碳钢、低碳钢、合金钢、不锈钢、钛及钛合金、铜及铜合金等薄板和中厚板。该焊机的特点是具有直流和脉冲两种工作方法，尤其适用薄板和全位置焊接。具有高频或接触式两种引弧方式，可满足不同焊工的焊接起弧要求；具有自动电流缓升和电流衰减功能，采用小电流，具有引弧后电流缓升（软起动）和焊接结束时电流缓降（衰减熄弧）控制功能，所以引弧时，可以避免大电流冲击，收尾时可填补弧坑；能自动补偿电网电压波动，保持电流稳定；主回路与控制回路采用光电隔离，使焊机更加安全、可靠；具有点焊功能，点焊时能无级调节，可满足某些特殊需要。

①国产脉冲手工钨极氩弧焊机技术参数见表4-23。

②国产IGBT逆变式低、中频脉冲钨极氩弧焊机技术参数见表4-24。

表 4-23　国产脉冲手工钨极氩弧焊机技术参数

技术参数 \ 型号	WSM-100	SM-300	WSM-250	WSM-400	TIG-RIG400SS	YC-200 TSP VTA	YC-500 TSP VTA
弧焊电源输入电压/V	380						
相数	1	1	3	3	3	3	3
空载电压/V	60	—	60	60	70	57	72
额定焊接电流/A	100	300	250	400	400	—	—
额定负载持续率（%）	60	60	60	60	60	40	60
额定输入容量/（kV·A）	7.58	27.6	14	24	33.6	11.1	33.2
焊接电流调节范围/A	5～100	—	25～250	25～400	37～510	5～200	5～500
脉冲电流调节范围/A	8～100	15～375	50～250	50～400	—	—	—
基值电流调节范围/A	3～100	5～75	25～60	25～100	—	—	—
脉冲频率/Hz	0.25～25	0.5～10	—	—	0.5～10	0.5～15	0.5～15
脉宽比（%）	—	5～95	—	—	10～95	50	50
电流上升时间/s	3	—	—	3	0.25～20	0.2～10	0.2～10
电流衰减时间/s	0～5	—	—	1～15	0.25～20	0.2～10	0.2～10
保护气预通时间/s	—	0～15	—	3	0～15	0.3	0.3
延迟断气时间/s	—	6～60	—	10	0～60	2～23	2～23
点焊时间调节范围/s	—	0～5	—	1～7	0～5	0.5～5	0.5～5

续表 4-23

技术参数 \ 型号		WSM-100	SM-300	WSM-250	WSM-400	TIG-RIG400SS	YC-200 TSP VTA	YC-500 TSP VTA
引弧方式		高频振荡或接触	高频振荡	高频振荡或接触	高频振荡或接触	高频振荡	高频振荡	高频振荡
质量/kg	电源	—	327	—	200	218	112	210
	控制箱			—	28	79.4		
外形尺寸/（mm×mm×mm）	电源	—	578×794×1194	495×590×1000	594×495×1000		470×560×845	500×650×1020
	控制箱			—	410×470×310	910×570×490		
适用范围		用于焊接厚度＜1.6mm的不锈钢板、铜合金及可阀合金	用于焊接铝及铝合金、不锈钢等	用于碳钢、不锈钢、钛合金、铜及铜合金的薄板焊接	用于高强钢、钛合金、铜基合金的焊接	用于碳钢、不锈钢、钛合金、铜及铜合金的薄板焊接	用于焊接不锈钢、铜及铜合金、钛及钛合金等	
备注		一体式焊机，采用开关晶体管电源	一体式焊机，交、直流两用	—	—	—	一体化焊机	

表 4-24 国产 IGBT 逆变式低、中频脉冲钨极氩弧焊机技术参数

技术参数 \ 型号	WSM-63D	WSM-120P	WSM-160	WSM200D	WSM-250	YC-315TR5HGE	WSM-400D
弧焊电源输入电压/V	220	220	220	220	380	380	380
相数	1	1	1	1	3	3	3
空载电压/V	—	65～75	67～75	—	60	70	—
额定焊接电流/A	63	—	—	200	250	315	400
额定负载持续率（%）	60	60	60	35	60	60	60
额定输入容量/（kV·A）	2	—	—	6.6	12	14	16.8
焊接电流调节范围/A	0.8～63	3～120	3～160	3～200	10～250	20～315	5～400
脉冲电流调节范围/A	0.8～63	—	—	3～200	10～250	4～315	5～400
基值电流调节范围/A	0.8～38	3～80	3～110	3～120	10～125	4～315	5～240
脉冲持续时间调节范围/s	1～2	0.04～2	0.04～2	1～2	—	脉冲频率为0.5～500Hz，占空比为 50%	1～2
脉冲间歇时间调节范围/s	1～2	0.04～2	0.04～2	1～2			1～2
电流上升时间/s	0～5	—	—	0～5	1	0.1～5	0～5
电流衰减时间/s	0～10	—	—	0～10	1～10	0.2～10	0～10
保护气预通时间/s	0～2	—	—	0～2	—	0.3	0～2
延迟断气时间/s	0～15	2	2	0～15	10	2～20	0～25
质量/kg	10.5	14	14.5	14	30	42	34
外形尺寸/（mm×mm×mm）	420×170×283	418×210×330	418×210×330	420×170×283	—	288×580×615	500×200×350
适用范围	适用于不锈钢、钛、铜等薄板的精密焊接	用于不锈钢、黑色金属的全位置焊接	适用于不锈钢、钢铁材料的全位置焊接	适用于不锈钢、钛、铜等薄板的精密焊接	采用直径为1～3mm 的钨极焊接不锈钢、钛合金的中厚板	焊接不锈钢、钛合金、可伐合金等的中厚板	用于焊接不锈钢、钛及钛合金、铜及铜合金的中厚板

③国产高频脉冲钨极氩弧焊机技术参数见表 4-25。

表 4-25 国产高频脉冲钨极氩弧焊机技术参数

技术参数＼型号	ZXG-25	WSM4-40	WSM4-60	NZM4-160B
输入电压/V	380			
相数	3			
频率/Hz	50			
额定输入容量/（kV·A）	1.65	—	—	9
空载电压/V	40	—	—	—
额定焊接电流/A	25（脉冲） 5（基值）	40	160	160
额定输出电压/V	11	—	—	—
额定负载持续率(%)	60			
焊接电流调节范围/A 脉冲电流	1～25	4～40	50～270	50～270
焊接电流调节范围/A 基值电流	1～5	4～20	50～160	50
脉冲频率/Hz	1500～25000	10000	10000	10000
辅助引弧空载电压/V	150	—	—	—
焊接电流衰减时间/s	2～6	—	—	—
冷却水消耗量/（L/min）	3～5	—	—	—
外形尺寸/（mm×mm×mm）	1144×684×1206	—	—	—
适用范围	需要另配 TIG 焊枪，特别适于焊接厚度为 0.1～0.3mm 的不锈钢	用于焊接厚度为 0.2～1.0mm 的不锈钢、低合金钢、低碳钢及硅钢片等薄板的精密焊接；选配专用夹具，可进行自动焊		适用于焊接厚度＜1mm 的薄板

（2）全位置管子对接专用直流钨极氩弧焊机 该焊机能在任何位置对固定的管子进行焊接，焊接时机头绕管子旋转，机头可以从管子侧面装上卸下，对任意长度的管子均能焊接，适用于管道现场安装焊接工作。全位置管子对接专用直流钨极氩弧焊机技术参数见表 4-26。

表 4-26　全位置管子对接专用直流钨极氩弧焊机技术参数

技术参数 \ 型号		NAZ7-1（钨极氩弧焊管机）	NAZ7-2（钨极氩弧焊管机）
电网电压/V		380	
电流调节范围/A	基值	—	20～200
	脉冲		
脉冲频率/Hz		—	—
脉宽比率		—	—
钨极直径/mm		1、1.6、2	1、2、3
焊接管子规格/mm	直径	8～26	20～60
	壁厚	—	—
机头回转速度/（r/min）		0.3～3	—
程控分段数		—	—
适用范围		专用于焊接上述规格的不锈钢管	专用于焊接上述规格的不锈钢管
备注		配用电源 ZXG-100 型	配用电源 ZXG-200N 型

技术参数 \ 型号		NZA-300-1（程控钨极脉冲氩弧焊管机）	NZA-250-1（程控钨极脉冲氩弧焊管机）	MPG（程控钨极脉冲氩弧焊管机）
电网电压/V		380		—
电流调节范围/A	基值	≤30	≤20	30～90
	脉冲	≤300	≤300	70～200
脉冲频率/Hz		—	0.4～5	0.8～2
脉冲比率		—	—	0.3～0.7
钨极直径/mm		—	—	—
焊接管子规格	直径/mm	32～42		22 和 42
	壁厚/mm	3～5	1～5	≤4 和≤5
机头回转速度/（r/min）		0.3～1.3	0.25～2	0.6～1.2
程控分段数		—	8	4
适用范围		主要焊接电站、锅炉的耐热合金钢管	用于焊接上述规格的不锈钢、其他合金钢、碳钢管子	专用于火力发电厂锅炉安装中密排的碳钢、合金钢及不锈钢管焊接
备注		配电 ZXG-300N 型电源	—	自编型号

（3）管-管板专用脉冲氩弧焊机 该机专门用于管-管板端接，焊枪转动，可进行全位置焊接。管-管板专用脉冲氩弧焊机技术参数见表 4-27。

表 4-27 管-管板专用脉冲氩弧焊机技术参数

技术参数 \ 型号		NZA4-75	NZA4-250
电网电压/V		380	
空载电压/V		—	80
电流调节范围/A	基值	10～75	25～250
	脉值	10～75	25～250
脉冲频率/Hz		1～5	0.5、1、2、3、4、5
脉宽比率		—	1∶4～3∶4
钨极直径/mm		1～2	—
适用范围		不锈钢管板焊接的专用设备	用于碳钢、各种合金钢、不锈钢管、管板焊接

注：①该焊机专门用于管-管板端接，焊枪转动，可进行全位置焊接。
②NZA4-75 的配用电源：ZXG-100 型磁放大器型整流器。控制绕组中加脉冲控制器后，可获得脉冲电流。
③NZA4-250 配有四种焊枪，可分别进行管-管板端面水平焊接、端面横向焊接和全位置内孔焊接。

（4）钨极氩弧点焊机 该机专门用于点焊，NBA8-100 型直流钨极氩弧点焊机技术参数见表 4-28。

表 4-28 NBA8-100 型直流钨极氩弧点焊机技术参数

项 目	技 术 参 数
控制箱电源电压/V	220
焊接电源空载电压/V	80
焊接电流调节范围/A	10～100
点焊时间范围/s	2.5～25
钨极直径/mm	1～2
额定负载持续率（%）	60

续表 4-28

项　目	技 术 参 数
氩气流量/（L/min）	0～12
适用范围	适用于点焊厚度为 0.2～2mm 的不锈钢及合金钢
备注	配用电源：ZXG-100 型弧焊整流器

4.2.4　钨极氩弧焊机的正确使用

1. 手工钨极氩弧焊机使用方法

①使用前，根据被焊材料选择极性，并将整流器、控制盒、焊枪和工件接妥，接地要可靠。WS-300 型氩弧焊机外部接线如图 4-26 所示。

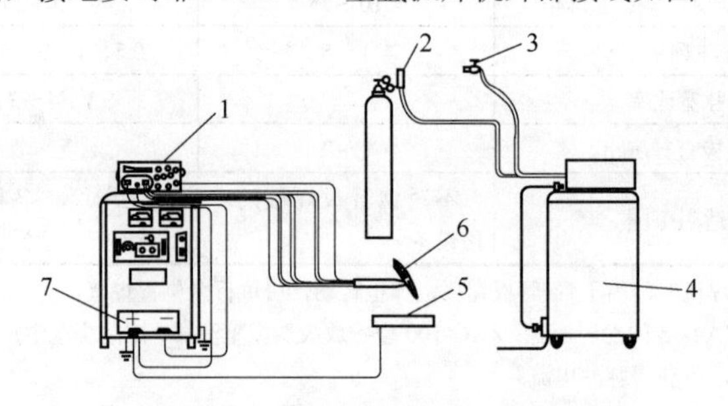

图 4-26　WS-300 型氩弧焊机外部接线

1. 控制盒；2. 气源；3. 水源；4. 整流器（背面）；5. 工件；6. 焊枪；7.整流器

②接通焊接电源、气源和水源，接通并调整焊机的开关或旋钮。焊机开关及旋钮的调整见表 4-29。

表 4-29　焊机开关及旋钮的调整

开关或调节旋钮的名称	调 整 位 置	备　注
电源开关	"通"	弧焊整流器及控制盒上均有电源开关
焊接方法转换开关	"氩弧焊"	当整流器单独用作手工电弧焊时，应将转换开关扳到"弧焊"位置
电流衰减开关	"有"	如不需衰减，可扳至"无"位置
焊接电流旋钮	调整到所需量	—

续表 4-29

开关或调节旋钮的名称	调 整 位 置	备　　注
衰减时间旋钮	调整到所需量	—
气体滞后时间旋钮	调整到所需量	—
长、短焊开关	“长焊”	如扳到“短焊”位置，一旦手把上的按钮松开，焊接电流即逐渐衰减
水冷、气冷开关	“水冷”	当水流量超过 1L/min 时，水流指示灯亮，焊机方能进入工作

③按工艺要求检查或调节电流等参数。接通焊枪上的开关，引燃电弧进行焊接，停止焊接时关闭焊枪上的开关。

④关机时，关闭氩气瓶阀，打开检气开关，放出余气，使表压示值为 0，松开减压器开关，关好水源阀门，切断焊接电源。

2. 自动钨极氩弧焊机使用方法

与手工钨极氩弧焊机的使用方法基本相同。按工艺要求调节焊机电流、送丝速度、焊接速度等参数。接通焊枪上的开关（也可将此开关改成脚踏板开关），引弧后焊接，停止焊接时关闭此开关。关上氩气瓶阀，放出余气，关好水源，切断焊接电源及控制装置电源。

4.3 熔化极惰性气体保护焊（MIG）设备

4.3.1 熔化极惰性气体保护焊设备的分类和组成

1. MIG 设备的分类

（1）按操作方式不同分类 熔化极惰性气体保护焊设备分为半自动焊和自动焊两种。半自动熔化极惰性气体保护焊设备是指焊丝自动送进，焊枪由人工操纵的熔化极氩弧焊设备；自动熔化极氩弧焊设备是指焊丝送进、焊枪行走均能够自动进行的熔化极氩弧焊设备。

（2）按所用的电流种类不同分类 熔化极惰性气体保护焊设备分为直流和脉冲两种。

（3）按送丝方式不同分类 熔化极惰性气体保护焊设备分为等速送丝式和均匀送丝式两种。

（4）按适用范围不同分类 熔化极惰性气体保护焊设备分为通用设备和专用设备两种。

（5）按照焊接参数的调节方式不同分类 熔化极惰性气体保护焊设备可分为抽头式调节设备、两元化调节设备和一元调节设备三种。

①抽头式调节设备。这类设备一般设有粗调、细调两个转换开关，用于调节焊接电源的外特性，通过调节送丝机构的送丝速度调节电弧的稳定工作点。这种设备的优点是设备简单、价格便宜；缺点是只能有级调节，调节精度差，调节过程烦琐。

②两元化调节设备。这类设备一般设有两个旋钮，分别用于调节焊接电流和电弧电压。调节精度比抽头式高，但焊接参数的调节仍较麻烦，焊接电流与电弧电压需要合理匹配。

③一元化调节设备。这类设备又称为单旋钮式设备，仅设有一个电流调节按钮，调节焊接电流后，控制系统自动选定与该电流相匹配的电弧电压，通常能满足焊接要求。操作者只需根据焊缝形状、熔合情况或飞溅大小修正电弧电压就能获得满意的效果。

2. 熔化极惰性气体保护焊设备的组成

熔化极惰性气体保护焊设备通常由弧焊电源、控制器、送丝机构、焊枪、水冷系统和供气系统组成。自动熔化极氩弧焊设备还配有行走小车或悬臂梁等，而送丝机构和焊枪均安装在小车或悬臂梁的机头上。半自动熔化极气体保护焊设备的配置如图 4-27 所示。

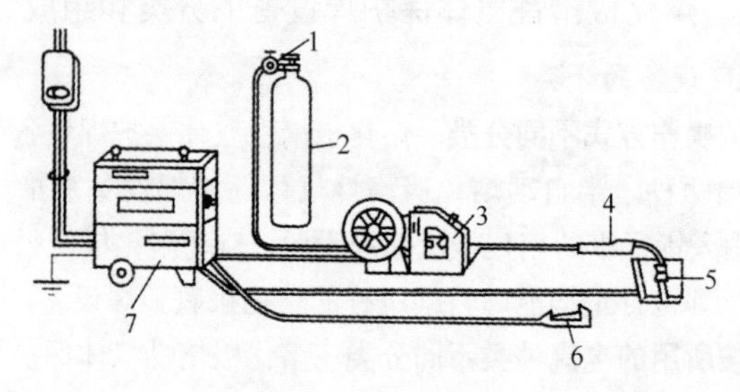

图 4-27 半自动熔化极气体保护焊设备的配置

1. 流量计；2. 气瓶；3. 送丝机构；4. 焊枪；5. 工件；6. 控制器；7. 配电装置

（1）弧焊电源 熔化极氩弧焊设备使用的电源有直流和脉冲两种，一般不使用交流电源。通常采用的直接电源有磁放大器式弧焊整流器、晶闸管弧焊整流器、晶体管式、逆变式等几种。电源应具有平外特性、缓降外特性和恒流外特性，若需要控制熔滴过渡时，可用脉冲弧焊电源。

（2）控制箱 控制箱中装有焊接时序控制电路。其主要任务是控制焊丝的自动送进、提前送气、滞后停气、引弧、电流通断、电流衰减、冷却水流的通断等。对于自动焊机，还要控制小车的行走。

（3）气路和水路 熔化极氩弧焊的气路系统由气瓶、减压阀、流量计、软管和气阀组成。

利用混合气体进行焊接时，要求将两种或三种气体利用配合器按照一定的配比混合好，然后再输送至软管中。采用双层保护气体焊接 Ti 等活泼金属时，如果两层保护气具有不同的成分，则应采用两套供气系统。

水路系统通以冷却水，用于冷却焊枪。通常水路中设有水压开关，当水压太低或断水时，水压开关将断开控制系统电源，使焊机停止工作，保护焊接设备不被损坏。

（4）焊枪 焊枪是半自动熔化极氩弧焊设备的主要部件之一，由导电嘴、喷嘴、焊枪体和冷却水套等组成。其作用是送丝、导通电流、向焊接区输送保护气体等。焊枪包括用于大电流、高生产率的重型焊枪和使用于小电流、全位置的轻型焊枪。

按照送丝方式的不同，半自动焊枪分为推丝式和拉丝式两种。拉丝式焊枪的送丝机构、送丝电动机均安装在焊枪上，故焊枪比较笨重，但可以远离焊机的位置作业。推丝式焊枪结构简单、质量轻、操作灵活，应用较广泛。

按照冷却方式的不同，半自动熔化极氩焊焊枪可分为气冷式和水冷式两种，额定电流在 200A 以下的焊枪通常为冷式焊枪，超过上述电流时应该采用水冷式焊枪。半自动焊枪按照外形通常分为鹅颈式和手枪式两种，鹅颈式焊枪应用最广泛，它适用于细丝焊，使用灵活方便。

①鹅颈式焊枪如图 4-28 所示，国产鹅颈式熔化极气体保护焊焊枪技术参数见表 4-30。

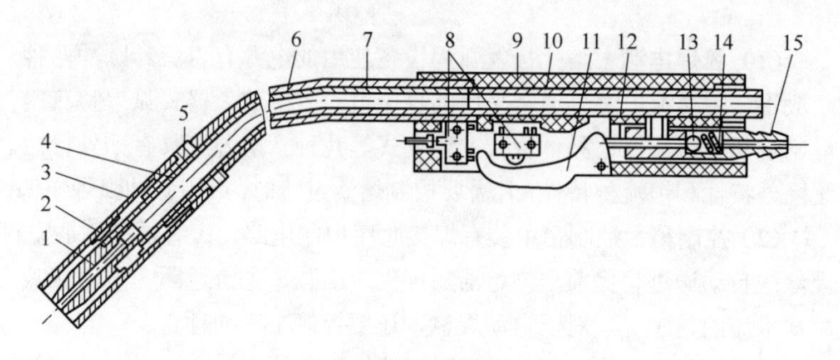

图 4-28 鹅颈式焊枪

1. 导电嘴；2. 分流环；3. 喷嘴；4. 弹簧管；5. 绝缘套；6. 鹅颈管；7. 乳胶管；8. 微动开关；9. 焊把；10. 枪体；11. 扳机；12. 气门推杆；13. 气门球；14. 弹簧；15. 气阀嘴

表 4-30 国产鹅颈式熔化极气体保护焊焊枪技术参数

技术参数 型号	额定焊接电流/A	负载持续率（%）		焊丝直径/mm	电缆长度/m	电缆截面面积/mm^2	质量/kg
		CO_2	MIG/MAG				
GA-15C	150	60	—	0.6～1.0	3	13	—
GA-20C	200	100	—	0.8～1.2	3	35	—
GA-40C	400	60	—	1.0～2.0	3	45	—
GA-40GL	400	60	—	1.2～2.4	3	50	—
Q-12	250	60	—	1.0～1.2	3	—	—
YT-18CS3	180	40	20	0.6、0.8	3	—	1.7
YT-20CS3	200	50	25	0.8、1.2	3	—	1.9
YT-35CS3	350	70	35	0.8、1.2	3	—	2.8
YT-50CS3	500	70	35	1.2、1.6	3	—	3.6
YT-35CSM3	350	70	35	0.8、1.2	4.5	—	3.6
YT-50CSM3	500	70	35	1.2、1.6	4.5	—	4.9
YT-35CSL3	350	70	35	1.2	6	—	4.5
YT-50CSL3	500	70	35	1.2、1.6	6	—	6.2
YT-50CS3VTA	500	100	—	实心：1.2、1.4 药心：1.2、1.6	3	—	—
YT-601CCW	600	100	—	实心：1.2、1.4 药心：1.2、1.6	3	—	—

②手枪式焊枪适合较粗的焊丝，它一般采用水冷。手枪式焊枪如图 4-29 所示。国产手枪式熔化极气体保护焊焊枪技术参数见表 4-31。自动焊焊枪的结构与半自动焊焊枪相似，但其截流容量较大，工作时间较长，一般都采用水冷。

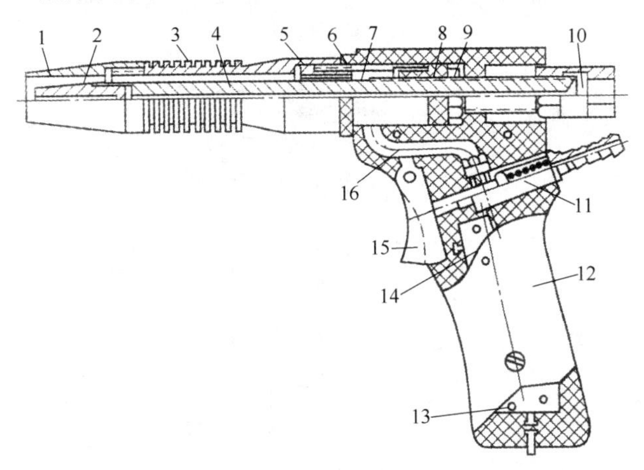

图 4-29 手枪式焊枪

1. 喷嘴；2. 导电嘴；3. 套筒；4. 导电杆；5. 分流环；6. 挡圈；7. 气室；8. 绝缘圈；9. 紧固螺母；10. 锁紧螺母；11. 球形气阀；12. 枪把；13. 退丝开关；14. 送丝开关；15. 扳机；16. 气管

表 4-31 国产手枪式熔化极气体保护焊焊枪技术参数

技术参数 \ 型号	Q-1	Q-3	Q-11	Q-17	Q-19
送丝方式	推丝式	推丝式	推拉丝式	推丝式	推丝式
额定焊接电流/A	500	200	160	385	250
负载持续率（%）	60	100	60	100	60
焊丝种类	铝焊丝	钢焊丝、铝焊丝	钢焊丝	钢焊丝、铝焊丝	钢焊丝
焊丝直径/mm	2～3	0.8～1.2	0.6、0.8、1.0	2.4、2.8、3.2	1.0～1.2
电缆长度/m	3	3	3	3	10
质量/kg	0.6	1.2	3(包括焊丝盘)	0.66	0.6

除了上述两种推丝焊枪外，还有两种拉丝焊枪。其中有一种焊枪上不但装有小型送丝机构，而且还装有质量约为 5kg 的小型焊丝盘。带有焊丝盘的拉丝式焊枪如图 4-30 所示。这种焊枪主要用于细焊丝和软焊丝，如铝焊丝。

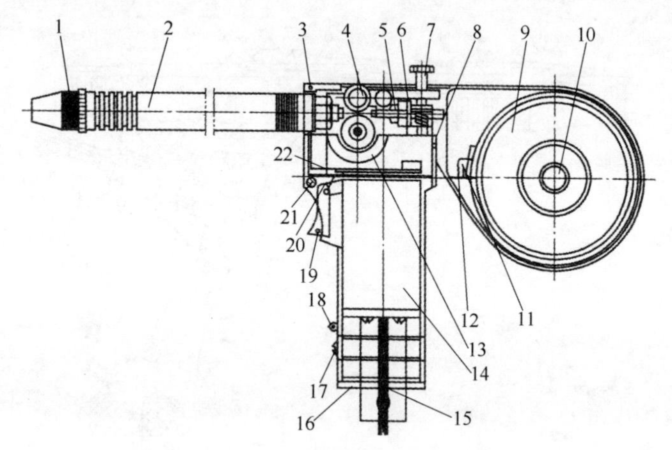

图 4-30　带有焊丝盘的拉丝式焊枪

1. 喷嘴；2. 外套；3. 绝缘外壳；4. 送丝滚轮；5. 螺母；6. 导丝杆；7. 调节螺杆；8. 绝缘外壳；9. 焊丝盘；10. 压栓；11、15、17、21、22. 螺钉；12. 压片；13. 减速箱；14. 电动机；16. 底板；18. 退丝按钮；19. 扳机；20. 触点

③自动焊焊枪。用于自动焊的焊枪多用水冷式，在容量相同时，气体焊枪比水冷焊枪重。图 4-31 所示为熔化极氩弧焊焊枪结构。

喷嘴是导气部分的主件，其孔径为 12～25mm，分圆柱形、圆锥形。喷嘴如图 4-32 所示，常用紫铜材料制造。

导电嘴是导电部分的主件，如图 4-33 所示，孔径及长度与焊接质量密切相关。导电嘴的孔径应根据焊丝直径来选择：当焊丝直径＜1.6mm 时，导电嘴孔径＝焊丝直径＋（0.1～0.3）mm；当焊丝直径＞1.6mm 时，导电嘴的孔径＝焊丝直径＋（0.4～0.6）mm。导电嘴的粗丝长度为 35mm，细丝长度为 25mm 左右。导电嘴常用紫铜、磷青铜或铬锆铜等材料制作。

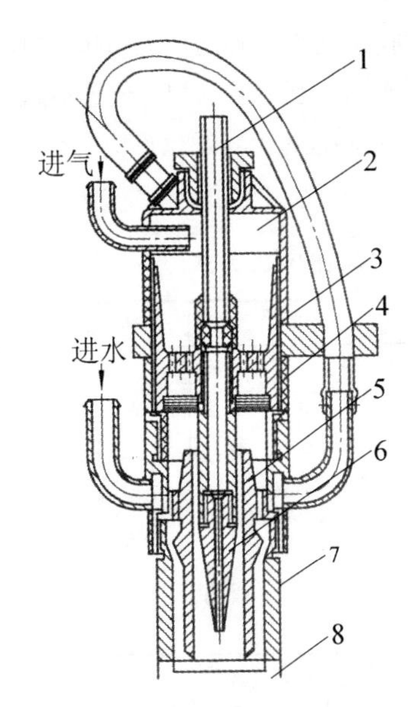

图 4-31 熔化极氩弧焊焊枪结构

1. 铜管；2. 镇静室；3. 导流体；4. 铜筛网；
5. 分流套；6. 导电嘴；7. 喷嘴；8. 帽盖

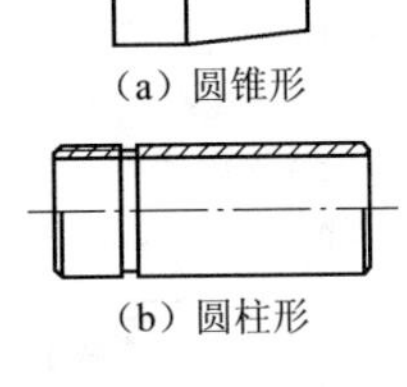

图 4-32 喷嘴

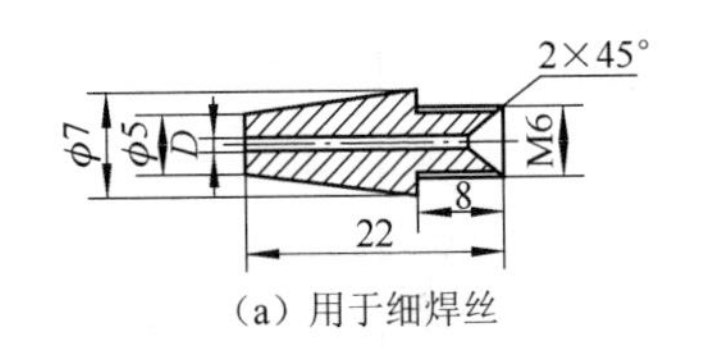

（a）用于细焊丝

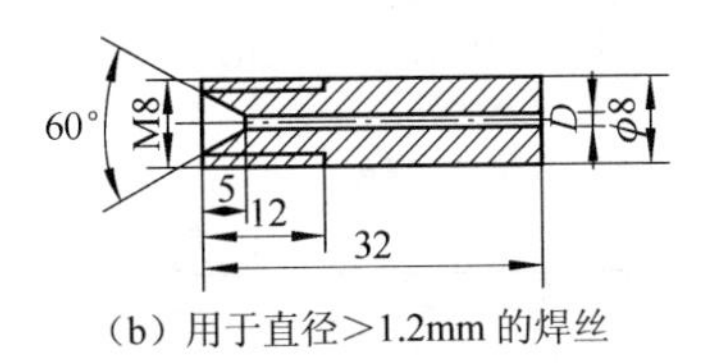

（b）用于直径>1.2mm 的焊丝

图 4-33 导电嘴

（5）送丝机构 MIG、MAG 和 CO_2 焊所使用的送丝机构是相同的，一般由焊丝盘、送丝电机、减速装置、送丝滚轮、压紧装置和送丝软件等组成。此外，有些送丝机构还配有焊丝矫直装置。送丝机构的主要作用是将焊丝输送到焊接区，并通过一定的控制方式（等速送丝及弧压反馈）保证弧长的稳定。

送丝机构根据速度调节方式不同，可分为等速送丝机构和均匀（弧压反馈）送丝机构两种；根据送丝滚轮与送丝软管的相对位置不同，可分为推丝式送丝机构、拉丝式送丝机构和推拉丝式送丝机构三种。

①半自动气电焊机的送丝方式见表 4-32。

表 4-32　半自动气电焊机的送丝方式

送丝方式	优缺点	适用范围
推丝式 1 2 3 4 5 1. 焊丝盘； 2. 送丝滚轮； 3. 送丝软管； 4. 焊枪；5. 焊丝	1. 焊枪轻、操作灵便； 2. 使用时不受送丝传动机构（减速箱、送丝滚轮等）尺寸的限制； 3. 焊丝在软管内受压，容易弯曲； 4. 送丝阻力较大，负载变化时易引起送丝速度波动； 5. 送丝距离不能太长，一般为 2～4m	目前使用最广泛，适用焊丝直径为 0.6mm 以上
拉丝式 1 2 3 4 5 1. 焊丝盘； 2. 送丝软管； 3. 送丝滚轮； 4. 焊枪；5. 焊丝	1. 焊丝受拉力，不会弯曲，送丝较稳定； 2. 操作范围大，不受软管长度的限制； 3. 焊丝盘质量小，仅 1kg 左右； 4. 只能用细焊丝； 5. 小型送丝电动机转矩小，拉力有限； 6. 增大了焊工操作的劳动强度	适宜于细焊丝、小批量焊接，适用焊丝直径为 0.5～0.8mm
推拉丝式 1 2 3 4 5 6 1. 焊丝盘； 2、4. 送丝滚轮； 3. 送丝软管； 5. 焊枪；6. 焊丝	1. 焊丝受拉力，送丝阻力小，可输送较长距离（10～20m）； 2. 可减少推丝电动机的功率； 3. 送丝较稳定； 4. 要使两电动机同步，控制电路较复杂； 5. 焊枪不如推丝式的灵活	适宜于较长距离送丝和软质焊丝的输送，适用焊丝直径为 0.6mm 以上

②半自动气电焊机的送丝结构见表 4-33。

表 4-33 半自动气电焊机的送丝结构

机构组成		特点和适用范围
送丝软管	钢丝弹簧管	钢丝弹簧管应具有合适的挠度和弹性，不能有死弯；其内径一般大于焊丝直径 0.5～1mm。内壁摩擦系数小，以保证送丝流畅、均匀；送丝软管由螺旋弹簧管、电缆及塑料套管组成，是目前广泛采用的送丝软管
	聚四氟乙烯软管	摩擦系数小，耐热可达 230℃，送丝性能良好；当焊丝（钢或铝）直径<0.8mm 时，均可采用
送丝滚轮	单主动轮传动	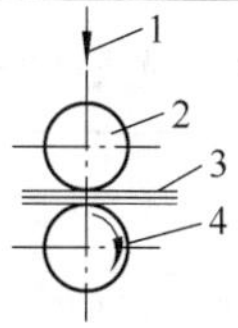 1. 压紧力；2. 从动轮；3. 焊丝；4. 主动轮 焊丝易打滑，送丝均匀性差；仅适用于送丝力不大的场合，如拉丝式焊枪等
	双主动轮传动	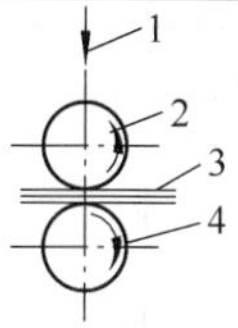 1. 压紧力；2. 从动轮；3. 焊丝；4. 主动轮 推力大，焊丝受力对称，减小了焊丝偏摆，送丝均匀、可靠，目前广泛采用
	行星式传动（线性送丝）	采用三个送丝滚轮围绕焊丝既自转又公转的结构，类似于轴向固定的螺母旋转，不断将焊丝直线送进；因不需减速机构，所以体积小，还可串联使用
	滚轮表面形状	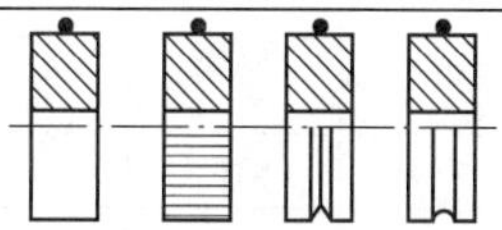 平面形 直花形 V形 U形 滚轮表面形状有平面形、直花形、V 形和 U 形等，V 形、U 形对焊丝压力比较均匀，不易压偏焊丝，使用比较普遍；送丝滚轮常用 45 钢、高碳钢或合金钢制成，经热处理，表面硬度为 50～60HRC
减速机构	电动机及变速机构	大多采用较硬工作特性的直流伺服电动机；变速机构可采用机械变速或可控硅调速，后者调速均匀、方便，应用较广

③送丝软管一般用弹簧钢丝绕制，或用四氟乙烯、尼龙等制成。前者适用于不锈钢、碳钢、合金钢等的焊接，后者适用于铝合金等的焊接。应合理选用送丝软管内径，以减少送丝阻力。不同直径焊丝应选配的送丝软管直径见表 4-34。

表 4-34 不同直径焊丝应选配的送丝软管直径

焊丝直径/mm	0.8～1.0	1.0～1.4	1.4～2.0	2.0～3.5
软管直径/mm	1.5	2.5	3.2	4.7

④国产熔化极气体保护焊送丝机构技术参数见表 4-35。

表 4-35 国产熔化极气体保护焊送丝机构技术参数

技术参数 \ 型号		SS-2	SS-3	ZSJ-I	CS201K	SSJ-1	CS-202
送丝方式		推丝式	推丝式	推拉丝式	推丝式	推丝式	推丝式
输入电压/V		115	110	390	36/28/18	—	—
频率/Hz		50	50	50	50	—	—
焊丝直径/mm		2～3（铝焊丝）	1.4～2.0（铝焊丝）1.0～1.6（钢焊丝）	0.8、1.0、1.2	0.8、1.0、1.2、1.6	0.8～1.6	0.8～1.6
送丝速度/（m/h）		60～840	60～840	114～900	＞720（高速挡）＜180（低速挡）		90～900
送丝电机	功率/W	100	100	—	80	80	—
	转速/(r/min)	3000	3000	—	—	—	—
焊丝盘容量/kg		5(铝焊丝)	6（铝焊丝）	—	25	25	25
冷却水流量/（L/min）		＞1	＞1	—	—	—	—
质量/kg		20	20	14.5	9	—	9.5
外形尺寸/（mm×mm×mm）		570×470×435	610×230×470	—	528×275×463	—	528×275×463

4.3.2 熔化极惰性气体保护焊机的结构

熔化极惰性气体保护焊是将焊接电源的输出一端加到可熔化的焊丝上，另一端加到被焊工件母材上，利用其电弧热能来焊化焊丝与母材金属。同时，向焊接区输送保护气体，使电弧、熔化的焊丝、熔池免受周围空气的有害作用。由于焊丝的连续送进，熔化的焊丝与母材金属融合形成焊缝而使工件结合起来。这是一种便于操作的高效焊接方法，适用范围广，易于全位置焊接，用于半自动焊和自动焊。

1. 半自动熔化极惰性气体保护焊机

半自动熔化极惰性气体保护焊机的组成如图 4-34 所示。

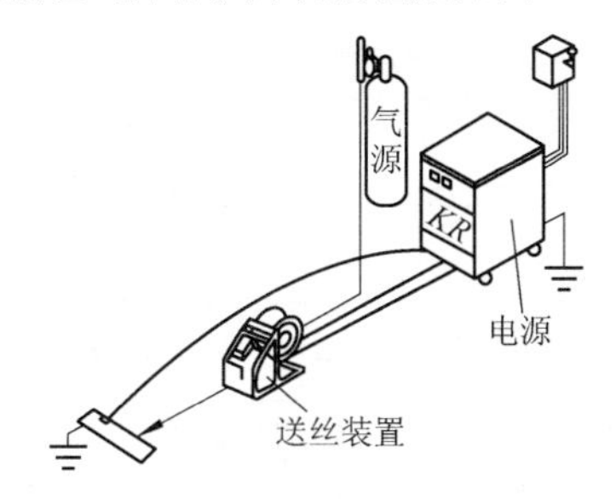

图 4-34 半自动熔化极气体保护焊机的组成

2. 自动熔化极惰性气体保护焊机

熔化极惰性气体保护焊机自动与半自动的区别在于自动焊机的焊接沿焊道行走是自动进行的。自动焊只能用于规则的直焊缝和环焊缝，不规则焊缝的自动焊通常由焊接机器人承担。

自动焊机按结构不同可分为小车式和悬臂式，前者用于固定工件的焊接，小车在工件上行走；后者焊接时行走架不动，工件在转台上旋转。

（1）小车式自动焊机 小车式自动焊机如图 4-35 所示。

①行走小车。行走小车由车体、车轮、电动机、减速器、离合器等组成。电动机由调速电路控制，可在技术标准要求范围内连续调节行走速度。小车的车体应能承载与小车相关的其他所有机构，并在焊接行走时平衡、稳定。

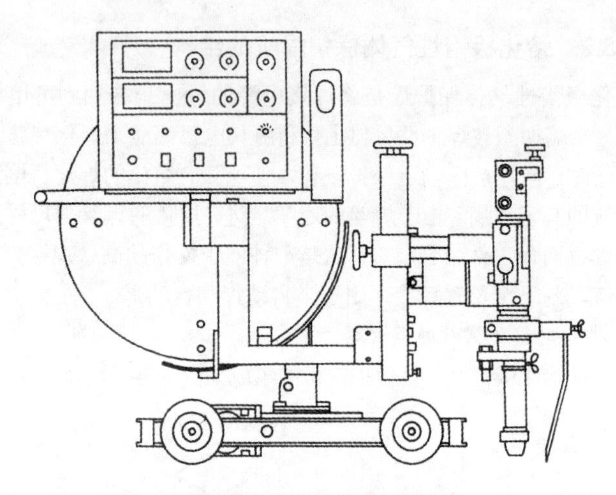

图 4-35　小车式自动焊机

②送丝机构。送丝机构由电动机、减速器、托架、送丝轮、压轮、导丝嘴、压簧及其调节机构组成。通过导丝嘴将焊丝引入送丝轮和压轮之间，经压簧调节机构调节焊丝压紧程度以确保送丝顺畅，维持稳定的焊接。电动机由调速电路控制，可在技术标准要求范围内连续调节送丝速度。

③焊枪。焊枪由枪管、绝缘套、喷嘴、导电嘴和调整机构组成。为适应各种工件的焊接，焊枪可通过调整机构做上下、左右调节，同时还能绕垂直轴调整角度。

④控制器。控制器的功能为焊接的开启和停止、调整焊接参数（电压、电流、焊接速度）、焊接程序控制和焊接参数显示。

其他辅助功能为手动送丝、气体预流、小车手动行走等。

⑤焊丝盘。焊丝盘能容纳 20kg 焊丝。

（2）悬臂式自动焊机　悬臂式自动焊机如图 4-36 所示，包括机架、行走架、送丝机构、焊枪、控制器、焊丝盘等。

转台旋转可进行环缝焊接。工件平放，行走架沿横梁移动时能进行直缝焊接。其他功能与小车式自动焊机基本相同。

图 4-36 悬臂式自动焊机

4.3.3 常用熔化极惰性气体保护焊机技术参数

NBA1-500 型半自动熔化极惰性气体保护焊机主要用于铝及铝合金中、厚（8～30mm）板材的各种位置焊接。焊机的空载电压为 65V，工作电压为 20～40V，电流调节范围为 60～500A，焊丝直径为 2～3mm。

NBA1-500 型半自动 MIG 焊机主要由 ZPG2-500 型硅焊接整流器、SS-2 型半自动送丝机构、Q-1 型半自动焊枪、YK-2 型遥控盒和供气系统等部分组成。为该焊机各部分的外部接线如图 4-37 所示。

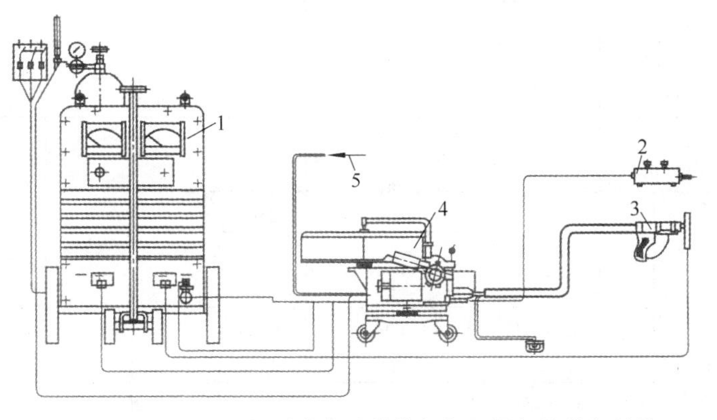

图 4-37 NBA1-500 型半自动熔化极氩弧焊机的外部接线

1. ZPG2-500 型硅焊接整流器；2. YK-2 型遥控盒；3. Q-1 型半自动焊枪；4. SS-2 型自动送丝机构；5. 进水

1. 半自动熔化极惰性气体保护焊机

①配弧焊整流器电源的国产半自动熔化极氩弧焊机技术参数见表 4-36。

表 4-36　配弧焊整流器电源的国产半自动熔化极氩弧焊机技术参数

技术参数 \ 型号		NBA1-400	NBA7-400	S-52A	S-54D	NB-500	NB-630	NB-800
弧焊电源输入电压/V		380	380	220/380/440	220/380/440	380	380	380
空载电压/V		65	75	48	48	53	55	60
工作电压/V		20～40	15～42	14～38	14～38	—	—	—
焊接电流调节范围/A		60～500	35～500	50～450	50～450	50～500	75～630	80～800
额定焊接电流/A		500	500	450	450	500	630	800
额定输入容量/（kV·A）		34	21	—	—	27	35	48
额定负载持续率（%）		60	60	100	100	60	60	60
焊丝直径/mm	不锈钢	—	0.5～1.2	0.8～2	0.8～3.2	0.8～2.4	0.8～2.4	0.8～2.4
	铝	2～3	1.6～2.9	1.6～2	1.6～3.2	1.6～2.4	1.6～2.4	1.6～2.4
送丝速度/（m/h）		60～840	150～750	120～1104	120～1104	—	—	—
氩气流量/（L/min）		—	25	—	—	—	—	—
质量/kg	电源	485	450	210	210	110	132	250
	送丝机构	20	10	23	24			
外形尺寸/（mm×mm×mm）	电源	1120×635×930	1180×840×656	908×565×762	908×565×762	—	—	—
	送丝机构	570×470×435	610×230×470	—	—	—	—	—
参考价格		9500	—	—	—	—	—	—

续表 4-36

技术参数＼型号	NBA1-400	NBA7-400	S-52A	S-54D	NB-500	NB-630	NB-800
适用范围	用于厚度为 8～30mm 的铝及铝合金板材的对接和角接	用于焊接铝及铝合金、不锈钢等；送丝平稳，适于软、细焊丝	可进行 MIG 焊、MAG 焊、CO2 焊和点焊	用于焊接铝及其合金、不锈钢、低碳钢、低合金钢等	可进行 MIG 焊、MAG 焊和 CO_2 焊；适用于大厚度低碳钢、低合金钢、不锈钢、铝及铝合金的焊接		
备注			配用电源：DW-450 弧焊整流器				

②国产 IGBT 逆变式半自动熔化极氩弧焊机技术参数见表 4-37。

表 4-37 国产 IGBT 逆变式半自动熔化极氩弧焊机技术参数

技术参数＼型号		NB-200	NB-315	NB-400	NB-500	NB-630
输入电源	电压/V	380				
	频率	50/60				
	相数	3				
额定输入容量/（kV•A）		7	13.5	19	28	35
额定电流/A		200	315	400	500	630
额定负载持续率（%）		60				
输出电流调节范围/A		50～200	60～315	60～400	80～500	100～630
输出电压/V		16～24	16～31	16～35	18～40	18～44
收弧电流/A		50～200	60～315	60～400	80～500	100～630
收弧电压/V		16～24	16～31	16～35	18～40	18～44
点焊时间/s		0～5				
适用的焊丝直径/mm		0.8、1.0、1.2			1.0、1.2、1.6、2.0	
外形尺寸/mm	长	500	500	500	550	550
	宽	300	300	300	340	340
	高	550	550	550	630	630

续表 4-37

技术参数 \ 型号	NB-200	NB-315	NB-400	NB-500	NB-630
质量/kg	46	50	56	65	70
外壳防护等级	IP21				
适用范围	用于厚度为 8～30mm 的不锈钢、铝及铝合金的对接和角接	适用于中等厚度、大厚度的铝及铝合金、不锈钢、低碳钢、低合金钢等的焊接			
备注	还可用作 CO_2 或 MAG 焊机，采用慢送丝引弧，具有自动去球、收弧功能；用作 MIG 焊机时可焊接不锈钢、铝及铝合金、铜及铜合金、钛及钛合金等多种金属；用作 MAG、CO_2 焊机时可焊接低碳钢、低合金钢等				

2. 自动熔化极惰性气体保护焊机

国产自动熔化极氩弧焊机技术参数见表 4-38。

表 4-38 国产自动熔化极氩弧焊机技术参数

技术参数 \ 型号	NZA19-500-1	NZA-1000	NZA-4-500-1	NZA-500
结构形式	小车式	小车式	悬臂梁式	小车式
弧焊电源输入电压/V	380			
相数	3			
频率/Hz	50			
空载电压/V	80	—	68	—
工作电压/V	25～40	25～45	15～40	21～42
焊接电流调节范围/A	50～500	—	50～500	—
额定焊接电流/A	500	1000	500	500
额定输入容量/（kV·A）	20	45.6	37	—
额定负载持续率（%）	80	60	60	60
焊接速度/（mm/h）	6～60	2.1～78	5～80	—
送丝速度/（mm/h）	90～330	30～360	20～1000	30～360
焊丝直径/mm	铝：2.5～4.5	3～5	铝：2～2.5 不锈钢：0.8～2.5	1.6～2.4

续表 4-38

技术参数 \ 型号			NZA19-500-1	NZA-1000	NZA-4-500-1	NZA-500
焊枪位移/mm	垂直		90	80	—	80
	横向		70	100	—	100
焊枪转角（°）	沿焊缝轴向		0～45	±45	—	±45
	沿焊缝横向		±20	＞45	—	＞45
	沿焊缝表面垂直方向		350	—	—	—
质量/kg	焊丝盘		5	—	—	—
	弧焊电源		320	630	550	315
	焊接小车		30	60		60
外形尺寸/mm	弧焊电源	长	650	900	945	750
		宽	492	700	660	580
		高	1130	1200	1215	860
	焊接小车	长	720	600	—	600
		宽	320	500	—	500
		高	840	800	—	800
适用范围			适用于铝及铝合金中厚板的对接和角接	适用于厚度为5～40mm的铝及铝合金、铜及铜合金的熔化极自动氩弧焊	用于焊接各种不锈钢、耐热合金、各种非铁金属及合金	适用于铝及铝合金、铜及铜合金等非铁金属的焊接
备注			配用电源：ZXG7-500-1		配用电源：ZDG-500-1	

3. TIG、MIG 两用弧焊机

NB-500 型 TIG、MIG 半自动两用弧焊机技术参数见表 4-39。

表 4-39 NB-500 型 TIG、MIG 半自动两用弧焊机技术参数

电源电压/V	380
相数	3
频率/Hz	50
额定焊接电流/A	500
额定负载持续率（%）	60

续表 4-39

空载电压/V	70
电流调节范围/A	50～500
冷却水流量/（L/min）	＞1
电弧电压调节范围/V	15～40
电流衰减时间/s	5～15
焊丝直径/mm	0.8～1.6
送丝速度/（m/h）	20～120
焊丝盘质量/kg	25
钨极直径/mm	2～7
氩气流量/（L/min）	25
弧焊整流器	ED-500
特点和适用范围	该焊机是采用惰性气体或混合气体作为保护介质的一种 TIG 和 MIG 两用的半自动焊接设备，适用于铜、钛、镁、铝及其合金、不锈钢、碳素钢、高强度钢和耐热钢等金属薄板和中厚板的焊接

4. 常用熔化极惰性气体保护焊机

熔化极氩弧焊机技术参数见表 4-40。

表 4-40　熔化极氩弧焊机技术参数

技术参数＼型号	NZ3-350	NZ2-500	NZA20-200	NZA24-200
电源电压/V	380±38	380	380	—
电流调节范围/A	50～350	—	—	—
相数/N	3	3	—	—
空载电压/V	57	—	75	70
工作电压/V	15～36	20～40	30	—
送丝速度/（m/min）	1.5～15	—	1～14	1.6～16
焊接速度/（m/min）	0～4	0.5～1.5	0.1～1.0	0.1～1.4
输入容量/（kV·A）	18.6	34	—	—
额定负载持续率(%)	50	—	60	100
脉冲频率/Hz	—	—	50、100	25、50、100
脉冲工作电压/V	—	—	20～40	15～40
适用范围	适用于直径为 0.8～1.6mm 的焊丝	车辆合成专用自动化焊机	脉冲 MIG 焊机，焊接铝及其合金、不锈钢等	焊接耐高温合金化学性活泼金属、不锈钢等

4.4 二氧化碳气体保护焊（CO_2焊）设备

4.4.1 二氧化碳气体保护焊设备的分类和组成

1. 二氧化碳气体保护焊设备的分类

CO_2焊设备按照操作方式不同可分为半自动CO_2焊机、自动CO_2焊机和各种专用（如螺栓柱焊、点焊）焊机等。半自动CO_2焊机采用细焊丝（直径≤1.6mm），适用于短的、不规则焊缝焊接；自动CO_2焊机采用粗丝（直径＞1.6mm），适用于长的、规则焊缝和环缝焊接。

2. 二氧化碳气体保护焊设备的组成

半自动CO_2焊和自动CO_2焊所用设备基本相同。半自动CO_2焊设备主要由焊接电源、供电系统、送丝系统、焊枪和控制系统组成如图4-38所示；而自动CO_2焊设备仅多一套焊枪与工件相对运动的机构，或者采用焊接小车进行自动操作。

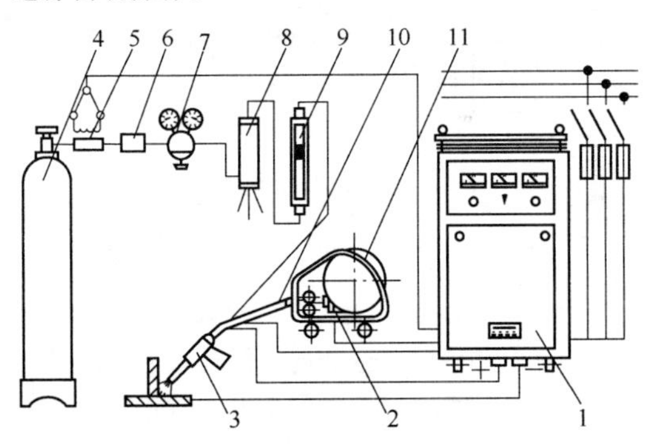

图4-38 半自动CO_2焊设备

1. 电源；2. 送丝机；3. 焊枪；4. 气瓶；5. 预热器；6. 高压干燥器；7. 减压器；8. 低压干燥器；9. 流量计；10. 软管；11. 焊丝盘

（1）CO_2焊接电源 以使用得最多的半自动CO_2焊设备为主加以介绍。CO_2焊选用直流电源，一般采用反接。

①对焊接电源外特性的要求。由于CO_2电弧的静特性是上升的，因

此平（恒压）和下降外特性电源可以满足电源电弧系统和稳定条件。弧压反馈送丝焊机配用下降外特性电源，等速送丝焊机配用平或缓降外特性电源。

②对电源动特性的要求。颗粒过渡时，对焊接电源动特性无特别要求；而短路过渡焊接时，则要求焊接电源具有足够大的短路电流增大速度；当焊丝成分及直径不同时，短路电流增长速度可进行调节。

（2）供气系统 供气系统的作用是将钢瓶内的液态 CO_2 变成合乎要求的、具有一定流量的气态 CO_2，并及时地输送到焊枪。如图 4-39 所示，CO_2 供气系统由气瓶、预热器、高压干燥器、减压流量计和气阀等组成。

①气瓶。气瓶用来储存液体 CO_2，外形与氧气瓶相似，外涂黑色标记，满瓶时可达 5～7MPa 压力。

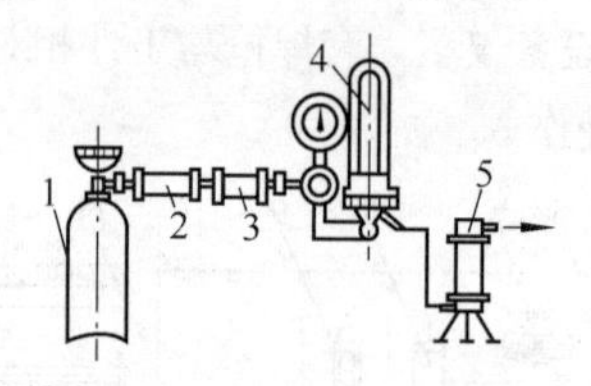

图 4-39 CO_2 供气系统

1. 气瓶；2. 预热器；3. 高压干燥器；4. 减压流量计；5. 低压干燥器

②预热干燥器。由于液态 CO_2 转化为气态 CO_2 时要吸收大量热量，同时流经减压器后，气体膨胀，也会使气体温度下降，因此易使减压器出现白霜和冻结现象，造成气体阻塞。因此，CO_2 气体在减压之前必须经预热。

为了结构紧凑，常把预热器和干燥器结合在一起而成为预热干燥器，如图 4-40 所示。预热是由电阻丝加热，一般用 36V 交流电，功率为 75～100W；干燥剂常用硅胶或脱水硫酸铜，吸水后其颜色会发生变化，经加热烘干后可重复使用。

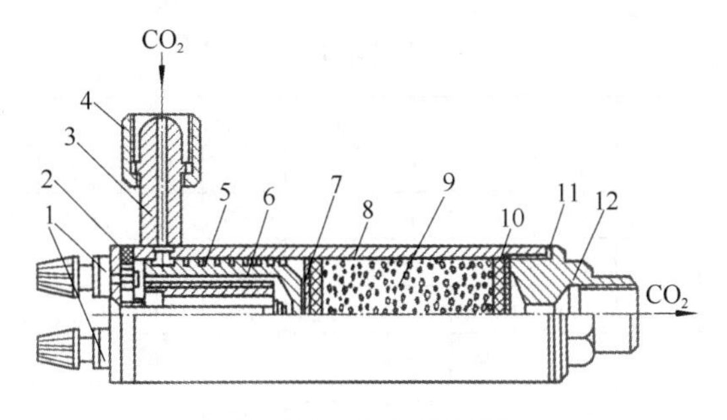

图 4-40 预热干燥器

1. 接线柱；2. 绝缘垫；3. 进气接头；4. 接头螺母；5. 电热器；6. 导气管；7. 气筛垫；8. 壳体；9. 硅胶；10. 毡垫；11. 铅垫；12. 接头

对于混合气体保护焊，还需配备气体混合装置，先将气体混合均匀，然后再送入焊枪，Ar-CO_2气体混合时比例与流量见表 4-41。

表 4-41 Ar-CO_2气体混合时比例与流量

CO_2比例(%)		总流量/（L/min）									
		10	11	12	13	15	17	20	22	24	25
1	氩	9.9	10.89	11.88	12.87	14.85	16.83	19.80	21.78	23.76	24.75
	CO_2	0.1	0.11	0.12	0.13	0.15	0.17	0.20	0.22	0.24	0.25
2	氩	9.8	10.78	11.76	12.74	14.70	16.66	19.60	21.56	23.52	24.50
	CO_2	0.2	0.22	0.24	0.26	0.30	0.34	0.40	0.44	0.48	0.50
3	氩	9.7	10.67	11.64	12.61	14.55	16.49	19.40	21.34	23.28	24.25
	CO_2	0.3	0.33	0.36	0.39	0.45	0.51	0.60	0.66	0.72	0.75
4	氩	9.6	10.56	11.52	12.48	14.40	16.32	19.2	21.12	23.04	24.00
	CO_2	0.4	0.44	0.48	0.52	0.60	0.68	0.80	0.88	0.96	1.00
5	氩	9.5	10.45	11.4	12.35	14.25	16.15	19.00	20.9	22.80	23.75
	CO_2	0.5	0.55	0.60	0.65	0.75	0.85	1.00	1.10	1.20	1.25
6	氩	9.4	10.34	11.28	12.22	14.10	15.98	18.8	20.68	22.56	23.50
	CO_2	0.6	0.66	0.72	0.78	0.90	1.02	1.20	1.32	1.44	1.50
8	氩	9.2	10.12	11.04	11.96	13.80	15.64	18.40	20.24	22.08	23.00
	CO_2	0.8	0.88	0.96	1.04	1.20	1.36	1.60	1.76	1.92	2.00

续表 4-41

CO_2 比例(%)		总流量/（L/min）									
		10	11	12	13	15	17	20	22	24	25
10	氩	9.0	9.9	10.8	11.7	13.5	15.3	18.0	19.8	21.6	22.50
	CO_2	1.0	1.1	1.2	1.3	1.5	1.7	2.0	2.2	2.4	2.5
12	氩	8.8	9.68	10.56	11.44	13.20	14.96	17.60	19.36	21.12	22.00
	CO_2	1.2	1.32	1.44	1.56	1.80	2.04	2.40	2.64	2.88	3.00
15	氩	8.5	9.35	10.20	11.05	12.75	14.45	17.00	18.70	20.40	21.25
	CO_2	1.5	1.65	1.80	1.95	2.25	2.55	3.00	3.30	3.60	3.75
18	氩	8.2	9.02	9.84	10.76	12.30	13.94	16.40	18.04	19.68	20.50
	CO_2	1.8	1.98	2.16	2.34	2.70	3.06	3.60	3.96	4.32	4.50
20	氩	8.0	8.8	9.6	10.4	12.0	13.6	16.0	17.6	19.2	20.00
	CO_2	2.0	2.2	2.4	2.6	3.0	3.4	4.0	4.4	4.8	5.0
22	氩	7.8	8.58	9.36	10.14	11.70	13.26	15.6	17.16	18.72	19.5
	CO_2	2.2	2.42	2.64	2.86	3.30	3.74	4.40	4.84	5.28	5.50
25	氩	7.5	8.25	9.00	9.75	11.25	12.75	15.00	16.50	18	18.75
	CO_2	2.5	2.75	3.00	3.25	3.75	4.25	5.00	5.50	6.00	6.25

若用双层不同的气体保护，则需要两套独立的供气系统。

③减压流量计。减压流量计用作高压 CO_2 气体减压及气体流量的标识，目前常用的是 301-1 型浮式流量计，它由减压器和流量计两部分组成。调节范围有 0～15L/min 和 0～30L/min 两种，可根据需要选用。

④气阀。气阀用作控制保护气体通断的一种装置，常用的是电磁气阀。

（3）水路系统　水路系统中通以冷却水，用于冷却焊枪。通常水路中设有水压开关，当水压太低或断水时，水压开关将断开控制系统电源，使焊机停止工作，保护焊枪不被损坏。

（4）送丝系统　半自动 CO_2 焊通常采用等速送丝系统，送丝方式有推丝式、拉丝式和推拉式三种。半自动 CO_2 焊的三种送丝方式如图 4-41 所示。目前，生产中应用最广的是推丝式，该系统包括送丝机构、调速器、送丝软管、焊丝盘和焊枪等。三种送丝方式的使用特点见表 4-42。

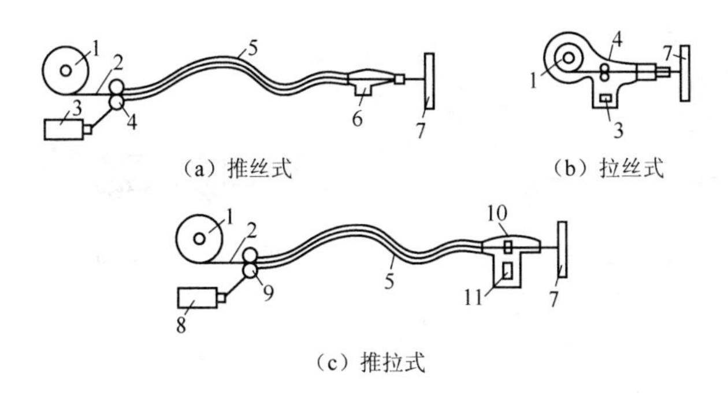

图 4-41　半自动 CO_2 焊的三种送丝方式

1. 焊丝盘；2. 焊丝；3. 送丝电动机；4. 送丝轮；5. 软管；6. 焊枪；7. 工件；8. 推丝电动杆；9. 推丝机；10. 拉丝轮；11. 推丝电动机

表 4-42　三种送丝方式的使用特点

送丝方式	最长送丝距离/m	使 用 特 点
推丝式	5	焊枪结构简单，操作方便，但送丝距离较短
拉丝式	15	焊枪较重，劳动强度较高，仅适用于细丝焊
推拉式	30	送丝距离长，但两动力必须同步，结构较复杂

①送丝机构。送丝机构由电动机、减速装置、送丝轮和压紧装置等组成。送丝机构有手提式、小车式和悬挂式之分。推丝式送丝机构如图 4-42 所示。

②调速器。调速器一般采用改变送丝电动机电枢电压的方法来实现无级调速。目前使用最普遍的是可控硅整流器调速方式。

③送丝软管。送丝软管是引导焊丝的通道，既有一定的挺度以保证送丝顺利，又能柔软地弯曲以便操作。送丝软管结构如图 4-43 所示。为了便于送丝，软管内径应与焊丝直径匹配。送丝软管与焊丝的配用见表 4-43。

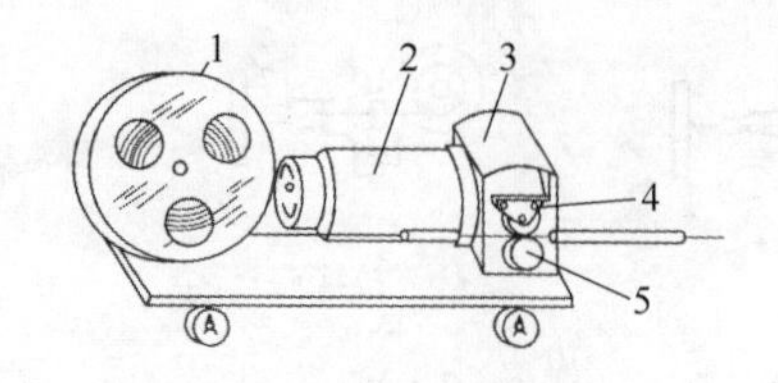

图 4-42　推丝式送丝机构

1. 焊丝盘；2. 送丝电动机；3. 减速装置；4. 压紧装置；5. 送丝轮

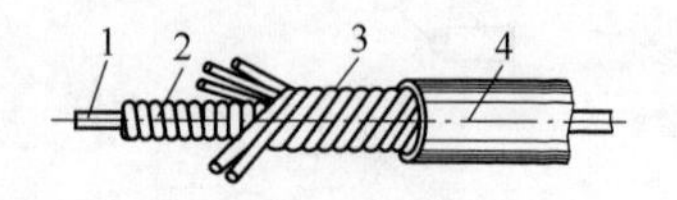

图 4-43　送丝软管结构

1. 焊丝；2. 弹簧管；3. 加固钢丝；4. 胶管

表 4-43　送丝软管与焊丝的配用

焊丝直径/mm	弹簧管内径/mm	软管长度/m
0.8	1.2	2～3
1.0	1.5～2.0	2～3.5
1.2	1.8～2.4	2.5～4
1.6	2.5～3.0	3～5

④焊丝盘。按送丝方式的不同，焊丝盘分为大盘和小盘两种。一般推丝式为大盘，拉丝式为小盘。为了保证送丝时均匀，绕丝时焊丝应密排层绕，同时要注意焊丝不硬弯。

⑤焊枪。焊枪又称为焊炬，用于传导焊接电流、导送焊丝和 CO_2 保护气体。其主要零件有喷嘴和导电嘴。焊枪按其应用不同分为半自动焊枪和自动焊枪；按其形式不同分为鹅颈式焊枪和手枪式焊枪；按送丝方式不同分为推丝式焊枪和拉丝式焊枪；按冷却方式不同分为空冷式焊枪和水冷式焊枪。自动焊枪的结构与半自动焊枪相同，但其载流容量较大，工作时间较长，一般采用水冷式。粗丝水冷自动焊枪结构如图 4-44 所示。

喷嘴的形状和尺寸对 CO_2 气流的状态、焊枪的操作性能有直接影响，一般半自动焊枪的喷嘴孔径为 16～22mm，不应小于 12mm，以使气体保护作用充分，且气量消耗又少；但也不宜过大，过大不宜观察熔池。喷嘴的形状以圆柱形较好，也有用圆锥形的，如图 4-32 所用。使用前，可在喷嘴的内、外表面涂以硅油，这样容易清除飞溅物。

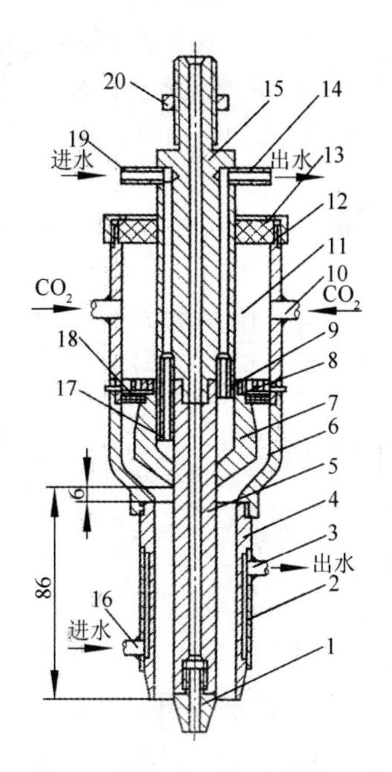

图 4-44 粗丝水冷自动焊枪结构

1. 导电嘴；2. 喷嘴外套；3、14. 出水管；4. 喷嘴内套；5. 下导电杆；6. 外套；7. 纺锤形体内套；8. 绝缘衬套；9. 出水接管；10. 进气管；11. 气室；12. 绝缘压块；13. 背帽；15. 上导电杆；16、19. 进水管；17. 进水连接管；18. 铜丝网；20. 螺母

（5）控制系统 控制系统的功能是在CO_2焊时，使焊接电源、供气系统、送丝系统实现程序控制。自动焊时，还要控制焊车行走或工件转动等。

①送丝控制。控制送丝电动机，保证完成正常送丝和制动动作，调整焊接前的焊丝伸出长度，并对网路电压波动有补偿作用。

②供电控制。主要是控制弧焊电源。供电在送丝前或与送丝同时进行；停电在停止送丝之后进行，以避免焊丝末端与熔池黏结，保证收尾良好。

③供气系统控制。对供气系统的控制大致分四步进行：第一步，预调气，按工艺要求调节CO_2气体流量；第二步，引弧提前 2～3s 为电弧

区送气，然后进行引弧；第三步，在焊接过程中控制均匀送气；第四步，在停弧后应继续送气 2～3s，使熔化金属在凝结过程中仍得到保护。磁气阀采用延时继电器孔控制，也可由焊工利用焊枪上的开关直接控制供气。

④控制程序。CO_2 焊焊接程序如图 4-45 所示。程序控制系统可控制焊接程序过程。

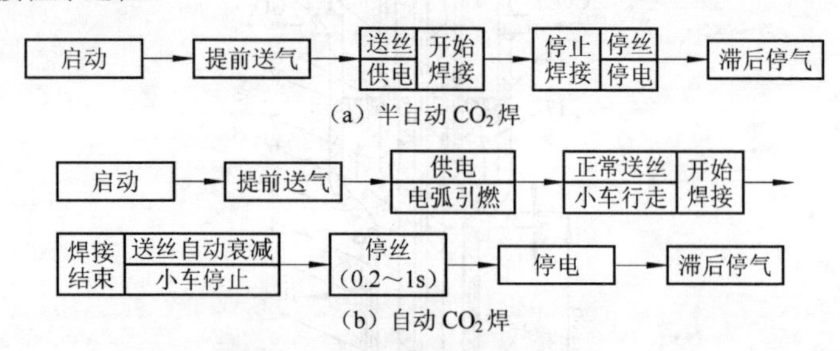

图 4-45　CO_2 焊焊接程序

4.4.2　二氧化碳气体保护焊机

随着 CO_2 气体保护焊技术应用范围的日益扩大，CO_2 气体保护焊机的发展也很迅速。目前，电焊机厂定型生产各种通用和专用的 CO_2 半自动和自动焊机。DSP 全数字化逆变熔化极气体保护焊机的外形如图 4-46 所示。

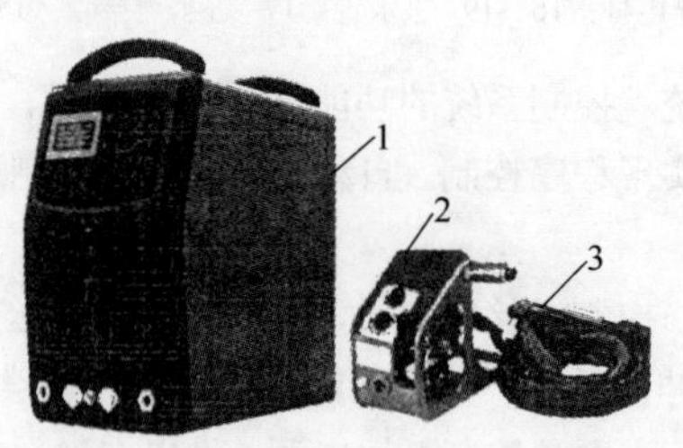

图 4-46　DSP 全数字化逆变熔化极气体保护焊机的外形

1. 主机；2. 送丝器；3. 送丝软管

DSP 系列焊机的特点如下。

①采用 DSP 数字化控制技术，焊接电流极为稳定。

②本机的人机交互面好，菜单显示，全触摸功能，操作方便，电压调节精度为 0.1V，电流调节精确度 1A，实现参数精确微调，确保高品质焊接。

③采用了宽电压输入技术，抗电网波动性极强，交流电压为 260～460V 机器都能保证安全使用。

④具有一元化调节功能，具有强大的专家数据库，电流、电压自动运算匹配。

⑤具有多种焊接工艺的焊接数据库，能用于 CO_2 焊、MIG 焊、MAG 焊。

⑥二步、四步操作方式，起弧、收弧调节，保证焊缝的完美性。

⑦采用波形控制，焊接过程稳定，成形好，电流电压范围大。

⑧电弧推力可随焊接电缆长度调节，实现远距离焊接。

⑨拥有计算机 USB 接口，网络化、软件化。

⑩通过软件升级可完成增加五大焊接功能：熔化极单、双脉冲气体保护焊 MIG 焊接、直流 TIG 焊接、脉冲 TIG 焊接、氩弧定时 TIG 点焊、手工焊。

⑪具有全方位的保护功能：恒压、恒流、欠电压、欠电流、过电压、过电流保护功能，保证机器稳定及长寿命。

⑫可配合各种全自动焊接机械，可添置机器人数据端口，实现自动化焊接。

4.4.3 KR 系列 CO_2焊机和 MIG 焊机

KR 系列焊机是包括 200A、350A、500A 三个规格的系列，是国内广为流行的半自动 CO_2焊机和 MIG 焊机。该机有收弧功能，并且可预置收弧参数；有限制短路电流功能；可焊实心和药心焊丝，有三种焊丝直径选择功能；可进行简易一元化调节；有消熔小球功能；遥控器装在送丝机上，焊接参数调节方便，降低了断线故障率。

KR 系列技术参数见表 4-44。

表 4-44　KR 系列技术参数

技术参数 \ 型号	YM-200KR1	YM-350KR1	YM-500KR1
CO_2焊机焊接电源	YD-200KR1	YD-350KR1	YD-500KR1
控制方式	晶闸管		
输入电源	三相，380V，50、60Hz		
额定输入容量/（kV·A）	7.6（6.5kW）	18.1（16.2kW）	31.9（28.1kW）
电源频率/Hz	50/60		
输出电流/A	50～200	60～350	60～500
收弧电流/A	50～200	60～350	60～500
输出电压/V	15～25	16～36	16～45
收弧电压/V	15～25	16～36	16～45
额定负载持续率（%）	50	50	60
适用焊丝类型	实心、药心		
外形尺寸/（mm×mm×mm）	376×675×747	376×675×747	436×675×762
质量/kg	78	100	148
送丝机	YW-35KB1		
适用焊丝直径/mm	0.8/1.0/1.2	0.8/1.0/1.2	1.0/1.2/1.6
电缆长度/m	1.8		
焊枪	YT-20CS3	YT-35CS3	YT-50CS3
额定负载持续率（%）	CO_2：50；MIG：25	CO_2：70；MIG：35	CO_2：70；MIG：35
额定电流/A	200	350	500
适用焊丝直径/mm	0.8、1.0、1.2	0.8、1.0、1.2	1.0、1.2、1.6
焊枪电缆长度/m	3		
气体调节器	YX-257CAY1	YX-257CAY1	YX-257CAY1

KR 系列电路原理如图 4-47 所示。

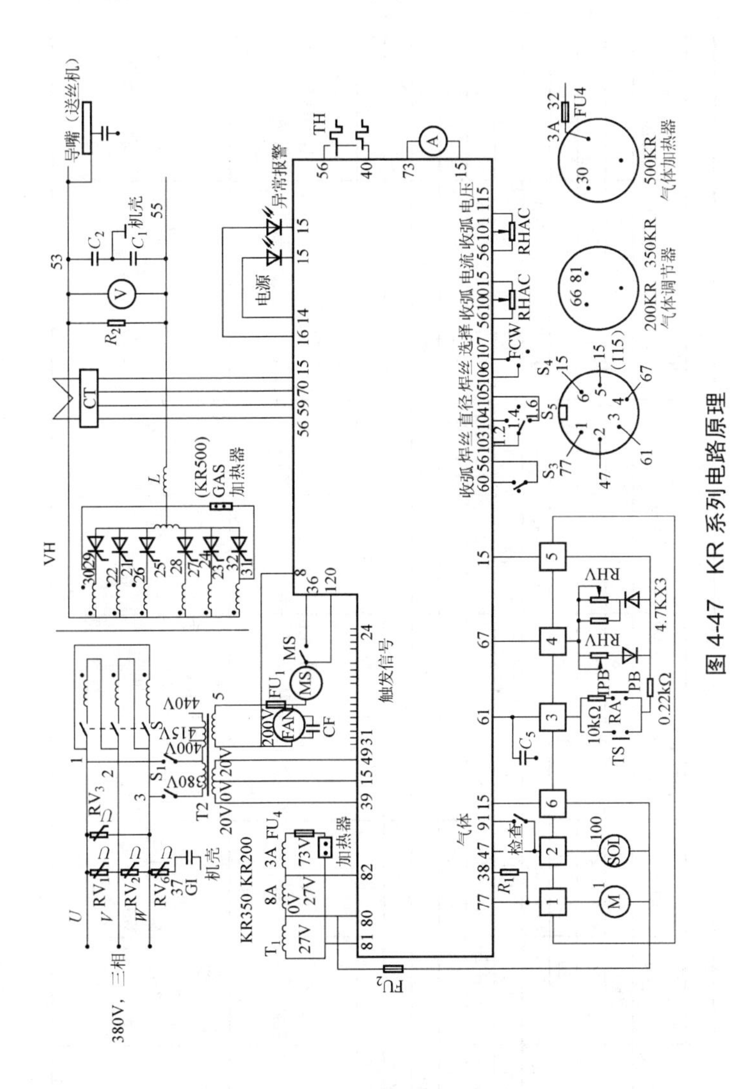

图 4-47 KR 系列电路原理

4.4.4 二氧化碳气体保护焊机技术参数

①CO_2焊常用电焊机技术参数见表 4-45。

表 4-45 CO_2焊常用电焊机技术参数

技术参数 \ 焊机名称及型号	半自动 CO_2 焊电焊机					自动 CO_2 焊电焊机			
	NBC-200（GD-200）	NBC1-200	NBC1-300（GD-300）	NBC1-500	NBC1-500-1	NBC4-500（FN-1）	NZC-500-1（AGA-500）	NZC3-500（GDF-500）	NZC3-2×500-3（GDB-2×500）
电源电压/V	380	220/380	380	380	380	380	380	380	380
空载电压/V	17～30	14～30	17～30	75	75	75	—	75	75
工作电压/V	17～30	14～30	17～30	15～42	15～40	15～42	15～40	15～40	15～40
电流调节范围/A	40～200	—	50～300	—	50～500	—	50～500	50～500	50～500
额定焊接电流/A	200	200	300	500	500	500	500	500	500
焊丝直径/mm	0.5～1.2	0.8～1.2	0.8～1.4	0.8～2	1.2～2.0	0.8～1.6	1～2	1.0～1.6	1.0～1.6
送丝速度/（m/min）	1.5～9	1.5～15	2～8	1.7～17	8	1.7～25	1.5～17	2～8	2～8
焊接速度/（m/min）	—	—	—	—	—	—	0.3～2.5	0.5～2.5	0.5～2.5
气体流量/（L/min）	—	25	20	25	25	25	10～20	25	25×2
额定负载持续率（%）	—	100	70	60	60	—	—	60	60
配用电源	硅整流电源	ZPG-200型电源	可控硅整流电源	ZPG1-500型电源	硅整流电源	ZPG1-500型电源	AP1-350型电源，埋弧焊配用AX7-500型电源	原GD-500型电源	原GD-500型电源两台
适用范围	拉式半自动焊机，适用于厚度为0.6～4mm低碳钢薄板的焊接	适用于低碳钢薄板的焊接，为推式半自动焊机	推式半自动焊机，适用于低碳钢板的焊接	推式半自动焊机，冷却水耗量为1L/min；适用于中、厚低碳钢板的焊接	推式半自动焊机，适用于焊接中、厚低碳钢板	推式半自动焊机，适用于点焊或缝焊	可进行气焊，也可用于埋弧焊	汽车轴管法兰专用焊机	汽车轴管方孔臂专用焊机

注：括号内为旧型号。

②常用CO_2焊机技术参数见表4-46。

表4-46　常用CO_2焊机技术参数

技术参数 型号	电源电压/V	送丝速度范围/（m/min）	电流调节范围/A	额定工作电压/V	额定负载持续率（%）	适用焊丝直径/mm
NBC-250	三相，380	1.5～15	50～250	26.5	35～60	0.8～1.2
NBC-315			60～315	30	35～60	0.8～1.6
NBC-350			70～350	31.5	35～60	0.8～1.2
NBC-400			80～400	34	35～60	0.8～1.6
NBC-500			100～500	39	35～100	1.0～1.6
NBC-630			125～630	44	60～100	1.0～2.0

注：按照电焊机型号编制方法规定“NB属于直流氩气和混合气体保护焊，NBC属于二氧化碳气体保护焊”，但在实际应用中并未强调二者的区别。

③部分国产半自动CO_2焊机技术参数见表4-47。

④部分国产自动CO_2焊机技术参数见表4-48。

表 4-47　部分国产半自动 CO_2 焊机技术参数

技术参数 \ 型号		YM-160SL5HGE	NBC-300	MM-200S	MARKER III-350	NBC1-400	NBC-500	NBC5-500
输入	电源电压/V	380	380	380	380	380	220	380
	频率/Hz	50	50/60	50	50	50	50	50
	相数	3	3	3	3	3	1	3
空载电压/V		16～26	16～36	42	36	22～66	75	
工作电压/V		—	—	28	15～36	15～42	15～40	15～42
额定容量/（kV・A）		6.1	11	9.15	20	—	—	—
负载持续率（%）		30	60	60	50	60	60	60
焊接电流调节范围/A		20～160	40～300	—	40～350	80～400	50～500	—
额定焊接电流/A		—	300	200	350	400	500	500
焊丝直径/mm		0.6、0.8	0.8～1.4	0.8～1.2	0.8、1.0、1.2、1.4	1.2～1.6	1.2～12	1.6～2.0
送丝速度/（m/h）		—	960	90～888	—	80～800	480	80～800
气体流量/（L/min）		—	20	—	—	25	—	—
焊丝盘质量/kg		—	2.5	—	—	18	—	—

续表 4-47

技术参数 \ 型号		YM-160SL5HGE	NBC-300	MM-200S	MARKER Ⅲ-350	NBC1-400	NBC-500	NBC5-500
质量/kg	弧焊电源	49	63	—	—	500	—	110
	送丝机	—	—	—	12	—	25	—
	焊枪	—	—	—	0.5	—	—	1.3
外形尺寸/（mm×mm×mm）	弧焊电源	300×439×510	360×550×615	—	—	830×760×980	—	360×540×870
	送丝机	—	—	—	610×230×470	500×220×380	540×340×400	—
	焊枪	—	—	—	—	—	—	—
适用范围		用于焊接厚度为4.5mm 以下的低碳钢和低合金钢的中薄板	用于焊接厚度为 1～10mm的低碳钢和低合金钢	一体化焊机，用于焊接低碳钢、低合金钢	用于焊接黑色金属的中厚板	用于焊接低碳钢和低合金钢	用于焊接厚度为 1.2～2.0mm 的低碳钢和低合金钢	用于焊接厚度为 2mm 以上的低碳钢和低合金钢

表 4-48　部分国产自动 CO_2 焊机技术参数

技术参数	型号	NZC-1000	NZAC-1	NQZCA-2×400	NZC-315
输入	电源电压/V	380			
	频率/Hz	50			
	相数	3			
空载电压/V		70～90	—	—	—
工作电压/V		30～50	18～24	18～45	30（额定）
额定容量/（kV·A）		100	—	32	—
负载持续率（%）		60	—	—	60
焊接电流调节范围/A		200～1000	—	80～400	—
额定焊接电流/A		1000	300	—	315
焊丝直径/mm		3～5	1～2	1～1.2	0.8～1.2
送丝速度/（m/h）		60～228	120～420	400（最大）	120～800
焊接速度/（m/h）		10～180	7.2～27.6	—	25～130
气体流量/（L/min）		—	30（保护气为 CO_2+Ar）	20×2	—
焊枪位移/mm	横向	±30	60	0～50	
	垂直	90	40	0～40	
焊枪倾斜角/（°）	前后倾斜角	45	—	0～360	
	侧面倾斜角	±90	—	0～270	
焊枪绕垂直轴的回转角/（°）		350	—	0～270	—
质量/kg	弧焊电源	800	—	—	—
	焊接小车	50	—	—	8
	控制箱	—	—	—	—
外形尺寸/（mm×mm×mm）	弧焊电源	950×650×1500	—	725×725×1150	—
	焊接小车	900×370×880	—	180×180×100	—
	控制箱	—	—	120×100×248	—
适用范围		用于低碳钢、低合金钢的开坡口或不开坡口对接焊缝和角接焊缝的自动焊	用于高温、高压厚壁管道、输油管道和各种容器的自动焊	用于焊接厚度为 4～40mm 的各种低碳钢和低合金钢的对接焊缝、角接焊缝的焊接	用于中薄板构件的直焊缝、角焊缝的焊接
备注		配用 ZPG7-1000 型电源	该焊机为全位置自动焊机	该焊机为全位置双丝焊机	

⑤NZC2-II 型全功能 CO_2 焊机技术参数见表 4-49。

表 4-49　NZC2-II 型全功能 CO_2 焊机技术参数

技术参数 \ 型号	ZPL1000A（硅整流电源）	ZPL1250A（硅整流电源）	NBC-350K（CO_2 气体保护电源）
焊接电压/V	28～44	28～44	17～37
焊接电流/A	250～1000	200～1250	70～350
额定容量/（kV·A）	95	118	24
负载持续率（%）	60	—	—
输出电源	（三相四线）380V±38V，50Hz		
有效行程/m	垂直：2～5.5；水平：3～9（12 种规格）		
横臂焊接速度/（cm/min）	12～100（直流无级调速）		
横臂升降速度/（cm/min）	110（交流恒速）		
最小焊接直径/mm	标准机头：小于 650；特小机头：小于 300		
项　　目	调节式滚轮架	自调式滚轮架	
载货量/t	10～150（8 种规格）		
工件直径/mm	300～5500		
滚动速度/（mm/min）	100～1200	交流变频调速	
适用范围	该设备由移动台车、360° 转动立柱伸缩臂式焊接操作架，微型计算机控制交流变频调速滚轮架（分自调式和调节式两种），焊接电源及机头组成（有 12 种不同规格成套系列）。它可对圆形焊件、方形长距离焊件做内外、纵、环缝自动焊接，是管道、容器、油罐、锅炉自动埋弧焊接、气刨及各种厚度为 2～6mm 的非铁金属结构件的自动 CO_2 焊专用设备		

⑥DSP 全数字化逆变 CO_2 焊机技术参数见表 4-50。

表 4-50　DSP 全数字化逆变 CO_2 焊机技术参数

技术参数 \ 型号/规格	315 型/304	400 型/404	500 型/504
额定输入电压	三相交流，380V，50Hz、60Hz		
输入电压范围/V	260～460		
额定输出电流/A	315	400	500
额定输出电压/V	32.6	36	40

续表 4-50

技术参数 \ 型号/规格	315 型/304	400 型/404	500 型/504
输出空载电压/V	55～80		
额定负载持续率（%）	60		
功率因数 $\cos\phi$	≥0.85		
效率 η	85%		
外形尺寸/mm	510×255×540	540×255×540	610×320×600
净重/kg	25	29	38
参数存储区（个）	30		
电流调节范围/A	30～315	30～400	30～500
电压调节范围/V	10～34	10～38	10～42

4.4.5　二氧化碳气体保护焊机的正确使用

以半自动 CO_2 焊机为例介绍如下。

①按要求接好供气系统。接通焊接电源，合上控制电源开关。打开 CO_2 气瓶上的气阀，合上检气开关。调节 CO_2 气体流量至预定值，然后关闭检气开关。

②安装好焊丝盘，根据焊丝直径选择送丝滚轮上的刻槽和导电嘴孔径，将焊丝伸入送丝滚轮并进入送丝管，适当地压紧送丝滚轮。合上焊枪的开关，使焊丝从软管送出导电嘴后关上焊枪的开关。也可合上送丝机上的开关，这时送丝速度比合上焊枪开关时的送丝速度快。

③调节焊接电流和焊接电压旋钮至预定值。用一块废钢板进行试焊，进行焊接参数调节，直至试焊焊缝成形良好。试焊时只需要合上焊枪的开关，使焊丝末端与试板接触引弧。如果开始时焊丝伸出导电嘴较长，可用焊丝钳剪断，使焊丝伸出导电嘴 10～20mm；也可将焊枪倾斜较大的角度进行刮擦引弧，这样就能将焊丝多余的部分熔断。合上焊枪的开关引弧后进行焊接。

④结束焊接时关闭焊枪上的开关，填满收弧处弧坑，电弧自然熄灭，移开焊枪。关上焊机上的电源开关，关好 CO_2 气瓶上的瓶阀，结束焊接。

4.5 药芯焊丝电弧焊设备

药芯焊丝作为一种新型的焊接材料，被用于多种焊接方法。大多数使用实芯焊丝的设备也可使用药芯焊丝。一些标有实心、药心焊丝两用的焊机，只是在实芯焊丝焊机的基础上添加了某些功能，以便更有效地发挥药芯焊丝的优势，这些功能并不是药芯焊丝的必备条件。也就是说，使用实芯焊丝的设备完全可以使用药芯焊丝。

4.5.1 焊接电源

实心、药心焊丝两用的焊机，是在使用实芯焊丝焊机的基础上添加了以下一种或多种功能。

①极性转换（直流正接和反接转换装置）。

②电源外特性微调。在平特性的基础上微调外特性，使其在微翘和缓降之间。

③电弧挺度调节。通过调节电弧挺度来调节熔滴过渡以减少飞溅，并可改善全位置焊接的性能。

④埋弧焊、钨极氩弧焊机不用添加以上功能就可使用药芯焊丝焊接。CO_2焊机在增加了极性转换装置后可使用自保护药芯焊丝（大多为直流正接），增加了电源外特性微调和电弧挺度调节的CO_2焊机不仅可使用CO_2气体保护，还可以用其他气体，更好地发挥药芯焊丝的优势。

4.5.2 送丝机

实芯焊丝送丝机可以正常使用加粉系数较小的药芯焊丝，如CO_2气体保护药芯焊丝，但要使用加粉系数较大的药芯焊丝，最好选用专用送丝机，以防药芯焊丝被压扁，影响送丝。专用送丝机有两对主动送丝轮，上、下轮均开V形槽，直径大于1.2mm的焊丝的上下轮均轧花以增加送丝推力，同时改善导电嘴的导电性能。

4.5.3 焊枪

药芯焊丝埋弧焊、钨极氩弧焊、熔化极气体保护焊等方法的焊枪与实芯焊丝的焊枪相同。自保护药芯焊丝可选用专用焊枪或CO_2气体保护焊枪，或在CO_2气体保护焊枪的基础上去掉气罩并在导电嘴外侧加绝缘护套，以满足某些药芯自保护焊丝伸出长度的需要，同时可以减少飞溅。

药芯焊丝电弧焊其他设备与实芯焊丝所用设备相同。

5 电阻焊设备

5.1 电阻焊设备的分类和组成

5.1.1 电阻焊设备的分类

电阻焊是压焊的一种，是利用电流通过焊件及其接触面产生的电阻热加热金属，在压力作用下实现焊接。电阻焊设备的分类见表 5-1。

表 5-1 电阻焊设备的分类

分类方法	焊机类别	特点	适用范围
按接头形式和工艺方法分类	点焊机	以强大电流在短时间通过被圆柱形电极压紧的搭接工件，在电阻热和压力下形成焊点	用于金属板材的搭接连接，代替铆接
	缝焊机	结构类似点焊机，但电极是一对旋转的滚轮，电流一般断续通过，各个焊点彼此部分地相互重叠形成连续的焊缝，按滚轮转动方向可分为纵向缝焊机和横向缝焊机	用于薄板气密性容器的焊接
	凸焊机	薄焊件事先冲出凸点，在电极通电加压下，凸点被压平形成焊点；焊机结构类似点焊机，但电极为板状，且压力较大	用于薄件、厚件和有镀层零件的焊接
	对焊机	除了有与点焊机相似的电力系统和加压机构外，还有夹紧工件的机构、使工件轴向移动并加压的装置和控制电路，对焊机的焊接电流和压力一般都比较大；对焊机按焊接工艺要求，分为电阻对焊机、连续闪光对焊机和预热闪光对焊机	用于棒材、线材的对接焊
按电极加压机构分类	杠杆弹簧式	通过手动式脚踏杠杆来压缩弹簧，将压力施加于电极；这种焊机加压机构简单，只能获得压力不变的简单压力曲线，压力难以稳定，工人劳动强度较高	一般为小功率的点焊机
	电动凸轮式	由电动机带动凸轮，将压力施加于电极；机械结构较复杂，通电时间和压力曲线可用凸轮控制，能自动连续焊接，减轻焊工劳动强度	一般为中、小功率的点焊机和缝焊机，适合于成批生产部门使用

续表 5-1

分类方法	焊机类别	特　点	适用范围
按电极加压机构分类	气压式	用气缸产生的压力作用于电极，压力稳定并容易调节，便于自动化，可获多种压力曲线，焊接质量稳定	中、大功率的点、凸、缝焊机和中等功率对焊机
	液压式	用高压的油、水作为工作液体，压力大，并可大大减小压力缸的体积和传动机构的质量，但油路系统需有液压泵、储油箱等，比气压式复杂	主要是大功率的对焊机和多点焊机
	气、液压式	利用气压通过油缸增压，作用于电极，可获得较大压力，油缸体积小，移动方便，并且不需要液压泵等	主要用于悬挂移动式的点焊机和缝焊机
按供电形式分类	工频交流焊机	1. 利用交流断续器来控制电流的幅值和触发相位，电流脉冲的大小、形状、通电时间可进行种种调节，电网电能的变换较为简单； 2. 一般为单相，功率受一定限制	一般的点、缝、凸、对焊机属此类，用于焊接较薄钢件、镍合金、钛合金等
	直流（二次侧整流）焊机	1. 焊接电流为直流脉冲，工艺适应性强； 2. 焊接效率高，功率因数为 85%以上（回路感抗小）； 3. 与单相交流焊机相比功率小，三相负荷平衡； 4. 伸进回路的铁磁物质对焊接电流大小没有影响	适宜焊接各种金属，特别适宜焊接外形尺寸大、要求大臂长和大开度的零件，以及轻合金和要求用软规范焊接的各种钢和合金
	直流冲击波焊机	将引燃管短时接到焊机变压器的一次侧，在二次侧获得低频的电流脉冲 1. 焊接电流脉冲的工艺性能好； 2. 三相负荷平衡，功率因数高，需用功率小； 3. 变压器尺寸大、质量大； 4. 焊接电流波形不易调节	用于点焊和缝焊各种轻合金的大型结构，如铝合金、镁合金、铜合金等，也可焊钢铁材料
	电容储能焊机	利用电容放电，获得电流脉冲 1. 每次焊接时，提供的能量精确； 2. 从电网吸取的功率小，而焊接功率大； 3. 焊接电流脉冲前沿陡，焊件表面清理要求高，电极压力大； 4. 电容器组体积大； 5. 电流波形不易调节	大功率储能焊机适用于导热性好的金属和焊后要求热影响区小的材料的焊接；小功率焊机适合 1mm 以下各类金属的焊接

续表 5-1

分类方法	焊机类别	特点	适用范围
按供电形式分类	变频（逆变）焊机	引入逆变器后，焊机的工作频率是工频的几十倍 1. 阻碍变压器加上二次侧整流器其质量仅为工频焊机的 1/5～1/3； 2. 可实现高速精密控制； 3. 输出低脉动的焊接电流、工艺性好； 4. 三相负荷平衡，功率因数高，节能经济性好	适宜焊接各种金属；焊机和焊钳可实现小型化、轻量化，故尤其适于手提式、悬挂式点焊机和机器人焊接。 目前由于制造成本较高，推广普及尚有一定困难

5.1.2 电阻焊设备的组成

①电阻焊设备的组成如图 5-1 所示。

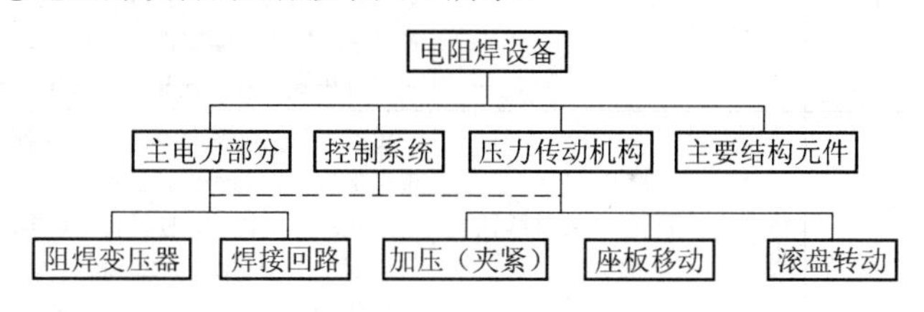

图 5-1 电阻焊设备的组成

②电阻焊设备各主要组成部分的作用和结构特点见表 5-2。

表 5-2 电阻焊设备各主要组成部分的作用和结构特点

组成部分		作用	结构特点
主电力部分	焊接回路	是电阻焊机中流过焊接电流的回路，其作用是向焊件馈送强大的焊接电流	点焊、缝焊、凸焊机的焊接回路，由阻焊变压器二次绕组、二次侧软连接、电极臂、电极等组成；对焊机的焊接回路由阻焊变压器二次绕组、二次侧软连接、夹具和夹具间的工件等组成，焊接回路的短路阻抗应尽可能地小

续表 5-2

组成部分		作　用	结构特点
主电力部分	阻焊变压器	为电阻焊机的电源，将电网的交流电变成适宜于电阻焊机的交流电	为低电压（小于 12V）、大电流（输出电流等级由几千安培至几十万安培）、低漏抗的特殊变压器，其二次电压能够分级调节，变压器的铁心一般为壳式，绕组有筒式（小功率焊机）和盘式（中大功率焊机）两种
压力传动机构	电极加压机构	为点、缝、凸焊机中的主要机械部件，其作用是以规定的压力和时间压紧零件，以规定的时刻提起和放下电极	电极加压机构有弹簧杠杆式、电动凸轮式、气压式、液压式和气-液压式等类型，使用不同类型的结构可以获得各种压力变化曲线
	夹紧机构	对焊机中用以夹紧零件、传导电流并保证两零件之间的相对位置	由一个静夹具和一个动夹具组成，两个夹具的结构是一样的，都由上下钳口和加压机构组成；按加压机构的结构不同，夹具有许多形式，一般小功率对焊机用弹簧式、偏心轮式、螺旋式，大中功率对焊机采用气压式、液压式和气、液压式等
	送料顶锻机构	对焊机中的主要机械部件，用以将工件连续或断续往复送进，并快速顶锻	由静夹具、动夹具和加压机构等组成，根据加压机构的不同，送料顶锻机构有以下形式：弹簧传动、杠杆传动、电动凸轮传动（用于小功率对焊机）和气压式传动、液压传动（用于大、中功率对焊机）
控制系统	开关设备	串接在阻焊变压器的一次侧线圈上，用以接通和关断焊接电流	按开关的结构可分为电磁开关、离子式开关（闸流管、引燃管）和可控硅开关；按焊接电流通断时刻与电网正弦电压相位关系不同，可分为非同步开关（异步、半同步）和同步开关两类，前者用于通电时间不太短、控制精密度要求一般的场合；后者用于通电时间短、电流较大，或控制精密度要求高的场合
	程序控制器	使电阻焊机的机械、电气和其他装置相互协调；控制各组件和元件按预定的焊接循环进行工作	常用的程序控制器为一个时间调节器，通常有凸轮程序控制机构和电子程序控制器两类，前者控制精密度较差，用于电动传动的简单电阻焊机；后者控制精确，广泛用于气压式和液压式焊机上

续表 5-2

组成部分		作　　用	结构特点
控制系统	机械传动控制	1. 电极压力的施加和调节； 2. 夹紧力、顶锻力的施加和调节； 3. 滚轮转动速度（缝焊机）或可动夹具的移动速度（对焊机）的调节	由各种机械装置和阀门器件组成，如电磁气阀、气体减压阀、机械减速装置、液压控制阀等

5.2 电阻焊设备的结构和技术参数

5.2.1 电阻焊设备的结构

1. 典型的电阻焊设备主回路器件的功能

图 5-2 所示为电阻焊设备典型主回路。从该图可看出，焊机的一次侧回路是单相电源加在焊接变压器的一次绕组及大功率反并联晶闸管组件串联的回路上。主回路器件功能现按图 5-2（a）、（b）所示典型主回路加以说明。

通过晶闸管断续器导通或级数调节开关调节一次匝数，在阻焊变压器二次焊接回路获得一个连续或不连续焊接电流。下面分别介绍各器件的性能。

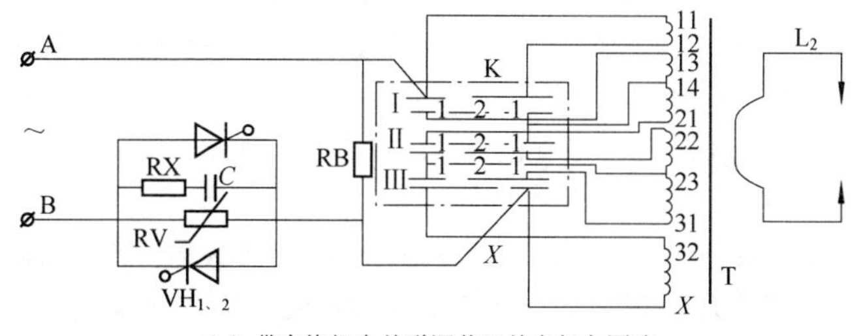

（a）带有绕组串并联调节开关电气主回路

图 5-2　电阻焊设备典型主回路

$VH_{1、2}$——晶闸管；K——级数调节开关；T——阻焊变压器；L_2——焊接回路；RB——并联电阻；RX、C、RV——阻容、压敏电阻、过电压保护环节

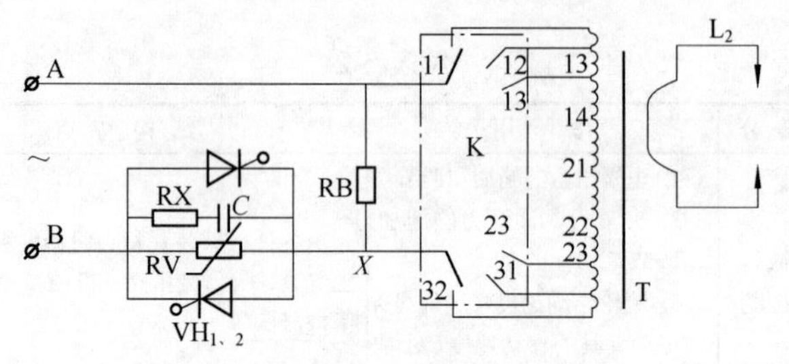

（b）带有绕组抽头式调节开关电气主回路

续图 5-2　电阻焊设备典型主回路

$VH_{1、2}$——晶闸管；K——抽头调节开关；T——阻焊变压器；L_2——焊接回路；RB——并联电阻；RX、C、RV——阻容、压敏电阻、过电压保护环节

（1）断续器　断续器是用于接通或切断阻焊变压器与电网连接。早期采用引燃管反并联线路，要求不高的要使用电磁接触器。现在由反并联的大功率晶闸管及其保护器触发环节所组成。现有些产品采用大功率双向晶闸管代替反并联晶闸管。断续器实质是一个可控无触点交流开关，所承受的负载性质为 R、L 感性负载，且 $X_L>R$。此开关电路刚接通时，要按照 5-3 所示三种典型焊接回路动态电流波形之一运行。

①当$\alpha=\phi$时，电流变化波形如图 5-3（a）所示，自由电流 i'' 为 0。电路中过渡电流 i 即等于稳定电流 i_0。因此，开关接通后，电路立刻建立稳定工作状态，无过渡过程。晶闸管导通角 $\theta=\pi$。电流是连续的，接正弦波变化。这使电阻焊机能发挥最大效力，有些电阻焊控制就有这种功率因数自适应功能。

②当$\alpha>\phi$时，电流变化波形如图 5-3（b）所示，这是电阻焊设备最常用的方式。

当晶闸管导通瞬时，要使电路中过渡电流 i 不发生突变，此时必有与自由电流 i'' 大小相等、方向相反的稳定电流 i' 的存在，以使 i 从 0 开始。此后，瞬态焊接电流 i 按 $i'+i''$ 的规律变化，即按图 5-3（b）所示变化。此种方式晶闸管的导通角 $\theta<\pi$，并随着控制角 α 的增大，每半周内 i 的幅值与持续时间均减小，这就实现了“热量”调节的目的。但应注意，断续器电路应尽量避免 $\alpha>\phi$ 的运行状态，此时电路中实际电流的幅值及流通时间均将变得极小，一般这种波形对工件已起不到焊接作用，此刻晶闸管在较低阳极电压下导通，也使工作不稳定。

③当$\alpha<\phi$时，电流变化波形如图 5-3（c）所示。晶闸管导通角$\theta>\pi$，当后续晶闸管处在同步触发时，其阳极-阴极间尚处于反向偏置电压下面（为前一晶闸管压降），若触发脉冲较窄，不能延续到前管导通结束，则后续管不通；若触发脉冲较宽或为组脉冲时，便会使后续管导通时间减少，造成电路在过渡过程中正、负半波电流的不对称，变压器会产生较大的直流分量。

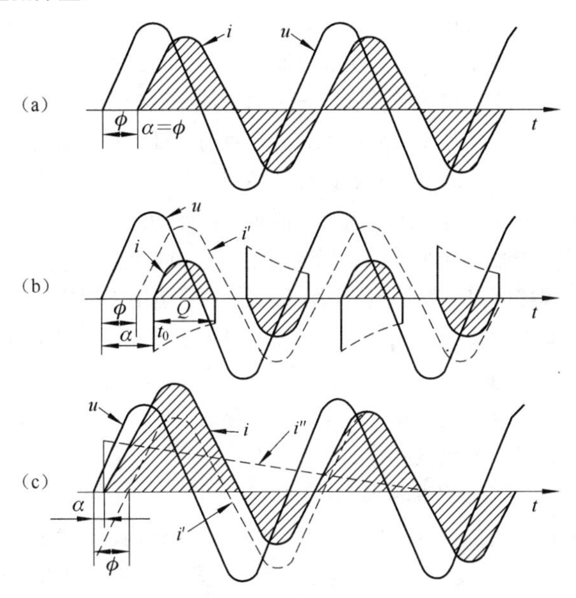

图 5-3　典型焊接回路动态电流波形

（a）$\alpha=\phi$；（b）$\alpha>\phi$；（c）$\alpha<\phi$

（2）级数调节开关　级数调节开关是用来将阻焊变压器一次绕组的不同匝数与电网连接的一种专用装置。阻焊变压器的一次绕组可按串联和并联方式进行各种组合，也可采用抽头式组合。如图 5-2（a）所示，当插把接触组处于 I、II、III 级“1”的位置为全并联，二次电压为最高；

当插把处于I、II、III级“2”的位置为串联，二次电压为最低；当插把在I、II、III级“1”和“2”不同位置就可得到其他六种二次空载电压，而且绕组的利用率较高。该接触组可用在容量为200kV · A以下电阻焊机上。如果采用图5-2（b）所示的抽头式的回路，调节方法简单，一般做成2～4级可调；但材料利用率低，多用在小容量电阻焊机上。至于容量为250kV · A或以上的电阻焊机，级数调节开关可采用鼓形开关或用连接片改接。

（3）阻焊变压器　阻焊变压器是一种输出低电压、大电流，具有低漏抗的特殊结构变压器。绝大多数是壳式铁心，即一次绕组和二次绕组都配置在铁心的中柱上，一次绕组制成盘形，二次绕组一般是一匝或两匝，采用铜板或铜管多件并联，其两侧紧贴一次绕组。在通电时产生的热量依靠二次绕组通水管中的水带走。目前，阻焊变压器大多采用环氧浇注工艺，可使产品温升降低，有足够韧性和强度，另外它将变压器绕组安全密封起来，对起到抗水及杂质污染的作用。阻焊变压器是一种周期工作的变压器，一个周期是指焊接通电时间与断电时间之和。

（4）焊接回路　焊接电流所流经的回路，包括阻焊变压器的二次绕组、汇流块、软硬连接（紫铜带、多心电缆或硬硐排）电极臂、电极握杆、电极（点焊机）或带槽电极平板（凸焊机），或带有导电座机头、圆盘形电极（缝焊机）或带有夹具电极座的导电钳口（对焊机）及被焊的工件等，缝焊机焊接回路如图5-4所示。

2. 电阻焊设备的机械结构

电阻焊设备的机械结构由机头、电极加压机构、夹紧机构、送进顶锻机构、传动机构、机身和水、气（液）路系统构件组成。

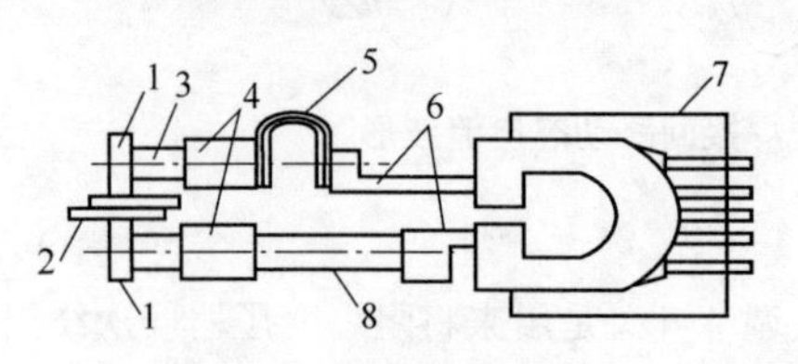

图5-4　缝焊机焊接回路

1. 电极；2. 工件；3. 导电轴；4. 导电轴座；5. 软连接；6. 导体；7. 阻焊变压器；8. 电极臂

机头是直接施焊的位置点、凸、对、缝焊机机头，如图5-5所示。点焊机机头包括电极臂、电极握杆和电极；凸焊机机头包括电极臂、带槽平板、专用电极、移动铜合金模块和非导电夹具等；对焊机机头带有夹具电极座和导电钳口。缝焊机头包括上、下焊轮、导电轴、导电轴座，它负担着转动、加压、导电三重任务。转动通过滚花轮、齿轮与其传动机构相连；加压力一般通过盖板、前后两处滚子轴承作用于导电轴上；导电的关键是导电轴与具有压力调节装置的多片银轴瓦间滑动接触导电，轴瓦与焊接在一起的导电接触块又与基座组装成整体，通过基座与焊接主回路相连。

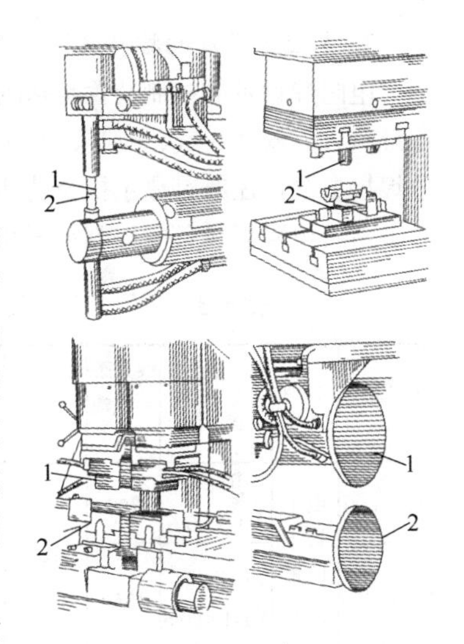

图 5-5 点、凸、对、缝焊机机头

1、2. 上、下电极

电极加压机构有杠杆、电动凸轮传动、气压、气液压传动等多种形式。要求摩擦力小，无冲击，并能迅速加压与锻压。加压机构有导向装置，使电极仅做沿工件垂直方向的圆弧运动或直线运动。

对焊机的夹紧机构应有点足够的夹紧力和接触面积，夹紧过程应快速而平稳，顶锻时焊件不得有滑动，钳口的距离和对中位置可调节。夹紧机构有弹簧、偏心凸轮、螺旋、气压、液压和气液压等多种形式。

缝焊机焊轮的传动机构一般由拖动电动机经蜗轮对、齿轮对减速，再用万向联轴节与机头相连。上、下焊轮均可为单主动。近年来，由于直流电动机脉宽调速（PWM）、交流电动机变频调速的机电一体化技术的发展，其也在焊轮传动中得以应用。通过分配箱，再通过两个万向轴，与上、下机头相连。也有采用差动齿轮，使上、下焊轮均为主动。国内有些厂家采用液压电动机作为驱动主器件。

机身多采用钢板、钢管或其他型材的焊接结构。主要考虑加压焊接时应有足够的刚性、稳定性并满足安全、调试方便及外形美观等要求。

一般大功率电阻焊设备的机头、变压器、电缆、铜排、晶闸管均需水冷，水路系统采用几种并进、并出，并且单独可调方式。

3. 电阻焊设备的控制装置

电阻焊设备的控制装置是指既可保证焊接过程各个程序自动循环，通过执行元器件（气、液阀、电动机、电器等）完成机械动作，又可调节焊接参数，还兼有显示报警功能的装置。

常用电阻焊设备的控制装置和适用范围见表 5-3。

表 5-3　常用电阻焊设备的控制装置和适用范围

控制箱型号	结构类型	主电路器件	最大控制电流/A	电源电压/V	时间调节范围/s				适用范围
					加压	焊接	维持	休止	
KD3-600	电子管半同步控制	引燃管Y1-75/0.6	760	380	0.035～1.4	0.035～1.4 0.23～6.75	0.035～1.4	0.035～1.4	配合各种点焊机做较精确控制用
KD3-1200		引燃管Y1-100/0.6	1350						
KD-600	电子管同步控制	引燃管Y1-75/0.6	760	380/220	0.04～1.4	0.04～6.8	0.04～1.4	0.04～1.4	配合各种点焊机做精确控制用
KD-1200		引燃管Y1-100/0.6	1350						
KF-600		引燃管Y1-75/0.6	330		—	0.02～0.38	—	0.02～0.38	配合各种缝焊机做精确控制用
KF-1200		引燃管Y1-100/0.6	620		—	0.02～0.38	—	0.02～0.38	
KD6-75	晶体管同步控制	引燃管Y1-75/0.6	760	380/220	0.02～2	0.02～2	0.02～2	0.02～2	配合各种点焊机做精确控制用
KD6-100		引燃管Y1-100/0.6	1350						
KD7-50	全晶体管化同步控制	可控硅3CT-5293 50A/900V	100		0.04～1.33	0.02～0.4	0.04～1.33	0.04～1.33	

5.2.2 电阻焊设备技术参数

①额定容量、负载持续率、额定电源电压、额定一次电流、额定二

次电压、额定二次焊接电流及额定二次连续焊接电流。

额定容量为

$$S=U_{2n}I_{2n}=U_{1n}I_{1n} \qquad (5\text{-}1)$$

式中：U_{1n}——额定电源电压；

I_{1n}——额定一次电流；

U_{2n}——额定二次电压；

I_{1n}——额定二次焊接电流。

额定二次连续焊接电流为

$$I_{2c}=I_{2n}\sqrt{FS} \qquad (5\text{-}2)$$

式中：FS——负载持续率。

按照国家标准GB/T 8366－2004的规定，电阻焊设备额定负载持续率为50%，但从焊接生产周期特点看，焊机的标志可能会有不同。例如，点、凸焊机的负载持续率多为20%或以下，对焊机为20%和50%，而缝焊机可为50%和100%。

②最大短路电流（一次侧I_{1CC}、二次侧I_{2CC}）。焊接置于最大调节挡，施加U_{1n}电压，按标准试验方法规定短路，测得的有效值电流。最大短路电流是很有用的参数，它标志着焊机过载能力。

③电极臂间距。对于点、缝焊机是指当电极接触时，电极臂或二次绕组的外导电部件之间的有效距离；对于凸焊机是指两个电极台板之间的有效距离。

④电极臂伸出长度。对点、凸、缝焊机是指电极间轴线、电极台板间的中心线，或焊轮间的接触中心线与焊机机身最近部件间的有效距离。

⑤电极压力，电极压力对维持焊件间接触电阻的稳定是很重要的。焊接时，它对促使熔核的形成，在冷却时保证结晶致密的压痕等方面都起着重要作用。电极压力与焊接材料、焊件厚度、焊接电流、焊接时间存在着相互依赖的关系，当某焊件厚度一定时，选择焊接电流大，电极压力大，焊接时间短的规范称为硬规范；选择焊接电流小，电极压力小，

焊接时间长的规范称为软规范。

5.3 点 焊 机

点焊机的使用范围很广，凡是适当厚度或直径（一般为 0.01～10mm）的板、箔、丝、构架等可焊材料，都可用电阻点焊来完成焊接。

5.3.1 点焊机的分类

①按适用范围不同可分为通用型、专用型、特殊型。

②按安装方式不同可分为手提式、悬挂式、固定式。

③按供电方式不同可分为交流型、低频型、电容储能型、二次侧整流型等。

④按加压传动机构不同可分为气压式、液压式、电动凸轮式、复合式、脚踏式等。

⑤按焊点数目不同可分为单点、双点、多点。

⑥按活动电极的移动方式不同可分为垂直行程式、圆弧行程式。

5.3.2 点焊机的结构

点焊机主要由变压器、机身、电极和控制部分等组成。点焊机和缝焊机结构如图 5-6 所示。

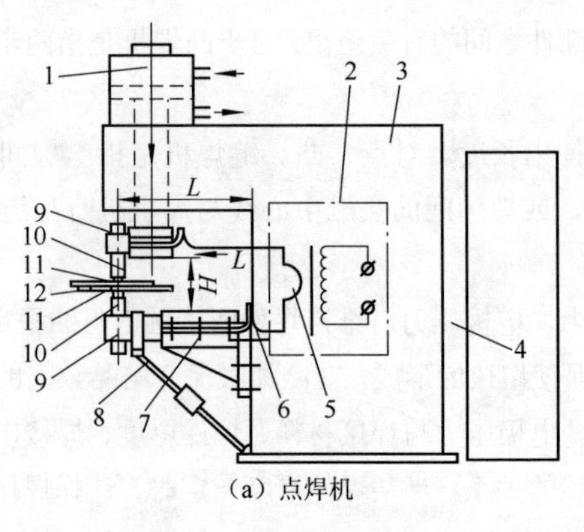

（a）点焊机

图 5-6　点焊机和缝焊机结构

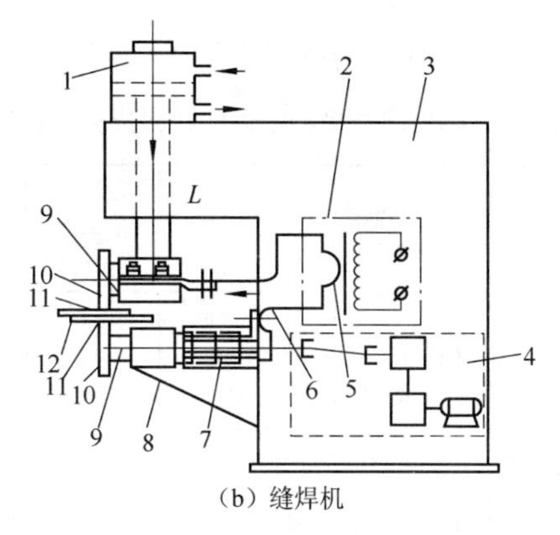

（b）缝焊机

续图 5-6 点焊机和缝焊机结构

1. 加压机构；2. 焊接变压器；3. 机座；4. 控制箱；5. 二次绕组；6. 柔性母线；7. 支座；8. 撑杆；9. 机臂；10. 电极握杆；11. 电极（缝焊为旋转滚轮电极）；12. 焊件

1. 变压器

目前，我国生产的点焊机用变压器有两种类型：一类变压器绕组电流密度和硅钢片磁通密度取值很低，机身较粗大，但经久耐用；而另一类则取值较高，因而较轻巧，且控制线路先进，但使用时不能超负荷，否则变压器容易烧坏。

2. 电极

点焊电极端头形状如图 5-7 所示。电极材料主要是铜及铜合金，以及钨、钼等粉末烧结材料。电阻焊电极材料分为 A、B 两组，共 14 种合金。

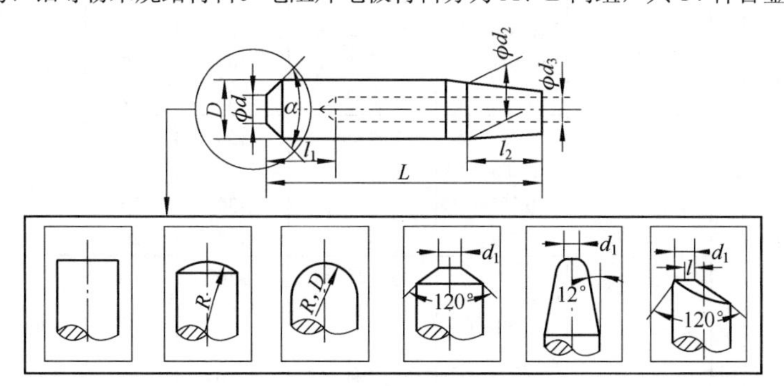

图 5-7 点焊电极端头形状

①电阻焊电极和附件的材料成分和性能见表 5-4。

表 5-4　电阻焊电极和附件的材料成分和性能

组	类	编号	名　称	成分（质量分数，%）	形　式	硬度 HV 最小值（300N）	电导率最小值 /ms	软化温度最低值/℃
A	1	1	Cu-ETP	Cu：99.9（+Ag 微量）	棒≥25mm	85	56	150
					棒＜25mm	90	56	
					锻件	50	56	
					铸件	40	50	
		2	CuCd1	Cd：0.7～1.3	棒≥25mm	90	45	250
					棒＜25mm	95	43	
					锻件	90	45	
	2	1	CuCr1	Cr：0.3～1.2	棒≥25mm	125	43	475
					棒＜25mm	140	43	
					锻件	100	43	
					铸件	85	43	
		2	CuCr1Zr	Cr：0.5～1.4 Zr：0.02～0.2	棒≥25mm	130	43	500
					棒＜25mm	140	43	
					锻件	100	43	
	3	1	CuCo2Be	Co：2.0～2.8 Be：0.4～0.7	棒≥25mm	180	23	475
					棒＜25mm	190	23	
					锻件	180	23	
					铸件	180	23	
		2	CuNi2Si	Ni：1.6～2.5 Si：0.5～0.8	棒≥25mm	200	18	500
					棒＜25mm	200	17	
					锻件	168	19	
					铸件	158	17	
	4	1	CuNi1P	Ni：0.8～2.1 P：0.16～0.25	棒≥25mm	130	29	475
					棒＜25mm	140	29	
					锻件	130	29	
					铸件	110	29	
		2	CuBe2CoNi	Be：1.8～2.1 Co、Ni、Fe：各为 0.2～0.6	棒≥25mm	350	12	300
					棒＜25mm	350	12	
					锻件	350	12	
					铸件	350	12	

续表 5-4

组	类	编号	名　称	成分（质量分数，%）	形　式	硬度 HV 最小值（300N）	电导率最小值/ms	软化温度最低值/℃
A	4	3	CuAg6	Ag：6～7	锻件＜25mm 铸件 25～50mm	140 120	40 40	400
		4	CuAl10Fe5Ni5	Al：8.5～11.5 Fe：2.0～6.0 Ni：4.0～6.0 Mn：0～2.0	锻件 铸件	170 170	4 4	650
B	10		W75Cu	Cu：25	—	220	17	1000
	11		W78Cu	Cu：22	—	240	16	1000
	12		WC70Cu	Cu：30	—	300	12	1000
	13		Mo	Mo：99.5	—	150	17	1000
	14		W	W：99.5	—	420	17	1000
	15		W65Ag	Ag：35	—	140	29	900

注：成分列中未注出 Cu 成分的，Cu 为余量。

②电阻焊电极材料的适用范围见表 5-5。

表 5-5　电阻焊电极材料的适用范围

材料	点焊	缝焊	凸焊	闪光对焊或电阻对焊	辅助设备
A1/1	焊铝电极	焊铝电极	—	—	无应力导电部件、叠片分路
A1/2	焊铝电极、焊镀层钢（镀锌、锡、铝、铅）电极	焊铝电极、焊镀层钢（镀锌、锡、铝、铅）焊轮	—	焊低碳钢的模具或镶嵌电极	高频电阻焊或焊非铁磁金属用电极
A2/1	焊低碳钢电极、握杆、轴和衬垫材料	焊低碳钢电极	大型模具	焊碳钢、不锈钢和耐热钢用模具或镶嵌电极	有应力导电部件、B 组烧结材料的衬垫

续表 5-5

材料	点焊	缝焊	凸焊	闪光对焊或电阻对焊	辅助设备
A2/2	焊低碳钢和镀层钢电极	焊低碳钢和镀层钢电极	—	—	—
A3/1	焊不锈钢和耐热钢电极，有应力电极握杆、轴和电极臂	焊不锈钢和耐热钢焊轮、轴承衬套	模具或镶嵌电极	高夹紧力下的模具或镶嵌电极	有应力导电部件
A3/2	有应力电极握杆、轴和电极臂	轴和衬套	—	—	有应力导电部件
A4/1	电极握杆和弯电极臂	轴和衬套	—	—	有应力导电部件
A4/2	极大机械应力下的电极握杆和轴	极大机械应力下的机臂	高电极压力下的模具和镶嵌电极	闪光焊用长模具	—
A4/3	—	高热应力下焊低碳钢电极轮	—	—	—
A4/4	电极握杆	低电力负荷下的轴和衬套	压板和模具	—	—
B10	—	—	焊低碳钢镶嵌电极	在高应力下焊低碳钢镶嵌电极	热铆和热压用镶嵌电极
B11	—	—	—	—	热铆和热压用镶嵌电极
B12	—	—	焊不锈钢镶嵌电极	焊钢材用小型模具或镶嵌电极	热铆和热压用镶嵌电极
B13	焊铜及高导电材料的镶嵌电极	—	—	—	热铆和热压用镶嵌电极、电阻钎焊用镶嵌电极
B14	焊铜及高导电材料的镶嵌电极	—	—	—	热铆和热压用镶嵌电极、电阻钎焊用镶嵌电极、铁磁材料高频电阻焊用电极

注：材料代号见表 5-4。

5.3.3 常用点焊机技术参数

1. 固定式点焊机

（1）圆弧运动式（摇臂式）点焊机 圆弧运动式是点焊机最简单的一种，利用杠杆原理，通过上电极臂施加电极压力。上、下电极臂为伸长的圆柱，既传递电极压力，又传递焊接电流。圆弧运动式焊机电极是绕上电极臂支承轴做圆弧运动。当上电极和下电极与工件接触加压时，上、下电极臂应该处于平行位置，这样才能获得良好的加压状态。如果电极臂的刚度不够，可能发生电极位移，造成焊点飞溅。

该点焊机有气动、脚踏、电动凸轮式三种操作方法。

①交流气动圆弧运动式点焊机。此种焊机的电极压力是活塞力与杠杆长度比的乘积，因此电极压力与压缩空气压强成正比。焊接由控制设备自动操纵，焊机能快速动作并可轻松地按工件形状和尺寸的不同而进行适当的调节。

②交流脚踏式点焊机。此种焊机的电极压力是由脚踏板或拉架经由加压弹簧、杠杆、电极臂传到电极，压力的大小可通过弹簧的预压量来调节。焊接电流的通和断有的由杠杆系统中的滑跳开关自动操纵，有的采用接触器或晶闸管组自动控制。

③交流电动凸轮式点焊机。此种焊机的电极压力是由电动机带动凸轮，通过加压弹簧、杠杆、电极臂传动电极，能连续自动点焊，通过时间由凸轮控制。压力大小可通过改变加压弹簧的预压缸量进行调节。

（2）垂直运动式点焊机 此种焊机的上电极在滑动导向或滚动导向构件的控制下做直线运动。滚动导向构件多用于对机头运动要求较高的凸焊机和点焊机。电极压力由气缸或液压缸直接推动。

1）交流工频点凸焊机。此种焊机在冲压结构件焊接上应用最为广泛。上电极在垂直的情况下，大多数还能够平滑或分级调整工作行程和辅助行程。有些下电极也可做垂直方向调节。电极间压力恒定，不随焊件厚度或电极的磨损而改变。

2）单相次级整流点凸焊机。此类焊机具有如下特点。

①焊接电流不像工频交流要过零点，故波形较平滑，这种单方向的

脉动电流通过工件时有集束作用，焊点成形好，对焊接铝、铝合金等非铁金属及多层板都是有利的。

②由于二次回路中感抗很小，具有较高的功率因数，因此该类焊机与同容量的交流工频焊机相比，热效率高，焊接相同工件时输入容量小。

③焊接回路受磁性材料影响小，适合于长、大工件的焊接。

④由于电极极性固定，在不等厚材料焊接中熔核有向厚板偏离的现象。

⑤由于有大功率整流器组件，耗水量、耗电量都不可忽视。

3）电容储能点凸焊机。电容储能点凸焊机是以小功率取用电网能量，储存于电容器中，在焊接时通过阻焊变压器对被焊工件瞬时放电，以产生强脉冲电流。

电容储能点凸焊机具有如下特点。

①由于焊接是利用电容器储能放电，而不受网压波动影响，因此对所焊出零件的“一致性”有利。

②在各种电阻焊方法中，在板厚、材料及表面处理相同情况下，电容储能电源形成给定熔核的时间为最短，电极因受热而损耗相对减少，延长了电极的使用寿命，一般只要自然冷却就可以了。

③由于该类焊机可通过改变电容器组电容量和充电电压及焊接变压器的匝数，可以调节焊接电流值的方法较多，因此可形成压痕很浅的焊点及狭窄热影响区。它很适合于单面多凸点焊接，而且对表面有涂层的材料，在不受到破坏的情况下，也能焊接。

④影响储能焊质量的关键因素是有些储能电容使用一两年后其容量还会逐渐变化，造成焊接工艺的不稳定，因此需及时更换电容器；压力变化引起的焊接质量不稳定，比一般工频电阻焊机更敏感。

4）精密型点焊机。这类国产焊机有交流工频脉冲型和电容储能型。主要为铜、银、铝、钨、铂、不锈钢、黄铜、镍、钼、粉末冶金和弹簧材料等多种金属的薄片、细丝等实施单点、双点或连续点焊。具体产品工件包括电器触头、灯泡、充电电池、显像管电子枪、热偶双金属片、微电机绕组引线与整流子间焊接等。这类焊机容量小，加压控制灵敏度高，焊接电流及时间控制精确。

2. 移动式点焊机

移动式点焊机又可分为悬挂式、便携式和车载式（少数）。

(1) 悬挂式点焊机 悬挂式点焊机又细分为分体式系列（标准型号DNW3 型）和一体式系列（标准型号 ND2 型）。

1）分体式系列。分体式点焊机由焊接变压器、气压或气-液压传动系统、水路系统、电缆、焊钳、平衡器、吊架或轨道滑车及控制器等组成。焊接变压器大多采用二次侧水冷环氧树脂密封结构，传动系统有双钳双气路和单钳单气路之分。双钳双气路应两个工位，一般又配以多套规范控制器，使用时双钳可交替工作。电缆多为水内冷，但有单芯多股、双芯多股（同轴）之分。后者为无感电缆。一般点焊钳有“C”型和“X”型之分。选焊钳时要注意电极压力、空间规格、电极张开行程（工作行程是否带有辅助行程）、煤钳头部中心线与焊接面垂线间的夹角及质量等关键因素。

2）一体式系列。该系列焊机是阻焊变压器与焊钳连成一体，有些焊机可配用不同形状和长度的焊臂，以适用于不同需要的焊接。有的焊机操作手柄上集中多种功能开关，还有的焊机在变压器绕组装入温度检测器件。

3）悬挂式点焊机的特点。

①焊钳能全方位旋转 360° ，且通过支架、轨道滑车、平衡器等辅助装置扩大了工作面范围。分体式与一体式的最大区别就是前者多了2m 左右变压器与焊钳间的通水电缆，这样前者的二次回路阻抗增加，其二次空载电压是后者的 4 倍左右。前者的 125kV · A 焊接能力与后者的 25kV · A 相当。因此后者是节能产品，但因为分体式操作起来更轻便，所以目前使用前者的用户较多。

②悬挂式点焊机还有重要的一族——DZ3 系列二次侧整流式，它同样具备固定二次侧整流式焊接回路感抗低，功率因数高的优点，特别适合焊接多层焊板、铝及铝合金。

③一般焊接设备制造厂的供货范围仅是悬挂焊机主体（以焊接变压器为中心，还包括其水气路控制器），至于焊钳、通水电缆和平衡器等有些由主体厂配套视用户需要由专门配套单位供应。

④有的产品采取通水量大及加装二次水过渡器等措施，适用于供水质量欠佳的场合。

（2）便携式和车载式点焊机　便携式（手提式）产品主要用于维修工作或焊薄板、细丝等。为达到简便、轻巧的使用目的，阻焊变压器采用空气自然冷却的方法，通过手柄加压、焊接。一次回路断续器由接触器或晶闸管无触点开关充当，焊接时多是简易控制或凭操作人员的经验。操作时应特别注意焊机的额定容量与负载持续率的关系。有些产品的负载持续率在10%以下。

车载式点焊机是将焊接电源装在移动小车中。通过较长电缆连接由人力或气动的焊钳、焊枪操作，进行的单点焊接或单面双点焊接。

3. 多点焊机

（1）多点焊机的分类和共性　多点焊机按点焊工艺分为双面单点、双面双点、双面多点、单面单点、单面双点和单面多点。本书主要介绍单面多点焊机的单面是指焊枪在工件同一侧施加压力。

多点焊机的共性如下。

①一般多点焊机采用多个阻焊变压器、多把焊枪。电极压力由安装在焊枪上的气缸或液压缸活塞杆直接作用在电极组件上。为适应较小的焊点间距，焊枪外形和尺寸受到限制，有时需要多级串联气缸或液压缸驱动才能满足压力要求。

②一些大型专用多点焊机可焊上百点。其组装工作台（包括下电极）既要具有锁紧工件的夹具功能，又要具有提升、横移或步进驱动多工位的功能。

③多点焊机生产效率高，适用于装焊大型复杂结构件；焊接变形小，装备精度高，占地面积小；但固定专用多点焊机对更换新工件适应性差。

（2）多点焊机主要应用领域　多点焊机主要应用在汽车焊装生产线、家电、日用器具壳体、钢筋金属网和栅架。由于前三者都属于冲压结构件，有共同之处，因此将其归纳为一类。自20世纪70年代以来，国内一些电焊机骨干厂研制了几十台这样的专机。

（3）选用多点焊机注意事项

①焊点点距的选择。一般在单面双点焊接中，上板的分流总是存在的。分流过大影响了焊点的强度和表面质量，也使电极使用寿命缩短。

②加压和通电次数的选择。从生产效率考虑，一次加压、一次三相平衡通电为最好，但实际上这种运行状态在大型的多点焊机很少见，而以多次加压、多次通电的方式较多。交错加压可解决焊点点距过小、位置特殊等矛盾；多次通电也可解决电网容量不足的矛盾；通过多规范存储控制器，使各次通电时断续器的晶闸管导通角不同，解决焊接回路的不同阻抗等矛盾。

③选择通电回路形式的主要依据是分流影响，其大小主要是材料及其点距和板厚，在点距选择合理的前提下，对低碳结构钢，若上板厚度≤2mm，多选用单面双点焊接回路；若上板厚度＞2mm，多选用推挽式焊接电源或选用双面单点焊钳。

④上电极是易损件，必须配备维修工具，如修磨工具和快速更换电极的工具等。

⑤从焊接工艺角度看，钢筋金属网、栅架等属于多点凸焊，因此预置工艺参数时，可参考线材交叉凸焊的焊接条件有关资料。

4. 专用点焊机

仅限于某一领域或某一部件焊接生产的点焊机称为专用点焊机，如整流子、蓄电池、变压器、快速旋转点焊机等均属于专用点焊机。

5.3.4 常用点焊机型号和技术参数

①直流冲击波点焊机技术参数见表 5-6。

表 5-6 直流冲击波点焊机技术参数

型号[①] 技术参数	DJ-300-1 （NJ-300）	DJ-600-1 （NJ-600）	DJ-1000-1 （NJ-1000）
额定容量/（kV·A）	300	600	1000
一次电压/V	380		
二次电压调节范围/V	2.32～6.35	2.95～8.05	2.54～6.90

续表 5-6

技术参数 \ 型号①		DJ-300-1（NJ-300）	DJ-600-1（NJ-600）	DJ-1000-1（NJ-1000）
二次电压调节级数		8	7	7
负载持续率（%）		20		
额定级脉冲时间调节范围/s		0.02～1.98		
电极压力/kN	最大压力	24.46	49	137.2
	焊接压力	1.96～9.8	2.94～14.7	6.86～9.8
电极工作行程/mm		10～50	10～35	—
电极臂间距离/mm		270～470	270～470	655
焊接板料有效伸出长度/mm		1200	1200	1500
焊接圆筒时有效伸出长度/mm	＞600mm 时	650	650	800
	＞1300mm 时	1200	1200	1500
焊接铝合金厚度/mm		(0.8＋0.8)～(2＋2)	(1.5＋1.5)～(4＋4)	(3＋3)～(7＋7)
生产率/（点/min）		15～30	12～25	10～25
冷却水耗量/（L/h）		1000	1000	—
压缩空气压力/MPa		0.44	0.44	0.49
压缩空气耗量/（m^3/h）		25	50	100
外形尺寸/(mm×mm×mm)		3460×1240×2900	3650×1660×2640	5300×1700×3800
质量/kg		7000	12000	30000
配用控制箱型号		KD5-100	KD5-100	—
特点和适用范围		焊机能在极短时间（0.02～1.98s）内通过很大电流（30000～140000A），适用于焊接导电性、导热性良好的轻金属，特别是铝合金		

注：①括号内为旧型号。

②交流气动圆弧运动式点焊机技术参数见表 5-7。

③交流脚踏式圆弧运动点焊机技术参数见表 5-8。

表 5-7 交流气动圆弧运动式点焊机技术参数

技术参数 \ 型号		DNS-6B	YR-150SRA	DN1-16K-2/3 DN1-16Q	SO232		SNS-20
额定容量/（kV·A）		6	15	16	17		20
负载持续率（%）		20	9	50、14	50		20
电源电压/V		380	380	380	220/380		380
二次空载电压/V		0～4.2	—	1.9～3.6	1.86～3.65		3.3～6
调节级数		无级	—	—	6 级		7 级
电极臂伸出长度/mm		350	400	230～545、400	230、550		450
电极臂间距/mm		—	150～300	190、310、200	190 或 310		—
焊接厚度/mm	低碳钢板	1.6+1.6	—	0.5+0.5～3+3、2+2	2+2、3+3	1.2+1.2、1.5+1.5	0.5+0.5～3+3
	纯铝板	—	—	—	1.2+1.2、	0.6+0.6	—
	不锈钢板	—	—	—	1+1	—	—
	低碳钢圆棒	—	—	—	$\phi 12+\phi 16$	$\phi 8+\phi 12$	—
电极压力/N		400	加压调整二挡，最大 1500	500～2000、1000	2500		1200
压缩空气	压力/MPa	0.5	0.5	0.5	0.6		0.6
	耗量/（m^3/h）	—	—	—	—		—
冷却水消耗量/（L/min）		0.6	4	2	2.7		0.9

续表 5-7

技术参数 \ 型号		DNS-6B	YR-150SRA	DN1-16K-2/3 DN1-16Q	SO232		SNS-20
低碳钢板生产率（点/min）	1+1	—	—	—	69	65	—
	2+2	—	—	—	—		—
	4+4	—	—	—	—		—
质量/kg		110	125	160、130	160		145
外形尺寸/(mm×mm×mm)		700×425 ×1100	—	1075×400×1185	765×400×1405		870×310×1195

技术参数 \ 型号	DN-25 DNS-25 DN1-25Q	SO432			DN-50	DN3-75	DN3-100
额定容量/（kV·A）	25	31			50	75	100
负载持续率（%）	50、14	50				20	20
电源电压/V	380	220/380/415			380	380	380
二次空载电压/V	0～6.5	2.5～4.6			—	3.33～6.66	3.65～7.3
调节级数	无级	8 级			—	8 级	8 级
电极臂伸出长度/mm	500、350、400、 250～500	250	500	800	250～500	800	800

续表 5-7

技术参数 \ 型号		DN-25 DNS-25 DN1-25Q	SO432			DN-50	DN3-75	DN3-100
电极臂间距/mm		200，250	190或340（有级调节） 190～340（无级调节） 380～530（无级调节）			250	—	—
焊接厚度/mm	低碳钢板	2+2、4+4、2.5+2.5、3+3	4+4、5+5	2.5+2.5、3.5+3.5	2+2、2.5+2.5	5+5	2+2	2.5+2.5
	纯铝板	—	1.6+1.6	1.2+1.2	0.8+0.8	—	—	—
	不锈钢板	—	2.5+2.5	1.2+1.2	—	—	—	—
	低碳钢圆棒	—	$\phi16+\phi25$	$\phi12+\phi16$	$\phi8+\phi14$	—	—	—
电极压力/N		1550、1000、2000	5500			2000	6500、11500	6500、11500
压缩空气	压力/MPa	0.5	0.6			—	0.5	—
	耗量/（m^3/h）	—	—			—	15	15
冷却水消耗量/（L/min）		1、2、5	2.7			5	6.7	11.7
低碳钢板生产率/（点/min）	1+1	—	116	116	116	—	—	—
	2+2	—	33	32	30	—	—	—
	4+4	—	7	—	—	—	—	—
质量/kg		230、145、150	225			180	800	850
外形尺寸/（mm×mm×mm）		1100×400×1150、1000×350×1200	860×400×1405		1000×350×1200		1610×730×1460	

表 5-8 交流脚踏式圆弧运动点焊机技术参数

技术参数 \ 型号		DN-5-2 DN-5	DN-6 DNS-6A DNS-6B	DN-10 DN1-10	YR-150SRF DNS-12	DN-16 DN-16K-1
额定容量/（kV·A）		5	6	10	15、12	16
负载持续率（%）		20	50、20、20	50、20、20、20	10	20、20、50、20
一次电压/V		220/380	380	380，380/220	380，220/380	380
二次电压/V		1.09～1.74	1～2、4～可调，4.2～可调	1.2～2.4、1.05～2.1、1.2～2.4	—	1.2～2.4、1.2～2.4、1.9～3.6、1.72～2.06
调节级数		—	5、无级、无级	8、5、7、8	—	8、8、3
电极臂伸出长度/mm		220、180	200、350	300、200、250、200	400	300、300、230～545、260
电极臂间距/mm		105、130	—	170、150、130	150～300	100
电极压力/N		700、500	700、1000、400	1800、700、600	1500	1800、1800、500～2000
电极工作行程/mm		40	20、20	20、20、20、40	40（最大）	20、20、45
焊接厚度/mm	低碳钢（最大厚度）有*号为额定厚度	0.3+0.3～1+1、1.5+1.5	1.5+1.5、1.6+1.6	2+2、2+2、1.5+1.5、2+2、2+2	0.1+0.1～2+2、$\phi1+\phi1\sim\phi4+\phi4$（线材，超胜）	2.2+2.2、3+3、0.5+0.5～3+3、2+2
	不锈钢	—	—	1+1（不锈钢）	—	—
	黄铜，铝合金	—	—	—	—	—
冷却水耗量/（L/min）		1	0.5、0.6	1、0.5、0.5、2	4	1、1，7

续表 5-8

技术参数 \ 型号	DN-5-2 DN-5	DN-6 DNS-6A DNS-6B	DN-10 DN1-10	YR-150SRF DNS-12	DN-16 DN-16K-1
生产率/（点/min）	—	12	12、12、40	40	12、20、15
质量/kg	60	85、110	115、85、85、58、70	125	115、115、225
外形尺寸 /（mm×mm×mm）	645×280×400、 590×310×1000	620×320×1025、 700×425×1100	720×330×1180、 620×320×1025、 800×380×1100、 590×310×1000	—	720×330×1180、 720×330×1180、 1075×400×1185、 870×260×650
技术参数 \ 型号	DN-16-1 DN-16A DN-16	DN1-16 DN-16	P1320 DNS-20	DN-25 DN-25-1	DN-25-1 DN-25A DNS-25
额定容量/（kV·A）	16	16	20	25	25
负载持续率（%）	20、20、20	14、20	20	20	20、20
一次电压/V	380	380、380/220、 380/220、380/220	220、380	380、220/380	380
二次电压/V	1.37～2.74、1.2～2.4、 1.2～2.4	—	3.5、3.3～6	1.76～3.52、 1.76～3.52、 1.72～2.06、2～4	1.76～3.52、 1.76～3.52、0～6.5
调节级数	8、8、8	—	7	8、8、3、8	8、8、无级

续表 5-8

技术参数 \ 型号		DN-16-1 DN-16A DN-16	DN1-16 DN-16	P1320 DNS-20	DN-25 DN-25-1	DN-25-1 DN-25A DNS-25
电极臂伸出长度/mm		300	400、220	500、450	250、250、260、315	300、350～500
电极臂间距/mm		170	200、130	—	125，100	125
电极压力/N		3000、1800、1800	1000、700	2000、1200	1550、1550、3000	3000、1550
电极工作行程/mm		20、20	40、40	50	20、45、20	20
焊接厚度/mm	低碳钢（最大厚度）有*号为额定厚度	3+3、 0.5+0.5～2.5+2.5、 0.2+0.2～2.5+2.5、 3+3*、3+3、	2+2、2.5+2.5、 0.1+0.1～2.5+2.5、 $\phi1+\phi1$-$\phi6+\phi6$ （线材超胜）	2+2、0.5+0.5～3+3	2.5+2.5、3+3*、 3+3、4+4	4+4、3+3～ 0.3+0.3～3+3
	不锈钢	0.2+0.2～2.5+2.5	—	—	—	—
	黄铜，铝合金	0.1+0.1～1+1	—	—	—	0.3+0.3～1.2+1.2
冷却水耗量/（L/min）		1	2、2	0.9	2、10、7、2	1
生产率/（点/min）		—	40	—	12、15、20	—
质量/kg		115、115	130、76、82	150、145	240、240、225、150	230
外形尺寸/（mm×mm×mm）		720×330×1180	630×310×1000	820×400×1190、 870×310×1195	1050×510×1090、 1015×510×1090、 870×260×650、 960×360×1200	1220×440×1000、 1100×400×1000

续表 5-8

技术参数 \ 型号		DN1-25（松兴，正泰） DN-25（华丰，超胜）	DN-50-1 DN-50（重型）	DN-75 DN-30
额定容量/（kV·A）		25	50	75、30
负载持续率（%）		14、20	20	20
一次电压/V		380、380/220、380、380	380	380
二次电压/V		—	2.72～5.44	3.52～7.04 1.9～3.8
调节级数		7	8	8
电极臂伸出长度/mm		400、250	300、250	800、250
电极臂间距/mm		200、130	125、130	125
电极压力/N		1000、800	3000、1550	4000、1600
电极工作行程/mm		40、40	22、40	20
焊接厚度/mm	低碳钢（最大厚度）有*号为额定厚度	2.5+2.5、3+3、0.1+0.1～3+3、ϕ1.5+ϕ1.5～ϕ8+ϕ8（线材超胜）	4.5+4.5、5+5	5+5、4+4
	不锈钢	—	—	—
	黄铜、铝合金	—	—	—
冷却水耗量/（L/min）		2、2	2	6
生产率/（点/min）		40	—	12
质量/kg		145、92、95	240、280	610
外形尺寸/（mm×mm×mm）		630×310×1000	1220×440×1000、 1018×450×1090	2690×681×1297

④交流圆弧运动凸轮式点焊机技术参数见表5-9。

表5-9　交流圆弧运动凸轮式点焊机技术参数

技术参数＼型号	DN1-16	DN1-25	DN1-50	DN1-75
额定容量/（kV·A）	16	25	50	75
负载持续率（%）	12.5	12.5	—	12.5
一次电压/V	380			
二次电压/V	1.2～2.4	2～4	—	3.52～7.04
调节级数	8	8	—	8
电极臂伸出长度/mm	350	350	—	350
电极压力/N	3500	3500	—	3500
电极工作行程/mm	20	20	—	20
焊接厚度/mm（低碳钢）	2+2	3+3、1+1～3+3	1+1～3.5+3.5	5+5
冷却水耗量/（L/min）	5	5	—	5
生产率/（点/min）	50	50	—	50
质量/kg	440	450、420	450	455
外形尺寸/(mm×mm×mm)	1030×640×1276	1030×640×1276	—	1030×640×1276

⑤交流工频点凸焊机技术参数见表5-10。

表 5-10 交流工频点凸焊机技术参数

技术参数 \ 型号		DN-16 SDN-16 SSP-16ST	YR-350SA2HGK YR-350SA2HGL YR-350SA2HGG	DN1-16 DN2-16	DN-25 DN2-25 ZDN-25	SSP-25SDN2-25 DN-25 P1325-1
额定容量/（kV·A）		16	35	16	25	25
负载持续率（%）		50	11.5	50、14、50	50	50、50、15
一次电压/V		380	380	380	380、380/550	380、380/220
二次电压/V		2.11～2.75、1.9～3.6、1.86～3.65、3.5	—	1.9～3.5、2～4	3.6～4.45、3.96～4.2、2.1～4.2	4.5、3.17～4.22、1.71～3.52
调节级数		3、6	—	3、8	3、2、8	3、8
电极臂伸出长度/mm		151、250、240、120	240	310、500、400	450、400、400、340	350、300、500、400
电极臂间距/mm		50、100、105～155、120	—	160、260	200、215	230、100、260
电极压力/N		1000、4000、1150	600、1200、2500	3900、5400	3500、3340、3450、3000	4500、3900 800～4500
电极工作行程/mm		20、50、50、50 辅助 60	0～30	60、70	20、20、20、60 辅助 60、85、60	75、60、75
焊接厚度/mm	低碳钢（最大厚度）有*为额定厚度	1+1、3+3、2+2*	—	2+2	1.5+1.5、2+2、2.5+2.5	2+2、2.5+2.5、2.8+2.8
	不锈钢	1+1	—	0.8+0.8	1+1	—
	黄铜，铝合金	—	—	0.4+0.4	0.5+0.5	—

续表 5-10

技术参数 \ 型号		DN-16 SDN-16 SSP-16ST	YR-350SA2HGK YR-350SA2HGL YR-350SA2HGG	DN1-16 DN2-16	DN-25 DN2-25 ZDN-25	SSP-25SDN2-25 DN-25 P1325-1
生产率/（点/min）		60	—	68	60、68	—
压缩空气	压力/MPa	0.5	—	0.5	0.5、0.55	0.5
	耗量/（m^3/h）	5、5	—	—	5、5、20	—
冷却水耗量/（L/min）		12、3、4	2	3、7、1	12、14、10、2	4、3、2
质量/kg		250、160、125、140	210	—	350、700、300、240	—
外形尺寸/（mm×mm×mm）		1000×600×1300、700×520×880、635×360×735	—	1000×420×1480、850×450×1600	1000×940×1600、950×540×1620、850×450×1600、820×650×1455	1000×420×1480、910×670×1800

技术参数 \ 型号	ZDN-35 DN-35	DN-40 DN2-40	DN2-50 ZDN-50 DTN-50	DN-63 P1363	DN-63 ZDN-63
额定容量/（kV·A）	35	40	50	63	63
负载持续率（%）	50、20、50	50	20、50	50、50、50、20	50
一次电压/V	380/550、380	380	380、380、380/550、380	380	380、380/550

续表 5-10

技术参数 \ 型号		ZDN-35 DN-35	DN-40 DN2-40	DN2-50 ZDN-50 DTN-50	DN-63 P1363	DN-63 ZDN-63
二次电压/V		2～7、6	3.39～4.42、 3.52～4.5、 2.8～5.5、2.71～5.43	2.08～4.18	3.34～6.67、 3.22～6.67、 4.63～6.13、5～6.3	3.5～7
调节级数		3、无级	3、3、8	8	8、4、3、3	4
电极臂伸出长度/mm		340、650	650、600、600、 500±50	500±50、340、600	600、600、600、500	340
电极臂间距/mm		400	300、220		200、200、220	400
电极压力/N		3000、6000	6000、7650、 6000、6600	6000、4700	7000、9000、 7650、5800	6000、4700
电极工作行程/mm		60、60	20、20、20～60、 20 辅助 60、60、60	20、60、辅助 60	20、25、20、35 辅助 60、75、60	60
焊接厚度/mm	低碳钢（最大厚度）有*为额定厚度	2.5+2.5、3+3、 2.5+2.5	2+2、2.5+2.5 4+4、3+3	2.5+2.5、 1+1～3.5+3.5、 3+3、4+4	2.5+2.5、6+6、 3+3、5+5、 圆钢ϕ15+ϕ15（上）	6+6、3.5+3.5
	不锈钢	—	1.2+1.2	1.2+1.2	3.2+3.2（上）	—
	黄铜，铝合金	—	0.6+0.6	0.6+0.6	0.8+0.8（上）	—
生产率/（点/min）		60	65、68、68	68	65、68、70	—

续表 5-10

技术参数＼型号		ZDN-35 DN-35	DN-40 DN2-40	DN2-50 ZDN-50 DTN-50	DN-63 P1363	DN-63 ZDN-63
压缩空气	压力/MPa	—	5、0.55	0.55	0.5	
	耗量/（m^3/h）	—	5.5、17	—	5.5、20.6	—
冷却水耗量/（L/min）		2，3	14、14、3、10	10，2	16、14、14、16	2
质量/kg		255、180	500、800、420、800	800、500、315	600、790、850、400	325
外形尺寸/（mm×mm×mm）		820×650×1455、 1120×520×1480	510×240×1600、 1460×600×2055、 575×1160×1800、 1300×570×1590	1300×570×1590、 820×650×1480	520×1188×1870、 1400×400×1890、 1460×600×2055、 1260×750×1900	820×650×1480

技术参数＼型号	DN-80 DN-80-1 DN-80-2 DN-80-3	DN-100 DN-100-1 DN-100-2 DN-100-3	DN2-100 DN-100	DN2-200	DN2-400 DN-125
额定容量/（kV·A）	80	100	100	200	400、125
负载持续率（%）	50	50	20	20	20、50
一次电压/V	380				
二次电压/V	3.22～6.44、 5.43～6.79/5.76～7.6	4.04～8.08、 6.33～7.9/6.78～8.64	3.65～7.30	4.42～8.85	5.42～10.84、 4.22～8.44

续表 5-10

技术参数 \ 型号		DN-80 DN-80-1 DN-80-2 DN-80-3	DN-100 DN-100-1 DN-100-2 DN-100-3	DN2-100 DN-100	DN2-200	DN2-400 DN-125
调节级数		8、3	8、3	8	16	16、4
电极臂伸出长度/mm		600、500、800、1000	450～550、500、800、1000	500±50	500±50	500±50、600
电极臂间距/mm		150、170	300、170			200
电极压力/N		10000	12000、8000	6600、6000	14000	32000、14000
电极工作行程/mm		20 辅助 60	20 辅助 60	20 辅助 60	20 辅助 80	20、25 辅助 75
焊接厚度/mm	低碳钢（最大厚度）有*为额定厚度	2.5+2.5、3+3(-1 型)、2.5+2.5（-2 型）、2+2（-3 型）	4+4，4+4（-1 型）、3.5+3.5（-2 型）、3+3（-3 型）	4+4、4.5+4.5	6+6、8+8	8+8、8+8、ϕ20+ϕ20 以下圆钢（-125 型）
	不锈钢	—	—	1.2+1.2、1.5+1.5、2.5+2.5	3+3、4+4	6+6、4+4
	黄铜，铝合金	—	—	0.6+0.6、1+1	1+1、1.5+1.5	2.5+2.5、1.2+1.2
生产率/（点/min）		70、80	70、80	68	65	40
压缩空气	压力/MPa	0.5	0.5	0.55	0.55、0.6	0.55
	耗量/（m^3/h）	5.5、22	6、22	22	33	60

续表 5-10

技术参数 \ 型号	DN-80 DN-80-1 DN-80-2 DN-80-3	DN-100 DN-100-1 DN-100-2 DN-100-3	DN2-100 DN-100	DN2-200	DN2-400 DN-125
冷却水耗量/（L/min）	16、14	40、14	12	14	30
质量/kg	900、1160、1200、1260	900、1170、1200、1300	800、	850	—
外形尺寸/（mm×mm×mm）	520×1188×1870、 1540×530×2060、 1840×530×2060、 2040×530×2060、	450×1050×2100、 1540×530×2060、 1840×530×2060、 2040×530×2060	1300×570×1950	1300×570×1850、 1300×570×1590、 1300×570×1950	1700×685×2310、 1550×400×1890
技术参数 \ 型号	SSP-40S DN-40 DNK-40B	SSP-63S DN-63	DN2-75 DN-75 DN2-75-1	SSP-80S DN-80	DN-100 DN-100-1 SSP-100S
额定容量/（kV·A）	40	63	75	80	100
负载持续率（%）	50、50、15、50	50、50、13	20	50、12	10、50、50、50
一次电压/V			380		
二次电压/V	5.5、3.52～4.5、0～8	6.3、4.63～6.13	3.12～6.24	6.9	5.43～7.04、7.8、4～7
调节级数	3、无级	3	8		3、3
电极臂伸出长度/mm	350、600、500、500	500、600、500	500±50、500（益州）	500	500、500 500、500～1200

续表 5-10

技术参数＼型号		SSP-40S DN-40 DNK-40B	SSP-63S DN-63	DN2-75 DN-75 DN2-75-1	SSP-80S DN-80	DN-100 DN-100-1 SSP-100S
电极臂间距/mm		230、300、260	230、300、260	430（益州）	230、260	260、175、250
电极压力/N		1800、6100、7320	4500、6100	6600（海门） 6000（张）	4500、6100	6100、7250、6000
电极工作行程/mm		75、60、150	75、60	20 辅助 60	75、60	60、75
焊接厚度/mm	低碳钢（最大厚度）有*为额定厚度	2.5+2.5、3+3、4+4	3+3、3+3	3.5+3.5、2.5+2.5、1+1～5+5、2+2、2.5+2.5	4+4	4.5+4.5、4+4、3+3
	不锈钢	—	—	1.5+1.5、2.5+2.5、1+1	—	—
	黄铜、铝合金	—	—	0.8+0.8、0.6+0.6	—	—
生产率/（点/min）		80	—	68	—	—
压缩空气	压力/MPa	0.5，0.1～0.6	0.5	0.55	—	0.5、0.6
	耗量/（m^3/h）	15	—	22	—	18
冷却水耗量/（L/min）		4、12、2、12	4～6、12、3	12	4～6、3	3、12、4～6、30
质量/kg		300	330	800、550、800	360	400、500、600
外形尺寸/（mm×mm×mm）		1000×460×1620	1000×460×1620	1300×570×1590、1300×570×1950	1100×460×1620	1100×460×1620、2200×2100×1000

续表 5-10

技术参数 \ 型号		DN-150 DN2-150	DN-160 SO462	DN-200	DN-63G	WDN-100 WDN-400
额定容量/（kV·A）		150	160、31	200	63	100、400
负载持续率（%）		13、20	50	13、50、50	50	50
一次电压/V				380		
二次电压/V		4.08～8.1	4.52～9.04、2.5～4.6	6.33～12.67、5.94～11.87	6.78	6.6、11.9
调节级数		16	8	8、8	1、2	—
电极臂伸出长度/mm		500、500±50	500～1200、360	450、350、500～1200	400	标准 450，最大 1000
电极臂间距/mm		260	105	260、220～320	230	210
电极压力/N		10000、800～4500	10000	10000、10000		8000、20000
电极工作行程/mm		80、20 辅助 80	—	80	20，一辅助 65	20 辅助 100
焊接厚度/mm	低碳钢(最大厚度）有*为额定厚度	5+5、6+6	5+5、3+3*	6+6	3+3、凸焊螺母 M6～M8	—
	不锈钢	3.5+3.5	1.6+1.6	—	—	—
	黄铜、铝合金	1.2+1.2	1.2+1.2	—	—	—
生产率/（点/min）		68	—	—	80	—
压缩空气	压力/MPa	0.55	0.6	0.5	0.5	0.5
	耗量/（m^3/h）	—	24	24	20	—

续表 5-10

技术参数 \ 型号	DN-150 DN2-150	DN-160 SO462	DN-200	DN-63G	WDN-100 WDN-400
冷却水耗量/（L/min）	8、13.5	30	8、26、30	14	10、20
质量/kg	600、850	—	700、1000	300	500、650
外形尺寸/（mm×mm×mm）	1250×600×1815、1300×570×1590	2200×2100×1000、1000×400×1850	1250×600×1815、2200×2100×1000	1000×540×1620	1600×480×1700

技术参数 \ 型号		YR-500SA2（S 型） YR-500CM2（C 型）	DN2-300 DN2-200	ASR-75 ASR-150	DN（TN）-40
额定容量/（kV·A）		50	300、200	75、150	40
负载持续率（%）		8.7、6.6/3.9（凸）	50	50	50
一次电压/V		380	380	220、380、440	380
二次电压/V		—	15.8、11.9	—	—
调节级数		—	—	—	—
电极臂伸出长度/mm		600、425、300	450	500	350
电极臂间距/mm		200、165、165	200	200	300
电极压力/N		10000	11500	8000、15000	4000
电极工作行程/mm		20、80	20 辅助 80	20/60	25 辅助 60
焊接厚度/mm	低碳钢（最大厚度）有*为额定厚度	3.2+3.2、4.0+3.2	—	—	3+3
	不锈钢	—	—	—	—
	黄铜、铝合金	—	—	—	—

续表 5-10

技术参数 \ 型号		YR-500SA2（S 型） YR-500CM2（C 型）	DN2-300 DN2-200	ASR-75 ASR-150	DN（TN）-40
生产率/（点/min）		—	—	—	—
压缩空气	压力/MPa	—	0.5	—	0.5～0.6
	耗量/（m^3/h）	—	—	—	—
冷却水耗量/（L/min）		—	8	8	—
质量/kg		500	—	659、802	—
外形尺寸/（mm×mm×mm）		—	1280×580×1915	1842×1140×510	—

技术参数 \ 型号	TDN-40 TDN-200	DNK-80	ZDN-80 ZDN-100 ZDN-150 ZDN-200	SSP-125S/P SSP-63S/P
额定容量/（kV·A）	40、200	80	80、100、150、200	125、63
负载持续率（%）	15、13	20	50	50
一次电压/V	380	380	380/550	380
二次电压/V	—	0～12	—	9.5、7.6
调节级数	—	无级	—	—
电极臂伸出长度/mm	500、450	500	520	350、500
电极臂间距/mm	260	—	—	260、250
电极压力/N	6100、10000	10560	7359、12057、18000、18000	9000、7250

续表 5-10

技术参数 \ 型号		TDN-40 TDN-200	DNK-80	ZDN-80 ZDN-100 ZDN-150 ZDN-200	SSP-125S/P SSP-63S/P
电极工作行程/mm		60、80	20 辅助 60	25～80	75
焊接厚度/mm	低碳钢(最大厚度)有*为额定厚度	3+3、6+6	5+5	4+4、4.5+4.5、5+5、6+6	—
	不锈钢	—	—	—	—
	黄铜、铝合金	—	—	—	—
生产率/（点/min）		—	80	—	—
压缩空气	压力/MPa	—	0.6	—	—
	耗量/（m^3/h）	—	10	—	—
冷却水耗量/（L/min）		2、8	15	2	6～8、4～6
质量/kg		280、700	550	420、560、580、600	580、335
外形尺寸/（mm×mm×mm）		1000×460×1620、1250×600×1815	1250×680×1870	1180×710×1700、（-80，-100 型）、1354×730×1980（-150，-200 型）	—

⑥单相次级整流式点凸焊机技术参数见表 5-11。

表 5-11　单相次级整流式点凸焊机技术参数

技术参数 \ 型号		DZ1-25-1	DZ-40 DZ-40-2 TZ-40 TZ-40	DZ-63-1 DZ-63 TZ-63	DZ-100 TZ-100
额定容量/（kV·A）		25	40	63	100
负载持续率（%）		20	50、50、50、12	50	50、8.2
一次电压/V		380			
二次电压/V		2.72～4.75	5.0～6.33、5.0～6.55、3.22～6.44	5.76～7.31、3.65～7.3、5.76～7.31、5.76～7.31	3.58～7.17
电极臂伸出长度/mm		230～500	650、500、600、500	500、500±50、600、600	450～550、500
电极臂间距/mm		240	300、210、167、250	210、295、167	400、290
电极压力/N		4000	6000、7600、7650、6100	7600、6600、7650	12000、6100
电极工作行程/mm		20	20、20、60 辅助 60、60	20 辅助 60	20、60 辅助 80
焊接厚度/mm	低碳钢	3+3	3+3、4+4	4+4、3+3+3、4+4、4+4	5+5、5.5+5.5
	铝合金	0.6+0.6	0.8+0.8	1+1、1+1、1+1	2+2
生产率/（点/min）		15	68	68、68、63	—
压缩空气	压力/MPa	0.55	0.5	0.5、0.55、0.5、0.5	0.5
	耗量/(m^3/h)	1.6	5.5、1.9	1.9、2	
冷却水耗量/（L/min）		10	41、22、20	22、12、19.2、20	40
外形尺寸/（mm×mm×mm）		930×570×1400	570×1180×1870、1635×600×2055、1510×600×2110	1635×600×2055、1400×520×750、1510×600×2110	450×1050×1900
质量/kg		360	1000、420	1000、860	910

续表 5-11

技术参数＼型号		TZ-100 DZ1-100-1	DZ1-100-2 DZ1-100-3	P260CC-10A	DZ-160 TZ-160	DZ-200 TZ-200
额定容量/（kV·A）		100	100	152	160	200
负载持续率（%）		50	50	50	50、8	50
一次电压/V		380				
二次电压/V		4.13～8.26、3.52～7.04	4.13～8.26	4.52～9.04	4.52～9.04	—
电极臂伸出长度/mm		600、500	1100、600	1000	600、400	530、350
电极臂间距/mm		220、385	385、234	300～600	260、240	250～350
电极压力/N		6000	6000	12000	10000	—
电极工作行程/mm		20 辅助 60、20	20 辅助 60		20、80	—
焊接厚度/mm	低碳钢	4+4、6+6	5+5	0.4～6、0.4～4（不锈钢）	6+6	—
	铝合金	2.5+2.5	2+2	0.4-3	3+3	—
生产率/（点/min）		23	23	—	10	—
压缩空气	压力/MPa	0.4	0.5	0.5	0.4	0.5
	耗量/（m^3/h）	3.5、4～5	4.1、9.4	—	—	—
冷却水耗量/（L/min）		34	29、24	—	20	34
外形尺寸/（mm×mm×mm）		1940×578×2280、1960×720×1850	2400×650×2100、1940×578×2276	2320×480×2144	1940×578×2276	—
质量/kg		1700	—	—	1350	—

⑦电容储能点凸焊机技术参数（储能≥1000J）见表 5-12。

表 5-12 电容储能点凸焊机技术参数（储能≥1000J）

技术参数＼型号	DRI-4000	DR3-20000	TRC-6000	P1110 DRQ-1000	P1130 DRQ-3000
电源电压	三相，380V	三相，380V	三相，380V	单相，380V/220V、220V	单相，220V；三相，380V
储存能量/J	4000	20000	6164	1000	3000

续表 5-12

技术参数 \ 型号	DRI-4000	DR3-20000	TRC-6000	P1110 DRQ-1000	P1130 DRQ-3000
8000 电容充电电压/V	450	50～450	420	—	—
电容器容量/μF	2000～40000	200000	70000	19200	57600
电极行程/mm	—	—	100	50、40	30、60
电极压力/N	5390	4900～24500	15680	1000、1500	6000
电源容量/（kV·A）	—	—	10	3	7、8
焊接厚度/mm	封装晶体管外径 $\phi 6 \sim \phi 15$	封装晶体管外径 $\phi 42$ 以下	凸焊 201#-309#单列向心轴承保持器	不锈钢 1＋1、1.5＋1.5、黄铜 1＋1	不锈钢 1.5＋1.5、2＋2、黄铜 1.2＋1.2
气源压力/MPa	—	—	—	0.6	0.6
焊接生产率/（次/min）	—		65	20	15
外形尺寸/（mm×mm×mm）	—	—	—	900×800×1500（主机）、400×600×1100（电柜）、670×550×1355	800×1400×1500、1000×350×1800 配电容控制器（华丰）
质量/kg	—	—	—	主机 650、150，电源 80	600、300

技术参数 \ 型号	P1180	TR-3000	SSC-1500 SSC-3000	SSC-10K SSC-18K	DRW 系列
电源电压	三相，380V	单相，380V	单相，220V	三相，380V	380V
储存能量/J	8000	3000	1500、3000	10000、18000	1000～10830
电容充电电压/V	—	—	—	—	—
电容器容量/μF	—	—	15300、29700	101250、184500	—
电极行程/mm	40	—	75	60	50～80
电极压力/N	7000	—	4500、7250	12000、29000	—
电源容量/（kV·A）	16	—	3、5	16、30	—

续表 5-12

技术参数 \ 型号	P1180	TR-3000	SSC-1500 SSC-3000	SSC-10K SSC-18K	DRW 系列
焊接厚度/mm	黄铜 2.5+2.5，封帽管径 $\phi6\sim\phi25$	—	—	—	0.4～1.5 彩板涂层钢板
气源压力/MPa	0.6	—	—	—	—
焊接生产率/（次/min）	—	—	—	—	30
外形尺寸/（mm×mm×mm）	860×2000×1600	1430×520×2100（主机）、1610×750×530（控制箱）	—	—	—
质量/kg	1600		420、550	1050、1650	

技术参数 \ 型号	DR-3000	DR-5000	HR-C2.5K HR-C7K	HR-CD3K HR-CD5K
电源电压	单相，220/380V	单相，220/380V	单相 220V、220V/380V	单相，220V
储存能量/J	3000	5000	1000、4500	1500、3000
电容充电电压/V	—	—	—	—
电容器容量/μF	29700	49500	10000、45000	15000、30000
电极行程/mm	60	60	—	—
电极压力/N	6100	10000	2500、5000	2500、3000
电源容量/（kV·A）	6	8	2.5、7	3、5
焊接厚度/mm	铝板 1.6+1.6	铝板 2.3+2.3	银合金 1.0+1.0、2.3+2.3	不锈钢 0.8+0.8、1+1
气源压力/MPa	—	—	—	—
焊接生产率/（次/min）	—	—	—	—
外形尺寸/（mm×mm×mm）	—	—	—	—
质量/kg	主机 520、电容箱 170	主机 600、电容箱 200	300、1100	450、580

⑧精密点焊机技术参数（交流≤10kV·A，储能＜1000J）见表5-13。

表5-13 精密点焊机技术参数（交流≤10kV·A，储能＜1000J）

技术参数 \ 型号	DN-2.5	DN3 JDM-3 DM-3	DN2-6 WDDN-5	DN10 DN2-10
电源电压/V	220	220	380、220	220、380
额定容量/（kV·A）	2.5	3	6、7	10
负载持续率（%）	50	50、20	50	50
二次电压/V	1.7、2.8、4.2	1.1～5、4.7或9.4	1.03～2.07、5.8	1.8～3.6、1.2～2.4
电极压力/N	50～200	50～150、300、20～200	3450	30～100、3450
电极臂伸出长度/mm	80～100	100	300、110	300
电极臂间距/mm	63	80	—	—
电容器容量/μF	—	—	—	—
电极行程/mm	—	20	70	70
储存能量/J	—	—	—	—
焊接时间调节范围	0.01～20s	1～15周，0.005～0.01s	配KD7、KD8控制箱	1/2、1～10、2～20周，配KD7、KD8控制箱
焊接厚度/mm	低碳钢0.1＋0.1～1＋1、铜0.1＋0.1～0.3＋0.3、钛合金0.1＋0.1～1＋1	低碳钢1＋1、镍丝$\phi 2+\phi 2$	低碳钢1.5＋1.5、不锈钢0.5＋0.5	低碳钢0.6＋0.6～2＋2、2＋2，铝0.3＋0.3
冷却水耗量/（L/min）	—	1	6.5	6.2
气源压力/MPa	—	—	0.55	0.55
外形尺寸/（mm×mm×mm）	1040×780×1250（装箱尺寸）	530×810×1050、783×1195×558	850×450×1600、520×178×402	850×450×1600
质量/kg	110	50、130	160、40	165

续表 5-13

技术参数＼型号	SDN-10	P103-7 P103-3	P105-9 P105-2	DR-100-1 DR-100	P320 P1103-1
电源电压	380V	单相，220V	单相，220V	220V/380V、330V	单相，220V；单相，220V/380V
额定容量/（kV·A）	10	3	5	—	<1.5、<2
负载持续率（%）	50	—	—	20	—
二次电压/V	1.86～3.65	1.1～5、0～5.5	1.1～4.5、0～6.6	—	—
电极压力/N	3500	4.5～40、39.2～245	4.9～44.1、50～250	—	39.2～245、60～298
电极臂伸出长度/mm	—	—	—	—	—
电极臂间距/mm	—	—	—	—	—
电容器容量/μF	—	—	—	1200	—
电极行程/mm	—	—	—		20
储存能量/J	—	—	—	100	320、240
焊接时间调节范围	—	-3 型：半周波（单连脉冲） -7 型：1/2、1、2、3、4 周	1/2～99 周，0.1～5s	—	—
焊接厚度/mm	焊接整流子绕组最大直径<40	不锈钢0.6+0.6	不锈钢0.6+0.6，镍 1.5+1.5	不锈钢0.5+0.5，铂丝ϕ0.08+ϕ0.08，镍铜丝ϕ0.7+ϕ1.0	不锈钢 0.8+0.8、0.4+0.4，黄铜 0.6+0.6
冷却水耗量/（L/min）	—	—	—	—	—
气源压力/MPa	0.55	—	—	—	—
外形尺寸/（mm×mm×mm）	635×360×735	960×740×860、970×570×1160	800×700×1200、968×578×1188	800×530×1200	970×570×1160、1040×600×1230
质量/kg	120	150、111	150、170	—	130、200

续表 5-13

技术参数＼型号	P250D/ZH5-1	DR-420Q HR-CD2K	DR-180 DR-400	SSC-225ST SSC-225DH	SSC-500ST SSC-380ST
电源电压	单相，220V				
额定容量/（kVA）	0.7	2	0.8、1.5	0.75	1.5、1.25
负载持续率（%）	—	—	—	—	—
二次电压/V	—	—	—	—	—
电极压力/N	10～80	50～400、500	200、1000	300、120	1150
电极臂伸出长度/mm	—	80	180、80	50	120
电极臂间距/mm	—	—	45、150	50	120
电容器容量/μF	—	5000	1800、4050	2000	5625、4050
电极行程/mm	15	15	20、30	15	50
储存能量/J	250	420、500	180、400	225	500、380
焊接时间调节范围	—	—	—	—	—
焊接厚度/mm	不锈钢0.5＋0.5	低碳钢，不锈钢0.3＋0.3	低碳钢0.3＋0.3、0.6＋0.6	—	—
冷却水耗量/（L/min）	—	—	—	—	—
气源压力/MPa	—	—	—	—	—
外形尺寸/（mm×mm×mm）	—	700×600×1200	670×550×1250	—	—
质量/kg	—	135、200	30、150	120、130	185、160

注：本表从 DR-100-1 型开始到最后为储能式，DR-100-1 型之前为交流精密型点焊机。

⑨悬挂分体式点焊机技术参数见表 5-14。

表 5-14 悬挂分体式点焊机技术参数

技术参数＼型号	DN3-80 DN3-80-1 TX-80	DN3-100 DN3-100Y PT100 PA-100 ZDN3-100 TX-100	DN3-125 DN3-125-1 DN3-125Y ZDN3-125 PT125 PA-125	PT150 PA-150 DN3-150 ZDN3-150 TX-150	C130SP-SAN C130FP-SAN DN3-130-S DN3-130-F
额定容量/（kV·A）	80	100	125	150	160
负载持续率（%）	50、20/50、7.2、7.0	50、8.7、7.2	50、10、20/50	50、10	50
一次电压/V	380	380、220/380/440、200/400	380、220/380/440、200/400	380、200/400、220/380/440	380
二次电压/V	18、10.6～18.1、16.6	19、14.1～18.1、18、20.9	20、14.1～21.4、8/9、21.7、23.2、22、21.3	21、24.4、21.5	17.6、23（S，SP 型）、23（F，FP 型）
调节级数	6	2	6、2	—	2、1
最大焊接电流/A	8000	10000、14000（最大标准负载）、12000	12000、15000（最大标准负载）、14000	16000（最大标准负载）、14800	—
焊接厚度/mm	1+1、1.5+1.5、2+2	1.2+1.2、1.5+1.5、2+2	1.5+1.5、2+2、3+3	—	3+3、3+3（根据电缆截面长度及焊钳形状而定）
气源压力/MPa	0.5	0.5	0.5、0.6	0.5	0.5
冷却水耗量/（L/min）	16、10	12、16、10、7、6、8	16、10、8、7	10、20、14	21.7

续表 5-14

技术参数 \ 型号	DN3-80 DN3-80-1 TX-80	DN3-100 DN3-100Y PT100 PA-100 ZDN3-100 TX-100	DN3-125 DN3-125-1 DN3-125Y ZDN3-125 PT125 PA-125	PT150 PA-150 DN3-150 ZDN3-150 TX-150	C130SP-SAN C130FP-SAN DN3-130-S DN3-130-F
外形尺寸 /（mm×mm×mm）	580×480×740、 720×560×955、 480×440×710	580×490×780、 640×490×775、 480×440×790、 555×333×900、 300×510×760	580×500×810、 750×550×900、 640×490×790、 500×500×790、 300×520×790	635×600×520	450×330×920 （S、SP 型一体化）， 340×344×865 （F、PF 型分开式）
质量/kg	133、235、150、 120、133	145、141、155、148、 143、150、130	150、146、159、275、 145、180、155、170	185、170	400

技术参数 \ 型号	DN3-160 DN3-160Y DN3-160-2	PTB180 ZDN3-180	DN3-200 PTB200 DN3-200Y	DN3-250 PTB250 DN3-250Y DN3-350Y	DZ3-125（DC） DZ3-125-1（DC）
额定容量 /（kV·A）	160	180	200	250、350	125
负载持续率（%）	50	8、50	50、7.8	50、8	50
一次电压/V	380	400、380	380、400	380、400	380

续表 5-14

技术参数 \ 型号	DN3-160 DN3-160Y DN3-160-2	PTB180 ZDN3-180	DN3-200 PTB200 DN3-200Y	DN3-250 PTB250 DN3-250Y DN3-350Y	DZ3-125（DC） DZ3-125-1（DC）
二次电压/V	22、23.75、11.5/23、23.8、20～23、21～23.75、25、22.3	25、23.5	23.75、29、26、26.5、26.3、24.5、25	28、29.6、28.1、34.5	17.5～19、11.9～18.1、13.4～18.4
调节级数	2	—	—	—	2、6、2
最大焊接电流/A	16000	18000(最大标准负载)、16200	18000、19000（最大标准负载）	21000(最大标准负载)	—
焊接厚度/mm	2+2、3+3	—	2.5+2.5、4+4		3+3（额定级）、4+4、3+3
气源压力/MPa	0.5、0.6	—	—	—	—
冷却水耗量/（L/min）	16、10、21.6	20、16	16、20、10	20、14	20
外形尺寸/（mm×mm×mm）	580×500×810、700×510×770、500×300×850、450×380×850、322×520×810	—	580×510×830、700×510×790、340×550×850	360×580×900	590×600×1040、660×660×910、560×630×990
质量/kg	180、176、150、200、159、180	180	210、220、200、196、240	230、240、300、420	280、270、300

⑩悬臂式点焊机技术参数见表5-15。

表5-15 悬臂式点焊机技术参数

技术参数 \ 型号		DN4-25-1	DN5-75	DN5-150-2	DN5-200-1
额定容量/（kV·A）		25	75	150	200
一次电压/V		380			
二次电压/V	串联	3.14	9.5～19	12.6～20.8	14.5～22.8
	并联		4.75～9.5	6.3～10.4	
二次电压调节级数		—	2×8	2×6	6
额定负载持续率（%）		20			
电极最大压力/N	长焊钳	3000	2000	4000	7200
	短焊钳				9000
电极工作行程/mm	长焊钳	20	30	20	60
	短焊钳				10
电极臂间距/mm	长焊钳	100	94	45、35、90	175
	短焊钳				62
电极臂有效伸长/mm	长焊钳	170	125	45、90、160	425
	短焊钳				164
冷却水消耗量/（L/h）		600	600	720	800
压缩空气	压力/MPa	0.5	0.5	0.55	0.5
	消耗量/（m^3/h）	—	13.5	22	10
钢焊件厚度/mm		1.5+1.5	1.5+1.5	1.5+1.5	（1.5+1.5）～（2.5+2.5）
质量/kg		25（焊钳）	370	370	350
外形尺寸/（mm×mm×mm）		615×330×280	850×455×770	850×455×770	652×695×732
配用控制箱型号		KD2-600	KD3-600-2	KD3-600-1	KD7-500
适用范围		固定式点焊机不便进行工作的大型低碳钢构件点焊	固定式点焊机不便进行工作的大型低碳钢构件点焊或建筑工地上点焊		

⑪气压传动式点焊机技术参数见表 5-16。

表 5-16 气压传动式点焊机技术参数

技术参数 \ 型号	DN2-50	DN2-75	DN2-100	DN2-200	DN2-400	DN3-75	DN3-100
额定容量/（kV·A）	50	75	100	200	400	75	100
一次电压/V	380						
二次电压/V	2.09～4.18	3.12～6.24	3.65～7.3	4.42～8.35	5.42～10.84	3.33～6.66	3.65～7.3
二次电压调节级数	8	8	8	16	18	8	8
额定负载持续率(%)	20						
电极间最大电压/N	6000	6000	6600	14000	32000	4000	5500
上电极工作行程/mm	30	20	20	20	20	20	20
上电极辅助行程/mm	50	60	60	80	100	80	80
电极臂伸出长度/mm	500±50	500±50	500±50	500±50	500±50	800	800
下电极垂直调节长度/mm	100	100	100	100	150	150	150
焊接时间/s	0.02～6.0	0.035～6.75	0.02～6.0	0.02～6.0	0.02～6.0	—	—
冷却水消耗量/(L/h)	600	720	720	810	1800	400	700
压缩空气 压力/MPa	0.55						
压缩空气 消耗量/(m^3/h)	12	22	22	33	60	15	15
焊件厚度/mm KD3型控制箱 低碳钢	—	2.5+2.5	—	—	—	—	—
焊件厚度/mm KD、KD6或KD7型控制箱 低碳钢	1.5+1.5	2+2	4+4	6+6	8+8	2+2	2.5+2.5
焊件厚度/mm KD、KD6或KD7型控制箱 不锈钢	1.5+1.5	1+1	1.5+1.5	3+3	—	—	—
焊件厚度/mm KD、KD6或KD7型控制箱 铝合金	0.5+0.5	0.6+0.6	0.6+0.6	1.0+1.0	—	—	—
生产率/（点/mm）	65	68	68	65	40	60	60
质量/kg	600	800	800	850	—	800	850
外形尺寸/mm 长	1350	1300	1300	1300	1700	1610	1610
外形尺寸/mm 宽	560	570	570	570	685	700	700
外形尺寸/mm 高	1720	1950	1950	1950	2310	1500	1500
适用范围	配 KD3 型控制箱点焊低碳钢，配 KD、KD6 或 KD7 型控制箱点焊不锈钢和铝合金（根据需要选用控制箱）					单点焊低碳钢	

⑫悬挂气动一体式点焊机技术参数见表5-17。

表5-17　悬挂气动一体式点焊机技术参数

技术参数＼型号		DN2-16X-5 DN2-16X3H SSG-16/X	DN2-25X-2 DN2-25X3H ZDN2-25X SSG-25/X WYD-25	DN2-16C-3 DN2-16C3H	DN2-25C DN2-25C3H ZDN2-25C	KT817 KT826
额定容量/（kV·A）		16	25	16	25	17，26
负载持续率（%）		50				
一次电压/V		380	380、380/220	380	380、380/220	380
二次电压/V		2.8、4、4.2	4.5、5、2.75、5.6、4.5	2.8、4	4.5、5、2.75	3.4、4.7
标准臂伸长最短臂伸长/mm		170、250、200	170、300、160、200、250	185、250	300、160	1.70
长臂伸长/mm		600、800	800、650	—	650	500、800
电极臂间距/mm		130、110	175、110、110～158	120、90	90、110～158	130、140（N型）、230（D型）
电极行程/mm		工作0～25、16，辅助0～60、60	工作0～30、16、15～25，辅助0～100、70	工作0～20、20，辅助0～55、45	工作0～20、20、15～25，辅助0～55、45	—
电极压力/N		2500	2500、3200、2300	2000	3200、2000	—
最大短路电流/kA		14、15.2、15	16.5、13.5、17、18、13.6	15	17、18、13.6	14.4（817型）、18.6（826型）
最大焊接厚度/mm		3＋3	4＋4、3＋3（最短臂伸）、1.2＋1.2（最长臂伸）、ϕ10＋ϕ10、3＋3	3＋3	4＋4、3＋3（最短臂伸）、1.2＋1.2（最长臂伸）、ϕ10＋ϕ10	3＋3（短臂）、ϕ10＋ϕ10（817型），3.5＋3.5（短臂）、ϕ14＋ϕ14、不锈钢 1.5＋1.5（826型）
气源	压力/MPa	—	0.65	—	0.65	—
	耗量/（m^3/h）	—	0.8（100点）、1.2（100点）	—	0.6（100点）	—
冷却水耗量/（L/min）		—	3.4、3.7	—	3.4	—

续表 5-17

型号 技术参数	DN2-16X-5 DN2-16X3H SSG-16/X	DN2-25X-2 DN2-25X3H ZDN2-25X SSG-25/X WYD-25	DN2-16C-3 DN2-16C3H	DN2-25C DN2-25C3H ZDN2-25C	KT817 KT826
外形尺寸/（mm×mm×mm）	700×400×380、780×280×420	780 × 420×390、800×280 × 420 、550 × 360 × 400、同右	760×295×400、750×280×420	800×280×420、600×470×320、（臂间距为 235）	386×380×472、434×412×512
质量/kg	45、53	50、44、53、55	47、50	44、53	32、44（不包括臂）

型号 技术参数	ZDN2-35X DN2-30XDH	ZDN2-35C SSG-36/X	ZDN2-40X DN2-40XDH WYD-40	ZDN2-40C （京龙） DNS2-25	KT838 KT875
额定容量/（kV·A）	35、30	35、36	40	40、25	38、75
负载持续率（%）	50				
一次电压/V	380/220、380	380/220、380	380/220、380	380/220、380	380
二次电压/V	4.3、5.58	4.3、5.8	4.52、6.8、5.7	4.52、5.58	5.3、6.6
标准臂伸长最短臂伸长/mm	160、600	160、200	160、800、250	160	170、200
长臂伸长/mm	750	750、800	900、800	900	1000、1200
电极臂间距/mm	110～235、200	110～235	110～330、200	110～330	170（N 型）、300（D 型）
电极行程/mm	15～25、30、辅助 140	15～20	15～35、30、辅助 230	15～20	—
电极压力/N	3200、3100	3200	3200、2400、5500	3200	—
最大短路电流/kA	18、14	18、18.2	29、14、19	26	20（838 型）、33（875 型）

续表 5-17

<table>
<tr><th colspan="2">型号
技术参数</th><th>ZDN2-35X
DN2-30XDH</th><th>ZDN2-35C
SSG-36/X</th><th>ZDN2-40X
DN2-40XDH
WYD-40</th><th>ZDN2-40C
（京龙）
DNS2-25</th><th>KT838
KT875</th></tr>
<tr><td colspan="2">最大焊接厚度/mm</td><td>4+4（最短臂伸）、2+2（最长臂伸）、ϕ14+ϕ14、3+3</td><td>4+4（最短臂伸）、2+2（最长臂伸）、ϕ14+ϕ14</td><td>5+5（最短臂伸）、2+2（最长臂伸）、ϕ16+ϕ16、3+3、4+4</td><td>4.5 + 4.5（最短臂伸）、1.8＋1.8（最长臂伸）、ϕ16＋ϕ16、1.2+构件</td><td>5＋5（短臂）、ϕ18＋ϕ18、不锈钢2.5+2.5（838型），6+6（短臂）、ϕ25＋ϕ25、不锈钢3+3（875型）</td></tr>
<tr><td rowspan="2">气源</td><td>压力/MPa</td><td>0.65</td><td>0.65</td><td>0.65</td><td>0.65</td><td>—</td></tr>
<tr><td>耗量/(m^3/h)</td><td>1（100点）</td><td>1（100点）</td><td>1,2(100点)、5.8（100点）</td><td>1.2</td><td>—</td></tr>
<tr><td colspan="2">冷却水耗量/（L/min）</td><td>4.7</td><td>4.7</td><td>5、4.7</td><td>5</td><td>—</td></tr>
<tr><td colspan="2">外形尺寸/（mm×mm×mm）</td><td>600 × 4700 ×320（当臂伸为235）、1200 ×350×700</td><td>600 × 4700 ×320（当臂伸为235）、1200 ×350×700</td><td>600 × 4700 ×320（当臂伸为235）、1200 ×350×700、1400 × 350 × 760、700×460 ×500</td><td>600 × 4700 ×320（当臂伸为235）、1200 ×350×700、1400 × 350 × 760、700×460 ×500</td><td>480×476×568、544×570 ×102</td></tr>
<tr><td colspan="2">质量/kg</td><td>52、100</td><td>52、72</td><td>57、120、65</td><td>57、70</td><td>56、102（不包括臂）</td></tr>
</table>

注：KT 系列气动型有四种臂长：短臂、500mm、800 mm、1000mm，给出焊接厚度栏，本表只给出短臂低碳钢板数据，关于其他臂长及镀锌板数据未给出。

⑬便携式和车载式点焊机技术参数见表 5-18。

表 5-18 便携式和车载式点焊机技术参数

技术参数 \ 型号	DNJ-3 DNJ-3-1 DNJ-5	DN-6 ZDN-2500 GDN3-6	DNS-10	KT218 KT617	GT224 DNS2-5 DNS2-8 DN2-10S	DNJ-8 DNJ-10 DNJ-12 DNJ-16
额定容量/(kV·A)	3、5	6、2.5、6	10	2.5、17	2.5、5、8、10	8、10、12、16
负载持续率（%）	35	10、50	10、50	50	50	35（-8 型），50
一次电压/V	220，380 （-5 型）	220	380/220、380	380/220、380	380	380
二次电压/V	2.36～3.14 1.65～2.64 2.53～3.14（-5 型）	2.2	3.7～4.25（2 级）	2.3、3.4	3.3、3.5、3.45、3.85	5.43～7.13、 7.86～9.91、 7.86～9.91、 10.36～14.25
最大电极电压/N	—	2000	—	—	200	—
电极行程/mm	—	30	30	20～54、20～60	7	—
焊接厚度/mm（低碳钢）钢圆	0.03～0.3、 0.02～0.2、0.2～0.4	1.5+1.5、1+1	1.5+1.5	短臂 2.5+3 （KT218）， 3+3（KT617），臂长 500mm 时，1.5+1.5（KT218） 2+2（KT617）	短臂 1+1～1.5， 1+构架、 1.5+构架、 1.5+构件	0.2～0.6、0.3～1.0、 0.3～1.0、0.4～1.5
外形尺寸 /(mm×mm×mm)	400×380×230	500×300×300、 380×150×260	375×260×315	265×85×292、 295×380×429	145×88×432、 500×100×140	185×230×375、 325×470×510、 220×265×430、 360×530×620
质量/kg	18、23（-5 型）	10	40	9.2、2.7（不包括臂）	10.5、16、18、19	30、60、50、92

续表 5-18

技术参数 \ 型号	DNJ-25（久盛） DNS-25	DNY-5 DNY-16 DNY-50	DNJ3-10 DNJ3-16	DND-75 DND3-63	TDN-25 TDN-50	DND-125Q DZD-63Q（DC）
额定容量/(kV·A)	25	5、16、50	10、16	75、63	25、50	125、63
负载持续率（%）	35（久盛），50	30（-5 型）、20	35	50	20、50	50
一次电压/V	380	220/380、380	380	380	380	380
二次电压/V	15～20（久盛）	1.5～4.2、 2～6、3～10	7～9、10～14	16～19、7.9	6～10、4.7～11.5	20.5、13.6（DC）
最大电极电压/N	—	—	—	—	—	—
电极行程/mm	—	—	—	—	—	—
焊接厚度/mm（低碳钢）钢圆	0.5～2.5（久盛）	0.2～1、0.5～2、 0.8～4	0.3～0.8、0.5～2	1.5＋构件、 1＋构架	0.5＋0.5～2＋2	2＋构件、 1.5＋构件
外形尺寸/（mm×mm×mm）	360×570×620 （久盛）	450×290×480、 450×290×480、 500×310×560	450×530×550、 400×600×590	—	—	900×400×760、 900×400×740
质量/kg	—	35、50、85	60、93	90	80、180	210、240

⑭汽车和家电多点焊机技术参数见表 5-19。

表 5-19 汽车和家电多点焊机技术参数

技术参数 \ 名称及型号	汽车后围总成多点焊机	汽车驾驶室底板与加强梁多点焊机	汽车左车门里板多点焊机	汽车车厢边后板多点焊机
	DN13-14×100	DN13-10×100	DN13-3×180	DN13-10×180
额定容量/(kV·A)	14×100	10×100	3×180	10×180
负载持续率(%)	50			
一次电压/V	三相，380			
二次电压/V	5～8.5	6～9	5～8.5	5.14～8.4
电极压力/N	3500	3500	3500	4000
电极行程/mm	35	20	35	35
电极数量/可焊点数/(把/个)	104/104	86/152	34/34	72/144
生产率/(件/h)	60	60	120	30
焊接厚度/mm	1.0+1.2	1.2+2.0	0.8+1.2	1.2+1.2
压缩空气 压力/MPa	0.5			
压缩空气 耗量/(m^3/h)	40	—	—	—
电动机功率/kW	13	7.5	10	13
冷却水耗量/(L/min)	200	150	—	—
质量/kg	25000	—	12000	35000
外形尺寸/(mm×mm×mm)	2760×4800×4460	2655×3836×4865	3200×2150×4460	4660×2000×4900
适用范围	专用于焊接汽车驾驶室后围加强梁	专用于焊接汽车驾驶室底板与加强梁	专用焊接驾驶室左车间里板与加强板螺母板等	专用于焊接汽车车厢边后板
备注	—	用十只变压器分四次加压，八次通电	—	用十只阻焊变压器适用四种车型

技术参数 \ 名称及型号	卡车车厢边板总成多点焊机	暖气片专用多点焊机	热水器二次侧整流多点焊机
	DB-7×125	DB13-6×63	DZ13-4×40R
额定容量/(kV·A)	7×125	6×63	4×40
负载持续率(%)	50		
一次电压	三相，380V		

续表 5-19

技术参数 \ 名称及型号		卡车车厢边板总成多点焊机	暖气片专用多点焊机	热水器二次侧整流多点焊机
		DB-7×125	DB13-6×63	DZ13-4×40R
二次电压/V		6.13～8.64	6.67	5.00～6.55，三级
电极压力/N		4000	3000	—
电极行程/mm		60	—	—
电极数量/可焊点数/（把/个）		36～42/36～42	24/24	上下共 16/8
生产率/（件/h）		34	—	—
焊接厚度/mm		1.5＋2	1.2＋1.2	—
压缩空气	压力/MPa	0.5	0.4	0.5
	耗量/（m^3/h）	—	—	—
电动机功率/（kV·A）		2.2	—	—
冷却水耗量/(L/min)		175	—	—
质量/kg		—	—	—
外形尺寸/（mm×mm×mm）		7050×4320×2800	2940×3520×4045	—
适用范围		卡车车厢边板与页板总成焊接	专用于焊接暖气片中梯形水道散热器	焊接热水器中燃烧器专用设备

⑮钢筋网、栅架和折形点焊机技术参数见表 5-20。

表 5-20　钢筋网、栅架和折形多点焊机技术参数

技术参数 \ 名称及型号	钢筋网多点焊机	栅架多点焊机	钢筋网多点焊机	波浪网边多点凸焊机	折形焊接机
	DN13-6×63	DN7-3×400	J06A	PW-SP75-EX	ZHJ80-20
额定容量/(kV·A)	6×63	3×400	6×100	75	20
负载持续率（%）	20	20	50	—	50
一次电压	三相，380V	三相，380V	三相，380V	三相，380V	单相，380V
二次电压/V	—	—	7～10	—	10
电极压力/N	—	—	3600	12057	600
电极工作行程/mm	—	—	50	—	30

续表 5-20

技术参数 \ 名称及型号		钢筋网多点焊机 DN13-6×63	栅架多点焊机 DN7-3×400	钢筋网多点焊机 J06A	波浪网边多点凸焊机 PW-SP75-EX	折形焊接机 ZHJ80-20
纵向钢筋（栅架）	圆或方（扁）钢/mm	$\phi4\sim\phi6$	3×25 扁钢	$\phi6\sim\phi8$	$\phi\leqslant5$	$\phi2$
	根数	38、40、46、60	30	24	12	—
横向钢筋（栅架）	圆或方（扁）钢/mm	$\phi4\sim\phi6$	6×6 方钢	$\phi4\sim\phi6$	$\phi\leqslant5$	$\phi2$
宽度/mm		3000	975.5	2400	—	—
生产率/（m，根，点/min）		当焊接一个构架时，3m10 次/min	方钢，3～5 根	—	—	当焊件 2+2 时，80 点
冷却水耗量/（L/min）		—	—	—	14	—
压缩空气	压力/MPa	—	油压	—	—	0.5
	消耗量/（m^3/h）	—	—	—	—	—
质量/kg		—	—	—	—	2500
外形尺寸/（mm×mm×mm）		—	—	2500×3000×1000	1050×540×2050	9000×500×1000
适用范围		焊接定尺寸钢筋网	焊接电站锅炉中栅架	焊接钢筋网	焊接钢丝曲折边框	轻质墙板桁条拆形焊

⑯GWC 系列钢筋网点焊机技术参数见表 5-21。

表 5-21 GWC 系列钢筋网点焊机技术参数

技术参数 \ 型号	GWC2050	GWC2400	GWC2600	GWC3300
额定功率/（kV·A）	150～450（可三次焊）	200～600（可三次焊）	300～900（可三次焊）	400～1200（可三次焊）
最大网宽/mm	2050	2400	2600	3300
网格尺寸/mm	50～200（无级调整）	50～300（无级调整）	50～500（计算机调整）	50～500（计算机调整）

续表 5-21

技术参数＼型号	GWC2050	GWC2400	GWC2600	GWC3300
焊头数/组	42（可增减）	24（可增减）	26（可增减）	32（可增减）
钢筋直径/mm	3～6	5～10/12	5～12/14	5～12/14
焊接频率/（排/min）	28～32	30～40	30～40、50～80	30～40、50～80
气源压力/MPa	≥0.5	≥0.6	≥0.7	≥0.75
供料方式	直条/盘条			
焊接原料	普通光圆钢筋、热轧带肋钢筋、冷轧带肋钢筋等			
制造单位	中国建设院建机所（凯博公司）			

⑰GWC3300 快速点焊焊网机技术参数见表 5-22。

表 5-22　GWC3300 快速点焊焊网机技术参数

项　目	技术参数	备　注	项　目	技术参数	备　注
额定功率/（kV·A）	1600	分三次焊时：600	焊丝速度/（次/min）	50～100	三次焊接速度
电源电压	380V，50Hz	—	冷却水压力/MPa	≥0.2	不宜超过 0.3
输出电压调节范围/V	2～15V	可调	气路压力/（N/cm^2）	700（0.7MPa）	可调
额定负载持续率（%）	50		压缩空气数量	m^3/min	＞3
焊网规格/mm	最大网宽 3300	500～3300 可调	纵筋上料方式	直条/盘条	—
纵筋问题/mm	100～400	50 的倍数	横筋上料方式	直条	—
横筋问题/mm	100～400	可自动调节	焊机质量/t	～35	—
焊点数/点	32	可调	焊机主机外形尺寸/（mm×mm×mm）	2000×4000×2500	—
可焊钢筋直径/mm	横筋ϕ5～ϕ12 纵筋ϕ5～ϕ12	钢筋表面应去除油污锈迹等杂物	冷却水温度/℃	5～35	—

⑱专用点焊机技术参数见表 5-23。

表 5-23 专用点焊机技术参数

技术参数 \ 名称及型号		触头点焊机	整流子专用点焊机	蓄电池专用点焊机	变压器片式散热器专用点焊机	快速旋转点焊机
		DN6-25-1	DN6-1-25	DN16-25	DN17-150×2	DNK2×75
额定容量/（kV·A）		25	25	25	150×2	2×75
一次电压/V		380				
二次电压/V		1.35～2.7	1.36～2.72	1.94～3.88	3.29～4.68	—
二次电压调节级数		2	2	8	4	8
额定负载持续率(%)		20				
电极	最大压力/N	1500	1500	11060	上 3250、下 40	2000
	工作行程/mm	20	10	—	—	—
电极臂间距/mm		—	—	—	30	10
电极臂有效伸长/mm		80	80	—	200	11（偏心位移）
电极移动距离/mm		—	—	—	300	210
冷却水消耗量/(L/h)		300	300	400	900	720×2
压缩空气	压力/MPa	0.6	0.5	5.5	—	5
	消耗量/(m^3/h)	2	2	—	—	4×2
焊件厚度/mm		0.5+0.5	ϕ≤40（电机转子）	—	1.5+1.5	200 1+1(08F 钢)
生产率/（点/h）		3600	3600	—	2×3 点/每次	7200
质量/kg		160	160	—	2000	2500
外形尺寸/mm	长	810	770	1740	1760	3640
	宽	470	520	1440	1300	940
	高	760	715	1500	2350	1435
配用控制箱型号		KD7-50	KD7-50	KD7-200-1	KD3-100	专用

5.3.5 点焊机的正确使用

以一般工频交流点焊机为例，说明点焊机的调节步骤。

①检查气缸内有无润滑油，如果无润滑油会很快损坏压力传动装置的衬环。开始工作之前，必须通过注油器对滑块进行润滑。

②接通冷却水，检查各支路的流水情况和所有接头处的密封状况。检查压缩空气系统的工作状况。拧开上电极的固定螺母，调节好行程，然后把固定螺母拧紧。调整焊接压力，应按焊接参数选择适当的压力。

③断开焊接电流的小开关，踏下脚踏开关，检查焊机各器件的动作，再闭合小开关、调整好焊机。标有电流“通”“断”的开关能断开和闭合控制箱中的有关电气部分，使焊机在没有焊接电源情况下进行调整。在调整焊机时，为防止误接焊接电源，可取下调节级数的任何一个闸刀。

④焊机准备焊接前，必须把控制箱上的转换开关放在“通”的位置，待红色信号灯发亮。装上调节级数开关的闸刀，选择好焊接变压器的调节。打开冷却系统阀门，检查各相应支路中是否有水流出，并调节好水流量。

⑤把焊件放在电极之间，并踏下脚踏开关的踏板，使焊件压紧，进行一个工作循环，然后把焊接电源开关放在“通”的位置，再踏下脚踏开关即可进行焊接。

⑥焊机二次电压的选择由低级开始。时间调节的“焊接”“维持”延时，应按焊接参数决定。“加压”和“停息”延时应根据电极工作行程在切断焊接电流下进行调节。

当焊机短时停止工作时，必须将控制电路转换开关放在“断”的位置，切断控制电路，关闭进气、进水阀门。当较长时间停止工作时，必须切断控制电路电源，并停止水和压缩空气。

5.4　缝　焊　机

缝焊机与点焊机的主要区别（图 5-6）在于旋转的滚轮电极代替固定的电极。

5.4.1 缝焊机的分类

①按缝焊方法不同可分为连续式缝焊机、断续式缝焊机和步进式缝焊机。

②按焊件移动的方向不同可分为纵向缝焊机、横向缝焊机和通用缝焊机等。

③按馈电方式不同可分为双侧缝焊机和单侧缝焊机。

④按滚轮数目不同可分为双滚轮缝焊机和单滚轮缝焊机。

⑤按加压机构的传动方式不同可分为脚踏式缝焊机、电动凸轮式缝焊机和气压传动式缝焊机。

⑥按电流性质的不同可分为工频（50Hz 的交流电源）缝焊机、交流脉冲缝焊机、直流冲击波缝焊机、储能缝焊机、高频缝焊机和低频缝焊机。

5.4.2 缝焊机用电极

缝焊机用电极是扁平的圆形滚轮，滚轮直径一般为 50～600mm，常用的滚轮直径为 180～280mm，滚轮厚度为 10～20mm。滚轮的边缘形状有圆柱面形、球面形和圆锥面形三种，如图 5-8 所示。

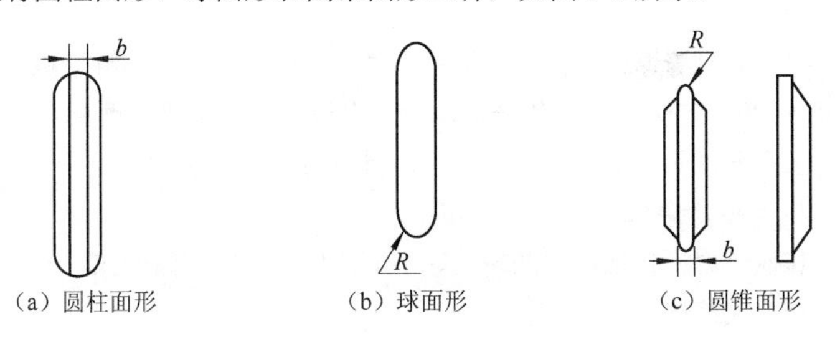

图 5-8 滚轮的边缘形状

圆柱面滚轮除双侧倒角外还有单侧倒角，以适应折边接头的缝焊，接触面宽度 b 可按焊件厚度而定，一般为 3～10mm。球面半径 R 为 25～200mm。圆柱面滚轮主要用于各种钢材和高温合金的焊接。球面滚轮因易于散热、压痕过渡均匀，常用于轻合金的焊接。

滚轮在焊接时通常采用外部冷却的方式。焊接非铁金属和不锈钢时，可用清洁的自来水冷却；而焊接碳钢和低合金钢时，为防止生锈，应采用质量分数为 5%的硼砂水溶液冷却。滚轮也可采用内部循环水冷却，但结构较为复杂。

5.4.3 常用缝焊机

一般缝焊机除机头及其驱动机构外，其他部分与一般点焊机基本相似。所谓单主动可以是上电极或下电极作为主动；而另一个电极是靠工件相对运动的摩擦力而动。所谓双主动即上、下电极均是主动，一般能防止电极与焊件出现打滑现象而获得最佳焊接截面。

常用的电极转动方式可由带有弹簧预紧力的滚花轮或由齿轮带动的。由滚花轮带动电极周缘而使电极转动这种驱动方式，在电极直径因磨损而减小时，仍能保持线速度不变；而采用齿轮驱动时，随着圆盘形电极的磨损，线速度降低，这只能通过提高驱动速度来补偿。

1. 气压式缝焊机

气压式缝焊机又分为横向、纵向及和向缝焊机。

（1）横向缝燐机　该类焊机主要用于水平工件及圆周环形焊接。

（2）纵向缝焊机　该类焊机主要用于水平工件及圆筒形容器的纵向直缝焊接。

（3）双向缝焊机　该类焊机是一种纵、横向均可用的缝焊机。上电极可做 90° 旋转或另具备一套，而下电极臂和下电极有两套可换。一套用于横向，另一套用于纵向，但需具备方便更换条件。

2. 其他缝焊机

其他缝焊机包括电动凸轮式、手柄操作式、电容储能式、气动摇臂式和悬挂式缝焊机。

（1）电动凸轮式缝焊机　这种焊机的加压机构与电动凸轮式点焊机相同，驱动机构与单主动通用缝焊机相同。焊机能够焊出保证水密和气密性的焊缝。特别适合缺少气源的场合。

（2）电容储能式缝焊机　该类焊机能适应横焊、纵焊和环缝的通用性较广的缝焊设备，适用于不锈钢、铜合金及其他非铁金属合金的焊接。焊缝具有气密性，对两种不同金属、不等厚度构件进行缝焊。

（3）FN-1B、2B 型摇臂式缝焊机 该系列焊机分成横焊和纵焊两种，分别为1B、2B系列。采用气动摇臂式结构。该焊机可焊接没有镀层的低钢及其合金钢的油箱、储气筒、管道、太阳能及仪器设备的外壳等薄板结构。焊轮调速为闭环控制的直流调速系统，焊接速度非常稳定。

3. 专用缝焊机

（1）摩托车油箱周边及背面（纵）缝缝焊机 该两类焊机为气压式上、下轮双主动或上轮单主动传动形式，其中 FZM-160 型还带有焊轮修整刀，可焊镀层板，采用断续通电焊接。

（2）汽车减振器专用缝焊机 该类焊机主要焊接汽车减振器贮油筒上端盖和下端盖的环缝焊接。

（3）三相整流式电极壳翅片缝焊机 FZD-3×100、FZD-3×160 型缝焊机各是一台较大型的横臂式直流缝焊机，焊机臂伸长 2m，横臂上装有两套焊接滚轮（电极），焊接方式为单面双轮缝焊。

焊机配用一台三相控制箱，控制焊接变压器的断续通电的焊接电流，控制系统能保证焊缝热量的精确控制和调整。焊机功能如下。

①可以均匀调节焊接压力，焊接压力不因焊轮的磨损而变动。

②当焊轮磨损后，焊轮与下电极间的距离均可调节。

③可以均匀调节焊接速度，焊接速度不因焊轮的磨损而改变。

④用改变焊接变压器二次电压和通过控制箱中晶闸管的导通角来调节热量。

⑤调节焊接电流的持续时间和停息时间。

⑥上、下电极全部是内部水冷却。

⑦焊件采用气动托起，手动转位。

⑧焊机机头进、退两个方向均能焊接。

（4）三相低频点缝焊机 该类点缝焊机的二次回路内通过低频电流，所以二次回路中感抗压降很低，提高了功率因数。

5.4.4 缝焊机技术参数

①常用缝焊机技术参数见表 5-24。

表 5-24 常用缝焊机技术参数

技术参数 \ 型号①		FN-25-1（QMT-25 横）	FN-25-2（QML-25 纵）	FN1-50（QA-50-1）	FN1-150-1 FN1-150-8（QA-150-1 横）	FN1-150-2 FN1-150-9（QA-150-1 纵）
额定容量/（kV·A）		25	25	50	150	150
一次电压/V		220/380	220/380	380	380	380
二次电压调节范围/V		1.82～3.62	1.82～3.62	2.04～4.08	3.88～7.76	3.88～7.76
二次电压调节级数		8				
额定负载持续率（%）		50				
电极最大压力/kN		1.96	1.96	4.9	7.84	7.84
上滚盘工作行程/mm		20	20	30	50	50
上滚盘最大行程（磨损后）/mm		—	—	55	130	130
焊接钢板时电极最大臂伸/mm		400	400	500	800	800
焊接圆筒形焊件时电极有效最大伸出长度/mm	内径最小为 130mm	—	—	—	—	520
	内径最小为 300mm	—	—	—	100	585
	内径最小为 400mm	—	—	—	400	650
可焊钢板最大厚度/mm		1.5＋1.5	1.5＋1.5	2＋2	2＋2	2＋2
焊接速度/（m/min）		0.86～3.43	0.86～3.43	0.5～4.0	1.2～4.3	0.89～3.1
冷却水消耗量/（L/h）		300	300	600	1000	750
压缩空气压力/MPa		—	—	0.44	0.49	0.49
压缩空气消耗量/（m^3/h）		—	—	0.2～0.3	1.5～2.5	1.5～2.5
电动机功率/kW		0.25	0.25	0.25	1	1
质量/kg		430	430	580	2000	2000

续表 5-24

技术参数＼型号[①]	FN-25-1（QMT-25 横）	FN-25-2（QML-25 纵）	FN1-50（QA-50-1）	FN1-150-1 FN1-150-8（QA-150-1 横）	FN1-150-2 FN1-150-9（QA-150-1 纵）
外形尺寸/（mm×mm×mm）	1040×610×1340	1040×610×1340	1470×785×1620	2200×1000×2250	2200×1000×2250
配用控制箱型号	—	—	内有控制箱，如需要，可配用 KF-75	KF-100	KF-100
适用范围	可连续焊接低碳钢零件，焊接接头可保证水密性、气密性		连续焊接低碳钢和合金钢零件	连续焊接低碳钢和合金钢零件	

注：①括号内为旧型号。

②FNZ-40 型龙门式自动缝焊机技术参数见表 5-25。

表 5-25 FNZ-40 型龙门式自动缝焊机技术参数

项 目	技 术 参 数
额定输入容量/（kV·A）	40
额定负载持续率（%）	20
电源输入	单相，380（1±10%）V，50Hz
额定输入电流/A	≤55.5
短路时最大输入电流 A	≥105
二次输出电压/V	200～760（控制器能量最大时）
二次电压调节级数	6
正常焊接速度/（m/min）	0.4～1.6
快速行走速度/（m/min）	≥2.4
焊接工件最大长度/mm	≥1000
使用压缩空气压力//MPa	≥0.2
使用压缩空气流量/（m^3/min）	≤0.2
外形尺寸/（mm×mm×mm）	1728×600×1350
焊接主机质量/kg	约 430

③横向、纵向缝焊机技术参数见表 5-26。

表 5-26 横向、纵向缝焊机技术参数

技术参数 \ 型号		FN-100 FN1-100-1 FN-100H	FN1-100-2 FN-100Z	FN1-150-1/2	FN1-150-5	FN-160H/Z FN1-160-1
额定容量/（kV·A）		100	100	150	150	160
负载持续率（%）		50				
一次电压/V		380				
二次电压/V		4.75～6.35（2 级）、3.34～6.68（8 级）、5.94～7.6（3 级）	3.34～6.68（8 级）、5.94～7.6（3 级）	3.88～7.76（8 级）	4.62～9.24（8 级）	4.52～9.04（8 级）
最大焊接厚度/mm		1.5+1.5、2+2、1.5+1.5	1.5+1.5	2+2（-1 型）、2+2（-2 型）	1.5+1.5	2+2
板料电极臂有效长度/mm		600、400、610	800、505	800	480～1100、1100	1000、800、510
工件内径/mm	ϕ130 最大焊接长度	—	520	520（2 型）	—	520
	ϕ360 最大焊接长度	—	—	—	480	—
	ϕ300 最大焊接长度	—	585	100（1 型）、585（2 型）	—	585
	ϕ440 最大焊接长度	—	—	—	730	—
	ϕ400 最大焊接长度	—	650	400（1 型）、650（2 型）	—	650
	ϕ600 最大焊接长度	—	—	—	1100	—

续表 5-26

技术参数 \ 型号		FN-100 FN1-100-1 FN-100H	FN1-100-2 FN-100Z	FN1-150-1/2	FN1-150-5	FN-160H/Z FN1-160-1
上焊轮的工作行程/mm		50（初始）、 125（可调）、30	125（可调）、30	50（初始）	55（初始）	60、30
上焊轮的最大行程/mm		130、105	65	130	130	130、150
焊接速度/（m/min）		27、16.7、20	20	16.7（-1 型）、 12.5（-2 型）	1～3.8、1～3	0.5～3、0.5～2.5
最大工作压力/N		6000、7500	7500	8000	6000、6500	11250
冷却水耗量/（L/min）		0～2、1～4、1～3.5	1.1～3.1、1～3	1.2～4.3（-1 型）、 0.89～3.1（-2 型）	1～3.8、1～3	0.5～3、0.5～2.5
压缩空气	压力/MPa	0.5				
	消耗量/（m^3/h）	2、0.3～0.7	2、0.3～0.7	2.5	2.5	1.2～2.5、2.5
外形尺寸 /（mm×mm×mm）		1300×830×2150、 1300×830×2150、 1750×675×2080	1700×950×2150、 1830×690×2030	1710×800×2250、 2200×1000×2250 （以上-1 型） 1825×800×2250、 2200×1000×2250 （以上-2 型）	2600×730×2100	2000×900×2200、 2170×900×2200、 1800×760×1800
质量/kg		1000、1000	1250	2000	2000、1900	1000

续表 5-26

技术参数 \ 型号		FN-25H/Z FN-25 SSM-25	FN-160H /ZFN-100$^{1}/_{2}$	FNX-160H FN-160-1	FN-200H/Z FN-200Z	FN-200H FN-200B
额定容量/（kV·A）		25	160	160、100	200	200
负载持续率（%）		50、50	50	50	50	50
一次电压/V		380	380	380	380	380
二次电压/V		3.17～4.22　3 级 4.7	4.52～9.04　8 极 7.5	4.52～9.04　8 极 3.88～7.76	5.94～11.87　8 级 10～12.67　2 级	9.04～10　2 级
最大焊接厚度/mm *为额定厚度（钢板）		0.8+0.8、1.2+1.2	1.5+1.5、*1+1	2+2	2+2、1.5+1.5	2+2
电极臂有效长度/mm		600（横）、800（纵）、275	1200、650	505	1200、1030	520
工件内径/mm	ϕ200 最大焊接长度	—	700（Z 型）	—	700	—
	ϕ500 最大焊接长度	—	1200（Z 型）	—	1200	—
上焊轮的工作行程/mm		50、12	0～100	35、85	30	27、23、27
上焊轮的最大行程/mm		50	—	105	105	105
焊接速度/（m/min）		0.6～2、0.4～2	0.3～0.5、0.5～2.5	0.2～4、0.5～3、1.8～4.6	0.3～0.5、0.5	0.5～3
最大工作压力/N		2500、4030、4500	6000、14000	14000、7000	10000、6600	10000

续表 5-26

技术参数 \ 型号	FN-25H/Z FN-25 SSM-25	FN-160H /ZFN-100$^1/_2$	FNX-160H FN-160-1	FN-200H/Z FN-200Z	FN-200H FN-200B
冷却水耗量/（L/min）	30、16.7、20	40	20	40、24	34、24
压缩空气 压力/MPa	0.45	—	0.5、0.55	0.5	0.5
压缩空气 消耗量/（m^3/h）	—	18	—	0.3	0.3、0.3～0.5
外形尺寸/（mm×mm×mm）	1200×550×1915（横）、 1450×550×1600（纵）	220×2100×1200	1940×682×2084、 2200×1000×2250	2200×2100×1200	1950×775×2090、 2000×775×2090
质量/kg	280、350	1800、1700	—	1900、1800	—
技术参数 \ 型号	M230-4A	FN-40H/Z FN-80H/Z FN-150H/Z	FN-35L FN-80L FN-150L	FN-50C FN-100C FN-150C	SSM-63 SSM-100 SSM-160
额定容量/（kV·A）	290	40、80、150	35、80、150	50、100、150	63、100、160
负载持续率（%）	50	—	50	50	50
一次电压/V	380	380	380	380/550	380/550
二次电压/V	5.85～9.8	—	4.2～3.6 5.8～5.3 （2 级） 9.2～7.8 （3 级）	5.3～4.5 6.7～5.9（2 级） 9.2～7.8（3 级）	6.2、8.2、9.8
最大焊接厚度/mm *为额定厚度/（钢板）	2.5+2.5 镀层钢板及不锈钢 1.5+1.5	1.0+1.0、 1.5+1.5、2+2 不锈钢 0.8+0.8、1.2+1.2、1.5+1.5	0.5+0.5、 1.0+1.0、1.5+1.5	0.8+0.8、1.2+1.2、 1.5+1.5	—

续表 5-26

技术参数 \ 型号		M230-4A	FN-40H/Z FN-80H/Z FN-150H/Z	FN-35L FN-80L FN-150L	FN-50C FN-100C FN-150C	SSM-63 SSM-100 SSM-160
板料电极臂有效长度/mm		400	600（横）、800（纵）	—	500	—
工件内径/mm	ϕ130 最大焊接长度	—	—	300、300	—	—
	ϕ300 最大焊接长度	—	—	600、600	—	—
	ϕ400 最大焊接长度	—	—	600、600	—	—
上焊轮的工作行程/mm		50（一次侧）	50	20～60、0～80、0～80	20～60、0～80、0～80	—
上焊轮的最大行程/mm		—	—	—	—	—
焊接速度/（m/min）		1～7	0.6～2	1～3	1～3	—
最大工作压力/N		9000	2500、3900、6100	3014、12057、12057	4710、12057、12057	7250、7250、9200
冷却水耗量/（L/min）			30	8.3、16.7、16.7	8.3、16.7、16.7	30、25、25
压缩空气	压力/MPa	0.5	—	0.6	0.6	—
	消耗量/（m^3/h）	—	—	0.6、2.5、2.5	1、2.5、2.5	—
外形尺寸/（mm×mm×mm）		1680×990×2190	1200×550×1915（横）、1450×550×1600（纵）	—	—	—
质量/kg		—	350、500、800	—	—	435、600、750

续表 5-26

技术参数 \ 型号		FZ-16H/Z（DC）	FZ-100H/Z（DC）（成焊厂） FZ-100H（DC）	FZ-160（DC） FZ-160H/Z（DC） FZ-160H（DC）	FZ-200（DC）
额定容量/（kV·A）		16	100	160	200
负载持续率（%）		50			
一次电压/V		380			
二次电压/V		2.72～4.75　6 级	3.52～7.04，4.13～8.24 3.52～7.04　8 级	4.52～9.04　8 级	5.94～11.87　8 级
最大焊接厚度/mm		1+1	2+2、1.5+1.5、1+1	1.5+1.5、2+2、2+2、1.5+1.5	2+2
板料电极臂有效长度/mm		385、380	610、1040、610	500、735、800、670	500
工件内径/mm	ϕ130 最大焊接长度	90	—	—	—
	ϕ300 最大焊接长度	380	30、900	700	—
	ϕ400 最大焊接长度	380	140、1010	520	—
上焊轮的工作行程/mm		12	35、50	50、50、25	—
上焊轮的最大行程/mm		60	105	105、105、105	—
焊接速度/（m/min）		0.6～4	0.6～4、0.5～3	0.5～3、0.6～4、0.5～3	0.5～3
最大工作压力/N		—	—	10000、8000	15000
冷却水耗量/（L/min）		14	30、34、30	40、41、41、41	40

续表 5-26

技术参数 \ 型号		FZ-16H/Z（DC）	FZ-100H/Z（DC）（成焊厂） FZ-100H（DC）	FZ-160（DC） FZ-160H/Z（DC） FZ-160H（DC）	FZ-200（DC）
压缩空气	压力/MPa	—	0.45、0.5	0.5、0.5、0.5	—
	消耗量/（m^3/h）	0.3～0.5	1.5～2.5	18、0.3～0.5、0.3～0.5	18
外形尺寸/（mm×mm×mm）		1220×535×1424	1940×682×2084（H 型）、 2600×682×2084（Z 型）	1600×2100×1200、 2000×775×2090、 1950×775×2090	1600×2100×1200
质量/kg		—	1500	2000	2000

④双向缝焊机技术参数见表5-27。

表5-27 双向缝焊机技术参数

<table>
<tr><th colspan="2">技术参数 \ 型号</th><th>FN-63E</th><th>M272-6A</th><th>M272-10A</th><th>FN1-150</th></tr>
<tr><td colspan="2">额定容量/（kV·A）</td><td>63</td><td>110</td><td>170</td><td>150</td></tr>
<tr><td colspan="2">负载持续率（%）</td><td colspan="4">50</td></tr>
<tr><td colspan="2">一次电压/V</td><td colspan="4">380</td></tr>
<tr><td colspan="2">二次电压/V</td><td>2.97～5.94</td><td>4.75～6.35（2级）</td><td>—</td><td>4.52～9.05（8级）</td></tr>
<tr><td colspan="2">焊接厚度/mm（低碳钢板）</td><td>1+1</td><td>0.8+0.8～1.5+1.5
不锈钢0.6+0.6～1.0+1.0
黄铜板0.25+0.25</td><td>0.8+0.8～1.25+1.25
不锈钢0.8+0.8～1.27+1.27
黄铜板0.25+0.25</td><td>0.3+0.3～1.5+1.5</td></tr>
<tr><td colspan="2">纵焊电极臂有效长度/mm</td><td>610</td><td>600</td><td>1000</td><td>1460</td></tr>
<tr><td colspan="2">横焊电极臂有效长度/mm</td><td>690</td><td>670</td><td>1070</td><td>1520</td></tr>
<tr><td colspan="2">上焊轮工作行程/mm</td><td>42</td><td>75（可调）</td><td>—</td><td>—</td></tr>
<tr><td colspan="2">上焊轮最大行程/mm</td><td>105</td><td>100</td><td>100</td><td>100</td></tr>
<tr><td colspan="2">焊接速度/（m/min）</td><td>0.1～4</td><td>0.8～5.2</td><td>0.8～5.2</td><td>1.04～1.77</td></tr>
<tr><td colspan="2">工作压力/N</td><td>7600</td><td>6000</td><td>9000</td><td>4500</td></tr>
<tr><td rowspan="2">压缩空气</td><td>压力/MPa</td><td>0.5</td><td>0.6</td><td>0.6</td><td>0.5</td></tr>
<tr><td>消耗量/（m^3/h）</td><td>0.3～0.7</td><td>0.3</td><td>—</td><td>2.5</td></tr>
<tr><td colspan="2">冷却水耗量/（L/min）</td><td>20</td><td>—</td><td>—</td><td>13.3</td></tr>
<tr><td colspan="2">电动机功率/kW</td><td>1.1</td><td>—</td><td>—</td><td>0.75</td></tr>
<tr><td colspan="2">外形尺寸/（mm×mm×mm）</td><td>2082×690×1830</td><td>1900×520×2050</td><td>2350×520×2100</td><td>—</td></tr>
</table>

⑤电动凸轮式缝焊机技术参数见表 5-28。

表 5-28　电动凸轮式缝焊机技术参数

技术参数＼型号	FN-25-1 横向	FN-25-2 纵向	FN-75
额定容量/（kV·A）	25		
负载持续率（%）	50		
一次电压/V	220/380、380	220/380、380	380
二次电压/V	1.81～3.62（8 级）	1.81～3.62（8 级）	2.72～5.44（8 级）
焊接速度/（m/min）	0.9～3.43		
最大电极力/N	2000	2000	2000
焊接厚度/mm	0.5＋0.5～1＋1	0.5＋0.5～1＋1	1.5＋1.5
电极外伸距离/mm	400		
质量/kg	470	—	520
外形尺寸/（mm×mm×mm）	1040×610×1340	1100×610×1340	1040×610×1340（横向） 1100×610×1340（纵向）

⑥FR 型储能缝焊机技术参数见表 5-29。

表 5-29　FR 型储能缝焊机技术参数

技术参数＼型号	FR-170-1	FR-180
电源电压	单相，380V	
最大储能量/J	170	180
储能电容总量/μF	350	360
电容器调节级数	—	三级，粗细两挡，每 10μF 为一级递增
充电电压调节范围/V	600～1000	600～1000
焊接变压器调节级数	—	3
焊接电流脉冲频率/（次/s）	3.125、6.25、12.5、25	3.125、6.25、12.5、25
电极压力/N	—	10～120
上电极加压行程/mm	2～15	
下电极臂有效长度/mm	150	150
不锈钢焊接宽度/mm	0.5＋0.5～0.8＋0.8	—
焊接速度/（m/min）	—	0.2～1.2（横向），0.2～0.6（纵向）
外形尺寸/（mm×mm×mm）	焊机：940×710×1580 控制箱：775×740×1420	焊机：940×710×1580 控制箱：550×330×1100

⑦摇臂式缝焊机技术参数见表5-30。

表5-30 摇臂式缝焊机技术参数

技术参数＼型号	FN-25	FN-35	FN-50	FN-75
一次电压/V	380			
额定容量/（kV·A）	25	35	50	75
额定负载持续率（%）	50			
调节方式	无级			
二次电压/V	1.5～3.2	1.81～3.62	2.1～4.9	2.72～5.44
最大焊接厚度/mm	1.0＋1.0	1.5＋1.5	2.0＋2.0	2.5＋2.5
焊接速度/（m/min）	0.8～3.4			
电极行程	20			
生产单位	南京九州焊接设备制造公司			

⑧摩托车油箱周边及背面（纵）缝焊机技术参数见表5-31。

表5-31 摩托车油箱周边及背面（纵）缝焊机技术参数

技术参数＼型号	FN1-100-1-Z5	FN1-100-1-Z6	FN1-160-1-Z	FZM-160B（背面）	FZM-160Q（周边）
额定容量/（kV·A）	100	100	160	160	160
负载持续率（%）	50				
电源电压/V	380				
二次空载电压/V	3.34～6.68	3.34～6.68	4.5～9.04	4.52～9.05	4.52～9.05
二次电压调节级数	8				
焊接压力/N	7500	12600	11250	8000	8000
焊接速度/（m/min）	1～4	1～4	0.5～2.5	0.5～4.6、0.5～3	0.5～4.6、0.5～3
电极臂伸出长度/mm	400	440	510	630	620、670
上焊轮工作行程/mm	125（可调）	50（初始）	30（初始）	25	25

续表 5-31

技术参数＼型号		FN1-100-1-Z5	FN1-100-1-Z6	FN1-160-1-Z	FZM-160B（背面）	FZM-160Q（周边）
上焊轮最大行程/mm（焊轮磨损后）			130	150	105	105
最大焊接厚度/mm		2＋2	1.5＋1.5	2＋2	1.5＋1.5	1.5＋1.5
压缩空气	压力/MPa	0.5	0.5	0.5	—	0.5
	消耗量/（m^3/h）	2	2	2.5	—	2.5
冷却水消耗量/（L/min）		—	—	—	41	41
外形尺寸/（mm×mm×mm）		1300×830×2150	400×520×1010	1495×750×1280	2168×1200×2078	2168×1200×2078
质量/kg		—	—	1000	—	—

⑨减振器缝焊机技术参数见表 5-32。

表 5-32　减振器缝焊机技术参数

技术参数＼型号	FN-160S	FTN1-160	FN4-160S	FN-160S
额定容量/（kV·A）	160			
负载持续率（%）	50			
电源电压/V	380			
二次空载电压/V	3.88～7.76	4.52～9.04	4.52～9.04	4.52～9.04
二次调整级数	8			
焊接压力/N	8000	—	3900	14000
最大夹紧力/N	6000	5912	6000	—
焊接速度/（m/min）	0.5～2	0.5～2.5	—	0.4～2.5
焊接厚度/mm	—	1＋1～1.5＋3	—	2＋2～4＋1
适用件直径/mm	30～70	30～89	30～80	20～90
适用件长度/mm	200～500	150～550	200～500	—

续表 5-32

技术参数 \ 型号	FN-160S	FTN1-160	FN4-160S	FN-160S
焊接生产率/(件/min)	4	—	4	—
冷却水消耗量/(L/min)	20	—	40	—
气源压力/MPa	0.5	—	—	—
气耗量/（m^3/h）	—	—	0.4	—
质量/kg	—	—	2000	—
外形尺寸/（mm×mm×mm）	—	—	1350×900×2100	2200×1450×2430

⑩三相整流式电极壳翅片缝焊机技术参数见表 5-33。

表 5-33 三相整流式电极壳翅片缝焊机技术参数

技术参数 \ 型号	FZD-3×100	FZD-3×160
额定容量/（kV·A）	3×100	3×160
相数	3	
频率/Hz	50	
额定一次电压	三相，380V	
额定负载持续率（%）	50	
二次空载电压/V	8.15	12.22
电极臂伸出长度/mm	2000	
焊轮最初行程/mm	60	
焊轮最大行程/mm	95	
焊接速度/（m/min）	0.6～2	
最大电极力/kN	10	
气源压力/MPa	0.5	
冷却水源压力/MPa	0.3	
电动机功率/kW	3	
外形尺寸/（mm×mm×mm）	4000×2250×2750	4000×2600×2780

⑪三相低频点缝焊机技术参数见表 5-34。

表 5-34　三相低频点缝焊机技术参数

技术参数 \ 型号		P300DT1-A 点焊机	MP200DT1-A 点缝焊机	M300DT1-A 缝焊机
额定容量/（kV·A）		247	233	350
负载持续率（%）		50	50	50
电源电压		三相，380V		
二次空载电压/V		1.82～7.29	—	2.85～5.7
二次最大短路电流/A		85000	68000	85000
臂伸长度/mm		1200	800	800
臂间距离/mm		225～475		
工作行程/mm		15，辅助 100	20，辅助 100	
电极压力/kN		最大锻压力 30	22	—
焊接能力/mm	碳钢	6+6	5+5（点）、2+2（缝）	0.8+0.8～3+3
	不锈钢及耐热合金	2.5+2.5	3.2+3.2（点）、2+2（缝）	0.6+0.6～2.5+2.5
	轻合金	3.2+3.2	2.5+2.5（点）、2+2（缝）	0.8+0.8～2.5+2.5
阻焊变压器一个脉冲的最大周数/CYC		6.2	6.2	6
冷却水消耗量/（L/min）		50	42	50
压缩空气	压力/MPa	0.5		
	消耗量/（m^3/h）	7.5		
外形尺寸/（mm×mm×mm）		3350×2932×1035	3350×2932×1035	2965×2030×940

⑫专用缝焊机技术参数见表 5-35。

表 5-35　专用缝焊机技术参数

技术参数 \ 名称及型号	储油缸专用缝焊机 FN4-150	挤压缝焊机 FN5-2×50	双轮搭接缝焊机 FN6-200
额定容量/（kV·A）	150	2×50	200
一次电压/V	380	380（1/50）	380（1/50）
一次额定电流/A	395	2×132	527
二次空载电压调节范围/V	3.88～7.76	2.72～5.44	4.05～8.1
二次电压调节级数	8	8	16

续表 5-35

技术参数 \ 名称及型号		储油缸专用缝焊机 FN4-150	挤压缝焊机 FN5-2×50	双轮搭接缝焊机 FN6-200
额定负载持续率（%）		50	50	10
最大电极压力/N		6000	11000	7500
最大夹紧力/N		3500	—	6300
电极行程/mm	工作	110	20	50
	最大	—	—	—
电极臂伸出长度/mm		200	—	—
焊接尺寸/mm		—	厚（0.2+0.2）～（1.2+1.2） 宽 270～530（不锈钢）	厚 0.1～1 宽 500～1050
焊接速度/（m/min）		0.5～2.0	0.5～4	2～6.5
冷却水消耗量/（L/h）		800	1000	1000
压缩空气	压力/MPa	0.55	0.6	0.6
	消耗量/（m^3/h）	2	30	10
电动机功率/kW		0.6	0.8	1.5
质量/kg		—	2500	4000
外形尺寸/mm	长	860	2100	2560
	宽	1250	960	1800
	高	1830	1425	2700
配用控制箱型号		KF2-1200	KF1200	KF600
适用范围		专用于焊接直径为 54～71mm、壁厚为 2mm、长为 326～341mm 的筒式减振器储油缸	焊接不锈钢带，可作为冷轧带钢车间工艺装备	单面双缝焊接冷轧碳钢或硅钢的带钢搭接接头

5.4.5 缝焊机的正确使用

1. 焊机的安装

现以 FNI -150-1 型缝焊机的安装为例进行介绍。

①安装缝焊机和控制箱时，不必用专门的地基。缝焊机为三相电源时应接保护短路器，并与控制箱相连。将 0.5MPa 的压缩空气源和焊机

进气阀门相连，压力变化为 0.05MPa，同时进行密封性检查。

②将水源接在焊机和控制箱的冷却系统，并检查密封状况，同时接好排水系统。缝焊机和控制箱应可靠接地。

2. 焊机的检查和调整

①焊机安装好后应进行外部检查，特别是二次回路的接触部分。对于横向焊接的缝焊机，在拧紧电极的减振弹簧时，使距焊轮较远的弹簧较紧，中间的次之，距焊轮较近的弹簧则较松。

②调整电极的支撑装置，保持正确的位置，使导电轴不受焊轮的压力。

③检查主动焊轮转动的方向，对于横向缝焊机一般从右到左。

④为了使上下焊轮的边缘相互吻合，在横向缝焊机上，沿下导电轴的螺纹移动接触套筒，且用锁紧螺母固紧。

⑤焊接压力的调节。焊接压力由气缸上气室中压缩空气的压力决定，压缩空气用减压阀调节。当需要减小储气室内压缩空气压力时，要拧松减压阀上的调节螺钉，旋开通过储气筒上的旋塞，把部分压缩空气从储气室放出，然后再增高压力到所需值。上电极部分的起落可用支臂上的前部开关操纵，但必须先踏下脚踏开关的踏板。在调节时，为了防止误接通焊接电流，应取下调节级数开关上的任一把闸刀。

⑥焊接速度的调节。用一定长度的板条通过焊轮的时间来计算焊接速度。但要考虑到焊接速度由主动焊轮的直径来决定，并且随着焊轮的磨损，焊接速度也相应减小。

在电动机工作时，旋转手轮即可调节焊接速度。沿顺时针方向旋转时，焊接速度增加；逆时针方向旋转时，焊接速度减小。

⑦焊接规范的调节。焊接电流的调节可通过改变焊接变压器级数和控制箱上的“热量调节”来进行。而焊接时间包括脉冲和停息周数，可用控制箱上相应的手柄调节。焊接规范调节的原则是焊接变压器级数开始时应选得低一些，控制箱上“热量控制”手柄放在 1/4 刻度的地方，并使“脉冲”和“停息”时间各为三周，焊接压力偏高一些，然后再改变焊接电流和焊接压力，相互配合选择最佳规范。

3. 焊机的起动和停止

①接上电源，将控制箱门上的开关放在“通”的位置，红色信号灯和绿色信号灯亮，冷却水接通正常。同时将“热量控制”“脉冲”等手柄置于适当位置。

②加油润滑所有运动部分，选择好焊接变压器的级数，将压缩空气输入气路系统，并用减压阀确定电极压力。

③将焊件或试样放到下焊轮上，踏下脚踏开关的踏板使焊件压紧，将开关拨到焊接电流“通”的位置，第二次踏下踏板，焊接开始。

④当焊件焊好后，第三次踏下踏板，切断电流，使电极向上，并停止电极的转动。

4. 工作间断和停止工作

①工作间断。如果焊机短暂停歇，应将焊机控制电路转换开关放在“断”的位置，将控制箱的控制开关也放在“断”的位置。切断焊机开关，关闭压缩空气，关闭冷却水。

②停止工作。如果焊机长期停用，必须将零件工作表面涂上油脂，并粘上纸，涂漆面还应擦干净。

5.5 凸 焊 机

5.5.1 凸焊机的结构

凸焊机的结构与点焊机相似，仅是电极有所不同，凸焊时采用平板形电极。由此可见，对点焊机进行适当改装即可使其成为凸焊机。

5.5.2 常用凸焊机

1. 交流工频凸焊机

交流工频凸焊机通常用于焊接厚度为0.5～3mm的工件。

（1）凸焊的主要优点

①在一个焊接循环内可同时焊接多个焊点，一次能焊接焊点的数量，取决于焊机对每个凸点能施加的均匀电极压力和焊接电流的大小。

②由于电流密集于凸点上，并且不存在通过相邻焊点的分流问题，

因此可采用较小搭接量和较小点距。

③由于在规定凸点的尺寸和位置方面有很大的选择，焊件厚度比为 6∶1 是可能的。而且其凸点大小均匀，一般说来，凸焊焊点质量更为稳定。凸焊焊点的尺寸可以比点焊焊点小。

④由于凸点设置于一个零件上，可以最大限度地减轻另一个零件外露外面的压痕。

⑤凸焊采用平面大电极，其磨损程度比点焊电极小得多，因而降低了电极的保养费用，且对油、锈、氧化皮及涂层等的敏感性比点焊小。

（2）凸焊的主要缺点

①除非零件是用冲压成形，否则要有附加工序来形成凸点。

②多点凸焊时，要严格控制凸点高度和精确对准焊接模子，以保证均匀的电极压力和焊接电流。

③为防止出现凸点在焊接过程中出现滑移或飞溅，对机头随动性的要求比较高。

2. 三相二次整流点凸焊机

本系列焊机其标准型号为 DZ、TZ、FZ，目前国内基本上采用三个单相焊接变压器及大功率整流器组件并联而成六相半波整流电路电源，使用多程序及多次通电的数字集成电路控制器或微机型控制器进行操作。

5.5.3 凸焊机技术参数

①常用凸焊机技术参数见表 5-36。

表 5-36　常用凸焊机技术参数

技术参数＼型号	TN1-200A	TR-6000
额定容量/（kV·A）	200	10
一次电压	380V	三相，380V
一次电流/A	527	—
二次空载电压/V	4.42～8.85	—
电容器容量/μF	—	70000

续表 5-36

技术参数＼型号		TN1-200A	TR-6000	
电容器最高充电电压/V		—	420	
最大储存能量/J		—	6164	
二次电压调节级数		16	11（电容器）	
额定负载持续率（%）		20	—	
最大电极压力/N		14000	16000	
上电极/mm	工作行程	80	100	
	辅助行程	40	50	
下电极垂直调节长度/mm		150	—	
机臂间开度/mm		—	150～250	
上电极工作率/（次/min）		65（行程 20mm）	—	
焊接持续时间/s		0.02～1.98	6	
冷却水消耗量/（L/h）		810	—	
焊件厚度/mm		—	（1.5＋1.5）～（2＋2）（铝）	
压缩空气	压力/MPa	0.55	0.6～0.8	
	消耗量/（m^3/h）	33	0.63	
质量/kg		900	焊机 1050	电容箱 250
外形尺寸/mm	长	1360	1140	1160
	宽	710	672	400
	高	599	1714	1490
配用控制箱型号		K08-100-1		
适用范围		凸焊汽车筒式减振器 T 形零件	专用于凸焊 201～309 单列向心球轴承保持器，更换电极后可进行其他凸、点焊	

②交流工频凸焊机技术参数见表 5-37。

表 5-37　交流工频凸焊机技术参数

技术参数＼型号	TNS-25	TN-63	TN-200A	TN-200	TN1-200-A
额定容量/（kV·A）	25	63	200	200	200
负载持续率（%）	50	50	50	50	20

续表 5-37

技术参数 \ 型号	TNS-25	TN-63	TN-200A	TN-200	TN1-200-A
一次电压/V	380				
二次电压/V	0～6.5	3.22～6.67	5.94～11.87	5～10	4.42～8.85
调节级数	无级	4	8	8	8
电极臂伸出长度/mm	—	250	—	350	—
上、下平台间距离/mm	—	255～555	—	250～400	—
上、下平台垂直调节/mm	—	—	100（下）	—	150（下）
电极压力/N	1550	9500	20000（带锻压）	12500	14000
电极工作行程/mm	—	20 辅助 75	120	80（可调）辅助 60（可调）	80（可调）辅助 40（可调）
生产率/（次/min）	—	—	70	—	65
气源压力/MPa	0.5	—	0.6	0.13～0.45	—
冷却水耗量/（L/min）	—	—	—	40	—
外形尺寸/（mm×mm×mm）	1100×400×1150	1130×510×1890	1432×700×2050	1675×781×2245	1360×710×1915
质量/kg	230	780	1200	1560	

技术参数 \ 型号	TN-500	YR-1506JE9（J 型） YR-1505JE9（J 型）	TN-40 TN-200	SSP-160P SSP-200P
额定容量/（kV·A）	500	150	40、200	160、200
负载持续率（%）	50	5.9	15、13	50
一次电压/V	380			
二次电压/V	6.79～13.57、10～13.57	—	—	—
调节级数	8、3	—	—	—
电极臂伸出长度/mm	300、400	300	500、450	350
上、下平台间距离/mm	200、260～460	200	260	260

续表 5-37

型号 技术参数	TN-500	YR-1506JE9（J 型） YR-1505JE9（J 型）	TN-40 TN-200	SSP-160P SSP-200P
上、下平台垂直调节/mm	—	—	—	—
电极压力/N	23500	15000	6100、10000	12000、18000
电极工作行程/mm	150（可调），-辅助 125（可调）	80	60、80	75
生产率/（次/min）	—	—	—	—
气源压力/MPa	0.6、0.5	—	—	—
冷却水耗量/（L/min）	33、26	8	2、8	—
外形尺寸/（mm×mm×mm）	1500×1350×2432	—	1000×460×1620、1250×600×1815	—
质量/kg	—	800	280、700	620、670

③三相二次整流点凸焊机技术参数见表 5-38。

表 5-38　三相二次整流点凸焊机技术参数

型号 技术参数	DZ-3×40 TZ-3×40	DZ-3×63 TZ-3×63-1	TZ-3×80 TZ-3×200	DZ-3×100 TZ-3×100	TZ-3×160 DZ-3×160	E2012-T6A （凸焊）
供电电源	三相，380V，50Hz					
额定容量/（kV·A）	3×40	3×63	3×80、3×200	3×100	3×160	260
负载持续率（%）	50					
一次电压	三相，380V	三相，380V	三相，380V	三相，380V	三相，380V	—
二次空载电压/V	3.1～6.2、4.2～6.5、3.49～5.65	4～7、5.5～6.8	5.8～7.33、11.6～12.9	3.58～7.17、5.0～9.6、7.1～8.15	9.17～10.0、5.94～11.87	2.75～7.6
调节级数	3	8	2	8、8	2、8	4
臂伸长度/mm	点 580，凸 450、630	500～1200、400±50	400±50、300	点 580，凸 450、500～1200、300	300、500～1200	400
臂间距离/mm	190～450、250	250	250、350	195～455、350	350	200～500

续表 5-38

技术参数 \ 型号	DZ-3×40 TZ-3×40	DZ-3×63 TZ-3×63-1	TZ-3×80 TZ-3×200	DZ-3×100 TZ-3×100	TZ-3×160 DZ-3×160	E2012-T6A （凸焊）
电极行程/mm	20 辅助-，63	15～100 辅助-，85	15～100， 20～100 辅助 85，80	40～105 辅助-，60	40～105， 辅助 60	25～100 辅助，100
电极压力/kN	1.0～1.5、12.5	3、14.7	14.7、40	2.5～30、 3、28.3	28.3、3	20
焊接厚度/mm	钢 0.4＋ 0.4～6＋6、 5＋5 不锈钢 0.4 ＋0.4～4＋ 4、铝合金 0.3＋0.3～2 ＋2、2＋2	钢6＋6、8＋8 铝合金 3＋3	钢 10＋10 同时焊接 12 凸点，焊 接电流 100kA 以上 铝 4＋4	钢 0.6＋ 0.6～8＋8 不锈钢 0.5 ＋0.5～5＋5 铝合金 0.6 ＋0.6～4＋ 4、4＋4	钢 10＋10 铝 6＋6	钢 220mm^2
冷却水消耗量/（L/min）	40、35	30、38	38	45、30、56	56、30	42
压缩空气 压力/MPa	0.5	0.4	0.4	0.5	0.5	0.5
压缩空气 消耗量/（m^3/h）	5.4、4	18、3.94	3.94	5、24	24	2.3
外形尺寸/（mm×mm×mm）	2000×760 ×2260、 2227×712 ×2245	2500×1200 ×2800、 2035×740 ×2284	2035×740 ×2284、 2277×1050 ×2541	2425×1000 ×2761、 2500×1200 ×2800、 2277×1050 ×2541	2277×1050 ×2541、 2500×1200 ×2800	1990×1100 ×2400

④制动蹄电阻焊机技术参数见表 5-39。

表 5-39　制动蹄电阻焊机技术参数

技术参数 \ 名称及型号	制动蹄凸焊机		制动蹄滚凸焊机
	KTWJ-200	TNE-440	SP-250
额定容量/（kV·A）	200	440	250
负载持续率（%）	20	20	50

续表 5-39

名称及型号 技术参数	制动蹄凸焊机		制动蹄滚凸焊机
	KTWJ-200	TNE-440	SP-250
电源电压/V	380		
二次空载电压/V	—	6.79～13.57	6～13（8 级）
最大电极压力/kN	16	20	—
额定二次电流/kA	32（最大）	—	20
可焊制动蹄直径/mm	300	150～320	150～300
最大蹄片厚度/mm	3	—	3
蹄筋厚度/mm	＜6	3～6	—
生产率/（件/h）	90～120	90～150	200～600
冷却水消耗量/（L/min）	—	—	42
质量/kg	—	—	3500
外形尺寸/(mm×mm×mm）	—	—	2083×1880×2491

凸焊机的使用方法参考点焊机的使用方法。

5.6 对 焊 机

5.6.1 对焊机的分类和组成

1. 对焊机的分类

①按对焊机的结构形式不同分为弹簧顶锻式对焊机、杠杆挤压弹簧顶锻式对焊机、电动凸轮顶锻式对焊机、气压顶锻式对焊机和电容蓄能自动对焊机。

②按适用范围不同分为通用对焊机和专用对焊机。

③按自动化程度不同分为手动对焊机、半自动对焊机和自动对焊机。

④按工艺方法不同分为电阻对焊机和闪光对焊机。

2. 对焊机的组成

对焊机由机身、静夹具、动夹具、闪光和顶锻机构、阻焊变压器和级数调节开关，以及配套的电气控制箱等组成，如图 5-9 所示。

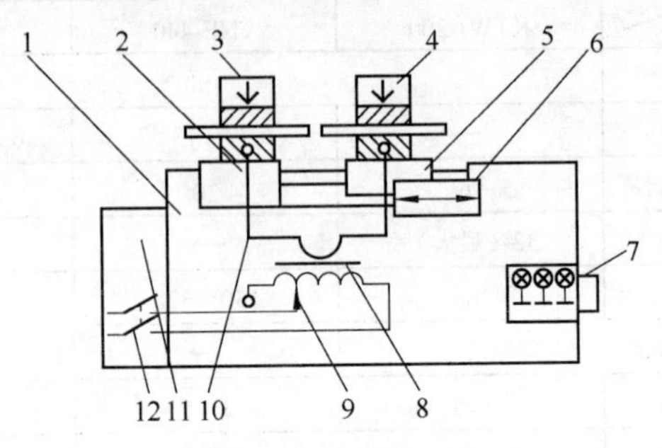

图 5-9　对焊机的组成

1. 机身；2. 定座板；3. 静夹具；4. 动夹具；5. 动座板；6. 送进机构；7. 冷却机构；8. 阻焊变压器；9. 级数调节开关；10. 焊机回路；11. 控制箱；12. 电气开关

①静夹具。静夹具通常固定安装在机架上，并与机架上的电气绝缘。大多数焊机中还有活动调节部件，以保证电极和工件焊接时对准中心线。

②动夹具。动夹具安装在活动导轨上并与闪光和顶锻机构相连接。夹具座由于承受很大的钳口夹紧力，一般用铸件或焊件结构件。两个夹具上的导电钳口分别与阻焊变压器的二次输出端相连。钳口一方面夹持焊件，另一方面要向焊件传递焊接电流。

③闪光和顶锻机构。其类型取决于焊机的大小和使用的要求。有的采用电动机驱动凸轮机构，中等功率的对焊机采用气压-液压联合闪光和顶锻机构。大功率对焊机采用液压传动机构，最简单的对焊机采用手工操作的杠杆扩力机构。

④阻焊变压器。对焊机的阻焊变压器和其他类型电阻焊机的阻焊变压器类似，其一次绕组与二次调节组通过电磁接触器或由晶闸管组成的电子断路器和电网相连接，还可以配合热量控制器来进行预热或焊后热处理。

闪光对焊机的组成如图 5-10 所示。

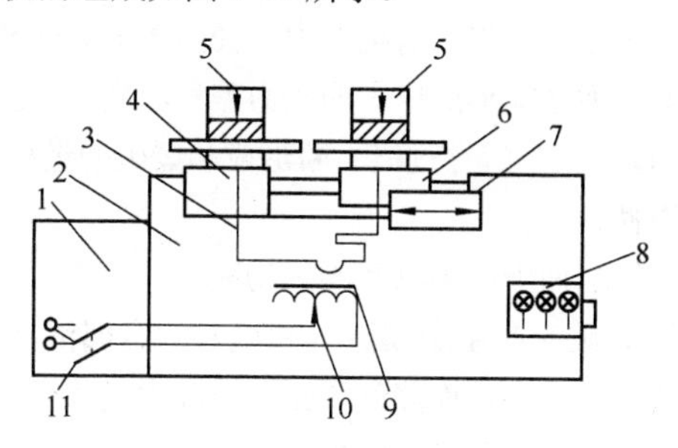

图 5-10 闪光对焊机的组成

1. 控制设备；2. 机身；3. 焊接回路；4. 固定座板；5. 夹紧机构；6. 活动座板；7. 送进机构；8. 冷却系统；9. 阻焊变压器；10. 功率调整机构；11. 主电力开关

5.6.2 常用对焊机

1. 通用电阻对焊机

电阻对焊机的加热温度可以看作两个热源在加热过程中叠加的结果：一个由钳口处焊件的接触电阻所产生的热量，刚开始焊接时作用明显；另一个是由焊接件内部电阻所产生的电阻热，在焊接中后期作用明显。为获得优良的对焊接头，就必须为金属间形成共同晶粒而创造良好的条件。

①焊件在钳铝处加热时要均匀并温度适当。如果对同种金属对焊，钳口焊件端加热温度通常为该金属 0.8～0.9 倍熔点温度（T_m）。

②连接端面上不应有阻碍金属原子间相互作用和结晶的氧化物夹渣。

③被焊金属应有良好的高温塑性，在实际生产中因受上述因素困扰，以前国产的电阻对焊机只在小直径（15mm）以下的低碳钢棒、管材、铜铝线材和相应截面的板条对焊中得到应用。

2. 通用闪光对焊机

（1）工作原理 闪光对焊机接通电源后，先使两焊件端面在夹具移动下轻微接触，将形成许多具有很大电阻和高电流密度的触点，所受的压力又几乎为 0，因此产生很大热量。瞬间熔化而形成连接焊件两端面的液体过梁，液体过梁上作用着电磁力，径向压缩效应和及表面张力。过梁内部同它的表面之间形成巨大的压力差和温度差，过梁瞬间爆破形成闪光，即闪光过程就是液体过梁不断形成和爆破的过程，其效果如下。

①加热了焊件。

②烧掉了焊件端面上的脏物和不平物质。

③液体过梁焊破时产生金属蒸气和抛射的金属液滴被强烈氧化而减少了气体介质中氧气，从而降低了钳口间隙中气体介质的氧化能力。

④闪光后期在端面上所形成的液体金属层，为顶锻时排除氧化物和过热金属提供了有利条件。

（2）预热闪光的优缺点　焊机接通电源后，多次将工件端面轻微接触、分开，在每次接触过程中都要激起短暂的闪光，这就是预热闪光。其优缺点如下。

①减小需用功率，可在较小容量的焊机上对焊大截面焊件。

②加热区域较宽，使顶锻时易于产生塑性变形，便于顶锻。并能降低焊过的冷却速度，有利于对淬火金属材料的焊接。

③缩短连续闪光加热时间，减小烧化量。不仅可节约金属，对管材尚能减少内毛刺。

④延长了焊接时间，降低了生产率。

⑤使过程自动化更加复杂，如果预热程度不一致，会影响焊接的质量和稳定性，反而增加了功耗。

3. 专用对焊机

（1）钢窗闪光对焊机　钢窗分为空腹钢窗和实腹钢窗，两者均是 90° 异对接截面，都可采用闪光对焊焊接，焊后的产品为变形小、具有互换性的规范产品。

（2）轮圈闪光对焊机　汽车、摩托车的车轮对焊机，所焊的截面面积为 100～3500mm^2，其材质仅为中低碳钢、低合金钢，还有不锈钢、铝合金车圈。

（3）链环闪光对焊机　截面直径＜14mm 的链环主要采用电阻对焊，＞14mm 时，一般采用闪光对焊。链环的材料有低碳钢（20 钢），大部分为合金钢。因此，后者常采用预热闪光对焊工艺，便获得一定热影响区，易形成塑变，避免产生内应力。

（4）薄板闪光对焊机 薄板闪光对焊机多用在冶金工业中轧制钢板的连续配洗生产线或不锈钢光亮轧制生产线上。一般板材宽度为 100～1900mm，厚度为 1.0～5.5mm 的碳素钢、不锈钢或其他合金钢等。我国定型产品的最大容量为 500kV · A。

5.6.3 常用对焊机型号和技术参数

①电阻对焊机技术参数见表 5-40。

表 5-40 电阻对焊机技术参数

技术参数 \ 型号			UN-1	UN-2 UN-5	UN-3	UN-10
额定容量/（kV · A）			1	2、5	3	10
负载持续率（%）			8、8、8、15	50、20	15、15、15、20	15、15、15、20
电源电压/V			220/380、220、220、220	220、220/380	220/380、380、220/380、220	380
二次空载电压/V			0.5～1.5、0.4～1.6、0.5～1.5、0.5～1.5、	1.45～2.2	1～2、1～2、1～2、1.1～2	1.6～3.2、1.6～3.2、1.6～3.2、1.6～2.6
调节级数			8、8、8	8、8	8、8、8	8
钳口间最大距离/mm			7、7、8、15	15、20	15、8、8、20	33、33、30、25
最大焊接直径/mm	杠杆	低碳钢	—	—	—	—
	弹簧	低碳钢	0.4～2	5、2～6	1～5	3～8
		铜	0.5～1.2、0.5～2、0.5～1.4	3	1～2.5	2.5～6
		黄铜	—	—	—	—
		铝	0.5～1.5	3	1～3	2.5～6
最大夹紧力/N			100、80	＞200	750、450	900、900、882
生产率/（次/h）			300	—	400	400、300
最大顶锻力/N			32、5～40	20～80	180、6～180	350、350
质量/kg			15、15、15、12	60、70	60、70、60、50	127、127、80

续表 5-40

技术参数 \ 型号	UN-1	UN-2 UN-5	UN-3	UN-10
外形尺寸/(mm×mm×mm)	310×265×265、310×265×265、310×265×265、250×200×300	470×645×1380、300×400×900	685×590×1100、690×600×1100、690×556×1105、300×400×900	730×595×1035、703×595×1035、300×400×1100
技术参数 \ 型号	UN1-16	UN1-25 UN-25	UN-1.0DS UN-4.5DS	UN-0.4-DC
额定容量/（kV·A）	16	25	1，4.5	0.4
负载持续率（%）	20	20、14	—	—
电源电压/V	380	220/380、220、380	220	220
二次空载电压/V	1.77～2.9	1.76～3.52	1.2～2.93、1.5～2.75	1.0～1.96
调节级数	8	8	—	—
钳口间最大距离/mm	25	50、30	—	—
最大焊接直径/mm或截面积/mm² 杠杆 低碳钢	—	300、ϕ3.5～10	—	—
最大焊接直径/mm或截面积/mm² 弹簧 低碳钢	ϕ3.5～10	120	ϕ0.5～3.0、ϕ1.5～9	ϕ0.6～1.6
最大焊接直径/mm或截面积/mm² 弹簧 铜	—	100	ϕ0.6～2.4、ϕ1.5～7	—
最大焊接直径/mm或截面积/mm² 弹簧 黄铜	—	120	—	—
最大焊接直径/mm或截面积/mm² 弹簧 铝	—	140	ϕ0.8～3.0、ϕ2～8	—
生产率/（次/h）	—	110	—	—
最大夹紧力/N	—	3900	—	—
最大顶锻力/N	—	10000、1500（弹簧）、10000（杠杆）、1500	—	—
质量/kg	92	275、260	36、106	36

注：国产此类焊机大部分属于轻便简易型。焊接顶锻大多数靠弹簧，较少数靠杠杆加压。前者多用于焊接铜、黄铜、铝等非铁金属；后者则多用于焊接钢铁材料。

②通用闪光对焊机技术参数见表 5-41。

表 5-41 通用闪光对焊机技术参数

技术参数 \ 型号	UN-40	UN-75 UN1-75 UN1-75-1	UN-100 UN1-100	UN17-150-1
额定容量/(kV·A)	40	75	100	150
负载持续率(%)	50	20	20	50
电源电压/V	380	380、220/380、380	380	380
二次空载电压/V	3.76～6.33	3.52～7.04	3.8～7.6、4.5～7.6	3.8～7.6
调节级数	6	8	8	16
钳口间距离/mm	35	80、70	70、80	15～90
最大夹紧力/kN	45	45	50	160
最大顶锻力/kN	14	30	40、30	80
送进机构	气—液压	杠杆	杠杆	气—液压
最大焊接能力(低碳钢)/mm^2	400	600	1000	2000,棒材,型钢等紧凑截面
顶锻速度/(mm/s)	>20	—	—	—
压缩空气 压力/MPa	0.6	—	—	0.6
压缩空气 耗量/(m^3/h)	8	—	—	5
冷却水消耗量/(L/min)	13.3	3.3	8	10
质量/kg	1000	320	380	1900
外形尺寸/(mm×mm×mm)	1370×820×1200	1520×550×1080	1594×580×1120	2300×1110×1820
技术参数 \ 型号	UN2-150-2	UN1-50	UYZ-80(DC)	UN-63 UN-150
额定容量/(kV·A)	150	50	80	63、150
负载持续率(%)	20	20	50	11、8
电源电压/V	380			
二次空载电压/V	4.05～8.1	2.21～4.42、2.5～5	3.8～7.6	—
调节级数	16	8	8	—
钳口间距离/mm	10～100	50、30	6～60	—

续表 5-41

技术参数＼型号		UN2-150-2	UN1-50	UYZ-80（DC）	UN-63 UN-150
最大夹紧力/kN		100	—	20	3.9、80
最大顶锻力/kN		65	2（弹簧加压） 20（杠杆加压）	25	1.5、30
送进机构		电动凸轮	杠杆或弹簧	电动凸轮，气动	气液压
最大焊接能力（低碳钢）/mm²		1000～2000	450（杠杆），120（弹簧）	铝 150	—
顶锻速度/（mm/s）		—	—	—	—
压缩空气	压力/MPa	0.5	—	0.5	—
	耗量/（m³/h）	15	—	—	—
冷却水消耗量/（L/min）		10	2	24	—
质量/kg		2500	310、325	1500	340、1200
外形尺寸/（mm×mm×mm）		2140×1360×1380	1200×360×1300、1340×500×1300	2220×1085×1493	900×700×1020、1255×600×1500

③UN2 系列快速开合式闪光对焊机技术参数见表 5-42。

表 5-42　UN2 系列快速开合式闪光对焊机技术参数

技术参数＼型号	UN2-25	UN2-75	UN2-100	UN2-150
额定容量/（kV·A）	25	75	100	150
一次电压/V	380			
负载持续率（%）	20			
二次电压调节范围/V	3.28～5.13	4.30～7.30	4.50～7.60	5.13～10.26
二次电压调节级数	8			
额定调节级数	7			
最大顶锻力/kN	10	30	40	50
钳口最大距离/mm	35	90	90	90
低碳钢额定焊接截面/mm²	260	500	800	950

续表 5-42

技术参数 \ 型号	UN2-25	UN2-75	UN2-100	UN2-150
低碳钢额定焊接直径/mm	18	25	32	34
低碳钢最大焊接截面/mm^2	300	600	950	950～1050
低碳钢最大焊接直径/mm	20	27	34	36
生产率/（次/h）	150	100～140	90～140	80～120
冷却水耗量/（L/h）	400	1600	1600	1600
毛重/kg	310	400	425	475

④气压顶锻式对焊机技术参数见表 5-43。

表 5-43 气压顶锻式对焊机技术参数

技术参数 \ 名称及型号		空腹钢窗对焊机 UN-150	闪光对焊机 UN4-300	钢轨对焊机 UN6-500	轮圈对焊机 UN7-400
额定容量/（kV·A）		150	300	500	400
一次电压		380V	380V	380V	三相，380V
二次电压调节范围/V		6.6～11.8	5.42～10.84	6.8～13.6	6.55～11.18
额定一次电流/A		400	—	—	—
二次电压调节数		6	16	16	8
额定负载持续率（%）		25	20	40	50
最大夹紧力/N		5000	350000	600000	680000
最大顶锻力/N		15000	250000	350000	340000
最大顶锻量/mm		—	—	—	—
夹具间最大距离/mm		50±1	200	200±10	55
动夹具最大行程/mm		—	120	150	45
速度/（mm/s）	预热	—	—	—	—
	闪光	3～5	—	1～4	—
	顶锻	—	—	25	—

⑤钢窗闪光对焊机技术参数见表 5-44。

表 5-44 钢窗闪光对焊机技术参数

技术参数 \ 型号	UNG-125	UN-150	UNY-100	UY-125	UN1-75
额定容量/（kV·A）	125	150	100	125	75

续表 5-44

技术参数 \ 型号		UNG-125	UN-150	UNY-100	UY-125	UN1-75
负载持续率（%）		50	20	20	50	20
电源电压/V		380				
二次空载电压/V		6.6～11.8	6.6～11.8	4.22～8.45	5.51～10.85	3.52～7.04
调节级数		8	8	8	—	8
夹具最大张开度/mm		60	70	—	60±5	80
最大夹紧力/N		—	—	1300	7500	—
顶锻力/N		2000	—	1600	4500	3000
最大焊接截面积/mm^2		1000	1000	—	650	600
生产率/（次/h）		150～180	150～180	—	120	75
压缩空气	压力/MPa	0.45	0.45	0.6	0.5	—
	耗量/（m^3/h）	20	25	—	—	—
冷却水耗量/（L/min）		—	—	3.5	—	3.3
质量/kg		1700	1800	600	2500	370
外形尺寸/（mm×mm×mm）		—	—	1720×700×1080	2730×1110×1750	1520×550×1030

⑥轮圈闪光对焊机技术参数见表 5-45。

表 5-45 轮圈闪光对焊机技术参数

型　　号	UNQ-125	UN7-400	UN-160 UNC-160	U-630
额定容量/（kV·A）	125	400	160	630
负载持续率（%）	50			
电源电压/V	380			
二次空载电压/V	5～10	6.55～11.18	5.43～10.86、5.5～11.2	7.92～15.83
调节级数	8			
夹具最大张开度/mm	120	—	—	—
最大夹紧力/N	6000	68000	2600～3000、5000	7000

续表 5-45

型　　号		UNQ-125	UN7-400	UN-160 UNC-160	U-630
最大顶锻力/N		3000	34000	3500、3000	3500
最大焊接截面面积（钢）/mm^2		550	3000	700、300	3500
生产率/（件/h）		80	60	120、360	180
夹具间最大距离/mm		45	55	—	—
动夹具垂直方向调整距离/mm		±3	—	—	—
定夹具垂直方向调整距离/mm		±2	—	—	—
压缩空气	压力/MPa	0.5	—	0.55	—
	耗量/（m^3/h）	—	—	10、48	—
冷却水耗量/（L/min）		—	—	4、40	60
质量/kg		—	6500	2100、2000	8000

⑦链环闪光对焊机技术参数见表 5-46。

表 5-46　链环闪光对焊机技术参数

型　　号	UNT-160	UN-160	UN-80
额定容量/（k·VA）	160	160	80
负载持续率（%）	20	50	50
电源电压/V	380		
二次空载电压/V	4.05～8.1	5～9.04	3.65～7.6
调节级数	16	6	—
钳口最大距离/mm	—	10～70	—
最大夹紧力/N	5000	5000	—
最大顶锻力/N	6500	6500	—
焊接截面直径/mm	14～20	14～18	5～10
生产率/（件/h）	180	150～200	210～270
电动机功率/kW	2.2	3	3

续表 5-46

型号		UNT-160	UN-160	UN-80
压缩空气	压力/MPa	0.55	0.5	—
	耗量/（m^3/h）	10	—	—
液压工作压力/MPa		6.3	—	—
冷却水耗量/（L/min）		3.5	10	—
质量/kg		2700	2000	—
外形尺寸/（mm×mm×mm）		2650×1400×1700	2600×1240×1225	—

⑧薄板闪光对焊机技术参数见表 5-47。

表 5-47 薄板闪光对焊机技术参数

技术参数 \ 型号	MS-300	MS-500	UN5-250
额定容量/（kV·A）	300	500	250
负载持续率（%）	20		
电源电压/V	380		
二次空载电压/V	2.84～9.05	3.66～11.2	2.68～8.85
钳口间最大距离/mm	—	—	45
最大夹紧力/N	—	—	30000
最大顶锻力/N	—	—	15000
最大焊接截面面积（低碳钢）/mm^2	1800	4000	1080
生产率/（件/h）	70	70	—
质量/kg	6770	7000	6000

5.6.4 对焊机的正确使用

焊机在安装前必须仔细检查各种元器件是否在运输中受损伤。严防焊机受潮破坏绝缘，焊机必须可靠接地。必须按规定注油，空车检查气路、水路和电路是否正常。施焊时应注意安全，焊后应随时清理钳口及周围的金属末（屑）。

5.7 电阻焊机控制器

5.7.1 电阻焊机控制器的分类

关于电阻焊机控制器分类，可按焊接工艺分类，也可按主控单元分类。

1. 按焊接工艺分类

电阻焊机控制器按焊接工艺不同可分为点凸焊控制器、缝焊控制器和对焊控制器。

（1）点凸焊控制器 典型焊接循环如图 5-11 所示。图 5-11（a）中的主程序为八段，另外有一段为锻压并行程序。

对于可焊性好的工件，只需其中的预压、焊接、维持、休止四段程序即可，但对于耐热合金钢等为保证其焊接质量，最好使用多段程序。这些程序如下。

①电流缓升（递增）、缓降（递减）控制，使热量从第一周期的低值在若干个周期后上升到规定值；或使热量从规定值在若干个周期后降至较小值而结束，如图 5-11（b）所示。电流缓升能有效地减少初期飞溅，适合于焊接镀层钢板和某些非铁金属；电流缓降能降低焊接区冷却速度，降低产生裂纹的可能性。

②预热和回火电流控制。

③锻压程序只是在焊接程序结束之前几周或在焊接程序结束之后加入。它通常应用在 2mm 以上铝合金或不锈钢点焊工艺上。

④多脉冲电流控制，热量设定在几个周期为规定值，然后紧接着几个周期冷却（电流为 0），重复循环若干次，以满足大厚度工件焊接要求。

（2）缝焊控制器 虽然缝焊机按通电方式不同分断续、连续、步进断续三种，但控制器可分为两类。第一类是交流工频断续缝焊控制器，焊接开始时，滚盘电极在选定的电极压力下滚动，通焊接电流。电流脉冲时间、脉冲间隔时间分别要调整。当焊接结束时，焊接电流先断，电极再停止转动、撤压、抬起。当连续缝焊时，将间隔时间选为 0。第二类是步进缝焊控制器，它的焊接循环相当于电极不抬起，工件相对移动和停止的连续点焊控制器。

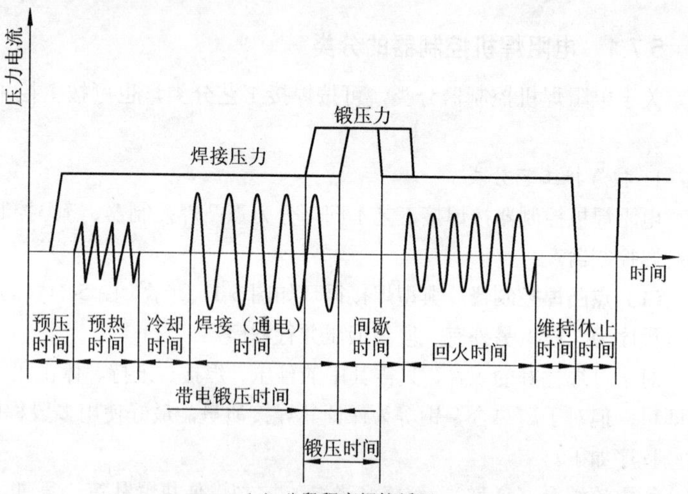

（a）八段程序焊接循环

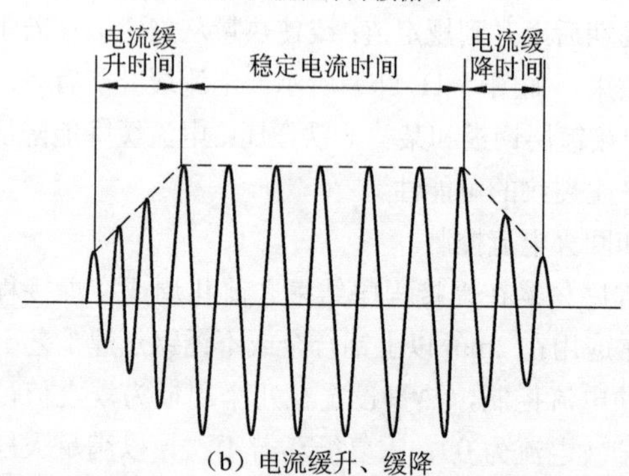

（b）电流缓升、缓降

图 5-11　典型焊接循环

（3）对焊控制器　对焊控制器除了程控部分不同于点缝焊控制器外，其余的热量调节和断续器部分与点缝焊控制器没有太大的区别。由于对焊机的加紧夹具、驱动方式多，程序转换有时间和位移检测两个因素。同时，其质量控制参数也比点缝焊多，因此对焊控制器比较难找到通用性强的规范模式。

2. 按主控单元分类

目前，电阻焊机控制器按主控单元分类可分为六种：简易型控制器、晶体管式控制器、集成电路型控制器、单相微机型控制器、三相型控制器和联网集中管理型控制系统。

（1）简易型控制器 简易型控制器的主控元件为 *R*、*C* 阻容元件，由行程开关和电磁接触器或晶体管所组成，多用在手工操作的电阻焊机上，并且多和主机组成一体。这种控制器多为非同步控制器，所谓非同步控制是指阻焊变压器的一次电流可在电压波任一相位下导通或关断。

（2）晶体管式控制器 晶体管式控制器采用二极管、晶体管、晶闸管等半导体器件、阻容元件来控制电源变压器和各种控制开关的动作，以实现焊接程序。

这种控制器多为我国早期生产的定型产品。虽然线路复杂，元器件多，但价格较低，其中定时精度和热量及网压补偿精度均较好，适用于一般应用场合。

（3）集成电路型控制器 集成电路型控制器的主控器件由 CMOS、TTL 型计数器、译码器、触发器、时基电路等集成器件、专用触发块及阻容元件、开关等组成。

该类控制器的标准型号为 KD2 型。它既有通用型控制器，又有专用型控制器。能控制 DN3、DZ3、DN、DZ、TN、TZ、FN、FZ 系列额定容量为 250kV · A 以下的通用点、凸、缝焊机及相应容量的专机。

国产集成电路型控制器技术参数见表 5-48。

表 5-48 国产集成电路型控制器技术参数

型号 技术参数	KD2-250	KF2-200	KD2-200	KD2-160 KDZ2-160	KD9-500 KD9-800A KD9-1100	KD10-500 KD10-800A KD10-1100
电源电压/V	380/220	380/220	380	380	220/380	220/380
频率/Hz	50	50	50	50	50/60	50/60

续表 5-48

型号 技术参数	KD2-250	KF2-200	KD2-200	KD2-160 KDZ2-160	KD9-500 KD9-800A KD9-1100	KD10-500 KD10-800A KD10-1100
工作程序（CYC）周数	加压、焊接、维持、休止1～99周	焊接、冷却1～99周	加压、焊接、维持、休止0～99周	预压、焊接、维持、休止 0～99周，程序；预压、加压、焊接Ⅰ、冷却、焊接Ⅱ、维持、休止0～99周，6程序	程序 1：3～100周，程序2～5：0～99周	主程序：程序1为2～100周，程序2*、3*、4、5 为 0～99周；子程序：程序6、7、8、9 为 0～99周，锻压延时（12）0～99周。（*号的数字量为子程序循环次数）
热量调节范围（%）	—	—	20～100	30～100 1～19.9kA	40～100	40～100
晶闸管规格	—	—	500A/1200V	—	额定负载电流：500/800/1100A	
配焊机容量/（kV·A）	≤250	≤200	≤200	≤160	—	—
负载持续率（%）	50	50	50	50	50	50
网压波动补偿强度	允许（－15%～＋10%）U_n网压波动	当网压（－15%～＋10%）U_n变化时，不影响焊接质量		允许（－15%～＋10%）U_n网压波动	波动±10%U_n时，电流变化率≤±5%，但允许（－20%～＋10%）U_n波动	
冷却水流量/（L/min）	—	—	4	3	6	6
外形尺寸/（mm×mm×mm）	455×320×220	—	660×350×270	160×344×565 430×440×855	380×456×1190	
质量/kg	10	10	25	21，50	40	—

续表 5-48

技术参数＼型号	KD11-200	KD-2	SK-Ⅱ	KD2-250	YF-07010
电源电压/V	380	—	380（1±10%）	380	380（1±10%）
频率/Hz	50	—	50/60	50/60	50/60
工作程序（CYC）周数	加压、焊接、维持、休止0～99周	预热 0.2～1.7s，焊接、维持、间隔 0.1～0.5s	递增0～9周，加压，焊接Ⅰ、间隔、焊接Ⅱ、维持、休止0～99周	工作程序4段	初期加压、通电、保持、开放0～99周，上升、下降0～9周
热量调节范围（%）	二次最大电流为 30kA	10～95	35～100	30～100	40～100
晶闸管规格	—	—	600A 以下	—	—
配调焊机容量/（kV·A）	≤面 00	—	—	—	—
负载持续率（%）	20	—	—	—	—
网压波动补偿强度	—	—	网压变动为±15%时，输出电流变化在±3%以内	有网压补偿功能	恒流（一次侧）变化为±20%时，在±3%以内
冷却水流量/（L/min）	4	—	—	—	—
外形尺寸/（mm×mm×mm）	280×415×720	—	100×320×360	320×320×200	106×322×290

（4）单相微机型控制器 单相微机型控制器的标准型号为 KD3 型，它既可作为通用控制器（控制焊机容量与集成电路型相同），又可作为专用控制器。具体按有无“阶梯”功能内容进行选择。

1）无“阶梯”功能（单一主循环）单相微机型控制器。该类控制器比集成电路型应用范围更广泛，定时精度可以做到在无误差、热量和网压补偿精度为±15%时，静态补偿可以在±3%之内，该类控制器硬件线路简单，元器件少，由于软、硬件都有抗干扰措施，因此可靠性高。具备晶闸管、水流量等故障报警功能，适用于对焊接质量要求高的场合。

无“阶梯”功能（单一主循环）单相微机型控制器技术参数见表 5-49。

表 5-49 无"阶梯"功能（单一主循环）单相微机型控制器技术参数

技术参数＼型号		KD3-200A	KD3-200Ⅱ	WDK 系列	MCW201	AN-110-S
电源电压		单相，380V，50Hz	单相，380V，50Hz	单相，440V/380V/220V，50Hz/60Hz	单相，380V，50Hz	单相，220V/380V/415V/440V，50Hz/60Hz
晶闸管电流容量/（A/V）		500/1200	500/1200	500/1200	500/1600	—
可控制焊接回路或气路/个		1	1	1～4	单气路	1～2
工作程序（CYC）周数		预压、焊接、间隙、回火、维持、休止 0～99 周	预压、预热、冷却、焊接、维持、休止 0～99 周	加压延迟、加压、第一、第二焊接、冷却、保持、休止 0～199 周	预压、预热、间隙Ⅰ、主动脉、间隙Ⅱ、回火、维持、休止 0～99 周	预压延时、预压、保持、第一焊接、冷却、第二焊接、保持、休止 0～99 周，缓升 3～99 周
热量调节	%	20～90	20～90	10～100	15～99	30～100
	kA	—	—	2～19.9	3～18，10～36 二挡	3.5～19.9
补偿能力	电网电压自动补偿模式	当±10%U_n时，一次电压变化为±3%	当（−15%～+10%）U_n时，一次电压不大于±3%	—	当（−20%～+15%）U_n时，焊接电流误差小于 3%	网压波动允许 15%U_n
	恒电流模式	—	当（−15%～+10%）U_n时，焊接电流变化≤±3%	控制精度±2%（监控和热量调节需考虑变压器绕组比 1～99 因素）	用二次采样方式，电流为 3～18kA、10～36kA，误差均不超过±3%	—

续表 5-49

技术参数 \ 型号	KD3-200A	KD3-200Ⅱ	WDK 系列	MCW201	AN-110-S
存储规范数/套	—	8	2～4	4	—
控制脉冲数/次	—	—	1～5	多脉冲	—
状态与监控显示	该控制器既可为一般控制器或采用动态电阻法的焊点进行质量监控，又可测定焊机的功率因数，对故障进行声光报警	用二位十进制数据管及发光二极管进行状态显示；能检测焊接回路功率因数及自适应功能	采用编程器自检故障，如焊接电源异常，晶闸管输出电流异常等，各种异常用不同数字显示	若报警灯交替闪烁，有 E-00 至 E-03 四种报警系统，反映水流、电流传感器异常；具有功率因数自适应功能	通过编程器编程，有存储器出错、过热、电流异常（过高、过低、无电流）等报警功能，并具备自诊断功能
外形尺寸/（mm×mm×mm）	控制箱 360×100×320 断续器 260×380×260	控制箱 420×280×110 断续器 450×320×760	310×350×590	手提式 420×200×450 立柜式 1000×450×450	380×585×430
质量/kg	20	20	27	25、50	26.5
系列产品	该系列还有-1 型、-B 型	—	按脉冲数、规范数及带焊钳数，该系列共有-0A 型、-1A 型、-1B 型、-2A 型、-2B 型、-3A 型、-3B 型、-4A 型、-4B 型共九种	MCW 系列共有-100 型、-200 型、-201 型、-202 型、-203～203B 型、-205 型、手提式、立柜式 13 种	AN200 控制器和 AN110 编程器用于固定点凸焊机

续表 5-49

技术参数 \ 型号		VCW-200A	MWC-A 系列	YF-0201Z2	KD-3A	KD3H-160
电源电压		单相，380V，50Hz	单相，380V，50Hz/60Hz	单相，380V，50Hz/60Hz	—	单相，380V，50Hz/60Hz
晶闸管电流容量/（A/V）		500/1200	200～1200	—	—	500/1200
可控制焊接回路或气路/个		单或双气路	双枪双气路	—	—	—
工作程序（CYC）周数		预压、加压、间隙、维持、休止 0～99 周，焊接时间 0～29 周，如果焊接时间大于 29 周，由后续工步中连续预置	预压、压紧、预热、冷却、脉冲加热、脉冲冷却、淬火、保温、保持、断开 0～99 周，电流递增、递减 0～9 周	初期加压延时，加压，通电（Ⅰ）、（Ⅱ），冷却、保持、开放时间为 0～99 周，电流递增，递减 0～20 周	预压、缓升、焊接Ⅰ、Ⅱ、Ⅲ，间歇Ⅰ、Ⅱ，缓降、维持、休止 0～99 周	加压、焊接、维持、休止 0～99 周
热量调节	%	15～99	5～99	—	0～99	—
	kA	—	—	1.5～50	—	1～19
补偿能力	电网电压自动补偿模式	热量控制具有网压补偿和功率因数自适应功能，响应速度为 1 周	具有网压波动补偿功能和动态功率因数校正功能	当±20%U_n变化时，在±3%以内	—	当（−15%～+10%）U_n变化时，焊接电流在±3%以内
	恒电流模式	—	—	—	—	在推荐的焊接规范下，对二层和三层板试焊实测焊接电流无变化
存储规范数/套		4～16	15	4～15	1～15	6
控制脉冲数/次		单、双、多脉冲	1～99	0～99	—	—

续表 5-49

技术参数＼型号	VCW-200A	MWC-A 系列	YF-0201Z2	KD-3A	KD3H-160
状态与监控显示	用五个状态灯、六只数码管显示运行状态、焊接参数、误码代号和错误报警	用字母代码显示网压突变、存储器出错及功率因数等十种状态与监控	焊接电流、导通角监视、打点数、生产数计数等	有 1～F 种状态，这些状态表示操作方式或故障报警	自动功率因数自适应，采用软件滤波等技术，抗干扰能力强，对晶闸管等故障进行报警
外形尺寸/（mm×mm×mm）	手提式 420×200×450 立柜式 1000×450×450	—	111×338×308	—	1000×400×350
质量/kg	25、50	—	5	—	40（一体式）

技术参数＼型号	SK-Ⅲ	KDZ3	KD7310A/B KD7306A	KF7307A/B（焊缝）
电源电压	单相，380V，50Hz/60Hz	单相，380V，50Hz	单相，380V，50Hz	单相，380V，50Hz/60Hz
晶闸管电流容量/（A/V）	600A	—	300A	300A
可控制焊接回路或气路/个	2	—	1	1
工作程序（CYC）周数	预压、加压，预热、间隔、递增、间隔、焊接Ⅰ、锻压、间隔、递减、间隔、焊接Ⅱ、间隔、焊接Ⅲ、维持、休止 0～99 周，16 段程序	预压、加压、预热、间隔 1、焊接、缓冷、间隔 5、回火、维持、休止 00～99 周，递增、间隔 2、3、4，递减、多脉冲间隔 0～50 周，16 段程序	预压、锻压、休止 0～199 周，焊接 0～99 周，4 程序；预压、预热、焊接、回火、保持、休止 0～99 周，6 程序	预压、保持 0.1～3.5s，焊接、间歇 0～99 周

续表 5-49

技术参数 \ 型号		SK-III	KDZ3	KD7310A/B KD7306A	KF7307A/B（焊缝）
热量调节	%	—	35～99	0～99.5	0～99.5
	kA	2～50	用实际焊接电流锁定得到	—	—
补偿能力	电网电压自动补偿模式	网压±15%时或二次阻抗变动±15%时，输出电流变动在 3%以内	网压±15%时，电流波动不大于±2%	通过调整，对网压波动有适当补偿	通过调整，对网压波动有适当补偿
	恒电流模式	—	负载变化±15%时，电流波动±2%时，动态响应 3 周以上	电流变化有陡变/缓变选择	—
存储规范数/套		10	A/B 各 5	1	1
控制脉冲数/次		—	0～50	—	连续电流/断续电流
状态与监控显示		预压、焊接、缓冷、回火的电流和时间可选择显示，具有自诊断和故障显示及面板锁定功能	预压、焊接、缓冷、回火的电流和时间可选择显示，具有自诊断和故障显示及面板锁定功能，A、B 状态显示	焊接电流相对值及周波数可通过各两位数码管显示，运行状态通过发光二极管显示	焊接电流相对值及周波数可通过各两位数码管显示，运行状态通过发光二极管显示，焊轮有连续行走/断续行走之分
外形尺寸/（mm×mm×mm）		100×320×360	350×180×400	240×120×90、90×240×180、240×120×90	240×120×90（A 型）、90×240×180（B 型）
质量/kg		6	15	1.5，2.6，1.5	
系列产品		—	—	KD73 系列已生产 19 种，其中 15 型、25 型以半周波为计时单位，余以整周为基本计时单位	该系列还生产 7304A/B 型。该公司所有 A、B 型产品，A 为嵌入式，B 型为外挂式，这些都不包括主控晶闸管

2）有“阶梯”功能（编程较复杂控制器）单相微机型控制器。这种控制器具有以下特点。

①具有0～15存储规范套数（程序序列）的选择，多次脉冲加热，具有电流缓升、缓降功能，对单个或多个电磁气阀控制。

②一般可设置5～7个“阶梯”，各“阶梯”中的焊点数、热量及其相应的检测手段。

③具有恒压、恒流及其他质量监控方式的选择，程序锁定及焊机间连锁等功能。

④具有多种故障报警功能。例如，电流上、下限；电流递增器阶梯数接近，达到极限；电压、电流补偿极限；晶闸管过热、单管导通、短路、断路；存储器数据出错、电池电压太低、焊点熔粘检查等。

有“阶梯”功能单相微机型控制器属于智能化控制器，自诊断能力很强，对生产运行状态、故障处理都可通过显示屏提示内容去处理。该类控制器很适合在自动化程度高或者点焊机器人生产线上应用。

有“阶梯”功能单相微机型控制器技术参数见表5-50。

表5-50 有“阶梯”功能单相微机型控制器技术参数

技术参数 \ 型号	MEDAR200S系列	KD3-200IV	PSS2000	T250
电源电压/V	240/380/480/575，50/60Hz	单相，380，50Hz	单相，380，50Hz	200/220/380/400/420/440，50/60Hz，自动设定
晶闸管电流容量/（A/V）	500，800，1100A	500/1200	—	—
可控制焊接回路或气路数/个	双枪双气路	双枪双气路	1～2气阀	1～2气阀
工作程序（CYC）周数	预压、加压、冷却、维持、休止0～99周，预热、焊接、焊后热处理脉冲0～99周	预压、加压、预热、冷却、焊接、间隙、回火、维持、休止0～99周	以PSS20370为例，第一次预压，预压、预热、间歇、焊接、冷却、回火、维持、休止，第一次加压延迟，第一次加压，第二次加压延迟，第二次加压，时间0～99周，电流缓升，缓降时间00～20周	加压、缓升、保持、焊接检查延迟时间1～99周；第一、二、三次通电，第一、二次冷却，缓降、加压延迟、保持结束延迟时间0～99周，开放时间5～99周

续表 5-50

技术参数 \ 型号		MEDAR200S 系列	KD3-200IV	PSS2000	T250
热量调节	恒压/%	20～99	20～99	00～99	30～100
	恒流	0.01～99.9kA	2～50kA	2.5～25kA、10.0～99.9kA	10～500（100A 为单位）
监控能力	电网电压自动补偿模式	电流、电压变化为额定值±15%时，一次电流变化±3%	当（－15%～＋10%）U_n 时，一次电压变化不大于±3%	当（－20%～＋15%）U_n 时，焊接电流变化不大于±5%	当±15%U_n时，焊接保证质量
	恒电流模式	当电流、电压为额定值±15%时，或次级阻抗变化±15%时，焊接电流变化不大于±3%，补偿响应速度第三周达到设定值	当（－15%～＋10%）U_n 时，或一次阻抗变化为±15%时，焊接电流不大于±3%	电流调节分管理和不管理两种类型：管理型对电流极限值超过总次数和连续超过总次数进行管理，不管理型只是显示每次焊接电流值	—
递增器设定		递增器两个，对应于阀 1 及阀 2；阶梯数五个，原始设定打点数，60 点后、180 点后、300 点后、600 点后和 800 点后	递增器两个，递增阶梯数五个	阶梯数十个，最大焊点数是 65000，每个阶梯可设置有效焊点数及焊接热量值	阶梯数六个，设定打点数，最大为 999×10 点（每阶）
存储规范数/套		7	100	15	4 或 15
控制脉冲数/次		—	—	1～9	1～10
其他功能		可测功率因数及显示上一个焊点焊接电流等具备 14 种参数故障报警窗口	具备多台同时使用互锁功能	该系统换不同编程卡来改变工作程序	具有晶闸管短路、过热、单向导电、电极粘连、数据异常等十种报警功能
外形尺寸/（mm×mm×mm）		—	500×180×300	309×128×175	350×600×320
技术参数 \ 型号		T-180	MWC-B	HCW 系列	T-2050
系列产品		该公司还生产单相 MEDAR-700 系列、MEDAR-3000 系列	—	除-2037 型外还有-20500 型及-2034D 型控制器等	该系列还有带主电源开关的 T260 型

续表 5-50

技术参数 \ 型号		T-180	MWC-B	HCW 系列	T-2050
电源电压/V		—	AC220/380/36，DC24	单相，380	240、380、480、575
频率/Hz		—	50/60	50	50/60
晶闸管电流容量		—	500A/1200V	与20～400kV·A点焊机配套	500A，800A，1100A
可控制焊接回路或气路数/个		1～2 个气阀	双气路	两把焊枪独立工作，最多可带四把焊枪同步工作	1～4 气阀，除电极加压外，还可接通夹具加压等气阀
工作程序（CYC）周数		加压、缓升、保持、焊接检查延迟时间为 1～99 周，第一、二、三次通电，第一、二次冷却，缓降，加压延迟，保持结束延迟时间 0～99 周，开放时间 5～99 周	预压、加压、预焊、冷却、主焊、保持、断开、保持结束延时、焊接检查延时 0～99 周，递增时间 1～99 周	初期加压、加压、预热、冷却、回火 0～99 周，焊接、维持、休止 1～99 周	预压、加压、冷却、维持、休止、预热、焊接、后热处理脉冲 0～99 周
热量调节	恒压/（%）	30～100	30～100	—	20～99
	恒流	10～500（100A 为单位）	19.9（100A 为单位）	20～199（100A 为单位）	0.01～99.9
监控能力	电网电压自动补偿模式	当±15%U_n时，保证焊接质量	当电流电压波动在±10%以内时，焊接电流不大于±3%	恒流监控为主控方式，但也可为相位控制方式	补偿精度为 1%（以全波电流为 100%）
	恒电流模式	—	负载阻抗变化在±10%以内时，焊接电流不大于±3%	当（－20%～＋10%）U_n 时，焊接电流不大于±2%（最大焊接电流）	当电流电压±15%时或二次阻抗变化±15%时，输出电流变化小于 3%（选一次侧、二次侧均可）
递增器设定		阶梯数六个，设定打点数，最大为 999×10 点（每阶）	阶梯数六个，设定打点数，最大为 999×10 点（每阶）	阶梯数十个	递增器四个，分别对应阀 1、阀 2，每个递增器有两个阶梯

续表 5-50

技术参数＼型号	T-180	MWC-B	HCW 系列	T-2050
存储规范数/套	4 或 15	4 或 15	16	60
控制脉冲数/次	1～10	1～99	1～9	按需要可多程序连锁
其他功能	具有晶闸管短路、过热、单向导电、电极粘连、数据异常等十种报警	具有存储器出错、电流超限、无电流、焊接粘连及晶闸管过热等八种故障报警	具有变压器、晶闸管过热、直通、触发失败、电极粘连等20种故障报警	有四级安全锁定功能，有24台本控制器联网功能。能显示七种故障（急停、晶闸管过热、单管、电压、电流补偿超限等）
外形尺寸/（mm×mm×mm）	—	340×270×500	290×600×5700	—
系列产品	—	该系列还有群控联网的MWC-C型及具光纤通信接口联网MWC-D型	除HCW通用型外，还有-1型（漏电保护型），-2型与固定点焊机配套	—

（5）三相型控制器　三相型控制器主要与三相二次侧整流及三相低频点、凸、缝焊机相配。有 CMOS 集成电路型，采用拨码开关调节程序时间。焊接电流值一般通过电位器来给定。此种控制器也有微机型，而且有取代集成电路型之势。以往其焊接一次主回路有多种形式，现在趋向于三相线电压晶闸管反并连接法。焊接循环有多个程序，具备可选择的三种或六种压力曲线。微机型还可存储多套焊接规范。一般都具网压波动进行补偿功能，个别还有动态功率因数补偿功能。

①三相二次侧整流点凸焊控制器技术参数见表 5-51。

表 5-51 三相二次侧整流点凸焊控制器技术参数

技术参数 \ 型号	KD2-3×200	KD3×3×200	KA2-3×250	MEDAR760
电源电压	三相，380V			
频率/Hz	50	50	50/60	50/60
控制焊机容量/（kV·A）	≤3×200	≤3×200	≤3×250	三相 1200A 晶闸管组件
负载持续率（%）	50	50	50	—
工作程序（CYC）周数	预压、焊接、间隙、回火、维持、休止 0～99 周	加压、递增、预热、间隙 1、焊接、间隙 2、回火、维持、休止 0～99 周	预压、加压、预热、冷却 1、焊接、锻压、冷却 2、回火、冷却 3、休止 0～99 周，10 程序	99 个任意插入功能项（延时、I/O、焊接、特殊功能）
热量调节（%）	20～100	10～99	30～70	
监控能力网压自动补偿模式	（−15%～+10%）U_n时，焊接电流变化不大于±3%	（−15%～+10%）U_n时，焊接电流变化不大于±3%	（−15%～+10%）U_n时，焊接电流变化不大于±5%	允许网压±20%U_n变化
控制脉冲数/次	—	0～99	—	—
压力曲线选择/套	—	3（平直，阶梯，马鞍）	2(平直,阶梯)	—
存储规范数/套	—	100	—	15
状态与监控显示	焊接参数用拨码开关预置，直观、操作方便，具备缺水保护等功能	对单管（A、B、C 相）水温、电网欠电压、超压、晶闸管温度等故障显示	—	全部故障诊断显示，可设定成严重、一般或忽略，有“看门狗”触发板及控制器停止连锁功能
外形尺寸/（mm×mm×mm）	1100×600×350	610×380×1010	320×540×510	356×610×1524

②三相低频点凸缝焊控制器技术参数见表 5-52。

表 5-52　三相低频点凸缝焊控制器技术参数

<table>
<tr><th colspan="2">项　目</th><th>技术参数</th></tr>
<tr><td colspan="2">控制箱型号</td><td>DHTT101A</td></tr>
<tr><td colspan="2">主电路控制</td><td>晶闸管</td></tr>
<tr><td colspan="2">集成电路</td><td>CMOS</td></tr>
<tr><td colspan="2">电源电压/V</td><td>110</td></tr>
<tr><td colspan="2">相数</td><td>3</td></tr>
<tr><td colspan="2">频率/Hz</td><td>50/60</td></tr>
<tr><td rowspan="10">主程序延时范围
/CYC 周数</td><td>第一次压下</td><td>0～999</td></tr>
<tr><td>电极压下</td><td>0～999</td></tr>
<tr><td>预压</td><td>0～999</td></tr>
<tr><td>焊接压力</td><td>0～999</td></tr>
<tr><td>预热*</td><td>0～99</td></tr>
<tr><td>焊接*</td><td>0～99</td></tr>
<tr><td>冷却</td><td>0～999</td></tr>
<tr><td>回火*</td><td>0～99</td></tr>
<tr><td>维持</td><td>0～999</td></tr>
<tr><td>休息</td><td>0～999</td></tr>
<tr><td rowspan="2">调制器延时范围
/CYC 周数</td><td>加热脉冲</td><td>0～9</td></tr>
<tr><td>停息间隔</td><td>0～99</td></tr>
<tr><td colspan="2">压力下降延时</td><td>0～999</td></tr>
<tr><td colspan="2">压力上升延时</td><td>0～999</td></tr>
<tr><td rowspan="3">电流调节范围（%）</td><td>预热</td><td rowspan="3">15～100</td></tr>
<tr><td>焊接</td></tr>
<tr><td>回火</td></tr>
<tr><td colspan="2">焊接电流稳定性（%）</td><td>当电流调节 15%～85%及网压变化±10%时，焊接电流不大于±5%</td></tr>
<tr><td colspan="2">外形尺寸/（mm×mm×mm）</td><td>265×337×565</td></tr>
</table>

注：带*者的数字量为加热量脉冲次数。

（6）联网集中管理型控制系统 目前，联网集中管理型控制系统国内供应有天津陆华公司的 HZ 型及 QS 型，小原（南京）公司的 C.C.S 群控和新松焊接的 FCW-2000 型系统等。

联网集中管理型控制系统技术参数见表 5-53。

表 5-53 联网集中管理型控制系统技术参数

名称	电网平衡控制系统 QS	联网系统 HZ	焊机中内控制系统 C.C.S	电阻焊现场总线控制系统 FCS
代号	QS	HZ	C.C.S	FCW-2000
上位机	PC386，打印机	PC386，PC486，LQ1600 打印机	PC9801	—
接口总线	—	12 芯屏蔽电缆（光电隔离）	RS232C（2m 长）	TCP/IP 局域网
组控机或集中管理单元	电阻焊机电网平衡控制机	网络管理器（1～4 个）主网络 1 台，副网络 1～3 台	SU-100 集中管理单元	组控机
接口总线	—	RS-422	RS-485	CAN 现场总成
焊接控制器（下位机）	QWDK 型	HCW 系列（带通讯子板）	T250、T260、T150、T160	MWD-D 型
分布距离/m	300	200～500	500/每通道	500

5.7.2 电阻焊机控制器的选用

选用原则首先要考虑焊接工艺的要求（点焊还是凸焊），又要兼顾所控主机的性能。点凸焊控制器的应用最广，与主机分置性最强；缝焊控制器次之；对焊控制器很少以单独形式出现，多与主机联合出售，即与主机共同使用一套说明书。

6 特种焊接设备

6.1 等离子弧焊设备

6.1.1 等离子弧焊设备的组成

等离子弧焊机的结构如图 6-1 所示，由焊接电源、等离子弧引燃装置、焊枪、供气系统、冷却水路系统等组成。若是自动焊则还有焊接小车或转动夹具的行走机构和控制电路。

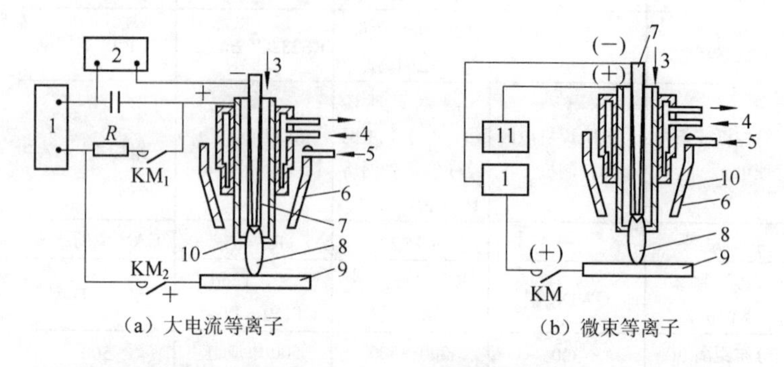

（a）大电流等离子　　（b）微束等离子

图 6-1　等离子弧焊机的结构

1.焊接电源；2.高频振荡器；3.等离子气；4.冷却水；5.保护气；6.保护气罩；7.钨极；8.等离子弧；9.工件；10.喷嘴；11.维弧电源；KM_1、KM_2——接触器触头

1. 焊接电源

具有下降或恒流特性的电源可作为等离子弧焊电源。若离子气用氩气（Ar）或含少量氢气（H_2）（7%以下）的混合气体时，空载电压要求为 65～80V；若用氦气（He）或氢气含量＞7 %的氩气与氢气的混合气体时，为了可靠引弧，空载电压必须提高到 110～120V。大电流等离子弧焊接时，先引燃非转移弧，再引燃转移弧。转移弧引燃后，立即切除非转移弧，非转移弧是短时间存在的。因此，非转移弧电源可以由同一焊接电源串一电阻 R 取得，即转移弧和非转移弧可以共用一个电源，如

图 6-1（a）所示。微束等离子弧焊用联合型，转移弧和非转移弧同时存在，所以转移弧和非转移弧各有自己的独立电源，如图 6-1（b）所示。

2. 等离子弧引燃装置

①对于大电流等离子弧焊接系统，可在焊接回路中叠加高频振荡器或小功率高压脉冲器。依靠它们产生的高频火花或高压脉冲，在钨极与喷嘴之间引燃非转移弧。

②对于微束等离子弧焊接系统，引燃非转移弧的方法是利用焊枪上的电极移动机构（弹簧或螺钉调节）向前推进电极，当电极与喷嘴接触后回抽电极。

③采用高频振荡器引燃非转移弧。

3. 焊枪

（1）对焊枪的性能要求

①方便引弧并保证焊接过程中电弧稳定。

②钨极对中精确、容易，装配、调节和更换喷嘴方便，绝缘可靠，水、气密封良好。

③离子气和保护气各自有单独通道，保证对焊接区有良好的保护作用。

④方便焊工观察焊缝，以便于控制焊接质量。

⑤焊枪的可达性要好，以便焊接时能接近焊件的待焊接位置。

（2）焊枪的结构 如图 6-2 所示，等离子弧焊枪由上枪体、下枪体和喷嘴三部分组成。图 6-2（a）所示为大电流（300A）等离子弧焊枪的典型结构，上枪体组件主要包括上枪体、电极夹头、小螺母、绝缘罩与水电接头等，作用是夹持并冷却钨极，对钨极导电、调节钨极的对中与内缩长度等；下枪体组件是由下枪体、等离子气室、保护气气室、进气管和水电接头等组成，作用是对下枪体及喷嘴进行冷却，安装喷嘴与保护罩，输送等离子气与保护气及对喷嘴导电等。由于上、下枪体都接电且极性不同，故上、下枪体之间用一个绝缘柱和绝缘套相连接。

图 6-2（b）所示为微束等离子弧（16A）焊枪的结构。与上述大电流等离子弧焊枪的区别在于喷嘴采用间接水冷，大电流等离子弧焊枪则采用直接水冷，冷却水从下枪体 5 进，经上枪体 9 出，上、下枪体之间

由绝缘柱 7 和绝缘套 8 隔开进出水口，也是水冷的电缆接口，电极夹在电极夹头 10 中并通过小螺母 12 锁紧，电极夹头从上冷却套（上枪体）插入，并借助带绝缘套的小螺母 12 锁紧。离子气和保护气分两路进入下枪体。

微束等离子弧焊枪中电极夹头有一压紧弹簧，按下电极夹头顶部可实现接触短路回抽引弧。

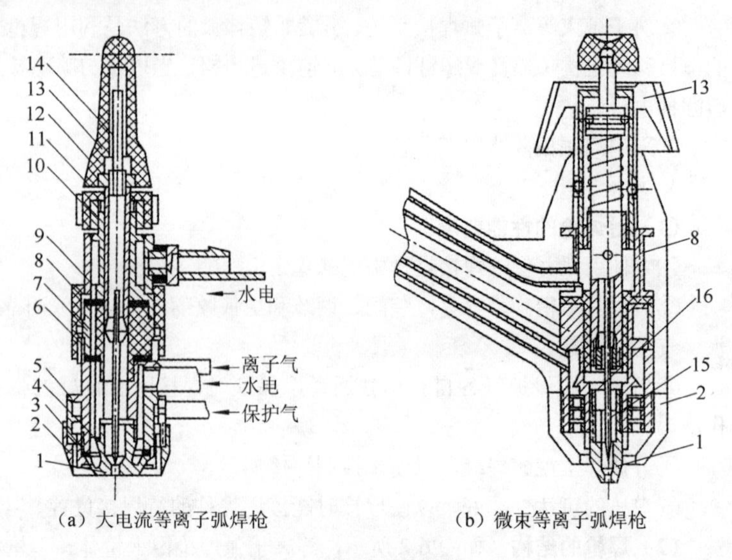

(a) 大电流等离子弧焊枪　　(b) 微束等离子弧焊枪

图 6-2　等离子弧焊枪

1. 喷嘴；2. 绝缘罩；3、4、6. 密封垫圈；5. 下枪体；7. 绝缘柱；8. 绝缘套；9. 上枪体；10. 电极夹头；11. 套管；12. 小螺母；13. 胶木套；14. 钨极；15. 瓷对中块；16. 透气网

(3) 压缩喷嘴　压缩喷嘴简称喷嘴，是等离子弧焊枪的关键零件，它的结构、尺寸和与钨极的相互位置对等离子弧性能起决定性作用。钨极、喷嘴与工件的相互位置及主要尺寸如图 6-3 所示。

①喷嘴孔径 d_n。d_n 的大小决定着等离子弧柱的直径和能量密度，应根据焊接电流和等离子气流量来确定。对于给定的电流和离子气流量，d_n 越大，压缩作用越小，若 d_n 过大，则无压缩效果；若 d_n 过小，则会

引起双弧现象，破坏了等离子弧的稳定性。等离子弧电流与压缩喷嘴孔径 d_n 的关系见表 6-1，可看出随着 d_n 的增加，离子气的流量也相应增加。

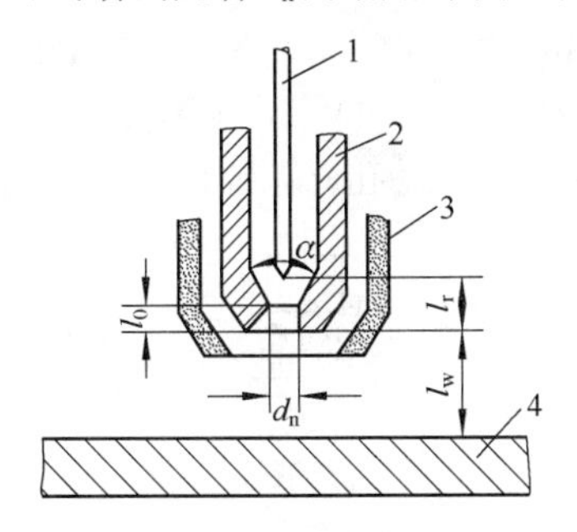

图 6-3 钨极、喷嘴与工作相互位置及主要尺寸

1. 钨极；2. 压缩喷嘴；3. 保护罩；4. 工件；
d_n——喷嘴孔径；l_o——喷嘴孔道长度；l_r——钨极内缩长度；
l_w——喷嘴到工件距离；α——压缩角

表 6-1 等离子弧电流与压缩喷嘴孔径 d_n 的关系

喷嘴孔径 d_n/mm	等离子弧电流/A	离子气（Ar）流量/(L/min)	喷嘴孔径 d_n/mm	等离子弧电流/A	离子气（Ar）流量/(L/min)
0.8	1~25	0.24	2.5	100~200	1.89
1.6	20~75	0.47	3.2	150~300	2.36
2.1	40~100	0.92	4.8	200~500	2.83

②喷嘴孔道长度 l_0。喷嘴孔径 d_n 确定后，孔道长度 l_0 增大时，等离子弧的压缩作用增大。常以孔道比（l_0/d_n）表示喷嘴孔道压缩特征，孔道比超过一定值将导致产生双弧现象。等离子弧焊喷嘴的孔道比见表 6-2。

表 6-2 等离子弧焊喷嘴的孔道比

等离子弧类型	喷嘴孔径 d_n/mm	孔道比 l_0/d_n	压缩角 a/（°）
联合型	0.6～1.2	2.0～6.0	25～45
转移型	1.6～3.5	1.0～1.2	60～90

③压缩角 α。压缩角 α 对于等离子弧的压缩影响不大。考虑到钨极端部形状的配合，通常选取 α 为 60°～90°，其中应用较多的为 60°。

等离子弧焊喷嘴的结构如图 6-4 所示，根据喷嘴孔道的数量，等离子弧焊喷嘴可分为单孔型［图 6-4（a)、(c)］和三孔型［图 6-4（b)、(d)、(e)］两种；根据孔道的形状，喷嘴可分为圆柱形［图 6-4（a)、(b)］和收敛扩散形［图 6-4（c)、(d)、(e)］两种，大部分焊枪采用圆柱形压缩孔道，而收敛扩散型压缩孔道有利于电弧的稳定。

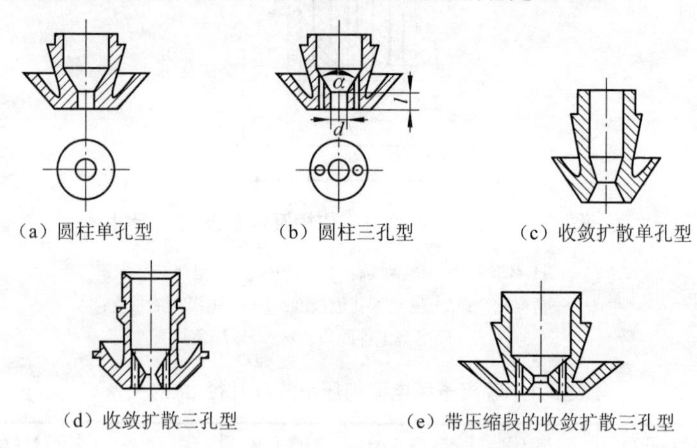

（a）圆柱单孔型　（b）圆柱三孔型　（c）收敛扩散单孔型

（d）收敛扩散三孔型　（e）带压缩段的收敛扩散三孔型

图 6-4　等离子弧焊喷嘴的结构

三孔型喷嘴除了中心主孔外，主孔左右还有两个小孔。从这两个小孔中喷出的等离子气对等离子弧有附加压缩作用，使等离子弧的截面变为椭圆形。当椭圆的长轴平行于焊接方向时，可显著提高焊接速度，减小焊接热影响区的宽度。最重要的是喷嘴形状参数为压缩孔径和压缩孔道长度。中、小电流等离子弧焊的焊枪多采用单孔喷嘴。另外，三孔喷嘴可增大等离子气流量，能加强对钨极末端的冷却作用，故大电流等离子弧焊枪多用三孔型喷嘴。

孔道为圆柱形的喷嘴应用广泛。扩散型孔道减弱了对电弧的压缩作用，但可以采用更大的焊接电流而不易产生双弧现象，故扩散型喷嘴适用于大电流、厚板的焊接。

虽然，一般情况下采用圆柱形压缩孔道的喷嘴，但也可采用圆锥形、台阶圆柱形等扩散型喷嘴。扩散型喷嘴如图 6-5 所示。圆柱三孔型喷嘴比单孔型喷嘴可提高30%～50%焊接速度。

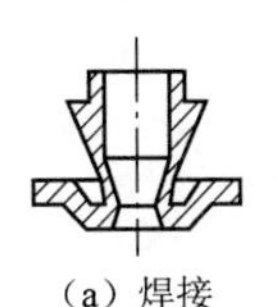
(a) 焊接

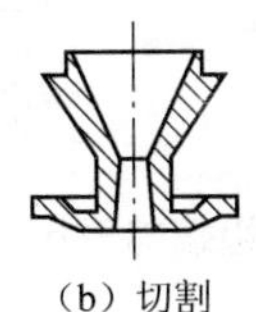
(b) 切割

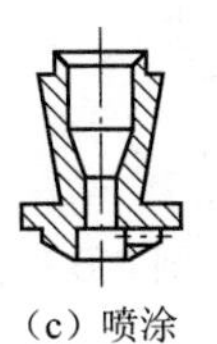
(c) 喷涂

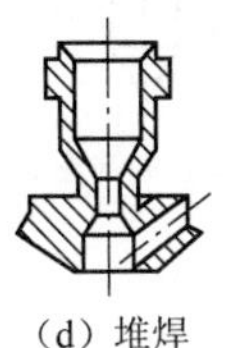
(d) 堆焊

图6-5 扩散型喷嘴

一般选用纯铜为喷嘴材料。对于大功率喷嘴，必须采用直接水冷方式。为提高冷却效果，喷嘴壁厚应为2～2.5mm。

喷嘴的主要参数见表6-3。

表6-3 喷嘴的主要参数

适用范围	孔径 d/mm	孔道比 l/d	锥角 α（°）	备注
焊接	1.6～3.5	1.0～1.2	60°～90°	转移型弧
	0.6～1.2	2.0～6.0	25°～45°	混合型弧
切割	2.5～5.0	1.5～1.8	—	转移型弧
	0.8～2.0	2.0～2.5	—	转移型弧
堆焊	—	0.6～0.98	60°～75°	转移型弧
喷涂	—	5～6	30°～60°	非转移型弧

4. 电极

(1) 电极材料 等离子弧焊焊枪主要采用铈钨。铈钨放射性弱且耐烧损。钨极直径的许用电流见表6-4。

表6-4 钨极直径的许用电流

钨极直径/mm	0.25	0.5	1.0	1.6	2.4	3.2	4.0	5.0～9.0
许用电流（钨极负）/A	<15	5～20	15～48	70～150	150～250	240～400	400～500	500～1000

(2) 电极端部形状 常用的电极端部形状如图6-6所示。为了便于引弧并保证等离子弧的稳定性，电极端部一般磨成30°～60°的尖锥角，顶端稍微磨平。当钨极直径大、电流大时，电极端部也可磨成其他形状，以减小烧损。

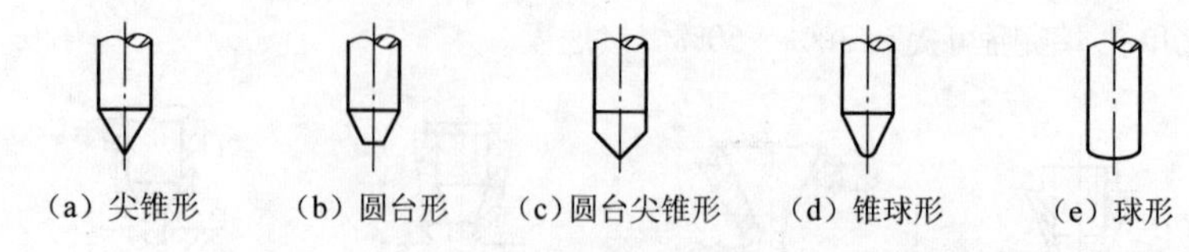

图 6-6　常用的电极端部形状

（3）电极的内缩长度 l_g　如图 6-7（a）所示，电极的内缩长度 l_g 由钨棒安装位置确定，它对于等离子弧的压缩稳定性有很大的影响。一般选取 l_g=（1±0.2）mm，l_g 增大，则压缩程度提高；l_g 过大，则易产生双弧现象。

（4）电极与喷嘴的同轴度　电极同轴度与高频火花的分布如图 6-7（b）所示。同轴度对于等离子弧的稳定性和焊缝成形有重要的影响。电极偏心会造成等离子弧偏斜、焊缝成形不良且容易形成双弧。电极的同轴度可根据电极与喷嘴之间高频火花的分布情况，用一平镜放在喷嘴下方进行检测，如图 6-7（b）所示。焊接时，一般要求高频火花布满圆周的 75%以上。

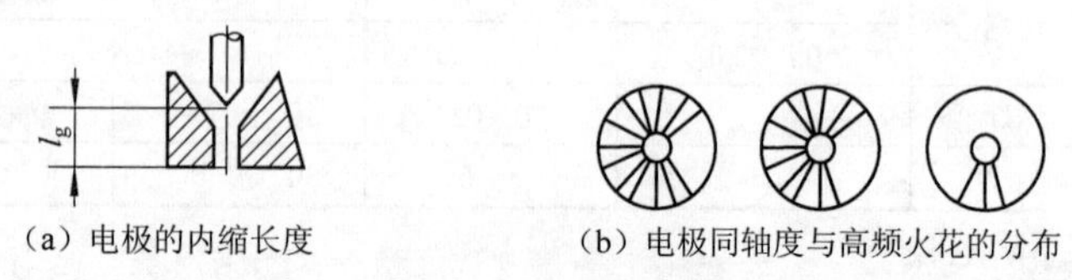

图 6-7　电极的内缩长度和同轴度

5. 供气系统

等离子弧焊机混合气体供气系统如图 6-8 所示，它比氩弧焊要复杂，通常包括离子气、焊接区保护气、背面保护气和尾罩保护气等。为保证收弧质量，等离子气可分为两路供气，其中一路经储气罐由气阀放入大气，实现等离子气衰减。离子气和保护气最好由独立气瓶分开供气，以消除保护气对等离子气的干扰，采用氩气的混合气体作为等离子气时，气路中一般设有专门的引弧气路，以降低对电源空载电压的要求。

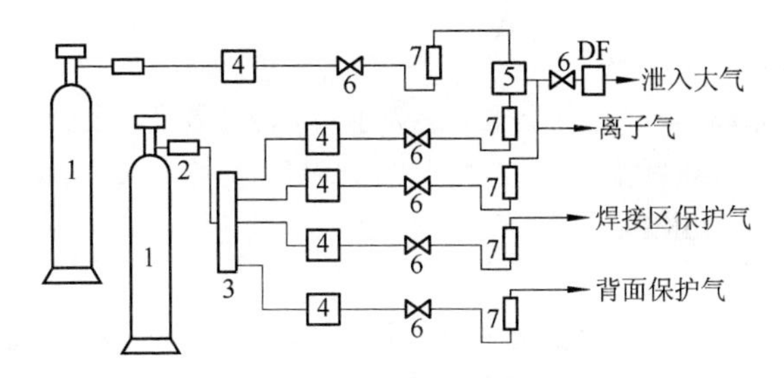

图 6-8 等离子弧焊机混合气体供气系统

1. 气瓶；2. 减压表；3. 气流汇流筒；4. 气阀；5. 储气筒；
6. 调节阀；7. 流量计；DF—衰减气阀

用小孔法焊接时，焊接熔池是靠液态金属的表面张力支托，它可以不需要起激冷作用和支托作用的衬垫，但为了保护底层熔化金属不受大气污染，尤其是焊接不锈钢时，一般在焊缝背面要求用保护气体进行保护。小孔法焊接对接接头用的衬垫如图 6-9 所示。图 6-9（a）所示为常用衬垫的断面结构；图 6-9（b）所示为衬垫的整体结构。它有一较深的通气槽，两侧可以支托工件使之对齐，槽内通入对焊缝背面起保护作用的气体，这也是为等离子体射流提供一个排出空间。槽的深度为 15～20mm 即可，宽度为 15mm 左右，不宜过小，过小则不容易对准焊缝，但过大则过于浪费气体，二则不利于工件的对齐。图 6-9（c）所示为筒形件环焊缝的衬垫，图中 *R* 为工件的内径。环焊缝也可在筒内部进行焊接的，其衬垫弧形的方向则与此相反。

对于直径＜100mm 的管子，反面保护可以在管内直接通入氩气，不必制作衬垫。

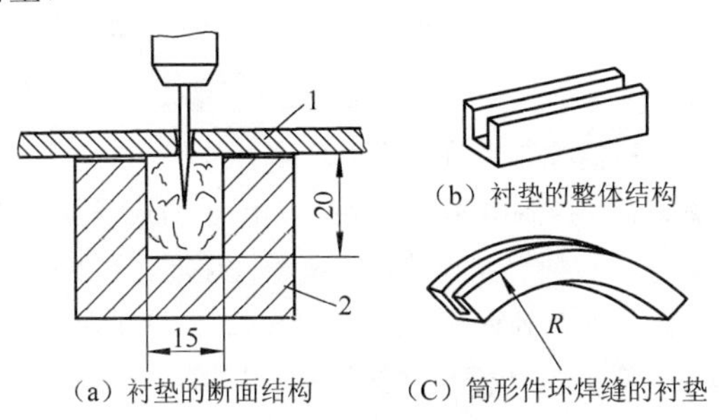

图 6-9 小孔法焊接对接接头用的衬垫

1. 焊件；2. 衬垫

6. 冷却水路系统

冷却水路系统与氩弧焊相似。为了保证冷却效果，冷却水从焊枪下部通入，先冷却喷嘴，然后冷却电极，最后由焊枪上部送出，要求进水压力为 0.2～0.4MPa。

7. 主电路

等离子弧焊主电路如图 6-10 所示。焊接电源通常采用具有下降或下垂特性的弧焊整流器或直流弧焊发电机。用纯氩气作为离子气时，要求电源空载电压为 65～80V；用氩-氢混合气体作为等离子气时，要求电源空载电压为 110～120V。引弧一般采用高频振荡器，小电流时常用接触引弧。

微束等离子弧焊机是有两组下降特征（或下垂特性）的直流弧焊电源。非转移弧电源的电流一般≤5A，空载电压为 70～140V，工作电压为 18～25V；转移弧电源的空载电压为 70～120V，工作电压为 19～30V。

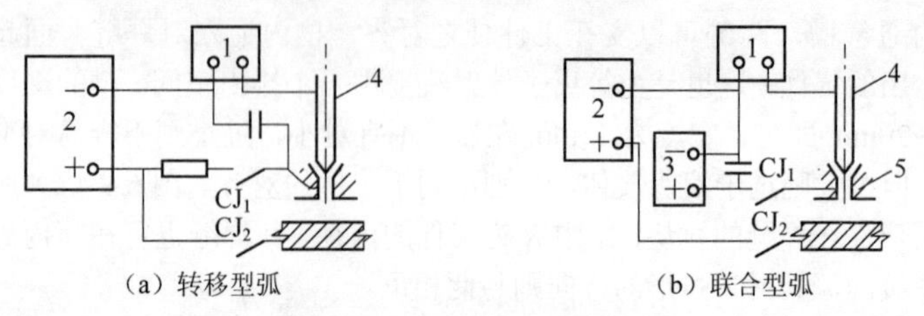

图 6-10 等离子弧焊主电路

1. 高频引弧器；2. 弧焊电源；3. 维护电源；4. 钨极；5. 工件

8. 控制系统

等离子弧焊机的控制系统一般由高频引弧器、行走小车和填充焊丝拖动控制电路、衰减控制电路及程序控制电路组成。程序控制电路应包括提前送保护气、高频引弧和转弧、离子气递增、预热（延迟行走）、电流衰减和气流稳弧及延迟停止送气等环节。如果在焊接过程中发生故障，应能紧急停车并自动停止焊接过程。焊接程序控制循环如图 6-11 所示。

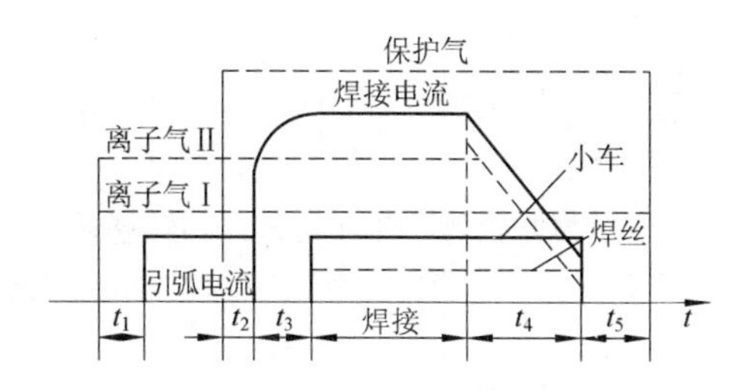

图 6-11 焊接程序控制循环

t_1——预通离子气时间；t_2——预通保护气时间；t_3——预热时间；t_4——电流衰减时间；t_5——滞后关气时间

6.1.2 等离子弧焊机的分类和特点

等离子弧焊机按操作方式不同可分为手工焊机和机械焊机；按焊接电流的大小不同可分为大电流等离子弧焊机和小电流（微弧或称微束）等离子弧焊机两类。等离子弧焊机的分类和特点见表 6-5。

表 6-5 等离子弧焊机的分类和特点

焊 机 种 类	微束等离子弧焊机	大电流等离子弧焊机
焊接电流范围/A	＜15	＞100
焊接方式	熔入法	穿孔效应法
等离子弧类型	联合型弧、转移型弧（焊弧）、非转移型弧（维弧）	转移弧
引弧方法	先建立非转移弧（短路或高频引弧），再建立转移弧	先建立非转移弧（高频引弧），再建立转移弧，随后切断非转移弧
操作方法	手工或自动	自动
适用范围	薄板、超薄板	中厚板

6.1.3 常用等离子弧焊机

1. 微束等离子弧焊机

焊接电流＜30A 的等离子弧焊机称为微束等离子弧焊机。随着技术发展，焊接电流稍大的等离子弧焊电流也归于此类，此类弧焊机主要进行熔透型针状等离子焊接。

（1）微束等离子弧焊机的特点 焊枪采用小孔径喷嘴（ϕ0.5～ϕ1.2mm），以得到针状的细小电弧；采用联合弧，以稳定焊接电流和焊接过程。

（2）等离子弧的类型　如图 6-12 所示，等离子弧的类型分为非转移弧、转移弧和联合弧三种。

图 6-12（c）所示为联合弧，即非转移弧和转移弧同时存在。非转移弧的存在，有利于转移弧的稳定。微束等离子采用联合弧方式工作，即使焊接电流<0.1A，电弧也能稳定燃烧。

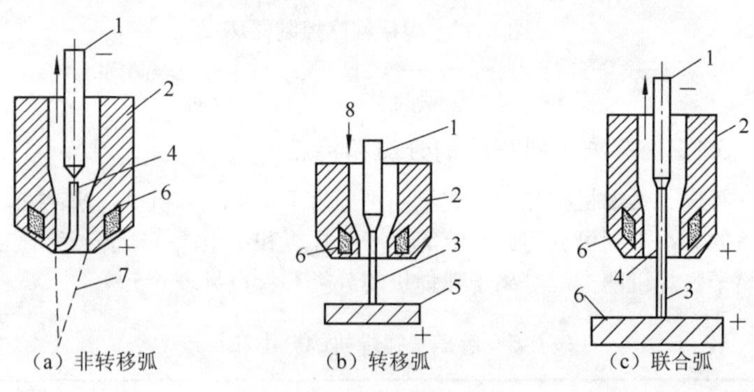

图 6-12　等离子弧的类型

1. 钨极；2. 喷嘴；3. 转移弧；4. 非转移弧；5. 工件；6. 冷却水；7.弧焰；8. 离子气

（3）微束等离子弧焊系统　如图 6-13 所示，焊接电流具有恒流特性。它包含两个独立电源。维弧电源向钨极与喷嘴之间非转移弧供电，焊接电源向钨极与工件之间的转移弧（主弧）供电。为便于引弧，维弧电源的空载电压一般>90V，维弧电流为 2～5A。焊接时两个电源同时工作。

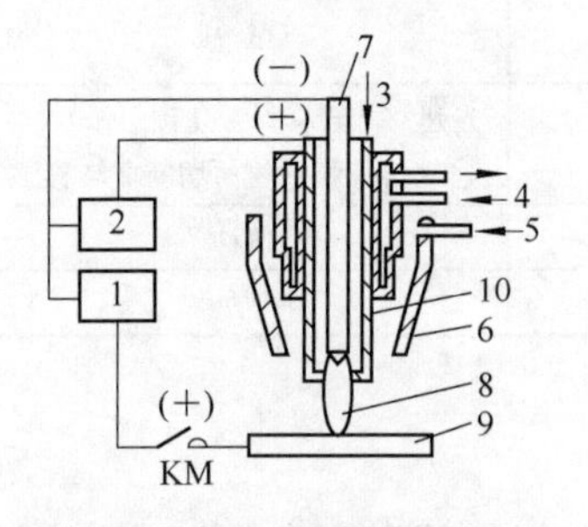

图 6-13　微束等离子弧焊系统

1. 焊接电源；2. 维弧电源；3. 等离子气；4. 冷却水；5. 保护气；6. 保护气罩；7. 钨极；8. 等离子弧；9. 工件；10. 喷嘴

采用微束等离子焊接薄板和细丝时，可以更好地控制焊接过程。图 6-14 所示为脉冲微束等离子焊机的原理。

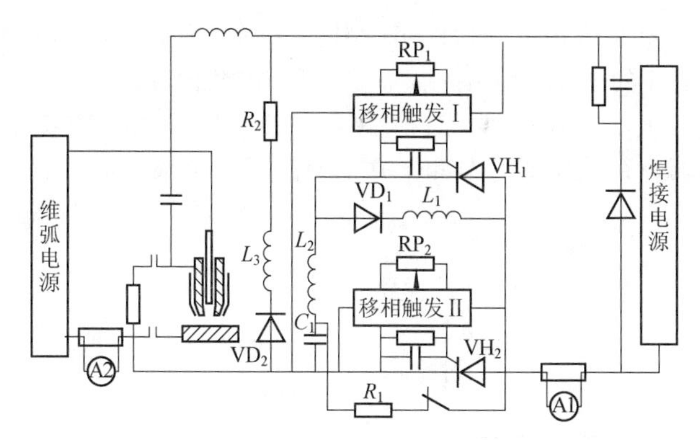

图 6-14 脉冲微束等离子焊机的原理

维弧电源加在钨极与喷嘴之间提供维弧电流，焊接电源通过振荡电路加在钨极与工件之间，提供脉冲焊接电流。

（4）逆变式等离子弧焊机

①随着科技水平的提高，先进的逆变技术在弧焊电源中得到广泛的应用。图 6-15 为上海金通电子设备有限公司的 LHM-63 型 IGBT 逆变式等离子弧焊机电气原理。

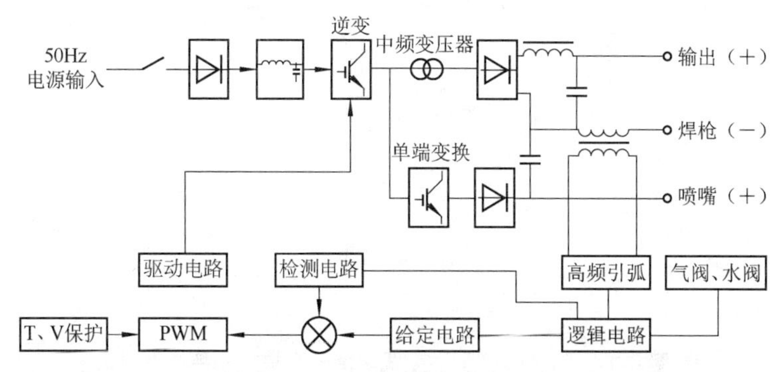

图 6-15 上海金通电子设备有限公司的 LHM-63 型 IGBT 逆变式等离子弧焊机电气原理

由于该机小挡电流范围为 0.16～3.2A，因此仍视为微束等离子设备。焊机具有逆变电源特有的动态响应快、电网补偿能力强、焊接电流调节范围宽、电弧稳定性好的特点。

②如图 6-16 所示为 LHM-63 型逆变式等离子弧焊机的动作程序，按下焊枪上的按钮，程序启动，离子气和保护气同时送出，延时高频引弧，先后建立维弧和主弧，进行焊接，焊接结束按焊枪上的按钮，焊接电流衰减至 0，延时离子气和保护气停送，程序结束。

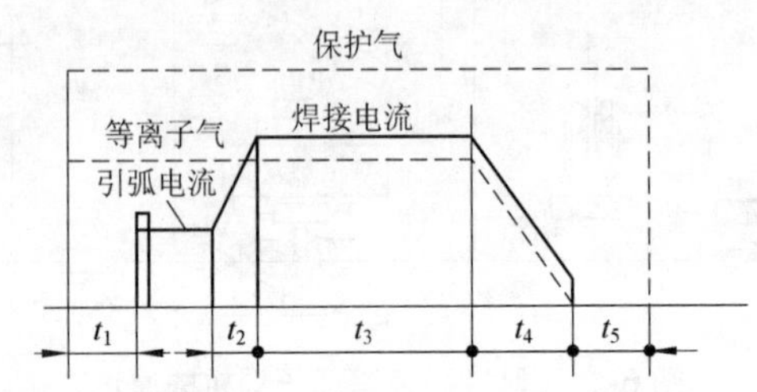

图 6-16　LHM-63 型逆变式等离子弧焊机的动作程序

t_1——预送气时间；t_2——焊接电流递增时间；t_3——焊接时间；t_4——焊接电流衰减时间；t_5——后断气时间

③LHM-63 型 IGBT 逆变式等离子弧焊机外特性曲线如图 6-17 所示，前面板接线如图 6-18 所示，后面板接线如图 6-19 所示。

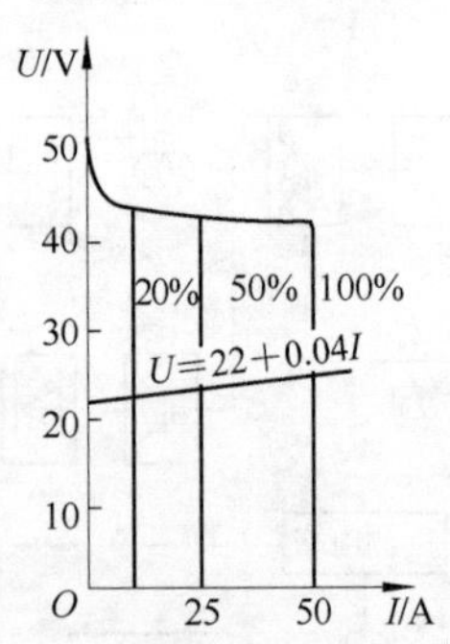

图 6-17　LHM-63 型逆变式等离子弧焊机外特性曲线

同样可以作为微束等离子焊机使用的系列产品还有 LHM-100 型。两种型号焊机均可直流焊接和脉冲焊接。目前，国产的微束等离子弧焊机有 LH-16、HL-30、HL-63、LHM-63 等几种。

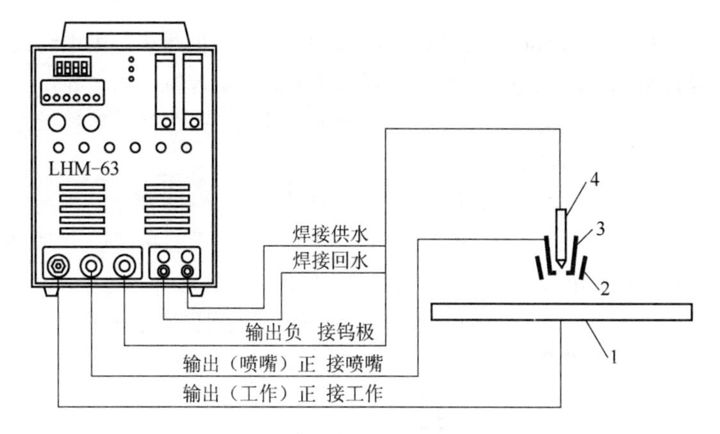

图 6-18　LHM-63 型逆变式等离子弧焊机前面板接线

1. 工作；2. 保护罩；3. 喷嘴；4. 钨极

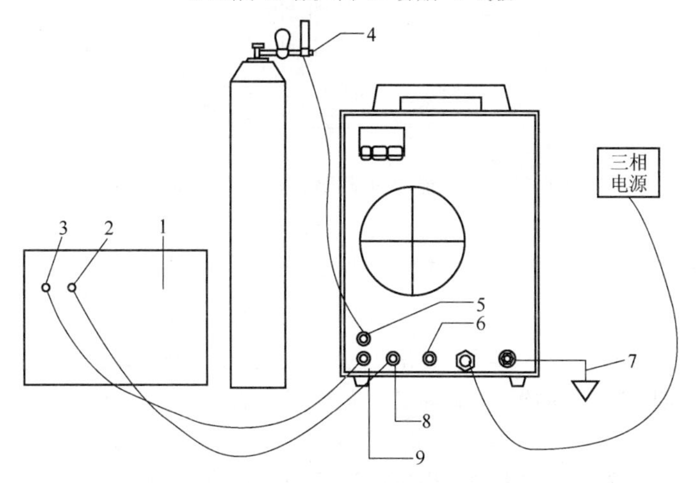

图 6-19　LHM-63 型逆变式等离子弧焊机后面板接线

1. 循环水箱；2. 回水口；3. 供水口；4. 氩气及流量瓶；5. 供气口；6. 熔丝；7. 接地；8. 回水口；9. 供水口

2. 大电流等离子弧焊机

（1）特点　大电流等离子弧焊机的工作电流为五六十安培至几百

安培，最大可达500A。使用较多的是300A左右的焊机。大电流等离子弧焊机的组成与微束等离子弧焊机类似。两类焊机不同之处在于工作时的等离子弧类型和引弧方式。大电流等离子弧焊机以转移弧方式工作，并采用高频引弧。

①大电流等离子弧焊枪与焊接电源连接如图 6-20 所示。焊接电源正极接工件，同时电阻 R 接喷嘴，负极串联高频振荡器接钨极。焊接时，先由高频引燃电极与喷嘴间非转移弧，依靠离子气再引燃转移弧，转移弧引燃后，立即切除非转移弧，非转移弧存在的时间是很短的。工件上的热量由转移弧提供。

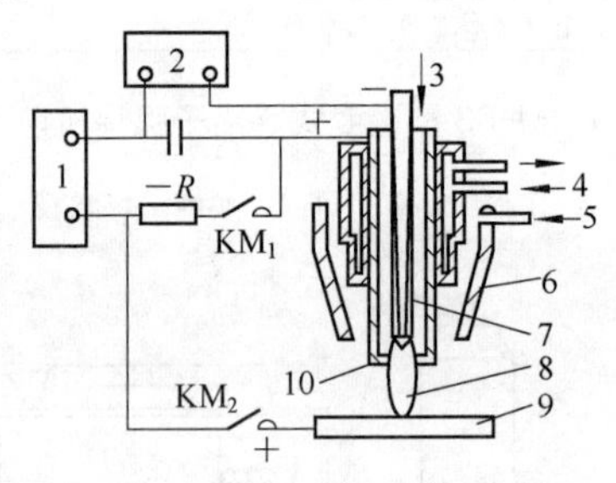

图 6-20　大电流等离子弧焊枪与焊接电源连接

1. 焊接电源；2. 高频振荡器；3. 等离子气；4. 冷却水；5. 保护气；
6. 保护气罩；7. 钨极；8. 等离子弧；9. 工件；10. 喷嘴

②大电流等离子弧焊在焊接铝、镁及其合金时，则要采用交流弧焊电源。此时工件正负极性交替变化。工件为负极性，正离子轰击工件表面，起“阴极清理”的作用，破坏铝、镁及其合金表面氧化膜，有利于焊接正常进行。工件为正极性时，钨极可发射足够的电子，电弧稳定，工件可以获得更多热量，增加熔深，提高效率，同时钨极得到一定程度冷却，减轻烧损。

③交流弧焊电源有正弦波和矩形波两类。正弦波交流电源的电压以50Hz 频率交替过 0 点，速度慢，不易引弧，需另加引弧和稳弧措施；钨极与工件正负极性各占一半时间，一方面使钨极烧损较严重，另一方面使工件熔深较浅，效率低。矩形波交流电源的电压交替过 0 点时，波

形前沿很陡，容易引弧。对于可以分别调整正负半周通电时间的矩形波电源，则在保证阴极清理作用的前提下，增加工件为正、钨极为负的时间，使工件获得更多加热，增大熔深，又减少钨极烧损，延长寿命。

④矩形波交流等离子弧焊电源，可以通过硅二极管-电抗器、晶闸管-电抗器、双电源-电抗器和逆变四种方式获得交流矩形波。其中，逆变方式既省去了其他方式中所用的积体大、耗材多的电抗器，又可以通过二次逆变提高了交变频率，是目前最先进的技术方式。

（2）双重逆变式等离子弧焊机 上海金通电子设备有限公司的LHME-315型IGBT双重逆变式变极性等离子弧焊机电气原理如图6-21所示。与图6-15相比，LHME-315型焊机增加了高速、高效的二次逆变环节，获得了矩形交流波输出。由于两次都采用高效的逆变方式，因此电源总效率能高达82%。焊接时采用高频引弧，在控制回路的控制下，先引燃电极与喷嘴之间非转移弧，再引燃电极与工件之间转移弧，之后切断非转移弧，这点与微束等离子弧焊机是不同的。控制回路设有“预置”功能，可以预置焊接电流，预置起始离子气流量。气路上随焊接电流升降可自动控制离子气流量。焊机的各种参数控制功能和整机程序控制原理与LHM-63型焊机相同，不再赘述。焊机还设有三个接口：起动接口、电弧建立检测接口和给定电流调节接口，可以作为自动焊配套电源使用。

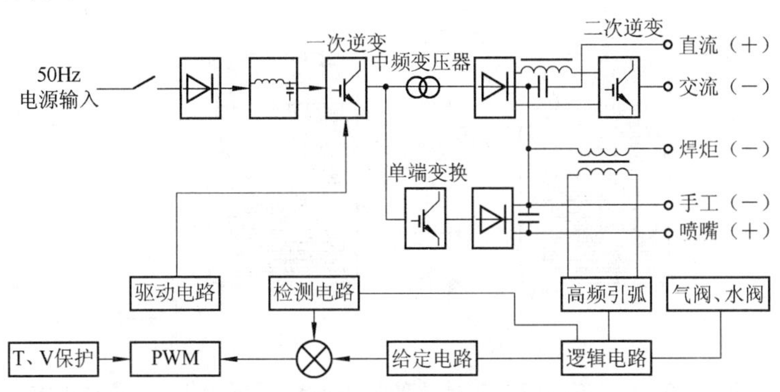

图6-21 上海金通电子设备有限公司的LHME-315型IGBT双重逆变式变极性等离子弧焊机电气原理

LHME-315 型双重逆变式变极性等离子弧焊机外特性曲线如图 6-22 所示，前面板接线如图 6-23 所示，后面板接线如图 6-24 所示。

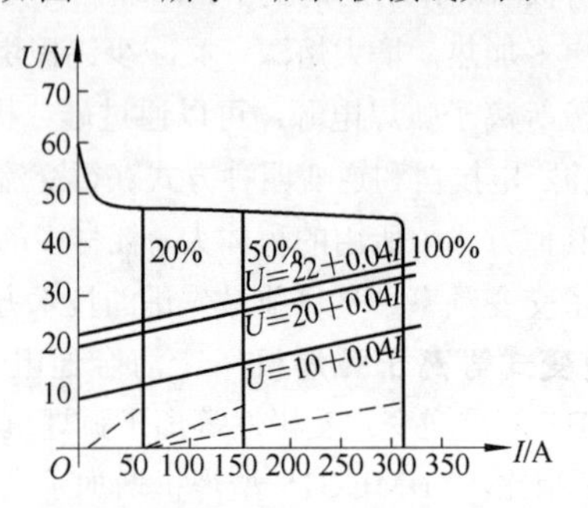

图 6-22　LHME-315 型双重逆变式变极性等离子弧焊机外特性曲线

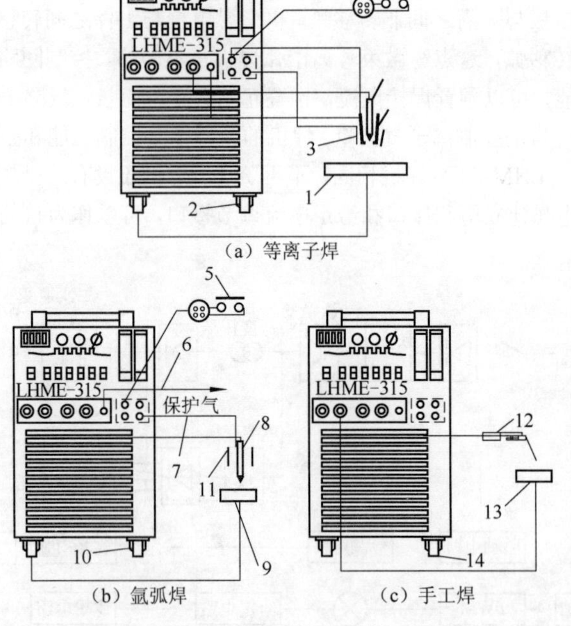

图 6-23　LHME-315 型双重逆变式变极性等离子弧焊机前面板接线

1、9、13. 工件；2、10、14. 焊机轮；3、11. 保护泵；
4、5. 开关；6. 供水；7. 回水口；8、12. 钨极

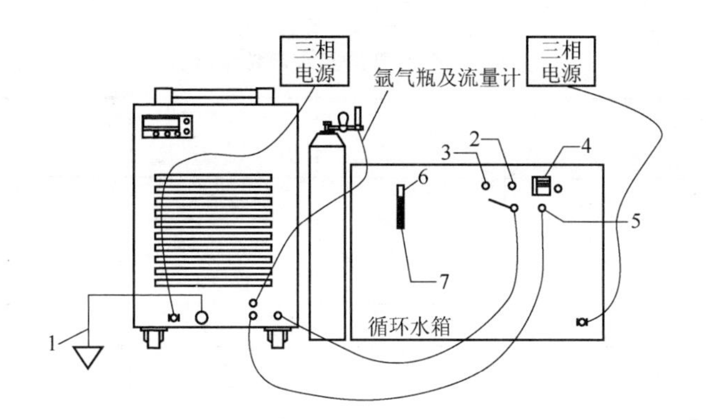

图 6-24 LHME-315 型双重逆变式变极性等离子弧焊机后面板接线

1. 接地；2. 熔丝；3. 电源指示灯；4. 电源开关；
5. 回水口；6. 供水口；7. 水位指示计

大电流等离子弧焊机的焊枪冷却，对保证焊接过程顺利进行十分重要。金通公司的 XHL 型循环冷却水箱可供大电流等离子弧焊机配套使用。

XHL 型循环冷却水箱有三个型号产品，其结构相同，由密封水槽、水泵、热交换器、风机等部件组成，其结构如图 6-25 所示。XHL 型冷却水箱技术参数见表 6-6。

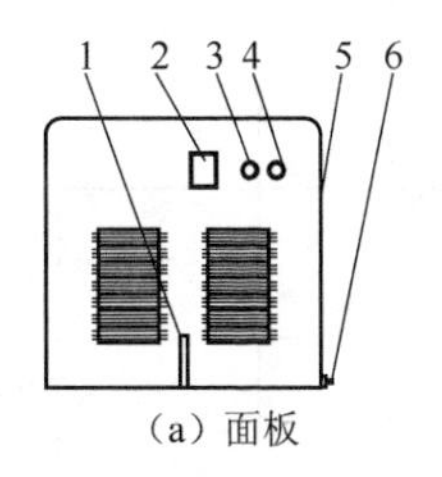

(a) 面板

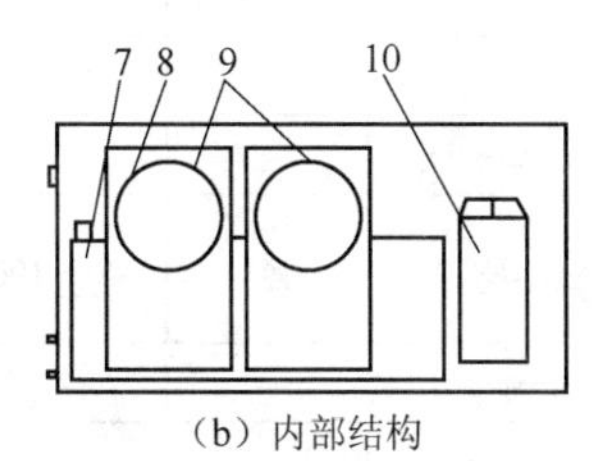

(b) 内部结构

图 6-25 XHL 型循环冷却水箱的结构

1. 水位显示；2. 开关；3. 电源指示；4. 熔断丝盒；5. 注水口；
6. 放水口；7. 水槽；8. 热交换器；9. 风机；10. 水泵

表 6-6　XHL 型冷却水箱技术参数

技术参数＼型号	XHL-1	XHL-2	XHL-3
电源电压/V	220		
电源功率/kW	0.185	0.25	—
水流量/（L/min）	1～3.4	1～3.4	≥5
水压/MPa	≥1	≥0.1	≥0.45
水容量/L	7	7	—
热交换功率/kW	0.7	1.4	—

6.1.4　常用等离子弧焊机技术参数

①大电流等离子弧焊机技术参数（一）～（三）分别见表 6-7～表 6-9。

表 6-7　大电流等离子弧焊机技术参数（一）

技术参数＼型号	LH3-63	LH3-100	LHJ8-160	LH-300	LH-315	LHMZ-315
焊机名称	自动等离子弧焊机	自动等离子弧焊机	手工交流等离子弧焊机	自动等离子弧焊机	自动等离子焊接、切割机	脉冲等离子弧焊机
电流调节范围/A	10～63	10～110	15～200	60～300	40～360	50～600
脉冲电流/A	—	—	—	—	—	30～550
维弧电流/A	3	3	—	—	—	30～330
空载电压/V	135	140、100	150、80、110	70	70	—
脉冲频率/Hz	—	—	—	—	—	0.5～15.0
负载持续率（%）	—	—	60	60	60	—
铈钨电极直径/mm	—	—	—	2.0～4.5	2～5	—
一次焊接厚度/mm	0.2～2.4	0.3～2.5	—	1～8	2.5～8.0	1～8

续表 6-7

技术参数 \ 型号		LH3-63	LH3-100	LHJ8-160	LH-300	LH-315	LHMZ-315
自动小车速度/（m/h）		—	—	—	7.8～100.0	6～120	—
填充丝直径/mm		—	—	—	0.8～1.2	0.8～1.2	—
填充丝输送速度/（m/h）		—	—	—	20～180	25～200	—
离子气（Ar）耗量/（L/h）		72～120	16～160	100～800	7400	—	—
保护气（Ar）耗量/（L/h）		900～1500	100～1000	100～800	1600	—	—
提前送气时间/s		—	35	0.2～10.0	2～4	—	—
滞后停气时间/s		—	5	2～15	8～16	—	—
冷却水耗量/（L/h）		60	60	180	300	240	—
焊接预热时间/s		—	—	—	0.25～5.00	—	—
离子气衰减时间/s		—	—	—	1～15	—	—
配置焊接电源	型号	—	—	BX_1-160	ZXG-300	ZX-315	—
	电压/V	380					
	相数/N	3	3	1	3	1	—
	控制箱电压/V	—	—	380	220	220	—
适用范围		用于放射源包壳的不锈钢环缝焊接，其他难熔合金材料的焊接	可焊接不锈钢、高强度钢、耐热合金钢、钛合金及钨、钼等难熔金属	可焊接各种高强度铝合金及各种铝材，单面焊双面成形	可焊接不锈钢、高强度钢、耐热合金钢、钛合金及难熔金属等	用来点固、焊接和切割不锈钢、耐热钢、钛合金、硅钢、铜合金	不开坡口一次焊透1～8mm，单面焊双面成形

表 6-8　大电流等离子弧焊机型号和技术参数（二）

技术参数 \ 名称及型号	自动等离子弧焊机	自动等离子弧焊机	可控硅整流式等离子弧焊机		逆变式等离子弧焊机	微机控制的等离子弧焊机
	LH-30	LHG-300	Plasmaweld 202	Plasmaweld 502	Plasmaweld 255AC/DC	AWS-2000
弧焊电源输入电压/V	380	380	230/400/500	230/400/500	400	208～240
空载电压/V	70	70	70～90	70～90	70～90	
工作电压/V		25~40				25（80%额定电流下）
控制箱输入电压/V	220	220				
电流调节范围/A	60～300	40～360	5～220	6～400	5～250	2～300
额定电流/A	300	300	220	400	250	300
负载持续率（%）	60	60	35	35	50	100
电极直径/mm	2～4.5	5.5				
填充焊丝直径/mm	0.8～1.2	0.8～1.2				
焊接速度/（m/h）	8~100	6~120				可通过计算机程序进行控制；该系统匹配机械式焊枪摆动装置、多轴行走联动系统、数据采集系统、保护气/等离子气流量控制器等
送丝速度/（m/h）	20~180	25~200				
保护气预通时间/s	2~4					
保护气滞后时间/s	8~6				3~30	
离子气流衰减时间（s）	1~15					
等离子气流量/（L/min）	>6.67					
保护气体流量/（L/min）	26.67					
冷却水流量/（L/min）	≤3	>4				
外形尺寸/（mm×mm×mm） 电源	650×455×933	465×680×870	950×520×870	1060×620×885	510×295×555	659×583×1824
外形尺寸/（mm×mm×mm） 控制箱	650×440×1280	700×480×1610				

表 6-9 大电流等离子弧焊机技术参数（三）

技术参数＼型号	LHM-100	LH-250	LHM-315	LHM-315	LHME-315	LHM-500
电源容量/（kV·A）	3.2	37	34	—	14	23.1
电源电压	三相，380V					
焊接电流范围/A	小挡 0.25～5 大挡 5～100	25～250	30～315	5～315	5～315	10～500
额定负载持续率（%）	100	60	60	100	100	100
维弧电流/A	3～15	—	—	—	3～15	10～20
脉冲频率/Hz	0.5～50	0.5～10	0.25～10	0.25～500	0.25～500	0.25～500
脉冲占空比(%)	50	—	—	5～50	5～50	5～50
离子气流量/（L/min）	0.1~2.7	<11	11	0.2～7	0.2～7	0.2～7
保护气流量/（L/min）	2～17	～26.6×2	24×2	4～30	4～30	4～30
冷却水消耗量/（L/min）	循环水	3	3	循环水	循环水	循环水
填充丝速度/（m/h）	—	30～180	30～180	—	—	—
填充丝直径/mm	—	0.8～1.2	0.8～1.2	—	—	—
质量/kg	33	—	218	36	46	53
外形尺寸/（mm×mm×mm）	460×240×380	—	—	460×240×380	600×300×540	600×300×540
电源种类	逆变	硅整流	晶闸管	逆变	双重逆变	逆变
生产厂	①	②	②	①	①	①

注：①上海金通电子设备有限公司。

②上海电焊机厂。

②微束等离子弧焊机技术参数见表 6-10。

③脉冲等离子弧焊机技术参数见表 6-11。

表 6-10 微束等离子弧焊机技术参数

技术参数 \ 型号		LH6	WLH-10	LH-16A	LH-20	LH-30	LH3-16	LH-16
电源输入电压/V		380	220	220	220	380	380	220
空载电压/V	焊接	176	90	60	120	75	50	60
	维弧	176	DC90 AC100	95	100	135	140	≥80
电流调节范围/A	焊接	0.5~6.0	0.5~10.0	0.2~16.0	1～20.0	1～30	0.2～18.0[①] 0.2～18.0[②] 1～20Hz[③] 25%～75%[④]	0.4～16.0
	维弧	1.8	1.5～2.0	1.5	3	2		—
额定焊接电流/A		6	10	16	20	30	16	16
电源容量/（kV·A）		1.1	1.5	—	—	2.82	1.2	—
负载持续率（%）		—	60	60	—	60	60	60
焊接厚度/mm		0.08～0.30	0.05～1.10	0.1～1.0	0.1～0.2	0.1～1.0	0.05～5.00	0.1～1.0
工件转速/（r/min）		1.25～6.70	0.3～2.5	—	—	—	0.4～4	—
空载电压/V	焊接	176	DC90	60	120	75	120	60
	维弧	176	DC90 AC100	95	100	135	100	—
电流衰减时间/s		—	—	—	—	1～6	0.7	—
等离子气流量/（L/min）		—	0.1~0.5	—	1	1	1	1

续表 6-10

技术参数 \ 型号		LH6	WLH-10	LH-16A	LH-20	LH-30	LH3-16	LH-16
保护气流量/（L/min）		—	Ar：0.2~4.0 H_2：0.1～0.5	—	10	10	10	10
冷却水流量/（L/min）		0.25	—	—	0.5	0.5		≥1
外形尺寸/（mm×mm×mm）	电源	—	—	—	—	—	1500×650×1600	—
	控制箱	—	1150×520×1150	600×400×500	940×460×780	390×360×225	—	670×450×560
	工作台	1100×560×1300	—	—	540×340×1060	—	—	—
质量/kg	电源	—	—	—	—	—	33	85
	控制箱	—	150	85	—	44	—	—
	工作台	250	—	—	—	—	—	—

注：LH-30 微束等离子弧焊机可焊厚度 1mm 以下的各种不锈钢、钛及钛合金、蒙乃尔合金、铜合金、可伐合金、镍及其合金等材料做成的工件，如波纹管、筛网、电子管灯丝、半导体器件的引线及封口等。WL-H10 微束等离子弧焊机适用于航空工业及仪表工业中的精密和微型零件的焊接，厚度为 0.05～1.10mm 的不锈钢及非铁金属。

①脉冲电流。

②基值电流。

③脉冲频率。

④占空比。

表 6-11　脉冲等离子弧焊机技术参数

技术参数 \ 型号		MLH-5	LH-250	LHM-63	LHME-315	LHM-100	LHM-500
额定电源容量/（kV·A）		—	21	2	14	3.2	23.1
电源输入电压		三相，380V	三相，380V	三相，380V	380V	三相，380V	三相，380V
电流调节范围/A		—	20~300	小挡：0.16～3.2 大挡：3.2～64	315	小挡：0.25～5 大挡：5～100	10～500
脉冲参数	脉冲电流/A	0~5	20～250	0.16～64	5～315	0.25～100	10～500
	基底电流/A	0.01～1.00	20～250	—	30～330	—	—
脉冲周期		0.002～0.14	0.2～0.6	0.07～4	0.002～4	0.07～4	0.002～4
调节范围	脉冲频率/Hz	7～50	1.67～5.00	0.25～15.00	0.25～500.00	0.25～15.00	0.25～500.00
	脉冲占空比（%）	—	—	50	5～50	50	5～50
	阴极清扫比（%）	—	—	—	5～50	—	—
维弧电流/A		—	—	1～5	10～20	3～15	10～20
机头可调节位移/mm	机头升降位移	—	35	—	—	—	—
	焊炬升降位移	—	30	—	—	—	—
	机头水平位移	—	130	—	—	—	—
	垂直旋转角度	—	±75°	—	—	—	—
机动时行走速度/（m·h）		36	10～100	—	—	—	—
焊枪距离调节范围		200	30	—	—	—	—

续表 6-11

技术参数 \ 型号		MLH-5	LH-250	LHM-63	LHME-315	LHM-100	LHM-500
填充丝直径/mm		—	0.8～1.2	—	—	—	—
气体消耗量	离子气/（L·h）	4.5~375.0	＜400	0.1~2.7	—	0.1~2.7	0.2~7.0
	保护气/（L·h）	氢：0.3～12.0 氩：12～390	1600	2～17	—	2～17	4～30
电极材料及直径/mm		0.3	2.5～4.5	—	—	—	—
冷却水压力/MPa		—	≈0.3	—	—	—	—
冷却水流量/（L·h）		＞0.4	3	—	—	—	—
配用电源型号		—	ZXG1-250,一台	—	—	—	—
外形尺寸/（mm×mm×mm）	电源	1240×650×1280	820×550×1220	240×380×460	560×900×1030	—	—
	控制箱		810×650×1512	—	550×550×1250	—	—
质量/kg	电源	300	75	33	46	33	53
	控制箱		350			—	—
适用范围		适用于焊接膜片、膜盒、波纹管、温差电偶丝等微型精密零件，能焊接 0.05～0.20mm 的不锈钢等	可焊接厚度为 2.5mm 以上钢板，对厚度 2～8mm 板可不加填丝，不开坡口，一次焊接成形	适合直流和脉冲直流手工和自动焊接，可焊接不锈钢、低碳钢，厚度为 0.02～2.40mm	可焊透厚度为 1~8mm 的工件，实现单面焊双面成形	可焊接不锈钢、低碳钢、铜合金、铝合金，厚度为 0.02～3.00mm	可焊接不锈钢（0.2~8.0mm）、铜合金（0.2～3.0mm）、低碳钢、铝合金（0.2～7.0mm）

6.1.5　等离子弧焊机的正确使用

等离子弧焊机焊前应制备工件坡口，然后将工件装配、夹紧，再进行焊机操作。等离子弧焊机的使用应注意以下问题。

1. 焊接电弧必须对准焊缝

等离子弧的直径较小，只要稍微偏离焊缝，就会导致焊不上。在自动焊时尤为重要。

2. 焊接速度要调整适当

焊接电流确定以后，焊接速度的控制直接关系到焊接质量。为了确保焊接质量，应在焊前通过试焊来验证焊速是否合适。

3. 焊前应检查电弧分布

焊接前应先引燃非转移弧，检查电弧的分布情况。如果严重偏心，应调整钨极。如果钨极端部的形状不好，应进行修磨。

4. 焊机的安装

1）安装离子气气路。离子气气路从焊枪至气瓶的方向安装或从气瓶至焊枪安装均可。安装时要注意胶管内部的清洁。

2）安装保护气气路。保护气气路与离子气气路的安装相同。

3）安装电路。应先装焊接电缆和控制电路的电缆，再安装电源端电缆。

4）调整焊机。检查各气路、电路和机械部分的工作情况，气路、电路装好后，要进行通电、通气试验，确认工作良好后再进行试焊。确认气路畅通后，分别调好离子气和保护气的气压，经试焊检验确认焊接参数正确后，准备工作完毕。

5）焊接操作。由于各焊机的结构不同，所焊的工件不同，焊接操作也有差别。但不论哪种焊机，焊接操作都必须注意以下几点。

①对于自动焊来说，必须保证焊接过程中电弧始终对准焊缝，为此，在进行准备时，应先使焊枪对准焊缝试走一趟。

②焊接过程要注意监察各焊接参数和焊接方向上有无阻碍焊接的情况。

③一条焊缝必须一次焊完，若遇到特殊情况停止焊接后继续焊接时，应注意接头必须接好，不得有焊接缺陷。

④焊接至终点时应过终点后再按停止按钮。对于环缝来说，应使焊缝头、尾有 5～10mm 的重叠。

5. 焊后设备的妥善保管

对于非车间内作业，应拆下电缆，将焊机收至仓库保管，并要保证环境阴凉干燥，无腐蚀性气体。

6.2 电子束焊设备

6.2.1 电子束焊设备的分类

电子束焊设备一般可按焊接环境和加速电压分类。按焊接环境不同可分为高真空型、低真空型、非真空型；按电子枪加速电压的高低不同可分为高压型（60～150kV）、中压型（40～60kV）、低压型（<40kV）。不同电子束焊设备的类型、技术特点和适用范围见表6-12。

表6-12 不同电子束焊设备的类型、技术特点和适用范围

类型		技术特点	适用范围
按焊接环境分类	高真空型	工作室真空度为 10^{-4}～10^{-1}Pa，加速电压为15～175kV，最大工作距离可达1000mm；电子束功率密度高，焦点尺寸小，焊缝深宽比大、质量高；但真空系统较复杂，抽真空时间长（几十分钟），生产率低，焊件尺寸受真空尺寸限制	适用于活泼金属、难熔金属、高纯度金属和异种金属的焊接，以及质量要求高的工件的焊接
	低真空型	工作室真空度为 10^{-1}～10Pa，加速电压为40～150kV，最大工作距离<700mm，不需要扩散泵，焦点尺寸小，抽真空时间短（几分钟至十几分钟），生产率较高；可用局部真空室满足大型件的焊接，工艺和设备得到简化	适用于大批量生产，如电子元器件、精密仪器零件，轴承内外圈、汽轮机隔板、齿轮等的焊接
	非真空型	不需要真空工作室，焊接在正常大气压下进行，加速电压为150～200kV，最大工作距离为25mm左右；可焊接大尺寸工作，生产效率高、成本低；但功率密度较低，焊缝深宽比小（最大5∶1），某些材料需用惰性气体保护	适用于大型工件的焊接，如大型容器、导弹壳体、锅炉热交换器等
按加速电压分类	高压型	加速电压为60～150kV，同样功率下焊接所需束流小，易于获得直径小、功率密度大的束斑和深宽比大的焊缝，最小束斑直径<0.4mm；需附加铅板防护X射线，电子枪结构复杂笨重，只能做成定枪式	适用于厚度板材单道焊、难熔金属和热敏感性强材料的焊接

续表 6-12

类型		技术特点	适用范围
按加速电压分类	中压型	加速电压为 40～60kV，最小束斑直径约为 0.4mm；电子枪可做成定枪式或动枪式；X 射线无须采用铅板防护，通过真空室的结构设计（选择适当的壁厚）即可解决	适用于中、厚板焊接的钢板最大厚度约为 70mm
	低压型	加速电压低于 40kV，设备简单，电子枪可做成定枪或小型移动式，无须用铅板防护；电子束流大、汇聚困难，最小束斑直径大于 1mm，功率限于 10kW 以内，X 射线防护由真空室结构设计解决	适用于焊缝深宽比要求不高的薄板焊接

6.2.2　电子束焊设备的组成

电子束焊设备是由高压电源及其控制系统，电子枪（电子发射、聚焦、偏转装置和上述装置的调整与控制系统），真空系统的获得和测量系统，真空室、焊件固定和运转机构，焊接过程观察系统和安全保护装置等组成。其中，高压电源是电子束焊设备的关键部件。电子束焊设备的组成如图 6-26 所示。

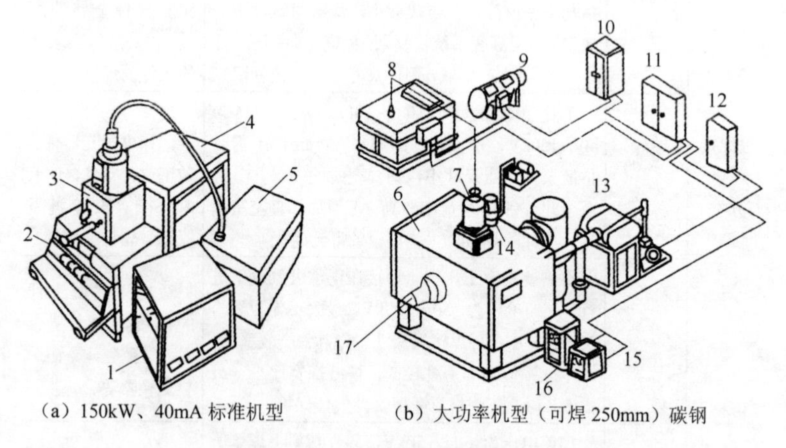

（a）150kW、40mA 标准机型　　（b）大功率机型（可焊 250mm）碳钢

图 6-26　电子束焊设备的组成

1. 控制箱；2. 真空室与控制屏；3. 电子枪与光学系统；4. 真空系统；5. 高压电源；6. 焊接真空室；7. 电子枪；8. 高压电源装置；9. 电动发电机；10. 电动发电机控制盘；11. 焊接程序控制盘；12. 真空排气装置控制盘；13. 焊接真空室排气装置；14. 电子枪排气装置；15. 辅助操作盘；16. 操作盘；17. 水平位置电子枪（可拆卸）

1. 电子枪

电子枪是电子束焊设备的核心部件，是发射电子并使其加速和聚集的装置。根据加速电压高低不同，电子枪分为高压枪、中低压枪和低压枪；根据结构不同，分为二极枪和三极枪两类。二极枪又称为强流枪，它由阴极、聚束极和阳极组成，聚束极与阴极等电位。在一定的加速电压下，通过调节阴极温度、改变阴极发射电子流数值，控制电子束流的大小。三极电子枪（又称为长焦距枪）的结构如图6-27所示。由阴极、偏压电极、阳极组成电极系统。阳极和阴极之间的电位差即加速电压U_b。偏压极相对于阴极呈负电位。改变偏压极的位置、形状和负电位的大小，可以控制电子束流的大小和形状。

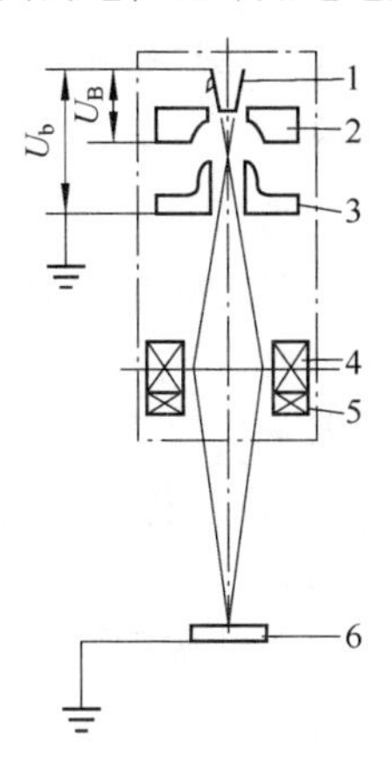

图6-27 三极电子枪（又称为长焦距枪）的结构

1. 阴极；2. 偏压电极；3. 阳极；4. 聚焦线圈（电磁透镜）；5. 偏转线圈；6. 工件；U_b——加速电压；U_B——偏压

电子枪通常安装在真空室外部，垂直焊时，位于真空顶部；水平焊时，位于真空室侧面，根据需要可使电子枪沿真空室壁在一定范围内移动。有时，电子枪安装在真空室内可移动的传动机构上，被称为动枪。

2. 高压电源

二极枪的高压电源由主高压直流电源和阴极电源两部分组成。主高压电源用来供给加速电压及电子束流。阴极电源包括灯丝电源、轰击用电源。阴极电源的电压不高，但都处在负高电位。

三极枪的高压电源由三部分组成(以直热式三极枪为例)。加速电压电源加于阴阳极之间，给电子提供加速电压，将电能转换成电子的动能；灯丝加热电源加于直热式阴极两端，加热阴极，使阴极发射出电子；栅偏电压电源加于阴极和聚束极之间，调节阴、阳极静电场，控制整流大小（亦处于高压电位）。

间热式三极枪高压电源还包括轰击电流电源，其加于灯丝与阴极之间，控制轰击电流大小，调节阴极电子发射功率大小。

典型的直热式三极枪 70kV 高压电源的原理如图 6-28 所示。

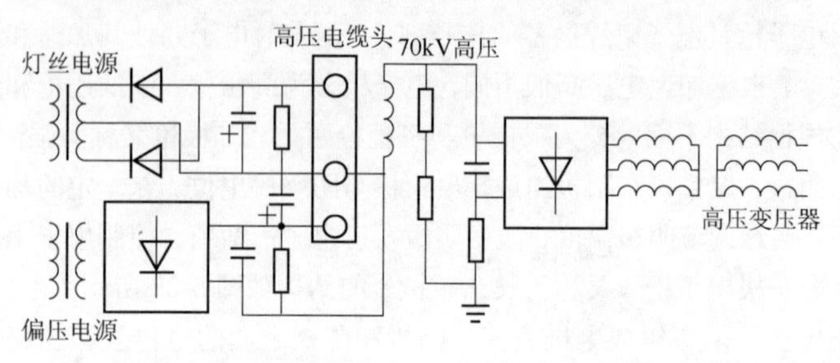

图 6-28 典型的直热式三极枪 70kV 高压电源的原理

加速电压电源直接给焊接束流提供能量，电源指标要求很高，普通电子束焊机要求电压稳定度为±1%，精密焊接要求达到±0.5%以上。一般情况下，加速电压为 40～70kV，属于中压枪，适合大部分金属焊接加工。在特殊场合，如要求非常大的深度比或非常小的变形量，则需要高压枪，加速电压一般为 100～150kV。加速电压电源除了稳定度要求外，还要求电源具有很高的耐压强度，具有过电压过电流保护功能等。

灯丝电源也要求具有±1%的稳定度，20kW 以下焊机的直热式钨带阴极，电子枪加热电流一般为 10～25A，灯丝电源设计除了考虑功率外，还应充分考虑绝缘结构的选择，既能满足功率要求，又能保证可靠性。

偏压电源的稳定度要求在±1%之内，栅偏电压为 0~2000V 且连续可调。同样，偏压电源也要注意绝缘结构的设计，偏压回路要充分考虑高压放电对控制回路的影响，响应时间必须在毫秒级以内。

高压电源各部分变压器一、二次侧都有数十千伏以上的电压差，电子束焊接时电子枪不可避免会出现放电现象。在设计上除了考虑电源本身能承受一定的过电压外，还必须考虑高压放电对低压控制回路和人身安全的影响，所以一、二次侧之间必须采用有效的电磁屏蔽措施才能消除高压端放电对一次控制回路的影响。

高压电源应密封在油箱内，以防止对人体的伤害和对设备其他控制部分的干扰。

3. 真空系统

电子束焊设备的真空系统由机械泵、扩散泵、真空阀门、管道和工作室等组成，如图 6-29 所示。

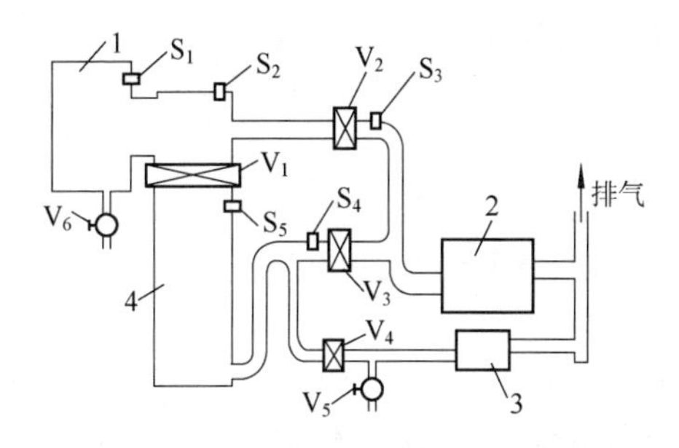

图 6-29 电子束焊设备的真空系统

1. 工作室；2. 大机械泵；3. 小机械泵；4. 扩散泵；
V_1～V_6——真空阀门；S_1～S_5——真空计

（1）真空泵 真空泵有机械泵和扩散泵两种。机械泵一般用于获得中等真空度，可单独使用，也可作为扩散泵的前置泵；扩散泵是获得高真空度的主要设备，抽速大，结构简单，没有机械转动部分。

（2）工作室 工作室（焊接室、真空室）的容积和形状应根据焊接设备的适用范围来确定，通用型电子束焊设备的工作室容积大，多呈长方形或圆柱形；专用型电子束焊设备则根据焊件来设计工作室。对于生产率高的焊接设备应尽量减小工作室的容积，以减少抽真空时间。工作室应用低碳钢制成，以屏蔽外部磁场对电子束轨迹的干扰。室内表面应镀镍或进行其他处理，以减少表面吸附气体、飞溅和油污等。工作室的设计应满足承受大气压所必需的强度和刚度指标及 X 射线防护要求。低压型电子束焊机（加速电压≤60kV），靠工作室的钢板厚度和合理结构设计来防止 X 射线的透漏，高压型电子束焊设备的电子枪和工作室的外壁上必须设置严密的铅板防护层。

（3）真空管道 真空管道是连接真空泵和工作室的气路。对于整体的真空电子束焊设备来说，生产厂家往往都是采用钢管。但有一些企业，为了连接方便有时用软管连接，这个软管不能用普通的软管代替，必须用专用的真空管，否则不能正常工作。

（4）真空测量　用以定量地得知低压空间气体稀薄程度（真空度）所用的测量仪器称为真空计。根据真空测量的特点，对电子束焊设备中的真空计有以下几点要求。

①量程要宽。由于电子束焊设备中真空度范围较宽，如果真空计的量程宽些，则给测量工作带来很大方便。

②要有足够的精度。由于真空测量不可能像其他测量那样有很高的精度，误差较大，对电子束焊设备中的真空测量，一般要求真空计的相对误差≤20%就可以了。

③能连续测量，反应迅速，以便能实现真空系统的自动控制。对外界条件（如温度、振动、电磁场）不敏感。

（5）电子束焊设备常用的真空计及其使用

1）压缩式真空计。压缩式真空计也称为麦克劳真空计（麦式真空计），一般测量范围为（1.33×10^{-2}）～（1.33×10Pa），其结构形式有宽量程、双管式和旋转式等区别。

2）热传导真空计。热传导真空计是利用气体分子的热传导在某一压力范围内与气体压力成正比关系的原理制成的，因此根据热传导的变化就能反映出压力的变化。

热传导真空计又分为电阻真空计和热电偶真空计两种形式。这两种真空计的测量范围一般为（1.33×10^{-2}）～（1.33×10^{2}）Pa，其特点是两种真空计都属于相对真空计，可以连续测量，但受环境影响较大。

3）电离真空计。对低于 1.33×10^{-1}Pa 的低压测量时，通常采用电离真空计。根据电离源不同又可分为热阴极、冷阴极和放射性电离真空计。

①热阴极电离真空计。其测量范围为（1.33×10^{-6}）～（1.33×10^{-1}）Pa，可以连续测量，属于相对真空计。该真空计使用时应该注意，由于热阴极的存在，因此吸气放气现象产生从而影响测量的准确性，而且在压力高于 1.33×10^{-1}Pa 时不能进行测量，否则阴极就要被烧坏。

②冷阴极电离真空汁。这种真空计也属于相对真空计，测量范围为（1.33×10^{-4}）～（1.33×10）Pa，其特点是结构简单、寿命长、灵敏度高，但需要强的磁场和高压电源，低压时持续放电有一定不稳定性，误差较大。

（6）真空检漏

1）检漏方法的选择。当真空系统发现存在漏孔时，需要寻找漏孔的部位，这就需要进行检漏。采用什么方法进行检漏，这要取决于对真空系统的要求，一般原则上应满足下面几方面要求。

①检漏灵敏度高，即选用检漏灵敏度值比允许漏气量小 1～2 个数量级的检漏方法。

②反应时间短，可提高检漏速度，性能稳定。

③应用范围广，即该方法能检查出漏孔大小的范围较广，且结构简单，使用方便。

2）检漏方法。

①加压法。在被检容器内充入一定压力的试验气体，当容器壁上有漏孔时，试验气体便从漏孔逸出，只要用适当的指示方法查明有无气体逸出，就能确定哪里有漏孔和漏气量的大小。加压法有气压法、火焰法、氨检漏法和氦质谱检漏仪加压法等。

②抽空法。将被检容器内部抽空后，再把试验气体喷吹或涂抹于容器外壁可疑处，如有漏气，则试验气体便从漏孔进入容器，同时用相应的指示方法将试验气体查出来，便可判断出漏孔的位置和漏气量的大小。抽空法有静压升压法、火花检漏仪法、氦质谱仪法、放电管法、真空计法等。

4. 传动系统

真空电子束焊设备的传动系统包括焊接工作台传动装置和电子枪传动装置，其作用是带动焊件或电子枪做相对运动，以实现焊缝的焊接。焊接过程分为以下两种。

①多数电子束焊设备采用固定式电子枪，这时焊件做直线移动或旋转运动来实现焊接。

②若采用移动式电子枪，则焊件可以不动，驱动电子枪进行焊接，这时对传动系统的要求是可靠、平稳和耐用。相对运动速度计稳定，其稳定度为±1%，电子束与接缝的位置一定要准确。

在低真空条件下，传动系统可安装在工作室内，这样不存在动密封问题。若在高真空条件下，宜将传动系统安装在真空室外，其传动主轴经旋转密封后伸到真空室内工作台的运动部分。近年来，数控技术已经应用于电子束焊中工件（或电子枪）的移动。

5. 电气控制系统

电子束焊设备电气控制系统主要由电子枪高压电源控制系统、真空控制系统、工作台控制系统、辅助控制系统和核心控制系统等组成。

（1）电子枪高压电源控制系统　高压电源控制的原理如图 6-30 所示。

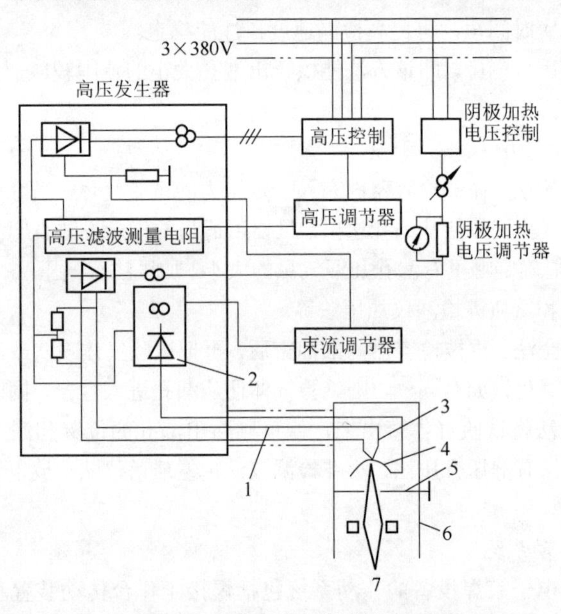

图 6-30　高压电源控制的原理

1. 高压电缆；2. 束流控制；3. 阴极；4. 控制；5. 阳极；6. 电子枪；7. 电子束

早期电子束焊设备的控制系统仅限于控制电子束流的递减、电子束流的扫描和真空泵阀的开和关。目前，可编程控制器和计算机数控系统等已在电子束焊设备上得到应用，使控制范围和精度大大提高。计算机数控系统除了控制焊机的真空系统和焊接程序外，还可实时控制电子参数、工作台的运动轨迹和速度，实现电子束扫描和焊缝自动跟踪。

（2）真空控制系统　目前，真空控制系统主要以可编程控制器（PLC）为核心，辅以相应的继电器、接触器及诸如分子泵中频电源等驱动电源和部件。它与真空测量系统一起，完成各真空泵的运行和真空阀门开闭的连锁控制。真空控制系统一般设有手动联销控制和自动控制功能。

（3）工作台控制系统 工件上的焊缝轨迹，主要靠承载工件的工作台和夹具的运动来实现，因此在保证焊缝轨迹和质量方面，工作台控制系统起着相当重要的作用。工作台控制系统应满足以下要求：在额定运行速度范围内，速度连接可调节；在额定运行速度范围内恒速运行时，速度稳定度应达到±1%；具有手动操作控制功能；对于直线工作台，应具有超程保护功能。

（4）辅助控制系统 辅助控制系统主要由故障报警、安全保护、对缝观察等部分组成。

（5）核心控制系统 在电子束焊接设备中，核心控制系统主要由可编程序控制器（PLC）或工控机构成，用以协调电子枪电源控制系统、真空测量与控制系统、工作台控制系统的运行，提供直观、操作便捷的智能人机界面。

6. 工作台和辅助装置

工作台、夹具、转台对在焊接过程中保持电子束接缝的位置准确、焊接速度稳定、焊缝位置的重复精度都是非常重要的。大多数的电子束焊设备采用固定电子枪手，让工件做直线移动或旋转运动来实现焊接。对于大型真空室，也可使工件不动，而驱使电子枪进行焊接。为了提高生产效率，可采用多工位夹具，抽一次真空室可以焊接多个零件。

此外，为了便于观察电子束与接缝的相对位置、电子束焦点状态、工件移动和焊接过程，需在电子枪和工作室上安装光学观察设施、工业电视和观察窗口等。采用工业电视可以使操作者直接观察焊接过程，避免肉眼受到强烈光线刺激的危害。观察窗口通常由三重玻璃组成，里层为普通玻璃，承受焊接时金属蒸气污染，起保护作用；中层为铅玻璃，防护超X射线用；外层为钢化玻璃，以承受真空室内外压力差。

6.2.3 常用ZD-7.5-1型真空电子束焊机

1. ZD-7.5-1型真空电子束焊机的主要技术性能

ZD-7.5-1型（ES-30×250型）真空电子束焊机的输出功率为7.5kW，

最大加速电压为30kW，最大电子束电流为250mA。电子枪位于真空中可做垂直和横向调节，并可做横向运动，属低压动枪式类型。焊接的纵向运动由工作台完成，可焊接直缝和环缝焊件。

2. ZD-7.5-1型真空电子束焊机的结构

焊机主要由电子枪、高压电源系统、焊接室、焊接工作台、传动系统、真空系统、水冷系统、焊缝对准装置和控制箱等组成。

（1）电子枪　电子枪是发射电子束，并使之向焊件加速，聚焦及偏转的组合装置。ZD-7.5-1型焊机电子枪结构如图6-31所示。

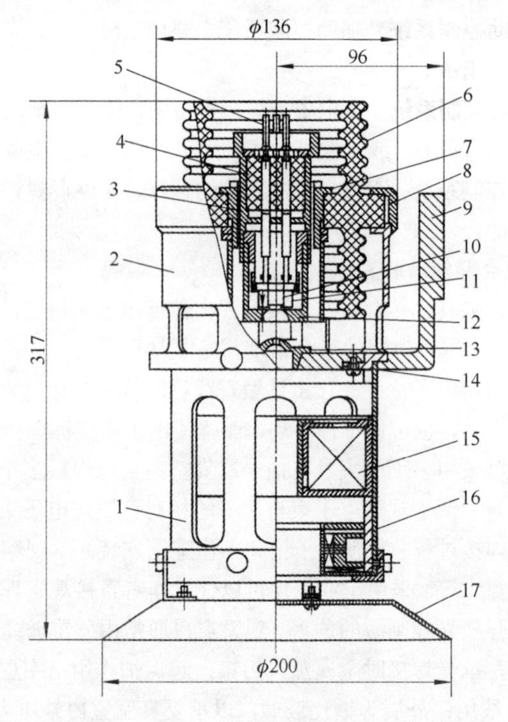

图6-31　ZD-7.5-1型焊机电子枪结构

1、2、7. 套筒；3. 连接套；4. 瓷柱；5. 导电杆；6. 高压瓷瓶；8. 压环；9. 托盘；10. 钨丝；11、13. 阳极；12. 聚束极；14. 阳极座；15. 聚焦透镜；16. 偏转线圈；17. 罩壳

电子枪上部是电子枪发射系统，借助高压绝缘瓷瓶，将发射极与阳极隔开，聚束极在发射极和阳极之间。在钽阳极和灯丝之间加一控制电压，即轰击偏压，灯丝发射的电子校正电位的钽阴极吸引，电子就轰击钽阴极，使其温度升高而发射电子束供焊接用。钨丝与钽阴极之间的距离为1.5～2mm。为了使电子枪正常工作，要求钽阴极发射面与聚束极相平齐，并使聚束极与阳极之间的距离为11mm，各电极应严格保证同心。

电子枪下部装有聚焦透镜线圈和偏转线圈圆筒。

（2）高压电源系统 高压电源系统由高压电源、偏压电源和灯丝电源等组成。高压电源是焊接电源，是由工频交流电压经升压变压器升压后整流而获得的。升压变压器的一次电压为380V，由三相调压器供电，这样可无级调节二次电压，经整流便可保证获得 0～30kV 可调直流电压。偏压电源也是直流电源，是间热式电子枪阴极热发射的轰击电压源，当加速电压不变时，调节偏压使轰击阴极的电流发生变化，即可控制电子束电流的变化。电流偏压一般在0～2kV范围内无级调节。灯丝电源采用低压交流电源，最好使用稳压装置，以保证电子枪灯丝电流稳定不变，从而保证电子束电流稳定。灯丝交流电压为22～30V，电流为20～30A。

（3）传动系统 ZD-7.5-1型焊机的传动系统由焊接工作台传动装置和电子枪传动装置两部分组成，通过传动轴和密封系统分别与工作内的焊接工作台及电子枪相连接。传动装置都由直流伺服电动机驱动，调速方便，还设有换挡手轮，作为速度初调换挡。电子枪有上、下、左、右换挡手柄，工作台还装有手动调节手轮。

（4）真空系统 ZD-7.5-1 型焊机的真空系统由机械泵（预抽）、扩散泵（精抽）、真空阀门、扩散泵阀门、真空管道、真空计和工作室等组成。工作室为矩形结构，尺寸为 860mm×540mm×740mm，用厚度为25mm的优质碳素结构钢板焊制而成。

（5）水冷系统 机械泵和扩散泵工作时均需水冷，为保证真空机组安全运行，在机械泵进口接入一水流开关，使停水时能发出警告信号，同时使真空机组立即停止运转。

（6）控制箱 控制系统完成电子枪供电、真空系统控制、焊接工作台和电子枪运动的控制、整个焊接程序控制。控制箱除装有控制元件外，还装有测量仪表等。

6.2.4　电子束焊机的选用

选用电子束焊机时，应综合考虑被焊材料、板厚、形状、产品批量等因素。一般来说，焊接化学性质活泼的金属（如 W、Ta、Mo、Nb、Ti 等）及其合金应选用高真空焊机；焊接易蒸发的金属及其合金应选用低真空焊机；焊接厚工件应选用高压型焊机，中等厚度工件选用中压型焊机；成批生产时选用专用焊机，品种多、批量小或单件生产则选用通用型焊接设备。

6.2.5　常用电子束焊机技术参数

①国产电子束焊机技术参数（一）、（二）分别见表 6-13 和表 6-14。

表 6-13　国产电子束焊机技术参数（一）

技术参数 \ 型号		EZ-60/100	EZ-60/200	EZ-150/75	ES1-2
电源电压		三相，380V，50Hz			
加速电压/kV		20～60	0～60	0～150	30
电子束流/mA		1～100	0～200	0～75	0～30
电子束焦点直径/mm		—	0.5	1～1.5	0.5～1
焊接厚度（不锈钢）/mm		20	30	50	—
焊缝深宽比		15∶1	10∶1	15∶1	—
焊接速度	纵向/（m/min）	—	0.2～1.2	0.1～3	—
	旋转/（r/min）	—	0.25～8	—	20～75
抽真空时间/min		—	20～30	—	30
工作室压力	高真空/Pa	1.333×10^{-2}	高真空	高真空	1.3×10^{-1}
	低真空/Pa	6.666	—	—	—
工作室尺寸/mm	长	900	—	830	5220
	宽	600	—	600	5210
	高	700	—	500	2840

续表 6-13

技术参数＼型号	EZ-60/100	EZ-60/200	EZ-150/75	ES1-2
特点与适用范围	通用型，高、低真空两用，适用于不锈钢、铝、铜及难溶金属材料中小型零件焊接	适于焊接活泼和难溶金属，如铝、钛、钽、钼、钨、锆、不锈钢、高强度钢等的直线和环形焊缝	比 EZ-60/200 型具有更高的加速电压，可焊更厚的金属	专用焊机，用于焊接细长薄壁管与端塞的自动环缝焊接；电子枪为三极枪型，带有工业电视监控

表 6-14 国产电子束焊机型号和技术参数（二）

型号＼技术参数	加速电压/kV	电子束流/mA	真空室容积	研制单位	备注
EBW-25/30	30	250	600×800×1000	科学院电工所	—
ED-7.5	30	250	600×600×700	北京航空工艺研究所	—
ED-08	40	20	350×300×300	—	—
HDZ-2	50	20	200×180×200	桂林电科所	计算机控制
ZD-5040	50	40	300×200×200	北京航空工艺研究所	两工位齿轮焊机
EBW-4G	50	80	260×170×390	科学院电工所	齿轮焊机
局部真空焊机	50	100	—	航空航天部 501 所	—
HDZ-6	50	120	700×700×700	桂林电科所	—
SD-12/50	50	120	600×700×1000	科学院电工所	—
EBW-7G-L	55	125	230×290×140	—	两工位齿轮焊机
EZ-60/40	60	40	600×700×900	成都电焊机研究所	可脉冲焊机跟踪功能
ZD-6070	60	70	600×400×600	北京航空工艺研究所	—
F01	60	100	—	上海电焊机厂	—
HDZ-7.5	60	125	700×700×700	桂林电科所	两工位齿轮焊机
EBW-7.5	60	125	600×700×1000	科学院电工所	—
HDZ-10B	60	168	700×700×700	桂林电科所	微机控制
EZ-60/100B	60	168	600×700×900	成都电焊机研究所	—
HDZ-15	60	250	1500×1500×1000	桂林电科所	—

②G6O 单工位电子束焊机技术参数见表 6-15。

表 6-15　G60 单工位电子束焊机技术参数

项目参数	技术参数	项目参数	技术参数
加速电压/kV	30～60	最大功率/kW	6
最大电子束流/mA	100	真空建立时间/s	25
工作室/Pa	6	电子枪真空度/Pa	7×10^{-3}
工作直径范围/mm	20～310	生产率/（件/h）	60
焊接室尺寸/mm	320×320×260	最大熔深/mm	16
焊接速度	0.3～3m/min（5～50mm/s）		

③THDW 系列电子束焊机技术参数见表 6-16。

表 6-16　THDW 系列电子束焊机技术参数

型号 \ 技术参数	电子束功率/kW	加速电压（max）/kV	电子束流（max）/mA	不锈钢最大焊接深度/mm
THDW-1A	1	30	35	3
THDW-3A	3	30	100	9
THDW-3	3	60	50	13
THDW-6	6	60	100	25
THDW-9	9	60	150	35
THDW-12	12	60	200	40
THDW-9C	9	150	60	40
THDW-15C	15	150	100	60
THDW-20C	20	150	130	80
THDW-30C	30	150	200	100

④SEB 系列电子束焊机技术参数见表 6-17。

表 6-17　SEB 系列电子束焊机技术参数

型号 \ 技术参数	工作电压/kV	电子枪功率/kW	*XY* 直线工作台/（mm×mm）	*C* 旋转工作台直径/mm
SEB（G）-10/6	0～60	0～10	800×400	600
SEB（G）-15/6		0～15	500×300	500
SEB（G）-6/6		0～6	300×200	300
SEB（G）-30/6		0～30	500×500	500

6.2.6 真空电子束焊机的正确使用

1. 真空系统起动

①接通冷却水。真空系统必须在接通冷却水后才能起动工作。

②打开机械泵抽气口阀门，起动机械泵，开始抽真空。机械泵起动时，必须先打开机械泵抽气口的阀门，使其与大气相通，待其运转正常后迅速与大气切断，而转向需要抽气的部件。

③当真空度达到 5×10^{-2}Torr（1Torr＝133.322Pa）时，起动扩散泵。扩散泵必须在机械泵的预抽真空度达到 5×10^{-2}Torr 时才能加热工作。停止加热后，至少冷却 0.5h 才能关闭机械泵，以免扩散泵油氧化。

④关闭机械泵抽气口阀门，停止机械泵。停止机械泵前，必须先关闭机械泵抽气口阀门，使其与真空系统断开，再与大气相通，以免机械泵油进入真空系统。

⑤真空系统和工作室内部应保持干净，不能有污物、尘埃和潮气等。停止工作时必须保持其内部有一定的真空度。

2. 焊接操作

（1）起动 在工作室内将被焊工件安装就绪后，关闭工作室门，然后接通冷却水，合上总电源开关。按真空系统的操作顺序起动机械泵和扩散泵，待工作室内的真空度达到 5×10^{-4}Torr 以上时，即可进入施焊阶段。

（2）焊接 将电子枪的高压电源、聚焦偏转电源、灯丝电源和偏转电源接通，并逐步升高加束电压使达到所需数值。然后调节灯丝电流和轰击电压，使有适当的电子束流射出，在工件上能看出电子束焦点，再调节聚焦电流，使电子束的焦点达到最佳状态。假如焦点偏离接缝，可调节偏转线圈的电流或使电子枪做横向移动使其对中。调节轰击电源使电子束的电流达到预定的数值，此时按下起动按钮，工件便按预定速度移动，进入正常焊接过程。

在电子束焊接过程中，电子束的焦点应能始终准确对准焊缝，这是获得满意焊接质量的前提。对中的方法有观察法、反射电子法和探针法三种。

①观察法。电子束焦点可以通过工作室的观察窗直接进行观察，也可以借助光学系统精确测量电子束焦点的位置，来实现电子束与焊缝的对中。光学系统适用于小功率电子束焊时的目测对中。电子束焊机的光学观察系统如图 6-32 所示。

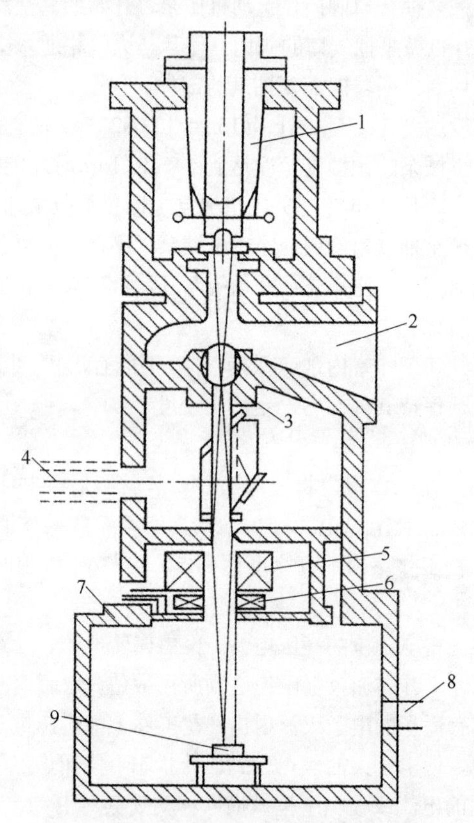

图 6-32　电子束焊机的光学观察系统

1. 电子枪；2、8. 接真空系统；3. 柱阀；4. 光学观察系统；5. 磁聚焦线圈；6. 偏转线圈；7. 水冷防热屏；9. 工件

在大功率电子束焊时，由于焊接时蒸发的大量金属蒸气会污染光学镜片，所以只能在焊前用小功率电子束进行调整时使用，而焊接时不能

继续使用，应该用挡板遮蔽光学系统。

如果在光学系统中装置电视摄像系统，就可以进行电视摄像观察，并能进行远距离监视。

②反射电子法。当被焊工件接缝紧密接触（无间隙装配）时，则难以用光学系统观察，而应用电子扫描装置和反射电子法观察电子束焦点与接缝的相对位置，从而进行对中。

反射电子法的工作原理是用一个功率很小，但电压与焊接电压相同的小能量电子束流垂直于接缝进行往复扫描。由于金属表面反射电子的能力与接缝不同，因此将反射的电子接入示波器显示出波形。借助脉冲线路，瞬时中断扫描线路，此时扫描轨迹出现一个亮点，根据亮点的位置即可确定电子束焦点的位置，此种方法的精度可达 0.025mm。

③探针法。探针法对中是一种电气-机械跟踪控制系统对中方法。其工作原理是装在电子枪上的探针位于接缝处，由它检测的位移信息，经变换器传递给控制系统以保证电子枪自动对中焊缝。

跟踪控制系统有两种类型：当焊接直焊缝时，电子枪沿真空室的长度方向（x 轴）做直线运动，而跟踪系统使工作台根据变换器发出的信号在 y 轴方向移动；当焊接曲线焊缝时，跟踪系统使电子枪旋转，使探针始终位于曲线接缝的切线位置上，电子枪与工件的移动根据 x-y 轴坐标与探针的角位移相配合，使电子枪以匀速精确地跟踪曲线接缝。

（3）停止 焊接结束时，必须先把偏转电压逐渐减小使电子束焦点离开焊缝，然后把加速电压降低到零，并把灯丝电源和传动装置的电源电压降到零，此后切断高压电源、聚焦偏转电源和传动装置电源的按钮开关，这样便完成了一次焊接操作。待工件冷却后，按真空操作程序从工作室中取出被焊工件。

6.3 电渣焊设备

6.3.1 电渣焊设备的组成、分类和适用范围

①电渣焊设备的组成和基本要求见表 6-18。

表 6-18　电渣焊设备的组成和基本要求

类　型	组　成	基本要求
丝极电渣焊	交流电源 送丝机构 焊丝摆动机构 水冷成形滑块 提升机构	电　　源：平或缓降特性； 空载电压：35～55V； 单极电流：600A 以上； 送丝机构：等速控制； 调速范围：60～450m/h； 摆动机构：行程 250mm 以下可调，调速范围为 20～70m/h； 提升机构：等速或变速控制，调速范围为 50～80m/h
管状焊丝电渣焊	直流电源 送丝机构 焊丝摆动机构 水冷成形滑块 提升机构	
管极电渣焊 熔嘴电渣焊	交流电源 送丝机构 固定成形块	
板极电渣焊	交流电源 板极送进机构 固定成形块	板极送进机构：手动或电动，调速范围为 0.5～2m/h

②电渣焊设备的分类如图 6-33 所示。

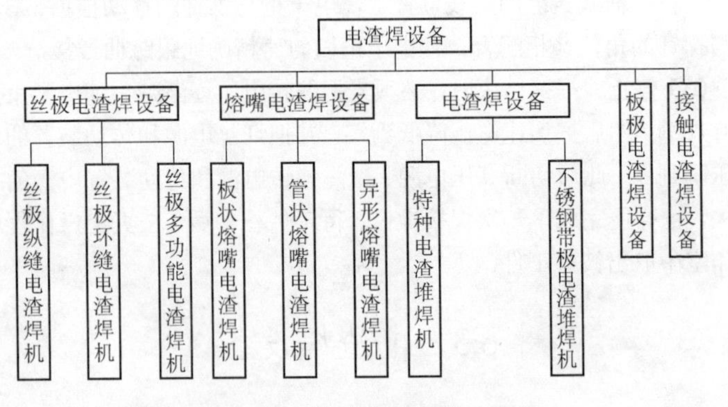

图 6-33　电渣焊设备的分类

③不同类型电渣焊机的结构特点和适用范围见表 6-19。

表 6-19 不同类型电渣焊机的结构特点和适用范围

类型	结构特点	用途
丝极电渣焊设备	机体的结构较复杂，包括送丝机构、机头垂直升降机构和焊丝往复摆动机构等；强迫成形装置为水冷滑块，随机头向上滑动，按焊接厚度不同，可用一根或多根焊丝	适用于直焊缝，板厚度为500mm以下工件的焊件
板极电渣焊设备	用金属板条作为电极兼填充金属，仅需垂直升降机构，随机头下降送进板极，由于板极截面大、熔化慢，升降机构可采用手动机构以简化设备，但板极不宜过长；要求焊接电源有较大功率，一般用固定成形板	适用于大断面、直线短焊缝（1m以下）工件的焊接
熔嘴电渣焊设备	用焊有焊管（有数根）的熔嘴作为电极，熔嘴与焊线（在焊管内输送）一起作为填充金属，焊机仅需送丝机构，结构较为简单；熔嘴截面制成与工件断面相似的形状；一般用固定成形板	适用于大断面、短焊缝和变断面工件的焊接
管状电渣焊设备	与熔嘴电渣焊相似，不同之处是用一根涂有药皮的管子代替熔嘴	适用于厚度为 20～60mm 板对接、角接和T形接头焊接

注：电渣焊设备常制成多用式，变换某些部件即可适应不同的焊接要求。

6.3.2 对电渣焊焊接电源的要求

（1）电源种类 电渣焊焊接一般采用三相变压器交流焊接电源。工件厚度较小时，可采用硅弧焊整流器或晶闸管弧焊整流器直流焊接电源，且电源较稳定。

（2）电源的外特性 电渣焊焊接采用平特性和下降特性的焊接电源，一般用平特性电源。

（3）电源空载电压 电渣焊焊接时，要维持电渣过程稳定不需要高的空载电压，平特性电源在电网电压波动时波动较小。保持焊接电压的稳定是电渣焊获得质量可靠焊缝的重要条件。

（4）送丝方式 电渣焊要求等速送丝配合平特性电源，调节焊接参数比较方便，改变送丝速度即可改变焊接电流，调节空载电压可改变焊接电压。

国产电渣焊焊接电源技术参数见表6-20。

表6-20　国产电渣焊焊接电源技术参数

技术参数＼型号		BP1-3×1000	BP1-3×3000
一次电源		三相，380V，50Hz	
二次电压调节范围/V		38～53	8～63
额定负载持续率（%）		80	100
不同负载持续率时焊接电流/A	100%	900（每相）	3000
	80%	1000（每相）	—
额定容量/（kV·A）		160	450
冷却方式		通风机冷却	一次空冷、二次水冷
外形尺寸/（mm×mm×mm）		1400×940×1685	1535×1100×1480
特点与适用范围		可同时供给三根焊丝电流，每根最大电流为1000A，二次电压有18挡供调解，具有平直外特性	可作为丝极或板极电渣焊用，具有平直外特性

6.3.3　常用电渣焊机

1. 丝极电渣焊机

丝极电渣焊机按照其功能可分为丝极纵缝电渣焊机、丝极环缝电渣焊机和丝极多功能电渣焊机。

(1) 丝极电渣焊机执行机构　为适应电渣焊工艺操作要求，丝极电渣焊机应具有以下执行机构。

①成形滑块及其压紧机构。成形滑块及其压紧机构的压紧力可调，成形滑块既要贴紧工件，又要能够滑动。在滑块移动时，能够防止液压熔渣从滑块与工件的缝隙中流出。

②机头的丝极导向和导电机构。一般丝极电渣焊机的焊嘴机构可送1～3 根焊丝。当然，根据工件厚度也可选用焊丝数更多的导向机构。

A-480 型电渣焊机的最多焊丝可达 18 根。

③焊丝送进机构和横向摆动机构。丝极电渣焊机的特点是装有焊丝横向摆动机构，送丝速度调节范围可达 54～600m/h。焊丝送进和焊丝横向摆动机构分别由两个电动机同时驱动。

④机体移动机构。焊接垂直焊缝时，机体移动机构将焊接机头随着焊缝金属熔池的上升而向上移动。移动机构可分为有轨式和无轨式。丝极纵缝电渣焊机的竖直移动工作速度（焊接速度）和空程速度由一个电动机传动。丝极电渣焊的焊接速度较慢，常用的焊接速度为 1～3m/h，因而，机体竖直移动工作速度调节范围为 0.5～9.5m/h，机体空程速度一般为 30～50m/h。

⑤控制系统。电渣焊控制系统主要由送进焊丝电动机的转速控制、焊接机头横向摆动控制、垂直移动控制等部分组成。

（2）三丝电渣焊机

1）电源。电渣焊可用交流或直流电源，一般多用交流电源。电渣焊用的电源必须是空载电压低、感抗小的平特性（恒压）电源。电渣焊变压器应该是三相供电，二次电压应具有较大的调节范围。由于焊接时间长，中途不停顿，故其负载持续率一般为 100%，每根焊丝的额定电流≥750A，以 1000A 居多。

2）机头。机头包括送丝机构、摆动机构、行走机构、控制系统和导电嘴等。典型三丝电渣焊机机头如图 6-34 所示。

①送丝和摆动机构。送丝机构的作用是将焊丝从焊丝盘以恒定的速度经导电嘴送向熔渣池。送丝机构最好由单独的驱动电动机和单独的送丝轮送单根焊丝。但是，一般是利用多轴减速箱由一台电动机带动若干送丝轮送多根焊丝。送丝速度可均匀无级调节。对于直径为 2.4mm 和 3.2mm 的焊丝，其送丝速度为 17～150mm/s。

当每根焊丝所占焊件厚度＞70mm 时，焊丝应做横向摆动，以扩大单根焊丝所焊的焊件厚度。焊丝的摆动是由做水平往复摆动的机构通过整个导电嘴的摆动完成的。摆动的幅度、摆动的速度及摆至两端的停留时间应能调节，一般采用电子线路来控制摆动动作。

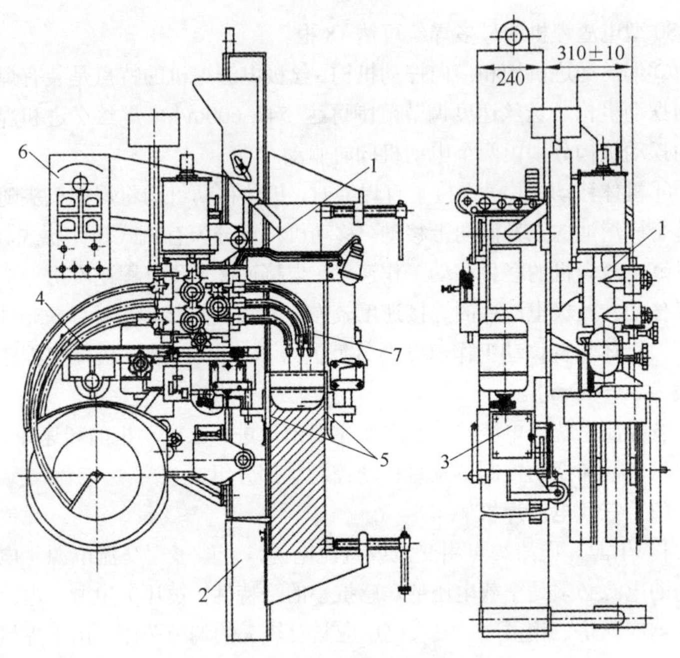

图 6-34　典型三丝电渣焊机机头

1. 三丝焊机头；2. 钢轨；3. 行走小车；4. 摆动机构；5. 成形装置；6. 控制系统；7. 导电嘴

②行走机构。电渣焊机的行走机构用来带动整个机头和滑块沿接缝做垂直移动。行走机构分为有轨式和无轨式两种形式。有轨式行走机构是使整个机头沿与焊缝平行的轨道向上移动。齿条式有轨行走机构是由直流电动机、减速箱、爬行齿轮和齿条组成，齿条用螺钉固定在专用的立柱上而成为导轨。行走速度应能无级调节和精确控制，因为焊接时，整个机头要随熔池的升高而自动地沿焊缝向上移动。

③导电嘴。丝极电渣焊机上的导电嘴是将焊接电流传递给焊丝并将焊丝导向熔渣池的关键器件。导电嘴的结构要求紧凑、导电可靠，送丝位置准确而不偏移，使用寿命长。

导电嘴通常由钢质焊丝导管和铜导电管组成，前者导向，后者导电。铜导电管的引出端位置靠近熔渣池，最好用铍青铜制作，因它在高温下能保持较高强度。整个导电嘴都缠上绝缘带，以防止它与焊件短路。

④控制系统。电渣焊接过程中的焊丝送进速度、专电嘴横向摆距离及停留时间、行走机构的垂直移动速度等参数均采用电子开关线路控制和调节。其中比较复杂又较困难的是行走机构上升速度的自动控制和熔渣池深度的自动控制，目前都是采用传感器检测熔渣池位置并加以控制。

3）滑块（水冷成形滑块）。滑块是强制焊缝成形的冷却装置，焊接时，随机头一起向上移动，其作用是保持熔渣池中的液态金属在焊接区内不流失，并强迫熔渣池金属冷却形成焊缝，通常用热导性良好的纯铜制造并通冷却水。分为前、后冷却滑块，前冷却滑块悬挂在机头的滑块支架上，滑块支架的另一根支杆通过对接焊缝的间隙与后滑块相连，此支杆的长度取决于焊件的厚度。滑块由弹簧紧压在焊缝上，对不同形状的焊接接头，使用不同形状的滑块，调整滑块的高低可改变焊丝的伸长度。固定式水冷成形滑块如图 6-35 所示，移动式水冷成形滑块如图 6-36 所示，环缝电渣焊内成形滑块（$R_1 < R_2$）如图 6-37 所示。

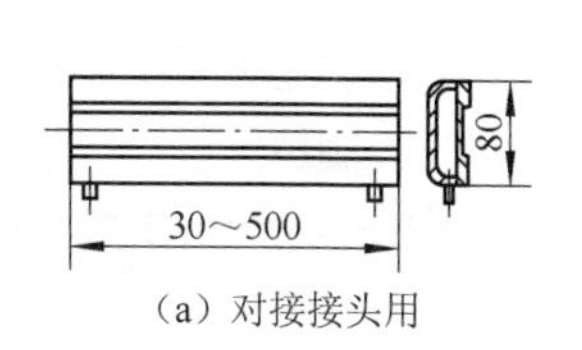

（a）对接接头用

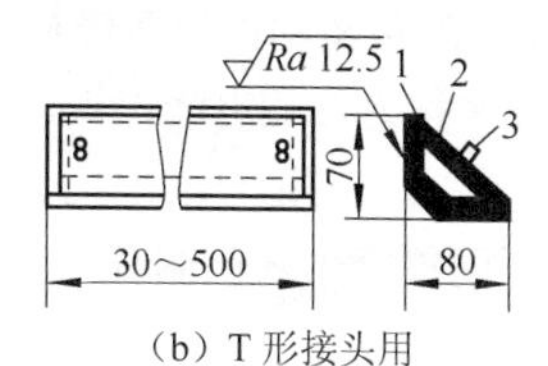

（b）T 形接头用

图 6-35　固定式水冷成形滑块

1. 铜板；2. 水冷罩壳；3. 管接头

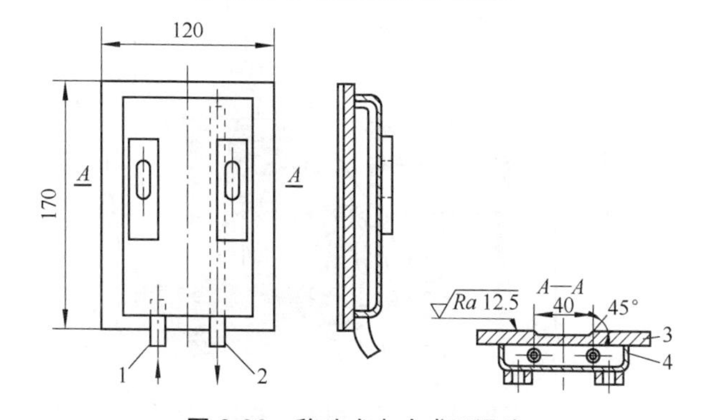

图 6-36　移动式水冷成形滑块

1. 进水管；2. 出水管；3. 铜板；4. 水冷罩壳

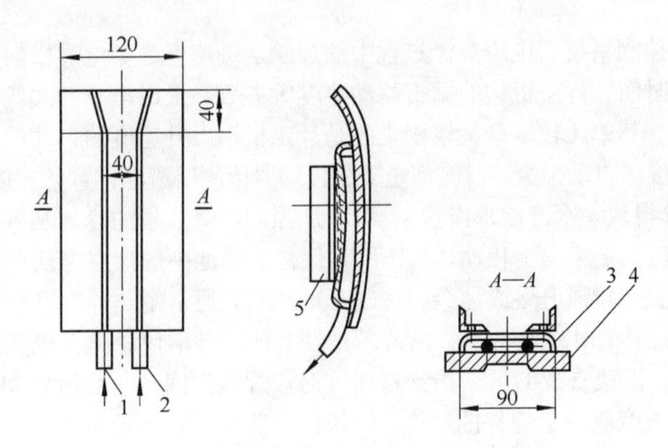

图 6-37　环缝电渣焊内成形滑块（$R_1 < R_2$）

1. 进水管；2. 出水管；3. 薄钢板外壳；4. 铜板；5. 角铁支架

（3）丝极多功能电渣焊机　如图 6-38 所示，HS-1000 型多功能电渣焊机，又称为万能电渣焊机，是一种导轨型焊机，它适用于丝极和板极电渣焊。它主要由自动焊机头、导轨、焊丝盘、控制箱等组成，并配有焊接不同焊缝形式的附加零件。焊接电源采用 BP1-3×1000 型焊接变压器。

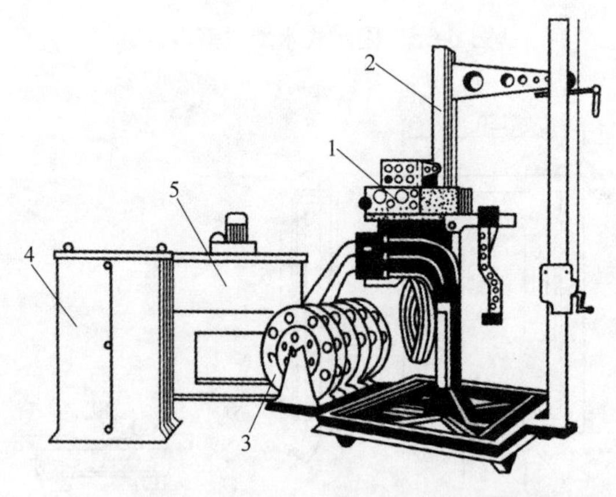

图 6-38　HS-1000 型多功能电渣焊机

1. 自动焊机头；2. 导轨；3. 焊丝盘；4. 控制箱；5. BP1-3×1000 型焊接变压器

1）自动焊机头。包括送丝机构、摆动机构、提升机构、强制成形装置和操作盘等。

①送丝机构。与熔化极电弧焊使用的送丝机构类似。送丝速度可以均匀无级调节，平特性电源应为等速送丝系统。送丝机构对直径为3mm焊丝应能保证送丝速度在60～480m/h进行无级调速。

②摆动机构。摆动机构的作用是扩大单根焊丝所焊的工件厚度、摆动距离（行程），摆动速度及摆动到端点处的停留时间应能控制和调节。摆动距离最大为250mm，摆动速度为21～75m/h，停留时间为0～6s。由于摆动幅度较大，一般采用电动机正反转驱动方式、限位开关换向。

③提升机构。提升机构可以是齿条导轨式，也可以是弹簧夹持式。借助调换齿轮改变直流电动机转速度来控制焊接速度，使焊接速度在0.5～9.6m/h 范围内进行无级调节。如果在空车时，机头升降速度可达50～80m/h。

④强制成形装置。为了在电渣焊时不使渣池和熔池流失，并能使电渣焊过程顺利进行，必须在焊缝两侧设置强制成形装置。其形式有成形滑块（主要适用于丝极电渣焊）、固定滑块（适用于板极和熔嘴电渣焊）和密封侧板（适用于板极、熔嘴电渣焊的短焊缝）。焊缝成形装置一般用紫铜制成，有空腔可通冷却水。移动式成形滑块有整体式和组合式两种，可随焊机移动，用于丝极电渣焊；固定式成形滑块用于熔嘴电渣焊、板极电渣焊等，焊缝成形装置如图6-39所示。

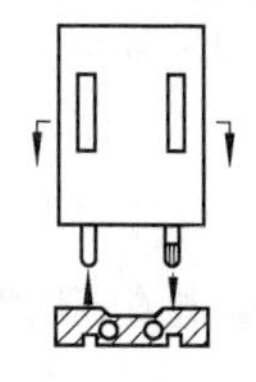

（a）对焊焊接用成形滑块

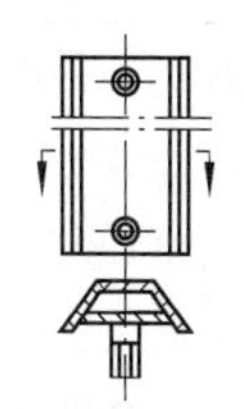

（b）T形接头角焊缝用成形板

图6-39 焊缝成形装置

⑤操作盘。操作盘上装有完成焊接动作和调节焊接规范的操纵按钮和转换开关等。

2）导轨。通常固定在专用架上，导轨上装有链条，与机头升降机构的链轮啮合，使机头可以沿导轨上下运动。

3）焊丝盘。焊机备有三只单独的开启式焊丝盘，焊接时必须保证焊丝连续给送，使焊接过程正常进行。

4）控制箱。除机头操纵盘上的操纵按钮外，其他的程制电器和开关设备等都装在单独的控制箱内。

5）电控系统。电渣焊机的电控系统有控制送丝系统，摆动距离、摆动速度和停留时间，提升机械垂直运动等部分。

①电渣焊上升速度的控制。电渣焊上升速度的控制方法见表 6-21。

表 6-21　电渣焊上升速度的控制方法

方　法	原　理	应用特点
等速控制	根据板厚及装配间隙选定上升速度，靠拖动电动机恒速反馈保持等速提升成形滑块	板厚和间隙均匀性较好时焊缝成形质量尚可，必要时辅以人工调整
熔池液面自动控制	实时检测熔池液面高度或其相关量，据此自动调节上升速度	间隙波动时可保证熔池液面高度及焊缝成形质量的稳定性
微机自动控制	实时测算焊缝断面变化，据此调节送丝速度、摆动幅度和升速度等	有效地控制缝断面熔池液面高度和焊缝质量

②电渣焊熔池液面高度的自动检测。在电渣焊过程中，熔池液面高度的检测是很重要的，将检测到的熔池液面高度信号转换成电信号并进行放大处理后来控制上升速度，或经晶闸管、晶体管放大电路的放大后控制上升速度，保证获得优质的电渣焊焊接接头。电渣焊熔池液面高度的自动检测方法如图 6-40 所示。电渣焊熔池液面高度自动检测原理和应用特点见表 6-22。

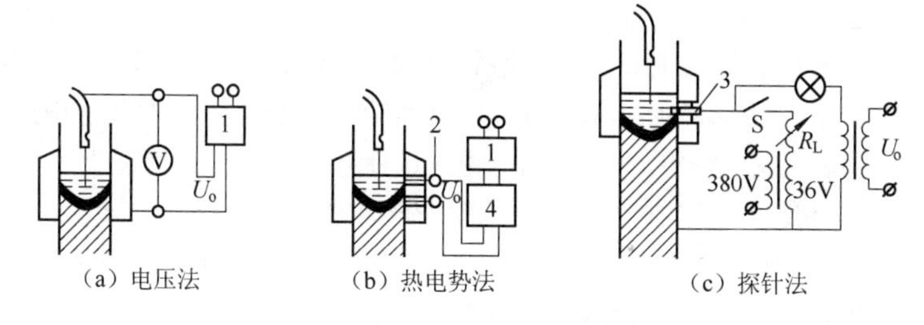

图 6-40 电渣焊熔池液面高度的自动检测方法

1. 升降电动机拖动控制电路；2. 热电偶；3. 探针；4. 放大器

表 6-22 电渣焊熔池液面高度自动检测原理和应用特点

方法	原理	应用特点
电压法	直接检测导电嘴与工件间电压	简单、单值性，受送丝速度影响，精度不高
热电势法	在成形滑块接触熔液面区间上、下方各焊一个热电偶，检测两者的热电势差值	信号弱，需放大，精度受冷却水流量影响
探针法	在成形滑块接触熔池液面上侧安装一个探针，检测探针与工件间电压	精度较高，但探针易损坏

（4）HS-1250 型丝极电渣焊机 成都焊研威达自动焊接设备有限公司的 HS-1250 型丝极电渣焊机主要由直流焊接电源、焊接小车、送丝机构、冷却滑块机构、控制系统等组成。

1）焊接电源。HS-1250 型丝极电渣焊机焊接电源采用六相半波主控回路，该电源的额定负载持续率为 100%，能同时满足电渣焊、埋弧焊、气体保护焊、手工焊和碳弧气刨的使用要求，下限电流小，并具有网路波动补偿、过电流、过热保护等功能。

2）焊接小车。焊接小车由行走机构、送丝机构、机头调节机构、导电嘴等组成。

①行走机构。电渣焊机的行走机构用来带动整个机头和滑块沿接缝做垂直移动，并可无级调速和精确控制，使机头随熔池的升高而沿焊缝向上移动。

②送丝机构。送丝机构的作用是将焊丝从焊丝盘以恒定的速度经导

电嘴送向熔渣池。送丝机构可送单丝和多丝。送丝速度可均匀无级调节。

送丝机构采用了行星齿轮减速系统，输出效率高，力矩大，送丝稳定性高。主要由行星齿轮加速器、送丝轮、压紧轮、压紧机构、送丝盘等组成。

③机头调节机构。当需要对导电嘴进行上、下或前、后微量调整时，可旋动相应调节手轮对导电嘴的位置进行调整。

④导电嘴。丝极电渣机的导电嘴是将焊接电流传递给焊丝的关键器件，并对焊丝进行导向将其送入熔渣池。其结构紧凑，导电可靠。

3）冷却滑块机构。冷却滑块机构由两块水冷却滑块、压紧机构、挂架等组成。

4）控制系统。控制系统由送丝速度系统、小车行走速度系统和焊接程序控制三大部分组成。采用单相全波晶闸管整流调整线路调节各焊接参数、运动参数，并有“电弧返烧”功能，防止粘丝并填补弧坑。

5）工作原理及特点。垂直运动通过焊接小车的行走机构带动整个机头沿导轨运动，焊接时的焊接速度控制在 12～120mm/min 范围内，上升调节由手动或自动控制。

电渣焊电源采用三相供电，其二次电压具有较大的调节范围。同时，电渣焊电源的额定负载持续率为 100%，充分考虑了电渣焊焊接时间长、中间无停顿的工艺要求。

焊机的引弧装置（铜质引弧槽）槽底部应加入适量的 H08MnA 碎焊丝引弧，然后加入焊剂以保证引弧可靠。为保证工件熔合可靠良好，导丝管应对准焊缝的中心。焊接起弧时应注意先将电压取大一些，待过程趋于稳定时调节电参数至合适位置。

焊接过程中根据熔池的明暗、过程稳定情况加入适量焊剂。焊剂加入过多，将降低渣池温度，使熔池金属不能充分搅拌，将导致焊缝晶粒过分粗大，熔合不良及气孔、夹渣等焊接缺陷；过少则可能出现过程中断现象，较理想的焊剂加入量为 $W=$（$25\text{g/cm}^2\times4\times S$）g，$S$ 为焊缝截面面积。

收弧时注意考虑熔池深度，以防止产生虚焊。

2. 熔嘴电渣焊机

（1）熔嘴电渣焊机的分类 根据导电嘴形状分类，熔嘴电渣焊机分为板极熔嘴电渣焊机、管状熔嘴电渣焊机、异形熔嘴电渣焊机。

（2）熔嘴电渣焊机的特点 熔嘴电渣焊生产效率较高，不仅可以焊接普通的大断面工件，而且可以焊接形状复杂的大断面工件。焊接电流由导电嘴传导给焊丝，导电嘴随着金属熔池和渣池上升，逐渐熔化而融入金属熔池。熔嘴电渣焊机可焊接厚度为 40～2000mm，长度为 200～6000mm 的工件。

（3）熔嘴电渣焊机的执行机构 熔嘴电渣焊时焊缝的成形装置有垫板、固定冷却板和冷却滑块。熔嘴电渣焊机由焊接电源、送丝机构、机头调整机构，熔嘴夹持机构及机架等组成。熔嘴电渣焊机配用大功率的焊接电源，如 BPI-3×3000 型焊接变压器；也可将两台 BP1-3×1000 型焊接变压器并联使用，能同时为 15 根焊丝供电。

①送丝机构。如图 6-41 所示，送丝机构主要由直流电动机、减速箱、焊丝给送装置和机架等组成。送丝速度一般在 45～200m/h 范围内无级调节。一台直流电动机送进单根或多根焊丝，每一根焊丝都有一个焊丝给送装置，如图 6-42 所示。该装置可以根据熔嘴尺寸或熔嘴间距将弓形支架在支架滑动轴上移动。焊丝通过主动轮和压紧轮送入熔嘴板上的导向管内。各主动轮均装在同一根主动轴上。通过手柄 1 使顶杆 3、顶紧压紧轮 4 以获得对焊丝足够的压紧力，保证在主动轮 9 的带动下使焊丝送进。多丝焊时，各焊丝同步给送。

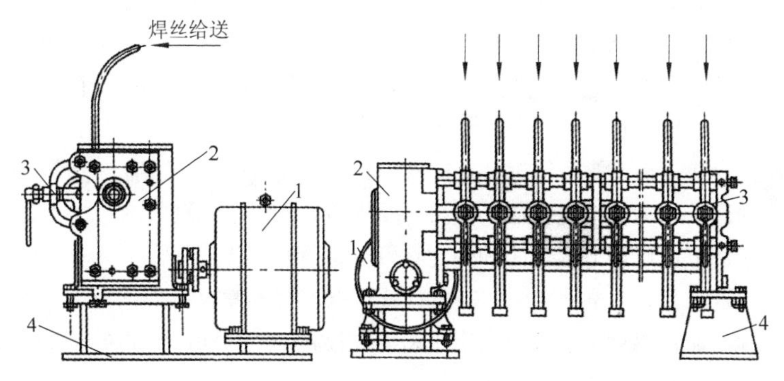

图 6-41 送丝机构

1. 直流电动机；2. 减速箱；3. 焊丝给送装置；4. 机架

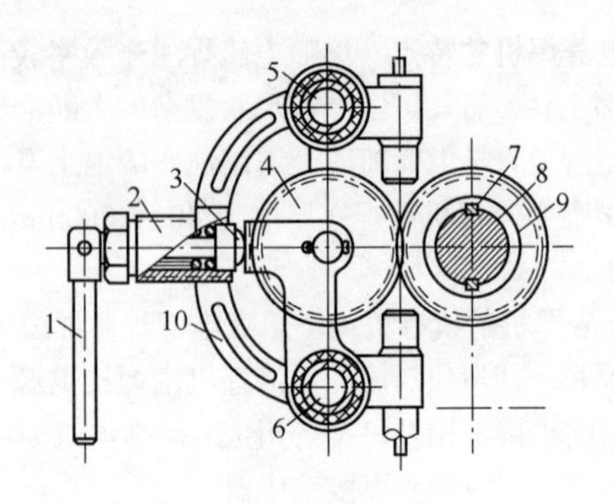

图 6-42　焊丝给送装置

1. 手柄；2. 环形套；3. 顶杆；4. 压紧轮；5、6. 压紧轮轴；
7. 滑键；8. 主动轴；9. 主动轮；10. 弓形支架

管极电渣焊时，使用上述单根送丝机构即可，也可利用焊丝直径和送丝速度范围相同的埋弧焊或气体保护机的送丝机构来完成单丝给送。

②熔嘴夹持机构。熔嘴夹持机构主要保证在焊缝间隙内的熔嘴板固定不动，同时在装配和焊接过程中能随时调节熔嘴的位置，使其处于缝隙中间。对夹持机构要求具有足够刚性，且便于安装；能保证熔嘴处在间隙中间，并调节方便；熔嘴与焊件及熔嘴之间的绝缘体必须可靠。常用单熔嘴夹持机构如图 6-43 所示。进行大断面熔嘴电渣焊时，焊前根据熔嘴的数量，通过两根支架轴 4 将各单熔嘴夹持装置组成一个多熔嘴的夹持机构。安装时，先在焊件上按熔嘴夹持机构所需宽度，在两侧各焊接一块钢板，然后将熔嘴夹持机构与钢板连接固定。熔嘴与熔嘴夹持机构通过熔嘴夹持装置上的夹持板 7 连接，然后用螺钉紧固，熔嘴板位置的调节通过调节螺母 1 和固定螺钉 6 进行，可以做前后移动和左右摆动。通过调节调整轴 9 两侧的螺钉就可以调节熔嘴板的垂直度。该夹持机构不能使熔嘴沿垂直方向上下移动。若需少量移动，将熔嘴与夹持板之间连接的孔割成长孔即可。

③控制箱。焊机的控制电器元器件均装在单独的控制箱内，在控制箱上装有控制台，对焊接过程实现自动操纵。

（4）管状熔嘴电渣焊机的组成　管状熔嘴电渣焊机主要包括焊接电

源、焊丝给送机构和电器控制部分等，通常利用埋弧自动焊设备。

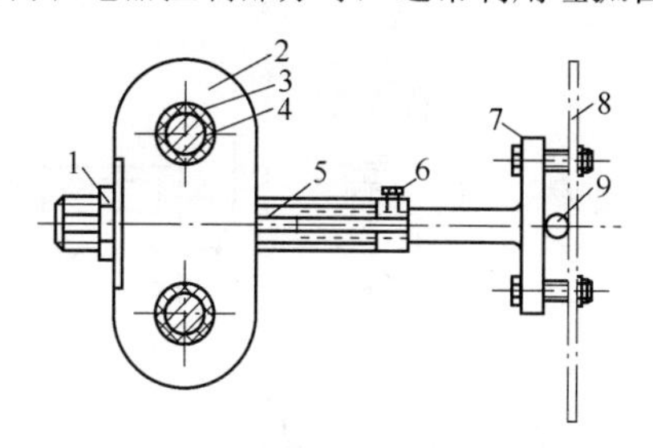

图 6-43 常用单熔嘴夹持机构

1. 调节螺母；2. 滑动支架；3. 绝缘圈；4. 支架轴；5. 螺杆；
6. 固定螺钉；7. 夹持板；8. 熔嘴板；9. 调整轴

焊接电源一般采用 BX2-1000 型焊接变压器。当单根焊丝焊接时，可采用 MZ-1000 型自动焊机给送焊丝，使焊丝经管状进入渣池；当使用多根焊丝焊接时，也可利用多丝熔嘴电渣的焊丝给送机构。此外，根据送丝原则可制造简单的焊丝给送机构。

（5）HR-1250 型熔嘴电渣焊机 成都焊研威达科技股份有限公司生产的 HR-1250 型熔嘴电渣焊机主要应用于中、厚板的垂直立焊，如大型水轮机叶片等变断面大厚度工件的焊接等。图 6-44 所示为其外部接线，图 6-45 所示为其内部结构。

3. 板极电渣焊机

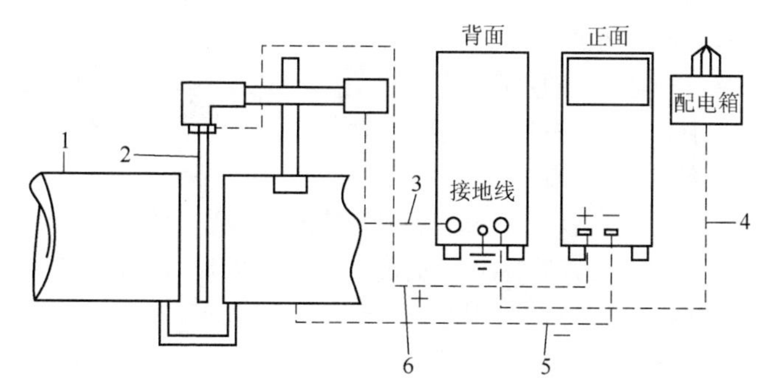

图 6-44 HR-1250 型熔嘴电渣焊机外部接线

1. 工件；2. 电极；3. 控制电缆；4. 进线电缆；5、6. 焊接电缆

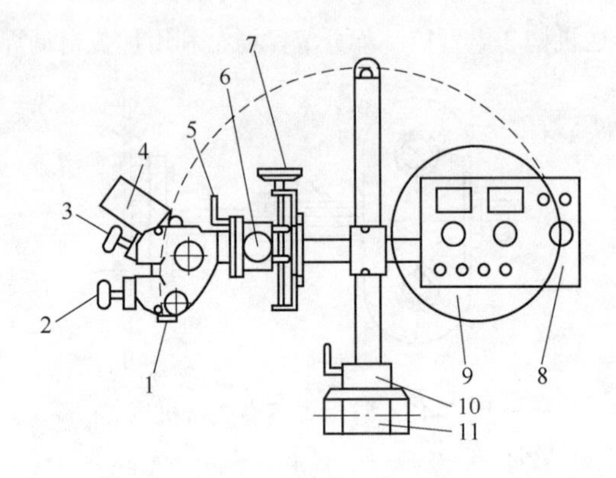

图 6-45　HR-1250 型熔嘴电渣焊机的内部结构

1. 焊嘴夹持结构；2. 焊丝校直旋钮；3. 焊丝压紧旋钮；4. 电动机减速总成；5. 焊头摆角调节机构；6. 左-右手动微调；7. 上-下手动微调；8. 机头控制；9. 焊丝盘；10. 回转机构；11. 夹持机构

板极电渣焊机适用于焊接短而截面大的圆棒、矩形工件和方形工件，一般采用多功能电渣焊机即可。对于特殊形状的工件，则采用非标准的板极电渣焊机。板极电渣焊机因其截面面积较大熔化速度远比丝极电渣焊机的熔化速度慢。

板极电渣焊比较简单，不需要机头的移动机构和电极的摆动机构，有时也不需要滑块机构。板极电渣焊机的执行机构由机架、板极送给机构、板极导向机构组成。

板极可以是铸造的也可以是锻造的。其长度一般约为焊缝长度的三倍以上。于是，焊缝越长，焊接装置的高度就越高。

4. 接触电渣焊机

接触电渣焊机是将工件端部在高温渣池内熔化，形成金属熔池后，停止通电，采用压力机构将两个被焊工件加压顶锻，待冷却后便形成对接接头。接触电渣焊可用于棒料对接。

接触电渣焊机的执行机构主要由工件夹持机构、铜制水冷套装置和工件加压机构。

（1）国产 HDS 系列电渣压力焊机　国产 HDS 系列电渣压力焊机

可用于钢筋、棒材的接长。目前已广泛应用于建筑行业的钢筋对接。该设备不需导电焊剂而直接采用一般的埋弧焊焊剂（如 HJ431），通过短路引弧建立渣池，加热焊件。该电渣压力焊机节能高效，可焊钢筋规格为ϕ14～ϕ36mm。

HDS 系列电渣压力焊设备主要由焊接电源、操作杆、上下钢筋夹持机构和焊剂盒组成。

（2）HYS-630 型竖向钢筋电渣压力焊机 HYS-630 竖向钢筋电渣压力焊机是北京东升电焊机厂面向建筑行业对竖向钢筋电渣压力焊接新工艺的要求而开发研制的电渣压力焊设备。该产品适用于现浇钢筋混凝土结构中ϕ14～ϕ36mm 竖向钢筋的接长，也可作为普通交流手工电弧焊机使用。

竖向钢筋电渣压力焊工艺与传统的钢筋接绑扎联、气压焊、帮条焊、搭接等方法相比，具有质量可靠、效率高、少电、节约钢材等优点。以ϕ25mm 钢筋为例，按每年 3 万个接头计算，可比电弧搭接焊方法节约 100t 钢材。由于一台电源可配两套或多套卡具实行流水作业，因此焊接效率比普通电弧搭接焊提高 8～10 倍，比气压焊提高 1～1.5 倍，具有显著的经济效益。产品特点如下。

①本设备由包括控制系统的一体式焊接电源、控制盒和焊接卡具组成。一台焊接电源可配两套或多套焊接卡具进行流水作业，提高工作效率。

②焊接电源输入回路采用晶闸管控制，控制灵敏、可靠，与用接触控制的方式相比，振动小、噪声低。

③每个钢筋接头焊接结束，控制系统自动切断输入电源，消除了空载损耗，节约电能。

④焊接卡具体积小、质量轻、移动方便，适用于焊接密度较大的钢筋。

⑤既可进行竖向钢筋电渣压力焊，又可进行普通手工电弧焊和电弧切割。

6.3.4　电渣焊机技术参数

①常用电渣焊机技术参数见表6-23。

表6-23　常用电渣焊机技术参数

<table>
<tr><th colspan="2">技术参数＼型号</th><th>HS-500</th><th>HS-1000</th><th>HR-1000</th></tr>
<tr><td colspan="2">焊机名称</td><td>电渣压力对焊机</td><td>万能电渣焊机</td><td>熔嘴电渣焊机</td></tr>
<tr><td colspan="2">电源电压/V</td><td colspan="3">380</td></tr>
<tr><td colspan="2">相数</td><td>—</td><td>3</td><td>—</td></tr>
<tr><td colspan="2">额定焊接电流/A</td><td>500</td><td>3×900</td><td>1000（单丝）</td></tr>
<tr><td colspan="2">额定负载持续率（%）</td><td>60</td><td>100</td><td>100</td></tr>
<tr><td colspan="2">额定输入容量/（kV·A）</td><td>42</td><td>160</td><td>—</td></tr>
<tr><td colspan="2">工作电压/V</td><td>25～50</td><td>38～53</td><td>35～60</td></tr>
<tr><td colspan="2">焊丝直径/mm</td><td rowspan="2">所用焊剂HJ431</td><td>3</td><td>3</td></tr>
<tr><td colspan="2">板极电极宽度/mm</td><td>250</td><td>—</td></tr>
<tr><td rowspan="4">焊接厚度/mm</td><td>直缝</td><td rowspan="2">焊接钢筋直径16～32mm</td><td>60～500</td><td>—</td></tr>
<tr><td>角缝</td><td>60～250</td><td>—</td></tr>
<tr><td>环缝</td><td>—</td><td>450</td><td>—</td></tr>
<tr><td>板缝</td><td>—</td><td>800</td><td>—</td></tr>
<tr><td colspan="2">焊丝输送速度/（m/h）</td><td>—</td><td>60～450</td><td>60～480</td></tr>
<tr><td rowspan="2">焊丝水平往复移动</td><td>速度/(m/h)</td><td>—</td><td>21～75</td><td>—</td></tr>
<tr><td>行程/mm</td><td>—</td><td>250</td><td>—</td></tr>
<tr><td colspan="2">焊接速度/（m/h）</td><td>焊接时间20～40s</td><td>0.5～9.6</td><td>—</td></tr>
<tr><td rowspan="2">焊接电源</td><td>型号</td><td>—</td><td>BP1-3×1000</td><td>BP5-1000</td></tr>
<tr><td>冷却方式</td><td>—</td><td>强迫风冷</td><td>—</td></tr>
<tr><td colspan="2">滑块冷却方式</td><td>—</td><td>水冷</td><td>—</td></tr>
<tr><td colspan="2">冷却水流量/（L/h）</td><td>—</td><td>1500～1800</td><td>—</td></tr>
<tr><td colspan="2">特点和适用范围</td><td>在混凝土框架结构中竖向钢筋对接代替原来的双面绑条焊、搭接焊、开坡口焊等，可提高工作效率几十倍</td><td>它可焊接厚度为60～250mm的单程对接直焊缝、T形接头，用板极电渣焊焊接800mm以下的对接焊缝等</td><td>用于大型水轮机叶片等变断面大厚度工件的焊接；既可作为单丝，又可作为三丝熔嘴电渣焊（三丝，3×1000A）；无级调节平特性电源、遥控调节电流和送丝速度</td></tr>
</table>

②HS-1250 型丝极电渣焊机技术参数见表 6-24。

表 6-24 HS-1250 型丝极电渣焊机技术参数

项 目	技术参数
适用焊丝直径/mm	2.0～2.4
引弧方式	缓送、定点
焊接速度范围/（mm/min）	12～120
额定焊接电流/A	1250
送丝速度范围/（cm/min）	50～580
焊枪调节范围/mm	前后：±50；左右：±15
行走导轨/（长×宽×高）	等边角钢 4.5#～6.3#
外形尺寸/（mm×mm×mm）	小车：570×330×200

③HR-1250 型熔嘴电渣焊机技术参数见表 6-25。

表 6-25 HR-1250 型熔嘴电渣焊机技术参数

项 目	技术参数
输入电压/V	380
额定输入/（V·A）	400
焊接电压/V	22～44
额定焊接电流/A	1250
电压调节范围/V	35～60
电流调节范围/A	250～1250
额定负载持续率（%）	100
外形尺寸/（mm×mm×mm）	850×430×500

④KES-TM54 型电渣焊机技术参数见表 6-26。

表 6-26 KES-TM54 型电渣焊机技术参数

项 目	技术参数
焊接程序	KES 程序
焊接电流/A	650
焊丝直径/mm	2.4
送丝速度/（m/min）	0.5～6.5

续表 6-26

项　目	技 术 参 数
送丝电动机	DC100W
送丝控制方式	恒速
焊接范围	80mm（X 坡口）；40mm（V 坡口）
升降速度/（mm/min）	12～120

⑤HDS 系列电渣压力焊机技术参数见表 6-27。

表 6-27　HDS 系列电渣压力焊机技术参数

技术参数＼型号	HDS-500	HDS-630
电源电压	单相，380V	
额定输入电流/A	101.4	129
额定输入功率/（kV·A）	38.6	49
输入电流调节范围/A	60～600	60～800
输入空载电压/V	75/70	79/75
工作电压/V	40	44
可焊钢筋直径/mm	14～32	14～36
额定负载持续率（%）	60	35
额定输出电流/A	500	631

⑥HYS-630 型竖向钢筋电渣压力焊机技术参数见表 6-28。

表 6-28　HYS-630 型竖向钢筋电渣压力焊机技术参数

项　目	技 术 参 数
电源电压	单相，380V，50Hz
额定输出电流/A	630
额定负载持续率（%）	35
输出电流调节范围	65A/22.6V～750A/44V
可焊钢筋直径/mm	14～36
外形尺寸/（mm×mm×mm）	710×480×940

6.3.5 电渣焊机的正确使用

电渣焊以丝极电渣焊应用最多。丝极电渣焊焊接操作过程如下。

1. 材料准备

①准备合适的焊剂、焊丝。

②准备好起焊槽、引出板和定位板。电渣焊工件的定位如图 6-46 所示。起焊槽和引出板用母材板制作，图 6-47（a）所示为对接接头定位板，图 6-47（b）所示为 T 形接头定位板。

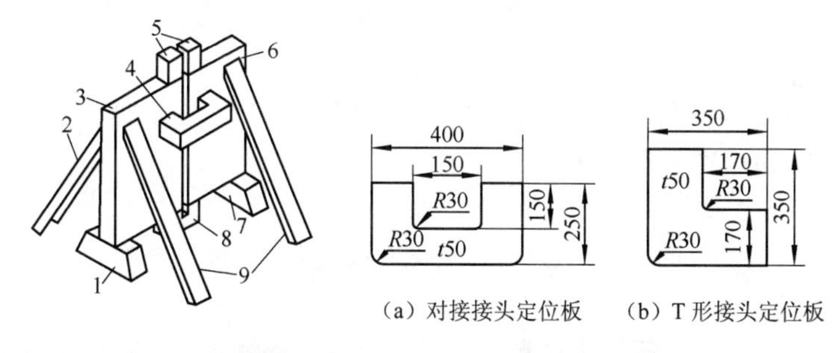

图 6-46 电渣焊工件的定位

1、7. 垫块；2、9. 支撑槽钢；
3、6. 工件；4. 对接接头定位板；
5. 引出板；8. 起焊槽

图 6-47 定位板

③准备支撑工件的角钢或槽钢。如果工件不大，可用角钢支撑；如果工件较厚、较高，为了支撑可靠，宜用槽钢支撑。对于大量生产的同一种尺寸的工件，宜制作一套可反复使用的焊接支撑架，以提高生产率和支撑可靠性。

④水冷成形滑块的准备。首先检查滑块是否变形，如果有变形应校平后再使用，以确保不漏渣；其次要保证不漏水；还要确认进出水的方向，即下进上出。

⑤工件准备。将工件的焊口两侧 50mm 以内的锈和油污清理干净，70mm 范围内要光滑平整，以保证滑块能贴紧，且移动顺畅。

⑥清理工作场地，准备好工件下面的垫块，垫块的安放位置如

图 6-46 所示。

⑦熔嘴电渣焊要先制出熔嘴，板极电渣焊应先制出板极。

2. 固定工件

①安装引出板和起焊槽。引出板要牢固地焊在工件的上端；起焊槽要牢固地焊在工件的下端。焊好后要将工件表面清理干净，以免影响水冷滑块的移动。

②安装对接接头定位板。要用焊条电弧焊将对接接头定位板牢固地焊在工件上，既要保证定位准确，又要保证连接牢固。

③用起重设备将工件立起来，垫上垫块。

④用支撑角钢或槽钢将工件支牢，并将支撑槽钢与工件焊接起来。支牢后的工件如图 6-46 所示。

3. 安装焊机

①将焊机的垂直轨道置于工件无对接接头定位板的一侧，使轨道与工件平行。

②将水冷成形滑块安装在工件最下端的起焊槽两侧，与起焊槽构成一个矩形池，此处即渣焊的起焊点。

③将焊机机头装好，并与水冷成形滑块连好，使其与机头同步升降。

④装好焊丝盘，并将焊丝穿过送丝滚轮和导电嘴，至起焊槽。

⑤接好水冷管，并通水试验，确保冷却水道畅通。

⑥将焊接电源和控制系统电源线接好，确认连接完好后进行空载试车，确认全部安装合格。

4. 焊接操作

无论什么型号的电渣焊机，其焊接操作如下。

①推上（接通）电源开关，使焊接电源和控制系统进入待机状态。

②向起焊槽内加入焊剂（厚度为 15～20mm），按起动按钮，焊丝送进引燃电弧，此时的电压高于正常焊接时的电压（2～4V），焊剂熔化形成熔渣池，此时应向熔渣池内添加焊剂，使熔渣池加深。

③熔渣池达到电渣焊要求深度时，将电压和送丝速度调至正常，使电弧熄灭，进入正常电渣焊接过程。

④在整个焊接过程中，机头的上升与焊接速度同步，操作者应监控熔渣池的深度和水冷成形滑块的上升速度是否与焊接速度同步。

⑤焊接至顶端时，逐渐减小焊接电流和电压，待熔渣池与引出板的顶端相平时，即应停止送丝，关闭焊接电源。

5. 焊接操作结束

焊接结束后，关闭与焊接有关的所有电源，拆下焊机机头和垂直轨道，放在适当的地方妥善保管。

焊接后立即割除定位板、引弧造渣板和引出板，然后进行热处理。

6.4 激光焊设备

6.4.1 激光焊设备的组成

激光焊接是利用高能量密度的激光束作为热源的一种高效精密焊接方法。激光焊接因具有高能量、高密度、可聚焦、深穿透、高产率、高精度、适应性强等优点而受到人们的重视，并已应用于航空航天、汽车制造、电子轻工等领域。

激光焊设备主要由激光器、光学系统、机构系统、控制与监测系统及一些辅助装置等组成。其中，用于焊接的激光器主要有 YAG 固体激光器和 CO_2 气体激光器两大类。光学系统包括导光及聚焦系统、光学元器件的冷却系统、光学系统的保护装置等；机构系统主要包括工作台和计算机控制系统（或数控工作台）；控制与监测系统主要进行焊接过程与质量的监控。另外，还有光束检测仪及其他辅助装置和保护气、冷却系统等。光束检测仪的作用是监测激光器的输出功率，有的还能测量光束横截面上的能量分布状况，判断光束模式。

激光焊接设备的组成如图 6-48 所示。多工位激光加工中心（CO_2 激光器）如图 6-49 所示；激光加工机器人（YAG 激光器）如图 6-50 所示。

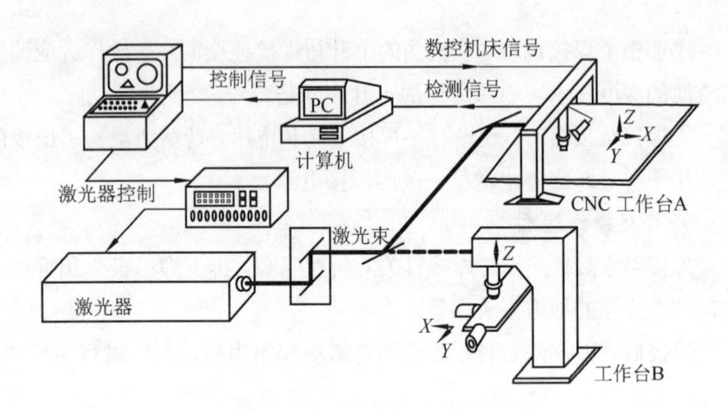

图 6-48　激光焊接设备的组成

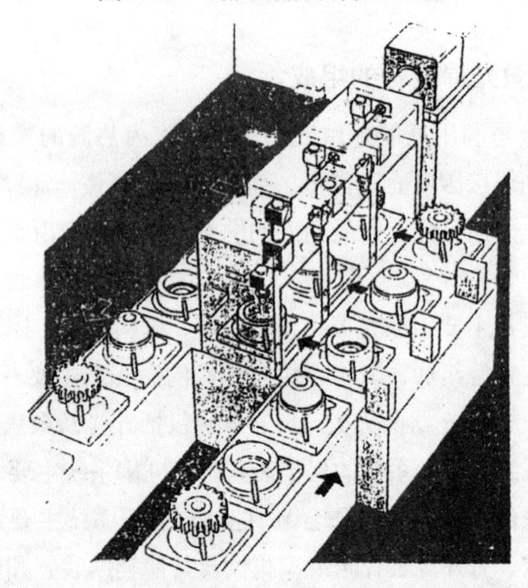

图 6-49　多工位激光加工中心（CO_2激光器）

1. 激光器

(1) 激光器的分类与组成　激光器是激光焊设备的核心。按激光工作物质的状态，激光器可分为固体激光器和气体激光器。激光器一般由下列部件组成。

①激光工作物质。它必须是一个具有若干能级的粒子系统并具备亚

稳态能级，使粒子数反转和受激辐射成为可能。

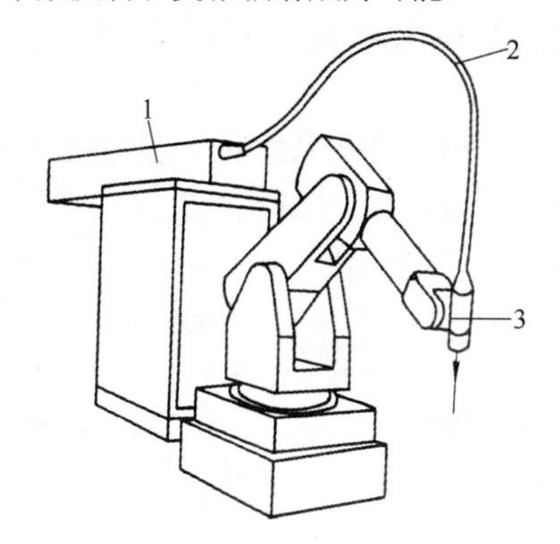

图 6-50 激光加工机器人（YAG 激光器）

1. YAG 激光器；2. 光纤；3. 激光枪

②激励源（泵浦源）。由它为激光物质提供能量，使之处于非平衡状态，形成粒子数反转。

③谐振腔。为受激辐射提供振荡空间和稳定输出的正反馈，并限制光束的方向和频率。

④电源。为激励源提供能源。

⑤控制和冷却系统等。保证激光器能够稳定、正常和可靠工作。

⑥如果是固体激光器，则还有聚光器。使光泵浦的光能最大限度地照射到激光工作物质上，提高泵浦光的有效利用率。

（2）气体（CO_2）激光器 CO_2 激光器是目前工业应用中数量最大、应用最广泛的一种激光器。

1）CO_2 激光器的特点。与常规电弧焊设备相比，CO_2 激光器具有以下特点。

①输出功率范围大。CO_2 激光器的最小输出功率为数毫瓦，最大可输出几百千瓦的连续激光功率。脉冲 CO_2 激光器可输出 10^4J 的能量，脉冲宽度单位为 ns，在医疗、通信、材料加工、武器装备等诸多领域广泛应用。

②能量转换功率高于固体激光器。CO_2 激光器的理论转换功率为

40%，实际应用中其电光转换效率也可达到15%。

③CO_2激光波长为10.6μm，属于红外光，它可在空气中传播很远而衰减很小。

2）CO_2激光器的分类。根据结构形式可将热加工应用的CO_2激光器分为密（封）闭式、横流式、轴流式和板条式四种。

①密（封）闭式CO_2激光器。其主体结构由玻璃管制成，放电管中充以CO_2、N_2和He的混合气体，在电极间加上直流高压电，通过混合气体辉光放电，激励CO_2分子产生激光，从窗口输出。为了得到较大的功率，常把多节放电管串联或并联使用。密闭式CO_2激光器的结构如图6-51所示。

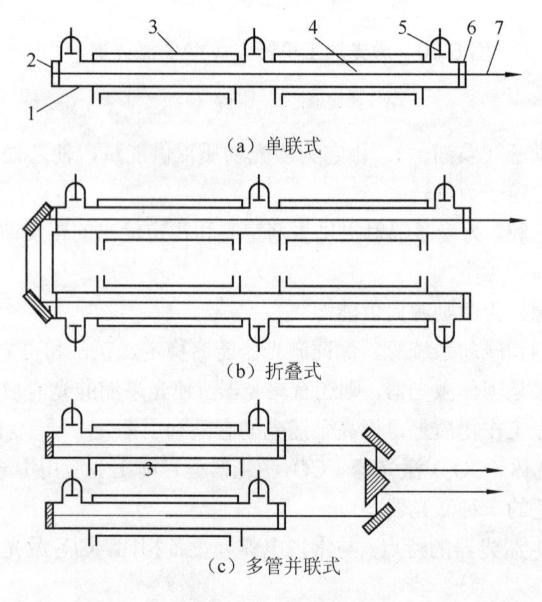

图6-51　密闭式CO_2激光器的结构

1. 放电管；2. 全反射镜；3. 冷却水套；4. 激光工作气体；
5. 电极；6. 输出窗口；7. 激光束

②横流式CO_2激光器。横流式CO_2激光器的结构如图6-52所示。

激光器工作时，工作气体由风机驱动在风管内流动，流速可达 60～100m/s。管板电极组成了激光器的辉光放电区，当工作气体流过放电区时，CO_2 分子被激发，然后流过由全反射镜和输出窗口组成的谐振腔，产生受激辐射发出激光。气体经过放电区，温度升高，在风管内有一冷却器强制冷却由风机驱动的气体，冷却后的气体又循环流回放电区，工作气体如此循环进行流动，可获得稳定的激光输出。由于输出的激光束、放电方向和放电区内气流的方向三者之间互相垂直，所以称为横流式 CO_2 激光器。

横流式 CO_2 激光器的主要特点是输出功率大，占地面积较小（与密闭式相比）。现在最大连续输出功率已达几十千瓦。输出激光模式一般为高阶模式或环形光束模式。

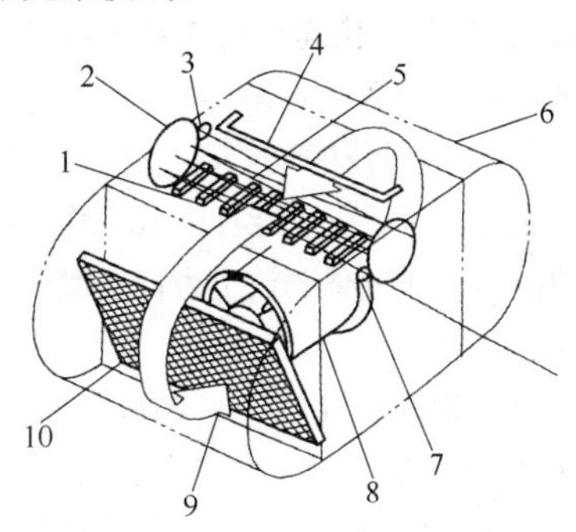

图 6-52 横流式 CO_2 激光器的结构

1. 平板式阳极；2. 折叠镜；3. 后腔镜；4. 阴极；5. 放电区；
6. 密封壳体；7. 输出反射镜；8. 高速风机；9. 气流方向；10. 热交换器

③速轴流式 CO_2 激光器。速轴流式 CO_2 激光器也称为纵流式 CO_2 激光器，按工作气体在激光器内的流速不同，又可以分为快速轴流式（气体流速一般为 200～300m/s，有时超过音速，最高流速可达 500m/s）和慢速轴流式（气体流速仅为 0.1～1.0m/s）两种。

快速轴流式 CO_2 激光器的结构如图 6-53 所示。工作气体在罗茨风机的驱动下流过放电管受到激励，并产生激光。工作时真空系统不断抽出一部分气体，同时又从补充气源不断注入新的工作气体（换气速度为

100～200L/min），以维持气体成分不变。

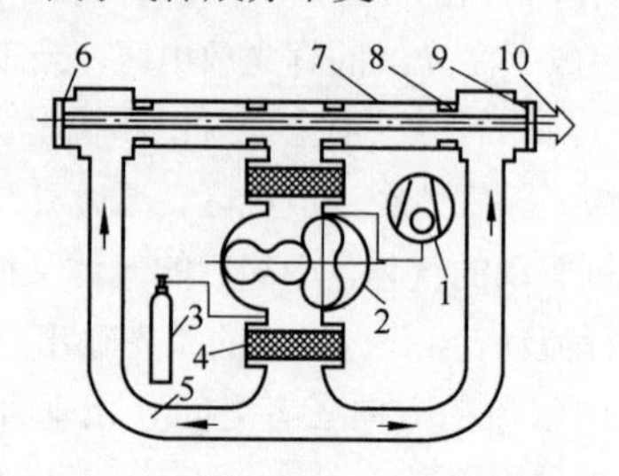

图 6-53　快速轴流式 CO_2 激光器的结构

1. 真空系统；2. 罗茨风机；3. 激光工作气体源；4. 热交换器；5. 气管；
6. 全反射镜；7. 放电管；8. 电极；9. 输出窗口；10. 激光束

与密闭式 CO_2 激光器相比，快速轴流式 CO_2 激光器的最大特点是在单位长度的放电区域上获得的激光输出功率大，一般大于 500W/m，因此体积大大缩小，可用于激光焊接机器人；它的另一特点是输出光束质量好，以低阶或基模输出，而且可以脉冲方式工作，脉冲频率可达数十千赫兹。由于谐振腔内的工作气体、放电方向和激光输出方向一致，故称为快速轴流式 CO_2 激光器。

慢速轴流式 CO_2 激光器与快速轴流式 CO_2 激光器相似，工作时也要不断抽出部分气体和补充新鲜气体，以有效地排除工作气体中的分解物，保持输出功率稳定于一定水平。然而，与快速轴流式相比，其抽出和补充的气体都少得多，所以单位时间内消耗的新气体大大减少。在单位长度的放电区域上仅可获得 80W/m 左右的输出功率。因此，为减少占地面积和增加输出功率，慢速轴流式 CO_2 激光器可做成折叠式的。

慢速轴流式 CO_2 激光器的结构如图 6-54 所示。由于制成高功率器件时尺寸大，慢速轴流式正被快速轴流式所取代。但由于慢速轴流式的换气率低，消耗的新工作气体量远少于快速轴流式。我国 He 气体的价格非常昂贵，针对这种实际情况，减少新气体消耗，也就减少了 He 气体的消耗，可使运行费用大大降低，因此，慢速轴流式也不失为一种可供选择的激光器。

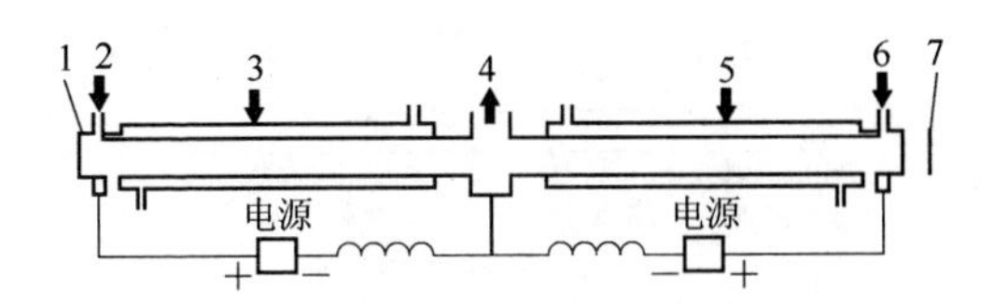

图 6-54　慢速轴流式 CO_2 激光器的结构

1. 球面全反射镜；2、6. 气体输入；3、5. 水冷套；4. 泵；7. 部分反射平面输出镜

④板条式 CO_2 激光器。板条式 CO_2 激光器的结构如图 6-55 所示。其主要特点是光束质量好，消耗气体少，运行可靠，免维护，运行费用低。目前，板条式 CO_2 激光器的输出功率已达 3.5kW。

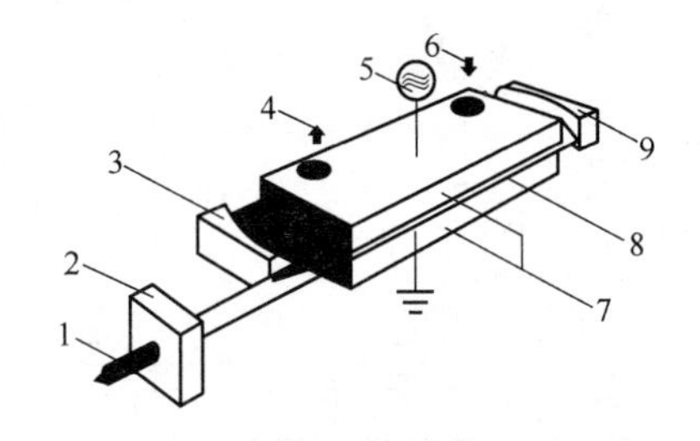

图 6-55　板条式 CO_2 激光器的结构

1. 激光束；2. 光束整形器；3. 输出键；4、6. 冷却水；
5. 射频激励；7. 后腔镜；8. 射频激励放电；9. 波导电极

3）固体激光器。固体激光器根据工作介质不同分为红宝石激光器、钕玻璃激光器和钇铝石榴石（YAG）激光器。

YAG 固体激光器的结构如图 6-56 所示。固体激光器的主电路指泵灯（氙灯）的高压电路。泵灯高压电路为泵灯发出强光提供能源；泵灯强光使激光器介质的粒子“集居数反转”，为产生激光束提供必要条件。图 6-57 所示为 HjH-30 钕玻璃激光器主电路，它是固体激光器的典型电路。

①焊接和切割用激光器的类型和适用范围见表 6-29。

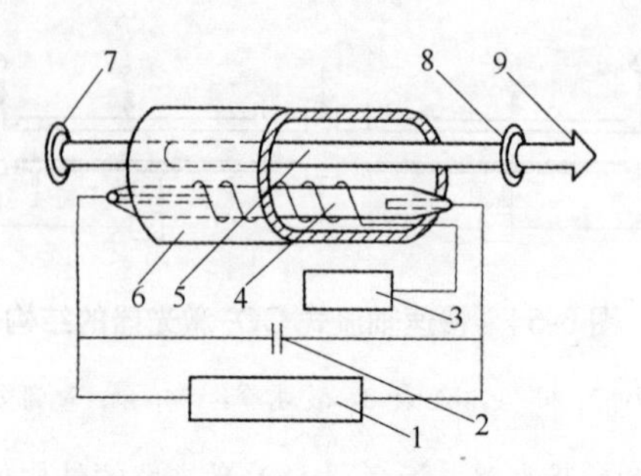

图 6-56　YAG 固体激光器的结构

1. 高压电源；2. 储能电容；3. 触发电路；4. 泵灯；
5. 激光工作物质；6. 聚光器；7. 全反射镜；8. 部分反射镜；9. 激光

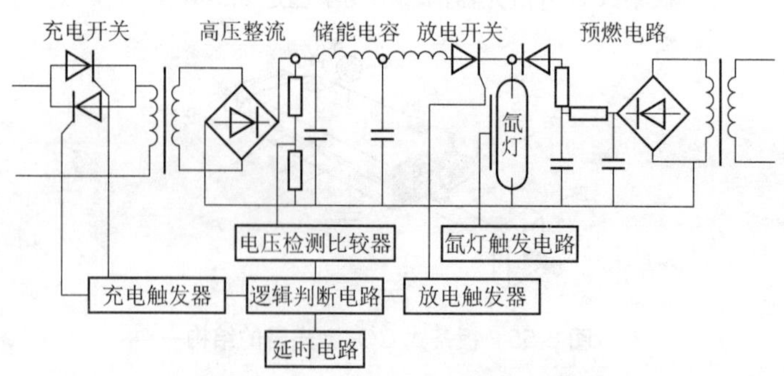

图 6-57　NjH-30 钕玻璃激光器主电路

表 6-29　焊接和切割用激光器的类型和适用范围

<table>
<tr><th colspan="2">类　型</th><th>波长/μm</th><th>工作方式</th><th>重复频率/Hz</th><th>输出能量</th><th>适用范围</th></tr>
<tr><td rowspan="4">固体激光器</td><td>红宝石</td><td>0.6943</td><td>脉冲</td><td>0～1</td><td>1～100J</td><td>点焊、打孔</td></tr>
<tr><td>钕玻璃</td><td>1.06</td><td>脉冲</td><td>0～1/10</td><td>1～100J</td><td>点焊、打孔</td></tr>
<tr><td rowspan="2">钇铝石榴石（YAG）激光器</td><td rowspan="2">1.06</td><td rowspan="2">脉冲
连续</td><td rowspan="2">0～400</td><td>1～100J</td><td>点焊、打孔</td></tr>
<tr><td>0～2kW</td><td>焊接、切割
表面处理</td></tr>
<tr><td rowspan="3">气体激光器</td><td>密闭式 CO_2 激光器</td><td>10.6</td><td>连续</td><td>—</td><td>0～1kW</td><td>焊接、切割
表面处理</td></tr>
<tr><td>横流式 CO_2 激光器</td><td>10.6</td><td>连续</td><td>—</td><td>0～25kW</td><td>焊接、切割
表面处理</td></tr>
<tr><td>快速轴流式 CO_2 激光器</td><td>10.6</td><td>连续脉冲</td><td>0～5000</td><td>0～6kW</td><td>焊接、切割</td></tr>
</table>

②不同 CO_2 激光器性能比较见表 6-30。

表 6-30 不同 CO_2 激光器性能比较

类　　型	低速轴流式	高速轴流式	横　流　式
气流速度/（m/s）	约 1	约 500	10～100
气体压力/kPa	0.66～2.67	约 6.66	约 100
单位长度输出功率/（W/m）	50～100	约 1000	约 5000
输出功率/W	1000	5000	15000
优点	可获稳定单模	小型高输出	易获高输出功率
缺点	尺寸庞大，维修难	压气机稳定性要求高，气耗量大	只能获多模，效率低

③脉冲 YAG 和连续 CO_2 激光器的应用见表 6-31。

表 6-31 脉冲 YAG 和连续 CO_2 激光器的应用

激光类型	材料	厚度/mm	焊接速度	焊缝类型	备　　注
脉冲 YAG 激光器	钢	<0.6	8 点/s 2.5m/min	点焊	适用于受到限制的复杂构件
	不锈钢	1.5	0.001	对接	最大厚度为 1.5mm
	钛	1.3	—	对接	铝铜等反射材料的焊接；以脉冲提供能量，特别适于点焊
连续 CO_2 激光器	钢	0.8 20	1～2m/min 0.3m/min	对接 对接	最大厚度：0.5mm（300W）；5mm（1kW）；7mm（2.5kW）；10mm（5kW）
		>2	2～3m/min	小孔	

④常见国产焊接用激光器技术参数见表 6-32。

表 6-32 常见国产焊接用激光器技术参数

参　　数	CO_2 激光器	YAG 激光器
波长/μm	10.6	1.06
光子能量/eV	0.12	1.16
最高功率/W	10000	500
输出方式	连续/脉冲	连续/脉冲
调制方式	气体放电	电光调 Q 或声光调 Q

续表 6-32

参　数	CO_2 激光器	YAG 激光器
脉冲功率/kW	＜10	$<10^3$
脉冲频率/kHz	＜5	＜1
模式	基模或多模	多模
发散角全角/mrad	1～3	5～20
总效率（%）	12	3

2. 光束传输及聚焦系统

光束传输及聚焦系统又称为外部光学系统，用于将激光束传输并聚焦到工件上。图 6-58 所示为两种光束传输及聚焦系统。反射镜用于改变光束的方向，球面反射镜或透镜用来聚焦。在固体激光器中，常用光学玻璃制造反射镜和透镜。而对于 CO_2 激光器设备，由于激光波长较长，常用铜或反射率高的金属制造反射镜，用 GaAs 或 ZnSe 制造透镜。透射式聚焦用于中、小功率的激光加工设备，而反射式聚焦用于大功率激光加工设备。

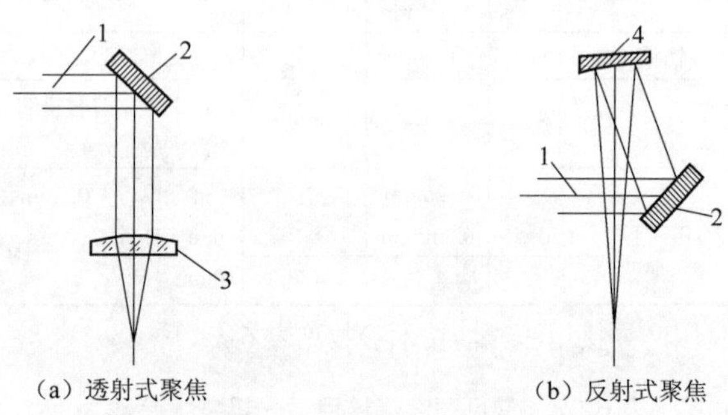

图 6-58　光束传输及聚焦系统

1. 激光束；2. 平面反射镜；3. 透镜；4. 球面反射镜

3. 光束检测器

光束检测器主要用于检测激光器的输出功率或输出能量，并通过控制系统对功率或能量进行控制。电动机带动旋转反射针高速旋转，当激光束通过反射针的旋转轨迹时，一部分激光（＜0.4%）被反射上的反射面所反射，通过锗透镜衰减后聚焦，落在红外激光探头上，探头将光信号转变为电信号，由信号放大电路放大，通过数字毫伏表读数。由于探头给出的电信号与所检测到的激光能量成正比，因此数字毫伏表的读数与激光功率成正比，它所显示的电压大小与激光功率的大小相对应。

4. 工作台及其控制装置

不仅要求工作台能装夹工件，而且还要做二维以上的多维运动，使聚焦后的激光束始终能照射到需要焊接的部位上。对于大型工件特别是大型板料工件的焊接，可用龙门式工作台。但是这种三维工作台的激光束在工作时其光轴始终是垂直向下的，有时并不能对空间形状复杂的工件进行焊接，需进行改进，增加激光头的两个“关节”，即增加两个方向的旋转自由度，这样就形成五维工作台，实现全方位加工。

对短期生产运转、加工中心和实验室，一般使用手动上、下和夹持工件机构。为了充分发挥激光焊接的高效优点，大多数长期运转生产线采用上、下料和焊接自动化装置，重力式输送机构和机械手都是可行的选用方案。

工件的上、下料自动化固然明显缩短了辅助时间，但激光焊接速度是如此快，上、下料时间还是经常超过焊接时间。为了提高焊接生产线总的生产效率，往往为一台激光器配置两台或多台工作台（站），这些工作台可以同步进行工作，即当第一台焊接的同时，另一台则正在上、下料，激光束可通过滑动镜片从第一工作台转向另一工作台。

5. 控制与监测装置

计算机用于对整个激光焊接机的控制和调节，如控制激光器的输出功率，控制工作台的运动，对激光焊接过程及质量进行监控等。这种安排可大幅度提高焊接生产率而只需稍微增加运转费用。现在，许多数字程序控制器作为激光焊接系统的核心控制部件供选择，这种控制器能操纵激光器与工件夹持系统协调一致。它还需要有足够的输入/输出信号，去调节、控制工件移动和激光功率升、降开关动作以及气流量等，同时还调控工件在位状态、冷却水温度和气体压力等。

激光焊接过程智能化监测系统如图 6-59 所示。

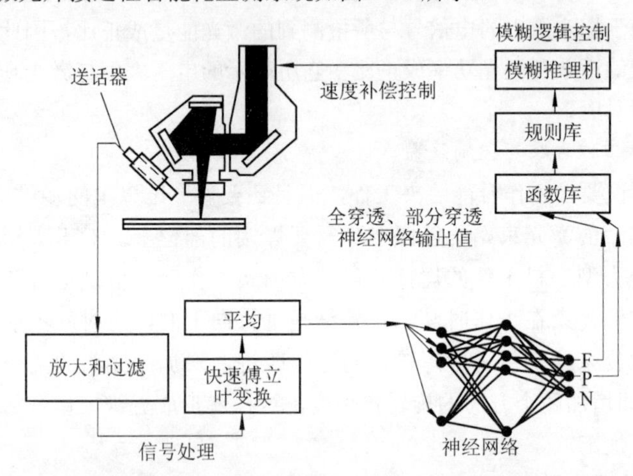

图 6-59　激光焊接过程智能化监测系统

6.4.2　常用激光焊机

1. 激光焊机的分类、特点和适用范围

激光焊机是将激光束作为能源熔化金属进行焊接的设备，按激光工作物质状态的不同，可分为固体激光焊机和气体激光焊机两大类；按输出激光形式的不同，可分为脉冲点焊式和连续缝焊式。

激光焊机的分类、特点和适用范围见表 6-33。

表 6-33　激光焊机的分类、特点和适用范围

分　类	特　点	适 用 范 围
脉冲点焊式	1. 输出激光脉冲，每个脉冲在被焊金属上形成一个焊点，一个脉冲的能量为 1～100J； 2. 普遍采用固体激光器，其产生激光的工作物质为红宝石、钕玻璃和钇铝石榴石（YAG）等	用于金属薄板、薄膜和丝材的点焊，如仪器、仪表、微电子元器件、集成电路、热电偶等；还可用于金属、非金属的打孔

续表 6-33

分 类	特 点	适 用 范 围
连续缝焊式	1. 输出连续的激光束，对母材进行熔化焊接； 2. 大多用 CO_2 激光器，其工作物质为二氧化碳中加入少量氨和氦；也可用钇铝石榴石激光器；前者激光功率可达25kW，后者输出功率为 0～2kW	1. 用于薄板及中等厚度的熔焊，如食品罐、组合齿轮、轧钢时薄板（硅钢、高碳网、不锈钢）的对接等焊接； 2. 用来切割金属、陶瓷、石英、宝石、铁氧体、玻璃钢、布料、木料等非金属材料，以及对材料进行表面局部热处理

2. 常用激光焊机

激光焊机主要由激光器、控制系统、光束传输和聚焦系统、焊枪、电源、工作台及气源、水源、操作盘、带传动机械等组成。固体激光焊接设备如图 6-60 所示。

（1）固体激光焊机

①YAG 固体激光器。激光焊接使用 YAG 激光器，其工作物质为掺钕的忆铝石榴石晶体，平均输出功率为 0.3～3kW，最大功率可达 4kW。YAG 激光器可在连续或脉冲状态工作，也可在断续状态下工作。不同 YAG 激光器输出方式的特点见表 6-34。典型 YAG 激光器的结构如图 6-61 所示。

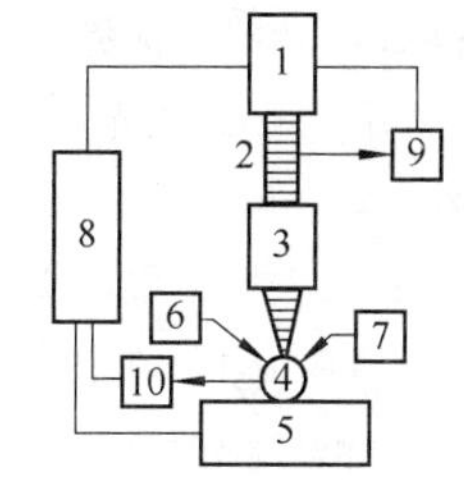

图 6-60 固体激光焊接设备

1. 激光器；2. 激光光束；3. 光学系统；4. 焊件；5. 转胎；6. 观测瞄准系统；7. 辅助能源；8. 程控设备；9、10. 信号器

表 6-34 不同 YAG 激光器输出方式的特点

输出方式	平均功率/kW	峰值功率/kW	脉冲持续时间	脉冲重复频率	能量/脉冲 J
连续	0.3～4	—	—	—	—
脉冲	～4	～50	0.2～20ms	1～500Hz	～100
Q-开关	～4	～100	＜1μs	～100kHz	～10^3

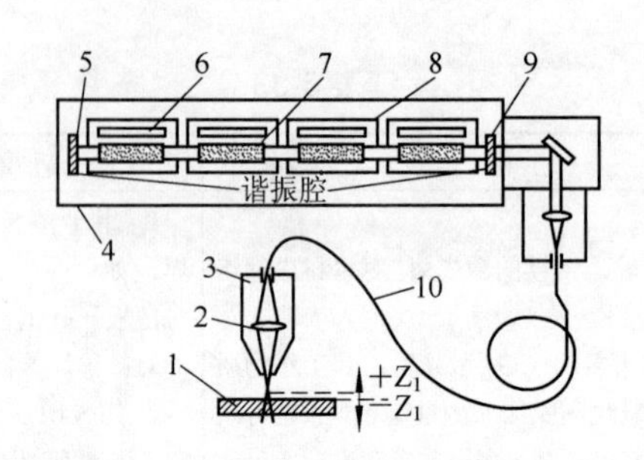

图 6-61 典型 YAG 激光器的结构

1. 工件；2. 输出透镜；3. 工作头；4. 激光头；5. 后反射镜；6. 氙灯；
7. YAG 激光器；8. 聚光器；9. 前反射镜；10. 光纤

YAG 激光器输出激光的波长为 1.06μm，是 CO_2 激光波长的十分之一。波长较短有利于激光的聚焦和光纤传输，也有利于金属表面的吸收，这是 YAG 激光器的优势；但 YAG 激光器采用光泵浦，能量转换环节多，器件总效率比 CO_2 激光器低，而且泵浦灯使用寿命较短，需经常更换。YAG 激光器一般输出多模光束，模式不规则，发散角大。

YAG 激光器常采用平凹稳定腔或平行平面腔。腔镜为均介质反射镜。全反镜反射率＞99.5%，连续波输出时，输出镜的输出率为 10%～20%；脉冲波输出时，输出率则可达 40%～60%。YAG 激光发散角一般比 CO_2 激光大，低功率时为 3～5mrad，高功率时为 10～30mrad。

②光学聚焦系统。激光发生器辐射出的激光束，其能量密度不足，通过聚焦系统的作用，使能量进一步集中后，才能用来进行焊接。由于激光的单色性和方向性好，因此可用简单地聚焦透镜或球面反射镜进行聚集。

③观察系统。由于激光束斑很小，为了找准接缝部位，必须采用观察系统。观察系统主要由测微目镜、菱形棱镜、正像棱镜、小物镜、大物镜组成。利用观察系统可放大 30 倍左右。

④电源。为保证激光器稳定运行，均采用快响应，恒稳定性高的固态电子控制电源。

⑤工作台。伺服电动机驱动的工作台可供安放工件实行焊接。

⑥控制系统。多采用数控系统。

（2）气体激光焊机 气体激光焊机的组成部分除了用 CO_2 激光器代替固体激光器外，其他部分基本上与固体激光器焊机相同。气体激光器主要是指 CO_2 激光器，它的工作介质是 CO_2、N_2、He 的混合气体，其配比为 60%∶30%∶7%（体积分数）。按气体的流动方式不同分为密闭式、横流式、轴流式三种类型。气体激光器的分类及特点见表 6-35。

表 6-35 气体激光器的分类及特点

分 类	波长/μm	工作方式	重复频率/Hz	输出能量/kW	适 用 范 围
封闭式 CO_2 激光器	10.6	连续	—	0～1	用于焊接、切割表面处理
横流式 CO_2 激光器		连续	—	0～25	用于焊接、切割表面处理
高速轴流式 CO_2 激光器		连续脉冲	0～5000	0～6	用于焊接、切割

①密闭式 CO_2 激光器的结构如图 6-51 所示。工作介质气体封闭在玻璃管内，在电极间加直流高压，使混合气体辉光放电，激励 CO_2 分子产生“集居数反转”，为形成激光创造条件。每 1m 玻璃管可获得 50W 左右的激光功率，常采用并、串联方式扩大激光功率范围。

②横流式 CO_2 激光器的结构如图 6-52 所示。混合工作气体在垂直光轴方向以 50m/s 速度流动。气体直接与换热器进行交换，冷却效果良好，因而获得 2000W/m 的激光输出功率。HGL-81 型横流式 CO_2 激光器主电路如图 6-62 所示。感应调压器 T_1 由中频发电机组获得三相中频电，调压后经主开关 S 供给高压变压器 T_2，经 T_2 升压，硅堆整流获得高压直流加于激光器的阳极和阴极之间。调节 T_1 可以调节输入电压，改变工作电流大小，调节输出的激光功率。常用横流式 CO_2 激光器技术参数见表 6-36。

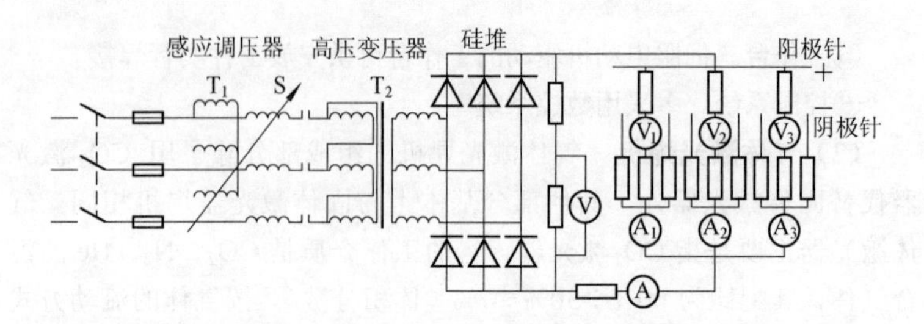

图 6-62　HCL-81 型横流式 CO_2 激光器主电路

表 6-36　常用横流式 CO_2 激光器技术参数

型号			HGL-8010	HGL-895	HGL-892	HJ-3	820	RS-840	管板式 CO_2 激光器
主要技术参数	波长/μm		10.6	10.6	10.6	10.6	10.6	10.6	10.6
	输出功率	多阶模/kW	10	5	2.5	1.8	—	4	5、10
		低阶模/kW	6	3	1.2	1	1.5	—	3、6
	功率不稳定度（%）		≤±3	≤±5	＜1.8	＜±2	±2	±2	±1
	电光效率（%）		≥16	＞13	15	15	15	—	14.3
	发散角	多模/(mrad)	5	5	5	—	—	≤3	3.5
		低阶模/(mrad)	2	2	2	—	2	—	2.2
	一次充气全封闭运行时间/h		＞6	≤8	—	—	—	—	8
	连续工作时间/h		—	＞8	＞30	—	—	—	＞20
适用范围			切割、焊接，表面合金化	热处理，表面涂敷，切割、焊接	焊接、切割，热处理	—	切割、焊接	焊接、切割，热处理	焊接、切割，热处理
研制（生产）单位			华中理工大学	华中理工大学	华中理工大学	中国科学院光学精密机械研究所	美国 Spectra-Physics	德国 Rofin-Sinar	中国科学院光学精密机械研究所

③快速轴流式 CO_2 激光器的结构如图 6-53 所示。混合工作气体在放电管中接近声速沿光束轴向流动，可获得 500～2000W/m 激光功率输出。输出模式为（TEM_{00}＋TEM_{01}），特别适于焊接和切割加工。常用高速轴流式 CO_2 激光器技术参数见表 6-37。

表 6-37　常用高速轴流式 CO_2 激光器技术参数

型　号		HF-500	HF-1500	C-506	810	RS2500	RS 700SM～RS 1700SM
主要技术参数	适用范围	切割、焊接					
	波长/μm	10.6					
	输出功率/W	600	1500	500	600	250～2800	700～1700
	功率不稳定度（%）	＜±1.5	＜±1.5	±2	＜±1.5	±2	±2
	光斑模式	基模为主	基模为主	基模为主	TEM_{00}	TEM_{20}	TEM_{10}
	连续运行时间/h	＞8	＞8	—	—	—	—
	转换效率（%）	＞20	20	—	—	—	—
研制（生产）单位		华中理工大学	华中理工大学	南京 772 厂	美国 Spectra-Physics	德国 Rofin-Sinar	德国 Rofin-Sinar

（3）汉普斯（HPS）系列激光焊机　HPS 系列激光焊接机采用电动调节激光器焦点的高低，通过面板上的手动按钮，可方便快速地调节激光焦点。焊缝平整、宽度窄，热影响区小，能完成传统工艺无法实现的精密焊接。这类激光焊机适用于各种材料的点焊、对接焊、叠焊、密封焊，适用于小件的精密焊接，完成平面直线、圆弧和任意轨迹的焊接。

（4）单片机控制（YAG）激光焊接机　这类激光焊接机采用单片机控制，主要型号有 RL-LWY180、RL-LWY300、RL-LWY400、RL-LWY500 等。单片机控制激光焊接机是应用高能脉冲激光对物件进行焊接。通过激光电源对氙灯充放电，形成一定频率和脉宽的光波经聚光腔辐射到 YAG 晶体，晶体发光经谐振后发出 1064nm 的脉冲激光，再经扩束、反射、聚焦后进行焊接。设备配备单片机控制的工作台，焊接时通过对激光频率、脉宽、工作台速度、移动方向进行高精度控制。设备主要采用单片机操作台编程，可完成点焊、对接焊、叠焊、密封焊；完成复杂的平面直线、圆弧和任意轨迹的焊接；可焊接金、银、白金、不锈钢、钛、铝等金属及其合金材料。此类设备已广泛应用于航空、船舶、石化、家电、日用品、医疗器械、仪表、电子、汽车等行业。

6.4.3　常用激光焊机技术参数

①国产固体激光焊机技术参数见表6-38。

表6-38　国产固体激光焊机技术参数

技术参数 \ 型号		JG-2	GD-10	JH-B
激光器	最大输出能量/J	90	15	10～12
	脉冲宽度/mm	0.3～4.0	0～6	3
	工作物质尺寸/mm	ϕ16×310，ϕ7×150（钕玻璃）	ϕ10×165（红宝石）	ϕ6×90（钇铝石榴石）
	脉冲泵灯/mm	ϕ18×300，ϕ12×150	—	2—ϕ12×80
电源	主变压器/（kV·A）	12（2800V）	10（2000V）	—
	储能电容/μF	200×24	6000	—
	电感/μH	400×2	—	—
	预电离变压器容量/（kV·A）	1（1300V）	—	—
	预电离电流/mA	70～80	—	—
光学系统	全反射膜片透率（%）	99.8	—	99.8
	半反射膜片透率（%）	50	—	50～60
	谐振腔长度/mm	1000	—	—
	直角棱镜/mm	25×25	—	—
工作台	台面尺寸/mm	400×200	—	130×166
	纵向行程/mm	150	—	120
	横向行程/mm	200	—	55
	垂直行程/mm	300	—	—
外形尺寸/（mm×mm×mm）		1850×740×1350	1034×658×1648	—

②GQ-0.5 型 CO_2 激光焊机技术参数见表 6-39。

表 6-39 GQ-0.5 型 CO_2 激光焊机技术参数

项目		技术参数
激光器额定输出功率/W		450
激光功率调节范围/W		70～500（6 挡有级调节）
激光功率稳定度（%）		±5
输入电压/V		380（3N）
输出电压/kV		40（直流）
电源容量/（kV·A）		12
聚焦透镜焦距/mm		80
观察系统视场尺寸/mm		$\pm\phi 50$
瞄准精度/mm		0.15mm
工作台行程	x 向（自动）/mm	300
	y 向（手动）/mm	200
	z 向（手动）/mm	250
	x 向行走速度/（mm/s）	100～2400
转轴角度调节范围（°）		0～90
外形尺寸/（mm×mm×mm）		2800×750×2140
质量/kg		1450
适用范围		1. 焊接不锈钢、硅钢、低合金钢及一般常用铁基或镍金合金材料； 2. 能用于厚壁部件的密封焊接和精密装配焊接； 3. 可进行精密钎焊

③HPS 系列激光焊机技术参数见表 6-40。

表 6-40 HPS 系列激光焊机技术参数

技术参数 \ 型号	HPS-P150	HPS-P200	HPS- PS200	HPS- PS400	HPS- P120
类型	自动	自动	手动	手动	首饰点焊机
最大激光功率/W	150	≥180	≥180	120	120
激光波长/nm	1064	1064	1064	1.06μm	1064
单脉冲最大能量/J	110	110	50	110	—

续表 6-40

技术参数 \ 型号	HPS-P150	HPS-P200	HPS- PS200	HPS- PS400	HPS- P120
激光焊接深度/mm	0.1～4	0.1～3.5	0.1～3.5	—	0.05～4
脉冲宽度/ms	0.3～20	0.3～20	0.3～20	0.1～20	0.5～10
连击时激光焊接频率/Hz	0.5～50	1～50 或 1～100	1～50 或 1～100	1～50	1～20
光斑尺寸可调范围/mm	0.2～2	0.2～2	0.2～2	0.1～0.3	0.20～2.0
重复精度/mm	—	±0.01	±0.01	—	—
整机耗电功率/kW	≤11	≤11	≤11	—	—
电力需求	220×（1±10%）V50Hz，40A	220×（1±10%）V50Hz，40A	220×（1±10%）V50Hz，40A	380×（1±10%）V220V，5kW	—
控制系统	—	PLC 或 PC（CNC2000 数控）	PLC 或 PC（CNC2000 数控）	工控机控制＋PLC 控制	单片机控制
瞄准定位	显微镜	红光指示、显微镜定位		半导体指示、光定位	显微镜
外形尺寸/（mm×mm×mm）	—	—	—	850×500×950	930×490×1070
工作台行程/mm	70×70 或 100×100	300×200×200	300×200×200	—	—
适用范围	用于各种塑胶模具、注塑模具补焊，可焊各种模具钢、铍铜、紫铜和极硬合金	—	—	用于单点焊接和连续焊接	主要用于焊接铂金、K 金、银、钛金、不锈钢、铜、铝等首饰和微小精密焊接
备注	可填加直径为0.2～0.6mm 的焊丝	设备配备 PLC 或工业PC 控制的数控工作台	—	外置一体化制冷机进行冷却	此为 YAG 激光焊机。焊接最小熔池为 0.1mm

④单片机控制激光焊接机技术参数见表6-41。

表6-41 单片机控制激光焊接机技术参数

技术参数＼型号	RL-LWY180	RL-LWY300	RL-LWY400	RL-LWY500
激光波长/nm	1064	1064	1064	1064
激光物质	Nd：YAG晶体			
加工范围/（mm×mm×mm）	300×300×300			
焊接深度/mm	1.0	1.5	2.0	2.5
单脉冲能量/J	50	60	70	100
输出功率/W	≤180	≤300	≤400	≤500
最小光斑直径mm	0.2	0.2	0.2	0.25
重复精度/mm	±0.05	±0.05	±0.05	±0.05
整机耗电功率/kW	8	12	16	18
电力需求	单相，220V，50Hz，30A		三相，380V，50Hz，60A	
主机尺寸/（mm×mm×mm）	1400×700×1200			
冷却系统/（mm×mm×mm）	700×520×900			

6.4.4 激光焊机的选用

在实际焊接生产中，要正确选择合适的激光焊机，一般应注意以下几点。

①根据加工要求，合理选择被选用激光焊机的种类，重点考虑输出激光的波长、功率、模式和传输方式。

②输出功率。焊接是个热过程，其所需热量来自激光束能量。为了有效地进行激光焊接，至少需要输出500W高质量光束能量，经聚焦而在工件内部形成熔深小孔。由于小孔深度取决于输出功率，因此功率越大，熔深就越大。如果影响熔深的其他因素（如功率分布、光斑大小）不变，对相同熔深而言，增加输出功率可提高焊接速度。除额定功率外，还要考虑功率的可变性，选择具有较宽调节范围（如200～1500W、200～3000W）的激光焊机。

③投资和运行费用。如一次性投资的比较，电能、冷却水和工作气体特别是氦气的消耗水平等。

④生产现场环境下运行的可靠性、调整和维修的方便性、连续运转和待机使用时间、激光器故障诊断水平、腔体准直工序的可掌握程度等。

⑤生产或销售厂商的经济和技术实力、可信程度。

⑥易损、易耗件的价格、来源，零配件可获得的难易程度。选择或购买激光焊机时，应根据工件尺寸、形状、材质和特点、技术参数、适用范围和经济效益等综合考虑。微型件、精密件的焊接可选用小功率焊机；点焊可选用脉冲激光焊机；直径为 0.5mm 以下金属丝、丝与板或薄膜之间的点焊，特别是微米级细丝、箔膜的点焊等则应选择小功率脉冲激光焊机。随着焊件厚度的增大，应选用功率较大的焊机。大功率连续激光焊机大多是 CO_2 激光焊机，主要用于形成连续焊缝和厚板的熔深焊。快速轴流式 CO_2 激光焊机因消耗大量氦气，运行成本比较高，选择时应适当考虑。此外，还应注意激光焊机是否具有监控保护等功能。

6.5 高频焊设备

6.5.1 高频焊设备的组成

1. 高频电源

供应高频电的设备包括电动机-发电机组，频率高达 10kHz 的固态变频器，频率为 100～500kHz 的真空管振荡器等。频率超过 10kHz 的真空管振荡高频电源原理如图 6-63 所示。先将网压升高并整流成直流电压，由振荡器变频成高频高压（25kV），再由输出变压器降为低压大电流，供焊接使用。近年来，随着电力电子技术的发展，振荡器还可采用晶闸管、绝缘双栅极晶体管等，可使高压电路电压大大降低，设备安全性提高。

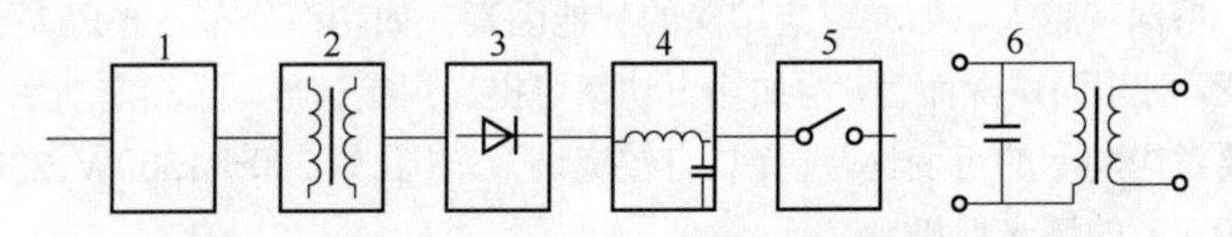

图 6-63 频率超过 10KHz 的真空管振荡高频电源原理

1. 操纵保护电路；2. 升压变压器；3. 整流电路；
4. 滤波电路；5. 高频振荡电路；6. 输出变压器

2. 阻抗匹配变压器

真空振荡器有固定的输出阻抗，因此必须配用高阻负载。高频焊接中的感应器和触头-工件回路都是低阻抗负载，需要一个阻抗匹配变压器以便有效地将能量从振荡器传递至工件。高频电流只在工件回路阻抗与电源阻抗相匹配时，才能有效地将功率从高频发生器传向工件。

3. 接触头

接触头是将高频电流导入工件的器件，分为固定式和移动式两种，一般由铜合金或由铜、银基体上含有硬金属质点的材料制成。触头用银钎焊焊到水冷的厚铜座上。工作时，接触头和其固定座都需要水冷。接触头对工件的压力，主要取决于电流密度，同时考虑工件的厚度和材料。触头端尺寸视传输的电流大小而定，其范围为 6～25mm。焊接电流一般为 500～5000A。因此，触头端和铜座同时有内部和外部冷却。

4. 感应圈

感应圈也称为感应器，一般由铜管、铜棒或铜板做成，内部需用水冷却。为适应工作或被加热区的几何形状，满足高频感应加热的需要，感应圈形状各异，可以是一圈或多圈。感应圈与工件间的距离为 2～5mm。

5. 阻抗器

在管材或筒形焊件焊接时，一部分高频电流沿工件外表流动，为有效电流；另一部分沿工件内表面流动，为无效电流。在工件内心放一磁心以增加内感抗，减小内表面电流，此磁心称为阻抗器。阻抗器能提高管内壁电流通路的感抗，从而减小内侧电流，提高外侧电流。

6. 控制装置

控制装置包括输入电压调节器、高频发生器功率控制器、速度-功率控制器和定时控制器。

6.5.2　高频电阻焊机

高频电阻焊是利用高频电流的邻近效应和集肤效应，使焊接电流聚集于焊件接触处而将待焊面加热，同时加压形成接头的电阻焊设备。高频电阻焊机一般是属于某一连续生产线（如钢管连续生产线、型钢连续生产线）整套机组的一个焊接机组。高频电阻焊机主要由附有接触电刷（接触式）或感应圈（感应器）的输出变压器和高频发生器组成，高频电阻焊机的分类、特点和适用范围见表 6-42。

表 6-42 高频电阻焊机的分类、特点和适用范围

分类		示意图	特点	适用范围
按高频焊接电流导入方式分类	接触式	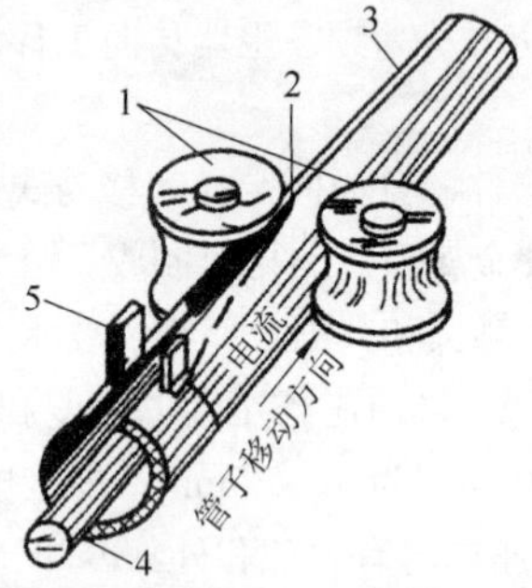 1. 挤压辊轮；2. 焊点；3. 焊缝；4. 磁心；5. 接触电刷	焊接时，电流经滑动接触电刷导入工件，需要的功率小，工件的形状不受限制，生产率高；缺点是有滑动接触，电刷易磨损，需经常更换	用于大直径金属管及各种型材（如 H 形梁、T 形梁）的连续生产
	感应式	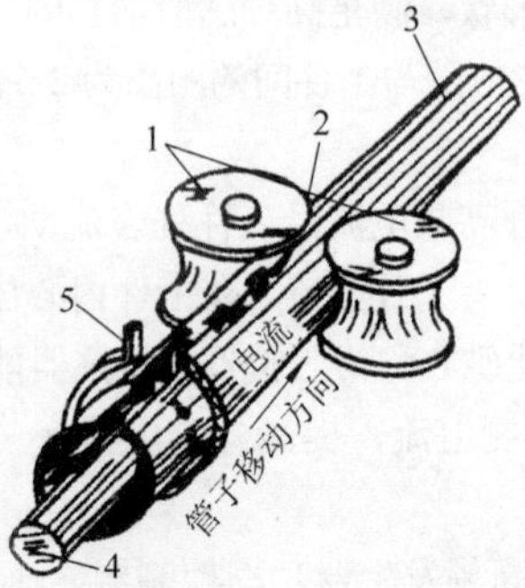 1. 挤压辊轮；2. 焊点；3. 焊缝；4. 磁心；5. 感应器	高频焊接电流是利用感应器的作用导入；需要的功率较大，生产率较接触式低；但无滑动接触，维护简单，焊缝表面较光滑	只能焊接封闭形断面的工件（如管件），特别适合有镀层的和小直径金属管的生产

6.5.3 高频焊制管机

图 6-64 所示为高频焊制管机组，它是由水平导向辊、高频发生器及输出变压器、挤压辊、外毛刺清除器、磨光辊、底座及一些辅助装置、工具等组成。其中，高频发生器与焊接辅助装置对焊接管质量和生产效

率起关键作用。

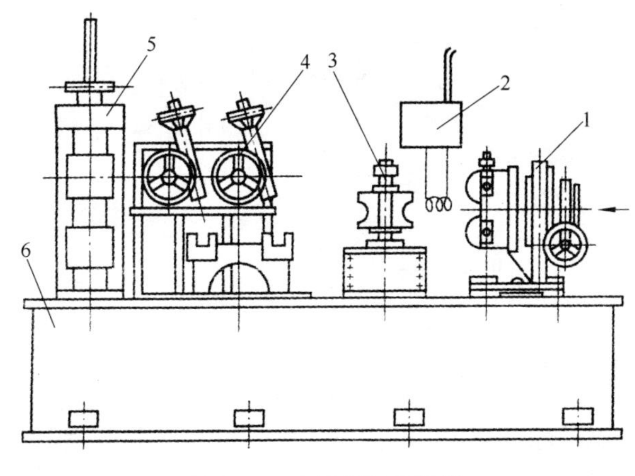

图 6-64 高频焊制管机组

1. 水平导向辊；2. 高频发生器及输出变压器；3. 挤压辊；
4. 外毛刺清除器；5. 磨光辊；6. 底座

1. 高频发生器

制管机用的高频发生器有频率 10kHz 的电动机-发电机组、固体变频器和频率高达 100～500kHz 的电子管高频振荡器，后者应用最广泛。最常用的高频振荡器功率范围为 60～400kW。

频率为 200～400kHz 的电子管高频振荡器的基本线路如图 6-65 所示。电网经电路开关、接触器、晶闸管调压器向升压变压器和整流器供电，升压变压器和整流器的作用是将电网工频交流电转变为高压直流电供给振荡器，为保证电压脉动系数＜1%，必须在高压整流器的输出端加设滤波器装置。振荡器将高压直流电转变为高压高频电供给输出变压器，输出变压器再将高电压小电流的高频电转变为低电压大电流的高频电，并直接输送给电极（滑动触头）或感应圈。

调整高频振荡器输出功率的方法有自耦变压器法、闸流管法、晶闸管法、饱和电抗器法四种。

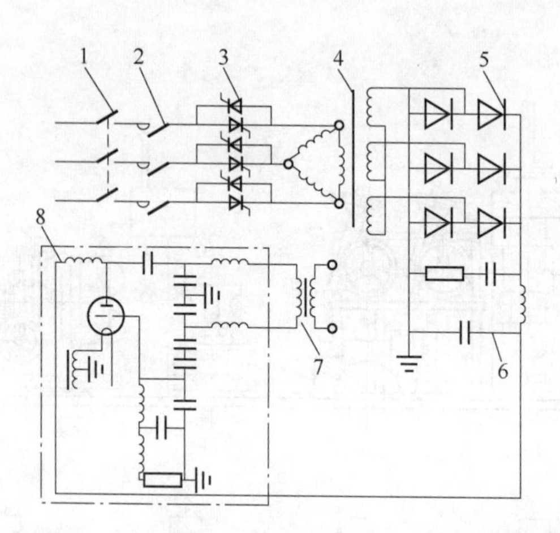

图 6-65　频率为 200～400KHz 的电子管高频振荡器的基本线路

1. 电路开关；2. 接触器；3. 晶闸管调压器；4. 升压变压器；
5. 整流器；6. 滤波器；7. 输出变压器；8. 振荡器

2. 电极

电极触头是向管壁供电的重要装置，其要在高温和与管壁发生高速滑动摩擦的条件下传导高频电流，故应具有高导电性、高温强度、硬度和耐磨性，通常选用铜钨、银钨或锆钨等合金材料。电极结构如图 6-66 所示。触头块宽为 4～7mm，高为 6.5～7mm，长为 15～20mm，用银钎焊方法将触头块焊到由铜或钢制的触头座上。该电极可传导 500～5000A 焊接电流，对管壁的压力为 22～220N。

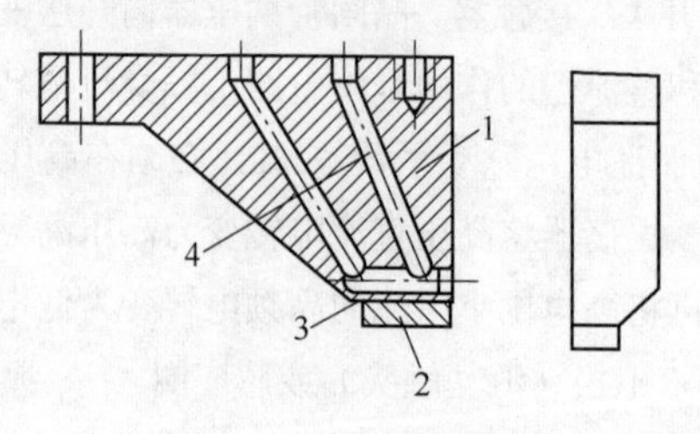

图 6-66　电极结构

1. 触头座；2. 触头块；3. 钎焊缝；4. 冷却水孔

3. 感应圈

感应圈是高频感应焊制管机的重要组件，其结构形状和尺寸大小对能量转换的效率影响很大，图 6-67 所示为典型感应圈结构，通常由纯铜方管、圆管或纯铜板制成的单匝或 2～4 匝金属环组成，外缠绝缘玻璃丝带并浇灌环氧树脂以确保每匝金属环之间绝缘，内部通水冷却。

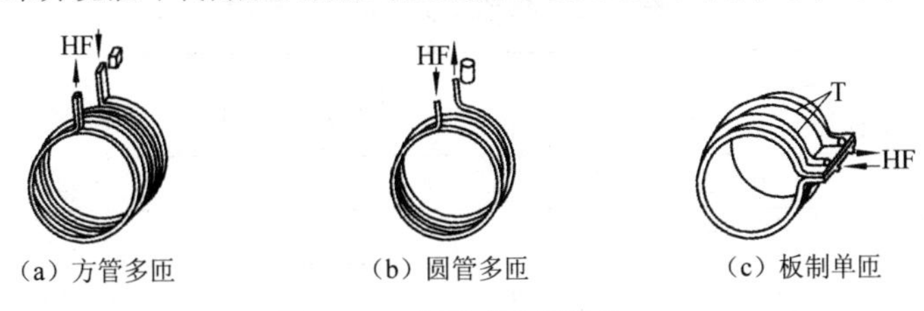

图 6-67　典型感应圈结构

HF——高频电源；T——冷却水管

4. 阻抗器

阻抗器是高频焊的一个重要辅助装置，其关键器件磁心的作用是增加管壁背面的感抗，以减小无效电流，增大焊接有效电流，提高焊接速度。磁心采用高居里点、高磁导率的铁氧体材料（如 MXO或 NXO型），圆形截面阻抗器结构如图 6-68 所示。磁心由直径为 10mm 的磁棒组成，外壳为夹布胶木或玻璃钢，在易于发生损坏的场合亦可采用不锈钢和铝等。阻抗器内部应能通水冷却，以免焊接时发热而影响导磁性能。阻抗器长度要与管材直径相适应，焊接直径<38mm 的管子时，阻抗器长度为 150～200mm；焊接直径为 50～75mm 的管子时，阻抗器长度为 250～300mm；而焊接直径为 100～150mm 的管子时，阻抗器长度为 300～400mm。

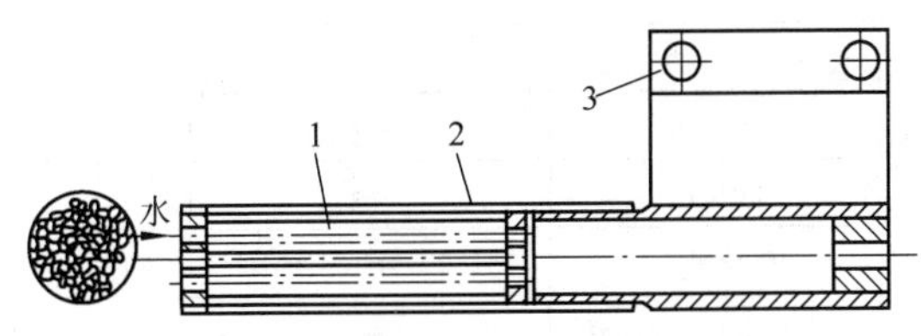

图 6-68　圆形截面阻抗器结构

1. 磁棒；2. 外壳；3. 固定板

高频焊管生产线除高频焊制管机组外，还有其他相关设备，如开卷机、直头机、矫平机、活套、矫直机、铣头倒棱机、飞锯机、剪切对焊机等，在选用设备时需同时考虑。

高频焊制管机技术参数见表 6-43。

表 6-43　高频焊制管机技术参数

<table>
<tr><th colspan="3">技术参数 \ 型号</th><th>QUX32</th><th>QUX32-1</th></tr>
<tr><td rowspan="3">焊接部分</td><td colspan="2">制管直径/mm</td><td>15～32</td><td>10～44</td></tr>
<tr><td colspan="2">管壁厚度/mm</td><td>0.8～2</td><td>1～2.7</td></tr>
<tr><td colspan="2">制管速度/（m/min）</td><td>20～40</td><td>40～60</td></tr>
<tr><td rowspan="3">电源</td><td colspan="2">电压/V</td><td colspan="2">380</td></tr>
<tr><td colspan="2">相数</td><td colspan="2">3</td></tr>
<tr><td colspan="2">频率/Hz</td><td colspan="2">50</td></tr>
<tr><td rowspan="8">高频设备</td><td colspan="2">振动频率/kHz</td><td colspan="2">200～250</td></tr>
<tr><td colspan="2">振动功率/kW</td><td colspan="2">100</td></tr>
<tr><td colspan="2">型号</td><td>—</td><td>ZR-100</td></tr>
<tr><td rowspan="3">变压器</td><td>型号</td><td>ZSJ-180/10</td><td>3TM-180/10</td></tr>
<tr><td>输出电压/V</td><td>9500～10500</td><td>10000</td></tr>
<tr><td>额定容量/（kV·A）</td><td>180</td><td>180</td></tr>
<tr><td colspan="2">冷却水耗量/（L/h）</td><td>2500</td><td>2500</td></tr>
<tr><td colspan="2">质量/kg</td><td>—</td><td>3300</td></tr>
<tr><td rowspan="7">电动机</td><td colspan="2">空气调节设备</td><td>65</td><td>—</td></tr>
<tr><td colspan="2">空气压缩机</td><td>22</td><td>—</td></tr>
<tr><td rowspan="5">机械部分功率/kW</td><td>主传动</td><td>30</td><td>—</td></tr>
<tr><td>切断机</td><td>5.5</td><td>—</td></tr>
<tr><td>吹风机</td><td>5.5</td><td>—</td></tr>
<tr><td>乳化液泵</td><td>1.1</td><td>—</td></tr>
<tr><td>直流发电机组电动机</td><td>—</td><td>55</td></tr>
</table>

6.6 超声波焊设备

根据焊件的接头形式，超声波焊机分为点焊机、缝焊机、环焊机和线焊机四种类型。超声波焊机通常由超声波发生器、声学系统（电-声换能耦合装置）、加压机构和程序控制装置等组成。此外，还有专门用于塑料焊接的超声波焊机。典型超声波点焊机的组成如图 6-69 所示。

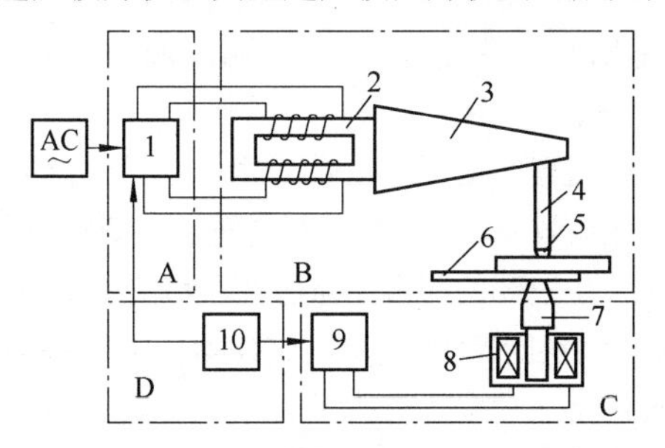

图 6-69 典型超声波点焊机的组成

1. 超声波发生器；2. 换能器；3. 聚能器；4. 耦合；5. 上声极；6. 工件；7. 下声极；8. 电磁加压装置；9. 控制加压电源；10. 程控器

6.6.1 超声波点焊机和缝焊机的组成

1. 超声波点焊机的组成

（1）超声波发生器 超声波发生器用来将工频（50Hz）电流变换成 15～60kHz 的振荡电流，并通过输出变压器与换能器相匹配。

根据功率输出器件的不同，超声波发生器有电子管放大式、晶体管放大式、晶闸管逆变式和晶体管逆变式等多种电路形式。其中，电子管放大式超声波发生器设计使用较早，性能可靠稳定，功率也较大，但效率低，仅为 30%～45%，已经逐步被晶体管放大式超声波发生器所代替。近几年出现的晶体管逆变式超声波发生器采用了大功率的 CMOS 器件和微型计算机控制，体积小、可靠性高和控制灵活，效率提高至 95%以上。

超声波发生器必须与声学系统相匹配才能使系统处于最佳状态，获得高效率的输出功率。由于超声波焊接时机构负载往往有很大变化，换能器件的发热也容易引起材料物理性能的变化，而换能器的温度波动，会引起谐振频率的变化，从而影响焊接质量。因此，为了确保焊接质量的稳定，一般在超声波发生器的内部设置输出自动跟踪装置，使发生器与声学系统之间维持谐振状态及恒定的输出功率。

（2）声学系统 声学系统包括换能器、聚能器、耦合杆和声极等部件。其主要功能是向焊件传输弹性振动能量，以实现焊接。

①换能器。其作用是将超声波发生器的电磁振荡（电磁能）转变成相同频率的机械振动能，它是焊机的机械振动源。常用的换能器有两种，即磁致伸缩式和压电式换能器。

磁致伸缩式换能器是依靠致磁伸缩效应进行工作的，它是一种半永久性器件。磁致伸缩效应是指当铁磁材料置于交变磁场中时，将会在材料的长度方向上发生宏观的同步伸缩现象，常用的铁磁材料为镍片和铁铝合金，其磁致伸缩换能器工作稳定可靠，但换能效率只有30%～40%。这种换能器目前用于大功率超声波焊机。

压电式换能器是利用某些非金属压电晶体（如石英、锆酸铅、锆钛酸铅等）的逆压电效应工作。当压电晶体材料在一定的结晶面上受到压力或拉力时，就会出现电荷，称为压电效应；相反，当压电晶体在压电轴方向发生同步的伸缩现象，即逆压电效应。压电式换能器的优点是效率高（一般可达 80%～90%），缺点是比较脆弱，目前主要应用于小功率焊机。

②聚能器。其又称为变幅杆，它的主要作用是将换能器所转换成的高频弹性振动能量传递给焊件，用它来协调换能器和负载的参数。此外，它还具有放大换能器的输出振幅和信中能量的作用，根据超声波焊接工艺的要求，其振幅值一般为5～40μm。而一般换能器的振幅都小于该振幅值，所以必须放大振幅，使其达到工艺所需值。

聚能器的设计要点是其谐振频率等于换能器的振动频率。各种锥形杆都可以用作聚能器，常用聚能器的结构形式如图 6-70 所示。其中，阶梯形聚能器放大系数较大，加工方便，但其共振范围小，截面的突变处应力集中最大，所以只适用于小功率超声波焊机；指数形聚能器工作稳定，结构强度高，是超声波焊机应用最多的一种。圆锥形聚能器有较宽的共振频率范围，但放大系数最小。

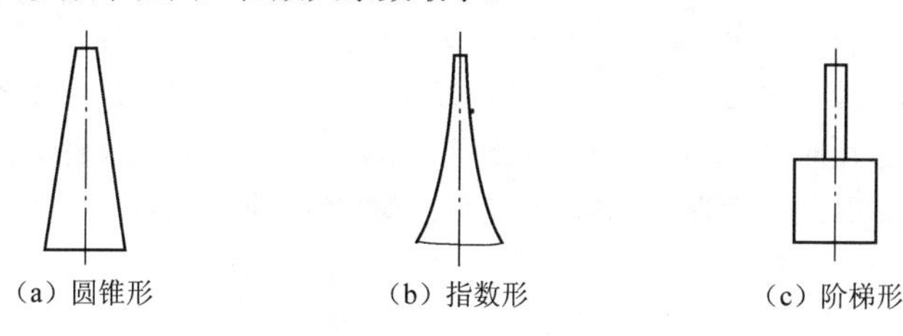

图 6-70 常用聚能器的结构形式

聚能器工作在疲劳条件下，设计时应重点考虑结构的强度，特别应注意声学系统各个组元的连接部位。用来制造聚能器的材料应有高的抗疲劳强度及小的振动损耗。目前常用的材料有 45 钢、30CrMnSi 低合金钢、高速钢、超硬铝合金和钛合金等。

③耦合杆。其又称为传振杆，主要用来改变振动形式，将聚能器输出的纵向振动改变为弯曲振动。耦合杆是声学系统中的一个重要部分，振动能量的传递及耦合的功能都由耦合杆来实现，它的结构简单，通常为一圆形金属杆，可以用聚能器所选用的材料来制作，聚能器与耦合杆常用钎焊的方法来连接。

④声极。超声波焊机中直接与工件接触的声学部件称为声极，分为上、下声极。上声极可以用各种方法与聚能器或耦合杆相连接。超声波点焊机上声极的顶端为一简单的球面，球面的曲率半径为被焊工件厚度的 80 倍左右；下声极为质量较大的碳钢件，用以支撑工件和承受所加压力反作用力。

声学系统是超声波焊机的心脏部位，在设计时应按照选定的谐振频率计算好每个声学器件的自振频率。

（3）加压机构 加压机构是用来向工件施加一定静压力的部件，目前主要采用液压、气压、电磁加压和弹簧杠杆加压等方法。液压适用于大功率超声波焊机，而电磁加压和弹簧杠杆加压则适用于小功率超声波焊机。实际使用中加压机构还可能包括工件夹持机构，如图 6-71 所示。在超声波焊接时防止焊件滑动，更有效地传输振动能量往往十分重要。

(4) 程序控制装置　超声波点焊可分为预压、焊接、消除粘连、休止四个阶段，各个阶段的完成和连接必须由程序控制。

超声波点焊的典型程序如图 6-72 所示。向焊件输入超声波之前需有一个预压时间 t_1，用来施加静压力，在 t_3 内静压力 F 已被解除，但超声波振幅 A 继续存在，上声极与工件之间将发生相对运动，从而可以有效地清除上声极和工件之间可能发生的粘连现象,这种粘连现象在焊接 Al、Mg 及其合金时容易发生。

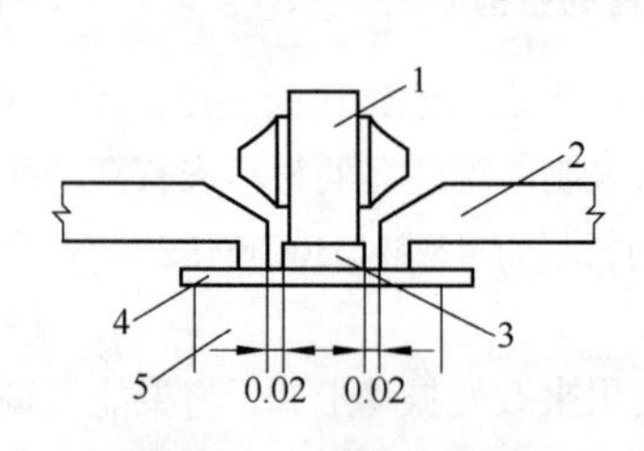

图 6-71　工件夹持机构

1. 声学头；2. 夹紧头；3. 丝；
4. 工件；5. 下声极

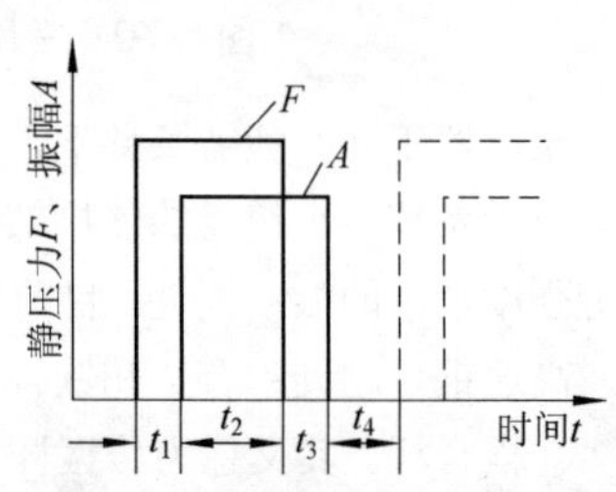

图 6-72　超声波点焊的典型程序

t_1——预压时间；t_2——焊接时间；
t_3——消除粘连时间；t_4——休止时间

随着电子技术的发展，程序控制器的不断更新和焊机的声学反馈，以及自动控制的需要，计算机控制已较普遍。

2. 超声波缝焊机的组成

超声波缝焊机的组成与超声波点焊机相似，仅声极的结构形状不同。焊接时工件夹持在盘状上、下声极之间，在特殊情况下可采用滑板式下声极。另外，还可以利用改变点焊机的上、下声极来进行环焊和线焊。

6.6.2　超声波焊机型号和技术参数

①常用超声波焊机技术参数见表 6-44。

表 6-44　常用超声波焊机技术参数

技术参数 型号	发生器功率/W	谐振频率/kHz	静压力/N	焊接时间/s	可焊工件厚度/mm	备注
SD-1	1000	18～20	980	0.1～3.0	0.8＋0.8	点焊机

续表 6-44

技术参数 型号	发生器功率 /W	谐振频率/kHz	静压力/N	焊接时间 /s	可焊工件厚度/mm	备注
SD-2	2000	17～18	1470	0.1～3.0	1.2+1.2	
SD-3	5000	17～18	2450	0.1～3.0	2.0+2.0	
CHJ-28	0.5	45	15～120	0.1～0.3	30～120	
SD-0.25	250	19～21	13～180	0～1.5	0.15+0.15	
P1925	250	19.5～22.5	20～195	0.1～1.0	0.25+0.25	
FDS-80	80	20	20～200	0.05～6.00	0.06～0.06	缝焊机
SF-0.25	250	19～21	300	—	0.8+0.18	

②部分国产超声波焊机技术参数见表 6-45。

表 6-45 部分国产超声波焊机技术参数

技术参数 型号	发生器功率 /W	振动频率 /kHz	静压力/N	焊接时间/s	焊速/（m/min）	焊件厚度 /mm
KDS-80 点焊机	80	20	20～200	0.05～6.0	0.7～2.3	0.06+0.06
SE-0.25 缝焊机	250	19～21	15～180	—	0.5～3	0.15+0.15
P1950 点焊机	500	19.5～22.5	40～350	0.1～2.0	—	0.35+0.35
CHD-1 点焊机	1000	18～20	600	0.1～3.0	—	0.5+0.5
CHF1 缝焊机	1000	18～20	500	—	1～5	0.4+0.4
CHF-3 缝焊机	3000	18～20	600	—	1～12	0.6+0.6
SD-5 点焊机	5000	17～18	4000	0.1～0.3	—	1.5+1.5

③超声波金属焊机技术参数见表 6-46。

表 6-46 超声波金属焊机技术参数

型号	频率/kHz	输出功率/W	焊接时间/s	压力/MPa	焊接材料厚度/（mm）或面积/（mm^2）	焊头形状	焊接形式	外形尺寸/（mm×mm×mm）发生器	外形尺寸/（mm×mm×mm）机架	
CJJD-1	20	2200	0.01～5	0.2～0.6	Al：0.2～0.6mm	带状	点线焊	350×500×165	500×600×1100	电源：AC220V，50Hz
CSDH-A					Cu：1～14mm^2	点、带	导线焊	530×400×200	200×470×170	
CSDH-B					Cu：1～14 mm^2	点、带	导线焊（计算机控制）	530×400×200	200×470×170	
CJGH-1					Al：0.2～0.6mm	圆盘	缝焊	350×500×165	500×600×1100	
生产厂家	中船重工七二六研究所（上海船舶电子设备研究所）									

续表 6-46

型号	频率/kHz	输出功率/W	焊接时间/s	压力/MPa	焊接材料厚度/（mm）或面积/（mm^2）	焊头形状	焊接形式	外形尺寸/（mm×mm×mm）	
NP1080	20	1000	可调	0.8	Al：0.5～1.3	点状	点	1100×560×560	电源：AC220V，50Hz
NP1680	20	1500			Cu：0.3～0.7	点状	点	1100×560×560	
NP2080	20	2000			Ni：0.2～0.5	点状	点	1100×560×560	
NP3080	15	3000			Ag：0.5～1.2	点状	点	1100×560×560	
NP3680	15	3600			Cu：0.1～0.3 Al：0.1～0.5	圆盘 侧盘	缝焊	—	
UBSJ1020	20	1000	可调	0.8	Al：0.1～0.3	点状	点	580×510×920	
UBSJ2020	20	2000			Al：0.2～0.6 Cu：0.3～0.5	点状	点		
UBSJ2520	20	2500			Al：0.2～0.6	圆盘	缝焊		

6.7 扩散焊设备

6.7.1 扩散焊设备的分类

1. 按照真空度不同分类

根据工作空间所能达到的真空度或极限真空度不同，可以把扩散焊设备分为低真空（10^{-1}Pa 以上）、中真空（10^{-3}～10^{-1}Pa）、高真空（10^{-5}Pa 以下）焊机和低压、高压保护气体扩散焊机。根据焊件在真空中所处的情况不同，可分为焊件全部处在真空中的焊机和局部真空焊机。局部真空扩散焊机仅对焊接区域进行保护，主要用来焊接大型工件。

2. 按照热源类型和加热方式不同分类

扩散焊时，热源的选择取决于焊接浊度、工件的结构形状和大小。根据扩散焊时所应用的加热热源和加热方式不同，可以把焊机分为感应加热、辐射加热、接触加热、电子束加热、辉光放电加热、激光加热等。实际应用最广的是高频感应加热和电阻辐射加热两种方式。

3. 其他分类方法

根据真空室的数量不同，可以将扩散焊设备分为单室和多室两大类；根据真空焊接的工位数不同，又可分为单工位和多工位焊机；根据自动化程度不同，可分为手动、半自动和自动程度控制三类。

6.7.2 扩散焊设备的组成

在进行扩散焊时，必须保证连接面与被连接金属不受空气的影响，必须在真空或惰性气体介质中进行。现在采用最多的方法是真空扩散焊。真空扩散焊可以采用高频、辐射、接触电阻、电子束和辉光放电等方法，对工件进行局部或整体加热。工业生产中普遍应用的扩散焊设备，主要采用感应和辐射加热的方法。

真空扩散焊设备的组成如图 6-73 所示，主要由以下几部分组成。

1. 真空室

根据焊接工件的尺寸设计真空室的大小，要达到和保持一定的真空度。真空室越大，对所需真空系统要求也就越高。真空室中应有由耐高温材料围成的均匀加热区，以保持设定的温度，真空室外壳需要冷却。

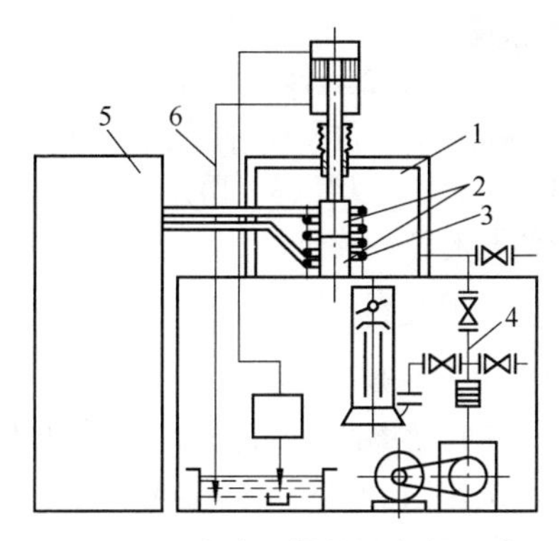

图 6-73 真空扩散焊设备的组成

1. 真空室；2. 扩散焊接工作；3. 感应圈；4. 真空抽气系统；5. 高频电源；6. 加压系统

2. 真空抽气系统

一般由扩散泵和机械组成。机械泵只能达到 1.33×10^{-2}Pa 的真空度，加扩散泵后可以达到（1.33×10^{-5}）～（1.33×10^{-4}）Pa 的真空度，可以满足所有材料的扩散焊要求。真空度越高，越有利于被焊材料表面杂质和氧化物的分解与蒸发，促进扩散焊顺利进行。但真空度越高，抽真空的时间越长。

3. 加热系统

一般由感应线圈和高频电源组成。根据不同的加热要求，辐射加热可选用钨、钼或石墨作为加热热体，经过高温辐射对工件进行加热。根据不同的加热方式，分为感应加热、辐射加热、接触加热、电子束加热，激光加热等。

4. 加压系统

扩散焊过程一般要施加一定的压力。在高温下材料的屈服强度较低，为避免构件的整体变形，加压只是使接触面产生微观的局部变形。扩散焊所施加的压力较小，压力可在 1～100MPa 范围内变化，只有当材料的高温变形阻力较大，或加工表面较粗糙，或扩散焊温度较低时，才采用较高的压力。加压系统分为液压系统、气压系统、机械加压系统、热膨胀加压系统等。目前主要采用液压和机械加压系统。

5. 测量与控制系统

现在应用的扩散焊机都具有对温度、压力、真空度和时间的控制系统。根据选用的热电偶不同，可实现对温度在 20℃～2300℃范围内的测量与控制，温度控制的精度为±（5～10）℃。压力的测量与控制一般是通过压力传感器进行的。

6.7.3　常用扩散焊设备

1. 电阻辐射加热真空扩散焊设备

电阻辐射加热真空扩散焊设备是目前最常用的扩散焊接设备，其组成如图 6-74 所示。真空室内的压头或平台要承受高温和一定的压力，因而常用钼或其他耐热、耐压材料制成。加压系统一般采用液压方式，小型焊机也可用机械加压方式。加压系统应保证压力均匀可调且可靠性高。该类设备的主要特点是采用 Leybold 系列 D40B 真空机械泵的全自动真空系统，采用数字程序控制加热、加压和冷却，能自动调节，有计算机接口；由 Honeywell UDC-2000 数字指示仪控制过热温度指示；由 Honeywell UDC-3000 控制柱塞行程，并进行数字显示。

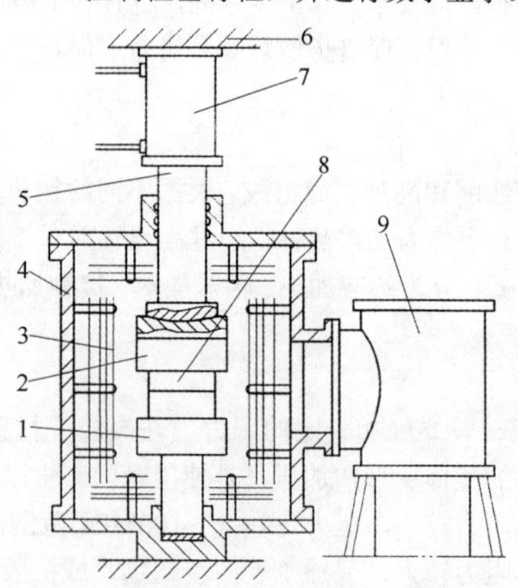

图 6-74　电阻辐射加热真空扩散焊设备的组成

1. 下压头；2. 上压头；3. 加热器；4. 真空炉体；
5. 传力杆；6. 机架；7. 液压系统；8. 工件；9. 真空系统

2. 超塑成形-扩散焊接设备

超塑成形-扩散焊接设备由压力机和专用加热设备组成，可分为两大类。一类是由普通液压机与专门设计的加热平台构成。加热平台由陶瓷耐火材料制成，安装于压力机的金属台面上。超塑成形-扩散焊用模具与工件置于两陶瓷平台之间，可以将待焊接零件密封在真空容器内进行加热。另一类是压力机的金属平台置于加热设备内，超塑成形-扩散焊接设备原理如图 6-75 所示。其平台由耐高温的合金制成，为加速升温，平台内也可安装加热元器件。这种设备有一套抽真空供气系统，用单台机械泵抽真空，利用反复抽真空-充氩的方式来降低待焊表面和周围气氛中的氧分压。高压氩气经气体调压阀，向装有工件的模腔内或袋式毛坯内供气，以获得均匀可调的扩散焊压力和超塑成形压力。

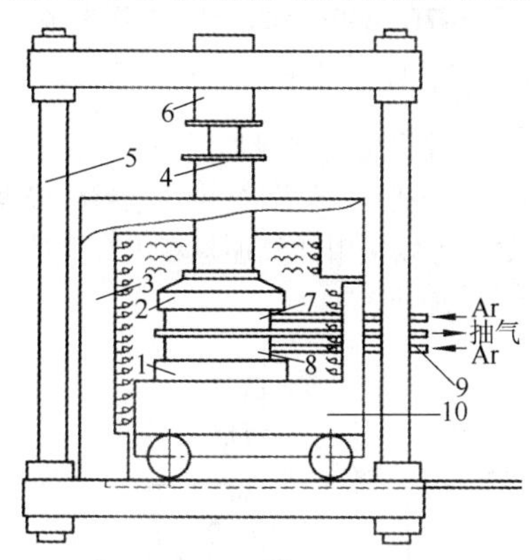

图 6-75 超塑成形-扩散焊接设备原理

1. 下金属平台；2. 上金属平台；3. 炉壳；4. 导筒；5. 立柱；6. 液压缸；7. 上模具；8. 下模具；9. 气管；10. 活动炉底

3. 热等静压扩散焊设备

近年来，为了制备致密性高的陶瓷及精密形状的构件，热等静压（HIP）扩散焊设备逐渐引起行业的重视。HIP 设备较复杂，被焊工件密封在薄的包囊中并将其抽真空，然后将整个装有工件（包括填料）加压，包囊置于加热室进行加热。在高温施焊的同时，对工件施加很高的压力，以增加致密性或获得所需的构件形状。一般采用全方位加压，压力最高可达 200MPa。该设备可用于粉末冶金、铸件缺陷的愈合、复合材料制备、陶瓷烧结和精密复杂构件的扩散焊等。图 6-76 所示为 HIP-1605 型扩散焊设备。

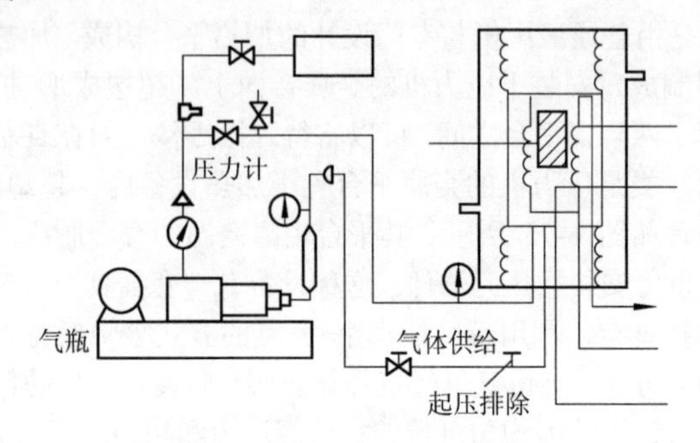

图 6-76　HIP-1605 型扩散焊设备

4. 感应加热真空扩散设备

感应加热真空扩散焊设备的组成如图 6-77 所示，由高频电源和感应线圈构成加热系统，机械泵、扩散泵和真空室构成真空系统。对于非导电材料，如陶瓷等，可以采用高频加热石墨等导体，然后把工件放在石墨管中进行间接辐射加热。

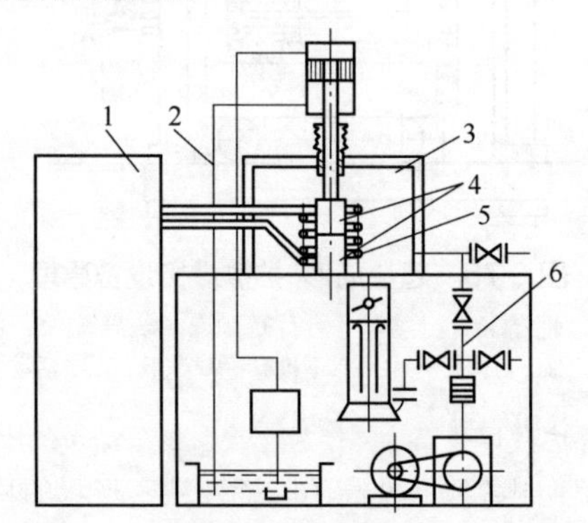

图 6-77　感应加热真空扩散焊设备的组成

1. 高频电源；2. 加压系统；3. 真空室；4. 扩散连接工件；5. 感应线圈；6. 机械泵与扩散泵

5. 真空扩散焊设备技术参数

真空扩散焊设备技术参数见表 6-47。

表 6-47 真空扩散焊设备技术参数

型号 技术参数		ZKL-1	ZKL-2	Workhorse II	HKZ-40	DZL-1
加热区尺寸		ϕ600mm～ϕ800mm	ϕ300mm～ϕ400mm	304mm×304mm×457mm	300mm×300mm×300mm	—
真空度/Pa	冷态	1.33×10^{-3}	1.33×10^{-3}	1.33×10^{-6}	1.33×10^{-3}	7.62×10^{-4}
	热态	5×10^{-3}	5×10^{-3}	6.65×10^{-5}	—	—
加压能力/kN		245（最大）	58.8（最大）	300	80	300
最高炉温/℃		1200	1200	1350	1300	1200
炉温均匀性/℃		1000±10	1000±5	1300±5	1300±10	1200±5

6.8 摩擦焊设备

6.8.1 摩擦焊机的分类

摩擦焊是一种自动焊接方法，设备比较复杂。其中最常用的是普通型连续驱动摩擦焊机和惯性摩擦焊机。摩擦焊机是能使工件接触端面在压力作用下，做相对旋转运动，产生摩擦热，再给以适当顶锻以完成焊接的一种设备。摩擦焊机可以焊接钢铁材料、非铁金属材料、同种或异种金属和非金属材料。

摩擦焊机的分类和焊接方式见表 6-48。

表 6-48 摩擦焊机的分类和焊接方式

焊机分类			焊接示意图	焊接方式	适用范围
旋转式焊机	连续驱动式	普通型		一个工件旋转，另一个工件移动加压	适用于两个工件之一为圆形断面的场合，应用最广
		特殊型		两个工件向相反的方向旋转，一个工件向另一个工件加压	工件相对转速高，适于焊接小直径工件
				一个旋转的工件连接两个移动加压的工件，同时焊接两个接头	适于焊接两个难以旋转的长工件或非圆断面工件

续表 6-48

焊机分类			焊接示意图	焊接方式	适用范围
旋转式焊机	连续驱动式	特殊型		两个以相反方向旋转的工件向中间固定工件加压，同时焊接两个接头	一次焊接两条焊缝，生产率高
	惯性式			飞轮和工件加速到预定转速后与驱动电源脱开，另一个工件同时向前移动、接触、施压	焊接所需功率小，适于焊接大断面工件和异种金属
轨道式焊机	直线轨道式			一个工件沿直线轨道以一定的振幅和频率沿接合面做往复运动	适于焊接非圆断面
	圆形轨道式			两个工件接触后，一个相对另一个做小圆周运动，但两个工件都不绕各自的中心轴线转动	

6.8.2　常用摩擦焊机的组成和结构特点

1. 连续驱动摩擦焊机

普通型连续驱动摩擦焊机的组成如图 6-78 所示。这种摩擦焊机主要由主轴系统、加压系统、机身、夹头、检测与控制系统和辅助装置等组成。

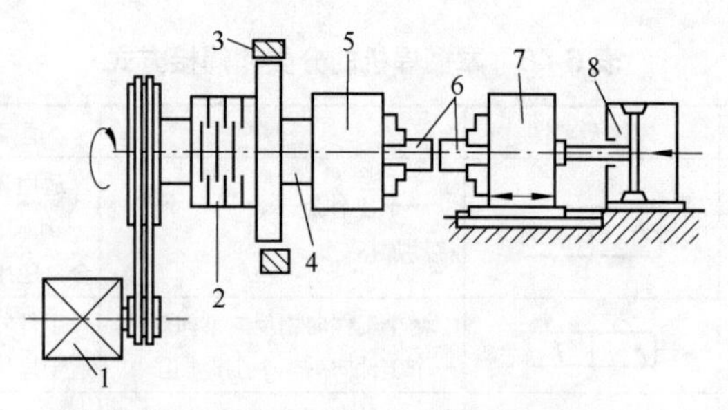

图 6-78　普通型连续驱动摩擦焊机的组成

1. 主轴电动机；2. 离合器；3. 制动器；4. 主轴；5. 旋转夹头；6. 工件；7. 移动夹头；8. 轴向加压液压缸

(1) 主轴系统 主要由主轴电动机、传动带、离合器、制动器、轴承和主轴等组成。主轴系统提供传送焊条所需的功率，并承受摩擦扭矩。

主轴系统的工作条件比较艰巨、复杂。转速高，要传送大的功率和扭矩，特别是峰值功率和扭矩，承受大的摩擦压力和顶锻压力。在绝大多数情况下主轴转速只有一个。当工件材料和直径发生变化时，主要靠调节摩擦压力和摩擦时间来调节焊接参数，这样主轴系统的结构就比较简单。会产生脆性合金的异种金属，如铝-铜、铝-钢等在焊接时，对转速要求严格，为了保持一定的摩擦加热温度，主轴转速将随工件直径的改变而改变，这种主轴系统的结构较复杂。

(2) 加压系统 主要包括加压机构和受力机构。加压机构的核心是液压系统，分为夹紧油路、滑台快进油路、滑台工进油路、顶锻保压油路和滑台快退油路等部分。

夹紧油路主要通过对离合器的压紧与松开完成主轴的起动、制动和工件的夹紧、松开等任务。当工件装夹完成后，滑台快进。为了避免两个工件发生撞击，当接近一定程度时，通过油路的切换，滑台由快进转为工进。工件摩擦时，提供摩擦压力。顶锻回路用以调节顶锻力和顶锻速度的大小。当顶锻保压结束后，又通过油路切换实现滑台快退，达到原位后停止运动，此时一个循环结束。

受力机构的作用是平衡轴向力（摩擦压力、顶锻压力）和摩擦转矩及防止焊机变形，保持主轴系统和加压系统的同轴度。轴向力的平衡可采用单拉杆或双拉杆结构，即以工件为中心，在机身中心位置设置单拉杆或以工件为中心，对称设置双拉杆；转矩的平衡常用装在机身上的导轨来实现。

(3) 机身 一般为卧式，少数为立式。为防止变形和振动，机身应有足够的强度和刚度。主轴箱、导轨、栏杆、夹头都装在机身上。

(4) 夹头 分为旋转和移动（固定）两种。旋转夹头又有自定心弹簧夹头和三爪夹头之分，其结构如图 6-79 所示。弹簧夹头适用于直径变化不大的工件，三爪夹头适用于直径变化较大的工件。移动夹头大多为液压虎钳，移动（固定）夹头的结构如图 6-80 所示。其中，简单型适用于直径变化不大的工件，自动定心型适用于直径变化较大的工件。为了使工件夹持牢固，夹头与工件的接触部分硬度要高、耐磨性要好。

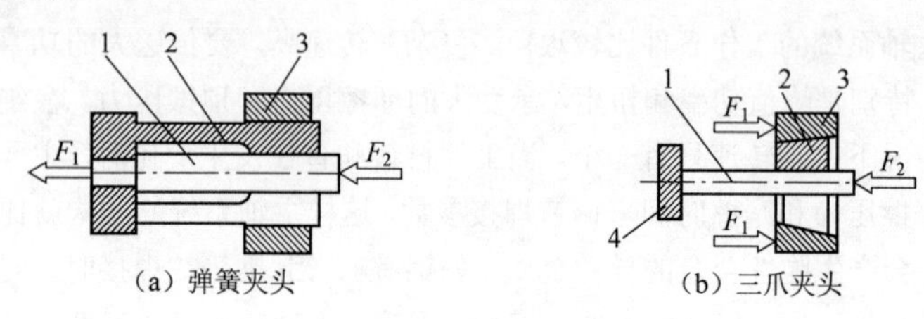

图 6-79　旋转夹头的结构

1. 工件；2. 夹爪；3. 夹头体；4. 挡铁；
F_1——预紧压力；F_2——摩擦和顶锻时的轴向压力

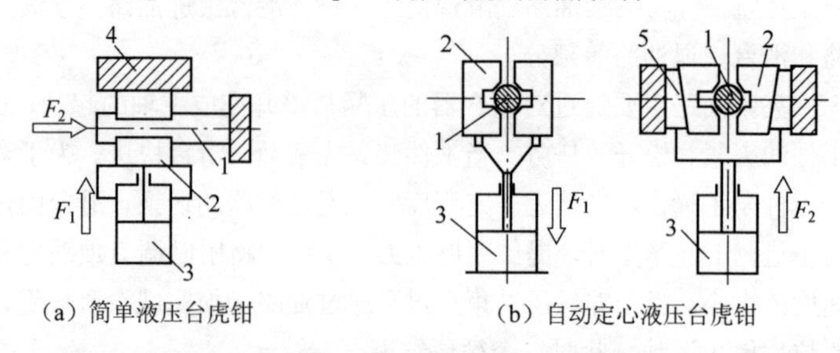

图 6-80　移动（固定）夹头的结构

1. 工件；2. 夹爪；3. 液压缸；4. 支座；5. 挡铁；
F_1——夹紧力；F_2——摩擦和顶锻压力

（5）检测与控制系统　参数检测主要涉及时间（摩擦时间、刹车时间、顶端上升时间、顶端维持时间）、加热功率压力（摩擦压力、顶锻压力）、变形量、转矩、转速、温度、特征信号（如摩擦开始时刻，功率峰值及所对应的时刻）等。

控制系统包括焊接操作程序控制和焊接参数控制等。焊接操作程序控制即控制摩擦焊机按预先规定的动作次序，完成送料、夹紧焊件、主轴旋转、摩擦加热、顶锻焊接、切除飞边和退出焊件等操作。设计程序控制电路时，应着重考虑各种电磁阀的动作顺序，各动作之间的连锁及各种器件的保护（如主轴电动机过载保护、夹头过热保护等）。早期的摩擦焊机大多数采用继电器控制，近年来可编程控制器、计算机控制器等在摩擦焊机控制系统中的应用逐渐增多。焊接参数控制主要有时间控制、摩擦加热功率峰值控制和综合参数控制等。时间和功率控制主要是控制摩擦焊接加热过程，而变形量控制除控制摩擦加热过程外，还控制顶锻焊接过程。综合参数控制主要是对焊接参数的监控、报警、显示刻录，当参数发生波动时能自动调节。

（6）辅助装置 辅助装置主要包括自动送料、卸料，以及自动切除飞边装置等。

2. 惯性摩擦焊机

惯性摩擦焊机的组成如图 6-81 所示，主要由电动机、主轴、飞轮、夹盘、移动夹具、液压缸等组成。

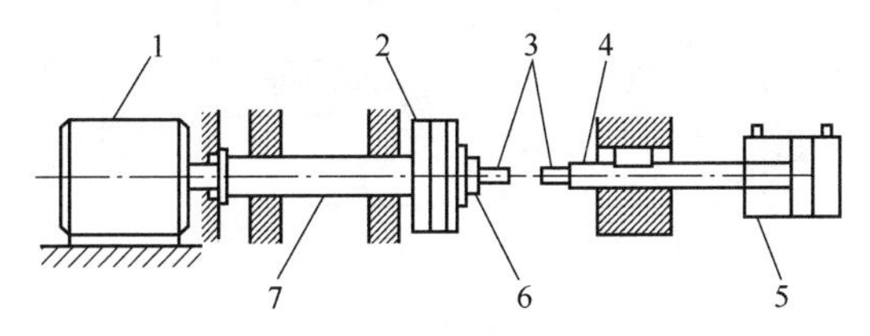

图 6-81 惯性摩擦焊机的组成

1. 电动机；2. 飞轮；3. 工件；4. 移动夹具；5. 液压缸；6. 夹盘；7. 主轴

工作时，飞轮、主轴、夹盘和工件都被加速到与给定能量相应的转速时，停止驱动，工件和飞轮自由旋转，然后使两个工件接触并施加一定的轴向压力，通过摩擦使飞轮的动能转换为摩擦界面的热能，飞轮转速逐渐降低，当转速变为 0 时，焊接过程结束。其工作原理与连续驱动摩擦焊机基本相同。

3. 相位控制摩擦焊机

①机械同步摩擦焊机的组成如图 6-82 所示。

②插销配合摩擦焊机的组成如图 6-83 所示。

③同步驱动摩擦焊机的组成如图 6-84 所示。

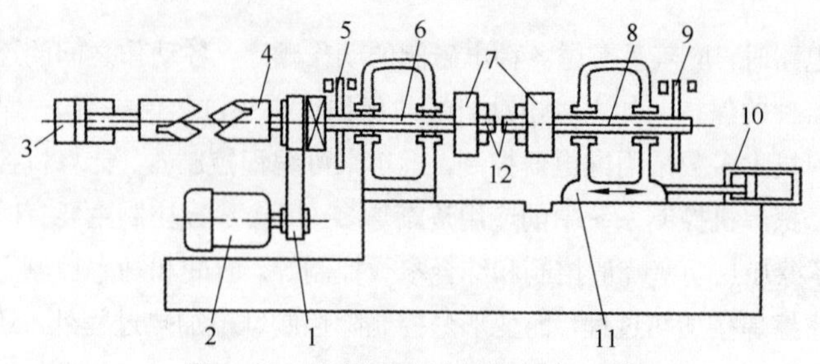

图 6-82 机械同步摩擦焊机的组成

1. 传动带；2. 电动机；3. 校正和顶锻液压缸；4. 校正凸轮；5、9. 制动器；6. 驱动主轴；7. 卡盘；8. 静止主轴；10. 液压缸；11. 移动装置；12. 工件

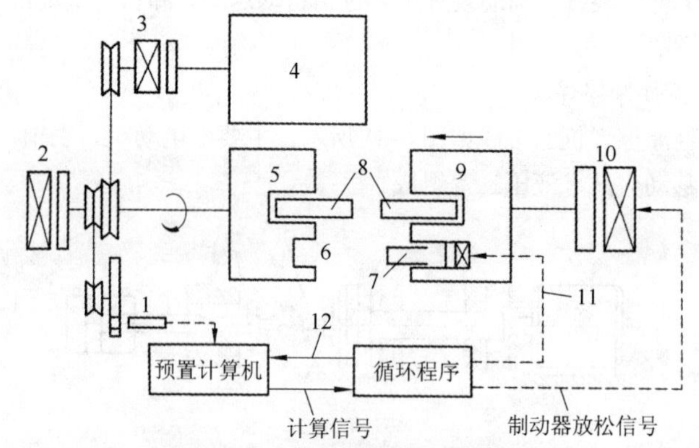

图 6-83 插销配合摩擦焊机的组成

1. 接近开关；2. 制动器 A；3. 离合器；4. 主电动机；5. 主轴；6. 孔；7. 销；8. 工件；9. 尾座主轴；10. 制动器 B；11. 销插入信号；12. 离合器脱开信号

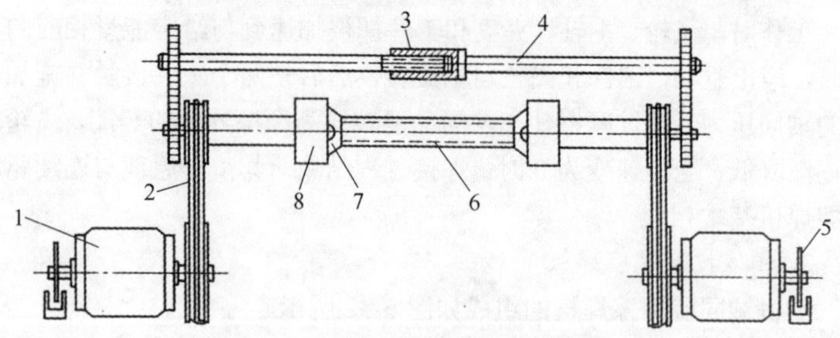

图 6-84 同步驱动摩擦焊机的组成

1. 电动机；2. 传动带；3. 花健；4. 同步杆；5. 制动器；6. 固定的管轴；7. 旋转轭；8. 夹头

6.8.3 搅拌摩擦焊设备

搅拌摩擦焊设备的部件很多，根据设备功能结构可以将其分为搅拌摩擦焊接工具和搅拌摩擦焊机。搅拌摩擦焊机又可分为机械转动部分、行走部分、控制部分、工件夹紧机构和刚性机架等。

1. 搅拌摩擦焊接工具

搅拌焊头是搅拌摩擦焊接工具的关键和核心部件，其主要由轴肩和搅拌针两部分构成。

（1）轴肩 轴肩的主要作用是摩擦生热，尽可能包拢塑性区金属，形成一个封闭的焊接环境，并带动周围材料的塑性流动以形成接头。轴肩的形式有平面、凹面、同心圆环槽、涡状线等。轴肩表面呈圆环槽或涡状线等凹陷状的设计，可保证热塑性材料受到向内的作用力，从而有利于将轴肩端部下方的热塑性材料收集到轴肩端面的中心，以填充搅拌针后方所形成的空腔，同时可减少焊接过程中搅拌焊头内部的应力集中。

（2）搅拌针 搅拌针的作用是通过旋转摩擦生热提供焊接所需的热量，同时改善热塑性材料的流动路径，增强其行为。目前，搅拌针主要有柱形光面搅拌针、柱形螺纹搅拌针、锥形螺纹搅拌针、三槽锥形螺纹搅拌针、偏心圆搅拌针、偏心圆螺纹搅拌针、非对称搅拌针、可伸缩搅拌针等多种形式。三槽锥形螺纹搅拌焊头是在焊针的锥面上开有三个螺旋形的槽，用以减小搅拌针的体积，增加软化材料的流动性，同时破坏并分散附着于工件表面的氧化物，扩大被焊材料的厚度范围。

搅拌摩擦焊接完成后，在焊缝的尾端会留有一个匙孔，为解决这个问题，发明了可伸缩式搅拌爆破头，其又可分为自动伸缩式和手动伸缩式两种形式。伸缩式搅拌焊头可以通过调节焊针长度来焊接不同厚度的材料和实现变厚度板材间的连接，还可在焊接即将结束时将搅拌焊针逐渐缩回到轴肩内，使匙孔愈合，从而避免形成匙孔缺陷。

2. 搅拌摩擦焊机

迄今，搅拌摩擦焊机的制造已由试验研究阶段进入工业应用时期。世界著名的焊接设备生产企业 ESAB 公司已制造了多种类型的搅拌摩擦焊机。2001 年，ESAB 公司为英国焊接研究所（TWI）制造了一台大尺寸的龙门式搅拌摩擦焊设备。这台设备装备有真空夹紧工作台，可以焊接非线性接头。能够焊接厚度为1～25mm的铝板，工作空间为8m（长）×5m（宽）×1m（高），最大压紧力为60kN，最大旋转速度为5000r/min。瑞典ESAB公司制造了一台商业用搅拌摩擦焊设备，可以焊接16m长的焊缝，此设备已经通过挪威船级社的验收，投入使用。在此基础上，瑞典ESAB公司又研制开发了基于数控技术、具有五个自由度的更小、更巧轻、更便宜的设备。这台设备焊接厚度为5mm的6000系铝板时，焊接速度可达750mm/min，还可以焊接非线性焊缝。

我国已经开发出了用于焊接不同规格产品的C型、龙门式、悬臂式搅拌摩擦焊设备。我国自行研制的第一台悬臂式搅拌摩擦焊接设备，主要由主轴动力单元、液压驱动单元、摆式焊接夹具、高精度焊接平台、悬臂式移动横梁等组成，采用西门子WinAC控制系统和计算机操作界面，具有操作简单、控制精度高、焊接工艺重复性好等优点。该设备主要用于直径＞2m、长度＜1.5m大型筒体结构件纵缝的连接，已用于大壁板航天火箭筒体的搅拌摩擦焊。

6.8.4　摩擦焊机的选用

摩擦焊机可根据焊件的材质、断面形状和尺寸、设备特点、生产批量等加以选择。

目前，国内外主要应用连续驱动和惯性这两种类型的摩擦焊机。国内连续驱动摩擦焊机应用最广，约占全部焊机的90%；惯性摩擦焊机主要用于大断面工件、异种金属材料和特殊部件的焊接。

普通连续摩擦焊机适用于焊接圆形断面的工件。工件断面较大时，可选用中、大型焊机；断面较小时，可选用小型或微型焊机。专用焊机、自动化程度和生产率高的焊机，可用于大批量生产。

国内现有摩擦焊机绝大部分是连续驱动摩擦焊机。除通用摩擦焊机外，国内还生产各种专用摩擦焊机，如石油钻杆摩擦焊机、潜水泵转轴摩擦焊机、止推轴瓦全自动摩擦焊机、内燃机排气阀全自动摩擦焊机、内燃机增压器涡轮轴摩擦焊机、麻花钻头摩擦焊机等。此外，我国兵器工业第五九研究所有国内第一台，能够实现径向、轴向的惯性、连续驱动摩擦焊等多种工艺焊接的 CT-25 特种摩擦焊机。

在国际市场上，提供摩擦焊设备的国家主要有美国、德国、英国、俄罗斯、法国和日本。他们不仅研制开发摩擦焊设备，还提供有关摩擦焊工艺方面的咨询。

6.8.5 常用摩擦焊机技术参数

①常用连续驱动摩擦焊机技术参数（一）、（二）分别见表 6-49 和表 6-50。

表 6-49 常用连续驱动摩擦焊机技术参数（一）

技术参数＼型号		C-10	C-25	C-40	C-200	C-250	C-630	C-800	C-1250
最大顶锻力/kN		10	25	40	200	250	630	800	1250
主轴转速/（r/min）		5000	3000	2500	2000	1350	575	850	580
工件直径/mm（中碳钢）		6.5～10	5～10	8～14	12～34	8～40	60～114	40～75	60～140
夹具夹料长度/mm	旋转	20～180	50～270	50～270	50～335	50～300	2500～10000	80～25	—
	移动	5～150	10～370	10～370	80～172	70～800	1800～10000	115～250	—
滑台最大行程/mm		200	320	320	415	300	—	500	460
顶锻保压时间/s		0～5	0～8	0～8	0～8	0～8	3～30	0.1～40.0	0.1～40.0
摩擦时间/s		0～10	0～10	0～10	0～40	0～40	1～30	0.1～40.0	0.1～40.0
刹车时间/s		≤0.3	≤0.3	≤0.3	≤0.3	≤0.3	—	—	—
摩擦工进速度/（mm/s）		2～20	2～20	2～20	1～12	—	2～505 220	≤50	—
顶锻速度/（mm/s）		＜100	50	50	32	30	50	50	22
自动化程度		半自动化							

续表 6-49

技术参数 \ 型号	C-10	C-25	C-40	C-200	C-250	C-630	C-800	C-1250
规范控制方法	以摩擦时间控制焊接过程							
特点和适用范围	机械、工具、内燃机制造等行业中零件的焊接	工具制造行业、汽车、内燃机、机器制造行业、轻工、纺织、自行车等行业零件的焊接		工具制造行业、机械制造行业零件的焊接	长管摩擦焊机，管径为 25～54mm	工具制造、汽车、拖拉机制造、机械制造行业等零件的焊接		石油钻杆的焊接，备有切除内外飞边装置

表 6-50　常用连续驱动摩擦焊机技术参数（二）

型号 \ 技术参数	顶锻力/kN	焊接直径/mm	旋转夹具夹持焊件长度/mm	移动夹具夹持焊件长度/mm	转速/（r/min）	功率/kW
MCH-2	320	15～50	60～450	120	1300	37
MCH-4	20～40	4～16	20～300	100～500	2500	11
MCH-20B	200	10～35	50～300	80～450	1800	18.5
MCH-63	630	35～65	100～380	250～1400	1200	55
C-0.5A①	5	4～6.5	—	—	6000	—
C-1A	10	4.5～8	—	—	5000	—
C-2.5D	25	6.5～10	—	—	3000	—
C-4D	40	8～14	—	—	2500	—
C-4C	40	8～14	—	—	2500	—
C-12A-3	120	10～30	—	—	1000	—
C-20	200	12～34	—	—	2000	—
C-20A-3	250	18～40	—	—	1350	—
CG-6.3	63	8～20	—	—	5000	—
CT-25	250	18～40	—	—	5000	—
RS45	450	20～70	—	—	1500	—

注：①A、B、C、D 为机型序号。

②混合式摩擦焊机技术参数见表 6-51。

表 6-51　混合式摩擦焊机技术参数

技术参数＼型号		HAMM-（轴向推力 kN）						
		50	100	150	280	400	800	1200
低碳钢焊接最大直径/mm	空心管	20×4	38×4	43×5	75×6	90×10	110×10	140×16
	实心棒	18	25	30	45	55	80	95
焊件长度/mm	旋转夹具	50～140	55～200	50～200	50～300	50～300	80～300	100～500
	移动夹具	100～500	＞100	＞100	＞100	＞120	＞300	＞200

③美国 MTI 公司惯性摩擦焊机技术参数（一）、（二）分别见表 6-52 和表 6-53。

表 6-52　美国 MTI 公司惯性摩擦焊机技术参数（一）

型　　号	最大转速/（r/min）	惯性矩/（kg · m^2）	最大焊接力/kN	最大管形焊接面积/mm^2
40	45000/60000	0.00063	222	45.20
60	12000/24000	0.094	40.03	426
90	12000	0.21	57.82	645
120	8000	0.21	124.54	1097
150	8000	2.11	222.40	1677
180	8000	42	355.80	2968
220	6000	25.30	578.20	4194
250	4000	105.40	889.60	6452
300	3000	210	1112	7742
320	2000	421	1556.80	11613
400	2000	1054	2668.80	19355
480	1000	10535	3780.80	27097
750	1000	21070	6672	48387
800	500	42140	2000	145160

表 6-53　美国 MTI 公司部分惯性摩擦焊机技术参数（二）

技术参数 \ 型号		60B	180B	220B	250B	300B	400B
主电动机功率/kW		11.2	45	50	93	93	93
最大转速/（r/min）		12000	8000	6000	4000	2500	2000
轴向推力/kN		39.2	392	588	882	1107	2744
焊件直径/mm		6.35～19.1	12.7～50.8	19.1～59.2	25.4～69.85	34.9～76.2	50.8～109
总惯量/（$kg \cdot m^2$）	最大	0.095	4.21	20.48	50.6	210	480
	最小	0.0038	0.0645	—	1.26	1.26	27.8
尾架移动距离/mm		291	393.7	660.4	876	876	1143
能量储备/（J/s）		1106	24382	24382	53900	53900	539100
工作台距主轴中心距离/mm		1106	24382	245	406.4	406.4	610
备注		均设有监控装置；每一型号都有 B 和 BX 两类，B 表示固定端试件长度有限制，BX 表示不受限制					

④典型摩擦焊机技术参数见表 6-54。

表 6-54 典型摩擦焊机技术参数

技术参数 / 型号	主轴电动机功率/kW	主轴转速/（r/min）	最大轴向压力/kN	工件最大尺寸/mm		加压方式	生产厂家
				旋转端	固定端		
1 型锅炉省煤器蛇形管摩擦焊机（20 钢）	17	1430	100	ϕ32×4，长 12m	ϕ32×4，长度不限	气-液动、双拉杆，移动夹头加压	哈尔滨锅炉厂、哈尔滨焊接研究所联合设计制造
汽车排气门自动摩擦焊机（65Mn18A15Si2V+40Mn2）	4	2000	50	ϕ10.4，长 35～50	ϕ10.4，长 200～300	液动、旋转夹头加压	哈尔滨焊接研究所设计制造
TZH102 型轴瓦摩擦焊机（20 钢）	30	1000	125	ϕ92×11.5，长 6	ϕ79×5	液动、双拉杆，移动夹头加压	上海机电设计院设计
大型圆柄切削刀具摩擦焊机（P18+45 钢）	55	800	1200	ϕ（30～80），长 300	ϕ（30～80），长 300	液动、双拉杆，移动夹头加压	哈尔滨量具刃具厂制造
铝-铜低温摩擦焊机（HS-M8 型）	10	160～1030	200	ϕ（6～25），长 150	ϕ（6～25），长 150	机械加压，双拉杆、移动夹头加压	哈尔滨焊接研究所设计制造
石油钻杆摩擦焊机（35CrMo+40Mn2）	180	530	1200	ϕ141×20，长 600	ϕ141×20，长 12m	液动、双拉杆，移动夹头加压	哈尔滨焊接研究所、太原重型机械厂联合设计制造
C20 型摩擦焊机（刀具毛坯）	17	2000	200	ϕ（12～34），长 50～335	ϕ（12～34），长 80～172	液动，移动夹头加压	长春焊接制造厂制造
C2.5 型摩擦焊机（通用）	7.5/5.5	3000	25	ϕ（5～10），长 50～270	ϕ（5～10），长 100～370	液动，移动夹头加压	长春焊接制造厂制造

⑤国产 CT-25 特种摩擦焊机技术参数见表 6-55。

表 6-55　国产 CT-25 特种摩擦焊机技术参数

项　目	技术参数
主电动机功率/kW	30
转速（变频调速）/（r/min）	5000（惯性焊）
	2000（连续焊）
轴向顶锻压力/kN	250
焊接工件直径/mm	16～60
焊接面积（碳钢）/mm²	1200（连续摩擦焊）
焊接工件的最大长度/mm	1500
整机质量/t	8

⑥搅拌摩擦焊接设备技术参数见表 6-56。

表 6-56　搅拌摩擦焊接设备技术参数

技术参数 型号	旋转速度/（r/min）	焊接速度/（mm/min）	焊接压力/kN	焊接距离/mm	最大功率/kW	焊接厚度/mm
FSW 5UT	—	2000	100	1000	22	35
FSW 5U	—	2000	100	1000	22	35
FSW 6UT	—	2000	25	1000	45	60
FSW 6U	—	2000	150	1000	45	60
P-stir315	2000	10000	50	1000	15	—
DB 系列	—	500	—	2200	—	20
C 系列	—	1200	—	—	—	15
LM 系列	—	800	—	1500	—	20

6.9　螺柱焊设备

6.9.1　电弧螺柱焊设备

电弧螺柱焊设备包括焊接电源（螺柱焊机）、焊枪和控制装置等部分，螺柱焊设备的组成如图 6-85 所示。

1. 焊接电源

采用直流电源，如弧焊直流器、弧焊逆变器或直流弧焊发电机。焊接电源必须满足空载电压为 70～100V，具有陡降外特性，能在短时间内输出大电流，且输出电流能迅速达到设定值。

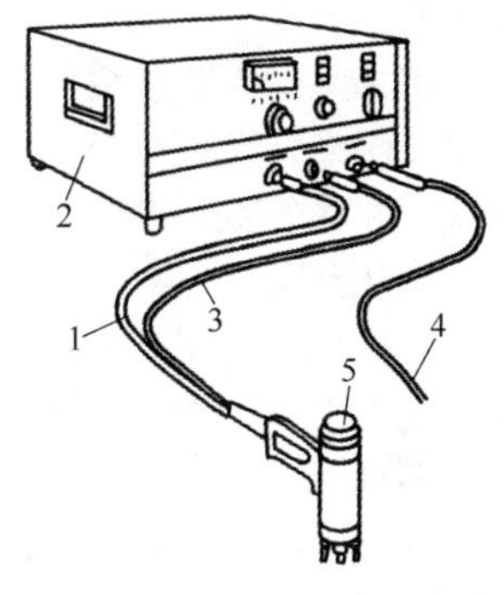

图 6-85 螺柱焊设备的组成

1. 控制电缆；2. 电源及控制装置；3. 焊接电缆；4. 地线；5. 焊枪

螺柱焊接电源可以是具有陡降外特性的焊条电弧焊电源，但必须配备一个控制箱，以进行电源的通断、引弧和燃弧时间的控制。由于螺柱焊的焊接电流比焊条电弧焊的焊接电流大得多，对大直径螺柱的焊接可以并联使用两台以上普通弧焊电源。螺柱焊电源的负载持续率很低，相当于焊条电弧焊的 1/5～1/3，宜选购专为电弧螺柱焊设计的电源。其专用焊机常把电源和控制器做成一体。

对于ϕ12 mm 以上螺柱的焊接电源（20kV·A 左右），一般采用图 6-86（a）所示的三相半控整流式电路方式；对于可以焊接ϕ24 mm 左右的螺柱焊接电源（45kV · A），采用图 6-86（b）所示的带平等衡电抗器的双反星形可控整流器式电路比较合适。双反星形联结可以减轻单管晶闸管承受的负担，且波纹系数较小。

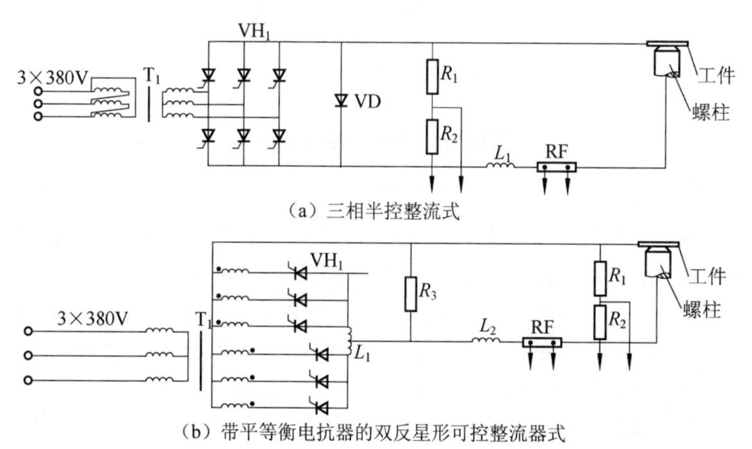

图 6-86 两种电弧螺柱焊机的主电路

引弧电路的存在是大功率电弧螺柱焊机的特点。引弧电路常用图 6-87 所示两种形式。

①主变压器 T_1 缠绕一个独立绕组构成 T_2（或设置一个独立单相变压器 T_2）经整流滤波（VC_2-L_2）后，再经过一个开关（继电器或接触器接头）并联搭接在焊接回路，如图 6-87（a）所示。

②从整流变压器二次绕组并接出一路整流器，经整流滤波后并联搭接在焊接回路，如图 6-87（b）所示。引弧电路的空载电压一般要高于或等于焊接主电路的空载电压，一般为 100V 左右。

两种引弧电路没有多大区别。引弧电路降压电阻 R 的作用是获得下降伏安特性，一般选用（2～5Ω）/150W 即可，用电阻系数为 0 的锰白铜丝制作输出电流会有较高的的稳定性。

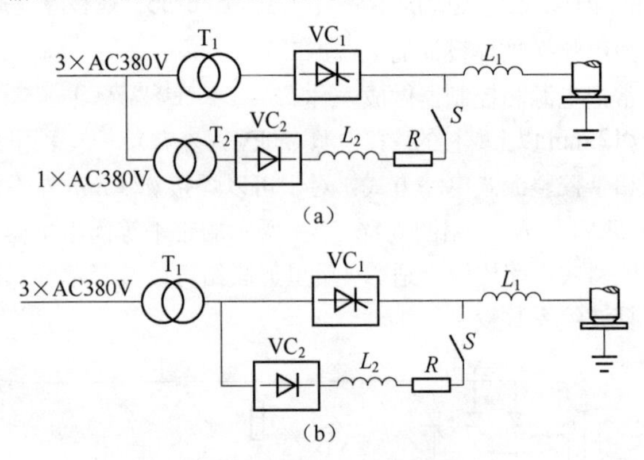

图 6-87　两种引弧电路原理

2. 焊枪

螺柱焊焊枪分为手提式和固定式两种，其工作原理相同。手提式螺柱焊枪又分为大、小两种类型。小型焊枪较轻便，质量约为 1.5kg，用于焊接直径为 12mm 以下的螺柱；大型焊枪质量为 1.5~3.0kg，用于焊接直径为 12～30mm 的螺柱。固定式焊枪是为焊接某些特定产品而专门设计的焊枪，焊枪被固定在支架上，在工位上进行焊接。

（1）结构　焊枪上设有起动焊接用的开关，装有控制线与焊接电缆。电弧螺柱焊焊枪主要由夹持机构、磁力提升机构、弹簧压下机构组成，如图 6-88 所示。

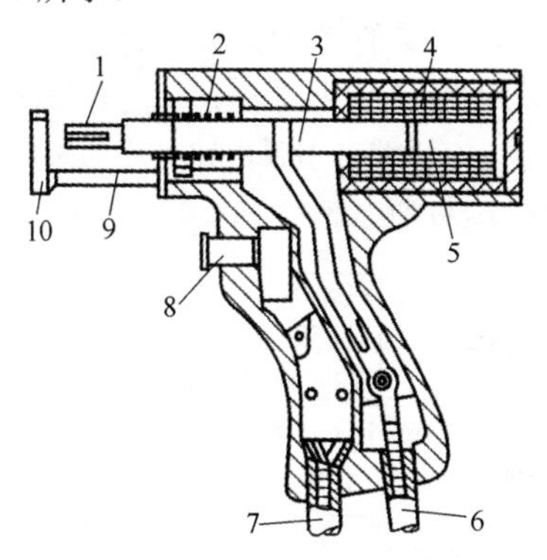

图 6-88　电弧螺柱焊焊枪的组成

1. 夹头；2. 拉杆；3. 离合器；4. 电磁线圈；5. 铁心；
6. 焊接电缆；7. 控制电缆；8. 扳机；9. 支杆；10. 脚盖

（2）焊枪可调节参数　焊枪可调节参数包括提离高度、螺柱外伸长度及螺柱与瓷圈夹头的同心度。其中提离高度和螺柱外伸长度由磁力提升机构进行调节，提升量一般在 3.2mm 以下。而螺柱与瓷圈夹头的同心度可以通过支架进行粗调螺柱夹头和瓷圈夹头间的相对位置，再通过瓷圈夹头在焊枪上的轴向位置进行细调，同时也可调节螺柱外伸长度。利用弹簧压下机构可在焊接开始前保持螺柱伸出端与工件表面的接触预压，而在伸出端表面完全熔化后可将螺柱压入焊接熔池。为了减少在焊接过程中的飞溅，改善焊缝成形并保证焊缝质量，可在焊枪中安装阻尼机构，以便适当降低螺柱压入熔池的速度。

（3）控制系统　与焊条电弧焊不同，电弧螺柱焊没有空载过程，故短接预顶、提升引弧焊接、螺柱落下顶锻、电流通断与维持等动作，必须由控制系统在焊前设定，并由焊枪自动完成。图 6-89 所示为典型的电弧螺柱焊机控制系统，它由驱动电路、反馈及给定电路、焊枪提升电路、时序控制电路，以及并联于焊接回路的引弧电路组成。驱动电路由三相同步变压器和控制电源组成，提供晶闸管同步电压脉冲信号，调节晶闸管的导通角；反馈及给定电路是从输出回路中取出电压信号和电流信号（由分流器取出），与给定信号比较后作为输入信号进入触发电路，从而获得焊接电源的下降特性及调节输出功率；焊枪提升电路是给焊枪中的电磁线圈提供 70～80V 的直流电，接通时电磁力吸引衔铁从而提升焊枪，引燃电弧进入焊接；时序控制电路是由多个延时电路与继电器组成，作用是控制前述三个电路和引弧电路工作的顺序和延时。电弧螺柱焊机的控制时序如图 6-90 所示。

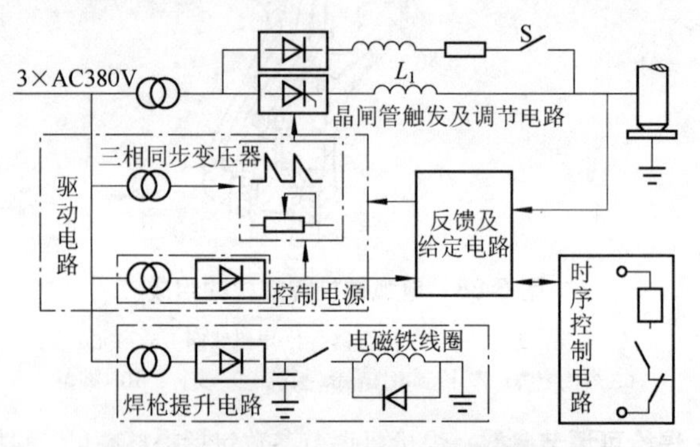

图 6-89 典型的电弧螺柱焊机控制系统

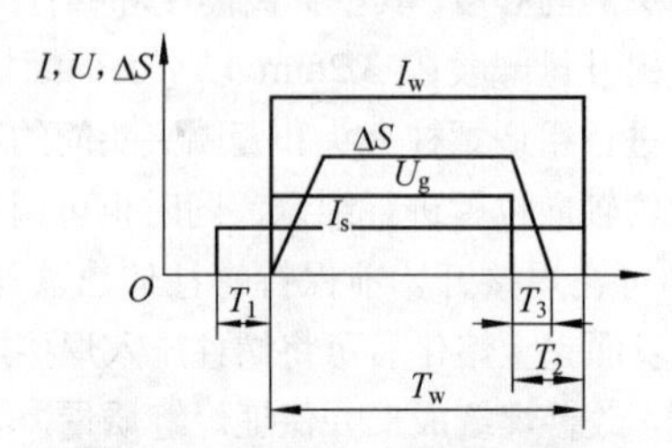

图 6-90 电弧螺柱焊机的控制时序

I_w——焊接电流（25～2500A）；I_s——引弧电流（10～50A）；U_g——电弧电压（70～80V）；ΔS——螺柱位移（1～50mm 间调节）；T_1——引弧电流短路时间（5～10ms）；T_2——焊接电流短路延时时间（20ms±2ms）；T_3——有电顶锻时间（≤10ms）；T_w——焊接时间（100～5000ms 内均匀可调）

3. 电弧螺柱焊机技术参数

电弧螺柱焊机技术参数见表 6-57。

表 6-57 电弧螺柱焊机技术参数

技术参数＼型号	RSN-800	RSN-1000	RSN-1600	RSN-2000	RSN-2500
电源电压/V	380	380	380	340～420	380
相数	3				
频率/Hz	50	50～60	50	50	50～60
输入容量/（kV·A）	70	10～60	140	170	10～230
空载电压/V	66	26～45	69	75	110（可调）
额定焊接电流/A	800	1000	1600	2000	2500
额定负载持续率（%）	60				
焊接电流调节范围/A	50～800	400～1000	120～1600	400～2000	200～2000
焊接螺柱直径/mm	3～12	6～12	3～19	6～18	4～25
质量/kg	250	120	350	370	600
特点和适用范围	该机适用于锅炉、汽车、建筑、电力等行业进行螺柱焊；具有良好的动特性、控制精度高、抗电网波动能力强、焊缝成形好、接头无焊穿和焊塌等特点	适用于钢结构建筑中圆柱头焊钉的焊接、各种紧固件的焊接、火车导轨压板螺柱的焊接等。具有焊接速度快(0.2～1.25s)、高效、低耗、全截面焊接新工艺、焊接质量好等特点	与 RSN-800 相同	适用于建筑及金属结构、船舶、锅炉、汽车、变态器等行业进行螺柱焊；具有快速、高效、质量可靠等特点；焊接时间为 0.2～1.5s	与 RSN-1000 相同

6.9.2 电容放电螺柱焊设备

手提式电容放电螺柱焊全套设备如图 6-91 所示。电容放电螺柱焊分为预接触式、预留间隙式和拉弧式三种形式。

1. 焊接电源及其控制装置

焊接电源及其控制装置制成一体式结构。电源为一个蓄电池组，焊接能量在低电压下储存于大容量的电容器组内，其特点是输入功率较低。

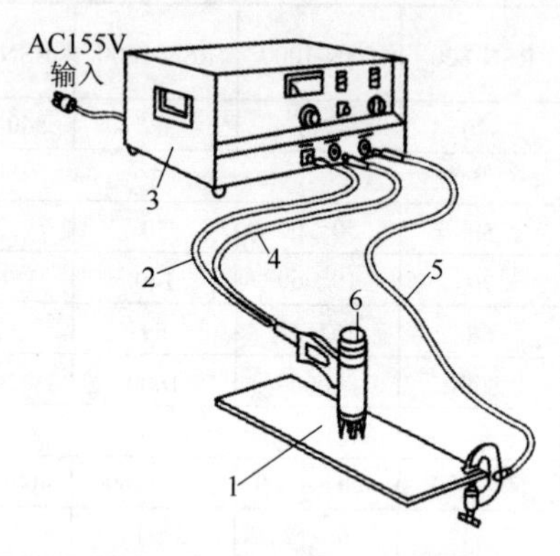

图 6-91　手提式电容放电螺柱焊全套设备

1. 工件；2. 控制电缆；3. 电源及控制装置；4. 焊接电缆；5. 地线；6. 焊枪

国内外电容放电螺柱焊机无论预接触式还是预留间隙式均由以下几个部分组成：电容器组充电电路、电容器组放电电路、复位电路和控制电路等。电容放电螺柱焊机主电路结构如图 6-92 所示。

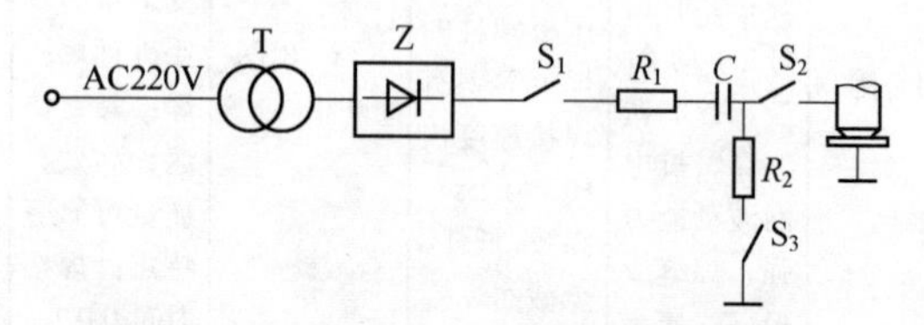

图 6-92　电容放电螺柱焊机主电路结构

图中，变压器 T 和整流器 Z 为流电源，S_1 为充电开关，R_1 为限流电阻，C 为大容量电容器组（50000～100000 μF），S_2 为焊接放电开关，S_3、R_2 分别为复位电路的开关和限流电阻。S_1、S_2、S_3 可以是晶闸管，也可以是继电器触点。

国内常用电容放电螺柱焊机工作原理如图 6-93 所示。VH_1、VH_2、VD_1、VD_2 组成的半控桥整流器调节充电电压；R_1 既是充电限流电阻，又是复位放电电阻；充电和复位开关采用继电器触点 K_1、K_2；晶闸管 VH_3 为焊接放电开关；S_3 是焊接开关。

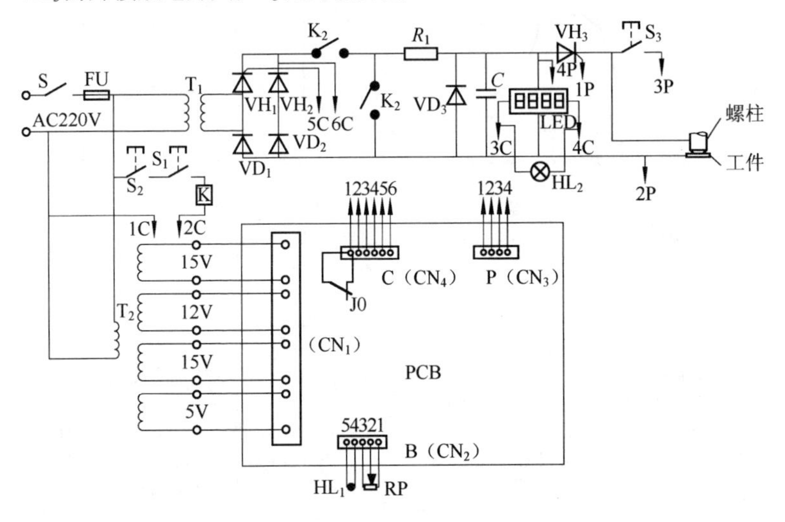

图 6-93 国内常用电容放电螺柱焊机工作原理

2. 焊枪

预接触式电容放电螺柱焊枪由夹持螺柱机构和将螺柱压入熔池的弹簧压下机构组成。电容放电螺柱焊枪与电弧焊柱焊的焊枪相似，但不需装瓷圈夹持装置。

3. 焊接过程及其波形时序控制

电容放电螺柱焊枪的焊接过程与波形如图 6-94 所示。图 6-94（a）所示为预接触式焊枪（K 式焊枪）的焊接过程与波形，图 6-94（b）所示为预留间隙式焊枪（G 式焊枪）的焊接过程与波形，两种焊枪的区别在于 K 式焊枪操作者按下扣机，即直接按下了图 6-93 中的焊接开关 S_3；而 G 式焊枪操作者按下扣机首先是机械凸轮运转将螺柱提升，升程为 3～4mm 时才能接触到 S_3，同时螺柱开始带电下落，因而图 6-94（b）的电流波形中燃弧时间比前者短（只有 0.8ms），但幅值较高，所以更适于焊接导电性好的材料，如铝合金螺柱与工件。

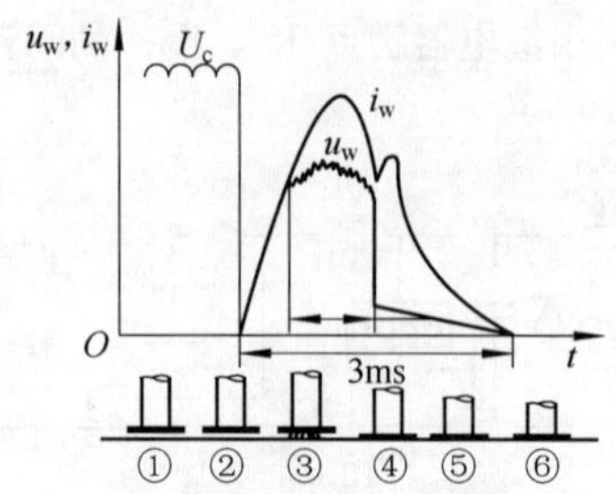

（a）K 式焊枪的焊接过程与波形

①定位，螺柱端部凸尖与工件接触；
②扣动焊枪扣机开关，S_3 接通，电容放电，引弧凸尖熔化、汽化，形成电弧空间；
③电弧发生，螺柱端部熔化，工件形成熔池；
④焊枪弹簧压力下螺柱插入熔池、熄弧、熔化金属被挤出；
⑤电容放电电流继续以短路电流形式流过，接头在热态压力下形成完整的再结晶接头；
⑥焊接结束，焊枪提起，螺柱与焊枪分离。

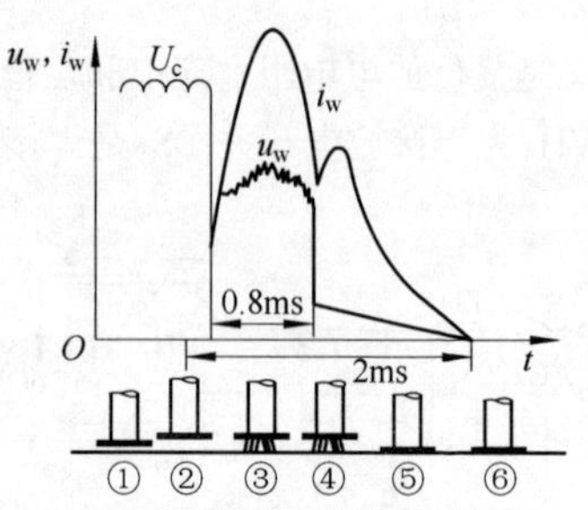

（b）G 式焊枪的焊接过程与波形

①螺柱凸尖定位；
②扣动扳机，螺柱被提升，提升到 3～4mm 行程时，焊接开关 S_3 接通；
③螺柱带电下落，接近工件时被高压场强引发电弧；
④焊枪弹簧压力下螺柱插入熔池、熄弧、熔化金属被挤出；
⑤电容放电电流继续以短路电流形式流过，接头在热态压力下形成完整的再结晶接头；
⑥焊接结束，焊枪提起，螺柱与焊枪分离。

图 6-94　电容放电螺柱焊枪的焊接过程与波形

4. 电容放电螺柱焊机技术参数

①常用电容放电螺柱焊机技术参数见表 6-58。

表 6-58　常用电容放电螺柱焊机技术参数

技术参数 \ 型号		RSR-400	RSR-800	RSR-1250	RSR-1600	RSR-2500	RSR-4000
电源电压/V		220/110	220/110	220/110	220/380	220/380	380
电源容量/（kV·A）		＜1	＜1.5	＜2	＜2.5	＜3	—
额定储能量/J		400	800	1250	1600	2500	4000
电容器电压调节范围/V		40～160	40～160	40～160	40～160	40～160	＜200
可焊螺柱直径/mm	碳钢、不锈钢	2～5	3～6	3～8	4～10	4～12	4～12
	铜、铝及其合金	2～3	2～4	3～6	3～8	3～8	4～8

续表 6-58

技术参数＼型号		RSR-400	RSR-800	RSR-1250	RSR-1600	RSR-2500	RSR-4000
可焊螺柱长度/mm	间隙式焊枪	≤100					
	接触式焊枪	100～300					
焊接生产率/（个/min）		20	15	12	10	10	5
焊机质量/kg		20	35	60	80	100	90
特点和适用范围		适用于碳钢、不锈钢、铜、铝及其合金螺柱焊接；比焊条电弧焊效率提高 4 倍，节电 80%；该类焊机所需的电网容量小、生产率高、焊接质量好					适用于特制金属螺柱或条状物焊在薄金属板表面上

②国产电容放电螺柱焊机技术参数见表 6-59。

表 6-59　国产电容放电螺柱焊机技术参数

技术参数＼型号		RSR-600	RSR-4500	RSR-6L	SCD-60	SCD-80	SCD-100	LSD-800	LSD-1000	LSD-1200
电源		220V，50Hz		220V，50Hz，5A	200～220V，50Hz			220V，50Hz		
可焊螺柱直径/mm	碳钢、不锈钢	2～5	4～12	3～6	2～6	2～8	3～10	3～8	3～10	3～12
	铝合金	2～3	3～8		5	6	8	3～6	3～8	3～8
螺柱长度/mm		10～150	20～200	6～120	—	—	—	—	—	—
板材厚度/mm		—	—	≥0.5	—	—	—	—	—	—
焊接生产率/（个数/min）		15	12	10～20	—	—	—	15		
质量/kg		—		15	35			30		
电容容量/μF		—		—	66000	99000	132000	80000	100000	120000

6.9.3　拉弧式电容放电螺柱焊设备

1. 电源及其控制装置

拉弧式电容放电螺柱焊机的结构原理如图 6-95 所示。电源由两个并联支路构成。T_1–UR_1–C–S_1 构成的支路与普通电容放电焊机的主电路是相同的；另一个支路 T_2–UR_2–L_2–S_2 为电弧提供一个稳定的直流电源，产生 30～50A 稳定的电弧电流，这个电弧电流称为先导电流。先导电流引燃的电弧将工件表面低熔点的镀锌层烧掉，工件表面露出基本金属时，T_1–UR_1–C–S_1 支路中的 S_1 接通，电容器组放电引发焊接电弧像普通电容储能焊一样进行螺柱焊接。先导电弧电流小，时间短，只能清扫工件表面而不能在工件上形成熔池。

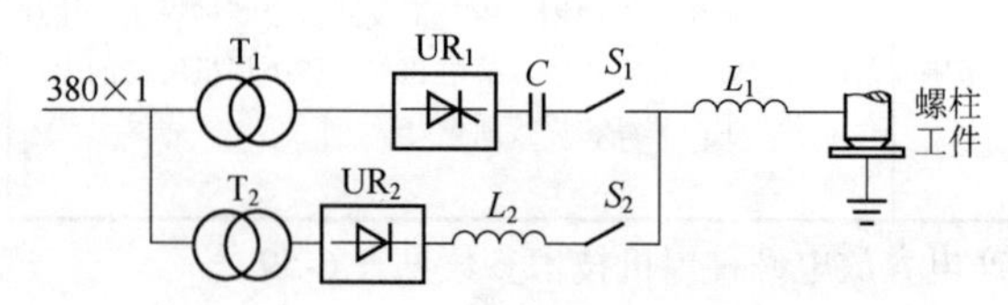

图 6-95　拉弧式电容放电螺柱焊机的结构原理

典型的拉弧式电容放电螺柱焊机电气原理如图 6-96 所示。图 6-96 的主电路中，单相不控整流桥 UR 为储能电容器 C_1 和 C_2 的充电直流电源，晶闸管 VH_4 为电容器 C_1 和 C_2 的充电开关，同时改变其导通角，还可调节充电电压。R_1 是充电限流电阻，继电器常闭触点 K_2 是电容器放电复位开关，R_3 是复位放电限流电阻，VH_7 为焊接放电开关。C_1、C_2 可以分别投入并联运行，也可以断开，S_3 为联动两掷开关，以调整电容器的容量可以从 30000μF 增加到 60000μF，甚至增加到 100000μF。这部分结构与普通电容放电螺柱焊机一样，只不过增加了一个 L_2。L_2 是空心电抗器，其作用是延长电容放电时间。先导电弧供电电路同样由整流器 ZL 提供，电阻 R_1 也作为限流电阻限制先导电流为 40A 左右（同时限止电容器 C_1、C_2 的充电时间）。晶闸管 VH_5 作为开关器件接通负载。电容 C_4 和电感器 L_1 旨在滤波，C_4 的容量只有 3300～4700μF。R_4、K_1 是电容器 C_4 及电感器 L_1 的无用能量回收电路。控制系统由控制电源、晶闸管的驱动电路、功能调节与显示电路和时序电路等组成。

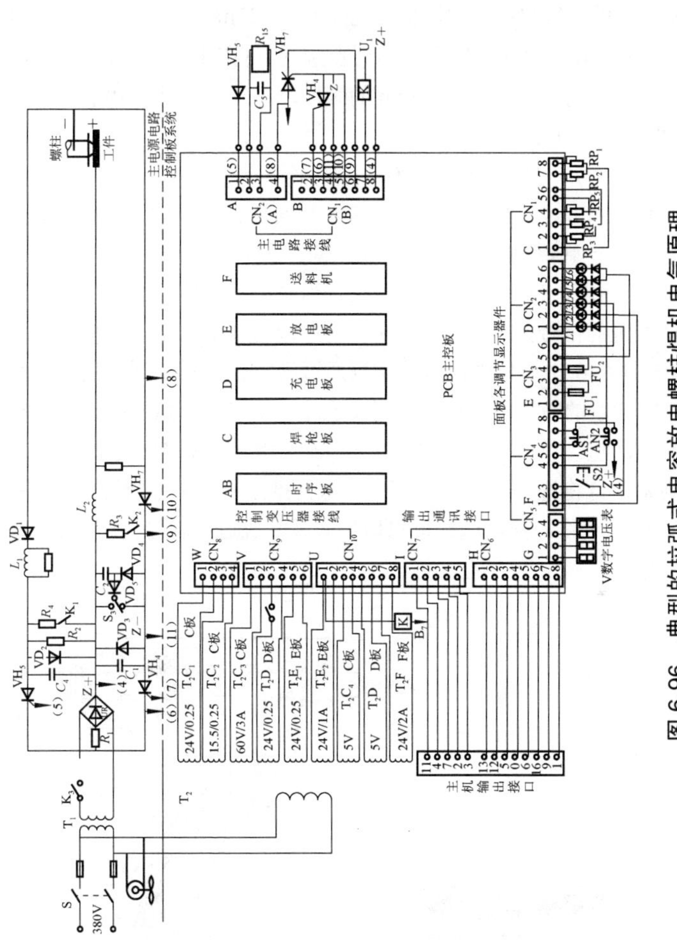

图 6-96 典型的拉弧式电容放电螺柱焊机电气原理

现代先进的拉弧螺柱焊机多采用微型计算机控制，如为适应建筑业在工地施工的特例情况，国外生产的一种ARC2100M螺柱焊机就是由微型计算机控制的，能焊接的螺柱直径范围为6～22mm，焊接电流最大为2300A，可在300～2000A无级调节，焊接时间可在10～1000ms调节，焊接生产效率较高，对直径为16mm的螺柱，每分钟可焊接10件。

2. 焊枪和自动送料装置

拉弧式电容放电螺柱焊焊枪有手动焊枪和半自动焊枪两种。手动焊枪由螺柱夹持机构、电磁铁提升机构及弹簧送钉机构组成，如图6-97所示，这些与电弧螺柱焊焊枪的组成相同，不同的是拉弧式电容放电螺柱焊焊枪中装有接近开关，以保证只有当螺柱与工件可靠接触时才能提取起动电源的信号。半自动焊枪在手动焊枪的基础上多了一个装钉用的气缸。当螺柱在送料机中被压缩空气通过送料软管吹送到焊枪落钉槽中后，气缸活塞的衔铁将螺柱推入导电夹中。所以，拉弧式电容放电螺柱焊机必须注意调整两个机械参数，即送针时间 T_f 和装钉时间 T_b。T_b 是气缸活塞顶钉将进入焊枪落钉槽中的螺柱推到导电夹中所用的时间；而 T_f 是压缩空气将螺柱从送料机出口将螺柱吹进送料软管，再从软管中运动到焊枪落钉槽中所需的时间。

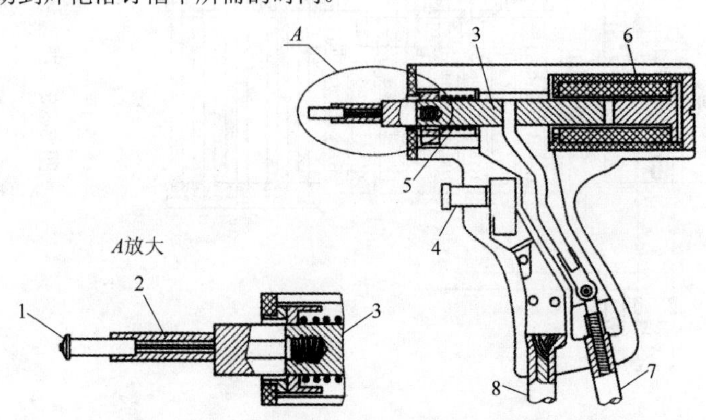

图6-97　拉弧式手持电容放电螺柱焊焊枪的组成

1. 螺柱；2. 螺柱夹头；3. 铁心；4. 开关；5. 主弹簧；
6. 电磁线圈外壳；7. 焊接电缆；8. 控制电缆

送料机由滚筒式料斗、气路所组成。料斗靠电动或气动将螺柱落入送料机软管的接口中，起动气路开关，由压缩空气将螺柱通过软管吹送到焊枪中去。

拉弧式电容放电柱焊机配套装置及外部接线如图 6-98 所示。

拉弧式电容放电螺柱焊机是为汽车制造设计的汽车专用螺柱焊机，可以焊接厚度在 1mm 以下的低碳钢薄板和不锈钢薄板；可以焊接镀层（如锌）为 15～25μm 的涂覆钢板。

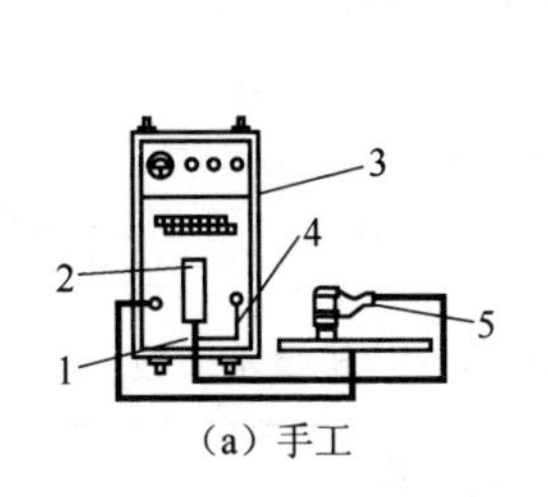

（a）手工

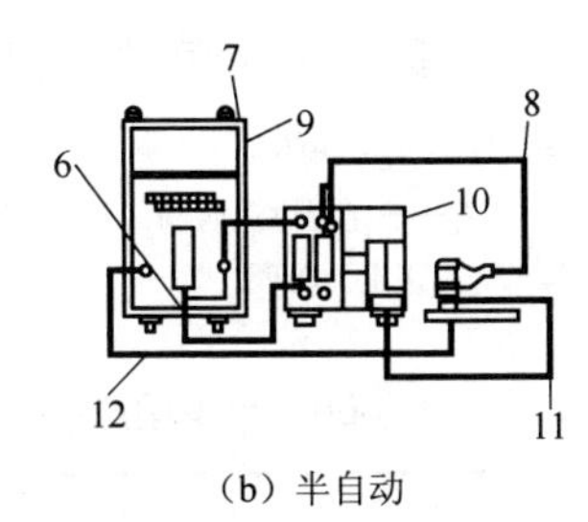

（b）半自动

图 6-98 拉弧式电容放电螺柱焊机配套设备及外部接线

1. 控制电缆（17×1）；2. 16 芯输出接口欧式插件；3、9. 主机；4. 焊接电缆（$25mm^2$×6m）；5. 手工焊（$25mm^2$×6m）；6. 带 24 芯及 16 芯欧式插头的控制电缆（$0.5mm^2$×2.5m）；7. 带快速接头的焊接电缆（$25mm^2$×25m）；8. 带 16 芯欧式插头控制电缆（$25mm^2$×6m）及带快速接头的焊接电缆（$25mm^2$×25m）；10. 送料机；11. 送料软管（6m）；12. 带快速接头及接地夹的接地电缆（$25mm^2$×6m）

3. 焊接过程与输出波形

图 6-96 所示的主电路可以采用模拟控制，也可以采用单片机控制，拉弧式电容放电螺柱焊接过程与输出波形如图 6-99 所示。

4. 拉弧式电容放电螺柱焊机技术参数

典型国产拉弧式电容放电螺柱焊机技术参数见表 6-60。

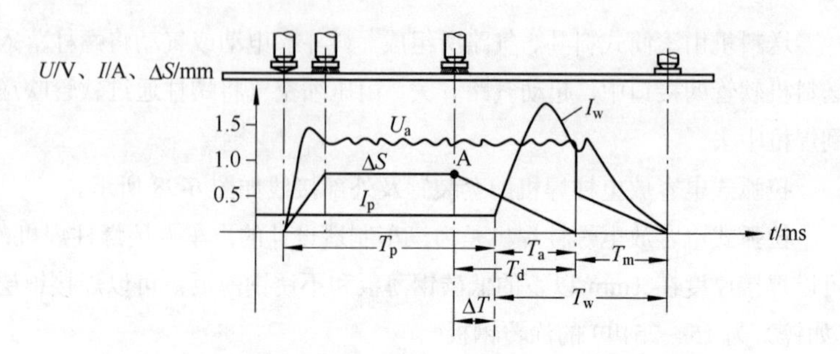

图 6-99　拉弧式电容放电螺柱焊接过程与输出波形

U_a——电弧电压；I_w——焊接电流；ΔS——螺柱位移；I_p——先导电流；
T_p——先导电流时间；T_a——焊接电弧燃烧时间；T_d——落钉时间；
T_w——焊接电流时间；T_m——有电顶锻时间（螺柱浸入时间）；ΔT——延迟时间

表 6-60　典型国产拉弧式电容放电螺柱焊机技术参数

项　目	技术参数	
输入	DC380V/DC220V	
输出	先导电流/A	30（不可调）
	先导电流时间/μs	5～100
	焊接电流峰值/A	1000～1500
	充电电压/V	60～200
	可焊螺柱直径/mm	3～6

6.9.4　短周期螺柱焊设备

由于短周期螺柱焊设备容易实现自动化，所以成套设备一般包括电源、控制装置、焊枪和送料机等，其中电源和控制装置是装在同一箱体内的。

1. 电源和控制装置

短周期螺柱焊设备的电源可以是整流器、电容器组，也可以是逆变器。一般情况下是两个电源并联，分别为先导电弧和焊接电弧供电。只有逆变器作为电源时才可用同一电源，调制为不同大小的电流分别为先导电弧和焊接电弧供电。

①整流式短周期螺柱焊机电气原理如图6-100所示。若用于汽车制造，由两个整流器组成，UR_1提供焊接电流I_W，UR_2为半控桥，其导通角不可调，为螺栓提供先导电流I_P。UR_1输入线电压为36V，UR_2输入线电压为32V，当产生大电流后，这个电压差会使UR_2自然关断，不再输出I_P。

此电源的缺点是开环控制，对网络波动无法补偿，由于工频整流，频率响应慢，不具备完整的监控系统，无法在螺柱下落过程中对未浸入熔池前发生断电所造成的接头质量下降进行补偿。但其控制简单，成本低，基本上能满足汽车等产品大规模生产的要求。

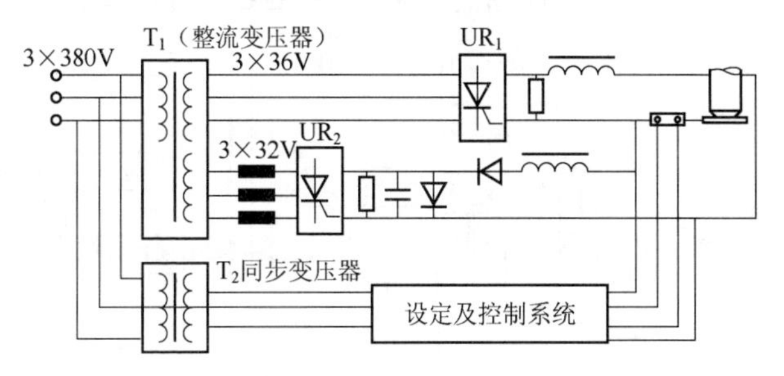

图6-100　整流式短周期螺柱焊机电气原理

国产整流式短周期螺柱焊机技术参数见表6-61。

表6-61　国产整流式短周期螺柱焊机技术参数

项　　目	技 术 参 数
焊接电流/A	200～1000
焊接电流时间/ms	5～100
先导电流/A	40
先导电流时间/ms	5～100
可焊螺柱直径/mm	3～8

②逆变式短周期螺柱焊机电气原理如图6～101所示。该焊机采用

单端正激逆变器作为电源，IGBT 为其开关器件，由微型计算机控制，液晶显示。先导电流 I_P 和焊接电流 I_W 的转换靠脉宽控制（PWM）技术和旁路开关短接电抗器 L 的方法来实现。

该焊机代表了当前国内具有先进水平的螺柱焊接设备，其动特性好，有完备的监控系统，能可靠地保证“有电顶锻阶段” T_d 的到位，并有焊机故障信息提示。该机已在汽车制造中被广泛采用。

逆变式短周期螺柱焊机技术参数见表 6-62。

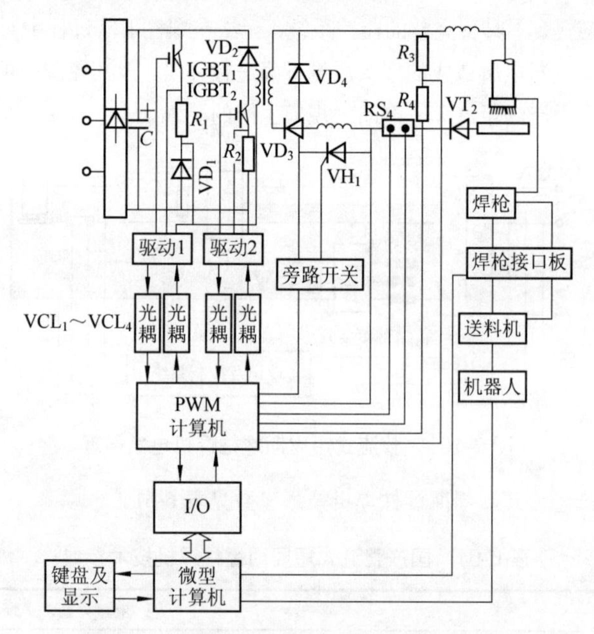

图 6-101　逆变式短周期螺柱焊机电气原理

表 6-62　逆变式短周期螺柱焊机技术参数

项　目		技 术 参 数
输入		三相，380V，50Hz
压缩空气/MPa		3～6
输出	焊接电流/A	200～1000

续表 6-62

项　　目		技 术 参 数
输出	焊接电流时间/ms	6～100
	先导电流/A	30～100
	先导电流时间/ms	30～100
	可焊螺柱直径/mm	3～10

2. 焊枪和送料机

短周期螺柱焊机的焊枪有手动焊枪和半自动或自动焊枪，焊枪的基本结构由螺柱夹持机构、提升机构和弹簧压钉机构组成。手动焊枪需要安装接近开关，以保证只有当螺柱与工件可靠接触时，才能提取起动电压信号。半自动或自动焊枪是在手动焊枪的基础上多了一个装钉用的气缸。当螺柱在送料机中被压缩空气通过送料软管吹送到焊枪落钉槽中后，气缸活塞衔铁将螺柱推入导电夹中。此外，还包括气路、送钉开关和送钉锁定开关等。

在进行半自动和自动焊接时，需配置螺柱自动送料机，其结构通常由滚筒装料器和分选器等组成。焊接时，滚筒通过旋转将螺柱送入滑动导轨，经分选器后由专供送料用的分离机构逐个送材料，实现装载循环。根据不同的螺柱直径，应配用不同的送料软管、软管离合器、导轨和分选器。

逆变式短周期螺柱焊机配套设备及其外部接线如图 6-102 所示。

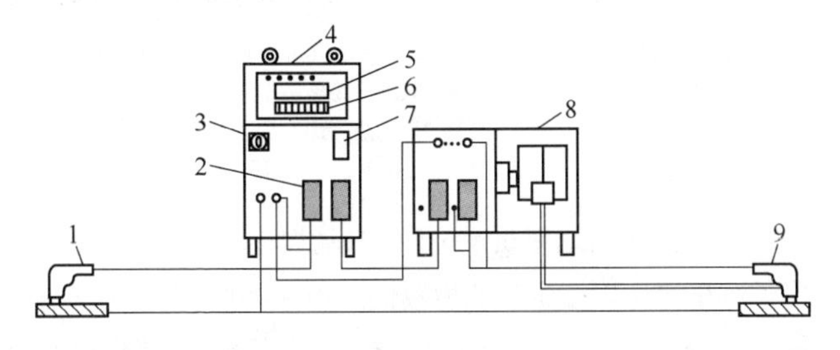

图 6-102　逆变式短周期螺柱焊机配套设备及其外部接线

1. 手动焊枪；2. 矩形插件；3. 电源开关；4. 主机（电源及控制器）；5. 键盘；6. 显示器；7. 机器人接口；8. 送料机；9. 半自动焊枪

3. 成套设备配套方式

逆变式短周期螺柱焊机成套设备由主机、送料机和焊枪三部分组成。国产逆变式螺柱焊机主机主要由主电源与控制系统组成，可以有 1～5 个焊接输出接口（根据用户要求）。主机与辅机（送料机和焊枪）可以有多种配套方式。这一点只有逆变式电源容易做到。

①单路输出主机＋手动焊枪以实现手工填料焊接的配套方式，用于汽车螺柱焊接生产节拍较低的场合。其外部接线如图 6-103 所示。

②双路输出主机＋螺钉送料机＋半自动焊枪＋手动焊枪的配套方式，用于汽车螺柱焊接节拍略高、螺柱型号多样化的灵活场合。其外部接线如图 6-104 所示。

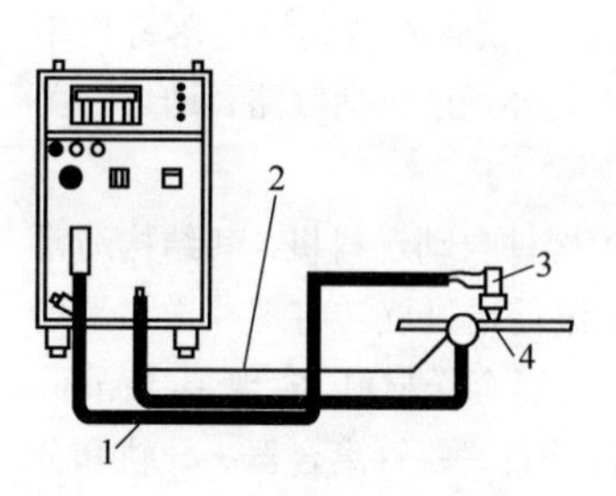

图 6-103　单路输出主机＋手动焊枪的配套方式外部接线

1. 焊接电缆（6m）；2. 测量线（6m）；3. 手动焊枪；4. 工件

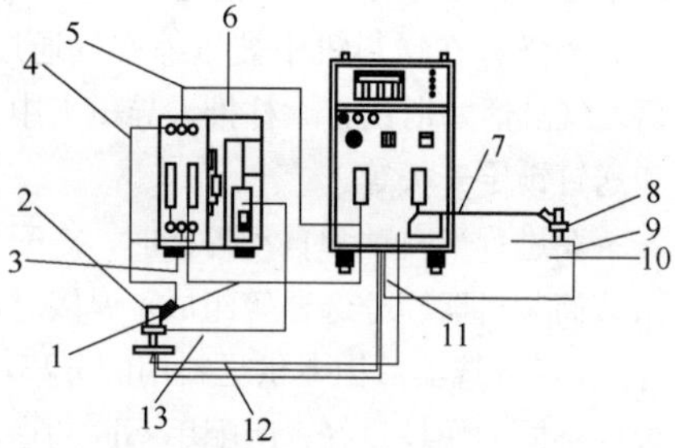

图 6-104　双路输出主机＋螺钉送料机＋半自动焊枪＋手动焊枪的配套方式外部接线

1. 控制电缆（6m）；2. 半自动焊枪；3. 进出气管；4、5、7. 焊接电缆；6. 送料机；8. 手动焊枪；9. 工件；10、12. 测量线；11. 接地电缆；13. 送料软管

③*s* 输出主机＋*n* 台送料机＋*n* 把半自动焊机＋*m* 把手动焊枪的配套方式，用于汽车螺柱焊接生产节拍较快的场合。其中，*s* 为 1～5，*n* 为 1～5，*m* 为 1～5，$m+n \leq 5$。此配套方式的外部接线如图 6-105 所示。

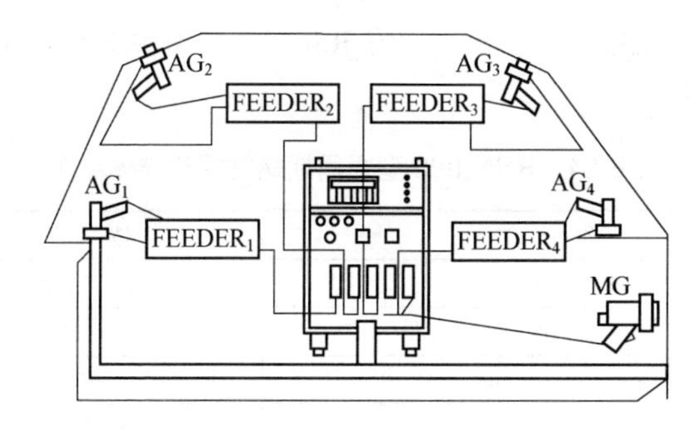

图 6-105 一台 5 路输出主机＋4 台送料机＋4 把半自动焊枪＋1 把手动焊枪的配套方式外部接线

4. 逆变式短周期螺柱焊机技术参数

①国产逆变式短周期螺柱焊机技术参数见表 6-63。

表 6-63 国产逆变式短周期螺柱焊机技术参数

项目	技术参数
主机输入	三相，AC380V，50Hz
压缩空气/MPa	4～6
先导电流/A	30～100
先导电流时间/ms	30～100
焊接电流/ms	200～800
焊接电流时间/ms	6～100
输出单元	1（整流电源），1～5（逆变电源）
送钉时间/ms	50～1600
装钉时间/ms	50～1600
落钉时间/ms	≤12
延迟时间（螺钉埋入时间）/ms	5～10
可焊螺钉直径/mm	3~10
生产率/（个/min）	10～15（手动焊接），40～60（半自动焊接）
外形尺寸/（mm×mm×mm）	500×500×1100
质量/kg	110
备注	焊前设备焊接参数与焊后显示板显示的焊接参数之差不得超过 10%

②上海船舶工艺研究所生产的 RSN-800 型短周期螺柱焊机技术参数见表 6-64。

表 6-64　RSN-800 型短周期螺柱焊机技术参数

项　目	技 术 参 数
螺柱直径/mm	3～12，2～11
板材厚度/mm	≥0.8
生产率/（个/min）	15～20
电源	三相，380V，50Hz
外形尺寸/（mm×mm×mm）	350×450×360
质量/kg	54

6.10　其他特种焊接设备

6.10.1　冷压焊设备

1. 冷压焊机

冷压焊的主要设备是能够提供足够压力的焊机，除了专用的冷滚压焊设备外（其压力由压轮主轴承担，不需要另外提供压力），其余的冷压焊设备都可以利用常规的压力机改装而成。但是，冷压焊接时还需要适合各类接头形式的模具，如冷压点焊压头、缝焊压轮、套压焊模具、挤压焊模具和对压焊钳口等。部分冷压焊机技术参数见表 6-65。

表 6-65　部分冷压焊机技术参数

冷压焊设备	压力/10N	可焊截面积/mm^2			参考质量/kg	设备参考尺寸
		铝	铝与铜	铜		
携带式手工焊钳	（1000）	0.5～20	0.5～10	0.5～10	1.4～2.5	全长 310mm
台式对焊手工焊钳	（1000～3000）	0.5～30	0.5～20	0.5～20	4.6～8	全长 320mm
小车式对焊手工焊钳	（1000～5000）	3～35	3～20	3～20	170	1500mm×7500mm×750mm

续表 6-65

冷压焊设备	压力/10N	可焊截面积/mm²			参考质量/kg	设备参考尺寸
		铝	铝与铜	铜		
气动对接焊机	5000	2.0～200	2.0～20	2.0～20	62	500mm×300mm×300mm
	800	0.5～7	0.5～4	0.5～4	35	400mm×300mm×300mm
油压对接焊机	20000	20～200	20～120	20～120	700	1000mm×900mm×1400mm
	40000	20～400	20～250	20～250	1500	1500mm×1000mm×1200mm
	80000	50～800	50～600	50～600	2700	1500mm×1300mm×1700mm
	120000	100～1500	100～1000	100～1000	2700	1650mm×1350mm×1700mm
携带式搭接手工焊钳	（800）	厚度 1mm 以下			1.0～2	全长 200mm×350mm
气动搭接焊机	50000	厚度 3.5mm 以下			250	680mm×400mm×1400mm
油压搭接焊机	40000	厚度 3mm 以下			200	1500mm×800mm×1000mm

注：括号内的压力值为计算值。

2. 冷压焊模具

冷压焊是通过模具对焊接件加压，使待焊部位产生塑性变形完成的。模具的结构和尺寸决定了接头的尺寸和质量。因此，冷压焊模具的合理设计和加工是保证冷压焊接头质量的关键。

根据压出的凹槽形状，搭接冷压焊分为搭接冷压点焊和搭接冷压缝焊两类。按照加压方式，搭接冷压焊分为滚压焊和套焊等形式。搭接点焊模具为压头，搭接滚压焊模具为压轮，对接冷压焊模具为钳口。

（1）搭接冷压焊模具

1）搭接点焊压头。冷压点焊按压头数目可分单点点焊和多点点焊，单点点焊又可分为双面点焊和单面点焊。搭接点焊压头形状有圆形、矩形、菱形或环形等，如图 6-106 所示。

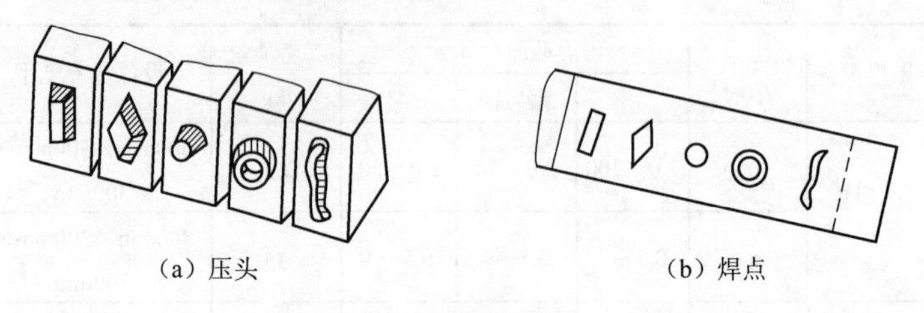

（a）压头　　（b）焊点

图 6-106　搭接点焊压头形状

压头尺寸根据焊接件厚度 h_1 确定。圆形压头直径 d 和矩形压头的宽度 b 不能过大，也不能过小。过大时，变形阻力增加，在焊点中心将产生焊接裂纹，可能将引起焊点四周金属较大的延展变形；过小时，压头将因局部切应力过大而切割母材。典型的压头尺寸为 $d=$（1.0～1.5）h_1 或 $b=$（1.0～1.5）h_1；矩形压头的长边取（5～6）b；不等厚焊接件冷压点焊时，压头尺寸由较薄焊接件厚度（h_1）确定，$d=2h_1$ 或 $b=2h_1$。

冷压点焊时，材料的压缩率由压头压入深度来控制。通常是设计带轴肩的接头形式，从压头端部至轴肩的长度即压入深度，以此控制准确的压缩率，同时还起到防止焊接件翘起的作用。另一种方式是在轴肩外围加设套环装置，也可以实现压缩率的控制，套环采用弹簧或橡胶圈对焊接件施加预压力，该单位预压力应控制在 20～40MPa。

为了防止压头切割被焊金属，其工作面周边应加工成半径为 0.5mm 的圆角。

2）搭接缝焊模具。冷压焊可以焊接直长焊缝或环状焊缝，气密性能够达到很高的要求，而不会出现采用熔化焊方法常见的气孔和未焊透等焊接缺陷。具体的冷压缝焊形式包括冷滚压焊、冷套压焊和冷挤压焊，各使用不同的模具。冷压缝焊的形式及工作原理如图 6-107 所示。

①冷滚压焊压轮。冷滚压焊时，被焊的搭接件在一对滚动的压轮间通过，并同时被加压焊接，即形成一条密闭性焊缝。冷滚压焊如图 6-108 所示。从图中看出，单面滚压焊的两个压轮中一个带工作凸台，另一个不带工作凸台；而双面滚压焊的两个压轮均带凸台。

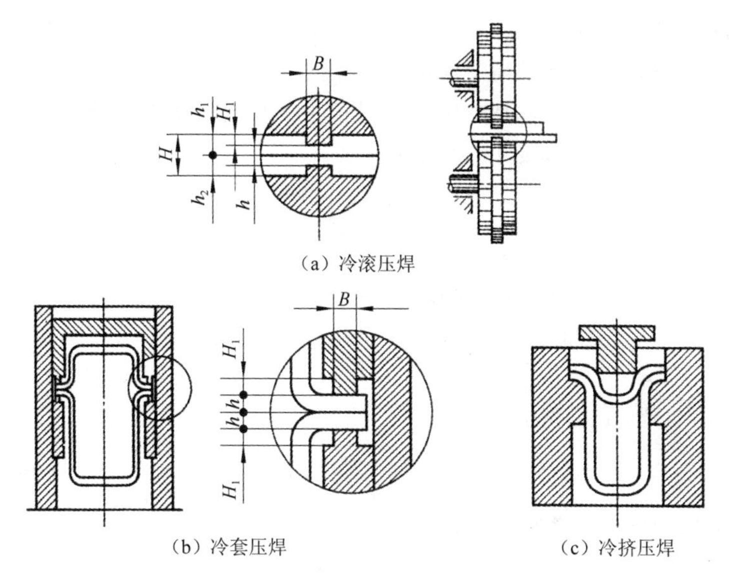

(a) 冷滚压焊

(b) 冷套压焊

(c) 冷挤压焊

图 6-107 冷压缝焊的形式及工作原理

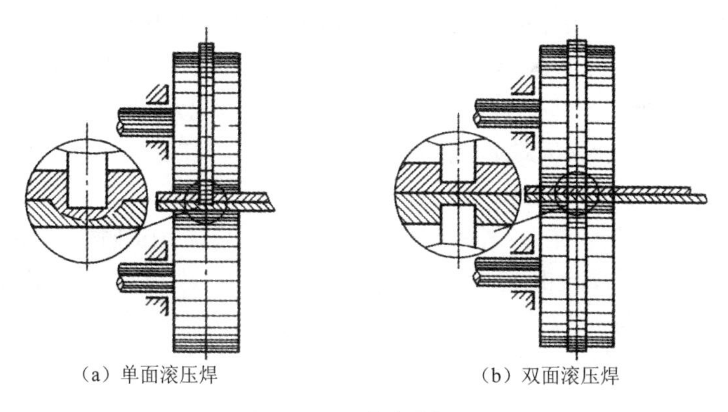
(a) 单面滚压焊

(b) 双面滚压焊

图 6-108 冷滚压焊

从减小焊接压力角度考虑，压轮的直径 D 越小越好，但过小的压轮会造成工件不能自然送入焊机。工件能自然入机的条件是 $D \geqslant 175t\varepsilon$，式中 t 为工件总厚度（$t=t_1+t_2$），ε为最小压缩率。所以，选用压轮直径时，首先满足工件自然入机条件，然后尽可能选用小的压轮直径。

压轮工作凸台的高度与宽度的作用与冷压点焊压头作用相似，工作凸台两侧设轮肩，起到控制压缩率和防止工件边缘翘起的作用。

合理的凸台高度 h 由下式确定

$$h=\frac{1}{2}(\varepsilon t+C) \tag{6-1}$$

式中：C——主轴间弹性偏差量，通常为 0.1～0.2mm；

h——压轮工作凸台高度（mm）；

t——工件总厚度（mm），$t=t_1+t_2$；

ε——最小缩率（%）。

合理的凸台宽度 B 应满足

$$\frac{1}{2}H<1.25Bt \tag{6-2}$$

式中：H——焊缝厚度（mm）；

B——压轮工作凸台的宽度（mm）。

②冷套压焊模具。铝罐封盖冷压焊模具如图 6-109 所示。根据焊件的形状和尺寸设计相应尺寸的上模和下模，下模由模座承托。上模与压力机的上夹头连接，为活动模。上、下模的工作凸台设计与冷滚压焊压轮的工作凸台相同，也应设计凸台。由于焊接面积大，所需焊接压力比滚压焊大很多，因此此方法只适用于小件封焊。

③冷挤压焊模具。以铝质电容器封头焊接为例，冷挤压焊模具如图 6-110 所示。按内、外帽形工件的形状尺寸设计相应的阴模（固定模）和阳模（动模）。阳模与压力机的上夹头相连接，阴模的内径与阳模的外径之差与工件总厚度 t 和最小压缩率 ε 的关系为

$$D_{阴}-D_{阳}=t(1-\varepsilon) \tag{6-3}$$

式中：$D_{阴}$——阴模内径（mm）；

$D_{阳}$——阳模外径（mm）。

阴模与阳模的工作周缘需制成圆角，以免在冷压焊过程中损伤焊接件。与套压焊相比较，挤压焊所需的焊接压力小，常用于铝质电容器封头的冷压焊接。

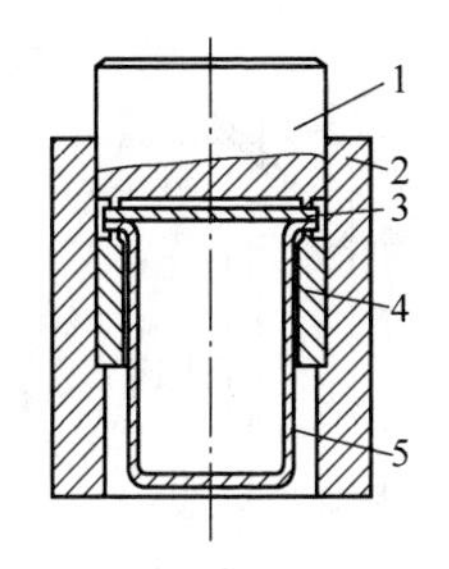

图 6-109 铝罐封盖冷压焊模具

1. 上模；2. 模座；3. 工件封头；
4. 下模；5. 工件帽套

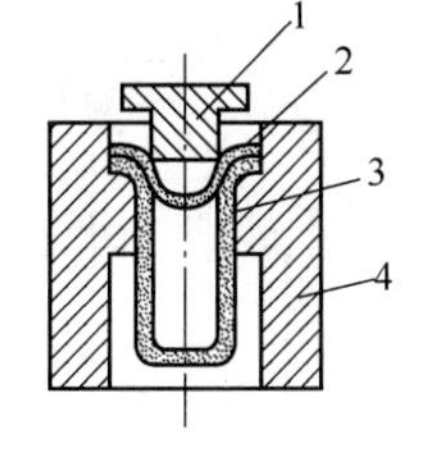

图 6-110 冷挤压焊模具
（铝质电容器封头）

1. 阳模；2. 工件（盖）；
3. 工件（壳体）；4. 阴模

（2）对接冷压焊焊钳 对接冷压焊焊钳的作用是夹紧焊件，传递焊接压力，控制焊件塑性变形的大小和切掉飞边，因此需要施加较大的夹紧力和顶锻力。煤钳必须用模具钢材料制造，并且有较高的制造精度。冷压焊钳分为固定和可移动两部分，各部分由相互对称的半模组成，焊接时分别夹持一个焊件。

根据钳口端头结构形状的不同，冷压焊钳可以分为槽形钳口、尖形钳口、平形钳口和复合型钳口四种类型。其中，尖形钳口具有有利于金属流动，能挤掉飞边，所需的焊接压力小等特点，在实际中应用较多；平形钳口与尖形钳口则相反，目前平形钳口已经很少应用。为了克服尖形钳口在焊接过程中容易崩刃的缺点，在刃口外设置了护刃环和溢流槽，尖形复合钳口如图 6-111 示。

为了避免在顶锻过程中焊接件在钳口中打滑，应对钳口内腔表面进行喷丸处理，或加工深度不大的螺纹型沟槽，增加钳口内腔与焊接件之间的摩擦因数。

钳口内腔的形状根据被焊焊接件的断面形状设计，可以是简单断面，也可以是复杂断面。对于断面面积相差不大的不等厚度焊接件，可采用两组不同内腔尺寸的钳口。焊接扁线用组合钳口的结构（动模）如图 6-112 所示。对接冷压焊接管材时，管件内应装置相应的心轴。

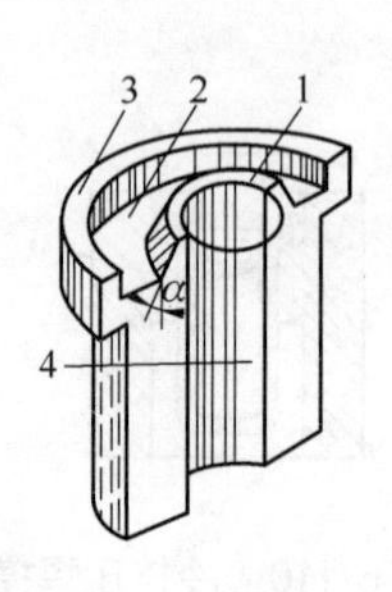

图 6-111　尖形复合钳口

1. 刃口；2. 飞边溢流槽；3. 护刃环；4. 内腔；α——刃口倒角（<30°）

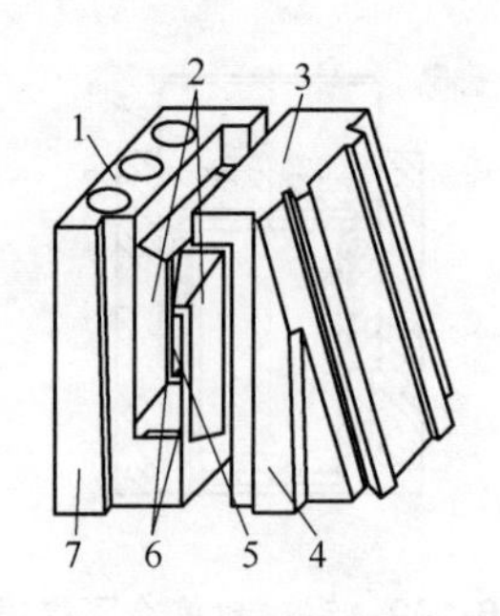

图 6-112　焊接扁线用组合钳口的结构（动模）

1. 固定模座；2. 钳；3. 滑动模座；4. 护刃面；5. 型腔；6. 刃口；7. 扩刃面

对接冷压焊钳口的关键部位是刃口。刃口厚度通常为 2mm 左右，楔角为 50°～60°。此部位须进行磨削加工，以减小冷压焊顶锻时变形金属的流动阻力，避免卡住飞边。

冷压焊的模具经合理设计和加工完成后，焊接接头的尺寸和可能达到的质量即被确定。当焊接接头的规格尺寸发生变化时，则需要更换模具。

除了专用的冷滚压焊设备其压力由压轮主轴承担，而不需要另外提供压力源外，其余的冷压焊设备都可以利用常规的压力机改装而成。冷压焊的生产率比较高。例如，滚压焊制铝管，焊接速度可以达到 28cm/s 以上，而且在短时间停机的条件下，可以在比较大的范围内调节焊接速度，而焊接质量不受影响，这是其他焊接方法无法实现的。

（3）模具材料　冷压焊用的各种模具工作部位应有足够的硬度，一般控制在 45～55HRC。硬度过高，韧性差、易崩刃；硬度过低，刃口易变形，影响焊接精度。

6.10.2　热压焊设备

热压焊设备包括气压焊设备、微电子连接热压焊设备等。

1. 气压焊设备

气压焊是利用氧-燃料气体火焰（氧-乙炔焰、氧-液化石油气焰）

加热工件端头，并施加足够的压力（顶锻力），不用填充金属丝以形成接头的一种固态焊接方法。

气压焊设备包括一般气压焊设备和钢轨气压焊设备。

（1）一般气压焊设备 一般气压焊设备包括顶锻设备，一般为液压或气动式；加热焊枪（或加热器），为待焊工件端部区域提供均匀并可控制的热量；气压、气流量、液压显示、测量和控制装置。

气压焊设备的复杂程度取决于被焊工件的形状、尺寸及焊接的机械化程度。大多数情况下，采用专用加热焊枪和夹具。供气必须采用大流量设备，并且气体流量和压力的调节和显示装置可在焊接所需要的范围内进行稳定调节和显示。气体流量计和压力表要尽量接近焊枪，以便操作者迅速检查焊接燃气的气压和流量。

为了冷却焊枪，有时也为了冷却夹持工件的钳口和加压部件，还需大容量的冷却水装置。为了对中和固定，夹具应具有足够的夹紧力。

（2）钢轨气压焊设备

①气压焊机（压接机）。气压焊机是气压焊的主要设备。它的主要作用是固定被焊接的钢轨，并对焊接接头施加压力（顶锻力）。钢轨气压焊机有风压式、液压式、固定式、移动式多种。

移动式气压焊机，依钢轨固定方式的不同，可分为压轨式和夹轨腰式两种。目前，我国铁路现场应用最多的是移动夹轨腰式气压焊机，其具有体积小、质量轻、移动方便的特点。焊接 50kg/m、60kg/m 钢轨的移动式气压焊机，质量约为 400kg，用于焊接联合接头。

移动式钢轨气压焊设备如图 6-113 所示。整套设备包括气压焊机、加热器、液压泵、流量控制箱、滚筒等。在气压焊机上具有一个固定扣件座和一个活动扣件座，分别将要焊的钢轨两端固定，并通过液压工作油缸的活塞头推动活动扣件座，使活动扣件座沿着铸铁滑道滑动，使被焊两钢轨端部相互挤压，实现顶锻。

在气压焊机上装有加热器座和能使加热器沿钢轨轴线往复运动的摆动装置。这种气压焊机的外形尺寸为 200mm×250mm×900mm。焊接 50kg/m 钢轨时顶锻力为 170～190kN。工作液压缸是气压焊机的主要部件，它的设计顶锻力可为 300kN，也能用于焊接 60kg/m 的钢轨。在现场无电源的情况下，可选用 SYB-1 型手动液压油泵；在有电源的情况下，可采用 DYB-1 型电动液压油泵。

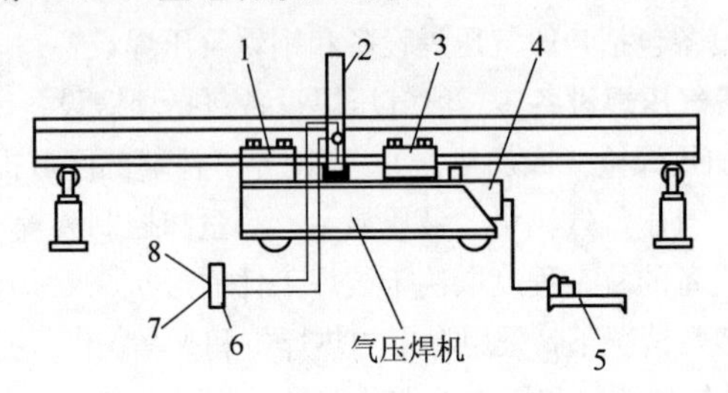

图 6-113　移动式钢轨气压焊设备

1. 固定扣件座；2. 加热器；3. 活动扣件座；4. 工作液压缸；
5. 液压泵；6. 流量控制箱；7. 可燃气（如丙烷）；8. 氧气

②加热器。用于气压焊时对钢轨端部进行加热。加热器有多种形式，图 6-114 所示为气压焊接 60kg/m 钢轨的射吸式（低压式）加热器。加热器分为上、下两部分，可以活动节 4 为轴相互张开。当焊接结束时，将加热器上半部分抬起，即可移开钢轨。

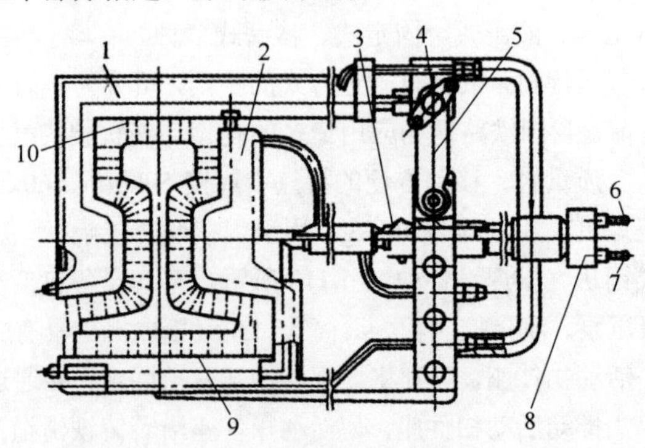

图 6-114　气压焊接 60kg/m 钢轨的射吸式（低压式）加热器

1. 加热器上半部分；2. 加热器下半部分；3. 气体分配阀；4. 活节；5. 连接杆；
6. 可燃气入口；7. 氧气入口；8. 喷枪；9. 嘴条；10. 火焰

钢轨加热器由气体喷射系统（喷枪）、气体分配阀、加热器上半部分、加热器下半部分和冷却系统五个基本部分组成。可燃气体和氧气分别从可燃气入口 6 和氧气入口 7 进入喷枪 8，两种气体在混合室内混合，然后经气体分配阀 3 把混合气体分成两路，一路向上经活节 4 和连接杆 5 到加热器上半部分 1；另一路则进入加热器下半部分 2，最后分别由焊在上、下两部分气室管道上的嘴条 9 的喷火口喷出，点燃后形成火焰 10。为了使加热器上半部分和下半部分气体流量满足火焰燃烧需要，可通过气体分配阀 3 调节加热器上、下两部分的气体流量。这种加热器具有结构简单、操作方便、使用安全可靠、加热效率高的特点。

③附属设备。除液压泵、氧气瓶外，若用乙炔作为可燃气体，则需要有 $10m^3/h$ 的乙炔发生器，供气压力一般为 0.13～0.14MPa。如果用液化石油气作为可燃气体，就需要有瓶装设备。同时，还要备有去除焊接接头隆起部分的推除机。

（3）钢筋气压焊设备 钢筋气压焊设备如图 6-115 所示，它由气压焊机、环形加热器、液压泵（手动或脚踏式）、气源等设备组成。气压焊机由液压缸、夹具（定夹头和动夹头）组成，可根据建筑工程中常用钢筋的粗细和所需的顶锻力来设计。图 6-116 所示为使用环形加热器对钢筋加热。焊接钢筋时，不需要大面积加热，但要求加热快、热量集中。故气源应采用瓶装乙炔可燃气体，瓶装乙炔具有纯度高和使用携带方便、安全等优点。气压焊焊接钢筋也可采用液化石油气作为可燃气体。

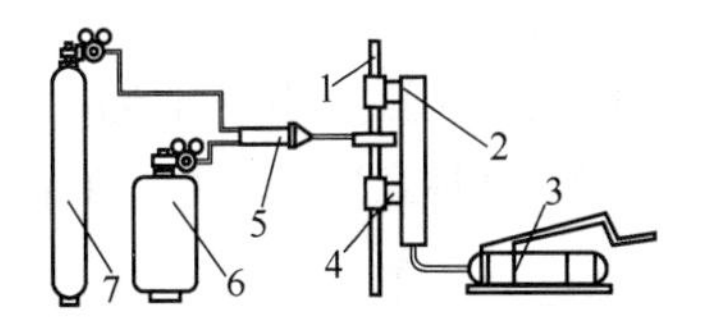

图 6-115 钢筋气压焊设备

1. 钢筋；2. 液压缸；3. 液压泵；4. 动夹头；5. 环形加热器；6. 乙炔；7. 氧气

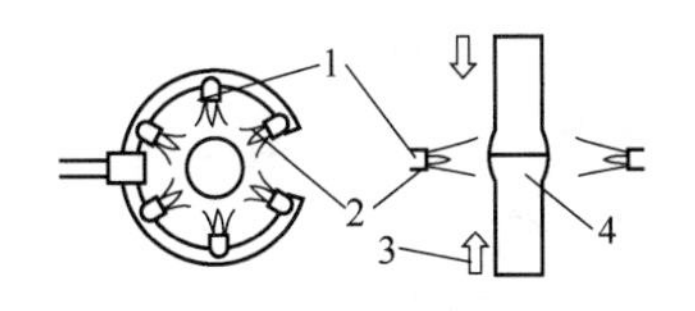

图 6-116 使用环形加热器对钢筋加热

1. 加热器；2. 火焰；3. 加压；4. 镦粗

国产钢筋气压焊机型号和环形加热器的适用范围见表 6-66。

表 6-66 国产钢筋气压焊机型号和环形加热器的适用范围

型 号	加热器喷嘴数/个	焊接钢筋直径/mm
CH-32	3	8～16
	4	16～20
	6	20～25
	8	25～32
WY20-40	6～8	20～28
	10～12	32～36

2. 微电子连接热压焊设备

微电子连接热压焊主要应用于微电子领域引线的焊接，属于微型精密焊接，要求焊接设备的自动化程度高，如采用微型计算机控制和高精度焊接机械手等。

微电子连接热压焊机机械手必须能够实现 *X*、*Y* 和 *Z* 三个方向的精确定位。以硅芯片引线与基片导体的焊接为例，要求能在各芯片 *XY* 平面布局的位置上确定引线长度和机械运动轨迹，包括运动方向、运动速度和每一点的焊接时间及 *Z* 方向上距离的控制，能够实现对每个焊点的送丝、压焊、抽丝和切断等整个焊接过程的自动控制，还要能够实现对焊接压力、焊接时间和焊接温度的控制，以及各参数之间的配合等。

6.10.3 铝热剂焊设备

铝热剂焊是利用金属氧化物和还原剂（铝）之间的氧化还原反应（铝热反应）所产生的热量，进行熔融金属母材，并填充接头而实现结合的一种焊接方法。

1. 设备组成

铝热剂焊所用铸型和坩埚如图 6-117 所示。

2. 铸型（型模）

铸型包括用来形成焊缝、预热及浇注系统等部位的型腔。焊接时，液态金属进入铸型焊缝部位的型腔中，冷却时形成一定形状的焊接接头。其他部位型腔通道（浇道、冒口）均为工艺所需要的。对铸型的技术要求如下。

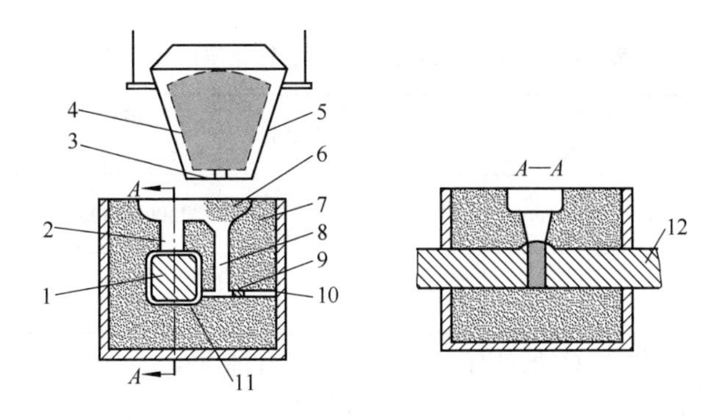

图 6-117　铝热剂焊所用铸型和坩埚

1. 待焊断面；2. 冒口；3. 堵片；4. 焊剂；5. 坩埚；6. 熔渣；
7. 铸型；8. 注入孔；9. 钢塞；10. 加热孔；11. 由蜡模形成的型腔；12. 工件

①应具有足够的耐高温性，保证在预热时不坍塌。

②应有足够的强度，在浇注时铸型应不被冲垮、不变形，并且保持要求的尺寸。

③还应有足够的透气性，这样可以使金属中溶解的气体和铸型内的气体在浇铸过程中及时排出，防止形成气孔等缺陷。

铸焊钢件时，铸型可以是仅用一次的砂型。砂型一般用水玻璃石英砂强制成形，烘干而成。焊接铜导体时，铸型可用机械加工成半永久性的金属模或者可重复使用的石墨模，每个石墨铸型可用 50 次左右。

3. 坩埚

坩埚主要用于容纳焊剂进行铝热反应，是铝热剂焊的基本设备之一。要求坩埚材料或内衬材料具有高耐火度，其与熔渣的化学作用较小，以防止熔渣的侵蚀影响坩埚的使用寿命。

几种坩埚耐火材料的软化温度和熔点见表 6-67。由该表可见，石墨的熔点和软化温度较高，可作为铜导体焊接坩埚的材料。但是在铝热反应时，不能保证铝热焊缝力学性能的要求，因此，目前还不能直接使用石墨坩埚焊接钢轨。

表 6-67　几种坩埚耐火材料的软化温度和熔点

坩埚材料	在 120MPa 压力下的软化点/℃	熔点/℃	坩埚材料	在 120MPa 压力下的软化点/℃	熔点/℃
三氧化二铝（Al_2O_3）	1400～1600	2050	氧化镁（MgO）	1300～1500	2800
二氧化硅（SiO_2）	1600～1650	1710	石墨（C）	约 2000	不熔化而氧化

纯度高的 Al_2O_3 虽具有高的耐火度，但价格高，不适于大量应用；使用 Al_2O_3 含量较低的耐火材料制成的坩埚（一般称为高铝坩埚），其耐火度也相应降低，价格也较低廉。一般使用的是预制坩埚衬，成形后经高温烧结后再使用。

纯度高的 MgO 耐火度很高，但价格也较高，工业上一般以镁砂作为原料，经高温烧结制成。采用电熔镁砂作为原料，比一般镁砂具有更高的耐火度。镁砂坩埚应在成形后放入焙烧炉内焙烧，烧结温度一般要达到 1800℃。烧结良好的镁砂坩埚才可以提高其使用寿命。

石英砂的主要成分 SiO_2 也具有较好的耐火度，价格较低，在要求不高、一次性使用的坩埚中得到广泛应用。当坩埚内壁已形成凹陷或已缺损时，应立即停止使用，进行修补或更换新的坩埚，以保障生产安全。

4. 浇注孔和堵片

浇注孔与坩埚下口相通，孔的直径和高度由浇注金属量确定。孔的高度越大，金属流速越大，对工件表面的冲刷作用越强。自熔堵片的尺寸应与孔径相配，其作用是当铝热反应达到一定温度时，堵片熔化，实现自动浇注。堵片厚度决定自动浇注的起始时间。

6.10.4　水下焊接设备

1. 水下干法焊接设备

水下干法焊接在国内尚无定型的设备可供选择，可参考陆上设备选用。

局部水下干法焊接设备，可选用国内生产的 NBS-500 型水下局部排水半自动化 CO_2 焊接设备。该设备包括 ZDS-500 型晶闸管弧焊整流器、SX−II 型水下送丝机构、SQ−II 型水下半自动化焊枪和供气系统，可用于 30m 左右的水下焊接。还有一种半自动化 CO_2 焊设备，可在 60m 左右的水下进行焊接。

2. 水下湿法焊接设备

水下湿法焊接设备包括焊接电源、水下焊接电缆、水下焊钳和切断开关等。

（1）焊接电源 水下湿法焊时，一般应采用直流电源。如果无专用的水下湿法焊条电弧焊焊接设备，可采用陆上焊接用的直流电源来代替，如 ZXG-300 型等。

（2）水下焊接电缆 应具有足够的导电面积，绝缘性能良好，并能在高压环境下应用。水面以上部分电缆截面面积的选用与陆上焊时相同，而水下部分可根据电缆长度和许用电流密度来选择。其许用电流密度可按 6~8A/ mm^2 选用，电缆较长时取下限。

（3）水下焊钳 水下焊钳对绝缘电阻的要求较严格，一般应小于 2.5MΩ，国内有定型的产品供应，如 SH68 型焊钳、SG II 型水下焊割两用钳。

（4）切断开关 在焊接回路中应装有切断开关。一般可用单刀闸刀开关，也可选用专用的水下焊接和切割自动切断开关。

7 气 焊 设 备

气焊所用的设备包括氧气瓶、乙炔瓶或乙炔发生器、回火防止器等，气焊所用的工具包括焊枪、减压器、橡胶气管等，气焊设备和工具如图 7-1 所示。

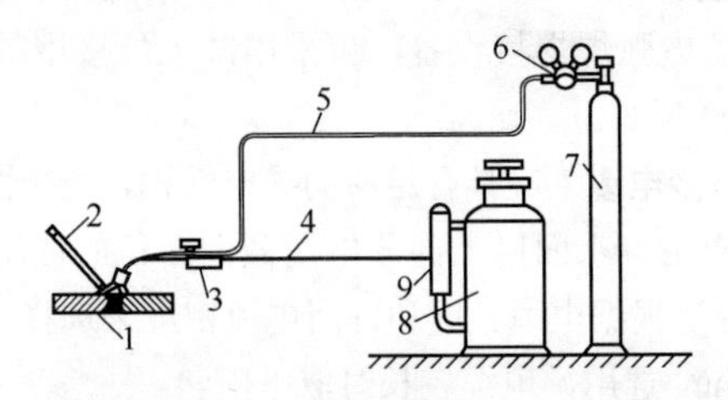

图 7-1　气焊设备和工具

1. 焊件；2. 焊丝；3. 焊枪；4. 乙炔橡胶气管；5. 氧气橡胶气管；6. 氧气减压器；7. 氧气瓶；8. 乙炔发生器；9. 回火防止器

7.1　气瓶和乙炔发生器

7.1.1　氧气瓶

1. 氧气瓶的组成

氧气瓶是储存和运输氧气的高压容器。通常将空气中制取的氧气压入氧气瓶内，瓶内的额定氧气压力为 15MPa（150 个大气压）。氧气瓶的组成如图 7-2 所示。

氧气瓶主要由瓶体、瓶阀、瓶帽、瓶箍和防振橡胶圈组成。

（1）瓶体　用低合金钢钢锭直接经加热冲压、扩孔、拉伸、收口等工序制造的圆柱形无缝瓶体。瓶底呈凹状，使氧气瓶在直立时保持平稳。外表为天蓝色，并有黑漆写成的“氧气”字样。

（2）瓶阀　是控制氧气瓶内氧气进出的阀门。按瓶阀的构造不同，可分为活瓣式和隔膜式两种，目前主要采用活瓣式氧气瓶阀。

氧气瓶是高压容器，因此对其要求特别严格。在出厂前除了对氧气瓶的各个部位进行严格检查外，还需要对瓶体进行水压试验，其试验压力是工作压力的1.5倍，即试验压力应为15MPa×1.5＝22.5MPa。试验合格后，在瓶的上部球面部分用钢印标明气瓶编号、工作压力和试验压力、下次试压日期、瓶的容量和质量、制造厂名代号、生产年月、检验员钢印、技术检验部门钢印等。氧气瓶经过三年使用期后，应进行水压试验。有关气瓶的容积、质量、出厂日期、制造厂名代号、工作压力，以及复验情况等说明，应在钢瓶收口处的钢印中反映出来。氧气瓶肩部标记如图7-3，复验标记如图7-4所示。

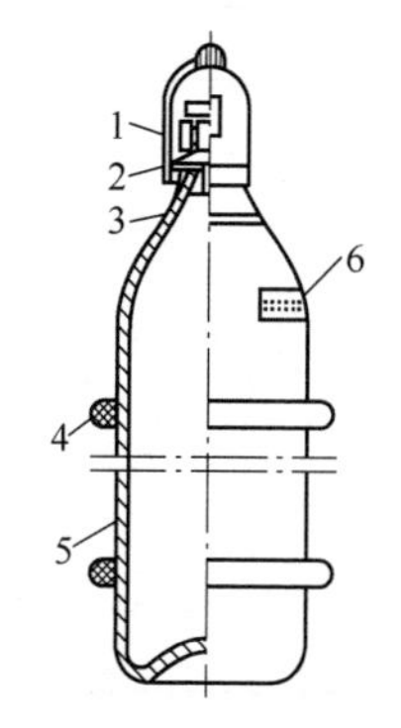

图7-2　氧气瓶的组成

1. 瓶帽；2. 瓶阀；3. 瓶箍；4. 防振橡胶圈；5. 瓶体；6. 标志

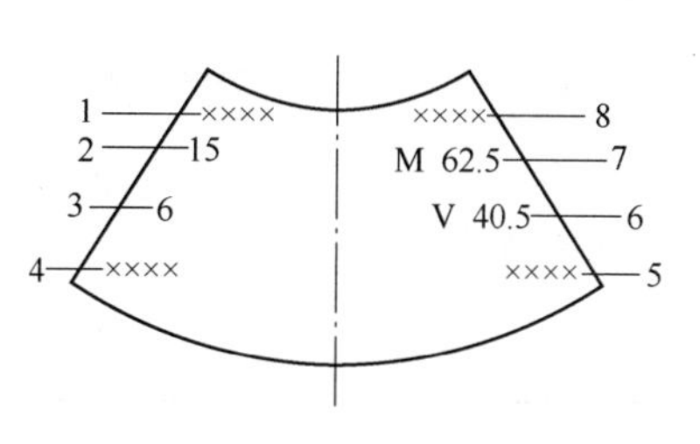

图7-3　氧气瓶肩部标记

1. 气瓶编号；2. 工作压力（MPa）；3. 钢瓶壁厚/mm；4. 检验签证；5. 生产年月；6. 容量/L；7. 质量/kg；8. 制造厂名代号

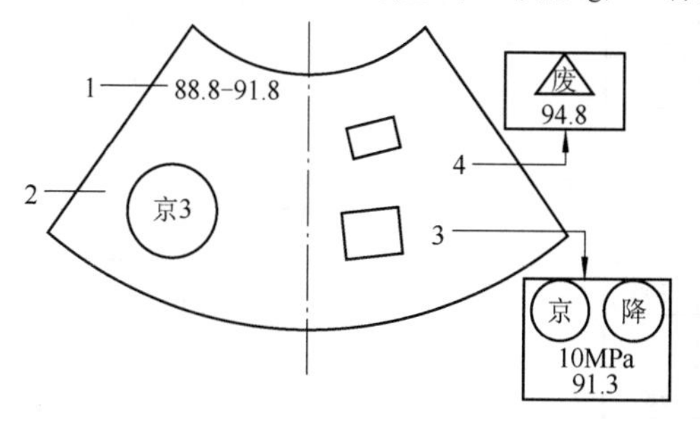

图7-4　复验标记

1. 检验年月至再验年月；2. 检验单位印；3. 降压钢印放大；4. 报废钢印放大

2. 氧气瓶技术参数

国产氧气瓶技术参数见表 7-1。最常用的内容积为 40L，这种氧气瓶在 15MPa 的压力下，可以储存相当于常压下容积为 6m^3 的氧气。

表 7-1　国产氧气瓶技术参数

储气量/m^3	外形尺寸/mm		内容积/L	气瓶质量/kg	瓶阀型号
	外径	高度			
5.5	219	1250±20	36	53	QF-2 钢瓶
6.0		1370±20	40	57	
6.5		1480±20	44	60	
7.0		1570±20	47	63	

注：①储气量是指在 20℃、14.7MPa 条件下的氧气量。

②钢瓶水下试验压力为 22MPa。

近年来，有些厂家根据市场需要，制造出一些小型气瓶，小型氧气瓶技术参数见表 7-2。

表 7-2　小型氧气瓶技术参数

容量/L	外形尺寸/mm		压力/MPa		材料	设计壁厚/mm	质量/kg	采用标准
	外径	高度	工作	试验				
1	89	237	15	25	37Mn	3	1.76	GB 5099—1994，ISO 9809
1	89	233				3	1.65	
1.4	89	312				3	2.24	
1.4	89	308				3	2.13	
1.4	108	240				4	2.9	
1.8	108	285				4	3.3	
2	108	310				4	3.6	
2	108	300				4	3.5	
3	108	435				4	5	
3.2	121	380				4.5	5.7	
3.2	121	380				4.5	5.5	

续表 7-2

容量/L	外形尺寸/mm		压力/MPa		材料	设计壁厚/mm	质量/kg	采用标准
	外径	高度	工作	试验				
4	121	470	15	25	37Mn	4.5	6.8	GB 5099—1994，ISO 9809
4	121	468				4.5	6.5	
4	140	370				4.5	6.6	
4	108	555				4	6.2	
5	108	685				4	7.5	

3. 氧气瓶的氧气储量及测算方法

氧气瓶的氧气储量可以根据氧气瓶的容积和氧气表所指示的压力进行测算，测算公式为

$$V=10V_0P \tag{7-1}$$

式中：V——瓶内氧气储存量（L）；

V_0——氧气瓶容积（L）；

P——氧气表所指示的压力（MPa）。

4. 氧气瓶阀的组成

氧气瓶阀是控制氧气瓶内氧气进、出的阀门。目前，国产氧气瓶阀分为活瓣式和隔膜式两种，隔膜式气密性好，但因其容易损坏，使用寿命短，所以目前主要采用活瓣式氧气瓶阀。活瓣式氧气瓶阀的组成如图 7-5 所示。

活瓣式氧气瓶阀除手轮、开关板、弹簧、密封垫圈和活门外，其他都是用黄铜或青铜制成的。为使氧气瓶阀和瓶口配合紧密，阀体与氧气瓶口配合的一端为锥形管螺纹。阀体旁侧与减压器连接的出气口端为 G5/8in（15.875mm）的管螺纹。在阀体的另一侧有安全装置，它由安全膜片、安全垫圈和安全帽组成。当瓶内压力达到 18～22.5MPa 时，安全膜片自行爆破将氧气泄至大气中，从而保证气瓶安全。

旋转手轮时，阀杆随之转动，再通过开关板使活门一起旋转，造成活门向上或向下移动。手轮沿逆时针方向旋转，活门向上移动，使气门开启，瓶内氧气从瓶阀的进气口进入、出气口喷出；手轮沿顺时针方向

旋转，活门向下压紧，由于活门内嵌有用尼龙制成的气门，因此使活门关紧则关闭瓶阀。瓶阀活门的额定开启高度为 1.5～3mm。

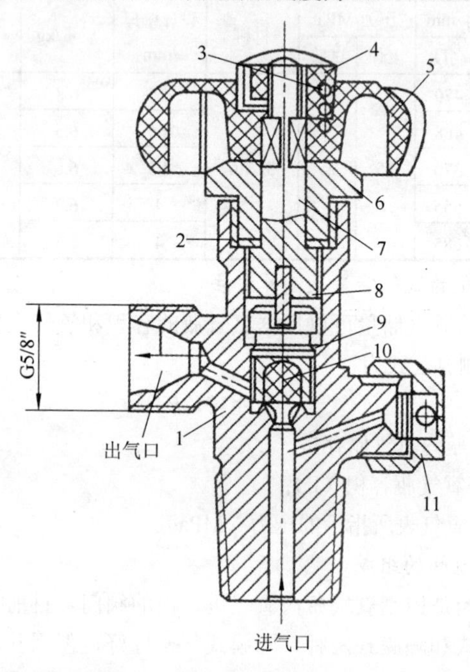

图 7-5　活瓣式氧气瓶阀的组成

1. 阀体；2. 密封垫圈；3. 弹簧；4. 弹簧压帽；5. 手轮；6. 压紧螺母；7. 阀杆；8. 开关板；9. 活门；10. 气门；11. 安全装置

5. 氧气瓶阀的常见故障及排除方法

氧气瓶阀由于长期使用，会发生漏气或阀杆空转等故障。这些故障在装上减压器后，开启氧气瓶阀门时才易发现。

①压紧螺母周围漏气。如果压紧螺母未压紧，则用扳手拧紧；如果密封垫圈破裂，则更换垫圈。

②气阀杆和压紧螺母中间孔周围漏气。这是密封垫圈破裂和磨损造成的，应更换垫圈或将石棉绳在水中浸湿后将水挤出，在气阀杆根部缠绕几圈，再拧紧压紧螺母。

③气阀杆空转，排不出气。这是由于开关板断裂或方套孔和阀杆方棱磨损呈圆形，需更换或修理；瓶阀内有水被冻结，应关闭阀门，用热水或蒸汽缓慢加温，使之解冻，但严禁用明火烘烤。

在排除氧气瓶阀故障时，应当特别注意，一定要先将氧气阀门关闭之后，才能进行修理或更换零件，以防止发生意外事故。

6. 氧气瓶的正确使用

①直立放置。氧气瓶在使用时，一般应直立放置，且必须安放稳固，防止倾倒。

②严防自燃或爆炸。压缩状态的高压氧气与油脂、碳粉、纤维等可燃有机物质接触时容易产生自燃，甚至引起爆炸或火灾，且高速氧气流和金属微粒的碰撞能产生摩擦热，高速气流的静电火花放电，都有可能引起火灾。因此，应严禁氧气瓶阀、氧气减压器、焊枪、割炬、氧气胶管等粘上易燃物质和油脂等。焊工不得使用和穿用沾有油脂的工具、手套或工作服去接触氧气瓶阀、减压器等。氧气瓶不得与油脂类物质、可燃气体钢瓶同车运输，或在一起存放。

③禁止敲击瓶帽。取帽时，只能用手和扳手旋取，禁止用铁锤或其他铁器敲击。

④防止氧气瓶阀开启过快。在瓶阀上安装减压器之前，应先拧开瓶阀吹掉出气口内杂质，并应轻轻地开启和关闭氧气瓶阀。装上减压器后，要缓慢地开启阀门，防止氧气瓶阀开启过快，高压氧气流速过急，产生静电火花而引起减压器燃烧或爆炸。

⑤防止氧气瓶阀联接螺母脱落。在瓶阀上安装减压器时，和氧气瓶阀联接的螺母应拧三扣以上，以防止开气时脱落。人体要避开阀门喷射方向，并要缓慢地开启阀门。

⑥严防瓶温过高引起爆炸。如果气瓶保管和使用不妥，如受日光暴晒、明火、热辐射等作用而致使瓶温过高，压力剧增，甚至超过瓶体材料强度极限就会发生爆炸。氧气瓶在环境温度为 20℃、压力为 15MPa（150 个标准大气压）的条件下，随瓶温的增高，瓶内压力可用下式估算

$$P=15\times\frac{273+t}{273+20}(\text{MPa}) \tag{7-2}$$

式中：t——瓶温（℃）。

所以，夏季必须把氧气瓶放在凉棚内，以免受到强烈的阳光照射；冬季不应将氧气瓶放在距离火炉和暖气太近的地方，以防氧气受热膨胀，引起爆炸。

⑦冬季氧气瓶冻结的处理。冬季使用氧气瓶时，瓶阀或减压器可能会出现冻结现象，这是因为高压气体从钢瓶排出流动时吸收周围热量。如果氧气瓶已冻结，只能用热水或蒸汽解冻，严禁敲打或用明火直接加热。

⑧氧气瓶与电焊同时使用时的注意事项。氧气瓶与电焊在同一工作点使用时，瓶底应垫有绝缘物以防止气瓶带电；与气瓶接触的管道和设备应设接地装置，防止产生静电造成燃烧或爆炸。

⑨氧气瓶内应留有余气。氧气瓶内的氧气不能全部用完，应留有余气，其压力为 0.1～0.3MPa，以便充氧时鉴别瓶内气体的性质和吹除瓶阀口的灰尘，防止可燃气体、空气倒流进入瓶内。

⑩氧气瓶运输时的禁忌。氧气瓶在搬运时必须戴上瓶帽，并避免相互碰撞，不能与可燃气体的气瓶、油料及其他可燃物同车运输。在厂内运输时应用专用小车，并固定牢靠，严禁把氧气瓶放在地上滚动。

⑪氧气瓶必须定期进行技术检验。氧气瓶在使用中必须根据《气瓶安全监察规程》的有关规定进行定期技术检验，一般氧气瓶每三年检验一次，如果有腐蚀、损伤等问题，可提前检验，经技术检验合格后才能继续使用。

7.1.2 溶解乙炔瓶

溶解乙炔瓶简称乙炔瓶。溶解乙炔比由乙炔发生器直接得到的气态乙炔具有较好的安全性；运输携带方便，使用卫生；纯度高，压力可调节；节约能源，可节省电石 30%左右。因此，溶解乙炔瓶得到广泛应用。

1. 乙炔瓶的组成

乙炔瓶是一种储存乙炔用的压力容器。乙炔不能以高压压入普通钢瓶内，必须利用乙炔能溶解于丙酮（CH_3COCH_3）的特性，采取必要的措施才能把乙炔压入钢瓶内。

乙炔瓶主要由瓶体、瓶阀、瓶帽和瓶内的多孔性填料等组成，如图 7-6 所示。瓶体内装有浸满丙酮的多孔性填料，使乙炔稳定而安全地储存于乙炔瓶内。填料可采用多孔轻质的活性炭、硅藻土、浮石、石棉纤维等，目前广泛采用硅酸钙。

（1）瓶体　乙炔瓶的瓶体是由优质碳素钢或低合金钢板材经轧制焊接而成的，瓶体和瓶帽的外表面喷上白漆，并用红漆醒目地标注“溶解乙炔”和“火不可近”的字样。在瓶体内装有浸满丙酮的多孔性填料，能使乙炔稳定而安全地储存于乙炔瓶内。使用时，打开瓶阀 3，溶解于丙酮内的乙炔就分解出来，通过瓶阀将其排除，而丙酮仍留在瓶内。在瓶阀下侧的瓶口 1 中心的长孔内，放置着过滤用的不锈钢丝网和石棉（或毛毡），其作用是帮助作为溶质的乙炔从溶剂丙酮中分解出来。以往瓶内的多孔性填料是用多孔而质轻的活性炭、木屑、硅藻土、浮石、硅酸钙、石棉纤维等组合制成的，目前已广泛应用硅酸钙。为使瓶体能平稳直立地放置，在瓶体底部焊有瓶座 7。为防止搬运时溶解乙炔瓶阀与瓶体的意外碰撞，在瓶体上部装有一个带有内螺纹的瓶帽 2，在外表装有两只防振箍。

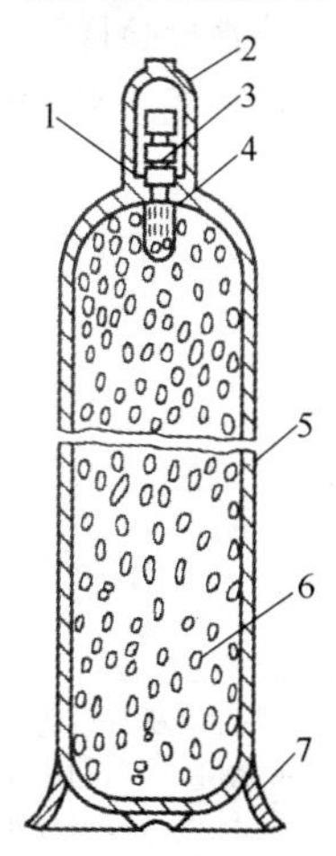

图 7-6　乙炔瓶的组成

1. 瓶口；2. 瓶帽；3. 瓶阀；4. 石棉；5. 瓶体；6. 多孔性填料；7. 瓶座

使用中的乙炔瓶，不再进行水压试验，只做气压试验。气压试验的压力为 3.5MPa，所用气体为纯度不低于 97%的干燥氮气。试验时，将乙炔瓶浸入地下水槽内，静置 5min 后检查，如果发现瓶壁渗漏，则予以报废。除做压力检查外，还要对多孔性填料（硅酸钙）进行检查，发现有裂纹和下沉现象时，应重新更换填料。

溶解乙炔瓶的容量一般为 40L，一般乙炔瓶中能溶解 6～7kg 乙炔。溶解乙炔不能从乙炔瓶中随意大量取出，每小时所放出的乙炔应小于瓶装容量的1/7。

乙炔瓶的一个重要标记是钢印标记，其位于乙炔气瓶的肩部，呈扇形分布，乙炔气瓶的钢印标记如图7-7所示。这个标记可标示出产品标准号、气瓶编号、试验压力、瓶体设计壁厚、丙酮标记及丙酮规定充装量、监督检验标记、单位代码（制造厂代号）、制造年月、质量、最大乙炔量和瓶体实际容量等参数。

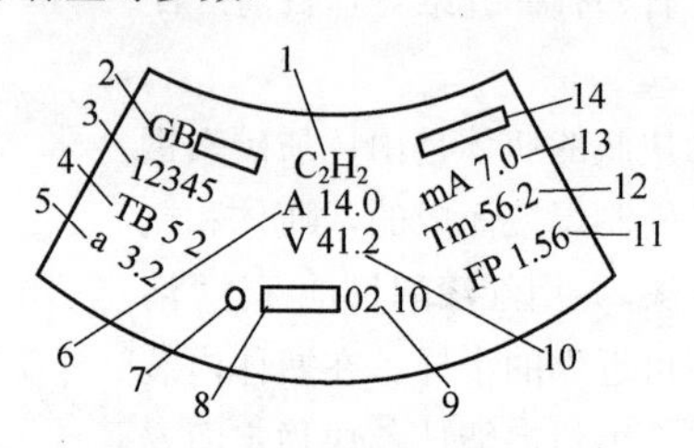

图7-7　乙炔气瓶的钢印标记

1. 乙炔分子式；2. 产品标准号；3. 气瓶编号；4. 试验压力/MPa；5. 瓶体设计壁厚/mm；6. 丙酮标记及丙酮规定充装量/kg；7. 监督检验标记；8. 单位代码（制造厂名代号）；9. 制造年月；10. 瓶体实际容量/L；11. 在基准温度15℃时的限定压力/MPa；12. 质量/kg；13. 最大乙炔量/kg；14. 制造单位许可证编号

（2）乙炔瓶阀　乙炔瓶阀是控制乙炔瓶内乙炔进出的阀门。乙炔瓶阀主要由阀体、阀杆、压紧螺母、活门和过滤件等组成，如图7-8所示。乙炔瓶阀没有旋转手轮，活门4的开启和关闭是利用乙炔气瓶专用扳手，如图7-9所示。图7-8中旋转阀杆2上端的方形头，使嵌有尼龙1010制成的密封垫料5的活门向上（或向下）移动而实现的。当方孔套筒扳手沿逆时针方向旋转时，活门向上移动时开启瓶阀，相反则关闭瓶阀。

乙炔瓶阀应用碳素钢或低合金钢制成，如果用铜，必须使用含铜量＜70%的铜合金。瓶阀应有易熔塞，侧面接头应采用环形凹槽结构，下端应设置过滤用的毛毡和不锈钢丝网。易熔塞合金的熔点应为（100±5）℃，瓶阀的密封垫料必须采用与乙炔、丙酮不起化学反应的材料。乙炔瓶阀体下端加工成ϕ27.8mm×14牙/in螺纹的锥形尾，以便旋入瓶体上。乙炔瓶阀的进气口内还装有羊毛毡制成的过滤件7和钢丝制成的滤网，将分解出来的乙炔进行过滤，吸收乙炔中的水分和杂质。由于乙炔瓶阀的阀体旁侧设有连接减压器的侧接头，因此必须使用带有夹环的乙炔瓶专用减压器。

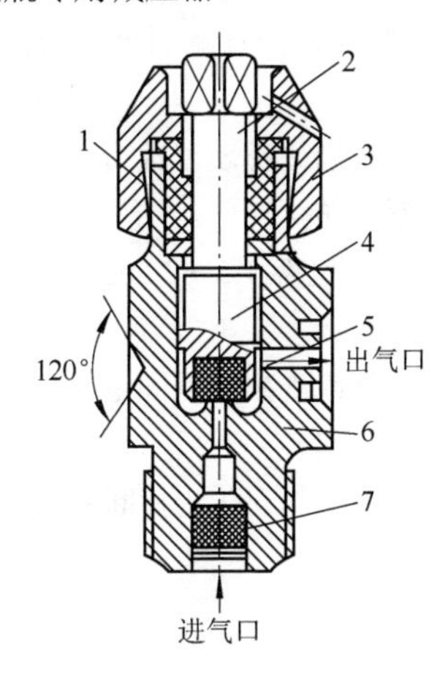

图 7-8 乙炔瓶阀的组成

1. 防漏垫圈；2. 阀杆；3. 压紧螺母；
4. 活门；5. 密封垫料；6. 阀体；7. 过滤件

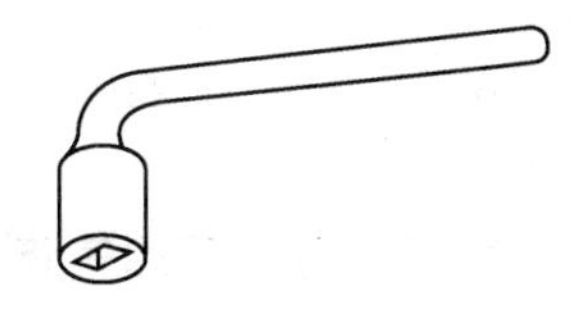

图 7-9 乙炔气瓶专用扳手

(3)国产乙炔瓶技术参数 国产乙炔瓶技术参数(GB 11638—2003)见表 7-3。

表 7-3 国产乙炔瓶技术参数（GB 11638—2003）

项 目	技术参数				
公称容积/L	10	16	25	40	63
公称直径/mm	180	200	224	250	300

2. 乙炔瓶的正确使用

①乙炔瓶在使用时应直立放置（距工作地点 10min 外），不能卧置(横放)，因卧置时会使丙酮随乙炔流出，甚至会通过减压器而流入橡胶气管和焊枪、割炬内，引起燃烧和爆炸。

②乙炔瓶在运输、搬运时不应遭受剧烈的振动和撞击，以免瓶内的多孔性填料下沉而形成空洞，影响乙炔的储存，引起溶解乙炔瓶的爆炸。

③溶解乙炔瓶体表面温度不应超过 40℃，因为温度高，会降低丙酮对乙炔的溶解度，而使瓶内的乙炔压力急剧增高。

④乙炔减压器与溶解瓶的瓶阀连接必须可靠，严禁在漏气的情况下使用，否则会形成乙炔与空气的混合气体，一旦触明火就会发生爆炸事故。

⑤溶解乙炔瓶内的乙炔不能全部用完，当高压表读数为零，低压表读数为0.01～0.03MPa时，应将瓶阀关紧，防止漏气。

⑥使用压力不得超过0.15MPa，输出流速为1.5～2.5m^3/h，以免导致用气不足，甚至带走丙酮太多。

⑦气瓶在仓库储存和使用时，应用栏杆或支架加以固定并扎牢，以防突然倾倒，发生碰撞冲击。

⑧工作完毕后应将减压器卸下，装上安全帽，防止摔断瓶阀，造成事故。

7.1.3 液化石油气瓶

1. 液化石油气瓶的组成

液化石油气瓶一般采用16Mn钢、优质碳素钢等薄板材料制造，其组成如图5-7所示。小型液化石油气瓶如图7-10（a）的所示，瓶体分上、下两部分冲压而成，由一道焊缝将其连接在一起。这种气瓶有4.7L、12L、26.2L和35.5L四种规格。图7-10（b）所示为118L的气瓶，瓶体由上、下封头和中间的筒体组成，其基本结构与图7-10（a）所示差不多，只是体积略大一些。图7-10（c）所示的YSP118-Ⅱ型气瓶其容量也是118L，与图7-10（b）所示不同的是它有两个瓶阀，其中一个瓶阀在正常用气时使用，而另一个瓶阀则可将液态的液化石油气放出，以供其他用途。气瓶壁厚一般为2.5～4mm，小气瓶略薄一些，大气瓶略厚一些。

液化石油气在常温、常压下是气体，而在常压、低温或常温而压力较大时则成为液体。液化石油气瓶就是根据液化石油气的这种特性而制造的。液化石油气瓶的最大工作压力为1.6MPa，在这个压力下，液化石油气瓶中的各种成分均已液化，为了确保气瓶的使用安全，国家标准规定水压试验压力为3.0MPa。由于液化石油气瓶只有一个进出口，水压试验不大方便，因此许多厂家均以气压试验进行检验。经气压试验检验合格的气瓶，在出售时还保留一定压力的试验气体，购买时打开瓶阀便可证实。切忌购买已经充满液化石油气的气瓶，这种气瓶很有可能是旧气瓶翻新的。

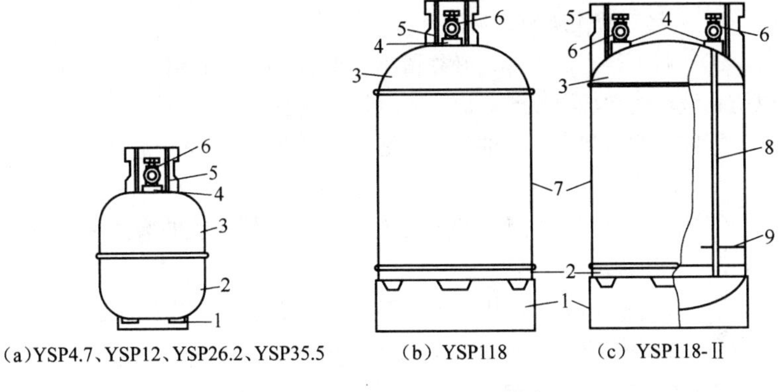

(a)YSP4.7、YSP12、YSP26.2、YSP35.5 (b) YSP118 (c) YSP118-Ⅱ

图 7-10 液化石油气瓶的组成

1. 底座；2. 下封头；3. 上封头；4. 阀座；5. 护罩；6. 瓶阀；7. 筒体；8. 液相管；9. 支架

2. 常用液化石油气瓶技术参数

YSP 系列液化石油气瓶技术参数（GB 5842—2006）见表 7-4。

表 7-4 YSP 系列液化石油气瓶技术参数（GB 5842—2006）

技术参数 型号	内径/mm	公称容积/L	充气量/kg	封头形状系数	备注
YSP4.7	200	4.7	1.9	1.0	
YSP12	244	12	5.0	1.0	
YSP26.2	294	26.2	11	1.0	
YSP35.5	314	35.5	14.9	0.8	常用的民用气瓶
YSP118	400	118	49.5	1.0	
YSP118-Ⅱ	400	118	49.5	1.0	用于气化装置的储气设备

注：钢瓶的护罩尺寸、底座结构尺寸应符合产品图样要求。

液化石油气除了比乙炔耗氧量大、火焰温度低外，其他方面皆优于乙炔，因此近年来使用液化石油气越来越多。

液化石油气瓶的表面涂成灰色，气瓶上有红色的“液化石油气”的字样。

3. 液化石油气瓶的正确使用

①气瓶不得充满液体，必须留出容积的10%～20%作为气化空间，以防止液体随环境温度升高而膨胀时气瓶破裂。

②胶管和衬垫应用耐油材料制造。勿暴晒，储存室应通风良好，室内严禁明火。

③瓶阀及管接头处不得漏气，注意管接头处螺纹的磨损和腐蚀程度，防止在压力下漏气。

④气瓶严禁用火烤或用沸水加热，冬季可用40℃以下的温水加热。不得自行倒出残渣，以防遇火成灾，严防漏气。

7.1.4 乙炔发生器

目前，气焊虽然广泛使用瓶装溶解乙炔，但仍有部分工厂使用的乙炔是由乙炔发生器自行制取的。因此，了解乙炔发生器的工作原理和性能仍然十分必要。

1. 乙炔发生器的分类及特点

乙炔发生器是利用电石与水发生化学反应，从而产生一定压力的乙炔气体的装置。根据制取乙炔的压力不同，乙炔发生器可分为低压式（＜0.045MPa）、中压式（0.045～0.15MPa）和高压式（＞0.15MPa）三种。高压式主要用于瓶装乙炔，按其发气量不同，可分为0.5m^3/h、1m^3/h、3m^3/h、5m^3/h和10m^3/h五种，一般前两种制成移动式，后三种制成固定式。乙炔发生器的分类及特点见表7-5。

表7-5 乙炔发生器的分类及特点

分类方式	类　型	特　点	优 缺 点
按电石与水的接触方式	电石入水式	电石投入水中进行反应	优点：发气室内水量较多，电石与水作用比较完全，电石有效利用率高，另外，乙炔气的冷却和清洗较充分； 缺点：结构较复杂，需采用特殊制备的小颗粒圆球形电石

续表 7-5

分类方式	类　型	特　点	优 缺 点
按电石与水的接触方式	水入电石式	水注入电石中进行反应	优点：结构简单，使用方便，各种块度的电石都可使用，产气量和乙炔压力都较稳定； 缺点：注水量有一定限制，电石反应不完全，利用率低，反应区的乙炔有可能发生过热
	接触式	电石与水接触进行反应，又分为排水式和浸离式	排水式：优点是结构简单，使用方便；缺点是因水被排除后，仍有部分残留水与电石起反应，会使乙炔发生过热； 浸离式：优点是结构简单；缺点是乙炔会从浮筒和桶体间隙的水面逸出，减少乙炔的实用产量，而且不安全
	联合式	上述形式的组合方式	一般采用水入电石式与排水式相组合的方式，特点是结构较为简单
	干式	水与电石同时加入进行反应，所生成的熟石灰为干燥粉末	优点：电石利用率高，用水量少，乙炔不溶入灰泥中，生成的干石灰可以加以利用； 缺点：结构复杂，要求供料准确；乙炔中杂质含量高
按制出的乙炔压力	低压式	乙炔压力小于0.02MPa	优点：压力低，发生器内水温较易控制，不易发生爆炸事故，安全性好，发生器的效率较高； 缺点：因压力低，需增设升压设备，增加动力消耗
	中压式	乙炔压力为0.02～0.1MPa	优点：所需设备少，动力消耗低； 缺点：因压力较高，一旦管理或操作不当，会发生爆炸事故
按使用状态	移动式	可根据使用需要进行移动	使用方便，适于移动场合、野外和施工现场工作
	固定式	设置在固定场所	使用安全，但只能在固定场所使用

(1) 固定式乙炔发生器　固定式乙炔发生器一般指乙炔站。这类乙炔发生器体积较大，单位时间发气量较多（3.0～10m³/h），可供多个工作点同时使用。Q3-3 型、Q4-5 型和 Q4-10 型均为固定式乙炔发生器。

(2) 移动式乙炔发生器　移动式乙炔发生器体积较小，并设有车轮可供移动，一般发气量为 0.5～1m³/h，Q3-0.5 型、Q3-1 型均为移动式乙炔发生器。

2. Q3-1 型乙炔发生器的组成

Q3-1 型乙炔发生器是移动式中压乙炔发生器，属于排水式，其组成如图 7-11 所示。该发生器的发气量为 1m³/h，电石一次可装入 5kg，由筒体、盖、储气筒、回火保险装置、泄压装置和小推车等组成。

筒体由上盖 7、外壳 8 和筒底 22 三部分组合而成的，在锥形罩气室 6 内装有可提取的电石篮 5。移动调节杆 9 和升降滑轮 12 组成的升降机构，可以控制电石篮的上下位置，控制电石接触水面的深度。筒体外壳装有指示发生器水位的溢流阀 20。筒底部装有出渣口 14，由排污操纵杆 11 通过轴 16 使橡胶塞 15 开启排渣。

发生器的盖 4 上有开盖手柄 1、压板 2 和压板环 3，它们组成封闭机构。拧松开盖手柄 1，打开压板，便可将水加入发生器筒内，然后装入电石篮，再拧紧手柄，利用压板环 3 的密封作用，即可将所产生的乙炔气封闭在筒内。在盖 4 上还装有泄压膜片（0.1mm 的铝箔），当压力达到 0.18～0.28MPa 时，泄压膜自行爆破，起安全保护作用。

储气筒 19 的进气口通过导气管 23 与筒体上口连接，顶部装有压力表 17，下部装有水位阀 21 以控制筒内的水位。

乙炔经过回火保险装置 18 内的止回阀装置和滤清器后，从乙炔出口处送出。回火保险装置内必须保持一定水位，使乙炔经过水层防止回火，同时对乙炔进行降温和滤清。回火保险装置的顶部装有泄压装置 24，当乙炔压力超过 0.115NP 时即进行泄压，以保障乙炔发生器的安全使用。

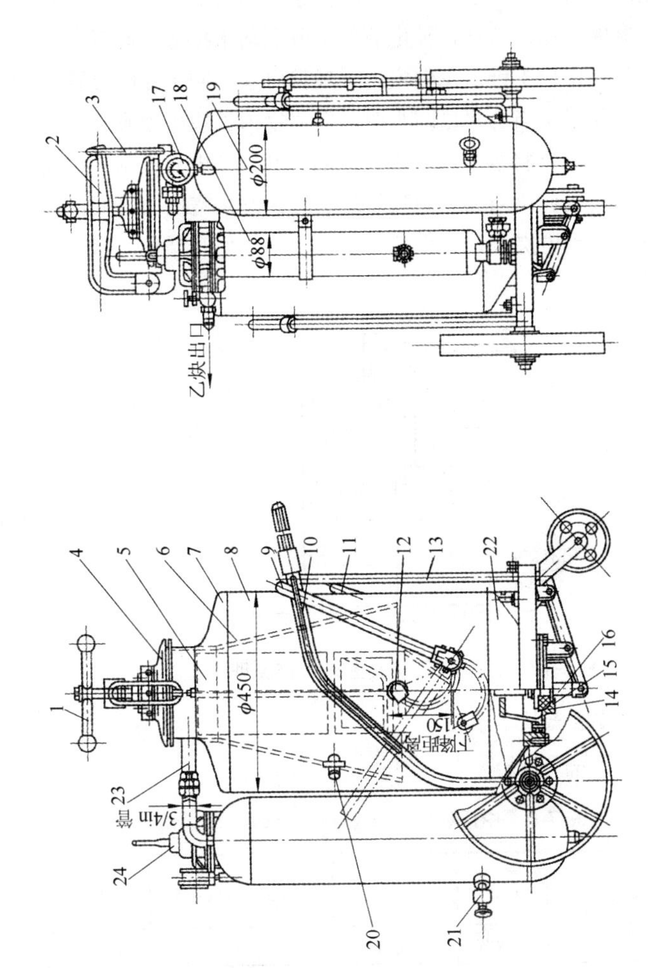

图 7-11 Q3-1 型乙炔发生器的组成

1. 开盖手柄；2. 压板；3. 压板环；4. 盖；5. 电石篮；6. 锥形罩气室；7. 上盖；8 外壳；9. 调节杆；10. 定位襻；11. 排污操纵杆；12. 升降滑轮；13. 支杆；14. 出渣口；15；橡胶塞；16. 轴；17. 压力表；18. 回火保险装置；19. 储气筒；20. 溢流阀；21. 水位阀；22. 筒底；23. 导气管；24. 泄压装置

3. Q3-1型乙炔发生器的工作原理

Q3-1型乙炔发生器属于排水式，其工作原理如图7-12所示。开始时，推动发生器的移动调节杆，使电石篮下降至与水接触。此时，所产生的乙炔聚集在内层Ⅰ锥形罩气室内，经储气室、回火保险装置送出供给工作场所使用。当乙炔量减少时，发生室内乙炔压力升高，一直升高到0.75MPa时，将水从内层Ⅰ排到隔层Ⅱ，使电石与水不再接触，停止产生乙炔气体；当乙炔消耗量增加时，发生室压力降低，隔层Ⅱ的水又自动回到内层Ⅰ，又重新产生乙炔气。如此循环，直至电石反应完毕为止。

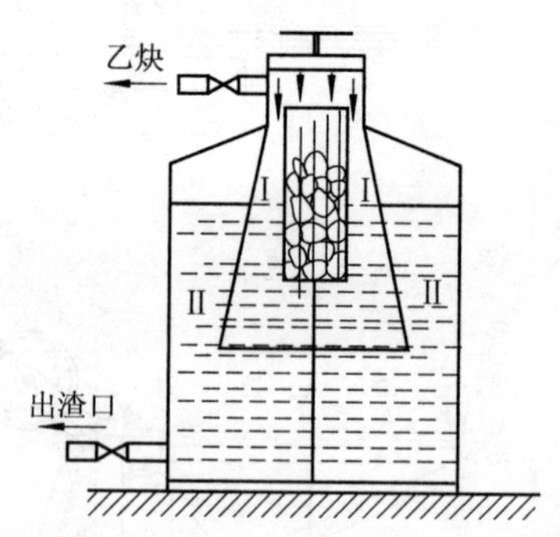

图7-12　排水式乙炔发生器工作原理

4. 中压乙炔发生器技术参数

中压乙炔发生器技术参数见表7-6。

表7-6　中压乙炔发生器技术参数

技术参数＼型号	Q3-0.5	Q3-1	Q3-3	Q4-5	Q4-10
结构形式	排水式	排水式	排水式	联合式	联合式
正常生产率/（m^3/h）	0.5	1	3	5	10
乙炔工作压力/MPa	0.045～0.1				
电石允许颗粒度/mm	25×50 50×80	25×50 50×80	15～25	15～80	—

续表 7-6

技术参数 \ 型号		Q3-0.5	Q3-1	Q3-3	Q4-5	Q4-10
安全阀泄气压力/MPa		0.115			0.15	
安全膜爆破压力/MPa		0.18～0.28				
发生室乙炔最高温度/℃		90				
电石一次装入量/kg		2.4	5	13	12.5	25.5
储气室的水容量/L		30	65	330	338	818
发生器外形尺寸/mm	长	515	1210	1050	1450	1700
	宽	505	675	770	1375	1800
	高	930	1150	1755	2180	2690
固定位置形式		移动式		固定式		

5. 乙炔发生器的安全装置

乙炔发生器的安全装置包括阻火装置，如水封式或干式回火防止器；防爆泄压装置，如安全阀、泄压膜等；指示装置，如压力表、温度计和水位指示器等。

（1）回火防止器

①回火防止器是乙炔发生器不可缺少的安全装置，主要作用是在气焊或气割过程中，焊枪或割焊发生火焰倒燃（回火）时，防止乙炔发生器发生爆炸事故。所谓回火即由于某种原因使混合气体产生的火焰自焊枪或割焊向乙炔软管内倒燃。若在火焰的通路上不设置回火防止器，则倒燃的火焰可能通过乙炔输送导管而进入乙炔发生器内引起燃烧或爆炸事故，因此回火防止器是一种重要的安全设备。当乙炔通路中没有回火防止器或其工作状态不正常时，则不允许进行气焊或气割工作。若使用乙炔瓶，不必设置回火防止器，因为乙炔瓶内的压力较高，发生火焰倒燃的可能性极小。

②回火防止器按通过的乙炔压力不同可分为低压式（＜0.01MPa）和中压式（0.01～0.05MPa）两种；按作用原理不同可分为水封式和干式两种；按组成不同可分为开启式和闭合式两种；按装置的部位不同可分为集中式和岗位式两种。

③对回火防止器的基本要求是能可靠地阻止回火和爆炸波的传播，

并且能迅速地使爆炸气体排除到大气中；应设有泄压装置；能满足焊接工艺的要求，如不影响火焰温度、气体流量等；容易控制、检查、清洗和维修；在发生回火时最好能自动切断气源。

④国内典型的中压水封式回火防止器如图 7-13 所示。两种回火防止器的作用原理基本相同，但其组成稍有区别，图 7-13（b）中的回火防止器装有分水装置，在一定程度上克服了乙炔带水现象。正常工作时，乙炔由进气管流入，推开开关经过球形逆止阀，再经分气板从水下冒出而聚集在筒体上部，然后从出气管输出。

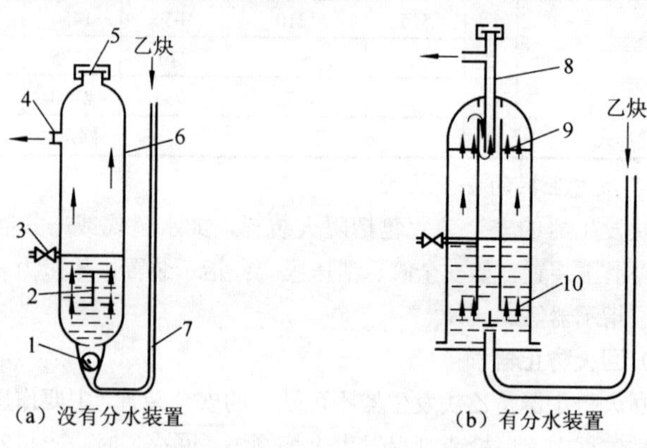

图 7-13 国内典型的中压水封式回火防止器

1. 球形逆止阀；2. 分气板；3. 水位阀；4. 出气管；
5. 防爆膜；6. 筒体；7. 进气管；8. 分水管；9、10. 分水板

当发生回火时，倒燃的火焰从出气管烧入筒体上部。筒体内的压力立即增大，一方面压迫水面，通过水层使逆止阀瞬时关闭，进气管暂停供气；另一方面，筒体顶部的防爆膜被冲破，燃烧气体散发到大气中。由于水层也起着隔火作用，因此防止了回火。

这类回火防止器在国内使用较广，其主要缺点是只能暂时切断供气，回火后要关闭总阀、更换防爆膜；逆止阀处容易堆积污垢，造成逆止阀关闭不紧而泄漏气体。因此，必须定期进行清洗，同时要经常检查水位，绝不允许无水干用。冬天使用时应采取必要的防冻措施，如在水中加入一定量的甘油或食盐等防冻剂。

中压多孔陶瓷管干式回火防止器如图 7-14 所示。它具有无须加水、不受气温影响、体积小、质量轻和功能齐全等优点，能起到防止气体逆流、熄火、阻止回火、切断气源和复位等作用。

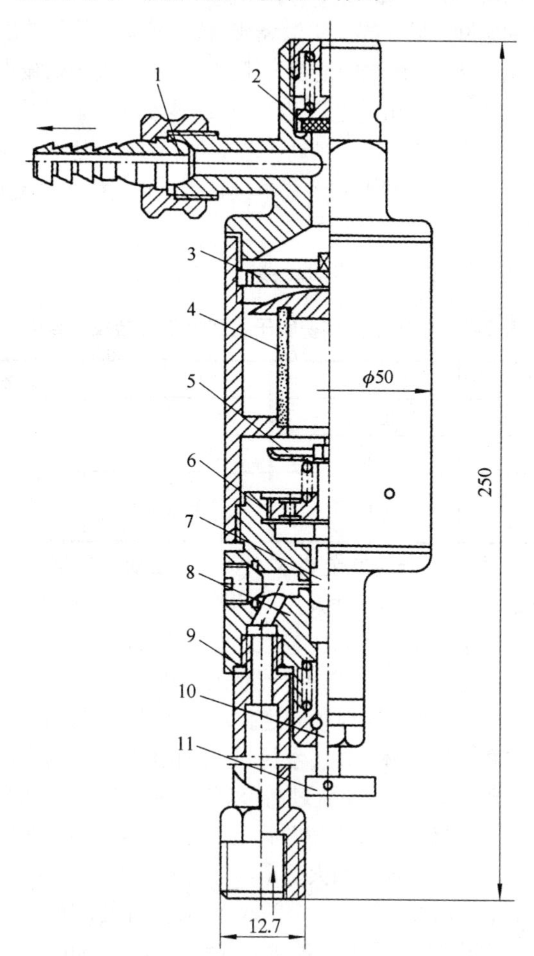

图 7-14 中压多孔陶瓷管干式回火防止器

1. 出气接头；2. 泄压阀；3. 压紧板；4. 多孔陶瓷止火管；5. 承压片；6. 导向分流板；7. 阀芯；8. 下主体；9. 进气管；10. 复位杆；11. 手柄

在正常工作情况下，乙炔由进气管 9 进入，流入锥形阀芯外周，由导向分流板 6 周围的小孔逸出，透过多孔陶瓷止火管 4 向管外流出，经压紧板 3 周围的小孔由出气接头 1 输出供给施焊。回火时，乙炔与氧气的混合气体回到回火防止器发生燃烧或爆炸，使防止器内的压力骤增并顶开弹簧泄压阀 2，使燃烧的混合气排到大气中，火焰则被止火管的微孔熄灭，起到了止火作用。与此同时，压缩波或冲击波穿透止火管作用于承压片上，使之向下运动，带动阀芯 7 向下移动，使锥形阀芯与阀座锁紧并切断气源，停止供气。若需继续使用，可用手推动复位杆 10，顶开进气阀，则恢复供气。

中压多孔陶瓷管干式回火防止器技术参数见表 7-7。

表 7-7　中压多孔陶瓷管干式回火防止器技术参数

项　目	技术参数	项　目	技术参数
工作压力/MPa	0.05～0.15	安装总高度/mm	250
流量/（m^3/h）	0.5～3	气容量/L	0.116
筒体尺寸（直径×厚度）/（mm×mm）	ϕ50×5	质量/kg	1.33

⑤使用回火防止器的安全要求。安装在乙炔发生器上的回火防止器，其流量、压力必须与乙炔发生器的乙炔发生率、乙炔压力相适应。所有水封式回火防止器必须每天检查，更换清水，确保水位的准确。每个岗位回火防止器只能供一把焊枪或割炬单独使用。乙炔容易产生带黏性油质的杂质，因此应该经常检查逆止阀的密封性。使用前应先排净器内乙炔与氧气的混合气体。使用水封回火防止器时，器内水量不得少于水位计标定的要求。水位也不宜过高，以免乙炔带水过多影响火焰温度。每次发生回火后应随时检查水位并补足。此外，回火防止器使用时应垂直挂放。在冬天使用水封式回火防止器时，应在水内加入少量食盐或甘油等防冻剂，工作结束后应把水全部放净，以免冻结，如发生冻结现象，只能用热水或蒸汽解冻，严禁用明火或红铁烘烤，以防止发生爆炸事故。回火防止器的防爆膜因回火而爆破后，必须及时进行调换后才能使用。使用中压多孔陶瓷干式回火防止器时，要求乙炔所含杂质和水分的量很低，因此在乙炔站内可装置干燥器和过滤器，对乙炔预先进行过滤和干

燥，同时在各组乙炔接头箱进气管上装过滤器，这样使用效果较好。干式回火防止器在使用过程中，应该经常检查其密封性，使用时发现漏气或不正常现象应立即进行修理；若发现流量减小、阻力增加，则可能是多孔陶瓷管微孔被杂质堵塞，应旋下主体，取出多孔陶瓷管进行清洗、吹干后方可装配。装配后需做阻火性能试验，合格后才能继续使用。阻火性能试验以氧气和乙炔混合气体进行，以连续三次可靠止火，同时后面的回火防止器不爆炸、锥形阀能锁住、乙炔源能切断为合格。

（2）泄压膜 泄压膜的作用是当发生爆炸而产生压力时，能及时自动泄出气体，降低压力，从而防止发生器罐体的破裂。乙炔与空气（或氧气）混合气体的爆炸虽然是在瞬间发生，但从起爆、气体激烈膨胀到最后结束，仍然有一个过程，即释放出的热量和气体由少到多，温度由低到高，爆炸压力由小到大的发展过程。根据这一特点，在乙炔发生器的发起室、储气室和回火防止器等罐体的适当部位设置一定面积的泄压膜（脆性材料制成），构成薄弱环节。当发生爆炸时，最薄弱处在起爆后较小的爆破压力作用下首先遭受破坏，将大量气体和热量释放出去，从而保住容器主体，避免设备损失和在场人员的伤亡。

试验证明，直径为 110mm、厚度为 0.10mm 的铝片能承受 0.25MPa 以上的静压力，完全可以满足发生器工作压力的要求。当发生爆炸时，不但能及时顺利泄压，而且破裂的膜片也不会伤人。

（3）安全阀 当乙炔压力超过正常工作压力时，乙炔发生器安全阀即自动开放，将发生器内部的气体排出一部分，直至压力降到低于工作压力后才自行关闭，以防发生爆炸事故。安全阀开放时气体从阀中喷出，发出“吱、吱”的响声，从而起到自动报警的作用。图 7-15 所示为乙炔发生器通常采用的弹簧式安全阀。它是利用乙炔压力与弹簧压力之间的压力差变化，来达到自动开启或关闭的要求。调节螺钉 5 用来调节弹簧 1 的压力，以调整安全阀的开放压力。

（4）压力表 乙炔发生器装设的压力表用以直接指示发生器内部的乙炔压力值。常用的是单弹簧管式压力表。压力表如图 7-16 所示，弹簧弯管 1 的一端牢固地焊在支座 2 上，支管则固定在表壳 3 内，接头 4 与乙炔导管相连。当乙炔流入弹簧弯管时，由于内压作用，弹簧使弯管向外伸展，发生角位变形，通过拉杆 6 和扇形齿轮 7 带动小齿轮 8 转动。小齿轮的轴上装有指针，指示乙炔的压力。表盘上最高工作压力的刻度处，标有红色标记，如中压乙炔发生器的压力表，在 0.15MPa 处为红色刻度线。

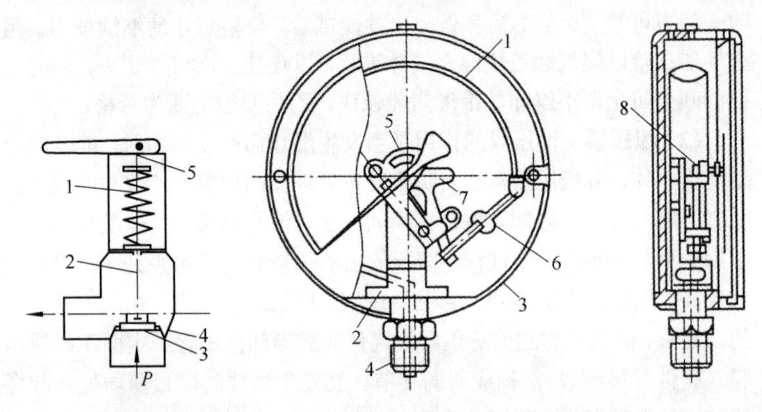

图 7-15　弹簧式安全阀

1. 弹簧；2. 阀杆；3. 阀芯；4. 阀体；5. 调节螺钉

图 7-16　压力表

1. 弹簧弯管；2. 支座；3. 表壳；4. 接头；5. 油丝；6. 拉杆；7. 扇形齿轮；8. 小齿轮

（5）乙炔发生器的操作程序　如图 7-11 所示，Q3-1 型乙炔发生器的操作顺序为旋松开盖手柄 1，放下压板环 3，将盖 4 掀起，然后从上面向发生器桶内注射清水，直至水从溢流阀 20 溢出为止；同时向回火保险器和储气筒内注水至水位阀 21 的高度；接着提起电石篮，装入电石，随即将盖 4 关闭，扣上压板 2，旋紧开盖手柄 1。至此，已经做好产生乙炔的准备。使用时，只要推下电石篮调节杆，使电石与水接触即可。

装入的电石用完后需另加时，应先将发生器的溢流阀旋开，使发生器内压力降低，然后开盖加电石。此时，应严禁烟火，防止发生爆炸事故。每天工作完毕后，应放掉桶内的电石渣。

6. 乙炔发生器的正确使用

①使用乙炔发生器的焊工必须经过专门训练，熟悉发生器的结构、工作原理及维护规则，并经技术考验合格后才能正式操作。

②移动式乙炔发生器应放在空气流通和不受振动的地方，要求离高温、明火或焊、割地点 10m 之外，并且严禁放置在高压线下方，严禁放置在锻工、铸工、热处理等热加工车间和正在运行的锅炉房内。露天使用时，夏季应防止暴晒，冬季应防止冻结。当乙炔发生器的发气室温度超过 80℃时，应用冷水喷淋进行降温；达到 90℃时，应立即停止使用。当桶内发生冻结时，应当用热水或蒸汽解冻，严禁用明火烘烤。

③发生器与氧气瓶之间的距离应在 5m 以上。检查发生器内有无电石时，不得将已经引燃烧的焊、割炬靠近发生器，禁止在发生器旁吸烟。

④发生器应保持密封不漏气，检查时可涂上肥皂水，观察有无气泡产生，不准用火焰做试验。

⑤发生器灌入的水应洁净，灌入发生器的水应该是没有任何油污或其他杂质的洁净水。

⑥发生器使用前必须排除空气，发生器起动后，在使用前必须排除其中的空气，然后才能向焊枪、割炬输送乙炔。

⑦发生器必须装有回火防止器、泄压装置和安全阀，使用前应检查回火防止器的水位，回火防止器内的水如果已冻结，只能用热水和蒸汽加热，禁止用明火或红铁烘烤。

⑧加入电石的量和颗粒度必须符合说明书规定，充装量一般不超过电石篮容积的 2/3，不得使用颗粒度超过 80mm 的电石，一般以 50～80mm 为宜，严禁使用电石粉。

⑨发生器必须定期或经常检查、清洗和维护，如果需修理，必须首先用充水排气法将筒内余气排除，并将回火防止器、储气筒卸下，打开所有阀门和密封盖。补焊时，更要谨慎小心。

⑩操作人员必须严格按照发生器的安全操作规程操作。

⑪运行过程中清除电石渣的工作必须在电石完全分解后进行。水滴式乙炔发生器如果发现有水从发气室排出门溢出，而且压力表指针不动，则表示电石已完全分解，可以清渣。

⑫发生器停用时，应先将电石篮提高至脱离水面，或关闭进水阀使电石停止发气，然后关闭出气管阀门，停止乙炔输出。

⑬工作结束（包括换电石时）打开发生器盖子时，若发生着火，应

立即盖上盖子，隔绝空气，并立即提升电石篮使其离开水面，待冷却降温后才能开盖放水，禁止在开盖后立即放水。

⑭冬季露天作业完毕后，应将发生器各罐体的水和电石渣全部排出，冲洗干净，以免冻结。当发生器需修补焊接时，必须先彻底清刷，经检查确认无乙炔或电石残存物后方可进行，否则不得补焊。

7.2 减压器

7.2.1 减压器的分类

减压器又称为压力调节器或气压表，其作用是将储存在气瓶内的高压气体减压到所需的压力并保持稳定。

减压器按用途不同可分为氧气减压器、乙炔减压器和丙烷减压器等，还可分为集中式和岗位式两类；按组成不同可分为单级式和双级式两类；按工作原理不同可分为单级正作用式、单级反作用式和双级作用式。目前，常用国产减压器以单级反作用式和双级混合式（第一级为正作用式，第二级为反作用式）两类为主。常用减压器技术参数见表 7-8。

表 7-8　常用减压器技术参数

技术参数 \ 型号	QD-1	QD-2A	QD-3A	DJ-6	SJ7-10	QD-20	QW2-16/0.6
名称	单级氧气减压器				双级氧气减压器	单级乙炔减压器	单级丙烷减压器
进气口最高压力/MPa	15	15	15	15	15	2	1.6
最高工作压力/MPa	2.5	1.0	0.2	2	2	0.15	0.06
工作压力调节范围/MPa	0.1～2.5	0.1～1.0	0.01～0.2	0.1～2	0.1～2	0.01～0.15	0.02～0.06
最大放气能力/（m^3/h）	80	40	10	180	—	9	—

续表 7-8

技术参数 \ 型号	QD-1	QD-2A	QD-3A	DJ-6	SJ7-10	QD-20	QW2-16/0.6
出气口孔径/mm	6	5	3	—	5	4	—
压力表规格/MPa	0～2.5，0～4.0	0～25，0～1.6	0～25，0～0.4	0～25，0～4	0～25，0～4	0～2.5，0～0.25	0～2.5，0～0.16
安全阀泄气压力/MPa	2.9～3.9	1.15～1.6	—	2.2	2.2	0.18～0.24	0.07～0.12
进气口联接螺纹/mm	G15.875	G15.875	G15.875	G15.875	G15.875	夹环连接	G15.875
质量/kg	4	2	2	2	2	2	2
外形尺寸/（mm×mm×mm）	200×200×200	165×170×160	165×170×160	170×200×142	200×170×142	170×185×315	165×190×160

7.2.2 氧气减压器

QD-1 型氧气减压器是单级反作用式减压器。它主要供氧气减压用，其进气口最高压力为 15MPa，工作压力调节范围为 0.1～2.5MPa。

1. 氧气减压器的组成

QD-1 型氧气减压器的组成如图 7-17 所示，主要由本体、罩壳、调压螺钉、调压弹簧、弹性薄膜装置（由弹簧垫块、薄膜片、耐油橡胶平垫片等组成）、减压活门、活门座、安全阀、进出气口接头及高压气室与低压气室等部分组成。

本体上设有与低压气室 1 相通的安全阀 15。当减压器发生故障时，低压气室的压力超过安全阀泄气压力，气体就自动打开安全阀而逸出（2.9MPa 开始泄气，3.9MPa 安全阀完全打开）。安全阀既能保护低压表不受冲击而损坏，又避免了超过工作压力的气体流出而造成其他事故。当气压降低后，安全阀自动关闭，保持气密性。

减压器的进气接头螺母的螺纹尺寸为 G5/8，接头的内孔直径为 55mm，而出气接头的内孔直径为 6mm，其最大流量为 250m^3/h。

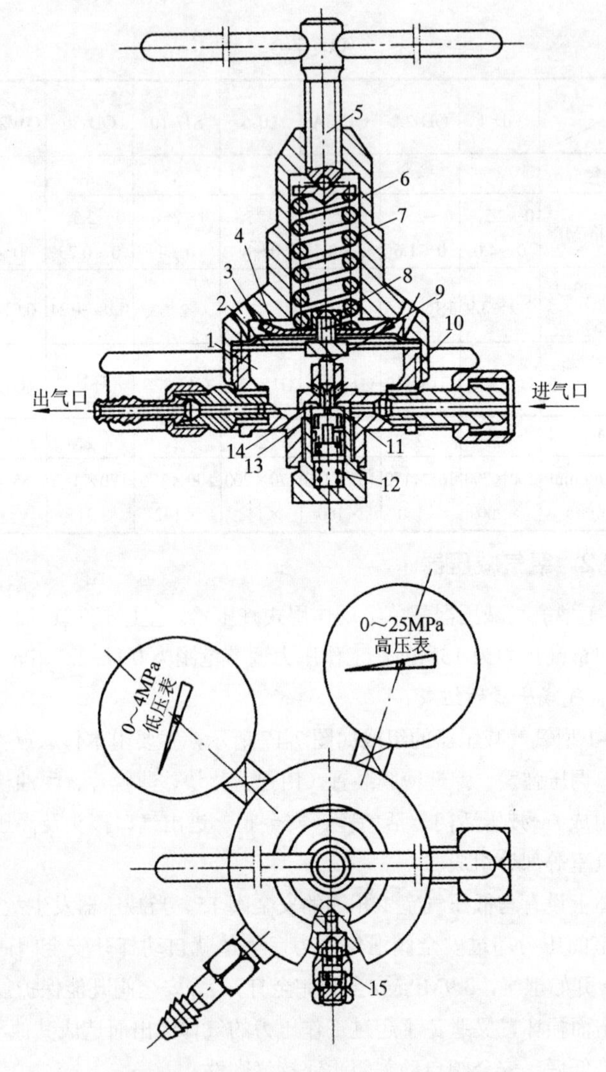

图 7-17　QD-1 型氧气减压器的组成

1. 低压气室；2. 耐油橡胶平垫片；3. 薄膜板；4. 弹簧垫块；5. 调压螺钉；6. 罩壳；7. 高压弹簧；8. 螺钉；9. 活门顶杆；10. 本体；11. 高压气室；12. 副弹簧；13. 减压活门；14. 活门座；15. 安全阀

减压器本体还装有 0～25MPa 的高压氧气气压表和 0～4MPa 的低压氧气气压表，分别指示高压气室 11（氧气瓶内）和低压气室 1 的压力。

减压器外壳漆成天蓝色，与氧气瓶颜色一致。

2. 氧气减压器的工作原理

QD-1 型氧气减压器的工作原理如图 7-18 所示。减压器处于非工作状态时，将调压螺钉 15 沿逆时针方向松开，调压弹簧 14 处于松弛状态；当氧气瓶阀开启时，高压氧气进入高压气室 4，但由于减压活门 8 被副弹簧压紧在活门座 3 上，高压氧气无法进入低压气室 2 内，如图 7-18（a）所示；沿顺时针方向旋转调压螺钉 15，将减压活门 8 顶开，此时高压氧气从缝隙中流入低压气室 2，如图 7-18（b）所示。高压氧气从高压气室流入低压气室，体积膨胀，压力降低。经过降压后的氧气接入焊枪的氧气接入管上，供气焊使用。此时，即减压器的工作状态（减压原理）。

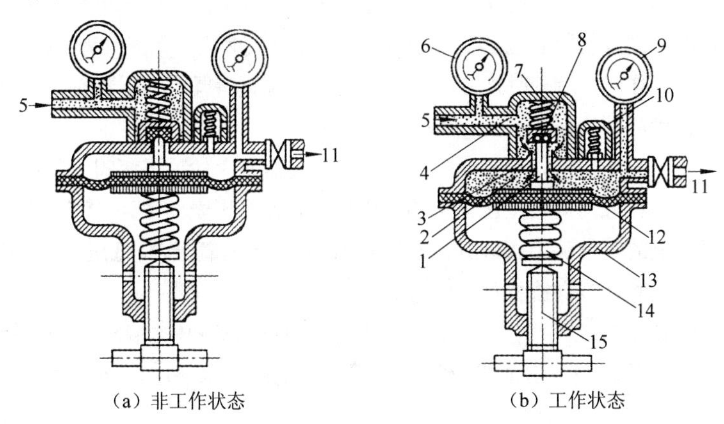

（a）非工作状态　　（b）工作状态

图 7-18　QD-1 型氧气减压器的工作原理

1. 传动杆；2. 低压气室；3. 活门座；4. 高压气室；5. 气体入口；6. 高压表；7. 副弹簧；8. 减压活门；9. 低压表；10. 安全阀；11. 气体出口；12. 弹性薄膜；13. 外壳；14. 调压弹簧；15. 调压螺钉

在使用过程中，如果氧气输出量减少，低压气室的压力会增高，此时，通过弹性薄膜 12、压缩调压弹簧 14，带动减压活门 8 向下移动，使开度减小，低压气室的压力会降低；反之，活门的开度会增加，使低压气室压力提高，保持输出的压力稳定。

3. 氧气减压器的正确使用

①在安装减压器时应首先检查联接螺钉的规格，螺纹是否有损坏等。

②安装氧气减压器之前，先沿逆时针方向缓慢旋转氧气瓶阀上的手轮，利用高压氧气吹除瓶阀出口的污物，然后立即关闭瓶阀。将氧气减压器的进口对准瓶阀出口，使压力表处于竖直位置，然后用无油脂扳手将联接螺母拧紧。

③将黑色的氧气胶管插入减压器出口管接头上，用管卡夹紧。

④沿逆时针方向旋转减压器上的调节螺钉，待完全旋松后，缓慢开起氧气瓶阀，以防止高压气体突然冲到低压气室，使弹性薄膜装置或低压表损坏（在开启气瓶阀时，操作者不应站在减压器的正面和气瓶阀出气口的前面），然后用肥皂水检查减压器各接头部位有无漏气现象。

⑤工作时，沿顺时针方向缓慢旋转调压螺钉，直至减压器的低压表指针指到所需的压力为止（0.1～2.5MPa）。

⑥停止工作时，应先沿顺时针方向旋转瓶阀手轮，将瓶阀关闭；然后沿顺时针方向旋转减压器上的调压螺钉，使高压表读数为“0”；接着将焊枪上的氧气调节阀旋开，放掉残留在胶管中的氧气，待低压表为“0”后，沿逆时针方向旋松调压螺钉。

⑦减压器上不得沾有油污，如果沾有油污必须马上清除干净，然后才能使用。减压器如果发生冷冻结，只能用温水解冻，绝对禁用明火烘烤。

⑧减压器必须妥善保存，避免撞击和振动，且不要存放在有腐蚀性介质的场合。

⑨若发现减压器有损坏、漏气或产生其他故障时，应立即停止使用并进行检修。

⑩减压器必须定期检修，压力表应定期检验。

7.2.3 乙炔减压器

QD-20 型乙炔减压器属于单级式乙炔减压器，供溶解乙炔减压用，其进口压力为 2.0MPa，工作压力调节范围为 0.01～0.15MPa。

1. 乙炔减压器的组成及工作原理

带夹环乙炔减压器的组成如图 7-19 所示。其组成及工作原理基本与单级式氧气减压器相同，不同的是乙炔减压器的高压气室与乙炔瓶阀是采用特殊的夹环进行连接并借助紧固螺钉加以固定的。乙炔减压器的低压气室装有安全阀，在＞0.18MPa 时开始泄气，在压力达到 0.24MPa 时完全打开。减压器在工作压力为 0.15MPa 时，通过直径为 4mm 喷口的最大流量为 5m^3/h。乙炔减压器的本体上，装有 0～4MPa 的高压乙炔表和 0～0.25MPa 的低压乙炔表，在减压器的压力表上均有指示该压力表最大许可工作压力的红线，以便使用时严格控制压力。乙炔减压器的外壳涂成白色。

2. 乙炔减压器技术参数

乙炔减压器技术参数见表 7-9。

表 7-9 乙炔和丙烷减压器技术参数

技术参数 型号	适用气体	输入压力/MPa	输出压力/MPa	进气表/MPa	出气表/MPa	公称流量/（L/min）	进气口	出气口
YQE-213	乙炔	3	0.01～0.15	4	0.25	5000	夹环连接	—
QD-20	乙炔	3	0.01～0.15	4	0.25	150	G1（管道）	—
R85Y-15	乙炔	3	0.01～0.1	4	0.25	—	夹环连接	M22×1.5
R85MY-15	乙炔	3	0.01～0.1	4	0.25	—	G3/4 左	G3/4
R85MY-15A	乙炔	3	0.01～0.1	4	0.25	—	1～11 $\frac{1}{2}$ in	1～11 $\frac{1}{2}$ in
YQW-213	丙烷	2.5	0.01～0.06	2.5	0.16	—	G5/8（左）	—
QW5-25/0.6	丙烷	2.5	0.01～0.06	2.5	0.16	100	G5/8（左）	—
R85F-125	丙烷天然气	3	0.03～0.85	4	1.6	—	M22×1.5（反）	M22×1.5

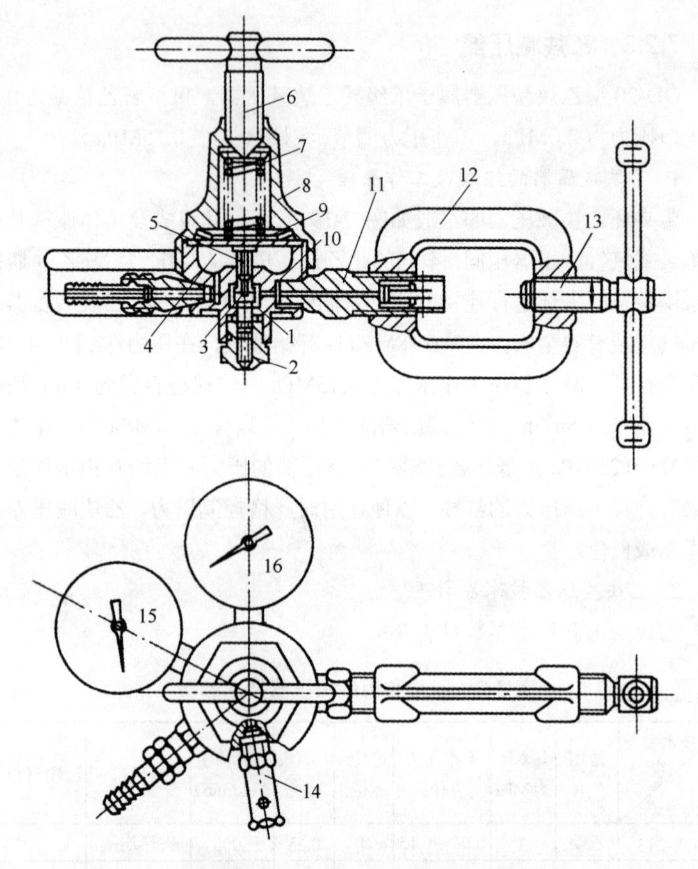

图 7-19　带夹环乙炔减压器的组成

1. 高压气室；2. 副弹簧；3. 减压活门；4. 低压气室；5. 活门顶杆；6. 高压螺栓；7. 调压弹簧；8. 罩壳；9. 弹性薄膜；10. 减压器本体；11. 过滤接头；12. 夹环；13. 紧固螺栓；14. 安全阀；15. 低压表；16. 高压表

3. QD-20 型乙炔减压器的正确使用

①安装乙炔减压器之前，先用扳手打开乙炔瓶阀，吹掉出气口的污物，然后关闭。将乙炔减压器的进气口对准乙炔瓶阀的出气口，并拧紧固定螺钉，将减压器固定在瓶阀上。

②将红色的乙炔胶管插入减压器出口管接头上，并用钢丝或管卡夹紧。

③沿逆时针方向缓慢转动减压器上的调压螺钉，待调松后，用方形套筒扳手缓慢打开乙炔瓶阀。

④沿顺时针方向缓慢转动减压器上的调压螺钉，直至调到所需的工作压力为止。

⑤停止工作时，先关闭乙炔瓶阀，打开焊枪上的乙炔开关，排除减压器内的余气，然后放松高压螺钉，使所有压力表指“0”位。

⑥定期检修减压器，校验压力表。

7.2.4 丙烷（液化石油气）减压器

1. 丙烷减压器的结构

丙烷减压器的外部结构如图 7-20 所示。其结构与氧气减压器类似，只是与瓶阀联接的螺纹是反螺纹（左旋），因此拆卸时应注意方向。

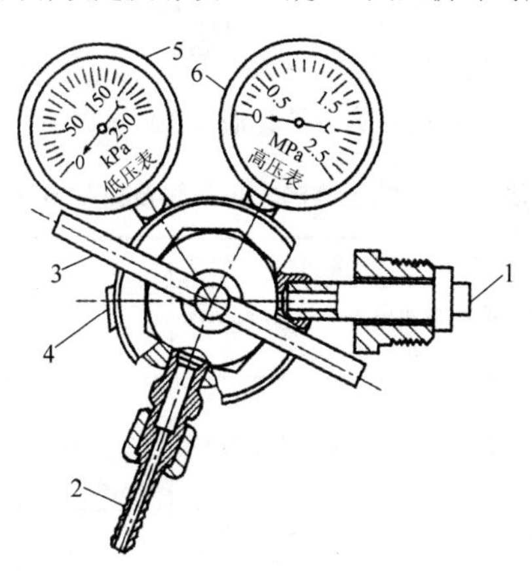

图 7-20 丙烷减压器的外部结构

1. 进气口；2. 出气口；3. 调压手柄；4. 安全阀；5. 低压表；6. 高压表

丙烷减压器技术参数见表 7-9。

2. 丙烷减压器的正确使用

①安装减压器之前，应保证瓶阀口清洁，密封垫圈要完好，并保证

有较好的弹性，以防漏气。

②每次使用前应检查高压表的压力，压力应为 1.6MPa，最好不低于 1.2MPa，当低于 1.0MPa 时，表示瓶内气体已经不多，应更换新气瓶。缓慢打开瓶阀，高压表显示压力上升至 15MPa。

③将丙烷减压器的瓶阀迅速打开后迅速关闭，吹去瓶口内的灰尘，将进气口对到瓶阀上，沿逆时针方向旋转紧固螺母，然后用活动扳手拧紧。

④接好送气管和焊枪，沿顺时针方向缓慢旋转调压手柄，低压表压力上升至所需气压，即可以点火开始焊接。低压表的最大压力为 0.16MPa。

⑤工作结束时，焊枪熄火，关闭瓶阀，旋松调压手柄，打开焊枪燃气阀，放掉余气后关闭燃气阀。

⑥有些地方使用民用减压器减压进行焊割工作，这种民用减压器没有压力调节装置或压力显示仪表，气焊、气割时不推荐使用。

3. 减压器的常见故障及排除方法

减压器的常见故障及排除方法见表 7-10。

表 7-10 减压器的常见故障及排除方法

故障现象	故障原因	排除方法
减压器漏气	减压器连接部分漏气，螺纹配合松动或垫圈损坏	拧紧螺钉；更新垫圈或加石棉绳
	1. 安全阀漏气； 2. 活门垫料损坏或弹簧变形	1. 调整弹簧 2. 换用新活门垫料（青钢纸、塑料或有机玻璃板）
	减压器弹性薄膜损坏或螺钉松动，造成漏气	更换弹性薄膜，拧紧螺钉
减压器表针爬高（自流）	调节螺栓松开后，气体继续流出（低压表针继续上升）： 1. 活门或门座上有污物； 2. 活门密封垫或活门座不平（有裂纹或压痕）； 3. 副弹簧损坏，压紧力不足	将活门螺母松开，取出活门进行检查，按损坏情况分别处理： 1. 将活门或门座上的污物去净； 2. 将活门不平处用细砂布磨平，如有裂纹则需更换 3. 调整弹簧长度或更换弹簧

续表 7-10

故障现象	故障原因	排除方法
氧气瓶阀打开时，高压表针指示有氧，但低压表不动作或动作不灵敏	调节螺栓已紧到底，但工作压力不升或升得很少，其原因是主弹簧损坏或传动杆弯曲	拆开减压器盖，更换主弹簧或传动杆
	工作时氧气压力下降，或表针有剧烈跳动，原因为减压器内部冻结	用热水加热解冻后，把水分吹干
	低压表已指示工作压力，但使用时突然下降，原因是氧气瓶阀门没有完全打开	进一步打开氧气阀门

7.3 乙炔过滤器和液化石油气汽化器

7.3.1 乙炔过滤器和干燥器

乙炔气体中含有很多杂质，如水蒸气、硫化氢、磷化氢等，焊割时影响火焰温度，降低焊割质量。因此，焊割重要产品时，乙炔需要过滤和干燥。乙炔化学过滤器如图 7-21 所示，所使用的乙炔清净剂的配方为无水铬酸（11%～13%）、硫酸（17%～20%）、硅藻土（45%～55%）和水（18%～28%）。药剂失效后变为绿色，所以使用一段时间后，应进行检查，及时换用新的药剂。为了避免乙炔中水分被带到焊枪、割炬内部使火焰温度较低，可装干燥器。干燥器可根据使用乙炔量的大小自行制作。干燥剂可选用块状电石。乙炔干燥器如图 7-22 所示。

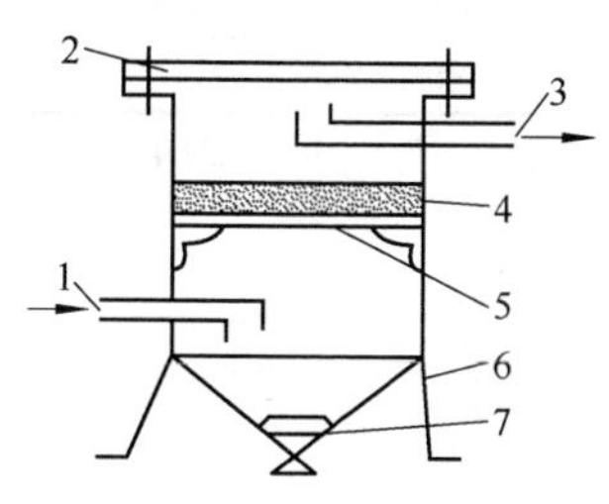

图 7-21 乙炔化学过滤器

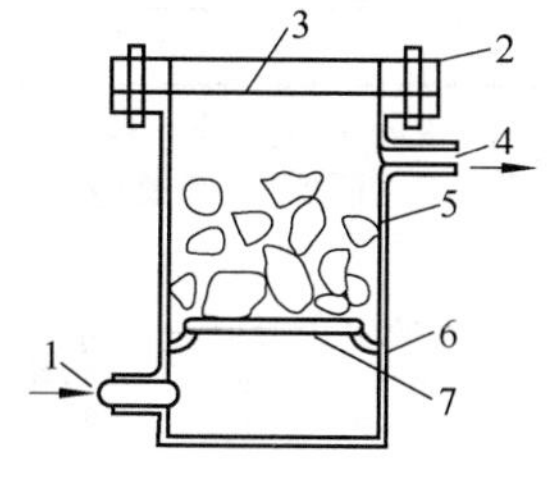

图 7-22 乙炔干燥器

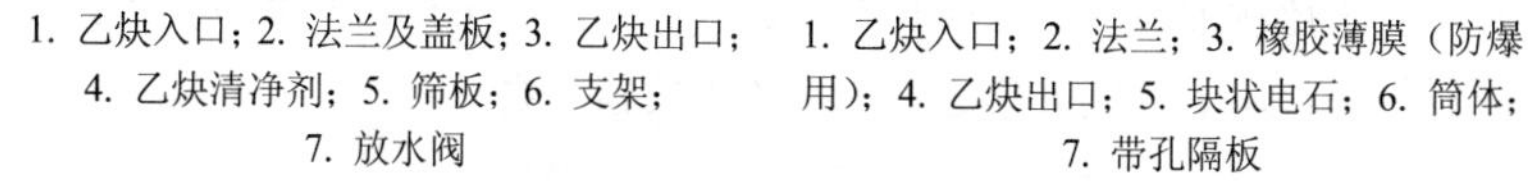
1. 乙炔入口；2. 法兰及盖板；3. 乙炔出口；4. 乙炔清净剂；5. 筛板；6. 支架；7. 放水阀

1. 乙炔入口；2. 法兰；3. 橡胶薄膜（防爆用）；4. 乙炔出口；5. 块状电石；6. 筒体；7. 带孔隔板

7.3.2　液化石油气汽化器

如图 7-23 所示，汽化器是蛇管式或列管式换热器。管内通液化气，管外通 40℃～50℃的热水，以供给液化气蒸发所需要的热量。热水可由外部供给，也可以燃烧本身的液化气对水加热，加热水所消耗的燃料仅占整个汽化量的 2.5%左右。通常，在用户量较大、液化气中丁烷含量大、饱和蒸气压低和冬季室外作业的情况下，才要考虑使用汽化器。

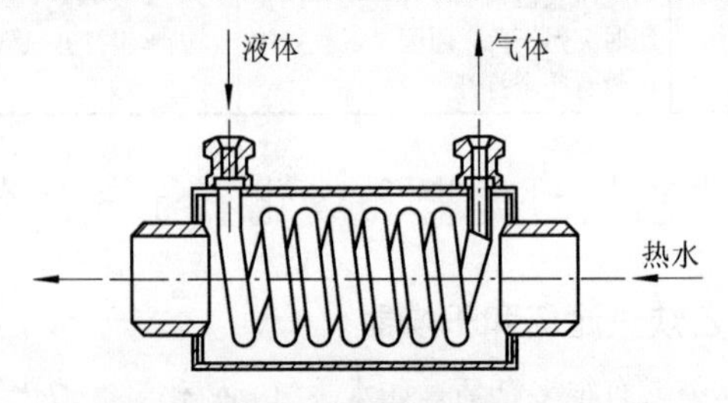

图 7-23　汽化器

7.3.3　气焊、气割用高压气体容器技术参数

气焊、气割用高压气体容器技术参数见表 7-11。

表 7-11　气焊、气割用高压气体容器技术参数

瓶装气体	充填压力/MPa	试验压力/MPa	使用压力/MPa	满瓶量/kg（L）
氧气	14.71（35℃时）	22.5	＞1.25	（6000）
乙炔	1.25（15℃时）	5.88	＞0.15	5～7（4000～6000）

注：满瓶量是指容积为 40L 的气瓶数据，括号内的数值为容积/L（指 101.325kPa 气压下），不加括号的数值为质量/kg。

7.4　焊　　枪

焊枪又称为焊炬、龙头、烧把和容接器，其作用是使可燃气体与氧气按一定比例混合，并形成具有一定热能的焊接火焰，它是气焊和软、硬钎焊时，用于控制火焰进行焊接的主要器具之一。

7.4.1 焊枪的分类和型号表示

1. 焊枪的分类

焊枪按气体的混合方式不同分为射吸式焊枪和等压式焊枪两类；按火焰的数目不同分为单焰和多焰两类；按可燃气体的种类不同分为乙炔用、氢用、汽油用等；按使用方法不同分为手工和机械两类。常用焊枪的类型及特点见表 7-12。

表 7-12　常用焊枪的类型及特点

焊枪类型	工作原理	优点	缺点
射吸式	使用的氧气压力较高而乙炔压力较低，利用高压氧气从喷嘴喷出时的射吸作用，使氧气与乙炔均匀地按比例混合	工作压力在 0.001MPa 以上即可使用，通用性强，低、中压乙炔都可用	较易回火
等压式	使用的乙炔压力与氧气压力相等或接近，乙炔与氧气的混合是在焊（割）嘴接头与焊（割）嘴的空隙内完成，主要用于割炬	火焰燃烧稳定，不易回火	只能使用中压、高压乙炔，不能用低压乙炔

2. 焊枪型号的表示方法

焊枪型号的表示方法如下：

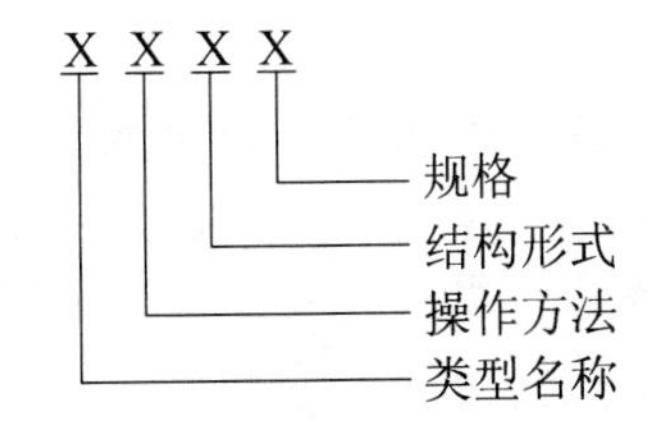

举例如下：

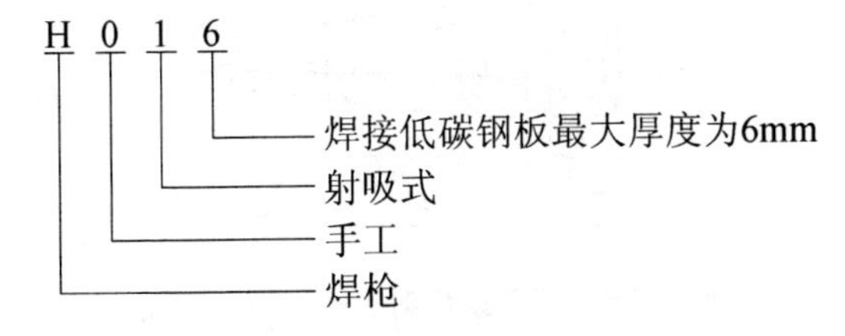

焊枪、割炬型号的符号及含义见表 7-13。

表 7-13　焊枪、割炬型号的符号及含义

名　称	焊　枪	割　炬	焊割两用枪
符号	H02-12	G02-100	HG02-12/100
	H02-20	G02-300	HG02-20/200

注：H 表示焊（Han）的第一个母；G 表示割（Ge）的第一个字母；0 表示手工；2 表示等压式；12、20 表示最大的焊接低碳钢厚度（mm）；100、200、300 表示最大的切割低碳钢厚度（mm）。

7.4.2　射吸式焊枪

1. 射吸式焊枪的组成

射吸式焊枪是可燃气体靠喷射氧流的射吸作用与氧气混合的焊枪。射吸式焊枪的组成如图 7-24 所示。乙炔靠氧气的射吸作用吸入射吸管，因此它适用于低压和中压（0.001～0.1MPa）乙炔。

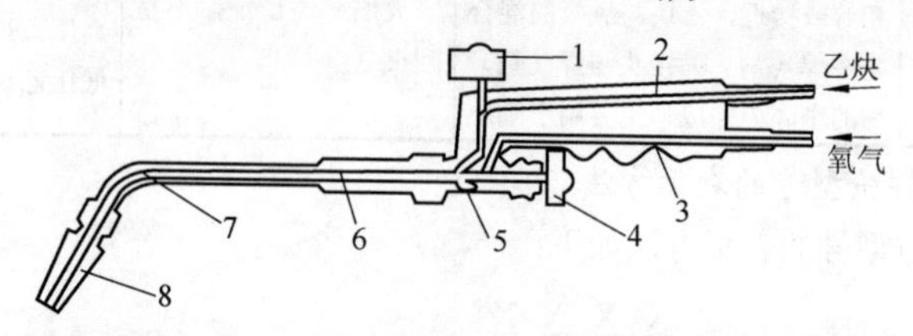

图 7-24　射吸式焊枪的组成

1. 乙炔阀；2. 乙炔胶管；3. 氧气胶管；4. 氧气阀；5. 喷嘴；6. 射吸管；7. 混合气管；8. 焊嘴

2. 射吸式焊枪焊嘴的规格

氧乙炔焰射吸式焊枪的焊嘴如图 7-25 所示，其规格见表 7-14。

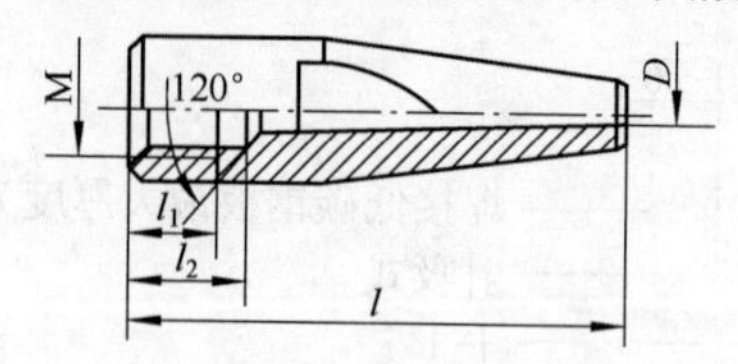

图 7-25　氧乙炔焰射吸式焊枪的焊嘴

表 7-14 氧乙炔焰射吸式焊枪的焊嘴规格

规格 型号	D					M	l	l_1	l_2
	1#	2#	3#	4#	5#				
H01-2	0.5	0.6	0.7	0.8	0.9	M6×1	≥25	4	6
H01-6	0.9	1.0	1.1	1.2	1.3	M8×1	≥40	7	9
H01-12	1.4	1.6	1.8	2.0	2.2	M10×1.25	≥45	7.5	10
H01-20	2.4	2.6	2.8	3.0	3.2	M10×1.25	≥50	9.5	12

3. 射吸式焊枪技术参数

射吸式焊枪技术参数见表 7-15。

表 7-15 射吸式焊枪技术参数

技术参数 型号①	焊嘴号码	焊嘴孔径/mm	焊接低碳钢板最大厚度/mm	气体压力/MPa		气体消耗量/（m^3/h）		焰心长度②/mm	焊枪总长度/mm
				氧气	乙炔	氧气	乙炔		
H01-2	1	0.5	0.5～2	0.1	0.001～0.10	0.033	0.04	≥3	300
	2	0.6		0.125		0.046	0.05	≥4	
	3	0.7		0.15		0.065	0.08	≥5	
	4	0.8		0.175		0.10	0.12	≥6	
	5	0.9		0.2		0.15	0.17	≥8	
H01-6	1	0.9	2～6	0.2		0.15	0.17	≥8	400
	2	1.0		0.25		0.20	0.24	≥10	
	3	1.1		0.3		0.24	0.28	≥11	
H01-6	4	1.2	2～6	0.35	0.001～0.10	0.28	0.33	≥12	400
	5	1.3		0.4		0.37	0.43	≥13	
H01-12	1	1.4	6～12	0.4		0.37	0.43	≥13	500
	2	1.6		0.45		0.49	0.58	≥15	
	3	1.8		0.5		0.65	0.78	≥17	
	4	2.0		0.6		0.86	1.05	≥18	
	5	2.2		0.7		1.10	1.21	≥19	

续表 7-15

型号 \ 技术参数	焊嘴号码	焊嘴孔径/mm	焊接低碳钢板最大厚度/mm	气体压力/MPa		气体消耗量/（m^3/h）		焰心长度②/mm	焊枪总长度/mm
				氧气	乙炔	氧气	乙炔		
H01-20	1	2.4	12～20	0.6		1.25	1.50	≥20	600
	2	2.6		0.65		1.45	1.70	≥21	
	3	2.8		0.7		1.65	2.0	≥21	
	4	3.0		0.75		1.95	2.3	≥21	
	5	3.2		0.8		2.25	2.6	≥21	

注：①表示焊（Han）的第一个字母；0 表示手工；1 表示射吸；2、6、12、20 分别表示焊接低碳钢最大厚度为 2mm、6mm、12mm 和 20mm。

②是指氧气压力符合本表，乙炔压力为 0.006～0.008MPa 时的数据。

4. 射吸式焊枪的正确使用

①根据焊件的厚度，按表 7-15 推荐的数据，选择适当的焊枪和焊嘴。更换焊嘴一定要用扳手拧紧，防止漏气。

②检查焊枪的射吸能力是否正常，先将黑色的氧气管接在焊枪下方的氧气管接头上（暂不接乙炔管），打开氧气瓶阀，调节减压器螺钉，向焊枪输送氧气，然后打开乙炔调节阀和氧气调节阀。当氧气从焊嘴流出时，用手指按在乙炔进气管接头处，若手指感到有足够的吸力，则表明焊枪射吸能力正常，否则，焊枪不能工作，需要修理。

③确定焊枪射吸能力正常后，可将红色的乙炔管接在乙炔接头上。再用管卡将红、黑两个管接头夹紧，使焊枪处于可用状态。

④使用时，先打开乙炔瓶阀，按照表 7-15 调节氧气和乙炔的压力，然后关闭焊枪上氧气和乙炔调节阀，用肥皂水检查各接口处和焊嘴是否漏气。若漏气，需经修复后才能使用。

⑤点火时，先微开氧气调节阀，然后打开乙炔调节阀，用点火枪点火。点燃之后再调节火焰的形状和大小，直至达到所需的火焰为止。

⑥不得将正在燃烧的焊枪随意放在焊件或地面上。

⑦使用过程中若发生回火，应迅速关闭乙炔调节阀，同时关闭氧气调节阀。待回火熄灭，打开氧气调节阀，吹除残留在焊枪内的余烟，并将焊枪前部放到水中冷却。

⑧停止使用时，应先关闭乙炔调节阀，再关闭氧气调节阀。

⑨焊枪各部分及内部通路都禁止用油擦拭，且不允许沾染油污，保持干爽状态。

⑩工作结束时，将氧气瓶阀和乙炔瓶阀关闭，并放掉余气，使所有压力表指回“0”。将软管盘好，悬挂在固定的地方。

⑪焊嘴被堵塞时，要用通针清理，禁止在工件上摩擦。

5. 射吸式焊枪常见故障及排除方法

射吸式焊枪常见故障及排除方法见表 7-16。

表 7-16　射吸式焊枪常见故障及排除方法

常见故障	故障原因	排除方法
气阀处漏气	1. 压紧螺母松动； 2. 垫圈损坏	1. 拧紧螺母； 2. 更换垫圈
射吸能力小	1. 调节氧气流的射流针尖灰分太厚； 2. 射流针尖弯曲； 3. 射流针尖与射流孔不同轴	1. 消除灰分； 2. 调直射流针尖； 3. 更换射流针尖
无射吸能力	1. 射吸管孔处有杂质； 2. 焊嘴堵塞	1. 清除射吸管孔处杂质； 2. 清理焊嘴
氧气逆流至乙炔管道	射流针与射流孔座零件松动漏气	更换损坏零件
使用时间过长，火焰发出“啪、啪”响声，并连续熄火	1. 焊嘴松动； 2. 焊嘴、混合管温度高； 3. 射吸管内壁吸附杂质太厚	1. 拧紧焊嘴； 2. 焊嘴或混合管降温； 3. 清除吸附杂质

7.4.3　等压式焊枪

1. 等压式焊枪的组成

等压式焊枪是氧气与可燃气体压力相等，混合室出口压力低于氧气及燃气压力的焊枪，其组成如图 7-26 所示。压力相等或相近的氧气、乙炔同时进入混合室，工作时可燃气体流量保持稳定，火焰燃烧也稳定，并且不易回火，但它仅适用于中压乙炔。

2. 等压式焊枪技术参数

等压式焊枪技术参数见表 7-17。

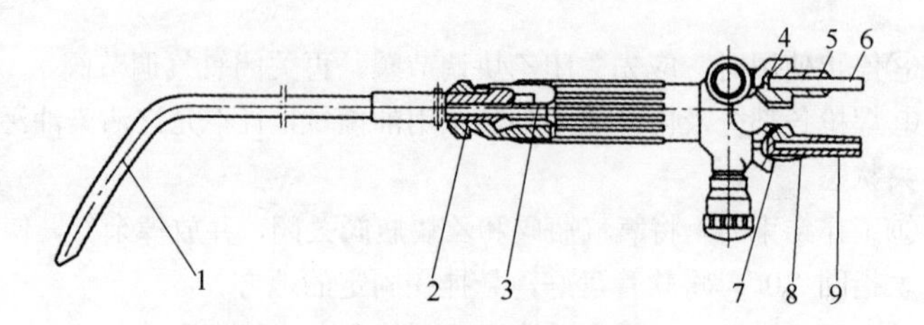

图 7-26　等压式焊枪的组成

1. 焊嘴；2. 混合管螺母；3. 混合管接头；4. 氧气螺母；5. 氧气接头螺纹；6. 氧气软管接头；7. 乙炔螺母；8. 乙炔接头螺纹；9. 乙炔软管接头

表 7-17　等压式焊枪技术参数

技术参数 / 型号	焊嘴号码	焊嘴孔径 /mm	焊接低碳钢最大厚度/mm	气体压力/MPa		焰心长度（最小值）/mm	焊枪总长度/mm
				氧气	乙炔		
H02-12	1	0.6	0.5～12	0.2	0.02	4	500
	2	1.0		0.25	0.03	11	
	3	1.4		0.3	0.04	13	
	4	1.8		0.35	0.05	17	
	5	2.2		0.4	0.06	20	
H02-20	1	0.6	0.5～20	0.2	0.02	4	600
	2	1.0		0.25	0.03	11	
	3	1.4		0.3	0.04	13	
	4	1.8		0.35	0.05	17	
	5	2.0		0.4	0.06	20	
	6	2.6		0.5	0.07	21	
	7	3.0		0.6	0.08	21	

注：H 表示焊（Han）的第一个字母；0 表示手工；2 表示等压式；12、20 表示焊接低碳钢最大厚度为 12mm、20mm。

7.4.4　新型焊枪

1. 新型焊枪的外形结构

图 7-27 所示为几种新型焊枪的外形结构，其中有些是国外型号，在市场上均有出售。

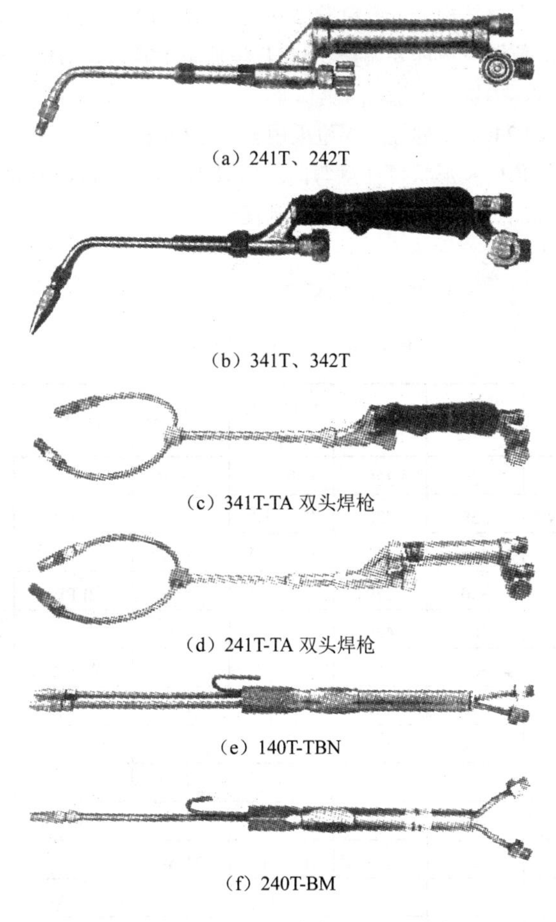

(a) 241T、242T

(b) 341T、342T

(c) 341T-TA 双头焊枪

(d) 241T-TA 双头焊枪

(e) 140T-TBN

(f) 240T-BM

图 7-27 几种新型焊枪的外形结构

241T 和 242T 型焊枪整体采用优质黄铜制造，241T-TA 型为双头焊枪，双头焊嘴的相对位置可按需要调整。241T 型适用于氧气、乙炔；241TN 型适用于氧气、丙烷、丙烯气体。此类焊枪也可使用 H01-6 焊嘴。

341T 和 342T 型焊枪也是整体采用优质黄铜制造，铝合金或胶木握把，螺旋式混合结构，可避免发生回火。341T-TA 型为双头焊枪，双头焊嘴的相对位置可按需要调整。341T 型适用于氧气、乙炔；341TN 型适用于氧气、丙烷、丙烯。

140T 和 240T 系列轻型焊枪采用轻型结构设计，根据不同的作业需求，紫铜管角度及形状可任意弯曲。140T 为双头焊枪，最适于管子钎焊时的对称加热，且可将焊嘴调整到任何位置。

2. 新型焊枪技术参数

新型焊枪技术参数见表 7-18。

表 7-18　新型焊枪技术参数

技术参数 / 型号	长度/mm	质量/g	焊接厚度/mm	乙炔焊嘴	丙烷焊嘴	适用气体
240T-TBA	350	320	0.5～1.5	240W	—	氧气、乙炔
240T-TBN	350	320	0.5～1.5	—	2LPW	氧气、丙烷
240T-BA	340	270	0.5～1.5	240W	—	氧气、乙炔
240T-BN	340	270	0.5～1.5	—	2LPW	氧气、丙烷
241T	368	460	0.5～3	241W	—	氧气、乙炔
241TN	368	460	0.5～3	—	LPW(000-2)	氧气、丙烷
242T	418	475	1～8	242W	—	氧气、乙炔
242TN	418	475	1～8	—	LPW（00-7）	氧气、丙烷
341T	358	443	2～4.5	241W	—	氧气、乙炔
341TN	358	443	2～6	—	LPW（1-5）	氧气、丙烷
342T	418	455	4.5～12	241W	—	氧气、乙炔
342TN	418	455	6～12	—	LPW（5-9）	氧气、丙烷
140T-TAA	450	350	0.5～2	240W	140TA-A	氧气、乙炔
140T-TAN	450	350	0.5～2	2LPW	140TA-N	氧气、丙烷
140T-TBA	420	330	0.5～2	240W	140TB-A	氧气、乙炔
140T-TBN	420	330	0.5～2	2LPW	140TB-N	氧气、丙烷
140T-BA	370	305	0.5～2	240W	140TC-A	氧气、乙炔
140T-BN	370	305	0.5～2	2LPW	140TC-N	氧气、丙烷

7.5 气焊设备的正确使用

7.5.1 焊枪的正确使用

1. 焊枪的使用方法

①根据焊件的厚度选用合适的焊枪及焊嘴，并将其组装好。焊枪的氧气管接头必须与氧气胶管接牢，乙炔管接头与乙炔胶管应避免连接太紧，以不漏气并容易插拔为准。

②射吸式焊枪的使用及使用注意事项见7.4.2节所述。

③焊枪检查合格后才能点火。点火后应随即调整火焰的大小和形状，随后进行焊接。

2. 使用注意事项

焊枪是产生高温火焰的工具，必须正确使用。如果使用不当，轻者损坏焊枪，重者造成人身伤亡事故。因此，使用焊枪时应注意以下事项。

①严禁将焊枪与油脂接触，不能戴沾有油脂的手套点火，防止烧伤。

②焊嘴被飞溅物堵塞时，应将焊嘴卸下，用通针从焊嘴里面加以疏通。

③当发生回火时，应迅速关闭氧气和乙炔阀门。

④焊枪不得受压和随便乱放，使用完毕或暂停使用时，要放到合适的地方或将其悬挂起来。

⑤使用等压式焊枪时应要求提高乙炔压力。

3. 焊枪的常见故障及排除方法

（1）阀门漏气 无论是乙炔阀门还是氧气阀门，都不允许漏气。出现漏气时，应拆下调节阀手轮，再拧下压紧螺母，取下压环和密封胶圈，更换新的密封胶圈，装上压环，拧上压紧螺母，再装上手轮即可使用。焊枪气阀的分解如图7-28所示。

（2）焊嘴孔径扩大或成椭圆形 出现这种现象已经影响焊枪的使用。孔径变大后，焊枪不能调出小火，因为火焰调小后，气流的流速减小而导致回火。因此，该故障必须及时处理。

如果有备用的新焊嘴，更换新焊嘴即可；如果没有新焊嘴，且急于使用焊枪，可以自行修复。焊嘴修复如图 7-29 所示，卸下焊嘴，将其置于木墩上，出口朝上，用小锤轻轻敲打，使孔径缩小。然后用钻头按要求钻孔，可在短期继续使用。

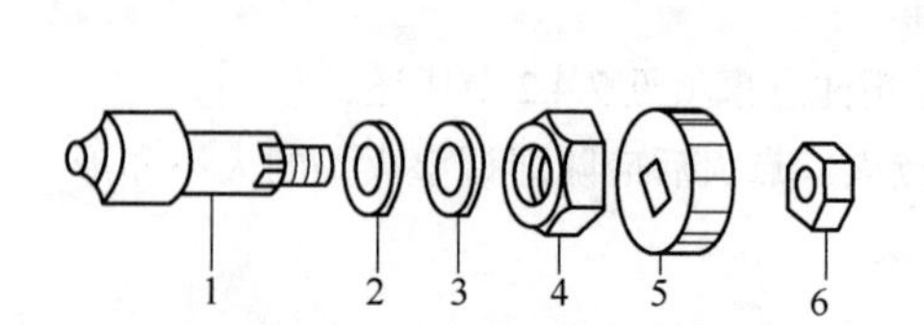

图 7-28　焊枪气阀的分解

1. 阀杆；2. 密封胶圈；3. 压环；4. 压紧螺母；5. 开关手轮；6. 紧固螺母

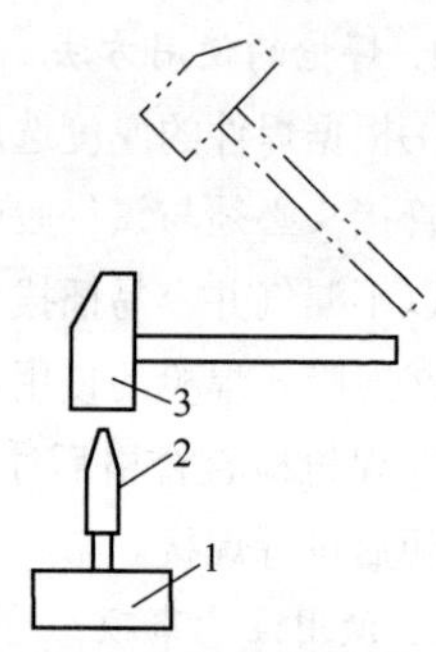

图 7-29　焊嘴修复

1. 木墩；2. 焊嘴；3. 小锤

（3）焊枪发热　焊枪发热一般是使用时间过长所致，应暂时灭火，待冷却后再用；也可将焊枪插入冷水中进行冷却，取出后再点火使用。

（4）火焰不能调大　该故障现象是火焰点燃后，无论怎样调整，火焰都不能调大。

首先要检查气瓶是否有气，如果气瓶有足够的气压，其故障出于焊枪，即乙炔开关。将乙炔开关拆开（图 7-28），拧下手轮的紧固螺母 6，摘下开关手轮 5，拧下压紧螺母 4，沿逆时针方向旋转阀杆，取下压环 3 和密封胶圈 2，旋下阀杆 1 之后，将焊嘴也卸下，用氧气分别从乙炔接口和焊嘴吹除气路中的杂物，并将阀杆上的杂物也清除干净，然后将各件装回原位，顺序是拧上阀杆 1→装上密封胶圈 2 和压环 3→拧上压紧螺母 4→装上开关手轮 5→拧上紧固螺母 6，即安装完毕。应注意必须拧紧压紧螺母 4 和紧固螺母 6。

（5）工作中火焰不正常或有灭火现象　应检查是否漏气或管路是否

堵塞。大多数情况下，发生灭火现象是因为乙炔的压力过小或乙炔通路有水或有空气等。

检查管路漏气应先关闭焊枪，然后用肥皂水在管路上涂刷，观察有无气泡产生，如果不漏气，气路压力也不小，应将乙炔管拔下，管子的一头通入压缩空气，另一头开放，将管中的脏物吹除；再将管子插好点火试验，如果火焰仍然不正常可能是焊枪问题，按“（4）火焰不能调大”修理漏气。

（6）焊嘴漏气 焊嘴漏气一定出现在螺纹处，其处理方法只有一个，即将焊嘴卸下，在焊嘴螺纹的根部缠一圈石棉绳，再将焊嘴拧上。

7.5.2 气焊设备的连接

1. 氧气瓶、氧气减压器、氧气胶管和焊枪的连接

使用氧气瓶前，应稍打开瓶阀，吹去瓶阀上黏附的细屑或脏物后立即关闭。开起瓶阀时，操作者应站在瓶阀气体喷出方向的侧面并缓慢开起，避免氧气流朝向人体，以及易燃气体或火源喷出。

在使用氧气减压器前，调压螺钉应向外旋出，使减压器处于非工作状态。将氧气减压器拧在氧气瓶阀上（拧足五个螺扣以上），再把氧气胶管的一端接牢在减压器出气口，另一端接牢在焊枪的氧气接头上。

使用 QD-1 型减压器时，沿顺时针方向旋拧调节螺钉时，可顶开减压活门，高压氧气便从缝隙中流入低压室。氧气在低压室内发生膨胀而降低压力，即减压作用。

在使用过程中，如果气体输送量减少，即低压室压力增高，通过薄膜片压缩调至弹簧，带到减压活门向下移动，使开启程度逐渐减小；反之，减压活门的开启程度就会逐渐增大。当氧气瓶内的氧气压力逐渐下降时，在高压室中促使减压活门关闭的作用力也就逐渐减小，即减压活门的开启程度逐渐增大，结果仍能保证低压室内氧气的工作压力稳定，这就是减压器的稳定作用。

2. 溶解乙炔瓶、乙炔减压器、乙炔胶管和焊枪的连接

使用前，乙炔气瓶必须直立放置 20min 以上，严禁在地面上卧放。将乙炔减压器上的调压螺钉松开，使减压器处于非工作状态；将夹环上

的紧固螺钉松开，将乙炔减压器上的连接管对准乙炔气瓶的进出口并夹紧，再将乙炔胶管的一端与乙炔减压器上的出气管接牢，另一端与焊枪上的乙炔接头相接。

7.5.3 氧乙炔焊枪的正确使用

1. 采用乙炔瓶进行氧乙炔焊接的正确方法

①将焊枪上的氧气阀门和乙炔阀门沿顺时针方向旋转关好。

②沿逆时针方向旋转打开气瓶阀门，减压器的高压表由压力表指示，沿顺时针方向旋转调压螺钉到适当指示值。

③打开乙炔瓶阀门，沿逆时针方向旋转 3/4 圈（用专用套筒）。减压器高压表有压力指示后，再沿顺时针方向旋转调节螺钉到适当的指示值。

④先沿逆时针方向旋转焊枪上的氧气阀门，然后沿逆时针方向旋转焊枪上的乙炔阀门，放出胶管中的混合气体（与空气混合），点燃火焰，随即调节火焰能率及火焰的种类。

⑤停止焊接时，先关闭乙炔阀门，火焰熄灭后立即关闭氧气阀门。

⑥结束焊接时应关闭氧气瓶阀门和乙炔阀门，打开焊枪上的气阀，放出胶管内的剩余气体，减压器压力表上的指针回到“0”位，旋松调压螺钉，关闭焊枪的气阀。

2. 采用乙炔发生器进行氧乙炔焊接的正确方法

①氧气输入到焊枪接管上的方法同上。

②乙炔发生器在焊枪使用前必须装够规定的水量（以移动式中压乙炔发生器为例，在灌入清水时，应旋开乙炔发生器回火保险器上的溢水阀，见水溢出即关闭）。每班应补充或换水，保证发气室内冷却良好。

③乙炔胶管的一端与回火保险器的出口接牢，另一端与焊枪上的乙炔接头相接。

④电石装入乙炔发生器后并关好入口，使电石与水发生反应产生乙炔，此时乙炔已通到焊枪上。

⑤结束焊枪应使电石与水彻底脱离。

7.5.4 气焊设备供气管路布置

氧气、乙炔或液化石油气用量比较集中的场所可连接三瓶以上的气瓶，由汇流排导出（单个液化石油气瓶应在出口处加装减压器），或由乙炔站集中向车间供气。氧气瓶汇流排供气管路布置如图 7-30 所示，溶解乙炔瓶汇流排供气管路布置如图 7-31 所示，乙炔站集中供气管路布置如图 7-32 所示，液化石油气瓶集中供气管路布置如图 7-33 所示。

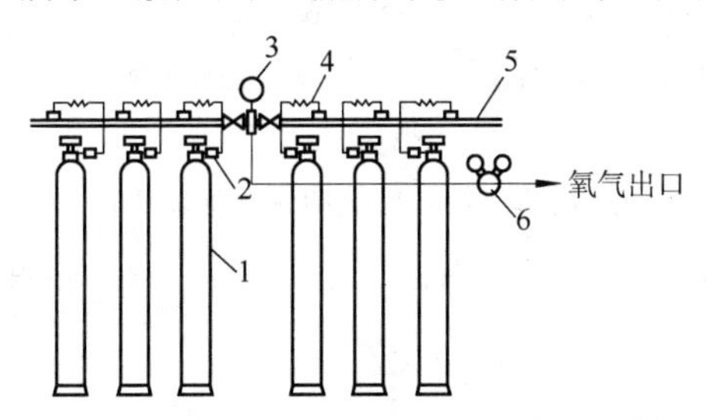

图 7-30 氧气瓶汇流排供气管路布置

1. 氧气瓶；2. 螺母；3. 高压压力表；4. 蛇形管；5. 氧气集气管；6. 集中减压器

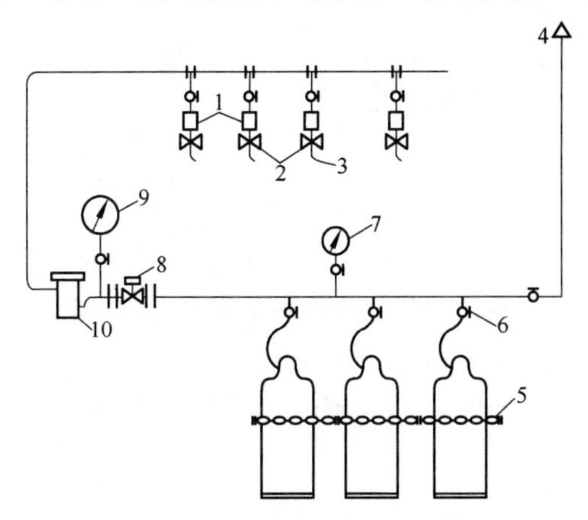

图 7-31 溶解乙炔瓶汇流排供气管路布置

1. 岗位回火保险器；2. 旋塞；3. 工作点乙炔出口；4. 乙炔放气管；5. 气瓶防护链；6. 气阀；7. 乙炔汇流管压力表；8. 减压器；9. 压力表（出口）；10. 中央回火保险器

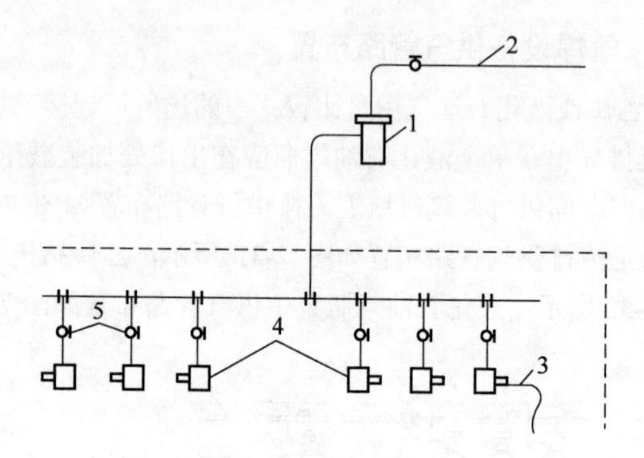

图 7-32　乙炔站集中供气管路布置

1. 中央回火保险器；2. 乙炔站供气管；3. 乙炔胶管；4. 岗位回火保险器；5. 气阀

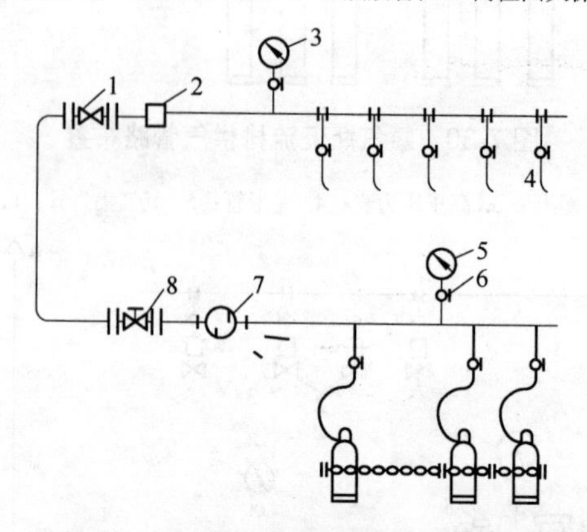

图 7-33　液化石油气瓶集中供气管路布置

1. 逆止阀；2. 回火保险器；3. 低压压力表；4. 工作点供气出口；
5. 压力表；6. 气阀；7. 滤清器；8. 减压器

8 切 割 设 备

8.1 手工气割设备

气割设备、工具与气焊所用设备基本相同，不同的仅是气割设备采用割炬而不是焊枪。割炬又称割枪或割把，是气割必不可少的工具。

割炬的作用是将可燃气体与氧气按一定的比例和方式混合后，形成具有一定热能和形状的预热火焰，并在预热火焰中心喷射氧气流进行切割。

割炬按可燃气体和氧气混合方式的不同分为射吸式和等压式两种，射吸式使用广泛；按可燃气体的不同分为氧乙炔割炬、氧丙烷割炬和液化石油气割炬；按用途的不同分为普通割炬、重型割炬和焊割两用炬。

8.1.1 氧乙炔割炬

1. 射吸式割炬

射吸式割炬采用固定射吸管，通过更换切割氧孔径大小不同的割嘴可以适应切割不同厚度工件的需要，割嘴可用组合式或整体式。

1）射吸式割炬的型号表示方法如下：

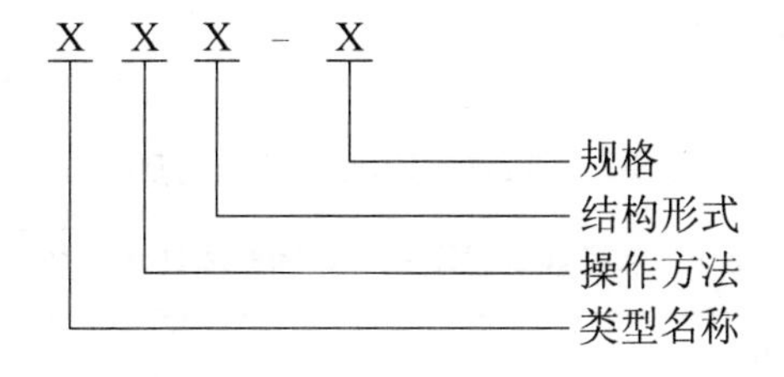

示例：

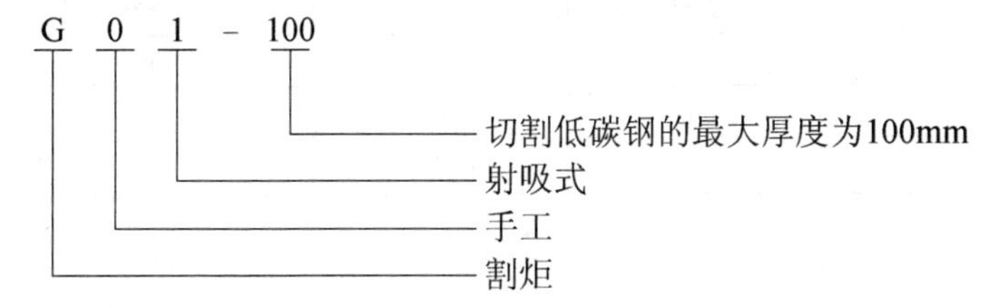

2）射吸式割炬的结构如图 8-1 所示。射吸式割炬适用于低压、中压乙炔气体。

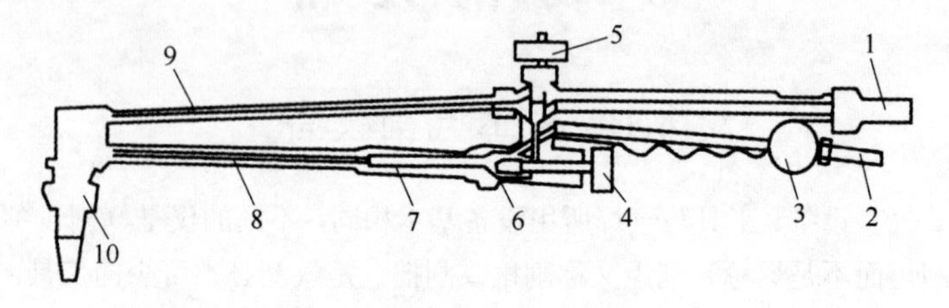

图 8-1　射吸式割炬的结构

1. 氧气进口；2. 乙炔进口；3. 乙炔阀门；4. 氧气阀；5. 高压氧气阀；6. 喷嘴；7. 射吸管；8. 混合气管；9. 高压氧气管；10. 割嘴

①氧乙炔焰射吸式割炬的割嘴如图 8-2 所示，其技术参数见表 8-1。

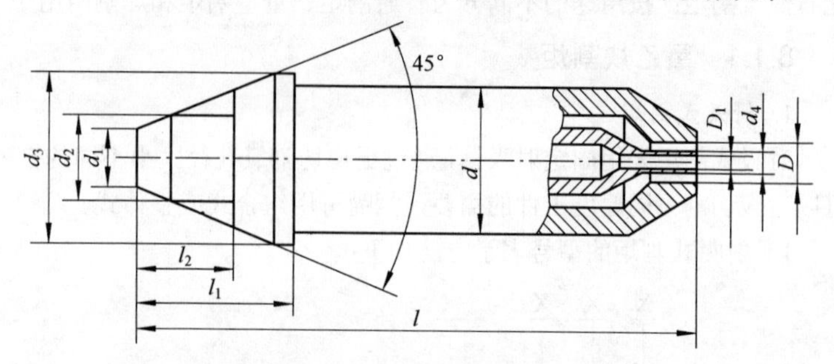

图 8-2　氧乙炔焰射吸式割炬的割嘴

表 8-1　氧乙炔焰射吸式割炬的割嘴技术参数　(mm)

技术参数＼型号	G01-30	G01-100	G01-300
l	≥55	≥65	≥75
l_1	16	18	19
l_2	10	11.5	12
d	$13_{-0.260}^{-0.150}$	$15_{-0.260}^{-0.150}$	$16.5_{-0.260}^{-0.150}$

续表 8-1

技术参数＼型号	G01-30			G01-100			G01-300			
d_1	4.5			5.5			5.5			
d_2	7			8			8			
d_3	16			18			19			
嘴号	1	2	3	1	2	3	1	2	3	4
D	2.9	3.1	3.3	3.5	3.7	4.1	4.5	5.0	5.5	6.0
D_1	0.7	0.9	1.1	1.0	1.3	1.6	1.8	2.2	2.6	3.0
d_4	2.4	2.6	2.8	2.8	3.0	3.3	3.8	4.2	4.5	5.0

②焊嘴和割嘴的截面形状如图 8-3 所示。

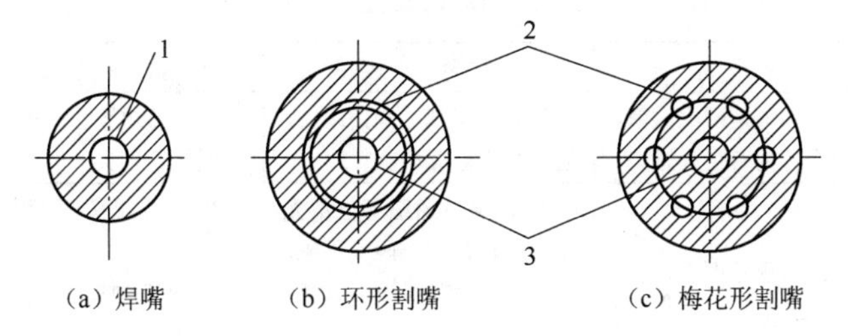

（a）焊嘴　（b）环形割嘴　（c）梅花形割嘴

图 8-3　焊嘴和割嘴的截面形状

1、2. 混合气体喷孔；3. 切割氧喷孔

3）常用射吸式割炬技术参数见表 8-2。

表 8-2　常用射吸式割炬技术参数

型号	嘴号	割嘴形式	切割低碳钢厚度/mm	切割氧孔径/mm	气体压力/MPa		气体消耗量/（L/min）	
					氧气	乙炔	氧气	乙炔
G01-30	1	环形	3～10	0.7	0.2	0.001～0.1	13.3	3.5
	2		10～20	0.9	0.25		23.3	4.0
	3		20～30	1.1	0.3		36.7	5.2
G01-100	1	梅花形	10～25	1.0	0.3		36.7～45	5.8～6.7
	2		25～50	1.3	0.4		58.2～71.7	7.7～8.3
	3		50～100	1.6	0.5		91.7～121.7	9.2～10

续表 8-2

型号	嘴号	割嘴形式	切割低碳钢厚度/mm	切割氧孔径/mm	气体压力/MPa		气体消耗量/（L/min）	
					氧气	乙炔	氧气	乙炔
G01-300	1	梅花形	100～150	1.8	0.5	0.001～0.1	150～180	11.3～13
	2		150～200	2.2	0.65		183～233	13.3～18.3
	3	环形	200～250	2.6	0.8		242～300	19.2～20
	4		250～300	3.0	1.0		167～433	20.8～26.7

注：型号中 G 表示割炬，0 表示手工，1 表示射吸式，后缀数字表示气割低碳钢的最大厚度/mm。

4）射吸式割炬的常见故障及排除方法见表 8-3。

表 8-3　射吸式割炬的常见故障及排除方法

故 障 现 象	故 障 原 因	排 除 方 法
火焰弱，放炮回火频繁，有时混合管内有余火燃烧	乙炔管阻塞，阀门漏气，各部位有轻微磨损	清洗乙炔导管及阀门，研磨漏气管部位
放炮回火现象严重，清洗不见效，割嘴拢不住火，切割氧气流偏斜、无力	1. 割嘴各通道部位不光滑、不清洁，有阻塞现象； 2. 环形割嘴外套和内嘴不同轴； 3. 射吸部位及割嘴磨损严重	1. 清洗或修理割嘴； 2. 调整割嘴外套及内嘴使之同心； 3. 彻底清洗、修整磨损部位
点火后火焰渐渐变弱，放炮回火，割嘴发出异样声并伴有回火现象	1. 乙炔供给不足（如接近用完，乙炔阀门开得太小，乙炔胶管不通畅等）； 2. 割嘴各部位安装不严，射吸部位有轻微的阻塞现象	1. 针对具体情况解决乙炔供给不足问题； 2. 拧紧割嘴松动部位，用通针清理射吸管及管外的喇叭形入口处

2. 等压式割炬

等压式割炬的乙炔、预热氧、切割氧分别通过单独的管路进入割嘴，预热氧和乙炔在割嘴内混合产生预热火焰。等压式割炬适用于中压乙炔气体，火焰稳定且不易回火。

①G02-100 型等压式割炬的结构如图 8-4 所示，G02-300 型等压式

割炬的结构如图 8-5 所示。

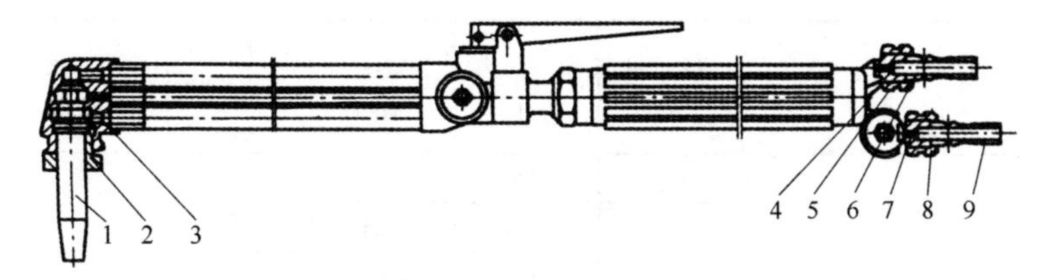

图 8-4　G02-100 型等压式割炬的结构

1. 割嘴；2. 割嘴螺母；3. 割嘴接头；4. 氧气接头螺纹；5. 氧气螺母；6. 氧气软管接头；7. 乙炔接头螺纹；8. 乙炔螺母；9. 乙炔软管接头

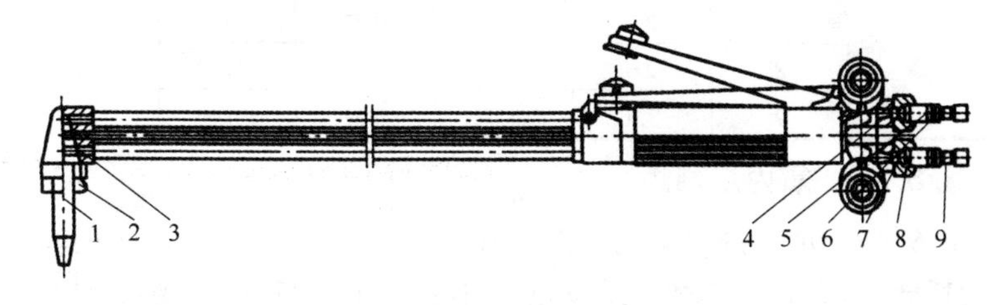

图 8-5　G02-300 型等压式割炬的结构

1. 割嘴；2. 割嘴螺母；3. 割嘴接头；4. 氧气接头螺纹；5. 氧气螺母；6. 氧气软管接头；7. 乙炔接头螺纹；8. 乙炔螺母；9. 乙炔软管接头

②常用等压式割炬和技术参数（JB/T 7947—1999）见表 8-4。

表 8-4　常用等压式割炬技术参数（JB/T 7947—1999）

型号	嘴号	切割氧孔径/mm	氧气压力/MPa	乙炔压力/MPa	可见切割氧流长度/mm	割炬总长度/mm
G02-100	1	0.7	0.2	0.04	≥60	550
	2	0.9	0.25	0.04	≥70	
	3	1.1	0.3	0.05	≥80	
	4	1.3	0.4	0.05	≥90	
	5	1.6	0.5	0.06	≥100	

续表 8-4

型号	嘴号	切割氧孔径/mm	氧气压力/MPa	乙炔压力/MPa	可见切割氧流长度/mm	割炬总长度/mm
G02-300	1	0.7	0.2	0.04	≥60	650
	2	0.9	0.25	0.04	≥70	
	3	1.1	0.3	0.05	≥80	
	4	1.3	0.4	0.05	≥90	
	5	1.6	0.5	0.06	≥100	
	6	1.8	0.5	0.06	≥110	
	7	2.2	0.65	0.07	≥130	
	8	2.6	0.8	0.08	≥150	
	9	3.0	1.0	0.09	≥170	

8.1.2　氧丙烷割炬

氧丙烷切割与氧乙炔切割相比，前者预热氧多消耗一倍，而切割氧消耗量两者是相同的，但是在切割时预热氧消耗量与切割氧消耗量相比要少得多，几乎可以忽略。氧丙烷割炬技术参数见表 8-5。

表 8-5　氧丙烷割炬技术参数

技术参数 \ 型号	G07-100	G07-300
嘴号	1～3	1～4
割嘴孔径/mm	1～1.3	2.4～3.0
可换割嘴个数	3	4
氧气压力/MPa	0.7	1.0
丙烷压力/MPa	0.03～0.05	0.03～0.05
切割厚度/mm	≤100	≤300

8.1.3　液化石油气割炬

由于液化石油气与乙炔的燃烧特性不同，因此不能直接使用乙炔射吸式割炬，需要对其进行改造，应配用液化石油气专用割嘴。

Q01-100 型乙炔割炬改变的主要部位和尺寸：喷嘴孔径为 1mm，射吸管直径为 2.8mm，燃料气接头孔径为 1mm。

等压式割炬不改造也可使用，但要配用专用割嘴。液化石油气割炬除可以自行改造外，某些焊割工具厂也已经开始生产专供液化石油气用的割炬，如 C07-100 型割炬就是专供液化石油气切割用的割炬。

由于丙烷和天然气与液化石油气的性质及特点很接近，因此液化石油气割炬也可以用于丙烷切割和天然气切割。

8.1.4　焊割两用炬

焊割两用炬即在同一炬体上装上气焊用附件可进行气焊，装上气割用附件可进行气割的两用工具。在一般情况下装成割炬形式，当需要气焊时，只需拆换下气管及割嘴，并关闭高压氧气阀即可。常用焊割两用炬技术参数见表 8-6。

表 8-6　常用焊割两用炬技术参数

<table>
<tr><th colspan="2" rowspan="2">型　　号</th><th rowspan="2">焊(割)嘴号</th><th rowspan="2">焊（割）嘴孔径/mm</th><th rowspan="2">焊接（切割）低碳钢厚度/mm</th><th colspan="2">气体压力/MPa</th><th rowspan="2">焰芯（可见切割氧流）长度/mm</th><th rowspan="2">焊割炬总长度/mm</th></tr>
<tr><th>氧气</th><th>乙炔</th></tr>
<tr><td rowspan="6">HG02-12/100</td><td rowspan="3">焊</td><td>1</td><td>0.6</td><td rowspan="3">0.5～12</td><td>0.2</td><td>0.02</td><td>≥4</td><td rowspan="6">550</td></tr>
<tr><td>3</td><td>1.4</td><td>0.3</td><td>0.04</td><td>≥13</td></tr>
<tr><td>5</td><td>2.2</td><td>0.4</td><td>0.06</td><td>≥20</td></tr>
<tr><td rowspan="3">割</td><td>1</td><td>0.7</td><td rowspan="3">3～100</td><td>0.2</td><td>0.04</td><td>≥60</td></tr>
<tr><td>3</td><td>1.1</td><td>0.3</td><td>0.05</td><td>≥80</td></tr>
<tr><td>5</td><td>1.6</td><td>0.5</td><td>0.06</td><td>≥100</td></tr>
<tr><td rowspan="9">HG02-20/200</td><td rowspan="4">焊</td><td>1</td><td>0.6</td><td rowspan="4">0.5～20</td><td>0.2</td><td>0.02</td><td>≥4</td><td rowspan="9">600</td></tr>
<tr><td>3</td><td>1.4</td><td>0.3</td><td>0.04</td><td>≥13</td></tr>
<tr><td>5</td><td>2.2</td><td>0.4</td><td>0.06</td><td>≥20</td></tr>
<tr><td>7</td><td>3.0</td><td>0.6</td><td>0.08</td><td>≥21</td></tr>
<tr><td rowspan="5">割</td><td>1</td><td>0.7</td><td rowspan="5">3～200</td><td>0.2</td><td>0.04</td><td>≥60</td></tr>
<tr><td>3</td><td>1.1</td><td>0.3</td><td>0.05</td><td>≥80</td></tr>
<tr><td>5</td><td>1.6</td><td>0.5</td><td>0.06</td><td>≥100</td></tr>
<tr><td>6</td><td>1.8</td><td>0.5</td><td>0.06</td><td>≥110</td></tr>
<tr><td>7</td><td>2.2</td><td>0.65</td><td>0.07</td><td>≥130</td></tr>
</table>

8.1.5　新型割炬

1. 外形结构

新型割炬的外形结构如图 8-6 所示。

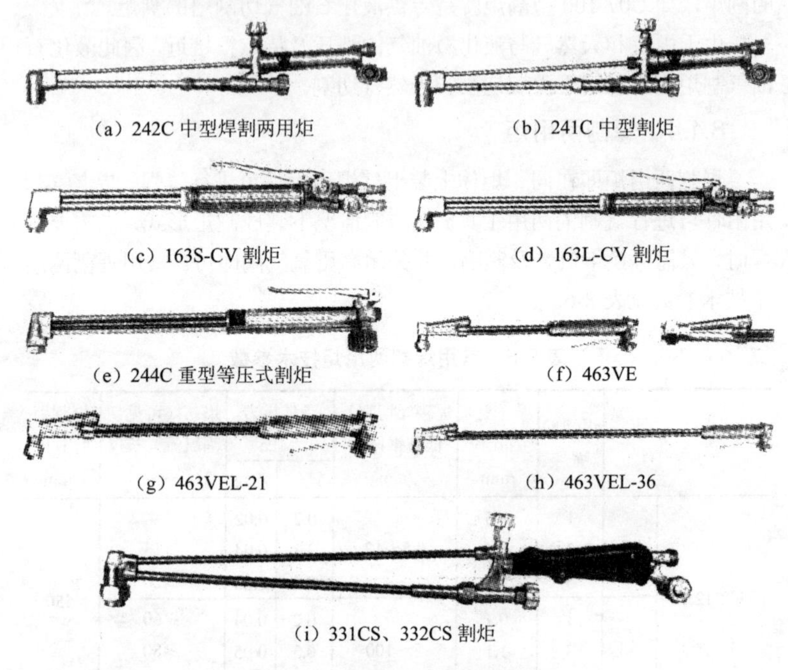

(a) 242C 中型焊割两用炬　(b) 241C 中型割炬

(c) 163S-CV 割炬　(d) 163L-CV 割炬

(e) 244C 重型等压式割炬　(f) 463VE

(g) 463VEL-21　(h) 463VEL-36

(i) 331CS、332CS 割炬

图 8-6　新型割炬的外形结构

2. 技术参数

①新型割炬技术参数见表 8-7。

表 8-7　新型割炬技术参数

型　号	长度/mm	质量/g	割炬头角度/（°）	可切割厚度/mm	乙炔割嘴	丙烷割嘴
242C	434	615	—	3～30	M1/M2/M3	—
242CN	434	615	—	3～30	—	LP1/LP2/LP3
241C	434	615	—	3～30	M1/M2/M3	—

续表 8-7

型　　号	长度/mm	质量/g	割炬头角度/（°）	可切割厚度/mm	乙炔割嘴	丙烷割嘴
241CN	434	615	—	3～30	—	LP1/LP2/LP3
163S-CV	432	1350	—	≤300	1-101	—
244C	465	940	—	6～250	302，308	301，307
331CS	423	685	—	3～20	30A2	—
331CSN	423	685	—	3～20	—	30N
332CS	533	745	—	10～100	100A	—
332CSN	533	745	—	10～100	—	100N
163L-CV	634	1480	—	≤300	1-101	GPN
463VE	450（18″）	1235	90	≤300	1-101	—
463VEL-21	530（21″）	1285	90	≤300	1-101	—

463 型割炬具有多种长度规格和三种割炬头形式可供选择，特别适合于中厚板切割及冶炼清渣等作业。表 8-8 为近年来采用的一些新型割嘴的外形结构和技术参数，但使用方法基本相同。

表 8-8　新型割嘴的外形结构和技术参数

结　构　图	型号	切割厚度/mm	氧气压力/MPa	丙烷压力/MPa	乙炔压力/MPa	备　　注
30A、100A 乙炔割嘴	30A-1	2～10	—	—	—	30A 适用于 331C 型割炬，100A 适用于 332C 型割炬；配合锥面角度 45°，适用于 G01-30、G01-100 型割炬。适用于乙炔气体
	30A-2	10～20	—	—	—	
	30A-3	20～30	—	—	—	
	100A-1	10～25	—	—	—	
	100A-2	25～50	—	—	—	
	100A-3	50～100	—	—	—	

续表 8-8

结构图	型号	切割厚度/mm	氧气压力/MPa	丙烷压力/MPa	乙炔压力/MPa	备注
30N、100N 丙烷割嘴	30N-1	2～10	—	—	—	30N 适用于 331CN 型割炬，100N 适用于 332CN 型割炬；配合锥面角度 45°，适用于 G01-30、G01-100 型割炬。适用于丙烷和天然气
	30N-2	10～20	—	—	—	
	30N-3	20～30	—	—	—	
	100N-1	10～25	—	—	—	
	100N-2	25～50	—	—	—	
	100N-3	50～100	—	—	—	
301 型等压式丙烷割嘴	301-00	<3	0.2	0.015	—	适用于氧气供气压力在 0.6MPa 以下；配合锥面角度 30°，适用于 G02 型割炬和机用割炬；适用于丙烷、丙烯和天然气
	301-0	3～6	0.3	0.015	—	
	301-1	6～13	0.35	0.015	—	
	301-2	13～25	0.35	0.015	—	
	301-3	25～40	0.35	0.015	—	
	301-4	40～75	0.45	0.02	—	
	301-5	75～100	0.5	0.02	—	
	301-6	100～200	0.55	0.03	—	
	301-7	200～250	0.55	0.035	—	
	301-8	250～300	0.55	0.04	—	
	301-9	300～350	0.7	0.04	—	
	301-10	350～400	0.7	0.04	—	
302 型等压式乙炔割嘴	302-00	<5	0.15	—	0.02	适用于氧气供气压力在 0.6MPa 以下，配合锥面角度 30°，适用于 G02 型割炬和机用割炬
	302-0	5～10	0.20	—	0.02	
	302-1	10～15	0.25	—	0.02	
	302-2	15～30	0.30	—	0.02	
	302-3	30～40	0.30	—	0.02	
	302-4	40～50	0.35	—	0.025	
	302-5	50～100	0.40	—	0.03	
	302-6	100～150	0.40	—	0.035	
	302-7	150～200	0.45	—	0.04	
	302-8	200～300	0.45	—	0.04	

续表 8-8

结构图	型号	切割厚度/mm	氧气压力/MPa	丙烷压力/MPa	乙炔压力/MPa	备注
M、A 型日本式乙炔焊割嘴	M1	3～10	—	—	—	M 型适用于日本式小型割炬 321C、241C、242C；A 型（表中未列）适用于日本式中大型割炬 322C
	M2	10～20	—	—	—	
	M3	20～30	—	—	—	
LP、AN 型日本式丙烷割嘴	LP1	3～10	—	—	—	LP 型适用于日本式小型割炬 32K、241C、242C；AN 型适用于日本式中大型割炬 322C
	LP2	10～20	—	—	—	
	LP3	20～30	—	—	—	
	AN1	3～15	—	—	—	
	AN2	15～40	—	—	—	
	AN3	40～80	—	—	—	
LPW 丙烷、天然气焊嘴	LPW-000	0.5	0.15	0.020	—	—
	LPW-00	1.0	0.15	0.020	—	
	LPW-0	1.5	0.20	0.020	—	
	LPW-1	2.0	0.20	0.020	—	
	LPW-2	3.0	0.25	0.025	—	
	LPW-3	4.0	0.25	0.025	—	
	LPW-4	5.0	0.25	0.025	—	
	LPW-5	6.0	0.25	0.025	—	
	LPW-6	7.0	0.30	0.025	—	
	LPW-7	8.0	0.30	0.025	—	
	LPW-8	10.0	0.35	0.030	—	
	LPW-9	12.0	0.35	0.030	—	
241W 乙炔焊嘴	25	0.5	0.15	—	0.015	—
	50	1.0	0.15	—	0.015	
	75	1.5	0.20	—	0.015	
	100	2.0	0.20	—	0.015	
	150	3.0	0.25	—	0.020	
	175	3.5	0.25	—	0.020	
	200	4.0	0.25	—	0.020	
	225	4.5	0.25	—	0.020	
	350	6.0	0.30	—	0.020	
	500	8.0	0.30	—	0.020	
	600	10.0	0.35	—	0.025	
	700	12.0	0.35	—	0.025	

表 8-8 所列的各种割嘴均采用优质黄铜制造，分别适用于氧乙炔切割、氧丙烷切割或天然气切割。

8.1.6　割炬的正确使用

割炬与焊枪的原理和使用方法基本相同，因此，除遵守焊枪的使用注意事项外，还应注意以下几点。

①由于割炬内通有高压氧气，使用之前要特别注意检查割炬各接头的密封性。

②切割时飞溅物较多，割炬的喷嘴很容易被堵塞，要经常用通针通孔，以免发生回火。

③在装、换割嘴时，必须保持内嘴与外嘴严格同心，保证切割氧流位于环形预热火焰中心。

④在水泥地面切割时，应将割件垫起并在下面放薄铁板或石棉板后才能切割，以防水泥地面受热崩裂，伤及人身。

⑤割炬不得受压和随意乱放，暂停使用或使用完毕时，要放在合适的地方或是悬挂起来。

8.1.7　割炬的常见故障及排除方法

除射吸式割炬以外，其他割炬常见故障及排除方法如下。

①阀门漏气。乙炔阀门和氧气阀门都不允许漏气，出现漏气时，应及时修理，修理方法可参考焊枪故障的排除。

②割嘴孔径变大或成椭圆形。割嘴的混合气喷孔一般不会出问题，主要是中心的切割氧喷孔孔径变大或成椭圆形，这会严重破坏风线（即切割氧气流的直径和流速），此时必须更换新喷嘴，否则，将浪费大量氧气并影响气割质量。

③割炬发热。割炬发热一般是使用时间过长所致，应暂时灭火，待冷却后再用。也可将割炬插入库冷水中进行冷却，取出后再点火使用。

④火焰不能调大。首先应检查气瓶是否有气，如果气瓶有足够的气压，则故障出于割炬，即乙炔开关。

处理方法：拆开乙炔开关→拧下手轮紧固螺母→摘下开关手轮→拧下压紧螺母→逆时针旋转阀杆取下压环→取下密封胶圈→旋下阀杆→

卸下割嘴→分别从乙炔接口和割嘴通入氧气吹除气路中的杂物，并清除阀杆上的杂物→将各部件装回原位。应注意必须拧紧压紧螺母和紧固螺母。

⑤工作中火焰不正常或有灭火现象。检查是否漏气或管路是否堵塞。在大多数情况下，灭火现象是因为乙炔气压过小或乙炔通路有水或有空气等。

检查管路漏气应关闭割炬，在管路上涂刷肥皂水，观察有无气泡产生。如果不漏气且乙炔气压足够，应将乙炔胶管拔下，一头通入压缩空气，另一头开放，将管中的脏物吹除。操作完毕后将胶管插好进行点火试验，若火焰还不正常，则可能是割炬问题，应将乙炔开关拆开，修理割炬。

⑥割嘴漏气。割嘴漏气与焊嘴漏气不同，一旦割嘴漏气，预热时中心孔就会喷出混合气，因而在切割时由于高压氧气流失而削弱了切割氧气流，会影响切割的质量和速度。处理方法只有更换新的割嘴。

8.2 机械气割设备

机械气割与手工气割相比，具有切割质量好、生产效率高、生产成本低和劳动强度低等优点。机械气割适用于机械制造、造船等行业。

机械气割设备除气割机、割炬不同外，其余与手工气割设备基本相同。机械气割机可分为移动式半自动气割机和固定式自动气割机两大类。移动式半自动气割机有手持式气割机、小车式气割机和仿形式气割机等。固定式自动气割机有直角坐标式气割机、光电跟踪气割机、数字程序控制气割机等。常用的气割机有 CG1-30 型小车式气割机和 CG2-150 型仿形式气割机。

8.2.1 气割机用割炬

1. 形式

按混合系统的通用形式不同分为射吸式割炬和等压式割炬两种。

2. 结构

①射吸式割炬的结构如图 8-7 所示。射吸式割炬与割嘴的接头如图 8-8 所示。

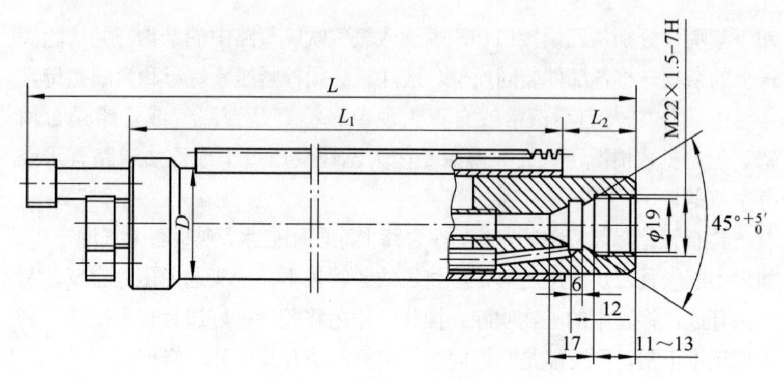

图 8-7　射吸式割炬的结构

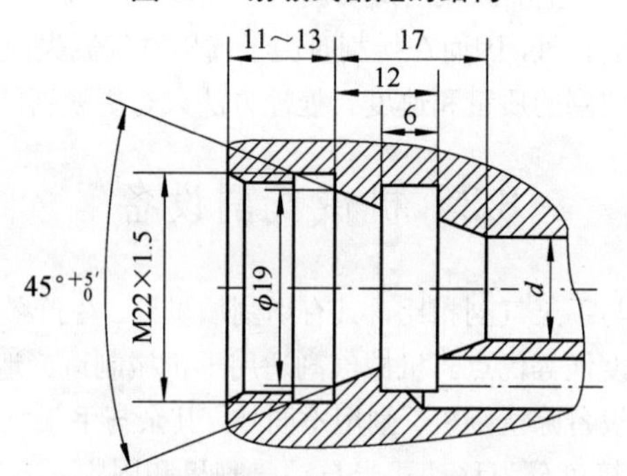

图 8-8　射吸式割炬与割嘴的接头

②等压式割炬的结构如图 8-9 所示。等压式割炬与割嘴的接头如图 8-10 所示。

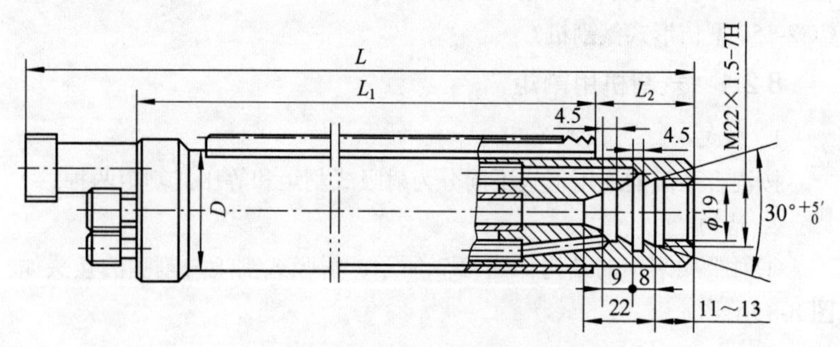

图 8-9　等压式割炬的结构

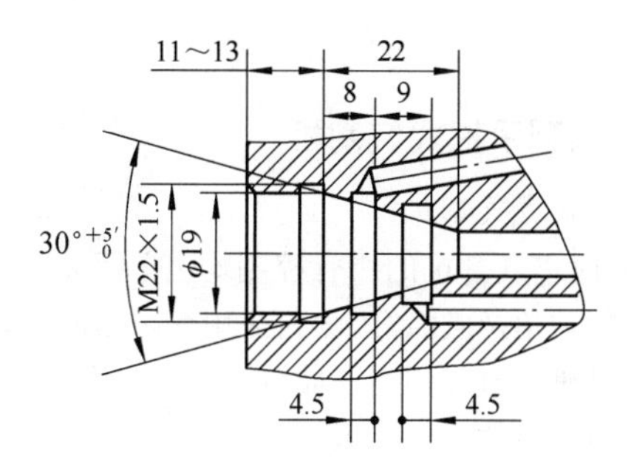

图 8-10 等压式割炬与割嘴的接头

3. 基本尺寸

①柱体直径 D 为 $28_{-0.13}^{\ 0}$ mm、$30_{-0.13}^{\ 0}$ mm、$32_{-0.16}^{\ 0}$ mm、$35_{-0.16}^{\ 0}$ mm。

②柱体长度 L 为 50mm、100mm、150mm、250mm、400mm。

③齿条模数 m 为 1.25，齿条宽 b 为 $8_{-0.13}^{\ 0}$ mm。

④如图 8-11 所示，齿条分度线到柱体中心线的距离 H 的计算公式为

$$H=\frac{D}{2}+2+h'' \tag{8-1}$$

式中：h''——齿根高（mm）。

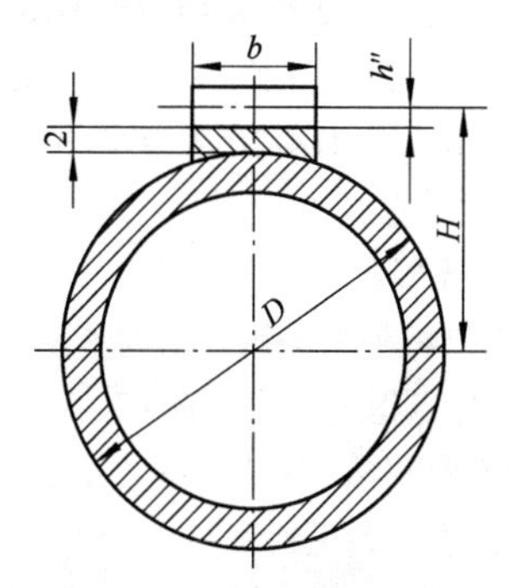

图 8-11 齿条分度线到柱体中心线的距离

⑤当割炬的柱体直径 D 等于 28mm 和 30mm 时，管接头为 M12×1.25；D 等于 32mm 和 35mm 时，管接头为 M16×1.5。需要螺纹联接的地方，应符合 GB/T 5107—2008《气焊设备 焊接、切割和相关工艺设

备用软管接头》的规定。

8.2.2 HK系列手提式气割机

1. HK-30 型手提式气割机

HK-30 型手提式气割机的所有控制均由单手完成，可手动控制切割各种不规则形状边角及圆弧等。该机采用变阻器调速系统，行走稳定。选用不同的附件可进行直线切割、坡口切割、圆周及圆弧切割。HK 系列手提式气割机技术参数见表 8-9。

表 8-9 HK 系列手提式气割机技术参数

<table>
<tr><th>型号</th><th>外形尺寸/（mm×mm×mm）</th><th>输入电压</th><th>切割钢板厚度/mm</th><th>切割速度/（mm/min）</th><th>切割圆直径/mm</th><th>备注</th></tr>
<tr><td>HK-30</td><td>455×400×225</td><td>AC 220V，50Hz</td><td>6～30</td><td>50～750</td><td>50～550</td><td></td></tr>
<tr><td>HK-30A</td><td>460×360×240</td><td rowspan="3">AC220V，50Hz</td><td rowspan="3">6～30</td><td>50～1000</td><td rowspan="3">50～550</td><td></td></tr>
<tr><td>HK-93</td><td>420×296×250</td><td>50～1000</td><td></td></tr>
<tr><td>HK-93-II</td><td>465×400×365</td><td>100～1000</td><td></td></tr>
</table>

2. HK-30A 型手提式气割机

HK-30A 型手提式气割机，大部分功能与 HK-30 型手提式气割机相同，不同之处在于切割氧带快速开关，操作更方便；行走速度更快，最高速度可达 1000mm/min，而 HK-30 型手提式气割机最高行走速度为 750mm/min。其技术参数见表 8-9。

3. HK-93 型手提式气割机

HK-93 型手提式气割机外形美观，结构紧凑，体积小，移动迅速灵活，采用变阻器调速，行走稳定。除具有 HK-30A 型手提式气割机的所有功能外，还善于急转弯操作。其技术参数见表 8-9。

4. HK-93-II 型端面手提式气割机

HK-93-II 型端面手提式气割机与 HK-93 型手提式气割机相比，主要特点是载有两组割炬，可同时对钢板端部上下两面 X 形坡口进行切割，一次成形；该机还配有气体预先设置开关，避免二次调整火焰的烦琐操作；采取彻底的防热措施，机器底部和侧面装有夹芯石棉隔热板；由于行走速度稳定，因此能切割出高品质的 X 形坡口。坡口角度为 0°～

45°，坡口宽度≤50mm。其技术参数见表8-9。

8.2.3　手持式半自动化气割机

手持式半自动化气割机在手用割炬上加装了电动匀走器和导向机构等附件，使气割实现了半自动化。该机既具备手用割炬轻便、灵活的特点，又能机动匀走和靠附件导向，因而可以气割出更高质量和较低成本的工件。

QGS-13A-1型手持式半自动化气割机能够在手工气割的环境中，在厚4～60mm的钢板上实现机动气割弧线、缓曲线、0°～45°坡口、内外圆坡口、圆的垂直割口，还能够气割ϕ100mm以上的管子和各种型材，是代替手用割炬的有效工具。

1. 结构

QGS-13A-1型手持式半自动化气割机如图8-12所示。

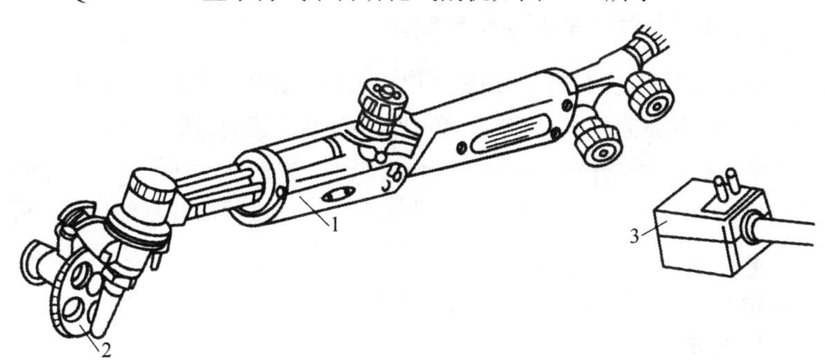

图8-12　QGS-13A-1型手持式半自动化气割机

1. 主体；2. 驱动附件；3. 交直流转换电源插头

2. 技术参数

常用手持式半自动化气割机技术参数见表8-10。

表8-10　常用手持式半自动化气割机技术参数

技术参数＼型号	QGS-13A-1	GCD2-150	CG-7	QG-30
电源电压/V	AC220或DC12	AC220	AC220或DC12，0.6A	AC220
氧气压力/kPa	200～300	—	300～500	—
乙炔压力/kPa	49～59	—	≥30	—

续表 8-10

切割板厚/mm	4～60	5～150	5～50	5～50
切割圆直径/mm	30～500	50～1200	65～1200	100～1000
切割速度 /（mm/min）	—	5～1000	78～850	0～760
外形尺寸/（mm×mm×mm）	—	430×120×210	480×105×145	410×250×160
质量/kg	2	9	4.3	6.5
备注		配有长 1m 导轨	配有长 0.6m 导轨	

3. 操作要点

工作时，气割机由电动装置驱动，而气割导向由操作者扶着手柄按画线操作。

8.2.4 小车式半自动化气割机

小车式半自动化气割机指采用电动机驱动装载割炬的小车，沿直线导轨运动。切割直线和坡口时，必须采用导轨；切割圆形件时，需将半径架装在机体上，并将定位针放入样冲眼中。根据圆形割件半径尺寸拧紧定位螺钉，同时抬高定位针，使靠近定位针的滚轮离开割件悬空，利用另一边的两个滚轮围绕定位针旋转进行气割。小车式半自动化气割机的调整方式分为电气调节和机械调节两大类。

1. 型号

小车式半自动化气割机的型号由五部分组成。

①第一部分，由小车式半自动化气割机名称中的“割”和“车”两字汉语拼音的第一个大写字母“G”和“C”组成。

②第二部分，为小车调速方式的“电”和“机”两字汉语拼音的第一个大写字母“D”和“J”。

③第三部分，阿拉伯数字“1”或“2”，分别为配备射吸式割炬或等压式割炬的代号。

④第四部分，用两位或三位阿拉伯数字表示最大气割厚度。

⑤第五部分，英文字母 A、B、C……表示改型代号。

示例：

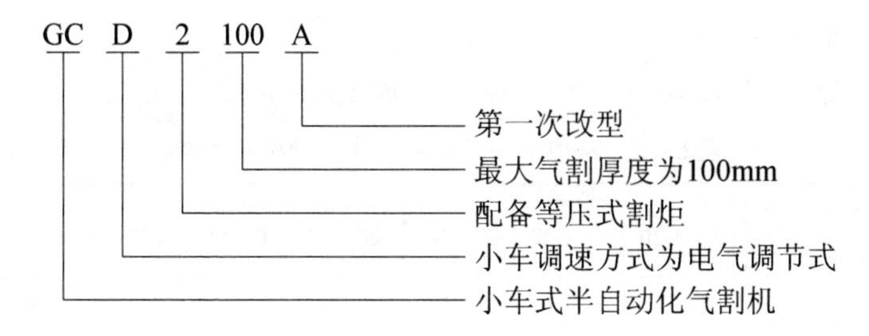

2. 结构

小车式半自动化气割机的结构如图 8-13 所示，它具有构造简单、质量小、可移动、小车行走速度（切割速度）可以无级调节、操作维护方便等优点，因此应用较广。其中 CG1-30 小车式半自动化气割机应用最为普遍。

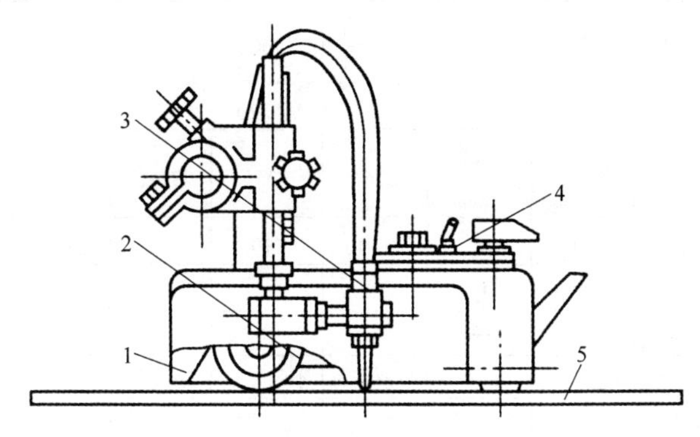

图 8-13 小车式半自动化气割机的结构

1. 主车体；2. 驱动系统；3. 割炬和气路系统；4. 控制系统；5. 导轨

割嘴规格与气割参数的关系见表 8-11。

表 8-11 割嘴规格与气割参数的关系

嘴号	气割厚度/mm	氧气压力/MPa	乙炔压力/MPa	气割速度/（mm/min）
1	5～20	0.25	0.020	500～600
2	20～40	0.25	0.025	400～500
3	40～60	0.30	0.040	300～400

3. 技术参数

常用小车式半自动化气割机技术参数见表 8-12。

表 8-12　常用小车式半自动化气割机技术参数

技术参数 \ 型号		CG1-30	CG1-18	CG1-100	CG1-100A	CG-Q2	GCD2-30	BGJ-150
切割厚度/mm		5～60	5～150	10～100	10～100	6～150	5～100	5～150
切割直径/mm		200～2000	500～2000	540～2700	50～1500	30～1500	—	＞150
切割速度/（mm/min）		50～750	505～1200	190～550	50～650	0～1000	50～750	0～1200
嘴号		1～3	1～5	1～3	1～3	—	0～3	1～5
割炬调节范围/mm	垂直	—	—	55	150	—	140	—
	水平	—	—	150	200	400	250	—
电源电压/V		AC 220						
电动机	型号	S261	Z15/60～200	S261	S261	S261	—	—
	电压/V	110	—	110	110	110	DC24	—
	功率/W	24	15	24	24	24	20	—
质量	机器/kg	17.85	—	19.2	17	20	13.5	22
	导轨	4×2 根	—	不带导轨	不带导轨	3×1 根	—	—
	总质量/kg	28.5	13	—	—	—	—	—
外形尺寸/（mm×mm×mm）		470×230×240	310×200×100	405×370×540	420×440×310	320×240×300	300×400×270	450×395×300
备注			轻便直线	—	—	平面多用途	—	—

4. 操作要点

①将电源（AC 220V）插头插入控制板上的插座内，指示灯亮说明电源已接通。

②将氧气、乙炔胶管接到气体分配器上，调节好供气压力，供给氧气和乙炔。

③直线切割时，将导轨放在钢板上，使导轨与切割线平行。然后将气割机放在导轨上，割炬一侧向着气割工。割圆件时，应装上半径架，调好气割半径，抬高定位针，并使靠近定位针的滚轮悬空。

④根据切割厚度参照表 8-11 选取割嘴，并拧紧在割炬架上，接通气源。

⑤点燃割炬，检查切割氧流挺直度。

⑥将离合器手柄推上后，开启压力开关，使切割氧与压力开关的气路相通，同时将气割开关置于停位置。

⑦将顺倒开关置于使小车向切割方向前进的位置。根据割件的厚度，调节速度调节器，使之达到所需的要求。开启预热调节阀和乙炔调节阀将火焰点燃，并调节好预热火焰。

⑧将起割点预热到呈亮红色时，开启切割氧调节阀，将割件割穿。同时，由于压力开关的作用，电动机的电源接通，气割机行走，气割工作开始。气割时，如不使用压力开关，也可以直接使用起割开关接通或切断电源。

⑨气割结束后，应先关闭切割氧调节阀，此时，压力开关失去作用，电动机的电源切断；接着关闭压力开关，关闭乙炔及预热氧调节阀，熄灭火焰。整个工作结束后，应切断控制板上的电源，停止氧气和乙炔的供应。

8.2.5 仿形气割机

仿形气割机是一种气割割炬跟着磁头按样板切割出各种形状的靠模气割机，其结构形式有门架式和摇臂式两种，工作原理是割嘴与磁铁滚轮同轴，利用磁铁滚轮沿钢质样板滚动，割嘴能自动切割出与样板相同形状的零件。仿形气割机可以方便、精确地气割出各种形状的零件，尤其适用于大批量同种零件的切割工作，是一种高效率半自动化气割机。

CG2-150 型半自动化高效率仿形气割机能气割 5～60mm 厚的钢板，并能精确地气割任何形状的零件，适于大批量生产。可气割件最大尺寸为 500mm×500mm，最大公差为 0.5mm。若再配置圆周气割装置，可以切割直径为 30～60mm 的圆形割件及法兰，切割速度为 5～75cm/min。

靠模样板通常用厚度为 5～10mm 的低碳钢（如 Q235）板制造，靠模样板尺寸的计算公式见表 8-13，样板及零件如图 8-14 所示。

表 8-13 靠模样板尺寸的计算公式

切割方式	样板尺寸	
	切割零件外形的样板	切割零件内形的样板
按样板外形切割	$B=A-(d-b)$ $R=R_1-\dfrac{d-b}{2}$	$B=A-(d-b)$ $R=R_1-\dfrac{d+b}{2}$
按样板内形切割	$B=A+(d-b)$ $R=R_1+\dfrac{d+b}{2}$	$B=A+(d-b)$ $R=R_1+\dfrac{d-b}{2}$

注：1. A、R_1 为零件尺寸；B、R 为与零件相对应的样板尺寸；d 为磁铁滚轮直径；b 为切口宽度。

2. 切割零件的最小半径：按样板外形切割零件外形时，$R_{1\min}=\dfrac{d-b}{2}$；按样板外形切割零件内形时，$R_{1\min}=\dfrac{d+b}{2}$；按样板内形切割零件外形时，$R_{1\min}=0$；按样板内形切割零件内形时，$R_{1\min}\approx 0$。

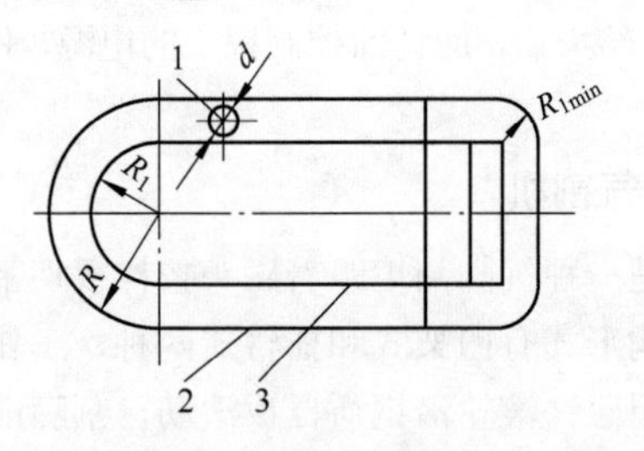

图 8-14 样板及零件

1. 滚轮；2. 样板；3. 零件

1. 型号

仿形气割机的型号表示方法如下：

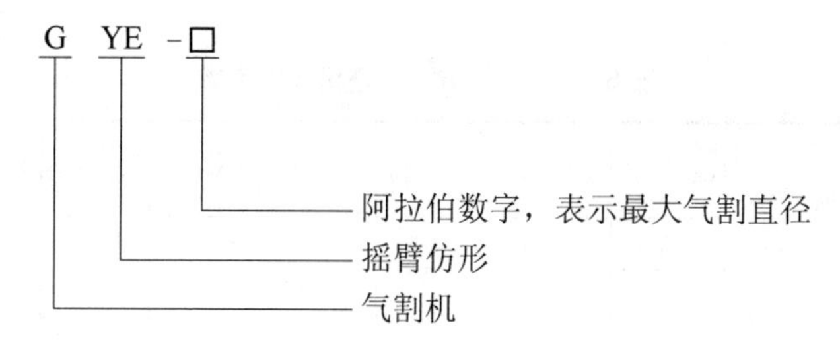

2. 结构

CG2-150 型仿形气割机的结构如图 8-15 所示。

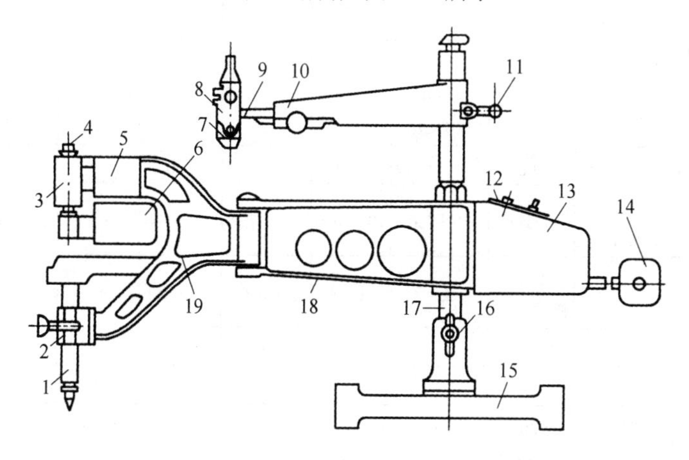

图 8-15 CG2-150 型仿形气割机的结构

1. 割炬；2. 割炬架；3. 永久磁铁装置；4. 磁铁滚轮；5. 导向机构；6. 电动机；7. 连接器；8. 型板架；9. 横移杆；10. 型臂；11. 样板固定调整装置；12. 控制板；13. 速度控制箱；14. 平衡锤；15. 底座；16. 调节圆棒；17. 主轴；18. 基臂；19. 主臂

3. 技术参数

①常用仿形气割机技术参数见表 8-14。

表8-14 常用仿形气割机技术参数

技术参数 \ 型号		CG2-150	G2-1000	G2-900	G2-3000	KMQ-1	CG2-100	G5-100
切割范围	板厚/mm	5～150	5～60	10～100	10～100	5～30	5～45	5～100
	最长直线长度/mm	1200	1200	—	—	—	A型用于直线及坡口气割	—
	最大正方形边长/mm	500	1060	900	1000	—	—	—
	最大长方形/（mm×mm）	400×900 450×750	750×460 900×410 1200×260	—	3200×350	—	500mm宽，任意长（B型）	—
	最大直径/mm	600	620、1500	930	1400	200	—	—
切割速度/（mm/min）		50～750	50～750	100～660	108～722	150～900	—	100～900
切割精度/mm		±0.4 椭圆≤1.5	≤±1.75	±0.4	±0.4	±0.5	—	—
嘴号		1～3	1～3	1～3	1～3	专用1～3	1～3	1～3
电源电压/V		AC 220						
电动机	型号	S261	S261	S261	S261	—	55SZ01	40ZYW5
	电压/V	110	110	110	110	—	—	—
	功率/W	24	24	24	24	—	20	20
质量/kg	平衡锤质量	9	2.5	—	—	—	—	5.1、3.9、2.6
	总质量	40	38.5	400	200	9	10.6（机身）	10.5（机身）
外形尺寸/（mm×mm×mm）		1190×335×800	1325×325×800	1350×1500×1800	2200×1000×1500	—	261×424×346	261×423×341
备注		—	—	摇臂式	摇臂式	手提式	携带式	携带式

②CG2 系列仿形气割机技术参数见表 8-15。

表 8-15 CG2 系列仿形气割机技术参数

技术参数＼型号		CG2-150	CG2-150A	CG2-150B	CG2-150C	CG2-150D	CG2-2700
输入电源		AC 220V，50Hz					
外形尺寸/mm	长	1190	1390	1190	3600	1190	1300
	宽	800	800	870	1700	1000	480
	高	335	335	335	2000	335	800
切割厚度/mm		5～100	5～100	6～100	6～100	8～200	6～200
切割速度/（mm/min）		50～750	50～750	50～750	100～1000	50～750	50～750
切割圆直径/mm		20～600	20～1800	20～600	30～2300	20～600	20～2700
切割直线长度/mm		1200	1650	1200	5300	1200	2500
切割正方形边长/mm		500	1270	500	2000	500	1900
切割长方形		400×900 450×750	1700×340 500×1650	400×900 450×750	5000×600	400×900 450×750	650×2500
精度	椭圆	≤1.5	≤1.5	—	≤1.5	—	≤1.5
	正方形	±1/600	±1/600	—	±1/600	—	±1/600
质量/kg		56.5	61.5	61.5	350	58.5	114

4. 操作要点

①将电源（220V 交流电）插头插入控制板的插座内，指示灯亮说明电源已接通。

②将氧气、乙炔胶管接在气体分配器上，调节好乙炔和氧气的使用压力，进行供气。

③气割之前，应先将气割机放置平稳，再将平衡锤的两根平衡棒插入控制箱下部孔中，最后将平衡锤调整到合适位置，并用螺钉固定。

④根据割件的厚度选用合适的割嘴装在割炬架上，点燃火焰，检查切割氧流的挺直度。

⑤将气割样板固定在样板架上，并调整好磁铁滚轮与样板间的位置。

⑥将割件固定在气割架上后，将气割开关置于起动位置，电动机旋

转后，校正割件位置。割圆件时，必须采用圆周气割装置。

⑦开启压力开关，使切割氧与压力开关接通。根据工件厚度调节切割速度，然后开启预热氧调节阀和乙炔调节阀将火焰点燃，调节预热火焰。

⑧将起割点预热到呈亮红色时，开启切割氧调节阀，将割件割穿。再将起割开关置于起割点，电动机旋转，使磁铁滚轮沿着样板旋转，气割工作开始。

⑨气割过程中要不断调整火焰，使其呈中性火焰状态。可旋转割炬架上的手轮，使割炬与割件之间保持一定距离。割嘴需检查和疏通时，松开翼形螺母，使割炬旋转 90° 即可。

⑩利用型臂上的调节手轮，调节磁铁滚轮与样板的相对位置，使横移杆在刻度尺范围内移动。旋动手轮，使型臂竖直上下移动，即可调节磁铁滚轮与样板的相对位置。

⑪气割不同高度的割件时，为保持割炬与工件的距离，可利用调节圆棒旋转主臂旁的螺杆，使气割机的基臂上下移动，达到粗调目的。

⑫气割结束时，在关闭切割氧调节阀的同时，压力开关也应关闭，此时电动机电源被切断而停止工作。

8.2.6 光电跟踪气割机

光电跟踪气割机是以绘在纸上的图形为气割样板，把光电传感器在图纸轮廓上检测到的信号通过自动跟踪系统驱动执行机构、割炬等进行气割的设备。光电跟踪气割机按跟踪原理不同可分为单光点边缘跟踪和双光点线跟踪两种；按跟踪装置驱动方式不同可分为小车式和坐标式两种；按气割机结构形式不同可分为门架式、双臂式和单臂式三种。

UXC/NCE 型光电跟踪气割机以光电跟踪切割为主，兼有数控、光电跟踪、随机编程和寻踪读入等多种功能，自动化程度比一般光电跟踪气割机更高。UXC/NCE 型光电跟踪气割机还能配上等离子弧割炬进行等离子弧切割，特别适合单件或小批量加工钢材和非铁金属材料的工厂使用。

1. 结构原理

光电跟踪气割机主要由光学部分、电气部分、机械传动部分和气割装置部分等组成。小车式光电跟踪气割机的结构如图 8-16 所示，坐标式光电跟踪气割机的结构如图 8-17 所示。

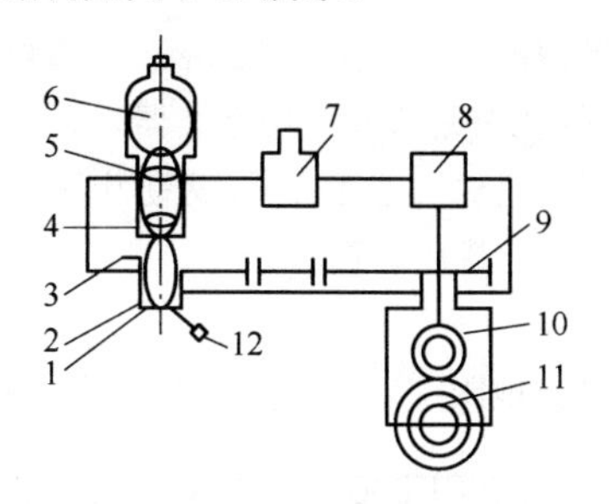

图 8-16　小车式光电跟踪气割机的结构

1. 光轴；2. 棱镜；3. 操舵轮；4. 针孔；5. 透镜；6. 光源灯；7. 操舵电动机甲；8. 驱动电动机；9. 操舵电动机乙；10. 驱动轮体；11. 驱动轮；12. 光电元件

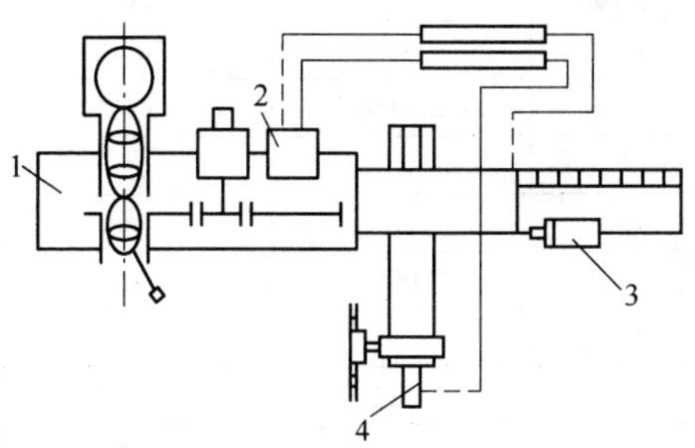

图 8-17　坐标式光电跟踪气割机的结构

1. 跟踪装置；2. 同步解码装置；3. *X* 轴减速器；4. *Y* 轴减速器

光电跟踪气割机是利用改变脉冲相位的方法来达到光电跟踪目的的。光源激励灯的光通过光电头聚合成光亮的点，然后通过与网络频率(3000r/min)同步的扫描电动机带动偏心镜使光点形成一个内径 1.5mm、外径 2.1mm 的光环，投射到跟踪台的图纸上。光电旋转一周与图纸线条交割两次，使光电管形成两个脉冲信号，经电压放大后，导通闸流管进行工作，使光电自动跟踪图纸上的线条，从而使气割机按照图样跟踪工作。

光电跟踪气割机的工作图一般采用 1∶10 的比例，用黑色绘图墨水在表面打毛的透明涤纶薄膜上绘制，线条粗为 0.2～0.3mm。

一般光电跟踪气割机均设有高频点火装置、出轨报警装置、转角延时装置和自停车装置。另外还设有专用示波器来观察光电跟踪气割机的运行状态并对光电跟踪气割机进行检测。为防止氧气和乙炔漏气造成事故，在工作台上设有抽、排风装置。

2. 技术参数

UXC/NCE280 型光电跟踪气割机技术参数见表 8-16。

表 8-16　UXC/NCE280 型光电跟踪气割机技术参数

技术参数＼型号		12.5	15	15/20
切割宽度/mm	单割炬	1250	1500	1500
	双割炬	625×2	750×2	1000×2
直线切割宽度/mm	最大	1250（1500）	1500（1750）	2000
	最小	95	95	95
切割圆直径/mm	最大	1000	1000	1000
	最小	150	150	150
切割厚度/mm	单割炬	3～200	3～200	3～200
	三割炬	3～125	3～125	3～125
切割速度/（mm/min）		100～3000	100～3000	100～3000
跟踪台面宽度/mm		1250	1500	1500
轨长		标准有 3m、4m，可按每 2m 一段加长		
外形尺寸/（mm×mm×mm）		750×3200×2100	750×3700×2100	750×4200×2100
适用气体		乙炔、丙烷、天然气		
等离子弧切割		配用 MAX100 等离子弧切割机		
		输入电源：三相，AC 380V		
		输出：DC 120V，100A		

3. 操作要点

1）尽量从钢板的余料部分起割，这样可防止割件或余料向两侧产生位移。

2）当不能在余料上起割时，则从钢板边缘起割，但应从边缘气割一个 Z 形曲线入口，以防止余料的位移。从钢板边缘起割的方法如图 8-18 所示。

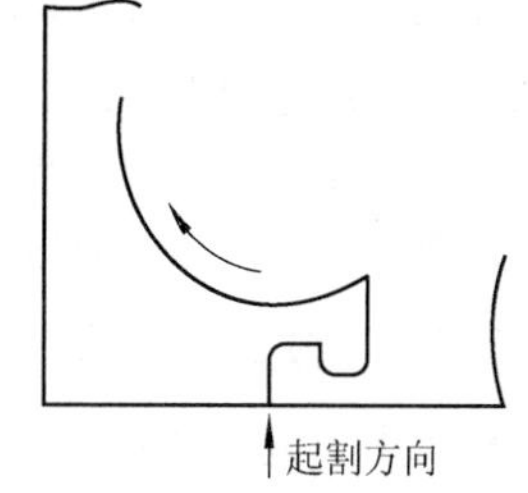

图 8-18　从钢板边缘起割的方法

3）气割组合套料割件时，应尽可能使其主要部分与钢板在较长时间内保持连接。如气割小型重复且数量较多的零件，或一批较小尺寸的组合零件时，应该采用从钢板一端开始依次气割的方法。

4）气割窄长条状割件时，可用两把割炬气割一根条状割件，或用三把割炬气割两根条状割件。

5）当割件面积比周围余料面积小时，应将割件用压铁或其他方法加以固定，防止气割过程中割件产生位移，影响尺寸的精确性。

6）在气割顺序上应采用不切断的“桥”，限制割件或余料的移动，这些“桥”在气割结束后，可用手工割炬进行气割。

图 8-19 所示为某厂用光电跟踪气割机进行套料气割的典型套料气割仿形图，气割时采用三次起割方法。

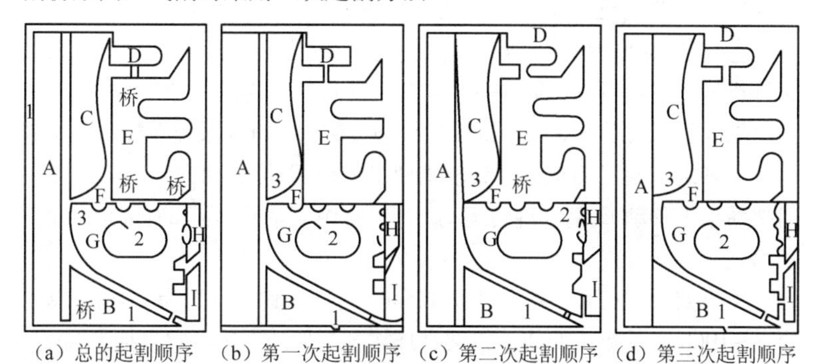

图 8-19　典型套料气割仿形图

①第一次起割从点 1 开始，把外围余料全部割去。除割件 H 和 I 外，其余割件仍留在钢板上，割件不会产生位移和变形。

②第二次起割从点 2 开始，气割割件 G 的内孔，并留有减少变形的“桥”。

③第三次起割从点 3 开始，先气割割件 G，并留下凹齿形直边，稍后割去。然后分别将 B、A、C、E、F 和 D 等割件连续切割完毕。

采用上述方法气割，由于起割顺序合理，大大减少了割件的位移和变形，保证了割件尺寸的精确性，完全控制割件的尺寸。

8.2.7 数控气割机

1. 数控自动气割机

数控自动气割机是现代热切割技术与计算机技术相结合的产物。其加工成形的割件尺寸精度较高，气割表面粗糙度可达 *Ra*12.5μm，气割成形的毛坯无须二次加工即可进行装配和焊接。

数控自动气割机按控制方式可分为两大类：一类是普通数控气割机，又称硬件数控气割机，简称 NC；另一类是计算机控制气割机，又称软件数控气割机。

数控自动气割机目前在国内应用广泛，分类较多，且在不断改良发展。现以国产 6500 型为例，对其机械部分进行简单介绍。

（1）结构原理　数控自动切割机由数控装置和执行机构两大部分组成，如图 8-20 所示。数控装置由光电输入机和专用计算机等组成，执行机构一般由机架、纵向驱动装置、横向驱动装置、割嘴、导轨、纵向滑轮软管拖曳装置、横向链板软管拖曳装置、电气系统和气路系统等组成。其运动有纵向运动（整机沿轨道方向运动）、横向运动（割嘴在门架横梁上移动）、割炬旋转运动（割嘴绕中心轴旋转）和升降运动（割嘴沿竖直方向升降）。

①机架为龙门式结构，轨距 6.5m，可同时切割宽度为 2.4m、厚度为 5～100mm 的钢板两块。机架是连接各部件的主体，它包括大端架、横梁、小端架、水平导向轮和除尘器等。门架上装有两台横移小车，每台小车上有割炬一套，均设有高频点火装置和割炬自动升降传感器。

②纵向导轮和滑轮用以保证机架能够在轨面上自由行走。导轨侧面是机架行走的导向面，导轨顶面的水平度和导向面的平直度对机架的平

稳度和切割精度有直接影响，故制造和安装精度要求较高。

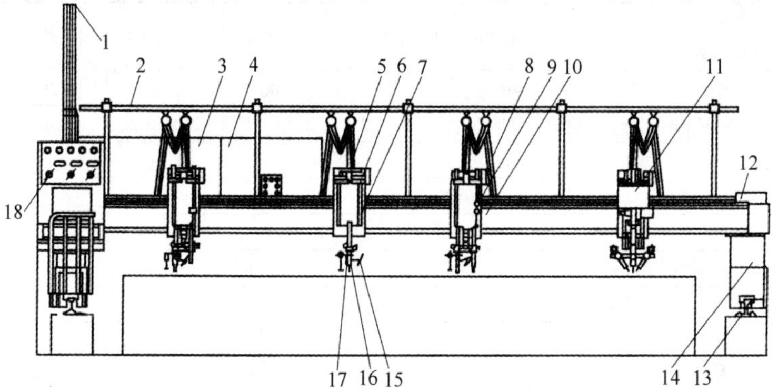

图 8-20 数控自动气割机的组成

1. 纵向挂架；2. 横向挂架；3. 配电箱；4. 电控箱；5. 横向传动装置；6. 割炬升降架；7. 横向移动小车；8. 气路胶管；9. 喷粉画线枪；10. 横梁；11. 旋转三割炬；12. 钢带传动装置；13. 导轨；14. 端架；15. 点火枪；16. 单割炬；17. 调高装置；18. 控制台

③纵向驱动装置包括步进电动机和减速器轮胎联轴器，用来驱动机架在导轨面上行走，速度应达到 6m/min。

④横向驱动装置包括步进电动机、驱动小车和导轨架，用来驱动割炬在机架横梁上行走，速度应达到 6m/min。

⑤气割炬包括割嘴的升降机架、手动机构、旋转机构和割炬架。割炬架上配有割头、自动点火装置、画线装置和自动升降传感器等。

⑥气路系统由低压氧、高压氧、乙炔和压缩空气四部分供气管路组成。各管路设有减压阀、手动开关、电磁阀和压力表等。系统的最大压力为 0.8MPa。

根据需要，数控自动气割机还配备自动调节系统、点火系统、画线系统和冷却系统等。

（2）技术参数 目前，数控气割机的命名尚没有详细的国家标准，多由生产企业命名。

①NC 系列数控火焰气割机技术参数见表 8-17。

表 8-17　NC 系列数控火焰气割机技术参数

技术参数＼型号		NC-4000F	NC-5000F	NC-6000F	NC-7000F	NC-8000F
切割宽度/mm	一把单割炬	3400	4400	5400	6200	7200
	两把单割炬	1650×2	2150×2	2650×2	3050×2	3550×2
最多割炬数		6				
导长/mm		12000				
切割直线长度/mm		9000				
切割厚度/mm		6～200				
切割工作台高度/mm		600/700				
切割速度/（mm/min）		50～12000	50～12000	50～12000	50～12000	50～6000
自动点火装置		有				
驱动方式		双边驱动				
适用气体		乙炔/丙烷				

注：导轨可按每 2m 一段加长或缩短，切割长度＝导轨长度－3000mm，最大切割厚度为 300mm。

②NCS 系列数控火焰气割机技术参数见表 8-18。

表 8-18　NCS 系列数控火焰气割机技术参数

技术参数＼型号		NCS-2100F	NCS-2600F	NCS-3100F	NCS-3600F	NCS-4000F
切割宽度/mm	一把单割炬	1500	2000	2500	3000	3400
	两把单割炬	700×2	950×2	1200×2	1450×2	1650×2
最多割炬数		4				
导长/mm		12000				
切割直线长度/mm		9000				
切割厚度/mm		6～200				
切割工作台高度/mm		600/700				
切割速度/（mm/min）		50～12000	50～12000	50～12000	50～12000	50～6000
自动点火装置		有				
驱动方式		单边驱动				
适用气体		乙炔/丙烷				

注：导轨可按每 2m 一段加长或缩短，切割长度＝导轨长度－3000mm，最大切割厚度为 300mm。

③CNG 系列数控多条切割机技术参数见表 8-19。

表 8-19 CNG 系列数控多条切割机技术参数

技术参数 \ 型号	CNG-3000	CNG-4000	CNG-6000
横向有效行程/mm	2720	3720	5720
纵向有效行程/mm	12000		
割炬组/个	前 2 后 9		
割炬升降距离/mm	前 2 组为 200	后 9 组为 100	后 9 组为 100
行走速度/（mm/min）	3000		
切割速度/（mm/min）	100～250		
主机外形尺寸/（m×m×m）	3.4×2×2.4	4.4×2×2.4	6.4×2×2.4
机器质量/kg	约 1800	约 2000	约 2300

④其他数控气割机技术参数见表 8-20。

表 8-20 其他数控气割机技术参数

技术参数 \ 型号		6500	SK-CG-9000	QSQ-1	SK-CG-2500	GCNC-7500A
切割厚度/mm		5～100	5～100	5～100	5～100	5～100
切割直线长度/mm		2800	2400	10000	6000	2400
切割宽度/mm		4800	3600	4000	2500	6000
轨距/mm		6500	9020	—	—	7500
切割速度/（cm/min）		10～600	5～240	0～80	5～90	10～80
割炬组/个		2	4	2	2	—
切割精度	纵/mm	<±1	±1	±0.1	—	—
	横/mm	—	±0.5	±0.3	—	—
	综合/mm	—	±1.5	±0.5	—	—
空车速度/（cm/min）		—	400	200	311	1200

2. HNC 系列数控气割机

（1）HNC 系列数控、直条气割机 HNC 系列数控、直条气割机是在直条气割机的基础上增加了数控功能，既可进行直条切割，又可进行复杂形状零件的数控切割，NHC 系列数控、直条气割机技术参数见表 8-21。

表 8-21　HNC 系列数控、直条气割机技术参数

技术参数＼型号	HNC-3000	HNC-4000	HNC-5000	HNC-6000	HNC-7000
轨距/mm	3000	4000	5000	6000	7000
轨长/mm	12000				
有效切割宽度/mm	2200	3200	4200	5200	6200
有效切割宽度/mm	10000				
数控割炬/个	2				
直条割炬/个	10				
切割厚度/mm	6～100				
切割速度/（mm/min）	50～750				

（2）数控等离子坡口机　数控等离子坡口机采用六轴复合运动技术，使等离子割炬实现回转切割曲线坡口，解决了复杂结构坡口的切割问题。

数控等离子坡口机常用的有 HNC-5000P、HNC-6000P、HNC-7000P 和 HNC-8000P 四种机型，这四种机型工作原理相同，外形结构也基本相同。数控等离子坡口机技术参数见表 8-22。

表 8-22　数控等离子坡口机技术参数

技术参数＼型号	HNC-5000P	HNC-6000P	HNC-7000P	HNC-8000P
轨距/mm	5000	6000	7000	8000
轨长/mm	12000			
有效切割宽度/mm	4000	5000	6000	7000
有效切割宽度/mm	10000			
数控割炬/个	1			
直条割炬/个	0°～45°			
切割厚度/mm			视等离子弧电源而定	
最大空程速度/（mm/min）	12000			

（3）数控火焰、等离子气割机　数控火焰、等离子气割机采用双边驱动，减小了割件的误差。数控火焰、等离子气割机技术参数见表8-23。

表8-23　数控火焰、等离子气割机技术参数

技术参数＼型号	HNC-3000	HNC-4000	HNC-5000	HNC-6000	HNC-7000
轨距/mm	3000	4000	5000	6000	7000
轨长/mm	12000				
有效切割宽度/mm	2200	3200	4200	5200	6200
有效切割宽度/mm	10000				
数控割炬/个	2				
切割速度/（mm/min）	50～750				
切割厚度/mm	6～100				
最大空程速度/（mm/min）	12000				

（4）台式数控等离子气割机　台式数控等离子气割机是一种高速精密的等离子气割机。整机采用一体化模块式结构，安装方便、迅速、机器惯性小、行走平稳，适用于中厚板和薄板的切割。

HNC系列台式数控等离子气割机的整体性强，与割炬一起运行的附件少，减小了割炬行走时的惯性，提高了切割精度。HNC系列台式数控等离子气割机技术参数见表8-24。

表8-24　HNC系列台式数控等离子气割机技术参数

型号	切割范围/（mm×mm）	最大切割速度/（mm/min）	最大空程速度/（mm/min）	割炬组数/组	割炬种类	割炬升降距离/mm
HNC-2000T	1750×3000	6000	12000	1	等离子	150
HNC-2500T	2100×4000					

（5）微型数控气割机　HNC系列微型数控气割机的纵向导轨采用精密的双轴心直线导轨，横向采用精密的传动系统，行走稳定，切割精度高。适用于任何复杂的平面图形，可根据需要安装氧气割炬和等离子割炬。与前面几种机型相比，其最大的特点是不占固定场地，可搬移。HNC系列微型数控气割机技术参数见表8-25。

表 8-25　HNC 系列微型数控气割机技术参数

型号	切割范围 /(mm×mm)	割炬组数	电压 /V	切割速度 /(mm/min)	整机行走速度 /(mm/min)	整机外形尺寸 /（m×m×m）	整机质量/kg
HNC-1000W-1.5	1000×1500	1	220	50～750	3000	2.0×1.7×0.03	106
HNC-1000W-2	1200×2000					2.5×1.9×0.33	120
HNC-1000W-2.5	1200×2500					3.0×1.9×0.35	133
HNC-1000W-3	1200×3000					3.5×1.9×0.35	146
HNC-1200W-4	1200×4000					4.5×1.9×0.55	173
HNC-1200W-5	1200×5000					5.5×1.9×0.55	200
HNC-1200W-6	1200×6000					6.5×1.9×0.55	260

（6）小型数控气割机　小型数控气割机是在微型数控气割机的基础上改装而成的，其数控功能与大型数控气割机完全一样，能切割任意形状的平面图形，可根据需要安装氧气割炬和等离子割炬。

小型数控气割机横向采用双轴心导轨，保证机器有良好的刚性，行走平稳，切割精度高。小型数控气割机技术参数见表 8-26。

表 8-26　小型数控气割机技术参数

技术参数 \ 型号	HNC-2100X-2.2	HNC-2100X-2.7	HNC-2100X-3.2	HNC-2100X-4.2
切割范围 /（mm×mm）	2100×2200	2100×2700	2100×3200	2100×4200
输入电源	AC 220V，50Hz			
割炬组数	1			
切割速度 /（mm/min）	50～750			
最大空程速度 /（mm/min）	6000			
外形尺寸 /（m×m×m）	3×3.1×1.2	3.5×3.1×1.2	4×3.1×1.2	5×3.1×1.2
总质量/kg	310	340	360	410

（7）数控管道相贯线气割机

①XG-630-II 两轴数控管道相贯线气割机是为了大型管道安装工程设计制造的。管道切割中，以切割相贯线难度最大。手工切割虽然灵活，但割工必须先在管道上画出相贯线。管道气割机只能切割平口，非数控的管道相贯线气割机也需要先制成样本。本机则可在输入数控程序后自动完成切割，且准确无误。其技术参数见表 8-27。

表 8-27　XG-630-II 两轴数控管道相贯线气割机技术参数

<table>
<tr><td rowspan="4">两轴切割系统参数</td><td>自由度名称</td><td>轴代号</td><td>可动范围</td><td colspan="2" rowspan="4"></td></tr>
<tr><td>管子（主轴）旋转</td><td>A</td><td>自由回转</td></tr>
<tr><td>割炬左右移动</td><td>X</td><td>可选</td></tr>
<tr><td>割炬上下移动/mm</td><td>Z</td><td>625</td></tr>
<tr><td rowspan="2">管子切割尺寸</td><td>直径/mm</td><td>长度/mm</td><td colspan="2">壁厚/mm</td><td>质量/kg</td></tr>
<tr><td>60～630</td><td>0.5～6.0
0.5～12.0</td><td colspan="2">5～50</td><td>6000</td></tr>
<tr><td>切割速度/（mm/min）</td><td colspan="2">50～3000</td><td colspan="2">移动速度/（mm/min）</td><td>6000</td></tr>
<tr><td>卡盘规格/mm</td><td colspan="5">ϕ500，三爪联动定心，通孔ϕ220</td></tr>
<tr><td rowspan="2">支架个数</td><td>12m/h</td><td>6m/h</td><td rowspan="2">工作环境</td><td>温度/℃</td><td>0～50</td></tr>
<tr><td>5</td><td>3</td><td>湿度</td><td>90%以下</td></tr>
<tr><td>电源</td><td colspan="5">三相，AC 380×（1±10%）V；设备总功率 5kW；推荐开关容量 30A</td></tr>
</table>

②XG-B630-VI 六轴数控管道相贯线气割机与 XG-630-II 两轴数控管道相贯线气割机相比，增加了割炬左右摆动、割炬径向摆动和仿形检测三个功能，其技术参数见表 8-28。

表 8-28　XG-B630-VI 六轴数控管道相贯线气割机技术参数

<table>
<tr><td rowspan="8">六轴切割系统参数</td><td>自由度名称</td><td>轴代号</td><td>可动范围</td><td colspan="2">机床坐标轴</td></tr>
<tr><td>管子（主轴）旋转</td><td>A</td><td>自由回转</td><td colspan="2" rowspan="7">Z
A
V
U
X</td></tr>
<tr><td>割炬左右移动</td><td>X</td><td>可选</td></tr>
<tr><td>割炬左右摆动/（°）</td><td>U</td><td>±60</td></tr>
<tr><td>割炬径向摆动/（°）</td><td>V</td><td>±60</td></tr>
<tr><td>割炬上下移动/mm</td><td>Z</td><td>625</td></tr>
<tr><td>仿形检测</td><td>Z2</td><td>可选</td></tr>
<tr></tr>
<tr><td rowspan="2">管子切割尺寸</td><td>直径/mm</td><td>长度/mm</td><td colspan="2">壁厚/mm</td><td>质量/kg</td></tr>
<tr><td>60～630</td><td>0.5～6.0
0.5～12.0</td><td colspan="2">5～50</td><td>6000</td></tr>
<tr><td>切割速度/（mm/min）</td><td colspan="2">50～3000</td><td colspan="2">移动速度/（mm/min）</td><td>6000</td></tr>
<tr><td>卡盘规格/mm</td><td colspan="5">ϕ500，三爪联动定心，通孔ϕ220</td></tr>
<tr><td rowspan="2">支架个数</td><td>12m/h</td><td>6m/h</td><td rowspan="2">工作环境</td><td>温度/℃</td><td>0～50</td></tr>
<tr><td>5</td><td>3</td><td>湿度</td><td>90%以下</td></tr>
<tr><td>电源</td><td colspan="5">三相，AC 380×（1±10%）V；设备总功率 5kW；推荐开关容量 30A</td></tr>
</table>

3．数控气割机的正确使用

（1）轨道与机器的安装

①必须保证轨道的基础要足够坚固，两条轨道必须在同一水平面上且相互平行，轨距符合要求。

②小型和微型数控气割机的轨道要根据工件铺设，工件应能在已铺设好的轨道上一次切割完成，不因为行走的距离不够而倒换轨道。

③管道相贯线气割机安装时应按要求铺设足够厚的混凝土地面，并埋设地脚螺栓。机器要落平，且将地脚螺栓紧固。

④台式数控气割机整体性强，安装时应按要求铺设足够厚的混凝土地面，并保证地面水平。

(2)工件材料的安放 由于数控气割机的纵向割炬随气割机沿轨道行走，故纵向的工件表面要与轨道平面平行；横向割炬在气割机上沿气割机上的轨道行走，故横向的工件表面应与气割机上的轨道平行。

(3)编制和输入程序 程序是气割机工作的命令，对于简单的工件可直接在气割机上编制程序；对于复杂结构的工件，则是由程序员编程后，将程序输入气割机，再由气割机执行。

数控气割机的工作程序如图 8-21 所示。

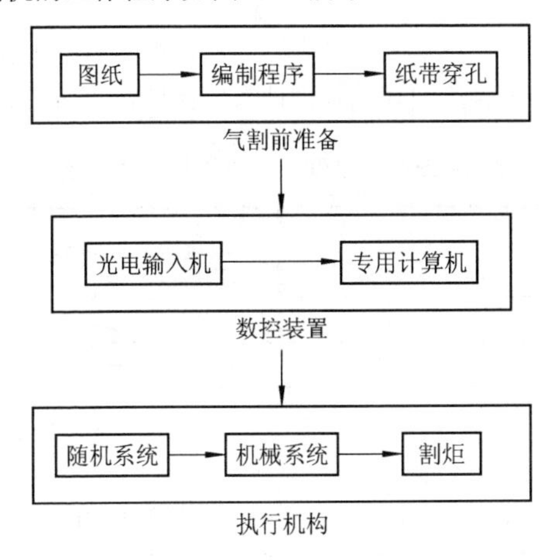

图 8-21 数控气割机的工作程序

(4)操作要点 数控气割机在气割前，需要完成一定的准备工作，即把图样上工件的几何形状和尺寸数据编制成一条条计算机能识别的加工指令，再把编好的程序按照规定的编码打在穿孔纸带上，以上准备工作可由计算机来完成。气割时，把已穿孔的纸带放在光电输入机上，加工指令通过光电输入机被读入专用计算机中。专用计算机根据输入的指令计算出割嘴的走向和应走的距离，并以一个个脉冲向外输出至执行机构。经功率放大后驱动步进电动机，步进电动机按进给脉冲的频率转动，传动机构带动割嘴，就可以按图样的形状把零件从钢板上切割下来。

8.2.8 高精度门式气割机

高精度门式气割机是一种适用于加工大规格钢板的板边、焊接坡口和割出板条的气割机。其装有多个可调角度的割嘴，可割 I 形坡口，也可割 V、Y、X 形坡口。

高精度门式气割机是在两根精度很高的固定导轨上设置一座活动的、刚度有保证的门式车架。通过伺服电动机、减速箱、齿轮、齿条等驱动机构，门式车架在导轨上进行匀速运行。为了保证切口的侧向精度，安装了导向轴承，同时高精度门式气割机对导轨、车轮、水平导向轮等的制作安装要求也很严格。

高精度门式气割机气割精度高，可代替机械刨边或铣边加工设备，得到广泛应用。高精度门式气割机技术参数见表 8-29。

表 8-29　高精度门式气割机技术参数

项　目	技术参数	项　目	技术参数
切割厚度/mm	7～100	割炬数量/个	12
最大切割长度/mm	10000	可切坡口形式	I、V、Y、X
最大切割宽度/mm	2×5000	切口直线度/mm	10000 长度内<1
最大切割速度/（cm/min）	150	切口垂直度/mm	2500×10000 内<1
纵向最大移动速度/（cm/min）	400	坡口根部误差/mm	<1

8.2.9 火焰快速精密气割机

火焰快速精密气割机质量好、自动化程度较高，配合氧射流快速割嘴能够进行快速精密的气割。

1. 快速割嘴（JB/T 7950—1999）的结构

①GK 和 GKJ 系列快速割嘴的结构如图 8-22 所示。

②快速割嘴的工作原理如图 8-23 所示。割嘴的切割氧孔道由稳定段、收缩段、扩缩段和平直段四个部分组成。这种结构能够把手喷管进口处切割氧流的势能转化成出口处的动能，从而使射流氧获得巨大的速度。

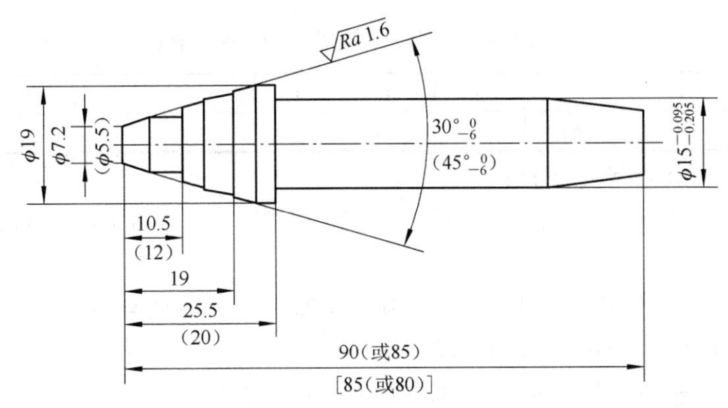

注：括弧外数字为 30° 尾锥面割嘴的配合尺寸；

括弧内数字为 45° 尾锥面割嘴的配合尺寸

图 8-22 GK 和 GKJ 系列快速割嘴的结构

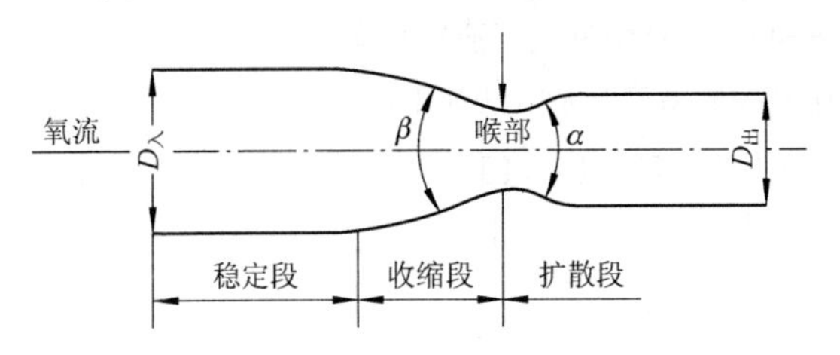

图 8-23 快速割嘴的工作原理

③快速割嘴（快速割嘴可与 JB/T 7949—1999 和 JB/T 6970—1993 规定的割炬配套使用）的可燃气体可用乙炔或液化石油气。乙炔割嘴多数用预热火焰，出口为梅花形的整体式结构。

④快速割嘴预热孔道截面比普通割嘴大 25%左右，可以提高预热火焰能率，适应快速切割的要求。

2. 快速割嘴的规格和型号表示方法

（1）规格 快速割嘴规格由割嘴切割氧孔道的喉部直径决定，割嘴规格号及相对应的喉部直径见表 8-30。

表 8-30　割嘴规格号及相对应喉部直径　(mm)

割嘴规格号	1	2	3	4	5	6	7
喉部直径 d	0.6	0.8	1.0	1.25	1.5	1.75	2.0

(2) 型号表示方法

①快速割嘴用电铸和机械加工两种方法制造，分别用 GK 和 GKJ 表示。

②快速割嘴的切割氧压力分为 0.7MPa 和 0.5MPa 两类。0.7MPa 的快速割嘴不加代号，0.5MPa 的快速割嘴以代号“A”表示。

③快速割嘴按燃气及尾锥面角度分为四个品种，其代号如下：

1——30° 尾锥面乙炔割嘴；

2——45° 尾锥面乙炔割嘴；

3——30° 尾锥面液化石油气割嘴；

4——45° 尾锥面液化石油气割嘴。

④快速割嘴的型号表示方法如下：

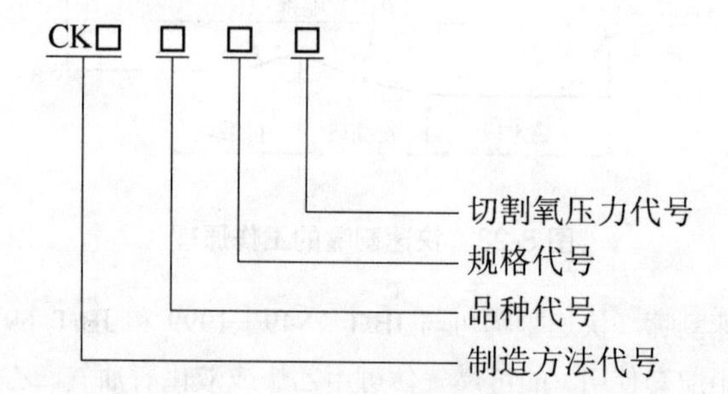

例如，GK2-5 表示用电铸法制造，切割氧压力 p=0.7MPa，尾锥面角度为 45°，切割氧孔道喉部直径 d=1.5mm 的 5 号乙炔快速割嘴。GKJ3-4A 表示用机械加工法制造，切割氧压力 p=0.5MPa，尾锥面角度为 30°，切割氧孔道喉部直径 d=1.25mm 的 4 号液化石油气快速割嘴。

不同规格的快速割嘴型号见表 8-31。

表 8-31 不同规格快速割嘴型号

加工方法	切割氧压力/MPa	燃气	尾锥面角度/(°)	品种代号	型号
电铸法	0.7	乙炔	30	1	GK1-1、GK1-2、GK1-3、GK1-4、GK1-5、GK1-6、GK1-7
电铸法	0.7	乙炔	45	2	GK2-1、GK2-2、GK2-3、GK2-4、GK2-5、GK2-6、GK2-7
电铸法	0.7	液化石油气	30	3	GK3-1、GK3-2、GK3-3、GK3-4、GK3-5、GK3-6、GK3-7
电铸法	0.7	液化石油气	45	4	GK4-1、GK4-2、GK4-3、GK4-4、GK4-5、GK4-6、GK4-7
电铸法	0.5	乙炔	30	1	GK1-1A、GK1-2A、GK1-3A、GK1-4A、GK1-5A、GK1-6A、GK1-7A
电铸法	0.5	乙炔	45	2	GK2-1A、GK2-2A、GK2-3A、GK2-4A、GK2-5A、GK2-6A、GK2-7A
电铸法	0.5	液化石油气	30	3	GK3-1A、GK3-2A、GK3-3A、GK3-4A、GK3-5A、GK3-6A、GK3-7A
电铸法	0.5	液化石油气	45	4	GK4-1A、GK4-2A、GK4-3A、GK4-4A、GK4-5A、GK4-6A、GK4-7A
机械加工法	0.7	乙炔	30	1	GKJ1-1、GKJ1-2、GKJ1-3、GKJ1-4、GKJ1-5、GKJ1-6、GKJ1-7
机械加工法	0.7	乙炔	45	2	GKJ2-1、GKJ2-2、GKJ2-3、GKJ2-4、GKJ2-5、GKJ2-6、GKJ2-7
机械加工法	0.7	液化石油气	30	3	GKJ3-1、GKJ3-2、GKJ3-3、GKJ3-4、GKJ3-5、GKJ3-6、GKJ3-7
机械加工法	0.7	液化石油气	45	4	GKJ4-1、GKJ4-2、GKJ4-3、GKJ4-4、GKJ4-5、GKJ4-6、GKJ4-7
机械加工法	0.5	乙炔	30	1	GKJ1-1A、GKJ1-2A、GKJ1-3A、GKJ1-4A、GKJ1-5A、GKJ1-6A、GKJ1-7A
机械加工法	0.5	乙炔	45	2	GKJ2-1A、GKJ2-2A、GKJ2-3A、GKJ2-4A、GKJ2-5A、GKJ2-6A、GKJ2-7A

续表 8-31

加工方法	切割氧压力/MPa	燃气	尾锥面角度/(°)	品种代号	型　号
机械加工法	0.5	液化石油气	30	3	GKJ3-1A、GKJ3-2A、GKJ3-3A、GKJ3-4A、GKJ3-5A、GKJ3-6A、GKJ3-7A
			45	4	GKJ4-1A、GKJ4-2A、GKJ4-3A、GKJ4-4A、GKJ4-5A、GKJ4-6A、GKJ4-7A

3. 快速割嘴的切割性能和技术参数

①快速割嘴的切割性能见表 8-32。

表 8-32　快速割嘴的切割性能

割嘴规格号	割嘴喉部直径/mm	切割厚度/mm	切割速度/(mm/min)	气体压力/MPa			切口宽度/mm
				氧气	乙炔	液化石油气	
1	0.6	5～10	600～750	0.7	0.025	0.03	≤1
2	0.8	10～20	450～600	0.7	0.025	0.03	≤1.5
3	1.0	20～40	380～450	0.7	0.025	0.03	≤2
4	1.25	40～60	320～380	0.7	0.03	0.035	≤2.3
5	1.5	60～100	250～320	0.7	0.03	0.035	≤3.4
6	1.75	100～150	160～250	0.7	0.035	0.04	≤4
7	2.0	150～180	130～160	0.7	0.035	0.04	≤4.5
1A	0.6	5～10	450～560	0.5	0.025	0.03	≤1
2A	0.8	10～20	340～450	0.5	0.025	0.03	≤1.5
3A	1.0	20～40	250～340	0.5	0.025	0.03	≤2
4A	1.25	40～60	210～250	0.5	0.03	0.035	≤2.3
5A	1.5	60～100	180～240	0.5	0.03	0.035	≤3.4

②GK-1、GK-3 型乙炔、丙烷快速精密割嘴技术参数见表 8-33。

表 8-33 GK-1、GK-3 型乙炔、丙烷快速精密割嘴技术参数

割嘴号	切割钢板厚度/mm	切割速度/（mm/min）	气体压力/MPa		切割氧流量/（L/h）	割嘴出口流速/马赫数
			氧气	燃气		
1	5～10	500～700	0.7～0.8	＞0.03	1250	2
2	10～20	380～600			2230	
3	20～40	350～500			3480	
4	40～60	300～420			5440	
5	60～100	200～320			7840	
6	100～150	140～260			10680	
7	150～180	130～180			13900	

4. 火焰快速精密切割对设备、气体及火焰的要求

①要求调速范围大、行走平稳、体积小、质量小等。行走速度在200～1200mm/min 可调。

②为保证气流量的稳定，一般以 3～5 瓶氧气经汇流排供气。

③使用高压、大流量减压器。

④氧气软管要承受 2.0MPa 的压力，内径在 4.8～9mm。

⑤采用射吸式割炬，可用 G01-100 型改装，也可采用等压式割炬。

⑥乙炔压力应＞0.1MPa，最好采用乙炔瓶供应乙炔。

⑦当预热火焰调至中性焰时应保证火焰形状匀称且燃烧稳定。

⑧切割氧流在正常火焰衬托下，目测时应位于火焰中央，且挺直、清晰、有力，在规定的使用压力下，可见切割氧流长度的规定见表 8-34。

表 8-34 可见切割氧流长度的规定 （mm）

割嘴规格号	1	2	3	4	5	6	7
可见切割氧流长度	≥80	≥100		≥120		≥150	≥180

8.2.10 圆或圆弧线气割机

圆或圆弧线气割机简称割圆机。圆的切割在现场是比较常见的，但手工切割劳动强度大，且质量不容易保证。割圆机可自动完成圆的切割，

且质量可靠。

1. CG2-45A 型和 CG-Q4 型割圆机

CG2-45A 型和 CG-Q4 型割圆机的结构如图 8-24 所示。这两种型号的割圆机有三个支脚，其中两个带永久磁铁，可把设备固定在水平或垂直面上切割。它能切割圆和圆弧线，且切割质量和效率都很高。但是这种设备只能割圆，不能割直线或任意曲线。CG2-45A 型和 CG-Q4 型割圆机技术参数见表 8-35。

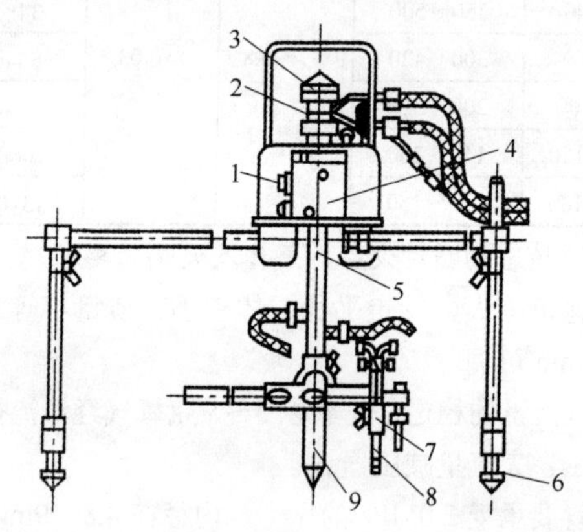

图 8-24　CG2-45A 型和 CG-Q4 型割圆机的结构

1. 电源插座；2. 乙炔输入接头；3. 氧气输入接头；4. 电源操纵台；5. 通气主轴；6. 支架升降杆；7. 割炬；8. 割嘴；9. 中心顶针

表 8-35　CG2-45A 型和 CG-Q4 型割圆机技术参数

技术参数＼型号	CG2-45A	CG-Q4
输入电源	AC 220V，50Hz；AC 36V，50Hz	AC 110V/220V，50Hz
切割板厚度/mm	5～50	6～100
切割圆直径/mm	200～450	30～300
割炬转速/（r/min）	100～1000	—
主轴转速/（r/min）	—	0～5
质量/kg	9	17

CG-Q4 型立柱割圆机，切割厚度为 6～100mm，割孔直径为 30～

300mm，带磁力底座，垂直静吸力＞500N，可以在平面上或垂直面上切割。

2. CG2-200 型割圆机

CG2-200 型割圆机轻便易携带，强力永磁底座可将机器吸附在水平面或倾斜面上，切割平面圆非常方便。该机配有旋转式气体分配器，使得切割时氧气和乙炔软管不会缠绕。割圆机技术参数见表 8-36。

表 8-36　割圆机技术参数

技术参数＼型号	CG2-200	HK-200	CG2-600	CG2-600-Ⅱ
输入电源	AC 220V，50Hz			
切割板厚度/mm	6～50		5～50	5～60
切割圆直径/mm	40～200		30～500	内：100～500 外：200～600
割炬转速/（r/min）	0.14～3.3	0.5～6.5	0.2～6.0	0.2～6.0
切割精度/mm	＜1			
外形尺寸/（mm×mm×mm）	500×350×420	450×395×360	725×300×700	1200×340×700
质量/kg	15	11.5	39	55

3. HK-200 型割圆机

HK-200 型割圆机具有 CG2-200 型割圆机的所有性能，且永磁底座吸力更强，可将机器吸附在倾斜面或垂直面上。本机还有中心定位装置，且容易操作，可提高割圆精度，切割平面圆非常方便。其技术参数见表 8-36。

4. CG2-600 型割圆机

CG2-600 型割圆机割圆的功能与上述机型的功能基本相同，但没有永磁底座，因此只能在平面或倾斜度不大的斜面上工作，不能在垂直面上工作。由于底座可以折叠，因此携带方便。其技术参数见表 8-36。

5. CG2-600-II 型割圆机

CG2-600-II 型割圆机的功能与 CG2-600 型割圆机基本相同，其差别如下。

①底座不能折叠，故携带不方便。

②配有双割炬，适用于法兰盘的切割。

③割炬总路有总阀，切割同厚度钢板，只需要调一次火焰，以后不需再调整。

CG2-600-II 型割圆机技术参数见表 8-36。

6. 割圆机的正确使用

（1）切割准备

1）一般情况下，工件应水平放置。在固定设备上切割，位置无法选择，则只能根据位置选择气割机。但无论切割位置如何，切割部位的背面都必须悬空，以免阻碍风线而影响切割。

2）选择与安装气割机。

①水平位置切割可选用 CG2-600 型割圆机。安装时，底座要调平，以保证割炬在圆周的任何位置都与工件的距离不变，并使工件与边缘相切，以便起割。

②切割直径较大的圆宜选用 CG2-45A 型或 CG-Q4 型割圆机。安装时，三个支柱要调平，以保证割炬在圆周的任何位置都与工件的距离不变。

③非水平位置割圆宜选用 CG2-200 型或 HK-200 型割圆机。安装时，应使永磁底座处于高位，以保证工作时机器不会移位。

④切割法兰时，最好使用 CG2-600-II 型割圆机，其可一次将法兰割成。切割时要注意平衡块的安装。

3）确定割圆半径。切割机在安装时应注意与边缘的距离。为了节省材料，应从边角位置起割，但要注意不得“缺肉”。为了保证定位准确，应先确定割炬的位置，即割炬旋转起来应能画出所要切割的圆，并且能保证尺寸精度。如图 8-25 所示为割炬的定位。首先要确定旋转中心，即旋转杆的中心位置；然后再测量旋转杆中心至割嘴上氧气喷孔的距离，此距离就是所切割工件的半径 R。半径确定后，割炬旋转一周，观察所经过的轨迹是否符合要求，调整到符合要求即可。

4）接通电源和气源。检验气割机机械部分的运行情况和气路的工作情况，若正常，准备工作完毕。

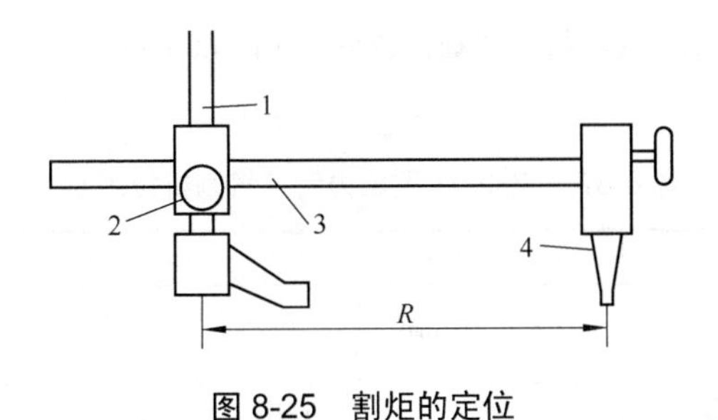

图 8-25 割炬的定位

1. 旋转杆；2. 紧固钮；3. 调整杆；4. 割嘴

（2）切割操作

①点燃预热火焰，起割位置与板边位置相切，将割嘴移至此处，对准起割位置开始预热。

②当起割点预热到呈亮红色时（700℃左右）时，开启切割氧调节阀开始切割。此时切割氧使压力开关接通，割嘴开始绕圆的中心旋转。

③切割过程中，注意检查气割机是否按线切割；送气软管是否有弯折及影响切割的现象；切割过程是否稳定。

④待一周全部割完，关闭切割氧调节阀，关闭预热火焰的乙炔及氧气，关闭电源开关。整个切割过程结束。

（3）切割结束操作 全部切割结束后，拉下电闸或拔下电源插头；关闭乙炔气瓶瓶阀，旋松减压器的手柄，放出乙炔软管内的余气；关闭氧气瓶瓶阀，旋松减压器的手柄，放出氧气软管内的余气；若是短时间内不再使用，应将氧气减压器和乙炔减压器从气瓶上卸下。将底座的两臂合并，切割机装在箱里，放到安全可靠的位置。

8.2.11 管道气割机

1. CG2-11 型磁力管道气割机

CG2-11 型磁力管道气割机采用两组四个永磁性滚轮将其吸附在钢管上，整个切割系统装在一个小车上，由小车运载完成切割任务。由于采用了磁铁滚轮，可使小车牢牢吸附在管道上，小车可以沿管道做圆周运动。本机也可割 I 形和 V 形坡口，但只适用于切割低碳钢和低合金钢，不能切割非铁磁性材料。切割管道直径应在 600mm 以上。其技术参数见表 8-37。

表 8-37 CG2-11 型磁力管道气割机技术参数

项目	技术参数	项目	技术参数
输入电源	AC 220V，50Hz	切割无缝钢管直径/mm	108
磁性吸附力/N	500	切割管壁厚度/mm	6～50
外形尺寸/（mm×mm×mm）	360×310×180	切割速度/（mm/min）	50～750

2. CG2-11G 型手摇式管道气割机

CG2-11G 型手摇式管道气割机可以绕任何材料的管道周向行走完成切割。本机由一根链条绕过管道和气割机上的传动链轮，将气割机捆绑在管子上定位气割机。切割时手摇使链轮转动，气割机便绕管道行走，带动割炬也绕管道行走而完成切割。与 CG2-11 型磁力管道气割机相比，此机可切割直径小一些的管道，且不用电源。CG2-11 型磁力管道气割机出厂时所配的链条长度一般只能切割直径 600mm 以下的管道，如果要切割大直径的管道则要另配长一些的链条。其技术参数见表 8-38。

表 8-38 链条捆绑式管道气割机技术参数

技术参数 \ 型号	CG2-11G	CG2-11S	CG2-11D	CG2-11B
外形尺寸（mm×mm×mm）	420×280×450	525×370×520	265×420×450	265×420×450
切割管最小直径/mm	150	250	150～600	150～600
切割管壁厚度/mm	6～50	6～50	6～50	由等离子电源确定
切割速度/(mm/min)	手控制	手控制	5～1150	5～2300

3. CG2-11S 型手摇式管道气割机

CG2-11S 型手摇式管道气割机与 CG2-11G 型管道气割机原理相

同。采用双方框链条，与管道之间的结合更加牢固可靠。有多外导轮孔，可根据管道直径的大小将导轮安装在不同的导轮孔上。CG2-11S型手摇式管道气割机出厂所配的链条长度是 1000mm。其技术参数见表 8-38。

4. CG2-11D 型自动管道气割机

CG2-11D 型自动管道气割机采用了电动机驱动，行走速度平稳，从而提高了切割精度。CG2-11D 型自动管道气割机的技术参数见表 8-38。

5. CG2-11B 型不锈钢管道气割机

CG2-11B 型不锈钢的管道气割机采用了电动机驱动，行走速度平稳，从而提高了切割精度。为了满足切割不锈钢管材的需要，采用等离子弧切割，其切割厚度与等离子电源的功率有关。切割钢板越厚，所需切割电流越大，需配用的等离子切割电源功率越大。由于采用等离子弧切割，故除了可切割不锈钢管道外，还可切割铜及铜合金管道、铝及铝合金管道、钛及钛合金管道和碳钢及合金钢管道。但要注意的是，切割淬硬倾向大的钢材时需观察割口表面会不会出现微裂纹。CG2-11B 型不锈钢管道切割机技术参数见表 8-38。

6. HK-600D 型自动管孔气割机

HK-600D 型自动管孔气割机不仅能按所需的圆或椭圆的轨迹切割，而且还能精确地跟踪管道的曲面使割炬上升和下降，从而保证割口质量。因此，HK-600D 型自动管孔气割机可以在主干线管道上切割一个与支路管道直径相吻合的孔。例如，在集中供热主干线上安装支路管道，在石油输送管道主干线上安装支路管道等。HK-600D 型自动管孔气割机技术参数见表 8-39。

表 8-39 HK-600D 型自动管孔气割机技术参数

项 目	技 术 参 数	项 目	技 术 参 数
输入电源	AC 220V，50Hz	切割钢管直径/mm	80～600
切割最大高度/mm	96	切割管壁厚/mm	6～50
外形尺寸/(mm×mm×mm)	1060×560×820	切割速度/（r/min）	0.14～1.2

7. HK 系列相贯管端头气割机

HK 系列相贯管端头气割机可与管孔气割机配套使用。支管的端头与主管接触部位不能平口相边，必须割出相贯线来。

该机就是专业用于切割支管端头相贯的正弦曲线。操作方式有电动和手动两种，可根据现场情况具体选择。对于不同直径的鞍形口，只要高度相同，可以使用同一模板切割。HK 系列相贯管端头切割机技术参数见表 8-40。

表 8-40　HK 系列相贯管端头切割机技术参数

<table>
<tr><th>型号</th><th>输入电源</th><th>切割钢管直径/mm</th><th>切割管壁厚/mm</th><th>切割最大高度/mm</th><th>切割速度/（r/min）</th><th>外形尺寸/（mm×mm×mm）</th></tr>
<tr><td>HK-102</td><td rowspan="4">AC 220V，50Hz</td><td>38～102</td><td rowspan="8">6～50</td><td>80</td><td>0.14～5.8</td><td>560×505×485</td></tr>
<tr><td>HK-203</td><td>76～203</td><td>110</td><td>0.14～2.5</td><td>560×505×485</td></tr>
<tr><td>HK-305</td><td>152～305</td><td>110</td><td>0.14～2</td><td>670×590×570</td></tr>
<tr><td>HK-500</td><td>305～500</td><td>110</td><td>0.6～1.1</td><td>780×820×680</td></tr>
<tr><td>HK-660</td><td>—</td><td>608～660</td><td>—</td><td rowspan="4">手动驱动</td><td>—</td></tr>
<tr><td>HK-762</td><td>—</td><td>610～762</td><td>—</td><td>—</td></tr>
<tr><td>HK-711</td><td>—</td><td>711～914</td><td>—</td><td>—</td></tr>
<tr><td>HK-1016</td><td>—</td><td>1010～1219</td><td>—</td><td>—</td></tr>
</table>

8. 管道气割机的正确使用

管道气割机是专门用于切割管道的，但不用于切割小直径管道。直径<50mm 的管道用割管刀或割锯都比较快且质量好，直径 100mm 的管道用气割机优势也不大，而直径越大的管道越能显示出用气割机的优势，特别是无法转动的管道。

（1）管道气割机的正确使用　与其他气割机一样，管道气割机的使用也分切割准备、切割操作和切割结束操作三个方面。

1）切割准备。

①如果要切割的管道处于自由状态，应将管道垫起一定高度，保证小车绕管道行走时不会受阻碍，并将管道垫牢，不得移动。如果管子是固定状态的，应查看在切割范围内是否有障碍物，如有障碍物应排除，如无法排除则只能用手工切割。

②选择合适的管道气割机，对于低碳钢管可采用磁力管道气割机；当壁厚较薄时，宜采用捆绑式气割机；在没有电源的条件下，宜采用手摇式管道气割机。

③将管道气割机置于管道的合适位置，安装好轨道；链条捆绑式管道气割机要将链条长度选好，将链条绕过管道和气割机后，接牢连接点接牢，旋转拉紧手轮将气割机与管道捆紧。

④选择合适的割嘴装好拧紧，调整好割嘴与钢板之间的距离。

⑤接通电源，开启驱动开关，检测电驱动系统是否正常，调整好切割速度，确认正常后，关闭驱动开关。

⑥将氧气和乙炔输气系统接通，检测调整好，气割的压力参照手工气割调整。

2）切割操作。

①点燃预热火焰，调整为中性焰，从起割点开始预热。

②当起割点预热到呈亮红色（700℃左右）时，开启切割氧调节阀开始切割，此时切割氧使压力开关接通，割嘴开始绕管道转动。

③切割过程中，注意检查气割机是否按线切割，送气软管是否有打折及影响切割的现象，切割过程是否稳定。

④待一周全部割完，关闭切割氧调节阀，关闭预热火焰的乙炔和氧气，关闭电源开关。

3）切割结束操作。拉下电闸或拔下电源插头；关闭乙炔气瓶瓶阀，旋松减压器的手柄，放出乙炔管内的余气；关闭氧气瓶瓶阀，旋松减压器的手柄，放出氧气管内的余气；若是短时间内不再使用，应将氧气减压器和乙炔减压器从气瓶上卸下。松开链条，将气割机从管道上取下，放到安全可靠的位置。

（2）用气割机割管的注意事项

①用气割机割管时，首先要注意管道周向空间能否容纳管道气割机，如果空间不够，则无法使用。

②气割机的割嘴选用要与管道臂厚相符，否则会影响切割质量。

③CG2-11 型管道气割机，由于磁轮是永久磁铁，故要在使用前检查磁轮是否沾有铁屑。若有，应清除干净，以保证切割时行走平稳。

④链条捆绑式管道气割机要注意检查链条是否老化，如果链条老化严重，将与链轮啮合不良，影响行走的平稳。另外不能用其他链条代替，必须保证链条与链轮的良好啮合。

⑤手摇式管道气割机应力求行走平稳，以保证切割质量。

8.2.12 其他专用气割机

1. CG1-13 型多向气割机

CG1-13 型多向气割机可以在永磁钢带导轨上行走，并能随导轨位置的改变进行垂直、横向、仰面、曲面等多方向运动。其切割厚度为 4～45mm，切割不平直钢板最小曲率 700mm。

2. CG2-60 型钢管内气割机

CG2-60 型钢管内气割机可以对钢管桩或竖直钢管（ϕ400～ϕ900mm）进行内壁切割，切割厚度为 5～25mm。

3. CG1-75 型钢锭气割机

CG1-75 型钢锭气割机可以对厚度 150～350mm 的钢板、钢锭进行直线切割。

4. SAG-A 型和 SAG-B 型磁轮气割机

SAG-A 型和 SAG-B 型磁轮气割机是利用两个永久性磁轮使其吸附在钢管、钢板上进行多种位置自动切割的设备。如钢管自动切割与坡口切割，钢板在平、立、仰各种位置的直线或斜面切割，SAG-B 型磁轮气割机还可以进行圆弧切割。切割厚度为 5～70mm，切割管径＞108mm，切割圆弧为 0～500mm。

5. GX-600 型钢气割机

GX-600 型钢气割机用来切割工字钢、槽钢等，可切割工字钢 10～70 号、槽钢 10～40 号，可正横斜切割 0°～45°，斜垂切割 0°～60°。厚板 U 形坡口气割机可切割厚度为 40～100mm，也可以切割 V 形、X 形、Y 形和 K 形坡口。

6. GCJ2-350 型坡口气割机

GCJ2-350 型坡口气割机为适应不同工艺要求，可采用单割炬、双割炬和三割炬分别进行 Y 形、V 形、X 形和 K 形直线坡口的切割，切割厚度为 5～100mm。

8.2.13 气割机的正确使用

1. CG1-30型半自动气割机

（1）CG1-30型半自动气割机的结构 CG1-30型半自动气割机是小车式的半自动气割机，主要由机身、割炬、气体分配器、横移架、压力开关及控制板等部分组成。CG1-30 型半自动气割机机身内安装了电动机和减速机构，采用直流伺服电动机驱动，额定电压为 110V，功率为 24W，无级调速。

（2）CG1-30型半自动气割机主要零部件的作用

①CG1-30 型半自动气割机的减速机构系三级减速传动，有两对蜗轮、蜗杆和一对直齿圆柱齿轮，驱动一对开有沟槽的主动轮。另一对从动轮也开有沟槽，并可根据需要在切割圆割件时，旋松蝶形螺母，使从动轮自由转动方向。

②横移架是由移动杆、横移手轮和移动手柄等组成。旋转横移手柄可以使移动杆左右移动。当需要对割炬进行上下粗调时，应松开移动手柄，整个横移架将上下移动，从而改变割炬和割件之间的距离。

③割炬用蝶形螺母紧固在升降架的下端，旋转横移手轮时，可使升降架连同割炬做横向移动；旋转调节手轮时，可使割炬进行垂直方向的升降；松开蝶形螺母时，割炬在0°～45°进行调节。

④气体分配器由氧气和乙炔的进口接头组成，包括预热氧气阀、切割氧气阀和乙炔调节阀等。主要作用是向割炬供给氧气和乙炔气。

⑤控制板用来操纵气割机工作，切割开始停止的开关就安装在控制板上。在控制板上还安装有使电动机顺逆运行的倒顺开关、调整切割速度的速度调整器、交流电源（220V）插座和指示灯等。切割时，只需旋转电位器的旋钮，使气割机的切割速度在50～750mm/min进行无级调速。

⑥气割机控制板旁边还装有离合器手柄，主要用于切割前对准割缝和固定导轨。当松开离合器时，气割机可以空载运行，在进行切割时，需要将离合器推上，否则，气割机将因没挂上挡而原地不动。

⑦气割机备有凸形和凹形的导轨，直线切割时可根据实际情况选用。导轨的端面有接口，供接长导轨使用。气割机切割圆形割件时，必须将半径架安装在机身上，并将定位针放入定位孔中。根据圆形割件的

半径尺寸旋紧定位螺钉。

2. CG1-30 型半自动气割机的正确使用

（1）准备工作

①检查 CG1-30 型半自动气割机机械部分、电气部分的完好性。

②进行直线切割时，应将导轨放在被切割钢板平面上，将气割机轻轻放在导轨上，使有割炬的一侧面对操作者，根据钢板的厚度选择割嘴。割嘴与切割工艺参数的关系见表 8-41。

表 8-41　割嘴与切割工艺参数的关系

嘴号	切割板厚度/mm	氧气压力/MPa	乙炔压力/MPa	切割速度/（mm/min）
00	5～10	0.2～0.3	0.02～0.035	450～600
0	10～20			380～480
1	20～30	0.25～0.35		320～400
2	30～50			280～350
3	50～70	0.3～0.4	0.035～0.045	240～300
4	70～90			200～260
5	90～120	0.4～0.5		170～210

③将电源（AC 220V）插头插入控制板上的插座上，接通电源后，气割机上的指示灯亮。

④调整好导轨，调节割炬与割线之间的距离，以及割炬的垂直度，切割坡口时，还应调整割嘴的倾斜角度。切割圆形割件时，应安装切割用的半径架，调整好切割半径，抬高定位针，并使靠近定位针的滚轮悬空。

⑤将氧气、乙炔胶管接到分配器上，调节好氧气和乙炔的使用压力并开始供气，在割嘴处点火（乙炔阀打开后，应马上点火，防止乙炔进入机身内），调整火焰。

⑥当采用双割炬进行切割时，应将氧气和乙炔气管与两组切割调节阀接通。

⑦切割的驱动或停止可按动起割开关，而顺转与逆转运行则由倒顺开关操作。速度控制箱上有刻度线，旋转按钮位于不同的刻度时可以控制气割机的不同速度，逆时针旋转速度减小，顺时针旋转速度增大。

（2）切割操作

①把 CG1-30 型半自动气割机的离合器手柄推上，开启压力开关阀，使切割氧和乙炔气管相通，将起割开关置于停止位置。

②根据切割小车的运动方向将倒顺开关置于“倒”或“顺”的位置，根据割件的厚度调整切割速度，然后进行点火，调整预热火焰能率。

③割件被预热到呈亮红色后，开启切割氧调节阀，割穿割件。同时，由于压力开关的作用，电动机的电源接通，气割机开始行走，切割工作开始。如果不用压力开关，也可以直接用起割开关来接通和切断电源。

④在切割工作中，根据现场实际情况，可随时旋转升降架上的调节手轮，以调节割嘴到割件间的距离。

⑤在切割过程中，随时观察和调整氧气和乙炔的压力波动，保证切割质量。

（3）切割结束操作

①关掉切割氧调节阀，此时压力开关失去作用，从而切断了气割机电动机的电源。

②关闭压力开关阀、预热氧开关和燃气开关，熄灭预热火焰。

③不能先关闭压力开关阀，因为高压氧被封在管路中，压力开关继续在压力下工作，不能切断电动机的电源。

④关闭控制操作盘上的电源开关，控制板指示灯灭。

⑤拆掉氧气软管、乙炔软管，拔掉电源插头，清理气割现场。

⑥对切割质量、气割机功能部件等进行检查。

3. SDYQ 系列数控等离子氧乙炔气割机的正确使用

SDYQ 系列数控等离子氧乙炔气割机是一种用于切割金属板材下料的数字程序控制自动化气割设备，该设备在工业计算机的控制下，采用燃气火焰或等离子弧作为切割源，可以在低碳钢、不锈钢，以及铝、铜等非铁金属板材上切割任意图形，切割厚度为 0.8～150mm。

（1）氧乙炔切割的操作　氧乙炔可切割普通碳钢，切割厚度为 6～150mm。

1）准备工作。准备好切割所需要的氧气和乙炔（或其他可燃气体），氧气的纯度≥99.5%。

2）开机。开启数控机专用空气开关，然后打开电源锁，系统自动进入控制主菜单。

3）选择切割用的割炬。移动鼠标在屏幕下方选择本次切割所用的氧乙炔割炬，被选中的割炬号四周用黄框表示。同时，取消不用的割炬号。

4）指定文件。按F6键或单击“指定文件”按钮，指定需切割的G代码文件，系统提示“指定切割速度”，用户可参照有关该机使用说明书中的附录1，根据板厚可选择相应的速度值，或直接按Enter键，使用节省速度。

5）吊装钢板。把需要切割的钢板吊装到料架上，尽量使钢板的一边与导轨平行，钢板需平面水平放置。

6）气体压力调节。

①打开氧气调节阀，将氧气出口压力调整到0.8～1.0MPa。

②打开乙炔（或其他燃气）调节阀，将乙炔出口压力调整到0.05～0.07MPa。

③调整气路面板上的调压阀，使预热氧压力为0.3～0.4MPa，燃气压力为0.03～0.05MPa，切割氧压力为0.5～0.8MPa。

7）选择并安装割嘴。按控制面板上的手动移动按钮，使切割小车移到与横梁平行的钢板边缘，检查割嘴情况，看割嘴型号是否合适，是否有堵嘴现象，并根据情况予以处理。割嘴型号与板厚及切割速度之间的关系见表8-42。

表8-42　割嘴型号与板厚及切割速度之间的关系

割嘴号	喉径/mm	板材厚度/mm	切割速度/（mm/min）	切割氧压力/MPa
1	0.6	5～10	500～700	0.7～0.8

续表 8-42

割嘴号	喉径/mm	板材厚度/mm	切割速度/（mm/min）	切割氧压力/MPa
2	0.8	10～20	380～600	0.7～0.8
3	1	20～40	350～500	
4	1.25	40～60	300～420	
5	1.5	60～100	200～320	
6	1.75	100～150	140～260	

8）钢板矫正。观察钢板边缘与导轨是否平行，如不平行，可用程序校正，将图形旋转至钢板偏移的角度，令切割图样与钢板相对平行或对齐。钢板进行矫正方法如下。

①手动移动割炬到起割点附近，按 D 键或单击手动调整框内的“对点”按钮打开激光头，手动移动使激光点对准钢板与导轨的平行边缘，单击手动调整框内的“定角”按钮，开始定角操作。

②按 Y 轴移动键，把大车移到钢板的另一边；按 X 轴移动键，使激光点对准钢板边缘。

③单击“定角”按钮，系统自动根据之前手动移动的尺寸将图形旋转某一角度，该角度即是钢板与导轨的偏移角。

④定角后系统自动把割炬移到定角前的位置。

9）点火及火焰调整。

①打开割炬上点火燃气阀、预热氧气阀和乙炔阀门（乙炔阀门稍开大些）、切割氧气阀，如果气割炬旁有喷粉枪，应把喷粉枪的所有截止阀关闭。

②按 F2 键或单击“点火起弧”按钮，选择割炬自动点火，并打开预热氧气阀和燃气阀。

③预热火焰的大小靠预热氧气阀调整，同时按比例调节乙炔阀门，直到获得最长的、尖锐的、明亮的火焰锥为止。

④按 F4 键或单击“加切割氧”按钮，打开切割氧气阀，检查切割氧喷射的情况，需以笔直的、圆柱形式从割嘴流出而不摆动。

⑤当割炬上的各阀门按上述操作调整完成后，注意保持其状态。

⑥按 F4 键关闭切割氧气阀。

10）移动割炬到起割点。根据图样运行方向，确定起割点，按控制面板上的手动调整方向键，把割炬移动到确定的起割点处。

11）调节割炬高度。按控制面板上所选割炬的“上升”或“下降”按钮，调整割炬高度，使割嘴与钢板的距离为 5～8mm。

控制面板上有 5 组升降按钮，分别对应枪 1～枪 5，按相应的按钮可以调节相应割炬的高度。

12）指定切割速度。根据板厚选择切割速度，如果选择不合适，可以按 F9 键重新指定切割速度。

13）开始切割。按 F4 键打开切割氧气阀，待切割火焰穿透钢板时，立即按“运行”键开始切割运行。

14）切割过程中的监控。在切割过程中，如果发现没有切透或气体用完等情况，应立即按“暂停”键暂停，并关闭切割氧气阀，检查未切透的原因并及时予以处理，然后按“返回”键返回未切透处，预热后重新按“运行”键或单击屏幕上的“继续”按钮继续切割，同时按“减速”按钮，稍微减慢切割速度。通常没有切透是因为切割速度太快或气压不够。

15）切割结束操作。当 G 代码文件切割完毕后，立即按 F4 键关闭切割氧气阀，并把割炬提升到 50mm 以上。待切割下的工件冷却后，再将其堆放到指定的地点。

16）切割过程中途终止。如果想在程序运行中途停止切割，可在暂停后单击屏幕上的“临时退出”按钮，确认后计算机将保留此次程序运行断点，并在下一次指定文件时，提示“继续运行上次 XXX.G（Y/N）”，按 Y 键，屏幕即显示上一次切割的图形及切割中断点，用户可以从此处继续上次的切割。

17）退出关机。切割完毕后，按 ESC 键或单击屏幕上的“退出”按钮，系统提示“是否退出控制系统（Y/X）”，按 Y 键即可退出，等待约 5s 后，回到 DOS 状态。此时，用户可以关闭电源锁关机，再关闭空气开关。

（2）SDYQ 系列数控等离子氧乙炔气割机的操作注意事项

①在切割过程中应严格遵守安全操作规程。

②不允许删除 C:\LC 目录下的任何文件，否则会导致设备不能正常使用。

③在吊卸钢板或正常操作时，不要碰撞导轨，以免影响机床精度。

④在机床运行或手动移动时，应注意正常使用割炬的高度和未使用割炬的高度，防止由于割炬太低造成与钢板的接触或碰撞而引起割炬或伸缩杆的损坏。

⑤在操作过程中如出现紧急情况，应立即按面板上的急停开关，系统会自动停止所有的操作，并退回到 DOS 状态，此时方可关闭电源锁。如果在紧急状态下直接关闭电源锁，会使机床抖动，并造成齿条啮合不良的情况。

⑥在 G 代码文件运行过程中，如移动限位开关，系统会显示报警信息，并会自动暂停。此时，可根据提示的限位方向按住与限位相反的方向移动按钮，退出限位状态。

⑦如果发生伺服报警，系统会显示相应的报警信号，并自动退出控制系统，回到 DOS 状态。此时，应打开副机箱门，记录发生的报警代码，参照故障排除方法进行相应处理。

8.3 等离子弧切割设备

8.3.1 等离子弧切割设备的组成

等离子弧切割设备主要由切割电源、高频发生器、电气控制系统、水路系统、气路系统、割炬和电极等部件组成，如图 8-26 所示。水冷割炬还需要有冷却循环水（气）系统。目前使用的空气等离子弧切割机组成简单，主要有电源控制系统、控制压缩机和气路系统等。等离子弧切割设备主要部件及其功能和组成见表 8-43。

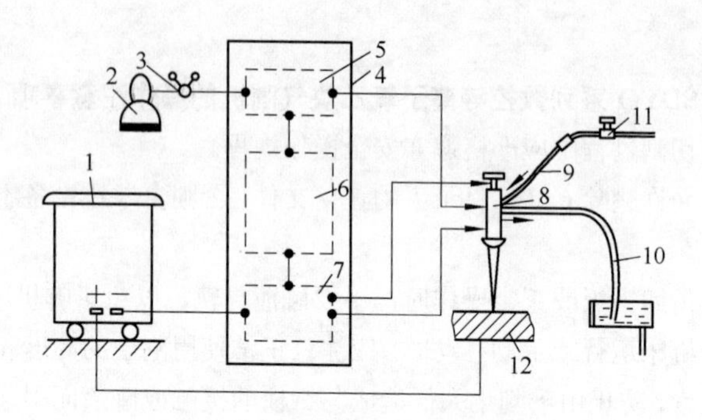

图 8-26　等离子弧切割设备的组成

1. 电源；2. 气源；3. 调压表；4. 控制箱；5. 气路控制；6. 程序控制；7. 高频发生器；8. 割炬；9. 进水管；10. 出水管；11. 水源；12. 工件

表 8-43　等离子弧切割设备主要部件及其功能和组成

主要部件	功能和组成
电源	供给切割所需的工作电压和电流，并具有相应的外特性；目前基本上采用直流电源
高频发生器	引燃等离子弧，通常能产生 3～6kV 高压，2～3MHz 高频电流。一旦主电弧建立，高频发生器电路自行断开；现在某些国产小电流空气等离子弧采用接触引弧方式，不需要高频发生器
气路系统	连续、稳定地供给等离子弧工作气体；通常由气瓶（包括压力调节器、流量计）、供气管路和电磁阀等组成；使用两种以上工作气体时需要设置气体混合器和储气罐
冷却循环水（气）系统	向割炬和电源供给冷却水，冷却电极、喷嘴和电源等使之不致过热；通常可使用自来水，当需水量大或采用内循环冷却水时，需配备水泵；水再压缩等离子弧切割设备还需要供给喷射水，需配置高压泵；同时对冷却水和喷射水的水质要求较高，有时需配置冷却水软化装置；小电流空气等离子弧和氧等离子弧割炬只采用气冷时，不设冷却水系统，由供气系统供给
割炬	产生等离子弧并施行切割的部件，对切割效率和质量有直接的影响
控制箱	控制电弧的引燃，用于调整工作气体和冷却水的压力、流量等切割参数

1. 切割电源

等离子弧切割采用具有陡降或恒流外特性的直流电源，大多数切割都采用转移弧。与等离子弧焊电源相比，等离子弧切割电源的空载电压更高。为了获得满意的引弧及稳弧效果，电源空载电压一般为切割时电源电压的 2 倍，常用切割电源空载电压为 150～400V。国产切割电源的空载电压都在 200V 以上，水再压缩等离子弧切割电源的空载电压为 400V。

2. 控制电路

等离子弧切割程序如图 8-27 所示。根据切割程序要求，控制电路要执行提前送气、转移弧、通水、接通切割电流和送切割气等操作，自动切割时还包括对小车拖动的控制。对厚板进行预热后，即可进入正常切割程序。切割结束后，控制电路能保证切割小车停止，滞后送气、停止全部程序。此外，当电源短路、电流过大、工作中途断水等故障发生时，控制电路可自动停止切割工作，保证安全。

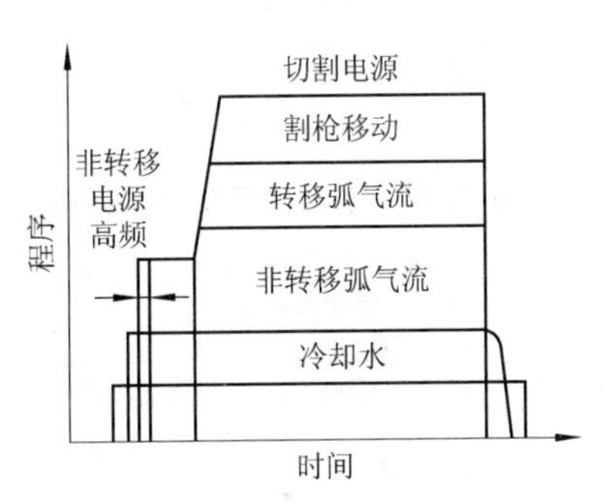

图 8-27 等离子弧切割程序

3. 割炬

割炬是产生等离子弧并进行切割的关键部件。等离子弧切割用的割炬与等离子弧焊枪相似，只是割炬的压缩喷嘴及电极不一定都采用水冷结构。割炬的主要部件有割炬本体、电极组件、喷嘴和压帽等，手工割炬则带有把手。

①等离子弧割炬的结构如图 8-28 所示。

割炬的具体结构形式取决于切割的电流等级，一般 60A 以下的割炬多采用风冷结构，即利用高压气流对喷嘴和枪体冷却，以及对等离子弧进行压缩，风冷割炬的结构如图 8-29 所示。切割电流 60A 以上的割炬多采用水冷结构。

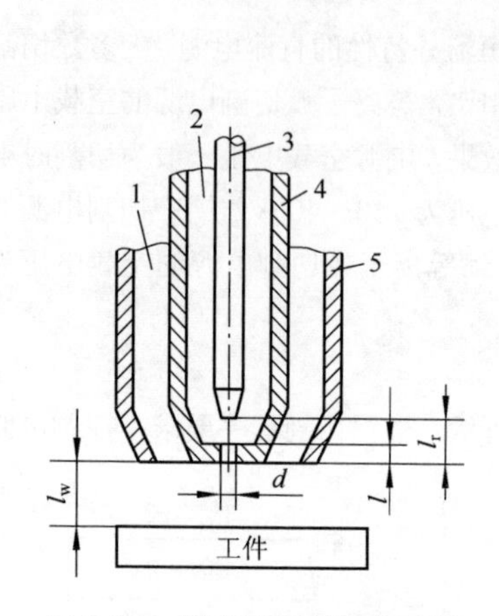

图 8-28　等离子弧割炬的结构

1. 保护气通道；2. 离子气通道；3. 电极；
4. 喷嘴；5. 保护套；
d——喷嘴孔径；l——喷嘴孔道长度；
l_r——钨极内缩量；l_w——喷嘴与工件距离

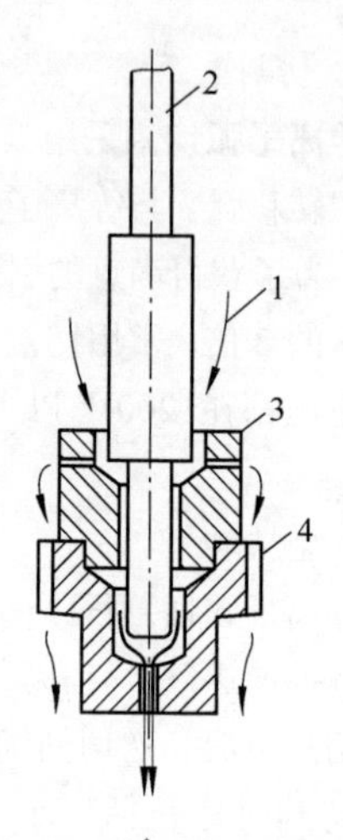

图 8-29　风冷割炬的结构

1. 气流；2. 电极；
3. 分流器（陶瓷）；4. 喷嘴

等离子弧割炬技术参数见表 8-44，其中除了 LG-400 型为普通等离子弧切割割炬外，其余均为空气等离子弧切割割炬。

表 8-44　等离子弧割炬技术参数

型　号	额定切割电流/A	额定工作电压/V	切割厚度	空气压力/MPa	割嘴形式
LG-0°/25A	25	—	<8	—	笔式
LG-0°/30A	30	—	0.1～8	0.3～5	笔式
LG-0°/40A	40	—	—	—	笔式
LG-45°/40A	40	—	10	0.3～5	角式
LG-75°/40A	40	85～95	—	—	角式
LG-0°/50A	50	—	0.1～20	—	笔式
LG-75°/50A	50	—	—	—	角式
LG-75°/60A	60	90～110	—	—	角式

续表 8-44

型　　号	额定切割电流/A	额定工作电压/V	切割厚度	空气压力/MPa	割嘴形式
LG-75°/63A	63	—	—	—	角式
LG-0°/63A	63	—	—	—	笔式
LG-0°/100A	100	—	—	—	笔式
LG-75°/100A	100	110～130	—	—	角式
LG-75°/200A	200	130	—	—	角式
LG-400	400	—	—	—	整体式

②图 8-30 所示为大电流涡流式水冷割炬结构（中心不可调式），是国产 LG-400-1 型等离子弧切割机的配套割炬。电极为间接水冷式钨极，调整和更换方便，上、下腔体用螺母联接，冷却水在内部连通。工作气体可使用 N_2、N_2+H_2、N_2+Ar 或 $Ar+H_2$ 混合气体，可切割厚度 100mm 以下的不锈钢、铝、铸铁和铜合金等，切割性能良好。这种割炬的电极与喷嘴的对中取决于零件的加工精度，使用中不能调节，也称中心不可调式割炬，因此加工和装配要求高。

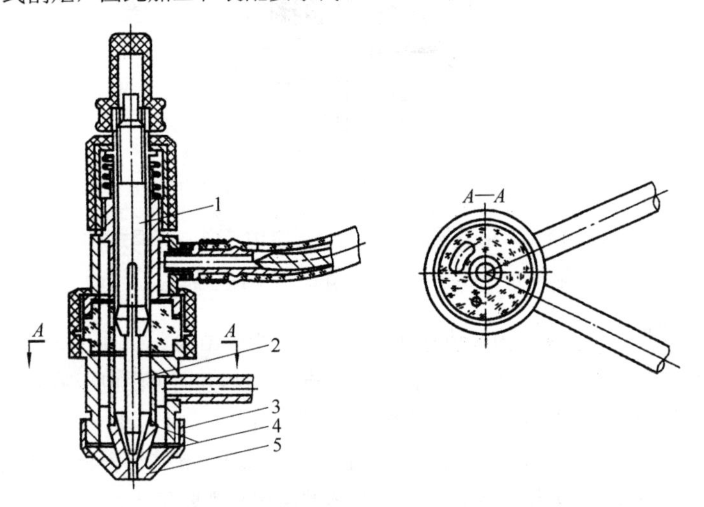

图 8-30　大电流涡流式水冷割炬结构（中心不可调式）

1. 电极夹头；2. 钨极；3. 螺母；4. 垫片；5. 喷嘴

③图 8-31 所示为大电流涡流式水冷割炬结构（中心可调式），是国产 LG-500 型等离子弧切割机的配套割炬。工作气体和切割材料与中心不可调式水冷割炬类同。这种割炬的特点是电极与喷嘴的同轴度可进行调节，也称中心可调式割炬，因此对零件的加工精度和电极的直线性要求较低。

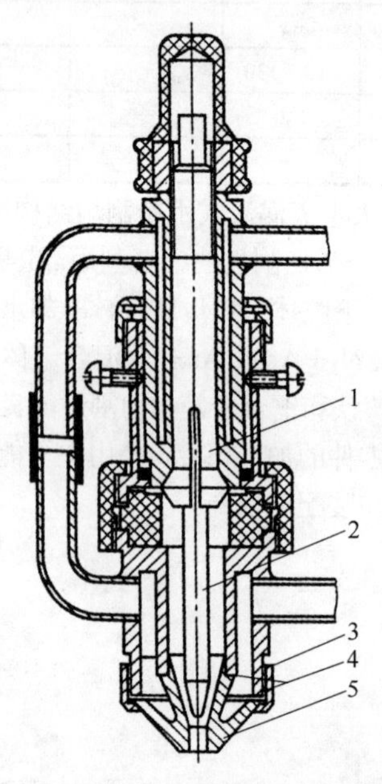

图 8-31　大电流涡流式水冷割炬结构（中心可调式）

1. 电极夹头；2. 钨极；3. 螺母；4. 垫片；5. 喷嘴

④图 8-32 所示为轴流和涡流复合式割炬的结构。轴向工作气流通过电极夹上的小孔供给，由轴向气罩将气流汇集并向下沿电极喷流。同时从喷嘴中再附加切向气流，进一步压缩电弧。轴向气流一般为 H_2，切向气流采用 Ar 或 N_2。电极采用直径 8mm 或 9mm 铈钨合金，间接水冷。图 8-32（b）所示为该割炬下腔体的结构和主要尺寸。

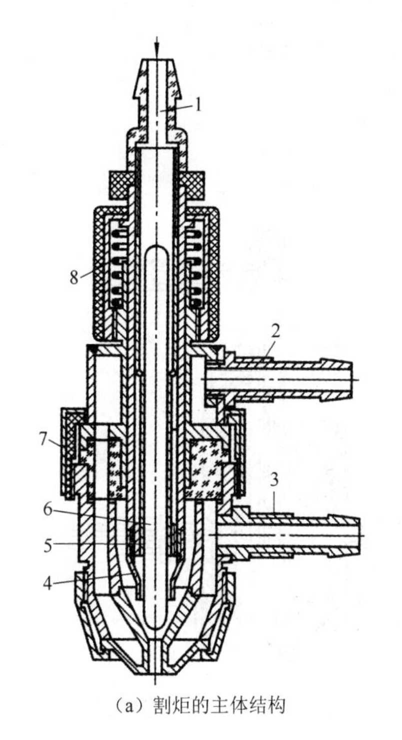

（a）割炬的主体结构

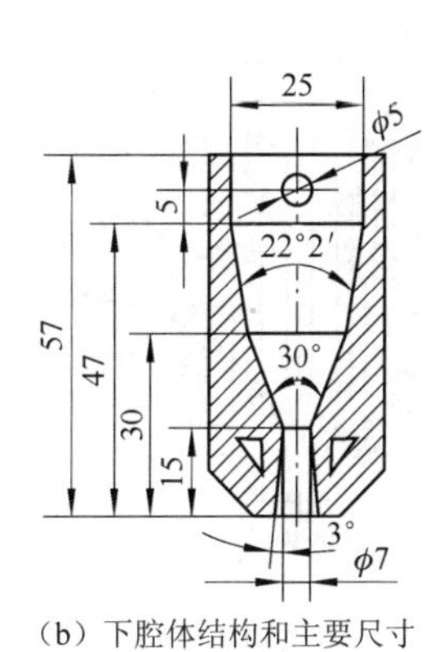

（b）下腔体结构和主要尺寸

图 8-32 轴流和涡流复合式割炬的结构

1. 气管接头；2、3. 水电接头；4. 轴向气罩；5. 电极夹头；6. 电极；7. 绝缘垫；8. 弹簧

这种割炬适用于切割厚金属，如使用 500A 切割电流、200V 工作电压能切割厚度 140mm 的不锈钢。

⑤图 8-33 所示为环氧树脂浇铸割炬的结构。上、下腔体的绝缘层和割炬外壳都是由环氧树脂材料浇铸而成的，不但绝缘性能良好，而且加工工序大大简化。

⑥大电流空气等离子弧割炬的结构如图 8-34 所示，适用工作电流 250～300A。电极使用锆极（尺寸为 2.5mm×7mm）嵌装在纯铜座内的结构，工作气流为涡旋式。喷嘴和电极分别通水直接冷却。喷嘴孔径为 3mm，孔道长度为 4mm，电极端头至喷嘴端面的距离为 10mm。工作电

流小于 100A 的割炬大都采用气冷式，割炬结构可简化。

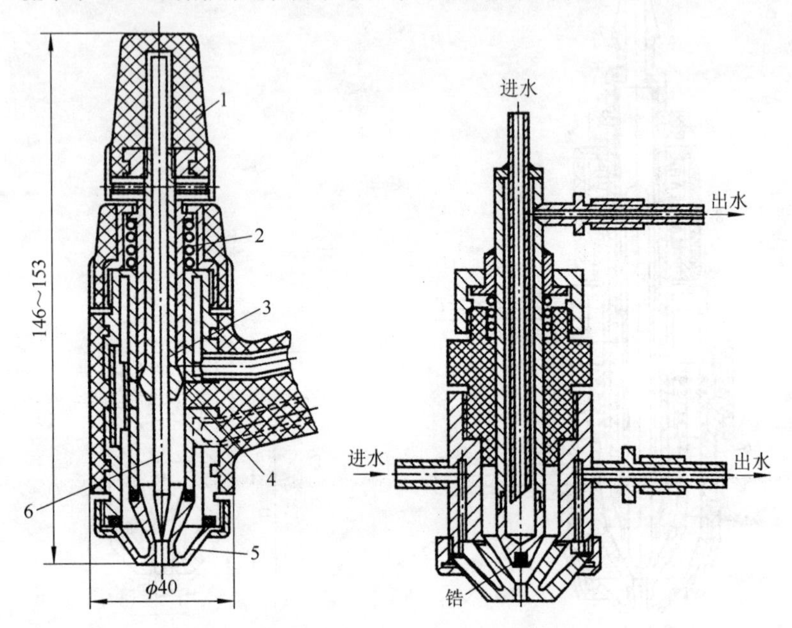

图 8-33　环氧树脂浇铸割炬的结构

1. 电极帽；2. 弹簧；3. 电极夹头；4. 环氧树脂；5. 喷嘴；6. 电极

图 8-34　大电流空气等离子弧割炬的结构

⑦氮-水再压缩等离子弧割炬的结构如图 8-35 所示。电极采用直径 6mm 铈钨合金，端头磨成 30°，用银钎焊焊在电极座（厚壁纯铜管）上，焊缝必须水密。电极的冷却水由进水嘴流入内冷却水管，再从内冷却水管与电极座铜管之间的间隙，经出水口流出。在冷却水量足够的情况下，钨极工作数小时仍能保持白亮的表面，无明显烧损。

割炬的喷嘴孔道比等离子弧焊枪的大，而孔道直径更小，有利于压缩等离子弧。进气方式最好径向通入，有利于提高割炬喷嘴的使用寿命。由于孔道直径小，割炬要求电极和割嘴同轴度高。

纯铜制外喷嘴的外表面喷涂有一层厚度约 0.2mm 的氧化铝陶瓷绝

缘层，以避免喷嘴接触到金属飞溅物后产生双弧。这种割炬的工作电流范围为 100～500A，工作电压范围为 100～250V。

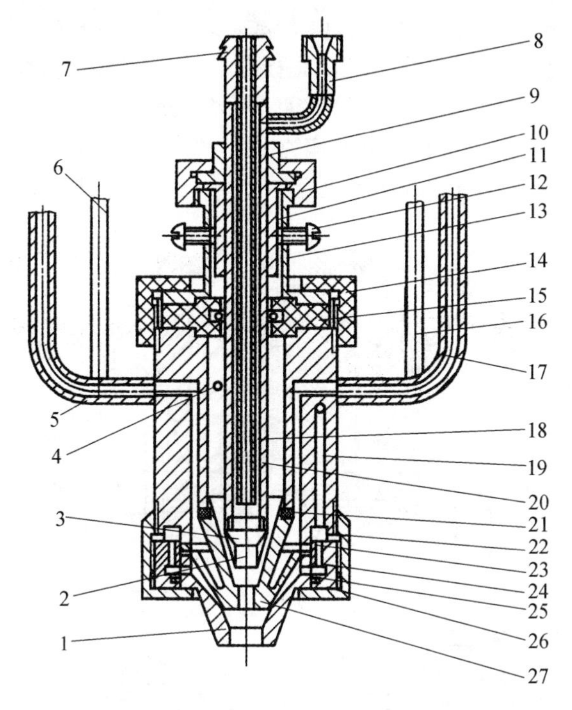

图 8-35 氮-水再压缩等离子弧割炬的结构

1. 外喷嘴；2. 电极；3. 电极嘴；4. 切向进气孔；5. 出水管；6. 进气管；7. 进水嘴；8. 出水嘴；9. 调节螺母；10. 固定螺母；11. 中心套；12. 调节螺钉；13. 上壳体；14、26. 圆螺母；15. 绝缘套；16. 气管；17. 进水管；18. 内冷却水管；19. 下壳体水套；20. 电极座；21、23、25. 密封圈；22. O 形环；24. 水罩；27. 内喷嘴

等离子弧割炬按操作方式不同分为手工割炬和自动割炬。割炬喷嘴到工件间的距离对切割质量有影响。手工割炬的操作因割炬的样式不同而有所不同，有的手工割炬需操作者保持喷嘴到工件间的距离，而有的割炬喷嘴到工件间的距离是固定的。自动割炬可以安装在行走小车、数控切割设备或机器人上进行自动切割。自动割炬喷嘴到工件间的距离可

以控制在所需的数值范围之内，有些自动割炬在切割过程中可以自动将该割炬喷嘴到工件的距离调整至最佳数值。

图 8-36 所示为美国某公司研制的氮-水再压缩等离子弧割炬的结构。割炬体用绝缘的聚甲醛树脂制造。电极为含钍 2%的钨棒，钎焊于电极座（厚壁纯铜管）上，用通入管子的水直接水冷，冷却水经电极座纯铜管与冷却水管之间的间隙流出。电极座纯铜管外壁下部装有由绝缘材料碳化硼陶瓷制作的瓷套管。这两个零件装在割炬体内，用 O 形环密封。

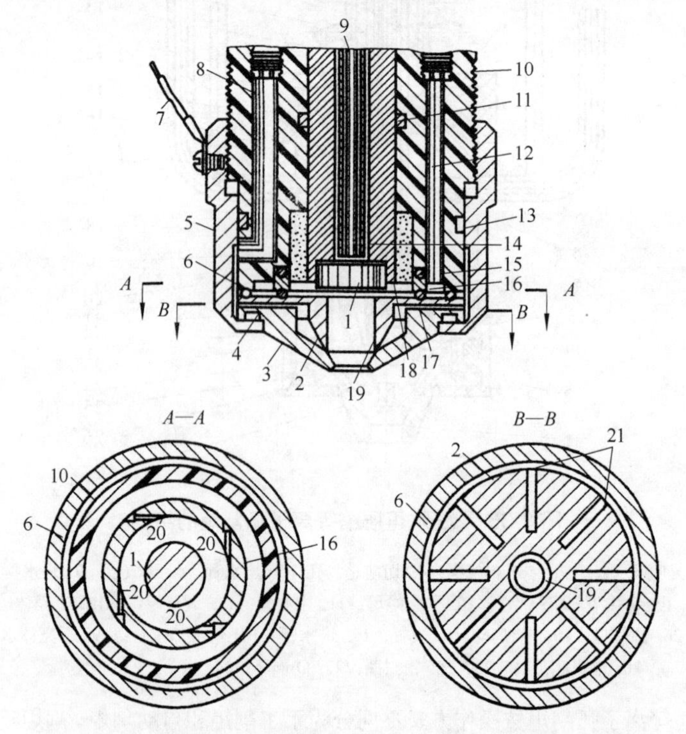

图 8-36　美国某公司研制的氮-水再压缩等离子弧割炬的结构

1. 电极；2. 内喷嘴；3. 外喷嘴；4. 密封垫；5、11、13、15、17. O 形密封环；6. 黄铜压紧螺母；7. 导线；8. 水通道；9. 电极水冷却管；10. 割炬体；12. 纵向气道；14. 电极座；16. 垫圈；18. 瓷套管；19. 电弧通道；20. 切向喷气孔；21. 径向喷水槽

图 8-37 所示为下喷嘴采用氧化铝陶瓷喷嘴的结构。割炬的主体部分与图 8-36 所示的相同。上喷嘴和氧化铝下喷嘴之间用环氧树脂衬垫隔开，以形成环形间隙，用于向电弧喷射压缩水流。支爪用于保护陶瓷喷嘴孔的端面。采用陶瓷下喷嘴具有避免割炬与工件短路，防止熔渣或金属飞溅物飞溅到下喷嘴产生双弧，可大大提高喷嘴的使用寿命。

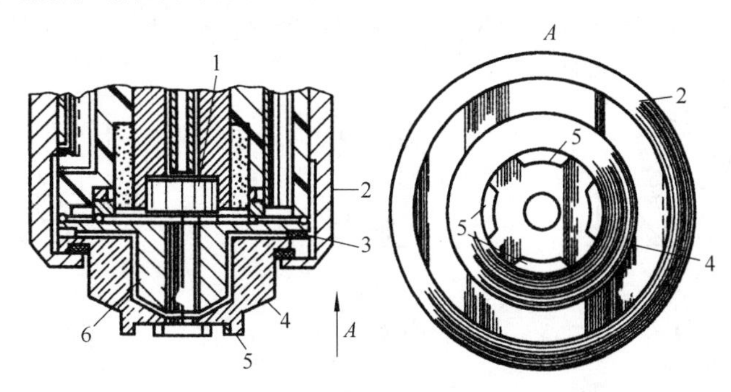

图 8-37 下喷嘴采用氧化铝陶瓷喷嘴的结构

1. 电极；2. 黄铜压紧螺母；3. 环氧树脂衬垫；4. 陶瓷下喷嘴；5. 支爪；6. 上喷嘴

图 8-38 所示为氮-氧再压缩等离子弧割炬的结构，与水再压缩割炬类似。工作气体 N_2 通过进气口后切向喷射形成涡旋气流。喷氧孔靠近喷嘴上部，这样能与电弧中的 N_2 充分混合，充分发挥其热动力特性。此割炬适用的工作电流为 100～600A。

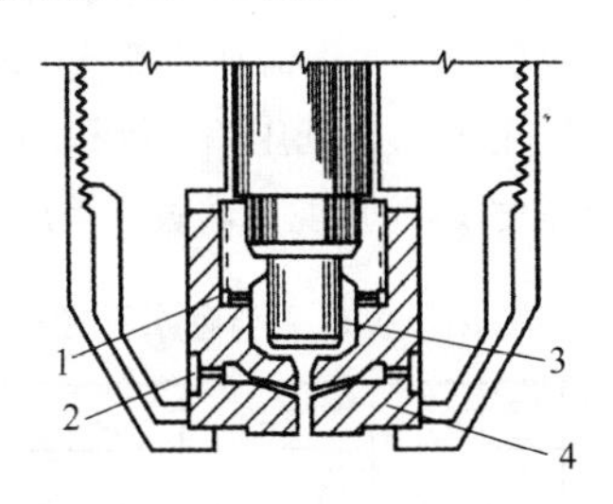

图 8-38 氮-氧再压缩等离子弧割炬的结构

1. N_2 进气口；2. O_2 进气口；3. 电极；4. 喷嘴

4. 压缩喷嘴

压缩喷嘴是等离子弧割炬的核心部分，其结构形式和几何尺寸对等离子弧的压缩和稳定有重要影响，直接关系到切割能力、切口质量和喷嘴的寿命。喷嘴一般用导热性良好的紫铜制成。对于大功率喷嘴必须采用直接水冷方式。为提高冷却效果，喷嘴的壁厚一般为1～1.5mm。

压缩喷嘴有两个主要尺寸，即喷嘴孔径 d 和孔道长度 l。如图 8-39 所示为几种常用喷嘴的结构。

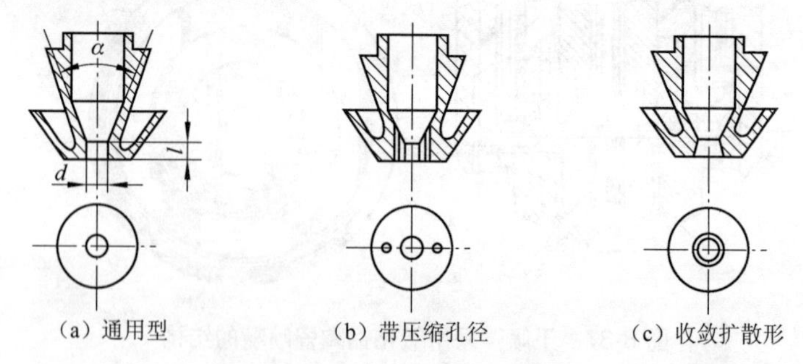

图 8-39　几种常用喷嘴的结构

α——压缩角；d——喷嘴孔径；l——喷嘴孔道长度

喷嘴通道入口锥面的角度，称为压缩角 α。α 对离子弧影响不大，但考虑到与电极锥角配合，一般应取 30°～45°。

喷嘴孔径 d 决定等离子弧的能量密度，这是由电流和离子气流量来决定的，表 8-45 列出了等离子弧电流与喷嘴孔径的关系。对于一定的电流值和离子气流量，孔径越大，其压缩作用越小。孔径过大，失去压缩作用；孔径过小，则会引起双弧现象，破坏等离子弧稳定性。

表 8-45　等离子弧电流与喷嘴孔径的关系

喷嘴孔径 d/mm	0.8	1.6	2.1	2.5	3.2	4.8
等离子弧电流/A	1～25	20～75	40～100	100～200	150～300	200～500
离子气（Ar）流量/（L/min）	0.24	0.47	0.94	1.89	2.36	2.83

图 8-40 所示为割炬的喷嘴孔径 d 与割炬功率 q 的关系。图 8-41 所示为喷嘴孔径与被切割材料厚度的关系，根据此图可得出喷嘴孔径 d，然后根据公式 $d=I/(70\sim100)$确定切割电流 I 和割炬功率 q。

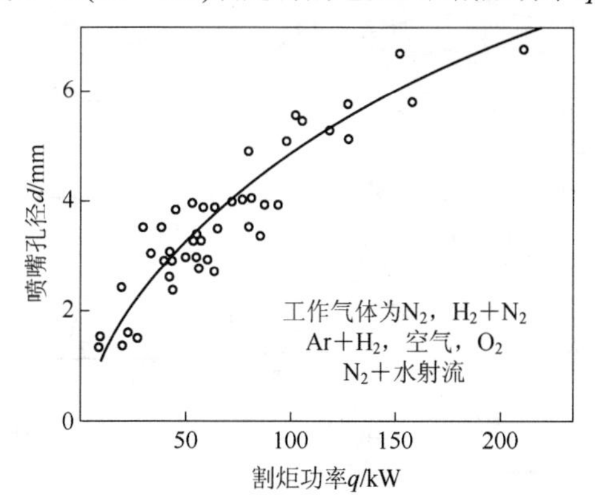

图 8-40 割炬的喷嘴孔径 d 与割炬功率 q 的关系

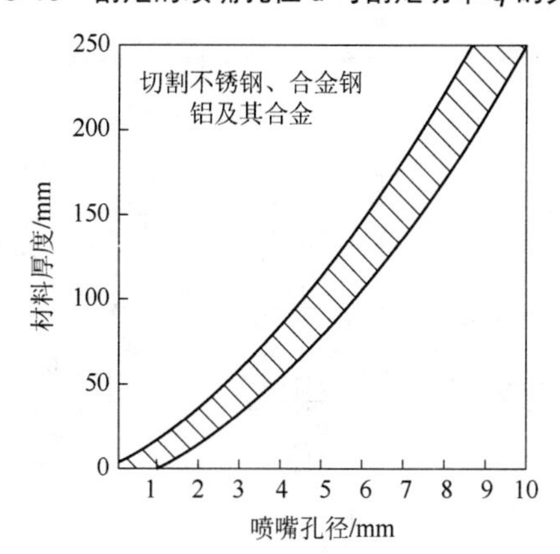

图 8-41 喷嘴孔径与被切割材料厚度的关系

等离子弧切割的种类很多，喷嘴的结构也不尽相同。图 8-42 所示为几种常用喷嘴的结构尺寸。其中图 8-42（c）所示的喷嘴出口段采用扩散形孔，其锥度约为 6°；图 8-42（e）所示的结构在非氧化性工作气体割炬中应用较多，效果良好。

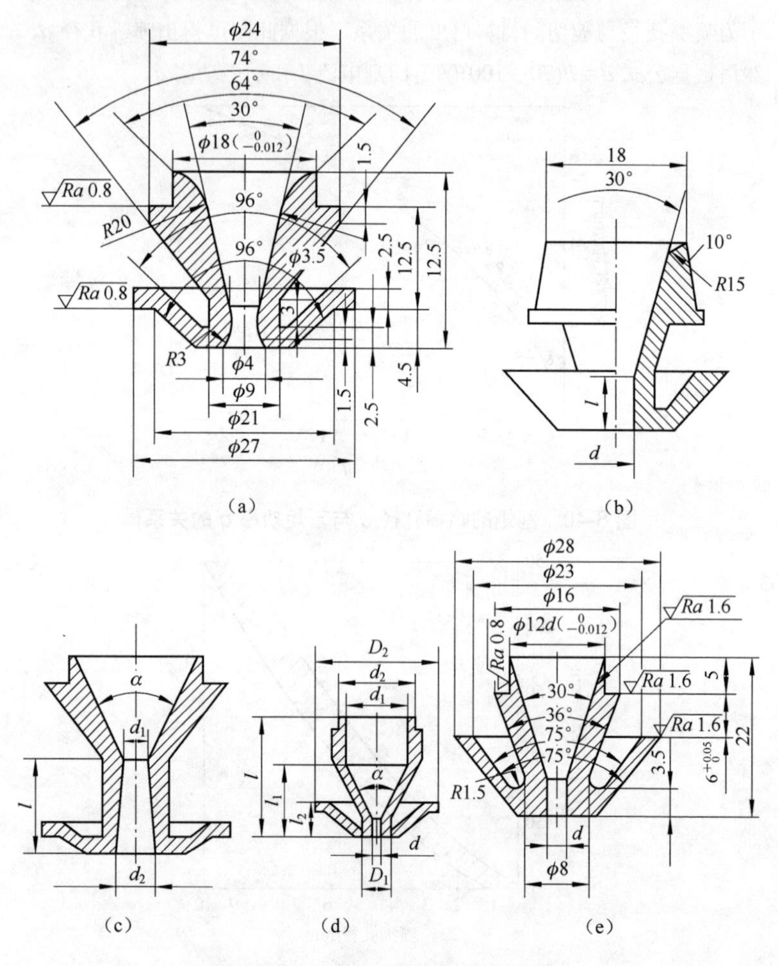

图 8-42　几种常用喷嘴的结构尺寸

图 8-42 所示的喷嘴都有两个密封面，作用是防止冷却水泄漏，产生双弧而烧坏喷嘴。这种喷嘴结构加工要求高，两个密封面间的尺寸精度相当严格，必须保证上、下密封面同时保持水密封的要求。

水再压缩等离子弧用的喷嘴通常由上部铜喷嘴和下部陶瓷喷嘴（也有采用其他绝缘材料的）组合而成，以防止产生双弧。

图 8-43 所示为一种改进的喷嘴结构。其特点是把喷嘴及水冷夹层部分分为两个单独的零件。这样每个零件只有一个密封面，易于保证水密性。这种结构不但使机械加工工序大为简化，而且更换喷嘴也很方便。为了弥补喷嘴无水冷夹层的不足，把割炬下腔体适当放长。喷嘴的主要尺寸：$H>3D$，$D=12$mm，$d_0=6$mm，$a=30°$，$d=3$mm 或 4mm，$l=(1.5\sim2.0)d$。

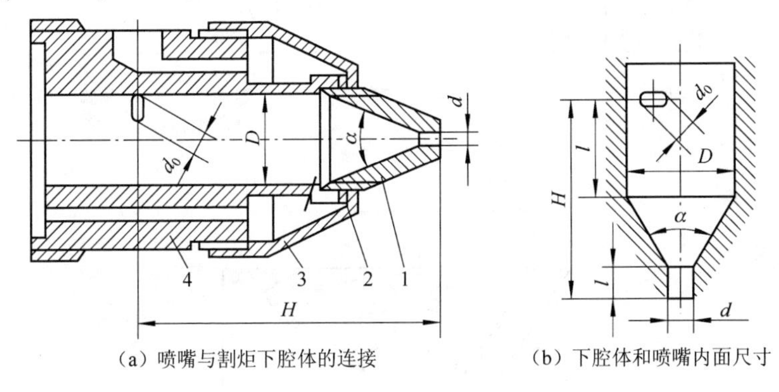

（a）喷嘴与割炬下腔体的连接　　（b）下腔体和喷嘴内面尺寸

图 8-43　一种改进的喷嘴结构

1. 改进后的喷嘴；2. 密封；3. 压紧罩；4. 下腔体

图 8-44 所示为水再压缩等离子弧割嘴的结构，它由嘴芯和嘴套两部分组成，喷射水槽（共设 20 个）设在嘴芯上，槽深 0.7～0.8mm，剖面呈 30°。喷嘴内壁锥角β取 30°，β过大会造成喷射水径向分量增大，干扰电弧。尺寸 D 取 8mm，D 值过大，水射流的压缩作用不够；过小，喷嘴端面受损时易破坏水槽的出口。

割炬压缩喷嘴的结构尺寸对等离子弧的压缩及稳定有直接影响，并关系到切割能力、割口质量和喷嘴寿命。推荐的等离子弧切割用割嘴技术参数见表 8-46。

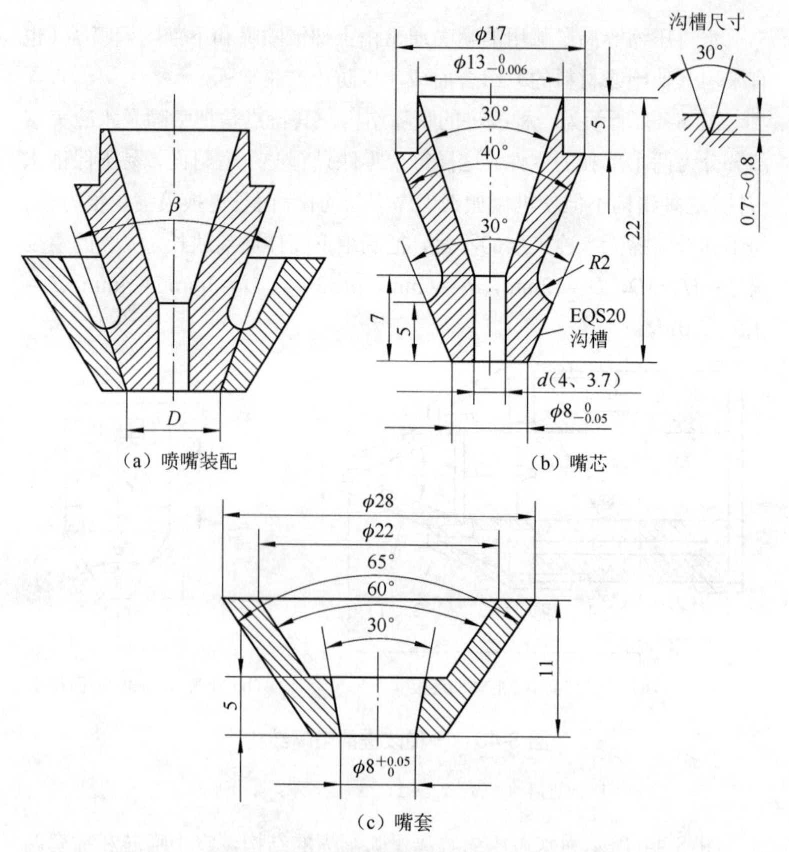

图 8-44 水再压缩等离子弧割嘴的结构

表 8-46 等离子弧切割用割嘴技术参数

喷嘴孔径/mm	孔道比（l_0/d_0）	压缩角/（°）
0.8～2.0	2.0～2.5	30～45
2.5～5.0	1.5～1.8	30～45

5. 电极

电极是等离子弧割炬的一个关键部件，它直接影响割炬的切割效率、切口质量和经济性。等离子弧切割用的电极应具有足够的电子发射能力，逸出功要小；导电、电热性良好；熔点高，在高温下耐烧损等基本要求。

（1）电极材料　等离子弧割炬的电极材料以铈钨为好。进行空气等离子弧切割时，宜采用镶嵌式锆或铪电极。此外，纯钨、钍钨也可作为割炬中的电极。

新开发的电极材料有：Re60%＋$Y_2O_3$40%烧结合金、Ru80%～85%＋$Y_2O_3$15%～20%烧结合金、Ir85%＋$Y_2O_3$15%烧结合金等。

电极材料与适用气体的选配及特点见表8-47。

表8-47　电极材料与适用气体的选配及特点

电极材料	适用气体	特　　点
钍钨合金	N_2＋Ar、H_2＋N_2、H_2＋Ar、Ar	损耗少，寿命较长，但有放射性，曾一度使用，现在基本不用
铈钨合金	Ar、N_2、H_2＋N_2、H_2＋Ar、N_2＋Ar	损耗较钍钨极更少，寿命更长，且无放射性，国内常用
钇钨合金	Ar、N_2、H_2＋N_2、H_2＋Ar、N_2＋Ar	损耗较铈钨极更慢，正在研制中
纯钨	Ar、H_2＋Ar	一旦氧化成WO，熔点即降至1743℃左右。纯钨一般用作电极材料
锆及其合金	N_2、压缩空气	镶嵌于水冷纯铜座内，损耗快，目前常用
铪及其合金	N_2、O_2、压缩空气	镶嵌于水冷纯铜座内，损耗快，目前常用
石墨	空气、N_2、O_2或压缩空气	—
Re-Y_2O_3合金	空气、O_2	镶嵌于水冷纯铜座内，损耗比锆和铪少，已有产品试销
Ru-Y_2O_3合金	空气、O_2	镶嵌于水冷纯铜座内，耐久性优于锆和铪，尚在继续开发之中
Ir-Y_2O_3合金	空气、O_2	

钨电极直径与许用电流范围见表8-48。

表 8-48　钨电极直径与许用电流范围

电极直径/mm	0.25	0.50	1.0	1.6	2.4	3.2	4.0	5.0～9.0
电流范围/A	≤15	5～20	15～80	70～150	150～250	250～400	400～500	500～1000

（2）电极端部形状　常用的电极端部形状如图 8-45 所示。为了便于引弧和保证等离子弧的稳定性，电极端部一般磨成 30°～60° 的尖锥角，或者顶端稍微磨平。当钨极直径大、电流大时，钨极端部也可磨成其他形状，以减慢烧损。

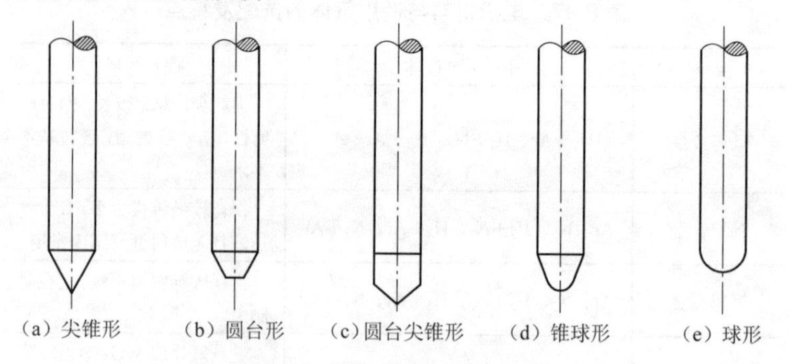

图 8-45　常用的电极端部形状

在大功率割炬中，也有采用直接水冷方式的。笔形钨极使用前，端头为圆锥形，一旦端头熔损成平面，就会引起电弧不稳定。但这种电极可以卸下对端头进行修磨，然后可继续使用。直接水冷笔形电极的结构如图 8-16 所示。

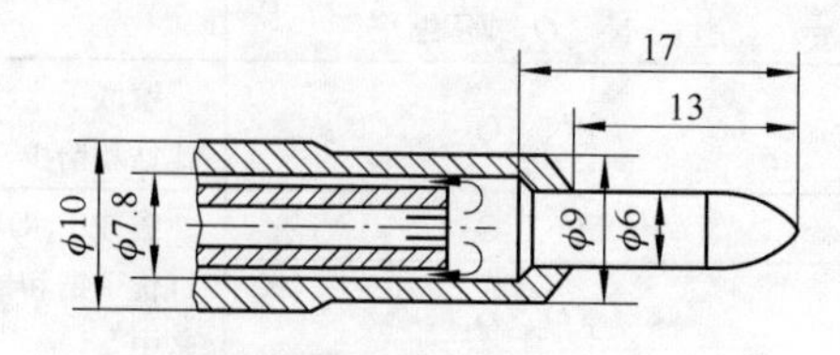

图 8-46　直接水冷笔形电极的结构

镶嵌结构电极由纯铜座和发射电子电极金属组成，直接水冷式镶嵌电极的结构如图 8-47 所示。电极金属使用铈钨合金、钇钨合金及锆、铪等。镶嵌结构电极通常采用直接水冷方式，可以承受较大的工作电流，并减少电极损耗。

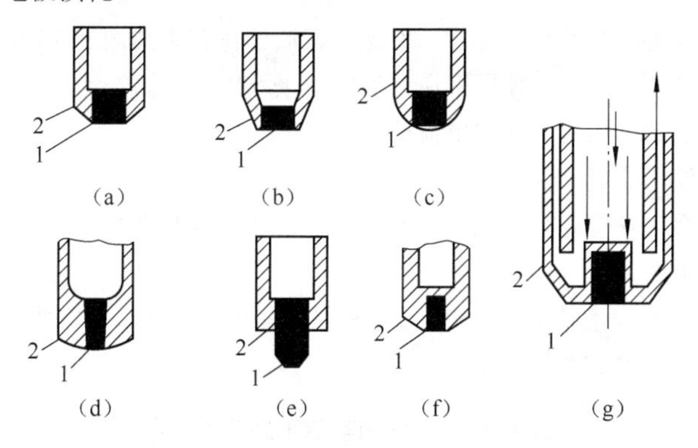

图 8-47　直接水冷式镶嵌电极的结构

1. 电极；2. 纯铜座

镶嵌电极在使用过程中电极材料逐渐被烧损，消耗深度增大至一定程度时引弧性能和电弧稳定性变差，切割质量下降。一旦电极烧损至某一深度（通常等于电极的直径），纯铜座也被烧融，此时电极不能继续使用。

（3）电极内缩长度 l_g　电极的内缩长度和同轴度如图 8-48 所示。图 8-48（a）表示了电极内缩长度（内缩量）。电极的内缩长度对等离子弧的压缩、稳定性、切割效率和电极的烧损都有很大的影响。一般选取 $l_g=l\pm0.2$mm。l_g 增大，则压缩程度提高；l_g 过大，则易产生双弧现象。

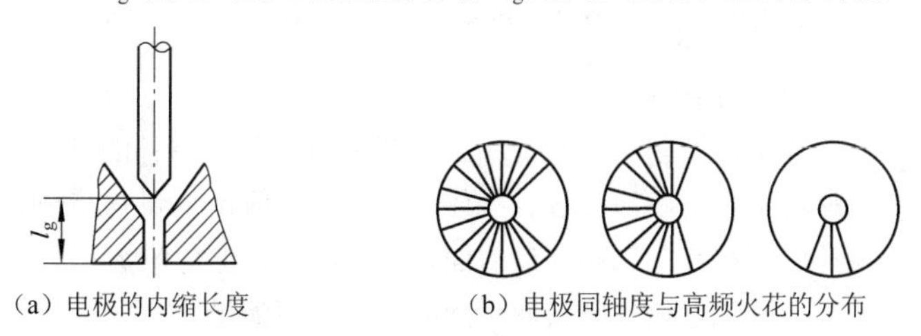

（a）电极的内缩长度　　（b）电极同轴度与高频火花的分布

图 8-48　电极的内缩长度和同轴度

（4）割炬中电极要与喷嘴同轴 同轴度对于等离子弧的稳定性和切割质量有重要的影响。电极偏心会造成等离子弧偏斜，容易形成双弧。电极的同轴度可根据电极与喷嘴之间的高频火花分布情况进行检测［图 4-48（b）］，切割时一般要求高频火花布满圆周的 75%～80%。

为了延长电极的使用寿命，通常可采取以下措施。

①控制引弧时的冲击电流值。

②使用非氧化性气体做引燃小弧用的工作气体。

③合理安排切割路线，引燃电弧后尽可能连续地进行切割，减少切割过程中的引弧次数。

在现用割炬结构和冷却方式条件下，电极的实际平均使用寿命见表 8-49。

表 8-49 电极的实际平均使用寿命

工作气体	工作电流/A	电极及冷却方式	平均使用寿命/h
N_2	250	笔形钨极	4～8
Ar	250	笔形钨极	3～10
$Ar+H_2$	—	笔形钨极	3～5
压缩空气	150～250	镶嵌铪极（直接水冷）	4
	100	镶嵌铪极（直接气冷）	1～2
O_2	150～250	镶嵌铪极（直接水冷）	1～2

注：①笔形钨极烧损后经磨修可继续使用，列表数据指修磨一次的使用寿命。

②指一根钨极经多次磨修后总的使用寿命。

③国外有的制造厂采用特殊材料插入铪极与铜座之间的方法提高配合精度，已把铪极的使用寿命延长到约 180min。

6. 气路系统

等离子弧切割气路系统如图 8-49 所示。输送气体的管路不宜太长，制作材料可采用硬橡胶管。气体工作压力一般调节到 0.25～0.35MPa。流量计应安装在各气阀的最后面，使用的流量通常不应超过流量计量程的一半，以免电磁气阀接通瞬间的冲击损坏流量计。

7. 水路系统

冷却水主要用于冷却喷嘴和电极，以保证割炬能稳定持续地工作。

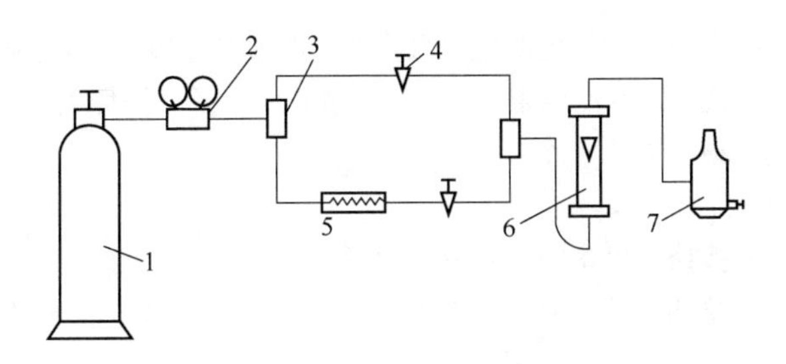

图 8-49 等离子弧切割气路系统

1. 气瓶；2. 减压阀；3. 三通管接头；4. 针形调压阀；
5. 电磁气阀；6. 浮子流量计；7. 割炬

等离子弧切割冷却水路系统如图 8-50 所示。水流量应控制在 3L/min 以上，水压为 0.15～0.2MPa，一般工厂的自来水即可以满足要求，水管不应太长。要求强烈冷却的大功率等离子弧，水流量应在 10L/min 以上，此时需用水泵进行循环冷却。水流开关的作用是为了防止工作时未通冷却水造成烧坏喷嘴的事故。

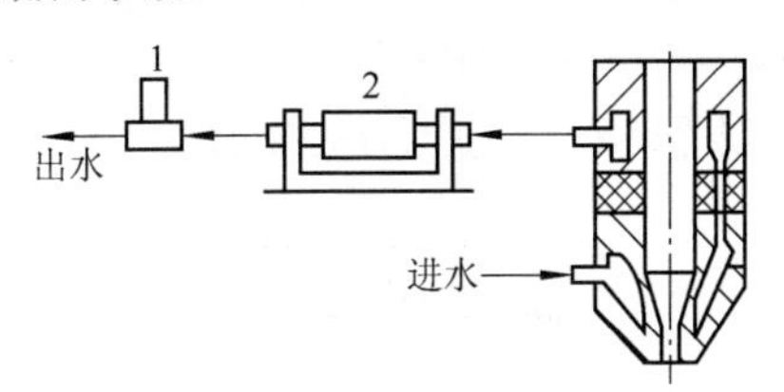

图 8-50 等离子弧切割冷却水路系统

1. 水流开关；2. 水冷电阻

采用循环水冷却时，水路中配置冷却器和循环水泵。冷却水流量 Q 的公式计算，即

$$Q=\frac{0.24\times(0.1\sim0.2)\times P\times 60}{\Delta T} \tag{8-2}$$

式中：P——等离子弧电功率（kW）；

ΔT——冷却水的许可温度升高值（℃）。

水路系统中的水流发信器是必需的部件，其作用是在无水或水流量过小的情况下自动切断电源使电弧不能引燃或进行切割，以保护喷嘴和电极等不被烧坏。水冷电阻用于限制小弧电流，防止烧坏喷嘴。对大电流的切割电缆也需通水冷却。

8. 控制系统

等离子弧切割设备的控制程序如下。

①提前接通工作气体、滞后切断工作气体，以保护电极不被氧化烧损；

②接通高频发生器引燃小弧，一旦主电弧建立，即自动断开；

③控制工作气体的流量，流量随切割电弧的形成而逐步增大，以保证稳定可靠的点燃主电弧；

④冷却水未接通、切割过程中断水或水流量不足，切割机自动停止工作，以保证割炬不烧坏；

⑤高频激发、气体通断及切割机行走单独试车或调节；

⑥切割结束或因其他原因使电弧熄灭时，控制线路自动断开；

⑦当切割电源短路或电流过大时，切割电源中的过电流保护装置自动切断电源，控制线路也随即断开。

图 8-51 为典型等离子弧切割程序控制循环。

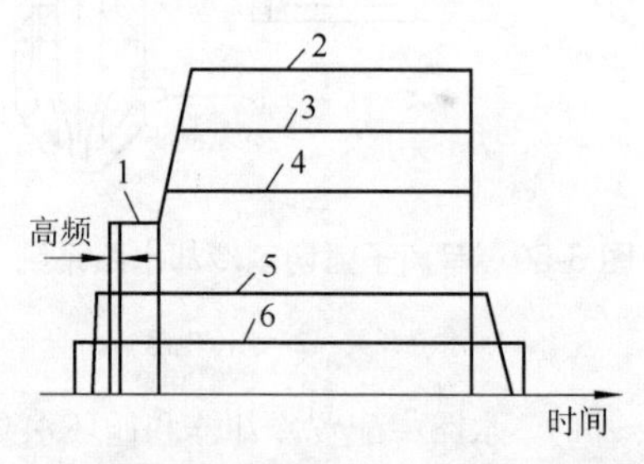

图 8-51　典型等离子弧切割程序控制循环

1. 非转移弧气流；2. 切割电流；3. 割炬移动；
4. 转移弧气流；5. 非转移弧气流；6. 冷却水

8.3.2　等离子弧切割机的分类和适用范围

等离子弧切割机是将电弧进行径向压缩而获得比自由电弧温度更

高、能量更集中的等离子弧进行切割的设备。等离子弧切割机主要用于不锈钢、铜、铝合金、钨、钼等耐高温、易氧化和导热性好的金属材料和一些非金属材料的切割。

1. 等离子弧切割机的分类

（1）按用途不同分类 可将等离子弧切割机分为普通等离子弧切割机和空气等离子弧切割机两类。等离子弧切割机的分类见表 8-50。

表 8-50 等离子弧切割机的分类

类别	主要区别				适用范围
	离子气	冷却方式	喷嘴与压缩角/（°）	电极	
普通等离子弧切割机	N_2、Ar	水冷	小（约 30）	钍钨或铈钨，端部为锥形	用于中厚板（10～120mm）的不锈钢、铜、钛、铝及铝合金的切割
空气等离子弧切割机	压缩空气	气冷	大（约 130）	纯锆或纯铪，端部为圆台形	用于薄板和较薄板（0.1～25mm）的不锈钢、碳钢、铝、铜、绝缘涂层钢板的切割

（2）按操作方式不同分类 可将等离子弧切割机分为手持式（包括半自动）等离子弧切割机和数控等离子弧切割机两类。

2. 手持式等离子弧切割机

手持式等离子弧切割机的特征是手持等离子割炬或将割炬安放在半自动切割设备上来完成对工件的切割，手持等离子弧切割机经常采用的是常规等离子弧切割电源，切割电流一般<200A，使用低成本的压缩空气或氮气为工作气体。电源（包括电流、气体、冷却等控制和参数调整环节在内）配上手用割炬即组成了手提式等离子弧切割机，它结构紧凑、搬运移动方便，适用于各种场合。

手持式等离子弧切割机具有结构简单、操作容易、可加工的材料品种全、适用性广、价格便宜等诸多优点，在制造及维修行业得到了广泛应用，选用时可着重从以下几方面考虑：

①尽量选择专业厂家的产品。专业厂家的产品规格品种齐全、功能多样化、质量经得起考验，且比较容易找到合适的机型。

②选择性能良好的电源，对电源的要求是更多地应用高新技术，体现高效、节能、稳定、耐用和安全的特征。

3. 数控等离子弧切割机

（1）RJ1330 型龙门式数控等离子弧切割机　如图 8-52 所示，RJ1330 型龙门式数控等离子弧切割机是采用数控技术的自动切割机，机身为龙门式结构，该机特点如下。

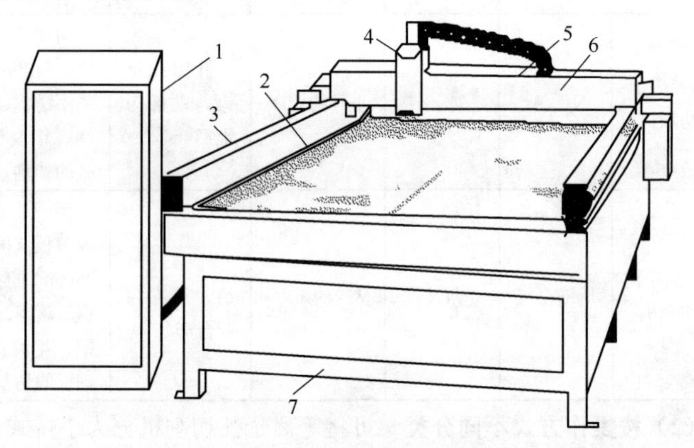

图 8-52　RJ1330 型龙门式数控等离子弧切割机

1. 控制箱及电源；2. 工作台；3. Y 向轨道；4. 机头；5. X 向轨道；6. 横梁；7. 机架

①Y 轴采用同步双电动机双驱动，传动平稳，运行精度高。

②横梁采用轻型结构设计，刚性好、自重轻、运动惯量小。

③切割口小、整齐、无掉渣现象，免去了二次修整加工操作。

④切割速度快、精度高且成本低。

⑤数控系统配置高，支持文泰、Artcam、Type3 等软件生成的标准 G 代码路径文件，也可以通过软件转换读取 AutoCAD 等软件生成的

DXF 格式文件。

⑥具有自动引弧功能，引弧成功率在 99%以上。

⑦采用闪存盘交换加工文件，操作方便快捷。

RJ1330 型龙门式数控等离子弧切割机技术参数见表 8-51。

（2）RJ1530 型等离子弧切割机 RJ1530 型等离子弧切割机也采用了数控技术和龙门式结构，其性能特点与前者相同，不同的是加工工件的宽度可达 1500mm（前者为 1300mm）。RJ1530 型等离子弧切割机技术参数见表 8-51。

表 8-51 RJ1530 型等离子弧切割机技术参数

技术参数＼型号	RJ1330	RJ1530
加工面积/（mm×mm）	1300×3000	1500×3000
加工材料	钢板、铝板、镀锌板、白钢板、钛金板	钢板、铝板、镀锌板、白钢板、钛金板
加工厚度/mm	0.5～15	0.5～15
切割速度/（mm/min）	0～8000	0～8000
功率/kW	8.5	8.5
电源	三相，380V，50Hz	三相，380V，50Hz
引弧方式	非接触式引弧	非接触式引弧
等离子电流/A	60～100	60～100
文件传输方式	USB 接口	USB 接口

国产数控等离子弧切割机在造船、压力容器、桥梁、钢结构、工程机械、矿山机械、电力设备制造等行业中得到了广泛的应用，成为同类进口强劲的竞争对手，并正逐步占据市场主导地位。

8.3.3 常见等离子弧切割机型号和技术参数

①国产非氧化性气体等离子弧切割机技术参数见表 8-52。

表 8-52　国产非氧化性气体等离子弧切割机技术参数

技术参数 \ 名称和型号		自动等离子弧切割机	手工等离子弧切割机		
		LG-400-1	LG8-400	LG8-400-1	LG8-500
额定切割电流/A		400	400	400	500
引弧电流/A		30～50	40	—	50～70
工作电压/V		100～150	60～150	75～150	—
额定负载持续率（%）		60	60	60	60
钨极直径/mm		5.5	5.5	5.5	6
切割厚度/mm	碳素钢	80	—	—	150
	不锈钢	80（最大 100）	40	60	150
	铝	80（最大 100）	60	—	150
	纯铜	50	40	—	100
电源	输入电压/V	三相，380	三相，380	三相，380	三相，380
	空载电压/V	330	120～300	125～300	100～250
	工作电流范围/A	100～500	125～600	140～400	100～500
	控制箱电压/V	AC 220	AC 220	—	—
工作气体[①]	氮气纯度（%）	99.9 以上	—	99.99	99.7
	引弧流量/（L/min）	6.7	12～17	—	6.3
	主弧流量/（L/min）	50	17～58	67	67
冷却水流量/（L/min）		3 以上	1.5	4	3
外形尺寸/（mm×mm×mm）	控制箱	440×640×980	482×663×1230	660×910×1229	500×600×1400
	切割电源	—	—	—	1050×850×1200
	切割小车	500×730×380	—	—	—
	手工割炬	345×150×100	450×100×300	ϕ40×53×227	—

注：①工作气体也可使用工业 H_2、Ar+H_2 或 N_2+H_2 混合。

②常见国产普通等离子弧切割机技术参数见表 8-53。

表 8-53 常见国产普通等离子弧切割机技术参数

名称和型号 技术参数	自动等离子弧切割机	手持式等离子弧切割机	手持式等离子弧切割机	手持式等离子弧切割机	手持式等离子弧切割机	微束等离子弧切割机
	LG-400-2	LG3-400	LG3-400-1	LG-500	LG-250	LG-100
额定切割电流/A	400	400	400	500	320	100
引弧电流/A	30～50	40	—	50～70	—	30
工作电压/V	100～150	60～150	70～150	—	150	100～150
额定负载持续率（%）	60	60	60	60	60	60
钍钨电极直径/mm	5.5	5.5	5.5	6	5	2.5
自动切割速度/（m/h）	3～150	—	—	—	—	6～170
切割范围 切割厚度/mm 碳钢	80	—	—	150	10～40	—
切割范围 切割厚度/mm 不锈钢	80	40	60	150	10～40	2.5～25
切割范围 切割厚度/mm 铝	80	60	—	150	—	—
切割范围 切割厚度/mm 纯铜	50	40	—	100	—	—
切割范围 圆形直径/mm	＞120	—	—	—	—	＞130
气体耗量/（m^3/h） 主电弧（切割）	3	1～3.5	4	4	—	CO_2 保护气消耗量 3～4，N_2 消耗量 1000～1200（L/h）
气体耗量/（m^3/h） 引弧	0.4	0.7～1	—	0.5	—	
氮气纯度（%）	99.9 以上	—	99.99	99.7	—	—
冷却水耗量/（L/min）	＞3	1.5	4	3	—	—

③国产 LGK 系列空气等离子弧切割机技术参数见表 8-54。

表 8-54 国产 LGK 系列空气等离子弧切割机技术参数

技术参数 \ 型号		LGK-30	LGK-40	LGK-50B	LGK-60	LGK-35（65）	LGK-80	LGK-90B	LGK-100	LGK-130	LGK-160	LGK-250
输入功率/kW		7.5	—	—	14.5	—	—	—	25	—	50	90
输入电源		三相，380V，50Hz	—	—	三相，380V，50Hz	—	—	—	三相，380V，50Hz	—	三相，380V，50Hz	三相，380V，50Hz
电源电压/V		—	—	—	—	—	—	—	—	—	—	—
空载电压/V		—	210	225	—	225	230	250	—	230	—	—
工作电压/V		—	110	120	—	120	135	120	—	135	—	—
额定切割电流/A		30	40	50	60	35，65	30～80	90	100	50～130	160	250
额定负载持续率（%）		60	60	60	—	60	60	60	—	60	—	—
空气流量/（m^3/min）		—	—	—	—	—	—	—	—	—	—	—
空气压力/MPa		＞3.5	—	—	0.35	—	—	—	0.45	—	0.5	＞0.5
冷却方式		—	—	—	—	—	—	—	—	—	气冷	水冷
切割厚度/mm	不锈钢	0.1～8	0.1～14	0.1～25	—	0.1～28	1～36	0.1～38	—	1～45	—	—
	碳钢	0.1～8	0.1～14	0.1～25	—	0.1～28	1～36	0.1～38	—	1～45	—	—
	铝合金	0.1～5	0.1～10	0.1～18	—	0.1～20	1～23	0.1～25	—	1～28	—	—
	铜	0.1～3	0.1～8	0.1～13	—	0.1～15	1～18	0.1～20	—	1～25	—	—

④国产逆变式空气等离子弧切割机技术参数见表 8-55。

表 8-55 国产逆变式空气等离子弧切割机技术参数

技术参数＼型号		KL-30CW	KL-80CW	KL-160CW
输入电压/V		220	380	380
输入功率/kW		5.2（4）	12.5（5.5）	25（11）
相数		单相	三相	三相
频率/Hz		50～60	50～60	50～60
输出电流/A		6～30	10～80	30～160
工作电压/V		120（30～40）	120（30～40）	120（30～40）
负载持续率（%）		60（100）	60（100）	60（100）
空气压力/MPa		0.4	0.5	0.6
冷却方式		空气冷却	空气冷却	空气或水冷却
工作方式		接触式	非接触式	非接触式
切割厚度/mm	低碳钢、不锈钢	0.1～19	1～35	1～55
	铝	0.1～14	1～22	1～40
	铜	0.1～6	1～12	1～36
外形尺寸/（mm×mm×mm）		200×385×325	285×485×515	380×615×620
质量/kg		18.5	44	86

⑤武联牌 G-D 系列单割炬型空气等离子弧切割机技术参数见表 8-56。

表 8-56 武联牌 G-D 系列单割炬型空气等离子弧切割机技术参数

技术参数＼型号	G40-D	G60-D	G100-D	G120-D	G160-D	G250-D
输入电源	三相，380V，50/60Hz					
输入电流/A	12	20	30	42	62	86
额定切割电流/A	40	60	100	120	160	250
电流调节	分两挡					

续表 8-56

技术参数 \ 型号		G40-D	G60-D	G100-D	G120-D	G160-D	G250-D
额定负载持续率（%）		>70					
冷却方式		空气冷却			空气冷却＋内循环水冷		
空气压力/MPa		0.3～0.6					
空气耗量/（m^3/min）		0.15			0.2		
切割操作方式		接触式		接触式与非接触式			
切割厚度/mm	碳素钢、不锈钢、铸铁	0.3～12	0.3～22	1～32	1～42	1～55	1～80
	铝	10	16	25	32	40	60
	铜	6	12	16	20	26	38

⑥国产武联牌手持系列等离子弧切割机技术参数见表 8-57。

表 8-57　国产武联牌手持系列等离子弧切割机技术参数

技术参数 \ 型号	G40-D	PC60-D	PC100-D	PC160-D	PC200-D	PC40-N	PC60-N	PC80-N
形式	单列式：两挡电流调节					逆变电源，电流连续可调		
输入电压	三相，380V，50/60Hz					单相，220V，50/60Hz	三相，380V，50/60Hz	
输入电流/A	16	28	40	70	90	20	18	22
切割电流调节/A	20/40	40/60	60/100	60/160	100/200	20～40	20～60	20～100
冷却方式	空气冷却			空气冷却＋水冷却		空气冷却		
工作方式	接触式	接触式或非接触式引弧						
负载持续率（%）	70	额定输出时：≥70				100		
气体	空气	空气、N_2、H_2＋Ar				空气		
气体流量/（L/min）	150			200		150～200		
气体压力/MPa	0.3～0.6					0.3～0.6		

续表 8-57

<table>
<tr><th colspan="2">型号
技术参数</th><th>G40-D</th><th>PC60-D</th><th>PC100-D</th><th>PC160-D</th><th>PC200-D</th><th>PC40-N</th><th>PC60-N</th><th>PC80-N</th></tr>
<tr><td rowspan="3">尺寸
/mm</td><td>宽度</td><td>440</td><td>440</td><td>480</td><td>640</td><td>640</td><td colspan="3">230</td></tr>
<tr><td>深度</td><td>620</td><td>640</td><td>720</td><td>1150</td><td>1150</td><td colspan="3">280</td></tr>
<tr><td>高度</td><td>580</td><td>580</td><td>660</td><td>770</td><td>770</td><td colspan="3">455</td></tr>
<tr><td colspan="2">质量/kg</td><td>85</td><td>115</td><td>160</td><td>310</td><td>345</td><td>20</td><td>22</td><td>25</td></tr>
<tr><td rowspan="3">切割
厚度
/mm</td><td>钢、不锈钢</td><td>12</td><td>22</td><td>32</td><td>55</td><td>65</td><td>14</td><td>25</td><td>35</td></tr>
<tr><td>铝</td><td>10</td><td>16</td><td>25</td><td>40</td><td>50</td><td>10</td><td>16</td><td>25</td></tr>
<tr><td>铜</td><td>6</td><td>12</td><td>16</td><td>26</td><td>30</td><td>6</td><td>12</td><td>16</td></tr>
</table>

⑦LGK8 系列空气等离子弧切割机技术参数见表 8-58。

表 8-58 LGK8 系列空气等离子弧切割机技术参数

<table>
<tr><th colspan="2">型号
技术参数</th><th>LGK8-25</th><th>LGK8-40</th><th>LGK8-60D</th><th>LGK8-110</th><th>LGK8-120D</th></tr>
<tr><td colspan="2">输入电源</td><td colspan="5">三相，380V，50Hz</td></tr>
<tr><td colspan="2">额定功率/（kV·A）</td><td>5.3</td><td>10.5</td><td>13</td><td>18</td><td>26</td></tr>
<tr><td colspan="2">空载电压/V</td><td>185</td><td>240</td><td>300</td><td>240</td><td>320</td></tr>
<tr><td colspan="2">工作电压/V</td><td>100</td><td>100</td><td>—</td><td>120</td><td>—</td></tr>
<tr><td colspan="2">额定切割电流/A</td><td>25</td><td>40</td><td>30，45，60</td><td>100</td><td>60，90，120</td></tr>
<tr><td colspan="2">额定负载持续率（%）</td><td>35</td><td>40</td><td>100，80，60</td><td>60</td><td>100，80，60</td></tr>
<tr><td colspan="2">空气压力/MPa</td><td>0.3～0.4</td><td>0.4～0.5</td><td>0.4～0.5</td><td>0.6～0.65</td><td>0.5～0.6</td></tr>
<tr><td colspan="2">空气耗量/（L/min）</td><td>110</td><td>110</td><td>130～250</td><td>130</td><td>200～500</td></tr>
<tr><td colspan="2">冷却方式</td><td colspan="5">空气冷却</td></tr>
<tr><td rowspan="4">切割厚度/mm</td><td>碳钢、不锈钢、铸铁</td><td rowspan="4">6</td><td rowspan="4">10</td><td><24</td><td rowspan="4">30</td><td><45</td></tr>
<tr><td>铝合金</td><td><20</td><td><40</td></tr>
<tr><td>铜</td><td><18</td><td><35</td></tr>
<tr><td>铜合金</td><td><10</td><td><20</td></tr>
</table>

⑧LG 系列小电流空气等离子弧切割机技术参数见表 8-59。

表 8-59　LG 系列小电流空气等离子弧切割机技术参数

技术参数＼型号		LG-50K	LG-60K	LG-80K
输入电源		三相，380V，50Hz		
额定输入容量/(kV·A)		16	—	—
空载电压/V		300		
额定切割电流/A		50	60	80
额定负载持续率（%）		60		
空气压力/MPa		0.3～0.4		0.2～0.3
冷却方式		空气冷却		水冷却
气体压力/MPa		0.4～0.6		
容量/（L/min）		＞160		
切割厚度/mm	碳素钢、不锈钢	0.1～20	0.1～25	0.1～30
	铸铁	0.1～16	0.1～24	0.1～26
	铝	0.1～8	0.1～16	0.1～20
	铜	0.1～5	0.1～8	0.1～10

⑨不同国产空气等离子弧切割机技术参数见表 8-60。

表 8-60　不同国产空气等离子弧切割机技术参数

型号	初级电压/V	空载电压/V	额定电流/A	负载持续率(%)	空气压力/MPa	切割厚度/mm
KGL-260-1	380	320	250	60	0.4～0.6	60
LG-120K		300	120		0.4～0.6	40
LG-80K		300	80		0.2～0.3	20
LG-50K		300	50		0.3～0.4	12
LGK8-40		210	40		0.45	12
LGK8-25		210	265		0.4～0.5	6
G60-D		100	60		0.3～0.4	32

8.3.4 等离子弧切割机的正确使用

等离子弧切割机的使用方法与气割机的使用方法相同，但等离子弧切割机切割原理与气割机切割原理不同，因此，使用等离子弧切割机时还应注意以下几点。

1）手工切割时，应注意检查割炬手柄的绝缘性能。首先检查有无漏电处；其次检查手柄上有无裂纹。发现有裂纹不得使用，因为引弧的高压会使人触电。

2）一个合格割炬的手柄有一层防高频辐射的屏蔽网，屏蔽网一旦损坏，高频辐射会危害人的健康。因此，工作前要检查割炬的屏蔽网是否损坏，如损坏则必须更换。

3）切割前应先引燃非转移弧，检查电弧的分布情况。如严重偏心，应调整钨极。如果钨极端部的形状不好，应进行修磨。

4）对于自动切割机来说，操作过程如下。

①接好电路和气路。电路保证接触良好，气路保证畅通且不漏气。

②通电、通气检验。确认工作正常，最好在试板上试割一次。

③装好工件，将割炬置于起割位置，对准切割线。

④按“开始”按钮，切割机开始工作。切割过程中，操作者要注意检查割炬是否沿线切割，如果偏离，应及时调整，以防出现不合格产品。

8.4 激光切割设备

8.4.1 激光切割设备的组成

激光切割设备按激光工作物质不同，可分为固体激光切割设备和气体激光切割设备；按激光器工作方式不同，可分为连续激光切割设备和脉冲激光切割设备。激光切割大都采用 CO_2 激光切割设备，其主要由激光振荡器、导光系统、数控装置、割炬、操作台、气源、水源和抽烟系统组成。典型 CO_2 激光切割设备的基本组成如图 8-53 所示。

CO_2 激光切割设备各部件的作用如下。

①激光电源：供给激光振荡用的高压电源。

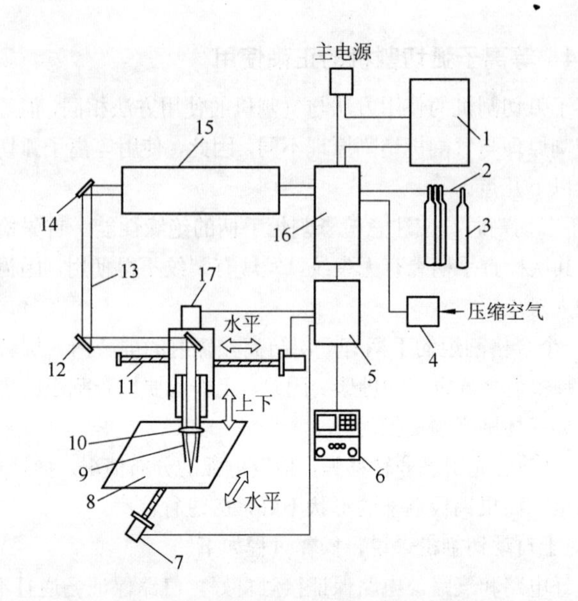

图 8-53 典型 CO_2 激光切割设备的基本组成

1. 冷却水装置；2. 激光气瓶；3. 辅助气体瓶；4. 空气干燥器；5. 数控装置；6. 操作盘；7. 伺服电动机；8. 切割工作台；9. 割炬；10. 聚焦透镜；11. 丝杆；12. 反射镜；13. 激光束；14. 反射镜；15. 激光振荡器；16. 激光电源；17. 伺服电动机和割炬驱动装置

②激光振荡器：产生激光的主要设备。

③反射镜：用于将激光导向所需要的方向。为使光束通路不发生故障，所有反射镜都要用保护罩加以保护。

④割炬：主要包括枪体、聚焦透镜和辅助气体喷嘴等部件。

⑤切割工作台：用于安放被切割工件，并能按控制程序正确而精确地进行移动，通常由伺服电动机驱动。

⑥割炬驱动装置：按照程序驱动割炬沿 X 轴和 Z 轴方向运动，由伺服电动机和丝杆等传动件组成。

⑦数控装置：对切割平台和割炬的运动进行控制，同时也控制激光器的输出功率。

⑧操作盘：用于控制整个切割装置的工作过程。

⑨气瓶：包括激光工作介质气瓶和辅助气瓶，用于补充激光振荡的工作气体和供给切割用的辅助气体。

⑩冷却水循环装置：用于冷却激光振荡器。激光振荡器是利用电能转换成光能的装置，如CO_2气体激光器的转换效率一般为20%，剩余的80%能量就转换为热量。冷却水把多余的热量带走以保持激光振荡器的正常工作。

⑪空气干燥器：为激光振荡器和光束通路供给洁净的干燥空气，以保持通路和反射镜的正常工作。

8.4.2 激光切割用激光器

切割用激光器主要有CO_2气体激光器和钇铝石榴石固体激光器（简称 YAG 激光器）。CO_2激光器与 YAG 激光器技术参数和适用范围见表 8-61，切割性能比较见表 8-62。

表 8-61 CO_2激光器与 YAG 激光器技术参数和适用范围

激光器	波长/μm	振荡形式	输出功率	效率[①]（%）	适用范围
CO_2激光器	1.06	脉冲/连续	1.8kW 脉冲能量 0.1～150J	3	打孔、焊接、切割、烧刻
YAG 激光器	10.6	脉冲/连续	20kW	20	打孔、切割、焊接、热处理

注：①效率指投入激光器工作介质的能量与激光输出能量之比。

表 8-62 CO_2激光器与 YAG 激光器切割性能比较

项　目	CO_2激光器	YAG 激光器
聚焦性能	光束发散角小，易获得基模，聚焦后光斑小，功率密度高	光束发散角大，不易获得单模式（仅超声波 Q 开关 YAG 激光器能生产单模式），聚焦后光斑较大，功率密度低
金属对激光的吸收率（常温）	低	高
切割特性	好（切割厚度大，切割速度快）	较差（切割能力低）
结构特性	结构复杂，体积较小，对光路的精度要求高	结构紧凑，体积小，光路和光学部件简单

续表 8-62

项　　目	CO_2 激光器	YAG 激光器
维护保养性	差	良好
加工柔性	差（光束的传达依靠反射镜，难以传送到不同加工工位）	好（可利用光纤维传送光束，一台激光器可用于多个工位，也能多台同型激光器连用）

1. 气体激光器

气体激光器主要指 CO_2 激光器，其工作介质是 CO_2+N_2+He 混合气体，按气体的流动方式不同分为封闭式、横流式、轴流式三种类型。

（1）封闭式 CO_2 激光器　封闭式 CO_2 激光器的混合气体封闭在玻璃管内，在电极间加直流高压，使混合气体辉光放电、激励 CO_2 分子产生粒子聚集数反转现象，为形成激光创造条件。每 1m 玻璃管可获得 50W 左右的激光功率。常采用并联、串联方式扩大激光功率范围。

（2）横流式 CO_2 激光器　横流式 CO_2 激光器的混合气体在垂直光轴方向以 50m/s 的速度流动。气体直接与换热器进行热交换，冷却效果良好，因而获得 2000W/m 的激光输出功率。横流式 CO_2 激光器主电路如图 8-54 所示。感应调压器 T_1 由中频发电机组获三相中频电，调压后经主开关 S 供高压变压器 T_2，经 T_2 升压，硅堆整流获得高压直流，高压电流加于激光器的阳极和阴极之间，调节 T_1 可以调节转入电压，改变工作电流大小，调节输出的激光功率。

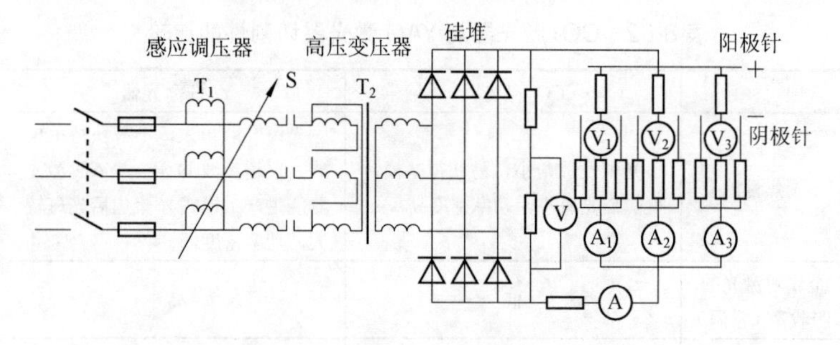

图 8-54　横流式 CO_2 激光器主电路

（3）轴流式 CO_2 激光器　轴流式 CO_2 激光器的混合气体在放电管

中，以接近声速的速度沿光束轴向流动，可获得500～2000W/m激光功率。输出模式为TEM_{00}或TEM_{01}，特别适用于焊接和切割加工。

2. YAG激光器

YAG激光器是借助光学泵作用将电能转化的能量传送到混合气体中，使之在激光棒与电弧灯周围形成一个泵室。同时通过激光棒两端的反射镜使光对准混合气体，对其进行激励产生光放大，从而获得激光。

3. 激光器技术参数

（1）国产激光器技术参数

①几种国产激光器技术参数见表8-63。

表8-63 几种国产激光器技术参数

型号		NJH（钕玻璃脉冲激光器）	C506（轴流CO_2激光器）	HGL-81（横流CO_2激光器）
技术参数	激光波长/μm	1.06	10.6	—
	额定输出功率	10J/6ms	500W	200W
	最大输出功率	130J/0.5ms	脉冲峰值2500W	—
	重复频率/Hz	1～5	—	—
	激光发散角/mrad	2	—	—
	功率稳定度（%）	—	±2	±2
	激光模式	—	主要TEM_{00}	高阶多模
	光束直径/mm	—	—	30
适用范围		点焊、打孔	焊接、切割	堆焊、合金化、热处理

②常用横流式CO_2激光器技术参数见表8-64。

表 8-64　常用横流式 CO_2 激光器技术参数

型号			HGL-8010	HGL-895	HGL-892	HJ-3	820	RS-840	管板式 CO_2 激光器
技术参数	波长/μm		10.6	10.6	10.6	10.6	10.6	10.6	10.6
	输出功率	多模/kW	10	5	2.5	1.8	—	4	5、10
		低价模/kW	6	3	1.2	1	1.5	—	3、6
	功率不稳定度（%）		≤±3	≤±5	<1.8	<±2	±2	±2	±1
	电光效率（%）		≥16	>13	15	15	15	—	14.3
	激光发散角	多模/mrad	5	5	5	—	—	≤3	3.5
		低价模/mrad	2	2	2	—	2	—	2.2
	一次充气全封闭运行时间/h		>6	≤8	—	—	—	—	8
	连续工作时间/h		—	>8	>30	—	—	—	>20
适用范围			切割、焊接、表面合金化	热处理、表面涂敷、切割、焊接	焊接、切割、热处理	—	切割、焊接	焊接、切割、热处理	热处理、焊接、切割
研制（生产）单位			华中理工大学	华中理工大学	华中理工大学	上海光机所	美国 Spectra Physics	德国 Rofinsinar	上海光机所

③常用高速轴流式 CO_2 激光器技术参数见表 8-65。

表 8-65 常用高速轴流式 CO_2 激光器技术参数

型 号		HF-500	HF-1500	C-506	810	RS 2500	RS 700SM～RS 1700SM
技术参数	波长/μm	10.6					
	输出功率/W	600	1500	500	600	250～2800	700～1700
	功率不稳定度（%）	<±1.5	<±1.5	±2	<±1.5	±2	±2
	光斑模式	基模为主	基模为主	基模为主	TEM_{00}	TEM_{20}	TEM_{10}
	连续运行时间/h	>8	>8	—	—	—	—
	转换效率（%）	>20	20	—	—	—	—
适用范围		切割、焊接					
研制（生产）单位		华中理工大学	华中理工大学	南京 772 厂	美国 Spectra Physics	德国 Rofinsinar	德国 Rofinsinar

④不同种类切割用 YAG 激光器技术参数和适用范围见表 8-66。

表 8-66 不同种类切割用 YAG 激光器技术参数和适用范围

项 目	连续激光器		脉冲激光器
	一般连续振荡激光器	Q 开关振荡激光器	
激励用灯	电弧灯	—	闪光灯
Q 开关	—	超声波 Q 开关	—
脉冲宽度	—	50～500ns	0.1～20ms
重复频率/kHz	—	<50	（1～500）$\times10^{-6}$
峰值频率/kW	—	10～250	1～20
平均输出功率/W	1～1800	100	1 000
脉冲能量/mJ	—	1～30	100～150 000
适用范围	用于碳素钢、不锈钢薄板（厚度<3mm）的切割	陶瓷和铝合金薄板（约 1mm）的精密切割	铜、铝合金板（厚度<20mm）的精密切割

（2）国外激光器技术参数

①日本 CO_2 激光器技术参数见表 8-67。

表 8-67 日本 CO_2 激光器技术参数

技术参数＼型号		EL-81	EL-501	EL-751	EL-1001	EL-1501	AF3L			AF5L		
结构类型		低速轴流型	高速轴流型									
额定输出功率/W		80	500	700	1000	1400	2000	2400	3300	3300	4100	5500
操作范围（%）		10～100 额定功率					400～2400	480～3000	660～3600	660～4000	820～5000	1100～6000
功率稳定性（%）		±2/8h（在额定功率）					<2					
波长/μm		10.6										
光模		TEM_{00} 为主					TEM_{00}	TEM_{01}	多模	TEM_{00}	TEM_{01}	多模
输出光束直径/mm		≈10	≈15	≈17	≈17	≈19	12.5	14.0	16.5	12.5	14.0	16.5
激光发散角/mrad		<2					1.1	1.8	5.0	1.1	1.8	5.0
偏振		随机	线性/随机	线性	线性/随机	线性	—					
脉冲操作	频率/Hz	5000（1000）					0.1～2500					
	占空率(%)	5～99					0.2～99.8					
激光气耗量	He/（L/h）	≈60	≈63	≈36	≈80	≈72	79			135		
	N_2/（L/h）	≈9	≈50	≈20	≈60	≈40	16			26.5		
	CO_2/（L/h）	≈6	≈9	≈4	≈10	≈8	5			8.5		

续表 8-67

技术参数 \ 型号		EL-81	EL-501	EL-751	EL-1001	EL-1501	AF3L	AF5L
电源输入/（kV·A）		2	10	13	18	20	75	125
外形尺寸/（mm×mm×mm）	激光器头	500×1924×283，170	630×1963×535，350	520×1220×570，185	670×2600×740，750	540×2060×580，350	—	
	鼓风机	—	—	615×915×340，350	—	540×1005×1064，450	—	
	电源	—	1120×850×1400，410	1000×500×1500，350	1480×850×1300，650	1600×500×1500，550	—	
制造厂		日本 OTC					日本川崎重工	

②日本用于焊接切割的激光加工机型号和技术参数见表 8-68。

表 8-68 日本用于焊接切割的激光加工机型号和技术参数

技术参数 \ 型号	ELT3-1010	ELT3-1020	ELT3-1325	ELT-0505	ELT-1010	ELTB-1020	ELTB-1325	ELTB-1631	KLF-0606	KLF-2014	KLF-3020	KLG-3020
结构类型	3 轴工作台			*XY* 轴工作台		光束传输工作台			*XY* 轴工作台	*X* 轴工作台 *Y* 轴光传输		*XY* 轴光传输
控制轴	*XYZ* 3 轴同时轴高度控制			*XY* 2 轴		*XY* 2 轴带动切割头			*XYZ*	*XYZ*		*XYZ*

续表 8-68

技术参数 \ 型号		ELT3-1010	ELT3-1020	ELT3-1325	ELT-0505	ELT-1010	ELTB-1020	ELTB-1325	ELTB-1631	KLF-0606	KLF-2014	KLF-3020	KLG-3020
行程/mm	*X*	1000	2000	2500	500	1000	2000	2500	3100	600	2000	3000	3000
	Y	1000	1000	1300	500	1000	1000	1300	1600	600	1400	2000	2000
	Z	250			—	250	—	—	—	100/300	100/300	100/300	300/500
最大轴速度/（m/min）		15			15		15			15	20	20	15
最大仿形速度/（m/min）		10			10		8			15	20	20	15
仿形精度/mm		±0.02/500			±0.01/100	±0.02/300	±0.05/1000			±0.02/300			±0.05/300
定位精度/mm		±0.01			±0.01	±0.02	±0.05			±0.01			±0.02
外形尺寸/mm	宽	2000	2000	2300	1655	3200	2250	2550	2850	—			
	长	3110	5280	6360	1600	3220	3750	4300	5000				
	高	2050	2050	2050	500	750	1300	1400	1400				
质量/kg		3500	6000	10000	1000	1500	2200	3500	4800				

续表 8-68

技术参数＼型号	ELT3-1010	ELT3-1020	ELT3-1325	ELT-0505	ELT-1010	ELTB-1020	ELTB-1325	ELTB-1631	KLF-0606	KLF-2014	KLF-3020	KLG-3020
外形图	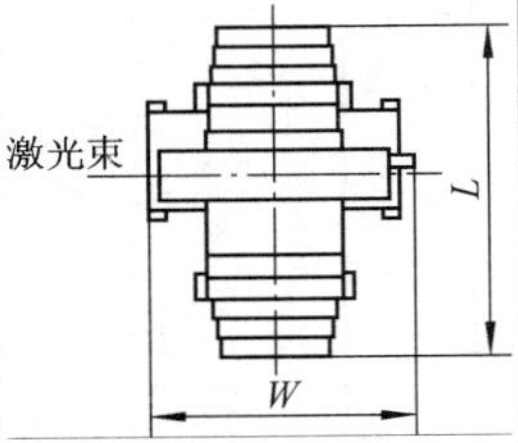 激光束 L W			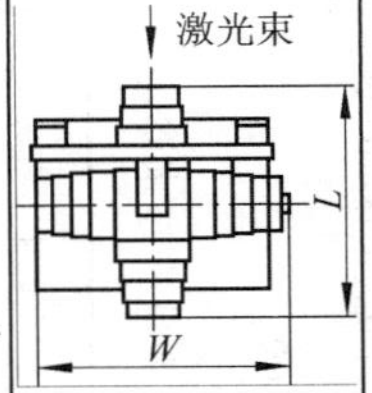 激光束 L W		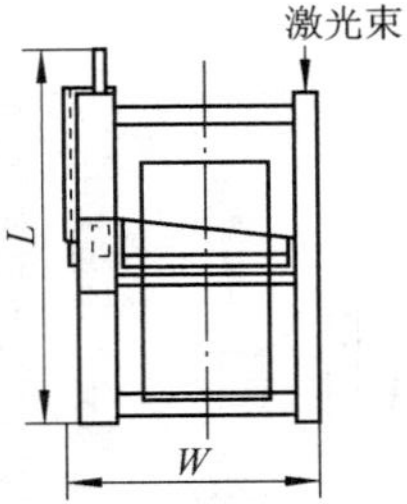 激光束 L W						
制造厂	日本 OTC								日本川崎重工			

8.4.3 激光测量器

激光测量器用来测量激光功率和能量分布。JGX-1 型测量器仅能测量显示激光功率，所以又称激光功率器，其结构如图 8-55 所示。

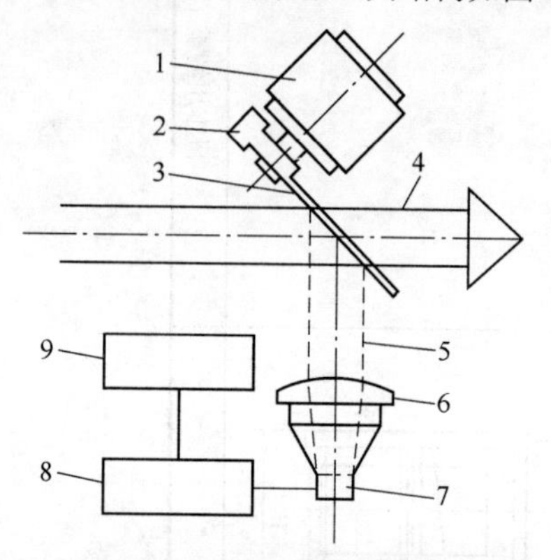

图 8-55 JGX-1 型激光功率器的结构

1. 电动机；2. 配重锤；3. 旋转反射针；4. 激光束；5. 部分反射光；6. 锗透镜；7. 红外探头；8. 信号放大电路；9. 数字毫伏表

JGX-1 型测量器技术参数见表 8-69。

表 8-69 JGX-1 型测量器技术参数

测量波长/μm	功率量程/kW	测量误差（%）	功率损失（%）	显示灵敏度/W	时间常数/s
9～11	0～10	±3	±0.4	1（$P\leqslant200$W） 10（$P\leqslant10000$W）	≤2

JGX-1 型激光测量器的工作原理是电动机带动旋转反射针高速旋转，将激光束一部分光线反射，并通过锗透镜衰减聚集落在红外探头上，红外探头将光信号转变成电信号，电信号经过放大，通过数字毫伏表读数直接显示激光功率。

8.4.4 激光切割用割炬

1. 结构要求

激光切割用割炬的结构如图 8-56 所示。激光切割用割炬主要由割炬体、聚焦透镜、反射镜和切割喷嘴等组成。激光切割时，割炬必须满足下列要求。

①割炬能够喷射出足够的气流。

②割炬内气体的喷射方向必须和反射镜的方向同轴。

③方便调节割炬的焦距。

④切割时，保证金属蒸气和切割金属的飞溅物不会损伤反射镜。

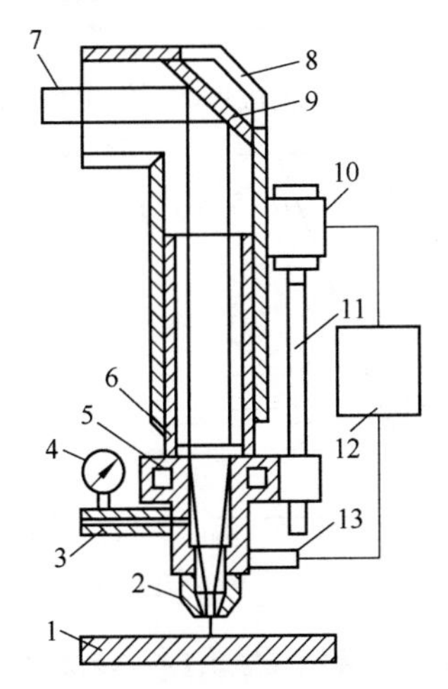

图 8-56　激光切割用割炬的结构

1. 工件；2. 切割喷嘴；3. 氧气进气管；4. 氧气压力表；5. 透镜冷却水套；6. 聚焦透镜；7. 激光束；8. 反射冷却水套；9. 反射镜；10. 伺服电动机；11. 滚珠丝杆；12. 放大控制及驱动电器；13. 位置传感器

2. 割炬与工作台间的相对移动

割炬的移动是通过数控系统进行调节的，割炬与工作台间的相对移动有三种情况。

①割炬不动，工件通过工作台移动，主要用于尺寸较小的工件。

②工件不动，割炬移动。

③割炬和工作台同时移动。

3. 激光切割用割炬部分部件的作用

①聚焦透镜。聚焦透镜用于把射入割炬的平行激光束进行聚焦，以获得较小的光斑和较高的功率密度。聚焦透镜通常采用能透过激光

波长的材料制造。固体激光器的聚焦透镜常用光学玻璃制造，而 CO_2 气体激光因透不过普通玻璃，因此采用 ZnSe、GaAs 和 Ge 等材料制造，其中最常用的是 ZnSe。

透镜的形状有双凸形、平凸形和凹凸形三种。透镜的焦距对聚焦后光斑直径和焦点深度有很大影响。聚焦光斑直径 d_0 与透镜焦距 f 和入射激光直径 D 之间的关系如图 8-57 所示。由图可得，当入射激光束直径 D 值一定时，存在一个最佳的透镜焦距 f 使聚焦光斑直径 d_0 最小。

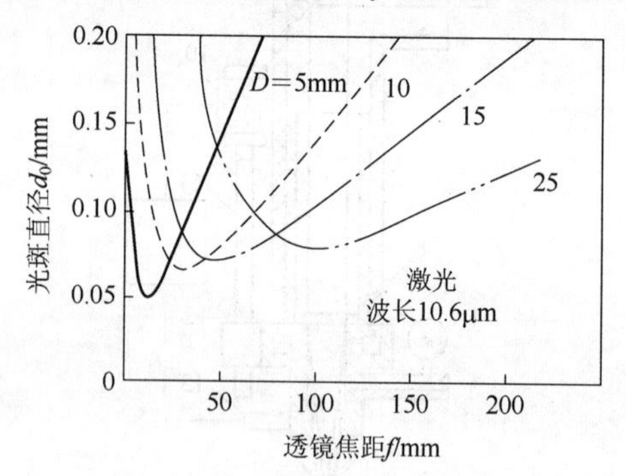

图 8-57　聚焦光斑直径 d_0 与透镜焦距 f 和入射激光束直径 D 之间的关系

焦点深度 f_d 与透镜焦距 f 的关系如图 8-58 所示。随着透镜焦距 f 的减小，焦点深度 f_d 也逐渐减小。

激光切割时聚焦光斑直径减小，则功率密度就能提高，有利于实现激光切割用割炬的高速切割。但透镜焦距减小时，焦点深度也较小，在切割厚度较大的板材时难以获得垂直度好的切割面。另外，透镜焦距较小时，透镜与工件之间的距离也缩小，在切割过程中透镜易被飞溅物等熔融物质损伤，影响切割的正常进行。因此，要根据切割厚度和切割质量要求等因素综合考虑，确定适当的焦距。

②反射镜。反射镜用于改变来自激光器的光束方向。对固体激光器发出的光束可使用由光学玻璃制造的反射镜，而对 CO_2 气体激光器中的反射镜常用铜或反射率高的金属制造。为避免反射镜在使用过程中受光照过热而损坏，通常需用水进行冷却。

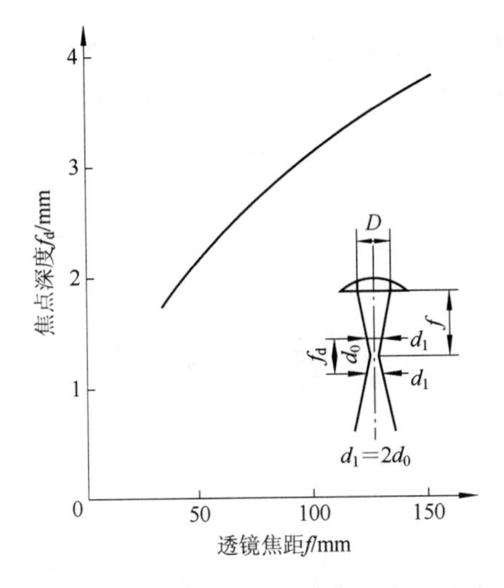

图 8-58 焦点深度 f_d 与透镜焦距 f 的关系

③切割喷嘴。切割喷嘴用于向切割区喷射辅助气体，其结构形状对切割效率和质量有一定影响。图 8-59 所示为激光切割常用的喷嘴形状，喷孔的形状有圆柱形、锥形和缩放形等。喷嘴的选用一般根据切割工件的材质、厚度、辅助气体压力等因素确定。

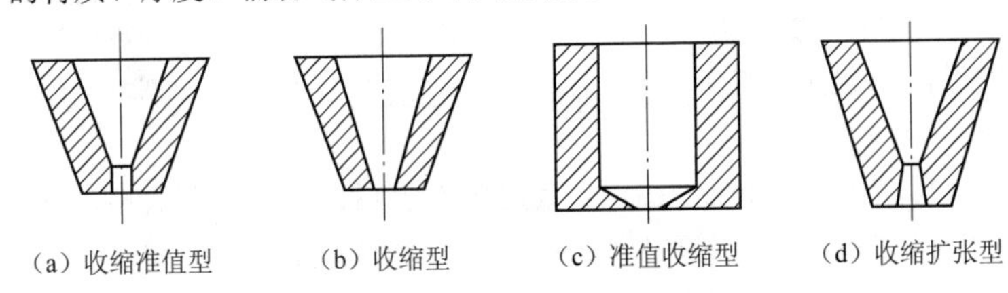

图 8-59 激光切割常用的喷嘴形状

激光切割一般采用同轴（气流与光束同心）喷嘴，若气流与光束不同轴，则在切割时易产生大量飞溅物。喷嘴孔的孔壁应光滑，以保证气流的顺畅，避免因出现紊流而影响切口质量。为了保证切割过程的稳定性，一般应尽量减小喷嘴端面至工件表面的距离，常取 0.5～2.0mm。

当用惰性气体切割某些金属时，为保护切口区金属不致因空气入侵

（一般喷嘴在切割方向突然改变时常有空气卷入切割区）而发生氧化或氮化，应使用加保护罩的喷嘴。加玻璃绒保护罩的喷嘴结构如图 8-60 所示。

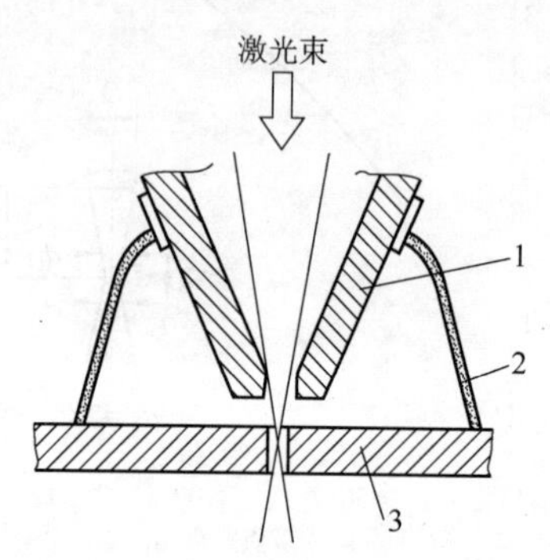

图 8-60　加玻璃绒保护罩的喷嘴结构

1. 喷嘴；2. 玻璃绒（防止空气进入）；3. 工件

8.4.5　常用激光切割机

1. 激光切割机的类型及其特点

根据不同的切割对象，激光切割机可以分为平面激光切割机和立体激光切割机两大类。用于切割平面板材的即是我们通常所说的数控激光切割机。按割炬与工作台相对移动的方式不同，数控激光切割机又分为下列几种类型。

（1）割炬（激光束）固定式数控激光切割机　在切割过程中，切割机工作台沿 *X*（纵）轴、*Y*（横）轴两坐标轴移动，而割炬固定不动，一般用于薄板切割。这种切割机光束传输系统最简单，光束传递路径最短，因而在光束运行的全过程内激光束的性能和质量能基本保持原状。其不足之处在于可以加工的工件尺寸小，而机器占地面积大；工作台要有稳固、可靠的板材夹紧装置，整机结构复杂，机械部件的加工和安装精度要求高，因而设备投资费用高。

（2）光束移动（飞行光路）式数控激光切割机　在切割过程中，只有割炬沿 *X* 轴、*Y* 轴两个坐标轴方向移动，工作台位置固定。这种切割机可加工的板材尺寸大、质量大，而设备占地面积小；机器加速性能佳，定位精度高。对于飞行光路的切割机，由于光束的发散角、切割近端及远端时光程长短不同，因此聚焦前光束的尺寸会有一定差别，为了能最大限度地保持激光束在飞行光路运行中的尺寸恒定，光束传输系统的设计需采取一些措施。即便如此，在实际切割加工时，要做到从板材的一端到另一端保持始终恒定的光束特性，同时使切割质量不受影响还是有一定困难的。

（3）混合式数控激光切割机 在切割过程中，割炬沿 Y 轴方向移动，而工作台在 X 轴方向移动，混合式比光束移动式的光束转换路径要短，比割炬固定式光路要长，因此各项性能指标介于二者之间。因为仅在 Y 轴方向上移动工作，所以工件的加工尺寸在 X 轴方向上比较大一些。

（4）机载式数控激光切割机 在切割过程中，安装于门架上的激光器随 X 轴移动，割嘴在 Y 轴方向移动。机载式激光切割机仅在 Y 轴方向采用飞行光路，因而光束传输路径要比 X 轴、Y 轴两个方向均为飞行光路式的短，在相同的切割范围内机器占地面积最小。这种切割机的突出特点是：整机简洁，安装容易；机器在 X 轴方向的行走尺寸几乎没有限制，所以可以完成大尺寸工件或多工位（工作台 X 轴方向上同时铺设多张板材）的切割任务；割嘴还能带两个旋转光束控制轴以实现五轴的切割运动，可用于数控激光切割板材的坡口、切割加工管材和型材及其坡口。

另外，制造业常会遇到需要切割三维立体构件和为柔性加工生产线配备激光切割设备的需求，此时通常会考虑选用装备多关节的激光切割机器人来承担此项工作。Nd-YAG 激光器可用于光纤传输，同时因为其能简化激光传输过程、提高光路传递工作的可靠性、减少投资费用，所以更适用于激光切割机器人。

2. 沈阳普瑞玛激光切割机床

沈阳普瑞玛主导产品为 PLATINO1530 和 PLATINO2040 二维数控激光切割机床，这两种产品同时也是意大利普瑞玛工业公司的主导产品。PLATINO 是 1997 年投入国际市场的一种全新概念的数控激光切割机床，其结构和性能特点如下。

①采用全飞行光路的激光切割系统。

②悬臂结构使操作者可从三个方向接近工作台；工件可以手动或自动加工，具有很大的灵活性；操作和维修非常方便。

③割嘴上增加了独立的由 CNC 控制移动透镜的 *F* 轴，使 PLATINO 的割嘴可独立编程，以调整透镜的焦点和喷嘴到工件表面的距离，使光束聚集后光斑直径在整个加工区域内保持一致，这样就可以实现在无操作者干预的条件下，在同一工作台面上（无论近端或远端）切割不同厚度的不同材料，此功能是意大利专利技术。

④预先在系统中置入各种材料的参数，使得即使不熟练的操作者也可以加工出完美的工件；在全部切割区域内，可精确控制切割质量：*X* 轴、*Y* 轴、*Z* 轴及 *F* 轴均由精密滚珠丝杠和交流伺服电动机传动。

⑤可实现快速更换割嘴透镜（5″/7.5″）而无需人工调整。在脱机情况下将透镜固定于“抽屉式”镜夹当中，每当需要时，只需更换镜夹即可，而不必更换割嘴，两种透镜均适用于高压切割。

⑥光路系统中的反射镜和聚焦镜均置于密封和超高压的环境中，由输入清洁干燥的压缩空气保护。反射镜可取下清洁或更换，还可重新定位。

⑦割嘴上安装有电容传感器，在切割过程当中，可实时跟踪与修正工件表面与透镜焦点间的距离，以消除板材的变形对切割质量造成的影响。电容传感器还可以自动测量出工件在工作台上的准确位置，从而可以实现自动定位切割。当切割非导体材料时，可选择安装机械式高度传感器。

⑧数控系统 PRIMACH9000-L 是由意大利 PRIMA 电器公司开发制造的多轴激光专用控制系统。该系统可同时控制 *X* 轴、*Y* 轴、*Z* 轴、*F* 轴聚焦轴及激光器，同时，还可以控制用于管材切割的旋转轴（选件）。该系统的主要配置有 MOTOROLA32 位多处理器结构、WINDOWS NT 操作系统、8GB 硬盘、触摸式液晶显示屏幕、3.5″软驱及内置光驱、直

线及圆弧插补、G 代码编程等，与激光发生器完全集成。PLATINO 数控激光切割机床技术参数见表 8-70。

表 8-70 PLATINO 数控激光切割机床技术参数

技术参数 \ 型号		PLATINO 1530	PLATINO 2040
加工区域（X 轴/Y 轴/Z 轴）/mm		3000/1500/150	4000/2000/150
最大工件质量/kg		750	1300
最大定位速度/（m/min）		140	
X 轴、Y 轴机床加速度		1.2g	
X 轴、Y 轴最小编程量/mm		0.001	
定位精度/mm		±0.075	
机床重复精度 s/mm		±0.02	
切缝宽度/mm		≤0.2（板厚 5mm）	
切缝粗糙度 Ra/μm		≤6.3（板厚 5mm）	
激光冷却系统		密封内循环	
适配激光器		PL2200TF	PL3000TF
整机耗电量/kW		47	50
最大输出功率/W		2500	3000
激光束波长/μm		10.6	
激光束模式		$TEM_{00/01}$	
激光束光栅频率/Hz		100～10000	
激光器气体消耗/（L/h）		20	
辅助气体消耗（O_2）/（L/h）		1800	
压缩空气消耗/（m^3/h）		48	
切割厚度/mm	碳钢（O_2）	18	20
	不锈钢（N_2）	8	10
	铝（N_2）	5	6
设备占用空间/（m×m×m）		6.3×3.5×2.5	7.3×4.0×2.5
机床质量/kg		10000	11500

3. 蓝利锋系列数控激光切割机

蓝利锋系列数控激光切割机的特点如下。

①采用美国 PRC 激光器，具有很高的功率稳定度（±0.5%）和极佳的切割光束模式，有多种输出功率供选择，可满足不同的切割需求。

②采用德国 Precitec 公司激光头，*Z* 轴自动浮动调焦，并配有性能卓越的防撞保护装置。

③采用美国 II-VI 公司的外光路光学镜片，激光传输畅通无阻。

④龙门式机架，全飞行光路系统，加工时工件不动，机器动态性能好。

⑤采用自动交换工作台，缩短了换料停机时间，提高了工作效率。

⑥独特的分段抽风系统，保证工作环境无烟、无尘。

⑦优良的整体防护设计，符合欧洲安全防护设计标准。

蓝利锋系列数控激光切割机技术参数见表 8-71。

表 8-71　蓝利锋系列数控激光切割机技术参数

技术参数＼型号		LLF3015-20E	LLF3015-25E	LLF3015-30E	LLF3015-40E
激光器功率/W		2000	2500	3000	4000
激光器耗气量/（L/h）		25		50	
工作台形式		交换工作台式			
X 轴行程/mm		3000			
Y 轴行程/mm		1500			
Z 轴行程/mm		150			
工作台面尺寸/（mm×mm）		3000×1500			
切割速度/（mm/min）		10000			
最大速度/（mm/min）		40000			
定位精度/mm		0.05			
重复精度/mm		0.025			
切割厚度/mm	碳钢	12	16	20	25
	不锈钢	6	10	12	15
	铝	3	5	7	10
	铜	2	3	3	5

续表 8-71

技术参数 \ 型号	LLF3015-20E	LLF3015-25E	LLF3015-30E	LLF3015-40E
加工精度	0.10			
设备占用空间 /（mm×mm×mm）	10000×6000×3000			

4. 机载式数控激光切割机

机载式数控激光切割机是为了满足当今制造业对高生产能力和高精度的需求而设计的一种大型激光切割加工设备，其主要特征就是将激光发生器和冷却装置全部安装在切割机的机架之上，并随机器一起做纵向运动。这种结构的优点在于采用焊接箱梁门架结构机架，刚性高、耐久性好，设备占地面积小；能够缩短激光束的传输路径，较好地保持其到达工件表面时的质量及稳定性；加大了机器切割的范围，尤其是机器纵向的行程不受限制，非常适合尺寸长的工件和纵向多工位的切割场合使用；通常配置大功率的激光器，适合切割中厚板，通过增加两个光束旋转控制轴可以方便地实现五轴的切割运动，可用来切割焊接坡口、型材和管材及其坡口；开放性工作区域的设计使板材的装载和零件、废料的下料过程变得十分容易。

机载式数控激光切割机还可以做到多台机器在同一条轨道上同时操作使用，提高了板材的利用率，降低了操作运行的成本。目前还出现了机载式数控激光切割机与数控等离子切割机和数控火焰切割机联合（纵向衔接布置）使用的模式，这种联合模式能够优化利用材料堆放场地、起吊搬运设备和人员劳动力，更加合理地编排各种切割工艺流程，节省各工序之间的物流时间和费用。

机载式数控激光切割机在未来的船舶建造、海洋平台、大型钢构、工程机械等行业将有很大的应用市场。

TLX 系列机载式数控激光切割机技术参数见表 8-72。

表 8-72　TLX 系列机载式数控激光切割机技术参数

技术参数 \ 型号	TLX-820	TLX-1045	TLX-10100	TLX-1445	TLX-14100
X 轴行程/mm	7100	15000	31400	15000	31400
Y 轴行程/mm	2600	3200	3200	4550	4550
Z 轴行程/mm	割炬升降行程 200				
切割平台高度/mm	500				
X、Y 轴快速移动速度/（mm/min）	30000				
Z 轴快速移动速度/（mm/min）	10000				
X、Y 轴最大切割速度（mm/min）	10000				
定位精度/mm	±0.1/300				
驱动电动机	交流伺服电动机				
驱动机构	齿轮齿条/滚珠丝杆				
导向机构	路轨及直线滚珠导轨				
激光发生器	PRC 高速轴流式 CO_2 激光器，功率为 3300W，4500W，6000W				
数控系统	FANUC 16iL				
占地面积/（mm×mm）	6150×14400	5850×21900	5850×38300	7200×21900	7200×38300
机器质量/kg	17000	9000（不包括纵向导轨在内）			

5. 二维平面数控激光切割机

二维平面数控激光切割机是技术和工艺极为成熟且用途又十分广泛的数控切割品种。TRUMATIC 系列高度激光切割机是当今二维平面数控激光切割机中具有领先水平的产品，其技术参数见表 8-73。

表 8-73　TRUMATIC 系列高度激光切割机技术参数

技术参数 \ 型号	TRUMATIC L 3050	TRUMATIC L 4050	TRUMATIC L 6050
结构特色	全飞行光路；轻型高稳定门架结构；直流电动机驱动		

续表 8-73

技术参数 \ 型号		TRUMATIC L 3050	TRUMATIC L 4050	TRUMATIC L 6050
切割范围/mm	X轴	3000	4000	6000
	Y轴	1500	2000	2000
	Z轴	115	115	115
工件最大质量/kg		900	1800	2800
切割厚度/mm	碳钢	25		
	不锈钢	20		
	铝	12		
最大沿轴向速度/（mm/min）		200		
最大多轴逼近速度/（mm/min）		300		
最小可编程增量/mm		0.01		
定位精度/mm		±0.1		
重复精度/mm		±0.03		
数控系统		西门子 840D		
外形尺寸/mm	长	11100	13000	16950
	宽	4600	5400	5550
	高	2400	2400	2400
整机质量/kg		12000	14000	16000
激光发生器		TRUMPF TLF5000CO_2激光器		
激光最大输出功率/W		5000		
激光束模式/波长		TEM_{01}/10.6μm		
激光气体消耗量/（L/h）		CO_2 1； N_2 6； He 13		
切割气体消耗量/（L/h）		500～2000（由实际应用情况决定）		
激光器冷却		封闭循环冷却系统		
整机耗电量/kW		约为 33～72		
可选配 TRUMPF 自动化系统		包括带真空吸盘的 LiftMaster 自动上下料装置，双层上料、下料台车，自动提取原材料与储存成品的料库系统		

6. 一体式激光切割设备

一体式激光切割设备的激光器安装在机架上并随机架纵向移动，而割炬同其驱动机构组成一体在机架大梁上横向移动，利用程序控制可进行各种成形零件的切割。为弥补割炬横向移动使光路长度变化的不足，通常备有光路长度调整组件，此组件能在切割区域内获得均质的光束，可以保持切割面质量的同质性。

一体式激光切割设备一般采用大功率激光器，适用于中厚板（8～35mm）大尺寸钢结构件的切割加工。

①一体式激光切割设备的加工能力见表 8-74。

表 8-74　一体式激光切割设备的加工能力

项　目	技术参数			
激光功率/kW	1.4	2	3	6
有效切割范围/（mm×mm）	1830×7000	2440×36000	4200×36000	2600×36000
切割碳素钢最大厚度/mm	9	16	19	40

②LMX 型一体式激光切割设备技术参数见表 8-75。

表 8-75　LMX 型一体式激光切割设备技术参数

技术参数 \ 型号	LMX25	LMX30	LMX35	LMX40
有效切割宽度/mm	2600	3100	3600	4100
有效切割长度/mm	可根据用户要求（标准 6m）			
轨距/mm	有效切割宽度＋1700			
轨道总长/mm	有效切割宽度＋4800			
切割机高度/mm	2200			
割炬高度浮动行程/mm	200			
驱动方式	齿条和齿轮双侧驱动式			
切割进给速度/（mm/min）	6～5000			
快速进给速度/（mm/min）	24000			
割炬上下移动速度/（mm/min）	1200			

续表 8-75

技术参数＼型号	LMX25	LMX30	LMX35	LMX40
原点返回精度/mm	±0.1			
定位精度/mm	±0.0001			
激光器（CO_2气体激光器）	TF3500（额定功率 3kW）或 TF2500（额定功率 2kW）			

7. 管材专用激光切割机

管材专用激光切割机能在主管上切割多个不同方向、不同直径的圆管相贯线孔，能在圆管端部切割斜截端面，能切割与环形主管相交的支管相贯线端头。

管材专用激光切割机可以切割不锈钢、碳钢、合金钢、弹簧钢、铜板、铝板、金、银、钛等金属管材。管材专用激光切割机技术参数见表 8-76。

表 8-76 管材专用激光切割机技术参数

技术参数＼型号	TQL-LCY620-GC20	TQL-LCY620-GC40	TQL-LCY620-GC60
最大输出功率/W	620	620	620
激光波长/nm	1064	1064	1064
脉冲频率/Hz	1～300	1～300	1～300
管材切割直径/mm	10～200	10～200	10～200
最大管材切割长度/mm	2000	4000	6000
切割管壁厚度/mm	0.2～3	0.2～3	0.2～3
X、*Y*、*Z* 轴几何定位精度/mm	≤±0.08/1000	≤±0.08/1000	≤±0.08/1000
X、*Y*、*Z* 轴重复定位精度/mm	≤±0.04	≤±0.04	≤±0.04
冷却方式	7P 水冷		
电力配置	380V，50Hz，100A		

8. 激光板材切割机

板材切割和管材切割同样应用广泛，因此板材切割机的种类也较多。常用激光板材切割机技术参数（一）～（三）分别见表 8-77～表 8-79。

表 8-77　常用激光板材切割机技术参数（一）

技术参数 \ 型号	RL-LCY650-2513	RL-LCY650-3015	RL-LCY650-4115
加工幅面/（mm×mm）	2500×1300	3000×1500	4100×1500
最大切割厚度/mm	8（碳钢）		
最大输出功率/W	650		
激光波长/nm	1064		
脉冲频率/Hz	1～300		
最小线宽/mm	0.15		
电力配置	380V，50Hz，100A		
X、*Y*、*Z* 轴几何定位精度	≤±0.08/1000		
X、*Y*、*Z* 轴重复定位精度	≤±0.04		
机床质量/kg	3780	4000	4200
冷却方式	7P 水冷		
最大切割速度/（mm/s）	35		

表 8-78　常用激光板材切割机技术参数（二）

技术参数 \ 型号	RL-LCY650-1512	RL-LCY650-1510	RL-LCY650-1209
加工幅面/（mm×mm）	1500×1200	1500×1000	1200×900
最大切割厚度/mm	8（碳钢）		
最大输出功率/W	650		
激光波长/nm	1064		
脉冲频率/Hz	1～300		
最小线宽/mm	0.15		
电力配置	380V，50Hz，100A		
X、*Y*、*Z* 轴几何定位精度	≤±0.06/1000		
X、*Y*、*Z* 轴重复定位精度	≤±0.04		

续表 8-78

技术参数＼型号	RL-LCY650-1512	RL-LCY650-1510	RL-LCY650-1209
机床质量/kg	1500		
冷却方式	7P 水冷		
最大切割速度/（mm/s）	35		

表 8-79 常用激光板材切割机技术参数（三）

技术参数＼型号	RL-LCY500-0303	RL-LCY500-1512	RL-LCY500-0505
加工幅面/（mm×mm）	300×300	1500×1200	500×500
最大切割厚度/mm	0.15～6（碳钢）	8（碳钢）	0.15～6（碳钢）
最大输出功率/W	500		
激光波长/nm	1064		
脉冲频率/Hz	1～300		
最小线宽/mm	0.15		
电力配置	380V，50Hz，100A		
X、*Y*、*Z* 轴几何定位精度	≤±0.08/1000	≤±0.06/1000	≤±0.08/1000
X、*Y*、*Z* 轴重复定位精度	≤±0.04		
机床质量/kg	380	1500	400
冷却方式	5P 水冷	7P 水冷	5P 水冷
最大切割速度/（mm/s）	35		

8.4.6 激光切割机器人

激光切割机器人有 CO_2 激光切割机器人和 YAG 固体激光切割机器人。通常激光切割机器人既可用于切割又可用于焊接。

1. CO_2 激光切割机器人

L-1000 型 CO_2 激光切割机器人的结构如图 8-61 所示。

L-1000 型 CO_2 激光切割机器人是极坐标式 5 轴控制机器人，配用 C1000～C3000 型激光器。光束经由设置在机器人手臂内的四个反射镜传送，聚焦后从喷嘴射出。反射镜用铜制造，表面经过反射处理，使光束传递损失率不超过 0.8%，而且焦点的位置精度高。为了防止反射镜受到污损，光路完全不与外界接触，同时还在光路内充入过滤的洁净空气，使之具有一定的压力，从而防止周围的灰尘进入。

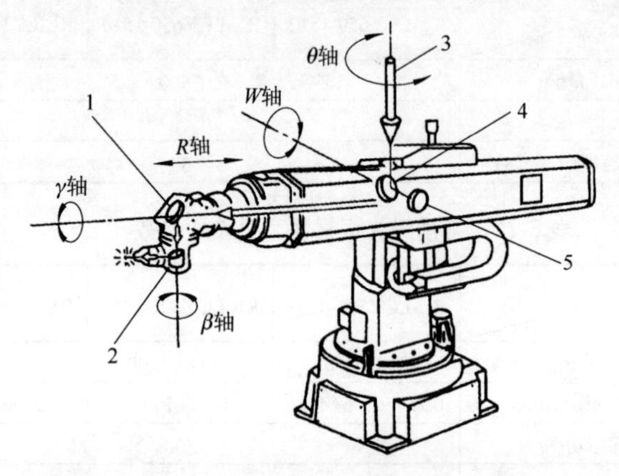

图 8-61　L-1 000 型 CO_2 激光切割机器人的结构

1、4、5. 反射镜；2. 焊接时用抛物面反射镜；3. 激光束

L-1000 型 CO_2 激光切割机器人技术参数见表 8-80。

表 8-80　L-1000 型 CO_2 激光切割机器人技术参数

项　目		技术参数
动作形态		极坐标式
控制轴数		5 轴（θ, W, R, γ, β）
设置状态		固定在地面或悬挂在门架上
工作范围	θ轴 /（°）	200
	W轴 /（°）	60
	R轴 /mm	1200
	γ轴 /（°）	360
	β轴 /（°）	280
最大动作速度	θ轴 /（°/s）	90
	W轴 /（°/s）	70
	R轴 /（mm/s）	90

续表 8-80

项　　目		技术参数
最大动作速度	γ轴 / (° /s)	360
	β轴 / (° /s)	360
手臂前端可携带质量/kg		5
驱动方式		交流伺服电动机伺服驱动
控制方式		数字伺服控制
位置重复精度/mm		±0.5
激光反射镜数量		4
激光进入口直径/mm		62
辅助气体管路系统		2 套
光路清洁用空气管路系统		1 套
激光反射镜冷却水系统		进、出水各 1 套
机械结构部分的质量/kg		580

2. YAG 固体激光切割机器人

日本研制的多关节型 YAG 激光切割机器人的结构如图 8-62 所示。

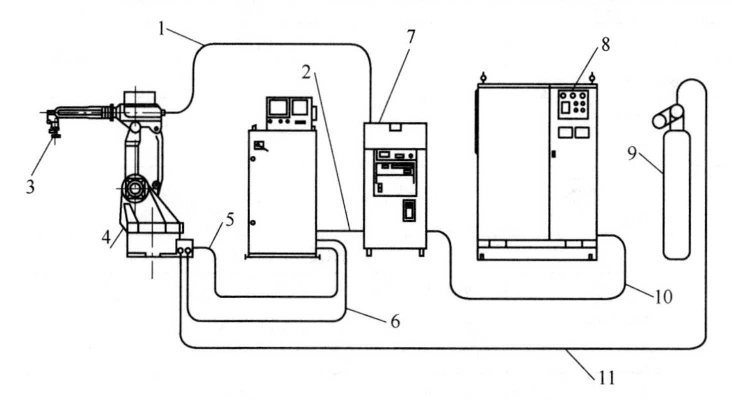

图 8-62　日本研制的多关节型 YAG 激光切割机器人的结构

1. 光缆（至割嘴长 10m）；2. 连接振荡器电缆（4m）；3. 激光割嘴；4. 机器人；5. 接机器人电缆（4m）；6. 高度轴控制电缆（4m）；7. YAG 激光振荡器；8. 一次水冷却装置；9. 氧气瓶；10. 冷却水循环水管（ϕ19mm）；11. 辅助气体胶管（10m）

多关节型 YAG 激光切割机器人是用纤维把激光器发出的光束直接传送到机器人手臂上的割炬中，因此与 CO_2 气体激光切割机器人相比更为灵活。多关节型 YAG 激光切割机器人是由原来的焊接机器人改造而成的，采用求教方式，适用于三维板金属零件的切割，如轿车车体模压件等的毛边修割、打孔和切割加工。

3. 美国 SHC-R 系列机器人

美国 Jesse 工程公司研制的 SHC-R 系列机器人管道马鞍形端、孔切割机技术参数见表 8-81。

表 8-81　SHC-R 系列机器人管道马鞍形端、孔切割机技术参数

技术参数＼型号	500SHC-R	750SHC-R	900SHC-R	1200SHC-R
能切割的管子形状	圆管			
能切割的材料	碳钢、不锈钢、铝等			
最大切割外径/mm	500	750	914	1219
最小切割外径/mm	32	100	—	—
管子最大长度/mm	8000			
火焰切割能力/mm	40（切割剖面的长度）			
等离子切割能力/mm	38（切割剖面的长度）			
系统切割速度/（mm/min）	0～3900，无级可调			
割炬定位速度/（mm/min）	0～15000，无级可调			
机器人系统	FANUC ArcMate 100iB，6 轴			
操作控制机	R-J3iB：工业级 PC 控制机，Windows XP 操作系统，彩色触摸屏，40GB 硬盘，CD-ROM 及 3.5″ 软盘驱动，自动启动诊断，网络接插口			
精度/mm	±0.5			
重复精度/mm	±0.08			
管子旋转，第 7 轴	滚床滚轮摩擦驱动			
驱动方式	FANUC 伺服电动机			
定位精度/mm	±1.0			

续表 8-81

技术参数＼型　号	500SHC-R	750SHC-R	900SHC-R	1200SHC-R
管子表面线速度/（mm/min）	0～9000，无级可调			
机器人（割炬沿管子轴线）移动，第 8 轴	FANUC 伺服电动机驱动			
定位精度/mm	±1.0			
移动速度/（mm/min）	0～9000，无级可调			

8.5　电弧切割设备

8.5.1　电弧切割设备的组成

根据切割原理的不同，常用金属极电弧切割设备的组成也不同。

1. 喷水式熔化极电弧切割装置的组成

喷水式熔化极电弧切割装置可使用通用型 MIG 焊接用设备中的电源、行走小车和送丝装置。割炬需重新设计和制造。另外还要配备供给压力水的水泵（可用 40W-40 型旋转式水泵，功率 1.73kW，排量 5.4m^3/h，扬程 40m）。图 8-63 所示为喷水式熔化极切割用割炬和喷嘴的结构。喷嘴的内孔要设计成能形成柱状且集中的水射流。要确保水射流的轴线与切割丝保持同心。导电嘴的连接处要具有良好的水密性，否则在切割时会发生故障。

2. 压缩空气熔化极电弧切割装置的组成

切割装置可使用通用型 MIG 焊接设备中的直流等电压外特性电源（最小电流应≥150A）和送丝装置。割炬和喷嘴需重新设计和制造，要求能够喷出高速气流并可以利用割炬上的扳机开启压缩空气。喷嘴的端部开槽道，能够将周围大气吸入到压缩空气流中，以增大其流量。割炬上不配备气体流量控制器。另外需配备一台功率约为 1.5kW 的空气压缩机并附设调压和过滤装置。

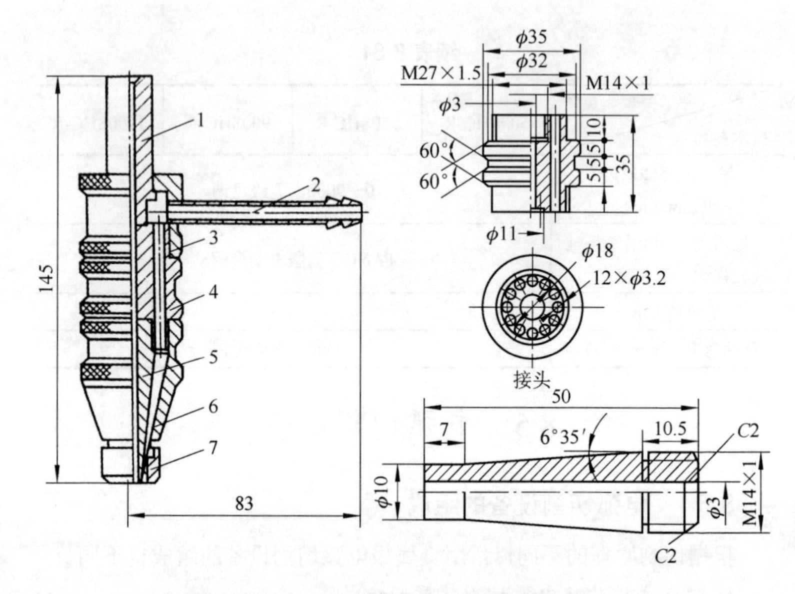

图 8-63 喷水式熔化极切割用割炬和喷嘴的结构

1. 导割丝头；2. 水管；3. 螺母；4. 接头；5. 导电嘴；6. 喷头室；7. 喷嘴

3. 电弧锯切割装置的组成

电弧锯切割时被切割金属接电源正极，电极接负极。电极主要有旋转圆盘电极和做直线运动的带状电极，也有用棒状的。图 8-64 所示为旋转圆盘电极和带状电极电弧锯。在切割过程中一般采用水溶性加工液冷却电极，电弧锯切割用电极通常由低碳钢制造。

4. 阳极切割装置的组成

阳极切割装置主要由直流电源、切割工具电极、电解液循环系统等组成。阳极切割对电源的外特性要求与手工电弧焊相同，一般采用直流电弧焊机。切割工具电极在切割时应保证切割盘以一定的速度旋转，同时应保证切割过程中电源的负极时刻与切割盘相连。电解液循环系统保证切割时有充足的电解液供应。阳极切割设备如图 8-65 所示。

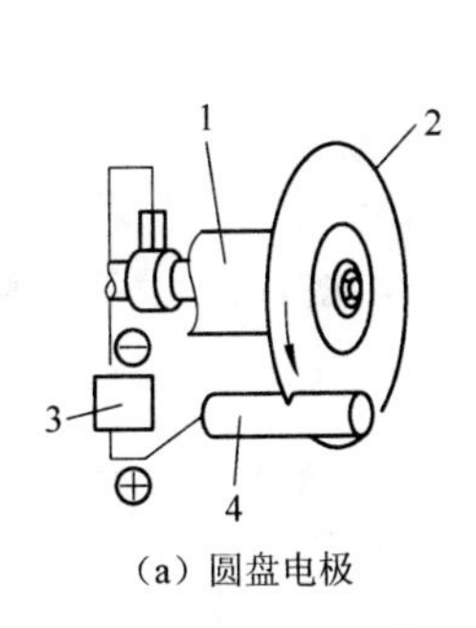

(a) 圆盘电极

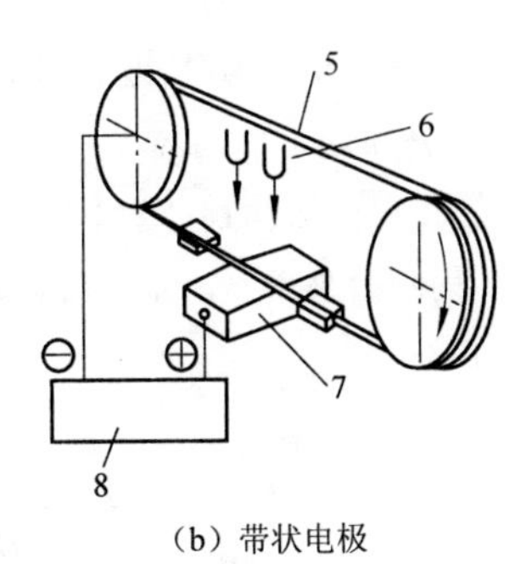

(b) 带状电极

图 8-64　旋转圆盘电极和带状电极电弧锯

1. 主轴；2. 圆盘电极；3. 直流电源；4、7. 工件；
5. 带状电极；6. 加工液；8. 电源装置

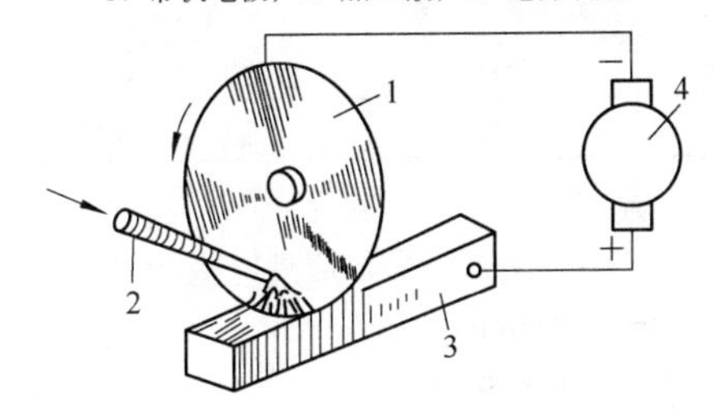

图 8-65　阳极切割设备

1. 切割盘；2. 电解液喷嘴；3. 工件；4. 电源

将直流电源的正极接在待切割的工件上，负极与切割盘相连。切割时，切口处通导电的电解液。利用直流电的作用，电极间产生化学反应，电解液电解为带正电的离子和带负电的离子，这时工件吸附离子形成一层绝缘薄膜，并且部分阳极金属熔化。

由于割盘的旋转和进给运动的机械压力，薄腊因切割表面微小凸起而厚度减小或破坏，从而产生大电流引起电火花放电，放电区产生高温使得接触点金属熔化，并随着工具电极的旋转运动而被抛出，被电解液冷却形成细颗粒的金属颗粒，沉淀在电解液中。如此反复循环，切割盘逐渐切入工件，直至切割。由于工件与电源正极相连，这样使工件的切割总是大于工具电极的损耗。

8.5.2 电弧切割设备技术参数

1. 熔化极电弧切割设备

熔化极电弧切割设备主要由切割电源、割炬、送丝装置和供气系统（水下切割时采用高压水系统）等。压缩空气熔化极切割设备技术参数见表 8-82。

表 8-82 压缩空气熔化极切割设备技术参数

项目	技术参数	项目	技术参数
电压/V	三相，380	空载电压调节范围/V	60～70
频率/Hz	50	割丝直径/mm	1.6
输入额定电流/A	100	送丝速度/（m/min）	2~4
电源特性	直流，平特性电压	送丝管长度/m	4
最大切割电流/A	150～600	电动机功率/kW	1.5
额定负载持续率（%）	80	工作空气压力/MPa	0.1～0.5

2. 阳极切割设备

阳极切割设备主要由直流电源、切割电极和电解液循环系统组成，切割盘直径为ϕ450mm×1mm。

①阳极切割设备技术参数见表 8-83。

表 8-83 阳极切割设备技术参数

电源电压/V	空载电流/A	工作电压/V	工作电流/A	电解液流量/（L/min）	切割盘速度/（m/s）
380	70	22～28	200～300	25	14～18

②阳极切割设备工艺参数见表 8-84。

表 8-84 阳极切割设备工艺参数

工件直径/mm	工作电流/A	进给量/（mm/s）	备注
<50	80～150	10～20	工作电压为 22～25V，压力为 4.9～19.6MPa，切缝宽度小于 3mm，表面粗糙度为 100～50μm
50～100	150～200	15～20	
100～150	200～250	12～15	
150～200	250～300	10～12	

8.6 水下切割设备

8.6.1 水下电弧-氧切割设备

水下电弧-氧切割使用的设备主要有切割电源、割炬、切割电缆、断电开关及供氧系统等，图8-66所示为水下电弧-氧切割设备的组成。

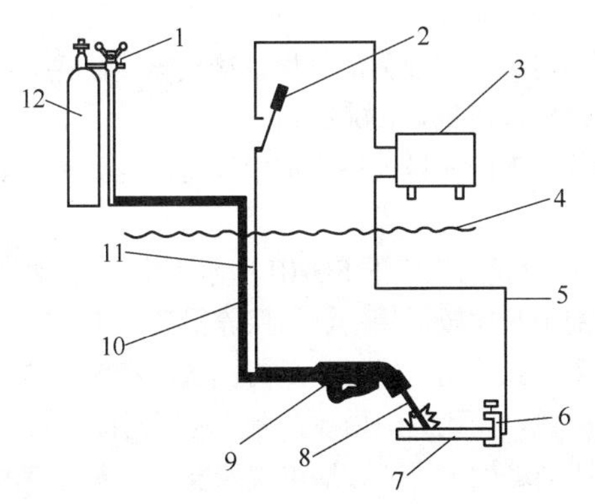

图8-66 水下电弧-氧切割设备的组成

1. 氧气减压器；2. 断电开关；3. 手工弧焊机；4. 水面；5. 回路地线；6. 夹头；7. 工件；8. 割条；9. 割炬；10. 输氧管；11. 切割用电缆；12. 氧气瓶

1. 切割电源

水下电弧-氧切割使用的电源与水下焊条电弧焊使用的电源基本相同，也是直流弧焊电源，只是功率大些，一般额定输出电流应≥500A。常用的水下切割发电机主要有AX1-500、AX8-500等型号。另外，ZDS-500型水下焊接电源和ZXG-500型弧焊整流电源也可用于水下切割。尤其是ZDS-500型水下焊接电源，是船上专用弧焊电源，具有防水、防潮、防震性能，超载能力强，容易引弧，电弧稳定，可提高切割效率。

2. 切割割炬

水下电弧-氧切割割炬应满足下列技术要求。

①割炬从夹割条处起到柄中心的距离为150～200mm，在水中的质量不宜大于1000g。

②割炬头部应设有自动断弧装置，以防烧坏割炬头部。

③割炬应有回火防止器等装置，以防灼热的熔渣阻塞气体通道，烧损氧气阀。

④割炬与电缆和氧气管的连接装置必须方便可靠，能保证连接的牢固性和气密性，割炬的割条夹紧装置应简便，并具有一定的夹紧力。

⑤电缆接头牢靠，带电部分必须包绝缘套，并且其绝缘电阻≥35MΩ，耐压1000V（工频交流）。

⑥氧气阀开启、关闭应灵活自如，接头牢固，在0.6MPa气压下不漏气，并且可供气体流量≥1000L/min。

⑦割炬构件外表面应做镀铬或镀银等防腐蚀处理，镀层不得有脱壳等现象。

图8-67所示为我国生产的SG-III型水下电弧-氧切割割炬的结构，实践证明这种割炬是比较适用的。如保养得到，使用寿命会比较长。但割炬头部的割条插孔使用一段时间后与割条的接触性能会变差，往往会在该位置产生电弧，导致割炬损坏；另外使用时间过长，割炬的绝缘性也会降低，在切割过程中可能有漏电现象发生，危及潜水员的安全。因此要对割炬经常检查，及时维修或更换损坏的零件。此外，也可使用水下焊割两用炬进行水下切割。水下焊割两用炬的结构如图8-68所示。

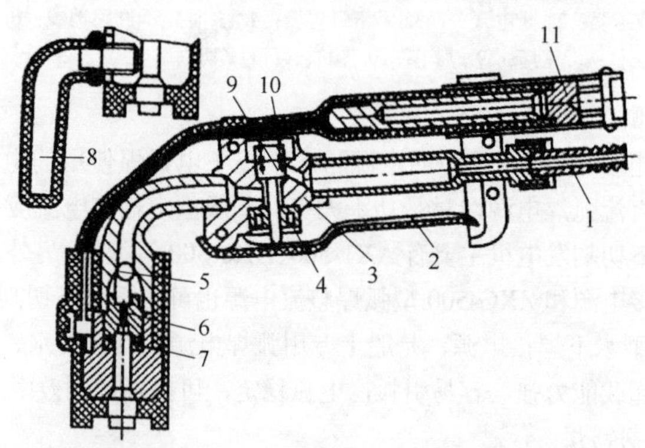

图8-67　SG-III型水下电弧-氧切割割炬的结构

1. 氧气胶管接头；2. 开阀手柄；3. 阀体；4. 开启用阀杆；5. 回火防止球；6. 回火防止器座；7. 密封垫；8. 夹紧螺钉；9. 氧气阀头；10. 气阀回位弹簧；11. 电缆接头

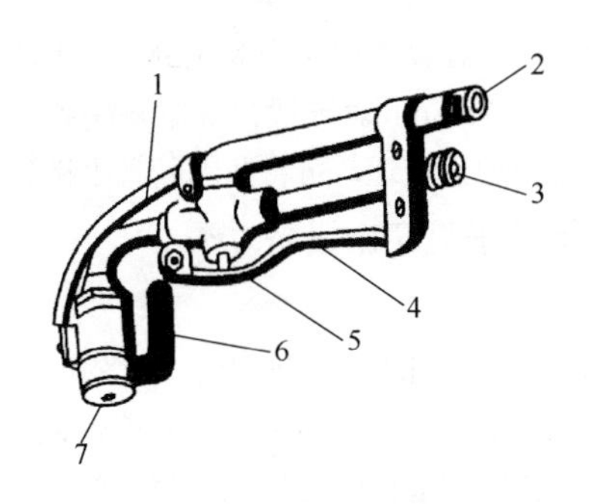

图 8-68 水下焊割两用炬的结构

1. 导电铜排；2. 电缆接头；3. 氧气导管接头；
4. 开启手柄；5. 气阀；6. 弯柄螺钉；7. 钳口

3. 切割电缆及开关

水下电弧-氧切割中使用的电缆应是耐海水腐蚀的橡胶套多股铜芯船用电缆。电缆截面积一般为 70～100mm^2，长度根据水深而定，如果水的流速较大，电缆要适当加长。如果没有船用电缆，也可以陆上用焊接电缆代替，但需要经常检查。使用中若发现有橡胶套老化龟裂时，要及时更换以防漏电。

连接电源和割炬的电缆，俗称“把线”；连接电源和被切割工件的电缆，俗称“地线”。为了水下作业的安全，把线上接一个切断开关，以便根据潜水员的要求及时供电或断电。断电开关可用单刀开关，也可用自动断电器，开关导电元件应具有足够的导电断面积。自动断电器能在引弧时使电压迅速上升到引弧所需的电压，而在断弧或更换割条时能快速切断电源。这一装置的外形尺寸为 420mm×340mm×270mm，质量约为 30kg，适用于直流正接电路。

4. 供氧气系统

水下电弧-氧切割供氧气系统由氧气瓶、减压器及氧气胶管组成。

（1）氧气瓶 氧气瓶的容积一般是 40L，质量为 60kg，外圆直径为 219mm，高 1450mm。外表涂成天蓝色，并用黑漆注明“氧气”字样。氧气瓶是一种高压容器，额定压力为 15.15MPa。

（2）减压器 减压器的作用、分类、构造、工作原理与使用注意事项详见第七章第二节所述。

(3)氧气胶管　氧气胶管工作压力为1.5MPa，试验压力为3.0MPa，氧气胶管为黑色，内径为8mm。一般情况下每副胶管的长度应≥5m。一般为15m，如果工作地点较远，可将两副胶管串接起来使用。

8.6.2　水下等离子弧切割设备

1. 切割电源

水下等离子弧切割电源采用晶闸管开关与整流器，并用水冷却，具有陡降的外特性，在弧长（电弧电压）变化时能保证切割参数及电弧稳定；从“小弧”过渡到切割电弧时能按照自然间断特性平稳地达到给定的电流值，而不产生冲击电流。该电源在控制电路中考虑到了能把空载电压降低到110V并获得手工电弧焊所需的外特性曲线，因此也可用于水下手工焊接。

典型水下等离子弧切割电源技术参数见表8-85。

表8-85　典型水下等离子弧切割电源技术参数

项　目	技术参数
切割电流/A	300～600（额定负载持续率60%，切割周期10min时）
空载电压/V	180
最大工作电压/V	140（切割电流为600A时）
“小弧”电流/A	50
“小弧”电源空载电压/V	180

2. 切割割炬

水下等离子弧切割与陆用等离子弧切割用的割炬不同之处如下。

①在喷嘴外面增设了一个外罩，其间通冷却水或气体，形成水帘或气帘阻止水进入电弧区，使电弧能稳定燃烧，同时也防止了因海水的电解而影响正常切割。

②各连接部分具有良好的水密性。

③具有耐高压的绝缘性。

图8-69和图8-70所示分别为两种水下等离子弧切割用的割炬结构，其中KB型割炬用于在淡水中切割，外形尺寸为160mm×370mm×40mm，质量为2.5kg；PM型割炬则用于在海水中切割，外形尺寸为150mm×350mm×35mm，质量为2.5kg。

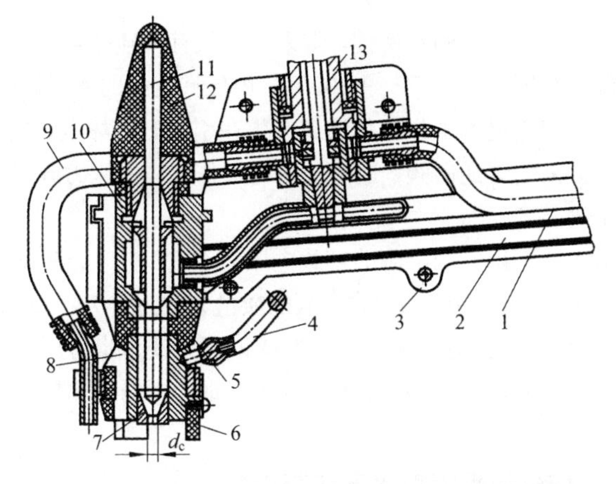

图 8-69 KB 型水下等离子弧切割用的割炬结构

1. 金属软管；2. 供电电缆；3. 用弹性夹头连接的手把；4. 高频电缆；5. 绝缘体；6. 层体石棉支撑环；7. 可换喷嘴；8. 下腔体；9. 备用软管；10. 上腔体；11. 与上下腔体绝缘的电极（钨合金）；12. 绝缘保护罩；13. 气体总开关

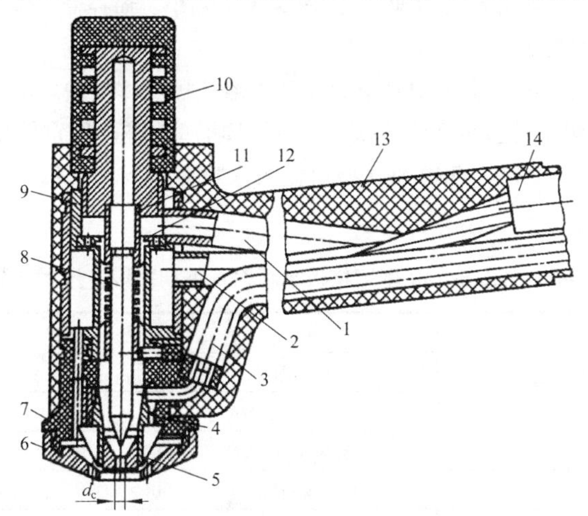

图 8-70 PM 型水下等离子弧切割用的割炬结构

1. 通气管；2. 切割电流电缆；3. “小弧”电缆；4. 上喷嘴；5. 可更换下喷嘴；6. 外罩；7. 绝缘螺纹套筒；8. 电极（钨合金）；9. 导电块；10. 密封绝缘罩；11. 内衬套；12. 密封环；13. 手把；14. 通水管

为确保各连接部位的水密性，常采用糊状有机硅黏结剂。这种材料能在较大温度范围（－55℃～＋300℃）内保持良好的密封性能。

为防止因空气进入工作气体通道发生在引弧时烧坏电极的现象，在进气管连接处需安装逆向阀，逆向阀借助工作气体的压力开启阀门，逐出多余的空气。

对于 PM 型割炬，当电源的空载电压为 180V 时，经测试其在海水中的最高漏电电压为 10V，因此在盐的质量分数为 1.7%～2.0%的海水中使用是安全可靠的。这两种割炬的喷嘴既可用淡水也可用压缩空气进行强制冷却，可在水深 52m 以内进行碳素钢、不锈钢和铝合金的水下切割。

8.6.3 熔化极水喷射水下切割设备

熔化极水喷射水下切割主要采用半自动方式。国内已有专用切割设备供应，型号为 GSS-800。这种切割设备由主机（包括切割电源、控制装置、水路系统和高压水泵）、送丝装置、割炬、遥控盒、组合电缆盘和接地电缆盘等组成。

熔化极水喷射水下切割电源与陆用熔化极气体保护焊电源基本相同，为自然平特性的弧焊整流器，只是功率大些，额定输出电流一般为 500～1500A。GSS-800 型熔化极水喷射水下切割设备技术参数见表 8-86。

表 8-86　GSS-800 型熔化极水喷射水下切割设备技术参数

输入电源	电压	三相，380V
	频率/Hz	50
	额定输入电流/A	100
	额定输入容量/kW	65
切割电源	电源特性	直流，自然平特性
	最大切割电流/A	800
	额定负载持续率（%）	60
	空载电压调节范围/V	50～70

续表 8-86

割炬及送丝装置	割丝直径/mm	2.5
	送丝速度/（m/min）	4～9
	送丝软管长度/m	4
	割丝盘装丝量/kg	约 15
	供气压力/MPa	0.8
高压水泵	电动机功率/kW	3
	工作水压/MPa	0.6～1.0
外形尺寸 /（mm×mm×mm）	主机	2120×1120×1615
	组合电缆盘	1552×1620×1805
	接地电缆盘	1452×1370×1655
	送丝箱	600×360×660
质量/kg	主机	1300
	组合电缆盘	1000
	接地电缆盘	800
	送丝箱	50

GSS-800 型熔化极水喷射水下切割设备能在水深 60m 处对厚度为 10～28mm 的碳素钢、不锈钢、铜、铝等金属进行半自动切割，特别适用于水下打捞、海底采矿及海底石油输送管道铺设等工程的水下金属切割。采用直径为 2.5mm 的割丝切割，切口宽度为 4～5mm。

8.7 电火花切割设备

电火花切割是用金属丝作为工具电极，依靠火花放电时产生的电蚀现象进行切割加工的方法是塑性加工所用各类模具的重要生产手段。

8.7.1 电火花切割设备的组成和分类

1. 电火花切割设备的组成

电火花切割设备由切割台、走丝机构、供液系统、控制系统和脉冲电源五部分组成。电火花切割设备的组成如图 8-71 所示。

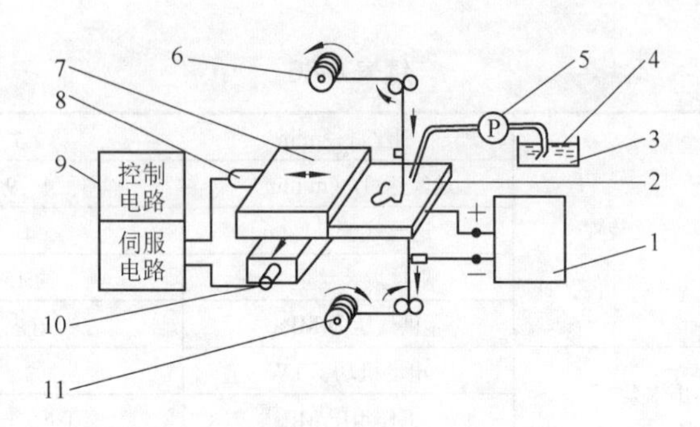

图 8-71　电火花切割设备的组成

1. 脉冲电源；2. 工件；3. 工作液箱；4. 去离子水；5. 泵；6. 放丝卷筒；
7. 工作台丝架；8. *X* 轴电动机；9. 数控装置；10. *Y* 轴电动机；11. 收丝卷筒

电火花切割的走丝系统主要由电极丝、储丝筒或收丝卷筒与放丝卷筒、导轮、电极丝保持器、张力装置和电极等组成。在走丝机构中，电极丝、导轮、电极丝保持器对切割加工精度影响较大。

电极丝材料应具有良好的耐蚀性、良好的导电性、高熔点、高抗拉强度和良好的直线性等特性。生产中常用的电极丝材料及其加工性能见表 8-87。

表 8-87　生产中常用的电极丝材料及其加工性能

电极材料	加工特点	适用范围
黄铜丝	生产率高，加工过程稳定，但抗拉强度低，易断	靠模切割设备
钼丝	生产率较黄铜丝低，但抗拉强度高，不易断	光电跟踪和数控切割设备
钨丝	抗拉强度较高，不易断	光电跟踪和数控切割设备

电火花切割时，提高导轮部件的精度可以提高电极丝直线位置的精度。常用导轮的材料和使用寿命见表 8-88。

表 8-88　常用导轮的材料和使用寿命

材　料	硬　度	价　格	绝缘强度 /（V/cm）	使用寿命
Cr12 钢	58～62HRC	低	不绝缘	3 个月左右

续表 8-88

材 料	硬 度	价 格	绝缘强度/（V/cm）	使用寿命
陶 瓷	—	低	绝缘	6个月左右
人造宝石	HV＞1740	比陶瓷贵一倍	4.8×10^{6}	7年以上

为了减小电极丝在高速运动时产生的振动，有的电火花切割设备安装了电极丝保持器。电极丝保持器的形式、材料及特点见表 8-89。

表 8-89 电极丝保持器的形式、材料及特点

形式	图 形	材 料	特 点
一形		一根红宝石（直径 2～3mm），长 10～15mm	结构简单，限位减振效果不好
V形		两根红宝石（直径 2～3mm），长 10～15mm	限位减振效果较一形电极丝保持器好
#形		四根红宝石（直径 2～3mm），长 10～15mm	结构复杂，限位减振效果较好，但电极丝的机械磨损较大
△形		三条聚晶金刚石	结构复杂，与吸振泡沫橡胶同时使用，限位减振效果都很好，特别耐磨，寿命较长

2. 电火花切割设备的分类

电火花切割设备种类很多，通常按以下方式进行分类。

①电火花切割设备按切割轨迹的控制方式不同，可以分为靠模仿型控制式、光电跟踪控制式、数字程序控制式、计算机控制式等。

②电火花切割设备按加工范围不同，可以分为微型、小型、中型和大型电火花切割设备。

③电火花切割设备按设备的功能与特点不同，可以分为通用型和专用型（如金相取样切割机、钨棒切割机、超厚切割机、带斜度型切割机和带旋转坐标型切割机）电火花切割设备。

④电火花切割设备按电极走丝速度不同，可以分为高速电火花切割设备（WEDM-HS）和低速电火花切割设备（WEDM-LS）。这两种切割设备的主要区别见表 8-90，切割工艺水平的比较见表 8-91。

表 8-90　高速走丝电火花切割设备与低速走丝电火花切割设备的主要区别

项　目	高速走丝（WEDM-HS）	低速走丝（WEDM-LS）
走丝速度/（m/s）	6～11	0.02～0.2
走丝方向	往复	单向
工作液	乳化液、水基工作液	去离子水
电极丝材料	钼、钨钼合金	黄铜、铜、钨、钼
电源	晶体管脉冲电源，电源电压 80～110V，工作电流 1～5A	晶体管脉冲电源，电源电压 300V 左右，工作电流 1～32A
放电间隙/mm	0.01	0.02～0.05

表 8-91　高速走丝电火花切割设备与低速走丝电火花切割设备切割工艺水平的比较

项　目	高速走丝（WEDM-HS）	低速走丝（WEDM-LS）
切割速度/（mm^2/min）	20～160	20～240
表面粗糙度/μm	3.2～1.6	1.6～0.8
加工精度/mm	0.01～0.02	±0.005～±0.01
电极丝损耗/mm	加工 40000～100000mm^2时，损耗 0.01	不计
重复精度/mm	±0.01	±0.002

8.7.2　电火花切割脉冲电源

1. 电火花切割脉冲电源的基本要求

（1）脉冲峰值电流要适当　在电火花切割中，电极丝不宜太粗，一般电极丝直径为 0.08～0.25mm。因此，电火花切割脉冲电源的放电峰值电流一般为 15～35A。

（2）脉冲宽度要窄　电火花切割时，脉冲能量要控制在一定范围内。在实际切割中，高速电火花切割电源的脉冲宽度为 0.5～64μs。

（3）脉冲重复频率要尽量高　一般情况下，高速走丝电火花切割的脉冲重复频率为 5～50kHz。低速走丝电火花切割的脉冲重复频率为 10～1000kHz。

（4）尽量减少电极丝损耗　在高速走丝电火花切割中，电极丝损耗越小越好。电极丝损耗大小是评价电源性能好坏的重要标志之一。但在低速走丝电火花切割中，由于电极丝一次使用，故其损耗可以不计。

（5）调节方便，适应性要强　在不同材料、不同厚度、不同形状、不同精度和不同表面粗糙度的要求下进行切割时，需要可以方便地调节电源输出脉冲的参数，以便适应各种情况的切割加工。

2. 脉冲电源的种类

电火花切割脉冲电源形式种类很多，按电路主要部件不同，划分有晶体管式、晶闸管式、电子管式、RC 式和晶体管控制 RC 式；按对放电间隙状态的依赖情况不同，划分有独立式、非独立式和半独立式；按放电脉冲波形不同，划分有方波（短形波）、方波加刷形波、馒头波、前阶梯波、锯齿波、分组脉冲等。电火花切割脉冲电源波形如图 8-72 所示。

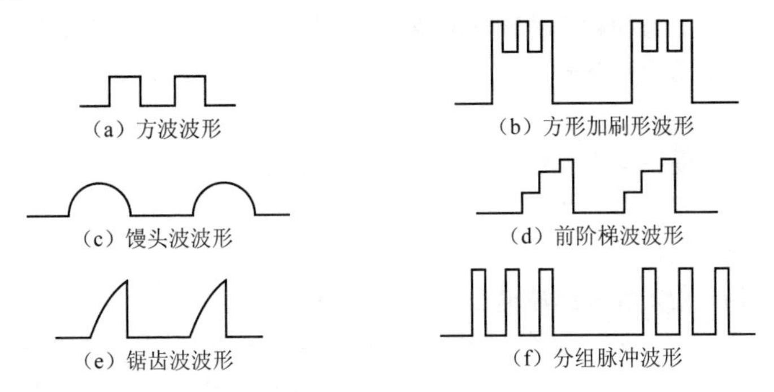

图 8-72　电火花切割脉冲电源波形

目前广泛采用的脉冲电源是晶体管方波电源、晶体管控制的 RC 式电源和分组脉冲电源。各种脉冲电源的介绍如下。

（1）晶体管方波脉冲电源　晶体管方波脉冲电源是目前普遍使用的一种脉冲电源。晶体管方波脉冲电源的电路形式较多，但原理基本相同。晶体管方波脉冲电源大多由主震级、前置放大级、功率放大级和直流电源四部分组成。

主震级是脉冲电源的核心（主体）部分，由它控制脉冲波形和参数。一般情况下，主震级均采用自激多谐振荡器形成方波，该电路由两个晶体管或四个晶体管组成，也可采用锯齿波发生器经单稳态触发器形成方波或用组件和集成块环形振荡形成方波。

前置放大级是把主震级信号放大，以推动功率放大级，其电路多采用射极输出电路。射极输出电路能起到良好的阻抗匹配作用，同时可得到适当的电流放大倍数。作为射极输出级，前置放大级的输入阻抗高，输出阻抗低，介于功率放大级与主震级之间，能起到互不影响的作用，前置放大级的电压放大倍数≤1，但能将输入电流放大，即可以改变脉冲电流。

功率放大级是把前置放大级的脉冲信号进行功率放大，然后输出，功率放大级多采用反相器电路或射极输出电路。

晶体管方波脉冲电源电路的特点是脉冲宽度和脉冲频率可调、制作简单、成本低，但只能用于一般精度和一般表面粗糙度要求的切割。

（2）方波加刷形波脉冲电源　方波加刷形波脉冲电源性能比方波脉冲电源好。但由于下方波有关不断现象，容易形成电弧烧断电极丝和切割不稳定，结构比方波脉冲电源复杂，而且成本高，因此用得很少。

（3）馒头波脉冲电源　馒头波脉冲电源脉冲的前沿上升缓慢，脉冲能量开始不集中，放电凹坑小，加工表面粗糙度比方波脉冲电源好，而且电极丝损耗小，但由于加工效率低，因此仅适用于微细切割加工。

（4）前阶梯波脉冲电源　前阶梯波脉冲电源在放电间隙输出阶梯状上升的电流脉冲波形，可以有效地减少电流变化。前阶梯波脉冲电源一般由几路起始时间顺序延时的方波在放电间隙叠加组合而成。它有助于减少电极丝损耗，延长电极丝使用寿命，还可以降低加工表面粗糙度，因此也被称为电极丝低损耗电源。但加工效率较低。

（5）锯齿波脉冲电源　锯齿波电源脉冲波形前沿幅度变化缓慢，可以降低加工表面粗糙度，但加工效率不高。锯齿波脉冲电源电极丝损耗低，其电路比较简单，成本低，因此应用较多。

（6）分组脉冲电源　分组脉冲电源是高速切割设备和低速切割设备

使用效果较好的电源。分组脉冲电源可分为分立元件式、集成电路式、数字式等。脉冲形成电路由高频短脉冲发生器、低频分组脉冲发生器和门电路组成。高频短脉冲发生器是产生小脉冲宽度与小脉冲间隔的高频多谐振荡器；低频分组脉冲发生器是产生大脉冲宽度和大脉冲间隔的低频多谐振荡器。两个多谐振荡器输出的脉冲信号经过“与门”（或“与非门”）后，就可以输出分组脉冲波形。分组脉冲波形再经过脉冲放大和功率输出级，就能在放电间隙得到同样波形的电压脉冲。

分组脉冲电源是一种比较有效的电源形式。每组高频短脉冲之间有一个稍长的停歇时间，在间隙内可充分消电离。因此高频短脉冲的频率可以提高，缓和了表面粗糙度与切割速度的矛盾，二者都得到较好的兼顾，而且两极间有充分的消电离机会，保证了切割加工的稳定进行。

（7）晶体管控制 RC 微精加工电源 晶体管控制 RC 微精加工电源在晶体管方波脉冲电源的基础上增添了一个 RC 电路。放电间隙的能量与 RC 的数值有关，改变 RC 的时间常数和方波功率输出级的脉冲宽度可以方便地控制单个脉冲能量，给电火花切割的精加工带来很大的灵活性。目前在微精加工和低速走丝切割设备中，这种电源应用较多。

（8）双回路与多回路脉冲电源 双回路脉冲电源切割加工原理如图 8-73 所示。采用双回路脉冲电源可以同时加工两个工件，这样在一般的加工表面粗糙度要求情况下，能大大缩短加工时间。

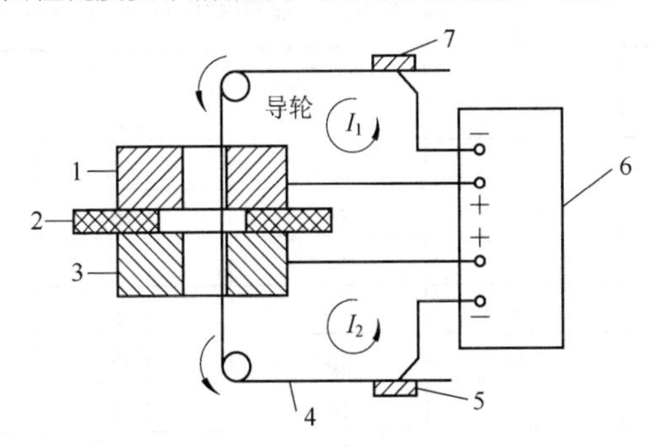

图 8-73 双回路脉冲电源切割加工原理

1、3. 工件；2. 绝缘板；4. 电极丝；5、7. 导电块；6. 双回路脉冲电源

同样多头线架电火花切割设备也可采用多回路脉冲电源，它可以同时加工多个相同的工件，也可以一次加工一个工件上的多个相同的图形。这两种加工方式不但能在一定表面粗糙度下，大幅度提高加工速度，而且有助于提高工件的加工重复精度。

双回路脉冲电源或多回路脉冲电源的电路原理同单回路脉冲电源一样，它可以由两个或多个单回路脉冲电源组成，也可以只由一个脉冲电源分割成两路或多路输出来实现。

3. 脉冲电源技术参数

目前我国的电火花切割脉冲电源尚未系列化，种类繁多，工艺特性各不相同。但是各种脉冲电源技术参数必须根据切割工艺指标进行选择。

（1）电源电压　在其他条件保持不变的情况下，升高脉冲电源电压（开路电压）会使脉冲峰值电流增大，切割速度会因电源电压提高相应提高。若过多地降低脉冲电源电压（降 35V 以下），就会因脉冲峰值电流太小导致切割不稳定和短路现象明显增加。脉冲电源电压升高到 140V 以上时，脉冲峰值电流增大。若切割时的电流太大，产生的电蚀产物过多，电流效率降低，反而使切割速度相应降低。电源电压对切割速度和表面粗糙度的影响见表 8-92。

表 8-92　电源电压对切割速度和表面粗糙度的影响

电源电压/V	切割电流/A	切割速度 /（mm/min）	表面粗糙度 *Ra*/μm	加工稳定性
30	0.50	9.1	1.60	不稳定
35	0.85	10.6	1.70	不稳定
40	1.00	14.3	1.75	不稳定
45	1.20	15.3	1.85	好
50	1.25	16.4	1.90	好
55	1.35	18.4	2.05	好
70	1.50	22	2.25	好
80	1.70	22.3	2.38	好
100	1.80	29	2.56	不稳定

续表 8-92

电源电压/V	切割电流/A	切割速度/（mm/min）	表面粗糙度 *Ra*/μm	加工稳定性
120	1.90	36	2.72	不稳定
140	2.10	39	2.98	不稳定

注：加工材料为 Cr12MoV，厚度为 40mm；介质为 502-1 乳化液；脉冲宽度为 10μs，脉冲间隔为 40μs，选用直径为 0.12mm、长度为 200mm 的 W20Mo 电极丝。

脉冲电源电压太低或太高，对切割速度与表面粗糙度都不利。升高电源电压对切割速度有利，但使表面粗糙度增加；电源电压太低，加工不稳定。100mm 厚度以下的工件切割以航天 502-1 型乳化液为介质时，电源电压应控制在 60～100V 为佳。

（2）脉冲峰值电流 其他参数不变，若增大峰值电流，虽然会因单个脉冲能量的增加使切割速度增加，但会使表面粗糙度明显变坏。脉冲峰值电流对切割速度和表面粗糙度的影响见表 8-93。

表 8-93 脉冲峰值电流对切割速度和表面粗糙度的影响

峰值电流/A	切割电流/A	切割速度/（mm/min）	表面粗糙度 *Ra*/μm
4	1.0	15	1.8
8	2.0	22	2.1
12	3.0	41	2.7
16	3.8	69	3.2
20	4.8	81	4.8
23	5.2	90	5.5

注：加工材料为 Cr12MoV，厚度为 40mm；介质为 502-1 乳化液；脉冲宽度为 20μs，脉冲间隔为 80μs，选用直径为 0.12mm、长度为 200mm 的 W20Mo 电极丝；电源电压为 80V。

峰值电流增加，切割速度提高，工件上放电凹坑会随峰值电流的增加逐渐增大和加深，所以表面明显粗糙。反之，减小峰值电流，表面粗糙度得到改善，但切割速度会明显下降，因此峰值电流应控制在 15～30A。

（3）脉冲宽度　在其他脉冲参数不变的情况下，增大脉冲宽度会增大单个脉冲能量和切割加工电流，切割速度也会随之提高，同时加工表面也会明显粗糙。在电源电压与峰值电流匹配比较合理的情况下，从某种意义上讲，脉冲宽度的大小实质上决定了表面粗糙度。脉冲宽度对切割速度和表面粗糙度的影响见表8-94。

表8-94　脉冲宽度对切割速度和表面粗糙度的影响

脉冲宽度/μs	脉冲间隔/μs	切割电流/A	切割速度/（mm^2/min）	表面粗糙度 *Ra*/μm
4	40	1	14	1.45
8	40	1.5	25	1.75
10	40	1.8	30	2.10
20	100	2	40	2.8
30	100	3	61	3.1
40	100	4	78	4.2

注：加工材料为Cr12MoV，厚度为40mm；介质为502-1乳化液；选用直径为0.12mm、长度为200mm的W20Mo电极丝；电源电压为80V。

以航天502-1型乳化液为介质，对厚度在100mm以下的工件进行切割时，脉冲电源设计技术参数见表8-95。

表8-95　脉冲电源设计技术参数

工艺指标	电源电压/V	峰值电流/A	脉冲宽度/μs
切割速度 $v \geq 160mm^2/min$ 表面粗糙度 $Ra=2.5 \sim 5$ μm	70～100	15～35	20～70
切割速度 $v \geq 400mm^2/min$ 表面粗糙度 $Ra=1.25 \sim 2.5$ μm		15～25	2～6
切割速度 $v \geq 200mm^2/min$ 表面粗糙度 $Ra=0.63 \sim 1.25$ μm		15～25	0.5～1
切割速度 $v \geq 10mm^2/min$ 表面粗糙度 $Ra=0.32 \sim 0.63$ μm		10～20	0.1～0.3
切割速度 $v \geq 5mm^2/min$ 表面粗糙度 $Ra=0.16 \sim 0.32$ μm		10～15	0.01～0.05

8.8 其他切割设备

8.8.1 电子束切割设备

电子束切割设备包括电子枪、真空室及抽真空系统、电子束控制系统和工作台系统。电子束切割设备的组成如图 8-74 所示。

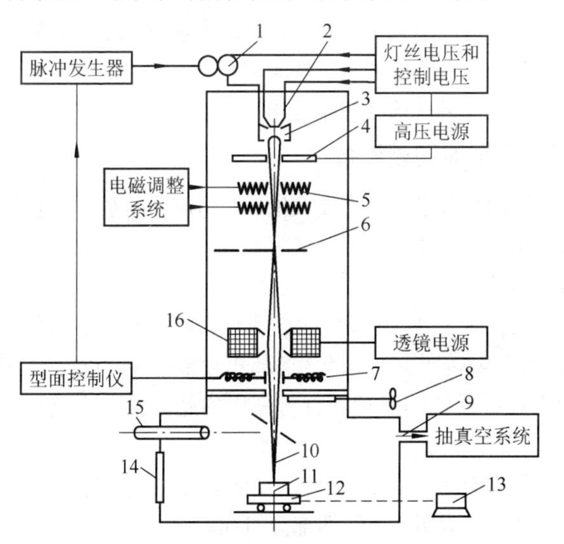

图 8-74 电子束切割设备的组成

1. 脉冲变换；2. 发射阴极；3. 控制栅极；4. 阳极光阑；5. 调整绕组；6. 光阑；7. 偏转绕组；8. 更换工件用截止阀；9. 排气；10. 电子束；11. 工件；12. 移动工作台；13. 伺服电极；14. 工件更换盖观察窗；15. 观察镜；16. 聚集装置（电磁透镜）

电子枪是用来发射高束电子流，完成电子的预聚集和强度控制的装置。切割时，加热的发射阴极发射出电子束，电子束在阳极光阑较阴极为正的高压下加速，当速度达 2/3 光速时通过阳极，加到控制栅极上的较阴极为负的偏压可以控制电子束的强弱，还可对电子束进行初步聚焦。阴极一般采用纯钨或纯钽制成，在工作时损耗大，需要每 10～30h

更换一次。

抽真空系统一般由机械旋转泵和油扩散泵两级组成。机械泵先把真空室抽至 1.3～0.13Pa。然后扩散泵依靠加热泵中的油所产生的蒸气高速喷出，将真空室中残余气体从泵进口吸入，从排气口排出。

电子束控制系统包括束流强度控制、束流聚焦控制和束流位置控制。其中束流强度控制是通过在阴极上负高压（50～150kV）来实现的；束流聚焦控制是通过电磁透镜的磁场作用实现的；束流位置控制是通过磁偏转控制电子束聚焦位置来实现的，即通过一定程序改变偏转电压或电流，使电子束按某种预设规律运动。

8.8.2 超声波切割设备

超声波切割设备包括超声波发生器、超声振动系统、超声波切割机床、磨料悬浮液及冷却水循环系统等。

1. 超声波发生器

超声波发生器（超声电源发生器或超声频率发生器）的作用主要是将 50Hz 的交流电转变为一定功率的超声频率振荡，以提供刀具往复运动和切割工件所需要的能量。目前使用的超声波发生器功率为 20～4000W。

超声波发生器的组成如图 8-75 所示。超声波发生器由振荡级、电压放大极、功率放大级和电源四部分组成。

振荡级由晶体管连接成电感振荡电路，调节电路中的电容器可以改变输出频率。振荡级输出经耦合至电压放大级放大，控制电压放大级的增益可以改变超声波发生器输出功率。放大后的信号经变压器倒相后送到末级功率放大管。功率放大级常用多管并联输出，经输出变压器输出至超声波换能器。

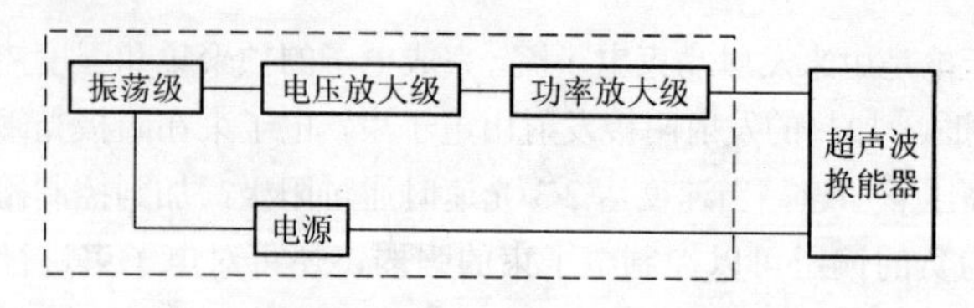

图 8-75 超声波发生器的组成

2. 超声振动系统

超声振动系统的作用是将高频电能转变为机械振动能。超声振动系统主要包括超声波换能器、变幅杆和刀具三部分。其中超声波换能器的作用是将高频电振荡转变成机械振动，目前主要采用压电效应和磁致伸缩两种方法实现这种转变。变幅杆的作用是将来自超声波换能器的超声振幅放大至0.01～0.1mm，以便进行切割。在进行大功率的超声波切割时，往往将变幅杆与刀具设计成一个整体；在进行小功率的超声波切割成切割精度要求不高时，则将变幅杆与刀具设计成可拆卸式。

刀具作为变幅杆的负载，其结构尺寸、质量大小和与变幅杆之间的连接好坏对超声振动共振频率和切割性能有很大的影响，同时对切割精度和表面质量也有较大的影响。

3. 超声波切割机床

超声波切割时，刀具与工件间作用力较小，切割机床只需实现刀具的进给运动及调整刀具与工件之间相对位置的运动即可。因此，超声波切割机床结构较为简单，超声波切割机床的结构如图8-76所示。

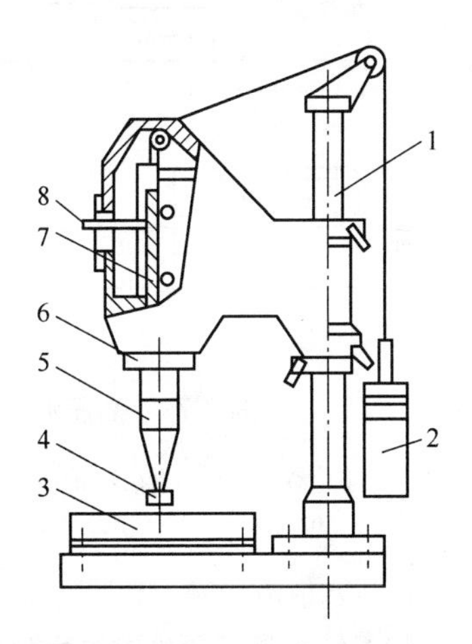

图8-76 超声波切割机床的结构

1. 支架；2. 平衡重锤；3. 工作台；4. 刀具；5. 变幅杆；6. 换能器；7. 导轨；8. 标尺

4. 磨料悬浮液及冷却水循环系统

小型超声波切割机床的磨料悬浮液更换及输送一般采用手工，用泵供给则能使磨料悬浮液在切割区域良好循环。若刀具及变幅杆较大，则可在刀具与变幅杆中间开孔，从孔中疏松悬浮液，以提高切割质量。

冷却水循环系统用于冷却超声波换能器。一般常用流量为0.5～2.5L/min的冷却水，通过环状喷头向超声波换能器周围喷水降温。

8.8.3　高压水射流切割设备

1. 高压水射流切割设备的组成

(1) 高压水射流切割设备的基本组成　高压水射流切割设备的基本组成如图 8-77 所示，通常由以下几部分组成。

①高压水发生装置（包括给水装置、增压器、高压泵和蓄压器等）。

②割炬组合件（包括喷嘴等）。

③割炬驱动装置（包括数控装置、机器人等）。

④其他装置（如集水器或集水槽、磨料储罐及供给装置、水过滤装置等）。

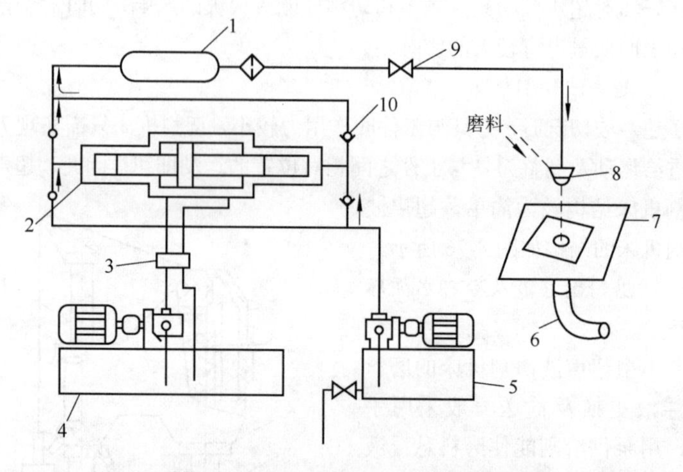

图 8-77　高压水射流切割设备的基本组成

1. 蓄压器；2. 增压器；3. 油压方向控制阀；4. 油压装置；5. 给水装置；6. 集水管；7. 切割工件台；8. 喷嘴；9. 启闭阀；10. 单相阀

高压水射流切割的类型不同，其设备的实际组成也不完全相同。

(2) 纯水型高压水射流切割设备的组成　纯水型切割设备较为简单，图 8-78 所示为纯水型高压水射流切割设备的组成。目前纯水型切割设备所用的最高水压为 343MPa。

(3) 加磨料型高压水射流切割设备的组成　加磨料型切割设备与

纯水型高压水射流切割设备的不同之处是前者附设有磨料罐及磨料供给装置。磨料供给装置按挟带磨料式（高压式）还是直接注入式（低压式）而有所不同。

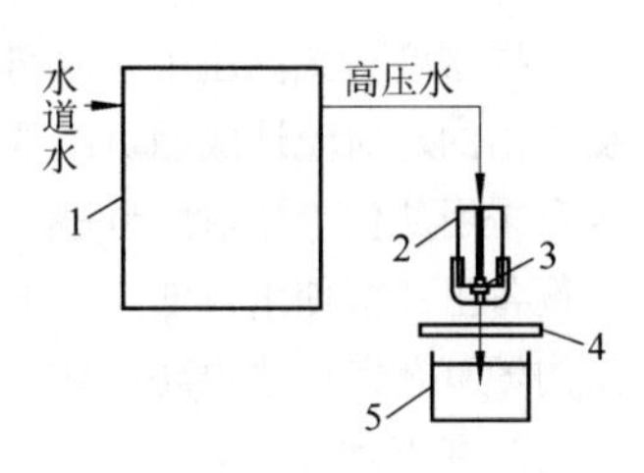

图 8-78　纯水型高压水射流切割设备的组成

1. 超高压泵；2. 割炬；3. 喷嘴；4. 工件；5. 集水箱

挟带磨料式高压水射流切割设备的组成如图 8-79 所示。磨料供给斗用于以粉末形态供给的磨料方式（也称干式）；磨料浆液供给罐用于磨料与水预先混合成浆液的供给方式（也称浆液式）。在实际使用中，可根据磨料供给方式通过连接管对供给装置进行转换。

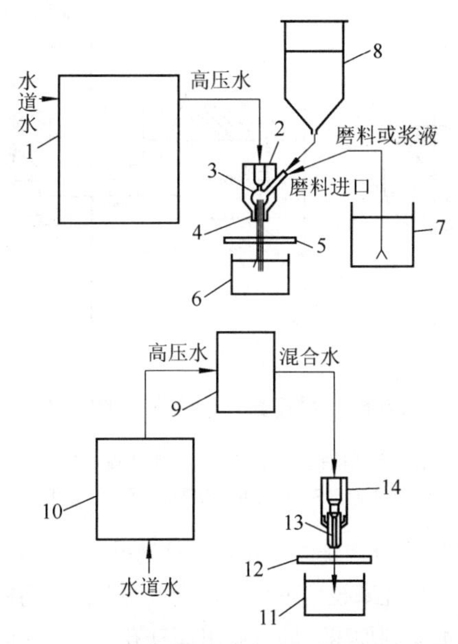

图 8-79　挟带磨料式高压水射流切割设备的组成

1. 超高压泵；2、14. 割炬；3、13. 水喷嘴；4. 磨料喷嘴；5、12. 工件；6、11. 集水箱；7. 磨料浆液供给罐；8. 磨料供给斗；9. 浆液供给装置；10. 高压泵

挟带磨料式高压水射流切割设备中的磨料，通常是利用割炬内水喷嘴喷出的水射流造成的负压带入水流中，并加以混合后进行切割的，但也有采用从供给处对磨料进行加压来供给的。直接注入式高压水射流切割设备虽然可使用较低的水压力进行切割，但高压水与磨料混合装置的结构较复杂，价格也高。

2. 高压水射流切割装置

(1) 高压水发生装置　高压水射流切割用的高压（或超高压）水发生装置是柱塞泵或增压泵。柱塞泵产生高压水的原理如图 8-80 所示，其结构比较简单，由曲轴机构带动活塞工作，利用活塞往复运动所产生的吸水和排水过程，以及单向阀的组合作用获得高压水。

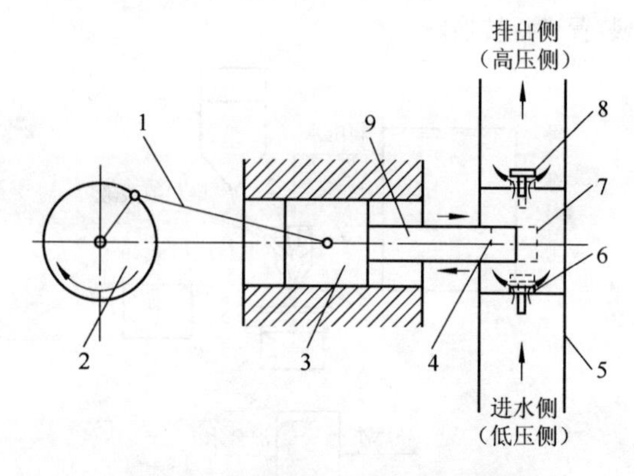

图 8-80　柱塞泵产生高压水的原理

1. 连杆；2. 曲轴；3. 十字头；4. 下止点；5. 阀箱；6. 吸入阀；7. 上止点；8. 排出阀；9. 活塞

吸水过程如图 8-80 中虚线所示。将柱塞推向上止点，吸入阀打开，水被吸入阀箱内；将柱塞拉向下止点，吸入阀关闭。当柱塞再从下止点推向上止点时，水受到加压，同时排出阀打开，受加压的水通过排出阀排出进入蓄压器。排出的高压水压力可通过设置在高压泵排出侧的压力调节阀（压力调节器）进行调节。

增压泵高压水发生装置可获得比柱塞泵高压水发生装置高的水压，

增压泵产生高压水的原理如图 8-81 所示。由压力水泵先把水加压至约 200MPa，然后再用往复液压缸式增压器（由大型油泵带动）反复地进行吸水和排水过程，从而把水压加至超高压。

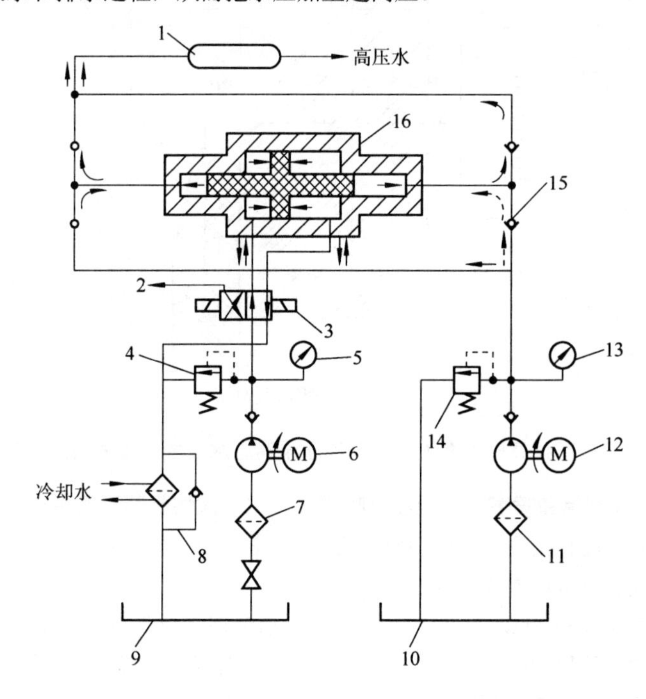

图 8-81 增压泵产生高压水的原理

1. 蓄压器；2. 控制器；3. 油压方向控制阀；4、14. 泄压阀；
5. 油压汁；6. 油压泵；7. 油过滤器；8. 油冷却器；9. 油压装置；
10. 给水装置；11. 过滤器；12. 压力水泵；13.水压表；15. 单向阀；16. 增压机

为减少高压水压力瞬间下降现象的发生，应在高压管路上配置蓄压器。

增压器排出水的压力采用设于油压回路中的压力设定阀进行调节。另外，当高压水停止排出时，可通过释压阀来保持给定的压力。

柱塞泵高压水发生装置与增压泵高压水发生装置适用范围的比较

如图 8-82 所示。增压泵高压水发生装置可获得超高压，但排出水流量较低，而柱塞泵高压水发生装置能提供较大的排出水流量。

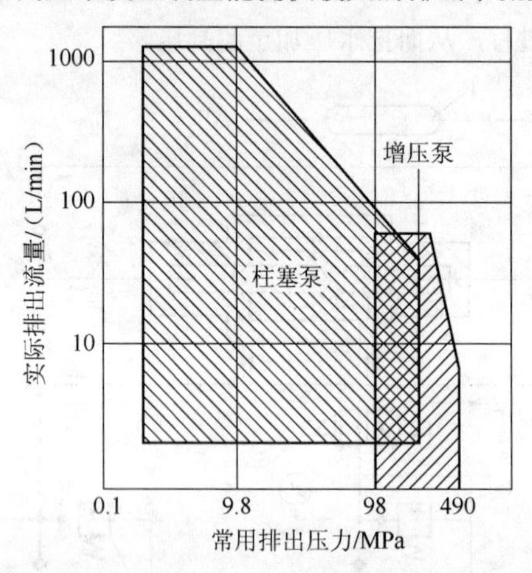

图 8-82　柱塞泵高压水发生装置与增压泵高压水发生装置适用范围的比较

(2) 割炬和喷嘴　割炬和喷嘴是高压水射流切割装置的主要切割工具，其性能直接影响到切割质量及效率。图 8-83 所示为纯水型、挟带磨料式和直接注入式高压水射流切割用割炬和喷嘴组件的结构。

由图 8-83 可以看出，纯水型高压水射流切割装置的结构最为简单，可采用直筒形的喷嘴孔。喷嘴大都采用金刚石或蓝宝石制造，喷嘴孔径通常为 0.1～0.5mm。

挟带磨料式高压水射流切割装置割炬的结构较为复杂，是由割炬体、水喷嘴、磨料进给通道、混合室及磨料喷嘴（混入了磨料的水射流喷嘴，直接用于切割）等组成，其中水喷嘴的材质及孔径与纯水型高压水射流切割装置的相同，磨料喷嘴常采用碳化钨等硬质合金来制造。同时，喷嘴孔道采用两段式结构，上部为锥度缓慢变化的圆锥体，下部为直筒形孔道，并且孔道长度很长，这些孔道在设计时要考虑磨损余量，磨料喷嘴的孔径通常为 1～2mm。

直接注入式高压水射流切割装置的喷嘴材料也要用碳化钨等硬质合金来制造，硬度为 1850HV，具有良好的耐磨性，喷嘴孔道也是两段式结构，但圆锥体部分较短。喷嘴孔径比挟带磨料式高压水射流切割装置的大，在水压为 35MPa 左右时，孔径通常为 2～3mm。

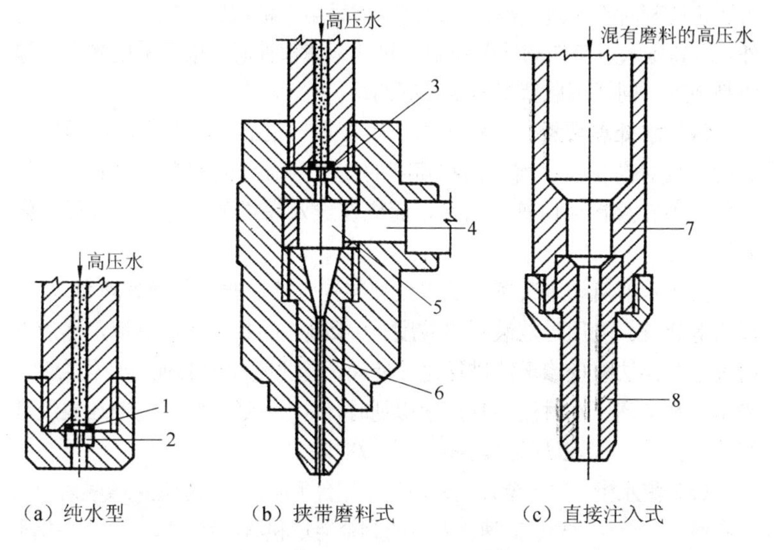

图 8-83　高压水射流切割用割炬和喷嘴组件的结构

1. 密封垫；2、3. 水喷嘴；4. 磨料；5. 混合室；6. 磨料喷嘴；7. 割炬体；8. 喷嘴

（3）割炬驱动装置　高压水射流切割设备的割炬驱动装置大都采用全自动装置，主要使用数控切割装置及机器人。采用割炬驱动装置不仅是提高切割质量、精度及效率的需要，也有利于安全生产。

数控高压水射流切割装置大都是 X 轴、Y 轴两轴坐标式的，通常采用切割工作台沿 X 轴方向（即纵向）移动，割炬沿 Y 轴方向（即机架横梁方向）移动的方式，适用于平面零件的切割，且可以切割出任意形状的平面零件。由于数控装置也能控制割炬上下（即 Z 向）移动，因此也可以对简单的三维曲形零件进行切割。X 轴、Y 轴方向的最大驱动速度可根据水射流的类型及被切割工件的材料来选定。一般用纯水型高压水射流切割装置切割泡沫材料时，最大驱动速度应为 50m/min；用加磨料型高压水射流切割装置切割金属材料时，最大驱动速度为 6m/min。

机器人切割装置与焊接机器人基本属于同一类型，有加工小型工件的多关节小型机器人，也有加工大型结构件的门架式机器人。割炬安装在机器人臂上，控制轴数为5或6轴，用于切割各种平面及立体零部件。为防止切割时水射流飞散，在切割时需采用有机玻璃等物品来遮蔽。另外，用高压水射流切割装置切割小尺寸金属部件时，也可采用光电跟踪切割装置，同样可以获得质量较好的切口。

（4）水处理装置　管道水中一般含有一定的悬浮物质及溶解的无机物，这对高压泵、增压器和喷嘴的使用寿命有很大影响，故在切割过程中不宜直接采用管道用水，而应在送入高压泵之前对其进行净化处理。

高压水射流切割装置用的水处理装置包括过滤、化学处理和缓冲-过滤等装置。利用过滤装置将粒度＞0.45μm的悬浮物过滤掉，然后再用离子交换法或反渗透法进行化学处理，除去水中的其他不良化合物。采用纯水型高压水射流切割装置切割时，高压水送至喷嘴之前还要经过缓冲-过滤装置，以便把残存的不良微粒除去。

（5）集水槽　集水槽设置在切割工作台下面，其功能是回收喷射出的水和磨料，吸收切割后高速水射流的剩余能量和消除噪声等。通常在集水槽中放入金属球，从工件背面喷出的水射流经金属球的旋转和流动作用对其产生缓冲作用，从而使水射流的能量快速消减。另外，集水槽的开口部位设计成狭窄的切口状，以便起到消除噪声、防止磨料飞散的作用。

纯水型高压水射流切割装置和加磨料型高压水射流切割装置的集水槽在结构上有所不同，加磨料型高压水射流切割装置的集水槽不但耐磨损，而且能回收磨料。在某些切割场合，集水槽附近还要设置废水槽对废水进行处理。

3. 高压水射流设备技术参数

高压水射流切割设备的品种很多，既有纯水型、加磨料型，又有两种类型的兼用型，但设备的组成基本上相同。高压水发生装置可以由一台压力可补偿的可调式柱塞泵和液压驱动的增压器组成，把水压增至200～400MPa。增压器带有一个高压安全阀，在按下“急停”按钮时可释放压力，保证切割安全。

这种设备可用于加磨料型水射流切割，如停用磨料储罐，更换割炬也可用于纯水型切割。另外，割炬驱动装置可为光电跟踪方式，也能配用两轴数控切割装置。目前的超高压水射流切割设备大多数是采用计算机或机器人控制的数控切割机，可实现五轴联动，重复精度可达± 0.076mm。超高压数控万能水射流切割机技术参数见表 8-96。

表 8-96　超高压数控万能水射流切割机技术参数

项　　目	技 术 参 数	项　　目	技 术 参 数
最高水压力/MPa	300	油泵排油量/（L/min）	100
增压器增压比	24：1	油泵压力/MPa	20
最大排水量/（L/min）	2.7	液压油箱容量/L	180
增压器冲程数/（次/min）	60	电源电压/V	300×（1±10%）
可用最大喷嘴直径/mm	0.3	增压器进水压力/MPa	5
最大切割尺寸/（mm×mm）	1500×2000	机床总质量/kg	3500
切割功能	任意平面、曲面	最大外形尺寸/（mm×mm×mm）	3300×3500×1800
切割精度/mm	±0.05		

8.8.4　电解水氢-氧焊割机

电解水氢-氧焊割机主要由电解水氢-氧发生器、多级回火装置和泄压装置组成，使用安全可靠。

1. 电解水氢-氧发生器的组成

电解水氢-氧发生器的组成如图 8-84 所示。其中电解槽是产生氢和氧的装置，为了加速水的电离，提高电解效率，通常在水中加入适量的强电解质，如 KOH。气体压力继电器用于控制发气量，当混合器内压力大于某一设定值时，即自动切断电源，停止电解；当压力降至一定值时，电源自动接通，电解槽继续电解产生气体。

电解水氢-氧发生器的使用条件是海拔不超过 1000m；最湿月份的月平均最大相对湿度为 90%，同时该月的月平均最低温度为 25℃，环境空气温度为－50℃～＋40℃；使用场所应无严重影响发生器使用的气体、蒸气、化学沉积、尘垢、霉菌及其他爆炸性、腐蚀性介质，并无剧烈振动和颠簸，应符合 GB 9448—1999 的有关规定。

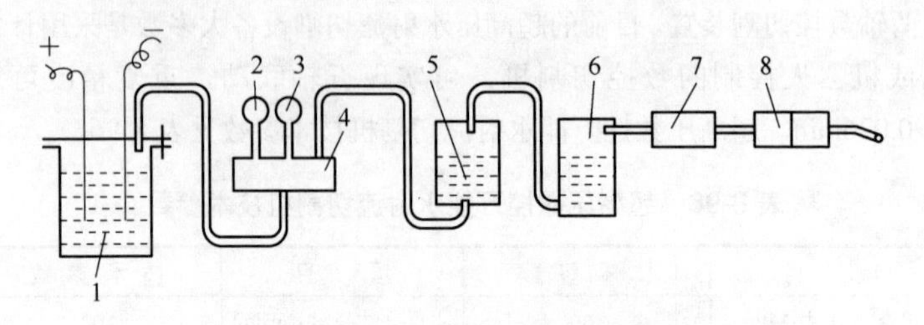

图 8-84　电解水氢-氧发生器的组成

1. 电解槽；2. 气体压力表；3. 气体压力继电器；4. 混合器；
5. 水封式回火防止器；6. 火焰调节器；7. 干式回火防止器；8. 割炬

2. 电解水氢-氧发生器的分类

电解水氢-氧发生器按电解槽电解电源整流方式不同，分为变压整流式（包括采用陡降特性弧焊整流器作为电解电源）和直接整流式（包括抽头形式）两种类型；按工作气压方式不同，分为低工作气压和高工作气压两种类型；按电解槽散热方式不同，分为循环热和热平衡散热两种类型。

3. 电解水氢-氧发生器型号编制方法

①产品型号由汉语拼音字母和阿拉伯数字组成。

②产品型号的编排顺序如下：

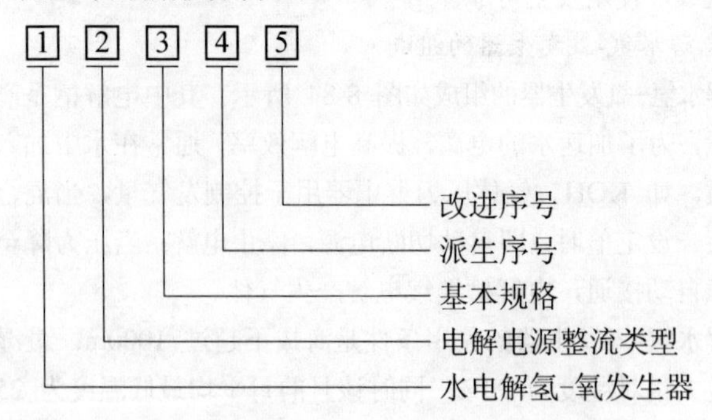

③电解水氢-氧发生器型号的表示方法应符合表 8-97 的规定。

表 8-97 电解水氢-氧发生器型号的表示方法

第一字位		第二字位		第三字位		第四字位		第五字位	
代表字母	产品名称	代表字母	电解电源整流类型	单位	基本规格	代表字母	派生代号	代表符号	改进序号
S	电解水氢-氧发生器	B Z	变压整流式 直接整流式	m^3/h	额定产气量	A，B，C，D…	汉语拼音字母表示	1，2，3，4…	阿拉伯数字表示

④型号中[1]、[2]、[4]各项用汉语拼音字母表示。

⑤型号中[3]、[5]各项用阿拉伯数字表示，其中[3]的表示方法按表 8-98 中的基本规格表示数值（L/h）。

⑥基本型产品所做的变动使产品的用途发生重大变化时可给予派生代号，派生代号以汉语拼音字母的顺序编排。

⑦当生产的定型产品在设计、工艺、材料上有重大改进并已导致产品结构、参数，以及技术经济指标和性能改变时可给予改进序号，改进序号用阿拉伯数字连接编号。

4. 电解水氢-氧发生器技术参数

电解水氢-氧发生器技术参数见表 8-98。

表 8-98 电解水氢-氧发生器技术参数

技术参数	基本规格/（m^3/h）								
	1.00	1.25	1.60	2.00	2.50	3.15	4.00	5.00	6.00
基本规格表示数值/（L/h）	1000	1250	1600	2000	2500	3150	4000	5000	6000
额定功率/kW	4.4	5.0	5.4	8.0	10	12.6	16	20	25.2
工作气体压力/MPa	低工作气压 0.05～0.095 高工作气压 0.1～0.4								
电解槽最高工作温度/℃	≤80								
单位能耗/（kW/m^3）	≤5.8								
连续工作时间/h	＞8								
电解电流恒定性/A	电解槽在冷、热状态下的电流波动≤5								

注：连续工作时间是指发生器在环境空气温度中，在额定产气量条件下，连续产气达到电解槽最高工作温度极限的工作时间。

5. 电解水氢-氧焊割机技术参数

①典型电解水氢-氧焊割机技术参数见表8-99。

表8-99　典型电解水氢-氧焊割机型号和技术参数

技术参数 \ 型号	DQS-1	TQ100-6000	YJ-1500	YJ-3000	YJ-8000
额定容量/（kV·A）	21	0.4～30	7	12	30
额定产气量/（m^3/h）	2.2	0.1～8	1.5	3	8
气体压力/MPa	<0.06	—	0.03～0.07	0.03～0.07	0.03～0.07
额定电流/A	400	—	—	—	—
最高空载电压/V	80	—	—	—	—
工作方式	连续	连续	24h连续	24h连续	24h连续
气焊钢板厚度/mm	5	0.1～10	—	—	—
切割钢板厚度/mm	80	0.5～500	30～70	70～120	≥120
一机多用范围	电焊、气焊、切割、喷涂、刷镀	气割、切割	电焊、气焊、切割	电焊、气焊、切割	电焊、气焊、切割

②常用氢-氧切割机技术参数见表8-100。

表8-100　常用氢-氧切割机技术参数

名　称	型号	额定功率/kW	额定产气量/（m^3/h）	切割厚度/mm
YJ系列氢-氧焊割机	YJ-2000	7.5	2.0	≤100
	YJ-4000	16	4.0	≤100
	YJ-6000	24	6.0	≤100
	YJ-10000	38	10.0	≤100
JF系列氢-氧焊割机	JF-1000	5	1.0	50
	JF-2000	9	2.0	100
	JF-4000	18	4.0	400
水解氢-氧焊割机	CCHJ-4	2	0.8	100
	CCHJ-8	4	1.5	200
	CCHJ-10	8	3.0	250
	CCHJ-12	16	6.0	250

续表 8-100

名　　称	型号	额定功率/kW	额定产气量/（m^3/h）	切割厚度/mm
氢-氧源焊割机	TGHJ-48	4	3	50（多机并联大于 300）

采用电解水氢-氧焊割机切割时，可使用普通氧气切割用的割炬。电解水氢-氧焊割机切割供气方式有多种，图 8-85 所示为最简单的一种。来自电解水氢-氧发生器的混合气通入割炬的燃气通道，原预热氧气阀关闭，切割氧单独由氧气瓶供给。由于发生器产生的氢气和氧气的体积比为 0.5，所以混合气燃烧的火焰为中性焰，其燃烧性能不可调节。混合气流量可通过燃气阀或发生器的发气量进行调节。

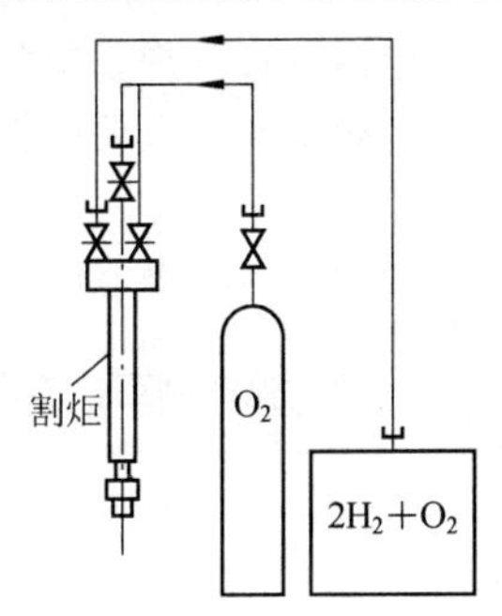

图 8-85　电解水氢-氧焊割机切割供气方式

注意氢气易爆炸，因此装置中设置了两道回火防止器，并在混合器上安装了防爆片。一旦回火，回火防止器能及时排放气体，防止逆燃火焰进入电解槽。

8.8.5　炭弧气刨设备

炭弧气刨是利用炭极高温电弧把金属局部加热到熔化状态，同时利用压缩空气的高速气流将这些熔化金属吹掉，从而实现对金属气割的一种工艺方法。

1. 炭弧气刨设备的组成

炭弧气刨设备由电源、气刨枪、气冷电缆、炭棒和空气压缩机等组成，如图 8-86 所示。采用自动炭弧气刨时还有自行式小车和导轨及控制装置。

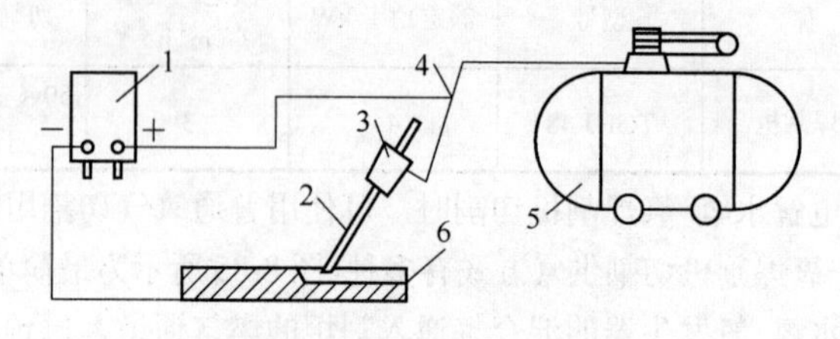

图 8-86 炭弧气刨设备的组成

1. 电源；2. 炭棒；3. 气刨枪；4. 气冷电缆；5. 空气压缩机；6. 工件

（1）电源 炭弧气刨的电源一般采用容量较大的直流弧焊电源，其额定电流值应≥500A。电源特性与焊条电弧焊电源相同，即电源具有陡降的外特性和良好的动特性。当采用整流电源时应注意防止过载。

两种典型的炭弧气刨用整流电源技术参数见表 8-101。

表 8-101 两种典型的炭弧气刨用整流电源技术参数

技术参数 \ 型号	ZX5-800 晶闸管式	ZPG-800 硅整流式
输入电源	三相，380V，50Hz	三相，380V，50Hz
额定输入容量/kW	67	70
额定输入电流/A	102	108
空载电压/V	73	74～85
额定工作电压/V	44	—
额定工作电流/A	800	800
工作电流调节范围/A	80～1000	100～1000
额定负载持续率（%）	60	80
质量/kg	—	650
外形尺寸/（mm×mm×mm）	—	1100×660×1100

（2）炭弧气刨枪 炭弧气刨枪要求导电性良好、压缩空气吹出集中而准确、炭电极夹持牢靠、外壳绝缘良好、体积小及使用方便等。

炭弧气刨枪分为侧面送风式和圆周送风式两种，其结构和使用特点见表8-102。

表8-102 炭弧气刨枪的结构和使用特点

气刨枪类型	结构	使用特点
侧面送风式 气刨方向 炭棒 钳口 压缩空气流	气刨枪结构与电焊钳相似，钳口端都钻有小孔，压缩空气由小孔喷出，集中吹在炭棒电弧的后侧，炭棒由钳口夹持；也可制成两侧（前后）送风式	1. 适用各种直径炭棒和扁形炭棒； 2. 压缩空气流贴紧炭棒吹出，始终能吹到熔化的铁水上，炭棒伸出长度调节方便； 3. 炭棒前方金属不受冷却； 4. 只能向左或向右单一方向进行气刨，在某些场合使用不够灵活
圆周送风式 炭棒 气刨方向 弹性分瓣夹头 压缩空气流	结构与钨极氩弧焊枪类似，炭棒由弹性分瓣夹头夹持，压缩空气由出风槽沿炭棒四周吹出	1. 炭棒冷却均匀； 2. 刨槽前无熔渣堆积，便于查清刨削方向； 3. 适合各种位置操作； 4. 使用不同直径炭棒时要更换弹性分瓣夹头

1）侧面送风式炭弧气刨枪是压缩空气沿炭棒下部喷出并吹向电弧后部的一种炭弧气刨枪，现在的品种较多，主要有钳式侧面送风式炭弧气刨枪和旋转式侧面送风式炭弧气刨枪。

①钳式侧面送风式炭弧气刨枪结构如图8-87（a）所示，与焊条电弧焊焊把类似，用钳口夹持炭棒。在钳口的下鄂处装有一个既供导电又送进压缩空气的铜质钳头。钳头上钻有两个喷压缩空气的小孔，压缩空气从小孔喷出并集中吹在炭棒电弧的后侧。钳式侧面送风式炭弧气刨枪结构较简单，其特点是压缩空气沿炭棒喷出，当炭棒伸出长度变化时，压缩空气始终能吹到熔化的铁水上，同时炭棒前后的金属不受压缩空气的冷却。此外，炭棒伸出长度调节方便，圆形和矩形炭棒均能使用。

钳式侧面送风式炭弧气刨枪的缺点是只能向左或向右单一方向进行气刨，操作不灵活，而且压缩空气喷孔只有两个，喷射面不够宽，影响刨削效率。因此，有的炭弧气刨枪把钳头小孔由两个增至三个，并将孔按扇形排列，如图 8-87（b）所示。这样扩大了送风范围，刨削效率比两孔钳口高。也有把钳头的喷气孔增加到七个，专门用于矩形炭棒，而且在下部加一个转向轴，如图 8-87（c）所示。这样可改变钳口方向，操作灵活性提高。

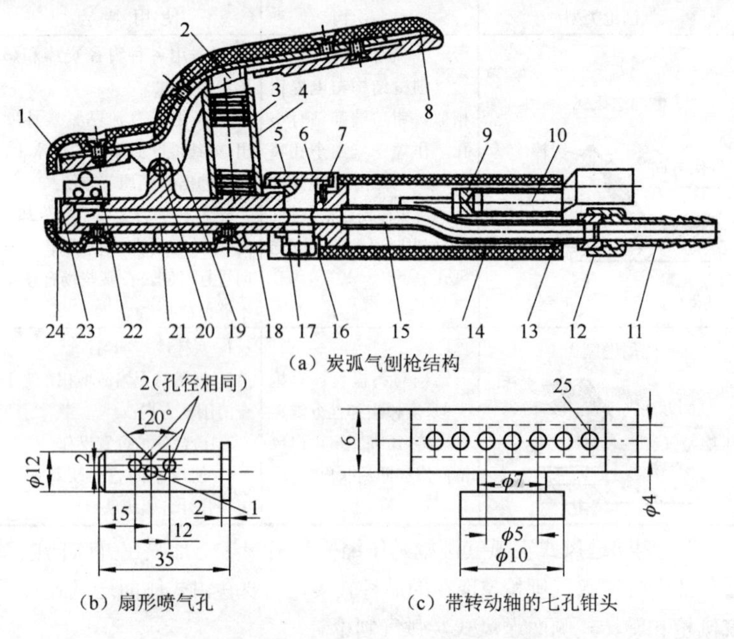

图 8-87　钳式侧面送风式炭弧气刨枪结构（一）

1. 上钳口；2. 凸座；3. 弹簧；4. 保护套管；5、23. 平头螺钉；6. 旋塞；7. 定位销；8. 绝缘盖；9. 导电杆；10. 电缆接头；11. 风管接头；12. 风管螺母；13. 加固环；14. 手把；15. 风管；16. 垫圈；17. 螺母；18. 下钳把护套；19. 上钳把；20. 销钉；21. 下钳把；22. 钳头；24. 钳口坚固板；25. 压缩空气喷出孔

图 8-88 所示为另一种钳式侧面送风式炭弧气刨枪结构，钳口上也有两个喷气孔，结构比较简单。因钳头无绝缘保护，使用时易与工件短路而使钳头烧坏，所以只用于刨削电流不超过 450A 时。该种类型的炭弧气刨枪可改装成两侧送风式。

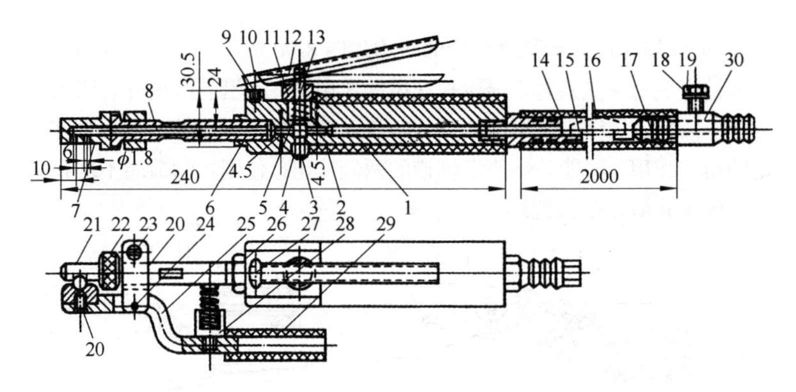

图 8-88 钳式侧面送风式炭弧气刨枪结构（二）

1、21、28. 铆钉；2、12、18. 螺母；3、22. 杠杆；4. 管接头；5. 电缆；6、15、25. 胶管；7. 双向管接头；8. 垫圈；9. 螺栓；10. 喷嘴；11. 连接管；13. 弹簧；14. 阀杆；16. 手柄；17. 钳口；19、26. 沉头螺钉；20. 夹箍；23. 定位销；24. 弹簧限位器；27. 铰链螺钉；29. 螺纹堵；30. 电缆接线处

②旋转式侧面送风式炭弧气刨枪轻巧、加工制造方便，对不同尺寸的圆炭棒或扁炭棒备有不同的黄铜喷嘴，喷嘴在连接套中可做 360° 回转。连接套与主体采用螺纹联接，并可做适当转动，因此气刨枪头可按工作需要转成各种位置。旋转式侧面送风式炭弧气刨枪的主体及气电接头都用绝缘壳保护。旋转式侧面送风式炭弧气刨枪的结构如图 8-89 所示。

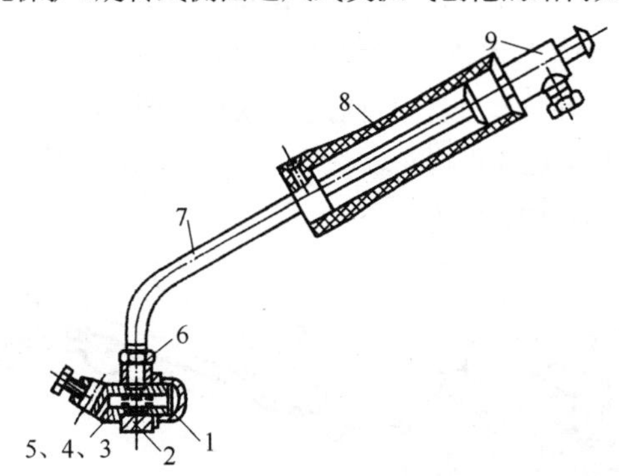

图 8-89 旋转式侧面送风式炭弧气刨枪的结构

1. 锁紧螺母；2. 连接套；3. 喷嘴（Ⅰ）；4. 喷嘴（Ⅱ）；5. 喷嘴（Ⅲ）；6. 螺母；7. 枪杆；8. 手柄；9. 气电接头

2）圆周送风式炭弧气刨枪的结构如图 8-90 所示。枪头设置的分瓣状弹性夹头有夹紧炭棒、导电和送风等作用。夹头沿着圆周开有四条长方形出风口。压缩空气沿炭棒四周喷流，既均匀冷却炭棒、对电弧有一定的压缩作用，又能使熔渣沿刨槽的两侧排出，使刨槽的前端不堆积熔渣，便于看清刨削位置。

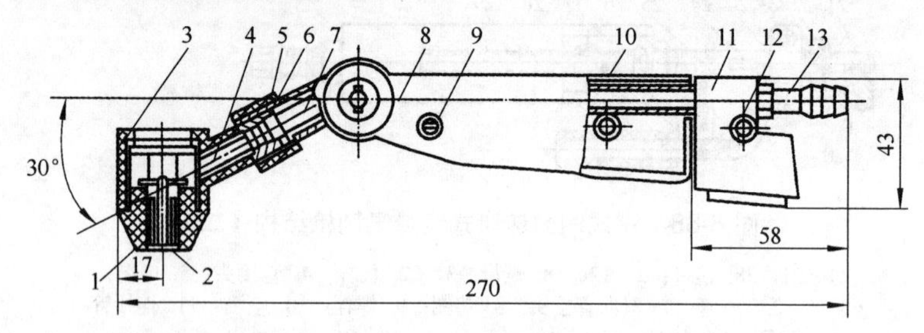

图 8-90　圆周送风式炭弧气刨枪的结构

1. 绝缘喷嘴；2. 炭棒弹性夹心；3. 腔体；4. 下枪体连接件；5. 联接螺母；6. 玻璃纤维嵌铜心螺母；7. 上枪体连接件；8. 手柄；9. 平头螺母；10. 进气管；11. 电缆接头；12. 固定螺母；13. 进气管接头

圆周送风式炭弧气刨枪结构紧凑、质量小、绝缘好、送风量大。枪头可任意转向，能满足各种空间位置操作的需要。另外配有各种规格的炭棒夹头，既可用于圆炭棒，也可使用矩形炭棒。

3）半自动炭弧气刨枪（也称半自动炭弧气刨小车）的结构如图 8-91 所示，其特点是在气刨过程中自动进给炭棒。图 8-92 所示是自动送棒机构的原理，自动送棒机构安装在同一轮轴上，而炭棒由压紧弹簧通过压紧轮压在进给轮的槽道内。

图 8-91　半自动炭弧气刨枪（也称半自动炭弧气刨小车）的结构

气刨时用手推动，主动滚轮沿工件向前滚动，进给轮随之转动，带动炭棒自动向电弧区进给。

半自动炭弧气刨枪有三种规格的进给轮：用于直径为 4mm、5mm 和 6mm 炭棒的进给轮；用于直径为 7mm 和 8mm 炭棒的进给轮；用于直径为 9mm 和 10mm 炭棒的进给轮。

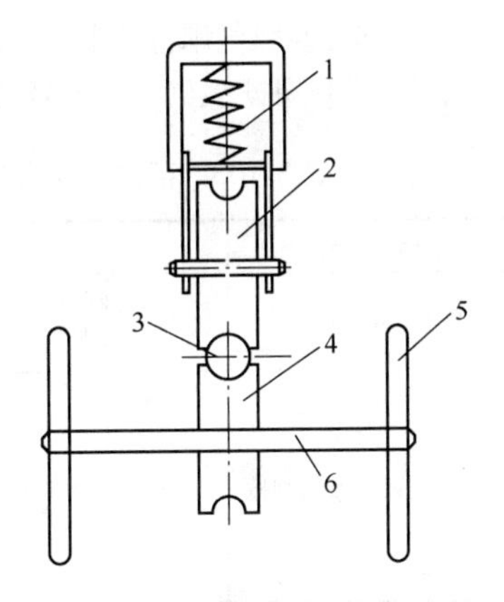

图 8-92　自动送棒机构的原理

1. 压紧弹簧；2. 压紧轮；3. 炭棒；4. 橡胶进给轮；5. 主动滚轮；6. 轮轴

半自动炭弧气刨枪采用圆周送风式结构，其头部构造与圆周送风式炭弧气刨枪相同。半自动炭弧气刨枪的刨槽质量好，槽道平整光滑，生产效率高，劳动强度低，特别适用于长平直焊缝的背面刨槽以及后续的焊接。

4）水雾炭弧气刨枪是在炭棒周围同时喷洒压缩空气和经充分雾化水珠的一种气刨枪，水雾炭弧气刨枪的结构如图 8-93 所示。

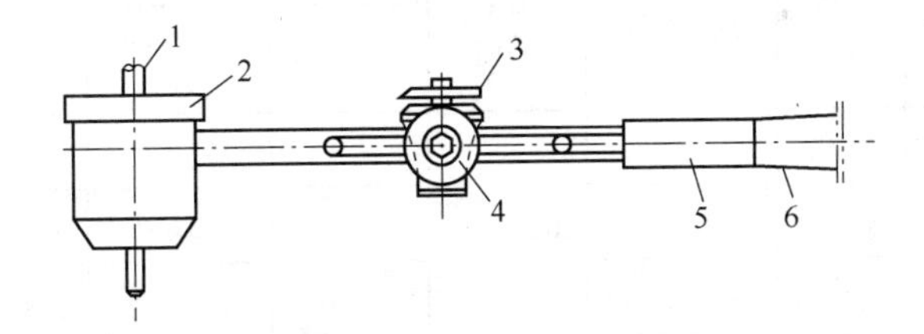

图 8-93　水雾炭弧气刨枪的结构

1. 炭棒；2. 喷嘴；3. 压缩空气调节阀；4. 水量调节阀；5. 手柄；6. 水、电、气汇集接头

水雾炭弧气刨枪在一般炭弧气刨枪的枪体上加装喷水装置，利用压缩空气使水雾化，水雾除吸收金属粉尘和炭尘、改善操作环境外，还具有压缩电弧、提高电弧温度和冷却炭棒，从而减少炭棒消耗的作用。使用水雾炭弧气刨枪气刨时，需在压缩空气管路中增设一个供水罐。

5）部分炭弧气刨枪技术参数。

①部分国外炭弧气刨枪型号及其生产厂家见表 8-103。

表 8-103　部分国外炭弧气刨枪型号及其生产厂家

名　称	型　号				生产厂家
TBQ 炭弧气刨枪	TBQ400	TBQ500	TBQ600	TBQ800	德国金属加工股份公司
W 全位置炭弧气刨枪	—	W500	—	W800	美国 Inco Allowys International Inc、美国 Praxair 表面技术有限公司、德国 Vautid 磨损技术公司
QS 炭弧气刨枪	—	—	QS600	QS800	德国 Degussa 股份公司
BB 炭弧气刨枪	—	—	BB600	BB800S	美国 J.W.Harris 公司

②国产 78-1 型炭弧气刨枪技术参数见表 8-104。

表 8-104　国产 78-1 型炭弧气刨枪技术参数

型号	适用电流/A	夹持力/N	压缩空气/MPa	适用炭棒尺寸		外形尺寸/（mm×mm×mm）
				圆形/mm	矩形/（mm×mm）	
JGB5-01	≤500	80	0.5～0.6	≤10	≤5×20	275×40×105
JG-2	≤5700	30		≤11	≤5×25	235×22×90
JG-1	≤5500	机械紧固		≤10	≤5×12	278×45×80

（3）气路系统　气路系统由压缩空气源、管路、气路开关和调节阀组成。压缩空气压力应为 0.4～0.6MPa，对压缩空气中含有的水分和油分应加以限制，必要时要加过滤装置。

（4）空气导管　炭弧气刨所用的压缩空气由空气导管进行输送，目前采用的是风电合一的气刨软管。这种结构不但使导线截面减小，而且由于压缩空气的冷却作用，还可以有效地解决电源导线的发热问题。风电合一的炭弧气刨软管如图 8-94 所示。

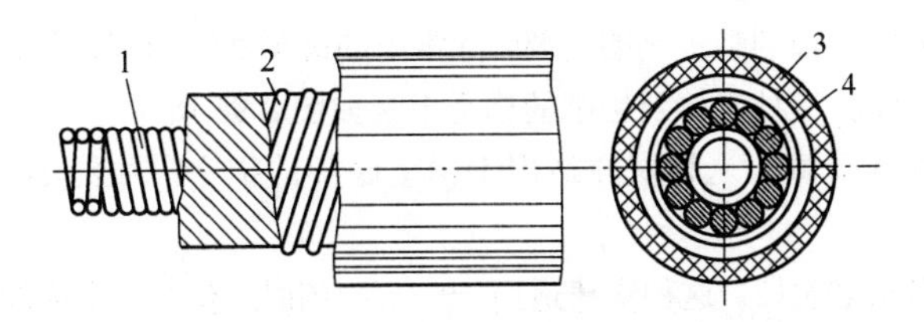

图 8-94　风电合一的炭弧气刨软管

1. 弹簧管；2. 外附加钢丝；3. 夹线胶管；4. 多股导线

（5）炭棒　炭棒在炭弧气刨时作为电极，用来传导电流和引燃电弧。常用的是镀铜实心炭棒，镀铜的目的是更好地传导电流。炭棒有圆炭棒和扁炭棒两种外形，圆炭棒主要用于在焊缝背面清理焊根，扁炭棒刨槽较宽，可以用于开坡口、刨焊瘤或切割较大的金属。炭弧气刨对炭棒的要求是耐高温、导电性良好和不易开裂。

炭弧气刨用炭棒规格见表 8-105，也可按经验公式计算

$$I=(30\sim50)d \tag{8-3}$$

式中：I——刨削电流（A）；

D——炭棒直径（mm）；

（30～50）——系数。

表 8-105　炭弧气刨用炭棒规格

断面形状	尺寸/mm	适用电流/A	断面形状	尺寸/（mm×mm×mm）	适用电流/A
圆形	(ϕ3～5)×355	150～250	扁形	3×12×355	200～300
圆形	ϕ6×355	180～300	扁形	4×8×355	—
圆形	ϕ7×355	200～350	扁形	4×12×355	—
圆形	ϕ8×355	250～400	扁形	5×10×355	300～400
圆形	ϕ9×355	350～500	扁形	5×12×355	350～450
圆形	ϕ10×355	400～550	扁形	5×15×355	400～500
圆形	ϕ12×355		扁形	5×18×355	500～600
圆形	ϕ14×355		扁形	5×20×355	450～500
圆形	ϕ16×355		扁形	5×25×355	550～600
			扁形	6×20×355	—

为适应各种刨削工艺的需要，除常用的圆形和矩形炭棒外，还有一些特种炭棒。特种炭棒及刨削的槽道形状如图 8-95 所示。

①管状炭棒。这种炭棒适用于槽道底部的扩宽，如图 8-95（a）所示。

②多角形炭棒。这种炭棒适用于一次刨销时，获得较宽或较深的槽道，如图 8-95（b）所示。

③自动碳弧气刨用炭棒。这种炭棒的前端呈锥形，末端有一段为中空，专用于自动炭弧气刨过程中炭棒的自动接续，如图 8-95（c）所示。

④交流电炭弧气刨用炭棒。这种炭棒在其中心部分为稳弧剂，稳弧剂使电流交变时有较好的稳定性。

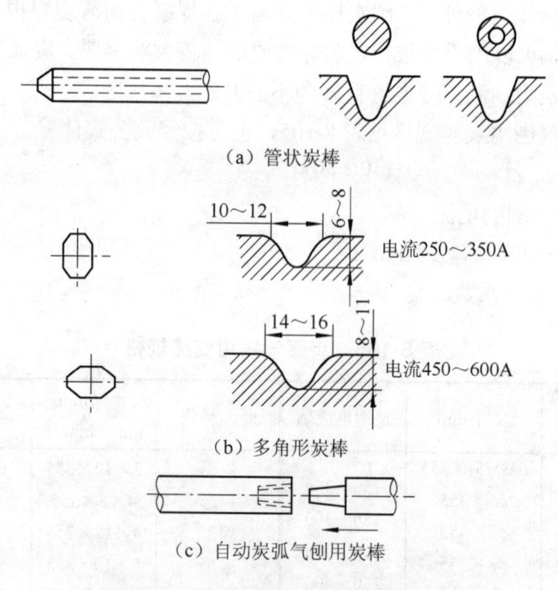

图 8-95　特种炭棒及刨削的槽道形状

2. 炭弧水气刨设备

炭弧水气刨设备与炭弧气刨设备相似，只是增加了供水器和供水系统。图 8-96 所示为炭弧水气刨设备的组成。

供水器是提供水雾的装置，图 8-97 所示为供水器的结构。压缩空气经进气管 1 与容器连通，水经进水管 3 注入容器 2 内，水面达到 H 高度（低于出气管 4 的底部）后，关闭进水阀门。随后打开出水管 5 的阀门，压力水从出水管喷出。如果同时打开出气管 4 和出水管 5，压缩空气和压力水经水、气、混合三通管接头 6 混合，喷射出压缩空气和水雾。调节出气管 4 的阀门和出水管 5 的阀门，可改变空气流量及水雾的大小。当供水器内的水面高度低于 h 时，不能喷出水雾。

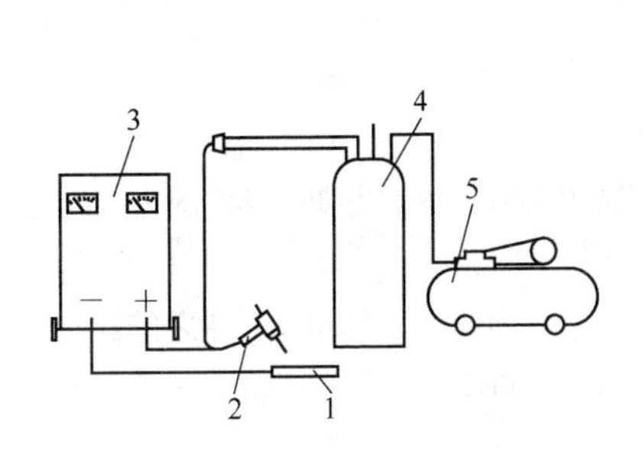

图 8-96 炭弧水气刨设备的组成

1. 工件；2. 气刨枪；3. 电源；4. 供水器；5. 空气压缩机

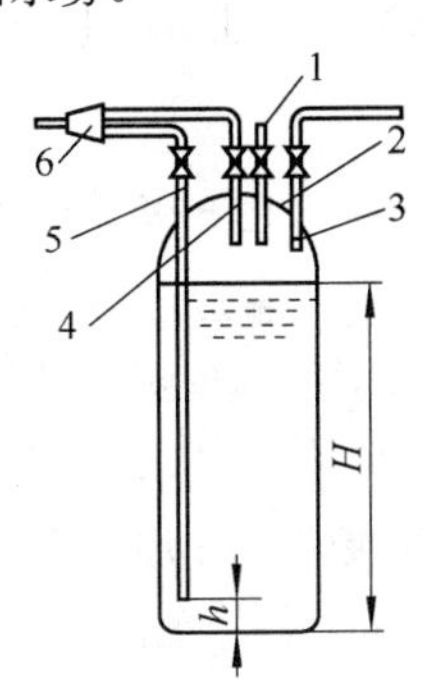

图 8-97 供水器的结构

1. 进气管；2. 容器；3. 进水管；4. 出气管；5. 出水管；6. 水、气、混合三通管接头

炭弧水气刨的关键是获得均匀弥散的水雾，但必须注意压缩空气与压力水混合的水、气、混合三通管接头 6，应使其尽可能地靠近气刨枪（一般在 10mm 以内），这样就能保证气刨枪喷出均匀弥散的水雾。

3. 自动炭弧气刨机

自动炭弧气刨机一般由自动炭弧气刨小车、电源、控制箱和轨道等组成，能自动进给炭棒、接棒并完成刨削工作。图 8-98 所示为自动炭弧气刨机及行走机构的结构。

气刨小车和炭棒送进机构可自动控制并无级变速。刨槽的精度高、稳定性好，刨槽平滑均匀、刨槽边缘变形小。刨削速度比手工炭弧气刨速度快，并且炭棒消耗量比手工炭弧气刨少。

自动炭弧气刨机适用于气刨长的直线槽道或专用装置上刨削圆筒体环向焊缝的清根。由于适应能力差，而且各种单面焊接技术的广泛应

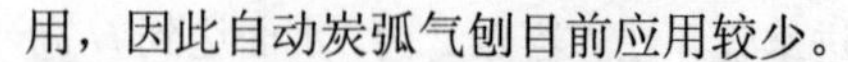
用，因此自动炭弧气刨目前应用较少。

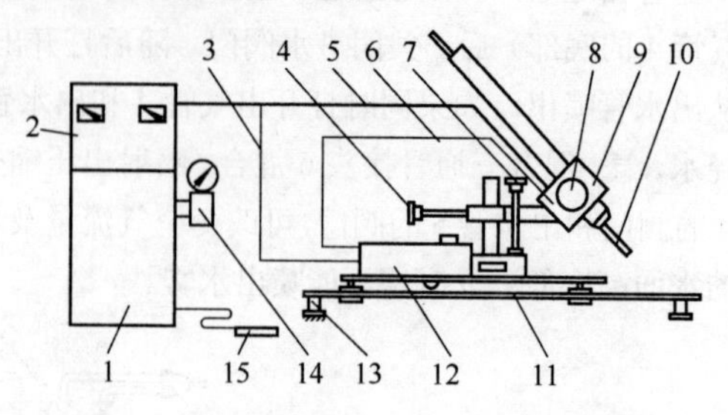

图 8-98　自动炭弧气刨机及行走机构的结构

1. 主电路接触器（箱内）；2. 控制箱；3. 牵引爬行器电缆；4. 水平调节器；5. 电缆气管；6. 电动机控制电缆；7. 垂直调节器；8. 伺服电动机；9. 气刨头；10. 炭棒；11. 轨道；12. 牵引爬行器；13. 定位磁铁；14. 压缩空气调压器；15. 遥控器

自动炭弧气刨机能把气刨小车套在柔性的磁性轨道上，使之能进行平、横、立、仰等全位置气刨工艺，国产 TBJ-3 型全位置自动炭弧气刨机技术参数见表 8-106。

表 8-106　国产 TBJ-3 型全位置自动炭弧气刨机技术参数

项　目	技术参数	项　目	技术参数
适用炭棒直径/mm	4～10	机头上下调节距离/mm	35
小车行走速度/（mm/min）	600～1700	压缩空气压力/MPa	0.5～0.6
炭棒进给速度/（mm/min）	80～480	小车质量/kg	9
机头旋转角度/（°）	60	小车外形尺寸/（mm×mm×mm）	220×200×520
机头左右调节距离/mm	32		

9 火焰喷熔、喷涂和钎焊设备

9.1 火焰喷熔设备

火焰喷熔设备包括各种喷枪和重熔枪、氧乙炔供给系统及辅助装置、喷涂机床、保护、干燥箱等，关键设备是喷枪、重熔枪和接长管。

9.1.1 喷枪

除 SPH-1/h、SPH-4/h 中小型喷枪外，还有 SPHT-6/h、SPH-8/h、SPHD-E、QSH-4 等大型喷枪。

我国自行设计制造的 QSH-Z 型等压式喷焊枪的工作原理如图 9-1 所示。它由氧气流送粉，氧气和乙炔由不同孔道进入喷射器，由氧气在射吸室中产生负压吸粉，并带粉至混合室与乙炔气混合，随后混合气体将粉末通过喷嘴，喷射到工作表面上。这种喷焊枪的火焰燃烧稳定，氧气射流造成的负压吸力大，可带走合金粉末，且不易产生回火。

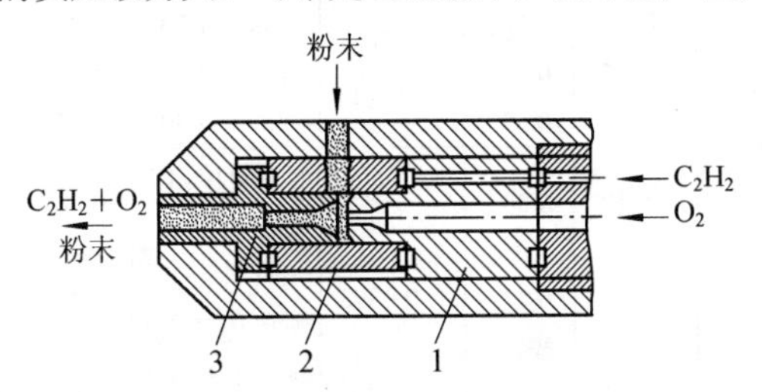

图 9-1 QSH-Z 型等压式喷焊枪的工作原理

1. 喷射器；2. 射吸室；3. 混合室

9.1.2 重熔枪

当工件体积较大时，则需要较大的预热和重熔火焰能率，喷枪不能满足上述要求时，需用特制的重熔枪，实际上就是大型的氧乙炔火焰加热器。为了加大火焰能率，将燃烧气体喷嘴的孔排成梅花形，混合气管也比一般气焊枪长，这样可加大操作者与火焰间的距离，改善劳动条件。

9.1.3　常用喷枪和重熔枪技术参数

两用枪接长管系 SPH-E 型两用枪的配套件，可扩大应用范围，对内孔表面进行喷涂、喷熔处理。JCG-50 型接长管配有 45°、80°喷嘴各一只，45°喷嘴的接长管可喷内孔ϕ150～ϕ200mm 的工件。80°喷嘴可喷内孔大于ϕ200mm 的工件，可喷内孔深度为 500mm。常用喷枪和重熔枪技术参数见表 9-1。

表 9-1　常用喷枪和重熔枪技术参数

名称	型号	喷嘴	气体压力/MPa		气体消耗量/（m^3/h）		出粉量/（kg/h）
			氧气	乙炔	氧气	乙炔	
喷熔枪	SPH-1/h	1 号	0.196	＞0.049	0.16～0.18	0.14～0.15	0.6～1.0
		2 号	0.245		0.26～0.28	0.22～0.24	
		3 号	0.294		0.41～0.43	0.35～0.37	
	SPH-2/h	1 号	0.294	＞0.049	0.50～0.65	0.45～0.55	1.2
		2 号	0.343		0.72～0.86	0.60～0.80	1.6
		3 号	0.392		1.00～1.20	0.90～1.10	2.0
	SPH-4/h	1 号	0.392	0.049～0.0784	1.60～1.70	1.45～1.55	2.4
		2 号	0.441		1.80～2.00	1.65～1.75	3.0
		3 号	0.490		2.10～2.30	1.85～2.30	4.0
喷涂喷熔两用枪	SPHT-6/h	环形	0.392	＞0.0392	预热 0.9～1.2 喷粉 1.2～1.7	0.78～1.00	4～6
		梅花形	0.441		预热 0.5～0.8 喷粉 0.8～1.8	0.43～0.70	
		梅花形	0.490		预热 1.0～1.3 喷粉 1.2～2.3	0.86～1.15	
	SPHT-8/h	环形	0.441	0.049～0.098	预热 0.9～1.2 喷粉 1.2～2.2	0.78～1.0	6～8
		梅花形	0.490		预热 1.0～1.3 喷粉 1.3～2.3	0.86～1.15	
		梅花形	0.539		预热 1.0～1.4 喷粉 1.3～2.4	0.9～1.20	

续表 9-1

名称	型号	喷嘴	气体压力/MPa		气体消耗量/（m^3/h）		出粉量/（kg/h）
			氧气	乙炔	氧气	乙炔	
圆形多孔喷熔枪	SPH-C	1 号 2 号 3 号	0.490 0.539 0.588	0.049～0.098	1.3～1.6 1.9～2.2 2.5～2.8	1.1～1.4 1.6～1.9 2.1～2.4	4～6
排形多孔喷熔枪	SPH-D	1 号 2 号	0.490 0.588	0.049～0.098	1.6～1.9 2.7～3.0	1.4～1.65 2.35～2.6	4～6
重熔枪	SCR-100	1 号 2 号 3 号	0.392 0.490 0.588	0.049～0.098	1.4～1.6 2.7～2.9 4.1～4.3	1.3～1.5 2.4～2.6 3.7～3.9	—
喷涂喷熔两用枪	SPH-E	—	0.490～0.688	＞0.049	预热 1.2 喷粉 1.3	0.75	＜7
重熔枪	SPH-C	大 中 小	0.441 0.441 0.392	0.0686 0.049 0.049	4.50 2.68 1.20	2.50 1.20 0.534	—
喷涂喷熔两用枪	QSH-4	—	0.392	0.00098～0.098	预热 0.94 喷粉 0.60	1.60	2～6
喷涂枪	BPT-1	—	0.167～0.206	0.0784～0.1078	1.3～1.7	0.9～1	＜9

9.2　火焰喷涂设备

9.2.1　气体火焰喷涂设备

1. 气体火焰线材喷涂设备

（1）设备组成　喷涂设备包括氧乙炔供给系统、空气压缩机和过滤器，关键设备是喷涂枪。气体火焰线材喷涂设备的组成如图 9-2 所示。

（2）技术参数　SQP-1 型射吸式火焰线材喷涂枪技术参数见表 9-2。

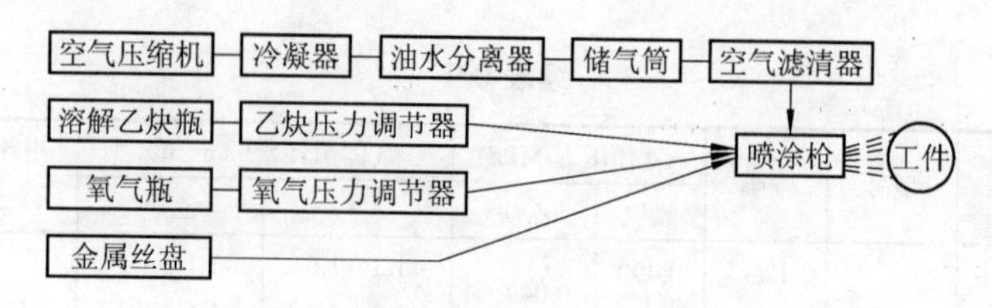

图 9-2　气体火焰线材喷涂设备的组成

表 9-2　SQP-1 型射吸式火焰线材喷涂枪技术参数

项　目	技术参数
操作方式	手持固定两用
动力源	压缩空气吹动汽轮
调速方式	离合器
使用热源	氧乙炔火焰
质量/kg	≤1.9
外形尺寸/（mm×mm×mm）	90×180×215
气体表压力/MPa	氧　0.4～0.5 乙炔　0.04～0.07 压缩空气　0.4～0.6
气体消耗量/（m^3/h）	氧　1.8 乙炔　0.66 压缩空气　1～1.2
线材直径/mm	2.3（中速）、3.0（高速）
火花束角度/（°）	≤4
喷涂生产率/（kg/h）	0.4（ϕ2.2Al_2O_3）、2.0（ϕ3.0 低碳钢） 0.9（ϕ2.3 铝）、2.65（ϕ3.0 铝） 1.6（ϕ2.3 高碳钢）、4.3（ϕ3.0 铜） 1.8（ϕ2.3 不锈钢）、8.2（ϕ3.0 锌）

2. 气体火焰粉末喷涂设备

（1）设备组成　喷涂设备包括喷涂枪、氧乙炔供给系统、电炉、干燥箱、转台等辅助设备。喷涂枪可根据功率的大小分为中小型和大型两类。

中小型气体火焰粉末喷涂枪如图 9-3 所示。与气焊枪相似，其区别在于喷涂枪上装有送粉机构。以我国自行设计制造的 QSH-4 型专用喷涂枪为例，它具有全位置操作的功能，可使用低、中压乙炔，操作灵活、简便，价格便宜，适用于较小工件的局部修复。这种喷涂枪主要由两部分组成。

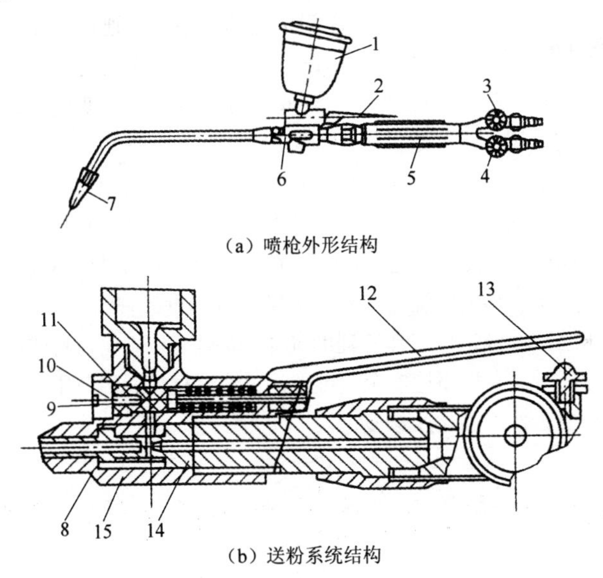

（a）喷枪外形结构

（b）送粉系统结构

图 9-3 中小型气体火焰粉末喷涂枪

1. 粉斗；2. 送粉手柄；3. 乙炔阀；4. 氧气阀；5. 手柄；6. 本体；7. 喷嘴；8. 混合室；9. 定位螺钉；10. 调节螺钉；11. 橡胶粉阀；12. 揿把；13. 揿把高低定位螺钉；14. 喷射器；15. 射吸室

①火焰燃烧系统。火焰燃烧采用射吸式原理，即由氧气射吸带出乙炔。此种结构对乙炔压力的适应性大，性能稳定，使用效果好。为了均匀加热粉末，火焰能率要大，所以采用了梅花形分布喷孔的喷嘴。喷嘴的结构如图 9-4 所示，前端孔铰成 1∶5 的锥度，使气流的挺度大。喷嘴与喷嘴体的连接采用了锥度密封，其密封性可靠。

②粉末供给系统。它采用与燃烧焰分开的另一路氧气射吸负压，将粉末吸入，然后由氧气流运载至喷嘴中间孔喷射出来。用氧气射吸载粉，

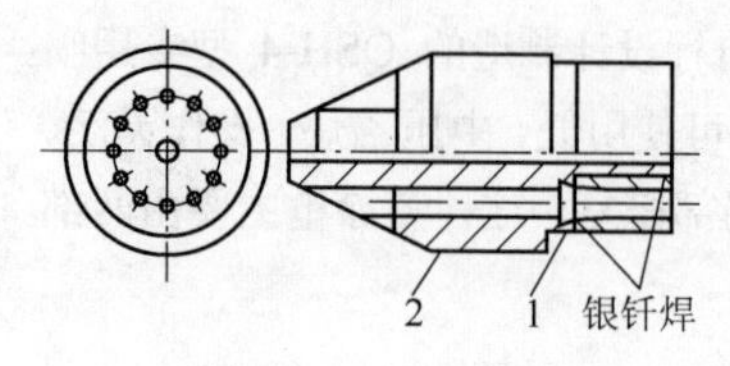

图 9-4　喷嘴的结构

1. 喷嘴套；2. 喷嘴体

抽吸力大，结构简单，粉末的送给由开关控制。

送粉量的大小，可通过调节送粉气流量（送粉氧阀门）和调节橡胶阀门中孔的大小，即通过改变开关揿把压下位置的高低来实现。调节螺钉可使阀的行程位置发生变化，揿把高低位置依靠定位螺钉进行定位。

SPH-E 射吸式大型喷枪的结构如图 9-5 所示。大型喷枪的送粉系统与氧乙炔混合系统是分开的，所以调整火焰性质及功率与调节送粉气流是互不影响的。这类喷枪配备有适于喷涂一般粉末的通用喷嘴及喷涂特殊材料或用于喷熔的喷嘴。此外，大型喷枪都设计有辅助送粉气进口，可通入压缩空气或惰性气体等辅助气体，以提高易氧化材料或高熔点材料的喷涂质量。大型喷枪安全、可靠，对喷涂材料适用范围广，适用于较大或重要工件的强化及修复。

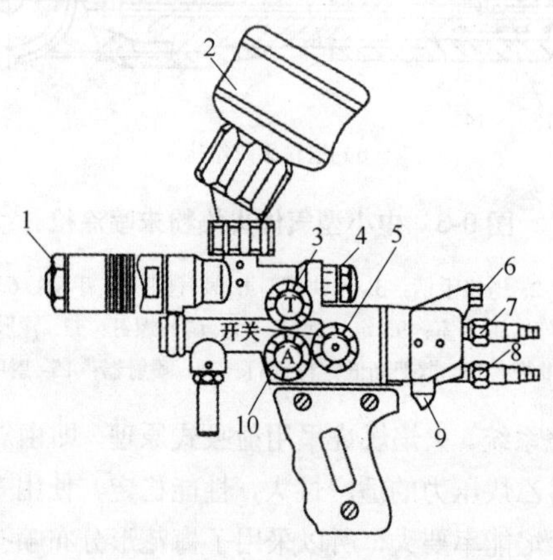

图 9-5　SPH-E 射吸式大型喷枪的结构

1. 喷嘴；2. 粉斗；3. 送粉气开关；4. 送粉开关；5. 氧气开关；6. 辅助送粉气进口；7. 氧气进口；8. 乙炔进口；9. 气体快速关闭安全阀；10. 乙炔开关

氧乙炔供给系统与转台等辅助设备，根据喷涂工作的具体要求设置。

（2）技术参数 火焰粉末喷枪技术参数见表 9-3。

表 9-3 火焰粉末喷枪技术参数

型　号	气体压力/kPa		送粉量/（kg/h）
	氧气	乙炔	
WSH-4	400～700	100～120	2.0～6.35
SPH-E	500～600	70～80	4.5～7.0
FPD-1	600～800	80～100	5.0～8.0
SPHT-6/h	400～500	40～75	4.0～6.0
SPHT-8/h	400～500	60～80	4.0～10.0
BPT-1	180～210	70～100	9.0
SPH-F5	180～200	80～100	9.0

9.2.2 电弧喷涂设备

电弧喷涂设备主要包括直流电源、送丝机、喷涂枪、空气压缩机、空气滤清器等。电弧喷涂使用的直流电源是具有平特性或略带上升特性的外特性电源，与焊接略有不同。

①电弧喷涂设备布置如图 9-6 所示。

②电弧喷枪的结构如图 9-7 所示。

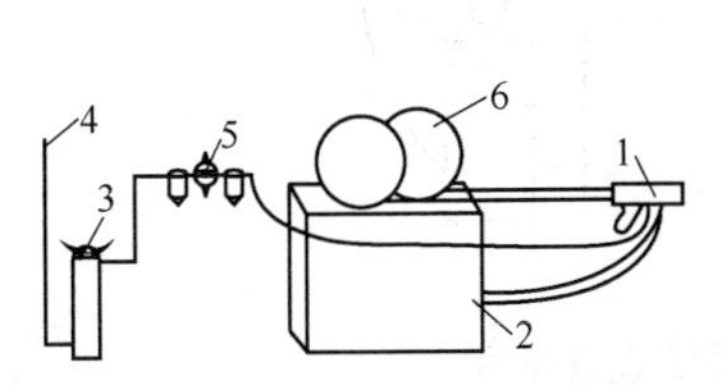

图 9-6 电弧喷涂设备布置

1. 喷枪；2. 直流电源；3. 空气滤清器；4. 压缩空气管；5. 减压阀；6. 送丝机

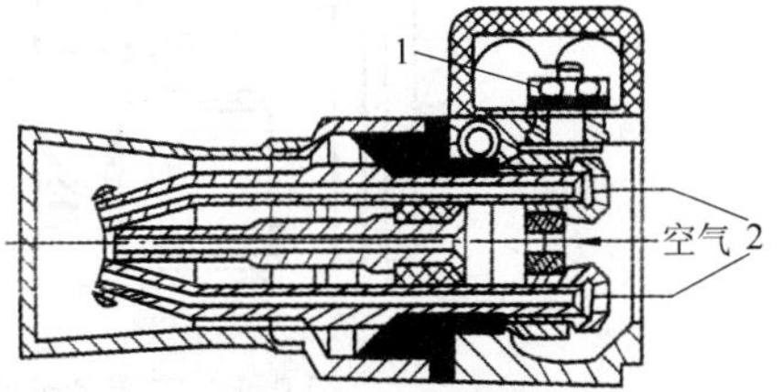

图 9-7 电弧喷枪的结构

1. 电接点；2. 喷涂材料（线）

③电弧喷枪技术参数见表 9-4。

表 9-4　电弧喷枪技术参数

技术参数＼型号	SCDP-3	XDP-1	DP-400A
丝材直径/mm	1.6、1.8	3	1.6、2、2.3
额定电弧电流/A	300	300	400
电弧电压/V	30～50	27～40	20～32
压缩空气压力/kPa	500～600	500～600	500～600
压缩空气耗量/（m^3/min）	0.8～1.4	1.6～2	—
送丝速度范围/（m/min）	—	0～4.8	1.5～10

9.2.3　等离子弧喷涂设备

等离子弧喷涂设备主要包括喷枪、电源、送粉器、冷却水供给系统、气体系统、控制系统等，关键设备是喷枪。等离子弧喷涂均采用直流电源，定额功率主要有 40kW、50kW 和 80kW 三种规格。等离子弧喷涂电源的性能要求与电弧焊电源基本相同。

①等离子弧喷涂设备布置如图 9-8 所示。

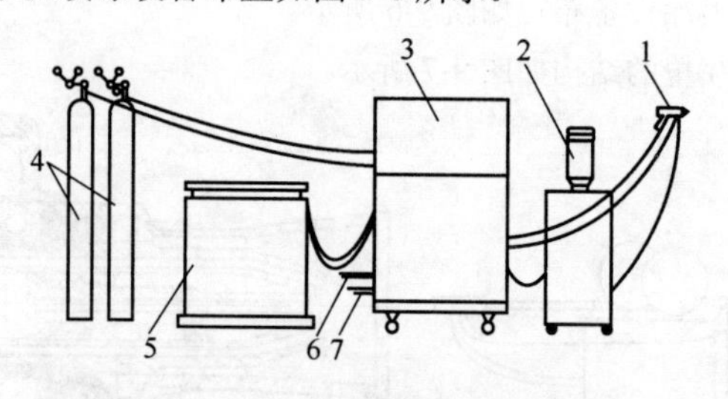

图 9-8　等离子弧喷涂设备布置

1. 喷枪；2. 送粉器；3. 控制柜；4. 等离子气和送粉气瓶；5. 直流电源；6. 冷却水进口；7. 冷却水出口

②喷枪是喷涂设备的核心装置，实质是一个等离子发生器。等离子弧喷枪技术参数见表 9-5。

表 9-5 等离子弧喷枪技术参数

型 号	最大功率/kW	最大工作流量/A	工作压力/V	适用范围
PQ-1SA PQ-1JA	80	1000	80	外表面
PQ-1NA	40	50	80	φ102mm 以上，深 500～700mm 的内孔
PQ-2NA	37.5（Ar） 38.5（N_2）	500	80	φ60mm 以上，深 450～600mm 的内孔
PQ-3NA	30(Ar)、40(N_2)	500	80	φ45mm 以上，深 450mm 的内孔
GDP-35	35	150～450	60～100	—
GDP-50	50	500～900	55～100	—
GDP-80	80	80～100（Ar） 150～1000（N_2）	80	—

③等离子弧喷涂设备技术参数见表 9-6。

表 9-6 等离子弧喷涂设备技术参数

设备型号及控制方式	电源（硅整流弧焊电源）					电源控制柜型号	送粉器类型
	型号	最大功率/kW	最大电流/A	工作电压/V	空载电压/V		
GP 部分程序控制	GDP-80	80	1000	80	165	GDP-K	鼓轮式
LP-60Z（GDP-4）自动程序控制	ZXG-500GY	60	50～500（Ar） 200～700（N_2）	40～120	240	LP-60Z	刮板式 电磁振动式
LP-50B（GDP-3）自动程序控制	GDP-2	5～50	150～500	50～100	170	LP-50B	电磁振动式
GDP-2 手动	GDP-2	5～50	150～500	50～100	170	GDP-2	刮板式
GDP-1 手动	GDP-1	5～35	150～450 150～800	60～100	90～165	GDP-1	刮板式

续表 9-6

设备型号及控制方式	电源（硅整流弧焊电源）					电源控制柜型号	送粉器类型
	型号	最大功率/kW	最大电流/A	工作电压/V	空载电压/V		
GDP-35 手动	GDP-35	35	150~450 50～800	50～100	90～165	GDP-35	刮板式
GDP-50 手动	GDP-50	50	500、1000	1000、500	165、90	—	刮板式
GDP2K-50 自动程序控制	—	50	≤500、 ≤900	50～100 25～55	165，90	—	刮板式
DDP-Ⅱ手动	DDP-Ⅱ	50	1000（Ar） 500（N_2）	80～100 50	—	DDP-Ⅱ	振动式
DDT-2 手动	—	40	450～800	50～85	104～180	—	三筒刮刀式

9.3 钎焊设备

9.3.1 火焰钎焊设备

氧乙炔火焰钎焊是最常用的气体火焰钎焊方法。氧乙炔火焰所用设备为乙炔发生器或乙炔气瓶、氧气瓶、焊枪等。为使被钎焊工件均匀加热，可采用专用的多焰焊嘴或固定式多头焊嘴。压缩空气雾化汽油火焰的温度比氧乙炔火焰低，适用铝焊件钎焊或采用低熔点钎料的场合。

液化石油气与氧气或空气混合燃烧的火焰也常用于火焰钎焊。目前，国产液化石油气空气透平焊枪用于铝钎焊，瓶装乙炔空气透平焊枪用于一般钎焊，效果均良好。

①THS 系列透平焊枪技术参数见表 9-7。

表 9-7　THS 系列透平焊枪技术参数

型号	使用燃气	焊枪嘴径/mm	0.17MPa 燃气消耗量/（kg/h）	火焰温度/℃
S-2	液化石油气	8	0.06	≥960
S-4		12	0.18	
S-5		20	0.50	
S-6		25	0.95	

②THY 系列透平焊枪技术参数见表 9-8。

表 9-8 THY 系列透平焊枪技术参数

型号	使用燃气	焊枪嘴径/mm	0.17MPa 燃气消耗量 /（kg/h）	火焰温度≥/℃
Y-4	乙炔	6	0.10	1400
Y-6		12	0.31	1400
Y-9		20	0.94	1400

9.3.2 其他钎焊设备

①电阻钎焊机技术参数见表 9-9。

表 9-9 电阻钎焊机技术参数

型号	容量 /（kV·A）	电源电压 /V	二次电压 /V	最大钎焊面积 /mm^2	适用范围
Q-10	10	380	1.31～2.62	900	合金钢、硬质合金刀头钎焊
Q-16	16	220 或 380	1.31～2.62	1600	
Q-63	63	380	—	—	电动机转子线圈钎焊

②盐浴电阻炉技术参数见表 9-10。

表 9-10 盐浴电阻炉技术参数

名称	型号	功率 /kW	电压 /V	相数	最高工作温度/℃	盐浴槽尺寸 /（mm×mm×mm）	最大技术生产率/（kg/h）	质量 /kg
插入式电极盐浴炉	RDM2-20-13	20	380	1	1300	180×180×430	90	740
	RDM2-25-8	25	380	1	850	300×300×490	90	812
	RDM2-35-13	35	380	3	1300	200×200×430	100	893
	RDM2-45-13	45	380	1	1300	260×240×600	200	1395
	RDM2-50-6	50	380	3	600	500×920×540	100	2690

续表 9-10

名称	型号	功率 /kW	电压 /V	相数	最高工作温度/℃	盐浴槽尺寸 /（mm×mm×mm）	最大技术生产率/（kg/h）	质量 /kg
插入式电极盐浴炉	RDM2-75-13	75	380	3	1300	310×350×600	250	1769
	RDM2-100-8	100	380	3	850	600×920×540	160	2690
	RYD-20-13	20	380	1	1300	245×180×430	—	1000
	RYD-25-8	25	380	1	850	380×300×490	—	1020
	RYD-35-13	35	380	3	1300	305×200×430	—	1043
	RYD-45-13	45	380	1	1300	340×260×600	—	1458
	RYD-50-6	50	380	3	600	920×600×540	—	3052
	RYD-75-13	75	380	3	1300	525×350×600	—	1652
	RYD-100-8	100	380	3	850	920×600×540	—	3052
坩埚式	RYG-10-8	10	220	1	850	ϕ200×350	—	1200
	RYG-20-8	20	380	3	850	ϕ300×555	—	1350
	RYG-30-8	30	380	3	850	ϕ400×575	—	1600

10　焊接设备的维修和调试验收

10.1　焊接设备维修常用仪表和工具

10.1.1　电焊机维修用仪表

1. 万用表

万用表是一种多功能、多量程的直读式仪表，分为指针式和数字式两种。其主要功能是测量电阻、直流电压、交流电压、直流电流，以及晶体管的有关参数等，故称为万用表，而且便于携带。所以，在维护检修电气设备时常用到万用表。

（1）指针式万用表

1）基本结构。指针式万用表（又称机械式万用表）的形式很多，主要由表头、测量线路、转换开关、面板等部分组成。500 型万用表的外形如图 10-1 所示。其设置了测量电阻、直流电压、交流电压和直流电流等多种功能。

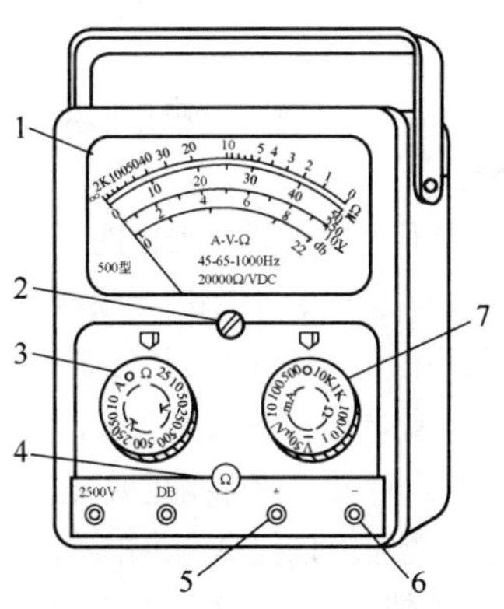

图 10-1　500 型万用表的外形

1. 表头；2. 机械调“0”旋钮；3. 交、直流电压量程开关；4. 电阻调“0”旋钮（Ω钮）；5. 红表笔插孔；6. 黑表笔插孔；7. 电流、电阻量程开关

2）使用方法。

①准备工作。

a. 检查表盘符号，熟悉转换开关、旋钮、插孔等的作用。

b. 了解刻度盘上每条刻度线所对应的被测电阻。

c. 检查两表笔插头与插座是否对应并接触紧密，引线、笔杆、插头等处有无破损露铜现象，如有问题应立即解决，否则不能保证使用中的人身安全。

d. 按所要求的放置方式（一般为水平放置，有些带支架的要求与水平面呈一个角度，如 30°；这一要求用符号在刻度盘上给出前者为“┌──┐”，后者为∠30°），放好万用表。

e. 观察万用表指针是否停在左边 0 位线上，如不指在 0 位线时，应调整中间的机械调 0 旋钮，使其指在 0 位线上。

另外，有些万用表另有交直流 2500V 高压测量端，在测高压时黑表笔不动，将红表笔插入高压插口。

②测量电阻。

a. 被测电阻应处于不带电的状态。

b. 按估计的被测电阻值利用右边“功能钮”（电流、电阻量程开关）选择合适的电阻量程（一般应使指针指在中间位置）。

c. 将两表笔搭接短路，此时指针很快指向电阻的 0 位线附近。若未停在电阻 0 位上，则旋动“Ω钮”，使其刚好停在 0 位线上。若调到底也不能使指针停在电阻 0 位上，则说明表内的电池电压不足，应更换新电池后再重新调节。上述调节应尽可能快，否则会耗费大量的电池能量。

d. 用表笔分别接触电阻的一个端头，接触更紧密。对于几十千欧（kΩ以上）的大电阻，两手不能同时接触表笔针部，否则会使读数小于实际值。若读数过大或过小（表针处于两端附近），在有可能的条件下，应更换较小或较大的量程重新测量，以提高测量准确度。换挡时应注意调 0。

e. 将读数乘以“功能钮”所指位数，则为被测电阻的阻值。

f. 测试完毕后，应将左边“功能钮”（交、直流电压量程开关）旋到其他挡位上（一般应放在交流电压最高量程挡上），以免无意中两表笔搭接在一起使电池白白消耗掉。

③测量直流电压。

a. 按估计的被测电压范围将左边“功能钮”旋到对应的直流电压（V）挡内。例如，测量一节 1.5V 的干电池，则应放在 $\underline{V}$ 2.5 的位置；测两节串联的干电池，则应放在 $\underline{V}$ 10 处。

b. 将红表笔（＋）接电路正（＋）极，黑表笔（－）接电路负（－）极。

c. 读指针所指读数。将万用表右面的“功能钮”置于“$\frac{V}{\sim}$”挡位置，左面的“功能钮”置于直流电压最大量程 500V 上（若不能确定电压的大约数值时），根据指示值的大约数值，再选择合适的量程，使指针得到最大的偏转角。

d. 如指针反指，则说明表笔所接极性反了，应尽快更正过来重测。如指针偏转过小或过大，应更换合适量程。

④测量直流电流。

a. 按估计的被测电流范围将左边“功能钮”旋到对应的直流电流（A）挡位置，右边“功能钮”旋至电流量程相对应的挡位。不好估计时选较大的电流量程。

b. 将被测电路断开，留出两个测量接触点。将红表笔与电路正极相接，黑表笔与电路负极相接。若接线极性相反，表针将反偏。

c. 读指针读数。

d. 测量完毕后，应将左边“功能钮”旋到电压最大挡位上，目的是防止用该表测电压时，一时疏忽而直接用电流挡去测量，导致表很快烧毁。

⑤测量交流电压。

a. 电工在日常工作中，所测交流电压主要是 220V 左右的单相交流电压，所以应特别注意防触电的问题。测量时，应尽可能不用两手各握一只表笔的方法；表笔插头与插孔应紧密配合，以防止测量中突然脱出后触及人体，使人触电。

b. 测量前应将右面的“功能钮”置于“$\frac{V}{\sim}$”挡位置，将左面的“功能钮”置于交流电压 500V 挡位置。

c. 测量交流电压时，一般不需分清被测电压的相线和中性线端的顺序，但已知相线和中性线时，最好应用红表笔接相线，黑表笔接中性线，这样会更安全。

其他操作与直流电压的测量完全相同。读数应用 V 刻度。

3）使用注意事项。使用指针式万用表时，除在使用方法中介绍的注意事项，还需注意以下几点。

①测量前，应注意转动开关的位置，切不可放错。

②测直流量时要注意被测电量的极性，避免指针反打而损坏表头。

③测量较高电压或大电流时，不能带电转动转换开关，避免转换开关的触点产生电弧损坏万用表。另外，不能用手触摸表笔的金属部分，以保证安全和测量的准确性。

④不允许带电测量电阻，否则会烧坏万用表。

⑤万用表内干电池的正极与面板上“－”号插孔相连，干电池的负极与面板上的“＋”号插孔相连。在测量电解电容和晶体管等器件的电阻时要注意极性。

⑥测量电阻时每换一次倍率挡，都要重新进行调 0。

⑦不允许用万用表电阻挡直接测量高灵敏度表头内阻，以免烧坏表头。

⑧测量完毕，将转换开关置于交流电压最高挡或空挡。

（2）数字式万用表 数字式万用表与指针式万用表相比，数字式万用表有准确度高、读数迅速准确、功能齐全和过载能力强等优点，因而近年来得到广泛的应用。

1）基本构造。以 GD-168 数字式万用表为例介绍，其面板如图 10-2 所示。其结构主要包括显示器、电源开关、输入端、测量样式开关、量程开关和 h_{FE} 端子。

2）使用方法。

①测量直流电压。

a. 红表笔接“＋”端，黑表笔接公共端。

b. 电源开关置于 ON。

c. 样式开关置于 V。

d. 按被测电压大小选择量程开关。

e. 连接试验笔到试验的电路。

②测量交流电压。

a. 将红表笔接到 AC 端，黑表笔接到公共端。

b. 电源开关置于 ON。

c. 样式开关置于 V。

d. 为交流电压在 200V 或 1000V 挡中选择一个量程。

e. 连接表笔到试验的电路。

③测量直流电流。

a. 将红表笔接到“＋”端，将黑表笔接公共端。

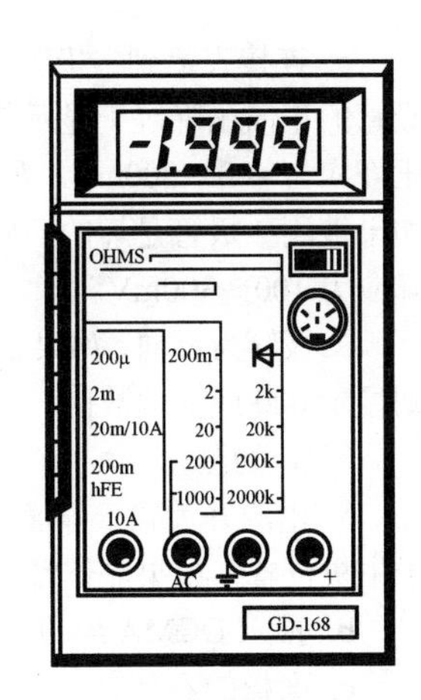

图 10-2 GD-168 数字式万用表

b. 电源开关置于 ON。

c. 样式开关置于 DCMA。

d. 按试验情况下的电流大小选择量程开关。

e. 连接表笔到试验的电路。

f. 对于被测电流超过 200mA 时，红表笔应插入 10A 插座，样式开关必须置 200mA 挡。

④测量电阻。

a. 红表笔接到“＋”端，将黑表笔接公共端。

b. 电源开关置于 ON。

c. 样式开关置于 OHM 挡。

d. 按照测量电阻的大小选择量程开关。

e. 连接表笔到试验的电阻。

⑤检查二极管。

a. 样式开关置于 OHM 挡。

b. 量程开关置于—⊲—处。

c. 将黑表笔插入公共端，将红表笔插入“＋”端。

d. 电源开关置于 ON。

e. 连接表笔到二极管。如果二极管有正向电流流过，一个良好的二极管的正向压降等于显示值乘以 10。例如，一个好的硅二极管，正向压降应为 400～800mV。如果显示为 60.5，则正向压降近似为 605mV；如果被测二极管是坏的，则显示 000（短路）或（开路）。锗管正向压降应为 100～300mV。

二极管为反向，如果二极管是好的，则显示 1；如果二极管是坏的，则显示 000 或其他数值。

⑥h_{FE}的测量。

a. 电源开关置于导通位置，如果晶体管是 PNP 型，则电源开关置于中央位置；如果晶体管是 NPN 型，则电源开关置于右边位置。

b. 推入 DCMA/h_{FE} 开关和 h_{FE} 量程开关。

c. 面板的右部有一个晶体管插座，把晶体管的基极、集电极和发射极分别插入 b、e、c 孔中，进行相应的测量。

3）使用注意事项。

①每次测量时，应确认量程是否正确；更换电池或熔丝时，应切断电源开关，且新熔丝应与原机熔丝规格相同。

②数字式万用表的交流电压挡只能直接测量低频正弦波信号电压。测量高压时要注意避免触电。

③测量电流时应将表笔串接在被测电路中，测量电压时应将表笔并接在被测电路中。

④电源开关能实现 NPN 的 PNP 选择功能，使用完毕应置于 OFF。

（3）常见故障及排除方法

①万用表直流电流部分常见故障及排除方法见表 10-1。

表 10-1　万用表直流电流部分常见故障及排除方法

故障现象	故障原因	排除方法
在同一量限内误差率不一致	表头特性改变	检查磁铁有无异常、动圈安装是否端正、极掌与铁心的空隙间有无铁磁物质，若有这些现象，予以消除
各量限的误差率不一致，有正有负	1. 分流电阻某一挡焊接不良，使阻值增大；	1. 将焊接不良的电阻两端重新施焊；

续表 10-1

故障现象	故障原因	排除方法
各量限的误差率不一致，有正有负	2. 分流电阻一挡烧焦而短路，使阻值减小	2. 更换分流电阻，更换前应对照电路图查明该电阻的阻值
被校表各挡无指示，而标准表有指示	1. 表头线圈脱焊或断路； 2. 与表头串联的电阻损坏或脱焊； 3. 表头短路	1. 将表头拆下，取出线圈，仔细找出断头处，用 15W/200V 电烙铁将其焊好； 2. 更换电阻或重新施焊； 3. 更换表头线圈，或检查表头支路有无导线，若有引起表头短路的导线，予以清除
被校表在小量限时指示很快，但在较大量限时又无指示	分流电阻烧断或短路	更换电阻
被校表和标准表均无指示	1. 转换开关未接通； 2. 公共线路断开	1. 接通转换开关； 2. 接通公共线路
误差大而且各挡都是比例相同的正误差	1. 与表头串联的电阻短路或者阻值变小； 2. 分流电阻值偏高； 3. 表头灵敏度偏高（如重绕了动圈或换了游丝）	1. 更换电阻； 2. 降低分流电阻值； 3. 可从以下三方面来排除这一故障：退磁；更换游丝；重新绕制动圈
误差大，而且各挡都是比例相同的负误差	1. 表头灵敏度降低； 2. 表头串联电阻增大； 3. 分流电阻减小	1. 恢复其灵敏度； 2. 更换电阻； 3. 更换分流电阻

②万用表直流电压部分常见故障及排除方法见表 10-2。

表 10-2　万用表直流电压部分常见故障及排除方法

故障现象	故障原因	排除方法
某一量限误差大，随后各量限误差逐渐减小	1. 该量限附加电阻变质或短路； 2. 该量限附加电阻容量太小，过载时阻值变大	1. 更换附加电阻； 2. 换上容量大的附加电阻

续表 10-2

故障现象	故障原因	排除方法
某量限不通，而其他量限正常	1. 转换开关烧坏或接触不良； 2. 转换开关接触点与附加分压电阻脱焊不通	1. 修理或更换转换开关； 2. 将脱焊处重新施焊
直流电压挡全部不通	1. 直流电压开关公用接点脱焊； 2. 直流电压挡量小量限挡附加电阻断线或损坏不通	1. 焊好公用接点； 2. 焊好断线电阻或更换该电阻
某一量限以后，各挡都不通	某一附加电阻脱焊	将脱焊处重新施焊

③万用表交流电压部分常见故障及排除方法见表 10-3。

表 10-3 万用表交流电压部分常见故障及排除方法

故障现象	故障原因	排除方法
被校表误差很大，有时偏低 50%左右	全波整流器中一个元件被击穿	更换击穿的整流元件
被校表读数极小，或指针只轻微摆动	整流器击穿	更换整流器所有元件
小量限误差大，量限增大时误差减小	表头并联可变电阻的活动触点接触不良，或最小量限挡附加电阻阻值增大	修理可变电阻或更换附加电阻
各量限指示都偏低，误差率一致	整流元件的性能差，反向电阻减小	更换性能不符合要求的整流元件

④万用表电阻部分常见故障及排除方法见表 10-4。

表 10-4 万用表电阻部分常见故障及排除方法

故障现象	故障原因	排除方法
两表笔短接时，指针调不到“0”位	1. 电源电池容量不足； 2. 转换开关接触电阻增大； 3. 电池两端接片上有氧化物或锈蚀现象	1. 换上新电池； 2. 清洗转换开关的定片和动片，并加少许凡士林； 3. 用细砂纸轻轻打磨电池两端的接片

续表 10-4

故障现象	故障原因	排除方法
调欧姆零位时，指针跳跃不稳	1. 调 0 电位器阻值选配不当，即单位长度的电阻过大； 2. 调零电位器接触不良	1. 换上合适的调 0 电位器； 2. 打开表壳，将调 0 电位器拆下，把动片重新装紧，使其与电阻丝接触良好
短接调 0 时，指针无指示	1. 转换开关公用接触点引线折断； 2. 调 0 电位器接触点脱焊； 3. 调 0 电位器可动触点串联电阻断路； 4. 电源电池无电压或断路	1. 将该接点引线焊好； 2. 将该接点重新施焊； 3. 修理或更换串联电阻； 4. 换上新电池
个别量限误差很大	该挡分流电阻变质或烧坏	更换电阻
个别量限不通	1. 转换开关接触点接触不良； 2. 测量线路有断路处	1. 拆下转换开关，调整动片的弯曲程度，使其与定片接触良好； 2. 对于 $R\times10$k 这一量限可能是串联电阻断路，对于其他几个量限可能是并联电阻断路，可通过检查找出断路处，并焊好

2. 兆欧表

兆欧表又称梅格表、高阻计、绝缘电阻表、绝缘电阻测定仪等，是用来测量大电阻（主要是绝缘电阻）的直读式仪表。兆欧表的标度尺以兆欧（MΩ）（$1\text{M}\Omega=10^6\Omega$）为单位，所以称为兆欧表。

(1) 基本构造 兆欧表的种类很多，有手摇直流发电机的 ZC11 型，如图 10-3 所示，还有用晶体管电路的 ZC30 型，如图 10-4 所示。

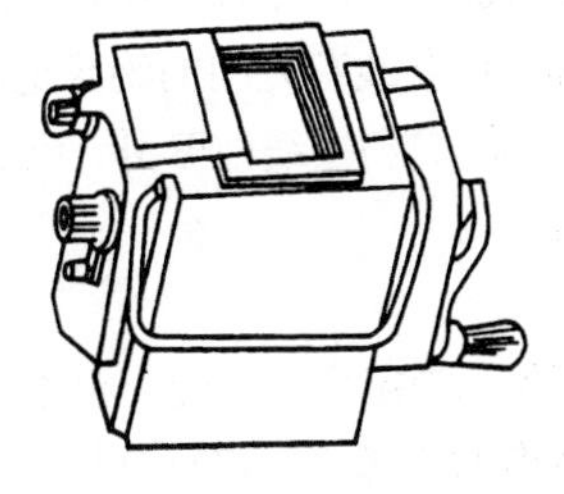

图 10-3 ZC11 型兆欧表

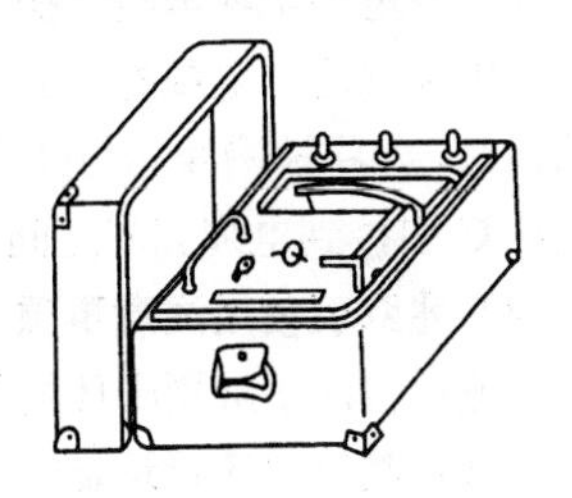

图 10-4 ZC30 型晶体管兆欧表

（2）兆欧表的选用　不同额定电压兆欧表的使用范围见表10-5。

表10-5　不同额定电压兆欧表的使用范围

测量对象	被测设备额定电压/V	所选兆欧表额定电压/V
绕组绝缘电阻	500以下 500以上	500 1000
电力变压器 发电机绕组绝缘电阻 电动机	500以上	1000～2500
发电机绕组绝缘电阻	380以下	1000
电气设备绝缘电阻	500以下 500以上	500～1000 2500
瓷绝缘子、母线、刀开关的绝缘电阻		2500～5000

（3）兆欧表的使用方法　兆欧表有三个接线柱，其中两个较大的接线柱上分别标有“E”（接地）和“L”（线路），另一个较小的接线柱上标有“G”（保护环或屏蔽）。兆欧表的使用方法如图10-5所示。

①测量照明或电力线路对地绝缘电阻。将兆欧表的接线柱E可靠接地，接线柱L接到被测线路上，如图10-5（a）所示。其测量方法是将线路接好后，右手握着摇把，左手按住兆欧表，按顺时针方向摇动摇把，转速由慢逐渐加快到120r/min左右，约摇1min，则指针稳定时所指的数值就是所测的绝缘电阻值。

②测量电动机绝缘电阻。操作方法如图10-5（b）所示。将兆欧表的接线柱E接电动机外壳，L接在电动机绕组的引出线上。

③测量电缆绝缘电阻。操作方法如图10-5（c）所示。通常用兆欧表测量电缆线芯与电缆外壳的绝缘电阻和电缆各线芯之间的绝缘电阻。在测量时，除将被测线芯与外壳分别接接线柱L和接线柱E外，还需将接线柱G引接到电缆壳芯之间的绝缘层上。

（4）兆欧表使用注意事项

①测量前应了解周围环境的湿度和温度。当温度过高时，应考虑接用屏蔽线；测量时应记录温度，以便对测得的绝缘电阻进行分析换算。

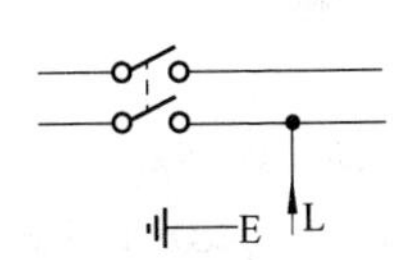

（a）测量照明或动力线路对地绝缘电阻

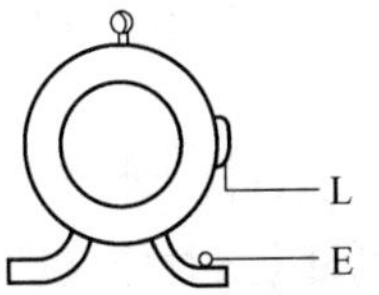

（b）测量电动机绝缘电阻

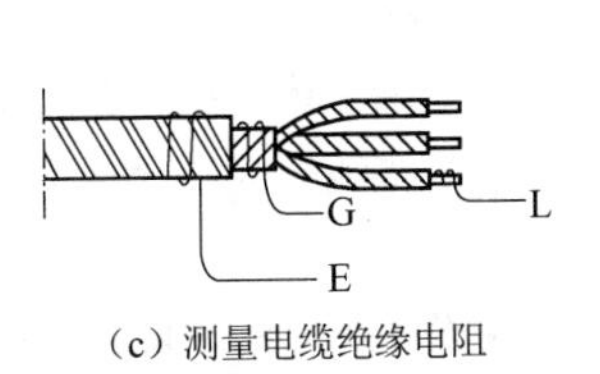

（c）测量电缆绝缘电阻

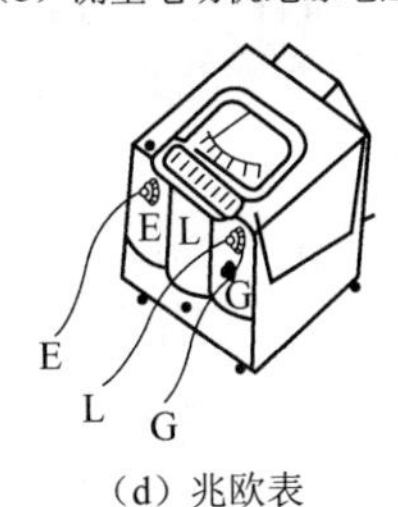

（d）兆欧表

图 10-5 兆欧表的使用方法

②在测量前后必须先切断电源，被测设备一定要进行充分的放电，电容量较大的设备（如大型变压器、电机、电缆等）放电约 3min，以保证人身安全和测量准确。

③进行测量时，兆欧表应放在水平位置，未接线前先摇动兆欧表几圈做开路试验，看其指针是否在“∞”（无穷大）处；再把两接线柱的连线短接一下，慢慢地摇动兆欧表的发电机摇把，看指针是否在“0”处，若能指在“∞”或“0”刻度处，说明此兆欧表是好的，如果指针不指在“∞”或“0”的刻度处，应将兆欧表进行检修才能使用。

④兆欧表接线柱上的引线应用单根多股软线，且有良好的绝缘。两根引线切忌绞在一起，以免因导线的绝缘问题造成测量数据不准确。

⑤摇动手柄应由慢渐快，以防打坏内部传动齿轮。当出现指针已指“0”时就不要再继续摇动手柄，以防表内线圈发热损坏。

⑥同杆架设的双回路架空线和双母线，当一路带电时，不得测试另一路的绝缘电阻，以防感应高电压危害人身安全和损坏仪表；对平行线路也应注意感应高电压，若必须在这种状态下测试，则应采取必要的安全措施。

⑦测量过程中不得触及设备的被测部分，以防触电。

⑧兆欧表测量时要远离大电流导体和外磁场。

⑨测量过程中，如果指针指向+0位，表示被测设备短路，应立即停止转动手柄。

⑩被测设备中如有半导体器件，应先将其插件板拆去。

⑪测量电容性电气设备的绝缘电阻时，应在取得稳定读数后，先取下测量线，再停止摇动手柄，测完后立即将被测设备进行放电。

⑫被测电气设备表面应擦拭干净，不得有污物，以免漏电影响测量的准确度。

⑬测量工作一般由两个人来完成。在兆欧表未停止转动和被测设备未放电之前，不得用手触摸测量部分和兆欧表的接线柱或进行拆除导线等工作，以免发生触电事故。

⑭兆欧表测量完毕，要先将L线端从被测物脱开，然后停止兆欧表转动，并应立即使被测物放电。

（5）兆欧表常见故障及排除方法 兆欧表常见故障及排除方法见表10-6。

表10-6 兆欧表常见故障及排除方法

故障现象	故障原因	排除方法
指针卡涩、转动不灵活	1. 表盘上有细纤维纠缠在指针上； 2. 线圈受压变形，并与铁心、极掌相碰； 3. 线圈上粘有细纤维或者铁心与极掌的间隙中有铁屑等杂质； 4. 线圈转动时导流丝触碰固定部分； 5. 铁心松动，并与线圈相碰	通常用肉眼或借助放大镜就可发现这些故障所在部位，然后分别予以排除即可
指针指不到“∞”位置	1. 导流丝变形，使附加力矩增大； 2. 电源电压太低； 3. 电压回路电阻变质，使阻值增大； 4. 电压线圈局部短路或断路	1. 修量或更换导流丝，在不通电时将指针置于“∞”位置； 2. 查明电源电压降低的原因，并修理发电机或变压器； 3. 调换回路电阻； 4. 重绕电压线圈

续表 10-6

故障现象	故障原因	排除方法
指针超出“∞”位置	1. 若兆欧表有无穷大平衡线圈，该线圈短路或断路； 2. 电压回路电阻的阻值减小； 3. 导流丝变形	1. 修理或重新绕制无穷大平衡线圈； 2. 调换电压回路电阻； 3. 修理或更换导流丝
指针不指0位	1. 电流回路电阻发生变化，阻值减小时指针超过0位；阻值增大时指针不到0位； 2. 电压回路电阻发生变化，阻值增大时指针超过0位；阻值减小时指针不到0位； 3. 导流丝性能发生变化； 4. 电流线圈或0点平衡线圈局部短路或断路	1. 调换电压回路电阻或电流回路电阻； 2. 调换电压回路电阻或电流回路电阻； 3. 更换导流丝； 4. 修理（或重新绕制）电流线圈或0点平衡线圈
可动部分不平衡	1. 指针打弯或变形； 2. 平衡锤上的螺钉松动，使平衡锤改变位置； 3. 轴承松动，轴间距离增大，中心偏移	1. 校正指针； 2. 拧紧螺钉，使平衡锤恢复平衡状态； 3. 将轴承螺钉调整到适当位置
指针位移偏大	1. 轴尖磨损或生锈； 2. 轴承有杂物或碎裂	1. 研磨或重配轴尖； 2. 清除杂物或更换轴承
发电机无输出电压或电压很低	1. 绕组断线； 2. 电路断线； 3. 电刷接触不良或电刷磨损	1. 重新绕制绕组； 2. 查出断线点，重新施焊； 3. 调整电刷和整流环，使两者接触良好，或者换上新电刷
发电机摇不动，有卡涩现象	1. 发电机的定子、转子相碰； 2. 增速齿轮啮合不良或齿轮损坏； 3. 滚珠轴承脏污，润滑油干枯； 4. 小机盖固定螺钉松动，使转子在轴承中的位置不正； 5. 转轴弯曲	1. 拆下发电机，重新装配，使定子、转子之间有合理的间隙； 2. 调整齿轮位置，使其啮合良好；若齿轮损坏，应予更换； 3. 拆下轴承，予以清洗，并加润滑油； 4. 调整小机盖位置，拧紧螺钉； 5. 矫正转轴

续表 10-6

故障现象	故障原因	排除方法
摇动发电机时，摇柄打滑，无电压输出	1. 偏心轮固定螺钉松动，造成齿轮啮合不良； 2. 调速器的弹簧松动或弹力不足	1. 调整偏心轮位置，使各齿轮啮合良好，并拧紧螺钉； 2. 旋动调速器螺母，拉紧弹簧，使摩擦点压紧摩擦轮
摇动发电机时，摇柄出现抖动现象	1. 转子不平稳； 2. 转轴弯曲	1. 将转子置于平衡架上，调整到平衡； 2. 矫正转轴
发电机电压不稳定	1. 调速器上的螺钉松动，调速轮摩擦点接触不紧； 2. 调速器的弹簧松动或弹力不足	1. 拧紧调速器上的螺钉，使调速接点紧接摩擦轮； 2. 调整或更换弹簧
机壳漏电	1. 内部引线碰壳或发电机弹簧引出线碰壳 2. 绕组受潮，造成绝缘不良	1. 检查线路，消除碰壳现象； 2. 用烘箱烘干，温度控制在60℃～80℃
摇动发电机时，手感很沉重，输出电压低	1. 发电机两整流环之间有磨损、有炭粒或其他杂物，造成短路； 2. 整流环击穿短路； 3. 转子线圈短路； 4. 发电机的并联电容器击穿； 5. 内部线路短路	1. 用汽油清洗整流环； 2. 修理或更换整流环； 3. 重新绕制转子线圈； 4. 更换电容器； 5. 查明短路点，并予以消除
摇动发电机时，电刷产生声响和火花	1. 电刷和整流环磨损，表面不光滑，接触不良； 2. 电刷位置偏移，与整流环未正好对准，两者接触不良	1. 更换电刷，用0号砂纸研磨整流环，然后用汽油清洗； 2. 调整电刷位置，使其正好对准流环，并完全接触

3. 钳形电流表

钳形电流表又称卡表，是一种能在不切断电路情况下测量电流的可携式仪表，一般用于低压系统电流的测量。由于钳形电流表的测量精度不高，所以只用于对电路或电气设备运行状态做大致的电流测定，这在电气维修工作中是极为有用的。

（1）基本构造 钳形电流表的结构如图 10-6 所示。

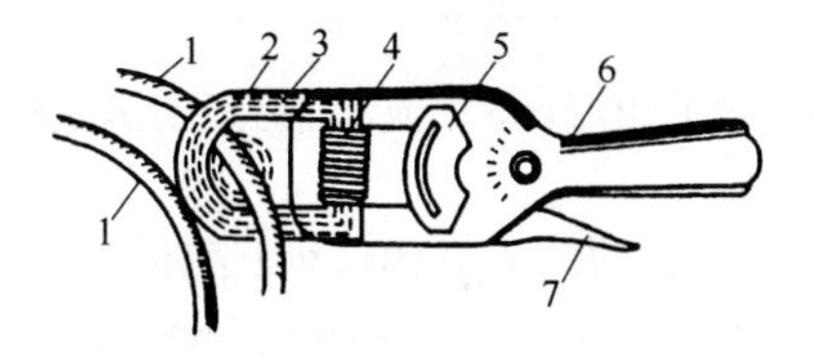

图 10-6 钳形电流表的结构

1. 导线；2. 铁心；3. 磁通；4. 二次线圈；5. 电流表；6. 量限旋钮；7. 开钳口手柄

（2）使用方法

①根据被测对象，正确选用不同类型的钳形电流表。例如，测量交流电流时，可选择交流钳形电流表（如 T-301 型）；测量直流电流时，应选择交、直流两用钳形电流表（如 MG20 和 MG21 型）。

②测量时用手捏紧扳手使钳口张开，被测载流导线的位置应放在钳口中央（图 10-6）。否则，误差将很大（＞5%）。当导线夹入钳口时，若发现有振动或碰撞声，应将仪表手柄转动几下，或重新开合一次，直到没有噪声才能读取电流值；测量大电流后，如果立即去测量小电流，应开、合铁心数次，以消除铁心中的剩磁。

③量限要适当，宜先置于最高挡，逐渐下调切换，至指针在刻度的中间段为止。

（3）使用注意事项

①应注意钳形电流表的电压等级，不得将低压表用于测量高压电路的电流。

②测量时应先估计被测电流的大小，选择合适的量程。不能用小量程表测大电流。

③不得在测量过程中切换量限，以免在切换时造成二次瞬间开路，感应出高电压而击穿绝缘；必须变换量限时，应先将钳口打开。

④一次只能测量一根导线的电流，不允许同时测量两根或更多导线的电流。

⑤每次测量后，应把调节电流量限的切换开关置于最高挡，以免下次使用时因未选择量限就进行测量而损坏仪表。

⑥测量母线时，最好在相间用绝缘隔板隔开，以防止钳口张开时引起相间短路。

⑦有电压测量挡的钳形表，电流和电压要分开进行测量，不得同时测量。

⑧测量时应戴绝缘手套，站在绝缘垫上；不宜测量裸导线；读数时要注意安全，切勿触及其他带电部分而引起触电或短路事故。

⑨注意不要使钳口将线路短路。特别是在线路很多的开关箱或控制箱内使用钳形电流表测量时，更要注意这一点。

⑩在潮湿的雷雨天气里，为保证安全，禁止在户外使用钳形电流表进行测量。

⑪钳形电流表应保存在干燥的室内；钳口相接处应保持清洁，使用前应擦拭干净，使之平整、接触紧密，并将表头指针调在“零位”位置；携带、使用时仪表不得受到振动。

10.1.2　电焊机维修用工具

1. 电烙铁

如图 10-7 所示，小功率电烙铁分为内热式和外热式两种，主要用于镀锡、锡焊等。

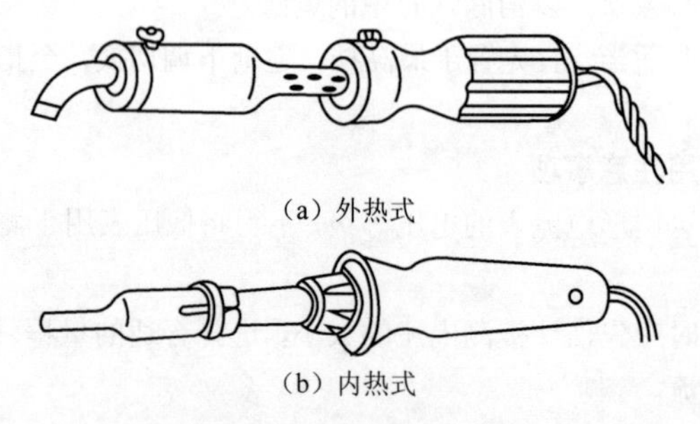

（a）外热式

（b）内热式

图 10-7　小功率电烙铁

（1）基本结构与规格　电烙铁常用的规格有 25W、45W、75W、100W 和 300W 等，锡焊晶体管等弱电器件时用 25W 和 45W 两种。

（2）使用方法

①对新购的电烙铁，应用细钢锉将铜头端面（对大容量的铜头，还

包括其端部的两个斜侧面）打出铜面，然后通电加热并将铜头端部深入到焊剂（一般用松香作焊剂，或将松香融入酒精中成糊状焊剂）中，待加热到能熔锡时，将铜头压在锡块上来回推拉，或用焊锡丝压在铜头端部，使铜头端部全面均匀地涂上一层锡。经过这一过程后，在焊接时铜头才能“叼”上锡来。电烙铁铜头上锡过程如图 10-8 所示。

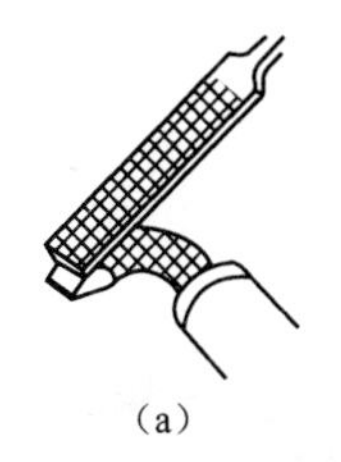
(a)

(b)

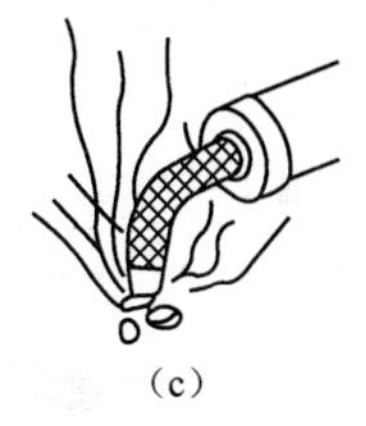
(c)

图 10-8　电烙铁铜头上锡过程

烙铁使用一段时间后，往往会因氧化而使铜头端“烧死”，使之不易“叼锡”，则可用上述同样的办法处理。

②根据工件的大小不同选择不同规格的电烙铁。

③使用前，应在通电的情况下用验电笔检查其外壳是否带电。若带电，则应查出原因并彻底解决后才能使用。

④待焊接面先用砂纸、钢锉或电工刀将被焊（镀）工件的位置打磨干净，除掉污物、油渍并露出金属光泽，然后涂上焊剂。

⑤插上电源使烙铁预热 5～10min 后，先用烙铁头在松香盒内擦拭，并用焊丝在头上涂抹，使其叼住焊锡，上述操作不得关掉电源。

⑥将烙铁头移到被焊工件涂焊剂处，先稍停 30～60s 预热工件，然后来回移动烙铁并用焊丝添加。

⑦待焊锡在焊接处均匀地融化并覆盖好预定焊面时，则应将烙铁提起。为防止提起后焊点出“小尾巴”或与附近焊点粘连，焊接时锡用量要适当，提烙铁应迅速或延侧向移出。

（3）使用注意事项

①镀锡和锡焊仅适用铜、铁件。

②焊接过程的停顿应将烙铁放在不便传热的支架上，以免烫坏其他物品。

③烙铁应轻拿轻放，严重当锤子敲击其他物品。

④烙铁头应经常在破布上擦拭，必要时应用锉或纱布清除污物，否则会影响使用。

⑤操作时不要乱甩，避免锡珠飞溅伤及其他物品。

⑥不使用时，应将电烙铁放置在干燥处，在潮湿季节，应隔一个月左右通一次电，以防止其内部生锈损坏。

2. 钳子

电工常用钳子可分为钢丝钳（克丝钳）、尖嘴钳、圆嘴钳（偏口钳）、剥线钳等多种，如图 10-9 所示。钢丝钳使用较多。

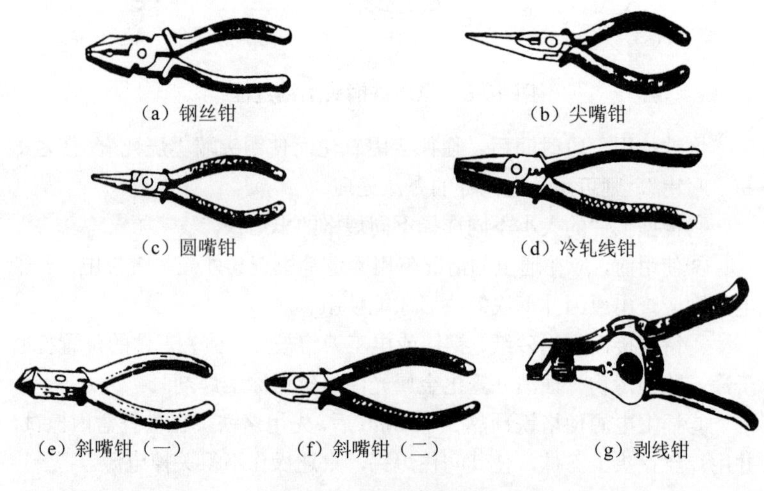

图 10-9 电工常用钳子

（1）主要用途

①钢丝钳。电工用钢丝钳是带塑料绝缘套柄的，常用的规格有 150mm、175mm 和 200mm 三种。钢丝钳的用途很多，钳口用来弯绞和钳夹导线线头；齿口用来紧固或松开螺母；刀口用来剪切或剖削软导线的绝缘层；对于较粗较硬的金属丝，可用其侧口切断。

②圆嘴钳。圆嘴钳常用规格为 150mm，有两个长圆锥形钳口，主要用于将导线弯成较标准的圆环，常用于导线与接线螺钉的连接作业

中，用其圆嘴不同的部位可做出不同直径的圆环。

③尖嘴钳。常用规格有130mm、160mm、180mm和200mm四种，主要用于夹持或弯折较小、较细的元件或金属丝等，特别是较适用于狭窄区域的作业。

④斜嘴钳。斜嘴钳常用的规格与尖嘴钳相同，主要用于剪切金属薄片及细金属丝，特别适用于清除接线后多余的线头和飞刺等。

⑤剥线钳。剥线钳是剥削小直径导线绝缘外皮的专用工具，一般适用于线径在0.6～2.2mm的塑料和橡胶绝缘导线。其主要优点是不伤导线、切口整齐、方便快捷。

（2）使用方法

①拇指与四指握住钳柄，其中小指与另三指卡住另一钳柄，可使钳嘴自由张开、闭合，拇指与四指共同用力时，可使刀口紧闭剪断导线或固定元件。

②用拇指与四指握住钳柄，可用于连接导线时敲打连接部位，使之整形。

③钳嘴叼住导线可使导线弯成一定形状或固定螺母。

④制作多股镀锌钢丝拉线时，可用刀口轻咬钢丝缠绕。

⑤使用圆嘴钳时，应将圆锥形钳嘴张开并绞住导线，一手握线，一手转动钳柄即可搣成圆形接线端子环。

⑥使用剥线钳，用一只手握住钳柄，另一只手将带绝缘层的导线插入相应直径的剥线口中，卡好尺寸后用力一握手柄，即可把插入部分的绝缘层割断自动去掉，并不损伤导线。

（3）使用注意事项

①电工钳必须有绝缘手柄，且不得破损。

②联轴处应点少许机油，使之活动自如。

③齿口处不得用于紧固镀锌螺母，以免螺母镀层受损而生锈、起刺。

④除连接导线外不得当作锤子使用。

⑤剪断已运行中的线路时，不得同时剪断相线和中性线或相线与相线两根线。

⑥带电作业时钳子只适用于低压线路。

⑦剥线钳在使用时，应量好剥切尺寸，插入剥线口应与导线的直径相应。

⑧各种钳子在使用时，不要用力过猛，否则有可能将其手柄压断。

⑨钢丝钳及其他电工工具一般不得借给他人使用，以免损坏后使用时触电或发生意外。

3. 螺钉旋具

（1）主要用途　螺钉旋具俗称螺丝刀、螺丝批、改锥、起子等。

螺钉旋具的种类很多，按头部形状不同可分为一字形和十字形，目前常用多头组合型。电工常用螺钉旋具如图 10-10 所示。

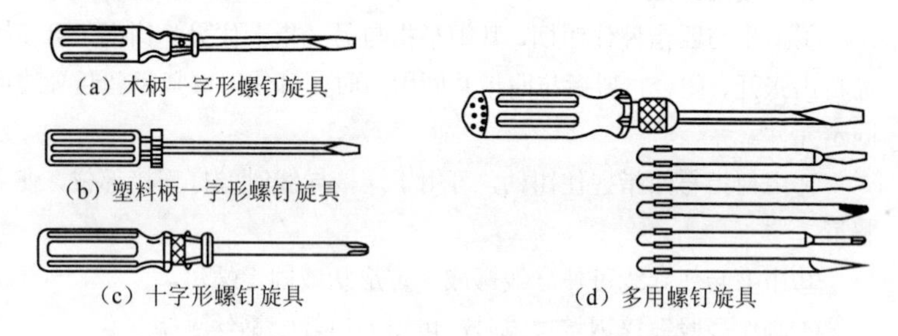

（a）木柄一字形螺钉旋具

（b）塑料柄一字形螺钉旋具

（c）十字形螺钉旋具

（d）多用螺钉旋具

图 10-10　电工常用螺钉旋具

一字形螺钉旋具主要用于螺钉的拧紧或松开，常用规格有 50mm、100mm、150mm 和 200mm 等，其中电工必备的是 50mm 和 150mm 两种。十字形螺钉旋具专门用于紧固和拆卸十字形螺钉，常用的规格有Ⅰ、Ⅱ、Ⅲ、Ⅳ四种。

（2）使用方法　用手握紧螺钉旋具手柄，插入螺钉顶槽并与螺钉成一垂线，用力顶住螺钉，顺时针转动手柄即拧紧，逆时针转动即松开。

（3）使用注意事项

①电工必须使用绝缘手柄的螺钉旋具。

②选择与螺钉顶槽相同且大小、规格相应的螺钉旋具。

③大型螺钉旋具除大拇指、食指和中指要夹住握柄外，手掌还要顶住柄一末端，以防止旋具转动时滑脱。

④紧握手柄和用力顶住螺钉转动手柄，三者一致，同时用力，否则会损坏螺钉。

⑤握手柄时不得触及螺钉旋具的金属部分，以养成良好的握柄习惯，避免带电作业时触电。

⑥在木制品上固定元件时，应先用锥子在木制品上扎眼，再用螺钉旋具拧紧螺钉，除拧动螺钉外螺钉旋具不得他用。

4. 电工刀

（1）主要用途 电工刀是用来剖削电线外皮、切割木台缺口、削制木榫及其他电工器材的常用工具，电工常用电工刀如图 10-11 所示。

图 10-11 电工常用电工刀

（2）使用方法

①使用电工刀进行剖削时，刀口应朝外。

②剥切导线绝缘层时，不得顺圆周切割，应使刀片与导线呈一定角度，斜向剥切，不得伤及导线。

③剥切麻护层时刀口应向外。

④切割原木、木制品线槽时应使用刀尖。

（3）使用注意事项

①电工刀第一次使用前应开刃。

②电工刀用完后应立即把刀身折入刀柄内。

③电工刀禁止带电使用。

④电工刀不得用于敲打。

⑤电工刀的刀柄是不绝缘的，不能在带电的导线或器材上进行剖削，以防触电。

5. 扳手

扳手俗称扳子，分活扳手和呆扳手两大类。呆扳手又可分单头、双头、梅花（俗称“眼镜”）扳手、内六角扳手（俗称“烟袋扳手”）、外六角扳手多种。电工常用扳手如图 10-12 所示。

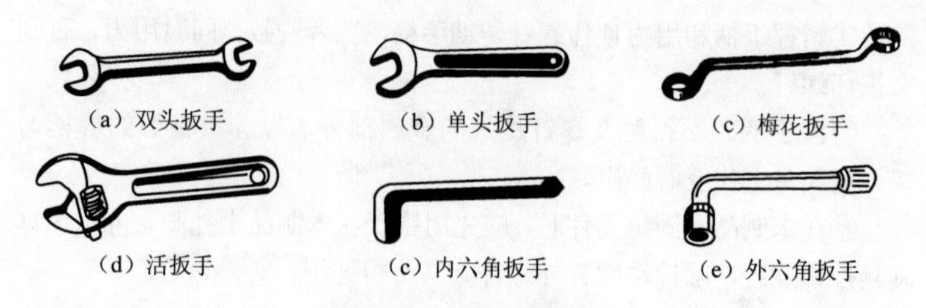

图 10-12 电工常用扳手

（1）主要用途 扳手规格多种，是用来紧固和起松螺母的一种专用工具。

（2）使用方法 扳手的使用方法如图 10-13 所示。

①选择与螺母规格相同的扳手或调节活扳手的蜗轮使扳口适合螺母规格。

②顺时针转动手柄即拧紧，逆时针转动即松开。

③使用套筒（管）扳手时应选择相应的手柄。

④对反扣的螺母要按②中相反方向使用。

⑤小螺母握点向前，大螺母握点向后。

（3）使用注意事项

①扳手使用时，一律严禁带电操作。

②任何时候不得将扳手当作锤子或撬棍使用。

③使用活扳手时，应随时调节扳口，以免螺母脱角滑脱，不得用力太猛。

④活扳手不得反用，也不得加长手柄施力使用。

⑤使用活扳手旋动较小螺钉时，应用拇指推紧扳手的调节蜗轮，防止卡口变大打滑，如图 10-13（a）所示。

⑥使用扳手拆卸螺钉很费力时，可在螺纹处点些煤油或机油，等一段时间后再旋动，如图 10-13（b）所示。

⑦对于螺母棱角已被严重破坏（用扳手已使不上劲），不得旋松的情况，可采用凿冲法。用凿冲法拆卸已不能使用扳手的螺母如图 10-14 所示，用一把冲子抵在螺母边缘上，用锤加适当的力击打冲子，一般均

能解决问题。若朝松的方向不动，可朝反方向冲几下试一试。

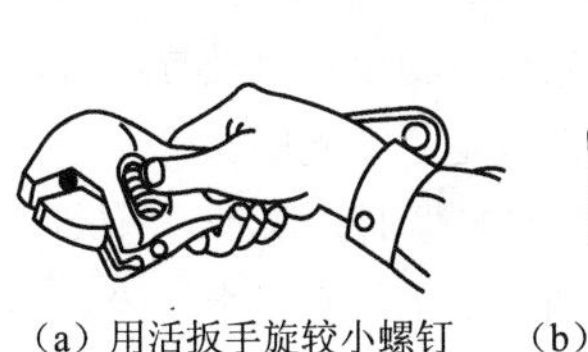
（a）用活扳手旋较小螺钉

（b）点油使螺钉易旋动

图 10-13 扳手的使用方法

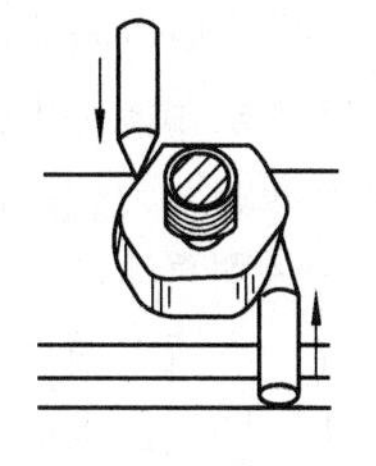

图 10-14 用凿冲法拆卸已不能使用扳手的螺母

⑧使用呆扳手最应注意的是所用扳手口径应与被旋螺母（或螺杆等）的规格尺寸一致，对于外六角螺母等，小则不能用，大则容易损坏螺母的棱角，使螺母变“圆”而无法使用。内六角扳手刚好相反。

6. 验电器

验电器是检验导线和电气设备是否带电的一种电工常用检测工具。电焊机维修常用低压验电器，现介绍如下。

低压验电器又称为测电笔、验电笔，是检验电路是否带电的实用、方便、最简单的电工检测器具，也是电工必不可少、随时应带在身边的器具之一。目前常用的有氖泡笔式低压验电器、氖泡漩具式低压验电器和感应（电子）笔式低压验电器等。

（1）基本构造 常用低压验电器的构造如图 10-15 所示。

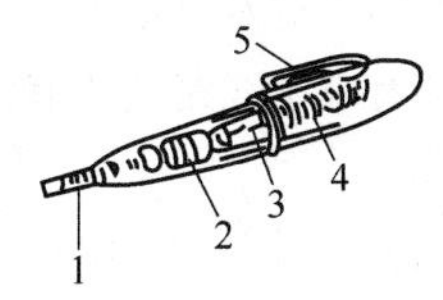

（a）氖泡笔式低压验电器

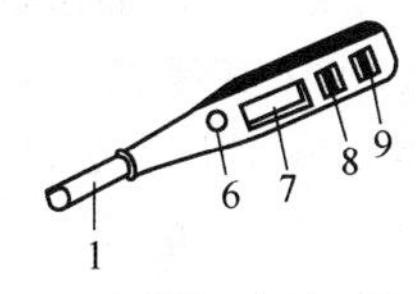

（b）感应（电子）笔式低压验电器

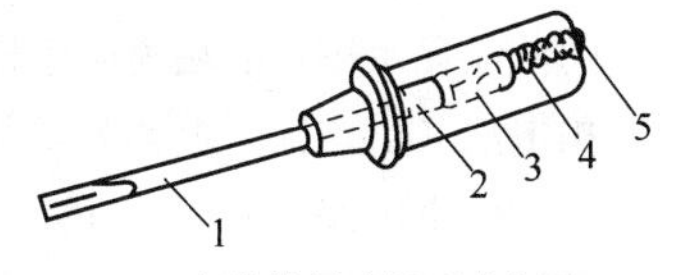

（c）氖泡旋具式低压验电器

图 10-15 常用低压验电器的构造

1. 触电极；2. 电阻；3. 氖泡；4. 弹簧；5. 手触极；6. 指示灯；
7. 显示屏；8. 断点测试键；9. 验电测试键

（2）作用 低压验电器的作用如下。

①区别电压高低。测试时可根据氖泡发光的强弱来判断电压的高低。

②区别相线与中性线。在交流电路中，当低压验电器触及导线时，氖泡发光的即为相线，正常情况下，触及中性线是不发光的。

③区别直流电与交流电。交流电通过低压验电器时，氖泡的两极同时发光；直流电通过低压验电器时，氖泡的两个极中只有一个发光。

④区别直流电的正、负极。把低压验电器连接在直流电的正、负极之间，氖泡中发光的一极为直流电的负极。

（3）使用方法

1）氖泡笔式低压验电器的使用方法。

①手拿氖泡笔式低压验电器的握法如图 10-16 所示。

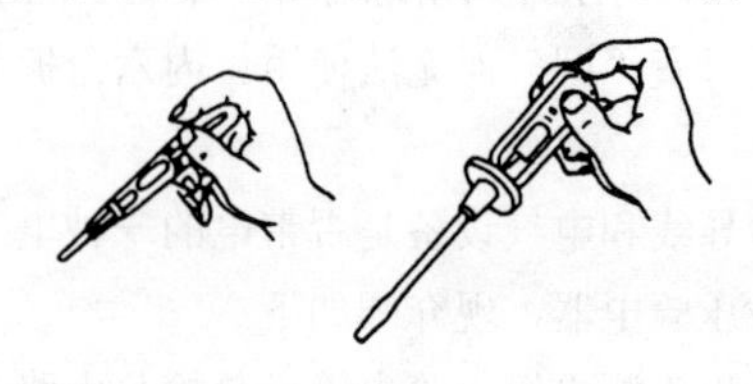

图 10-16 手拿氖泡笔式低压验电器的握法

②使用时，触电极与手触极之间有电压时，氖泡就会在电压的作用下发光。

2）感应笔式验电器的使用方法。感应笔式验电器有“直接测检”和“断点测检”两个按键，一个用发光二极管制成的指示灯及显示电压值的液晶显示屏。前端为触电极，塑料绝缘壳体内部有电子线路及两节纽扣电池（供电路及断点检测用）。其使用方法如下。

①检查电路某点是否带电时，应用拇指压下“直接测检”键。电路若带电，指示灯应亮，显示屏将显示所测电路电压值。

②“断点测检”功能有两个。一个功能是检查相线对地短路，在电路无电的情况下，用右手拇指压住“断点测检”键，用笔尖去接触电路中的相线，左手接触地线或水管子等接地体，若指示灯亮，说明被测相线已与地短路。由此也可用于区分未通电线路中的相线和中性线，即相线不亮中性线亮（对三相四线制中性线接地系统而言），这刚好与正常

测量电路是否带电时的指示相反，用感应笔式验电器检验相线对地短路和区分相线、中性线如图 10-17 所示。第二个功能是用于查找电路断点，在电路有电，但因导线中途有断点而不能通电时，可将电笔触电极放在导线上，手按“断点测检”键，若指示灯亮，说明该点与电源相线是导通的，电笔在导线上沿远离电源相线的方向移动，当指示灯熄灭时，电笔所处的点即导线的断点。用感应笔式验电器查找导线断点如图 10-18 所示。

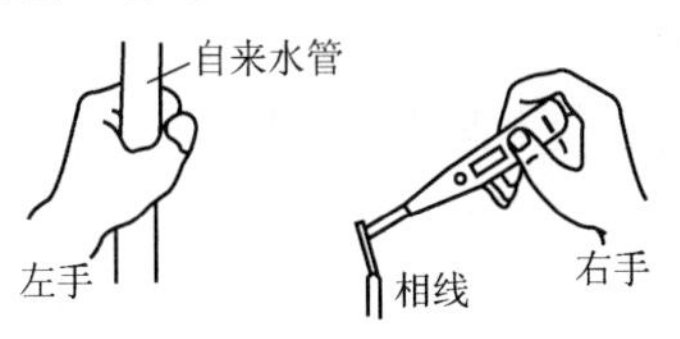

图 10-17 用感应笔式验电器检验相线对地短路和区分相线、中性线

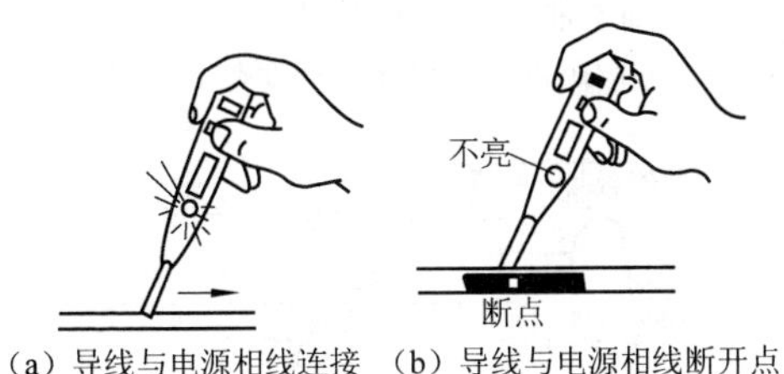

（a）导线与电源相线连接 （b）导线与电源相线断开点

图 10-18 用感应笔式验电器查找导线断点

（4）使用注意事项

①使用前一定要在有电的电源上检查低压验电器中的氖泡是否发亮，若不亮则说明该低压验电器有故障，不能使用。

②使用时必须用手接触低压验电器尾部的金属体。

③为了看清氖泡的辉光，在避光处检测带电体。

④用低压验电器区分相线和中性线时，应注意氖泡发亮的是相线，不亮的是中性线；判断电压高低时，应注意电压低氖泡发暗红色轻微亮，电压高氖泡发黄红色且很亮。

⑤时刻注意手指不要靠近低压验电器的触电极，以免通过触电极与带电体接触造成触电。

⑥低压验电器的故障一般发生在氖泡上，若看到氖泡里面发黑则说

明内部电极击穿损坏，不能再发光，应换用新氖泡。

⑦在检验带电电路时，应注意看清电路的电压等级，只有500V以下的电压才能使用上述所介绍的低压验电器。在规定电压范围内，低压验电器氖泡越亮，说明电压越高。

⑧在检查感应笔式验电器时，若显示屏有数字，但指示灯不亮，则可能是笔内电池接触不良或电压已很低（此时用“断电测检”也不会亮），应拆开后盖检查修理。

⑨应经常保持低压验电器外观的清洁。不能将螺钉拧得过紧，以防止用力过大而损坏。

7. 钢锯

钢锯主要用来锯削 $25mm^2$ 及以上的导线、电缆、管子、角钢、槽钢、钢板等，也可锯削木制品、塑料制品。

（1）基本构造 钢锯由锯弓、锯条和张紧螺母组成，如图10-19所示。

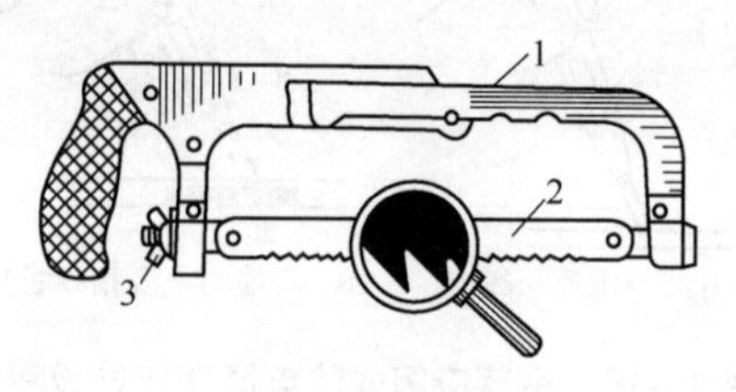

图10-19 钢锯

1.锯弓；2. 锯条；3. 张紧螺母

（2）使用方法

①握锯应一只手握锯柄，另一只手轻扶锯弓前端。

②先将被锯物紧固在台虎钳或压力钳上，并画线。

③轻轻在线上前后拉动锯弓，使锯痕渐深。

④锯柄前推后拉，另一只手稍加压力，要有节奏，直到锯完。

（3）使用注意事项

①握柄扶锯要轻，并检查锯弓和锯条有无不妥。

②锯条齿的方向应向前，锯条不宜太紧。

③用力不宜过猛，速度不宜太快，压力不宜太大，要有防止锯掉部

分砸脚的措施。

④锯条的行程越长越好。

⑤当锯条被卡住时，不得用力拉动手柄，应轻缓动作，以免锯条拉断伤人，两人操作时要配合默契。

8. 手动压接钳

手动压接钳如图 10-20 所示，可用于电线接头与接线端子连接，可简化烦琐的焊接工艺，提高接合质量。

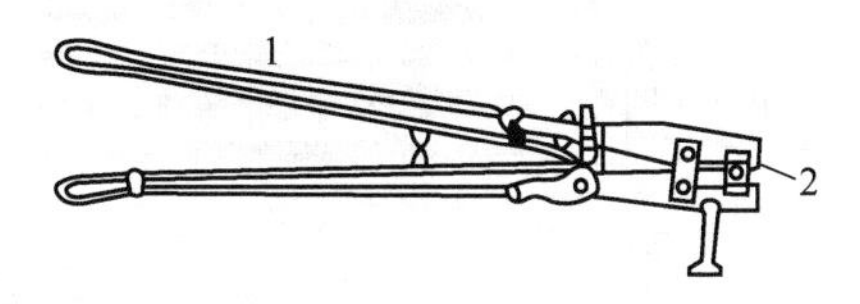

图 10-20 手动压接钳

1. 压接钳；2. 压膜

9. 游标卡尺

游标卡尺外形如图 10-21 所示。游标卡尺测量值读数步骤如下。

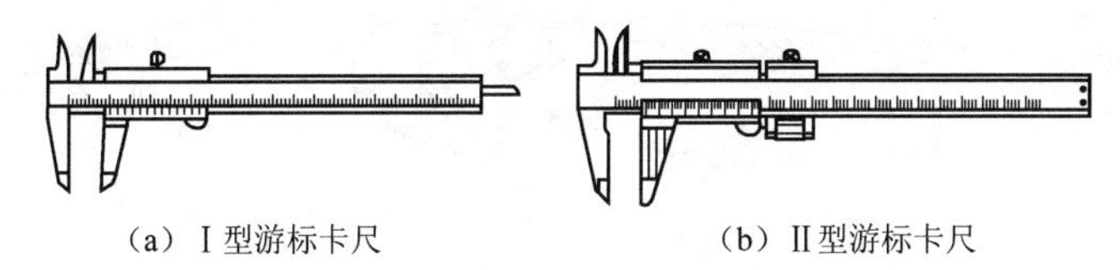

（a）I 型游标卡尺　（b）II 型游标卡尺

图 10-21 游标卡尺外形

①读整数。游标零线左边的尺身上第一条刻线是 mm 的整数值。

②读小数。在游标上找出一条刻线与尺身刻度对齐，从游标上读出 mm 的小数值。

③将上述两值相加，即为游标卡尺测得的读数。

10. 其他工具

其他工具如图 10-22 所示。

①其他电工、钳工常用工具。电工、钳工常用工具还有台虎钳、锤子、冲击钻、各式钢锉和錾子等。

②其他常用测量工具。常用测量工具有卷尺、板尺和 90° 角尺等。

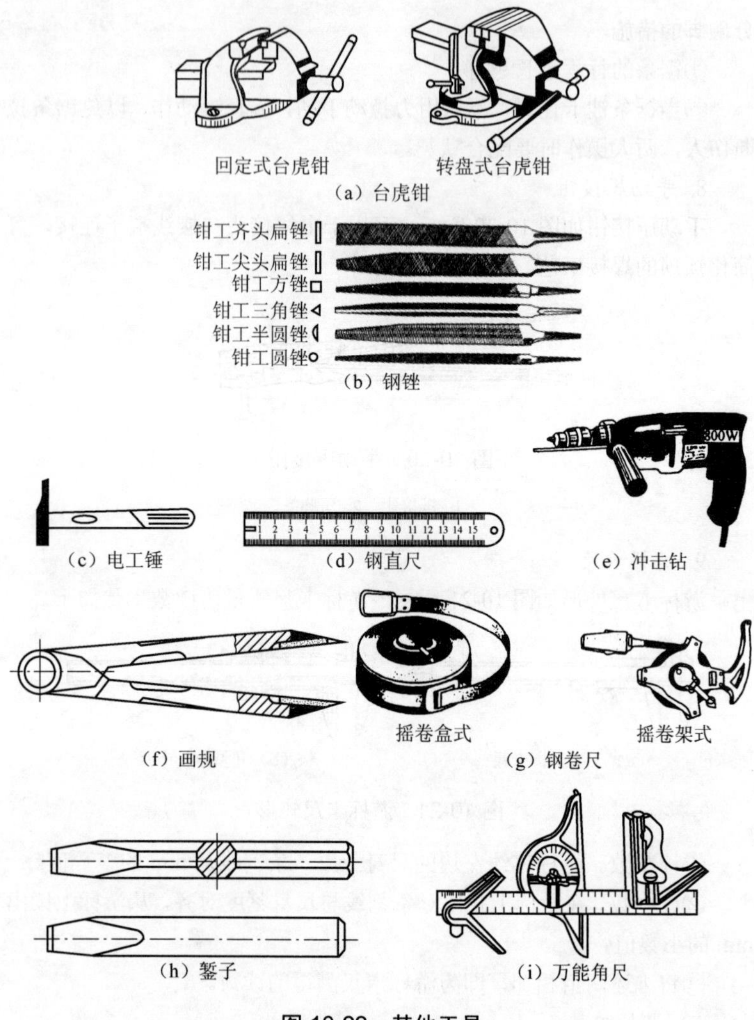

图 10-22　其他工具

③铁心叠片工具有铜锤、铜撞块和拨片刀等。

④绕线工具。绕线工具有木槌、绕线模、立绕模具和导线拉紧器等。

⑤特殊专用工具。焊机修理中某些特殊工序的加工或装卸均需专用

工具，如直流弧焊发电机换向器挖削云母槽的专用挖刀等。

10.1.3 电焊机维修用辅助设备

1. 绕线机

①通用绕线机或简易绕线支架。通用绕线机是电焊机制造厂的必备设备。一般修理厂可不必专门备置，确有多匝线圈需用绕线机时，亦可自制简易绕线木支架（土绕线机）代替，如图 10-23 所示。一般大、中型企业中的电修车间或机修车间中的电修工段（或班组），通用绕线机是必备的修理设备。

②立绕机或立绕胎膜。某些电焊机线圈采用扁线立绕结构，如图 10-24 所示，这种特殊结构的线圈没有立绕机或专用胎模具是难以制成的。立绕胎模较为复杂，有多种结构形式，图 10-25 所示立绕线圈专用胎具的结构是其中的一种简易形式，使用方便、易于制作，适于工厂和维修单位。

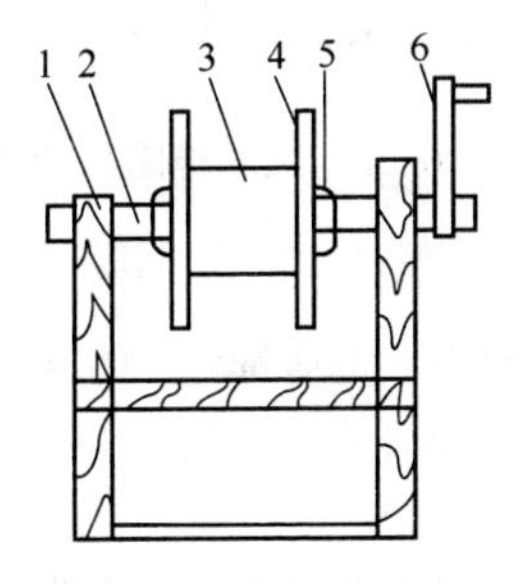

图 10-23 自制简易绕线木支架

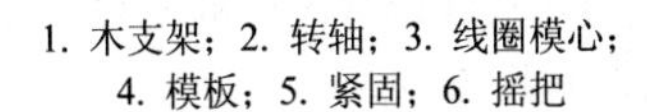
1. 木支架；2. 转轴；3. 线圈模心；
4. 模板；5. 紧固；6. 摇把

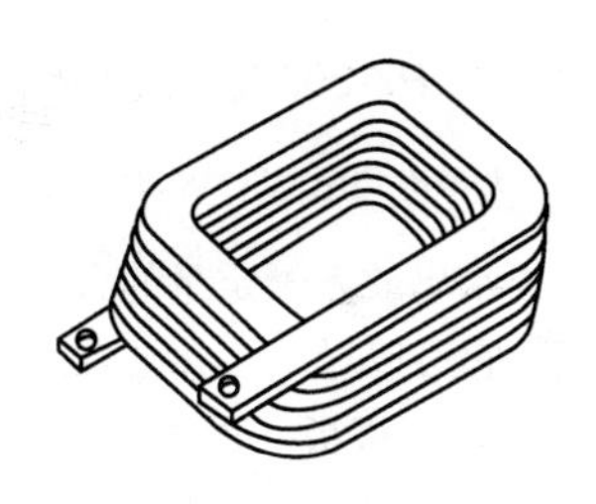

图 10-24 扁线立绕结构线圈

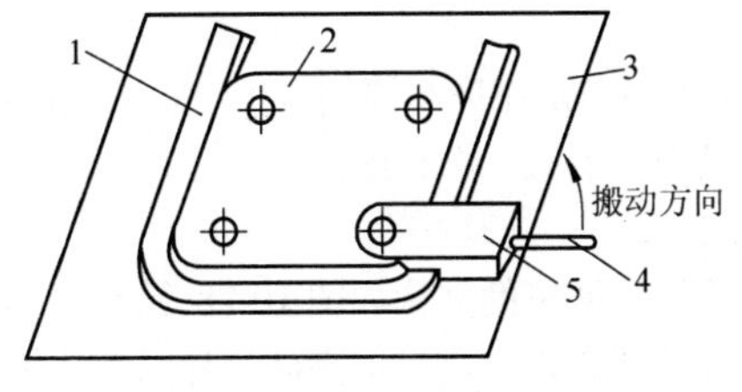

10-25 立绕线圈专用胎膜具的结构

1. 扁铜线；2. 胎具内靠膜；3. 底盘；4. 搬动手柄；5. 活动外靠模

2. 负载电阻箱

PZ-300 型负载电阻箱电路如图 10-26 所示，可作为电焊机的负载，用以测定修理后电焊机的输出电流、电焊机的外特性和电流调节范围，是校验电焊机的必备设备。负载电阻箱有 200A 和 300A 两种规格，大多情况下可以多台并联。

如果没有负载电阻箱，也可以使用自制的盐水电阻箱代替，只不过误差稍大一些，盐水电阻箱的结构如图 10-27 所示。

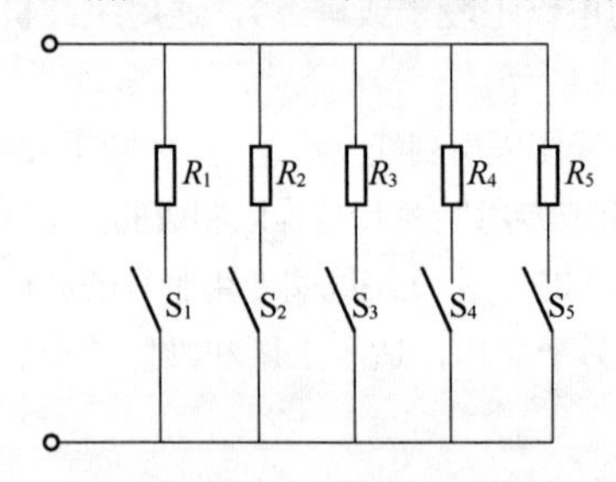

图 10-26　PZ-300 型负载电阻箱电路

R_1～R_5.电阻；S_1～S_5.刀开关

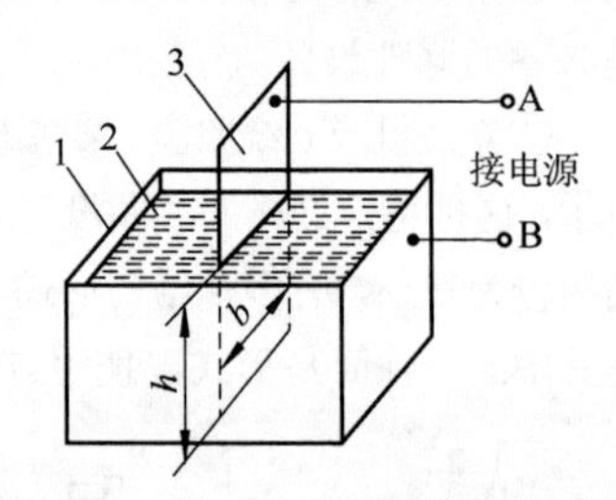

图 10-27　盐水电阻箱的结构

1. 盐水槽；2. 氯化钠水溶液；3. 电极板

当水里放入一定量的食盐之后，成为具有一定质量分数的氯化钠水溶液，它可以导电，并具有一定的电阻。水槽外壳（钢制）作为一个电极（B），电极板（铜制）作为另一个电极（A），电极板浸在盐水中，并可调节电极板浸入水中的深度。这样，通过调节浸入盐水中的电极板面积就可改变电极板间的电阻值，即电阻箱接线端（A）和（B）间的电阻值。这种方法简单易行，便于制造，且投资少。

3. 浸漆槽

浸漆槽一般用铁制成，相应浸漆槽可用于各种线圈和变压器的整体浸漆，也可用于其他电器或元器件的浸漆。

4. 硅钢片涂漆机

自制硅钢片手摇涂漆机的结构如图 10-28 所示。它结构简单，使用方便，可使硅钢片的漆膜均匀，可提高硅钢片的叠片系数。

5. 烘干炉或烘箱

烘干炉或烘箱用于烘干浸过漆或受潮的线圈或各种受潮器械

件，可以置备，也可用焊条烘箱或热处理用的烘炉代用。

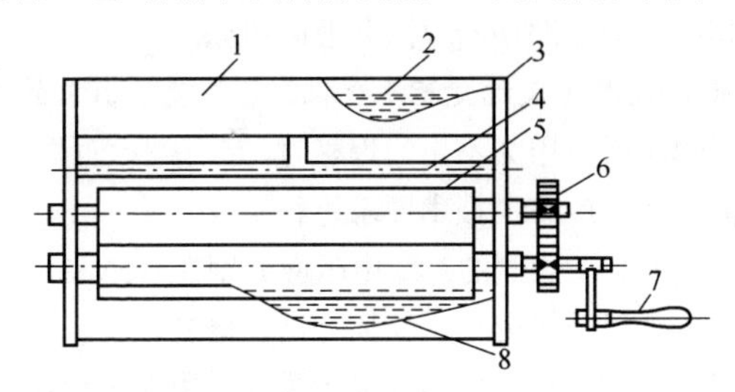

图 10-28　自制硅钢片手摇涂漆机的结构

1. 上漆槽；2. 绝缘漆；3. 机架支板；4. 淋漆管；5. 钢辊；
6. 齿轮；7. 摇动手柄；8. 下漆槽

6. 电钻及钻头

电钻用于修理电焊机工作中的钻孔。手电钻采用的电压一般为220V 交流电，在潮湿的环境中应采用 36V 电压。手电钻及标准钻头如图 10-29 所示。

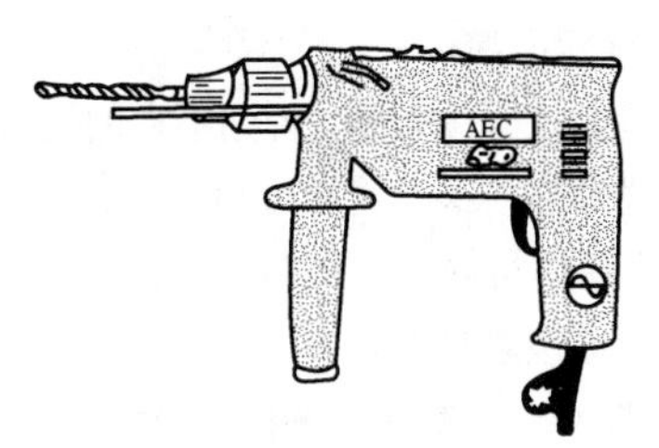

图 10-29　手电钻及标准钻头

7. 焊接设备

根据现有条件，可设置烙铁、气焊、电阻焊（对焊）或氩弧焊设备，用于导线的接长、补焊和线圈引出线的焊接等。

10.2　弧焊电源的维修

10.2.1　弧焊电源的维护保养

使用弧焊电源要建立严格的管理、使用制度；弧焊电源应经常保持清洁，定期用干燥的压缩空气吹净内部灰尘；不应使弧焊电源在过载状态下使用；露天使用时，应防止雨水侵入内部；搬运时，不应受剧烈振动；出现故障时，应立即切断电源并及时检修。

1. 交流弧焊电源（又称交流弧焊机、弧焊变压器）的维护保养

①使用新焊机或启用久不用的焊机时，应仔细检查焊机有无损坏之处，应按产品说明书或有关技术要求进行检查。

②焊机一次侧、二次侧的绝缘电阻应分别在0.5MΩ和0.2MΩ以上。若低于此值，应加以干燥处理，损坏处需要修复。

③从焊机连接到焊接工件的焊接电缆应采用橡胶绝缘多股软电缆。

当焊机距焊接工件超过10m时，必须适当加大两根焊接电缆的截面，使焊接电缆的电压降不超过4V为宜，否则将影响引弧及电弧燃烧稳定性。

④工作中应该使用规定截面尺寸的焊接电缆，一根接工件，一根接焊钳。不允许使用铁板搭接等方法来代替电缆，否则将因接触不良或电压降过大而使电弧不稳定，影响焊接质量。另外，应采用YHH型橡胶套电缆或YHHR型特软电缆。

⑤焊机和电缆接头处必须拧紧，否则不良的接触不但造成电能的损耗，而且会导致接线过热，甚至将接线板烧毁。

⑥经常清扫，不使焊机内部存在灰尘和铁屑等，并经常检查焊机的接线柱是否拧紧，保证接触良好。

2. 直流弧焊电源（又称直流弧焊机）的维护保养

①保持每天检查直流弧焊机和电源开关、焊接电缆连接处是否松动等。

②直流弧焊发电机换向器的维护。换向器表面要保持光滑，不应有划伤、烧伤或炭屑痕迹，要经常擦去尘屑。发现表面粗糙时，要及时用细砂纸在运转中磨光。长期运转或修复后，换向器的云母片常高出或平齐表面，必须刻低云母片，但不要刻得过低。

③电刷的维护。电刷在换向器表面应有适当的均匀压力，使所有电刷承受均匀负载。电刷磨损过多时，必须更新。更新的同型号、同规格电刷必须按照换向器圆弧磨好。

④滚珠轴承维护。轴承应经常保持清洁和润滑，轴承损坏时应更换新的。

⑤调节电流和变换极性接法应在空载下进行。

⑥按照焊机额定的焊接电流和负载持续率进行工作，不使焊机过载而损坏。

⑦保持焊机内外清洁，焊机的表面要清扫干净，绕组内部及焊机各间隙中的灰尘要吹净。绕组和换向器上的油渍、污物要用四氯化碳和汽油的混合物及时擦干净。

⑧检查换向器是否有烧灼痕迹、云母高出等，必须将云母高出的部分刻低。

3. 焊接整流器（硅整流焊机）的维护保养

①焊接前，仔细检查焊机各部分是否正确，接头是否拧紧，焊接电缆的接头是否拧紧，以防接头过热烧损。

②电源接通后不得随意移动焊机，如工作需要移动，一定要切断电源后进行。

③要特别注意硅整流焊机中各元器件的保护和冷却。硅整流元器件损坏时，必须先排除故障，然后再更换新元器件。

④要特别注意保持硅整流元器件及有关电子线路清洁干净，长期停用时，要做外部或内部（先轻载通电）干燥处理。

⑤磁铁放大器铁心用冷轧硅钢片等高导磁材料制成，勿强烈振击，以防磁性变坏。

⑥焊机必须在负载持续率的许用值下工作，不允许超负荷使用。如果焊机在最大负荷下工作时间长，则缩短焊机的使用寿命。

⑦焊机通风系统（冷风扇）发生故障，必须进行修理后再使用。

10.2.2 弧焊电源常见故障及排除方法

①抽头式交流弧焊机常见故障及排除方法见表10-7。

表10-7 抽头式交流弧焊机常见故障及排除方法

故障现象	故障原因	排除方法
焊机不起弧	电源没有电压	检查电源开关、熔断器和电源电压，修复故障

续表 10-7

故障现象	故障原因	排除方法
焊机不起弧	焊机接线错误	检查变压器一次绕组和二次绕组接线是否错误，如有接错，应按正确接法重新接线
	电源电压太低	可用大功率调压器调压或改变一次侧组成抽头接线，以提高二次电压
	焊机线圈有断路或短路	断路应找到断路点，用焊接方法焊接，短路应撬开短路点加垫绝缘，如短路严重应重新更换线圈
	电源线或焊接电线截面太小	正确选用截面足够的导线
	地线和工件接触不良	使地线和工件接触良好
焊机线圈过热	焊机长时间过载	按负载持续率及焊接电流正确使用
	焊机线圈短路或接地	重绕线圈，更换绝缘
	通风机工件不正常	如反转应改变接线端使风机正转，如不转应检查风机供电及风机是否损坏，若损坏则应更换
	线圈通风道堵塞	清理线圈通风道，以利散热
焊机铁心过热	电源电压超过额定电压	检查电源电压，并与焊机铭牌电压相对照，为输入电压降压，选择合适挡位，进行调压，使之相符
	铁心硅钢片短路，铁损增加	清洗硅钢片，并重刷绝缘漆
	铁心夹紧螺杆及夹件的绝缘损坏	修复或更换绝缘
	重绕一次线圈后，线圈匝数不足	检查线圈匝数，并验算有关技术参数，添加线圈
电源侧熔丝经常熔断	电源线有短路或接地	检查更换
	一次端子板有短路现象	清理修复或更换
	一次绕组对地短路	检查线圈接地处，修复并增加绝缘
	一次、二次绕组之间短路	查找短路点，撬开加好绝缘
	焊机长期过载，绝缘老化以致短路	涂绝缘漆或重绕线圈
	大修后线圈接线错误	检查线圈接线，并改正错误接线

续表 10-7

故障现象	故障原因	排除方法
焊接电流过小	焊接电缆截面不足或距离过长，使电压过大	正确选用电缆截面，重新确定长度，应在焊机要求的距离内工作
	二次接线端子过热烧焦	修复或更换端子板和接线螺栓等，并应紧固
	电源电压不符，如应该接在 380V 电源上的焊机，错接在 220V 的电源上	检查电源电压，并使之与焊机铭牌上的规定相符
	地线与工件接触不良	将地线与工件搭接好
	焊接电缆盘成线圈状	尽量将焊接电缆放直
焊接电流不可调	电抗器线圈重绕后与原匝数不对（匝数少）	按原有匝数绕制
焊机外壳漏电	线圈对地绝缘不良	测量各线圈对地绝缘电阻，加热绝缘
	电源线不慎碰机壳	检查碰触点，并断开触点
	焊接电缆线不慎碰机壳	检查碰触点，并断开触点
	一次、二次绕组碰地	查找碰地点并撬开，加热绝缘
	焊机外壳无接地线，或有接地线但接触不良	安装牢固的接地线
焊接过程中电流不稳	电源电压波动太大	如测量结果确属电网电压波动太大，可避开用电高峰使用焊机；如果是输入线接触不良，应重新接线
	可动铁心松动	紧固松动处
	电路连接外螺栓松动，使焊接时接触电阻时大时小	检查焊机，拧紧松动螺栓
焊机振动及响声过大	动铁心上的螺杆或拉紧弹簧松动、脱落	加固动铁心、拉紧弹簧
	铁心摇动手柄等损坏	修复摇动机构、更换损坏零件
	线圈有短路	查找短路点，并加热绝缘或重绕线圈
调节手柄摇不动或动铁心、动线圈不能移动	调节机构上油垢太多或已锈住	清洗或除锈
	移动线路上有障碍	清除障碍物
	调节机构已磨损	检修传动机构，更换已磨损零件
焊机线圈绝缘电阻太低	线圈太脏或受潮	彻底清除灰尘、积垢或烘干
	线圈长期过热，绝缘老化	浸漆或更换绝缘或重绕线圈

②动铁心式交流弧焊机常见故障及排除方法见表10-8。

表10-8　动铁心式交流弧焊机常见故障及排除方法

故障现象	故障原因	排除方法
焊机无焊接电流输出	1. 焊机输入端无电压输入； 2. 内部接线脱落或断路； 3. 内部线圈烧坏	1. 检查配电箱到焊机输入端的开关、导线、熔丝等是否完好，各接线处是否接线牢固； 2. 检查焊机内部开关、线圈的接线是否完好； 3. 更换烧坏的线圈
焊机电流偏小或引弧困难	1. 网络电压过低； 2. 电源输入线截面积太小； 3. 焊接电缆过长或截面积太小； 4. 工件上有油漆等污物； 5. 焊机输出电缆与工件接触不良	1. 待网络电压恢复到额定值后再使用； 2. 按照焊机的额定输入电流配备足够截面积的电源线； 3. 加大焊接电缆截面积或减少焊接电缆长度，一般不超过15m； 4. 清除焊缝处的污物； 5. 使输出电缆与工件接触良好
焊机发烫、冒烟或有焦味	1. 焊机超负载使用； 2. 输入电压过高或接错电压（对于可用200V和380V两种电压的电机，错把380V电压按220V接入）； 3. 线圈内部短路； 4. 风机不转（新焊机初次使用时，有轻微绝缘漆味冒出属于正常）	1. 严格按照焊机的负载持续率工作，避免过载使用； 2. 按实际输入电压接线和操作； 3. 检查线圈，排除短路故障； 4. 检查风机，排除风机故障
焊机噪声大	1. 线圈短路； 2. 线圈松动； 3. 动铁心振动； 4. 外壳或底架紧固螺钉松动	1. 检查线圈，排除短路处； 2. 检查线圈，紧固好松动处； 3. 调整动铁心顶紧螺钉； 4. 检查紧固螺钉，清除松动现象
冷却风机不转	1. 风机接线脱落、断线或接触不良； 2. 风叶被卡死； 3. 风机上的电动机坏	1. 检查风机接线处，排除故障； 2. 轻轻拨动风叶，排除障碍； 3. 更换电动机或整个风机

续表 10-8

故障现象	故障原因	排除方法
外壳带电	1. 电源线或焊接电缆线碰外壳； 2. 焊接电缆绝缘破损处碰工件； 3. 线圈松动后碰铁心； 4. 内部裸导线碰外壳或机架	1. 检查接线处，排除碰外壳现象； 2. 检查焊接电缆，用绝缘带包好破损处； 3. 检查线圈，调整和紧固好松动的线圈； 4. 检查内部导线，排除碰外壳处
使用时焊接电流忽大忽小	1. 电网供电电压波动太大； 2. 电流细调节机构的丝杠与螺母之间因磨损间隙过大，使动铁心振动幅度增大，导致动、静铁心相对位置频繁变动； 3. 动铁心与静铁心两边间隙不等，即 $\delta_1 \neq \delta_2$ ，使焊接时动铁心所受的电磁力不等，产生振动过大，也同样致使动、静铁心的相对位置经常变动； 4. 电路连接处有螺栓松动，使焊接时接触电阻时大时小地变化	1. 电网电压是否波动可用电压表测量得出；若确属电网电压波动的原因，可避开用电高峰使用焊机； 2. 调节丝杠与螺母的间隙，可用正、反摇动调节手柄方法检查；因有空挡，用手能感觉出间隙的大小。确属间隙过大不能使用时，应更换新件； 3. 对动铁心与静铁心的间隙进行调整； 4. 将螺栓拧紧接牢

③BX3 动圈式系列交流弧焊机常见故障及排除方法见表 10-9。

表 10-9 BX3 动圈式系列交流弧焊机常见故障及排除方法

故障现象	故障原因	排除方法
引线接线处过热	接线处接触电阻过大或接线处紧固件太松	松开接线，用砂纸或小刀将接触导电处清理出金属光泽，然后拧紧螺钉或螺母
焊机过热	1. 变压器过载； 2. 变压器线圈短路； 3. 铁心螺杆绝缘损坏	1. 减小使用电流，按规定负载运行； 2. 撬开短路点加垫绝缘，如短路严重应更换线圈； 3. 恢复绝缘

续表 10-9

故障现象	故障原因	排除方法
焊机外壳带电	1. 一次绕组或二次绕组碰壳； 2. 电源线碰壳； 3. 焊接电缆碰壳； 4. 未接地或接地不良	1. 检查碰触点，并断开触点； 2. 检查碰触点，并断开触点； 3. 检查碰触点，并断开触点； 4. 接好接地线，并使接触良好
焊机电压不足	1. 二次绕组有短路； 2. 电源电压低； 3. 电源线太细，压降太大； 4. 焊接电缆过细，压降太大； 5. 接头接触不良	1. 消除短路处； 2. 调整电压达到额定值； 3. 更换粗电源线； 4. 更换粗电缆； 5. 使接头接触良好
焊接电流过小	1. 焊接电缆过长； 2. 焊接电缆盘成盘状，电感大； 3. 电缆线有接头或与工件接触不良	1. 减小电缆长度或加大电缆直径； 2. 将电缆由盘形放开； 3. 使接头处接触良好，与工件接触良好
焊接电流不稳定	焊接电缆与工件接触不良	使焊接电缆与工件接触良好
焊机输出电流反常过大或过小	1. 电路中起感抗作用的线圈绝缘损坏，引起电流过大； 2. 铁心磁路中绝缘损坏产生涡流，引起电流过小	1. 检查电路绝缘情况，排除故障； 2. 检查磁路中的绝缘情况，排除故障
焊接“嗡、嗡”响强烈	1. 二次绕组短路； 2. 二次绕组短路或使用电流过大过载	1. 检查并消除短路处； 2. 检查并消除短路，降低使用电流，避免过载使用
焊机有不正常的噪声	1. 安全网受电磁力产生振动； 2. 箱壳固定螺钉松动； 3. 侧罩与前后罩相碰； 4. 机内螺钉、螺母松动	1. 检查并消除振动产生的噪声； 2. 拧紧箱壳固定螺钉； 3. 检查并消除相碰现象； 4. 打开侧罩检查并拧紧螺钉、螺母
熔丝熔断	1. 电源线接头处相碰； 2. 电线接头碰壳短路； 3. 电源线破损碰地	1. 检查并消除短路处； 2. 检查并消除短路处； 3. 修复或更换电源线

④单向晶闸管交流电焊机控制电路常见故障及排除方法见表 10-10。

表 10-10 单向晶闸管交流电焊机控制电路常见故障及排除方法

故障现象	故障原因	排除方法
指示灯亮，焊机不工作	振荡电路故障	检查振荡电路更换元器件
	晶闸管损坏	更换相同型号晶闸管
散热风机不转	风机电动机坏	更换风机
	B1 损坏	更换变压器
	整流电路故障	检查更换整流件

⑤双向晶闸管交流弧焊机常见故障及排除方法见表 10-11。

表 10-11 双向晶闸管交流弧焊机常见故障及排除方法

故障现象	故障原因	排除方法
电流微调不能调节	双向晶闸管及触发电路故障	检查双向晶闸管是否损坏，查找损坏元器件；更换损坏的双向晶闸管和其他元器件
电弧不稳定	引弧控制电路故障	检查引弧取样元件、引弧调节电位器、引弧控制晶闸管，更换损坏元器件
	引弧升压电路故障	检查引弧控制晶闸管、引弧整流电路，更换损坏元器件

⑥直流弧焊发电机常见故障及排除方法见表 10-12。

表 10-12 直流弧焊发电机常见故障及排除方法

故障现象	故障原因	排除方法
电动机反转	三相异步电动机与电网接线错误	将三相线的任意两线调换
电动机不起动并发出嗡嗡响声	1. 三相熔丝中某一相烧断； 2. 电动机定子线圈断线	1. 更换熔丝； 2. 排除断线现象
焊接过程电流忽大忽小	1. 网络电压波动； 2. 电缆与焊件接触不良； 3. 电流调节器可动部分松动； 4. 电刷与整流子接触不良	1. 调整网络电压； 2. 使电缆与焊件接触良好； 3. 固定好电流调节器松动部分； 4. 使电刷与整流子接触良好

续表 10-12

故障现象	故障原因	排除方法
电刷有火花，使整流子发热	1. 电刷没磨好； 2. 电刷盒的弹簧压力弱； 3. 电刷在刷盒中跳动或摆动； 4. 电刷架歪曲或未拧紧； 5. 电刷与整流片边缘不平行； 6. 整流子云母片突出； 7. 整流子脏污	1. 根据电刷维护方法研磨电刷，更换新电刷时，一次更换的数量不得超过总数的 1/3； 2. 调整压力，必要时更换框架； 3. 检查电刷在刷夹中的间隙，电刷应能自由移动，电刷与刷夹间隙不超过 0.3mm； 4. 检查刷架并固定好； 5. 割除凸出的云母片，并打磨整流子； 6. 校正各组电刷，使其与整流子排成一直线； 7. 用略蘸汽油的干净抹布擦净整流子
整流子大部分烧黑	1. 整流子振动； 2. 整流子在刷夹中卡住	1. 用千分表检查整流子，如摆动超过 0.03mm，需进行加工； 2. 见本表上项故障的排除方法“3.”
电刷下有火花，且个别整流片下有炭迹	整流子分离，即个别整流片凸出或凹下	如故障不显著，可用油石研磨，若磨后无效，则需机加工
一组电刷中的个别电刷跳火	1. 电刷与整流子接触不良； 2. 无火花电刷的刷绳线间接触不良，引起相邻电刷过载并跳火	1. 仔细观察接触表面并松开接线，认真清除污物； 2. 更换不正常的电刷
发电机不发电	1. 整流子不干净； 2. 励磁电路断线； 3. 自励式发电机已去磁	1. 擦拭整流子； 2. 检查励磁回路的各连接处； 3. 充磁

续表 10-12

故障现象	故障原因	排除方法
电动机运转中断	1. 负荷超过允许值； 2. 整流子过热、污垢多或电刷压力较大，整流子表面不平，导致换向不良	1. 降低电动机负荷； 2. 擦拭、研磨整流子，换向不良应找出原因并排除，电刷压力不应人为增加，机组经常擦拭并用压缩空气吹净
发电机电枢强烈发热	1. 长时间超负荷工作； 2. 电枢绕组短路；整流子短路	1. 停止工作； 2. 擦拭整流子并排除短路
导线接触处过热	接线处电阻过大或接线处螺母过松	清理接线处表面，拧紧螺母

⑦弧焊整流器常见故障及排除方法见表 10-13。

表 10-13 弧焊整流器常见故障及排除方法

故障现象	故障原因	排除方法
空载电压太低	1. 网络电压过低； 2. 变压器一次绕组匝间短路； 3. 开关接触不良	1. 调整电源电压； 2. 消除短路； 3. 使开关接触良好
焊接电流调节失灵	1. 控制绕组匝间短路； 2. 焊接电流控制器接触不良； 3. 控制整流回路整流元器件击穿	1. 消除短路； 2. 消除接触不良； 3. 更换元器件
焊接电流不稳定	1. 主回路交流接触器抖动，风压开关抖动； 2. 控制绕组接触不良	1. 消除抖动； 2. 消除控制绕组接触不良
风扇电动机不转	1. 熔断器烧断； 2. 电动机引线或绕组断线； 3. 开关接触不良	1. 更换熔断器； 2. 接线或修理电动机； 3. 消除开关接触不良

续表 10-13

故障现象	故障原因	排除方法
工作中焊接电压突然降低	1. 主回路部分或全部短路； 2. 整流元器件击穿； 3. 控制回路断路	1. 修复线路； 2. 检查保护电路，更换元器件； 3. 检修控制回路
外壳带电	1. 电源线误碰机壳，变压器、电抗器、风扇及控制电路元器件等碰机壳 ； 2. 未安地线或接触不良	1. 检查并消除碰机壳现象； 2. 接好地线
电表无指示	1. 主回路出现故障； 2. 饱和电抗器和交流绕组断线； 3. 电表或相应的接线短路	1. 修复主回路故障； 2. 消除断线故障； 3. 检修电表

⑧晶闸管式弧焊整流器常见故障及排除方法见表 10-14。

表 10-14　晶闸管式弧焊整流器常见故障及排除方法

故障现象	故障原因	排除方法
风扇不转或风力很小	1. 熔断丝（器）熔断； 2. 风扇电动机绕组断线； 3. 风扇电动机起动电容接触不良或损坏； 4. 三相输入中一相开路	1. 更换熔断丝（器）； 2. 修复电动机； 3. 使接触良好或更换电容； 4. 检查修复
焊机外壳带电	1. 电源线误碰机壳； 2. 变压器、电抗器、电源开关及其他电器元件或接线碰箱壳； 3. 未接接地线或接触不良	1. 检查并消除碰机壳处； 2. 消除碰壳处； 3. 接妥接地线
不能起弧即无焊接电流	1. 焊机的输出端与工件连接不可靠； 2. 变压器二次绕组匝间短路； 3. 主回路晶闸管（6 只）中有几个不触发导通； 4. 无输出电压	1. 使输出端与工件连接； 2. 消除短路处； 3. 检查控制线路触发部分及其引线并修复之； 4. 检查并修复

续表 10-14

故障现象	故障原因	排除方法
焊接电流调节失灵	1. 三相输入电源其中一相开路； 2. 近、远控选择与电位器不对应； 3. 主回路晶闸管不触发或击穿； 4. 焊接电流调节电位器无输出电压； 5. 控制线路有故障	1. 检查并修复； 2. 使其对应； 3. 检查并修复； 4. 检查控制线路给定电压部分及引出线； 5. 检查并修复
无输出电流	1. 熔断丝（器）熔断； 2. 风扇不转或长期超载使整流器内温升过高，从而使温度继电器动作； 3. 温度继电器损坏	1. 更换熔断丝（器）； 2. 修复风扇，使整流器不要超载运行； 3. 更换温度继电器
焊接时焊接电弧不稳定，性能明显变差	1. 线路中某处接触不良； 2. 滤波电抗器匝间短路； 3. 分流器到控制箱的两根引线断开； 4. 主回路晶闸管中一个或几个不导通； 5. 三相输入电源其中一相开路	1. 使接触良好； 2. 消除短路处； 3. 应重新接上； 4. 检查控制线路及主回路晶闸管并修复； 5. 检查并修复
噪声变大振动变大	1. 风扇风叶碰风圈； 2. 风扇轴承松动或损坏； 3. 主回路晶闸管不导通或击穿； 4. 固定箱壳或内部的某紧固件松动； 5. 两组晶闸管输出不平衡	1. 整理风扇支架使其不碰； 2. 修理或更换； 3. 检查控制线路，修复之； 4. 拧紧紧固件； 5. 调整触发脉冲，使其平衡
焊机内出现焦味或主电源熔断丝（器）熔断	1. 主线路部分或全部短路； 2. 主回路有晶闸管击穿短路； 3. 风扇不转或风力小	1. 修复线路； 2. 检查阻容保护电路接触是否良好，更换同型号同规格的晶闸管器件； 3. 修复风扇

⑨ZXG-150 型整流弧焊机常见故障及排除方法见表 10-15。

表 10-15　ZXG-150 型整流弧焊机常见故障及排除方法

故障现象	故障原因	排除方法
无输出	1. 弧焊变压器损坏； 2. 电抗器损坏； 3. 滤波电感损坏	1. 重新绕制变压器； 2. 查修电抗器 DK； 3. 查修滤波电感 CB
开机烧熔断器	1. 弧焊变压器短路； 2. 整流管击穿短路； 3. 保护电容损坏	1. 修复； 2. 更换整流管； 3. 更换保护电容
焊接时，电压突然降低	主回路短路或整流元器件击穿，控制回路断线	更换元器件修复线路，并检查保护线路；检修控制回路，并修复
电流调节不良	控制线圈匝间短路，电流控制器接触不良，控制整流回路击穿	消除短路，包括重绕线圈，使电流控制器接触良好；更换已损元器件
空载电压太低	电网电压太低，变压器一次绕组匝间短路，磁力起动器接触不良	调整电压值；消除短路，包括重绕线圈；使磁力起动器接触良好
风扇电动机不转	熔丝烧断，电动机线圈断线或按钮开关触点接触不良	更换熔丝；重焊或重绕线圈，修复或更换按钮开关

⑩ZX7 系列晶闸管逆变弧焊整流器常见故障及排除方法见表 10-16。

表 10-16　ZX7 系列晶闸管逆变弧焊整流器常见故障及排除方法

故障现象	故障原因	排除方法
开机后指示灯不亮，风机不转	1. 电源缺相； 2. 自动空气开头 S_1 损坏； 3. 指示灯接触不良或损坏	1. 解决电源缺相； 2. 更换自动空气开关 S_1； 3. 清理指示灯接触面或更换指示灯
开机后电源指示灯不亮，电压表指示 70～80V，风机和焊机工作正常	电源指示灯接触不良或损坏	清理指示灯接触面或更换损坏的指示灯
开机后焊机无空载电压输出	1. 电压表损坏； 2. 快速晶闸管损坏； 3. 控制电路板损坏	1. 更换电压表； 2. 更换损坏的快速晶闸管； 3. 更换损坏的控制电路板

续表 10-16

故障现象	故障原因	排除方法
开机后焊机能工作，但焊接电流偏小，电压表指示不在 70～80V	1. 三相电源缺相； 2. 换向电容可能有个别的损坏； 3. 控制电路板损坏； 4. 三相整流桥损坏； 5. 焊钳电缆截面太小	1. 恢复缺相电源； 2. 更换损坏的换向电容； 3. 更换损坏的控制电路板； 4. 更换损坏的三相整流桥； 5. 更换大截面电缆线
焊机电源一接通，自动空气开关就立即断电	1. 快速晶闸管有损坏； 2. 快速整流管有损坏； 3. 控制电路板有损坏； 4. 电解电容个别的有损坏； 5. 过电压保护板损坏； 6. 压敏电阻有损坏； 7. 三相整流桥有损坏	1. 更换快速晶闸管； 2. 更换损坏的快速整流管； 3. 更换损坏的控制电路板； 4. 更换损坏的电解电容； 5. 更换过电压保护板； 6. 更换损坏的压敏电阻； 7. 更换损坏的三相整流桥
控制失灵	1. 遥控插座接触不良； 2. 遥控电线内部断线或调节电位器损坏； 3. 遥控开关没放在遥控位置上	1. 对插座进行清洁处理，使之接触良好； 2. 更换导线或更换电位器； 3. 将遥控开关置于遥控位置上
焊接过程中出现连续断弧现象	1. 输出电流偏小； 2. 输出极性接反； 3. 焊条牌号选择不对； 4. 电抗器有匝间短路或绝缘不良的现象	1. 增大输出电流； 2. 改换焊机输出极性； 3. 更换焊条； 4. 检查及维修电抗器匝间短路或绝缘不良的现象

⑪整流二极管直流焊机常见故障及排除方法见表 10-17。

表 10-17 整流二极管直流焊机常见故障及排除方法

故障现象	故障原因	排除方法
箱壳漏电	1. 电源线接线不慎碰箱壳； 2. 变压器、磁放大器（饱和电抗器）、电源开关，以及其他电气元件或接线碰箱壳 3. 未接地线或接触不良	1. 找到碰触点断开即可； 2. 找到碰触点断开即可； 3. 接妥接地线

续表 10-17

故障现象	故障原因	排除方法
空载电压太低	1. 电源电压过低； 2. 变压器一次绕组匝间短路； 3. 磁力起动器接触不良	1. 调整电压额定值； 2. 找到短路点撬开加绝缘； 3. 清理触点使接触良好
焊接电流调节失灵或调节过程中电流突然降低	1. 磁放大器控制线圈 KF 匝间短路或烧断； 2. 焊接电流控制器接触不良； 3. 稳压变压器线圈短路或断开； 4. 电感 DK2 损坏； 5. 电容器 C9 损坏； 6. 硅整流元器件中有击穿现象	1. 短路可撬开加绝缘，如断路则应找到断点重新焊接，并加绝缘； 2. 修复或更换； 3. 修复或更换； 4. 修复或更换； 5. 更换； 6. 更换击穿的硅整流元器件
焊接电流调节范围小	1. 控制电流值未达到要求； 2. 控制线圈 FK 极性接反； 3. 磁放大器（饱和电抗器）铁心受振性能变坏	1. 检查线路有否接触不良，如有，则应修复； 2. 更换极性； 3. 调换铁心
焊接时焊接电流不稳定，有较大波动现象	1. 稳压线路接触不良； 2. 交流接触器抖动； 3. 风压开关抖动； 4. 控制线圈接触不良； 5. 线路中接触不良	1. 修复稳压线路； 2. 修复或更换； 3. 修复或更换； 4. 查找接触不良点并修复； 5. 查找接触不良点并修复
通风电动机不转	1. 熔丝熔断； 2. 电动机线圈断线； 3. 按钮开关触点接触不良； 4. 电动机离心开关接触不良或损坏	1. 更换熔丝； 2. 修复电动机或更换； 3. 更换或修复按钮开关； 4. 调整离心开关触点或更换
工作时焊接电压突然降低	1. 主线路部分或全部短路； 2. 主变压器或磁放大器短路； 3. 硅整流器击穿短路	1. 修复线路； 2. 查找短路点并修复； 3. 检查保护电阻、电容接触是否良好，更换同型号同规格整流器

⑫交直流弧焊机常见故障及排除方法见表 10-18。

表 10-18 交直流弧焊机常见故障及排除方法

故障现象	故障原因	排除方法
焊机输出端不引弧，无电流输出	1. 输入端电源无电压输入； 2. 开关损坏或内部接线脱落	1. 检查输入电源断路器或熔丝是否完好； 2. 拆去外壳检查有否脱线或脱焊，并焊接或旋紧螺钉
焊机引弧困难或易断弧	1. 网络电压过低或输入电压低于额定输入电压； 2. 输出电缆线过长或截面积过小	1. 按要求输入额定电压； 2. 按输出电流大小配置足够截面积的电缆线，且一般电缆长度不宜超过 10m，并保护搭铁电缆线与工件的接触良好
焊机工作后发烫、温升高或有不正常气味冒出	1. 未按额定负载持续率工作或焊机选型过小； 2. 新焊机初次工作有轻微的绝缘漆气味； 3. 线圈短路	1. 按铭牌上所标负载率掌握焊机工作时间，不宜大电流长时间连续焊接； 2. 属正常； 3. 二次绕组匝间短路外拨开后包扎，线圈短路损坏严重需返厂检查修复
冷却风扇不转	1. 风机电源插线脱落或接触不良； 2. 风机损坏	1. 重新插上或夹紧； 2. 更换新风机
焊机噪声过大	1. 外壳或底架螺钉松； 2. 动铁心振动； 3. 线圈或铁心紧固螺栓不紧	1. 重新紧固螺钉； 2. 调整动铁心螺钉，使弹簧片压力加大； 3. 压紧线圈紧固螺栓或铁心紧固螺栓
机箱内发出很响的“嗡……”短路声	一般判定为 VD_1～VD_4 中的二极管损坏	脱开二极管的连接线，用万用表Ω挡测量正反向电阻，正向电阻为几百欧姆，反向电阻为几千欧姆；若正反向电阻都为几百欧姆，则应更换二极管

续表 10-18

故障现象	故障原因	排除方法
焊机电流无法达到最大	1. 输入电源线截面积过小； 2. 输出电缆过小或过长； 3. 动铁心无法摇出来	1. 按铭牌一次电流选择足够大的电源线； 2. 加大焊接电缆线或减短过长的焊接电缆线； 3. 检查机械运动部分，排除机械故障
外壳带电	1. 电源接线处有碰壳； 2. 焊机内部有线碰壳； 3. 线圈搭铁； 4. 过分潮湿； 5. 焊钳潮湿或地面潮湿	1. 检查接线是否安全； 2. 拆除外壳，检查是否有线与外壳相碰； 3. 找到搭铁短路点，修复； 4. 将外壳良好接地； 5. 输出为安全电压，有轻微麻感属正常，穿绝缘鞋、戴绝缘手套

10.3　埋弧焊机的维修

10.3.1　埋弧焊机的维护保养

建立和实行必要的维护保养制度，重点做好以下几方面。

①焊接电源、控制箱、焊机的接地线要可靠。要注意感应电动机的转动方向应与箭头所示方向一致。若用直流焊接电源时，要注意电表和电极的极性不要接反。

②焊机必须根据设备使用说明书进行安装，外接电源电压应与设备要求电压一致，外部电器线路的安装要符合规定。

③外接电缆要有足够的容量（粗略按 5～7A/mm^2 计算）和良好的绝缘。连接部分的螺母要拧紧，带电部件的绝缘情况要经常检查，避免造成短路或触电事故。

④线路接好后，先检查一遍接线是否完全正确，再通电检查各部分运转、动作是否正常，以免造成设备事故，影响生产甚至影响人身安全。

⑤定期检查控制线路中的电气元件，如接触器或中间继电器的触点是否有烧毛或熔化等，发现后立即清理或更换。

⑥定期检查送丝滚轮的磨损情况，发现有明显磨损时应予以更换。

⑦定期检查，更换送丝机构和自动焊车减速箱内的润滑油。

⑧经常检查焊嘴与焊丝的接触情况，若接触不良必须更换，以免导致电弧不稳定。

⑨为保证焊机在使用中各部动作灵活，要随时保持焊机清洁，特别是机头部分的清洁。避免焊剂、渣壳的碎末阻塞活动部件，以免影响正常运行和增加机件磨损。

埋弧焊机的维护保养见表 10-19。

表 10-19 埋弧焊机的维护保养

保养部位	保养内容	保养周期
焊接小车	清理焊接小车上的焊剂、焊渣的碎末，保持机头及各活动部件的清洁和转动自如	每日一次
焊接小车和焊丝送进机构、变速箱	检查是否漏油，经常更换润滑油	每年一次
送丝滚轮	检查磨损程度，及时更换磨损严重的滚轮	每年一次
控制电缆	外部绝缘层是否损坏，内部电缆线是否断线或短路	半年一次
接触器、继电器	触点是否接触不良或熔化	半年一次
控制电缆插接件	插接件是否松动，电缆线与插接件连接处是否虚焊或断线	三个月一次
电源、控制箱	内外除尘，检查各接头处的螺钉是否松动	每周一次
导电块	检查磨损程度及烧损程度	随时更换

10.3.2 埋弧焊机常见故障及排除方法

①半自动埋弧焊机常见故障及排除方法见表 10-20。

表 10-20　半自动埋弧焊机常见故障及排除方法

故障现象	故障原因	排除方法
按下起动开关，电源接触器不接通	1. 熔断器有故障； 2. 断电器损坏或断线； 3. 降压变压器有故障； 4. 起动开关损坏	检查、修复或更新
起动后，线路工作正常，但不起弧	1. 焊接回路未接通； 2. 焊丝与焊件接触不良	1. 接通焊接回路； 2. 清理焊件
送丝机构工作正常，焊接参数正确，但焊丝送给不均匀或经常断弧	1. 焊丝压紧轮松； 2. 焊丝送给轮磨损； 3. 焊丝被卡住； 4. 软管弯曲太大或内部太脏	1. 调节压紧轮； 2. 更换焊丝送给轮； 3. 整理被卡焊丝； 4. 软管不要太弯，用酒精清洗内弹簧管
焊机工作正常，但焊接过程中电弧常被拉断或粘住焊件	1. 前者为网络电压突然升高； 2. 后者是网络电压突然降低	1. 减小焊接电流； 2. 增大焊接电流
焊接过程中，焊剂突然停止下漏	1. 焊剂用光； 2. 焊剂漏斗堵塞	1. 添加焊剂； 2. 疏通焊剂漏斗
焊剂漏斗带电	漏斗与导电部件短路	排除短路
导电嘴被电弧烧坏	1. 电弧太长； 2. 焊接电流太大； 3. 导电嘴伸出太长	1. 减小电弧电压； 2. 减小焊接电流； 3. 缩短导电嘴伸出长度
焊丝在送给轮和软管口之间常被卷成小圈	软管的焊丝进口离送给轮距离太远	缩短距离
焊丝送给机构正常，但焊丝送不出	1. 焊丝在软管中塞住； 2. 焊丝与导电嘴熔接住	1. 用酒精洗净软管； 2. 更换导电嘴
焊接停止时，焊丝与焊件粘住	停止时焊把未消及时移开	停止时及时移开焊把

②自动埋弧焊机常见故障及排除方法见表 10-21。

表 10-21 自动埋弧焊机常见故障及排除方法

故障现象	故障原因	排除方法
接通转换开关，焊机不转动	1. 转换开关损坏或接触不良； 2. 熔断器烧断； 3. 电源未接通	1. 修复或更换转换开关； 2. 换熔断器； 3. 接通电源
当按下焊丝“向上”、“向下”按钮时，焊丝不动作或动作不对	1. 控制线路中有故障（如辅助变压器、整流器损坏，按钮接触不良）； 2. 感应电动机方向接反； 3. 发电机或电动机电刷接触不良	1. 检查控制线路中有关部件并修复； 2. 改换电动机的输入接线； 3. 调节电刷，使之接触良好
按下起动按钮，线路工作正常，但引不起弧	1. 焊接电源未接通； 2. 电源接触器接触不良； 3. 焊丝与焊件接触不良； 4. 焊接电路无电压	1. 接通焊接电源； 2. 检查、修复接触器； 3. 清理焊丝与焊件接触点； 4. 检查电路，恢复电压
按下按钮后焊丝一直向上抽	1. 电弧反馈线断开或未接上； 2. 极性开关接反	1. 接上电弧反馈线； 2. 把极性开关接到另一侧
线路工作正常，焊接规范正确，但焊丝送给不均匀，电弧不稳	1. 送死压紧轮太松或已磨损； 2. 焊丝被卡主； 3. 焊丝送给机构有故障； 4. 网络电压波动太大	1. 调整或调换送丝滚轮； 2. 清理焊丝； 3. 检查焊丝送给机构； 4. 焊机使用专用线路
焊接过程中焊剂停送或输送量很小	1. 焊剂用完； 2. 焊剂斗阀门处被渣壳等堵塞	1. 添加焊机； 2. 清理并疏通焊剂斗
焊接过程中一切正常，而焊车突然停止行走	1. 焊车离合器脱开； 2. 焊车车轮被电缆等阻挡	1. 添加离合器； 2. 排除车轮阻挡物
按下“起动”按钮后，继电器动作，接触器不能正常动作	1. 中间继电器失常； 2. 接触器线圈损坏； 3. 接触器磁铁接触而生锈或污垢太多	1. 检修中间继电器； 2. 检修接触器； 3. 清理或检修及更换接触器

续表 10-21

故障现象	故障原因	排除方法
焊机起动后，焊丝末端周期性地与焊件“粘住”或常常断弧	1.“粘住”是因电弧电压太低，焊接电流太小或网络电压太低； 2. 断弧是因电弧电压太高、焊接电流太大或网络电压太高	1. 增加电弧电压或焊接电流，改善网络负荷状态； 2. 减小电弧电压或焊接电流
焊接电路接通后，电弧未引燃，焊丝粘在焊件上	焊丝与焊件之间在起动前接触过紧	使焊丝或焊件轻微接触
焊丝在导电块上摆动，导电块以下的焊丝不时变红	1. 导电嘴磨损； 2. 导电不良	1. 换用新导电嘴； 2. 清理导电嘴
导电嘴末端随焊丝一起融化	1. 电弧太大，焊丝伸出太短； 2. 焊丝送给和焊车皆已停止，电弧仍在燃烧； 3. 焊接电流太大	1. 增加焊丝送给速度和焊丝伸出长度； 2. 检查焊丝、焊车停止原因； 3. 减小焊接电源
焊丝没有与焊件接触，而焊接回路有电	焊车与焊件间绝缘破坏	检查焊车车轮绝缘情况，检查焊车下是否有金属与焊件短路
焊接过程中，机头或导电嘴的位置不时改变	焊车有关部件有游隙	检查消除游隙或更换磨损零件
焊接停止后，焊丝与焊件“粘住”	1.“停止”按钮按下速度太快； 2. 不经“停止1”按钮而直接按下“停止2”按钮	1. 慢慢按下“停止”按钮； 2. 先按“停止1”按钮，待电弧自然熄灭后，再按“停止2”按钮

③操作不当产生的常用故障及排除方法见表 10-22。

表 10-22　操作不当产生的常见故障及排除方法

故障现象	故障原因	排除方法
焊丝送给不均匀或正常送丝时电弧熄灭	1. 送丝机中焊丝未夹紧； 2. 送丝滚轮磨损； 3. 焊丝在导电嘴中卡死	1. 调整压紧机构； 2. 换送丝轮； 3. 调整导电嘴

续表 10-22

故障现象	故障原因	排除方法
焊接过程中机头及导电嘴位置变化不定	1. 焊接小车调整机构有间隙； 2. 导电装置有间隙	1. 更换零件； 2. 重新调整
焊机无机械故障，但常粘丝	电网电压太低，电弧过短	进行调节
焊机无机械故障，但常熄弧	电网电压太高，电弧过长	进行调节
焊剂供给不均匀	1. 焊剂斗中焊剂用完； 2. 焊剂斗阀门卡死	1. 添焊剂； 2. 修阀门
焊接过程中焊机突然停止行走	1. 离合器脱开； 2. 有异物阻拦； 3. 电缆拉得太紧； 4. 停电或开头接触不良	1. 关紧离合器； 2. 清理障碍； 3. 放松电缆； 4. 对症处理
焊缝粗细不均	1. 电网电压不稳； 2. 导电嘴接触不良； 3. 导线松动； 4. 送丝轮打滑； 5. 焊件缝隙不均匀	对症处理
焊接时焊丝通过导电嘴产生火花，焊接发红	1. 导电嘴磨损； 2. 导电嘴安装不良； 3. 焊丝有油污	1. 修理导电嘴； 2. 重装导电嘴； 3. 清理焊丝
导电嘴与焊丝一起熔化	1. 电弧太长； 2. 焊丝伸出太短； 3. 焊接电流太大	认真调节焊接参数
焊机停车时焊丝与工件粘连	返烧过程控制不当，焊接电源停电过早	调整返烧过程
焊接电路接通，电弧未引燃，而且焊丝与导电嘴焊合	焊丝与工件接触太紧	调整焊丝与工件的接触状态

10.4 气体保护焊机的维修

10.4.1 钨极氩弧焊机的维修

①钨极氩弧焊机除与埋弧焊机、二氧化碳气体保护焊机的维护保养要求一样外，还必须注意焊机在使用前，必须检查水管、气管的连接，

保证焊接时能正常供水、供气，大电流钨极氩弧焊机应更加重视，定期检查焊枪的弹性钨极夹头的夹紧状况和喷嘴的绝缘性能是否良好。

②钨极氩弧焊机常见故障及排除方法见表 10-23。

表 10-23　钨极氩弧焊机常见故障及排除方法

故障现象	故障原因	排除方法
电源开关接通后指示灯不亮，电风扇不转	1. 开关损坏； 2. 控制变压器损坏； 3. 指示灯损坏； 4. 熔丝烧断； 5. 指示灯接触不良； 6. 电风扇损坏	1. 修复或更换开关； 2. 修复或更换变压器； 3. 更换指示灯； 4. 更换熔丝； 5. 调整指示灯接触； 6. 检修电风扇
控制线路有电，焊机不起动	1. 脚踏开关接触不良； 2. 焊枪上开关接触不良； 3. 起动继电器或热继电器出现故障； 4. 控制变压器损坏	1. 检修开关； 2. 检修开关； 3. 检修继电器； 4. 更换或修复变压器
焊机起动后振荡器不振荡或振荡微弱	1. 高频振荡器有故障； 2. 脉冲引弧器有故障； 3. 火花放电盘间隙不合适； 4. 放电盘电极烧坏； 5. 放电盘云母烧坏	1. 检修引弧器； 2. 检修脉冲引弧器； 3. 调整放电盘间隙； 4. 清理、调整放电极； 5. 更换云母
焊机起动后，有振荡放电，但不起弧	1. 焊接回路接触器有故障； 2. 焊件接触不良； 3. 控制线路有故障	1. 修复或更换接触器； 2. 清理焊件接触表面； 3. 检修控制线路
焊机起动后无氩气输出	1. 气路堵塞或氩气瓶内气用完； 2. 电磁气阀有故障； 3. 控制线路有故障； 4. 气体延迟线路有故障	1. 疏通气路，换氩气； 2. 检修电磁气阀； 3. 检查故障并修复； 4. 检修线路
焊接过程电弧不稳定	1. 稳弧器有故障； 2. 消除直流分量的元器件有故障； 3. 焊接电源有故障； 4. 焊机输出线路与焊件接触不良	1. 检修稳弧器； 2. 更换或修复元器件； 3. 检修焊接电源； 4. 清理焊件与焊机输出线路接触表面

③WSE5 系列交直流两用手工钨极氩弧焊机常见故障及排除方法见

表 10-24。

表 10-24 WSE5 系列交直流两用手工钨极氩弧焊机常见故障及排除方法

故障现象	故障原因	排除方法
焊机供电后，打开电源开关，指示灯不亮，电风扇不转	1. 熔断器断； 2. 指示灯损坏； 3. 电风扇电容失效； 4. 接触不良	1. 更换熔断器； 2. 更换指示灯； 3. 更换电风扇电容； 4. 清理指示灯及电风扇线路接触点
焊机无交、直流输出（无空载电压）	1. 控制板上三端稳压管或管脚霉断或损坏； 2. 控制板上运算放大器引脚霉断或损坏； 3. 脉冲变压器引线霉断	1. 更换损坏的稳压管； 2. 更换损坏部件； 3. 修复霉断引线
焊接电流调节失控	1. “近控-远控”开关是否放置在所选择的位置上； 2. 运算放大器引脚霉断或损坏	1. 根据施工需要使用近控或远控开关； 2. 更换损坏部件
焊接电流调不小或过大	控制板上运算放大器引脚霉断或损坏	更换损坏部件
电源开头指示灯不亮	1. “焊条电弧焊-氩弧焊”开关是否放在“氩弧焊”位置； 2. 熔断器（面板上标有 3A 的即是）断或接触不良； 3. 指示灯损坏	1. 检查、更正开关位置； 2. 清理熔断器接触不良或检修熔断器断线处； 3. 更换损坏的指示灯
按下焊炬上“焊接后停”开关，指示灯不亮	1. 指示灯损坏； 2. 开关接线是否开断； 3. 水冷焊枪上未接通水路或水流不足； 4. 程序控制板上的晶体管不通	1. 更换损坏的指示灯； 2. 检查并修复开关； 3. 接通水路，并使水流满足要求； 4. 检查程序控制板上的继电器，如没有 12V 直流电压，则更换晶体管
按下“通气检测”开关，气阀不通	1. 气源是否打开； 2. 气阀有卡死现象或气路有堵塞	1. 检查并接通气源； 2. 检查气阀进线两端有无 36V 交流电后，排除堵塞

续表 10-24

故障现象	故障原因	排除方法
在“自动”位置上按下焊枪上的开关，气阀不通	1. 气源是否打开； 2. 气阀有卡死现象或气路有堵塞； 3. 水冷焊枪未接通水源或流量不足； 4. 程序控制板上的晶体管不通	1. 检查并接通气源； 2. 检查气阀进线两端有无 36V 交流电后排除堵塞； 3. 接通水源及保证流量达到一定值； 4. 检查程序控制板上的继电器，如没有 12V 直流电压，则更换晶体管
按下焊枪上的开关，无高频起弧火花	1. 熔断器（控制箱前板标有 5A 的即是）断； 2. 焊炬上的开关有无断线； 3. S_8 没接通	1. 更换熔断器； 2. 检查并修复焊枪上的开关； 3. 检查 S_8 随交、直流转换开关是否到位
直流焊时，按下焊枪上的开关起弧后，松开开关高频仍存在	继电器通断不正常	检查并修复继电器是否通断正常
小电流起弧困难	1. 钨极直径大小是否选择合适； 2. 继电器接触不良； 3. 电阻开路	1. 建议将钨极端头磨尖； 2. 检查继电器，如没有 12V 直流电压，应清理其接触不良； 3. 检查并修复电阻线路
电弧不稳定或焊缝成形差	1. 焊件脏或油污严重； 2. 钨极直径大小是否与焊接电流相符； 3. 电网电压波动较大； 4. 焊接电源有故障	1. 清除待焊处油、污、锈、垢； 2. 按工艺规程选择钨极直径与焊接电流； 3. 检查电网电压波动是否在允许范围内； 4. 检查并修理焊接电源

④NSA-500 型焊机常见故障及排除方法见表 10-25。

表 10-25 NSA-500 型焊机常见故障及排除方法

故障现象	故障原因	排除方法
合上电源开关，电源指示灯不亮，拨动焊把开关，无任何动作	1. 电源开关接触不良或损坏； 2. 熔丝烧断； 3. 指示灯损坏	1. 更换开关； 2. 更换熔丝； 3. 更换指示灯
电源指示灯亮，水流开关指示灯不亮，拨动焊把开关，无任何动作	1. 水流开关失灵或损坏； 2. 水流量小	1. 更换或修复水流开关 SW； 2. 增大水流量
电源及水流指示灯均亮，拨动焊把开关，无任何动作	1. 焊把开关损坏； 2. 继电器 KA_2 损坏	1. 更换焊把开关； 2. 更换 KA_2
焊机起动正常，但无保护气输出	1. 气路堵塞； 2. 电磁气阀损坏； 3. 气阀线圈接入端接触不良	1. 清理气路； 2. 检修电磁气阀或更换气阀； 3. 检修接线处
拨动焊把开关，无引弧脉冲	引弧触发回路或脉冲发生主回路发生故障	1. 检修 T_2 输出侧与焊接主回路连接处； 2. 检修引弧触发回路及输入、输出端； 3. 检修脉冲主回路和脉冲旁路回路
有引弧脉冲，但不能引弧	引弧脉冲相位不对或焊接电源不工作	1. 对调焊接电源输入端或输出端； 2. 调节 RP_{16} 使引弧脉冲加在电源空载电压 90º 处； 3. 检修接触器 KM 或焊接电源输入端接线
引弧后无稳弧脉冲	稳弧脉冲触发电路发生故障	先切断引弧触发脉冲，然后检修稳弧脉冲触发回路
接通焊机电源，即有脉冲产生	晶闸管 V_{SCR1}、V_{SCR2} 中的一个或两个正向阻断电压过低	更换 V_{SCR1} 和 V_{SCR2}
引弧脉冲和稳弧脉冲互相干扰	引弧脉冲相位偏差过大	调节 RP_{16} 使引弧脉冲加在电源空载电压 90° 处

续表 10-25

故障现象	故障原因	排除方法
稳弧脉冲时有时无	晶闸管 V_{SCR1}、V_{SCR2} 一只击穿，另一只正向阻断电压低	更换击穿或特性差的晶闸管
引弧及稳弧脉冲弱，工作不可靠	1. 高压整流电压过低； 2. R_2 阻值偏大	1. 检修 VC_1 是否有一桥臂损坏而成为半波整流； 2. 减少 R_2 的阻值

10.4.2　熔化极气体保护电弧焊机的维修

熔化极气体保护电弧焊机常见故障及排除方法见表 10-26。

表 10-26　熔化极气体保护电弧焊机常见故障及排除方法

故障现象	故障原因	排除方法
按“起动”开关时送丝电动机不转	1. 焊枪开关接触不良或控制电路断线； 2. 控制继电器触点磨损； 3. 调速电路故障； 4. 电动机电刷磨损； 5. 电枢、励磁整流器损坏； 6. 熔断器断路	1. 检修、接通电路； 2. 修理触点或更换； 3. 检修； 4. 更换电刷； 5. 更换整流器； 6. 更换熔断器
焊丝在送丝滚轮和软管进口间卷曲、打结	1. 弹簧管内径小或阻塞； 2. 送丝滚轮和软管进口距离太大； 3. 送丝滚轮压力太大，焊丝变形； 4. 导电嘴与焊丝接触太紧； 5. 软管接头磨损严重	1. 清洗或更换弹簧管； 2. 减小距离； 3. 调整压紧力； 4. 更换导电嘴； 5. 更换软管接头
焊接过程中焊接参数不稳定	1. 焊丝送给不均匀； 2. 焊丝、焊件有污物，接触不良； 3. 焊接电源故障； 4. 焊接参数选择不合适	1. 检查导电嘴及送丝滚轮； 2. 清理污物； 3. 检修焊接电源； 4. 调整焊接参数

续表 10-26

故障现象	故障原因	排除方法
焊丝送给不均匀	1. 送丝滚轮压力调整不当； 2. 送丝滚轮V形槽口磨损； 3. 减速箱故障； 4. 送丝电动机电源插头插得不紧； 5. 焊枪开关或控制线路接触不良； 6. 送丝软管接头或内层弹簧管松动或堵塞； 7. 焊丝绕制不好，时松时紧或恋曲； 8. 焊枪导电部分接触不良，导电嘴孔径不合适	1. 调整送丝轮压力； 2. 更换新滚轮； 3. 检修； 4. 检修、插紧； 5. 检修、拧紧； 6. 清洗、修理； 7. 更换一盘或重绕、调直焊丝； 8. 更换
送丝电动机停止运行或电动机运转而焊丝停止送给	1. 电动机本身故障（如电刷磨损）； 2. 电动机电源变压器损坏； 3. 熔丝烧断； 4. 送丝轮打滑； 5. 继电器的触点烧损或其线圈烧损； 6. 焊丝与导电嘴熔合在一起； 7. 焊枪开关接触不良或控制线路断路； 8. 控制按钮损坏； 9. 焊丝卷曲卡在焊丝进口管处； 10. 调速电路故障如下： 1）硅元件击穿； 2）控制变压器损坏； 3）接触不良或断线； 4）晶闸管调整线路故障：①电位器接触不良或烧坏；②晶体管击穿；③晶闸管击穿	1. 检修或更换； 2. 更换； 3. 换新熔丝； 4. 调整送丝轮压紧力； 5. 检修、更换； 6. 更换导电嘴； 7. 更换开关，检修控制线路； 8. 更换； 9. 将焊丝退出剪掉一段； 10. 排除调速电路故障如下： 1）更换； 2）更换； 3）拧紧或接通； 4）排除晶闸管调速线路故障：检修、更换

续表 10-26

故障现象	故障原因	排除方法
气体保护不良	1. 气路阻塞或接头漏气； 2. 气瓶内气体不足甚至没气； 3. 电磁气阀或其电源故障； 4. 喷嘴内被飞溅物阻塞； 5. 预热器断电造成减压阀冻结； 6. 气体流量不足； 7. 焊件上有油污； 8. 工件场地空气对流过大	1. 检查气路，紧固接头； 2. 换新气瓶； 3. 检修； 4. 清理喷嘴； 5. 检修预热器，接通电路； 6. 加大流量； 7. 清理焊件表面； 8. 设置挡风屏障
焊接过程中发生熄弧现象和焊接参数不稳	1. 焊接参数选得不合适； 2. 送丝滚轮磨损； 3. 送丝不均匀，导电嘴磨损严重； 4. 焊丝弯曲太大； 5. 焊件和焊丝不清洁，接触不良	1. 调整焊接参数； 2. 更换； 3. 检修调整送丝，更换导电嘴； 4. 调直焊丝； 5. 清理焊件和焊丝
焊丝在送丝滚轮和软管进口处发生卷曲或打结	1. 送丝滚轮、软管接头和焊丝接头不在一条直线上； 2. 导电嘴与焊丝粘住； 3. 导电嘴内孔太小； 4. 送丝软管内径小或堵塞； 5. 送丝滚轮压力太大，焊丝变形； 6. 送丝滚轮离软管接头进口处太远	1. 调直； 2. 更换导电嘴； 3. 更换导电嘴； 4. 清洗或更换软管； 5. 调整压力； 6. 缩短两者之间距离
焊接电压低	1. 网络电压低； 2. 三相变压器单相断电或短路； 3. 三相电源单相断路： 1）硅器件单相击穿； 2）单相熔丝熔断	1. 调大挡； 2. 分开元器件与变压器的连接线，用兆欧表测量，找出损坏的线包且更换之； 3. 用万用表测量各元器件正反向电阻，找出原因： 1）更换损坏器件， 2）更换熔丝

续表 10-26

故障现象	故障原因	排除方法
电压失调	1. 三相多线开关损坏； 2. 继电器触点或线包烧损； 3. 线路接触不良或断线； 4. 变压器烧损或抽头接触不良； 5. 移相和触发电路故障； 6. 大功率晶体管击穿； 7. 自饱和磁放大器故障	1. 检修或更换； 2. 检修或更换； 3. 用万用表逐级检查； 4. 检修； 5. 检修并更换新元器件； 6. 用万用表检查并更换； 7. 检修
焊接电流小	1. 电缆接头松； 2. 焊枪导电嘴间隙大； 3. 焊接电缆与焊件接触不良； 4. 焊枪导电嘴与导电杆接触不良； 5. 送丝电动机转速低	1. 拧紧； 2. 更换合适的导电嘴； 3. 拧紧连接处； 4. 拧紧螺母； 5. 检查电动机及供电系统
焊接电流失调	1. 送丝电动机或其线路故障； 2. 焊接回路故障； 3. 晶闸管调速线路故障	用万用表逐级检查并排除

10.4.3　二氧化碳气体保护焊机的维修

二氧化碳气体保护焊机的正确使用、保养和维修是保证焊机有良好的工作性能和延长焊机使用寿命的重要措施。现将焊机的保养和维修简介如下。

1. 二氧化碳气体保护焊机的保养

①操作者必须掌握焊机的一般构造、电气原理和使用方法。

②焊机应按外部接线图正确安装，焊机外壳必须可靠接地。

③必须建立焊机定期维修制度。

④经常检查电源和控制部分的接触器及继电器触点的工作情况，发现烧损或接触不良者，及时修理或更换。

⑤经常检查送丝电动机和小车电动机的工作状态，发现电刷磨损、

接触不良或打火时及时修理或更换。

⑥经常检查送丝滚轮的压紧情况和磨损程度。

⑦定期检查送丝软管的工作情况，及时清理管内污垢，避免增加送丝阻力。

⑧注意导电嘴和焊丝的接触情况，当导电嘴孔径严重磨损时要及时更换。

⑨注意喷嘴与导电杆之间的绝缘情况，防止喷嘴带电并及时清除附着的飞溅金属。

⑩经常检查供气系统工作情况，防止漏气、焊枪分流环堵塞、预热器和干燥工作不正常问题，保证二氧化碳气流均匀畅通。

⑪工作完毕或因故离开，要关闭气路和水路，切断一切电源。

⑫当焊机出现故障时，不要随便拨弄电气元件，应停机检查修理。

2. 二氧化碳气体保护焊机常见故障及排除方法

二氧化碳气体保护焊机故障的判断方法，一般采取直接观察法、表测法、示波器波形检测法和新元件代入法等。检修和消除故障的一般步骤是从故障发生部位开始，逐级向前检查。对于被检修的各个部分，首先检查易损、易坏、经常出毛病的部件，随后再检查其他部件。二氧化碳气体保护焊机常见故障及排除方法见表10-27。

表10-27　二氧化碳气体保护焊机常见故障及排除方法

故障现象	故障原因	排除方法
焊丝送给不均匀	1. 送丝电动机电路故障； 2. 减速箱故障； 3. 送丝轮滚轮压力不当或磨损； 4. 送丝软管接头处堵塞或内层弹簧松动； 5. 焊枪导电部分接触不好或导电嘴孔径大小不合适； 6. 焊丝绕制不好，时松时紧或有弯折	1. 检修电动机电路； 2. 检修； 3. 调整滚轮压力或更换滚轮； 4. 清洗软管接头或修理内层弹簧； 5. 检修或更换导电嘴； 6. 调直焊丝

续表 10-27

故障现象	故障原因	排除方法
焊接过程中发生熄弧和焊接规范参数不稳	1. 导电嘴打弧烧坏； 2. 焊丝送给不均匀，导电嘴磨损过大； 3. 焊接参数选择不合适； 4. 焊件和焊丝不清洁，接触不良； 5. 焊接回路各部件接触不良； 6. 送丝滚轮磨损	1. 更换导电嘴； 2. 检查送给系统，更换导电嘴； 3. 调整焊接参数； 4. 清理焊件和焊丝； 5. 检查电路元器件及导线连接； 6. 更换滚轮
焊丝停止送给和送丝电动机不转	1. 送丝滚轮打滑； 2. 焊线与导电嘴熔合； 3. 焊丝卷曲卡在焊丝进口管处； 4. 熔丝烧断； 5. 电动机电源变压器损坏； 6. 电动机电刷磨损； 7. 焊枪开关接触不良或控制线路断线； 8. 控制继电器烧坏或其触点烧损； 9. 调速电路故障	1. 调整滚轮压力； 2. 连同焊丝拧下导电嘴，更换； 3. 将焊丝退出，剪去一段焊丝； 4. 更换； 5. 检修或更换； 6. 更换电刷； 7. 检修和接通线路； 8. 更换继电器或修理触点； 9. 检修调速电路
焊丝在送给滚轮和软管进口之间发生卷曲和打结	1. 弹簧管内径太小或阻塞； 2. 送丝滚轮离软管接头进口太远； 3. 送丝滚轮压力太大，焊丝变形； 4. 焊丝与导电嘴配合太紧； 5. 软管接头内径太大或磨损严重； 6. 导电嘴与焊丝粘住或熔合	1. 清洗或更换弹簧管； 2. 移近距离； 3. 适当调整压力； 4. 更换导电嘴； 5. 更换接头； 6. 更换导电嘴

续表 10-27

故障现象	故障原因	排除方法
气体保护不良	1. 电磁气阀故障； 2. 电磁气阀电源故障； 3. 气路阻塞； 4. 气路接头漏气； 5. 喷嘴因飞溅物而阻塞； 6. 减压表冻结	1. 修理电磁气阀； 2. 修理电源； 3. 检查气路导管； 4. 紧固接头； 5. 清除飞溅物； 6. 查清冻结原因可能是气体消耗量过大，或预热器断路或未接通

10.5　等离子弧焊接、切割机的维修

10.5.1　等离子弧焊接、切割机的维护保养

①安装设备置于干燥、清洁且通风良好的场所。

②设备应有保护接零，即将机壳部分与三相四线中的零线连接（带电源插头的产品出厂时已内接）。

③要经常注意焊枪冷却水系统工作状态，防止漏水或烧毁焊枪。

④要定期用干燥的压缩空气清洁焊机内部，保持焊机清洁、控制电路等系统的可靠。如发现问题，应及时修理或更换。

⑤要经常注意焊枪离子气与保护气系统工作状态，及保护气的配比，发现漏气应及时解决。

⑥要经常仔细观察焊枪的工作情况，发现焊嘴损坏要及时更换，防止烧毁焊枪。

⑦钨极的修磨应用专用研磨机，不得偏心，否则易产生双弧。

⑧装配钨极时，要保证气体分配器、钨极、焊嘴等必须同心。

⑨根据工件的厚度、材质，选择合适的焊接参数。并把焊嘴与工件之间距离调整在合理的位置上。

⑩经常排除过滤减压阀中的积水，即逆时针旋转最下部螺钉，排除积水后再拧紧。若压缩空气中含水量过多，应考虑在过滤减压阀与气源

间再外加一只过滤阀，否则将影响切割质量。

⑪未进行切割工件时，尽量少按动割炬按钮，以免损坏机件。

⑫切割工件全部结束后，切断电源开关和气源阀。

10.5.2 等离子弧焊接、切割机常见故障及排除方法

等离子弧焊接、切割机常见故障及排除方法见表 10-28。

表 10-28 等离子弧焊接、切割机常见故障及排除方法

故 障 现 象	故 障 原 因	排 除 方 法
合上电源开关，电源指示灯不亮	1. 供电电源开关中熔断器断； 2. 电源箱后熔断器断； 3. 控制变压器坏； 4. 电源开关坏； 5. 指示灯坏	1. 更换； 2. 检查更换； 3. 更换； 4. 更换； 5. 更换
不能预调切割气体压力	1. 气源未接上或气源无气； 2. 电源开关不在“通”位置； 3. 减压阀坏； 4. 电磁阀接线不良； 5. 电磁阀坏	1. 接通气源； 2. 扳到“通”位置； 3. 修复或更换； 4. 检查接线； 5. 更换
工作时按下割炬按钮无气流	1. 管路泄漏； 2. 电磁阀坏	1. 修复泄漏部分； 2. 更换
导电嘴接触工件后按动割炬按钮工作，指示灯亮但未引弧切割	1. KT_1 损坏； 2. 高频变压器坏； 3. 火花棒表面氧化或间隙距离不当； 4. 高频电容器 C_7 短路； 5. 气压太高； 6. 导电嘴损耗过短； 7. 整流桥整流元器件开路或短路； 8. 割炬电缆接触不良或断路； 9. 工件地线未接至工件； 10. 工件表面有厚漆层或厚污垢	1. 更换； 2. 检查或更换； 3. 打磨或调整； 4. 更换； 5. 调低； 6. 更换； 7. 检查更换； 8. 修理或更换； 9. 接至工件； 10. 清除使之导电

续表 10-28

故障现象	故障原因	排除方法
导电嘴接触工件后按下割炬按钮，切割指示灯不亮	1. 热控开关动作； 2. 割炬按钮开关坏	1. 待冷却后再工作； 2. 更换
高频起动后控制熔丝断	1. 高频变压器损坏； 2. 控制变压器损坏； 3. 接触器线圈短路	1. 检查并更换； 2. 检查并更换； 3. 更换
总电源开关熔丝断	1. 整流元器件短路； 2. 主变压器故障； 3. 接触器线圈短路	1. 检查并更换； 2. 检查并更换； 3. 检查并更换
有高频发生但不起弧	1. 整流元器件坏（机内有异常声响）； 2. 主变压器坏； 3. C_1～C_7坏	1. 检查并更换； 2. 检查并更换； 3. 检查并更换
长期工作中断弧不起	1. 主变压器温度太高，热控开关动作； 2. 线路故障	1. 待冷却后再工作，注意降温风扇是否工作及风向； 2. 检查并修复

10.6　电阻焊机的维修

10.6.1　电阻焊机的维护保养

1. 日常保养

日常保养是保证焊机正常运行、延长使用期限的重要环节。主要项目是保持焊机清洁，对电气部分要保持干燥，注意观察冷却水流通状况，检查电路各部位的接触和绝缘状况。

2. 定期维护检查

机械部位定期加润滑油。缝焊机还应在旋转导电部分定期加特制的润滑脂；检查活动部分的间隙；观察电极及电极握杆之间的配合是否正常，有无漏水；电磁气阀的工作是否可靠；水路和气路管道有否堵塞；电气接触处有否松动；控制设备中各个旋钮有否打滑，元器件有否脱焊或损坏。

3. 性能参数检测

（1）焊接电流和通电时间的检测 一台新的电阻焊机在出厂前要通过规定项目的试验，包括空载试验和短路试验以确定阻焊变压器及整台焊机的性能是否符合出厂标准。空载试验和短路试验要求有专门的试验设备才能进行。在焊机的使用现场，可使用电阻焊大电流测量仪对次级短路电流（电极直接接触）或焊接电流（电极间有工件置入）及通电时间进行检测。电阻焊电流测量仪是一种专用仪表，通过套在次级回路中的感应线圈（传感器）获取通电瞬间的电磁信号，然后经过电路转换，以数字形式显示出电流值及时间值。

（2）次级回路直流电阻值的检测 对特定的一台焊机来说，次级回路尺寸是固定的，因此感抗是不变的。只有电阻值会因接触表面氧化膜的增厚、紧固螺栓的松动等而增大。次级回路电阻的增大将使焊机次级短路电流值（或焊接电流值）减小，降低了焊机的焊接能力。所以，在长期使用后应对次级回路进行清理和检测。

次级回路直流电阻值的检测方法可采用微欧姆计进行直接测量，也可对次级回路外接直流电源，通过测定电流和电压降的方法换算成电阻值。

（3）测定压力 对于一般气动焊机来说，压力是由气缸产生的，因此接入气缸压缩空气的压强与其气缸压力是成比例的。可建立电极压力与压缩空气压强的关系曲线，定期检测电极压力，并与之对照。

电极压力的检测方法有以下几种：

①采用U形弹簧钢制成的测力计，根据已知变形量与压力的关系曲线，从百分表读数可得知压力值。

②采用钢球痕的方法，即取一直径适当的钢球和一块平整的钢板或铜板，先在材料试验机上测得压痕直径与压力的关系曲线，然后与在焊机上以同一钢球和同一钢板测得的压痕作对比而得到焊机的压力值。

③使用电阻应变片及相应的仪表组成的测力计直接测定。

④用专用的机械式测力计测定。

10.6.2 点焊机常见故障及排除方法

点焊机常见故障及排除方法见表10-29。

表 10-29　点焊机常见故障及排除方法

故障现象	故障故障	排除方法
踏下脚踏板焊机不工作，电源指示灯不亮	1. 检查电源电压是否正常，检查控制系统是否正常； 2. 检查脚踏开关触点、交流接触器触点、分头换挡开关是否接触良好或烧损	1. 查换控制系统损坏元器件； 2. 查换脚踏开关触点、交流接触器触点、分头换挡开关
电源指示灯亮，工件压紧不焊接	1. 检查脚踏板行程是否到位，脚踏开关是否接触良好； 2. 检查压力杆弹簧螺钉是否调整适当	1. 调整脚踏板行程到位，使其接触良好； 2. 调整压力杆弹簧螺钉适当
焊接时出现不应有的飞溅	1. 检查电极是否氧化严重； 2. 检查焊接工件是否严重锈蚀接触不良； 3. 检查调节开关是否挡位过高； 4. 检查电极压力是否太小，焊接程序是否正确	1. 电极氧化更换； 2. 使其接触良好； 3. 调整调节开关到合适位置； 4. 调整电极压力
焊点压痕严重并有挤出物	1. 检查电流是否过大； 2. 检查焊接工件是否有凹凸不平； 3. 检查电极压力是否过大，电极头形状、截面是否合适	1. 调整电流合适； 2. 处理焊接工件使其平整； 3. 调整电极压力，修复或互换合适的电极头形状、截面
焊接工件强度不足	1. 检查电极压力的大小，检查电极杆是否紧固好； 2. 检查焊接能量是否太小，焊接工件是否锈蚀严重，使焊点接触不良； 3. 检查电极头截面是否因为磨损而增大，造成焊接能量减小； 4. 检查电极和铜软联的接合面是否严重氧化	1. 调整电极压力、紧固电极杆； 2. 调整焊接能量，清洗焊接工件使焊点接触良好； 3. 打磨电极头截面或更换； 4. 重新连接电极和铜软联

续表 10-29

故障现象	故障故障	排除方法
焊接时交流接触器响声异常	1. 检查交流接触器进线电压在焊接时是否低于自身释放电压 300V； 2. 检查电源引线是否过细过长，造成线路压降太大； 3. 检查网络电压是否太低，不能正常工作； 4. 检查主变压器是否有短路，造成电流太大	1. 检查交流输入电压； 2. 查换电源引线； 3. 网络电压正常后再工作； 4. 修换主变压器
焊机出现过热现象	1. 检查电极座与机体之间绝缘电阻是否不良，造成局部短路； 2. 检查进水压力、水流量、供水温度是否合适，检查水路系统是否有污物堵塞，造成因为冷却不好使电极臂、电极杆、电极头过热； 3. 检查铜软联和电极臂、电极杆和电极头接触面是否氧化严重，造成接触电阻增加发热严重； 4. 检查电极头截面是否因磨损增加过多，使焊机过载而发热； 5. 检查焊接厚度、负载持续率是否超标，使焊机过载而发热	1. 查换电极座与机体之间的绝缘电阻； 2. 调整进水压力、水流量、供水温度，清除水路系统污物堵塞； 3. 重新连接铜软联和电极臂、电极杆和电极头； 4. 修复检查电极头； 5. 调整焊接厚度或更换焊机

10.6.3 对焊机常见故障及排除方法

①UN1 系列对焊机常见故障及排除方法见表 10-30。

10-30　UN1 系列对焊机常见故障及排除方法

故障现象	故障原因	排除方法
按下控制按钮，焊机不工作	1. 检查电源电压是否正常； 2. 检查控制线路接线是否正常； 3. 检查交流接触器是否正常吸合； 4. 检查主变压器线圈是否烧坏	1. 调整电源电压至正常； 2. 检修控制线路接线至正常； 3. 修换交流接触器； 4. 修换主变压器线圈
松开控制按钮或行程螺钉触动行程开关，变压器仍然工作	1. 检查控制按钮、行程开关是否正常； 2. 检查交流接触器、中间继电器衔铁是否被油污粘连不能断开，造成主变压器持续供电	1. 修换控制按钮、行程开关； 2. 修换交流接触器、中间继电器衔铁
焊接不正常，出现不应有的飞溅	1. 检查工件是否不清洁、有油污或锈痕； 2. 检查丝杆压紧机构是否能压紧工件； 3. 检查电极钳口是否光洁、有无铁迹	1. 清洗工件油污、锈痕； 2. 修换丝杆压紧机构； 3. 修换电极钳口
下钳口（电极）调节困难	1. 检查电极、调整块间隙是否被飞溅物阻塞； 2. 检查调整块、下钳口调节螺杆是否烧损、烧结、变形严重	1. 清理电极、调整块间隙飞溅物； 2. 清理矫正调整块，下钳口调节螺杆
不能正常焊接，交流接触器出现异常响声	1. 焊接时测量交流接触器进线电压是否低于自身释放电压 300V； 2. 检查引线是否太细太长，压降太大； 3. 检查网络电压是否太低，不能正常工作； 4. 检查主变压器是否有短路，造成电流太大	1. 调整电压为 300V； 2. 更换引线； 3. 正常后工作； 4. 修换主变压器

②UN2 系列快速开合式对焊机常见故障及排除方法见表 10-31。

表 10-31 UN2 系列快速开合式对焊机常见故障及排除方法

<table>
<tr><th colspan="2">故障现象</th><th>故障原因</th><th>排除方法</th></tr>
<tr><td>不起弧</td><td>监视器仪表指示为 0，监视器仪表指示超过正常值</td><td>1. 焊接没有输出电流或两钢筋短路；
2. 机头内发生短路；
3. 钢筋严重锈蚀或焊口处被水泥焊剂等物垫住</td><td>1. 维修电源、熔断器、控制电缆、插头座、控制开关、交流接触器和通用继电器的吸合电路；
2. 操作失误，重新操作；
3. 清理脏物或更换绝缘套件，清理后重新操作</td></tr>
<tr><td rowspan="3">控制失灵</td><td>监视器数字显示不正常或不显示</td><td>控制开关，控制电缆和插头座发生故障或监视器坏</td><td>维修相应部件，更换监视器</td></tr>
<tr><td>控制开关释放后不断电</td><td>交流接触器或通用继电器触点</td><td>停电后清理或更换</td></tr>
<tr><td>控制开关不起作用</td><td>1. 保险管烧坏；
2. 控制电缆断线；
3. 控制电缆插头座损坏；
4. 控制变压器损坏；
5. 通用继电器或交流接触器线圈烧毁；
6. 开关本身坏</td><td>1. 更换保险管；
2. 检查并焊接；
3. 更换电缆插头座；
4. 更换控制变压器；
5. 更换或修理；
6. 更换控制按钮或开关</td></tr>
</table>

10.6.4 缝焊机的维修

在焊接过程中不能调整设备的电流分挡开关、能量调节旋钮、脉冲选择开关，否则有可能影响焊接或损坏焊接设备。

焊机各活动部分及电动机减速箱传动机构应经常保持润滑。焊接工件应在清理干净后进行施焊，以免因为工件或者焊接电极上有尘土、氧化、锈斑等损坏焊接电极及滚轮。焊机使用一段时间后应该对焊接电极进行清理，保证焊接面的干净。

当焊机在 0℃以下的温度工作时，应采取必要的防寒防冻措施。

当焊机长时间不用时，应该将整个焊接设备用防尘的设施套起来，尤其是焊接电极和焊轮更应该注意防尘和防潮。电源的刀开关也要拉下来，防止触电的危险和延长设备的使用寿命。当再次重新使用设备时，一定要认真检查一下，看看设置的参数是否正确，机械润滑部分是否需要加注润滑油，用兆欧表测量设备的绝缘情况，确认无误后才能开机试验。

缝焊机常见故障及排除方法参考表 10-29。

10.6.5　焊网机常见故障及排除方法

焊网机常见故障及排除方法见表 10-32。

表 10-32　焊网机常见故障及排除方法

故障现象	故障原因	排除方法
焊接设备空载调试正常，只要一焊接就停止工作	电源供电不足所致，空载调试时电网电压基本正常，当正常焊接时因耗电电流迅速加大导致电压过低，从而不能保证焊接控制器等组件的正常工作	解决电源供电问题，在焊接过程中电压最低极限不能低于 340V
电源三相电正常，冷却风扇、步进电动机均不工作（电源指示灯不亮）	在三相电源供电正常的前提下，供电中性线没有接好或接触不良	接好中性线
焊接设备空载调试正常，焊接时无焊接输出，工件不焊接	负责控制焊接输出的控制器电源开关没有打开；焊接时间调节的太短；焊接能量调节的太小；焊接变压器接触组接触不良或者调节挡位太低；焊接控制器输入、输出线接触不良	参照电原理图进行维修
焊接工件的焊点小，焊接强度大小不均匀，或有个别焊点不焊接	上下电极高低不齐或接触平面不平整及电极压力不均匀	修磨电极
焊接设备的拖板控制步进电动机不动作	负责控制步进电动机驱动器的电源开关没有打开（控制柜最右侧运行调试开关）；步进电动机驱动控制器输入、输出线接触不良；程序选择错误或者进入保护状态；设备使用时间过长，驱动控制过热保护	参考随机附带的使用说明进行调整和检查

续表 10-32

故障现象	故障原因	排除方法
焊接工件的焊点强度过小或过大	因焊接时间和焊接能量调整不合适所致	参考随机附带的KD2-1601或KD3-1601焊接控制器的使用说明书，对焊接能量和焊接时间进行调整。具体焊接参数应根据焊接工件的焊接性能进行调整，掌握的原则是大电流短时间则焊接效果较好，反之则效果较差；需特别注意的是个别焊点的差异，最好检查相应上下电极方面的问题，不要随意地调节焊接时间和焊接能量
定长焊接时焊够焊点数机器不自停	定长焊接开关未打开，焊接计数器JDM-12未正常工作	一般只要计数器能正常计数，打开定长控制开关即可；如果计数器不能正常计数，则应检查其外围接线是否有接触不良或者计数器本身产生质量问题，需对计数器进行修理或调换
焊接工件的网孔径向成形不好	经丝张力不够或张力不匀，个别经丝张力过大或过小	应重点检查经丝盘的送料情况，尽可能将所有经丝的张力调整均匀

10.7 其他焊割设备的维修

10.7.1 机械切割设备的维修

1. 气割机的维护保养

①气割机应放在通风干燥处，避免受潮，室内不应有腐蚀性气体存在。

②气割机的减速箱半年加一次润滑油，并定期对轴承加注润滑脂。

③气割机的软管不得长期放在太阳光下，以防软管提前老化。

④气割机放置期间要将基臂和主臂折在一起，不要伸展开，以防工作臂变形。

⑤气割机平衡锤要拆下单独放置，或者将两个杆完全插入机器的孔中，以防平衡锤的两个杆变形。

⑥气割机如果放置时间较长，应将各轴上足润滑油，以保护轴和轴承。

⑦下雨天切勿在露天使用气割机，防止电气系统受潮引发事故。

⑧使用前应做好清理检查工作，机身、割炬和运动部件必须调整好间隙，紧固件必须紧固有效。

⑨气割工休息或长时间离开工作场地时，必须切断电源。

2. 管道切割机的维护保养

管道切割机由电气部分、机械部分和切割工作部分组成，这三部分的维护有不同的特点。

（1）电气部分 切割机的电气部分由电源接入后，经各种开关控制接入各自电路。由于切割机不同，电路也不同。

1）小车式切割机的电气部分。这里所说的小车式切割机是指将割炬或等离子枪等装在小车上进行切割的切割机，包括单条切割机、多条直条切割机、甲虫式切割机和管道切割机。这类切割机的电气部分比较简单，主要有电动机和控制开关。

①电动机的维护保养。在使用过程中，注意连续使用时间不要过长。一般来说，小车的电动机连续工作 1～2h 没有问题。新购进的切割机，应认真阅读说明书，尤其是注意事项。电动机的维护内容如下。

a. 温升。操作者在工作中要注意电动机的温升，电动机工作温度一般不得超过 65℃。如果嗅到有焦煳味，要立即检查是不是电动机过热。如果电动机烫手或出现冒烟，应立即停机，拔掉电源进行检修。

b. 润滑。电动机的两个轴承应定期注油润滑。长期放置的切割机，使用前应检查轴承的工作情况，以保证切割的连续进行。

c. 防潮。电动机和所有的电气开关都要注意防潮。电动机上的接线板都是用胶木板制作的，受潮后会使绝缘能力下降而烧坏。各电气开关受潮会漏电而危及人身安全。

②插头、插口的维护。插头与插口是同型号配套安装，插头插入插口应保证各孔与插头良好接触，否则会出现插头和插口发热，严重时会烧坏插口和插头。当发现插头烧黑时，应检查是插口还是插头有问题，

故障排除后再使用。

③控制面板的维护。控制面板上安装着切割机上的控制开关和调整旋钮，面板表面要保持清洁，每次使用前要检查各开关、旋钮和指示灯是否正常，发现问题要及时向有关人员汇报，及时维修。每次用完后应用塑料膜遮盖，以防落入金属屑和水而损坏开关。

④电缆的维护。这尖切割机的工作区域较大，少则几米，多则十几米甚至几十米，因此，小车行走时，电缆必须能与小车同步送进。电缆不能落在刚切割过的割口上，以免破坏绝缘。

2）龙门式切割机的电气部分。龙门式切割机其实也是小车驱动，只是车的轮子要横跨工件。龙门式切割机的电气部分和小车式切割机的差不多，所不同的是由于龙门式切割机体积较大，搬运困难，一般是固定在车间内使用，用完后也收起来。那么，操作者在用完后应拔下插头。如果不是插头控制，则应断开空气开关或拉下电闸。关于电缆问题，龙门式切割机由于有固定位置，可在机器上方安装一条钢拉线，将电缆进行蛇形悬挂，便可与切割机良好配合。龙门式切割机上的电缆悬挂方法如图 10-30 所示。

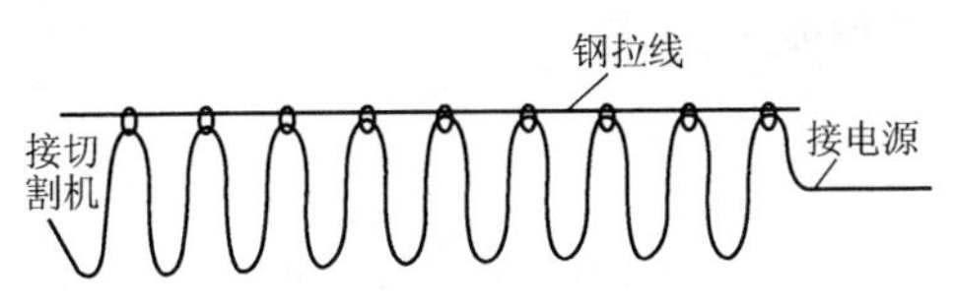

图 10-30 龙门式切割机上的电缆悬挂方法

3）主体定位式切割机的电气部分。这类切割机是指仿形切割机、割圆机和管道割孔机。这类切割机都有一个机座或机架，其电气部分的维护与小车式切割机差不多，可比照进行。

4）数控切割机的电气部分。数控切割机的电气部分较前者复杂。计算机是数控切割机的核心，其程序可以在本机上编辑，也可通过输入系统将已编好的程序传输过来。计算机的维护内容为保证系统文件不被破坏；定期或不定期清除垃圾文件；及时杀毒，以防病毒破坏计算机程序。其他电气部分的维护与小车式切割机相同。

5）电磁装置。仿形切割机和割圆机用磁力定位，用后应将电磁铁和永久磁铁包裹起来，以防沾上铁屑而影响与工件的接触。

6）电子点火装置。电子点火装置的放电电极与割嘴要保持适当的间隙，位置要正确，否则会出现点不着火的现象。

7）小车自动控制阀。

8）必须保证与切割氧可靠联动。

（2）机械部分　机械部分包括轨道、滚轮、离合器、传动机构和减速机构。

①传动机构和减速机构只要定期注油润滑，一般不需要日常维护。

②轨道在使用前要检查是否有机械损伤，如变形、锈蚀、接口损坏等，如有变形则必须矫正后再使用；出现锈蚀则应除锈后再使用，用完后应涂油或用油纸包起来以防再次锈蚀。

③滚轮是与轨道相配合使用的。小车滚轮要保持完好，如发现锈蚀应除锈后再使用。

④离合器是控制传动机构与小车滚轮之间联动的机构。一般由一个旋钮控制，有的就在滚轮外。当检测轨道要拉动小车时，可断开离合器。合上离合器后，应确保与传动机构同步转动。

（3）切割工作部分　切割工作部分有氧气瓶、乙炔瓶、氧气和乙炔减压器、输气软管等机外设备，氧气及乙炔接口、气阀、割炬和割嘴等机上装置。

1）机上装置。各接口要保证可靠连接和可靠密封，尤其是乙炔接口，绝对不得漏气。气割割嘴要达到要求（风线好、射吸效果好）。等离子切割的割炬不得产生双弧。

2）机外设备。

①氧气瓶。氧气瓶必须保证是合格的氧气瓶，在使用过程中，必须保证按压力容器的管理要求定期打压检验，合格后才能继续使用。

②乙炔气瓶。和氧气瓶一样，乙炔气瓶也必须按压力容器管理要求进行定期检验。另外，乙炔气瓶是溶解气瓶，内部除充满多孔物质外，还有大量的丙酮，因此，乙炔气瓶在使用中要注意以下几点。

a. 必须立放。乙炔气瓶内部由于有大量的丙酮，且丙酮中溶解大量的乙炔，一旦卧放，丙酮会携带大量乙炔经减压器流入乙炔软管，然后大量乙炔从丙酮中析出，会使乙炔软管的内压猛增而导致爆管，因此，乙炔气瓶必须立放。如果乙炔气瓶原来保存时已经卧放，使用前必须将气瓶立放后静置 10min 以上，再打开瓶阀为切割机供气。

b. 不允许振动。剧烈振动会使压力气瓶爆炸。就乙炔气瓶而言，不剧烈的振动也会使瓶内的多孔物质下沉，使气瓶的上部产生空洞。而乙炔气体在 1.5MPa（1.5atm）下只能在多孔条件下安全保存，在一般容器中超过 0.15MPa（1.5atm）就会爆炸。因此，无论在什么条件下，乙炔气瓶都不允许振动。

c. 不允许受热。受热后瓶内压力会显著增高，易造成爆炸。

d. 定期检验。定期检验是压力容器管理中的重要环节，乙炔气瓶也必须按有关规定进行定期检验，经检验不合格的气瓶不得使用。

③减压器。切割工作要求减压器能有效减压；能使压力保持稳定，不会因用气量增加而压力进一步降低，也不会因为停止用气而压力明显升高；能达到满足使用的流量。因此，选择减压器除了考虑工作压力的要求外，还要考虑流量要求。

④软管。软管必须按规定配备，绝不允许用其他软管代替，同时还应注意氧气软管和乙炔软管不能用错。

⑤等离子电源。等离子电源应按切割厚度的需要配备。

⑥等离子切割的电缆。由于切割电流大，必须按要求的电流配备电缆。在使用中如发现电缆发热和冒烟现象，说明电缆不符合要求，必须停止切割，更换满足要求的电缆后再继续切割。在使用中，等离子电缆注意不要放在刚切割后的金属板上，以防烫坏绝缘皮。

3. 切割机常见切割质量问题及排除方法

切割机比手工切割的质量稳定得多，但如果操作不当也会出现一些质量问题。常见切割质量问题产生原因及其排除方法见表 10-33。

表 10-33 常见切割质量问题产生原因及其排除方法

类型	质量问题	产生原因	排除方法
线切割机	割口偏离切割线	1. 导轨安装位置不正确； 2. 切割操作时将轨道碰偏	切割前先画出轨道的位置线，切割时注意监测

续表 10-33

类型	质量问题	产生原因	排除方法
线切割机	割口上部熔塌	1. 切割速度（小车行走速度）过慢； 2. 预热火焰能率过高	先进行试切割，再确定切割速度和火焰能率
	割口太宽	1. 割嘴选择不当（太大）； 2. 割嘴风线不好； 3. 割嘴安装不牢，工作时有摆动	1. 按工件厚度选择割嘴； 2. 更换风线好的割嘴； 3. 用扳手将割嘴拧紧
	局部割不透	1. 轨道不清洁，使割嘴上下抖动； 2. 轨道或滚轮有机械损伤； 3. 切割速度太快或不稳	1. 清理轨道和小车滚轮； 2. 修复或换下有机械损伤的轨道或滚轮； 3. 选择适当的切割速度
	割口不直	割（炬）嘴安装不牢，工作时有振动	安装牢固
	割不透或后拖严重	切割速度太快，割嘴选择过小	割嘴大小适当，切割速度与割嘴恰当配合
仿形切割机	割件形状与图样不一样	样板制作错误，磁性滚轮直径补偿计算不对	制作样板必须考虑磁性滚轮直径
	外圆上角熔塌	内靠模的圆角半径较小，导致割嘴速度比磁性滚轮慢得太多	尽量选择小直径的仿形磁性滚轮
	内圆角割不透	外靠模的圆角半径较小，导致割嘴速度比磁性滚轮快	设定切割速度时要综合考虑特殊位置的切割速度
	工件边缘不整齐	磁性滚轮表面吸附有铁屑	清理磁性滚轮
手提式切割机	切割面不整齐	操作技术不好，手扶不稳所致	提高技术
	有的地方未割透	工件表面不干净，使割嘴时高时低	割前严格清理工件表面
	切口上缘熔塌	火焰能太高或切割速度太慢	选择合适的切割速度

续表 10-33

类型	质量问题	产生原因	排除方法
管道切割机	切割机在管子上吸不住	1. 管子壁太薄，导致吸引力太小； 2. 磁性滚轮磁力下降； 3. 管子直径太小，使小车车体碰到管子，磁性滚轮接触不牢	1. 薄壁管改用链条捆绑式切割机； 2. 更换新滚轮； 3. 借助大直径管作为切割机轨道
管道切割机	有的地方割不透	1. 磁性滚轮上吸有大块铁屑； 2. 气割速度快； 3. 氧气供气压力不稳	1. 使用前严格清理磁性滚轮； 2. 提前试割，选定适当的切割速度； 3. 检查减压器工作状况和氧气瓶气压
管道切割机	管子外缘熔塌	1. 切割速度太慢； 2. 预热火焰能率过大	1. 加快切割速度； 2. 减小预热火焰能率
管道切割机	割口太宽	1. 割嘴风线不好； 2. 割嘴选择过大	1. 换风线好的割嘴； 2. 按板厚选择割嘴
管道切割机	切割面不整齐	1. 割嘴安装不牢固； 2. 磁性滚轮上吸有铁屑使机体振动	1. 将割嘴拧紧； 2. 清理磁性滚轮
割圆机	切割机吸不住	工件太薄，导致吸力太小	在工件下面加 10mm 厚垫铁
割圆机	有的地方割不透	1. 底座偏，使割炬一面高一面低； 2. 气割速度快； 3. 氧气供气压力不稳	1. 安装时调整好； 2. 提前试割，选定适当的切割速度； 3. 检查减压器工作状况和氧气瓶气压
割圆机	上缘熔塌	1. 切割速度太慢； 2. 预热火焰能率过大	1. 增加割炬转速； 2. 减小预热火焰能率
割圆机	割口不齐	1. 割炬安装不牢； 2. 旋转杆颤动	1. 将割炬装牢； 2. 检验旋转杆颤动原因并排除

续表 10-33

类型	质量问题	产生原因	排除方法
数控切割机	有的地方割不透	1. 两轨道不在一个平面内； 2. 工件未放平，低处割不透； 3. 氧气供气压力不稳； 4. 割嘴选择不当	1. 安装轨道严格找平，且两轨道应平行； 2. 工作台也要找平，与轨道平面平行； 3. 氧气瓶的压力保持在5MPa以上； 4. 选用与板厚相当的割嘴
	形状与图样不符	1. 程序编制不正确； 2. 传动机构不同步	1. 核对并修改程序； 2. 检修传动机构
	割口边缘不齐	1. 割炬安装不牢； 2. 传动机构自由行程超标	1. 将割炬装牢； 2. 调整传动机构
	上缘熔塌	1. 切割速度太慢； 2. 预热火焰能率过大	1. 增加切割速度； 2. 减小预热火焰能率

10.7.2 电渣焊机常见故障及排除方法

电渣焊机常见故障及排除方法见表 10-34。

表 10-34　电渣焊机常见故障及排除方法

故障现象	故障原因	排除方法
在焊接过程中，发现焊丝不均匀送进；在机头电动机正常工作时，焊接中断	1. 在送进机构中，焊丝夹得不紧； 2. 送进滚轮槽损坏； 3. 焊丝在导电嘴内卡住； 4. 造渣阶段的熔渣飞溅凝结在导电嘴头上	1. 消除螺钉“打滑”现象，旋紧弹簧套筒，增加压紧滚子的压力； 2. 更换磨损的滚子； 3. 检查更换导电嘴或调节接触压力； 4. 清除掉粘渣
按“向上”按钮或“向下”按钮时，机头电动机不转动	1. 电动机供电线路的触点损坏或断开； 2. 分组转换开关的触点损坏； 3. 分组转换开关的接线板烧坏	1. 检查供电线路，熔丝、接触器、控制盘、接线柱等是否有电压存在，以确定故障位置； 2. 更换损坏的元件； 3. 更换损坏的接线板

续表 10-34

故障现象	故障原因	排除方法
按“起动”按钮时，虽然磁力接触器已接通，但不发弧，接触器不工作	1. 焊接电路内无电流； 2. 焊丝焊件之间未短路或短接不良； 3. 熔丝损坏，控制线路断开； 4. 接触器绕组故障； 5. “起动”按钮接触不良	1. 检查电路及电源； 2. 重新使焊丝与焊件短路； 3. 检查熔丝和控制线路； 4. 检查接触器绕组，当线圈断开或短路时应予以更换； 5. 消除按钮触点的毛病
在焊接过程中发现局部起弧过程	1. 渣池深度不够； 2. 焊接电压过高	1. 用以下方法增加渣池深度： 1）一次性供给较多熔剂以增渣量； 2）焊机以较快的速度向上移动。 2. 用变压器上的转换开关减少电压
焊丝未短路时焊接电路中有电流通过	焊机上的绝缘损坏	检查焊机绝缘情况，查看导电部分是否经其他物（如工具）短路，同样也应检查导电嘴与焊件是否短路
1. 滑块下的熔池水平过低，熔化金属从滑块底部向下流出； 2. 滑块下的熔池水平过高，渣溢出	1. 由齿轮决定的焊机移动的传动速度高； 2. 由齿轮决定焊机移动的速度过低	调整焊机移动速度比平均焊速略大（或略小）一些
焊接时滑块离开焊件，焊缝宽度和加强高度增大	1. 滑块压向焊件的力不够； 2. 装配不良，工件坡口错边量超差	1. 拉紧滑块，拉紧机构的弹簧； 2. 提高装配质量并使焊件边缘的高度差≤3mm，用湿的石棉填满间隙
焊件的一面未焊透，焊缝宽度不一致，并有个别地方没焊透，焊缝宽度不够	1. 焊丝移动偏离未焊透一面； 2. 焊接过程不稳定，经常发生电弧过程； 3. 焊缝电压小； 4. 焊缝间隙小	1. 用校正器调整焊丝位置； 2. 根据已知因素调整焊接规范； 3. 增加电压； 4. 检查焊缝间隙，并加以调整

续表 10-34

故障现象	故障原因	排除方法
焊缝一面宽一面窄，在这种情况下，焊缝窄的一面可能没有焊透	1. 焊丝离一边的滑块过远，滑块附近焊缝变窄； 2. 焊件边缘加工质量不高； 3. 一边滑块的冷却水量过大	1. 调节极限开关机构的撞块螺杆，使焊丝靠近窄焊缝和未焊透的地方； 2. 改变焊接边缘的准备工作； 3. 利用水箱上的调节阀来降低水流量
导电嘴中焊丝发生火花，电压表指针摆动	导电嘴中焊丝接触不良（槽损坏或触点氧化）	检查焊丝与导电嘴导电块（接触叉）的接触情况，如接触导电块已损坏，应用锯锯掉，并在锯掉的地方焊上新的铜导电块
金属从一面或两面溢出	1. 钢板焊缝边缘错边量误差过大； 2. 熔剂或冷却的渣屑落入焊件或滑块之间	1. 提高装配质量，用湿石棉填满间隙； 2. 用压紧弹簧使滑块压紧，防止渣屑落入，用小锤敲动滑块使滑块压向焊缝边缘
焊接时电弧露出，并在焊缝边缘的一边燃烧	1. 焊丝太靠近边缘处； 2. 导电嘴出来的焊丝偏左或偏右	1. 利用机头架上的横向校正器使焊丝移向间隙的中间； 2. 利用导电嘴横向校正螺杆，检查或调整由导电嘴里出来的焊丝
焊机不向上移动（垂直移动的速度指示器不动）	1. 电动机线路断开； 2. 焊机沿导轨的阻力很大： ①空载滚轮与工件的空隙过小（卡住）； ②有东西落入主动齿轮和齿条的啮合处	1. 修理电动机线路； 2. 用转动偏心轴上的滚子来调整空隙，检查并清除落入的物体
用两根（有时用三根）焊丝的焊接过程中，在焊丝上的电压出现较大变化，电压差达 10～15V	连接变压器和焊件的中线绕成圈状	将绕成的圈拉开，并尽量将导线放直

续表 10-34

故障现象	故障原因	排除方法
由导电嘴里伸出的焊丝成圆弧状	1. 导电嘴的接触叉末端磨损； 2. 导电嘴的导向管曲率不适于工作	1. 用纵向校正螺杆来校直焊丝； 2. 用扳手弯曲导向管
焊剂供给过多	量斗调整不良	1. 量斗中的调节套筒移动； 2. 量斗的拉杆螺钉转动
焊接开始时发现飞溅电渣，过程难以建立	焊丝干伸出长度过大	减少干伸长度
焊接时发现飞溅电渣，过程不稳定	1. 焊剂潮湿； 2. 很多铁屑落入渣池	1. 换用干燥焊剂； 2. 焊接前清除焊件边缘上的铁屑
焊接过程中在渣池水平面上发现有一根焊丝变红	导电嘴接触不良	用锉清理导电嘴的导电块

10.7.3 仿形切割机常见故障及排除方法

仿形切割机常见故障及排除方法见表 10-35。

表 10-35 仿形切割机常见故障及排除方法

故障现象	故障故障	排除方法
接通电源，指示灯不亮	1. XD 坏； 2. 变压器坏； 3. RD 断	1. 更换 XD； 2. 更换变压器； 3. 更换 RD
指示灯亮，电动机不转	1. 调速电路故障； 2. 正反转控制电路故障； 3. 电动机坏	1. 查换晶闸管、电位器和二极管元器件； 2. 查换正反转开关 S_2； 3. 查换电动机
电动机只能向一个方向转动	转向控制开关 S_2 故障	查换转换控制开关及接线
不能调速	调速控制电路故障	查换各电容是否有漏电失效现象，查换电位器

10.7.4 焊接工装常见故障及排除方法

焊接工装常见故障及排除方法见表 10-36。

表 10-36 焊接工装常见故障及排除方法

故障现象	故障原因	排除方法
电动机不能转动	1. 变压器损坏； 2. 控制继电器； 3. 检测电路故障； 4. 相关控制继电器驱动管损坏； 5. 开关电源损坏	1. 检查修复或更换变压器； 2. 检查修复或更换控制继电器； 3. 检查电阻及光电元器件，如有损坏则更换； 4. 更换； 5. 检测相关元器件修复开关电源
不能延时	1. 定时电容损坏； 2. 驱动控制管击穿； 3. 继电器触点黏合	更换
电动机只能向一个方向转动	转向控制开关故障	查换转换控制开关及接线

10.7.5 焊接辅助设备的维护保养

焊接辅助设备通常是在承载很重的情况下工作。在固定零件时又受到相当大的阻力，同时因温度的变化还受到一些附加的力作用。因此，焊接辅助设备的夹紧元件表面在长期使用中会产生磨损，使其失去自锁的能力。

为保证辅助设备的精度，并延长其使用寿命，应定期对每一种辅助设备进行检查、维修保养。检修内容如下。

①自制的辅助设备要编制设备使用说明书，要标明设备的结构和使用规则。

②制定修理周期，其周期的长短由辅助设备的工作特性和承受的载荷大小决定。

③定期进行保养润滑，按工作情况、班次决定。

④应规定检验夹具的周期，使各辅助设备处于良好的工作状态。

10.7.6 工、夹、胎、量具和保护用具的维护保养

1. 维护保养的一般要求

①操作必须掌握工、夹、胎、量具和保护用具的使用要领，能够正确使用各种工具。

②使用工、夹、胎、量具和保护用具前，首先应检查其是否完好，如有损坏应及时修理，防止在使用过程中出现损坏，造成质量事故或安全事故。

③使用电动夹和胎具时，应首先确认其绝缘良好，电器部分符合安全要求，地线可靠地接至机壳上。

④电动夹和胎具中的所有工作轴承应严格控制在 60℃以下工作状态，轴承和齿轮在工作中的声音均匀正常。

⑤常用的工、夹、量具和保护用具使用完毕后，必须擦干净，放入箱内或入库保管，禁止乱扔、乱放。

2. 胎、夹具的维护保养要点

①操作者工作前应对胎、夹具进行认真检查，防止因胎、夹具定位面不清洁造成工件与定位面接触不良。

②要经常清除夹具和胎具工作机构中的铁屑、焊接飞溅金属和油污，并应定期润滑。对气动部分的气缸要保持清洁以防锈蚀。

③夹具、胎具上螺旋夹紧机构的夹紧力不足时，不能用加长手柄的办法来增大夹紧力，防止工件变形，以及夹具与胎具被损坏。

3. 量具的维护保养要点

使用量具时，应避免磕碰划伤、接触腐蚀性气体和液体，保持量具表面清晰，减少磨损，防止变形，防锈防磁，要定期进行计量鉴定，量具用后要放在专用封套内。

4. 电焊条保温筒在使用过程中的维护保养要点

保温筒是焊工在工作时为保焊接质量不可缺少的一种工具。因此一定要注意保温筒的维护与保养。

①保温筒不能放在有水、潮湿的地方或强烈振动的地方，放置要平稳，避免严重碰撞，以免损伤内部元器件。

②使用电源电压不能超过 90V。

③取焊条时，应将焊把放下，切断保温筒电源，不要带电取焊条，以防烫伤触电。

④工作结束时，要切断保温筒电源，送回保管处储存好。

⑤不使用期间，应将筒盖盖紧保管好。

10.8　焊接设备修理技术

10.8.1　修理前的检查

修理前，应根据工具、夹具、胎具和保护用具的随机说明书，或合格证工作性能、质量和精度检查，依据质量和精度丧失情况和存在的问题，决定具体修理项目和验收要求，并做好技术准备和物质准备。修理后仍按上述要求验收。

10.8.2　修理用工具和仪器

①框式水平仪。用来测量直线度、平行度、垂直度等。

②塞尺、等高垫铁。用来测量平面平行度。

③百分表、磁性百分表。用来测量径向跳动、平行度等。

④径向百分表。用来测量内径。

⑤油压千斤顶。用来检测刚度。

⑥锥度塞规、锥度检验棒。用来测量锥孔接触面积、锥孔径向跳动。

⑦钢球。用来测量轴向跳动。

⑧支承板。用来测量主轴。

⑨圆柱检验棒、角尺。用来测量工作台面与其导轨面的垂直度。

⑩等高V形铁。用来测量主轴径向跳动。

⑪研磨棒、闷头、角度平尺、平板。用来研磨、修磨、研刮各种导向套、主轴轴套、主柱导轨面等。

⑫真空计、放电管。用来测量真空度。

⑬电流表、电压表、欧姆表。用来测量电流、电压、电阻。

⑭兆欧表。用来测量高值电阻和设备的绝缘电阻。

⑮瓦特表、频率表。用来测量电功率、电网频率。

⑯万用表。用来测量电压、电流、电阻、电感、电容等。

⑰电桥。用来测量电阻、电容、电感和电缆故障等。

10.8.3 修理用材料

焊接设备的类型很多，修理部位也不尽相同，故难以将修理所用材料一一列出，现仅将弧焊电源常用的修理用材料介绍如下。

1. 常用导电材料

导电材料大部分是金属，其特点是导电性好，有一定的机械强度，不易氧化和腐蚀，容易加工焊接。

（1）铜 铜导电性好，有足够的机械强度，并且不易腐蚀，被广泛应用于制造变压器、电动机和电器线圈。

根据材料的软硬程度铜分为硬铜和软铜两种。在产品型号中，“T”表示铜线，“TV”表示硬铜，“TR”表示软铜。

（2）铝 铝导线的导电性能不如铜导线，同样长度的两根导线，若要求其电阻值一样，铝导线的截面面积比铜导线大 1.68 倍。

铝资源丰富，价格便宜，是铜材料最好的代用品。但铝导线焊接比较困难。铝也分为硬铝和软铝：用作电动机、变压器线圈的大部分是软铝。在产品型号中，“L”表示铝线，“LV”表示硬铝，“LR”表示软铝。

（3）电线电缆 电线电缆品种很多，按照其性能、结构、制造工艺和使用特点不同，分为裸线、电磁线、绝缘线电缆和通信电缆四种。

1）裸线。这种产品只有导体部分，没有绝缘和护层结构。裸线分为圆单线、软接线、型线和硬绞线四种。修理电焊机及其他电器时经常用到的是软接线和型线。

2）电磁线。电磁线应用于焊机、电动机、电器和电工仪表中，作为线圈或元器件的绝缘导线。常用的电磁线有漆包线和绕包线。

①漆包线。漆包线是一种具有绝缘层的导电金属线，可供绕制电焊机、变压器或电工产品的线圈。漆包线多采用铜或扁铜线。常用型号有 QQ 线（油性漆包线，漆层厚，用于潜水泵中）、QZ 线（聚酰胺漆包线，用于多种干式电动机）、QF 线（耐氟漆包线，用于制冷压缩机，价格较

高）等几种类型，并有多种规格型号。常用漆包线的名称、型号、特点和适用范围见表10-37。

表10-37　常用漆包线的名称、型号、特点和适用范围

<table>
<tr><th>分类</th><th>名称</th><th>型号</th><th>耐热等级</th><th>规格范围/mm</th><th>特　点</th><th>适用范围</th></tr>
<tr><td rowspan="5">聚酯漆包线</td><td>聚酯漆包圆铜线</td><td>QZ-1
QZ-2</td><td rowspan="5">B</td><td>0.02～2.5</td><td rowspan="5">1. 在干燥和潮湿条件下，耐电压击穿性能好；
2. 软化击穿性能好</td><td rowspan="5">适用于中小电动机的绕组，干式变压器和电器仪表的线圈</td></tr>
<tr><td>聚酯漆包圆铝线</td><td>QZL-1
QZL-2</td><td>0.06～2.5</td></tr>
<tr><td>彩色聚酯漆包圆铜线</td><td>QZS-1
QZS-2</td><td>0.06～2.5</td></tr>
<tr><td>聚酯漆包扁铜线</td><td>QZB</td><td rowspan="2">a边
0.8～5.6
b边
2.0～18.0</td></tr>
<tr><td>聚酯漆包扁铝线</td><td>QZLB</td></tr>
<tr><td rowspan="2">聚酯亚胺漆包线</td><td>聚酯亚胺漆包圆铜线</td><td>QZY-1
QZY-2</td><td rowspan="2">F</td><td>0.06～2.5</td><td rowspan="2">1. 在干燥和潮湿条件下，耐电压击穿性能优；
2. 热冲击性能较好；
3. 软化击穿性能较好</td><td rowspan="2">高温电动机和制冷装置中电动机的绕组，干式变压器和电器仪表的线圈</td></tr>
<tr><td>聚酯亚胺漆包扁铜线</td><td>QZYB</td><td>a边
0.8～5.6
b边
2.0～18.0</td></tr>
<tr><td rowspan="2">聚酰胺酰亚胺漆包线</td><td>聚酰胺酰亚胺漆包圆铜线</td><td>QXY-1
QXY-2</td><td rowspan="2"></td><td>0.6～2.5</td><td rowspan="2">1. 耐热性优，热冲击及击穿性能优；
2. 耐刮性好；
3. 在干燥和潮湿条件下耐击穿电压好；
4. 耐化学药品腐蚀性能好</td><td rowspan="2">高温重负荷电动机、牵引电动机、制冷设备电动机的绕组，干试变压器和电器仪表的线圈，以及密封式电动机电器绕组</td></tr>
<tr><td>聚酰胺酰亚胺漆包扁铜线</td><td>QXYB</td><td>a边
0.8～5.6
b边
2.0～18.0</td></tr>
<tr><td>聚酰亚胺漆包线</td><td>聚酰亚胺漆包圆铜线</td><td>QY-1
QY-2</td><td>C
（220℃）</td><td>0.02～2.5</td><td>1. 漆膜的耐热性是目前漆包线品种中最佳的；
2. 软化击穿及热冲击性好，能承受短时期过载负荷；</td><td>耐高温电动机、干式变压器、密封式继电器和电子元器件</td></tr>
</table>

续表 10-37

分类	名称	型号	耐热等级	规格范围/mm	特　点	适用范围
聚酰亚胺漆包线	聚酰亚胺漆包扁铜线	QYB	C（220℃）	*a* 边 0.8～5.6 *b* 边 2.0～18.0	3. 耐低温性优；4. 耐辐射性优；5. 耐溶剂及化学药品腐蚀性优	
特种漆包线	自黏直焊漆包圆铜线	QAN	E	0.10～0.44	在一定温度时间条件下不需刮去漆膜，可直接焊接，同时不需浸渍处理，能自行黏合成形	微型电动机、仪表的线圈和电子元器件，无骨架的线圈
	环氧自黏性漆包圆铜线	QHN	E	0.10～0.51	1. 不需浸渍处理，在一定条件下，能自黏成形；2. 耐油性较好	仪表和电器的线较、无骨架的线圈
	缩醛自黏性漆包圆铜线	QQN	E	0.10～1.0	1. 能自行黏合成形；2. 热冲击性能较好	

②绕包线。指用绝缘物（如绝缘纸、玻璃丝或合成树脂等）紧密绕包在裸导线心（或漆包线）上形成绝缘层的电磁线，一般应用于大中型电工产品中。常用绕包线的名称、型号、特点和适用范围见表 10-38。

表 10-38　常见绕包线的名称、型号、特点和适用范围

分类	名称	型号	耐热等级/℃	规格范围/mm	特　点	适用范围
纸包线	纸包圆铜线 纸包圆铝线 纸包扁铜线 纸包扁铝线	Z ZL ZB ZLB	A（105）	10～460 10～560 *a* 边 0.9～560 *b* 边 20～180	1. 在油浸变压器中作线圈，耐电压击穿性能好；2. 绝缘纸易破损；3. 价廉	用于油浸变压器线圈

续表 10-38

分类	名称	型号	耐热等级/℃	规格范围/mm	特　点	适用范围
玻璃丝包线及玻璃丝包漆包线	双玻璃丝包圆铜线	SBEC	B（130）	0.25～60	1. 过负载性好； 2. 耐电晕性好； 3. 玻璃丝包漆包线耐潮湿性好	用于电动机、仪器、仪表等电工产品中线圈
	双玻璃丝包圆铝线	SBELC				
	双玻璃丝包扁铜线	SBECB		*a* 边 0.9～560 *b* 边 20～180		
	双玻璃丝包扁铝线	SBELCB				
	单玻璃丝包聚酯漆包扁铜线	QZSBCB				
	单玻璃丝包聚酯漆包扁铝线	QZSBLCB				
	双玻璃丝包聚酯漆包扁铜线	QZSBECB				
	双玻璃丝包聚酯漆包扁铝线	QZSBELCB				
	单玻璃丝包聚酯漆包圆铜丝	QZSBC	E（120）	0.53～250	—	—
	硅有机漆双玻璃丝包圆铜线	SBEG	H（180）	0.25～60 *a* 边 0.9～560 *b* 边 20～180	耐弯丝性较差	用于电动机、仪器、仪表等电工产品中线圈
	硅有机漆双玻璃丝包扁铜线	SBEGB				
	双玻璃丝包聚酰亚胺漆包扁铜线	QYSBEGB				
	单玻璃丝包聚酰亚胺漆包扁铜线	QYSBGB				
丝包线	双丝包圆铜线	SE	A	0.25～250	1. 绝缘层的机械强度较好； 2. 油性漆包线的介质损耗较小； 3. 丝包漆包线的电性能好	用于仪表、电信设备的线圈，以及采矿电缆的线心等
	单丝包油性漆包圆铜线	SQ				
	单丝包聚酯漆包圆铜线	SQZ				
	双丝包油性漆包圆铜线	SEQ				
	双丝包聚酯添包圆铜线	SEQZ				

续表 10-38

分类	名称	型号	耐热等级/℃	规格范围/mm	特　点	适 用 范 围
薄膜绕包线	聚酰亚胺薄膜绕包圆铜线 聚酰亚胺薄膜绕包扁铜线	Y YB	（330）	25～60 *a* 边 25～56 *b* 边 20～160	1. 耐热和耐低温性好； 2. 耐辐射性好； 3. 高温下耐电压击穿性好	用于高温、有辐射等场所的电机线圈及干式/变压器线圈

3）无机绝缘电磁线。无机绝缘电磁线有铜线和铝线，形状有圆、扁、带（箔）。按绝缘层分，有氧化膜或氧化膜外涂漆、陶瓷、玻璃。突出优点是耐高温、耐辐射。无机绝缘电磁线名称、型号、特点和适用范围见表 10-39。

表 10-39　无机绝缘电磁线的名称、型号、特点和适用范围

分类	名称	型号	规格范围	长期工作温度/℃	特点	适用范围
氧化膜线	氧化膜圆铝线 氧化膜扁铝线 氧化膜铝带（箔）	YML TMLC YMLB YMLBC YMLD	0.05～50mm *a* 边 10～40mm *b* 边 25～63mm 厚：0.08～100mm 宽：20～900mm	以氧化膜外涂绝缘漆的涂层性质确定工作温度	1. 槽满率高； 2. 耐辐射性好； 3. 弯曲性、耐酸碱性差； 4. 击穿电压低； 5. 不用绝缘漆封闭的氧化膜耐潮性差	起重电磁铁、高温制动器、干式变压器线圈，并用于需耐辐射场合
玻璃膜绝缘微细线	玻璃膜绝缘微细锰铜线 玻璃膜绝缘微细镍铬线	BMTM-1 BMTM-2 BMTM-3 BMNG	6～8μm 2～5μm	−40～+100	1. 导体电阻的热稳定性好； 2. 能适应高低温的变化； 3. 弯曲性差	适用于精密仪器、仪表的无感电子用标准电阻元件

续表 10-39

分类	名称	型号	规格范围	长期工作温度/℃	特点	适用范围
陶瓷绝缘线	陶瓷绝缘线	TC	0.06～0.50mm	500	1. 耐高温性能好； 2. 耐化学腐蚀性、耐辐射性好； 3. 弯曲性差； 4. 击穿电压低； 5. 耐潮性差	用于高温及有辐射场合的电器线圈等

2. 常用绝缘材料

由电阻系数大于 $10^9\Omega\cdot cm$ 的物质所构成的材料在电工技术上被称为绝缘材料。修理电焊机和其他电器时必须合理地选择使用绝缘材料。

（1）性能指标　绝缘材料的主要性能指标有以下几项。

①击穿电阻。

②绝缘电阻。

③绝缘材料的耐热等级和允许最高温度见表 10-40。

表 10-40　绝缘材料的耐热等级和允许最高温度

等级代号	耐热等级	允许最高温度/℃	等级代号	耐热等级	允许最高温度/℃
0	Y	90	4	F	155
1	A	105	5	H	180
2	E	120	6	C	>180
3	B	130	—	—	—

④黏度、固体含量、酸值、干燥时间和胶化时间。

⑤机械强度。

固体绝缘材料的分类和名称见表 10-41。

表 10-41　固体绝缘材料的分类及名称

分类代号	分类名称	分类代号	分类名称
1	漆树脂和胶类	4	压塑料类
2	浸渍材料制品	5	云母制品类
3	层压制品类	6	薄膜、胶带和复合制品类

（2）分类　电焊机常用的绝缘材料主要包括绝缘纸、绝缘套管、黄蜡绸（漆布）、绝缘漆和各种包扎用胶带。

①常用的绝缘纸有云母、石棉、聚酯薄膜和双层复合膜清盒纸等。常用的绝缘漆有沥青漆、油性漆、纯酸绝缘漆和聚酰胺漆等。

②浸渍漆主要用来浸渍电动机、电器的线圈和绝缘漆零件，以填充其间膜和微孔，提高它们的电气性能和力学性能。

③覆盖漆有清漆和磁漆两种，用来涂覆经浸渍处理后的线圈和绝缘零部件，作为绝缘保护层。

④硅钢片漆用来覆盖硅钢片表面，降低铁心的涡流损耗，增强防锈和耐腐蚀能力。

3. 常用磁性材料

常用磁性材料是指铁性物质，它是电工三大材料（导电材料、绝缘材料和磁性材料）之一，是电器产品中的主要材料。磁化材料通常分为软磁材料（导磁材料）和硬磁材料（永磁材料）两大类。

（1）软磁材料　软磁材料的主要特点是磁导率μ很高，剩磁 B_r 很小，矫顽力 H_c 很小，磁滞现象不严重。因为它是一种既容易磁化也容易去磁的材料，磁滞损耗小。所以一般在交流磁场中使用，是应用最广泛的一种磁性材料。磁导率μ表示物质的导磁能力，由磁介质的性质决定其大小。一般把矫顽力 $H_c < 10^3$/Am 的磁性材料归类为软磁材料。

①软磁材料的品种、主要特点和适用范围见表 10-42。

表 10-42　软磁材料的品种、主要特点和适用范围

品　种	主 要 特 点	适 用 范 围
电工纯铁（牌号DT）	含碳量在 0.04%以下，饱和磁感应强度高，冷加工性好，但电阻率低，铁损高，故不能用在交流磁场中	一般用于直流磁场
硅钢片（牌号有DR、RW 或 DQ）	铁中加入 0.8%～45%的硅，就是硅钢。它和电工纯铁相比，电阻率增高，铁损降低，磁时效基本消除，但导热系数降低，硬度提高，脆性增大；适于在强磁场条件下使用	电动机、变压器、继电器、互感器、开关等产品的铁心

续表 10-42

品　种	主要特点	适用范围
铁镍合金（牌号1J50、1J51等）	与其他软磁材料相比，磁导率μ高，矫顽力H_c低，但对应力比较敏感；在弱磁场下，磁滞损耗相当低，电阻率又比硅钢片高，故高频特性好	频率在1MHz以下弱磁场中工作的器件，如电视机、精密仪器用特种变压器等
铁铝合金（牌号1J12等）	与铁镍合金相比，电阻率高，密度小，但磁导率低，随着含铝量增加（超过10%），硬度和脆性增大，塑性变差	弱磁场和中等磁场中的器件，如微电动机、音频变压器、脉冲变压器、磁放大器等
软磁铁氧体（牌号R100等）	属非金属磁化材料，烧结体，电阻率非常高，高频时具有较高的磁导率，但饱和磁感应强度低，温度稳定性也较差	高频或较高频率范围内的电磁元器件（磁心、磁棒、高频变压器）

②硅钢片的分类、牌号、厚度和适用范围见表10-43。

表10-43　硅钢片的分类、牌号、厚度和适用范围

分　类			牌　号	厚度/mm	适用范围
热轧硅钢片	热轧电动机钢片		DR1200-100　DR740-50 DR1100-100　DR650-50	1.0、0.50	中小型发电机和电动机
			DR610-50　DR530-50 DR510-50　DR490-50	0.5	要求损耗小的发电机和电动机
			DR440-50　DR400-50	0.5	中小型发电机和电动机
			DR360-50　DR315-50 DR290-50　DR265-50	0.5	控制微电动机和大型汽轮发电机
	热轧变压器钢片		DR360-35　DR320-35	0.35	电焊变压器和扼流器
			DR320-35　DR280-35 DR250-35　DR360-50 DR315-50　DR290-35	0.35 0.50	电抗器和电感线圈
冷轧硅钢片	无取向	电动机用	DW-530-A50　DW470-A50	0.5	大型直流电动机和大中小型交流电动机
			DW360-A50　DW330-A50	0.5	大型交流电动机
		变压器用	DW530-A50　DW470-A50	0.5	电焊变压器和扼流器
			DW310-A35　DW270-A35 DW360-A50　DW330-A50	0.35 0.50	电力变压器和电抗器

续表 10-43

<table>
<tr><th colspan="3">分　类</th><th>牌　号</th><th>厚度/mm</th><th>适 用 范 围</th></tr>
<tr><td rowspan="5">冷轧硅钢片</td><td rowspan="5">单取向</td><td rowspan="3">电动机用</td><td>DQ230-A35　DQ200-A35
DQ170-A35　DQ151-A35
DQ350-A50　DQ320-A50
DQ290-A50　DQ260-A50</td><td>0.35
0.50</td><td>大型发电机</td></tr>
<tr><td>G1、G2、G3、G4</td><td>0.05、0.2、0.08</td><td>中高频发电机和微电动机</td></tr>
<tr><td>DQ230-A35　DQ200-A35
DQ170-A35　DQ151-A35</td><td>0.35</td><td>电力变压器和高频变压器</td></tr>
<tr><td rowspan="2">变压器用</td><td>DQ290-A35　DQ260-A35
DQ230-A35　DQ200-35</td><td>0.35</td><td>电抗器和互感器</td></tr>
<tr><td>G1、G2、G3、G4
（日本牌号）</td><td>0.05、0.2、0.08</td><td>电源变压器、高频变压器、脉冲变压器、扼流器</td></tr>
</table>

（2）硬磁材料　硬磁材料的主要特点是剩磁强。这类材料在外界磁场的作用下，达到磁饱和后，即使外界磁场去掉，还能在较长时间内保持较强的磁性。硬磁材料适合制作永久磁铁，广泛应用于扬声器、发电机等装置中。

10.8.4　设备的拆卸和修理顺序

各种工具、夹具、胎具、保护用具拆卸时，首先拆卸电气系统，再按如下顺序拆卸变速箱、气缸（或液压缸）、进给（或行走）系统、工作台、立柱等。

修理顺序应与拆卸顺序相反，即先修理立柱，再修理进给工作台、进给（或行走）系统、气缸（或液压气缸）、主轴及主轴套、变速箱，然后修理电气系统，最后进行总装配。

10.8.5　修配工艺的选择

①轴类修理工艺选择见表 10-44。

表 10-44　轴类修理工艺选择

零件磨损部分	修理方法	
	达到标称尺寸	达到修配尺寸
滑动轴承的轴颈及外圆柱面	镀铬、镀铁、金属喷涂、堆焊，并加工至标称尺寸	车削或磨削提高几何形状精度
装滚动轴承的轴颈及静配合面	镀铬、镀铁、堆焊、滚花、化学镀铜（0.05mm 以下）	—
轴上键槽	堆焊修理键槽，转位新铣键槽	键槽加宽，不大于原宽度的 1/7，重配键
花键	堆焊重铣镀铁后磨，最好用振动焊	—
轴上螺纹	堆烛、重车螺纹	车成一级螺纹
外圆锥面	—	磨到较小尺寸
圆锥孔	—	磨到较大尺寸
轴上销孔	—	铰大一些
扁头、方头及球面	堆焊	加工修整几何形状
一端损坏	切削损坏的一段，焊接一段，加工至标称尺寸	—
弯曲	校正并进行低温稳化处理	—

②孔的修理工艺选择见表 10-45。

表 10-45　孔的修理工艺选择

零件磨损部分	修理方法	
	达到标准尺寸	达到修配尺寸
孔径	镶套、锥焊、电镀、粘补	镗孔
键槽	堆焊修理、转位另插键槽	加宽键槽
螺纹孔	镶螺塞，可改变位置的零件转位重钻孔	加工螺纹孔至大一级的标准螺纹
圆锥孔	镗孔后镶套	刮研或磨削修整形状
销孔	移位重钻，铰销孔	铰孔
凹坑、球面窝和小槽	铣掉重镶	扩大修整形状
平面组成的导槽	镶垫板、堆焊、粘剂	加工槽形

③齿轮的修理工艺选择见表10-46。

表 10-46 齿轮的修理工艺选择

零件磨损部分	修理方法	
	达到标称尺寸	达到修配尺寸
轮齿	1. 利用花键孔，镶新轮圈插齿； 2. 齿轮局部断裂，堆焊加工成形； 3. 镀铁后磨	大齿轮加工成负修正齿轮（硬度低，可加工者）
齿角	1. 对称形状的齿轮调头倒角使用； 2. 堆焊齿角	锉磨齿角
孔径	镶套、镀铬、镀镍、镀铁、堆焊	磨孔
键槽	堆焊修理转位另开键槽	加宽键槽
离合器爪	堆焊	

④其他零件的修理工艺见表10-47。

表 10-47 其他零件的修理工艺选择

零件磨损部分	修理方法	
	达到标称尺寸	达到修配尺寸
导轨、滑板的滑动面研伤	—	电弧冷补焊、粘补、刮、磨合镶板
丝杠的螺纹磨损	1. 调头使用； 2. 切除损坏的非螺纹部分，焊接一段后重直； 3. 堆焊轴颈	1. 校直后车削螺纹进行稳化处理； 2. 轴颈部分车细
滑移拨叉的拨叉侧面磨损	铜焊、堆焊	—
楔铁的滑动面磨损	—	铜焊接长，黏结和钎焊巴氏合金、镀铁
活塞的外径磨损，镗缸后与气缸的间隙增大，活塞环槽磨宽	—	喷涂金属，着力部分浇铸巴氏合金，按分级修理尺寸车宽活塞环槽
阀座的阀气接合面磨损	—	车削和研磨接合面

续表 10-47

零件磨损部分	修理方法	
	达到标称尺寸	达到修配尺寸
制动轮的轮面磨损	堆焊	车削至较小尺寸
杠杆和连杆的孔磨损	镶套、堆焊、焊堵后重加工孔	扩孔

10.8.6 修理方法

1. 弧焊变压器的修理

（1）线圈的制作和修理 线圈是弧焊变压器的重要部件。线圈的固定、绝缘质量、接头焊接质量等问题，在修理时要特别注意。

1）动圈空心多匝线圈的绕制。一般电焊机变压器的一次绕组都是多层密绕的结构形式，采用双玻璃丝包扁线绕成。图 10-31 所示为 BX 系列弧焊变压器的一次绕组。动圈空心多匝线圈的绕制方法如下。

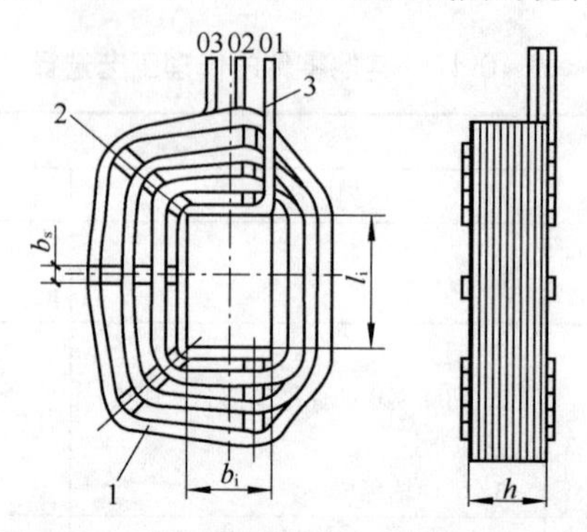

图 10-31 BX 系列弧焊变压器的一次绕组

1. 玻璃丝包扁铜线；2. 撑线；3. 引出线

l_i——绕组内孔长度；b_i——绕组内孔宽度；b_s——撑条宽度；h——绕组高度

①绕线模具的设计与制作。绕线模的材料可根据修理的线圈数量来决定。若为一次性修理，可以使用硬质的木材制作；若为经常使用的绕线模，应使用铝材、钢材或层压绝缘板制作。

BX3 系列弧焊变压器二次绕组绕线模的结构如图 10-32 所示。

为了卸模方便，做成两个相同楔形体的半模心，使用时两个半模心对成一个整模心，线圈绕组模的模心的结构如图 10-33 所示。

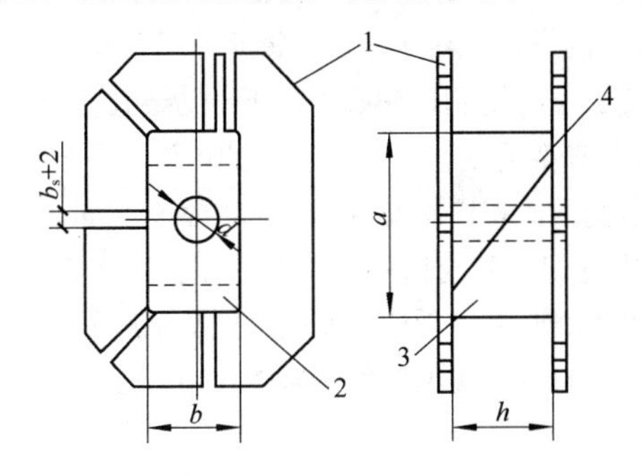

图 10-32 BX3 系列弧焊变压器二次绕组绕线模的结构

1. 模板；2. 模心；3. 下半模心；4. 上半模心

b_s——绕组撑条宽；a——模心长度；b——模心宽度；

h——模心高度；d——套绕线机转轴孔直径

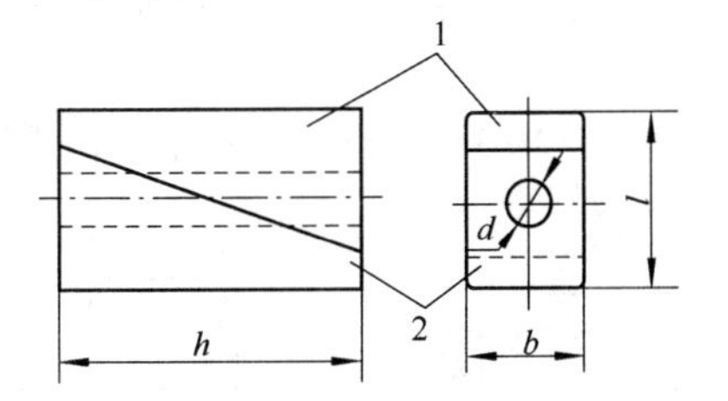

图 10-33 线圈绕线模的模心结构

1. 上半模心 2. 下半模心

l——模心长度；b——模心宽度；h——模心高度；d——转轴孔直径

②线圈的绕制。线圈可用绕线机绕制，绕制时转速较低，可调整在 20r/min 左右。一次性修理的线圈，可以利用普通车床当绕线机，慢车进行，也可自制一个简易的木架支持绕线模，用手缓慢转动绕线模制线圈。

焊机变压器的二次绕组多采用单层立绕结构。立绕线圈的绕制可在专门的立绕线机上进行，也可以人工在胎具（金属立柱）上，一匝匝地锤击绕制。铜线在折弯时应使用夹具夹住，防止其扭曲不平。裸扁线在立绕过程中，可以在线圈退火后，用平锉将其高出的部分锉平，即线圈整形。立绕线圈整形后，可在线圈匝间垫上浸过漆的石棉纸板条，然后装夹固定。立绕线圈装成后，可转入浸漆工序。

2）固定线圈的绕制。对于不动线圈可在叠好的硅钢片上垫上绝缘纸，直接在铁心上穿线绕制，铁心先拧下一边，待绕制完成后再安装。

3）线圈活络骨架的制作。电焊机中的电源变压器、电抗器、磁饱和电抗器、输出变压器和控制变压器等部件都有线圈。大、中功率焊机的线圈制作不用骨架，其与铁心的绝缘使用撑条。对中、小功率焊机（250A 以下）的线圈要使用骨架。焊机厂批量生产的焊机，其骨架都采用注塑件，在焊机的修理或单机的试制工作中，可以自制矩形铁心的活络骨架，制作方法如下。

①材料可选择用 0.5～2.0mm 厚的酚醛玻璃丝布板。

②骨架的结构尺寸根据铁心柱的截面面积尺寸、窗口的尺寸、线圈的匝数和导线的规格来确定。

③骨架组件（片）的制作是先画线，再用锯和细板锉按图 10-34 所示步骤组装。

④骨架的组装：将图 10-34（a）～（c）组件各两块装成图 10-34（d）所示的样式。

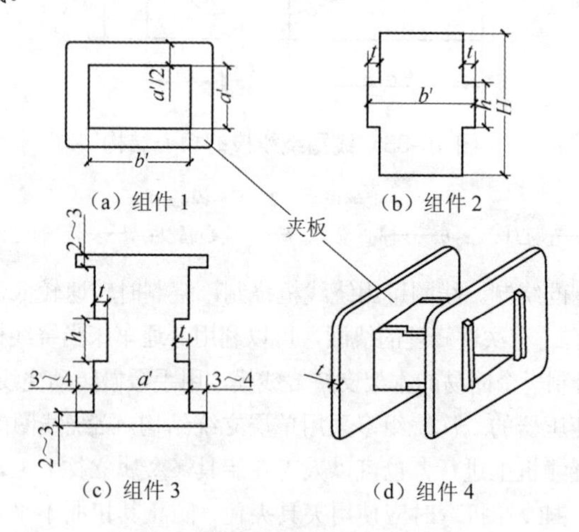

图 10-34　活络骨架的组装

4）如图 10-35 所示，扁线线圈引出端头的立向直角折弯。扁铜线绕制的线圈，其起头和尾头的引出线在折弯处是立向折曲（90°）的。小截面的扁铜线可以直接立向折弯；大截面的扁线折弯前最好用火焰加热（600℃），然后急冷进行局部退火，效果会更好。

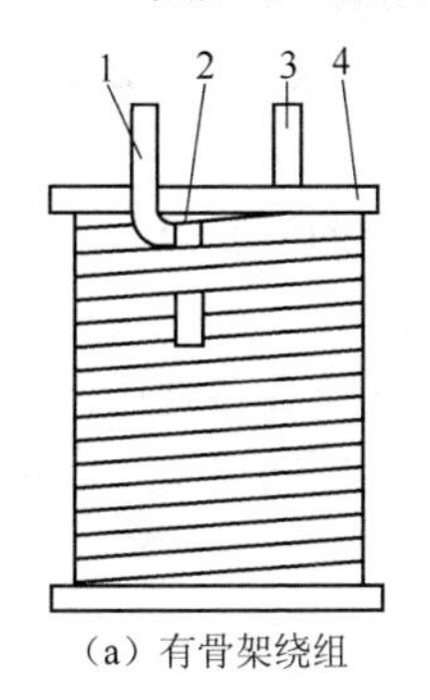

（a）有骨架绕组

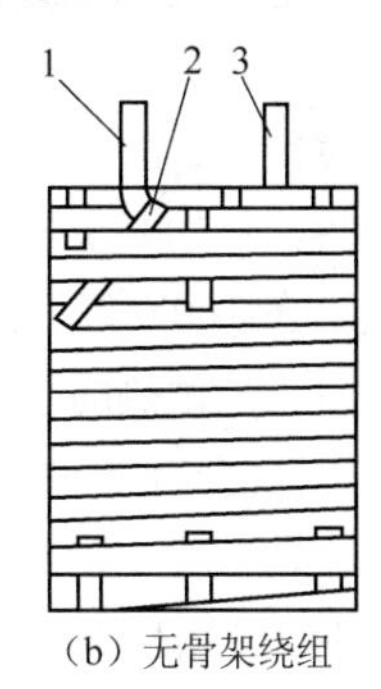

（b）无骨架绕组

图 10-35 扁线线圈引出线端头

1. 尾头；2. 拉紧带；3. 起头；4. 骨架端板

5）线圈出线端的强固处理。线圈的引出线端常采取以下加强措施。

①当线圈的导线较细（ϕ2mm 以下）时，常用较粗的多股软线作引出线。引出线的长度要保证在线圈内的部分能占到半圈以上。导线与出线的接头可采用银钎焊、黄铜焊接或使用接头压线钳压接。

②引出线要加强绝缘，一般都采用在引出线外再套上绝缘漆管的方法。漆管的长度要大于引出线，并能把引出线与线圈导线的焊接接头也套入内。

③当线圈的导线较粗时，用线圈的导线直接引出，但应套上绝缘漆管。

④无骨架线圈的起头和尾头，在最边缘的一匝起点和终点折弯处，应采用从其邻近数匝线下面用绝缘布拉紧带固定。导线较粗时，可多设几处拉紧带固定点。

⑤有骨架的线圈，其起头和尾头的引出线不用固定，只在骨架一端挡板上适当的位置设穿线孔即可。有骨架线圈的引出线也应套上绝缘漆管。

⑥无论有骨架或无骨架的线圈，同加了绝缘漆管的引出线将随线圈整体一并浸漆，以使线圈结构固化、绝缘加强。

6）线圈的绝缘处理。线圈绕制好以后应进行绝缘漆的浸渍，使线圈有较高的绝缘性能、机械强度、耐潮性和耐腐蚀性能。

当前焊机的线圈主要浸渍 1032 漆和 1032-1 漆，属于 B 级绝缘。绝缘处理分为预热、浸渍和烘干三个过程。

①预热。目的是驱除线圈中的潮气，预热的温度应低于干燥的温度，一般应在 100℃以下炉中进行。

②浸渍。当预热的线圈冷却至 70℃时沉浸到绝缘漆中，当漆槽的液面不再有气泡时便浸透了，取出线圈后放入烘干炉中烘干；再准备第二次浸漆、烘干。

③烘干。使用烘干炉烘干，热源可以用高压蒸气，或者电阻丝、红外线管。烘干温度因漆种不同而有区别。1032 漆和 1032-1 漆均可加热到 120℃；时间差别很大，1032 漆需烘 10h，而 1032-1 漆只要 4h。

如果没有烘干炉而需烘干时，可以利用线圈自身的电阻，通电以电阻热烘干。此方法简单，只要接一个可以调节的直流电源，电流由小到大的试调，选择合适为止；也可以在加好铁心后加入交流电压或交流低电压，使二次侧短路加热，加热时不要离开人，防止过热把线圈烧坏。

（2）铁心的制造与修理　铁心是电焊机的重要部件之一，除了极少数的逆变器焊机以外，绝大多数电焊机里的铁心部件都是用硅钢片制作的。铁心的质量主要取决于硅钢片的冲剪和叠装技术。

1）硅钢片的剪切和冲压。剪切和冲压使用的设备有各种规格的剪板机、不同吨位的冲床等。使用的工具有千分尺、卡尺、钢直尺、卷尺和 90° 角尺等。

剪床开始剪切的一些硅钢片要用卡尺测量其尺寸和角度，要合理调整剪床的定位板或刀刃间隙，直至硅钢片符合要求。

如图 10-36 所示，硅钢片角度偏差可用两片同样的硅钢片反向对叠比较法测量。测得的Δ值越小，角度偏差越小，质量越好。

冲床冲压的硅钢片，尺寸准确、生产率高，毛刺的大小也应控制在0.05mm 以内。

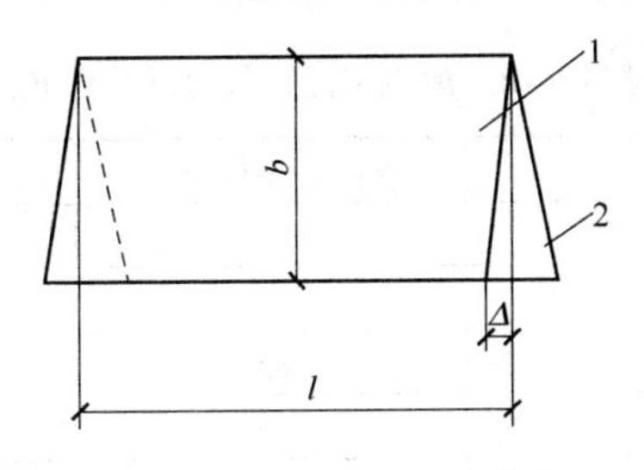

图 10-36 硅钢片角度偏差

1. 硅钢片 A；2. 硅钢片 B

b——硅钢片宽度；l——硅钢片长度；Δ——硅钢片偏差的数值

2）铁心叠装的技术要求。硅钢片边缘不得有毛刺，每一叠层的硅钢片片数要相等。夹件与硅钢片之间要绝缘，夹件与夹紧螺栓间要绝缘，铁心硅钢片与夹紧螺栓间要绝缘。

铁心硅钢片的叠厚不得倾斜，应时刻检查，可以用一片硅钢片进行检查，硅钢片叠厚倾斜度检查方法如图 10-37 所示。要控制叠片接缝间隙在 1mm 以内，间隙太大会使空载电流增加。

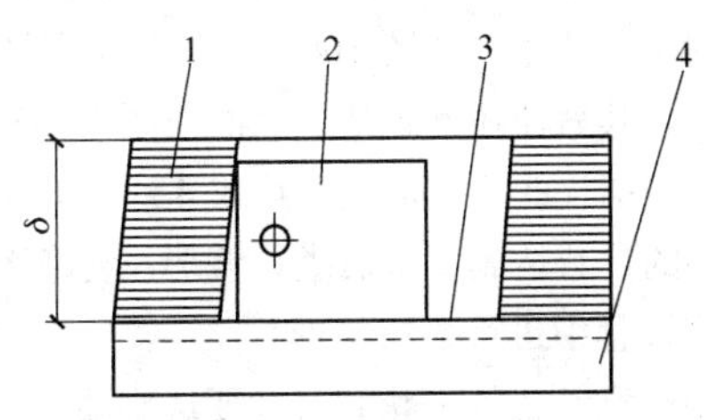

图 10-37 硅钢片叠厚倾斜度检查方法

1. 叠起的硅钢片；2. 单片硅钢片（检尺）；3. 夹件绝缘板；4. 夹件

δ——叠片厚度

3）硅钢片的叠压系数 K_c。铁心硅钢片的片数是根据图样的尺寸、硅钢片的厚度和叠压系数计算的，硅钢片的叠压系数与硅钢片表面绝缘层（漆膜）厚度、切片质量和夹紧程度等有关。叠压系数越大，一定厚度的叠片数就越多。焊机用硅钢片叠压系数 K_c 可按表 10-48 选取。

表 10-48 焊机用硅钢片叠压系数 K_c

硅钢片种类及表面状况	硅钢片厚度/mm	叠压系数
冷轧硅钢片，表面不涂漆	0.35	0.94
热轧硅钢片，表面不涂漆	0.35	0.91
冷轧、热轧硅钢片，表面不涂漆	0.5	0.95
冷轧、热轧硅钢片，表面涂漆	0.5	0.93

4）铁心叠装方式。焊机里变压器、电抗器的铁心大都采用双柱或三柱心结构。铁心交叉叠装的形式如图 10-38 所示。

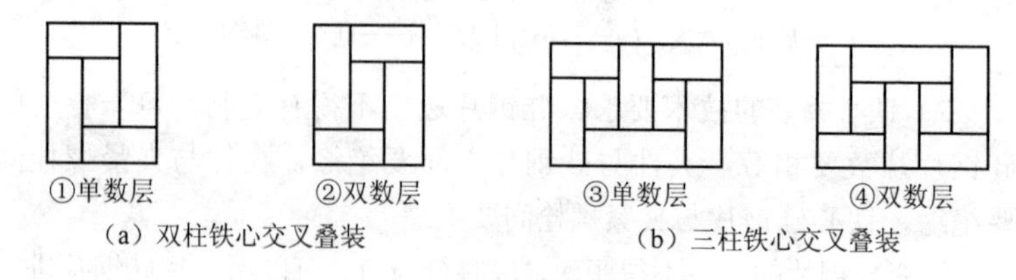

（a）双柱铁心交叉叠装　（b）三柱铁心交叉叠装

图 10-38 铁心交叉叠装的形式

5）叠装工艺要点。叠装打底时可以使用一面的夹件，将夹件平放，里面向上、外面向下并垫平，如图 10-38 中的件④那样。然后在夹件④上面垫一层绝缘片，其后便在绝缘垫片上面按图 10-38 所示的形式一层一层地叠装。每层硅钢片的片数可取 3 片或 4 片，按着硅钢片叠装技术要求进行。当铁心的片数达到要求后进行整形，装绝缘垫片，装另一面夹件，在夹件紧固过程中进行最后整形。

叠装过程中要注意铁心的形状和尺寸要达到要求。硅钢片相对的缝隙要小而且均匀，不得相互叠压。硅钢片叠层要夹紧。

铁心组装的最后工序是防锈处理，即对铁心硅钢片侧面的剪切口均涂防锈漆，也可以在以后线圈套装铁心后，将变压器或电抗器整体浸漆一次，对提高焊机的绝缘强度和防锈能力都会有所加强。

组装后的铁心在吊运过程中，要注意防止其变形。

6）硅钢片涂漆处理。修理铁心时，必须清除硅钢片上残漆膜，重新涂漆。

①硅钢片残漆的清除。对于局部少量残漆，可用机械方法清除，然后刷上#1032 绝缘漆；对于大量硅钢片涂漆，应先将硅钢片拆下，记录各级的硅钢片，分批放入氢氧化钠（也称苛性钠，俗称火碱）水槽中煮洗或放入酸罐中酸洗。

放入氢氧化钠（质量分数为 5%～10%的氢氧化钠熔液）中煮洗时，要把氢氧化钠加热到 70℃左右，煮洗 1～2 h，硅钢片表面涂漆脱离后再用刷子刷去残漆，最后用清水冲洗干净，准备晾干后涂漆。

残漆也可用酸类溶液清洗，如盐酸或硫酸溶液，浸酸时间长短视铁锈程度而定，洗到硅钢片浸酸露出白色金属为止，不可过分酸洗。然后在清水槽中冲洗几次，或放入质量分数为 5%～8%的氢氧化钠溶液中和，最后用清水冲洗干净。冲洗晾干后及时涂漆，否则会被氧化，影响涂漆质量。

②硅钢片涂漆。修理所用硅钢片，若片数不多可用手涂刷或喷涂法，但手涂刷漆膜厚度难以控制。若需涂漆的硅钢片数较多，可以用一台手摇硅钢片涂漆机。硅钢片涂漆要求见表 10-49。

表 10-49 硅钢片涂漆要求

工艺要求	漆标号	
	#1611	#1030
稀释剂	松节油	苯或纯净汽油
黏度	4 号黏度计，于（20±1）℃时为 50～70s	4 号黏度计，于（20±1）℃时为 50～50s
干燥温度/℃	200	105±2
干燥时间	12～15min	2h
漆膜厚度/mm	两面厚度之和为 0.01～0.015	两面厚度之和为 0.01～0.015
技术要求	漆中不应有杂质和不溶解的粒子；漆膜干燥后应平滑，有光泽，无皱纹，烤焦点、集中的漆包、空白点等	

（3）导线的连接

1）铜导线的焊接。铜导线的焊接方法很多，可根据条件选择。

①氧乙炔焰气焊法。该方法简便，应用普遍，设备投资少，焊接接头质量好。

a. 设备工具。氧气瓶一个、乙炔气瓶一个、气焊枪一把、气压表一个及乙炔表一个。

b. 焊丝及焊剂。焊丝可选购 HSCu 纯铜焊丝，或使用铜导线的一段，用 CJ301 铜气焊熔剂，或直接使用脱水硼砂。

c. 接头形式。应选用对接接头，使用中性火焰。用较大的焊枪和喷嘴焊接，用较大的火焰功率。焊后应将接头锉光滑，进行绝缘包扎。

②钎焊法。钎焊也是一种简便的焊接方法，焊接接头良好，设备投资少。

a. 钎料和钎剂。铜导线的连接常用的钎料有两种。银钎料可使用 BAg72Cu，这是此类钎料中导电性能最好的一种，可以配用 QJ-102 钎剂。铜磷钎料可选 HLAgCu70-5，这也是此类钎料中导电性能最好的一种，可以配用硼砂钎剂。

b. 热源。可以使用氧乙炔中性焰、氧液化气焰、煤油喷灯或电阻接触加热。

c. 接头形式。钎焊是非熔化焊接，所以接头要采用搭接。导线钎焊后，应将接头锉光滑，包扎绝缘。

③电阻对焊法。这也是铜导线连接常用的一种方法。焊接时，将待焊的导线两端除去绝缘层，使导线露出裸铜，端面要锉平。然后将欲焊导线分别装夹在焊机的两个夹具上，端面接触对正。调好焊机的有关焊接参数，进行电阻对焊。

对焊法操作简便，焊接速度快，接头质量好，不用填充材料和焊剂，成本低，但需要一台对焊机（UN-10 型或 UN-16 型）。

焊后，卸下焊件，将接头边缘用锉修好，包扎绝缘即可。

④手工钨极直流氩弧焊。铜导线对接，使用手工钨极直流氩弧焊接是焊接质量最好的方法。

a. 设备和工具。手工钨极直流氩弧焊机（120A 或 200A）一台，工业用纯度（体积分数）为 99.9%的氩气一瓶，氩气减压阀流量计一个，头戴式电焊防护帽一个。

b. 填充材料。可用待焊导线的一段，根据导线截面的大小，调好焊机和规范参数，将接头焊好，焊后接头稍作修整便可包扎绝缘应用。

2）铝导线的焊接。铝线因熔点低，较铜线难焊，常用的方法如下。

①氧乙炔气焊法。火焰使用氧乙炔中性焰。填充材料可使用待焊铝导线上的一段，或用ϕ2～ϕ5mm 的纯铝线。可选用 CJ401 铝气焊熔剂，也可用 50%（质量分数，下同）的氯化钾、28%的氯化钠、14%的氯化锂、8%的氟化钠材料自己配制。

焊前应先将填充焊丝在质量分数为 5%的氢氧化钠水溶液（70℃～80℃）中浸泡 20min，以除去表面的氧化膜，然后用冷水冲净、晾干备用，最好当天用完。

接头形式应为对接，焊后要将接头周围的熔剂渣清除干净，把接头修好包扎绝缘后可用。

②手工交流钨极氩弧焊。铝导线的手工交流钨极氩弧焊是焊接接头质量最好的一种焊接方法。

a. 设备及工具。NSA-120 型手工钨极交流氩弧焊机一台，工业用纯度为 99.9%（体积分数）的氩气一瓶，流量和压力一体式减压阀一个，头戴式电焊防护帽一个。

b. 填充材料。ϕ2～ϕ4mm 纯铝线或使用被焊铝导线的一段。

焊接时，要去掉铝导线端部的绝缘物，裸铝线表面的氧化物要用质量分数为 5%的氢氧化钠溶液清洗。

焊厚度 2mm 的铝导线参考焊接参数。钨极直径为 2mm，电流为 80A 左右，喷嘴直径为 6mm，氩气流量为 10L/min。焊后对接头进行修整并包扎绝缘。

③钎焊法。铝导线的钎焊接头要用搭接形式。

a. 钎料。用质量分数为 99.9%的纯锌，取片状。

b. 钎剂。用 88%（质量分数，下同）的氯化锌、10%的氯化铵、

2%的氟化钠材料，以蒸馏水或酒精调和，呈白色糊状即可备用，要现用现调。

焊时要将锌片涂上钎剂放置在导线搭接处中间。通过电阻接触加热，加热到420℃时钎料熔化，流动并填满搭接接触面，待钎料发亮光时立即切断电源。整个焊接过程不要超过5min。

焊后要对接头修整，清洗掉钎剂的残渣，包扎好绝缘即可。

3）大截面铜导线缺损的焊补。大容量交流弧焊变压器，二次绕组截面面积较大。当线圈导线烧损出现缺陷（输出端易发生）时可以进行焊补。把缺陷处焊满填平，可以选用手工钨极直流氩弧焊、氧乙炔焰气焊、银钎料钎焊等焊接方法焊补。

4）电缆与接头的冷压连接。焊机内部的连接、电缆与端头、电缆与铜套的连接，均应采用机械压接方式。这种方法不用焊接，不使用焊剂，所以电缆不会受到腐蚀。加工完的连接电缆，干净整洁，故被广泛采用。

2. 电焊钳的修理

电焊钳是用来夹持焊条，传导焊接电流的工具。它应具有导电性能良好、接触电阻小、夹持焊条牢固方便、降低热量、延长使用寿命等优点。在使用过程中经常出现一些损坏情况，要经常进行修理。常出现的损坏情况如下。

①电焊钳常出现固定电缆的紧固螺钉旋槽损坏，使螺钉不能旋出。修理时，可用一个相同螺纹的螺母（稍大一点亦可）放在那个螺钉上，用电焊从螺母孔里将螺钉和螺母点在一起（用2.5mm和2mm直径的电焊条效果较好），然后用扳手将螺钉旋出。

②由于电弧的热作用，使固定电缆的紧固螺钉粘在钳体上，无法旋动。修理时，用钻头钻出废螺钉，扩孔、攻螺纹，换一个比原来大的螺钉，再重新拧紧。

③电焊钳用的时间长了，夹焊条的沟槽经过长时间磨损，夹不住焊条。修理时，可用相同的材料做一个小夹持板换上，也可以用电焊补焊方法修复，锉出其夹持焊条的沟槽。

10.9 焊接设备和辅助设备的调试验收

10.9.1 焊接设备的调试和验收

1. 焊接设备进行调试和验收的内容

（1）做好开箱检查工作 首先检查产品是否有合格证、保修证、装箱单、说明书，以及随机附件是否齐全。

（2）外观的检查 它应包括焊机的外表、仪表及其他附属装置，在运输过程中应无损坏和擦伤；焊机滚轮应灵活；手柄、吊攀应可靠；调节机构动作应平稳、灵活；铭牌技术数据应齐全；漆层应光整；黑色零件均应有保护层。

（3）对电气绝缘性能的检查 一次绕组的绝缘电阻应＞1MΩ，二次绕组的绝缘电阻应＞0.5MΩ，控制回路的绝缘电阻应＞0.5MΩ。

（4）对焊机空载运行检查 接通电源、水和气源，检查焊机各部分有无异常情况（如漏水、漏气、异常声响和振动等），仪表刻度指示应正确，机构运转应正常。

（5）焊机进行负载试验和调试 按焊机产品说明指导书的范围，对焊机采用大、中、小三种不同焊接参数进行试焊，采用最大和最小焊接参数的试焊时焊接过程要稳定，焊接质量优良。对于手弧焊，主要针对焊接电流大小的试焊，看其在最大和最小电流条件下焊接过程的稳定性，以及对焊接质量的影响。对焊机所表明技术性能是否能达到，仪表指示精确度是否正确进行鉴定。

（6）焊机附件及备件的验收 对于成套设备应按装箱清单进行清点和验收。

2. 常用焊机的调试和验收

（1）弧焊变压器（交流弧焊机）的调试和验收 现在以抽头式和梯形动铁式交流弧焊机为主。动圈式和仿苏的矩形动铁式交流弧焊机正逐步被淘汰。

1）外观检查。机壳应有 8mm 以上的接地螺钉，并有接地标志。焊机滚轮应灵活，手柄、吊攀齐全可靠。电流调节机构动作平稳、灵活，铭牌技术数据齐全，漆层光整，黑色金属零件均有保护层。

2）绝缘性能检查。主要测量线圈与线圈之间，线圈与地之间的绝缘性能。使用仪表为兆欧表，指示量限不低于500MΩ，开始电压为500V。在空气相对湿度为60%～70%、周围环境温度为（20±5）℃时，焊机一次绕组的绝缘电阻应≥1MΩ，而二次绕组和电流调节器线圈的绝缘电阻应≥0.5MΩ。

3）焊机性能试验。通常采用不同直径的焊条和电流进行试焊，通过观察其焊接过程中的稳定性和焊缝的成形，来判定焊机对大小电流的适应性。

4）调整焊接电流，手柄轮旋转要平稳、灵活、准确。

5）对焊机附件的验收。弧焊变压器（交流弧焊机）附件通常有面罩（手持式与头罩式）各一个、焊接电缆两根（约10m）、黑玻璃（护目镜片）一块、焊钳一把。

6）安全检查与使用。应有安全可靠的接地装置。焊机与电缆连接要牢固，防止因接触不良烧坏接线柱。准备好焊工所用劳保用具，如手套、面罩、绝缘鞋等。焊机应由持证上岗的电工接入电网。焊机接入电网后或进行焊接时，不得随意移动或打开机壳。焊前检查机运转是否正常，冷却风扇旋转方向是否正确。应按焊机的容量使用焊机，防止过载烧毁焊机。焊机发生故障时，应立即切断电源，请专业人员对其进行检查和修理。离开工作现场应及时断开电源。焊机要注意保养，保持清洁。

（2）手工钨极氩弧焊机的调试与验收　目前国内的氩弧焊机，有硅整流交直流两用或多用途焊机、直流脉冲多功能氩弧焊机和逆变电源多功能氩弧焊机。直流氩弧焊焊机以晶闸管电源为主，扩展功能，一机多用。交流氩弧焊焊机以晶闸管交流方波钨极氩弧焊机为主，正逐步淘汰动铁式、动圈式和磁放大器式氩弧焊焊机。逆变整流弧焊电源是今后的发展方向。

1）做好开箱检查工作。检查产品是否有合格证、保修证、装箱单、说明书，以及随机附件是否齐全。

2）外观检查。焊机的外表、仪表、调节旋钮及其他附属装置，在运输过程中应无损坏和擦伤。

3）焊机使用前应首先仔细阅读产品的使用说明书，以了解该焊机的特点与使用注意事项。

4）绝缘性能检查。与主回路有联系的回路，对机壳之间的绝缘电阻≥1MΩ，其余≥0.5MΩ。

5）控制性能试验。

①具有提前送氩气和滞后切断氩气功能，其时间范围分别≥3s 和 2～15s。

②焊接前和焊接时氩气流量可以调节。

③电极与焊件间非接触引弧＞40A 时，击穿间隙≥3mm；＜40A 时，间隙应≥1.5mm。

④焊枪采用接触引弧时，要及时引弧并稳住电弧，防止工件夹钨。

⑤采用高频振荡器引弧时，引燃后应能自动切断高频。

⑥采用水冷系统时，当水压低于规定指示时，应能自动切断主回路，中止焊接，并发出指示信号。

6）结构系统性能试验。160A 以下焊枪可采用空冷，160A 以上焊枪可采用空冷或水冷。水路系统在 0.3MPa 压力下无漏水现象。保护气路系统应在 0.1MPa 压力下能正常工作。

7）安全检查。

①应有安全可靠的接地装置。

②焊枪的控制电路：交流电压不超过 36V，直流电压不超过 48V。

③氩弧焊工作现场要有良好的通风装置，以排除有害气体和烟尘。

④尽可能选择用无放射性的钨极，磨削电极时，应采取防护措施。

⑤在氩弧焊时由于臭氧和紫外线作用强烈，要准备好焊工所用劳保用具，如手套、面罩、绝缘鞋等。

⑥避免高频的影响，工件应良好接地，焊枪电缆和地线要用金属编织线屏蔽。

8）焊接试验。

①按接线图正确接线。注意焊接设备的一次电压，焊枪与工件连接

和极性。

②对多功能焊机根据将要使用的要求，选择正确的功能挡位。

③电源、控制系统和焊枪要分别进行检查并进行空载试验。

④分别对气、水、电路系统进行检查，看是否正常。

⑤按推荐焊接参数进行堆焊 300mm，观察设备运行是否正常，焊道成形及保护性能是否良好。

（3）埋弧焊焊机的调试与验收

1）做好开箱检查工作。检查产品是否有合格证、保修证、装箱单、说明书，以及随机附件是否齐全。

2）焊机的外观检查。对焊机的外壳、仪表及其他装置外表进行检查。检查其漆面是否光洁，在运输过程中有无擦伤，检查调节机构是否灵活，以及检查焊机的铭牌标志是否清晰准确。

3）对焊机的仪表进行检查。检查焊机上的电流表、电压表、速度表是否损坏，必要时可以对仪表进行计量。

4）对电器绝缘性能的检查。通常焊机的电气绝缘性能应满足下列要求：一次绕组的绝缘电阻应＞1MΩ，二次绕组的绝缘电阻应＞0.5MΩ，控制回路绝缘电阻应＞0.5MΩ。

5）对埋弧焊焊机附属装置的检查。检查埋弧焊机焊接小车的行走机构是否正常，检查轨道与焊接小车的行走轮是否匹配，轨道是否平直；检查焊丝角度调整机构是否正常；检查送丝机构是否正常；检查焊剂漏斗工作是否正常；悬臂焊机调整悬臂机构运转是否正常。

6）焊机空载运行的检查。连接焊接小车和电源间控制电路和焊接回路，接通一次电源，打开焊接小车开关，检查是否有送丝、抽丝动作；合上焊接小车的行走控制挡，检查焊接小车是否能够行走，前后方向行驶是否正常；检查电流表、电压表、速度表指示是否正常。

7）埋弧焊焊机焊接小车的调试。

①检查焊接小车的四个行走轮是否四点接触轨道，行走均匀、无跳动。

②悬臂焊机的悬臂绕立柱转动无障碍，悬臂能沿立柱自由上下调

整，无晃动。

③检查控制面板上的仪表、开关、指示灯是否齐全。

④将焊接小车的行走挡合上，并检查焊接小车正向行走和反向行走是否正常；当调整焊接速度的旋钮时，焊接小车的行走速度是否发生改变。

⑤按动焊接小车的送丝和抽丝旋钮开关时，是否有送丝、抽丝动作，焊丝出入是否顺畅。

8）埋弧焊焊机的试焊。采用不同直径焊丝，按照推荐使用的焊接电流、电弧电压、焊接速度进行焊接试验，采用碳钢焊丝 H08A、H08MnA 或 H10Mn2 与焊剂 HJ431 或 SJ101 等组合，在低碳钢板或低合金钢板上进行堆焊试验或角焊缝试验。按下起焊按钮后应容易引弧，焊接过程中电弧燃烧稳定，焊剂从漏斗中顺利添加，焊接小车均匀行走，焊接 300～500mm 长焊缝后，按下停焊按钮停止焊接时，熄弧应正常，不粘丝，除去药皮后，焊缝成形良好。

（4）半自动二氧化碳气体保护焊机或熔化极气体保护电弧焊机的调试与验收 二氧化碳气体保护焊机目前以抽头式和晶闸管式为主，逆变式二氧化碳气体保护焊机的应用正在发展中。

1）外观检查。检查螺栓、螺母是否旋紧，焊枪、软管、送丝机构、调节装置、各种电气元件、各种标志是否齐全、正确可靠。

2）绝缘性能检查。用 500V 兆欧表测量，一次对地电阻为 1MΩ，控制电路、焊接回路与焊枪外壳间电阻应＞0.5MΩ。

3）水路、气路密封性检查。水压为 0.15MPa～0.3MPa 时，水路能正常工作无漏水现象；气压为 0.3MPa 时，气管无明显变形，接头无漏气现象。

4）控制系统和送丝机构试验。接好全部连线、管线，接通电路、水路、气路，接通电源加热器电源，检查加热器是否加热。按动手把操作按钮，检查引弧前保护气体是否流出喷嘴，能否自动接通电源、输送焊丝；停止焊接时能否自动停送焊丝、切断电源，保护气体延时后也能自动停止输送。

5）仔细检查送丝轮的规格是否与选择用的焊丝直径相匹配。根据选用保护气体的种类，选择相应的功能键。

6）安全检查。焊枪外壳应与控制电源、焊接电源绝缘。焊机电源回路与焊接操作回路应无联系。焊机应有安全可靠的接地装置，供电回路及高压带电部分应有防护装置。易与人体接触的控制电路电压要求交流＜36V，直流＜48V。焊工焊前要穿戴所需的面罩、绝缘鞋、焊接手套等劳保用品。

7）焊接试验。按推荐使用的焊接参数或根据焊接经验确定合适的焊接参数进行焊接试验，采用H08Mn2Si焊丝在低碳钢板上进行堆焊试验，要求引弧容易、焊接过程稳定、飞溅不大、焊缝成形良好。

10.9.2　焊接辅助设备的调试和验收

常用的焊接辅助设备种类较多，有焊接操作机、焊接变位机、焊工升降台、封头自动切割机、管子割断坡口机、大型铣边机、焊接滚轮架、远红外线焊剂烘干机、焊剂回收机及焊接衬垫，以及焊接烟尘净化器、卷板机、热处理设备、无损检验设备等。由于其功能不同，故其机构繁简程度差别较大，有的只需按产品说明书进行使用即可，如焊接衬垫、焊接烟尘净化器等。但有的设备精度要求高、结构复杂，设备的功能直接影响产品的质量，所以对新起用的设备必须进行调试和验收。现将常用的几种辅助设备的调试和验收简介如下。

1. 焊接操作机的调试和验收

焊接操作机的作用是将焊机机头（埋弧焊或气体保护焊）准确地送到并保持在待焊位置上，或以选定的焊接速度沿规定的轨迹移动焊机。它与变位机、滚轮架等配合使用，可完成内外纵缝、环缝、螺旋缝的焊接，以及表面堆焊等工作。它的种类分伸缩臂式、平台式与龙门式等，其中以伸缩臂式应用较广，其结构形式依产品尺寸不同分成多种型号，但它们通常由行走臂、立柱、台车、控制柜等部分组成，其调试和验收基本内容相同。

（1）行走臂的调试和验收　按行走臂有效行程和移动速度范围进行空载前后或上下移动，应运行平稳、无跳动，两端设置的行程开关应动作灵敏，快速行程和上下、左右微调应精确可靠。滑动轨表面应平滑无伤痕。

（2）立柱的调试和验收 带动行走臂升降的传动机构运行应平稳，其平衡锤与滑块的连接应安全可靠，其上下两端设置的行程开关应动作灵敏，立柱两侧的导轨接触面应平滑无伤痕。

（3）台车的调试和验收 台车的四个行走轮必须四点接触，无跳动；回转支撑带动立柱做 360° 转动时，应无晃动。台车在行走导轨上的定位应可靠，操作人员在其上走动时应无任何晃动。

（4）控制柜的调试和验收 控制柜面板上的各种按钮、开关、指示灯和仪表应完整无损，控制应正确无误，监视摄影系统应正确可靠，反映的图像应清晰无干扰。

使用前应认真检查设备接地是否安全可靠。

2. 焊接滚轮架的调试和验收

滚轮架借助焊件与主动滚轮间的摩擦力来带动圆筒形焊件旋转，是进行环缝焊接的机械装备。它可分为组合式与长轴式两类，其中组合式滚轮架又分为自调式和非自调式两种。

自调式滚轮架由主动架与从动架组成。主动架采用可控直流电动机驱动，实现线速度 0.1～1.2m/min，无级调速。它的调试与验收要求比较简单。

①在自调的滚轮中心距范围内，焊件的最大和最小直径转动应传动平稳，不可打滑，工件应无轴向窜动。

②控制系统应具有无级调速、滚轮的正转、反转和正、反点动，以及空程快速的功能。

③传动与减速系统工作时，应传动平稳，无杂声和振动。

3. 矫正设备的调试和验收

焊接结构车间用矫正设备包括矫正机和压力机两大类型，应根据其用途及矫正精度进行选用，并按设备使用说明书及技术参数调试和验收设备。常用矫正设备的用途及矫正精度见表 10-50。

表 10-50 常用矫正设备的用途及矫正精度

设　　备		矫 正 范 围	矫正精度/(mm/m)
辊式矫正机	多辊板材矫正机	板材矫正	1.0～2.0
	多辊角钢矫正机	角钢矫直	1.0
	矫直切断机	卷材（棒料、扁钢）矫正切断	0.5～0.7
	斜辊矫正机	圆截机管材及棒材矫正	毛料：0.5～0.9 精料：0.1～0.2
压力机	卧式压力弯曲机	工字钢、槽钢的矫直	1.0
	立式压力弯曲机	工字钢、槽钢的矫直	1.0
	手动压力机	坯料的矫直	
	摩擦压力机	坯料的矫直	料模矫直 0.5～0.15
	液压机	大型轧材的矫直	

4. 机械切割与热切割设备的调试与使用

通常厚度在 6mm 以下的直线或折线形零件大都采用剪板机下料。剪切厚度＜10mm 的剪板机多为机械传动，剪切厚度大的多为液压传动。较先进的产品型号有 QC12Y 液压摆式剪板机系列和 QC12K 数控液压摆式剪板机系列，后者具有 CNC-1000 数控系统，有预定值的定量、挡料架退让等功能。

曲线形和复杂外形的零件通常采用热切割下料。常用热切割方法有氧乙炔焰气割、等离子弧切割和激光切割等。首先应仔细阅读设备使用说明书，按要求连接线路。

氧乙炔焰气割是应用最普及的一种切割方法。为了节能和安全生产及环保要求，采用丙烷、天然气代替乙炔进行切割。氧乙炔焰气割常用于厚度＞6mm 的碳素钢和低合金结构钢的切割。切割设备有手动式半自动气割机和仿形自动气割机，后者主要用于切割批量生产、形状复杂的小型零件。

半自动气割机的型号有 CG1-30、CG7-18、G1-100、G1-100A、CG-O_2 等，仿形自动气割机的型号有 CG2-150、G2-1000、G2-900、G2-3000、G2-5000、CG2-W600-1500。

等离子弧切割是利用高温（16000℃以上）的等离子弧进行切割的方法，常用来切割氧乙炔焰不能切割的高温难熔和导热性好的各种金属。空气等离子弧切割、水等离子弧切割等方法，因其生产率高、经济效益好，得到广泛的应用。

11 焊接工艺装备

焊接工艺装备是指在焊接结构生产的装配和焊接过程中起配合或辅助作用的工夹具、变位机械、焊剂送收装置等的总称。因为它们都是为装配与焊接工艺服务的，故又称装配-焊接工艺装备，简称焊接工装。

11.1 焊接工艺装备的分类和选用

在现代焊接结构生产中，积极推广和使用与产品结构相适应的焊接工装，对提高产品质量，减轻焊接工人的劳动强度，提高劳动生产率和降低制造成本，扩大焊机使用范围，加速实现焊接生产机械化、自动化进程等方面起着非常重要的作用。

11.1.1 焊接工艺装备的作用

焊接结构生产全过程中，纯焊接所需作业工时仅占全部加工工时的25%～30%，其余用于备料、装配及其他辅助工作。这些工作影响了焊接结构生产进度，特别是伴随高效率焊接方法的应用，这种影响日益突出。解决好这一问题的最佳途径是大力推广使用机械化和自动化程度较高的焊接工装。

焊接工装的正确选用是生产合格焊接结构的重要保证。除解决上述谈到的对生产进度的影响外，其主要作用还表现在如下几方面。

①准确、可靠的定位和夹紧，可以减轻甚至取消下料和装配时的划线工作，减小制品的尺寸偏差，提高了零件的精度和互换性。

②有效地防止和减小焊接变形，从而减轻了焊接后的矫正工作量，达到减少工时消耗和提高劳动生产率的目的。

③能够保证最佳的施焊位置。焊缝的成形性优良，工艺缺陷明显降低，焊接速度提高，可获得满意的焊接接头。

④采用焊接工装，实现以机械装置取代装配零部件的定位、夹紧和工件翻转等繁重的工作，改善了工人的劳动条件。

⑤可以扩大先进工艺方法和设备的使用范围，促进焊接结构生产机械化和自动化的发展。

11.1.2　焊接工艺装备的分类和组成

1. 分类

焊接工装的形式多种多样，以适应品种繁多、工艺性复杂、形状尺寸各异的焊接结构生产的需要。焊接工装可按其功能、适用范围和动力源等进行分类，见表 11-1。

表 11-1　焊接工装的分类

<table>
<tr><th>分类</th><th colspan="2">名　称</th><th>特点和适用范围</th></tr>
<tr><td rowspan="5">按功能不同分</td><td colspan="2">装配-焊接夹具</td><td>功能单一，主要起定位和夹紧作用；结构较简单，多由定位元件、夹紧元件和夹具体组成，一般没有连续动作的传动机构；手动的工夹具可携带和挪动，适于现场安装或大型金属结构的装配和焊接场合下使用</td></tr>
<tr><td rowspan="3">焊接变位机械</td><td>焊件变位机</td><td>又称焊接变位机，焊件被夹持在可变位的台或架上，该变位台或架由机械传动机构使之在空间变换位置，以适应装配和焊接需要，适于结构比较紧凑；焊缝短而分布不规则的焊件装配和焊接时使用</td></tr>
<tr><td>焊机变位机</td><td>又称焊接操作机，焊机或焊接机通过该机械实现平移、升降等运动，使之到达施焊位置并完成焊接。多用于焊件变位有困难的大型金属结构的焊接；可以和焊件变位机配合使用</td></tr>
<tr><td>焊工变位机</td><td>又称焊工升降台，由机械传动机构实现升降，将焊工送至施焊部位，适用于高大焊接产品的装配、焊接和检验等工作</td></tr>
<tr><td colspan="2">焊接辅助装置</td><td>一般不与焊件直接接触，但又密切为焊接服务的各种装置，如焊剂输送和回收装置、焊丝去锈缠绕装置等</td></tr>
<tr><td rowspan="4">按适用范围不同分</td><td colspan="2">专用装备</td><td>只适用于一种焊件的装配或焊接使用，换另一种焊件则不适用；多在有特殊要求或大批量生产场合下使用</td></tr>
<tr><td colspan="2">通用装备</td><td>又称万能工装，一般无须调整即能适用于各种焊件的装配或焊接；其结构简单，功能单一，如定位器、夹紧器等</td></tr>
<tr><td colspan="2">半通用装备</td><td>介于专用与通用之间，有一适用范围，如适用于同一系列但不同规格产品的装配或焊接，用前需做适当调整</td></tr>
<tr><td colspan="2">组合式装备</td><td>具有万能性质，但必须在使用前将各夹具元件重新组合才能适用于另一种产品的装配和焊接</td></tr>
</table>

续表 11-1

分类	名　称	特点和适用范围
按动力源不同分	手动装备	靠工人手臂之力去推动各种机构实现焊件的定位、夹紧或运动，适用于夹紧力不大、小件、单件或小批量生产场合
	气动装备	用压缩空气作动力源，气压一般在 1MPa（10N/cm^2）以内，传动力不大，适用于快速夹紧和变位场合
	液动装备	用液体压力作动力源，传动力大、平稳，但速度较慢、成本高，宜短距离控制，适用于传动精度高、工作要求平稳、尺寸紧凑的场合
	磁力装备	利用电磁铁产生的磁力作动力源来夹紧焊件，用于夹紧力小的焊件
	电动装备	利用电动机的转矩作动力去驱动传动机构，实现各种动作，它效率高、省力、易实现自动化，适用于批量生产
	真空装备	利用真空盘的吸力夹持焊件，适用于薄板件的装配和焊接

2. 组成

焊接工装的构造由其用途和所实现的功能而定。

装配-焊接夹具主要起定位和夹紧工件的作用，一般由定位器件（或装置）、夹紧器件（或装置）和夹具体组成。夹具体起连接各定位器和夹紧器的作用，有时还起支承焊件的作用。

当装配-焊接夹具和变位机械组合成一整体时，就构成焊件变位机；焊接机头和变位机械组合，就构成焊机变位机，即焊接操作机。

焊接变位机械本身就是一台机器，和普通机器一样，由原动机、传动装置和工作机三个基本职能部分组成，并通过机体把它们连接成整体。由电力拖动的焊接变位机械其原动机为电动机；传动装置是传递原动机的动力、变换其运动参数以实现工作机要求的传动机械，它是机器的主要组成部分，它的组成由所选择的传动方式决定；工作机是实现装备功能的执行机构，对于焊件变位机的工作机就是支承与夹持焊件的工作台或框架等，它带着焊件翻转、回转或倾斜而实现变位。

11.1.3　焊接工艺装备的特点

焊接工装的使用与焊接结构产品的各项技术和经济指标（如产品的质量、产量、成本等）有着密切的联系。

1. 焊接工艺装备与备料加工的关系

焊接结构零件加工具有工序多（如矫正、画线、下料、边缘加工、弯曲成形等）和工作量大的特点。采用工装进行备料加工，要与零件几何形状、尺寸偏差和位置精度的要求相匹配，尽可能使零件具有互换性，提高坡口的加工质量，以及减小弯曲成形的缺陷。

2. 焊接工艺装备与装配工艺的关系

利用定位器和夹紧器等装置进行焊接结构的装配，其定位基准和定位的选择与零件的装配顺序、零件尺寸精度和表面粗糙度有关。例如，尺寸精度高、表面粗糙度低的零件，装配时应选用具有刚性固定的定位元件，快速而夹紧力不太大的夹紧元件；对于尺寸精度较差、表面粗糙度较高的零件，所选用的定位元件应具有足够的耐磨性并可及时拆换和调整；当零件表面不平时，可选用夹紧力较大的夹紧器。

3. 焊接工艺装备与焊接工艺的关系

不同的焊接方法对焊接工装的结构和性能要求也不尽相同。采用自动焊生产时，一般对焊接机头的定位有较高的精度要求，以保证工作时的稳定性，并可以在较宽的范围内调节焊接速度。当采用手工焊接时，则对工装的运动速度要求不太严格。

4. 焊接工艺装备与生产规模的关系

焊接结构的生产规模和批量，对工装的专用化程度、完善性、效率和构造具有一定影响。单件生产时，一般选用通用的工装夹具，这类夹具无须调整或稍加调整就能适用于不同焊接结构的装配或焊接工件。成批量生产某种产品时，通常是选用较为专用的工装夹具，也可以利用通用的、标准夹具的零件或组件，使用时只需将这些零件或组件加以不同的组合即可。对于专业化大量生产的结构产品，每道装配、焊接工序都应采用专门的装备来完成，如采用气压、液压、电磁式等快动夹具和电动机械化、自动化装置，以及焊接机床生产，形成专门生产线。

11.1.4 焊接工艺装备的选用

焊接结构的生产规模和批量，在相当大的程度上决定了工装的专用化程度、完善性、效率和构造。制品的结构特征、重量，以及质量要求等技术特征也是选择工装的重要依据。

单件生产时，除非该产品的技术要求特别高，一般是采用通用的夹具和机构装置；但如果类似产品较多，也可以采用有一定通用性的高效工装。

成批生产时，可根据技术要求、批量大小、工作场地面积、焊接与辅助时间的比例，以及工装的成本等，来决定所应采用工装的完善性及效率。

对于大量生产的焊接产品，应考虑采用专用的工装，并严格按照生产的节奏来计算每一工序所需要的时间及该工序的工装应完成的工作，使每一工位完成某些工序时具有相同的生产时间，从而保证流水生产得以顺利进行。在大量生产中，常采用气压、液压、电动和电磁式的快速夹具和电动的机械化、自动化装置，宜采用焊接机床及多种装配-焊接专用装备组成生产线。

近年来，产品更新速度加快，用户对产品规格、品种的要求多样化，因此工装的设计、选用也应当适应这一特点而具有“柔性”。

设计、制造和使用工装的费用是计入产品成本的，因此，在决定是否采用，以及采用怎样的工装时，要仔细地核算它的综合经济效益和技术效果。

11.2　装配常用工量具、平台和胎架

11.2.1　装配常用工具和量具

常用的工具有大锤、小锤、錾子、角磨机、手砂轮、撬杠、扳手、千斤顶，以及各种画线用的工具等。常用的量具有钢卷尺、钢直尺、水平尺、90° 角尺、线锤和检验零件的定位样板等。图 11-1 所示为常用简易撬杠，图 11-2 所示为常用装配工具，图 11-3 所示为常用装配量具。

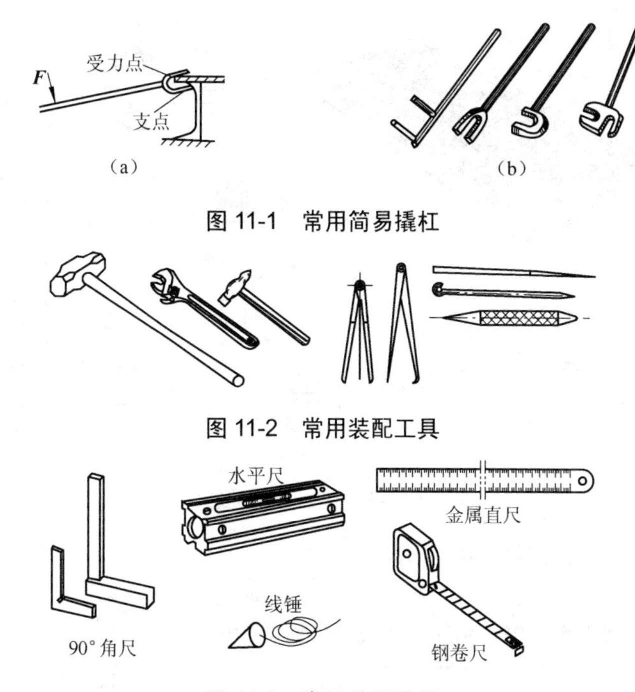

图 11-1 常用简易撬杠

图 11-2 常用装配工具

图 11-3 常用装配量具

11.2.2 装配常用平台和胎架

1. 对平台和胎架的基本要求

为了保证装配后产品的尺寸精度，平台或胎架表面应光滑平整，要求水平放置；对于尺寸较大的装配胎架应安置在相当坚固的基础上，以免基础下沉导致胎具变形；胎架应便于对工件进行装、卸、定位焊等装配操作；所选用的设备应构造简单，使用方便、维修容易，成本要低。

2. 装配平台

（1）铸铁工作平台 如图 11-4 所示，铸铁工作平台是由许多块铸铁组成的，结构坚固，工件表面平面度精度比较高，面上设有许多孔洞，便于安装夹具。常用于进行装配，以及用于钢板和型钢的热加工弯曲。

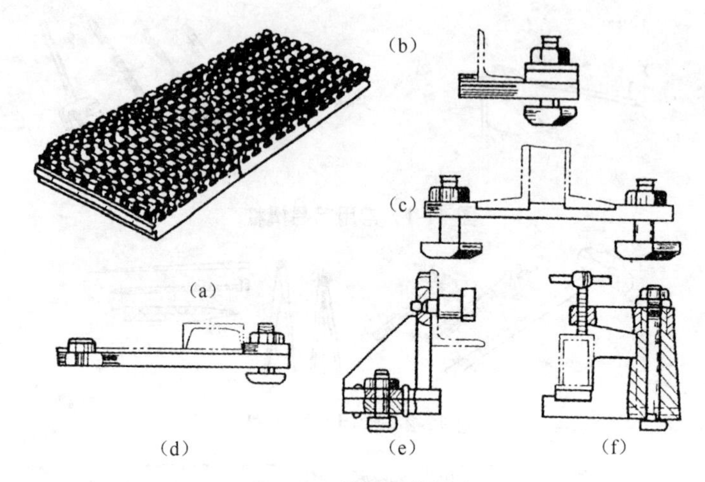

图 11-4　铸铁工作平台

（2）型钢工作平台　如图 11-5 所示，型钢工作平台是由型钢和厚钢板焊制而成的。它的上表面一般不经过切削加工，所以平面度精度差些。常用于大型钢结构的焊接或制作桁架结构。

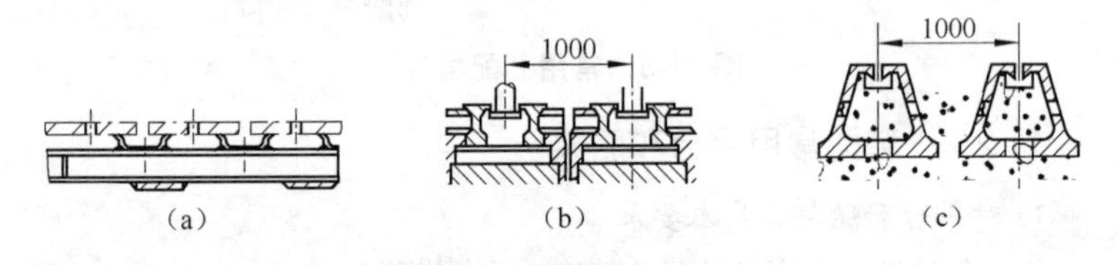

图 11-5　型钢工作平台

（3）导轨工作平台　导轨工作平台是由安装在水泥基础上的许多导轨组成的。每条导轨的上表面都经过切削加工，并有紧固工件用的螺栓沟槽。这种平台用于制作大型结构件。

（4）水泥工作平台　水泥工作平台是由水泥浇注而成的一种简易而又适用于大面积工作的平台。浇注前在一定的部位预埋拉桩、拉环，以便装配时用来固定工件。在水泥平台面上还放置交叉形扁钢（扁钢面与水泥面对齐），作为导电板或用于固定工件。这种水泥平台可以拼接钢板、框架和构件，又可以在上面安置胎架进行较大部件的装配。

(5) 电磁工作平台 电磁工作平台是由型钢和钢板焊制而成的平台和电磁铁组成的。电磁平台的电磁铁能将钢板或型钢吸紧固定在平台上，焊接时可以固定工件，减少变形。充气软管和焊剂的作用是组成焊剂垫，用于埋弧自动焊，可防止漏渣和铁液下淌。

移动式拼板电磁工作平台如图 11-6 所示，为电磁平台与焊剂垫装置联合使用的情况。台车中部为帆布焊剂槽 6，两根 50～65mm 直径的压缩空气软管 2 和 4 可分别充气升起焊剂垫贴紧焊件背面，以保证单面焊双面成形时，焊缝反面成形良好，两侧的电磁衔铁 8 用于吸紧钢板，防止板条错边、移动和减小角变形。支撑滚轮 5 在软管 3 充气后升起，以便装卸板条和对准接缝。

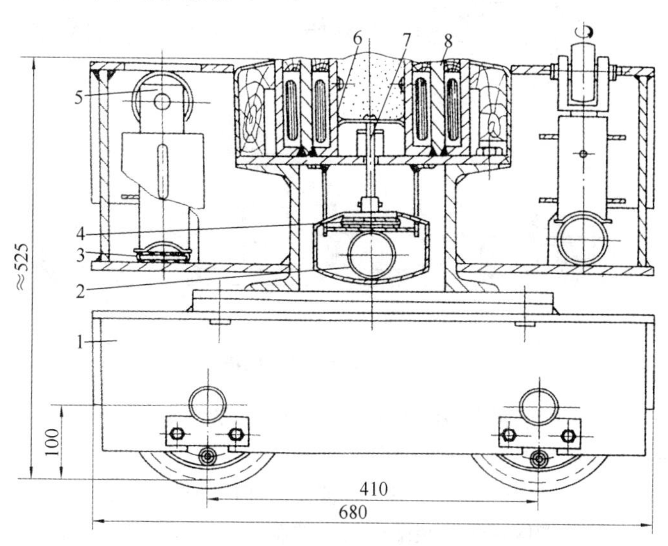

图 11-6 移动式拼板电磁工作平台

1. 移动台车；2、3、4. 压缩空气软管；5. 支撑滚轮；
6. 帆布焊剂槽；7. 焊剂垫支柱；8. 电磁衔铁

3. 装配胎架

胎架又称为模架，当工件结构不适于以装配平台作为支撑（如船舶、机车车辆底架、飞机和各种容器结构等）时，就需要制造装配胎架来支撑工件进行装配。所以，胎架经常用于某些形状比较复杂、要求精度较高的结构件。它的主要优点是利用夹具对各个零件进行方便而精确的定位。有些胎架还可以设计成可翻转的，把工件翻转到适合于焊接的位置。利用胎架进行装配，既可以提高装配精度，又可以提高装配速度，但由于胎架制作费用较高，故常为某种专用产品设计制造，适用于流水线或批量生产。船壳板装配-焊接胎架如图 11-7 所示。

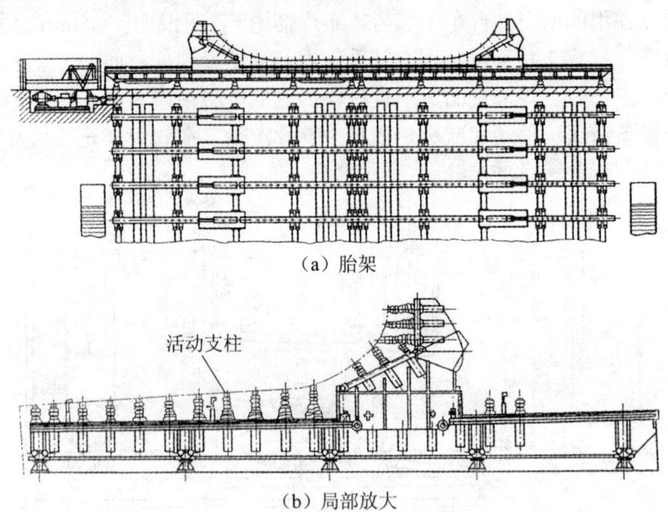

（a）胎架

（b）局部放大

图 11-7　船壳板装配-焊接胎架

另外，转胎也属于装配胎架，主要用于装配各种不同直径的圆筒形工件。制作胎架时应注意以下几点。

①胎架工作面的形状应与工件被支承部位的形状相适应。

②胎架结构应便于在装配中对工件施行装、卸、定位、夹紧和焊接等操作。

③胎架上应划出中心线、位置线、水平线和检查线等，以便于装配中对工件随时进行校正和检验。

④胎架上的夹具应尽量采用快速夹紧装置，并有足够的夹紧力；定位元件需尺寸准确并耐磨，以保证零件准确定位。

⑤胎架必须有足够的强度和刚度，并安置在坚固的基础上，以避免在装配过程中基础下沉或胎架变形而影响产品的形状和尺寸。

11.3 装配用定位器和夹具体

11.3.1 定位器

定位器又称定位元件或定位机构，可作为一种独立的工艺装置，也可以是复杂夹具中的一种基本元件。定位器的制造和安装精度对工件的精度和互换性产生直接的影响，因此保证定位器本身的设计合理性、加工精度和它在夹具中的安装精度，是设计和选用定位器的重要环节。定位器的形式有多种，如挡铁、支承钉或支承板、定位销、V 形铁和定位样板等，如图 11-8 所示。使用时，可根据工件的结构形式和定位要求进行选择，大致分类如下。

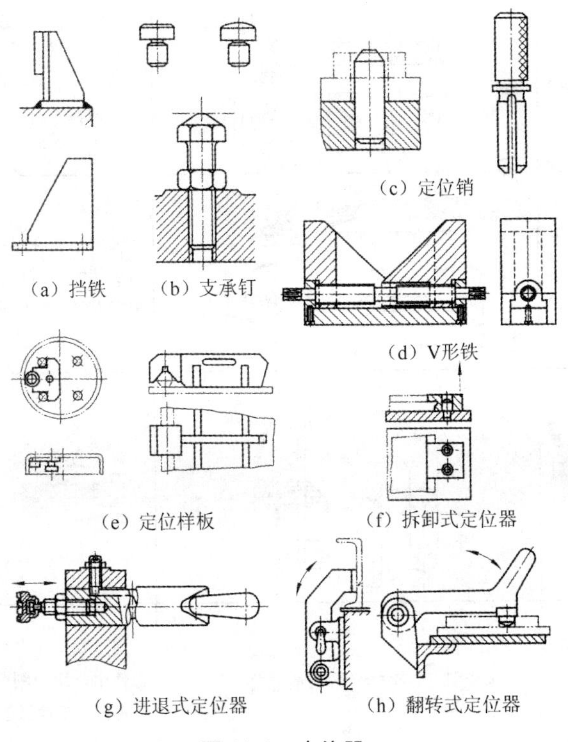

图 11-8 定位器

1. 平面定位用定位器

工件以平面定位时常采用挡铁、支承钉（板）进行定位。工件以平面定位用定位器见表 11-2。

表 11-2 工件以平面定位用定位器

名称和形式		结构简图	特点和适用范围
挡铁	固定式	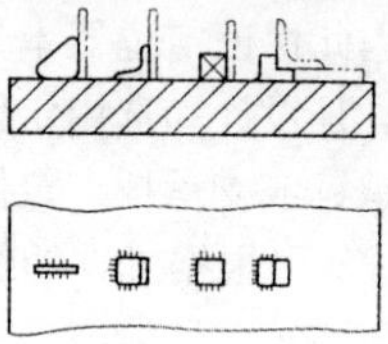	可使工件在水平面或垂直面内固定，高度不低于被定位件截面重心线，它用于单一产品且批量较大的生产中
	可拆式	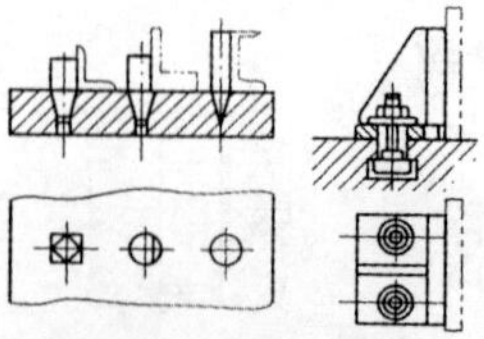	挡铁直接插入夹具体或装配平台的锥孔上，不用时可以拔除（见左图），也可用螺栓固定在平台上，它适用于单件或多品种焊件的装配
	永磁式	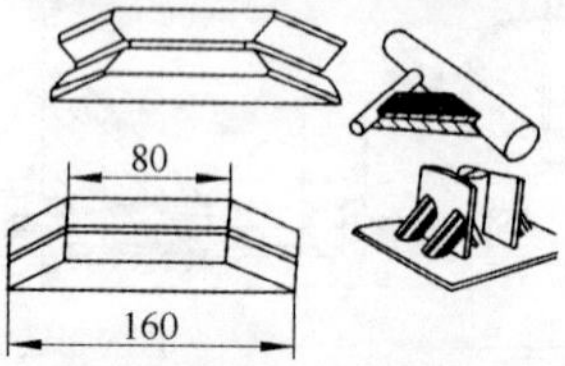 80 160	采用永磁性材料制成，适用于装配铁磁性金属材料中小型板材或管材的焊接件
	可退出式	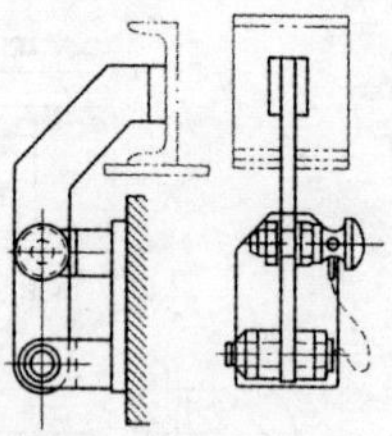	为了便于工件装上或卸下，通过铰链结构使挡铁用后能退出
支承钉（板）	固定式	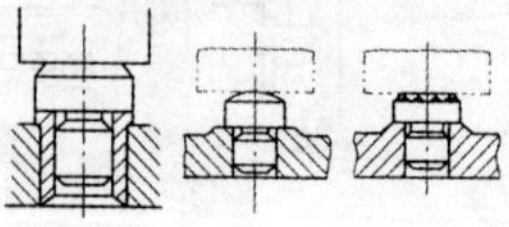 (a) (b) (c)	固定安装在夹具体上，配合使用，用于刚度较大的工件定位。支承钉已标准化

续表 11-2

名称和形式		结构简图	特点和适用范围
支承钉（板）	可调式		装配形状相同而规格不同的焊件，常须调整定位元件，这类支承钉的高度可按需要调整，调好后即锁死，防止使用时发生松动
	支承板	(a) (b)	用螺钉紧固在夹具体上，适用于工件经切削加工平面或较大平面做基准平面

（1）挡铁 挡铁是一种应用较广且结构简单的定位元件，除平面定位外，也常利用挡铁对板焊结构和型钢结构的端部进行边缘定位。

①固定式挡铁可采用一段型钢或一块钢板按夹具的定位尺寸直接焊接在夹具体或装配平台上使用。

②可拆式挡铁在定位平面上一般加工出孔或沟槽，以便于固定工件。为了提高挡铁的强度，常在挡铁两平面间设置加强筋。

③永磁式挡铁使用非常方便，一般可定位 30°、45°、75°、90°夹角的铁磁性金属材料工件，用于中小型焊件的装配。在不受冲击振动的场合，利用永久磁铁的吸力直接夹紧工件，可起到定位和夹紧的组合作用。

④可退出式挡铁适应焊接结构多种多样的形式，保证复杂的结构件经定位焊或焊接后，能从夹具中顺利取出。

挡铁的定位方法虽简便，但定位精度不太高，所用挡铁的数量和位置，主要取决于结构形式、选取的基准，以及夹紧装置的位置。对于受力（重力、热应力、夹紧力等）较大的挡铁，必须保证挡铁具有足够的强度，使用时受力挡铁与零件接触线的长度一般不小于零件接触边缘厚度的一倍。

（2）支承钉和支承板　主要用于平面定位。支承钉（板）的形式有多种。

①固定式支承钉。其又分三种类型：平头支承钉用来支承已加工过的平面定位；球头支承钉用来支承未经加工粗糙不平毛坯表面或工件窄小表面的定位，此种支承钉的缺点是表面容易磨损；带花纹头的支承钉多用在工件侧面，增大摩擦因数，防止工件滑动，使定位更加稳定。固定支承钉可采用通过衬套与夹具骨架配合的结构形式，当支承钉磨损时，可更换衬套，避免因更换支承钉而损坏夹具。

②可调式支承钉。其在零件表面未经加工或表面精度相差较大，而又需以此平面做定位基准时选用。此类可调支承钉基本采用与螺母旋合的方式调整高度，以补偿零件的尺寸误差。

③支承板定位。表11-2中支承板（a）构造简单，但螺纹孔易积聚灰尘使支承面不平而影响定位作用，所以适于零件的侧面和顶面定位。支承板（b）利于排除尘屑，适于底面定位。

在使用支承钉或支承板定位时，已装配好的工件表面尽可能一次加工完成，以保证定位平面的精度。

2. 圆孔定位用定位器

利用零件上的装配孔、螺钉或螺栓孔和专用定位孔等作为定位基准时多采用定位销定位。销钉定位限制零件自由度的情况，视销钉与工件接触面积的大小而异。一般销钉直径大于销钉高度的短定位销起到两个支承点的作用；销钉直径小于销钉高度的长定位销可起到四个支承点的作用。常用圆孔定位用定位器见表11-3。

定位销一般按过渡配合压入夹具体内，其工作部分应根据零件上的孔径按间隙配合制造。

表 11-3 常用圆孔定位用定位器

名称和形式	结 构 简 图	特点与使用说明
固定式	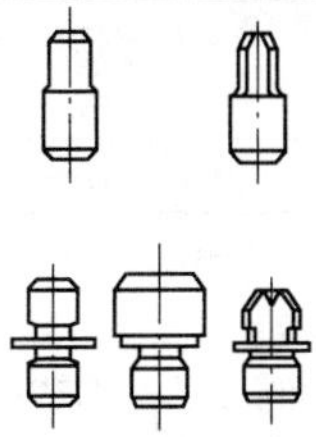	定位销装在夹具体上，配合为 $\frac{H7}{r6}$ 或 $\frac{H7}{n6}$，工件部分的直径根据工艺要求和安装方便，按 g5、g6、f6、f7 制造。头部有 15° 倒角。已标准化
可换式	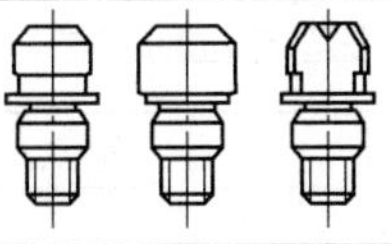	大批量生产时，定位销磨损快，为保证精度须定期维修或更换
可拆式（插销）	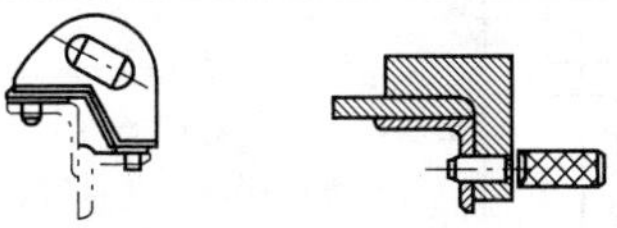	零件之间靠孔用定位销来定位，定位焊后须拆除该定位销才能进行焊接，这时应使用可拆式定位销
可退出式		通过铰链使口锥形定位销用后可以退出，让工件能装上或卸下

3. 外圆表面定位用定位器

生产中，圆柱表面的定位多采用 V 形块。V 形块的优点较多，应用广泛。V 形块的结构尺寸见表 11-4。V 形块上两斜面夹角 α 一般选用 60°、90° 和 120° 三种，焊接夹具中 V 形块两斜面夹角多为 90°。外圆表面定位用定位器见表 11-5。

表 11-4 V 形块的结构尺寸

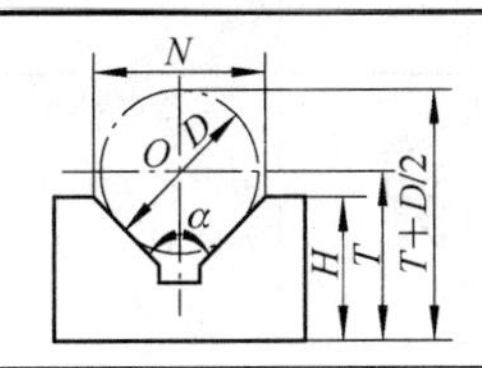

续表 11-4

两斜面夹角	α	60°	90°	120°
标准定位高度	T	$T=H+D-0.866N$	$T=H+0.707D-0.5N$	$T=H+0.707D-0.5N$
开口尺寸	N	$N=1.15D-1.15k$	$N=1.41D-2k$	$N=2D-3.46k$
参数	k	$k=(0.14\sim0.16)D$		

注：D——工件定位基准直径（mm）。

H——V 形块的高度（mm），用于大直径时，取 $H\leqslant0.5D$；用小直径时，取 $H\leqslant1.2D$。

表 11-5　外圆表面定位用定位器

名称和形式		结构简图	特点和适用范围
V 形铁	固定式	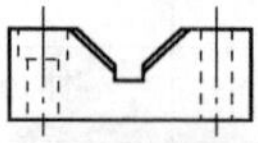 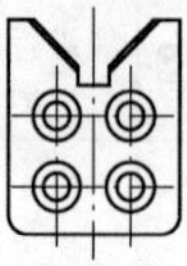	对中性好，能使工件的定位基准轴线在 V 形块两斜面的对称平面上，而不受定位基准直径误差的影响，并且安装方便，粗、精基准均可使用，已标准化
	调整式	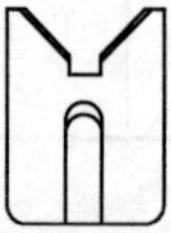	用于同一类型但尺寸有变化的工件，或用于可调整夹具中
	活动式	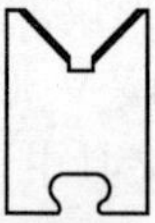	用于定位夹紧机构中，起消除一个自由度的作用，常与固定 V 形块配合使用
定位套		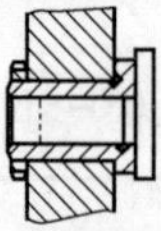	移定位孔单独做在一个零件上，然后再将它固定在夹具体上，易于制造和更换
		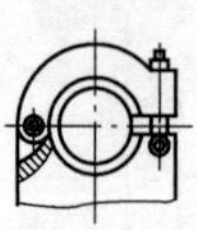	定位元件为半圆形衬套，上半圆起夹紧作用，下半圆孔的最小直径应取工件定位基准外圆的最大直径，它适用于大型轴类或管类工件

V 形块的定位作用与零件外圆的接触线长度有关。一般短 V 形块起两个支承点的作用，长 V 形块起四个支承点的作用。当零件的直径经常变化时，应选用可调整式 V 形块。

4. 定位样板

根据焊件上各待装零件间的位置关系，借助它们的圆孔、边缘、凸缘等作为基准制作样板，然后利用样板进行定位。样板的结构形状因产品不同而异，一般用薄钢板制成，其厚度在满足刚度前提下尽可能的薄。在非定位的部位开孔或槽以减轻样板质量，便于提携。图 11-9（a）所示用例用于确定筋板的位置，图 11-9（b）所示用例用于确定隔板的位置。

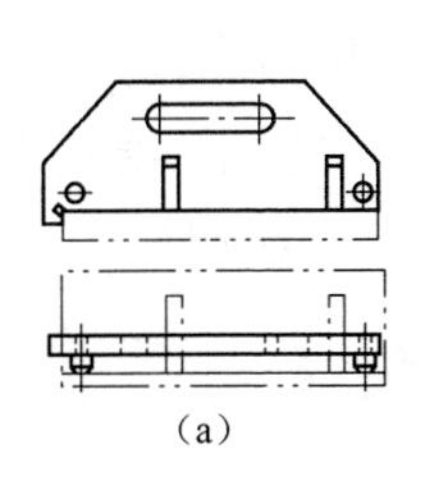
(a)

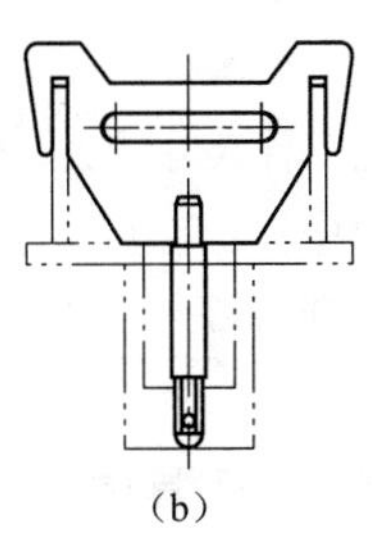
(b)

图 11-9 样板定位用例

5. 注意事项

设计定位器时应注意以下几点。

①定位器的工作表面常与工件接触摩擦，应耐磨，以保持定位精度。通常硬度为 40～65HRC，可通过选择材料及热处理的方法获得。磨损或损坏后应易于修复或更换。

②定位器一般不应作为受力构件，以免损伤其精度。但在焊接过程中与夹紧器配合工作时，就会受到夹紧力；控制焊接变形时，会引起约束力；焊件翻转或回转时，会受到重力和惯性力等。因此，凡受力的定位器一般要进行强度和刚度计算。

③定位器应有好的加工性能，其结构简单，易于制造和安装。

④定位器上的限位基准应具有足够精度。为此，须保证加工误差、

表面粗糙度。定位器之间相关尺寸和相互位置的公差一般取工件上相应公差的 1/5～1/2，常取 1/3～1/2。定位销工作直径的公差带一般取 f7，表面粗糙度 *Ra*≤0.4μm；与夹具体配合直径公差取 r6，表面粗糙度 *Ra*≤0.8μm。

⑤定位器的布置首先应符合定位原理，特别是在有工艺反变形要求时，定位器的配置更要精心设计。有时为满足装配零部件的装卸，还需将定位器设计成可移动、可回转或是可拆装的形式。

⑥定位精度和质量不仅取决于定位器工作面（装配基准）的加工精度和耐磨性，也取决于工件定位面的状况，应优先选择工件本身的测量基准、设计基准。必要时也可能专门为解决定位精度而在工件上设置装配孔、定位块等。

⑦当工件尺寸较大，特别是采用中心柱销定位时，操作者不便观察工件的对中情况，这时，定位器本身应具有适应对中偏差的导入段，如在定位器端部加工出锥面、斜面或球面导向，以辅助工件的对中并导入工件。

11.3.2　夹具体

1. 夹具体的工作原理

夹具体是在夹具上安装定位器和夹紧机构，以及承受焊件质量的部分。

各种焊件变位机械上的工作台和装焊车间里的各种固定式平台就是通用的夹具体，在其台面上开有安装槽、孔，用来安放和固定各种定位器和夹紧机构。

在批量生产中使用的专用夹具，其夹具体是根据焊件形状、尺寸、定位及夹紧要求、装配施焊工艺等专门设计的。装焊拖拉机扇形板工装夹具如图 11-10 所示，其夹具体就是根据焊件（图中双点画线所示）开头尺寸、定位夹紧要求由型钢和厚钢板拼焊而成的。夹具体上安装着定位器的总成，以保证零件 2 相对零件 1 的垂直度和相对高度。零件定位后，用圆偏心-杠杆夹紧机构夹紧，以保证施焊时零件的相互位置不发生改变。

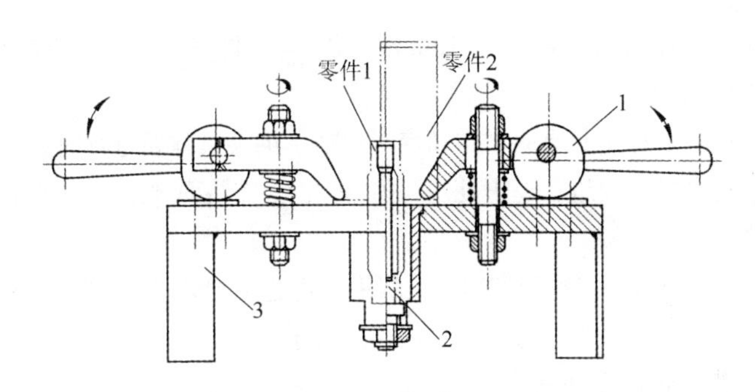

图 11-10　装焊拖拉机扇形板工装夹具

1. 圆偏心-杠杆夹紧机构；2. 定位器总成；3. 夹具体

2. 对夹具体的要求

①具有足够强度和刚度，保证夹具体在装配或焊接过程中正常工作，在夹紧力、焊接变形约束力、重力和惯性力等作用下不致产生不允许的变形和振动。

②结构简单、轻便，在保证强度和刚度前提下结构尽可能简单紧凑，体积小、质量轻和便于工件装卸，在不影响强度和刚度的部位可开窗口、凹槽等，以减轻结构质量，特别是手动或移动式夹具，其质量一般不超过 10kg。

③安装稳定牢靠。夹具体可安放在车间的地基上或安装在变位机械的工作台（架）上。为了稳固，其重心尽可能低。若重心高，则支承面相应加大，在底面中部一般挖空，让周边凸出。

④有利于定位、夹紧机构位置的调节与补偿；必要时，还应具有反变形的功能。

⑤结构的工艺性好，应便于制造、装配焊接作业和检验；有利于定位器和夹紧机构的调节；满足必要的导电、导热、通水、通气、通风等条件。

夹具体上各定位基面和安装各种元件的基面均应加工。若是铸件应铸出 3～5mm 的凸台，以减少加工面积。不加工的毛面与工件表面之间应保持有一定空隙，常取 8～15mm，以免与工件发生干涉；若是光面，则取 4～10mm。

⑥尺寸要稳定且具有一定精度。对铸造的夹具体要进行时效处理，对焊接的夹具体要进行退火处理。各定位面、安装面要适当的尺寸和形状精度。

⑦清理方便。在装配和焊接过程中不可避免的有飞溅、烟尘、渣壳、焊条头、焊剂等杂物掉进夹具体内，应便于清扫。

3. 夹具体的毛坯制造

夹具体毛坯的制造方法，应以结构合理性、工艺性、经济性和工厂具体条件综合考虑后确定。常用夹具体毛坯制造方法见表 11-6。

表 11-6　常用夹具体毛坯制造方法

制造方法	特　点	常用材料	适用范围
铸造	能铸出复杂结构形状，抗压和抗震性能好，易于加工，但制造周期长，单件生产成本高	HT150、HT200	小型、复杂、批量大的夹具体和有振动的场合
锻造	可用强度较高的钢材，常用自由锻方法制成，其加工量较大	低碳钢、中碳钢	形状简单、尺寸不大，对强度和刚度要求高的场合
焊接	可用钢板、管材和型钢组合成刚性大的夹具体，生产周期短、成本低、质量轻	Q235A 等	单件、小批、大型的夹具体或新产品试制用的夹具体

4. 夹具体的形状与尺寸

在绘制夹具总图时，夹具体的形状与尺寸根据工件、定位元件、夹紧装置及其他辅助机构等在夹具体上的配置大体可以确定，一般不作复杂计算，常参照类似夹具结构按经验类比法估计。然后根据强度和刚度要求选择断面的结构形状和壁厚尺寸。受到集中力的部位可以用肋板加强。以下经验数据可供确定具体结构尺寸时参考。

①铸造夹具体的壁厚一般取8～25mm，加强筋厚度取壁厚的0.7～0.9倍，加强筋高度一般不大于壁厚的5倍，定位面凸台高度为3～5mm。

②焊接夹具体的壁厚一般取6～16mm，若刚性不足可增设加强筋。

11.4 装焊工装夹具

在焊接结构生产中经常采用的夹具有装配定位焊夹具、焊接夹具、矫正夹具等。一个完整的工装夹具，一般由定位器、夹紧机构和夹具三部分组成。夹具起着连接定位和夹紧元器件的作用，有时还用于对焊件的支承。其中，定位是夹具结构设计的关键问题，定位方案一旦确定，则其他组成部分的总体配置也基本随之而定。

11.4.1 装焊工装夹具的分类、用途和要求

1. 装焊工装夹具的分类

装焊工装夹具分类如图11-11所示。

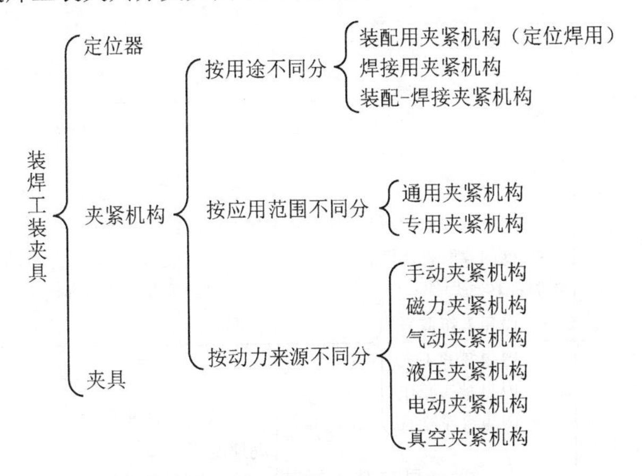

图11-11 装焊工装夹具分类

2. 装焊工装夹具的用途和要求

装焊工装夹具的用途和要求见表11-7。

表 11-7　装焊工装夹具的用途和要求

<table>
<tr><th colspan="2">名　称</th><th>用　途</th><th>要　求</th></tr>
<tr><td colspan="2">定位器</td><td>1. 保证工件间的相对位置正确；
2. 减少变形；
3. 提高焊件装配工作效率</td><td>1. 夹具的精度应能满足焊件的精度要求（必要时加放收缩量）；
2. 有足够的强度和刚度；
3. 结构要简单，使用方便，施焊可达性好</td></tr>
<tr><td rowspan="2">焊接夹紧机构</td><td>手工焊夹紧机构</td><td>1. 减小或防止焊接变形，尤其是角变形；
2.保证工件的相对位置；
3. 提高工作效率</td><td>1. 焊件先定位焊：
1）与定位焊夹具协调一致；
2）有适当的夹紧力，既能防止角变形，又不引起收缩裂纹；
3）便于焊工施焊；
4）有足够的强度和刚度。
2. 焊件不进行定位焊：
1）能保证工件的装配要求；
2）有适当的夹紧力，良好的强度、刚度；
3）便于焊工施焊</td></tr>
<tr><td>自动焊夹紧机构</td><td>1. 夹紧焊件边缘，保证对缝的间隙；
2. 防止变形；
3. 用垫板控制焊缝背面成形；
4. 纵向焊时机头能移动，环向焊时能转动焊件；
5. 提高工作效率</td><td>1. 有足够的强度和刚度，有适当的夹紧力；
2. 夹紧器距对缝处≥30mm，保证开敞性，便于观察；
3. 焊件装卸方便，夹紧器动作迅速；
4. 转动台架的转动应平稳，速度可以调节；</td></tr>
<tr><td>焊接托架</td><td>移动托架</td><td>1. 焊接大型焊件的纵缝（直线）时移动焊件用；
2. 提供焊剂垫，保证焊缝背面成形；
3. 提高工作效率，减轻劳动强度，实现连续焊接</td><td>1. 有足够的强度和刚度；
2. 有足够的驱动力，移动平稳，移动速度可调节；
3. 托架能适应多种直径的工件；
4. 焊剂垫平整并能贴紧被焊处</td></tr>
</table>

续表 11-7

名称		适用范围	要求
焊接托架	转动托架	1. 焊接大型焊件的环缝或曲线焊缝时转动焊件用； 2. 大型焊件电阻点焊或缝焊时托住焊件，保持焊接面与电极垂直； 3. 放置焊剂垫，保证焊缝背面成形； 4. 提高工作效率，减轻劳动强度，实现连续焊接	1. 有足够的强度和刚度； 2. 有足够的驱动力，转动平稳，速度可调； 3. 多道环缝锥形件托架应能调节倾角，保持各条焊缝的焊接点在同一水平面上； 4. 电阻点焊、缝焊的托架，其高度应能调节； 5. 能适应多种直径的焊件

11.4.2 焊件的夹紧机构

1. 夹紧机构的组成

典型的夹紧机构如图 11-12 所示，可以分为以下三个部分。

（1）力源装置 它是产生夹紧作用力的装置。通常是指机动夹紧时所用的气动、液压、电动等动力装置。图 11-12 中的气缸 1 便是一种力源装置。

（2）中间传力机构 它是将力源产生的力传递给夹紧元件的机构，如图 11-12 中的斜楔 2。传力机构的作用是改变夹紧力的方向；改变夹紧力的大小（扩力）；保证夹紧的可靠性、自锁性。

（3）夹紧元件 即与工件相接触的部分，它是夹紧装置的最终执行元件。通过它和工件直接接触而完成夹紧动作。图 11-12 中的压板 4 即为夹紧元件。

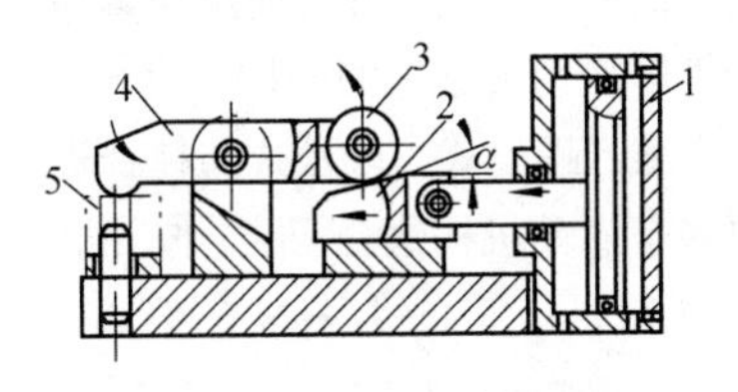

图 11-12 典型的夹紧机构

1. 气缸；2. 斜楔；3. 滚轮；4. 压板；5. 工件

夹紧机构各部分间的关系如图11-13所示。在手动夹紧装置中，没有第一部分，手动夹紧的力源是由人力来保证的，中间传力机构和夹紧元件组成夹紧机构。夹紧装置的设计内容，就是设计这几个部分。夹紧装置的具体组成是由工件特点、定位方式、工艺条件等来综合考虑的。

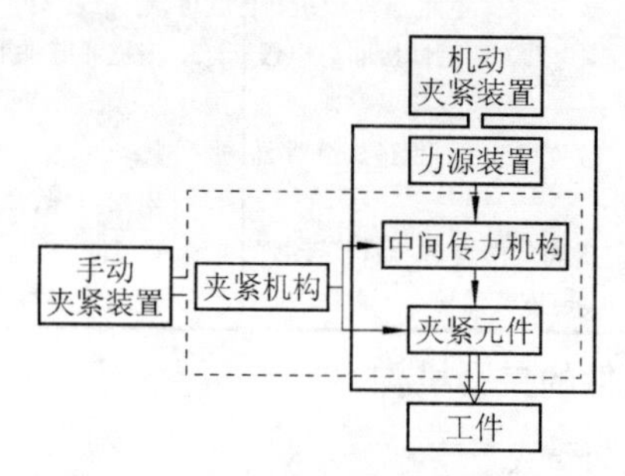

图11-13　夹紧机构各部分间的关系

2. 夹紧机构的分类

①夹紧机构按原始力来源不同，分为手动和机动两大类。机动的又分为气压夹紧、液压夹紧、气-液联合夹紧、电力夹紧等，此外还有用电磁和真空等作动力源的。

②按夹紧装置位置变动情况不同，分为便携式和固定式两类。前者多是能独立使用的手动夹紧器，其功能单一，结构简单轻便，用时可搬到使用地点；后者安装在夹具体预定的位置上，而夹具体在车间的位置是固定的。

③按夹紧机构繁简程度不同，分为简单夹紧和组合夹紧两大类。简单夹紧装置将原始力转变为夹紧力的机构只有一个，按力的传递与转变方法不同又分为斜楔式、螺旋式、偏心式和杠杆式等夹紧装置。组合夹紧装置由两个或更多个简单机构组合而成，按其组合方法不同又分成螺旋-杠杆式、螺旋-斜楔式、偏心-杠杆式、偏心-斜楔式、螺旋-斜楔-杠杆式等夹紧装置。

3. 对夹紧机构的基本要求

①夹紧作用准确，处于夹紧状态时应能保持自锁，保证夹紧定位的

安全可靠。

②夹紧动作迅速，操作方便省力，夹紧时不应损坏零件表面质量。

③夹紧件应具备一定的刚性和强度，夹紧作用力应是可调节的。

④结构力求简单，便于制造和维修。

11.4.3　焊件所需夹紧力的确定

1. 夹紧的作用

夹紧操作在表现形式上都是夹持工件实施力的作用，但其工艺内涵却不尽相同，其具体作用有以下几方面。

(1) 用以实现工件的可靠定位　定位器的合理选择和布置为实现工件的正确定位提供了必要条件，但不是充分条件。只有与恰当的夹紧力相配合，将工件表面贴紧在定位面上，才能产生最终的定位效果。

(2) 用于实现工艺反变形　在解决焊接构件的挠曲变形、角变形等工艺问题时，经常采用装配反变形工艺措施。为了有效控制工件的形状、变形量和位置稳定等，首先必须通过某些夹具使工件整体稳固，然后再运用专门设置在特定部位的夹具对工件施加反变形力。

(3) 用于保证工件的可靠变位　在焊接工序中，有时需借助焊接变位机对工件进行倾斜或回转。这时，吊装在变位机工作台或翻转机上的工件也必须采取可靠的夹紧措施，以确保操作过程的安全，防止工件在焊接过程中产生相对窜动。

(4) 用于消除工件的形状偏差　目前“冲压-焊接”结构应用较广泛。由于各种工艺因素的影响，经冲压成形的板壳类零件往往产生不同程度的形状偏差。为了消除这些不良影响，有效控制产品的装配质量(如装配间隙控制、工件圆度控制)，在装配工序中利用一些专用夹具来弥补工件本身存在的质量偏差，降低废品率。

总之，在焊接结构的装配、焊接过程中，夹紧操作是十分重要的环节，它决定产品的质量，也涉及生产过程的安全。

2. 板材焊接时夹紧力的确定

装配、焊接焊件时，焊件所需的夹紧力，按性质不同可分为四类。第一类是在焊接及随后冷却过程中，防止焊件发生焊接残余变形所需的夹紧力。第二类是为了减少或消除焊接残余变形，焊前对焊件施以反变形所需的夹紧力。第三类是在焊件装配时，为了保证安装精度，使各相邻焊件相互紧贴，消除它们之间的装配间隙所需的夹紧力；或者，根据图样要求，保证给定间隙和位置所需的夹紧力。第四类是在具有翻转或变位功能的夹具或胎具上，为了防止焊件翻转变位时在重力作用下不致坠落或移位所需的夹紧力。

为满足夹紧装置的基本要求，必须合理选择夹紧力。夹紧力包括力的方向、作用点和大小三个要素，它对夹紧装置的设计起着决定性的作用。

（1）夹紧力方向的选择

①夹紧力的方向应垂直于主要定位基准面。夹紧力的方向垂直于主要定位基准，既能使工件更好地与定位件接触，又可使夹紧力引起的变形较小。

②夹紧力的方向应有利于减小工件变形。为了减少焊接变形，工装夹具要有足够的刚度，夹紧力方向要根据工艺要求和焊接变形的特点来确定，如薄板对接时主要产生波浪变形，可以用琴键式压板在焊缝两侧均匀施加压力，如图 11-14 所示。角焊缝主要产生角变形，在夹具上采用刚性固定，限制角变形，为了减少焊接过程中产生的约束应力，应在某些方向（如板平面内的纵向或横向）上允许工件自由伸缩，因而在这些方向上就不要夹紧。角焊缝刚性固定如图 11-15 所示。

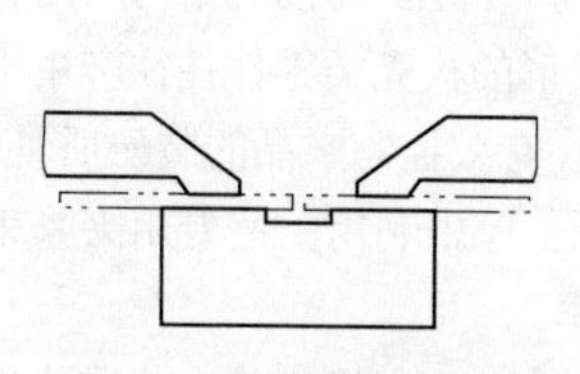

图 11-14 琴键式压板

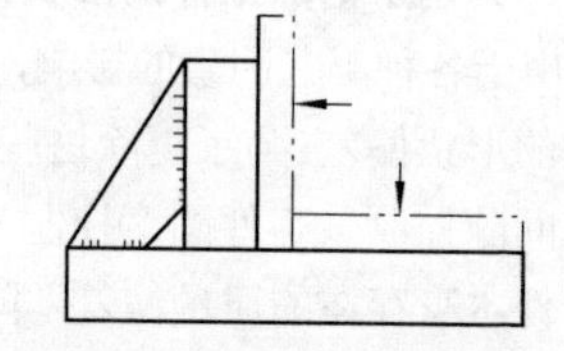

图 11-15 角焊缝刚性固定

③夹紧力的方向应有利于减小夹紧力。在保证夹紧可靠的情况下，减小夹紧力可以减轻工人的劳动强度，提高劳动效率，简化夹紧机构，使其轻便紧凑，并使工件的压伤和变形减少。图 11-16 所示为夹紧力 F_J、

重力 G 和焊接热引起的作用力 F_h 之间关系的几种典型情况。通常主要定位基准面是水平向上的，被装配的零件放置在它的上面，因而图 11-16（a）所示的夹紧力最小，有些情况下不施加夹紧力，仅靠工件自重即可装配焊接；图 11-16（b）中 F_h 与主要定位表面平行，需要较大的夹紧力 F_j，使其摩擦力能克服 F_h，即夹紧力必须满足下式要求

$$F_j \geqslant \frac{F_h}{f} - G \tag{11-1}$$

式中：f——摩擦因数，与表面粗糙度有关，不同接触表面之间的摩擦因数见表 11-8。

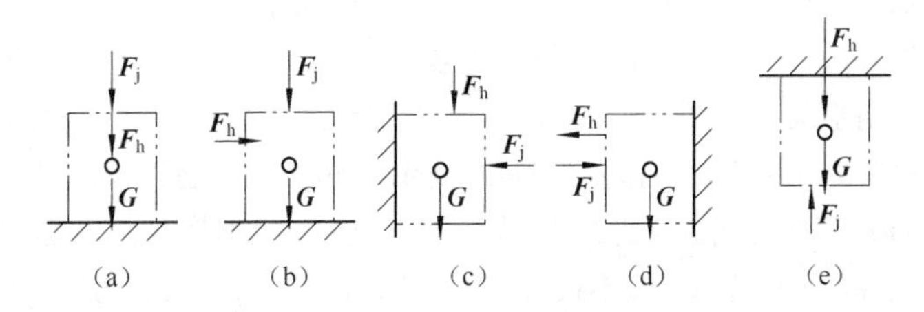

图 11-16 夹紧力、重力和焊接热引起的作用力之间的关系

表 11-8 不同接触表面之间的摩擦因数

接触表面		摩擦因数 f
接触面均为加工过的光滑表面		0.1～0.15
工件表面为毛坯，夹具支承面为球面		0.2～0.3
夹紧元件和支承面有齿纹		0.6～0.7
卡盘或弹簧夹头的夹爪接触面	光滑表面	0.16～0.18
	沟槽相互垂直	0.4～0.5
	网状齿纹	0.7～1.0

图 11-16（c）和图 11-16（d）是定位表面在垂直平面的情况，此时需要足够大的摩擦力来平衡重力 G 或焊接热引起的作用力 F_h，故所需夹紧力 F_j 都很大，尤以图 11-16（c）的情况为最糟糕。图 11-16（e）所示情况是夹紧力 F_j 与重力 G 和焊接热引起的作用力 F_h 方向相反，所以要求夹紧力 $F_j \geqslant F_h + G$，通过以上分析可以看出，所需夹紧力的大小与

其方向有关，因此，设计承受重力的定位表面最好水平向上，应尽可能使力 F_h 与 G 由夹具的定位面或装置上的挡块来承受，而不是由工件与夹具面的摩擦力或夹紧器本身来承受。

（2）夹紧力作用点的选择　夹紧力作用点是指夹紧件与工件接触的部位（局部接触面积）。选择作用点就是指在夹紧方向已定的情况下确定夹紧力作用点的位置和数量。合理地选择夹紧力作用点必须注意以下几点。

①夹紧力作用点的选择应不破坏工件定位已确定的位置，即夹紧力作用点应在支承点作用范围之内，如图 11-17 所示，用三个支承钉支承一个钢件，用一个力夹紧时，这个夹紧力就应作用在这三个支承点所构成的三角形范围之内，如 A 点。若在 B 点夹紧，将破坏工件定位。

夹紧力作用点的选择如图 11-18 所示，如在 B 处夹紧，则它将和支承反力 F_f 形成力偶，易使工件翻转而破坏定位，此时应改在 A 处夹紧。对于刚性较大的零件，在不致引起弯曲变形的前提下，夹紧力的数目可以少于所用支承点数，但力的作用点要落在支承点围成的面积范围之内。对于刚性小的零件，夹紧力作用点的布置如图 11-19 所示，薄板零件、刚性小的梁，夹紧力最好指向定位支承件。若有困难，也应尽量靠近定位支承件。

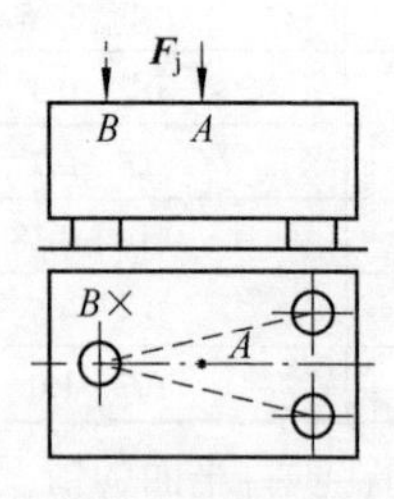

图 11-17　夹紧力作用点应在支承点作用范围之内

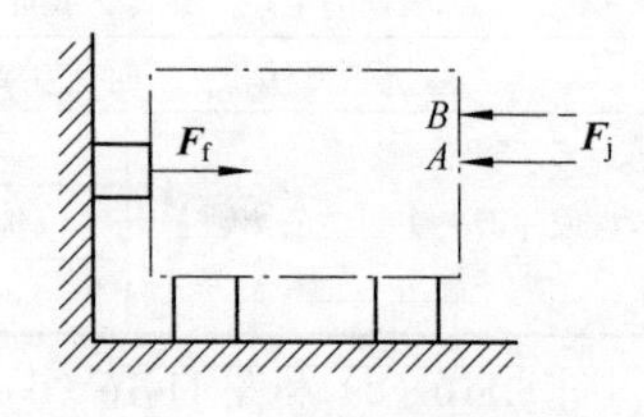

图 11-18　夹紧力作用点的选择

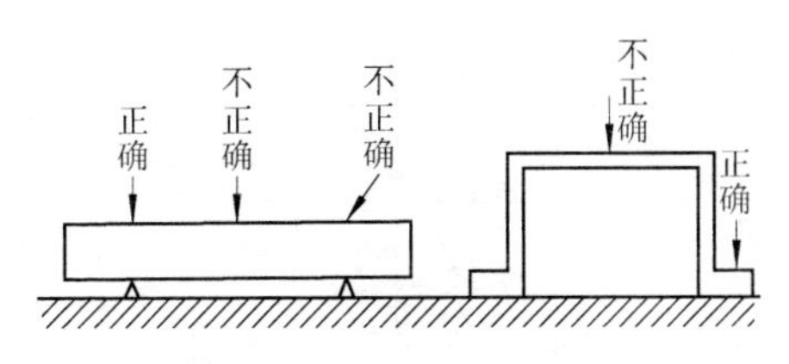

图 11-19 夹紧力作用点的布置

另外，夹紧时摩擦力的影响及其预防如图 10-20 所示。图 11-20（a）～（d）所示为在夹紧时因摩擦力而使工件发生转动或移动的一些例子，其相应的改进方法如图 11-20（e）～（h）所示。

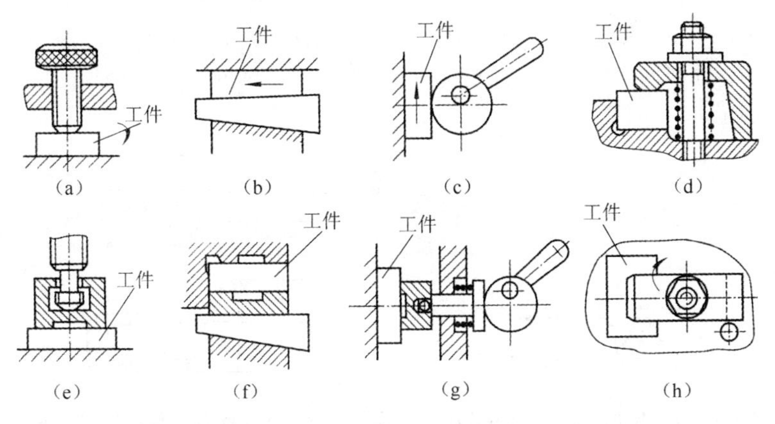

图 11-20 夹紧时摩擦力的影响及其预防

②夹紧力作用点的数目增多，能使工件夹紧均匀，提高夹紧的可靠性，减小夹紧变形。

对于薄壁管类零件，夹紧力作用点数目与工件变形的关系如图 11-21 所示，当分别以三点、四点、六点夹紧时，其变形量可逐步减小，图 11-21（c）的变形量仅为图 11-21（a）变形量的 1/10。增加夹紧点的数目，并不等于每一点都要有它独立的夹紧装置，可以采用联动夹紧装置。

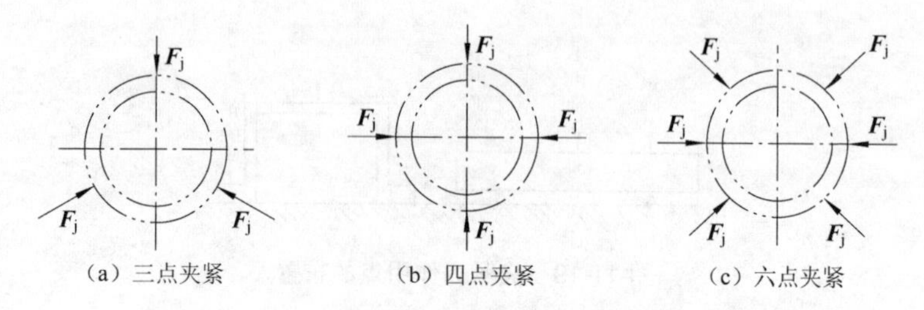

（a）三点夹紧　（b）四点夹紧　（c）六点夹紧

图 11-21　夹紧力作用点数目与工件变形的关系

另外，可以增加接触点面积来减小工件变形，如图 11-22 所示，三爪夹头使点接触变为面接触。防止薄壁工件变形的措施如图 11-23 所示，为了避免薄壁管径向受压失稳，可以在压板下面加一块厚度较大的锥面垫圈，使夹紧力通过垫圈均匀地作用在薄壁上，防止使工件局部压陷。

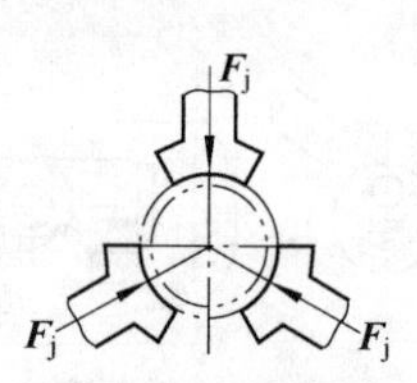

图 11-22　增加接触点面积减小工件变形

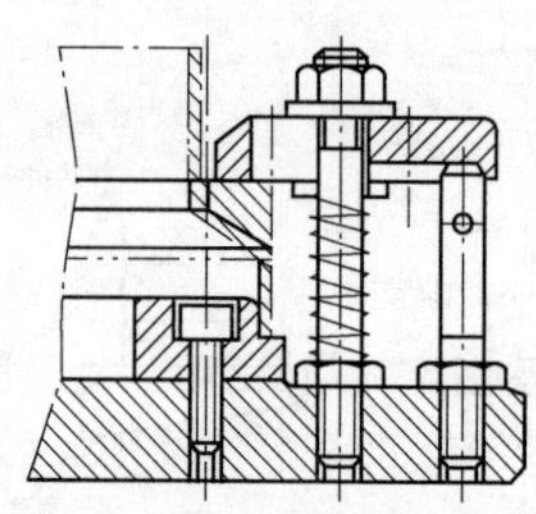

图 11-23　防止薄壁工件变形的措施

③夹紧力作用点应不妨碍施焊。尤其是刚性小的薄壁零件，夹紧力作用点要尽量靠近焊缝边缘以利于减小变形，但又不能妨碍定位点固焊或者连续焊接。

（3）夹紧力大小的确定　为了选择合适的夹紧机构和传动装置，就应该知道所需夹紧力的大小。夹紧力的大小要适当，过大，会使工件变形；过小，则在装配焊接时工件易松动，安全性无保证。

1）确定夹紧力大小的应考虑的因素。

①夹紧力应能够克服零件上的局部变形。这些变形不是因为长度的

变长或缩短，而是因为零件刚性不足，在备料（剪切、气割、冷弯等）、储存或运输过程中可能引起局部不平直，严重的必须经矫正后才能投入装配，因为强力装配会引起很大的装配应力。只有轻微的变形，才能通过夹紧装置去克服。

②当工件在胎具上实现翻转或回转时，夹紧力足以克服重力和惯性力，把工件牢牢地夹持在转台上。

③需要在工装夹具上实现焊件预反变形时，夹具就应具有使焊件获得预定反变形量所需要的夹紧力。

④夹紧力要足以应付焊接过程热应力引起的拘束应力。

在实践中，合理的结构设计不但能满足力学分析的要求，而且还能合理地实现焊接工艺的要求。这就需要设计者有丰富的工艺知识和经验。

2）板材焊接时夹紧力的确定方法。板材，特别是薄板，在焊接过程中易出现波浪变形或局部的圆形或椭圆形的鼓包，在一些中厚、薄板的对接焊中，易在焊缝附近形成凹陷使整个板面扭曲变形。如图 11-24 所示，对薄板的鼓包变形，可看成周边固定的板材在均布载荷 q 作用下所形成的弯曲板，其中心的挠度 f 为

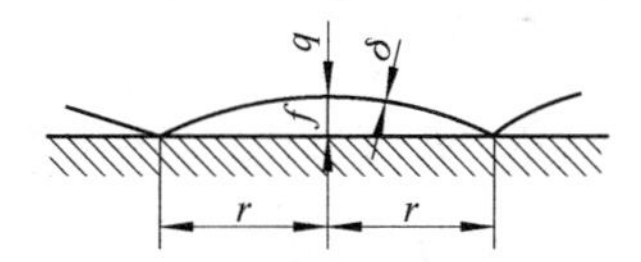

图 11-24 薄板的鼓包变形

$$f=\frac{qr^4}{64C} \qquad (11\text{-}2)$$

式中：q——均布载荷，且 $q=\dfrac{F}{\pi r^2}$；

F——作用在板材上的压力；

r——鼓包半径；

C——板材的圆柱刚度，且 $C=\dfrac{E\delta^3}{11\left(1-\nu^2\right)}$；

E——板材的弹性模量；

δ——板材厚度；

ν——板材的泊松比，取 ν＝0.30。

将 q 值和 C 值代入式（11-2）后，经变换得

$$F=\frac{18fE\delta^3}{r^2} \tag{11-3}$$

若通过实验测得板材变形后的 f、r 值，即可利用式（11-3）计算出 F 值，此值就是所需的夹紧力。因为式（11-3）是在弹性力基础上得出的，若夹紧后的应力超过屈服点，此式便失去了意义，为此，还要验算板材鼓包中心的应力

$$\sigma=\frac{3}{8}\frac{qr^2}{\delta^2}(1+\nu) \tag{11-4}$$

若将 $q=\frac{F}{\pi r^2}$、ν＝0.3 代入式（11-4）得

$$\sigma=\frac{0.15F}{\delta^2} \tag{11-5}$$

再将式（11-3）代入式（11-5）得

$$\sigma=\frac{2.8fE\delta}{r^2} \tag{11-6}$$

由式（11-6）可根据鼓包的实测尺寸算出板中的应力值 σ，若该应力超过屈服点 σ_s，则此时的夹紧力 F_s 可利用式（11-5）并将 σ 置换 σ_s 后得到

$$F_s=\frac{\sigma_s\delta^2}{r^2} \tag{11-7}$$

在实际夹紧装置上，按式（11-3）或式（11-7）算出的夹紧力并不是均匀地分布在整个鼓包上，而是分布在沿被焊坡口长约鼓包直径的两段平行线上（如在琴键式夹具中就是如此），此时，可近似认为每单位坡口长度的计算夹紧力为

$$F_d=\frac{F}{4r}=4.5fE\left(\frac{\delta}{r}\right)^3 \tag{11-8}$$

同理，若 $\sigma>\sigma_s$ 时，则每单位坡口长度的计算载荷为

$$F_{ds}=\frac{F_s}{4r}=\frac{\sigma_s\delta^2}{0.6r} \tag{11-9}$$

【例 11-1】 两块板材，$\delta=5\text{mm}$，$E=206000\text{MPa}$，$\sigma_s=235\text{MPa}$，对接焊后出现鼓包，如图 11-25 所示为屋顶式角变形，$r=450\text{mm}$，$f=13\text{mm}$，为防止产生此种变形，求在单位坡口长度两边所需施加的夹紧力。

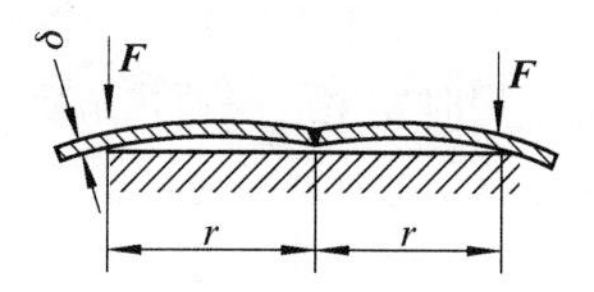

图 11-25 屋顶式角变形

按式（11-6）先算出板中可能出现的应力

$$\sigma=\frac{2.8fE\delta}{r^2}=\frac{2.8\times13\times206000\times5}{450^2}\approx185(\text{MPa})$$

由于该值小于板材的 σ_s，故按式（11-8）计算单位坡口长度的夹紧力

$$F_d=4.5\times13\times206000\times\left(\frac{5}{450}\right)^3\approx16.5(\text{MPa}\cdot\text{mm})=16.5(\text{N/mm})$$

实际上，在中厚、薄板 V 形坡口的对接焊中，还可能出现图 11-25 所示的屋顶式角变形。为防止此种变形，焊接时应对板材施以弯矩 $M=FL$，其中 L 为夹紧点至坡口中心线的距离，是与板厚、焊接方法，以及材料有关的量，一般情况下，板越薄，L 越小。此弯矩在焊缝中心所形成的应力应限定在屈服点 σ_s 以内。按照这一要求，焊缝上每单位长度的最大允许弯矩为

$$M_{ds}=\sigma_s W \tag{11-10}$$

式中：W——焊缝单位长度的抗弯截面模量，可近似认为 $W=\frac{\delta^2}{6}$。

考虑到单位长度最大允许弯矩 $M_{ds}=F_{ds}L$，则根据式（11-10）得到每单位长度允许施加的最大夹紧力

$$F_{ds}=\frac{\sigma_s\delta^2}{6L} \tag{11-11}$$

【例 11-2】 两板材对接，$\delta=5\text{mm}$，$\sigma_s=235\text{MPa}$，夹紧点距坡口中心线的距离 $L=45\text{mm}$。为防止屋顶式角变形，坡口每边单位长度允

许施加的最大夹紧力可由式（11-11）算出

$$F_{ds}=\frac{235\times 5^2}{6\times 45}\approx 21.8(\text{MPa}\cdot\text{mm})=21.8(\text{N/mm})$$

在上述计算中还应注意，由于焊接参数和板材本身刚度的不同，板材在自由状态下进行对接焊时发生的屋顶式角变形不同，如果角变形超过某一临界值α_c，即使在以 $\boldsymbol{F}_{ds}$ 力夹紧的状态下施焊，仍会有角变形产生。这应认为是合理的，因为对工件过度刚性夹紧，将会导致裂纹的产生。因此，在设计夹具时，还应检查一下在所给定的夹紧状态下，有无出现角变形的可能，其变形值是否在工程允许的范围之内。

若焊件在夹紧状态下焊后出现角变形，如图 11-26 所示，其大小也可用夹紧点处的间隙Δ来反映。

$$\Delta=h-h_L$$

式中：h——板材在自由状态下焊后出现的间隙；

h_L——板材在坡口每边单位长度允许施加的最大夹紧力 $\boldsymbol{F}_{ds}$ 作用下所能抵消的最大间隙。

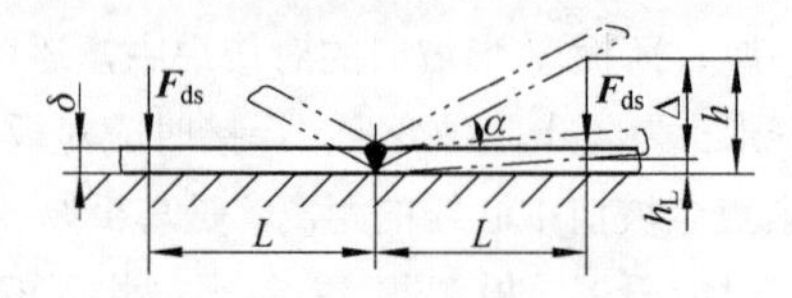

图 11-26　板材对接角变形

显然，若 $h_L>h$，则不会出现间隙；若 $h_L<h$，将形成间隙，其值为

$$\Delta=h-h_L=L\tan\alpha-\frac{F_{ds}L^3}{3EJ} \tag{11-12}$$

式中：J——板材单位长度的惯性矩，$J=\dfrac{\delta^3}{12}$；

α——板材在自由状态下焊后出现的角变形。

【例 11-3】 $\delta=5$mm 钢板在自由状态下对接焊时，测得角变形 $\tan\alpha=0.01$。现拟在琴键式夹具中进行对接焊，夹紧点距坡口中心的距离 $L=45$mm，每单位坡口长度施加的最大夹紧力 $\boldsymbol{F}_{ds}=21.8$N/mm，验证能否出现间隙Δ。

根据式（11-12），得

$$\Delta=45\times0.01-\frac{21.8\times45^3}{3\times206\times10^3\times\frac{5^3}{12}}\approx0.14(\text{mm})$$

根据计算，在夹紧点处可出现 0.14mm 的间隙，这样小的间隙，反映到两边的坡口上，仍可认为板材是紧贴在工艺垫板上的，同时该间隙的存在还可避免裂纹的产生，因此在工程上是允许的。

根据式（11-12），也可计算出$\Delta=0$ 时所需坡口每边单位长度施加的夹紧力

$$F_d=\frac{E\delta^3\tan\alpha}{4L^2} \tag{11-13}$$

但应用式（11-13）时，应保证 $F_d<F_{ds}$，即焊缝中产生的$\sigma<\sigma_s$。

前已述及，板材在自由状态下对接时，其角变形存在一个临界值α_c，超过此值，即使在夹紧状态下施焊，仍会有角变形产生。此角变形的临界值，可从式（11-11）和式（11-12）并以$\Delta=0$ 为条件推出其计算式

$$\tan\alpha_c=\frac{F_{ds}L^2}{3EJ}=\frac{2L\sigma_s}{3E\delta}$$

【例 11-4】厚$\delta=2$mm 的板材在琴键式夹具中对接，$\sigma_s=235$MPa，$E=206000$MPa，施力点距坡口中心的距离为 40mm，则其临界角变形

$$\tan\alpha_c=\frac{2\times40\times235}{3\times206\times10^3\times2}\approx0.0152$$

实测角变形 $\tan\alpha=0.01$，小于临界角变形，所以应将 $\tan\alpha$值代入式（11-13），求出琴键式夹具坡口每边单位长度所需的夹紧力。

在板材对接时，若夹头与板材、板材与夹具体垫板之间的摩擦力不足以克服板材热胀冷缩所形成的变形力时，则在焊接加热与冷却过程中，坡口间隙会发生张开至合拢的变化，坡口间隙的变化，将影响焊接质量，应予避免，但不应采取增加夹紧机构约束力的办法来解决。通常由在焊缝始末端用工艺连接板焊牢或沿坡口长度进行定位焊的方法来解决。

3. 梁式构件焊接时所需夹紧力的确定

如图 11-27 所示，焊接 T 形梁易出现纵向弯曲变形、扭曲变形和翼缘因焊缝横向收缩形成的角变形。

如果图 11-27（d）所示的 T 形梁焊后出现纵向弯曲，它是因焊缝纵向收缩产生的弯矩作用而形成的。该弯矩可用下式表达

$$M_W = F_W e$$

式中：F_W——焊缝纵向收缩力（N），单面焊时，$F_W = 1.7DK^2$；双面焊时 $F_W = 1.15 \times 1.7DK^2$。

K——焊脚尺寸（mm），如图 11-27（e）所示。

D——工艺折算值，埋弧焊时 $D = 3000\text{N/mm}^2$；焊条电弧焊时 $D = 4000\text{N/mm}^2$。

e——梁中性轴至焊缝截面重心的距离（mm），如图 11-27（e）所示。

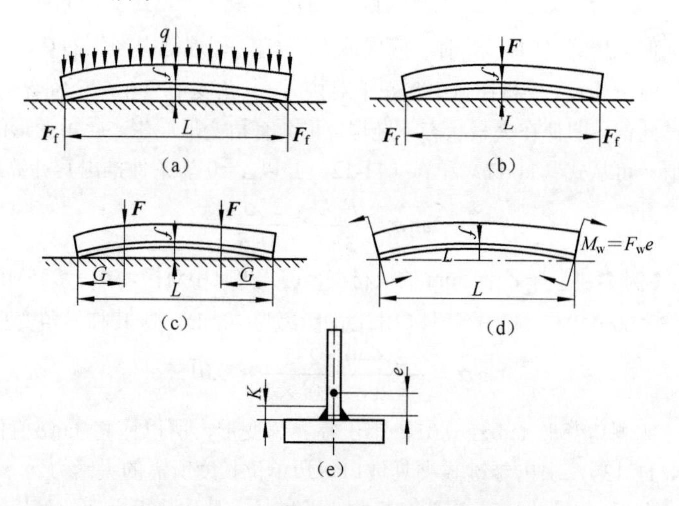

图 11-27　焊接 T 形梁的纵向弯曲变形

梁在弯矩 M_W 作用下，呈现圆弧弯曲，其弯曲半径为

$$R_W = \frac{EJ}{M_W} \tag{11-14}$$

梁中心所形成的挠度为

$$f_W = \frac{M_W L^2}{8EJ} = \frac{F_W e L^2}{8EJ} \tag{11-15}$$

为了防止焊缝纵向收缩而形成梁的纵向弯曲变形，在大多数梁用焊接夹具中都装有成列的相同夹紧机构，其夹紧作用如同焊接梁上作用着均布载荷 q［图 11-27（a）］，使梁产生与焊接变形相反的挠度 f 以抵消 f_W，f 的大小可用式（11-16）表示

$$f=\frac{5}{384}\frac{qL^4}{EJ} \tag{11-16}$$

根据式（11-15）和式（11-16），以及考虑到 f 应等于 f_W，则可求出均布载荷 q，也即防止梁焊接弯曲变形所需的夹紧力

$$q=\frac{384fEJ}{5L^4}=9.6\frac{F_We}{L^2} \tag{11-17}$$

【例 11-5】 一 T 形梁［图 11-27（a）］，长度 $L=6$m，腹板截面尺寸为 10mm×600mm，翼板截面尺寸为 10mm×300mm，焊脚尺寸 $K=8$mm，梁中性轴至焊缝截面重心的距离 $e=196$mm，采用多点夹紧，进行双面埋弧焊，求其单位长度夹紧力 q。

根据所给条件，焊缝纵向收缩力

$$F_W=1.15\times1.7DK^2=1.15\times1.7\times3000\times8^2\approx375.4(\text{kN})$$

根据式（11-17）求出单位长度夹紧力

$$q=9.6\frac{F_We}{L^2}=9.6\times\frac{375400\times196}{6000^2}\approx19.62(\text{N/mm})$$

求出 q 值后，很容易算出夹具所需的夹紧力总和

$$F_h=qL=19.6\times6000=117.6(\text{kN})$$

同时也可算出夹具两端的支承反力

$$F_f=\frac{F_h}{2}=\frac{117.6}{2}=58.8(\text{kN})$$

F_f 值即可作为夹具体强度、刚度的计算依据。

需要指出的是，在弯矩 M_W 和 q 分别作用下，梁所呈现的纵弯变形是不相同的，前者接近圆弧状，可由单一曲率半径来描述式（11-14），而后者则否，通常要用沿梁长度方向各点的挠度来描述

$$f_x=\frac{q}{24EJ}(2Lx^3-x^4-L^3x)$$

式中：x——距梁一端的距离。

弯矩和均布载荷使梁产生的纵向弯曲变形尽管不同，但相差不是很大，其对应点的挠度相差不大于 5%。所以用同样的方法计算夹紧力在工程上是可行的。

对于较短的梁，夹紧方案可采用图 11-27（b）、（c）所示的形式。

若按图 11-27（b）布置夹紧力，则梁中心的挠度

$$f=\frac{FL^3}{48EJ} \tag{11-18}$$

考虑在数值上 $f=f_W$，并将式（11-15）代入式（11-18），得到所需夹紧力的公式

$$F=\frac{6F_We}{L} \tag{11-19}$$

若按图 11-27（c）布置夹紧力，则梁中心的挠度

$$f=\frac{F_c}{24EJ}(3L^2-4c^2) \tag{11-20}$$

同理，也可得到所需夹紧力的公式

$$F=\frac{3F_weL^2}{c(3L^2-4c^2)} \tag{11-21}$$

以上讨论了 T 形梁焊接时的夹紧力计算，现在再来讨论一下工字梁焊接时夹紧力的计算。工字梁是由四条纵向角焊缝将腹板与上、下翼板连接在一起的。由于施焊方案的不同，所需夹紧力的计算方法也不同。一种方案是先将工字梁用定位焊装配好，然后将其上的四条角焊缝一次焊成。例如，利用四台二氧化碳焊接专用设备对工字梁进行焊接，就是采用了这种方案。

由于焊缝和截面的对称性，从理论上讲，这种施焊方案不会产生工字梁的纵向弯曲，因此夹紧的目的不是防止变形，而是使腹板与上、下翼板接触得更加严实。这种因装配所需的夹紧力属于前面所述的第三类夹紧力。另一种方案是对定位焊接配好的工字梁，先焊下翼板上的两条角焊缝，然后翻转 180°，再焊上翼板上的两条角焊缝。

【例 11-6】用两台角焊缝专用埋弧焊小车对工字梁进行焊接，此时所需的夹紧力可根据梁的长度和夹紧力的布置方案，分别按式（11-17）、式（11-18）和式（11-21）计算。但要注意，先焊上翼板上的两条角焊

缝时，尽管上翼板已定位焊，仍要用T形梁的 e 值代入。翻转后再焊接上翼板的两条角焊缝时，才将工字梁的 e 值代入。

上述方法也可用于箱形梁等其他截面梁夹紧力的计算。其中，e 值的代入与工字梁的相同。

在T形梁和工字梁的焊接中，角焊缝的横向收缩将使翼板发生角变形，如图11-28所示，为防止此种变形，每单位长度所允许施加的最大夹紧力可按式（11-11）求出。若以翼缘与夹具工作台面紧贴为限定条件，即要求 $\Delta=h-h_L=0$，则可按式（11-13）计算夹紧力。但应使 $F_d<F_{ds}$。

如图11-27所示的T形梁，翼板 $L=150$mm，厚度 $\delta=10$mm，板材屈服点 $\delta_s=235$MPa，弹性模量 $E=206000$MPa，测得翼板自由状态下的焊接角变形 $\tan\alpha=0.01$，求为防止此变形所需的夹紧力。

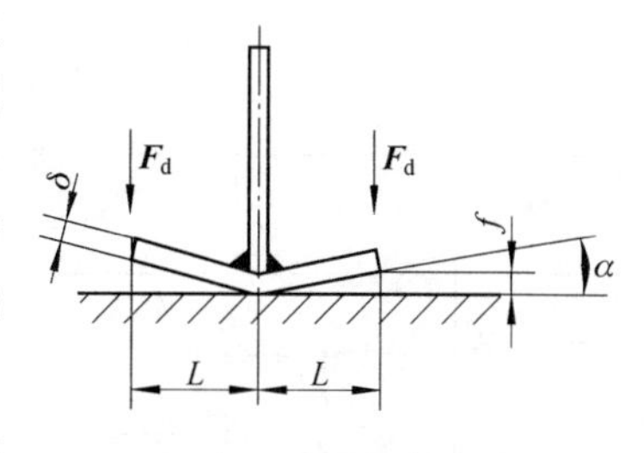

图11-28 翼板角变形

根据式（11-13），翼缘每单位长度应施加的夹紧力

$$F_d=\frac{206\times10^3\times10^3\times0.01}{4\times150^2}\approx22.9(\text{N/mm})$$

而根据式（11-11）可得

$$F_{ds}=\frac{235\times10^2}{6\times150}\approx26.1(\text{N/mm})$$

因 $F_d<F_{ds}$，所以 F_d 值可用。通常为了使夹紧力留有裕度，实际采用值往往大于 F_d 值，但不能大于 F_{ds} 值。

11.4.4 手动夹紧机构

手动夹紧机构是以人力为动力源，通过手柄或脚踏板，靠人工操作用于装焊作业的机构。它的结构简单，具有自锁和扩力性能，但工作效率较低、劳动强度较大，一般在单件和小批量生产中应用较多。

手动夹紧机构的分类、典型结构、特点和适用范围见表11-9。

表 11-9　手动夹紧机构的分类、典型结构、特点和适用范围

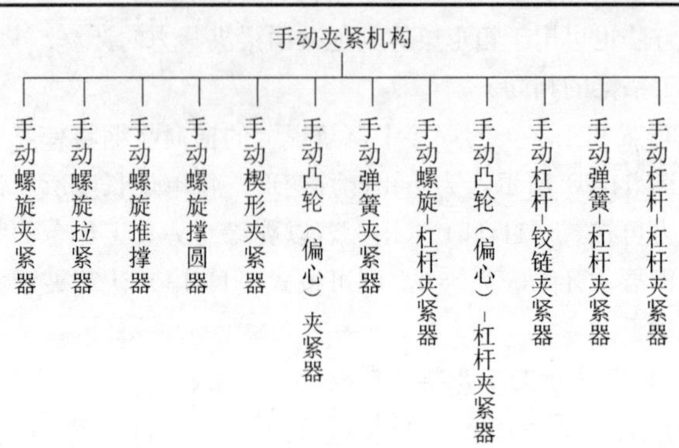

名称	典型结构	特点和适用范围
手动螺旋夹紧器	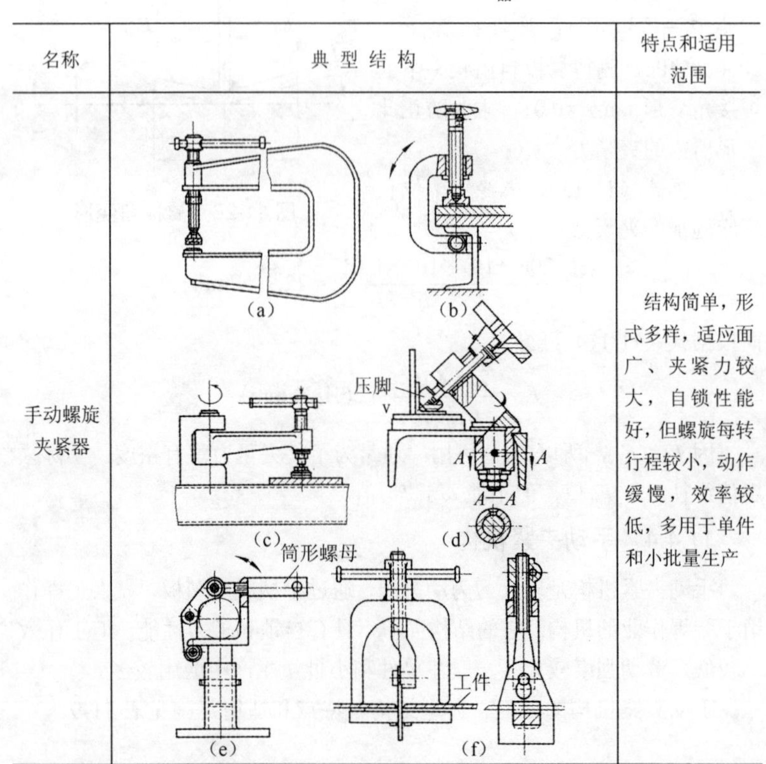	结构简单，形式多样，适应面广、夹紧力较大，自锁性能好，但螺旋每转行程较小，动作缓慢，效率较低，多用于单件和小批量生产

续表 11-9

名称	典型结构	特点和适用范围
手动螺旋拉紧器	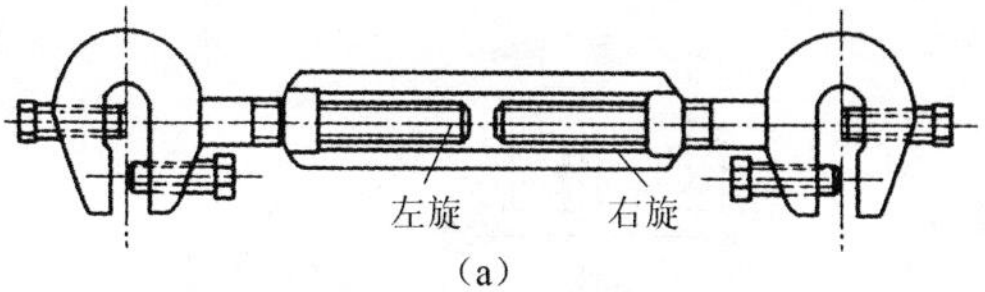 左旋 右旋 (a) A A—A A 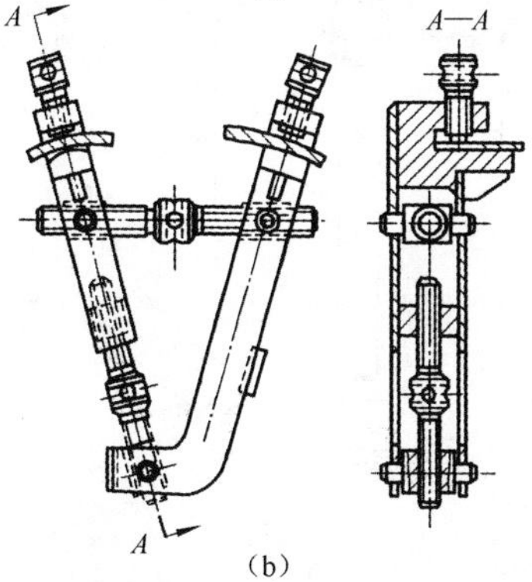 (b)	通过螺旋的扩力作用，将工件拉拢，在装配和矩形作业中应用较多； 直线螺旋拉紧器已标准化、系列化
手动螺旋推撑器	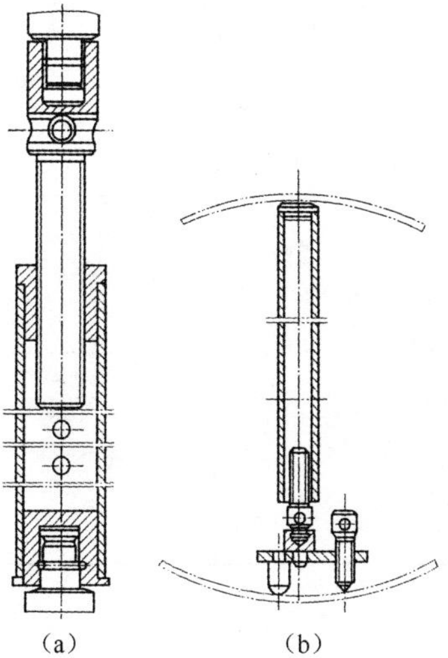 (a) (b)	用于支承工件、防止变形和矫正变形的场合

续表 11-9

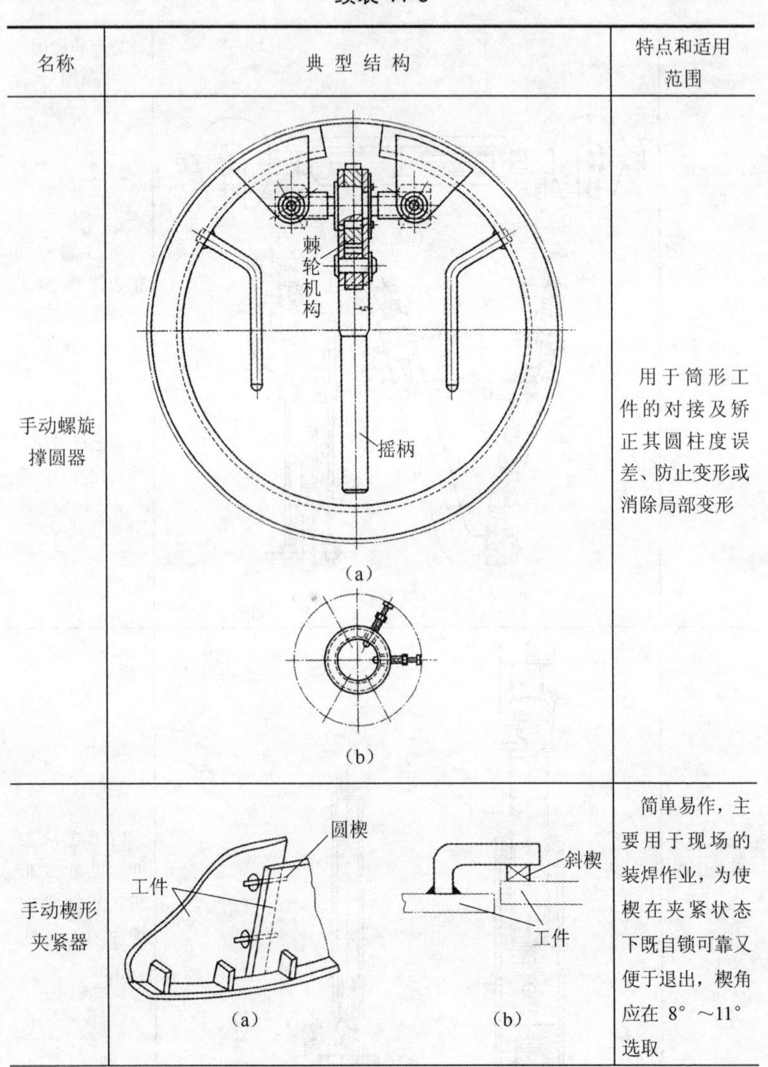

名称	典型结构	特点和适用范围
手动螺旋撑圆器	(a)　(b)	用于筒形工件的对接及矫正其圆柱度误差、防止变形或消除局部变形
手动楔形夹紧器	(a)　(b)	简单易作，主要用于现场的装焊作业，为使楔在夹紧状态下既自锁可靠又便于退出，楔角应在 8°～11°选取

续表 11-9

名称	典 型 结 构	特点和适用范围
手动凸轮（偏心）夹紧器	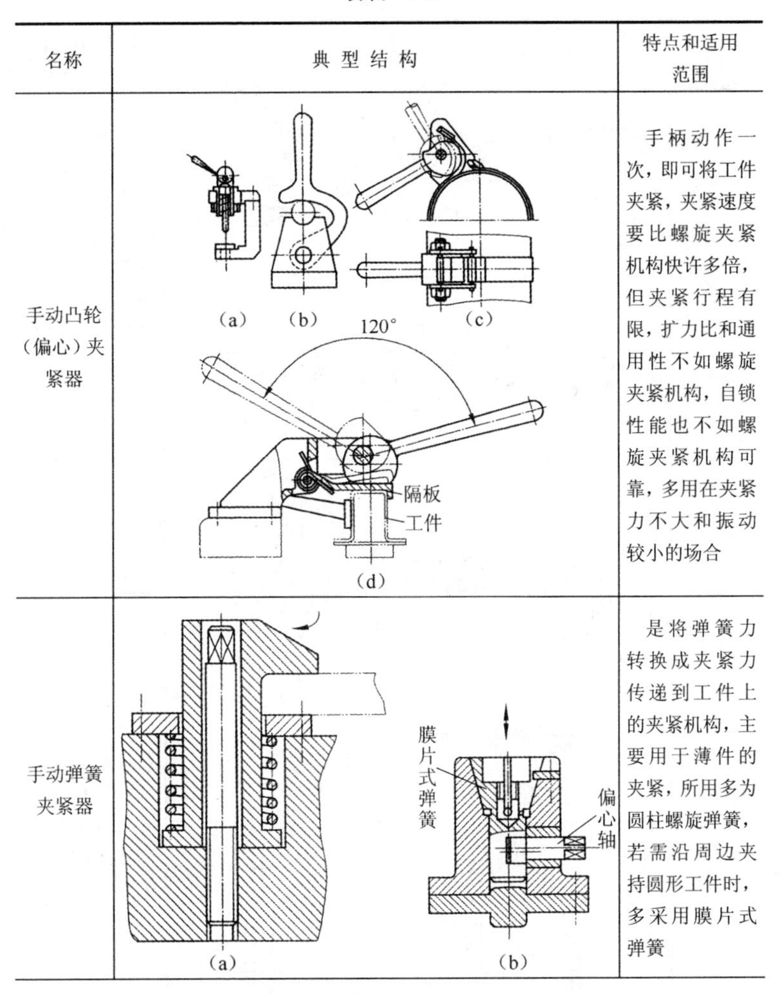	手柄动作一次，即可将工件夹紧，夹紧速度要比螺旋夹紧机构快许多倍，但夹紧行程有限，扩力比和通用性不如螺旋夹紧机构，自锁性能也不如螺旋夹紧机构可靠，多用在夹紧力不大和振动较小的场合
手动弹簧夹紧器		是将弹簧力转换成夹紧力传递到工件上的夹紧机构，主要用于薄件的夹紧，所用多为圆柱螺旋弹簧，若需沿周边夹持圆形工件时，多采用膜片式弹簧

续表 11-9

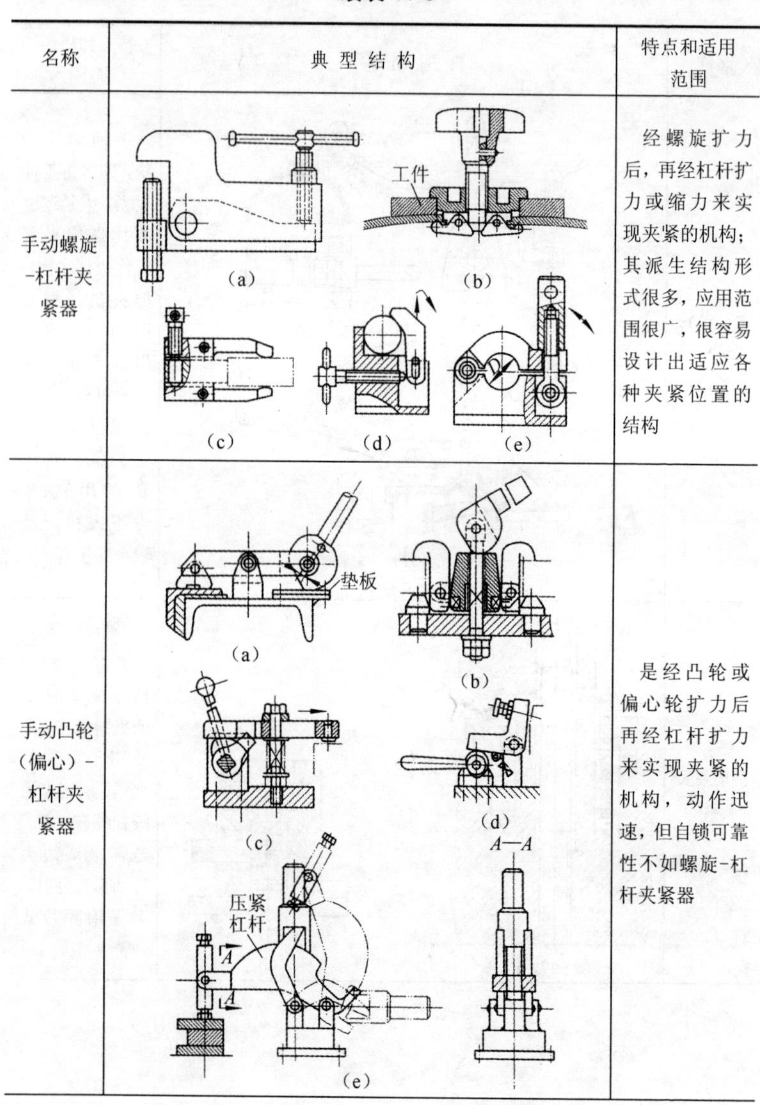

名称	典 型 结 构	特点和适用范围
手动螺旋-杠杆夹紧器	(a)　(b)　(c)　(d)　(e)	经螺旋扩力后，再经杠杆扩力或缩力来实现夹紧的机构；其派生结构形式很多，应用范围很广，很容易设计出适应各种夹紧位置的结构
手动凸轮（偏心）-杠杆夹紧器	(a)　(b)　(c)　(d)　(e)	是经凸轮或偏心轮扩力后再经杠杆扩力来实现夹紧的机构，动作迅速，但自锁可靠性不如螺旋-杠杆夹紧器

续表 11-9

名称	典型结构	特点和适用范围
手动杠杆-铰链夹紧器	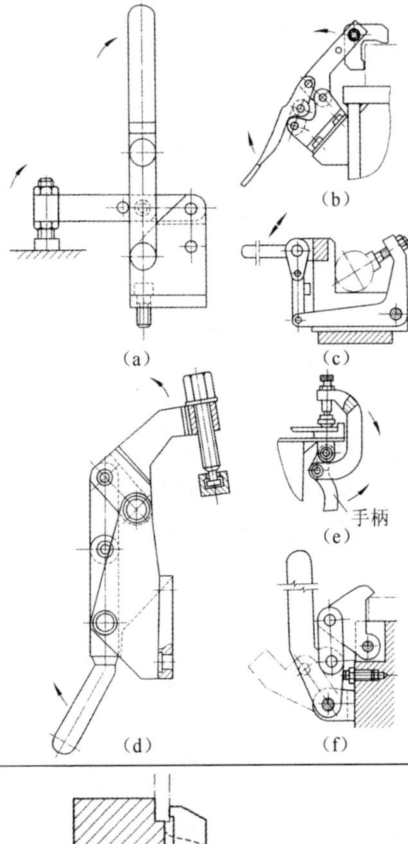 (a) (b) (c) (d) (e) 手柄 (f)	是借助杠杆与连接板的组合实现夹紧作用的机构；其夹紧速度快，夹头开度大，派生结构多，机动、灵活，使用方便，常用来夹紧薄板金属构件。在装焊生产线上应用较多
手动弹簧-杠杆夹紧器	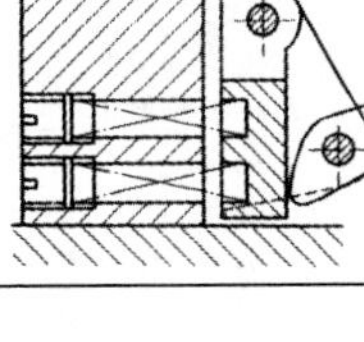	弹簧力经杠杆扩力或缩力后实现夹紧作用的机构，适用于薄件的夹紧，应用不广泛

续表 11-9

名称	典型结构	特点和适用范围
手动杠杆-杠杆夹紧器		通过两级杠杆传力实现夹紧，扩力比大，但实现自锁较困难，应用不广泛

11.4.5　气动和液压夹紧机构

气动夹紧机构是以压缩空气为传力介质，推动气缸动作以实现夹紧作用的机构。液压夹紧机构是以压力油为传力介质，推动液压缸动作以实现夹紧作用的机构。两者的结构和功能相似，主要是传力介质不同。

①气动（液压）夹紧机构的分类、典型结构、特点和适用范围见表 11-10。

表 11-10　气动（液压）夹紧机构的分类、典型结构、特点和适用范围

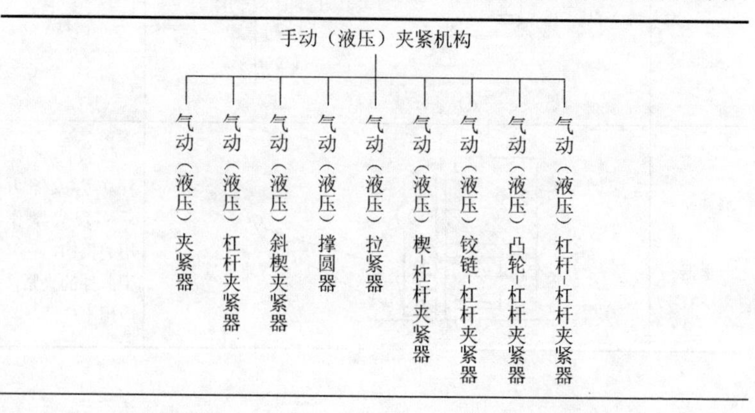

续表 11-10

名称	典 型 结 构	特点和适用范围
气动（液压）夹紧器	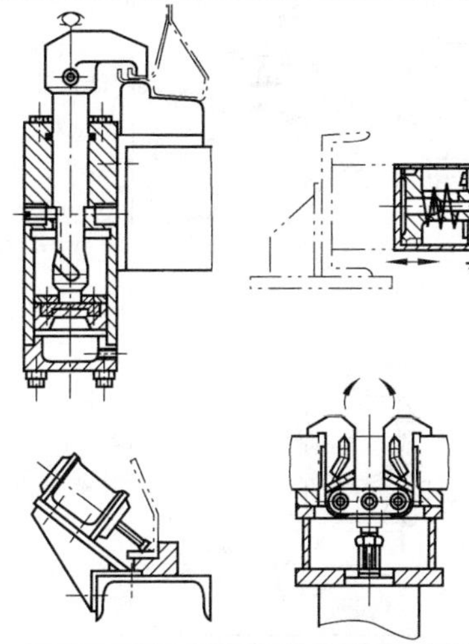	气动（液压）夹紧器是通过气缸（液压缸）的直接作用以夹紧焊件的机构，其夹紧力即为气缸（液压缸）的推力
气动（液压）杠杆夹紧器	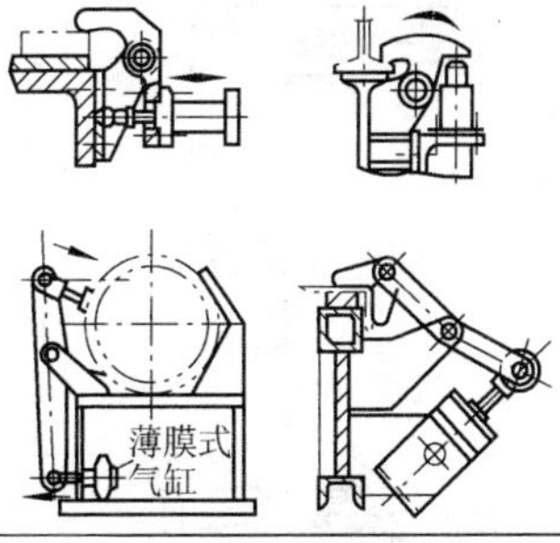 薄膜式气缸	气缸（液压缸）推力通过杠杆的进一步扩力或缩力后实现夹紧作用的机构，形式多样，适用范围广，在装焊生产线上应用较多
气动（液压）斜楔夹紧器	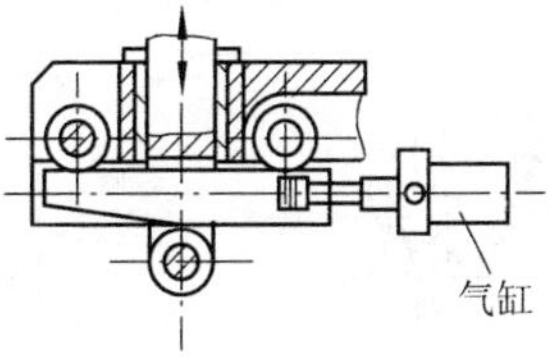 气缸	气缸（液压缸）推力通过楔进一步扩力后实现夹紧作用的机构，扩力比较大，可自锁，但夹紧行程小，机械效率低，在装焊作业中应用较少

续表 11-10

名称	典型结构	特点和适用范围
气动（液压）撑圆器	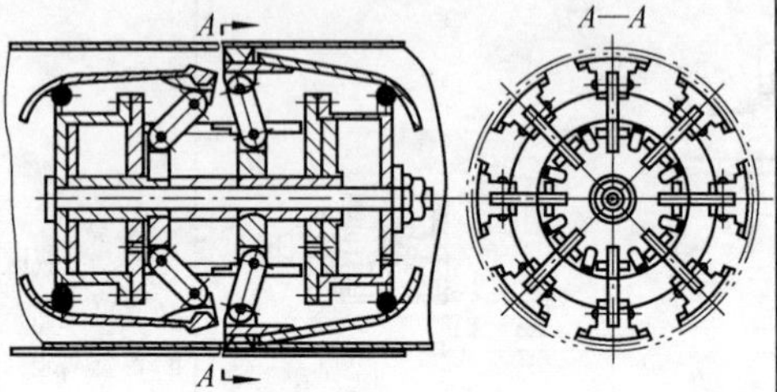 A—A	与手动撑圆器相比，气动（液压）撑圆器推撑力大，圆周受力均匀，但体积大、机动性差，一般不能自锁，主要用于中小壁厚、大径筒节的对接和整形
气动（液压）拉紧器	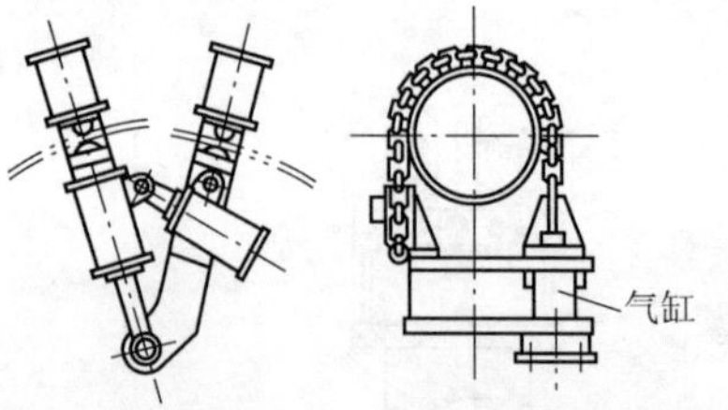 气缸	通过气缸或液压缸的作用，将焊件拉拢或拉紧，出力大，不能自锁，用于厚、大件的装焊作业
气动（液压）铰链-杠杆夹紧器	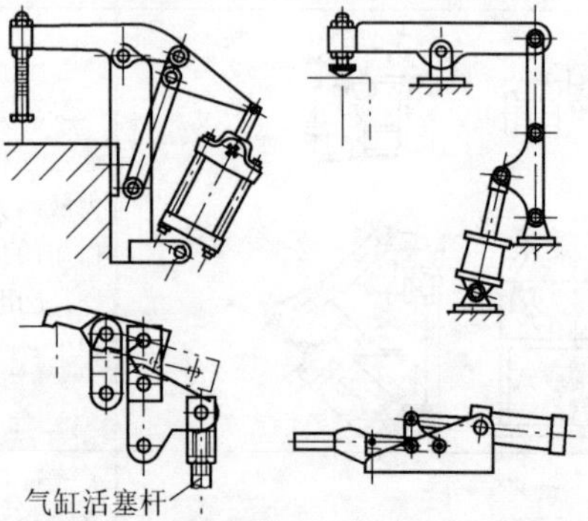 气缸活塞杆	气动（液压）铰链-杠杆夹紧器是通过杠杆与连接板的组合，将气缸（液压缸）力传递到焊件上实现夹紧的机构；其扩力比大、有自锁性能、机械效率高、夹头开度大，形式多样，多用于动作频繁的大批量生产场合
气动（液压）凸轮-杠杆夹紧器	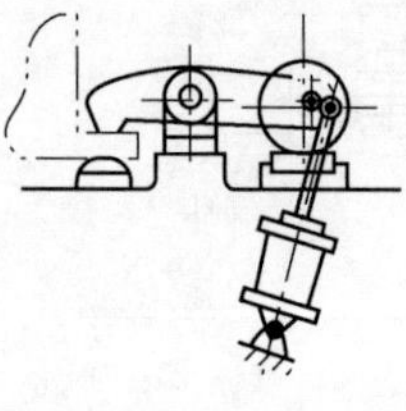	气缸（液压缸）力经凸轮或偏心轮扩力后，再经杠杆扩力或缩力来夹紧焊件；有自锁性能、扩力比大，但夹头开度小，夹紧行程不大，在装焊作业中应用较少

续表 11-10

名称	典型结构	特点和适用范围
气动（液压）杠杆-杠杆夹紧器		气缸（液压缸）推力通过两级杠杆传力夹紧焊件，无自锁性能

②气动和液压传动系统的组成及其功能见表 11-11。

表 11-11 气动和液压传动系统的组成及其功能

组成	功能	实现功能的常用元件	
		气压传动	液压传动
动力部分	气压或液压发生装置，把电能、机构能转换成压力能	空气压缩机	液压泵、液压增压器等
控制部分	能量控制装置，用于控制和调节流体压力、流量和方向，以满足夹具动作和性能要求	压力阀、流量阀、方向阀等	方向阀、稳压阀、溢流阀、过载保护阀等
执行部分	能量输出装置，把压力能转换成机构能，以实现夹具所需的动作	气缸、软管	液压缸
辅助部分	在系统中起连接、测量、过滤、润滑等作用的各种附件	管路、接头、油雾器、消声器等	管路、接头、油箱、蓄能器等

11.4.6 磁力夹紧机构

磁力夹紧机构是借助磁力吸引铁磁性材料的零件来实现夹紧的装置。按磁力的来源可分为永磁式和电磁式两种，按工作性质可分为固定式和移动式两种。

1. 永磁式夹紧器

永磁式夹紧器是采用永久磁铁产生的磁力夹紧零件。此种夹紧器的夹紧力有限，用久以后磁力将逐渐减弱，但永磁式夹紧器结构简单，不消耗电源，使用经济简便。一般用于夹紧力要求较小、不受冲击振动的场合，常用它作为定位元件使用。图 11-29 所示为永磁式夹紧器典型用例。

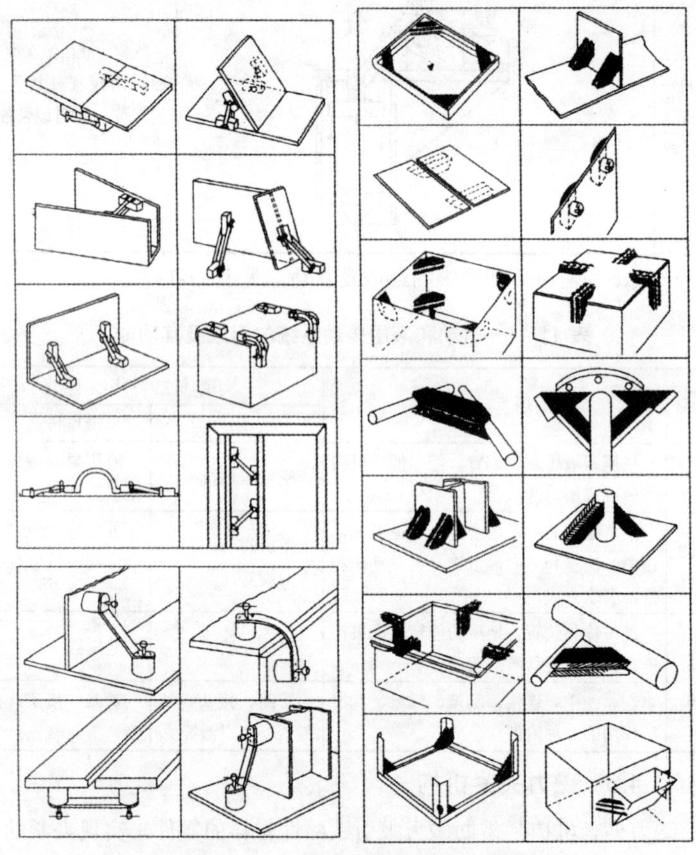

图 11-29　永磁式夹紧器典型用例

2. 电磁式夹紧器

电磁式夹紧器是一个直流电磁铁，通电产生磁力，断电则磁力消失。图 11-30 所示为一种常用电磁式夹紧器结构，它的磁路由外壳 1、铁心

3 和焊件 7 组成。线圈 2 置于外壳和铁心之间，下部用非铁磁性材料 6 绝缘，线圈从上部引出，经开关 5 接入插头 8，手柄 4 供移动磁力装置使用。电磁式夹紧器具有装置小、吸力大（如自重 12kg 的电磁铁，吸力可达 8kN）、运作速度快、便于控制且无污染的特点。值得注意的是使用电磁式夹紧器时，应防止因突然停电而可能造成的人身和设备事故。图 11-31 所示为电磁式夹紧器的用例。

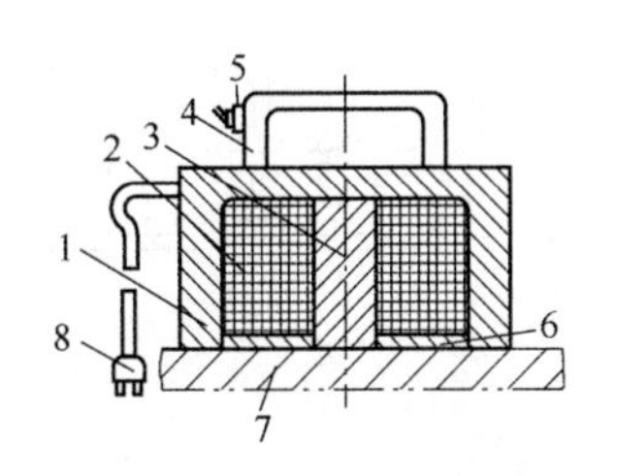

图 11-30 常用电磁式夹紧器结构

1. 外壳；2. 线圈；3. 铁心；4. 手柄；5. 开关；6. 非铁磁性材料；7. 焊件；8. 插头

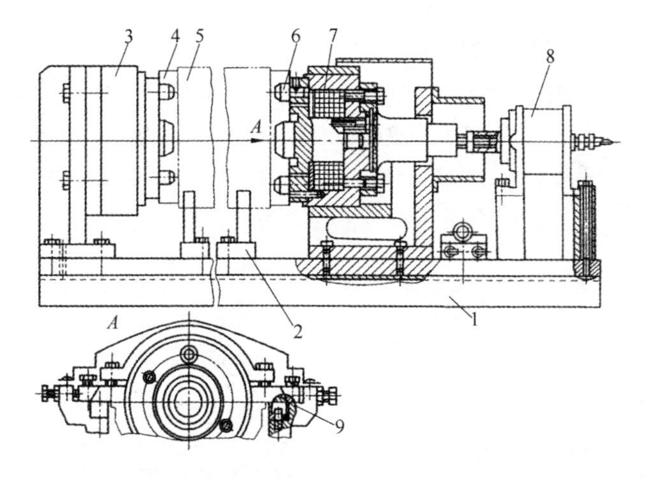

图 11-31 电磁式夹紧器的用例

1. 夹具体；2. V 形定位器；3. 固定电磁式夹紧器（同时起横向定位作用）；4. 焊件（法兰）；5. 焊件（筒体）；6. 定位销；7. 移动式电磁夹紧器；8. 气缸；9. 燕尾滑块

图 11-32 所示为移动式电磁铁用例。图 11-32（a）所示利用两个磁铁并与螺旋夹紧器配合使用矫正变形的板料；图 11-32（b）所示利用电磁铁作为杠杆的支点压紧角铁与焊件表面的间隙；图 11-32（c）所示依靠电磁铁对齐拼板的错边，并可代替定位焊；图 11-32（d）所示采用电磁铁作为支点使板料接口对齐。

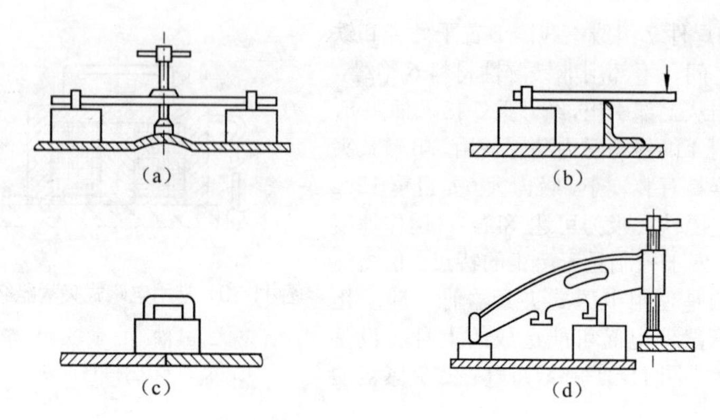

图 11-32　移动式电磁铁用例

11.4.7　真空夹紧机构

如图 11-33 所示，真空夹紧机构是利用真空泵或以压缩空气为动力的喷嘴所射出的高速气流，使夹具内腔形成真空，借助大气压力将焊件压紧的装置。它适用于夹紧特薄的或挠性的焊件，以及用其他方法夹紧容易引起变形或无法夹紧的焊件。在仪表、电器等小型器件的装焊作业中应用较多。

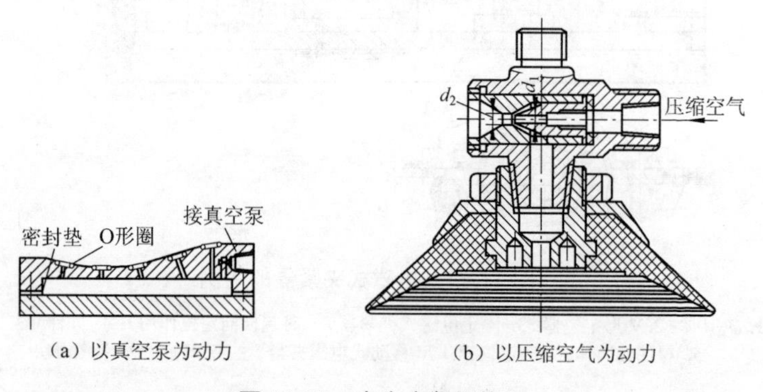

图 11-33　真空夹紧机构

11.4.8　专用夹具

专用夹具是指具有专一用途的焊接工装夹具装置，是针对某种产品装配与焊接的需要而专门制作的。专用夹具的组成基本是根据被装配焊接零件的外形和几何尺寸，在夹具体上按照定位和夹紧的要求，安装不同的定位器和夹紧机构。

1. 箱形梁装配夹具

图 11-34 所示为箱形梁装配夹具。夹具的底座 1 是箱形梁水平定位的基准面，下盖板放在底座上面，箱形梁的两块腹板用电磁夹紧器 4 吸附在立柱 2 的垂直定位基准面上，上盖板放在两腹板的上面，由液压夹紧器 3 的钩头形压板夹紧。箱形梁经定位焊后，由顶出液压缸 5 从下面把焊件往上部顶出。

2. 外箍式筒体自动焊夹具

图 11-35 所示为外箍式筒体自动焊气动夹具，专为焊接储气筒纵缝用。储气筒滚圆弯曲成形后套入夹具的内胎，胎内的气缸活塞 6 将上模体 8 和下模体 7 推开，对筒体进行撑圆。双活塞气缸 13 推动杠杆-肘节夹紧器（12、11）卡环 5 闭合，箍紧筒体使其和上、下模体（8、7）紧贴，筒体定形后施焊。焊接完成，卡环 5 打开，上、下模体收拢，工件即可取出。筒体自动焊机架坐落在焊车导轨上，自动夹具可沿导轨运动。

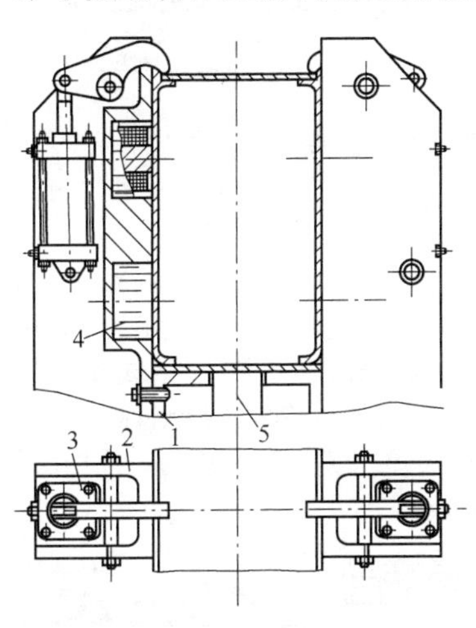

图 11-34 箱形梁装配夹具

1. 底座；2. 立柱；3. 液压夹紧器；4. 电磁夹紧器；5. 顶出液压缸

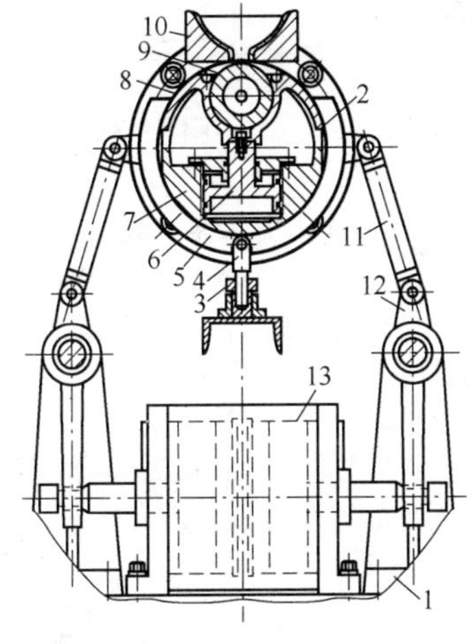

图 11-35 外箍式筒体自动焊气动夹具

1. 机架；2. 筒体；3. 调节螺母；4. 支杠；5. 卡环；6. 活塞；7. 下模体；8. 上模体；9. 水冷垫；10. 承压板；11. 肘杆；12. 杠杆；13. 双活塞气缸

3. 门式大型平板拼接夹具

图 11-36 所示为门式大型平板拼接夹具，它由平台、行走大车、加压气缸等组成。

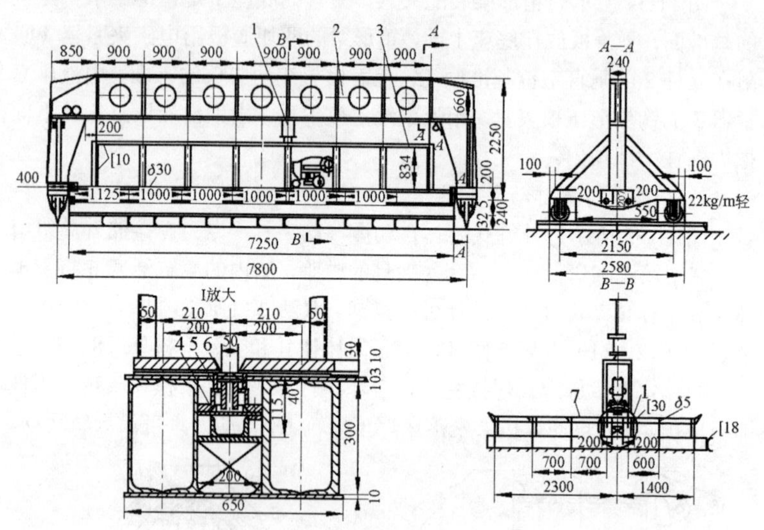

图 11-36　门式大型平板拼接夹具

1. 加压气缸；2. 行走大车；3. 加压架；4. 长形气室；5. 顶起柱塞；6. 铜垫板；7. 平台

4. 高度不大工字梁装配用的夹具

图 11-37 所示为高度不大工字梁装配用的夹具。图 11-37（a）所示为定位与夹紧方案，图 11-37（b）所示为实际夹具的结构。因梁很长，在梁的长度方向每隔 1～1.5m 设置一个定位支架（图中示出其中两个）。每个支架上平面为安装基准，支承上、下翼板；按要求调整两个支承钉高度，以支承腹板兼定位；按梁高调整可移动支座的位置并固定，成为定位挡铁。液压缸的活塞杆从固定支座中间推出夹紧工件。

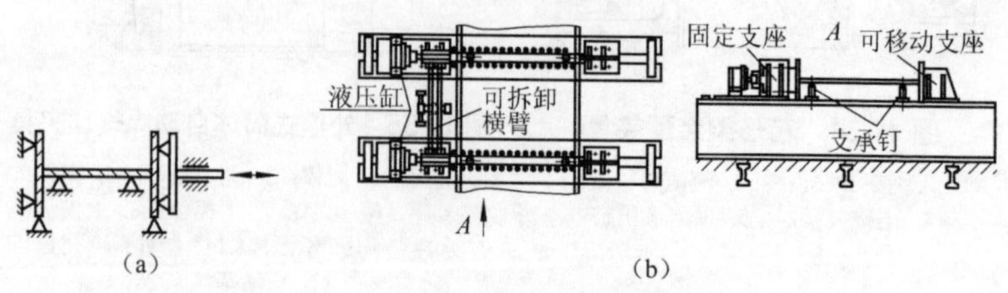

图 11-37　高度不大工字梁装配用的夹具

5. 高度较大的工字梁装配用的龙门式装配夹具

调整可移动支座位置和两个支承钉高度就可以装配不同规格的工字梁。图 11-38 所示为高度较大的工字梁（如桥梁结构的大跨度梁）龙门式装配夹具。定位与夹紧方案如图 11-38（a）所示，实际夹具结构如图 11-38（b）所示，采用更多垂直方向的液压夹紧机构，以保证在定位焊时尺寸精确。只需一台龙门架，沿长步进式夹紧与定位焊。

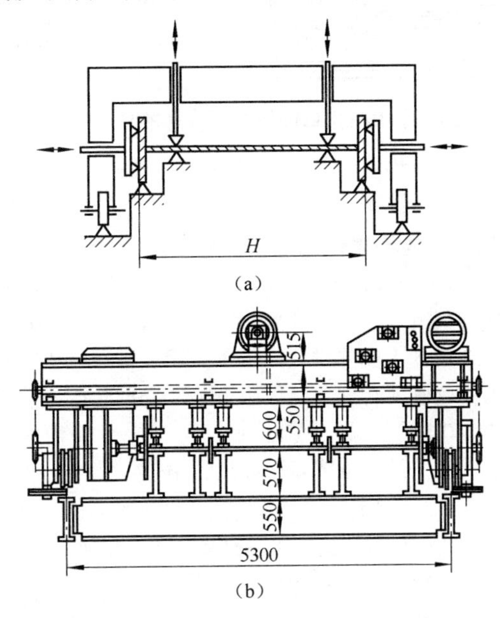

图 11-38　高度较大的工字梁（如桥梁结构的大跨度梁）龙门式装配夹具

6. 琴键式气动夹具

图 11-39 所示为平板拼接单面焊双面成形的琴键式气动夹具。焊接时，软管 3 充气使琴键压板 2 压紧焊件（钢或铝件），焊后软管排气，压板由弹簧 4 复位。夹具因采用软管和琴键式压板使工件压紧均匀，与背面衬垫板严密贴紧。这样焊件变形小，焊缝背面成形和保护良好。为便于焊后拱曲焊件退出，压板梁 1 由气（液）压缸 9 提升和锁紧。压板可分别单边压紧，便于装配。这类夹具适用于氩弧焊、等离子弧焊和二氧化碳气体保护焊。工作气压 0.6MPa，单边压紧力 2.4MPa，拼接板厚

1～6mm，焊缝长度 3000mm，压板梁顶升高 30mm。

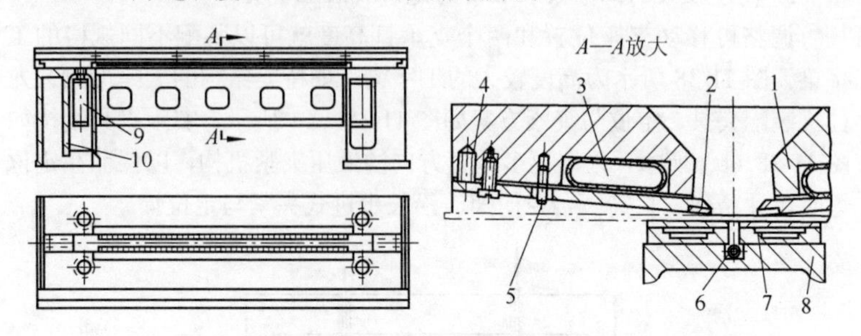

图 11-39　平板拼接单面焊双面成形的琴键式气动夹具

1. 压板梁；2. 琴键压板；3. 软管；4. 弹簧；5. 导向销；6. 背面气体保护喷管；7. 水冷；8. 衬垫梁；9. 气（液）压缸；10. 底座

7. 薄壁圆筒纵缝琴键式装配-焊接夹具

图 11-40（a）所示为薄壁圆筒纵缝的装配与单面焊背面成形焊工艺用的琴键式气动夹具，其工作部分的截面结构如图 11-40（b）所示。筒体边缘用固定在梁 5 上的琴键式压板 1 压紧在带有衬垫 3 的托座 2 上。琴键上的压力由软管 4 传递。筒体边缘（对缝）的定位与压紧按下列顺序进行［图 11-40（c）］：转动偏心轴 6，从衬垫 3 中伸出定位棒 7，然后从右面把工件第一边推向支承，在软管中输入空气，把边缘压紧。接着退出定位棒 7，然后把工件第二边推向已经压紧的第一边支承处，再压紧第二边。这样就可获得焊接接头沿衬垫轴线的精确定位。

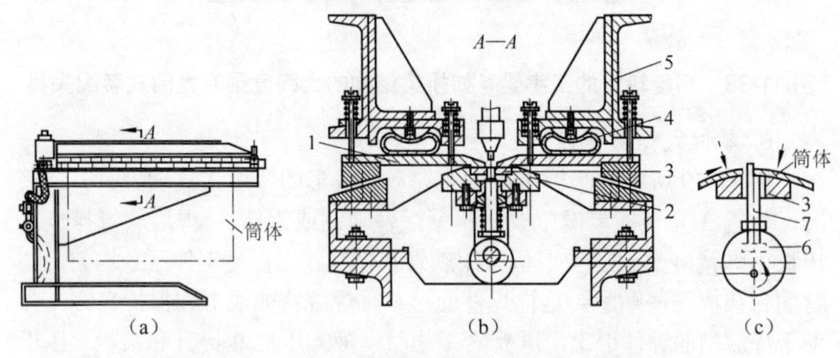

图 11-40　薄壁圆筒纵缝琴键式装配-焊接夹具

1. 琴键式压板；2. 托座；3. 衬垫；4. 软管；5. 梁；6. 偏心轴；7. 定位棒

8. 气钢瓶筒体专用气动装配夹具

气钢瓶筒体卷圆后由于筒体有弹性而错边，纵缝的组对比较麻烦。用图11-41所示的气钢瓶筒体专用气动装配夹具，可以很快把筒体定径、整圆、对中和定位焊。由V形铁2支承筒体保证同轴，利用气缸11的轴向力作动力源，通过杠杆10改变作用力方向，经滑杆7推动顶盘3从两端向筒体夹紧。能把筒体定径、整圆和对中的关键在于顶盘3上开有环状V形沟槽a，它限定了圆筒体的直径、装配间隙和端面与轴心垂直度。只要对筒体夹紧，组成即完成，可以进行定位焊。防护罩5是防止飞溅损伤滑杆7；当筒体长度改变时，调整V形铁2和支柱8的位置；筒体直径改变需更换V形铁2和顶盘3。

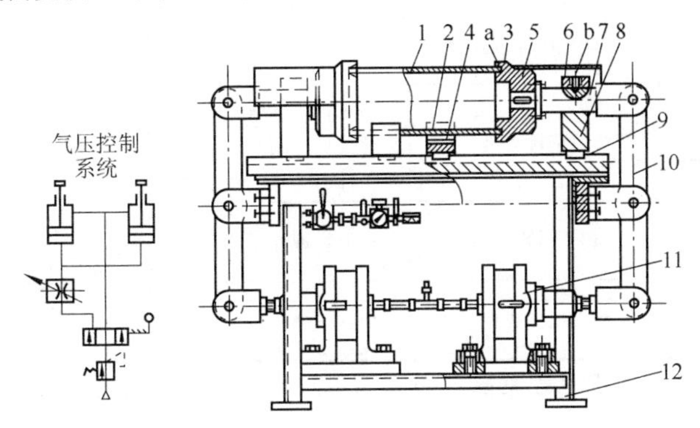

图11-41 气钢瓶筒体专用气动装配夹具

1. 气钢瓶筒体；2. V形铁；3. 顶盘；4、9. 滑链；5. 防护罩；6. 盖；7. 滑杆；8. 支柱；10. 杠杆；11. 气缸；12. 金属架
a——环状V形沟槽

专用夹具专用性较强，可充分保证装配精度和焊接质量。由于焊接结构不仅品种多，而且生产条件和生产批量都有较大区别，因此，专用夹具的品种、结构形式及繁简程度各异，这要根据具体产品情况、生产条件去选用。

11.4.9 柔性夹紧机构

柔性夹具是指用同一夹具系统能装夹在形状或尺寸上有所变化的多种工件。柔性概念可以是广义的，也可以是狭义的，没有明确的定义和界限。20 世纪 80 年代后，柔性夹具的研究开发主要向原理和结构均有创新，以及传统夹具创新两大方向发展。现代柔性夹具工作原理及分类见表 11-12。

表 11-12　现代柔性夹具工作原理及分类

分类		柔性工作原理	子分类
传统夹具创新	组合夹具	标准元件的机构装配	槽系组合夹具 孔系组合夹具
	可调整夹具	在通用或专用夹具基础上更换； 元件和调节元件的位置	通用可调夹俱 专用可调夹具
原理和结构创新	模块化程序控制式夹具	用伺服控制机构变动元件的位置	双转台回转式 可移动拇指式
	适应性夹具	将定位元件或夹紧元件分解为更小的元素，以适应工件的形状连续变化	涡轮叶片式 弯曲长轴式
	相变材料夹具	材料物理性质的变化	真相变材料夹具 伪相变材料流态床夹具
	仿生抓夹式夹具	形状记忆合金	用于机器人终端器 也可用于夹具

柔性焊装夹具就是能适应不同产品或同一产品不同型号规格的一类焊接夹具。当前研究和应用的柔性焊装夹具一般属于传统夹具的创新，主要采用组合夹具和可调整夹具。

1. 组合夹具

（1）特点　组合夹具是一种标准化、系列化、通用化程度很高的工艺装备，它是由一套预先制造好的各种不同形状、不同规格、不同尺寸、具有完全互换性的标准元件和组合件，按工件的加工要求组装而成的夹具。夹具使用完后，它可以拆卸、清洗，并可重新组装成新的夹具，平均设计和组装时间是专用夹具所花时间的 5%～20%，其应用非常普遍，尤其适合于多品种、中小批量的生产。

组合夹具是一种可重复使用夹具系统。图 11-42 为专用夹具和组合夹具使用过程。

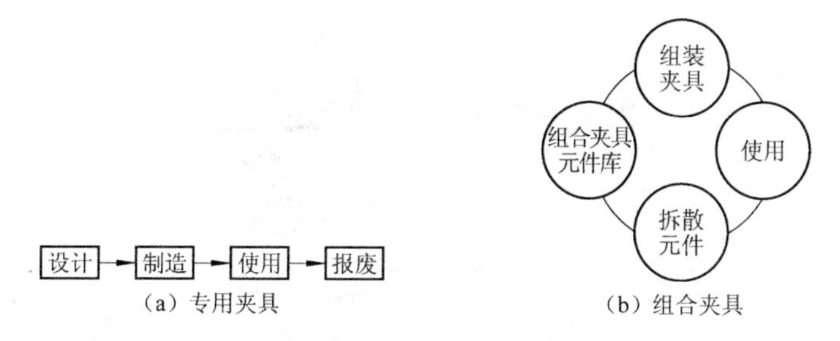

（a）专用夹具 （b）组合夹具

图 11-42 夹具使用过程

可见，使用组合夹具具有显著的技术经济效果，符合现代生产的要求，主要表现在以下四个方面。

①缩短生产准备周期。

②降低成本。由于元件的重复使用，大大节省夹具制造工时和材料，降低了成本。

③保证产品质量。

④扩大工艺装备的应用和提高生产率。

组合夹具也有缺点，它与专用夹具相比，体积庞大、质量较大。另外，夹具各元件之间都是用键、销、螺栓等零件联接起来的，联接环节多，手工作业量大，也不能承受锤击等过大的冲击载荷。

组合夹具按元件的连接形式不同，分为两大系统：一为槽系，即元件之间主要靠槽来定位和坚固；二为孔系，即元件之间主要靠孔来定位和紧固。每个系统又分为大、中、小、微四个系列。

（2）槽系组合夹具 槽系组合夹具就是指元件上制作有标准间距的相互平行或垂直的 T 形槽、键槽，通过键在槽中的定位，就能准确确定各元件在夹具中的准确位置，元件之间再通过螺栓联接和紧固。图 11-43 所示为槽系组合夹具结构。

槽系组合夹具产品著名的有英国的 Wharton、俄罗斯的 YCJI、中国的 CATIC、德国的 Halder 系统等。虽然在各种商品化系统之间存在一些差别，但是元件的分类、结构和形状仍存在很多相似之处。通常槽系组合夹具的基本元件分为八类，即基础件、支承件、定位件、导向件、压紧件、紧固件、辅助件和合成件，如图 11-44 所示。各类元件的功能分别说明如下。

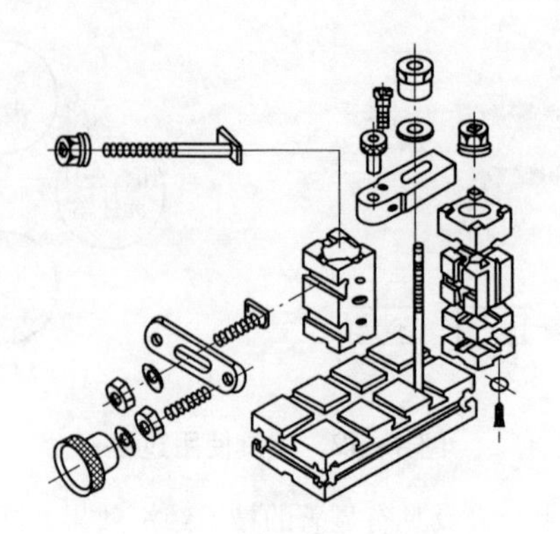

图 11-43　槽系组合夹具结构

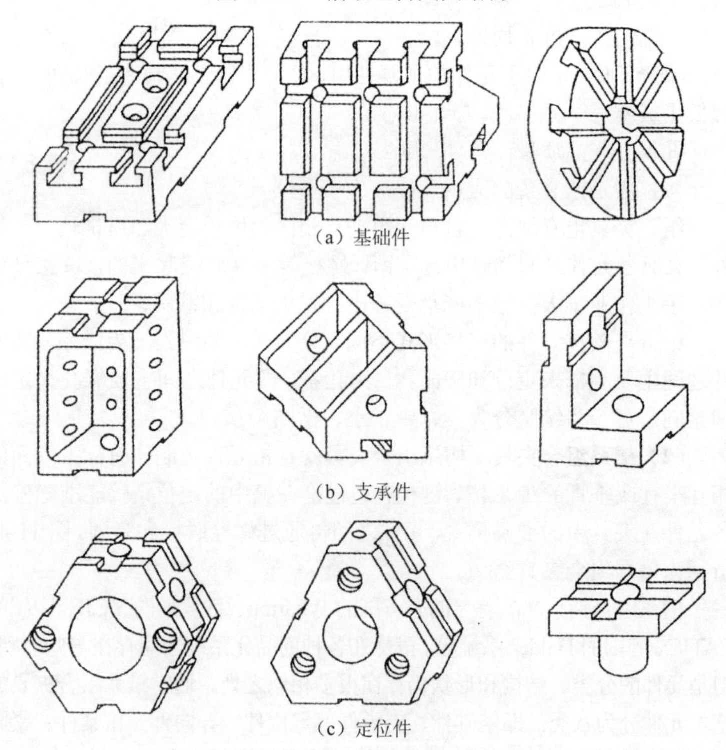

图 11-44　槽系组合夹具的基本元件

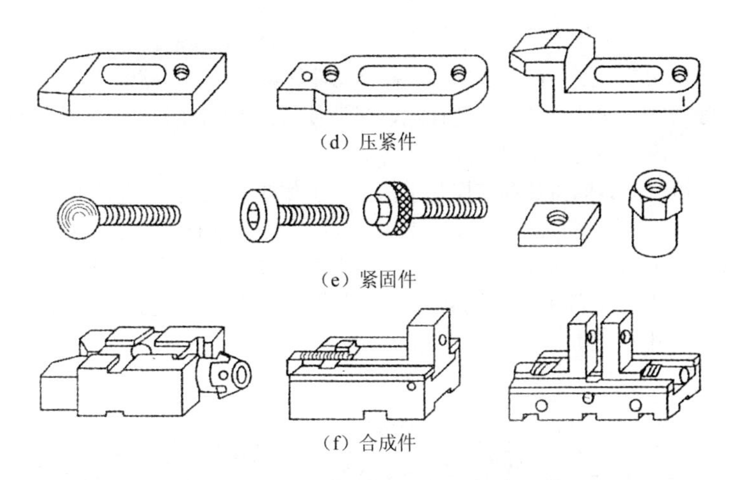

（d）压紧件

（e）紧固件

（f）合成件

续图 11-44　槽系组合夹具的基本元件

①基础件。用作夹具的底板，其余各类元件均可装配在底板上，包括方形、长方形、圆形的基础板及基础角忽悠等。

②支承件。从功能看也可称为结构件，和基础件一起共同构成夹具体。除基础件和合成件外，其他各类元件都可以装配在支承件上，这类元件包括各种方形或长方形的垫板、支承件、角度支承、小型角铁等。这类元件类型和尺寸规格多，主要用作不同高度的支承和各种定位支承需要的平面。

支承件上开有 T 形槽、键槽、穿螺栓用的过孔，以及联接用的螺栓孔，用紧固件将其他元件和支承件固定在基础件上连接成一个整体。

③定位件。其主要功能是用作夹具元件之间的相互定位，如各种定位键及将工件孔定位的各种定位锁、菱形定位销，用于工件外圆定位的 V 形块等。

④压紧件。主要功能是将工件压紧在夹具上，如各种类型的压板。

⑤紧固件。包括各种螺栓、螺钉、螺母和垫圈等。

⑥合成件。合成件（简称合件）是指由若干零件装配成的有一定功能的部件，它在组合夹具中是整装整卸的，使用后不用拆散。这样，可加快组装速度，简化夹具结构。按用途可分为定位合成件、分度合成件、夹紧合成件等。

应该指出的是，虽然槽系组合夹具元件按功能分成各类，但在实际装配夹具的工作中，除基础件和合成件两大类外，其余各类元件大体上按主要功能应用。在很多场合，各类元件的功能都是模糊的，只是根据实际需要和元件功能的可能性加以灵活使用，因此，同一工件的同一套夹具，因不同的人可以装配出各种夹具。

组合夹具的拼装和使用几乎都是手工作业，因此，它也是手动夹具的一种，组合夹具的用例如图 11-45 所示。其中图 11-45（a）所示为弯管对接用的组合夹具，用它来保证弯管对接时的方位和空间几何形状；图 11-45（b）所示为轴头与法兰对接用的组合夹具，轴头与法兰的对中由夹具来保证。

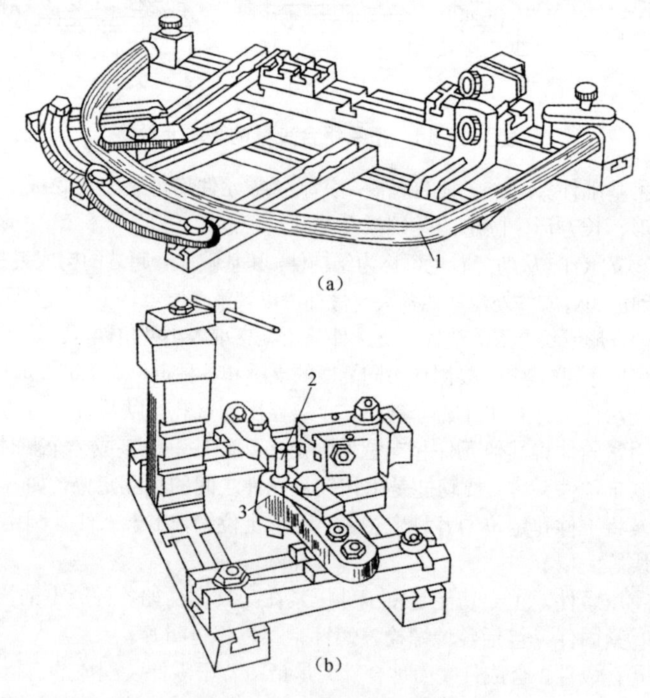

图 11-45　组合夹具的用例

1. 弯管；2. 轴头；3. 法兰

（3）孔系组合夹具

①结构原理。孔系组合夹具指夹具元件之间的相互位置由孔和定位

来决定，而元件之间用螺栓或特制的定位夹紧销栓联接。图 11-46 所示为孔系组合夹具结构。

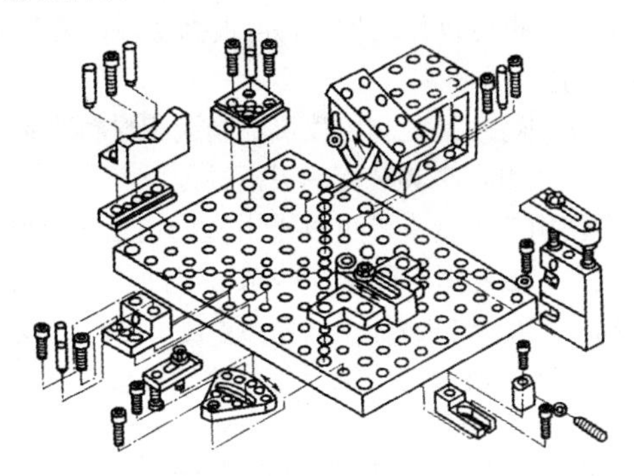

图 11-46 孔系组合夹具结构

孔系组合夹具元件之间的相互位置是由孔和销来决定的，为了准确可靠地决定元件相互空间位置，采用了一面两销的定位原理，即利用相连的两个元件上的两个孔，插入两根定位销来决定其位置，同时再用螺钉将两个元件连接在一起。对于没有准确位置要求的元件，可仅用螺钉联接。因此部分孔系元件上都有网状分布的定位孔和螺纹孔。如果采用特制的夹紧销栓联接，基础件和定位件上也可以省去螺纹孔。

图 11-47 所示为 PC 销栓，是德国戴美乐（Demmeler）公司的专利产品，用于元件之间的快速定位和夹紧。PC 销栓前端装有五个钢珠，插入定位后，手动顺时针旋转销栓的滚花螺母，这时五个钢珠逐渐突出，销栓自动对中并夹紧模块，最后用手工专用扳手拧紧。

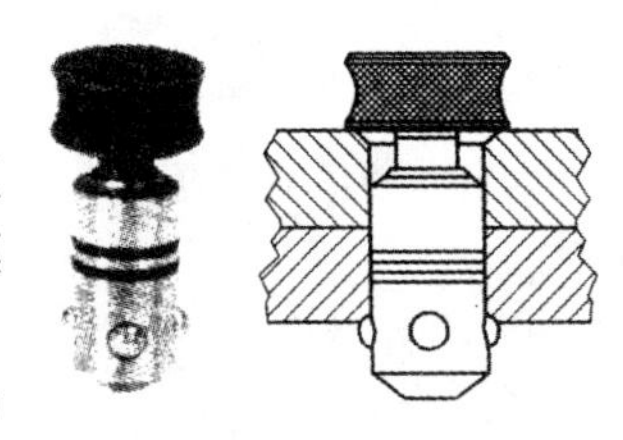

图 11-47 PC 销栓

每个销栓的夹紧力可达 50kN，剪切力为 250kN。松开时，反向旋转销栓的滚花螺母，钢珠自动缩回销栓内部，这时销栓即可拔出。销栓上的 O 形圈可防止旋紧时销栓跟着转动，便于单手操作。一个销栓同时完成定位和夹紧功能，一件多用，设计构件非常巧妙。根据使用场合的不同，销栓的形状和长度有多种规格可供选择。

②元件分类和特点。孔系组合夹具元件大体上可分成五类，即基础

件、结构支承件、定位件、夹紧件、合成件和静件。与槽系组合夹具相同，孔系组合夹具中多数元件的功能也是模糊的，结构件和夹紧件可以充作定位件，定位件也可以作结构件，可根据实际需要和元件功能的可能性加以灵活使用。

孔系组合夹具的特点是元件刚度高、制造和材料成本低、组装时间短、定位可靠、孔系组合夹具装配的灵活性差。

焊接生产中使用的组合夹具可以采用机构加工使用退役下来的，或低精度的组合夹具。这是因为除了一些精密焊件外，多数焊件要求的装配精度和焊接精度均低于机械加工的精度，使用这些退役或低精度的元件，完全可以满足产品质量的要求，而且比较经济。

③设计要点。要针对焊装夹具的结构特点来设计组合夹具。焊装夹具由基础支承部件、定位件、夹紧件、辅助件和控制系统五个部分组成。其中基础支承部件、定位件和夹紧件是夹具结构设计的主要内容。

基础支承部件包括方形基础、圆形基础、支架、基础角铁。

定位件包括定位销、挡铁、平面定位板、曲面定位板等。

夹紧件包括螺旋夹紧机构、杠杆夹紧机构、铰链夹紧机构、复合夹紧机构等。

焊装夹具柔性化结构设计的关键是对焊接夹具零部件进行标准化、模块化、通用化、系列化，以及采用可调式结构设计，这也是焊装夹具开发和研究的一个方向。

2. 可调整夹具

可调整夹具是指通过调整或更换个别零部件能适用多种工件焊装的夹具。调整部分允许采用一定的调整方式以适应不同焊接件的安装，此部分包括一些定位件、夹紧件和支承件等元件。其主要调整方式分为更换式、可调节式和组合式。

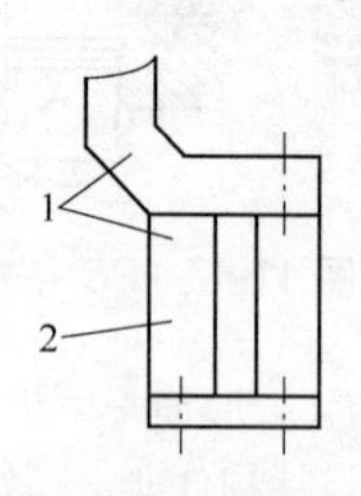

图 11-48　更换式定位板结构

1. 定位板；2. 连接板

(1) 更换式　图 11-48 所示为更换式定位板结构。更换式定位板结构不仅使焊装夹具的设计、装配、调整和测量很方便，更重要的是，有利于焊装夹具定位板的制造，减少了定位板尺寸，降低了定位板的制造成本。

更换式调整方法的优点是精度高、使用可靠。但更换件的增加会导致费用增加，并给保管工件带来不便。

（2）可调节式　通过改变夹具可调元件位置的方法实现不同产品的安装要求。

当不同产品定位面外形一致而定位高度不同时，就可采用调节式，如图 11-48 中的定位支承连接板不需要重新设计制造，可在定位板与连接板之间用调整垫片调节高度，也可调节连接板的支承高度。

可调节式结构零件少，夹具管理方便，但可调部件会降低夹具的刚度和精度，在夹具制造装配中应加以注意。更换式和可调节式结构常常综合使用，各取所长，可获得良好的效果。

图 11-49 所示为 T 形槽导轨。导轨是开有 T 形槽的直构件，纵向导轨用螺钉固定在底架上，横向导轨用厚 12mm 的连接板与纵向导轨连接成同一平面。如果松开有关联接螺钉，横向导轨能沿纵向导轨的 T 形槽平行移动。纵向导轨统一制成长 1000mm，横向导轨全部制成长 500mm，定位件用 T 形槽螺钉固定在导轨上的需要位置。T 形槽安装在底架上，底架是保证胎具具有足够刚度的基础部件，采用工字钢或槽钢焊接成框架结构，框架的尺寸和横直档的位置应根据导轨的布置情况确定。

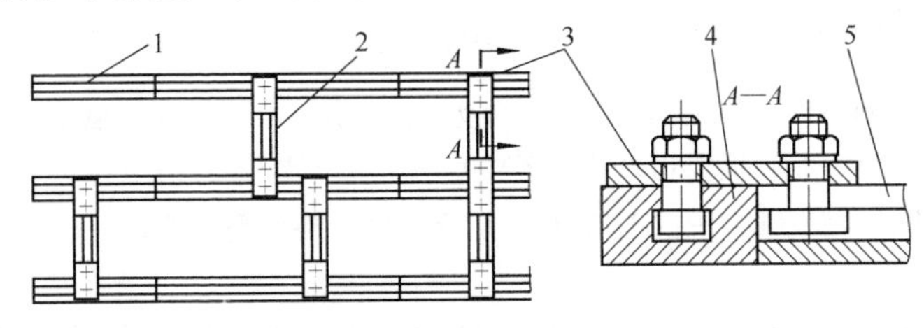

图 11-49　T 形槽导轨

1、4. 纵向导轨；2、5. 横向导轨；3. 连接板

图 11-50 所示为可调节式定位件，它由支承座和调节架两部分构成。支承座用螺钉与调节架连接，调节架通过 T 形槽螺钉固定在导轨上。调节架有升降式［图 11-50（a）］和升降旋转式［图 11-50（b）］两种，它们都具有 10mm 的垂直高度调节量。升降旋转式是通过一对平面齿轮轮

齿间相对位置的改变来调节倾斜角度的，以使定位面处于构件曲面的切平面位置。当垂直高度大于 10mm 的调节量时，可在事先加工好的标准垫块中选择合适厚度的垫块垫上，再进行高度小调整。标准垫块的厚度设计为 10mm、20mm 和 50mm。

为了获得水平面上的转动，采用在调节架底板上铣腰形槽的办法来实现。这样，就成功地实现了可调式夹具设计的基本要求，使空间系统的六个自由度均得到控制和调整。此外，对定位要求不很严格的短直杆件，采用了弹簧单向自紧定位器，如图 11-50（b）所示，以简化装夹。

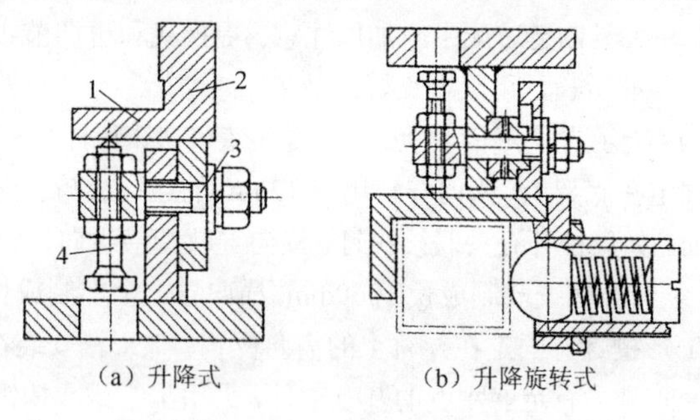

（a）升降式　　（b）升降旋转式

图 11-50　可调节式定位件

1. 支承座；2. 升降定位块；3. 连接螺钉；4. 螺钉

图 11-51 所示为可调节式定位及夹紧装置，结构主要特点是利用定位块和角铁上的长圆孔调节上下高度和左右位置。

图 11-51（a）中的 U 形附加定位块可更换调整，通过连杆可翻转工件。

图 11-51（b）中高度调节式定位块通常与 45° 的夹具配用，在该位置上有高度不同的工件，这样可减少更换定位块的次数，实现一块多用，主要用于矩形管、U 形件和 Z 形件。

图 11-51（c）采用 L 形可调节式定位块。

图 11-51（d）采用 U 形可调节式定位块，主要用于矩形管、H 形件、角铁和 Z 形件。

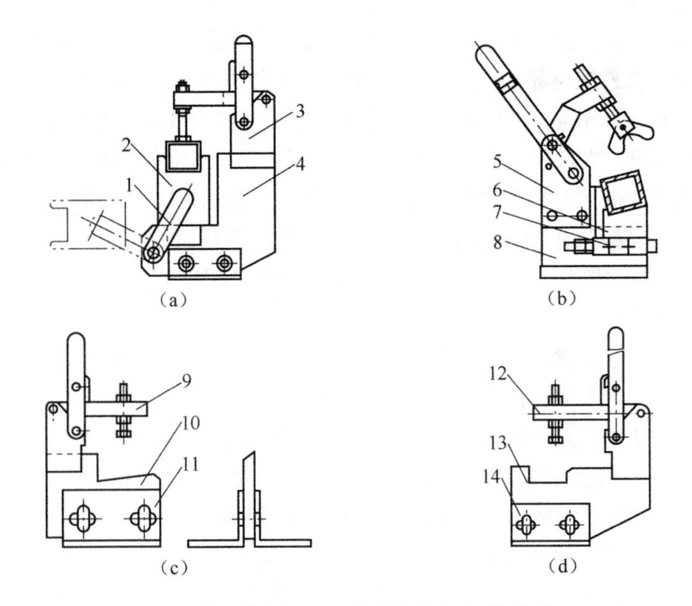

图 11-51 可调节式定位及夹紧装置

1. 连杆；2. U 形附加定位块；3、5、9、12. 夹具；4. 定位块；6. 翻转块；7. 铰链；8. 高度调节式定位块；10. L 形可调节式定位块；11、14. 角铁；13. U 形可调节式定位块

（3）组合式 在同一焊装夹具基体的不同位置安装不同机构，可满足不同产品焊接的需要。在这种焊装夹具结构中，可最大限度采用公用部分机构，按不同产品要求的部分机构布置在夹具基体的不同位置。这些机构结构和尺寸尽量模块化、标准化、通用化。

11.4.10 工装夹具的设计基础

1. 工装夹具设计的基本要求

由于产品结构的技术条件、施焊工艺和工厂具体情况等的不同，对所选用、设计的夹具均有不同的特点及要求。目前，就装配-焊接结构生产中所使用的多数夹具而言，其共性的要求有以下几方面。

（1）工装夹具应具备足够的强度和刚度 夹具在生产中投入使用时要承受多种力的作用，如焊件的自重、夹紧反力、焊接变形引起的作用力、翻转时可能出现的偏心力等，所以夹具必须有一定的强度与刚度。

（2）夹紧的可靠性　夹紧时不能破坏工件的定位位置，必须保证产品形状、尺寸符合图样要求；既不能允许工件松动滑移，又不使工件的约束度过大而产生较大的约束应力。因此，手动夹具操作时的作用力不可过大，机动压紧装置作用力应采用集中控制的方法。

（3）焊接操作的灵活性　使用夹具生产应保证足够的装配焊接空间，使操作人员有良好的视野和操作环境，使焊接生产的全过程处于稳定的工作状态。

（4）便于焊件的装卸　操作时应考虑制品在装配定位焊或焊接后能顺利地从夹具中取出，还要注意制品在翻转或吊运时不受损坏。

（5）良好的工艺性　所设计的夹具应便于制造、安装和操作，便于检验、维修和更换易损零件。设计时，还要考虑车间现有的夹紧动力源、吊装能力，以及安装场地等因素，降低夹具制作成本。

2. 工装夹具设计的基本原则

焊接工装夹具设计是焊接生产准备工件的重要内容之一。工装夹具设计的质量，对生产效率、加工成本、产品质量和生产安全等有直接的影响，为此，设计焊接工装夹具时必须考虑以下基本原则。

（1）工艺性原则　工艺性原则指所设计的工装应能满足产品的下述装配和焊接工艺要求。

焊接产品总是由两个以上的零部件组成，出于施焊方便或易于控制焊接变形等原因，装配和焊接两道工序可能是先装完后再焊，也可能是边装边焊，所设计的工装应能适应这种情况。

焊接是局部加热过程，不可避免产生焊接应力与变形，在工装上设置定位器和夹紧器件时要充分考虑焊接应力和变形的方向。通常在焊件平面内的伸缩变形不作限制，通过留收缩余量的方法让其自由地伸缩；而平面外变形，如角变形、弯曲变形或波浪变形等宜用夹具加以控制；有时还要利用夹具做出反变形，这些都要求由定位和夹紧器件来完成。

用电作为热源的焊接方法一般都要求焊件本身作为焊接回路中的一个电极，就可能要求焊接工装具有导电或绝缘的功能。当焊接电流很大时，导电部分还需有散热措施。

明弧焊接时，难免产生烟尘、金属或熔渣的飞溅物，会损坏工装上外露的光滑工作面，需有遮掩措施等。

（2）安全可靠性原则 安全可靠性原则是指工装夹具在使用期内绝对安全可靠，凡是受力构件都应具有足够的强度和刚度，足以承受焊件重力和因限制焊接变形而引起的各个方向的约束力等。另一方面，工装夹具具有防差错功能，防止操作者出现错装、漏焊或者错焊零件等制造差错。

以往可靠性设计仅注重工装夹具的结构强度和刚性，而忽视产品制造的可靠性，由于设计的工装夹具不具有防差错功能，生产中制造差错造成废品或返工的现象屡见不鲜。实际上，工装夹具的结构强度和刚性容易满足，而其防差错设计需要在实践中不断探索和总结。

差错是指人所犯的不经意的、偶尔的错误。防差错就是要确保不犯这类不经意的、偶尔的错误，以减少麻烦和浪费。

防差错设计就是要通过产品的设计和制造工艺的设计过程来减少损失，防止产品在制造中产生缺陷，以减少各种浪费。

现代轿车的车身多由钢板冲压焊接而成，一般完成一辆轿车车身的焊接需300～400套焊接工装夹具，固定200多个零件的组合定位和4000多个焊点的焊接。由于焊接生产的大量作业，操作者在装焊过程中常常出现差错，造成一些不必要的经济损失。因此，焊接工装夹具的防差错设计在大批量生产中显得尤为重要。

工装夹具的防差错功能是其使用可靠性的重要方面，有了防差错功能，一些偶尔的、不经意的差错在大量生产操作时就不会产生。例如，操作失误，夹具就夹不上工件，机器便不工作，下道工序便不能进；工件有缺陷，机器便不能加工等。

（3）经济性原则 工装应易于制造，投资少，制造成本低，回收期短。在使用时能源消耗和管理费用少等。通常重大的工艺装备设计制造必须进行经济分析。由于这些设备的设计和制造费用最后都要计入产品制造成本，故在设计时需要进行方案比较。工装夹具的经济性应符合

$$A_1+W_1+F_1+\frac{J}{N}<A_0+W_0+F_0 \tag{11-22}$$

式中：A_1，W_1，F_1——采用工装夹具进行装配、焊接、机加工等工序的费用；

A_0，W_0，F_0——未用工装夹具进行装配、焊接、机加工等工序的费用；

J——工装夹具制造费用；

N——采用工装夹具制造的工件数。

从经济角度来看，工装夹具制造费用应低廉，以缩短工装夹具投资回收期，设计时尽量采用标准零部件，在保证工装夹具可靠性的同时减少精加工比例和结构质量。提高生产效率可降低产品的成本，另外采用工装夹具，提高了产品质量，可使产品增值。是否采用工装夹具，采用何种类型的工装夹具还取决于生产纲领（年产量）和生产类型（单件生产、大量生产、成批生产）。单件或小批生产时通常采用通用的、标准的工装夹具组件或万能装置，大批大量生产时采用专用工装夹具或自动化生产线。

（4）方便性原则　工装必须便于操作与施工，能使装配和焊接过程简化；工件装上或卸下方便；有供焊枪、面罩、焊接机头等进出和摆动的空间，以及工人自由操作的位置；能使焊缝处于最方便施焊的位置，并便于中间质量检测；工装上各种机件操作要轻巧灵便；定位、夹紧和松开过程要省力而快速；对易损零、部件应便于维修或更换等。

（5）艺术性原则　要求工装设计造型美观，在满足功能使用和经济许可的条件下，使操作者在生理上、心理上感到舒展，给人以美的享受。造型美法则将形式美法则包括在内，如变化与统一、均衡与稳定、比例与尺度、对比与调和等。综合各种美感因素的美学原则，也是适应现代工业和科学技术的美学原则。

造型设计原则要求使用是第一位的，美观处于从属地位，经济约束条件。工业产品造型设计首先要满足使用功能，设计的好坏并不由设计者鉴定，而最终由用户鉴定。工业产品一旦丧失了使用功能，其艺术价值也随之丧失，但也不能把使用功能和艺术造型对立起来，两者是辩证统一的。功能决定造型，造型表现功能，但造型既不是简单功能件的组合，也不是杂乱无章的堆砌，而是建立在人机系统协调的基础上，应用一般形态构成艺术规律和造型美学法则对其加以精炼和塑造，使功能更合理，造型恰到好处。

3. 工装夹具设计基本方法和步骤

（1）设计前的准备 为保证能用设计出的夹具生产出符合设计要求的工件，就要了解工件在生产中及本身构造上的特点及要求，这是设计夹具的依据，是设计人员应细致研究并掌握的原始资料。夹具设计的原始资料包括以下内容。

1）夹具设计任务单。任务单中说明工件图号、夹具的功用、生产批量、对该夹具的要求，以及夹具在工件制造中所占的地位和作用。任务单是夹具设计者接受任务的依据。

2）工件图样及技术条件。研究图样是为了掌握工件尺寸链的结构、尺寸公差和制造精度等级。此外，还需了解与本工件有配合关系的零件在构造上与其之间的联系。研究技术条件是为了明确在图样上未完全表达的问题和要求，对工件生产技术要求获得一个完整的概念。

3）工件的装配工艺规程。工艺规程是产品生产的指导性技术文件，是工艺编制的核心。夹具是直接为工艺规程服务的工具，因此夹具设计者应当明确所设计的夹具必须满足工艺规程中的一切要求。

4）夹具设计的技术条件。这是装配焊接工艺人员根据工件图样和工艺规程对夹具提出的具体要求，一般应包括如下内容。

①夹具的用途，担负何种工件的装配焊接工作，以及工件前后工序的联系。

②所装配工件在夹具中的位置，工件定位基准，以及定位尺寸，说明工件接头尺寸属于中间尺寸（注明加工余量）或最后尺寸。

③制造和安装夹具时，保证夹具的调整和检验时所需的样件、样板等，以及工件在夹具中的装卸方向和设备、水、气管道辅助设备。

④对夹具的构造形式，是否翻转和移动，以及夹具所用定位及夹紧件的机械化程度等提出原则性意见。

⑤规定工件焊接收缩量大小，以确定定位件和夹紧件的位置。

5）焊接装配夹具的标准化和规格化资料，包括国家标准、企业标准和规格化夹具结构图册等。

需要指出的是，装配焊接生产中所使用的大型机械装备，如变位机械、操作机械等大多由专门的生产厂家提供，此节中主要针对一般较为常用的装配焊接夹具的设计加以介绍。

（2）工装夹具设计的步骤　确定夹具结构方案，绘制草图阶段的主要工作内容如下。

1）选择夹具的设计基准。夹具设计基准应与被装配结构的设计基准一致；有装配关系的相邻结构的装焊夹具尽可能选择同一设计基准，如选用基准水平线和垂直对称轴线作为同一设计基准。

2）绘制工件图。设计基准确定后，在图样上按设计基准用双点画线绘制出被装配工件图，包括工件轮廓及工件要求的交点接头位置（注意包括收缩余量）。

3）定位件和夹紧件设计。确定零件的定位方法及定位点、零件的夹紧方式和对夹紧力的要求，并根据定位基准选择定位件和夹紧件的结构形式、尺寸及其布置。

4）夹具主体（骨架）设计。主体设计时需要满足装焊工艺对夹具的刚度要求，并根据夹具元件的剖面形状和尺寸大小来确定主体结构方案和传动方案，如确定夹具结构的组成部分有哪些、结构主体的制造方法，以及采用几级传动形式等。

5）完成设计草图。在充分考虑夹具的整体结构布局之后进行必要的设计计算，并绘制出夹具的设计草图。

6）绘制夹具工作总图阶段。草图设计经过讨论审查通过后，便可绘出夹具的正式工作总图。完成此阶段工作应注意以下几点。

①总图上的主视图应尽量选取与操作者正面对的位置。夹具的工作原理和构造，以及主要元件结构和它们之间的相互装配位置关系应在基本视图上表达出来，各视图的布置除严格按照制图标准外，要空出零件编号及标注尺寸的位置，总体布局应合理美观。

②总图上应标注的主要尺寸，包括装配尺寸、配合尺寸、外形尺寸和安装尺寸。

③编写技术条件。一些在视图上无法表示的关于制造、装配、调整、检验和维修等方面的技术要求，应标注在总图上。

④标出夹具零件的编号，填写零件明细表和标题栏。

7）绘制装配焊接夹具零件图阶段。夹具中的非标零件要绘制零件图，零件的结构形式、尺寸、公差和技术条件应与夹具总图相符合。

8）编写装配焊接夹具设计说明书。设计说明书是夹具设计计算、分析整理和总结，也是图样设计的理论根据。其主要内容有目录、夹具设计任务书、产品要求分析、夹具设计技术条件、夹具设计基准的确定、夹具设计方案的分析、夹具技术经济效益评定和参考资料。

必要时，还需要编写装配焊接夹具使用说明书，包括夹具的性能、使用注意事项等内容。

4. 工装夹具制造的精度要求

焊接结构的精度除与各零件备料的精度和加工工序的中间尺寸精度有关外，在很大程度上也取决于装配焊接夹具本身的精度。而夹具的精度主要是针对夹具定位件的定位尺寸及定位件的位置尺寸的公差大小而言的，这要根据被装配工件的精度决定。因此，可以看出焊接结构的精度与工装夹具的精度有着密切的联系。

1）夹具的制造公差，根据夹具元件的功用及装配要求不同可将夹具元件分为四类。

①第一类是直接与工件接触，并严格确定工件的位置和形状的，主要包括接头定位件，V 形铁、定位销等定位元件。

②第二类是各种导向件。此类元件虽不与工件直接接触，但它确定第一类元件的位置。

以上两类夹具元件的精度。不仅与定位工件的精度要求有关，还受到工件定位表面选择、加工方法和工件几何形状等因素的影响。在确定夹具公差时，一般取所装配工件相应部分尺寸公差的 0.5～0.75 倍，即保证工件被定位表面与定位件的定位表面之间留有最小间隙，保证间隙配合。夹具直线尺寸公差与产品公差的关系见表 11-13。

表 11-13　夹具直线尺寸公差与产品公差的关系

产品公差	夹具公差	产品公差	夹具公差
0.25	0.14	0.65	0.28
0.28	0.16	0.70	0.32
0.30	0.18	0.75	0.32
0.32	0.18	0.85	0.35
0.36	0.20	0.91	0.42
0.38	0.20	0.95	0.42
0.40	0.21	1.00	0.50
0.42	0.21	1.50	0.65
0.50	0.23	2.00	0.90
0.55	0.23	2.50	0.10
0.60	0.28	3.00	1.35

③第三类属于夹具内部结构零件相互配合的夹具元件，如夹紧装置各组成零件之间的配合尺寸公差。

④第四类是不影响工件位置，也不与其他元件相配合的，如夹具的主体骨架等。

第三、四类的尺寸公差无法从相应加工尺寸的公差中计算求得，应按其在夹具中的功用和装配要求选用。

2）制定夹具公差时，应注意以下问题。

①以焊件的平均尺寸作为夹具相应尺寸的基本尺寸。标注公差时，一律采用双向对称分布公差制。例如，焊件孔距为 250^{+1}_{0} mm，选择夹具公差为 0.5mm；若夹具尺寸标注成（250±0.25）mm，夹具孔距最小尺寸为 249.75mm，超出焊件公差范围，显然是错误的。正确标注是先求出焊件孔距平均尺寸为［(250+250+1)÷2］mm=250.5mm，夹具孔距（250±0.25）mm。

②定位元件与工件定位基准间的配合，一般都按基孔制间隙配合来选用；若工件的定位孔或定位外圆不是基准孔或基准轴时，则在确定定位销或定位孔的尺寸公差时，应注意保持其间隙配合的性质。

③采用焊件上相应工序的中间尺寸作为夹具基本尺寸。中间尺寸应考虑到焊后产生的收缩变形量、重要孔洞的加工余量等因素，与图样上标注的尺寸有所不同。

④夹具上起导向作用并有相对运动的元件间配合和没有相对运动元件间的配合，夹具常用配合的选择见表 11-14，详细内容在设计时可参阅有关夹具零部件标准等设计资料。

表 11-14 夹具常用配合的选择

工作形式	精度选择	示例
定位元件与工件定位基准间	H7/h6、H7/g6、H8/h7、H8/f7、H9/h9	定位销与工件基准孔
有导向作用并有相对运动元件间	H7/h6、H7/h7、H8/g6、H9/f9、H9/d9	滑动定位件与导套
没有相对运动的元件间	H7/n6（无紧固件）、H7/k6、H7/js6（有紧固件）	支承钉、定位销及其衬套固定

5. 夹具结构工艺性

夹具结构的制造、检测、装配、调试和维修等方面，都可作为夹具结构工艺性好坏的评定依据。

（1）对夹具良好工艺性的基本要求

①整体夹具结构的组成，应尽量采用各种标准件和通用件，制造专用件的比例应尽量少，减少制造劳动量和降低费用。

②各种专用零件和部件结构形状应容易制造和测量，装配和调试方便。便于夹具的维护和修理。

（2）合理选择装配基准的原则

①装配基准应该是夹具上一个独立的基准表面或线，其他元件的位置只对其表面或线进行调整和修配。

②装配基准一经加工完毕，其位置和尺寸就不应再变动。因此，那些在装配过程中自身位置和尺寸尚需调整或修配的表面或线不能作为装配基准。

选择装配基准示例如图 11-52 所示。图 11-52（a）中，*A*、*B*、*C*、*D* 四个尺寸以孔的中心为基准，孔加工好后，以孔中心作装配基准来检验和调整定位销的支承板时，各元件彼此间不发生干扰和牵连，检验和调整很方便。图 11-52（b）中，调整尺寸 D、B 时，尺寸 A、C 也受到影响，造成检验和调整工作复杂且难以保证夹具精度要求。

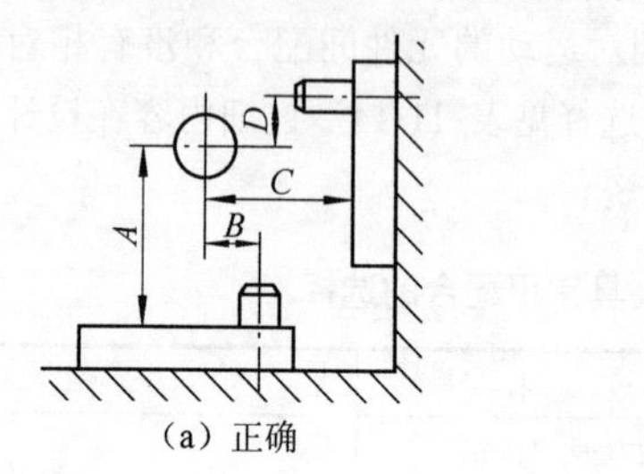

（a）正确

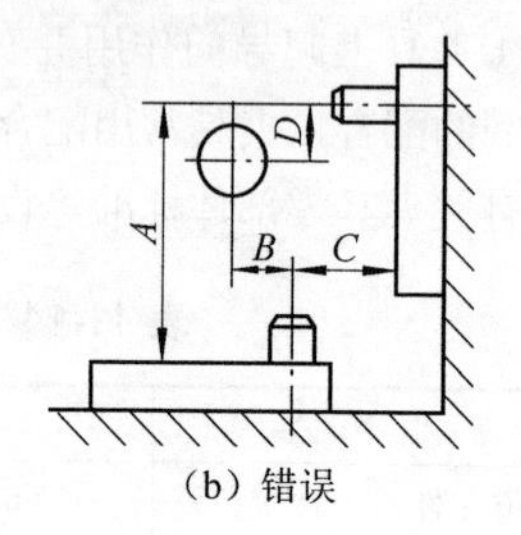

（b）错误

图 11-52　选择装配基准示例

（3）结构的可调性　夹具中的定位件和夹紧件一般不宜焊接在夹具体上，否则造成结构不便于加工和调整。经常采用螺栓紧固、销钉定位的方式，调整和装配夹具时，可对某一元件尺寸较方便地修磨；还可采用在元件与部件之间设置调整垫圈、调整垫片或调整套等来控制装配尺寸，补偿其他元件的误差，提高夹具精度。

（4）维修工艺性　夹具使用后的维修可延长夹具的使用寿命。进行夹具设计时，应考试到维修方便的问题。图 11-53 所示为便于维修的定位销钉结构。图 11-53（a）所示是将销钉孔做成贯穿的通孔，拆卸时可从底部将销钉打出；图 11-53（b）和图 11-53（c）所示是因受结构位置限制，无法采用贯穿孔时，可采取的加工一个用来敲击销钉的横孔或选用头部带螺纹孔的销钉。

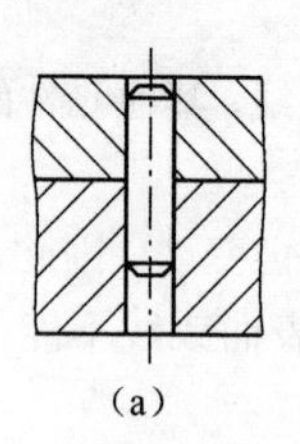

（a）

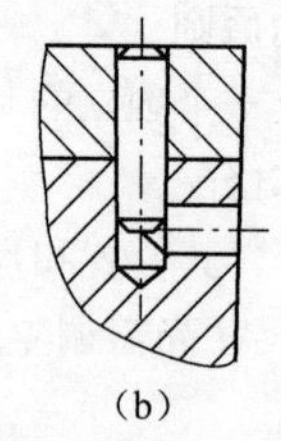

（b）

（c）

图 11-53　便于维修的定位销钉结构

把无凸缘衬套类零件压入不通孔时，为方便维修和取出衬套，可选择图 11-54 中便于维修的衬套结构。图 11-54（a）所示是在衬套底部端面上铣出径向槽，图 11-54（b）所示是在衬套底部钻孔、攻螺纹做出螺纹孔。

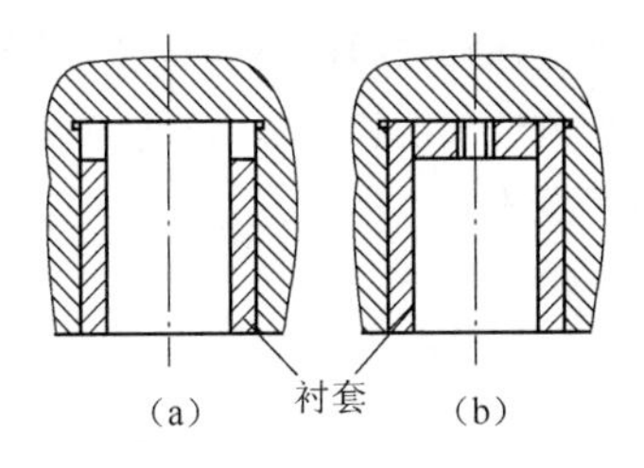

图 11-54　便于维修的衬套结构

（5）制造工装夹具的材料　夹具材料的选择首先取决于夹具元件的工作条件。骨架、承重结构以刚度为主时，可选用低碳钢；载荷大并考虑强度时，可选用低合金结构钢。在定位元件中，各种支承和 V 形铁一般选用 20 钢制造，其热处理是表面渗碳 0.8～1.2mm，淬火硬度 60～64HRC。定位销直径＞14mm 时，可选 20 钢表面渗碳；直径＜14mm 时，常选择 T7A 或 T8A 钢材，淬火硬度均为 53～58HRC。在夹紧元件中，偏心轮常用 T7、T8 钢，热处理 60～64HRC。弹簧件选用 65Mn 弹簧钢制造；对于材质较软的铝、铜等工件，在保证定位准确的前提下，定位件、夹紧件材料也应相应选择较软的材料，以防止损伤工件。机构装置中传统系统各零件的材料应根据机械设计中的有关规定进行选用。

6. 典型夹具结构实例分析

焊接结构生产中所应用的装配焊接夹具形式多种多样，下面简要介绍和分析实际生产中装配焊接夹具的应用实例。

（1）轻便夹具　这类夹具用来装配由两三个零件组成的焊件，自身结构较简单的夹具。图 11-55 所示为肋板与衬套装配夹具，衬套 5 用三棱销钉 4 定位，两个带孔的肋板 3、8 用特殊销钉 2 和 6 定位，销钉头部有一段螺纹，转动高帽螺母 1 可将肋板 3、8 夹紧在支承面上。支承钉 7 是便于夹具搬放而设置的。特殊销钉螺纹的长度不应超过 10mm，这样可以减少配肋板的时间。

（2）多位夹具　在一个夹具上同时装配几个或十几个同样的尺寸较小、外形简单的焊件时，可采用多位夹具。图 11-56 所示为支架装配用多位夹具，支架由两块板片与四段小管组成。装配焊接时，将板片装在托架侧面，依靠托架侧面挡铁和夹具体的平面进行定位，采用螺杆夹紧。托架上面开有圆槽用来定位小管。此类夹具定位稳固，装卸焊件方便，生产效率高。

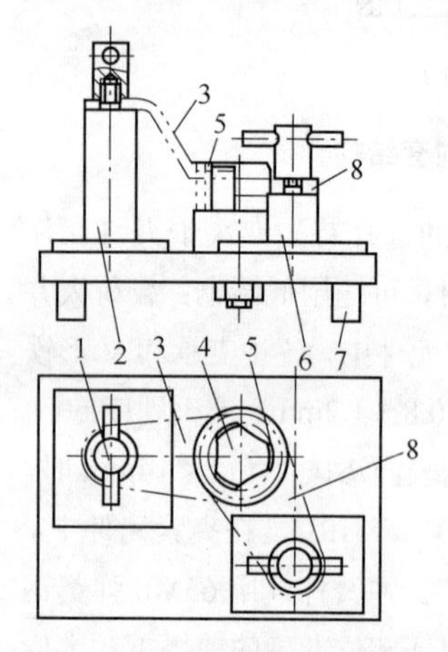

图 11-55　肋板与衬套装配夹具

1. 高帽螺母；2、6. 特殊销钉；3、8. 肋板；4. 三棱销钉；5. 衬套；7. 支承钉

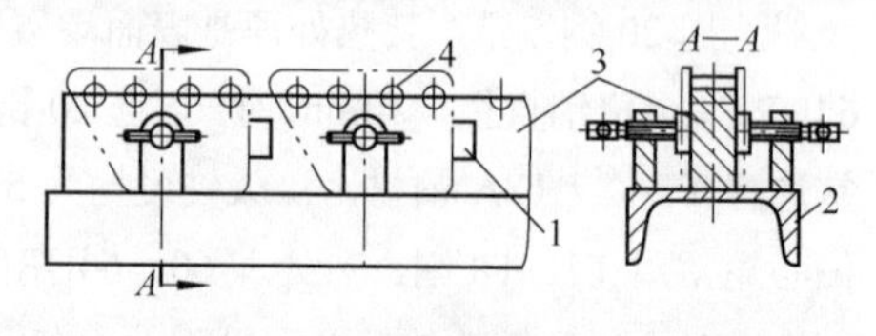

图 11-56　支架装配用多位夹具

1. 挡铁；2. 夹具体；3. 托架；4. 支架

（3）护帮板装配夹具　护帮板结构如图 11-57 所示。装配采用分部件装配来完成。

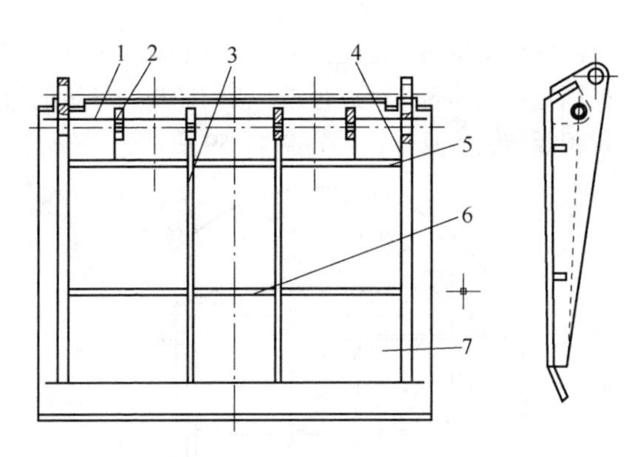

图 11-57 护帮板结构

1. 垫板；2. 耳板；3、4. 横向肋板；5、6. 纵向肋板；7. 底板

①在四个耳板孔中穿入一根心轴用来保证其同轴度，由于横向肋板的孔径不同，故在心轴两端各加一套筒来弥补其直径的差别。耳板之间的距离加入套筒来保证，纵向肋板、横向肋板的定位用挡铁，夹紧装置选择圆偏心轮，以此来完成纵、横向肋板与耳板的组合件装配，护帮板装配夹具（一）如图 11-58 所示。

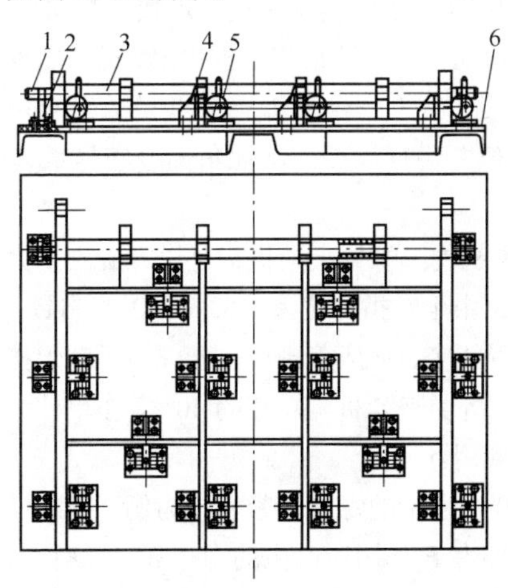

图 11-58 护帮板装配夹具（一）

1. 心轴；2. 支承块；3. 套筒；4. 挡铁；5. 夹紧器；6. 夹具

②选择座式焊件变位机，将变位机的工作台调至水平位置，把产品的底板用压板固定在工作台上，进行纵、横向肋板与耳板的组合件和底板的装配，护帮板装配夹具（二）如图 11-59 所示。

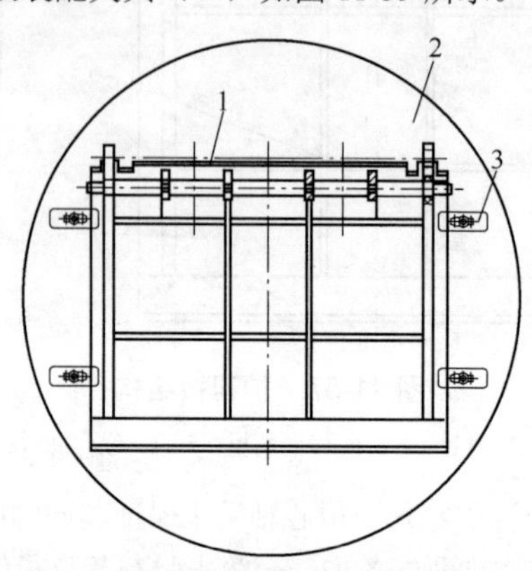

图 11-59　护帮板装配夹具（二）

1. 底板；2. 工作台；3. 压板

③装配完成后即可进行焊件的整体焊接。焊接时，将工作台倾斜 45° 并做适当的转动使纵向肋板与底板焊缝、横向肋板与底板焊缝处于船形位置进行焊接，将工作台倾斜 90° 并做适当的转动，使纵向与横向肋板处于船形位置进行焊接。其他角焊缝应尽量调至船形位置进行焊接。

(4) 螺旋夹紧机构　螺旋夹紧机构是以螺旋副扩力直接或间接夹紧焊件的夹紧机构。由于它扩力比大（60～140）、自锁可靠、结构简单、制作容易、派生形式多、适应范围广，已成为手动焊接工装夹具中的主要夹紧机构，约占各类夹紧机构总和的 40%，在单件和小批量焊接生产中得到了广泛的应用。

现以图 11-60 中所示的螺旋夹紧机构为例，推导螺旋副的夹紧力计算公式。手柄受外力 $\boldsymbol{F}$ 作用所产生的力矩 $\boldsymbol{M}$ 使螺杆与焊件紧压而发生夹紧力 $\boldsymbol{F}_s$。当焊件处于夹紧状态时，螺杆所受的力矩 $\boldsymbol{M}=\boldsymbol{F}_s L$，必须与螺母加于螺杆的总反力所产生的阻力矩 $\boldsymbol{M}_Q$，以及螺杆端部与焊件接触

处产生的摩擦力而引起的力矩 $\boldsymbol{M}_F$ 相平衡，即

$$M = M_Q + M_F \tag{11-23}$$

因为螺旋可视为绕在圆柱体上的斜面，若螺旋的升角为 λ，则螺杆的受力情况如图 11-61 所示。根据机械原理得知，螺母加于螺杆的总反力 $\boldsymbol{F}_z$ 的方向应与螺杆相对于螺母的运动方向成 90° $+\phi_1$ 的角，其中 ϕ_1 为螺杆与螺母的当量摩擦角，将 $\boldsymbol{F}_z$ 分解为水平力 $\boldsymbol{F}_p$ 和垂直力 $\boldsymbol{F}'$ 后，则

$$F_p = F' \tan(\lambda + \phi_1) \tag{11-24}$$

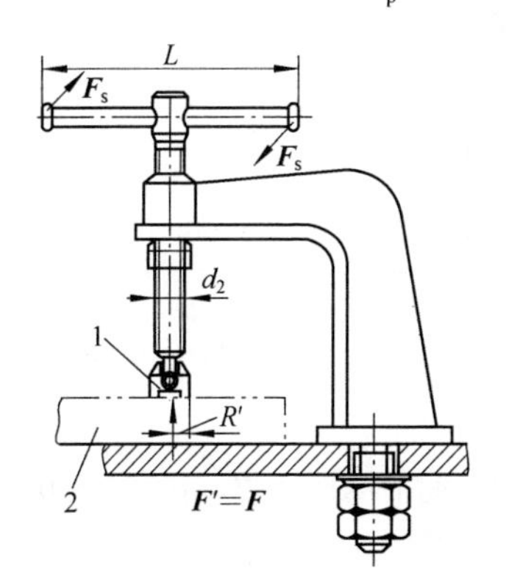

图 11-60 螺旋夹紧机构

1. 压脚；2. 工件

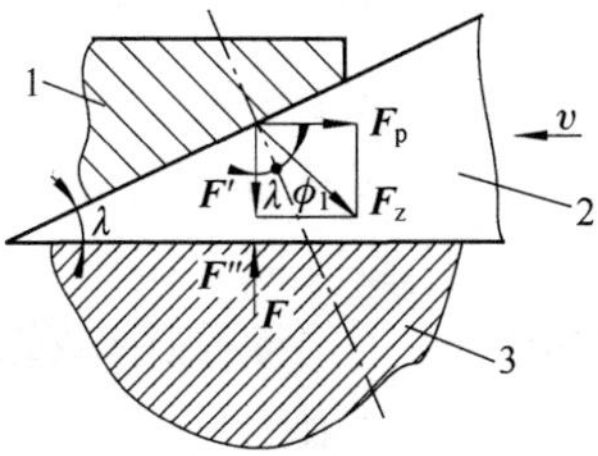

图 11-61 螺杆的受力情况

1. 螺母；2. 螺杆；3. 焊件

由垂直方向力的平衡关系 $F' = F$，得

$$F_p = F \tan(\lambda + \phi_1) \tag{11-25}$$

若螺旋中径为 d_2，则螺母加于螺杆的总反力 $\boldsymbol{F}_2$ 所产生的阻力矩为

$$M_Q = \frac{1}{2} d_2 F_p \tag{11-26}$$

将式（11-25）代入得

$$M_Q = \frac{1}{2} d_2 F \tan(\lambda + \phi_1) \tag{11-27}$$

此外，螺杆端部与焊件接触处所产生的摩擦力

$$F'' = F \tan \phi_2 \tag{11-28}$$

式中：ϕ_2 ——螺杆端部与焊件接触处的摩擦角。

若摩擦力的作用半径为 R'，则该摩擦力所产生的力矩为

$$M_F = R'F'' = R''F\tan\phi_2 \tag{11-29}$$

将式（11-27）、式（11-29）代入式（11-23）得

$$M = \frac{1}{2}d_2 F\tan(\lambda + \phi_1) + R'F\tan\phi_2 \tag{11-30}$$

$$F = \frac{2F_s L}{d_2\tan(\lambda + \phi_1) + 2R'\tan\phi_2} \tag{11-31}$$

式中：F——夹紧力（N）；

F_s——加在手柄上的外力（N）；

L——手柄上加力点的间距（mm）；

λ——螺旋升角，且 $\tan\lambda = \dfrac{S}{\pi d_2}$，$S$ 为螺纹导程（mm）；

d_2——螺旋中径（mm）；

ϕ_1——螺杆与螺母间的当量摩擦角，梯形螺纹取 5° 30′，普通螺纹取 6° 35′；

$\tan\phi_2$——焊件与压脚（或螺杆端部）间的摩擦因数，在 0.1～0.15 选取；

R'——焊件与压脚（或螺杆端部）间的摩擦力矩半径（mm）。根据图 11-62 所示的压脚接触形式选取：点接触，$R'=0$；平面接触，$R'=d_1/3$；环面接触，$R' = \dfrac{1}{3}\times\dfrac{d_1^3 - d^3}{d_1^2 - d^2}$；圆周接触，$R' = R\cot\dfrac{\beta}{2}$。

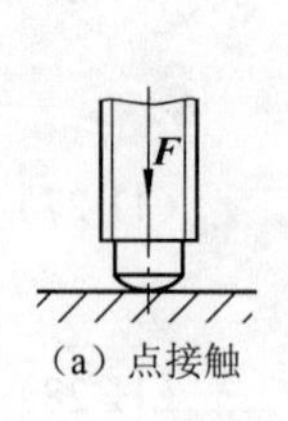

（a）点接触

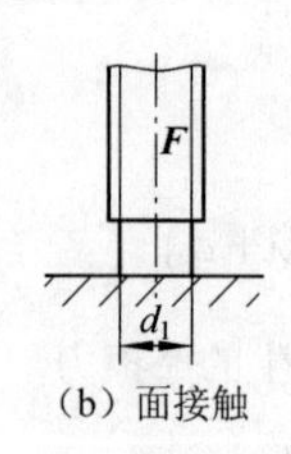

（b）面接触

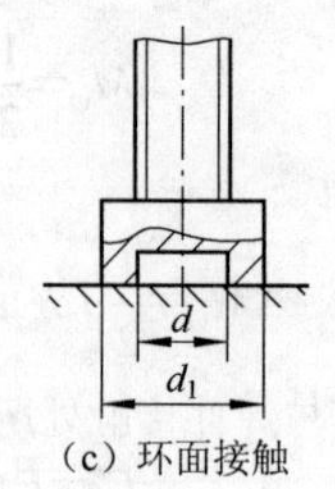

（c）环面接触

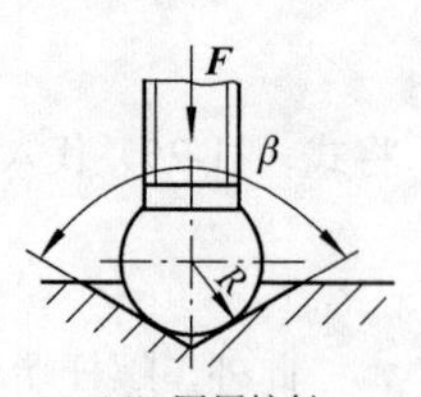

（d）圆周接触

图 11-62　压脚接触形式

焊接工装夹具中的螺旋副都是传力滑动螺旋副。其失效形式主要是螺杆的失稳或拉断，以及螺纹牙根处的剪断或弯断。因螺纹磨损而失效的情况并不多见。

螺旋副的牙型常选用梯形螺纹。当螺旋副的公称直径<12mm 时，常选用普通螺纹。螺杆常用的材料有 Q275、45 钢和 50 钢，通常不经热处理而直接使用。螺母的材料有 QT400、35 钢和 ZCuSnloPbl 等。螺旋副的旋合长度选用中等旋合长度的下限值，这样有利于焊后夹具的松夹。螺旋副一般采用粗糙精度，要求较高时，才选用中等精度。

螺旋夹紧机构夹紧焊件的方式有两种：一种是螺杆端部直接与焊件接触进行夹紧，这种方式的缺点是夹紧过程中容易使焊件移动，同时还容易损伤焊件表面；另一种方式是螺杆端部通过活动压脚夹紧焊件，这种方式不仅克服了上述缺点，而且由于压脚是活动的，其夹紧方位在一定范围内可自行调节，所以能和焊件夹紧面很好地贴合在一起，因而增强了夹紧的可靠性。另外，夹紧力通过压脚传递到焊件夹紧面上，其分布面积较大，也较均匀。

（5）偏心（凸轮）夹紧机构

1）结构原理。偏心（凸轮）是指圆形夹紧轮的回转轴线与几何轴心线不同轴（图 11-63）。O_1 是偏心圆的几何中心，R 是偏心圆的半径，O_2 是偏心圆的回转中心，两者不重合，距离 e 称为偏心距。当偏心圆绕 O_2 回转时，圆周上各点到 O_2 的距离不断变化，即 O_2 到被夹工件表面间的距离 h 是变化的，利用这个 h 值的变化对工件夹紧。

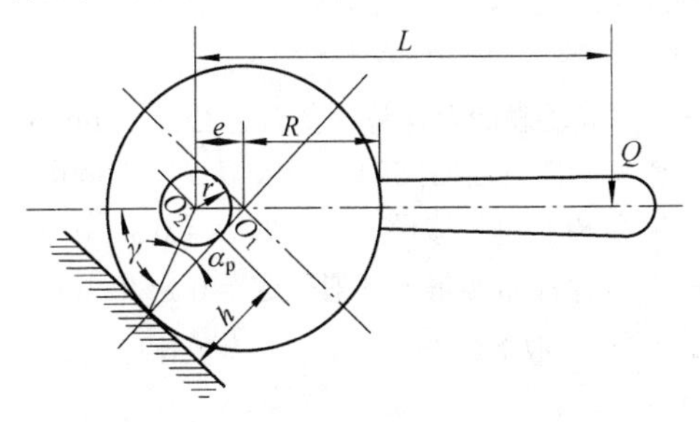

图 11-63 偏心夹紧机构结构原理

偏心夹紧必须保证自锁，为此，接触点升角$\alpha_p \leqslant \phi_1 + \phi_2$，$\phi_1$为偏心轮转轴处的摩擦角，常忽略不计；$\phi_2$为偏心轮与焊件（或垫板）之间的摩擦角。经推导，实用的自锁条件为$R \geqslant (7 \sim 10)e$，这时偏心轮圆周上各夹紧点均能自锁。为了防止松夹和“咬死”，实际上取圆周上一部分圆弧作为工作段，如取转角$\lambda = 40° \sim 135°$。

2）夹紧力计算。偏心夹紧时，夹紧力按下式计算

$$F = \frac{QL}{f(R+r)+e(\sin r - f\cos\gamma)} \tag{11-32}$$

式中：F——偏心夹紧时的夹紧力（N）；

Q——作用在手柄上的作用力（N）；

L——力臂长（mm）；

f——摩擦因数，$f = \tan\phi_1 = \tan\phi_2$；

R——偏心轮半径（mm）；

r——转轴半径（mm）；

e——偏心距（mm）；

γ——偏心圆几何中心与转动中心连线和几何中心与夹紧点连线之间的夹角（°）。

3）设计与计算程序。偏心轮已标准化，其相应夹紧力可直接从标准 JB/T 8011.1—1999、JB/T 8011.2—1999、JB/T 8011.3—1999、JB/T 8011.4—1999 中查出。设计非标准圆偏心轮时，可按下列程序进行。

①确定夹紧行程S，偏心轮直接夹紧工件时

$$S = \delta + S_1 + S_2 + S_3 \tag{11-33}$$

式中：δ——工件夹压表面至定位面的尺寸公差（mm）；

S_1——装卸工件所需的间隙，一般取$S_1 \geqslant 0.3$mm；

S_2——夹紧装置的压移量，一般取$S_2 = 0.3 \sim 0.5$mm；

S_3——夹紧行程储备量，一般取$S_3 = 0.1 \sim 0.3$mm；

②计算偏心距e。取$\gamma = 45° \sim 135°$为工作段时，$e = 0.7S$；取$\gamma = 90° \sim 180°$时，$e = S$。

③按自锁条件计算偏心轮直径，$D = 2R = (14 \sim 20)e$（mm）。

④确定转轴直径d，一般取$d = 0.25D$（mm）。

⑤计算夹紧力 F。

偏心轮材料可用 T7A（45～50HRC）或 T8A（50～55HRC），也可用 20 钢或 20Cr 钢（渗碳 0.8～1.2mm，淬火 55～60HRC）。

4）特点与应用。偏心夹紧动作迅速，有一定自锁作用，结构简单，但行程短，夹紧力不大，怕振动。一般用于小行程、无振动场合。因夹紧快，常在薄板结构批量较大的焊接生产中使用。

（6）杠杆-铰链夹紧机构

1）基本类型。杠杆-铰链夹紧机构是由杠杆、连接板和支座相互铰接而成的复合夹紧机构。根据三者不同的铰接组合，共有五种基本类型。

①第一类杠杆-铰链夹紧机构如图 11-64 所示。两组杠杆（手柄杠杆和夹紧杠杆）通过与连接板的铰接组合在一起。手柄杠杆的施力点 B 与夹紧杠杆的受力点 A 通过连接板的铰链连接在一起，而两组杠杆的支点 O、O_1 都与支座铰接而位置固定。

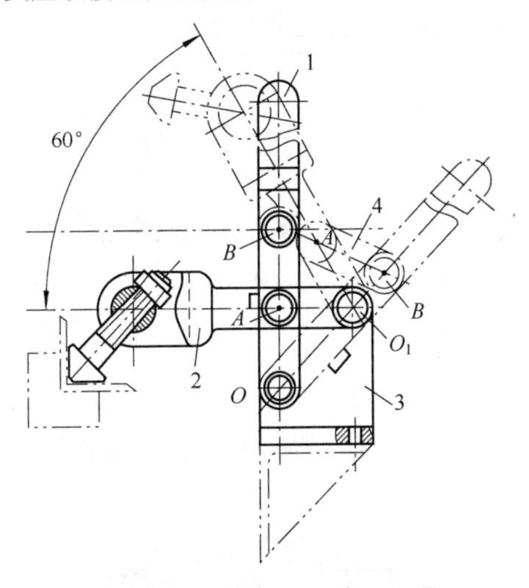

图 11-64 第一类杠杆-铰链夹紧机构

1. 手柄杠杆；2. 夹紧杠杆；3. 支座；4. 连接板；
A——夹紧杠杆的受力点；B——手柄杠杆的施力点；
O——手柄杠杆的支点；O_1——夹紧杠杆的支点

②第二类杠杆-铰链夹紧机构如图 11-65 所示。虽然也是两组杠杆与一组连接板的组合，但是手柄杠杆的施力点 B 是与夹紧杠杆的受力点 A 铰接在一起的，而手柄杠杆在支点 O 处是与连接板铰接的。因此，手柄杠杆的支点 O 可以绕 C 点回转，连接板的另一端（C 点）和夹紧杆的支点 O_1 均与支座铰接位置是固定的。同理，也可设计成夹紧杆在支点处与连接板铰接，夹紧杠杆的支点转动，连接板的另一端和手柄杠杆的支点均与支座铰接而位置固定。这实际上是将图 11-65 中的手柄杠杆视为夹紧杠杆，夹紧杠杆视为手柄杠杆。

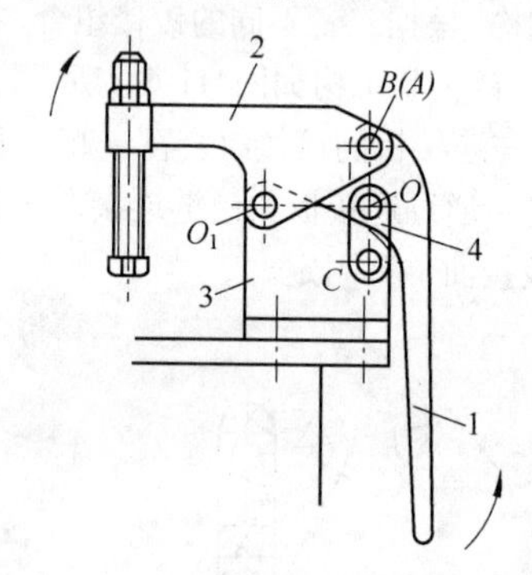

图 11-65　第二类杠杆-铰链夹紧机构

1. 手柄杠杆；2. 夹紧杠杆；3. 支座；4. 连接板；
A——夹紧杠杆的受力点；B——手柄杠杆的施力点；
O——手柄杠杆的支点；O_1——夹紧杠杆的支点

③第三类杠杆-铰链夹紧机构如图 11-66 所示。它是一组杠杆与一组连接板的组合，手柄杠杆的支点 O 与支座铰接而位置固定。

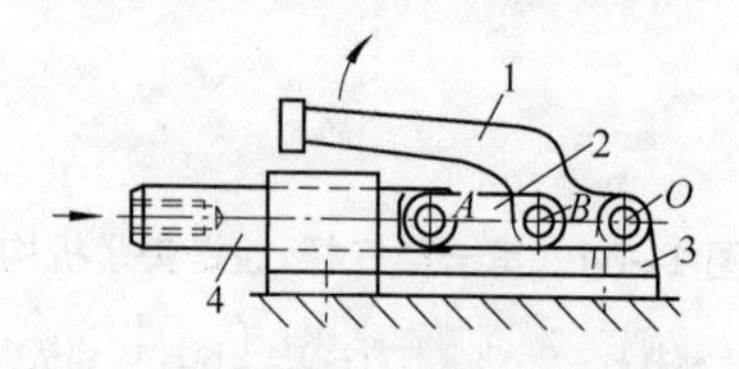

图 11-66　第三类杠杆-铰链夹紧机构

1. 手柄杠杆；2. 连接板；3. 支座；4. 伸缩夹头；
A——伸缩夹头的受力点；B——手柄杠杆的施力点；O——手柄杠杆的支点

④第四类杠杆-铰链夹紧机构如图 11-67 所示。它也是一组杠杆与一组连接板的组合，但是手柄杠杆的支点与连接板铰接，因此，手柄杠杆的支点 O 可以绕连接板的支点 C 回转。

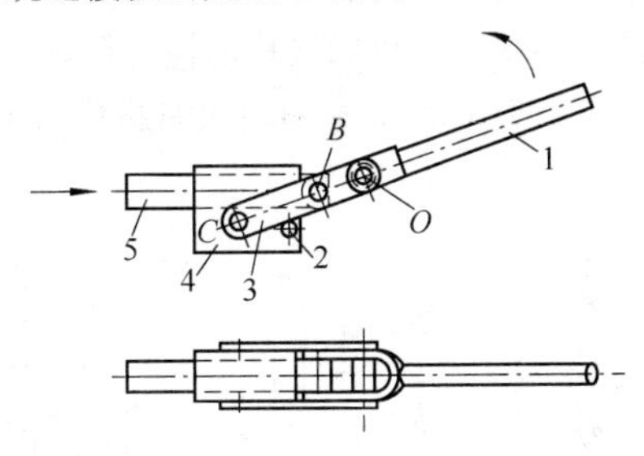

图 11-67 第四类杠杆-铰链夹紧机构

1. 手柄杠杆；2. 挡销；3. 连接板；4. 支座；5. 伸缩夹头；
B——手柄杠杆的施力点、伸缩夹头的受力点；O——手柄杠杆的支点

⑤第五类杠杆-铰链夹紧机构如图 11-68 所示。它是一组杠杆与两组连接板的组合。

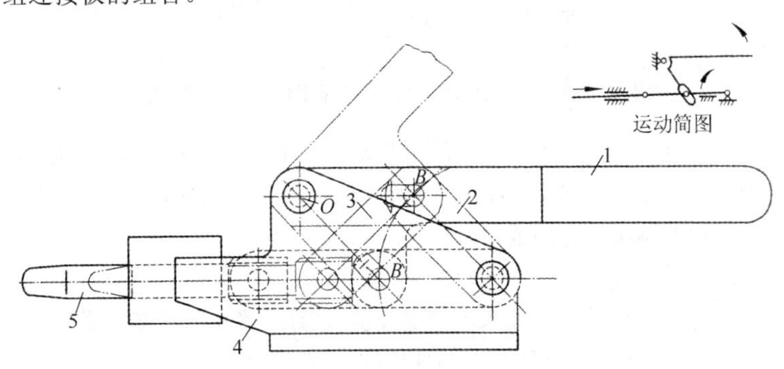

图 11-68 第五类杠杆-铰链夹紧机构

1. 手柄杠杆；2. 连接板Ⅰ；3. 连接板Ⅱ；4. 支座；5. 伸缩夹头；
B——手柄杠杆的施力点；O——手柄杠杆的支点

将以上第二、第四类相应地与第一、第三类相比，由于手柄杠杆在支点处与连接板铰接在一起，所以将手柄杠杆扳动一个很小的角度，夹

紧杠杆或压头就会有很大的开度，但其自锁性能不如第一、第三类可靠。

铰链-杠杆夹紧机构的基本类型虽然不多，但每一基本类型都可派生出许多不同的结构形式，通过手柄杠杆、夹紧杠杆和连接板的铰接形式和位置形状的巧妙变换，可以设计出构思新颖、操作方便的夹紧器，据统计，属于第一类手动铰链-杠杆夹紧机构的派生品种有 32 个，如图 11-69 所示。

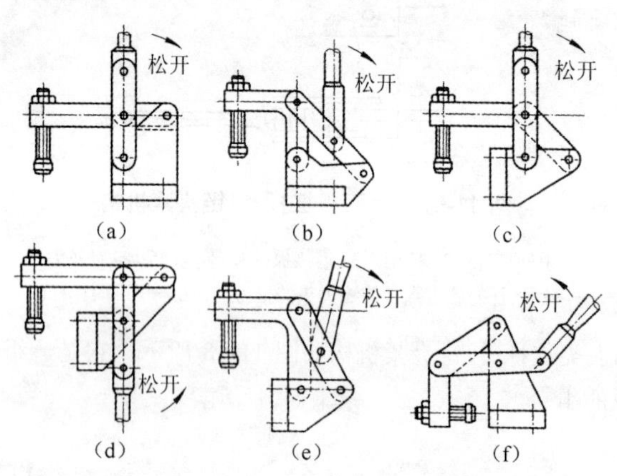

图 11-69　手动铰链-杠杆夹紧机构的派生形式

目前这类快速夹紧器已有厂家开始专业化生产，但尚未形成统一的标准，用户可根据被焊工件厚度形状和夹具定位件的分布位置，以及夹具开敞性等情况来选用或自行设计。

2）设计要点。

①先按工件的夹紧要求，确定铰链-杠杆夹紧机构的基本类型，做出机构运动简图。借助于平面四杆机构的设计思想完成主要几何参数的设计，设计方法有解析法、几何作图法和实验法。解析法精确，作图法直观，实验法简便。下面以图 11-70 为例，用解析法求解。

如图 11-70 所示，对于第一、第二类铰链-杠杆夹紧机构结构，夹紧杠杆相当于 CD 杆，手柄杠杆相当于 AB 或 BC 杆，底座相当于 AD。已知连架杆 AB 和 CD 处于夹紧状态的位置角 ϕ、ψ_1 和松开状态时的位置角 ϕ_2、ψ_2，要求确定夹紧器各杆的长度 a、b、c、d。此机构各杆长度按同一比例增减时，各杆转角间的关系不变，故只需确定各杆的相对长度，设底座两铰接点的间距 $d=1$，则该机构的待求参数只有三个 a、b、c。

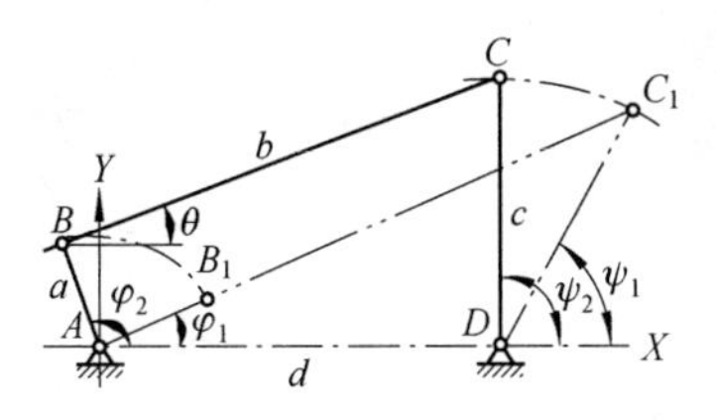

图 11-70 第一、二类铰链-杠杆夹紧机构运动简图

该夹紧机构松开时，四个杆组成封闭多边形 $ABCD$，取各杆在坐标轴 X 和 Y 上的投影，可得关系式

$$\begin{cases} a\cos\varphi_2 + b\cos\theta = d + c\cos\psi_2 \\ a\sin\varphi_2 + b\sin\theta = c\sin\psi_2 \end{cases}$$

经变换得

$$\begin{cases} b\cos\theta = d + c\cos\psi_2 - a\cos\varphi_2 \\ b\sin\theta = c\sin\psi_2 - a\sin\varphi_2 \end{cases}$$

分别平方后相加再整理可得

$$b^2 = a^2 + c^2 + d^2 - 2ad\cos\varphi_2 + 2cd\cos\psi_2 - 2ac\cos(\varphi_2 - \psi_2) \quad (11\text{-}34)$$

该夹紧机构夹紧时，杆 AB_1 和 B_1C_1 共线，四个杆组成△AC_1D，取各杆在坐标轴 X 和 Y 上的投影，可得以下关系式

$$(a+b)\cos\varphi_1 = d + c\cos\psi_1 \quad (11\text{-}35)$$

$$(a+b)\sin\varphi_1 = c\sin\psi_1 \quad (11\text{-}36)$$

将已知参数 φ_1、ψ_1 和 φ_2、ψ_2 代入，取 $d=1$，联立求解式（11-34）～式（11-36），即可求得 a、b、c。以上求出的四个杆的长度可同时乘以任意比例常数，所得的夹紧机构都能实现对应的转角，具有自锁条件。

对于图 11-71 所示的垂直式肘杆夹紧器，手柄杠杆与夹紧杠杆设计成直角，其运动机构如图 11-72 所示，可以看出，自锁条件是手柄杠杆与连接板共线，即 A、B、C 三点成一直线，此时各杆的几何尺寸满足以下关系

$$BC=CD=\frac{AB}{2}=\frac{\sqrt{2}AD}{2} \tag{11-37}$$

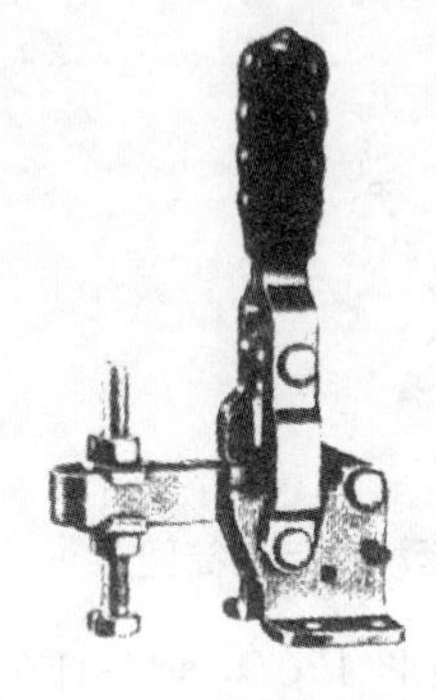

图 11-71　垂直式肘杆夹紧器

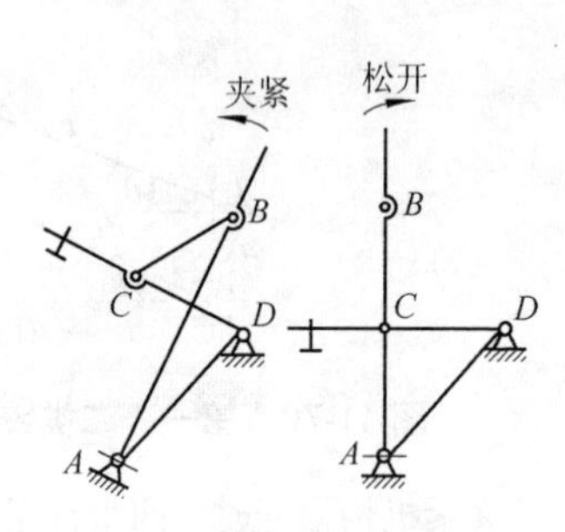

图 11-72　垂直式肘杆夹紧器运动简图

②确定夹紧器的结构尺寸。若杆 AB 作为手柄杠杆，杆 CD 作为夹紧杠杆，则构成第一类铰链-杠杆夹紧机构，手柄杠杆可以从 A 或 B 点引出，夹紧杠杆可以从 C 或 D 点引出。若杆 BC 作为手柄杠杆，杆 CD 作为夹紧杠杆，则构成第二类铰链-杠杆夹紧机构，手柄杠杆可以从 B 点引出，夹紧杠杆可以从 C 或 D 点引出。具体引出点要根据工件的夹紧要求确定，保证夹紧与松开操作方便，没有运动干涉现象。通常从 B 点引出手柄杠杆，从 C 点引出夹紧杠杆。

手柄杠杆和夹紧杠杆伸出的长度，则要根据杠杆受力的大小、夹紧方向、夹紧点的位置，以及夹紧力的大小来确定。其结构尺寸应满足强度要求。因此，要对杠杆和连接板，以及销轴进行强度和刚度校核。

③设计的铰链-杠杆夹紧机构必须具有良好的自锁性能。理论上手柄杠杆与连接板共线就具有自锁性能，但为了防止使用过程中遇到振动等外界干扰时自行松开，通常手柄杠杆与连接板的铰接点要越过共线一定量，铰接点偏离共线量一般为 0.5～3mm，若夹紧器的结构尺寸较大，以及铰链配合间隙较大，应取上限值。

为了提高夹具的自锁能力，还采用可调弹性压头，如图 11-73 所示，它利用压缩弹簧在工件与夹头之间产生一个可调整的压力，提高了夹具停留在死点位置的稳定性。增设一个长度调节杆，以扩大夹具的使用范围。

另外，为了保证夹具准确停留在死点位置，在支座上应设置挡块，限制手柄的停留位置。

3）典型实例。

①图 11-74～图 11-77 所示分别为第一类铰链-杠杆夹紧机器示例（一）～（四）。这一类夹紧机构由两组杠杆（手柄杠杆和夹紧杠杆）通过与一组连接板铰接组合而成，连接板位于手柄杠杆和夹紧杠杆中间，杠杆的施力点与夹紧杠杆的受力点通过连接板的铰接连接在一起，而两组杠杆的支点都与支座铰接，支点的位置是固定的，手柄杠杆为垂直式。

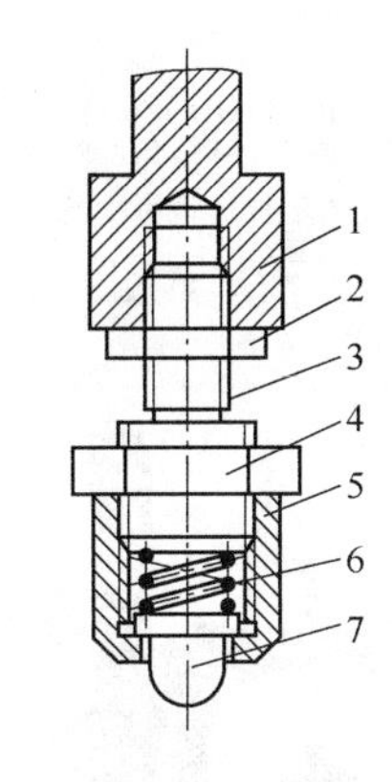

图 11-73 可调弹性压头

1. 夹紧杆；2、4. 螺母；3. 调节杆；5. 壳体；6. 弹簧；7. 夹头

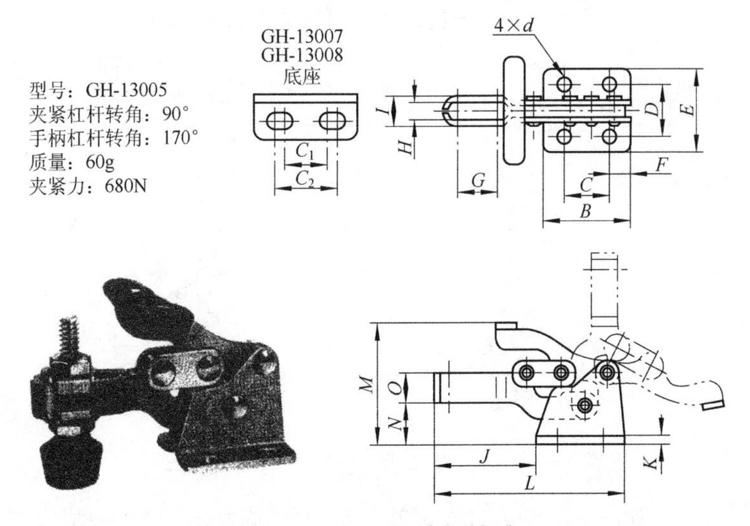

图中尺寸C、C_1、C_2、D、F可查相关标准。

图 11-74 第一类铰链-杠杆夹紧器示例（一）

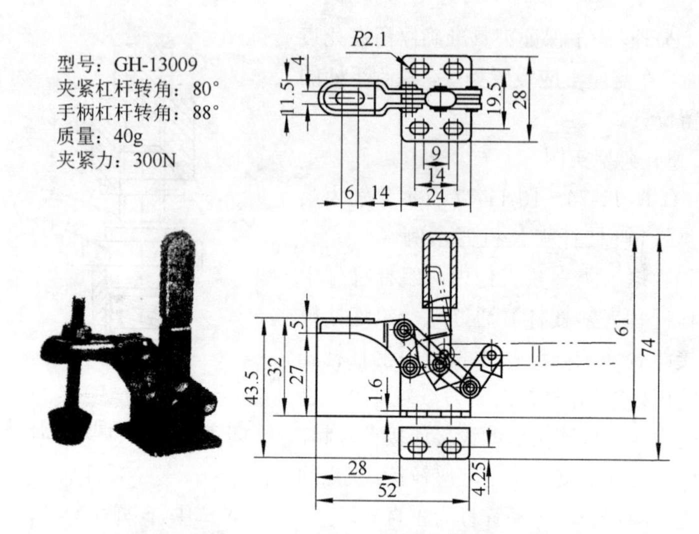

图 11-75　第一类铰链-杠杆夹紧器示例（二）

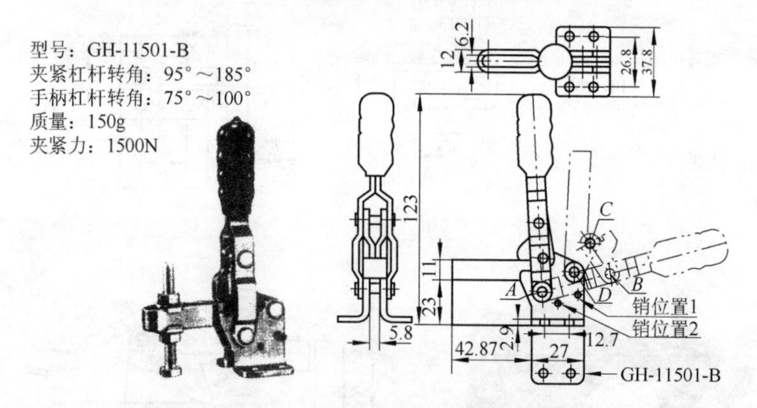

图 11-76　第一类铰链-杠杆夹紧器示例（三）

为了保证自锁的稳定性，夹紧手柄杠杆的施力点应越过手柄杠杆支点和夹紧杠杆受力点的连线一小段距离。此连线实质上是夹紧与松开的临界线。同时。为了避免自锁铰接点越线过度，保持自锁稳定可靠，要设计限位止推挡块，该类夹紧机构支座本身就起限位作用，图 11-76 中还设置了松开限位锁，夹紧杠杆转动角度可调，转动角度较大，它的手柄杠杆支点在支座的前面。夹头采用橡胶，手柄热压一层隔热绝缘材料。夹头要上下、左右调整，以适应不同厚度工件夹紧的要求。GH-13005、GH-13007、GH-13008 系列夹紧器尺寸见表 11-15。

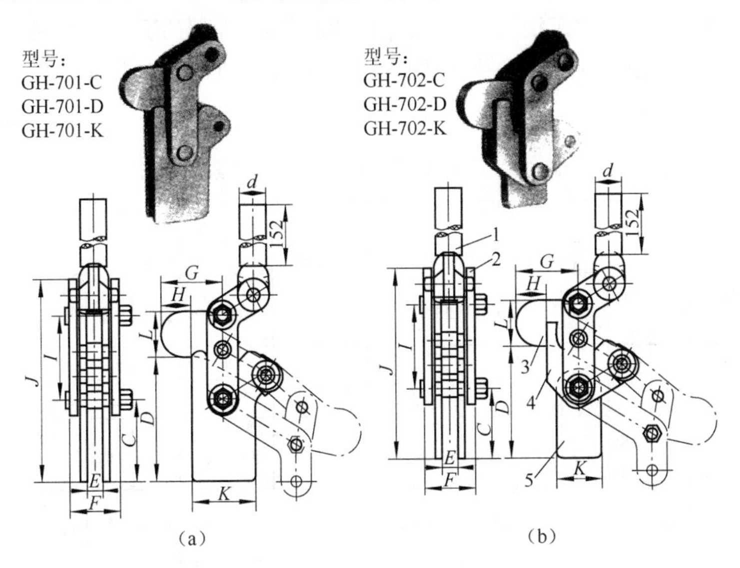

图 11-77 第一类铰链-杠杆夹紧器示例（四）

1. 手柄；2. 外连接板；3. 压杆；4. 弯板；5. 支座板

表 11-15 GH-13005、GH-13007、GH-13008 系列夹紧器尺寸

型号	m/g	F_j/N	d /mm	B /mm	E /mm	G /mm	H /mm	I /mm	J /mm	K /mm	L /mm	M /mm	N /mm	O /mm
GH-13005	60	680	ϕ4.4	26.2	25.4	12.7	5.6	9	30.8	2	57	35.2	12.7	7.9
GH-13007	230	1500	ϕ7	44	46	19.5	8.8	15.2	50.1	3.2	93.7	58.7	22.2	12.7
GH-13008	630	3200	ϕ7.9	64.3	62.7	28.9	10.4	19	67.5	3.2	135	88.1	34.3	19

注：m 为质量；F_j 为夹紧力；夹紧杠杆转角 90°，手柄杠杆转角 170°。

图 11-77 所示为多功能焊接式夹紧器，用于夹紧力大的场合，其特点是支座板直接焊在工装的支承板上，装配简单、尺寸小，但不便于调整和更换。待夹紧器的最终装配位置确定后，手柄与外连接板焊接在一起，构成手柄杠杆。另外，图 11-77（b）中的弯板与支座板也要焊接在一起，以保证对手柄的止动作用。因此，这类夹紧器的手柄和夹头位置在焊接固定之前可以按使用要求调整。GH-701、GH-702 系列夹紧器尺寸见表 11-16。

表 11-16　GH-701、GH-702 系列夹紧器尺寸

型号	m/g	F_j/N	α/(°)	β/(°)	d/mm	C/mm	D/mm	E/mm	F/mm	G/mm	H/mm	I/mm	J/mm	K/mm	L/mm
GH-701-C	600	2000	194	123	ϕ17.3	23.8	48	8	31.8	40	17	50.8	93	26	28
GH-701-D	1590	5000	191	122	ϕ21.7	33.7	69	13	42	48.8	24.6	70	132	36.4	39
GH-701-K	2650	10000	197	128	ϕ27.2	37.2	84	16	46	53	25	90	167	54	52
GH-702-C	660	2000	194	123	ϕ17.3	50	14.5	8	31.8	40	17	50.8	121	44.5	28
GH-702-D	1470	5000	191	122	ϕ21.7	66.8	102	13	42	48.8	24.6	70	165	50	39
GH-702-K	2610	10000	197	128	ϕ27.2	80	123	16	46	53	25	90	205	63	52

注：m 为质量；F_j 为夹紧力；α为夹紧杠杆转角；β为手柄杠杆转角。

②图 11-78 所示为第二类铰链-杠杆夹紧机构示例，虽然也是两组杠杆与一组连接板的组合，但是手柄杠杆的施力点与夹紧杠杆的受力点铰接在一起，手柄杠杆一般为水平式。设计时要考虑夹紧杠杆松开时是否会打手，其压杆可调，夹头帽可以更换为氯丁橡胶帽。

图 11-78 所示三种结构虽稍有差别，但夹紧自锁原理均是手柄杠杆与连接板共线。图 11-78（b）还设置了松开手柄，开启省力。这类夹紧

器夹紧杠杆转动角度较小。GH-20752-B、GH-21502-B、GH-22502-B、GH-23502-B 系列夹紧器尺寸见表 11-17。

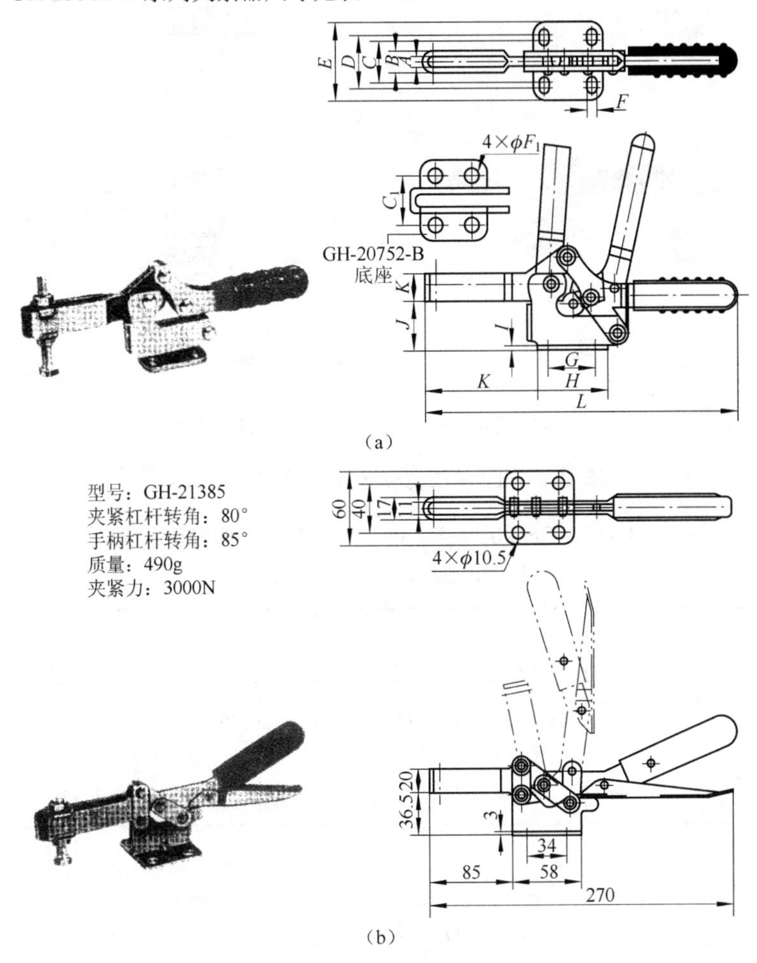

图 11-78 第二类铰链-杠杆夹紧机构示例

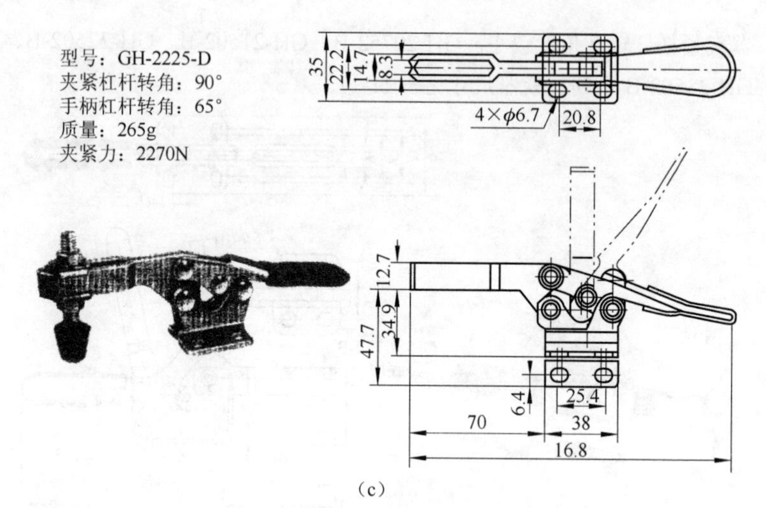

（c）

图中尺寸 C、D、F_1、F 可查相关标准。

续图 11-78　第二类铰链-杠杆夹紧机构示例

表 11-17　GH-20752-B、GH-21502-B、GH-22502-B、GH-23502-B 系列夹紧器尺寸

型号	m/g	F_j/N	A /mm	B /mm	E /mm	G /mm	H /mm	I/mm	J/mm	K /mm	L/mm	M /mm
GH-20752-B	100	650	5.8	9.8	27	13.5	25	2	19	37	109	9.5
GH-21502-B	230	860	6.2	11.2	40	26	38	2.5	25.05	61.87	171	14
GH-22502-B	430	2170	9	15	47	26	42	3	34	79	219	17.5
GH-23502-B	500	2500	11.4	19.4	59	41.2	59	4	45	108	274	23

注：m 为质量；F_j 为夹紧力；夹紧杠杆转角 76°，手柄杠杆转角 94°。

③图 11-79 所示为第三类铰链-杠杆夹紧机构示例，导杆推拉式装夹工件夹紧力较大。图 11-79（c）采用铸铁结构，夹紧力可达 16kN。导杆头部螺母或螺杆可以调节，调整后用螺母锁紧。

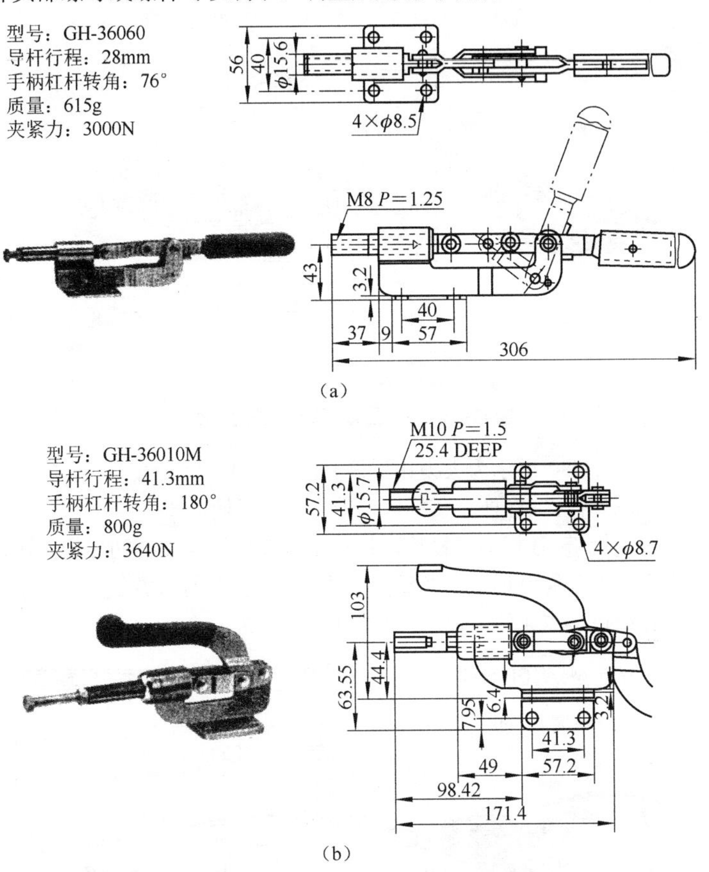

（a）

（b）

图 11-79 第三类铰链-杠杆夹紧器示例

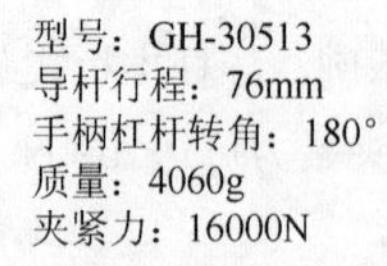

型号：GH-30513
导杆行程：76mm
手柄杠杆转角：180°
质量：4060g
夹紧力：16000N

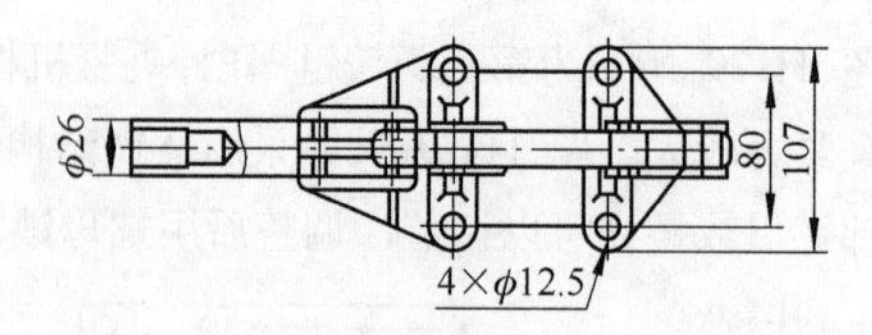

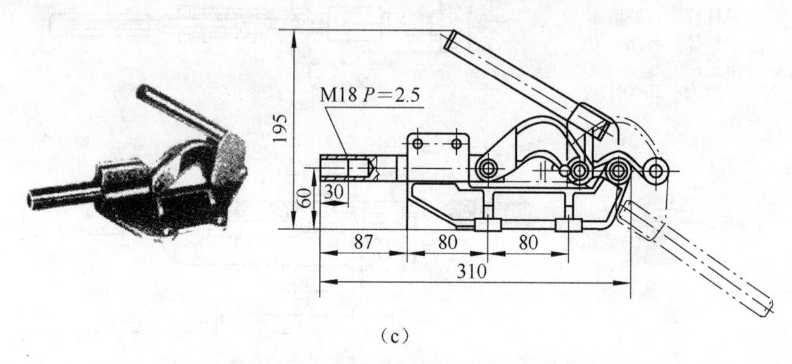

（c）

续图 11-79　第三类铰链-杠杆夹紧器示例

④图 11-80 所示为大力钳示例。图 11-80（a）、图 11-80（b）所示均属第二类铰链-杠杆夹紧机构，带易开启手柄。图 11-80（c）所示属于第三类铰链-杠杆夹紧机构，特点是调节螺钉顶住滑动导杆，钳口开度大小由调节螺钉调节，夹紧自锁时手柄杠杆与导杆共线，并且手柄杠杆与导杆铰接点越线，以确保自锁稳定可靠。

型号：GH-51020
质量：655g
夹紧力：3000N

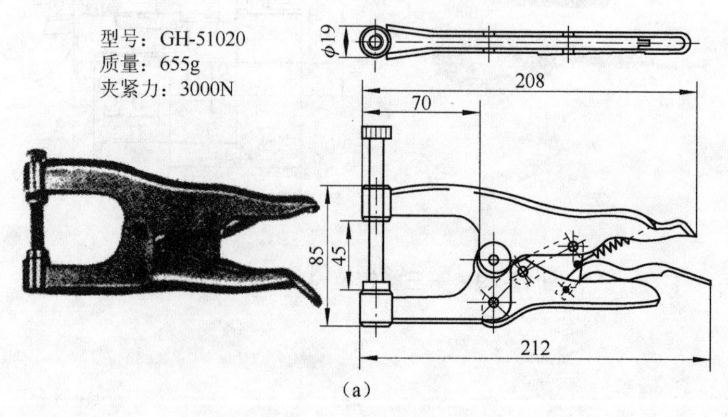

（a）

图 11-80　大力钳示例

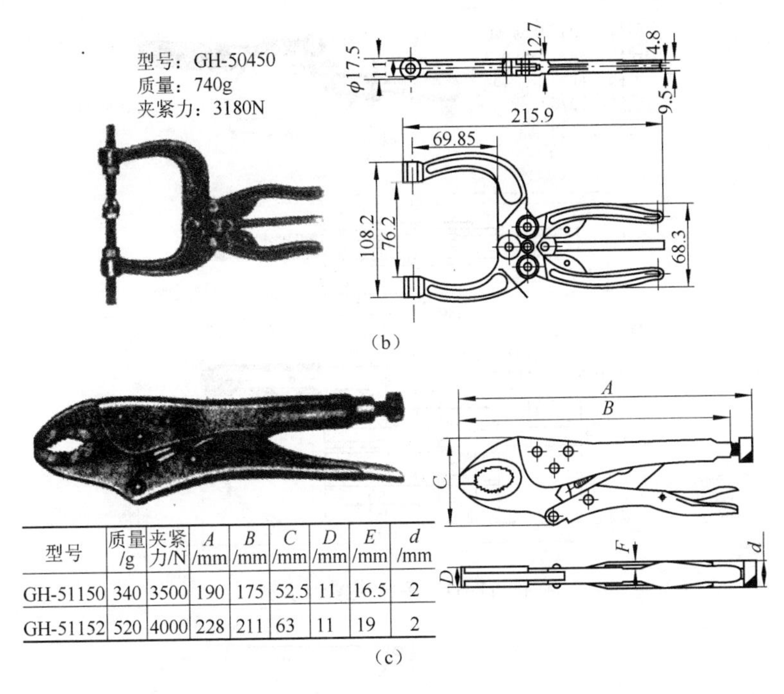

（b）

型号	质量/g	夹紧力/N	A/mm	B/mm	C/mm	D/mm	E/mm	d/mm
GH-51150	340	3500	190	175	52.5	11	16.5	2
GH-51152	520	4000	228	211	63	11	19	2

（c）

续图 11-80　大力钳示例

⑤图 11-81 所示为多杆夹紧器，属第三类铰链-杠杆夹紧机构的派生形式，特点是手柄杠杆与连接板、连架杆复合铰链，原手柄杠杆成为连架杆，自锁状态与第三类铰链-杠杆夹紧机构相同。其运动简图如图 11-82 所示。

（7）楔形夹紧器

①工作原理。楔形夹紧器是利用斜面移动产生的压力夹紧工件。楔的斜面可以直接或间接压接工件。

②夹紧力计算。不同的楔形夹紧器其夹紧力计算公式不同，斜楔工作原理如图 11-83 所示，按其工作原理可得

型号：GH-30290M
导杆行程：23mm
手柄杠杆转角：45°
质量：1270g
夹紧力：2950N

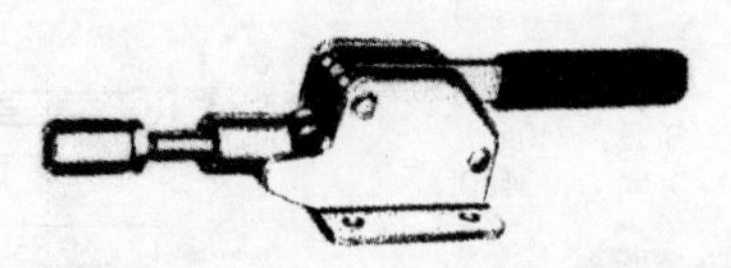

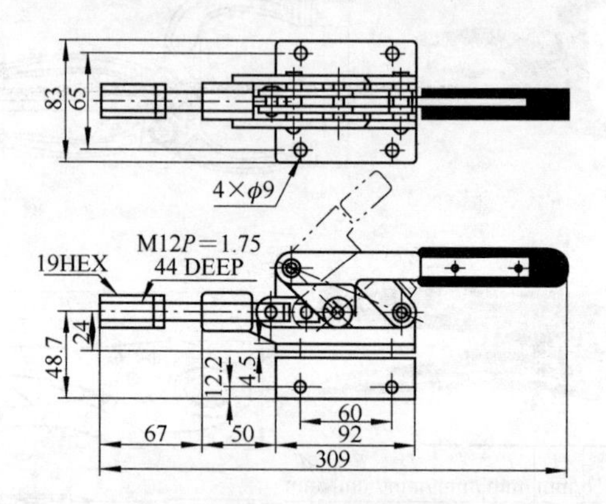

图 11-81　多杆夹紧器示例

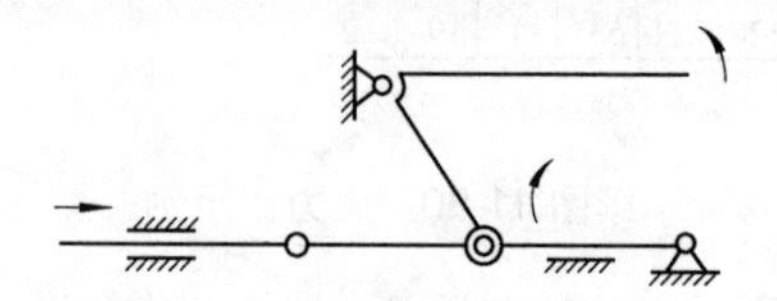

图 11-82　多杆夹紧器运动简图

$$F=\frac{Q}{\tan(\alpha+\phi_1)+\tan\phi_2} \tag{11-38}$$

式中：F——斜楔夹紧机构产生的夹紧力（N）；

Q——原始作用力（N）；

α——斜楔升角（°）；

ϕ_1——平面摩擦时作用在直面上的摩擦角（°），可根据摩擦因数求出；

ϕ_2——平面摩擦时作用在斜面上的摩擦角（°），可根据摩擦因数求出。

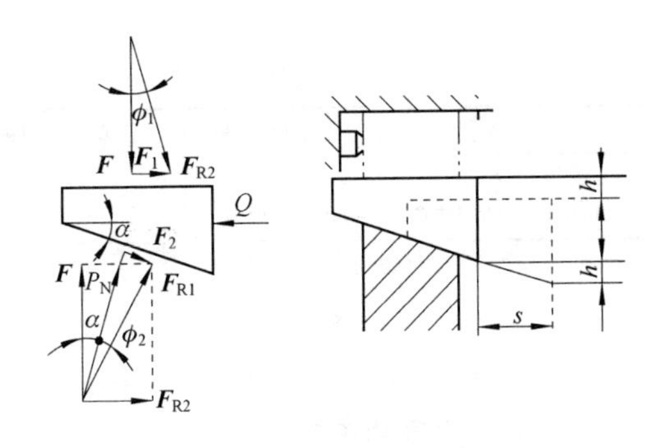

图 11-83 斜楔工作原理

为了安全，斜楔夹紧后应能自锁，其条件为 $F_1 > F_{RX}$ ，即 $\alpha < \phi_1 + \phi_2$ 。一般钢铁接触摩擦因数 $f = 0.1 \sim 0.15$，故 $\phi = \arctan(0.1 \sim 0.15) = (5°43' \sim 8°30')$，相应 $\alpha = 10° \sim 17°$ 。为了保险，手压夹紧时取 $\alpha = (6° \sim 8°)$；气动或液压夹紧时取 $\alpha = (11° \sim 30°)$。不考虑自锁，夹紧行程按下式确定

$$h = s\tan\alpha \tag{11-39}$$

式中：h——斜楔夹紧行程（mm）；

s——斜楔移动距离（mm）。

传动效率用下式确定

$$\eta = \frac{h}{s}\tan\alpha \tag{11-40}$$

典型斜楔夹紧机构夹紧力计算公式见表 11-18。

表 11-18 典型斜楔夹紧机构夹紧力计算公式

项目	单斜楔斜面滚动	双斜楔斜面滚动	柱塞式单斜楔两面滑动
工作原理	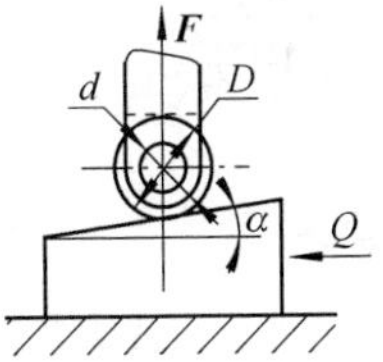	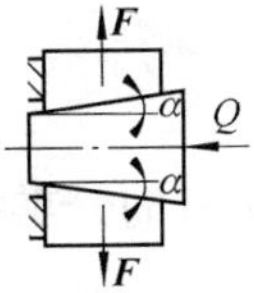	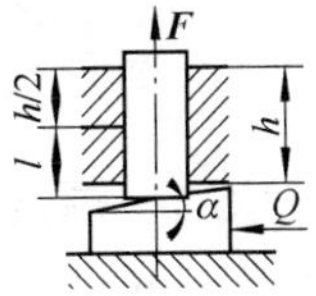

续表 11-18

项目	单斜楔斜面滚动	双斜楔斜面滚动	柱塞式单斜楔两面滑动
计算公式	$F=\frac{Q}{\tan(\alpha+\phi_{1d})+\tan\phi_2}$	$F=\frac{Q}{\tan(\alpha+\phi_1)}$	$F=Q\frac{l-\tan(\alpha+\phi_1)\tan\phi_3}{\tan(\alpha+\phi_1)+\tan\phi_2}$

注：ϕ_3——导向孔对移动柱塞的摩擦角（°）。

ϕ_{1d}——滚子作用在斜楔面上的当量摩擦角（°）；$\tan\phi_{1d}=\frac{d}{D}\tan\phi_1$，其中 d 为滚子转轴直径（mm），D 为滚子外径（mm）。其余符号同前。

11.4.11　装焊工装夹具的正确使用

由于装焊工装夹具在工作中对工件的装夹都十分频繁，所以易使接触元件和密封件磨损，而丧失自锁能力或使夹紧力下降，或使定位不准确，最后使产品质量得不到保证，因此，为了保持装焊工装夹具原有的性能，并延长其使用期限，使用中必须做好下述工作。

①对于大型装焊工装夹具必须编制使用规则，它应包含使用中的禁忌、承受载荷的大小、装夹工件的极限尺寸、工作行程的范围、工作班次的清洁、润滑保养等项目。

②制定定期检修的周期及易损件的更换周期。

③制定检验夹具精度的周期。

④使用前应检查或测定各种定位器的工作是否正常。

⑤检查受力构件有无变形和损坏。

⑥清除杂物、灰尘、润滑转动零部件。

⑦检查气路、油路是否泄漏，夹紧机构运动是否正常。

⑧检查电路工作情况，绝缘、接地是否良好。

⑨工作时要避开工件的反弹方向和夹具退出方向，以防伤人。

11.5　焊接变位机械

11.5.1　焊接变位机械的分类和要求

焊接变位机械是用来改变焊件、焊机（机头）或焊工的位置以完成机械化、自动化焊接的各种机械装置。使用焊接变位机械可缩短焊接的辅助时间，提高劳动生产率、减轻工人的劳动强度，改善焊接质量，并可充分发挥各种焊接方法的效能。

1. 焊接变位机械的分类

各种焊接变位机械可以单独使用，但多数情况是联合使用，已成为机械化、自动化焊接生产线的重要组成部分。

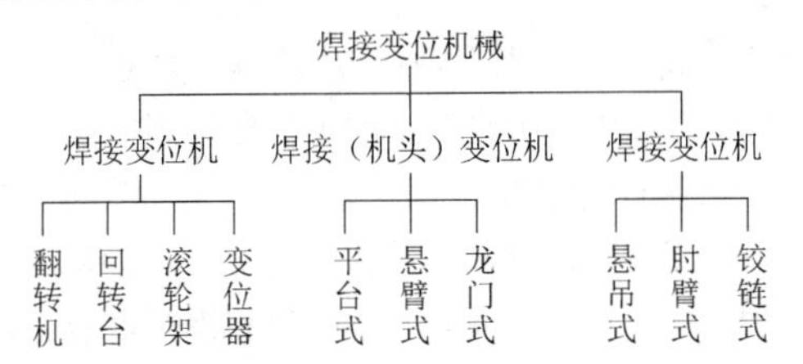

2. 对焊接变位机械的要求

具有一定通用性的焊接变位机械现已逐步标准化和系列化，由专业工厂生产，用户可按规格和技术性能进行选购。专用机或有特殊要求的通常由用户自行设计和制造。对焊接变位机械设计的一般要求如下。

①结构简单合理，有足够的刚度和强度、调速范围大、焊接速度稳定，工作时无颤振和噪声。

②对尺寸和形状各异的焊件，要有一定的适用性。

③动作灵活，调整和操作方便，使用安全可靠，不传动链中应具有一级反行程自锁传动，以免动力源突然切断时焊件因重力作用而发生事故。

④回程速度要快，但应避免产生冲击和振动。

⑤与焊接机器人配合，或有特殊要求焊件变位机的到位精度（点位控制）和运行轨迹精度（轮廓控制）应控制在 0.1～1mm。

⑥具有良好的导电、导水和导气装置，以及散热和通风性能。

⑦变位机的工作台面应方便地安装各种定位器和夹紧机构。

⑧整个结构要有良好的密闭性，结构布置要避免焊接飞溅的损伤，且方便清除焊渣、药皮等异物。

⑨焊接变位机械要有联动控制接口和相应的自保护功能，以便集中控制和相互协调动作。

⑩对应用于电子束、等离子弧、激光、钎焊等焊接时，应注意在导电、隔磁、绝缘等方面的材料要求。

11.5.2　焊件变位机

焊件变位机主要应用于框架形、箱形、盘形和其他非长形机件的焊接，如减速器箱体、机座、齿轮、法兰、封头等。

1. 翻转机

焊接翻转机是将工件绕水平轴翻转或倾斜，使之处于有利装焊位置的焊件变位机械。焊接生产中将沉重的工件翻转到最佳施焊位置是比较困难的，使用车间现有的起重设备不仅费时、增加劳动强度，而且可能出现意外事故。采用焊接翻转机工作可以提高生产效率，改善结构焊接的质量。焊接翻转机主要适用于梁柱、框架和椭圆容器等长形工件的装配和焊接。常见焊接翻转机的分类和适用范围见表 11-19。

表 11-19　常见焊接翻转机的分类和适用范围

分类	变位速度	驱动方式	适用范围
头尾架式	可调	机电	轴类、筒形和椭圆形工件的环缝焊，以及表面堆焊时的旋转变位
框架式	恒定	机电或液压（旋转油缸）	板结构、桁架结构等较长工件的倾斜变位，工作台上也可进行装配作业
环式	恒定	机电	装配点定后，自身刚度很强的梁柱型构件的转动变位，多用于大型构件的组对与焊接
链式	恒定	机电	装配点定后，自身刚度很强的梁柱型构件的翻转变位
推拉式	恒定	液压	小车架、机座等非长形板结构、桁架结构焊件的倾斜变位，装配和焊接作业可在同一工作台上进行

（1）头尾架式翻转机　头尾架式翻转机由主动的头架与从动的尾架组成。带主动卡盘的头架固定，带从动卡盘的尾架可移动，它们之间的距离根据所支承工件的长度进行调节。图 11-84 所示为典型头尾架式翻转机，在头架 1 的枢轴上装有工作台 2、卡盘 3 或专用夹紧器。头架为固定式安装驱动机械，可以按翻转或焊接速度转动，并且能自锁于任何位置，以便获得最佳焊接位置。尾架台车 6 可以在轨道上移动，枢轴

可以伸缩，便于调节卡盘与焊件间的位置。该翻转机最大载货量为 4t，加工工件直径为 1300mm。头尾架式翻转机的不足之处是工件由两端支承，翻转时在头架端要施架扭转力，因而不适用于刚性小、易挠曲的工件。安装使用时应注意使头尾架的两端枢轴在同一轴线上，减小扭转力。对于较短的工件装焊时，可采取不用尾架，单独使用头架固定翻转。

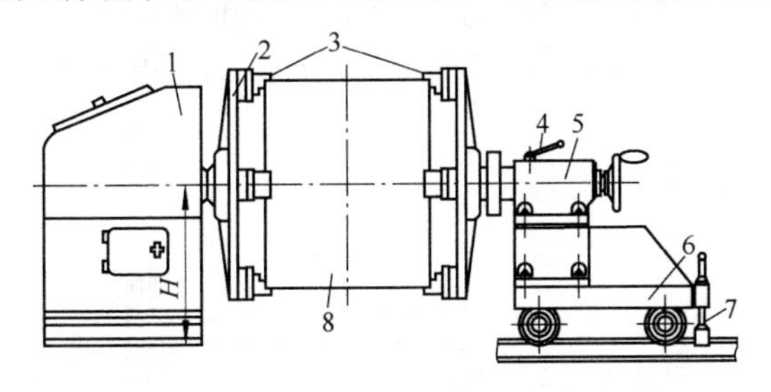

图 11-84 典型头尾架式翻转机

1. 头架；2. 工作台；3. 卡盘；4. 锁紧装置；5. 调节装置；6. 尾架台车；7. 制动装置；8. 焊件

国产头尾架式焊接翻转机技术参数见表 11-20。

表 11-20 国产头尾架式焊接翻转机技术参数

技术参数 \ 型号	FZ-2	AZ-4	AZ-6	AZ-10	AZ-16	AZ-20	AZ-30	AZ-50	AZ-100
载货量/kg	2000	4000	6000	10000	16000	20000	30000	50000	100000
工作台转速 /（r/min）	0.1～1.0	0.1～1.0	0.15～1.5	0.1～1.0	0.06～0.6	0.05～0.5			
回转转矩/N · m	3450	6210	8280	1380	22080	27600	46000		
允许电流/A	1500	1500	2000				3000		
工作台尺寸 /（mm×mm）	800×800	800×800	1200×1200	1200×1200	1500×1500			2500×2500	
中心高度/mm	705	705	915	975	1270			1830	
电动机功率/kW	0.6	1.5	2.2	3			5.5	7.5	
自重（头架）/kg	1000	1300	3500	3800	4200	4500	6500	7500	20000
自重（尾架）/kg	900	3450	3450	3750	3950	3950	6300	6900	17000

（2）框架式翻转机　图 11-85 所示为可升降框架式翻转机。支承与夹持工件的是框架，焊件装卡在回转框架 2 上，框架两端安有两个插入滑块中的回转轴。滑块可沿左右两支柱 1 和 3 上下移动，动力由电动机 7、减速器 6 带动丝杠旋转，进而使与滑块固定在一起的丝杠螺母升降。框架 2 的回转由电动机 4 经减速器 5 带动光杠上的蜗杆（可上下滑动）旋转，使与它啮合的蜗轮及与蜗轮刚性固定的框架旋转，实现工件的翻转。为了转动平衡，要求框架和工件合成重心线与枢轴中心线重合。

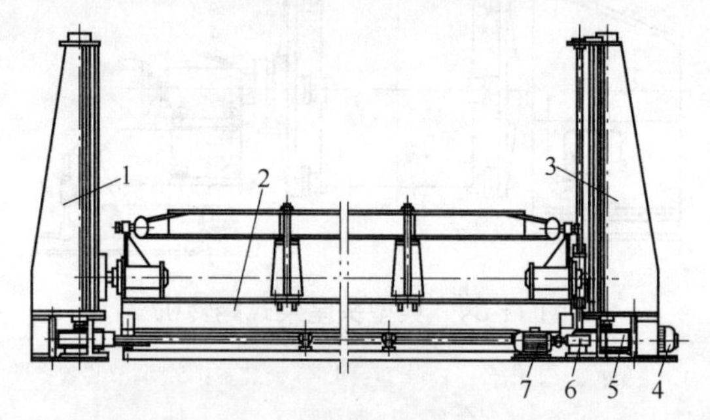

图 11-85　可升降框架式翻转机

1、3. 支柱；2. 回转框架；4、7. 电动机；5、6. 减速器

在只能绕一个水平轴线回转的框架内，安装另一个回转框架，使两框架的回转轴实现正交，焊件可在两个平面内回转，就形成了如图 11-86 所示的多轴式焊接翻转机，多用于小型焊件调整到最佳焊接的位置。

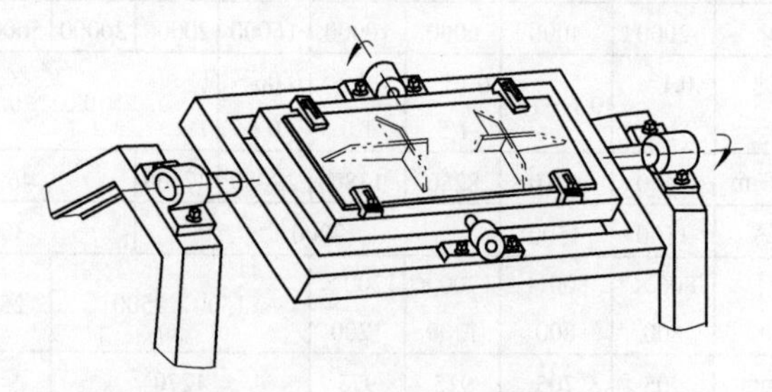

图 11-86　多轴式焊接翻转机

（3）转环式翻转机　将工件夹紧固定在由两个半圆环组成的支承环内，并安装在支承滚轮上，依靠摩擦力或齿轮传动方式翻转的机构，称

为转环式翻转机。图 11-87 所示为一种适用于长度和质量都相当大、非圆、截面又不对称的和梁式构件焊接的转环式翻转机。它具有水平和垂直两套夹紧装置，可用以夹紧和调整工作位置，使支承环处于平衡状态。两半圆环对中采用销钉定位，并用锁紧装置锁紧，支承该轮安放在支承环外面的滚轮槽内，滚轮轴两侧装有两根支撑杆。电动机经减速后带动支承环上的针轮传动系统，使支承环旋转。

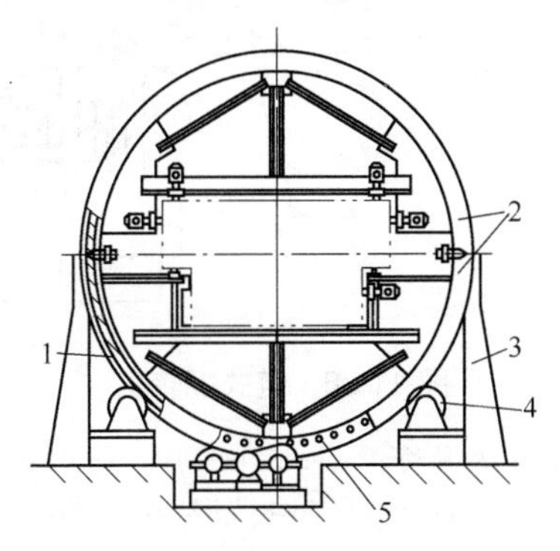

图 11-87 转环式翻转机

1. 滚轮槽；2. 半圆环（支承环）；3. 支撑杆；4. 滚轮；5. 针轮

生产中应用转环式翻转机时应注意正确安放焊件，使其重心尽可能与转环的中心重合。支承环的位置应以不影响焊件的正常焊接工作为准。采用电磁闸瓦制动装置时，应避免因支承环的偏心作用而自行旋转。一般采用两个支承环同时担负对焊件的支承，一个为主动环，一个为被动环。

（4）链式翻转机 链式翻转机（又称链条翻转机）主要用于经装配定位焊后自身刚度很强的梁柱等，如 n 形、I 形和口形截面焊件的翻转变位，链式翻转机如图 11-88 所示。工作时，主动链轮带动链条上的工件翻转变位；从动链轮上装有制动器，以防止焊件自重而产生的滑动；无齿链轮用以拉紧链条，防止焊件下沉。链式翻转机的结构简单，工件装卸迅速，但使用时应注意因翻转速度不均而产生冲击作用。

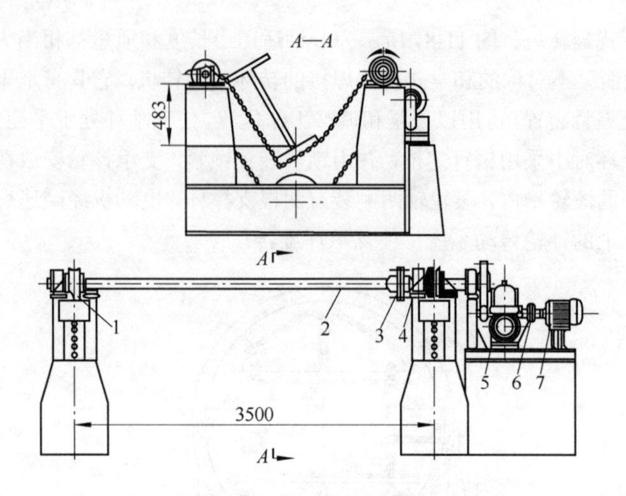

图 11-88　链式翻转机

1. 翻转装置；2. 传动轴组件；3. 刚性联轴器；4. 轴承组件；
5. 减速器；6. 弹性联轴器；7. 电动机 JQ2-32-4（3kW，1430r/min）

（5）液压双面翻转机　图 11-89 所示为 12t 液压双面翻转机结构，主要应用于小车架、机座等非长形板结构、桁架结构的倾斜变位。工作台 1 可向两面倾斜 90°，并可停留在任意位置。

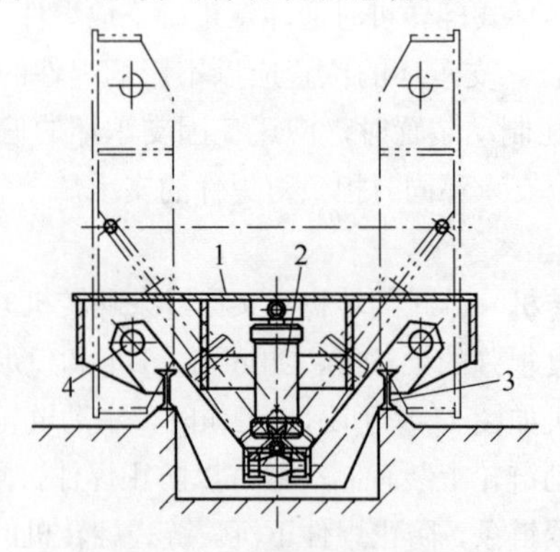

图 11-89　液压双面翻转机

1. 工作台；2. 翻转液压缸；3. 台车底座；4. 推拉式销轴

此种液压翻转机的主要技术参数如下。

①载货量：12×10^3kg。

②翻转角度：90°（两面）。

③液压泵工作压力：6.5MPa。

④液压泵电动机：20kW，1500r/min。

⑤自重：20×10^3kg。

液压双面翻转机结构及工作特点是，在台车底座的中央设置翻转液压缸 2，上端与工作台 1 铰接。当工作台倾斜时，先由四个辅助液压缸（图中未画出）带动四个推拉式销轴 4 动作，两个拉出，两个送进。然后向翻转液压缸供油，推动工作台绕销轴转动倾斜。使用时为防止工件倾倒，工件应紧固在工作台面上。

（6）推拉式翻转机　推拉式翻转机是利用液压缸和杠杆机构，将焊件翻转到预定位置的一种变位机构，它具有结构简单、动作快捷和操作方便的特点。经常用于梁柱焊接生产线中配合自动焊接装置，将焊件翻转到船形位置施焊。

图 11-90 所示为推拉式翻转机与悬臂式自动焊装置组合使用。

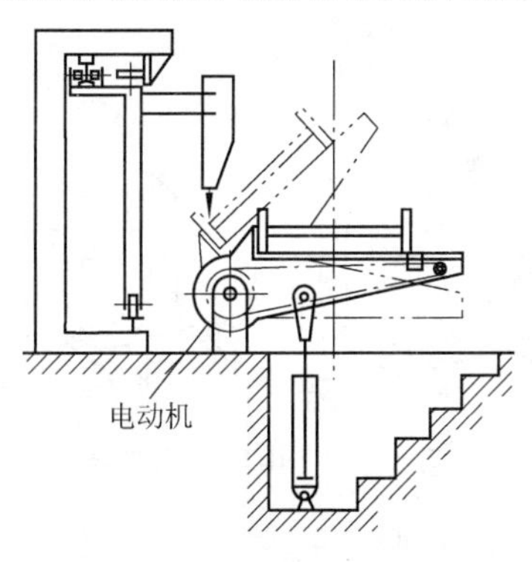

图 11-90　推拉式翻转机与悬臂式自动焊装置组合使用

2. 回转台

焊接回转台是将工件绕垂直轴或倾斜轴回转的焊件变位机械。图 11-91 所示为焊接环形焊缝用的回转台。焊接回转台多采用直流电动机驱动，工作台转速均匀可调。对大型绕垂直轴旋转的焊接回转台，在其工作台面下方，均设有支撑滚轮，也可在工作台面上进行装配与焊接，为了适应管材与接盘的焊接，也可把焊接回转台的工作台做成中空式，焊接回转台通常适用于高度不大的回转体的焊接、堆焊与切割等。中空式回转台如图 11-92 所示。

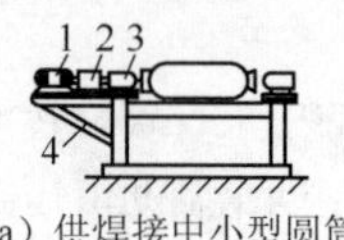

（a）供焊接中小型圆筒容器的环缝用

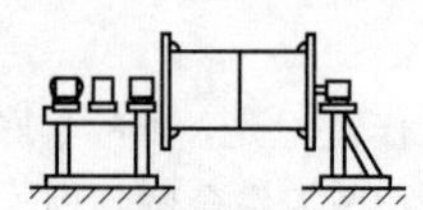
（b）适用焊接刚度大的焊件

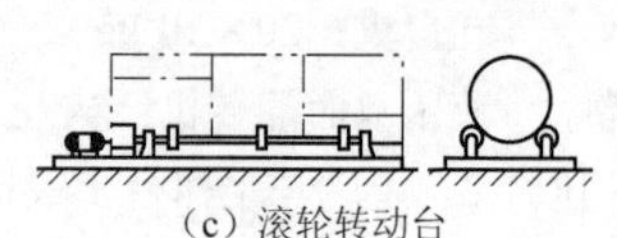
（c）滚轮转动台

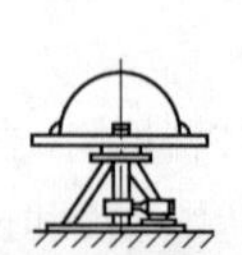
（d）适于焊接具有水平环形焊缝的焊件

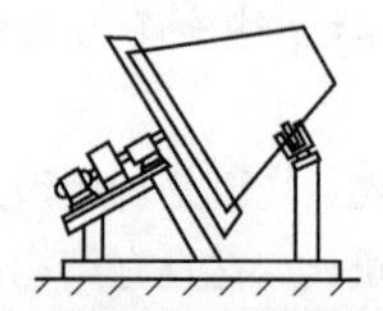
（e）自动堆焊圆锥体的转动台

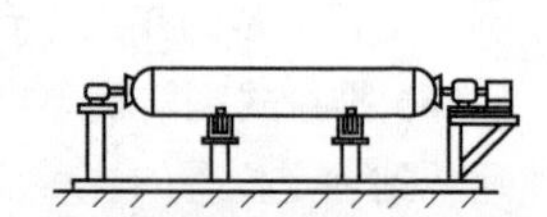
（f）焊接长度较大而直径较小的圆筒体用的转动架

图 11-91 焊接环形焊缝用的回转台

1. 电动机；2. 减速器；3. 轴承；4. 支座

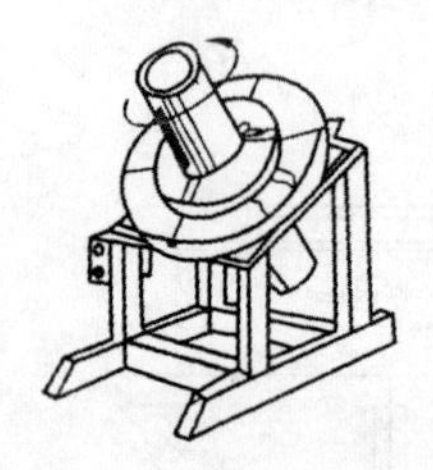

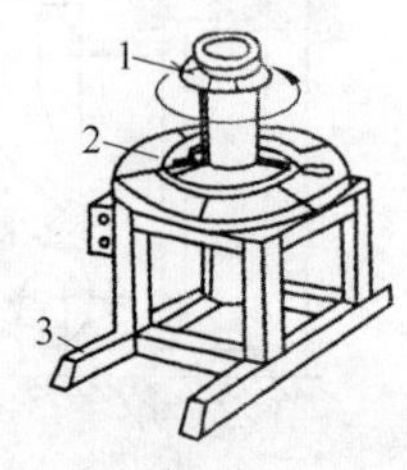

图 11-92 中空式回转台

1. 工件；2. 回转台；3. 支架

图 11-93 所示为焊接汽车和拖拉机轮毂的专用倾斜式焊接回转台。其主要技术参数如下。

①额定载货量：500kg。

②工件直径：700mm。

③工作台回转速度：0.27～0.34r/min。

④回转台自重：150kg。

此种回转台采用直流电动机 5 驱动，配换齿轮 4 调速，并通过蜗轮蜗杆 3 减速。依靠定位锥 6 和压紧锥 7 对工件进行定位和夹紧。导电装置 8 是为保护回转台工作面不被电弧灼伤而设置的。

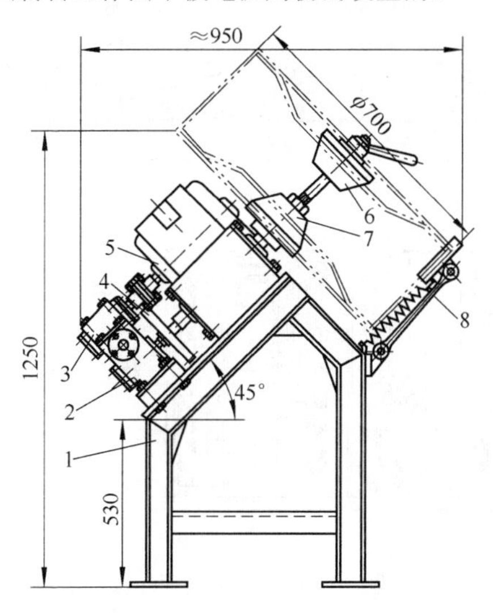

图 11-93　倾斜式焊接回转台

1. 机架；2、3. 蜗轮蜗杆；4. 配换齿轮；5. 电动机；6. 定位锥；7. 压紧锥；8. 导电装置

3. 滚轮架

焊接滚轮架是借助主动滚轮与工件之间的摩擦力带动筒形工件旋转的焊件变位设备，主要应用于筒形工件的装配和焊接。根据产品需要，适当调整主、从动轮的高度，还可进行锥体、分段不等径回转体的装配和焊接。焊接滚轮架按结构形式不同有以下几种类型。

（1）整体式滚轮架　整体式滚轮架又称长轴式滚轮架，整体式滚轮架如图 11-94 所示。驱动滚轮布置在一侧，用轴和联轴器相连，由电动机经减速后驱动。为保证所需要的焊接速度，电动机常选用直流或电磁调速电动机。为适应不同直径筒体的焊接，从动轮与驱动轮之间的距离可以调节。由于支承的滚轮较多，适用于长度大的薄壁筒体，而且筒体在回转时不易打滑，能较方便地对准两节筒体的环形焊缝。此种滚轮架的不足之处是设备位置固定、占地面积大。

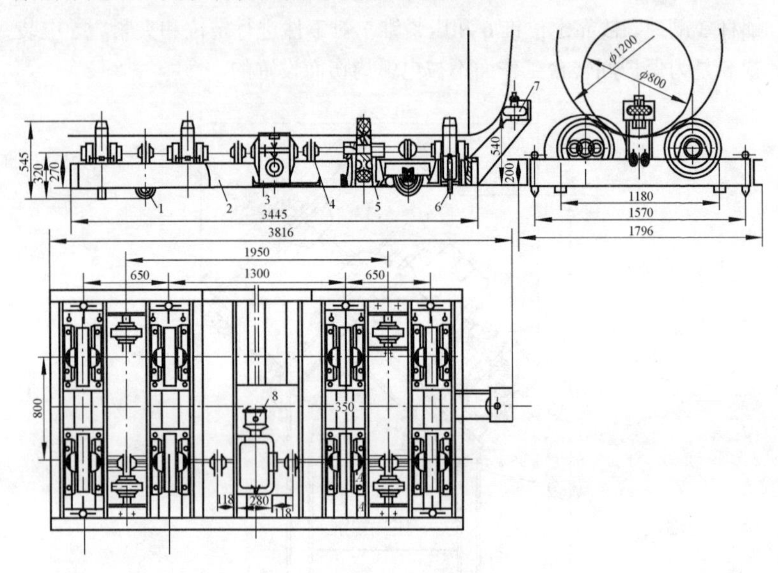

图 11-94　整体式滚轮架

1. 行走轮；2. 底架；3. 蜗轮减速器；4. 弹性联轴器 B_2；
5. 滚轮架；6. 支承脚；7. 限位滚轮；8. 电动机 Z2-32

（2）组合式滚轮架　组合式滚轮架是一种由电动机传动的主动轮对与一个或几个从动轮对组合而成的滚轮架结构，每对滚轮都是独立的固定在各自的底座上。生产中选用滚轮对的多少，可根据焊件的质量和长度确定。焊件上的孔洞和凸起部位，可通过调整滚轮位置避开。此滚轮架使用方便灵活，对焊件的适应性强，是目前焊接生产中应用最广泛的一种结构形式。

图 11-95 所示为承载能力可达 50t，由一对主动和一对从动滚轮组成的组合式滚轮架。每对滚轮的轮距是可调的，当滚轮中心距调为 1000mm 时，适用于直径为 1000～1200mm 筒体的焊接；当滚轮中心距为 1500mm 时，适用于 2000～3000mm 筒体的焊接。

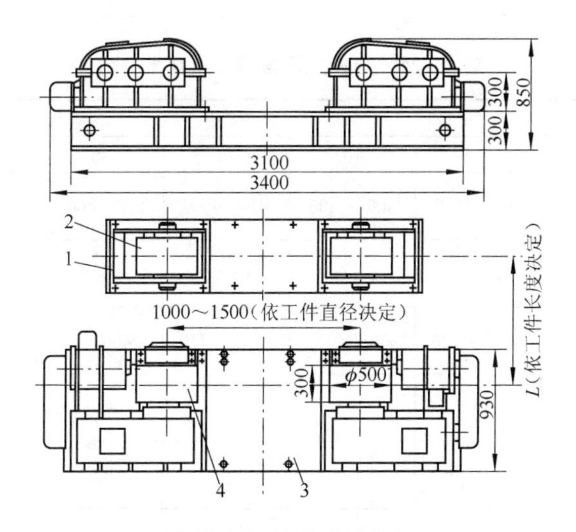

图 11-95　组合式滚轮架

1. 从动轮底座；2. 从动滚轮；3. 主动轮底座；4. 主动滚轮

（3）自调式焊接滚轮架　自调式焊接滚轮架从结构形式上看，仍属于组合式滚轮架一类。其主要特点是可根据工件的直径自动调节滚轮的中心距，适合在一个工作地点装配和焊接不同直径筒体的情况。图 11-96 所示为自调式焊接滚轮架的结构，其技术参数见表 11-21。

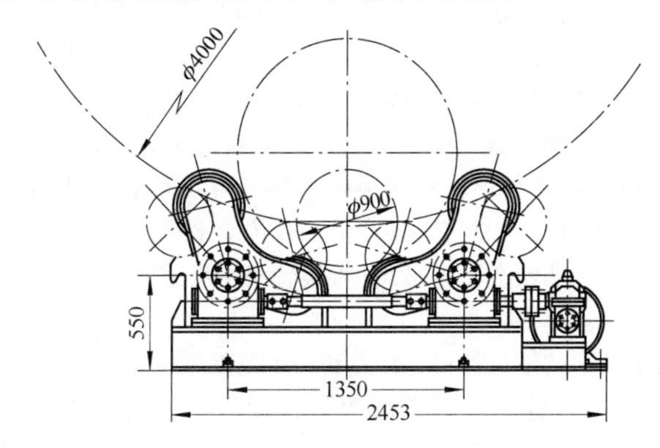

图 11-96　自调式焊接滚轮架的结构

表 11-21　自调式焊接滚轮架技术参数

项　目	技术参数				
额定载荷/t	5	10	20	30	50
工件直径范围/mm	500～3500	600～3500	800～4000	800～4000	800～4000
滚轮线速度/（m/h）	6～60	6～60	6～60	6～60	6～60
滚轮规格（直径×宽）/mm	ϕ350×120	ϕ406×180	ϕ406×230	ϕ406×230	ϕ500×300
摆轮中心高/mm	350	420	420	500	600
电动机功率/kW	0.75	1.5	2.2	2.2	3
外形尺寸（主动滚轮架）/（mm×mm×mm）	2160×800×933	2450×930×1110	2700×990×1010	2660×1120×1098	2780×1269×1169
质量/t	2.6	2.8	3.2	4.2	6.8

自调式焊接滚轮架的滚轮对数多，对工件产生的轮压小，可避免工件表面产生冷作硬化现象或压出印痕。在滚轮摆架上设有定位装置，并可绕其固定心轴自由摆动，左右两组滚轮可以通过摆架的摆动固定在同一位置上。从动滚轮架是台车式结构，可在轨道上移行，根据工件长度方便地调节与主动滚轮架的距离，扩大其使用范围。

（4）履带式滚轮架　图 11-97 所示为履带式滚轮架的结构。工作时，大面积的履带与焊件相接触，接触长度可达到工件圆周长度的1/6～1/3，有利于防止薄工件的变形，且传动平稳，适用于轻型、薄壁大直径的焊件和非铁金属容器。此种滚轮架不足之处是工件容易产生螺旋形轴向窜动。

焊接滚轮架的滚轮材料、特点和适用范围见表 11-22。其中，金属材料的滚轮多用铸钢和合金球墨铸铁制作，表面热处理硬度约为50HRC，滚轮直径一般为 200～700mm。使用时，可根据滚轮的特点和适用范围进行选择。

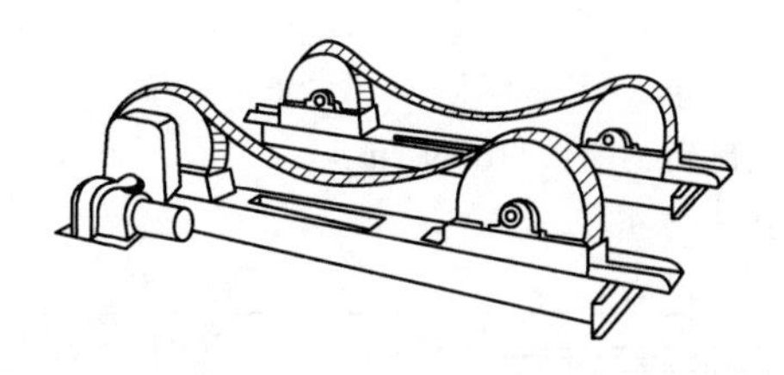

图 11-97 履带式滚轮架的结构

表 11-22 焊接滚轮架的滚轮材料、特点和适用范围

材料	特 点	适 用 范 围
钢轮	承载能力强，制造简单	一般用于 60t 以上的焊件和需热处理的焊件
胶轮	钢轮外包橡胶、摩擦力大，传动平稳，但橡胶易损坏	一般多用于 10t 以下的焊件和非铁金属容器
组合轮	钢轮与橡胶轮层相结合承载能力比橡胶轮高，传动平稳	一般用于 10～60t 的焊件

4. 变位机

变位机是综合了翻转（或倾斜）和回转功能于一身的变位机械。翻转和回转分别由两根轴驱动，夹持工件的工作台除能绕自身轴线回转外，还能绕另一根轴做倾斜或翻转。因此，可将焊件上各种位置的焊缝调整到水平或船形易施焊位置。根据结构形式和承载能力的不同，组成不同的焊件变位机如下。

（1）伸臂式焊件变位机 此种变位机主要用于手工焊筒形工件的环缝自动焊。为防止变位机的侧向倾覆，以及不使整机结构尺寸过大，其载货量一般设计为 1t，最大不超过 3t。图 11-98 所示为 0.5t 伸臂式焊件变位机结构。其主要技术参数如下。

①载货量：500kg。

②允许工件直径尺寸：300～1500mm。

③工作台面最大高度：1297mm。

④工作台回转速度：0.05～1r/min。

⑤伸臂旋转速度：0.72r/min。

⑥工作台最大回转力矩：750N · m。

⑦伸臂旋转锥角：45°。

⑧伸臂最大旋转力矩：1100N · m；

⑨机重：563kg。

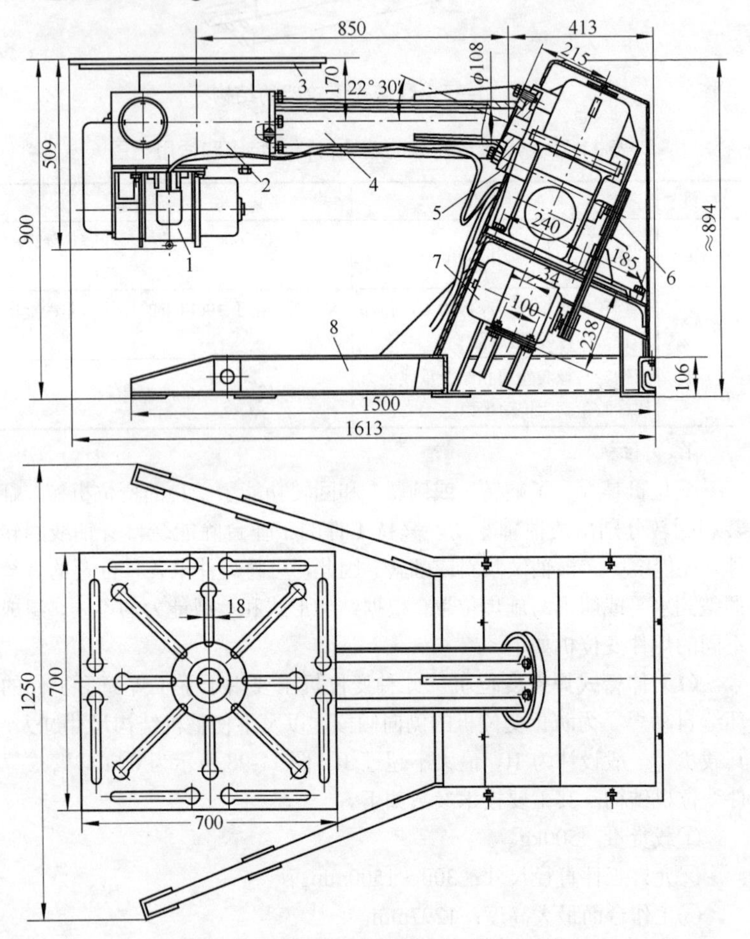

图 11-98　0.5t 伸臂式焊件变位机结构

1、7. 电动机；2. 工作台回转机构；3. 工作台；4. 旋转伸臂；
5. 伸臂旋转减速器；6. 带传动机构；8. 底座

伸臂式焊件变位机的工作特点是带有 T 形沟槽的工作台 3，由电动机 1 经过回转机构 2 带动回转，并按照工作台的回转速度规范调整，以充分满足不同焊接速度的需求。在工作台回转机构中安装了测速发电机和导电装置，测速发电机可以进行回转速度反馈，使工作台能以稳定的焊接速度回转，以便获得优良的焊缝成形。导电装置的作用是防止焊接电流通过轴承、齿轮等各级机构传动装置时造成电弧灼伤，影响设备的精度和寿命。旋转伸臂 4 通过电动机 7、带传动机构 6，以及伸臂旋转减速器 5 传动旋转。伸臂旋转时，其空间轨迹为圆锥面，因此，在改变工件倾斜位置的同时伸臂将随着工件升高或下降，以满足获得最佳施焊位置的需求。

(2)座式焊件变位机　图 11-99 所示为常用座式焊件变位机的结构。工作台 1 的回转轴与翻转轴互相垂直，工作台回转的传动装置由位于两侧的翻转轴 2 支承，通过扇形齿轮传动装置 3 使翻转轴在 0°～140°范围内倾斜或翻转，整机稳定性好。在变位机上焊接环形焊缝时，应根据工件直径与焊接速度计算出工作台的回转速度。当变位机仅考虑工件变位而无焊速要求时，工作台的回转及倾翻速度可根据工件几何尺寸及其质量加以确定。此变位机主要用于 1～50t 的工件在焊接时的变位，在焊接结构生产中应用广泛，最适于与焊接操作机或机器人配合使用。

图 11-100 所示为一种新颖的全液压可调高度座式焊件变位机。采用一套液压泵通过转换阀带动两套液压缸和一台液压马达，使工作台能在大范围内升降、倾翻 180° 和无级变速回转。由于采用全液压传动系统，使整个装置质量小、结构紧凑、传动平稳，且有较好的抗过载能力。

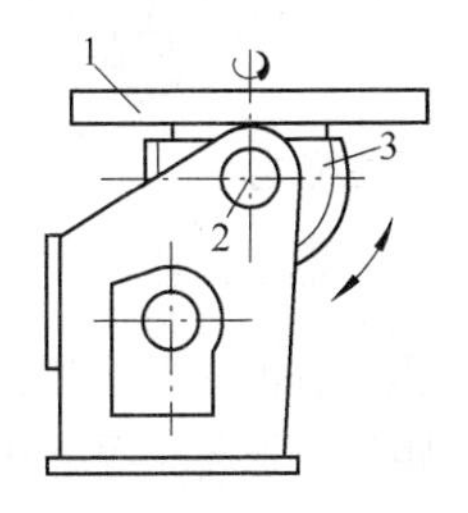

图 1-99　常用座式焊件变位机的结构

1. 工作台；2. 翻转轴；3. 扇形齿轮传动装置

图 11-100　全液压可调高度座式焊件变位机

(3）双座式焊件变位机　图 11-101 所示为双座式焊件变位机，其结构特点是工作台 1 和回转装置 2 安装在一个元宝梁 3 上，元宝梁两端装有翻转轴，由两个支座 4 支承，用传动装置 5 实现翻转。若元宝梁和工件的合成重心与翻转轴线重合，则可减少翻转时的偏心距，降纸驱动功率，使工作平稳。适用于 50t 以上大型或大尺寸工件的翻转变位和焊接，可与大型操作机或机器人配合作用。

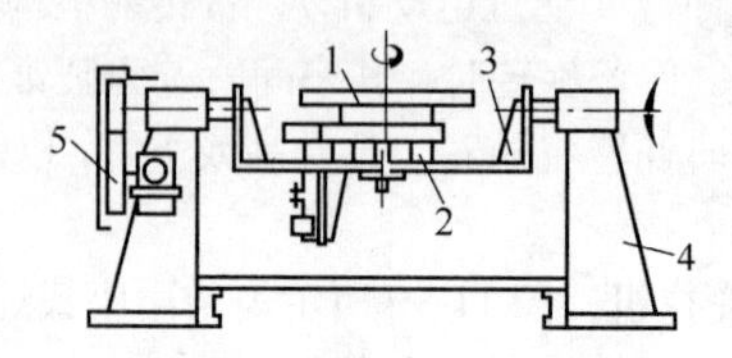

图 11-101　双座式焊件变位机

1. 工作台；2. 回转装置；3. 元宝梁；4. 支座；5. 翻转传动装置

焊接变位机的派生形式很多，有些变位机的工作台还具有升降功能，如图 11-102 所示。

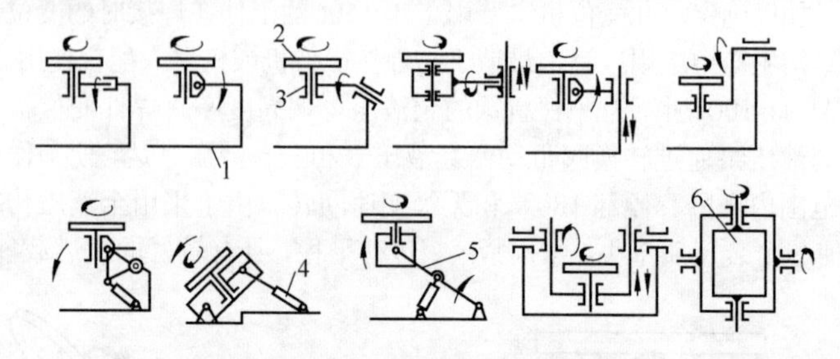

图 11-102　焊接变位机的派生形式

1. 机座；2、6. 工作台；3. 轴承；4. 推举液压缸；5. 伸臂

应用焊接变位机进行焊接生产时，应根据工件的质量、固定在工作台上工件的重心距离台面的高度、重心偏心距等因素选择适当吨位的变位机。

11.5.3　焊机变位机

在生产中，焊机变位机常与焊件变位机配合使用，可以完成多种焊缝，如纵缝、环缝、对接焊缝、角焊缝和任意曲线焊缝的自动焊接工作，也可以进行工件表面的自动堆焊和切割工艺。

1. 焊接操作机

（1）伸缩臂式操作机 如图 11-103 所示，伸缩臂式操作机是在悬臂操作机的基础上发展起来的，其结构也基本相仿。此类伸缩臂式操作机的工作特点如下。

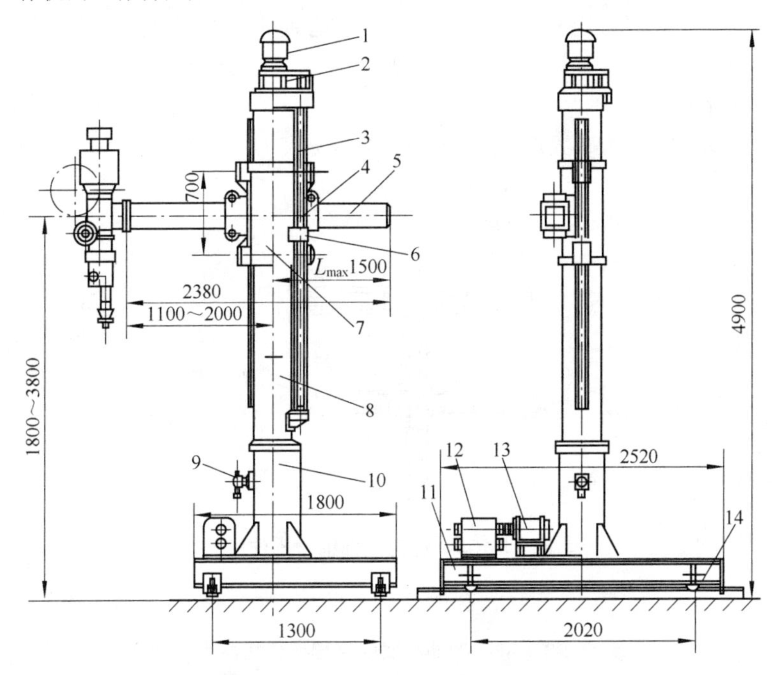

图 11-103 伸缩臂式焊接操作机

1. 升降用电动机；2、12. 减速器；3. 丝杆；4. 导向装置；5. 伸缩臂；6. 螺母；7. 滑座；8. 立柱；9. 定位器；10. 柱套；11. 台车；13. 行走用电动机；14. 走轮

①该操作机具有台车 11 行走、立柱 8 回转、伸缩臂 5 伸缩与升降四个运动。作业范围大，机动性强。

②操作机的伸缩臂 5 能以焊速运行，所以与变位机、滚轮架配合可以完成筒体、封头内外表面的堆焊，以及螺纹形焊缝的焊接。

③在伸缩的一端除安装焊接机头外，还可安装割炬、磨头、探头等工作机头，可完成切割、打磨和探伤等作业，扩大该机的适用范围。

④该机可以完成各种工位上内外环缝和内外缝的焊接任务。

⑤操作机的各种运动应平稳、无卡楔现象，运动速度应均匀。

图 11-104 所示为组合式伸缩臂操作机，由几根有导轨的横臂 3、7 和立柱 2 组合而成。操作机横臂 3 的升降和伸缩行程均可为 1.5m，横臂 3 上除配备专用的焊接机头外，还配置有各种夹具、工件、支承器等装置。此种操作机使用方便，生产效率较高，特别适用于中小型结构件的焊接。

SHJ 型伸缩臂式焊接操作机技术参数见表 11-23。

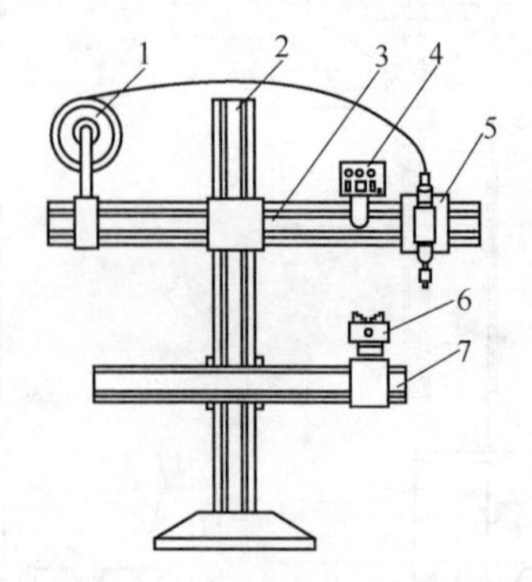

图 11-104　组合式伸缩臂操作机

1. 焊丝盘；2. 立柱；3. 横臂；4. 控制板；5. 焊接机头；6. 焊接夹具；7. 支承工件横臂

表 11-23　SHJ 型伸缩臂式焊接操作机技术参数

技术参数＼型号	SHJ-1	SHJ-2	SHJ-3	SHJ-4	SHJ-5	SHJ-6
适用筒体直径 /mm	1000～45000	1000～3500	600～3500	600～3000	600～3000	500～1200
水平伸缩行程 /mm	8000（二节）	7000（二节）	7000（二节）	6000（二节）	4000	3500
垂直升降行程 /mm	4500	3500	3500	3000	3000	1400

续表 11-23

技术参数＼型号	SHJ-1	SHJ-2	SHJ-3	SHJ-4	SHJ-5	SHJ-6
横梁升降速度 /（cm/min）	100	100	100	100	100	30
横梁进给速度 /（cm/min）	12～120	12～120	12～120	12～120	12～120	12～120
机座回转角度 /（°）	±180	±180	±180	±180	固定	手动±360
台车进退速度 /（cm/min）	300	300	300	300	300	手动
台车轨距/mm	2000	2000	1700	1600	1500	1000

（2）平台式操作机 如图 11-105 所示，平台式操作机的焊接机头 1 放置在平台 2 上，可在平台的专用轨道上做水平移动。平台安装在立架 3 上且可沿立架升降。立架坐落在台车 4 上，台车沿地轨运行。平台式操作机有单轨式和双轨式两种类型。为防止倾覆，单轨式须在车间的墙上或柱上设置另一轨道［图 11-105（a)］；双轨式在台车上或支架上放置配重 5 平衡［图 11-105（b)］，以增加操作机工作的稳定性。

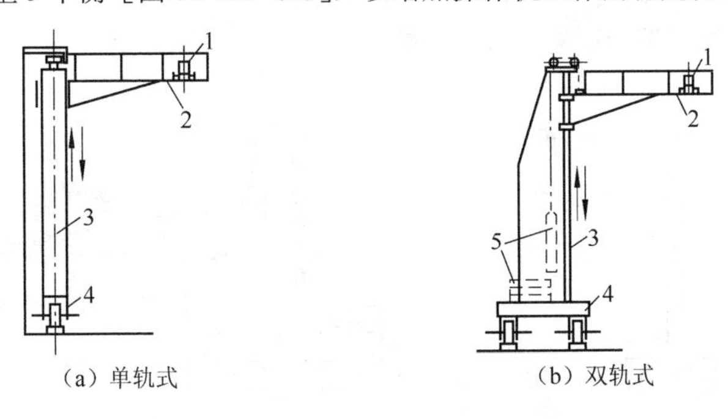

（a）单轨式　（b）双轨式

图 11-105 平台式操作机的结构

1. 焊接机头；2. 平台；3. 立架（柱）；4. 台车；5. 配重

平台操作机主要用于筒形容器的外纵缝和外环缝的焊接。焊接外纵缝时，容器横放于平台下固定不动，焊机在平台上沿专用轨道以焊接速度移动完成焊接。当焊接外环缝时，焊机固定，容器放于滚轮架上回转完成焊接。台车的移动可以调整平台与容器之间的位置，使容器吊装方便。一般平台上还设置起重电葫芦，目的是吊装焊丝、焊剂等重物，从而保证生产的连续性。

（3）悬臂式操作机 如图 11-106 所示，悬臂式操作机（一）的焊接机头 1 安装在悬臂 2 的一端并可沿悬臂移动，悬臂安装在立柱 3 上，可绕立柱回转和升降。焊机可随悬臂用台车 4 沿地轨 5 做纵向运动。当它与焊件翻转装置（如焊接滚轮架）配合使用时，可以焊接不同直径容器的纵、环焊缝。应当指出的是，生产中采用立柱和台车沿地轨运动作为焊接速度是不恰当的，因地轨的纵向运动仅用作调整悬臂与容器之间的相对位置。

图 11-107 所示为悬臂式操作机（二），主要用来焊接容器的内纵和内环缝。悬臂 3 上面安装有专用转道。当焊接内纵缝时，可把悬臂放在容器的内壁上，焊机在轨道上移动；当焊接内环缝时，焊机在悬臂上固定，容器依靠滚轮架回转而完成工作。悬臂通过升降机构 2 与行走台车 1 相连，悬臂的升降是由手轮通过蜗轮蜗杆机构和螺纹传动机构来实现的。为便于调整悬臂高低和减少升降机构所受的弯曲力矩，安装了平衡锤用以平衡悬臂；行走台车上装有电动机，经减速机构驱动台车后轮，用来调整悬臂与容器之间的位置。

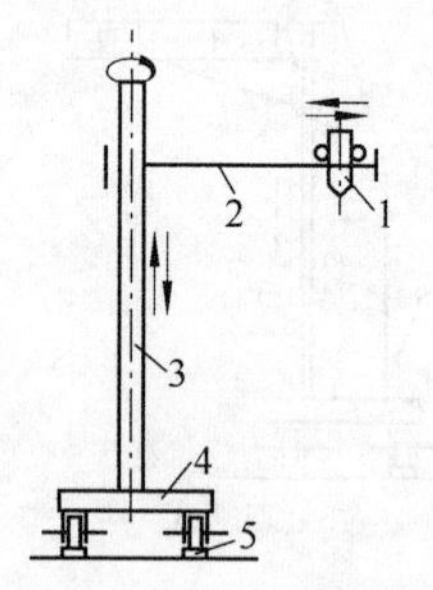

图 11-106 悬臂式操作机（一）

1. 焊接机头；2. 悬臂；3. 立柱；4. 台车；5. 地轨

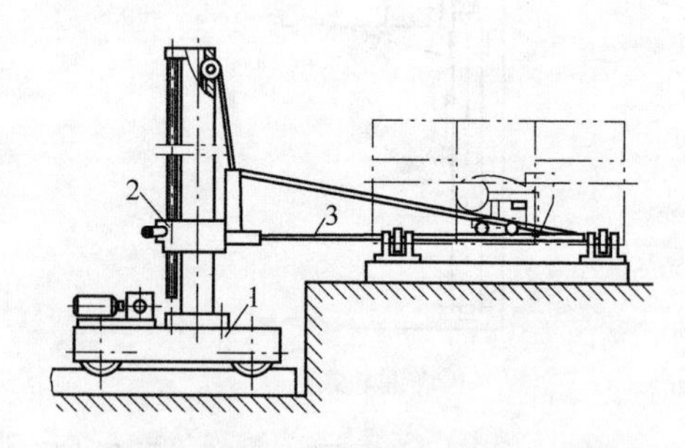

图 11-107 悬臂式操作机（二）

1. 行走台车；2. 升降机构；3. 悬臂

（4）折臂式操作机 折臂式操作机的结构如图 11-108 所示，它是横臂 2 与立柱 4 通过两节折臂 3 相连接的，整个折臂可沿立柱升降，因而能方便地将安装在横臂前端的焊接机头移动到所需要的焊接位置上。采用折臂结构还能在完成焊接后及时将横臂从工件位置移开，便于吊运工件。折臂式操作机的不足之处是由于两节折臂的连接、折臂与横臂的连接，以及折臂与立柱的连接均采用铰接的方式，因此导致横臂在工作时不太平稳。

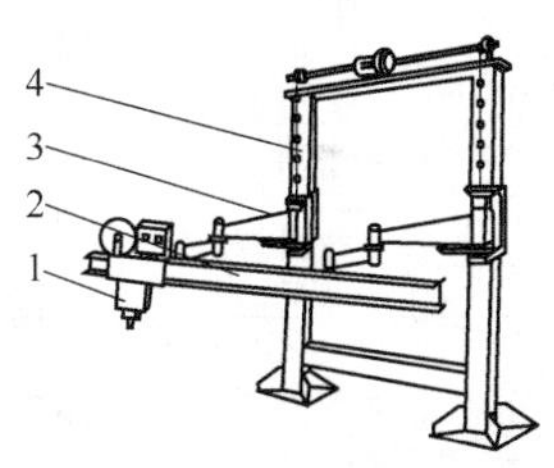

图 11-108 折臂式操作机的结构

1. 焊机；2. 横臂；3. 折臂；4. 立柱

（5）门桥式操作机 门桥式操作机是将焊机或焊接机头安装在门桥的横梁上，工件置于横梁下面，门桥跨越整个工件，通过门桥的移动或固定在某一位置后以横梁的上下移动及焊机在横梁上运动来完成高大工件的焊接。图 11-109 所示为焊接容器用门桥式操作机，它与焊接滚轮架配合可以完成容器纵缝和环缝的焊接。门桥的两立柱 2 可沿地轨行走，由一台电动机 5 驱动。通过传动轴带动两侧的驱动轮运行，以保证左右轮的同步。横梁 3 由另一台电动机 4 带动两根螺杆传动进行升降。焊机 6 可沿横梁上的轨道沿长度方向行走。

当门桥式操作机仅完成钢板的拼接或平面形的焊接任务时，横梁的高度一般是不可调的，而是依靠焊接机头的调节对准焊缝。门桥式操作机的几何尺寸大，占用车间面积多，因此使用不够广泛，主要适用于批量生产的专业车间。

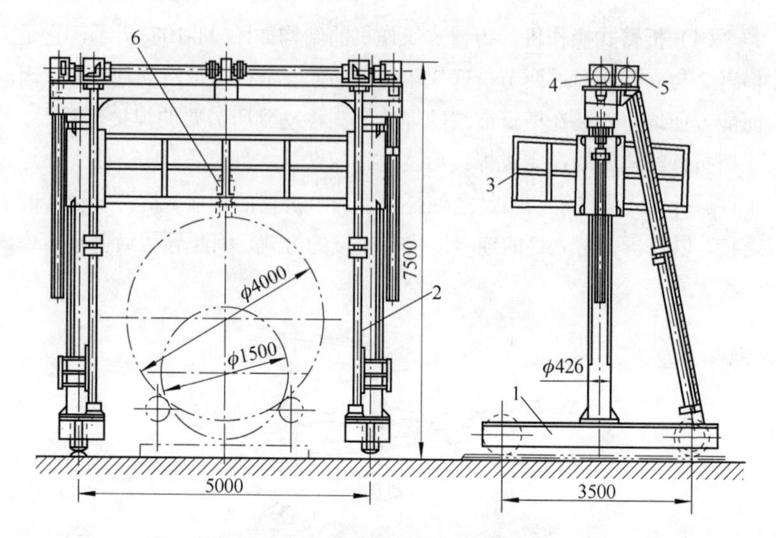

图 11-109　焊接容器用门桥式操作机

1. 走架；2. 立柱；3. 平台式横梁；4、5. 电动机；6. 焊机

2. 电渣焊立架

如图 11-110 所示，电渣焊立架是将电渣焊机连同焊工一起按焊速提升的装置。它主要用于立缝的电渣焊，若与焊接滚轮架配合，也可用于环缝的电渣焊。

电渣焊立架多为板焊结构或桁架结构，一般都安装在行走台车上。台车由电动机驱动，单速运行，可根据施焊要求，随时调整与焊件之间的位置。桁架结构的电渣焊立架由于质量较轻，因此，也常采用手驱动使立架移动。

电渣焊机头的升降运动，多采用直流电动机驱动，无级调速。为保证焊接质量，要求电渣焊机头在施焊过程中始终对准焊缝，因此施焊前，要调整焊机升降立柱的位置，使其与立缝平行。调整方式多样，有的采用台车下方的四个千斤顶进行调整；有的采用立柱上下两端的球面铰支座进行调整。在施焊时，还可借助焊机上的调节装置随时进行细调。

有的电渣焊立架，还将工作台与焊机的升降做成两个相对独立的系统，工作台可快速升降，焊机则由自身的电动机驱动，通过齿轮-齿条机构，可沿导向立柱进行多速升降。由于两者自成系统，可使焊机在施焊过程中不受工作台的干扰。

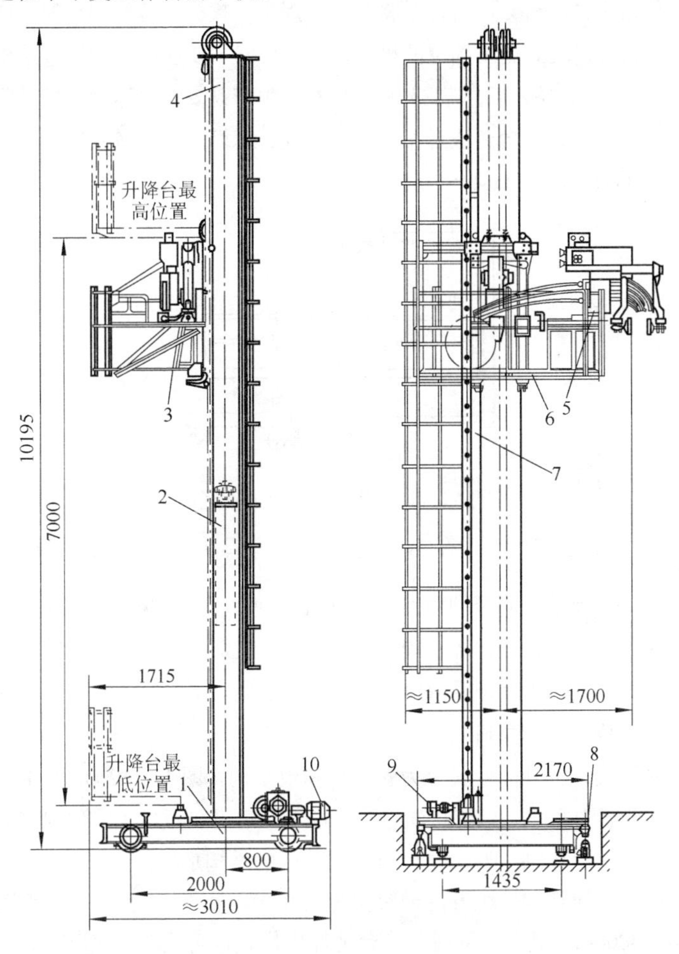

图 11-110 电渣焊立架

1. 行走台车；2. 升降平衡重；3. 焊机调节装置；4. 焊机升降立柱；5. 电渣焊机；6. 焊工、焊机升降台；7. 扶梯；8. 调节螺旋千斤顶；9. 起升机构；10. 运行机构

11.5.4　焊工变位机

焊工变位机按其动作方向不同分为平移和升降两类，以升降者居多，故常称升降台。两者都是将工人（焊工、检验工等）和施焊（或检测）用的器材送到施工部位的机械装置。它们主要在高大的焊接结构施工时用，可免去搭临时脚手架和跳板等，生产既安全又迅速。按升降机构不同，焊工升降台分成悬吊式、肘臂式、套筒式和铰链式等种类，分别如图 11-111～图 11-115 所示。

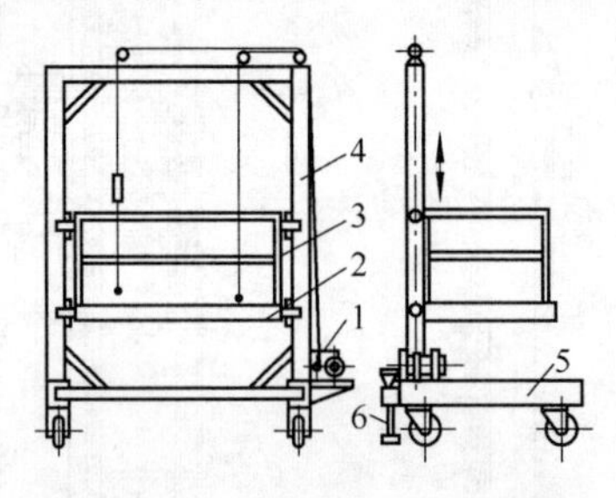

图 11-111　悬吊式焊工升降台

1. 卷扬机；2. 升降工作平台；3. 护栏；4. 支架；5. 底架（小车）；6. 制动装置

悬吊式焊工升降台利用卷扬提升机构使工作台升降。肘臂式和铰链式均靠液压缸推杆的伸缩实现工作台升降。整个升降机构都安装在有走轮的底架上，底架上一般增设有可伸缩的支腿，工作时伸出支腿承载并扩大支撑范围，使整机工作更稳定。

肘臂式焊工升降台又分为管结构和板结构（图 11-112 和图 11-113）两种。前者自重小，但焊接制造工艺麻烦；后者自重较大，但焊接制造工艺简单，整体刚度好，是目前应用较广的结构形式。

肘臂式板结构焊工升降台负荷为 200kg，工作台 1 离地面高度可在 1700～4000mm 调节，同时工作台地伸出位置也可改变。底座 5 和立柱 3 都采用了板焊结构，具有较强的刚性且制造方便。使用时，手摇液压缸 8 可驱动工作台 1 升降，还可以移动小车的停放位置，并通过撑脚 6 固定。

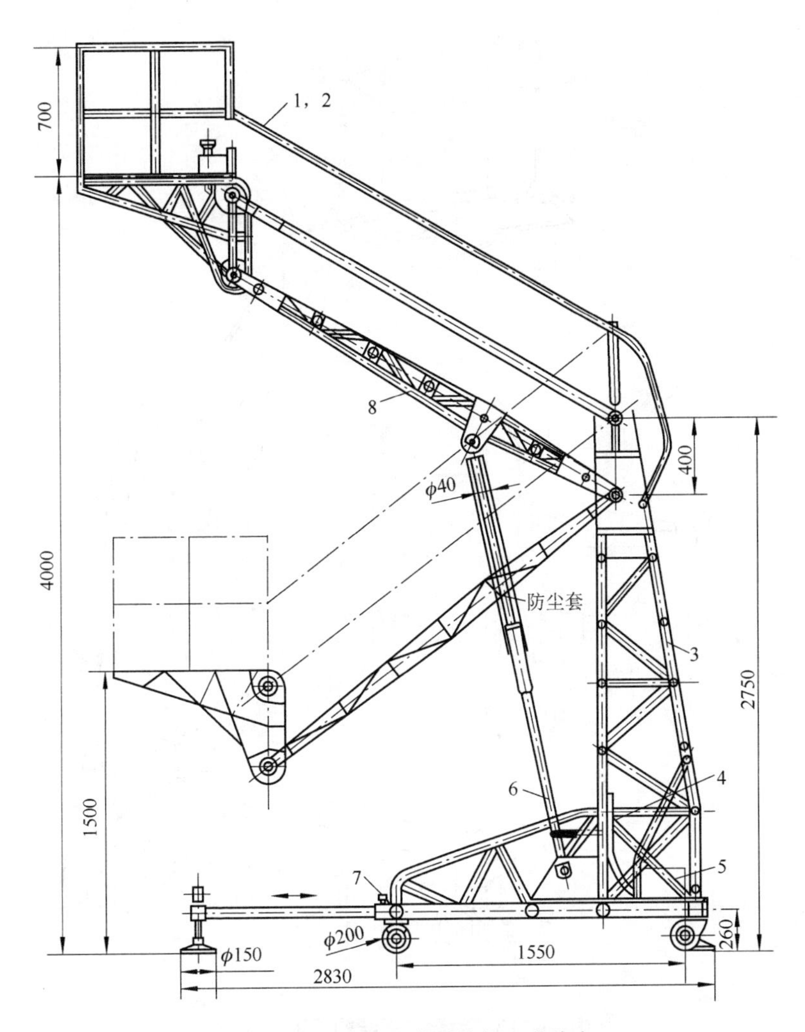

图 11-112 肘臂式管结构焊工升降台

1. 脚踏油泵；2. 工作台；3. 立架；
4. 油管；5. 手摇油泵；6. 液压缸；
7. 行走底座；8. 转臂

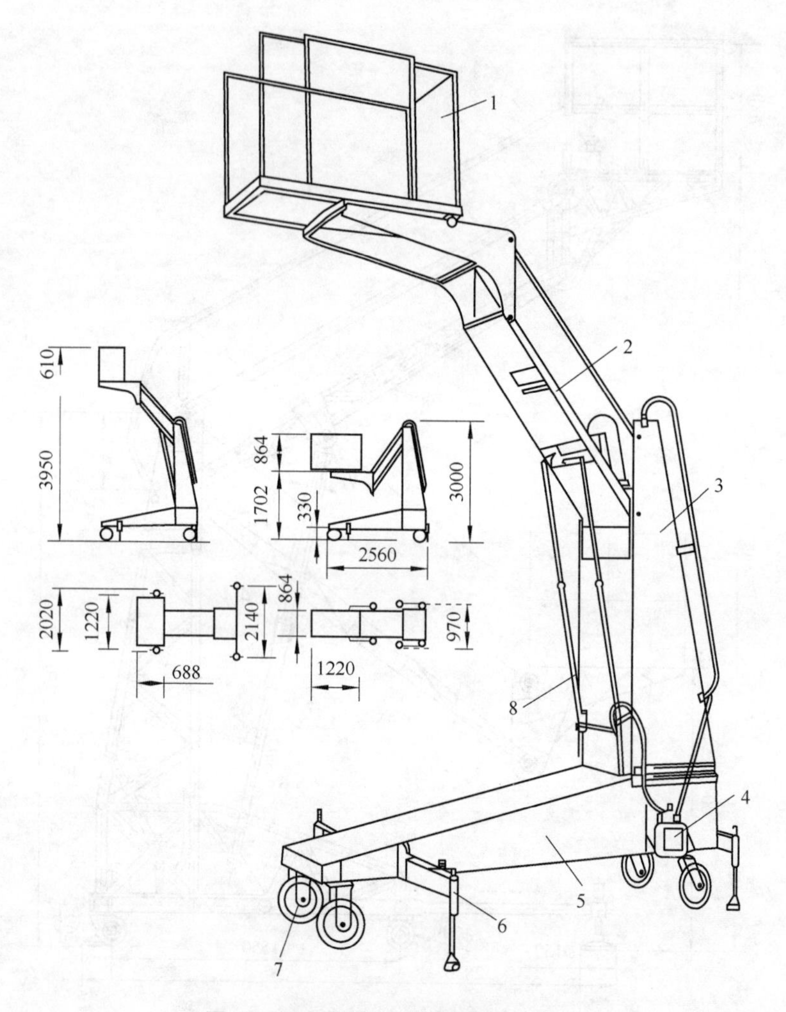

图 11-113　肘臂式板结构焊工升降台

1. 工作台；2. 转臂；3. 立柱；4. 手摇油泵；5. 底座；
6. 撑脚；7. 走轮；8. 液压缸

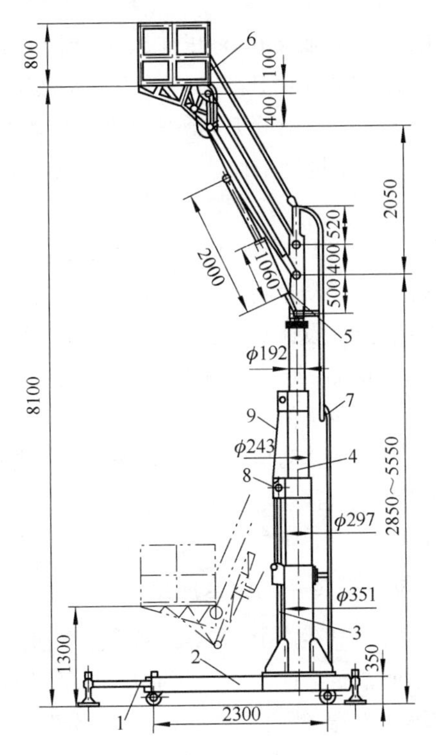

图 11-114　套筒式焊工升降台

1. 可伸缩支撑座；2. 行走底座；3. 升降液压缸；4. 升降套筒总成；5. 工作台升降液压缸；6. 工作台；7. 扶梯；8. 滑轮；9. 提升钢索

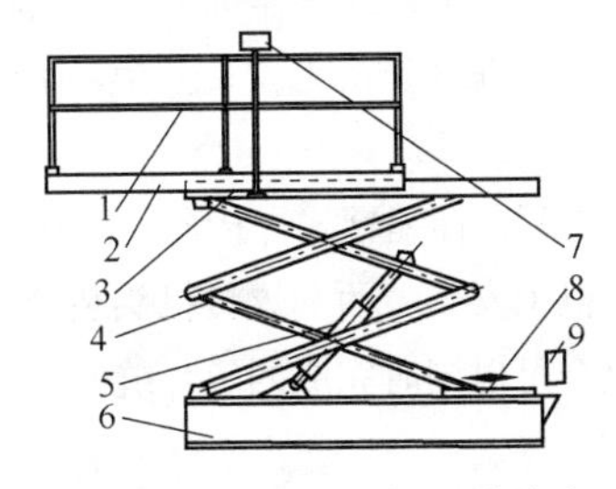

图 11-115　铰链式焊工升降台

1. 活动平台栏杆；2. 活动平台；3. 固定平台；4. 铰接杆；5. 液压缸；6. 底架（液压泵站）；7. 控制板；8. 导轨；9. 开关箱

铰链式焊工升降台由底架6、液压缸5、铰接杆4和平台2、3等组成，可使工作台台面从地平面升高7m，依靠电动液压泵推动顶升液压缸5获得平稳的升降。当工作台升到所需高度后活动平台（始工作台）可水平移出，便于焊工接近工件。此种升降机工作台的负荷量可达300kg。

必须指出的是，焊工升降台油路系统要有很好的密封性，特别是液压缸前后油腔的密封、手动控制阀在中间位置的密封，都至关重要。为了保证焊工的人身安全，设计安全系数均在5以上，并在工作台上设置护栏，台面铺设木板或橡胶绝缘板，整体结构要有很好的刚性和稳定性，在最大载荷时，工作台位于作业空间的任何位置，升降台都不得发生颤抖和整体倾覆。工作台应移动平稳，工作时不应逐渐或突然改变原定位置；同时，还应考虑装置移动是否灵活、调节方便，快而准确地到达所要求的焊接位置，并具有足够的承载能力。

11.5.5　变位机械装备的组合应用

在大批量的焊接结构生产中，各类机械装备采用了多种多样的组合运用形式，这不仅可满足某种单一产品的生产要求，同时也能为具有同一焊缝形式的不同产品服务。通过组合，更加充分发挥焊接机械装备的作用，提高装配焊接机械化水平，实现高质量、高效率的生产。在前面介绍的内容中，已多次提到这种组合形式的应用。

图11-116所示为利用平台式操作机和焊接滚轮架组合进行筒体外环缝焊接的应用实例。若在操作机上安装割炬，还可以完成筒节端部的切割任务。

图11-117所示为两台伸缩臂式焊接操作机和滚轮架的组合应用实例。每台伸缩臂操作机上安装了两套焊接机头装置，完成筒体内外环缝的焊接。因此这种组合可以同时完成四道环缝的焊接任务，使生产效率成倍地增长。

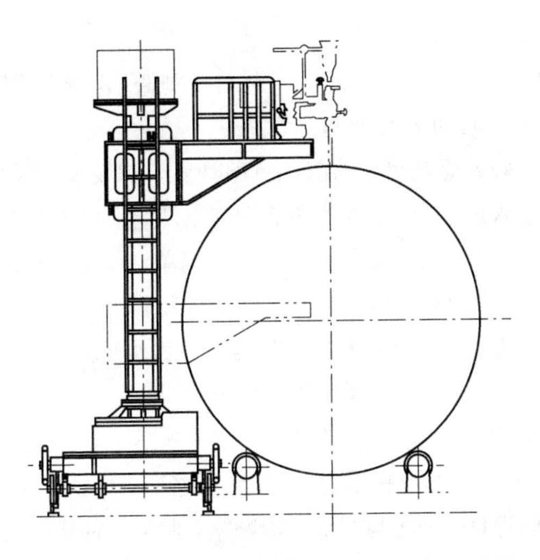

图 11-116　平台式操作机和滚轮架的组合应用

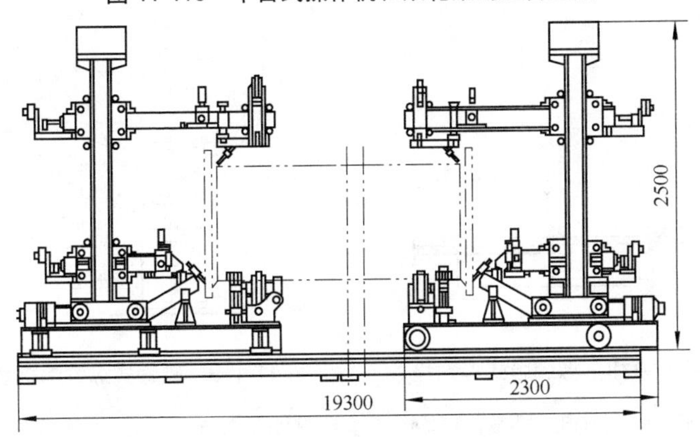

图 11-117　伸缩臂式焊接操作机和滚轮架的组合应用

11.6　焊剂垫、焊剂输送和回收装置

11.6.1　焊剂垫

焊剂垫又称焊缝成形装置。在埋弧自动焊时为了防止焊缝烧穿或使

背面成形，常采用一定厚度的焊剂层作焊缝背面的衬托装置——焊剂垫。其结构形式较多，有的是生产单位自行制造，也有专业厂生产供应。

1. 纵缝焊接用的焊剂垫

（1）橡胶膜式焊剂垫　如图 11-118 所示，橡胶膜式焊剂垫工作时，当气室 5 内通入压缩空气，橡胶膜 3 即向上凸起而将焊剂 1 顶着焊件背面，起衬托作用。此焊剂垫的优点是结构简单、使用方便。其工作部分宽度为 300mm，长度为 2m，过长会造成橡胶膜上的压力分布不均，因焊剂垫末端压力太小，而衬托不住熔池造成铁水下流，产生烧穿现象。这种焊剂垫常用于长纵缝的焊接。

（2）软管式纵缝焊剂垫　如图 11-119 所示，软管式纵缝焊剂垫工作时，气缸先将焊剂槽撑托于焊缝下，当压缩空气使软管 3 充气膨胀时，将焊剂 1 压向焊件，使之与焊缝背面贴紧。此类焊剂垫的优点是压力分布均匀，焊缝背面可成形，适用于长纵缝的焊接。

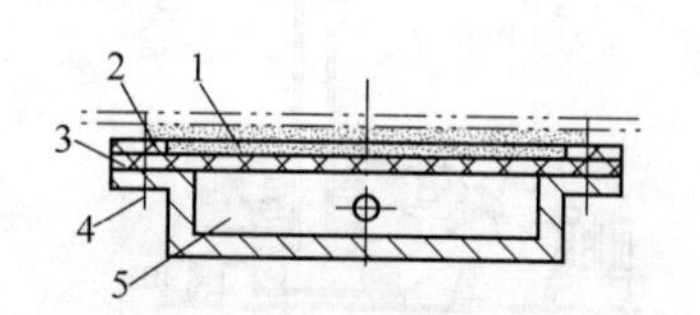

图 11-118　橡胶膜式焊剂垫

1. 焊剂；2. 盖板；3. 橡胶膜；4. 螺栓；5. 气室

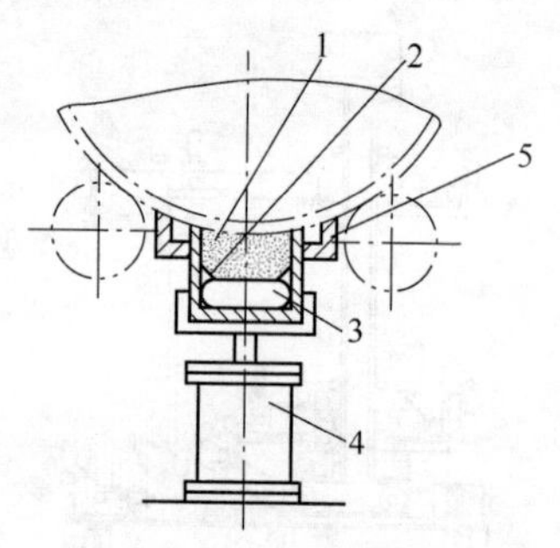

图 11-119　软管式纵缝焊剂垫

1. 焊剂；2. 帆布；3. 充气软管；4. 气缸；5. 焊剂槽

软管式焊剂垫经常与电磁夹紧机构组合使用，构成平板拼接的专用焊接夹具。图 11-120 所示为功能比较完备且能横向移动的、具有焊剂垫的电磁-软管式拼板装置。该装置可用于拼接大面积平板，如铁路油槽车罐体卷圆前的拼接；船体甲板和桥面板的拼接等。

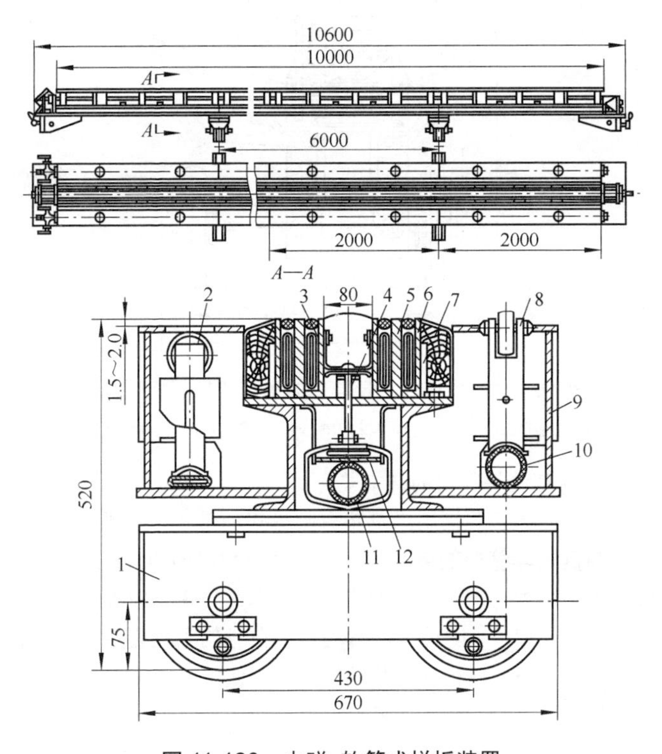

图 11-120 电磁-软管式拼板装置

1. 小车；2、8. 辊子；3. 装焊剂帆布槽；4. 推杆；5. 电磁铁心；6. 电磁线圈；7. 线圈壳体；9. 枕梁；10、11、12. 软管（ϕ50～ϕ65mm）

可焊纵缝长度达 10m。整个装置由两个小车 1 支承，可沿轨距为 6m 的钢轨做横向移动以适应不同部位纵缝的焊接。通过小车保证焊缝对中的横向调整；当软管 10 通入压缩空气使支承辊子 2 和 8 升起时，平钢板可做纵、横向位置的适当调整；对缝位置确定后，用电磁铁（吸力不小于 20kN/m）进行固定，并对软管 12 通入压缩空气，使焊剂压向工件，即可进行纵缝焊接。

图 11-121 所示为焊接大直径筒体内纵缝用软管式焊剂垫。其特点是利用软管 6 充气把钢槽体 5 压紧工件，再向软管 3 充气把焊剂压向工件，保证焊剂有足够的压力，又防止焊剂外溢。

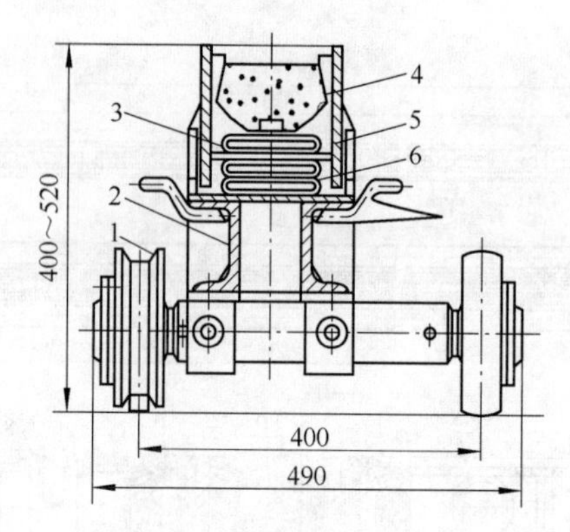

图 11-121　焊接大直径筒体内纵缝用软管式焊剂垫

1. 钢轮；2. 小车；3. 软管；4. 帆布槽；5. 钢槽体；6. 使槽体上升的软管

2. 筒体内环缝焊接用的焊剂垫

常用筒体内环缝焊接用焊剂垫有圆盘式和带式两种类型。

（1）圆盘式环缝焊剂垫　圆盘式环缝焊剂垫如图 11-122 所示。其工作过程为装满焊剂的圆盘 2 对准焊缝，由气缸 3 压向焊件，施焊时转盘在摩擦力的作用下，随筒体的转动而绕自身的主轴旋转，将焊剂连续不断地送到焊道下。这种焊剂垫结构简单，使用方便。缺点是转盘旋转时，焊剂易散落，需用人工不断补充。

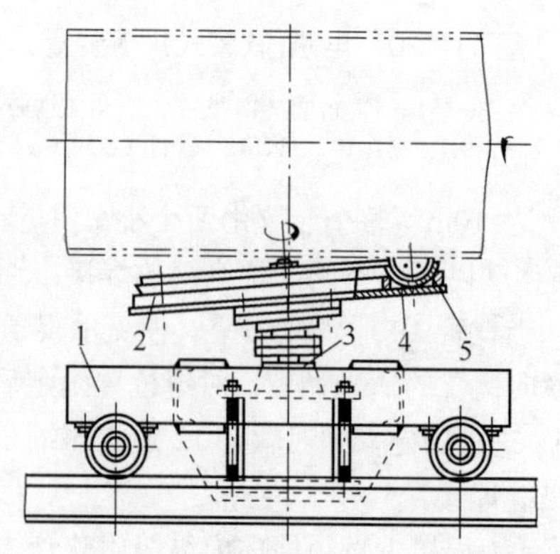

图 11-122　圆盘式环缝焊剂垫

1. 行走台车；2. 圆盘；3. 举升气缸；4. 环形焊剂槽；5. 夹布橡胶衬槽

图 11-123 所示为环槽式焊剂垫，工作原理同圆盘式环缝焊剂垫，区别在于圆盘 3 上装有一弹性环形槽 6，槽内装满焊剂，在气缸 4 作用下压向工件，也靠工件带动回转。

（2）带式焊剂垫 带式焊剂垫工作原理如图 11-124 所示，辅满焊剂的传动带在焊件重力或气缸作用下压紧工件，并由工件带动回转。图 11-125 所示为实际使用的带式焊剂垫结构。其工作过程是装满焊剂 2 的传动带在气缸 4 的作用下压向焊件，当焊件筒身转动时，带动其回转。其特点是结构坚固、使用可靠、维修方便、焊剂厚度均匀、受力适当、焊剂不易破碎、粒度易控制、透气性好，但焊剂易洒落地面，移动范围小，不能用于窄小空间，需由人工添加焊剂。

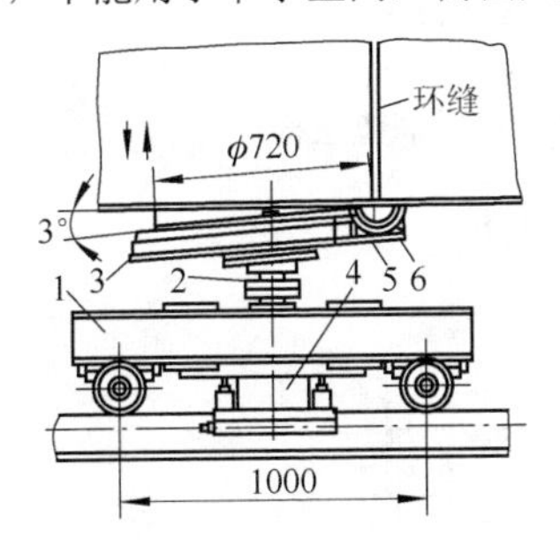

图 11-123 环槽式焊剂垫

1. 小车；2. 轴；3. 圆盘；4. 气缸；5. 槽托座；6. 环形槽

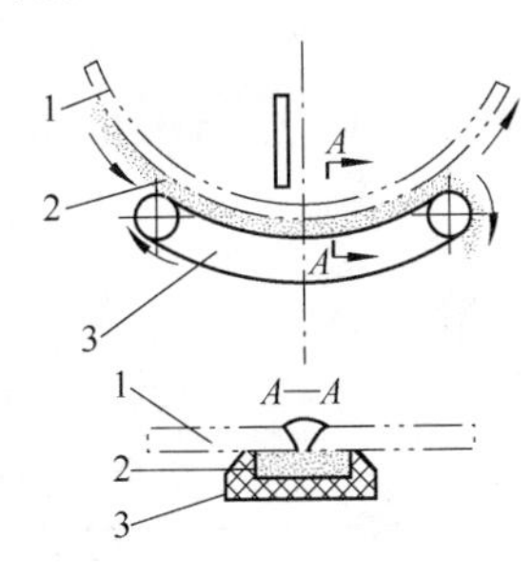

图 11-124 带式焊剂垫工作原理

1. 筒体（工件）；2. 焊剂；3. 传动带

3. 软衬垫

利用热固化树脂和石英砂等材料制成软衬垫，如图 11-126 所示，用黏结带贴在焊缝背面，或用磁性夹具压向工件。由于外形尺寸小，故宜用于狭窄部位的直缝和曲面焊缝（含环缝）。坡口间隙在 3mm 以内，钝边在 2mm 以内，均可保证单面焊背面成形。缺点是使用时需在坡口中填充一定合金成分的金属颗粒，且软衬垫制造工艺复杂。

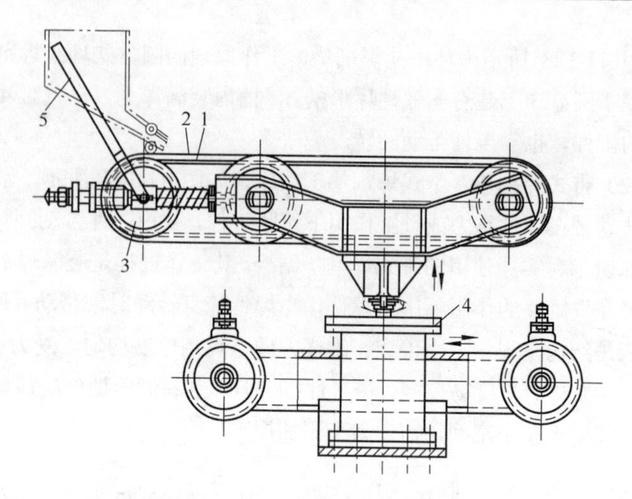

图 11-125　实际使用的带式焊剂垫结构

1. 传动带；2. 焊剂；3. 张紧轮；4. 气缸；5. 涡斗

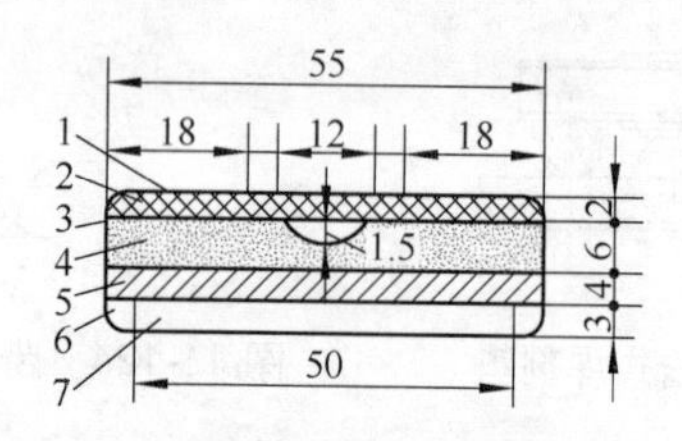

图 11-126　软衬垫

1. 塑面隔离纸；2. 双面黏结带；3. 玻璃纤维带；4. 热固化树脂石英砂垫；5. 石棉泥板垫；6. 热收缩薄膜；7. 瓦楞纸衬

4. 螺旋推进器式焊剂垫

螺旋推进器式焊剂垫又可分为立式和卧式两种。

(1) 卧式螺旋推进器式焊剂垫　如图 11-127 所示，卧式螺旋推进器式环缝焊剂垫主要利用螺旋推进器，将焊剂推向工件表面进行环缝焊接，也可用于内环缝的焊接。该装置移行方便、可达性好，装置上的成对螺旋推进器可使焊剂自动循环，使用时可利用升降传动机构，调整焊剂垫的高度，以保证与工件表面的良好接触。

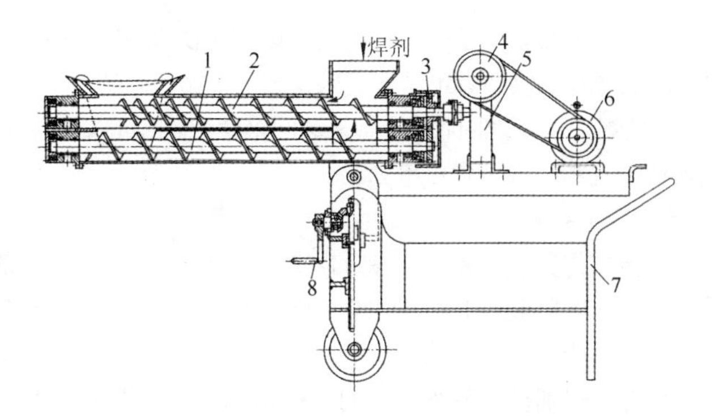

图 11-127 卧式螺旋推进器式环缝焊剂垫

1. 焊剂回收推进器；2. 焊剂输送推进器；3. 齿轮副；4. 带传动；
5. 减速器；6. 电动机；7. 小车；8. 手摇升降机构

（2）立式螺旋推进器式焊剂垫 立式螺旋推进器式焊剂垫的工作原理与卧式相同，区别是立式螺旋推进器是垂直安装的，未熔化的焊剂靠自重返回。其优点是移动灵活，减轻了工人铲焊剂的劳动，焊剂垫与工件表面能保持适当的接触压力。缺点是结构较复杂，传动机构要求有较好的密封性，焊剂易破碎。

5. 热固化焊剂垫

热固化焊剂垫如图 11-128 所示。热固化焊剂垫长约 600mm，利用磁铁夹具固定于焊件底部。这种衬垫柔性大，贴合性好，安全方便，便于保管。

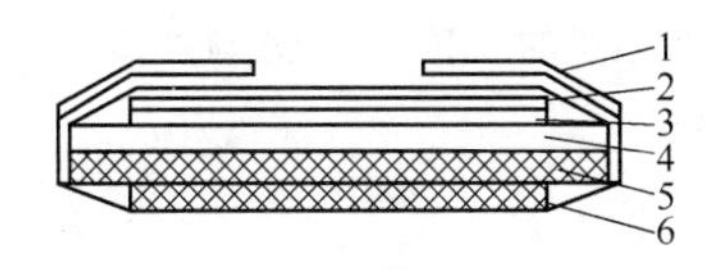

图 11-128 热固化焊剂垫

1. 双面黏结带；2. 热收缩薄膜；3. 玻璃纤维布；4. 热固化焊剂；5. 石棉布；6. 弹性垫

11.6.2 焊剂输送和回收装置

埋弧自动焊接过程必须不断地向焊接区输送焊剂，焊后未熔化的焊剂又必须回收再利用，于是需要有焊剂输送和回收的装置。根据生产需要，焊剂的输送与回收两者可结合起来构成一个循环系统，焊接时两者同时工作，使焊剂不断地回收，接着又送回来使用。也可以使两者分开，即焊剂输送装置和回收装置可单独工作。

1. 焊剂循环系统

（1）固定式焊剂循环系统　图 11-129 所示为螺旋管焊接机的焊剂循环系统。焊剂靠自重落下，用斗式提升机 2 将焊剂回收上来再投入焊剂漏斗 1 继续使用。

（2）移动式焊剂循环系统　图 11-130 所示为移动式焊剂循环系统，把焊剂输送回收装备安装在焊接机头 5 上，随着焊接小车（也可以是焊接操作机伸缩臂）移动。工作时，焊剂从储罐 3 经导管 4 送到电弧前，焊后在距电弧约 300mm 处由吸管 1 回收未熔化的焊剂，经导管 2 进入储罐 3 内。

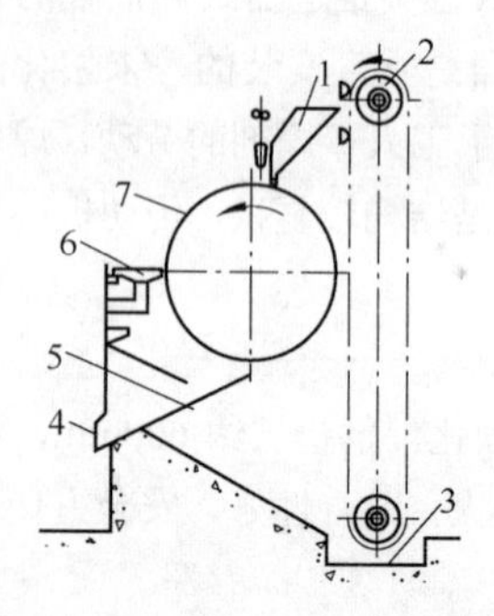

图 11-129　螺旋管焊接机的焊剂循环系统

1. 焊剂漏斗；2. 斗式提升机；3. 焊剂槽；4. 渣出口；5. 筛网；6. 清渣刀；7. 被焊管（螺旋管）

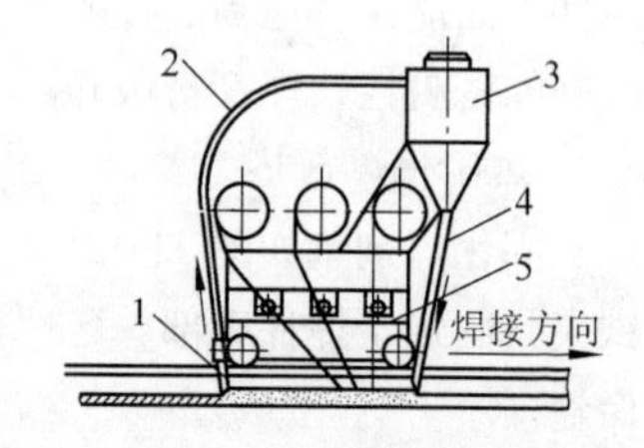

图 11-130　移动式焊剂循环系统

1. 吸管；2、4. 导管；3. 储罐；5. 机头（小车）

2. 焊剂回收装置

大部分焊剂回收装置利用吸入方式把焊剂吸进储罐内。其动力源有电动的和气动的，以气动的应用最多。

(1)电动吸入式焊剂回收装置 图 11-131 所示的电动吸入式焊剂回收装置是利用电动离心风机造成焊剂罐内负压，焊剂被空气流带入罐中而工作的。优点是吸力较大，可用于较远距离回收，焊剂不和压缩空气接触，不被污染。缺点是焊剂有破碎现象，设备内壁有磨损。若用于同时输送，则因罐内为负压，输送距离短。

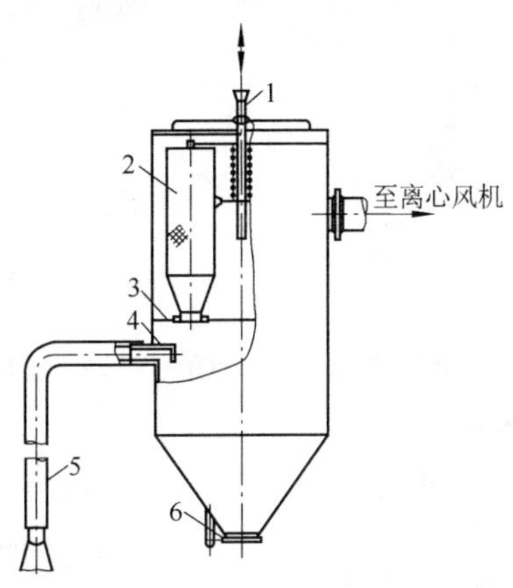

图 11-131 电动吸入式焊剂回收装置

1. 振动杆；2. 滤尘袋；3. 隔板；4. 耐热橡胶挡板；5. 软管及吸嘴；6. 焊剂出口

(2)气动吸入式焊剂回收装置 图 11-132 所示为气动吸入式焊剂回收装置。它利用上部拉瓦尔喷嘴喷出的气流，在密封的焊剂罐内造成负压，焊剂被空气流带入储罐中。焊剂也不和压缩空气接触，不被污染。但焊剂同样有破碎现象，造成内壁磨损等。这种装置结构简单，回收完全，使用工厂的压缩空气网很方便。同时用于输送时，也因为负压输送，距离较短，故宜直接装在焊机上。

(3)混合式焊剂回收装置 如图 11-133 所示，混合式焊剂回收装置由吸入式回收器和正压式输送器组成。当气动阀门 3 打开时，回收器内的焊剂落入输送器内。这样焊剂可连续回收，周期输送，实现回收与输送合一。

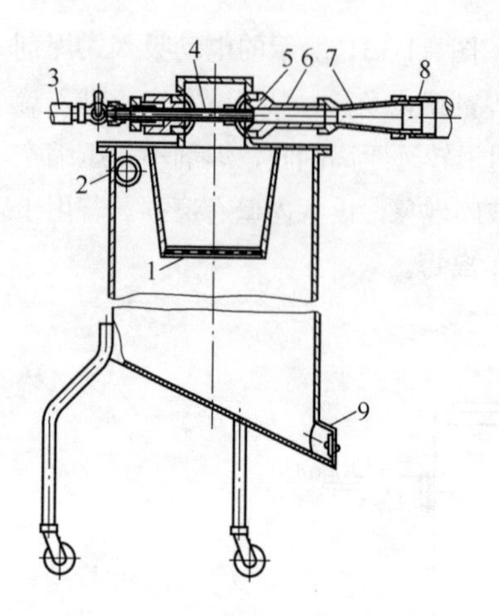

图 11-132　气动吸入式焊剂回收装置

1. 铜网过滤筛；2. 焊剂吸入管；3. 压缩空气进口；4. 喷射管；5. 喷嘴；6. 等压管；7. 扩压管；8. 压缩空气出口；9. 放出管

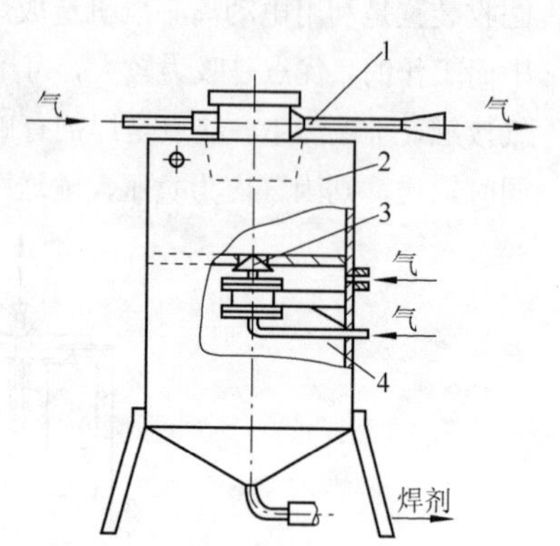

图 11-133　混合式焊剂回收装置

1. 喷射器；2. 回收器；3. 气动阀门；4. 输送器

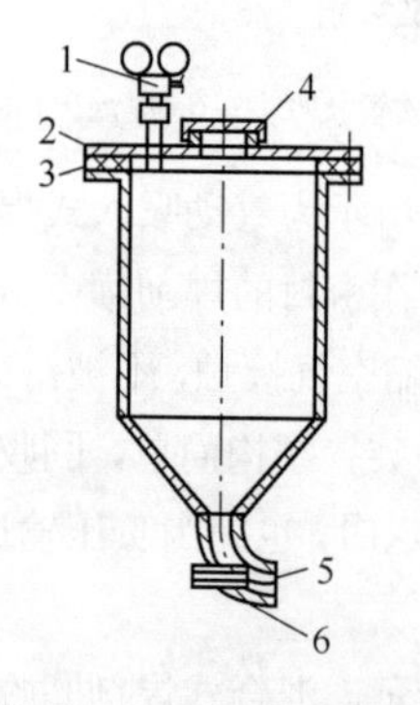

图 11-134　焊剂输送装置

1. 进气管及减压阀；2. 桶盖；3. 胶垫；4. 焊垫进口；5. 焊剂出口；6. 管端增压器

因罐内是正压输送，故输送可靠，距离较长，较适合于固定场合。

3. 焊剂输送装置

焊剂输送装置是指输送距离长的专用装置。如图 11-134 所示，当压缩空气经进气管及减压阀 1 进入输送器上部时，即对桶内焊剂加压，并使焊剂伴随压缩空气经管路流到焊机的焊剂漏斗内，或直接送到半自动焊枪上，此时焊剂落下，空气自上口逸出。为使焊剂输送更为可靠，可在焊剂筒出口处设置管端增压器 6。当输送距离较长时，还可在输送管路上设置增压器，以克服管道摩擦。

采用压缩空气输送焊剂，必须装设气水分离器，以消除压缩空气中的水和油。

图 11-135 所示为典型焊剂输送装置的结构。图中焊剂出口管径 D=21.25mm 时，取 a=16mm，d_1=22mm，d_c=8mm，适用于颗粒较粗的焊剂；焊剂颗粒≤2.5mm 时，D 可减小到 16mm；焊剂颗粒<1.5mm 时，D 可取 13mm，其他尺寸相应减小。

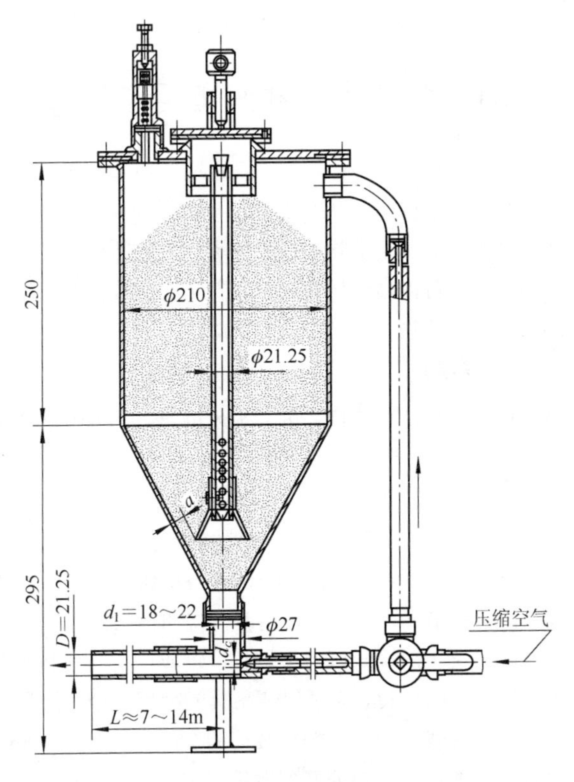

图 11-135　典型焊剂输送装置的结构

12　焊接辅助设备

焊接辅助设备除包括焊接工艺设备、装焊吊具、起重运输设备外，还有剪切机、包边机、坡口加工机、焊钳、焊接电缆，清理打磨工具，通风设备和各种防护设备，但有的辅助装备并非焊接专用。

12.1　装焊吊具和起重运输设备

在焊接结构生产中，各种板材、型材和焊接构件在各工位之间时常要往返吊运，有时还要按照工艺要求进行零部件的翻转、就位、分散或集中等作业。生产准备中的吊装工作量很大，吊装过程若采用与工件截面形状相应的吊具，对提高输送效率、节省工时、减轻捆挂作业强度和安全生产都起着重要作用。

12.1.1　装焊吊具

装焊吊具按其作用原理不同，可分为机械吊具、磁力吊具和真空吊具三类。

1. 机械吊具

图 12-1 所示为主要用于板材水平吊装的吊具。吊具成对使用，按照不同的规格，每对吊具的起重量为 1000～8000kg 不等。整体吊具由吊爪、压板、销轴和吊耳等组成。使用时，将四个吊具通过链条两两并排安装在纵向起吊梁上时，既可用于较长、较薄板材的吊装，也可用于筒节、箱体等结构件的吊装。为了保证吊具的使用安全，吊具在使用前应进行超载试验。超载量规定为额定载荷的 25%，并持续 10min，卸载后吊具不得有残余变形、微裂或开裂缝等缺陷，方可使用。

图 12-2 所示为自重 20kg 的梁用吊具，吊装起重量为 2000kg。此种吊具多用于工字梁、T 形梁及箱梁的吊装工作。其主要特点是卡爪在吊钩自重的作用下能自动开启和闭合，可方便地抓取和卸下工件，使起吊作业更加简化。

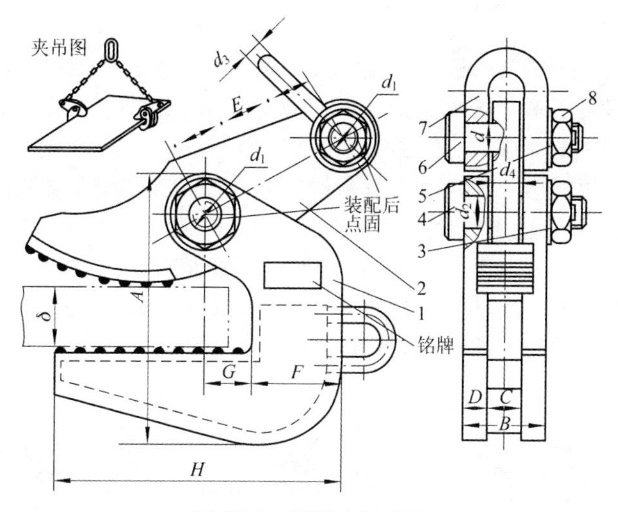

图 12-1 板材水平吊具

1. 吊爪；2. 压板；3、5. 垫圈；4、6. 销轴；7. 吊耳；8. 螺母

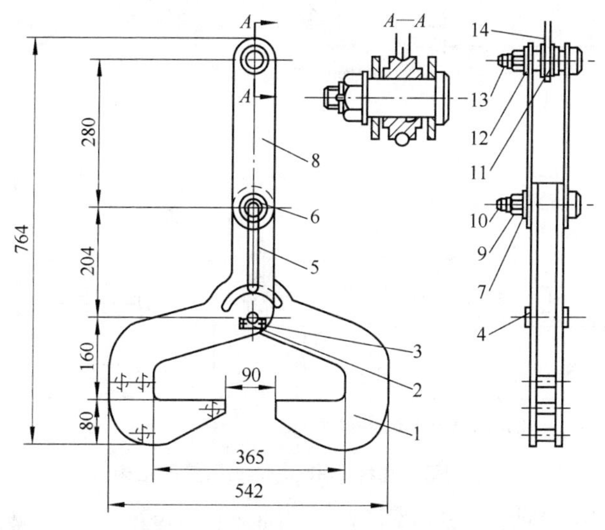

图 12-2 自重 20kg 的梁用吊具

1. 右爪；2. 挡轴板；3. 螺栓；4、6、13. 轴；5. 左爪；7、12. 垫圈；8. 连接板；9. 螺母；10. 销；11. 滑轮；14. 钢丝绳

2. 磁力吊具

磁力吊具分为永磁式、电磁式及永磁-电磁式吊具。永磁-电磁式吊具由永久磁铁和电磁铁两部分组成，利用永磁铁吸附工件，而采用电磁铁改变极性以增强和削弱磁力。图 12-3 所示为几种永磁-电磁式吊具的结构。永磁-电磁式吊具的工作原理是当吊具与工件接触的初期，给电磁铁通电并使电磁铁极性与永久磁铁的极性相同，以增加吸附力，使工件牢牢吸附在吊具上，然后关断电流，转为仅依靠永久磁铁吸附工件。当需要卸料时，反向给电磁铁通入电流，使其极性与永久磁铁的极性相反，抵消永久磁铁的磁力，达到迅速卸料的目的。

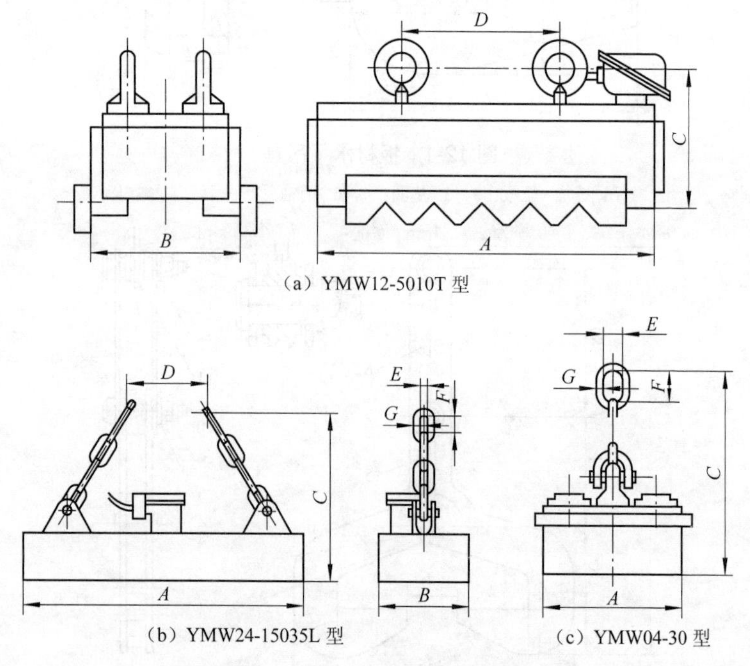

图 12-3　几种永磁-电磁式吊具的结构

这类吊具的优点是安全可靠，无须担心因停电和其分电器故障而发生工件坠落造成人身和设备事故；省电，通电时间短，电消耗量少，是一种节能型的安全吊具。应注意磁力吊具只适用于铁磁性材料而不能用来吊运铜、铝、不锈钢等非铁磁性材料。

3. 真空吊具

图 12-4 所示真空吊具由吸盘 1、照明灯 2、吊架 3、管路 4、换向阀 5 和分配器 6 等组成。工作时，依靠真空泵将吸盘抽真空吸附工件 7。由于吸力小，主要用于吊运表面平整、质量不大的薄型板材。

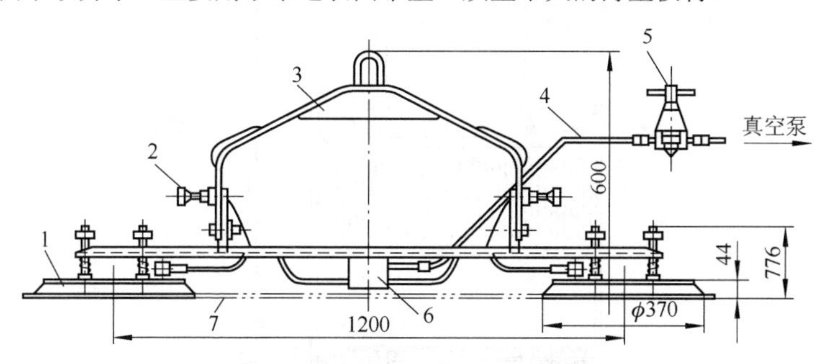

图 12-4 真空吊具

1. 吸盘；2. 照明灯；3. 吊架；4. 管路；5. 换向阀；6. 分配器；7. 工件

12.1.2 起重运输设备

除装焊吊具外，焊接结构生产车间必不可少的还有一些起重运输设备，如地面运输设备，包括叉车、电动搬运车、手动叉式搬运车、电动平板车和气垫装置等；起重机械类，包括桥式起重机、门架式起重机、摇臂起重机和悬挂式起重机等；在大批量的产品生产中，常需输送机有节奏地进行专业化生产。输送的形式有悬挂式、辊子式、台车式、步进式、带式、小车式和板式等多种。图 12-5 所示为单轨悬挂式起重机。此种起重机的轨道 9 固定在厂房的屋架上，起重行走轮对称地布置在工字梁下翼缘的两肢上，行程距离＜40m 时，一般采用软电缆供电，起重机由工人在地面操纵控制器 2 运行。

焊接车间起重运输设备的选择，取决于运输量、运输距离及路线、运输速度及自动化程度、单件和结构件的质量、传动方式，以及设备生产率等因素。

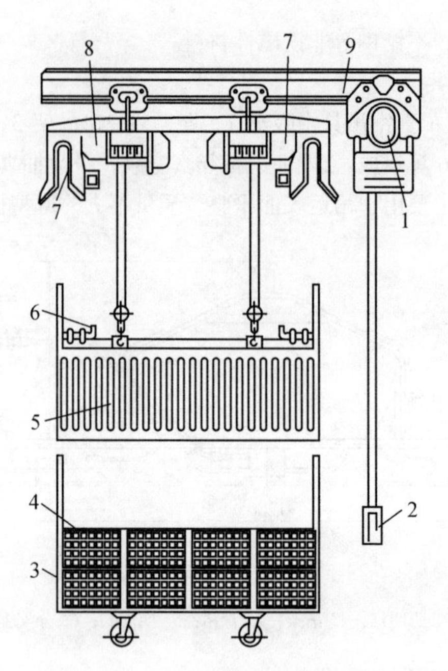

图 12-5　单轨悬挂式起重机

1. 移动电动机；2. 控制器；3. 装工件小车；4. 工件；5. 吊笼；
6. 插销；7. 固定销；8. 电动葫芦；9. 轨道

12.2　常用辅助加工机具

12.2.1　剪切设备

1. 联合冲剪机

如图 12-6 所示，联合冲剪机属多功能剪床，既可剪钢材，又可剪型材，还可进行冲孔。在焊接结构生产中，主要用于冲孔和剪切中小型材。

2. 圆盘剪切机

如图 12-7 所示，圆盘剪切机主要用于剪切曲线形状的坯料和薄而长的板料。

3. 振动剪床

振动剪床用于剪切 4mm 以下钢板的直线或曲线工件（包括圆孔）。

4. 龙门式剪板机

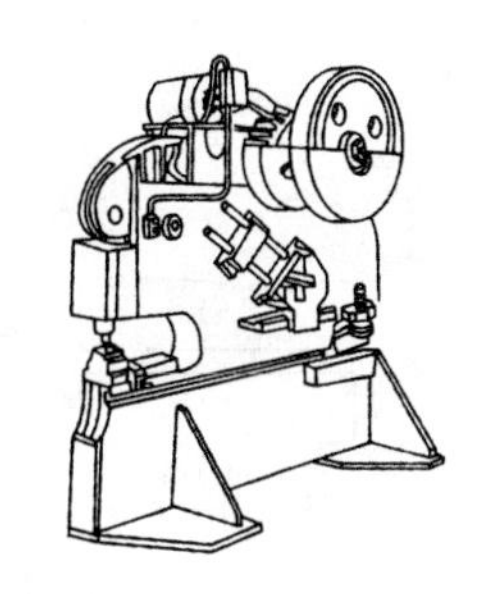

图 12-6 联合冲剪机

如图 12-8 所示，龙门式剪板机是工厂中应用最普遍的一种金属板材剪切设备。按刀刃装配位置不同分为平口剪板机（两刀刃上下平行）和斜口剪板机（两刀刃成一定角度），龙门式剪板机剪刀位置如图 12-9 所示。按传动方式的不同分为机械传动剪板机（≤10mm）和液压传动剪板机（＞10mm）。

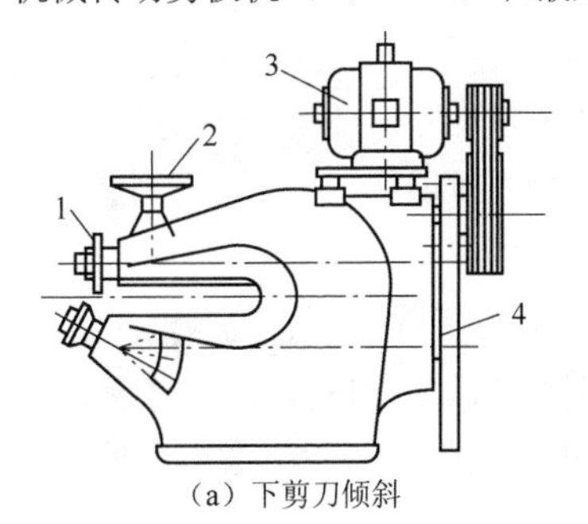

（a）下剪刀倾斜

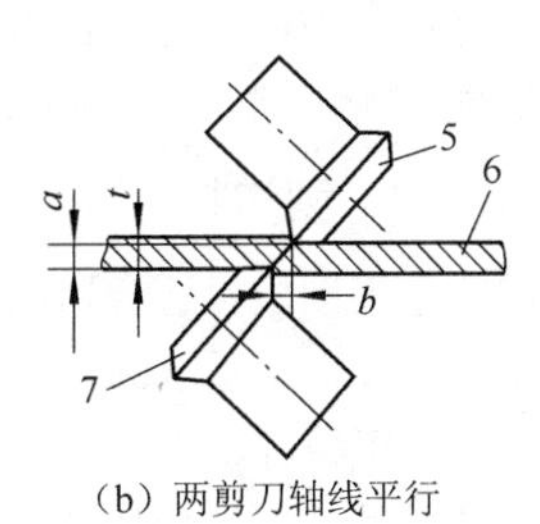

（b）两剪刀轴线平行

图 12-7 圆盘剪切机

1. 圆盘剪刀；2. 手轮；3. 电动机；4. 齿轮；5. 上剪刀；6. 工件；7. 下剪刀

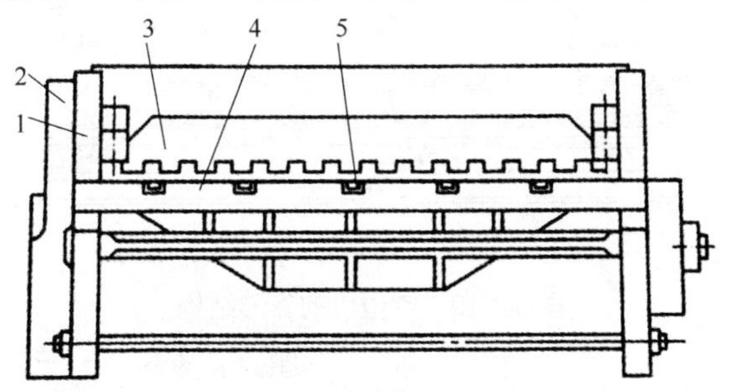

图 12-8 龙门式剪板机

1. 床身；2. 传动机构；3. 压紧机构；4. 工作台；5. 托料架

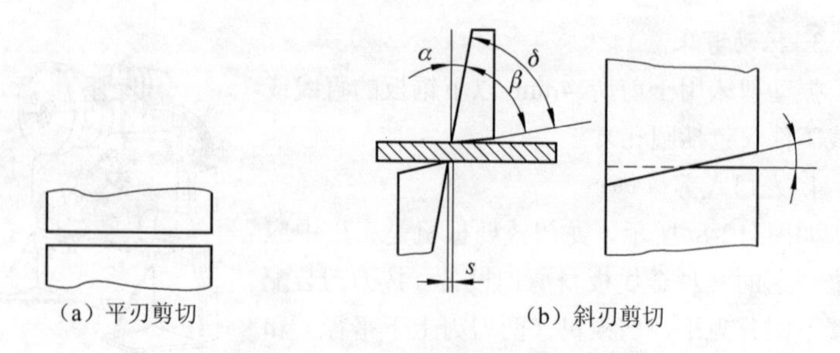

（a）平刃剪切　　（b）斜刃剪切

图 12-9　龙门式剪板机剪刃位置

这种剪切不是纯剪切，伴有弯曲，在剪断线旁有 2～3mm 的区域内因受挤压而产生变形，出现加工硬化现象。为保证加工质量，对于具有裂纹敏感性的材料，该硬化层应予以消除。

已知剪切力便可计算切板厚。由于材质不同，在同一剪切力作用下，所剪板厚有所不同，一般不锈钢板厚为碳钢的 1/3。

12.2.2　刨边机

BBJ 系列刨边机适合切割各种金属材料的坡口形式，如双 X 形、V 形、U 形等坡口。采用机电一体化设计理念，全部设有自动、手动水平垂直进刀、报警等功能，自动与手动并存功能，达到人机结合，便于操作。刨边机的外形结构如图 12-10 所示。

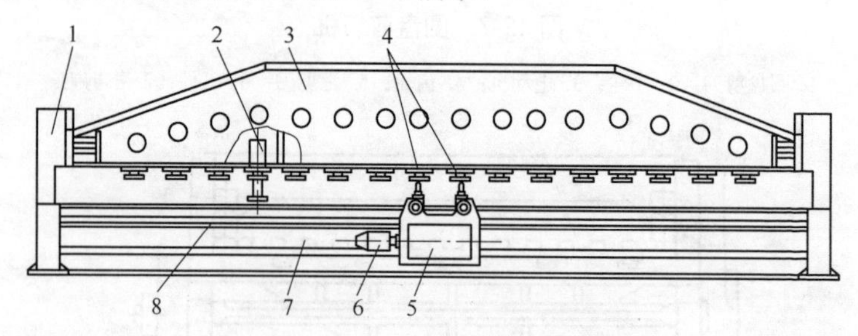

图 12-10　刨边机的外形结构

1. 立柱；2. 压紧装置；3. 横梁；4. 刀架；5. 进给箱；6. 电动机；7. 床身；8. 导轨

①BBJ 系列刨边机技术参数见表 12-1。

表 12-1 BBJ 系列刨边机技术参数

技 术 参 数		BBJ-4	BBJ-6	BBJ-9	BBJ-12	BBJ-14	BBJ-16	BBJ-25
刨削工件最大尺寸/mm	长	4000	6000	9000	12000	14000	16000	25000
	高	6～300	6～300	6～300	6～300	6～300	6～300	6～300
横向刨削行走速度/（m/min）		1.7～20	1.7～20	1.7～20	1.7～20	1.7～20	1.7～20	1.7～20
主交流电动机功率/kW		18.5	18.5	18.5	18.5	18.5	18.5	18.5
液压系统工作压力/MPa		≤3	≤3	≤3	≤3	≤3	≤3	≤3
刀架回转最大角度/（°）		±25	±25	±25	±25	±25	±25	±25
刨刀杆最大截面/（mm×mm）		50×50	50×50	50×50	50×50	50×50	50×50	50×50
进给电动机功率/kW		1	1	1	1	1	1	1
液压泵电动机功率/kW		5.5	5.5	5.5	5.5	5.5	5.5	5.5
支撑平台距地面距离/mm		1200	1200	1200	1200	1200	1200	1200
机床外形尺寸/mm	长	8500	10280	13500	16800	18800	21600	30600
	宽	2240	2240	2240	2240	2240	2240	2700

②B81 系列刨边机技术参数见表 12-2。B81 系列刨边机的电气化、自动化程度较高，如板料自动夹紧、刨削过程中的自动进给和自动抬刀及切削行程的自动换向等，可以减轻操作者的劳动强度和提高机床的生产效率。

表 12-2 B81 系列刨边机技术参数

技术参数 \ 型号		B8160A/1	B8190A/1	B81120A/1	B81140A/1	B81160A/1
刨削工件最大尺寸/mm	长	6000	9000	12000	14000	16000
	高	80	80	80	80	80

续表 12-2

技术参数 \ 型号		B8160A/1	B8190A/1	B81120A/1	B81140A/1	B81160A/1
主交流电动机功率/kW		22	22	22	22	22
刀架	水平进给量/mm	0～6	0～6	0～6	0～6	0～6
	垂直进给量/mm	0～6	0～6	0～6	0～6	0～6
	快速移动速度/（mm/min）	370	370	370	370	370
	最大回转角/（°）	±25°	±25°	±25°	±25°	±25°
机床最大牵引力（v=10m/min）/kN		60	60	60	60	60
主传动箱行程速度/（m/min）		10～20	10～20	10～20	10～20	10～20
刨刀杆最大截面（高×宽）/（mm×mm）		50×50	50×50	50×50	50×50	50×50
液压系统液压泵	流量/（L/min）	63	63	63	63	63
	压力/Pa	25	25	25	25	25
每个轴压千斤顶的压力/N		30000	30000	30000	30000	30000
机床外形尺寸/mm	长	12283	15275	18275	20275	22275
	宽	3750	3750	3750	3750	3750
	高	2735	3690	3930	3950	4075
机床总质量/t		30	34	38	42	45

刨边机可加工各种形式的直线坡口，表面粗糙度精度低，加工尺寸准确，特别适用于低合金高强度钢、高合金钢、复合钢板和不锈钢等加工。刨边机的刨削长度一般为 3～15m。当刨削长度较短时，可将多个零件同时刨边。

12.2.3　铣边机

铣边机是用于平板加工坡口的。对于长度较大的平板对接焊缝，用铣边机可加工出规则的坡口，且表面没有氧化层。坡口铣边机如图 12-11 所示，可加工的坡口形状如图 12-12 所示。

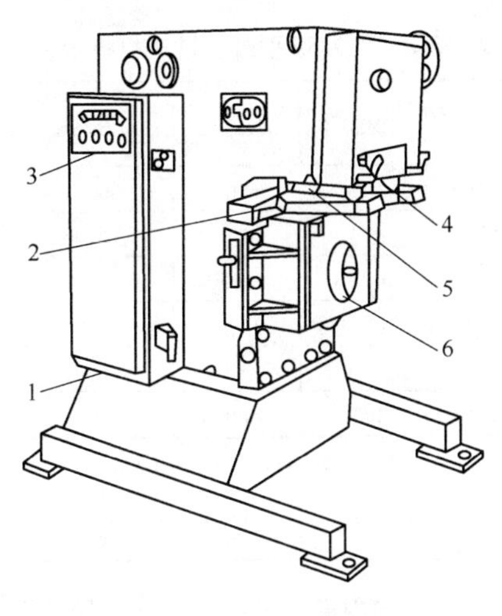

图 12-11 坡口铣边机

1. 床身；2. 导向装置；3. 控制柜；4. 压紧和防翘装置；5. 铣刀；6. 升降工作台

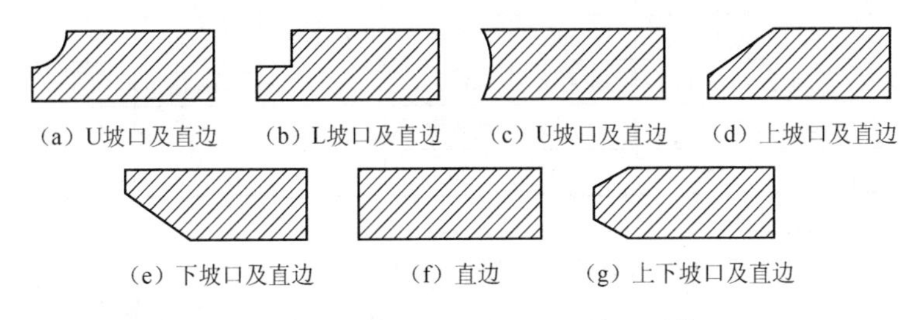

图 12-12 坡口铣边机可加工坡口形状

1. 端面铣边机

端面铣边机是钢板焊接坡口的铣削加工机床，铣削效率高，表面粗糙度精度低。

①32XBJ 型端面铣边机技术参数见表 12-3。

表 12-3 32XBJ 型端面铣边机技术参数

技术参数＼型号	32XBJ-4	32XBJ-6	32XBJ-9	32XBJ-12	32XBJ-15
铣削工件最大长度/mm	4000	6000	9000	12000	15000
铣削动力头的功率/kW	5.5	5.5	5.5	5.5	5.5
工件板厚/mm	6～50	6～50	6～50	6～50	6～50
铣削工进速度/（mm/min）	130～1000	130～1000	130～1000	130～1000	130～1000
调速方式	变频调速	变频调速	变频调速	变频调速	变频调速
快退快进速度/（mm/min）	4000	4000	4000	4000	4000

②40XBJ 型端面铣边机技术参数见表 12-4。

表 12-4 40XBJ 型端面铣边机技术参数

技术参数＼型号	40XBJ-4	40XBJ-6	40XBJ-9	40XBJ-12	40XBJ-15
铣削工件最大长度/mm	4000	6000	9000	12000	15000
铣削动力头的功率/kW	7.5	7.5	7.5	7.5	7.5
工件板厚/mm	6～50	6～50	6～50	6～50	6～50
铣削工进速度/（mm/min）	130～1000	130～1000	130～1000	130～1000	130～1000
调速方式	变频调速	变频调速	变频调速	变频调速	变频调速
快退快进速度/（mm/min）	4000	4000	4000	4000	4000

2. DX 系列铣边机

DX 系列铣边机主要用来铣削加工 H 型钢或 BOX 柱等钢结构件的端面，铣削速度变频可调。动力头的角度在垂直面内手动调整，以铣削型钢断面的坡口。可选配液压工件支架，可靠夹紧工件，减少铣削时的振动。DX 系列铣边机技术参数见表 12-5。

表 12-5 DX 系列铣边机技术参数

技术参数＼型号	DX1215	DX1520	DX1540	DX2060
可铣削工件端面高度尺寸/mm	1200	1500	1500	2000
可铣削工件端面宽度尺寸/mm	1500	2000	4000	2000
铣削动力功率/kW	5.5	5.5	7.5	7.5

续表 12-5

技术参数 \ 型号	DX1215	DX1520	DX1540	DX2060
垂直调整速度/（mm/min）	1200	1200	1500	1500
水平铣削速度/（mm/min）	50～500	50～500	100～1000	100～1000
动力头在垂直面内的调节角度/（°）	0～45	0～45	0～45	0～45

3. XB 系列铣边机

XB 系列铣边机采用无压梁设计，钢板装卸安全、方便，提高工作效率；钢板靠强磁力吸盘固定，单座吸力达到 3t，且稳定性好，精度高，无漏油问题。本机采用往返铣削，提高铣削效率。因此广泛用于锅炉、压力容器制造、造船、电力、化工、石油工程机械、桥梁建筑等行业。XB 系列铣边机技术参数见表 12-6。

表 12-6 XB 系列铣边机技术参数

技术参数 \ 型号		XB-4	XB-6	XB-9	XB-12	XB-16
铣削角度/（°）		0～45 （0～90）	0～45 （0～90）	0～45 （0～90）	0～45 （0～90）	0～45 （0～90）
加工板材厚度/mm		6～400	6～400	6～400	6～400	6～400
行走、铣削速度/(mm/min)		变频调速（300～1500）				
动力头旋转速度/（r/min）		960（800）	960（800）	960（800）	960（800）	960（800）
铣削斜边宽度/min		25	25	25	25	25
单座吸料力/t		3×5	3×7	3×10	3×13	3×17
进给电动机功率/kW		1.5	1.5	1.5	1.5	1.5
铣削电动机功率/kW		5.5	5.5	5.5	5.5	5.5
升降电动机功率/kW		0.55	0.55	0.55	0.55	0.55
压料台距地面高度/mm		900	900	900	900	900
机床外形尺寸/mm	长	5200	7200	10200	13200	17200
	宽	2550	2550	2550	2550	2550
	高	1450	1450	1450	1450	1450

4. BXBJ 系列数控铣刨切削机床

BXBJ 系列数控铣刨切削机床，具有铣刨双重功能，双铣头与刨削头一起安装在同一工作台上，既能进行刨削加工，也能进行铣削加工，并可以实现在一次装夹中完成对 X 形坡口的加工，不需重新将板料校正装夹、对刀，因而极大地提高了工作效率。该机床采用机电一体化设计理念，全部设有自动、手动水平、垂直进刀、报警等功能，达到人机结合、方便操作，降低了对操作者的要求。BXBJ 系列铣刨机技术参数见表 12-7。

表 12-7　BXBJ 系列铣刨机技术参数

技术参数 \ 型号		BXBJ-4	BXBJ-6	BXBJ-9	BXBJ-12	BXBJ-14	BXBJ-16	BXBJ-25
刨削工件最大尺寸/mm	长 L	4000	6000	9000	12000	14000	16000	25000
	高 H	6～300	6～300	6～300	6～300	6～300	6～300	6～300
横向刨削行走速度/（m/min）		1.7～20	1.7～20	1.7～20	1.7～20	1.7～20	1.7～20	1.7～20
铣削角度/（°）		0～45	0～45	0～45	0～45	0～45	0～45	0～45
铣削速度/（m/min）		0.3/0.5	0.3/0.5	0.3/0.5	0.3/0.5	0.3/0.5	0.3/0.5	0.3/0.5
铣削主轴转速/（m/min）		90～680	90～680	90～680	90～680	90～680	90～680	90～680
主交流电动机功率/kW		18.5	18.5	18.5	18.5	18.5	18.5	18.5
液压系统工作压力/MPa		≤3	≤3	≤3	≤3	≤3	≤3	≤3
刀架回转最大角度		±25	±25	±25	±25	±25	±25	±25
刨刀杆最大截面/（mm×mm）		50×50	50×50	50×50	50×50	50×50	50×50	50×50
进给电动机功率/kW		1	1	1	1	1	1	1
油泵电动机功率/kW		5.5	5.5	5.5	5.5	5.5	5.5	5.5
支撑平台距地面距离/mm		1200	1200	1200	1200	1200	1200	1200
机床外形尺寸/mm	长	8500	10280	13500	16800	18800	21600	30600
	宽	2240	2240	2240	2240	2240	2240	2700

12.2.4 坡口加工机

坡口加工机是一种高效节能的焊接专用辅助设备，可用于加工Q235、Q345、16Mn、16MnR、不锈钢、铜、铝等金属材料坡口。坡口加工后质量好、尺寸准确、表面光洁、操作简便、能耗极低，备受用户欢迎。常用HP系列坡口加工机技术参数见表12-8。

表12-8 常用HP系列坡口加工机技术参数

技术参数 \ 型号	HP-10	HP-14	HP-18	HP-20	HP-26
被加工钢板抗拉强度/MPa	390～750	390～750	390～750	390～750	390～750
坡口最大宽度 B/mm	12～7	20～12	24～15	27～17	35～20
工件最大厚度 δ/mm	30	40	45	50	70
坡口角度调整范围/（°）	30～45	20～50	20～50	20～50	20～50
最小钝边高度 p/mm	1	1.5	1.5	1.5	1.5
加工坡口速度 v/（m/min）	2.6～3.4	2.6～3.4	1.8～2.8	1.3～3.4	0.8～3.4
主电动机功率/kW	2.2	3	4	4/3	6/5/2.2
整机质量/kg	65	1000	1250	1450	4500
外形尺寸/（mm×mm×mm）	600×470×700	1280×950×1356	1280×1000×1356	1280×1018×1480	1700×1200×1830
工作噪声/dB	≤65	≤65	≤65	≤65	≤70
配备刀具	小	普	普	普、粗	普、粗、特粗

12.2.5 管道坡口机

管道的坡口加工可以在车床上完成，但在管道施工中往往不大方便，这里介绍的管道坡口机可以在现场直接加工。

1. PK系列便携式电动管道坡口机

图12-13所示为便携式电动管道坡口机，PK系列便携式电动管道坡口机技术参数见表12-9。

图12-13 便携式电动管道坡口机

表 12-9　PK 系列便携式电动管道坡口机技术参数

型号	管径/mm	装卡	进刀行程/mm	一次装刀壁厚/mm	功率/W	操作质量/kg
PK-76	外径 27～76	外卡	20	12	1010	8
PKZ-76	外径 27～76	外卡	20 自动进给	12	1010	8
PKN-76	外径≤80 内径≥27	内胀	30	20	1010	8
PKN-160	外径≤159 内径≥56	内胀	30	28	1010	20
PKN-400	外径≤402 内径≥115	内胀	60	28	1050	25
PKN-630	外径≤630 内径≥300	内胀	50	70	1050	74

PK 系列便携式电动管道坡口机的使用方法是将定位器插入管内，再通过旋转上面的手柄将坡口机定位。调整刀具，使其与加工的坡口相吻合。插上电源插头，接通开关开始加工坡口。

2. 卧式电动内胀管道坡口机

PK 系列便携式电动管道坡口机适用于立管，卧式电动内胀管道坡口机适用于水平管。NP 系列电动内胀管道坡口机技术参数见表 12-10。图 12-14 所示为卧式电动内胀管道坡口机。

表 12-10　NP 系列电动内胀管道坡口机技术参数

技术参数＼型号	NP18-80	NP30-219	NP80-273
管子内径/mm	18～75	30～210	75～250
管子外径/mm	20～80	35～219	80～273
电动机功率/W	550	750	750
工作电压/V	AC 380	AC 380	AC 380
径向进给量/mm	0.170～0.33	0.170～0.33	0.170～0.33
径向进给距离/mm	≤60	≤60	≤60

续表 12-10

型号 技术参数	NP18-80	NP30-219	NP80-273
轴向进给	手动	手动	手动
轴向进给距离/mm	≤40	≤50	≤50
质量/kg	25	50	50

3. 内胀式气动管道坡口机

图 12-15 所示为内胀式气动管道坡口机。本机采用气动马达驱动，压缩空气的工作压力为 1～1.5MPa，耗气量为 1000～2000L/min，加工过程不产生火花；具有自动走刀机构，切削量可微调，坡口角度在 0°～37° 任意选择；适用于 DN75mm 以下厚壁管加工，还可应用于各种法兰面的加工。内胀式气动管道坡口机技术参数见表 12-11。

图 12-14　卧式电动内胀管道坡口机

1. 车刀；2. 内胀头；3. 吊环；4. 电动机

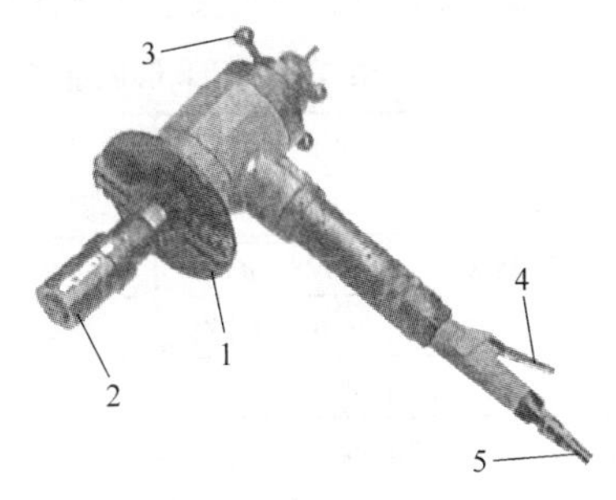

图 12-15　内胀式气动管道坡口机

1. 刀架；2. 内胀头；3. 内胀手柄；4. 气阀手柄；5. 接压缩空气管端

表 12-11　内胀式气动管道坡口机技术参数

型　　号	加工范围/mm	切割壁厚/mm	刀盘转速/（r/min）	质量/kg
TCM-350-Ⅱ	ϕ80～ϕ273	≤75	16	38
TCM-351-Ⅱ	ϕ150～ϕ351	≤75	14	45

续表 12-11

型　　号	加 工 范 围	切割壁厚/mm	刀盘转速/（r/min）	质量/kg
TCM-630-Ⅱ	ϕ300～ϕ630	≤75	10	55
TCM-850-Ⅱ	ϕ600～ϕ850	≤75	8	76
TCM-1050-Ⅱ	ϕ820～ϕ1050	≤75	7	105
TCM-1300-Ⅱ	ϕ1030～ϕ1300	≤75	5	116
TCM-1500-Ⅱ	ϕ1270～ϕ1500	≤75	4	145

4. T 形内胀式气动管道坡口机

T 型内胀式气动管道坡口机如图 12-16 所示。该机采用气动马达驱动，压缩空气工作压力为 0.6～1.5MPa，耗气量为 650～1500L/min。T 形的结构设计如图 12-16（a）所示，操作更方便，质量轻，便于携带；适用于易燃、易爆等危险性作业场所。

T 形内胀式气动管道坡口机技术参数见表 12-12。

表 12-12　T 形内胀式气动管道坡口机技术参数

型　　号	加工范围/mm	坡口壁厚/mm	刀盘转速/（r/min）	质量/kg
TCN-28T	ϕ13～ϕ30	≤15	58	4.5
TCM-80T	ϕ28～ϕ80	≤15	55	6
TCM-150T	ϕ65～ϕ159	≤20	34	14.5
TCM-350T	ϕ150～ϕ350	≤20	16	36

5. Y 形内胀式气动管道坡口机

Y 型内胀式气动管道坡口机如图 12-16 所示。该机采用气动马达驱动，空气工作压力为 0.6～0.9MPa，耗气量为 650～1500L/min；Y 形的结构设计如图 12-16（b）所示，径向空间小，质量轻，便于携带；适用于易燃、易爆等危险性作业场所。Y 形内胀式气动管道坡口机技术参数见表 12-13。

表 12-13　Y 形内胀式气动管道坡口机技术参数

型　　号	加工范围/mm	坡口壁厚/mm	刀盘转速/（r/min）	质量/kg
TCM-150	ϕ65～ϕ159	≤20	34	11
TCM-250	ϕ80～ϕ273	≤20	16	36
TCM-351	ϕ150～ϕ351	≤20	14	41

续表 12-13

型　号	加工范围/mm	坡口壁厚/mm	刀盘转速/（r/min）	质量/kg
TCM-630	ϕ300～ϕ630	≤15	10	54
TCM-850	ϕ600～ϕ850	≤15	8	63
TCM-1050	ϕ820～ϕ1050	≤15	7	78
TCM-1300	ϕ1030～ϕ1300	≤15	5	88
TCM-1500	ϕ1270～ϕ1500	≤15	4	98

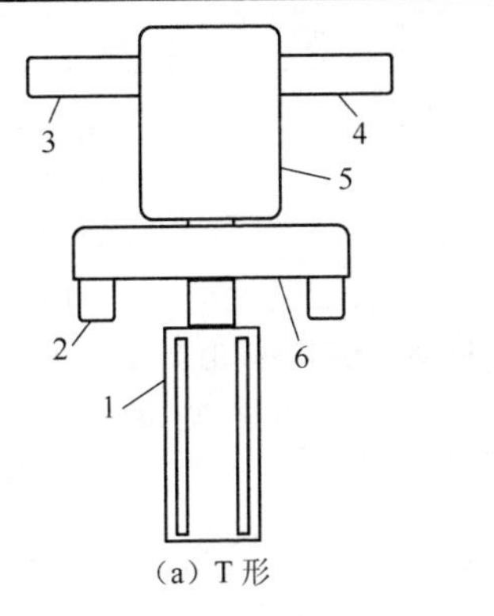

（a）T 形

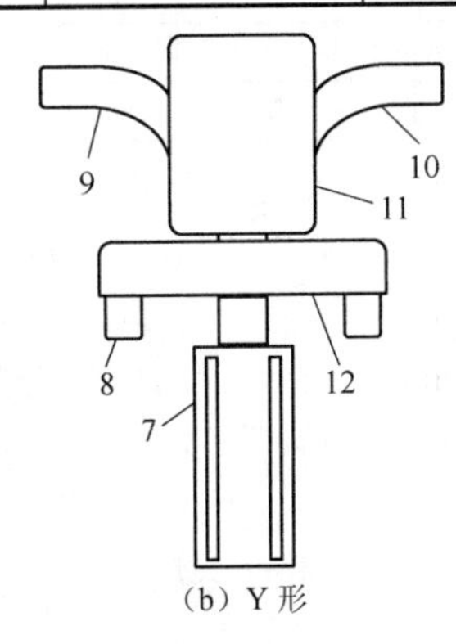

（b）Y 形

图 12-16　T 形和 Y 形内胀式气动管道坡口机

1、7. 内胀式定位头；2、8. 车刀架；3、4、9、10. 把手；
5、11. 气动马达及减速机构；6、12. 车刀盘

6. ISY 系列管道坡口机

ISY 系列管道坡口机采用交流 220V 电动机作为动力，内胀式结构，自定管道中心，操作非常方便，主要用于各种管道不同要求的坡口加工。其技术参数见表 12-14。

表 12-14　ISY 系列管道坡口机技术参数

型　号	横向走刀量/mm	坡口管子内径/mm	坡口管子外径/mm	一次性切削壁厚/mm	轴向进刀最大行程/mm	质量/kg
ISY-80	0.15	26～76	28～80	2～15	35	7
ISY-150	0.15	65～159	65～180	3～20	50	22

续表 12-14

型　　号	横向走刀量/mm	坡口管子内径/mm	坡口管子外径/mm	一次性切削壁厚/mm	轴向进刀最大行程/mm	质量/kg
ISY-150B	0.15	65～159	65～180	3～20	50	23
ISY-250	0.15	80～240	80～273	4～20	55	36
ISY-250B	0.15	80～240	80～273	4～20	50	37
ISY-351	0.15	150～330	150～351	4～50	—	53
ISY-351-2	0.15	150～330	150～351	4～70	55	62
ISY-630-1	0.15	280～600	280～630	15～70	55	103
ISY-630-2	0.15	280～600	280～630	15～70	55	103

7. 气动管道坡口机

管道对接焊接时，为了满足对接焊缝的熔透要求，焊接前需要将管道待焊处开坡口，气动管道坡口机以压缩空气为动力，可对$\phi 8$～$\phi 630$mm 的碳钢、不锈钢、铜等金属材料管道开 V 形、U 形坡口，以及倒棱、倒角、削边的加工，具有加工质量好、效率高、携带方便、操作简单等优点。

①GPK 系列气动管道坡口机技术参数见表 12-15。

表 12-15　GPK 系列气动管道坡口机技术参数

型号	加工管道外径/mm	气动马达功率/W	空载转速/（r/min）	空气压力/MPa	最大耗气量/（L/min）	切削管道最大厚度/mm	噪声/dB	质量/kg
GPK-80	28～80	338	150	0.6	630	20	75	7.1
GPK-150	65～150	411	34	0.6	960	20	75	12.5
GPK-351	159～351	662	18	0.5～0.6	1000	不限	75	42
GPK-630	300～630	809	8	0.5～0.6	1200		75	55

②GPJ 系列气动管道坡口机技术参数见表 12-16。

表 12-16　GPJ 系列气动管道坡口机技术参数

技术参数＼型号	GPJ-30	GPJ-80	GPJ-150	GPJ-350
空气压力/MPa	0.6	0.6	0.6	0.6

续表 12-16

技术参数＼型号	GPJ-30	GPJ-80	GPJ-150	GPJ-350
最大输出功率/kW	0.23	0.47	0.49	0.74
最大耗气量/（L/min）	310	630	960	1000
额定转数/（r/min）	110	75	17	6
空载转数/（r/min）	220	150	34	9
额定转矩/（N·m）	10	45	98	180
胀紧管内径/mm	10～29	28～78	70～145	150～300
加工管道直径/mm	8～30	28～80	65～150	125～350
最大进给行程/mm	10	35	50	55
质量/kg	约 2.7	约 7	约 12.5	约 42

12.3　焊接工具和用具

12.3.1　焊钳

焊条电弧焊时，用以夹持焊条进行焊接的工具称为焊钳，俗称电焊把。焊钳的结构如图 12-17 所示。按焊钳允许使用的电流值分类，有 300A 和 500A 两种。

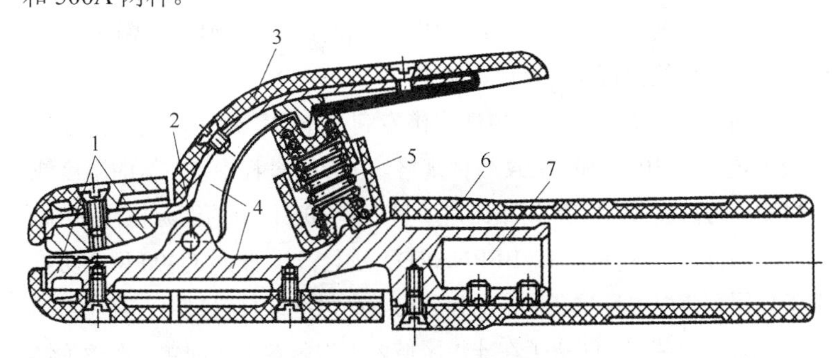

图 12-17　焊钳的结构

1. 钳口；2. 固定销；3. 弯臂罩壳；4. 弯臂直柄；5. 弹簧；6. 胶布手柄；7. 焊接电缆固定处

焊钳除起夹持焊条作用外，还起传导焊接电流的作用，因此要求焊钳的钳口导电性能好；外壳绝缘性好；在保证其功能的前提下质量尽量小些；装换焊条方便；夹持牢固和安全耐用等。焊钳的技术参数见表12-17。

表12-17　焊钳的技术参数

规　格	额定焊接电流/A	额定负载持续率（%）	可夹持焊条直径/mm	能够连接的电缆截面面积/mm²
160（150）	160（150）	60	2.0～4.0	≥25
250	250	60	2.5～5.0	≥35
315（300）	315（300）	60	3.2～5.0	≥35
400	400	60	3.2～6.0	≥50
500	500	60	4.0～（8.0）	≥70

焊钳在使用中出现发热的现象，其原因为电接触不良和超负荷使用。如出现发热，则应停止焊接，检查焊钳发热的原因，但绝对不允许用浸水方法冷却焊钳。焊接过程中，选用焊钳要求焊钳必须有良好的绝缘性，焊接过程中不易发热烫手。焊钳钳口材料要有高的导电性和一定的力学性能，故用纯铜制造。焊钳能夹住焊条，焊条在焊钳夹持端，能根据焊接的需要变换多种角度；焊钳的质量小，便于操作。焊钳与焊接电缆的连接应简便可靠，接触电阻小。

目前市场上有一种荣获电缆中国专利的不烫手焊钳，能安全通过的最大电流有300A和500A两种规格。在焊接过程中，手柄的温度或≤11℃。与国内外轻型焊钳相比，质量下降30%，节约能源材料60%。此外，还有根据国外产品（BERNARD）进行改进的CAQ400型全防护手工焊钳。该焊钳自重轻，带电部分均有高级绝缘材料封闭，有能自动脱落焊条头的装置，解决了在非焊区域内不得随意引弧问题。不烫手焊钳型号和主要特点见表12-18。

表 12-18 不烫手焊钳型号和主要特点

型 号	专 利 号	主 要 特 点
QY-91（超轻型）	发明专利号：891072055	焊接电缆线可以从手柄腔内引出，也可以从手柄前的旁通腔引出，使手柄内无高温电缆线，减少热源 90%，从而达到不烫手的目的，不影响传统使用习惯
QY-93（加长型）	实用新型专利：9112299363	焊接电缆线紧固接头延伸在手柄尾端后的护套内，安装电缆线极为省事；采用特殊的结构使手柄内热辐射减少 80%，从而达到不烫手的目的
QY-95（三叉型）	申请专利号：93242600X	焊钳为三根圆棒形式，设有防电弧辐射热护罩。维修方便，焊钳头部细长，适合各种环境焊接，手柄温升低而不烫手

12.3.2 焊接电缆（焊把线）

电焊机至电焊钳的导线称为焊接电缆，即焊把线。焊接电缆采用多股软导线复绞制成。导电线芯外面采用耐热聚酯薄膜绝缘带绕包，最外层用橡胶制成的绝缘兼护套作为保护层。为了保证焊接安全和操作的方便，对焊把线有如下要求。

①焊接电缆在大电流的条件下工作，要求具有足够的导电面积，否则工作中会出现因过载而发热和产生过热的现象，导致事故发生。焊接电缆的载流能力见表 12-19。

表 12-19 焊接电缆的载流能力

焊接电流/A	100	125	160	200	250	315	400	500	630
导线截面面积/mm^2	16	16	25	35	50	70	95	120	150

②电焊机电缆频繁地移动、扭绕和拖放，要求其柔软、弯曲性能好。

③在拖放中易受到尖锐钢铁构件的刮、擦，故要求电缆绝缘橡胶能抗撕裂，耐磨性能好。

④焊接电缆的使用环境条件复杂，如日晒、水浸、接触泥水、机油、酸碱液体等，要求有一定的耐候性和耐油、耐溶剂性。

⑤电缆线芯的长期工作温度不得超过 65℃。

12.3.3　电缆快速接头

用于电缆与电缆、电缆与弧焊电源的连接，电缆快速接头、快速连接器技术参数见表12-20。

表12-20　电缆快速接头、快速连接器技术参数

快速接头			快速连接器		
型号	额定电流/A	备注	型号	额定电流/A	备注
DKJ-16	≤160	该产品由插头和插座两部分组成，能快速地将电缆连接在弧焊电源的两端	DKJ-16	≤160	能快速地将两根电缆线连接在一起
DKJ-25	≤250		DKJ-25	≤250	
DKJ-50	≤315		DKJ-50	≤315	
DKJ-70	≤400		DKJ-70	≤400	
DKJ-95	≤630		DKJ-95	≤630	
DKJ-120	≤800		DKJ-120	≤800	

12.3.4　胶管和接头

1. 氧气胶管和乙炔胶管

（1）胶管的颜色　按现行规定，氧气胶管为红色，乙炔胶管为黑色（或绿色）；氧气胶管内径为8mm，乙炔胶管内径为10mm；氧气胶管工作压力为1.5MPa，试验压力为3MPa；乙炔胶管工作压力为0.5MPa或1MP。外表层橡胶为红色（氧气管）、黑色或绿色（乙炔管），有纵向条纹，丝线层的作用是提高管的强度；内表层橡胶一般为黑色，表面光滑，以减小对气流的阻力。

①氧气胶管技术参数见表12-21。

表12-21　氧气胶管技术参数

公称尺寸及允差/mm			胶层厚度不小于/mm		耐压性能/MPa		
公称内径	内径允差	长度允差	内胶层	外胶层	工作压力	试验压力	最小爆破压力
6.3	±0.55	软管全长的1%	1.5	1.2	2.0	4.0	6.0
8.0	±0.06						
10.0	±0.06						
12.5	±0.65						

②乙炔胶管技术参数见表 12-22。

表 12-22 乙炔胶管技术参数

公称尺寸及允差/mm			胶层厚度不小于/mm		耐压性能/MPa		
公称内径	内径允差	长度允差	内胶层	外胶层	工作压力	试验压力	最小爆破压力
6.3	±0.55	软管全长的 1%	1.5	1.2	0.3	0.6	0.9
8	±0.60						
10	±0.60						

（2）使用安装方法 氧气胶管的工作压力较高，管子两端应绑扎牢固。乙炔胶管与减压器焊枪接头的配合应松紧适宜，不需要绑扎。

（3）胶管使用的注意事项

①氧气胶管和乙炔胶管的工作压力不同，对管子的强度要求也不同，因此不能用乙胶胶管代替氧气胶管使用。

②工作时应注意不要使胶管落在刚焊好的焊缝上，以免烫坏胶管。

③胶管管路不要折或被工件压住致使气体流动受阻，防止出现回火。

④管子老化后，易出现漏气现象，应及时更换新管，以防发生危险。

⑤管子出现损坏时，若其他部分完好，可用粗细合适的铁管连接，并用管卡或钢丝绑扎牢。切不可用纯铜管连接。

2. 胶管接头

胶管接头如图 12-18 所示。

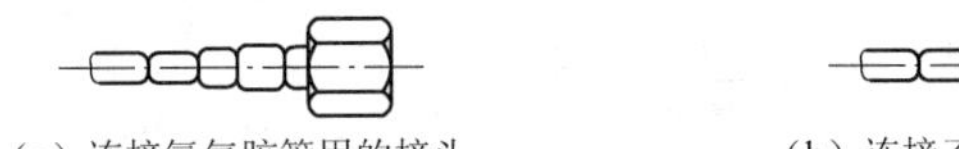

（a）连接氧气胶管用的接头 （b）连接乙炔胶管用的接头

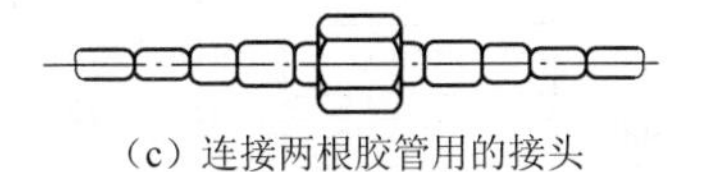

（c）连接两根胶管用的接头

图 12-18 胶管接头

12.3.5 点火枪

1. 种类和基本结构

如图 12-19 所示，点火枪有燃气式和电子式（即高压电火花点火）

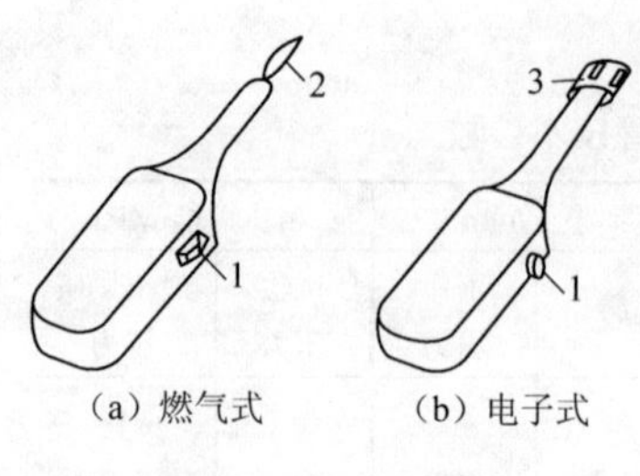

（a）燃气式　（b）电子式

图 12-19　点火枪

1. 点火开关；2. 火焰；3. 电子点火头

两种。由于点火枪的结构使焊工的手能远离火焰，因此其安全性高。

2. 使用方法

焊工左手持火枪，朝向前右上方点燃（右手持焊枪朝前左方），焊嘴对准点火枪的火焰，焊嘴距火焰 50～100mm，右手缓慢旋转乙炔开关。点燃后立即关闭点火枪并放在可靠位置。

点火枪使用时应注意电子式点火枪内部有高压电，不要触摸火花口；燃气式点火枪柄有燃气罐，受热易爆炸，注意不要受热。

12.3.6　焊条烘干箱

目前焊条烘干箱的种类多，常用焊条烘干、保温设备见表 12-23。其中 BHY 节能型自控远红外系列焊条烘干箱采用自动控温、自动保温，定时报警装置。它的控制精度高、操作方便、热效率高、加热均匀。

表 12-23　常用焊条烘干、保温设备

名　　称	型号规格	容量/kg	主要技术指标
自动远红外电焊条烘干箱	RDL4-30	30	采用远红外辐射加热、自动控温、不锈钢材料的炉膛、分层抽屉结构，最高烘干温度可达 500℃，100kg 容量以下的烘干箱设有保温储藏箱。 RDL4 系列电焊条烘干箱代替 YHX、ZYH、ZYHC、DH 系列，使用性能不变
	RDL4-40	40	
	RDL4-60	60	
	RDL4-100	100	
	RDL4-150	150	
	RDL4-200	200	
	RDL4-300	300	
	RDL4-500	500	
	RDL4-1000	1000	
记录式数控远红外电焊条烘干箱	ZYJ-500	500	采用三数控带 P.I.D 超高精度仪表，配置自动平衡记录仪，使焊条烘焙温度、温升时间曲线有实质记录供焊接参考，最高温度达 500℃
	ZYJ-150	150	
	ZYJ-100	100	
	ZYJ-60	60	

续表 12-23

名　称	型号规格	容量/kg	主要技术指标
节能型自控远红外电焊条烘干箱	BHY-500	500	具有自动控温、自动保温、烘干定时、报警技术多种功能，最高温度达 500℃
	BHY-100	100	
	BHY-60	60	
	BHY-30	30	

12.3.7 焊条保温筒

焊条保温筒是在焊工施焊过程中，对所使用的焊条保存并能加热保温的工具。加热器利用弧焊机的二次电压为电源，并可以控制升温。焊条保温筒使用方便，便于携带，对于低氢焊条更需配备保温筒进行焊接作业。

①常用焊条保温筒技术参数见表 12-24。

表 12-24 常用焊条保温筒技术参数

技术参数＼型号	PR-1	PR-2	PR-3	PR-4
电压范围/V	25～90	25～90	25～90	25～90
加热功率/W	400	100	100	100
工作温度/℃	300	200	200	200
绝缘性能/mΩ	＞3	＞3	＞3	＞3
可容纳的焊条质量/kg	5	2.5	5	5
可容纳的焊条长度/mm	410/450	410/450	410/450	410/450
质量/kg	3.5	2.8	3	3.5
外形尺寸（直径×高）/（mm×mm）	ϕ145×550	ϕ110×570	ϕ155×450	ϕ195×700

②焊条保温筒技术参数见表 12-25。

表 12-25 焊条保温筒技术参数

型　号	形　式	容量/kg	温度/℃
TRG-5	立式	5	200
TRG-%W	卧式	5	
TRG-2.5	立式	2.5	
TRG-2.5B	背包式	2.5	

续表 12-25

型　　号	形　　式	容量/kg	温度/℃
TRG-2.5C	顶出式	2.5	200
W-3	立卧两用	5	
PR-1	立式	5	300

12.3.8 氩气减压流量计

氩气减压流量计用于氩弧焊，可直接装在气瓶上，减压后可调节氩气流量，并显示液压量值，其技术参数见表 12-26。

表 12-26 氩气减压流量计技术参数

型　　号	额定输入压力/MPa	额定输出压力/MPa	额定流量/（L/min）	安全保护压力/MPa	质量/kg
AT-15	15	0.45±0.05	15	≤0.18	1.5
AT-30			30	≤0.7	

12.3.9 二氧化碳减压流量调节器

二氧化碳减压流量调节器用于二氧化碳气体减压、加热和流量调节，其技术参数见表 12-27。

表 12-27 二氧化碳减压流量调节器技术参数

型号	输入压力/MPa	输出压力/MPa	额定流量/（L/min）	预热恒温温度/℃	安全保护压力/MPa	加热电压/V	加热功率/W	质量/kg
CT-30	6	0.4～0.45	30	80±10（室温 28）	≤0.8	AC36	100	2.6

12.3.10 CXJ-1 直角磁性吸具

CXJ-1 直角磁性吸具具有国内首创的双面强吸力永磁工作面和直角，工业应用前景广阔，尤其是在焊工作业和装配作业方面，不需要辅助工便可进行箱体装配及焊接，不仅提高工作效率和质量，还可以大幅度减轻工人的劳动强度。直角磁性吸具还能应用于起重、定位、吊挂等工作中，直角磁性吸具工作完毕后，侧拉即可卸下。CXJ-1 直角磁性吸具的工作状态如图 12-20 所示。

12.3.11 焊接测量尺

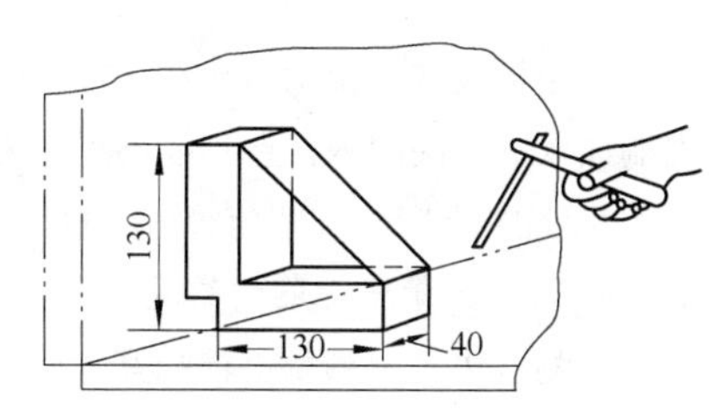

图 12-20 CXJ-1 直角磁性吸具的工作状态

焊接测量尺（又称焊接测量器）主要用来检验焊接坡口尺寸、装配尺寸和焊缝外形尺寸等。

根据各种不同的测量需要，焊接测量尺可有以下几种用途。

1. 用作测量两个管道安装错口的尺寸

将测量块的一端与活动尺的一端平齐并紧靠被测量管道的一边，使测角板的尖角与另一个被测量管道侧面相接触，这时，测角板上的标志线在测量块尺寸刻度上的指示值，即为两个管道安装错口的尺寸，测量两个管道安装错口的尺寸如图 12-21 所示。

2. 用作测量管道坡口的角度

将测量块较长的一边与被测管道端部平齐，测角板长边沿坡口边放置，这时，测角板上标志线在测量块角度刻度上的指示值，即为管道坡口的角度，测量管道坡口的角度如图 12-22 所示。

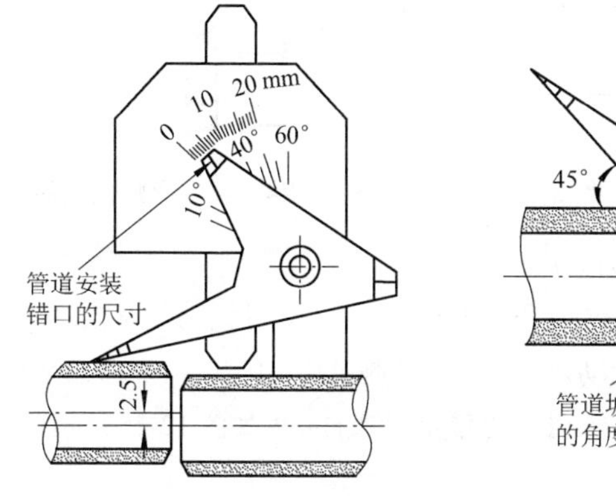

图 12-21 测量两个管道安装错口的尺寸

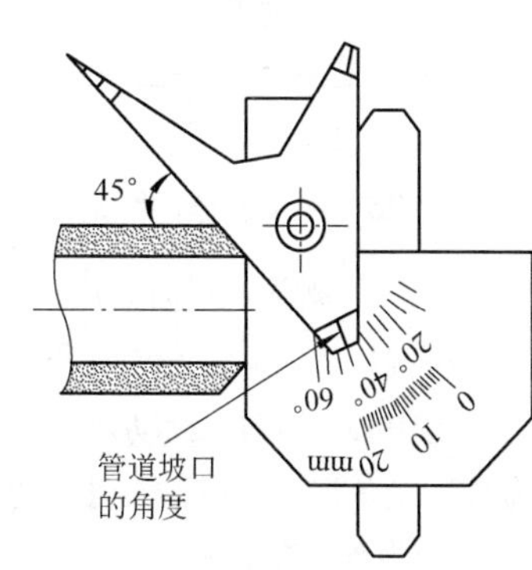

图 12-22 测量管道坡口的角度

3. 用作测量管道间隙的尺寸

测角板尖端部位上有刻线，每一刻线代表着不同的尺寸，将测角板尖端插入管道间隙内，直到插不下去为止，这时，尖端两侧面与管道表面相交处的刻线尺寸，即为管道间隙尺寸，具体使用方法如图 12-23 所示。

4. 用作测量平焊缝的高度

将测量块与被测量工件相互顶住，并且使活动尺一端与焊缝接触，这时，活动尺上的刻线对准测量块上尺寸刻度线的值，即为被测量焊缝高度的尺寸，测量平焊缝的高度如图 12-24 所示。

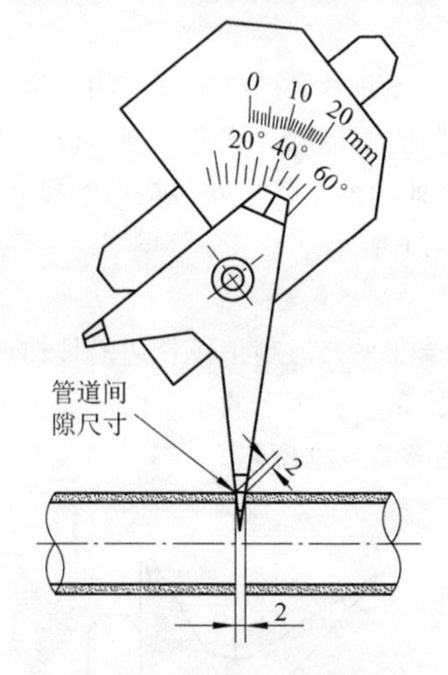

图 12-23　测量管道间隙的尺寸

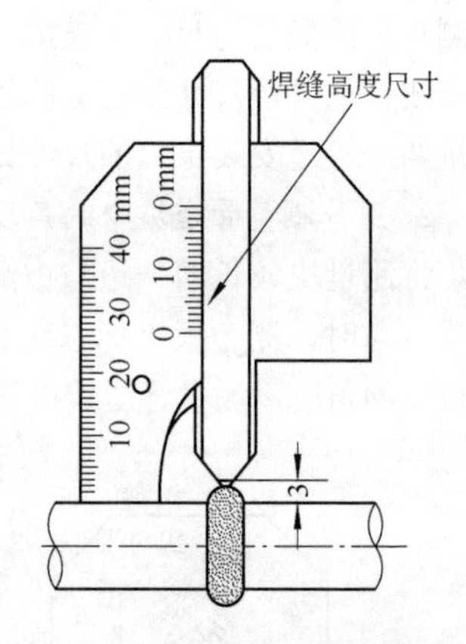

图 12-24　测量平焊缝的高度

5. 用作测量角焊的高度

将测量块两斜边与被测量件两边顶住，并且使活动尺对准被测量角的焊缝中心，这时，活动尺上刻线对准测量块上的尺寸刻度线的值，即为被测量角焊缝高度的尺寸，测量角焊缝的高度如图 12-25 所示。

6. 用作一般钢尺

如果只利用测量块的一边，测量尺可作为一般钢尺使用，如图 12-26 所示。

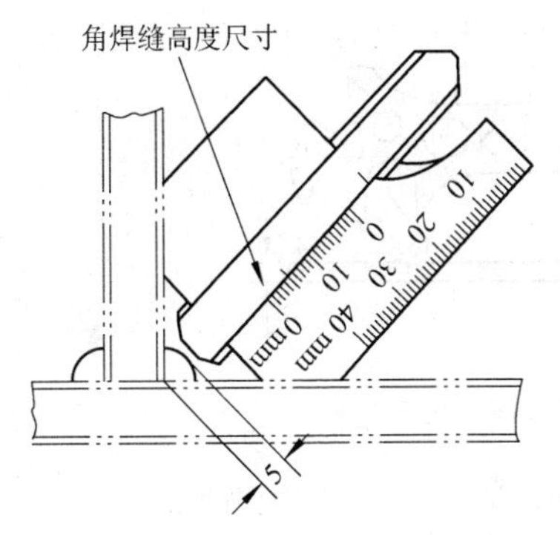

图 12-25　测量角焊缝的高度

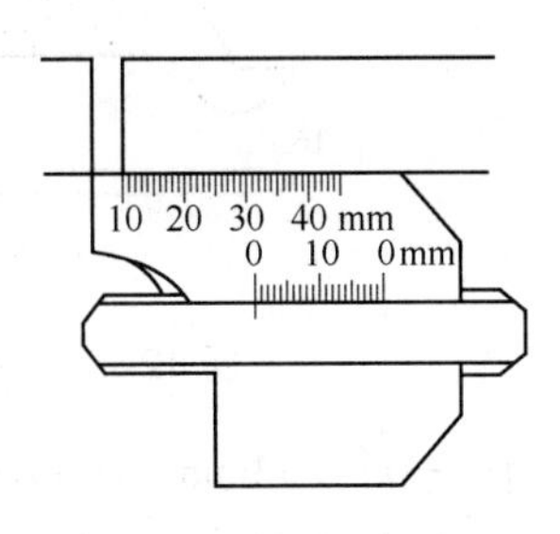

图 12-26　用作一般钢尺

12.3.12　气焊割多用途扳手

1. 活扳手的问题

在气焊（割）过程中，通常使用活扳手进行拆装和维修。但是，活扳手在使用过程中存在着不少问题。

①在气焊（割）过程中，活扳手常常要置于气瓶上，这样，如果在流动性较大的场合工作，很容易丢失，从而影响生产。

②由于气焊开关和焊枪、割炬的材料都是铜合金件；而采用活扳手操作时，扳手开口又不可能开闭得完全符合要求，所以在操作时较容易将铜合金零件磨损。

③拆装一次焊枪、割炬、气瓶、焊接设备需要选用多种规格尺寸的扳口，这样使用活扳手时就需要经常地调整扳口的尺寸，使用者会感到十分麻烦。

2. 多用途扳手的结构

为了解决上述问题，设计制造一种气焊割多用途扳手是十分必要的。气焊割多用途扳手结构如图 12-27 所示。这种扳手的材料为 45 钢，淬火硬度为 35～40HRC。各扳口主要尺寸和用途分别如图 12-27 所示。

①——对方 30mm、直径ϕ34mm，适用于气表、气瓶联接螺母的装卸。

②——方孔 8mm，适用于开闭气瓶阀（阀门无手轮时）。

③——对方 11mm、直径ϕ13mm，适用于小号割炬嘴和中号焊炬嘴等的装卸。

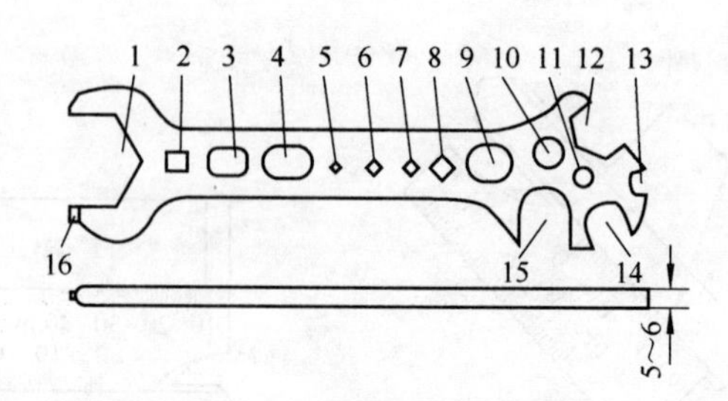

图 12-27　气焊割多用途扳手结构

④——对方 13mm，直径ϕ15mm，适用于中号割炬嘴等的装卸。

⑤——3mm 丝锥绞杆孔。

⑥——4mm 丝锥绞杆孔。

⑦——6mm 丝锥绞杆孔。

⑧——8mm 丝锥绞杆孔。

⑨——对方 14mm、直径ϕ17mm，适用于大号割炬嘴等的装卸。

⑩——对方 15mm、直径ϕ18mm，适用于小号割炬快风道螺母等的装卸。

⑪——割炬芯嘴装卸孔。

⑫——对方 18mm、直径ϕ21mm，适用于气表、焊（割）炬接头及气表通道杆六方的装卸。

⑬——对方 8mm、直径ϕ10mm，适用于割炬芯嘴及手把螺母的装卸（各号通用）。

⑭——对方 15mm、直径ϕ17mm，适用于小号割炬快风道螺母的装卸。

⑮——对方 16mm、直径ϕ20mm，适用于中号焊枪杆螺母等的装卸。

⑯——手把螺钉旋具。

3. 应用特点

多用途扳手，经过使用后显示出许多优点。

①扳口尺寸符合气瓶、焊枪、割炬、焊接设备上有关零部件的尺寸，基本上做到了扳口专用化，不易损坏。

②扳手轻巧、实用、经济，并可随身携带。

③扳口各部位基本上满足了气焊（割）工用以装卸和维修的需要，操作方便，工作效率也可以大大提高。

④为了减轻扳手质量，并充分发挥其作用，在扳手中部设置了一些维修工具孔，如丝锥绞杆孔等。

由于气焊（割）工在工作中所涉及的一些零部件大部分是铜合金件，它们不像钢制螺栓、螺母那样难以装卸，所以气焊（割）工特别适宜采用这种扳手。

为了延长多用途扳手的使用寿命，最好不要将其用来紧固或拧卸钢制螺栓、螺母。

12.3.13　电极握杆

电极握杆又称电极夹头，用于固定点焊电极。其功能是向电极传输焊接电流、电极力和冷却水，此外可以调整电极与焊件之间的相对位置，使电极均能到达焊件上各待焊点。

常用电极握杆结构是直握杆，其次是弯握杆，如图 12-28 所示。直握杆适用于各种容量的标准点焊机上，电极不经常拆卸，拆卸时需用扳手。握杆与电极配合有锥面连接、螺纹联接和直柄连接三种，用得最多的为锥面连接。点焊电极握杆的基本尺寸见表 12-28。

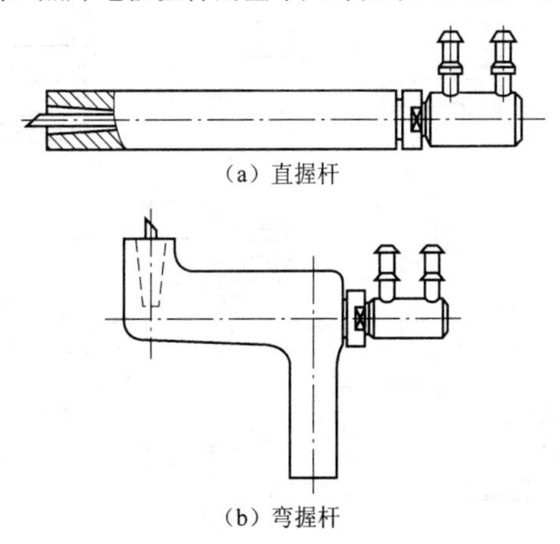

（a）直握杆

（b）弯握杆

图 12-28　常用电极握杆结构

表 12-28　点焊电极握杆的基本尺寸　（mm）

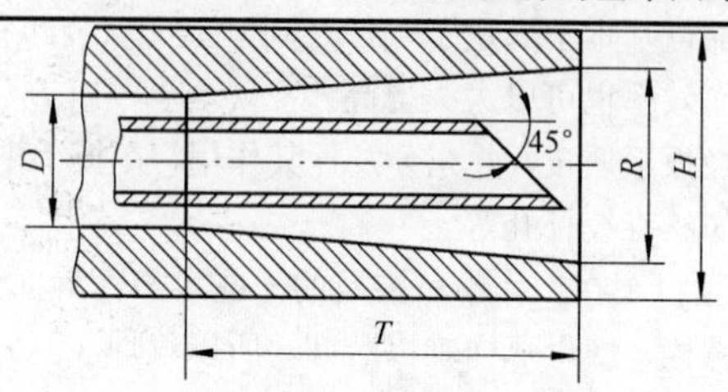

T 应大于锥柄长度

握杆直径 *H*	电极直径	*R*	冷却水孔直径 *D*		锥度
			最小尺寸	最大尺寸	
20	13	12.7	9	10	1∶10
25	16	15.5	11	12	
31.5	20	19.0	14	15	
40	25	24.5	16	19	
50	31.5	31.0	16	18	1∶5
60	40.0	39.0	22	24	

电极握杆一般都用强度高、导电性好的铜合金制造，图 12-29 所示为电极握杆典型用例。

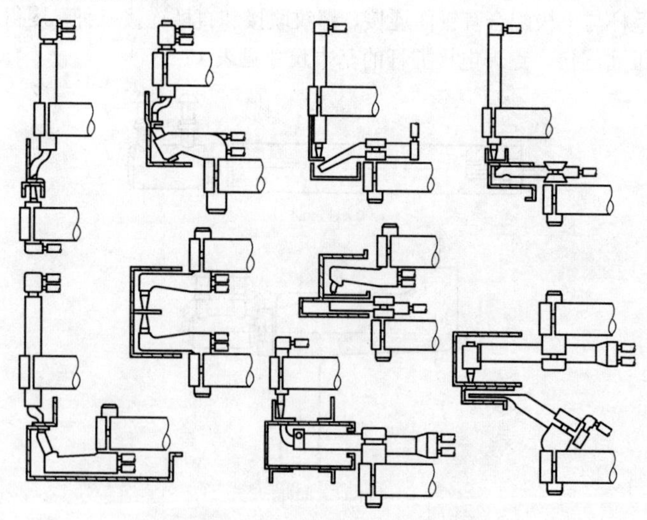

图 12-29　电极握杆典型用例

12.3.14　清理、清渣工具

1. 焊嘴割嘴通针

统一规格的焊嘴割嘴通针，是将九枚钢针串在一个金属圈上，然后装入一支像圆珠笔一样的笔筒内，因而携带方便，实用轻巧。这种焊嘴割嘴通针的规格：ϕ0.6mm、ϕ0.7mm、ϕ0.8mm、ϕ0.9mm、ϕ1mm、ϕ1.2mm、ϕ1.5mm、ϕ2mm、ϕ3mm 尖头。还有一种通针由 12 枚螺旋式钢针组成（盒式），并附加了一支小锉，它适用于清除ϕ0.6～ϕ3.2mm 的焊嘴割嘴内的堵塞物。常用九枚焊嘴割嘴通针如图 12-30 所示。

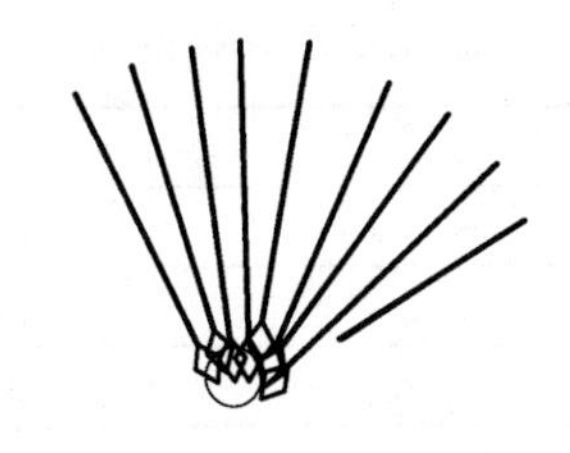

图 12-30　常用九枚焊嘴割嘴通针

清理焊嘴割嘴时，必须经常用相应直径的通针进行疏通，疏通时应熄火，即关闭焊枪或割炬上的乙炔气阀，打开焊枪或割炬上的氧气阀，一边用通针在孔径内疏通，一边使氧气从中吹出堵塞物。通针除了购置粗细不等的钢质通针成品外，还可用钢丝自制。

2. 手工去渣锤（ZC-1 型）

去渣锤在电焊时用于清除熔渣。气焊时熔渣较少或没有熔渣，主要用于清理焊缝两侧的飞溅物及焊熔剂。

新型手工去渣锤的特点是采用弹簧手柄，其敲击力强、焊工使用时护手处可避振，因而可大大减轻劳动强度。

ZC-1 型手工去渣锤的结构如图 12-31 所示，它分直式和横式两种。其主要技术参数如下。

①外形尺寸：长 230mm，高 100mm。

②锤头硬度：55HRC。

③冲击韧性：a_k=40N·m/cm^2。

④质量：0.25kg。

3. 气动清渣工具和高速角向砂轮机

气动清渣工具和高速角向砂轮机主要用于焊后清渣、焊缝修整、焊接接头的坡口准备与修整等。焊接用气动、电动工具的名称、型号和适用范围见表 12-29。

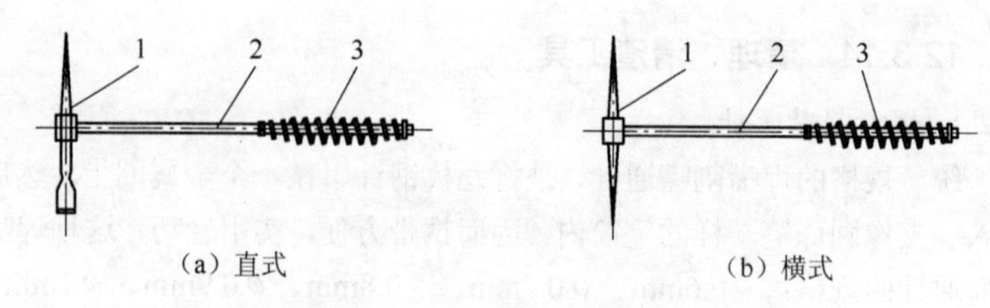

图 12-31　ZC-1 型手工去渣锤的结构

1. 锤头；2. 锤杆；3. 手柄

表 12-29　焊接用气动、电动工具的名称、型号和适用范围

名　称	型　号	适用范围
气动刮铲	CZ2	焊后清理焊渣、毛边、飞溅残存物等，还可用来开坡口
长柄气动打渣机	CZ3	
气动针束打渣机	XCD2	
轻便气动钢刷机	—	
气动角向砂轮机	MJ1-180	修整焊缝，准备坡口
高速气动角向砂轮机	ϕ100 砂轮	
高速电动角向杪轮机	S5MJ-180	
砂轮机	S40	

4. QZPJ-2 轻便自吸式循环喷砂机

1）QZPJ-2 轻便自吸式循环喷砂机技术参数。QZPJ-2 轻便自吸式循环喷砂机以压缩空气为动力喷射砂料进行表面清理，用负压回收砂料并将回收的砂料过滤后再参加喷射循环使用。QZPJ-2 轻便自吸式循环喷砂机技术参数见表 12-30。

表 12-30　QZPJ-2 轻便自吸式循环喷砂机技术参数

项　目	技术参数	项　目	技术参数
电源电压/V	220	电源功率/kW	1
气源压力/MPa	0.4～0.6	气体耗量/（m^3/min）	0.9～1

续表 12-30

项　　目	技术参数	项　　目	技术参数
使用砂料	0.900～0.450mm（20～40 目）的刚玉砂或石英砂	喷砂效率/（m^3/h）	4～6

2）QZPJ-2 轻便自吸式循环喷砂机的特点。

①砂料在工作时能自动回收、过滤、循环使用，提高了砂料的利用率。

②根除了粉尘对环境的污染和对操作人员的健康危害。

③使用方便、灵活，单人即可操作。

④气体消耗量小，压力低，一般的移动式压缩空气机即可以满足使用要求。

5. 钢丝刷

钢丝刷用于焊件除锈和焊后清除熔剂残留物，以提高焊缝的质量。

6. 盘丝除锈机

在焊接时常因油锈而引起气孔，故对各种自动焊接方法必须在焊前清除焊丝上的防锈油和铁锈。为了提高除锈、除油的效率和减轻劳动强度，目前国内已有专用设备厂家生产除锈机。

7. 角向磨光机

角向磨光机是一种用来修磨焊道、清除焊接缺陷、清理焊根等使用的电动（或风动）工具。磨光机具有转速高、清除缺陷的速度快，打磨的焊缝美观、清洁等优点。磨光机与老式砂轮、风铲、气刨等比较，其效率高，劳动强度低，因而成为焊工在焊接过程中不可缺少的辅助工具。磨光机的规格可按其使用的磨光片直径，分为ϕ100mm、ϕ125mm、ϕ150mm、ϕ180mm、ϕ250mm 等多种规格。焊工可根据工件大小、焊缝空间位置和角度等环境条件来选择磨光机的大小。

8. 其他清理工具

其他清理工具还有扁铲、锤子、锉刀、錾子、锯条、气动引铲、长柄气动打渣机、气动针刺打渣机，轻便气动钢刷机和焊工代号钢字码。

12.3.15　轻便高效的打磨、除锈和清渣机具

在钢结构工程的焊接与安装过程中，经常要对切割口、坡口在焊前进行磨平，对工件进行除锈，对焊缝清渣等。这些工作做得好坏会直接影响到焊接的质量和构件的使用效果。过去，工人们一般都采用小尘锤、钢丝刷、手扶砂轮、砂纸等工具来做这些工作，工作效率较低，劳动强度很大。

目前，出现了几种有利于上述工作、轻便高效的机具，经使用证明效果良好。

1. CZ2 型气刮铲（轻便气动扁铲打渣机）

（1）结构原理及用途　CZ2 型气刮铲的结构如图 12-32 所示。

CZ2 型气刮铲内部采用内圆板分配阀结构，在开启手把 15 下压时，节流阀开启，压缩空气迅速进入内圆板分配阀内，促使阀片做上、下运动，这样压缩空气便依次给气缸内的活塞上、下供气，并促使活塞上、下快速运动。当活塞向下运动时，冲击铲钎对工作表面进行冲击。活塞上下运动而压缩封闭气体所形成的压力恰好能推动阀片做上下运动。这样，只要开启手把 15 不松开，运动就周而复始地不断进行；只要松开手把 15，运动就会停止。

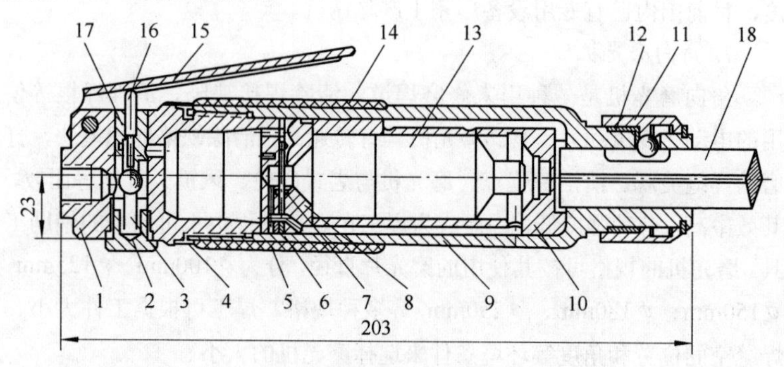

图 12-32　CZ2 型气刮铲的结构

1. 柄体；2. 螺母；3. 开启弹簧；4. 止推环；5. 阀上盖；6. 阀圈；7. 阀片；8. 阀下盖；9. 壳体；10. 气缸；11. 卡钎套；12. 头部弹簧；13. 活塞；14. 外壳卡套；15. 开启手把；16. 直钎；17. 衬套；18. 铲钎

CZ2 型气刮铲结构简单，操作简单方便，对手的振动力小，并根据不同需要还附有尖铲、平铲、扁铲等几种铲钎。其头部采用钢球止退机构，可以随时根据需要调换铲钎。CZ2 型气刮铲既可用作金属结构件的焊前开坡口、清除焊缝焊渣、清除飞溅、去飞边等，也可用于铸件的铲削和去砂工作中。

（2）技术参数 CZ2 型气刮铲技术参数如下。

①冲击频率：$33s^{-1}$。

②气体耗量：$0.20m^3/min$。

③使用气压：0.5MPa。

④冲 击 功：2.5N · m。

⑤质量：2kg。

⑥气管内径：用快速夹头ϕ10mm，用固定接头ϕ7mm。

（3）手工打渣与气刮铲打渣效果比较 在手工电弧焊中，采用碱性焊条进行厚板多层焊时，经测定人工打渣所花的时间要占全部焊接时间的一半以上。焊工打渣的劳动强度及所花的工时也较大。若采用气刮铲打渣，不仅可减轻劳动强度，还可以提高效率一倍以上。手工打渣与气刮铲打渣效果比较见表 12-31。

表 12-31 手工打渣与气刮铲打渣效果比较

打渣方式	焊件厚度/mm	焊条牌号	焊条直径/mm	焊缝长度/mm	打造时间
手工打渣	35	结 507	ϕ4	400	5 分 58 秒
气刮铲打渣	35	结 507	ϕ4	400	2 分 25 秒

（4）操作注意事项

①使用时，要尽可能地保证使用气压正常。使用气压过高，会加快气刮铲零件的磨损；使用气压过低，则影响效率。使用气压一般应控制在 0.45～0.55MPa。

②气路中最好能设置滤清器、定压阀和油雾器三大件。在没有这三大件的气路中，要注意经常放水和加油。

③在铲钎没有顶上工件时，不要开启工具，以免因产生“空打”现象而造成零件损坏。

④柄体与壳体是由螺纹联接的，并用一止推环来锁紧，如有松动，柄体与壳体会逐步脱开而影响使用，所以必须及时拧紧并选择适当位置来固定止推环。

⑤当需要调换铲钎时，可以一手把卡钎套向后拉，另一手即可把铲钎拉出。装铲钎时，先要使铲钎上的缺口对着壳体内方孔的钢球方向，然后一手把卡钎套向后拉，一手把铲钎塞至底端，放开卡钎套，铲钎即被钢球挡住。

⑥长期使用一根铲钎时，也要定期按上述方法卸下铲钎，检查顶部情况，如有“墩胖”“翻边”现象时，要及时用砂轮倒角，防止铲钎由于这些原因而卡在壳体内取不下来。

⑦开启手把不宜一下子开足，否则会使铲钎产生蹦跳现象，不能正常地进行铲削；正确的使用方法应是先稍许压下开启手把，让工件以中、慢速运行，这样铲钎容易切入工件，当铲钎切入工件后，才可压紧手把，全力进行铲削。

（5）常见故障及排除方法　在使用 CZ2 型气刮铲过程中，常见故障及排除方法见表 12-32。

表 12-32　CZ2 型气刮铲常见故障及排除方法

故障现象	故障原因	排除方法
漏气	1. 接管与柄体螺纹之部的间隙过大； 2. 进气时带有沙、尘等杂物； 3. 衬套与柄体之间的间隙过大； 4. 开启销与衬套之间的间隙过大	1. 加一个 O 形圈或在螺纹间加注厌氧胶； 2. 清洗； 3. 更换衬套； 4. 更换开启销
没压下开启手把时活塞蠕动	1. 衬套与钢球间的密封面不好； 2. 开启销过长	1. 更换衬套或进行研磨； 2. 更换开启销
开启不动	1. 活塞卡住； 2. 阀装配时错位； 3. 阀片外圆太大	1. 拆开工具，清洗各零件，注意活塞损坏和变形情况，必要时需更换零件； 2. 拆开重装； 3. 更换阀片

续表 12-32

故障现象	故障原因	排除方法
冲击力小	1. 进气压力太低； 2. 气道中有沙尘杂物； 3. 活塞小头损坏； 4. 铲钎变形	1. 升高进气压力； 2. 清洗各零件； 3. 更换活塞； 4. 更换铲钎

2. XCD2 型针束除锈器（气动针束打渣机）

（1）结构原理及用途 XCD2 型针束除锈器的结构如图 12-33 所示。

XCD2 型针束除锈器采用无阀类结构，当开启手把被压下后，压缩空气经节流阀进入气缸，气缸与活塞上的特殊气路使压缩空气轮流分配于活塞两端的气腔，推动活塞做前后快速运动。当活塞向前运动时，压缩空气冲击中间活塞，中间活塞将冲击力传给头部 29 根直径为 ϕ2mm 的清渣除锈钢针束，钢针根据工件表面的凹凸情况，以不同的深度，不断地打击工作面，以达到清渣、除锈等目的。

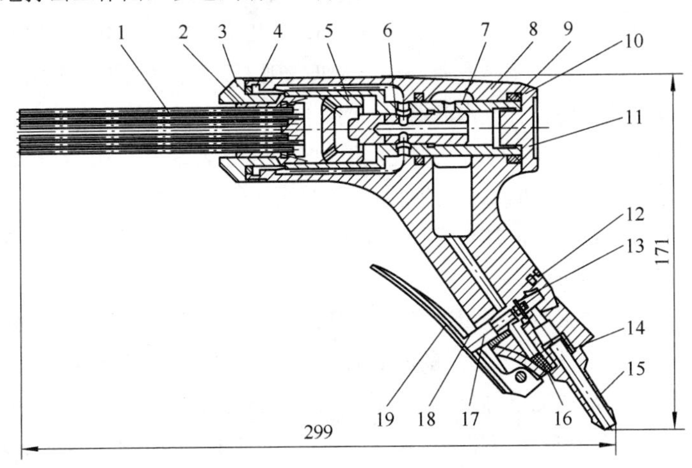

图 12-33 XCD2 型针束除锈器的结构

1. 除锈针束；2. 针座；3. 前盖；4. 卡簧；5. 中间活塞；6. 活塞；7. 气缸体；8. 柄体；9. 填料堵头；10. 后盖；11. 铭牌；12. 丝堵；13. 推杆弹簧；14. 垫圈；15. 接风管；16. 堵头；17. 推杆；18. 衬套；19. 开启手把

XCD2 型针束除锈器是用途比较广泛的机械化工具之一。它既适用于造船、桥梁、车辆、机械、建筑等行业机械设备的凹凸表面的除锈作业，也适用于清除焊渣和飞溅，修凿或清理岩石和混凝土，以及铸件清砂等作业。使用该除锈器能提高劳动生产率，减轻劳动强度。

（2）技术参数 XCD2 型针束除锈器的主要技术参数如下。

①冲击频率：$67s^{-1}$。

②气体耗量：200L/min。

③使用气压：0.5MPa。

④除锈针：ϕ2mm ×29（根）。

⑤气管内径：ϕ10mm。

⑥质量：2kg。

（3）操作注意事项

①XCD2 型针束除锈器的气管应完好；在使用本工具以前应先通气，吹净管内脏物；在与其他工具连接时，应牢固密封。

②使用气压应保持在 0.5～0.6MPa，气压太高则使针束除锈器的零件磨损加剧，影响工具寿命；气压太低，则工具发挥不了应有的作用。

③气路中应设置汽水滤清器、调压阀和油雾器。在管路中没有油雾器时，每天使用过程中必须加注润滑油 3 或 4 次，冬天用 10 号机械油，夏天用 20 号机械油。润滑油可从接气管内孔注入。

④使用过程中应注意爱护，不得随意丢放并避免“空打”，以免影响性能和损坏机件。

⑤工作结束后应先闭进气管路，后卸气管（使用快速夹头时除外），并将工具擦干净，注入适量的润滑油，使活塞慢速运动数秒后妥善保存。

⑥在正常情况下每月维修一次，每次都应把工具拆开，将零件用煤油清洗干净，在吹干以后涂上润滑油。损坏或磨损的零件（尤其是活塞、清渣除锈针等零件）应及时修磨或更换。

（4）常见故障及排除方法 XCD2 型针束除锈器常见故障及排除方法见表 12-33。

表 12-33 XCD2 型针束除锈器常见故障及排除方法

故障现象	故障原因	排除方法
开机不动或运动不正常	1. 管路内无压缩空气或压力不足； 2. 工具在运输和保养中浸水受潮；内部锈蚀	1. 检查管路是否漏气，气管是否被压、被折； 2. 拆卸工具，清洗零件，锈蚀严重的应更换
性能异常下降	1. 管路气压下降或气路阻，进气不足； 2. 手柄形状部分漏气： 1）O 形密封圈变形，密封性能差； 2）推杆与铜衬套配合间隙过大； 3. 清渣除锈针与针座相对运动的阻力增大： 1）脏物进入； 2）清渣除锈针弯曲； 4. 清渣除锈针与针座磨损配合的间隙过大； 5. 脏物进入气缸，活塞运动受阻或润滑不良； 6. 活塞、气缸磨损，配合间隙过大； 7. 重新装配后，前盖与气缸相对位置不当	1. 检查管路气压及气管内壁，气管内壁剥落物应及时排除； 2. 拆卸开关部分检查： 1）更换密封圈； 2）更换铜衬套或推杆； 3. 拆卸前盖检查： 1）清洗； 2）更换清渣除锈针； 4. 更换针座或清渣除锈针； 5. 拆卸工具清洗并加注润滑油； 6. 更换活塞或气缸； 7. 调节前后盖

3. S40 型、S60 型、S80 型风动砂轮机

（1）结构原理及用途 S40 型风动砂轮机的结构如图 12-34 所示。

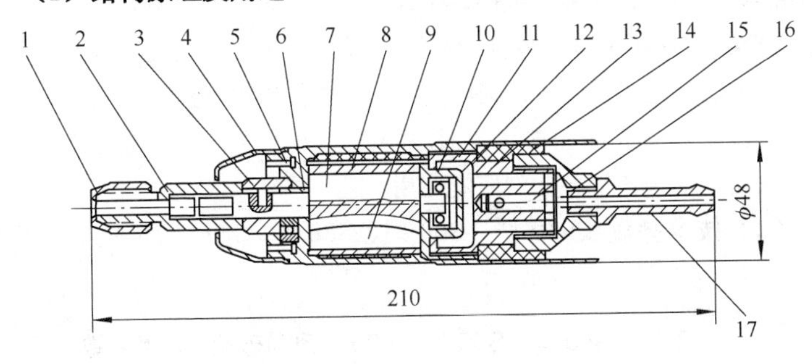

图 12-34 S40 型风动砂轮机的结构

1. 夹头套；2. 弹簧夹头；3. 套圈；4. 排风罩；5. 气缸前盖；6. 调整圈；7. 转子；8. 气缸；9. 滑片；10. 气缸后盖；11. 外壳；12. 轴承盖；13. 阀座；14. 开关套；15. 节流阀；16. 阀壳；17. 接风管

这种类型的风动砂轮机由节流阀、滑片式风动马达、夹头等部件组成。

节流阀部件由阀座 13、开关套 14、节流阀 15、阀壳 16、接风管 17 等组成。当顺时针方向转动开关套 14 时，节流阀 15 通过圆销也随之转动。节流阀 15 上的两个进风孔与阀座 13 上的两个进风孔相连通，压缩空气由接风管 17 进来后，进入滑片式风动马达，达到开启气路的目的。当反向转动开关套时，则可切断气路，达到关闭的目的。

滑片式风动马达的部件由气缸前盖 5、调整圈 6、转子 7、气缸 8、滑片 9、气缸后盖 10、轴承盖 12 等零件组成，并装在外壳 11 内。压缩空气经过气缸后盖 10 及气缸 8 上的进风孔进入气缸内腔，作用在滑片地伸出部分上，推动滑片 9 迫使转子 7 转动。

夹头部件由夹头套 1、弹簧夹头 2、套圈 3 组成。弹簧夹头 2 以螺纹与转子 7 相连接，并固定在转子 7 的前端。把砂轮芯轴插入弹簧夹头 2 的前端 ϕ6mm 的内孔，然后将夹头套 1 拧紧。风动马达启动后，转子 7 即带动弹簧夹头、砂轮一起做高速旋转，以达到磨削的效果。

砂轮上的排风罩 4 既可以用来降低噪声，也可以用来改变排风的方向。

这类风动砂轮是机械化的手工具之一，它适用于磨平焊缝及中小型铸件的烧冒口，修磨大型机件、模具等工作。如果装上不同形状的小砂轮（磨头），它还可修磨各种凹形的圆弧面，或作机械装配时的表面修磨；如果以布轮代替砂轮，则可进行抛光，如果以钢丝轮代替砂轮，则可进行清除金属表面的铁锈及旧漆层的工作。这类风动砂轮还可在造船、铁路车辆等各行各业中广泛应用。

（2）技术参数 S40 型、S60 型、S80 型风动砂轮机技术参数见表 12-34。

表 12-34 S40 型、S60 型、S80 型风动砂轮机技术参数

技术参数 \ 型号	S40 型	S60 型	S80 型
最大砂轮直径/mm	40	60	80

续表 12-34

技术参数 \ 型号	S40 型	S60 型	S80 型
空载转速/（r/min）	15000	14000	≥8500
气体耗量/（L/min）	400	600	≤1000
使用气压/MPa	0.5	0.5	0.5
弹簧夹头内孔直径/mm	$\phi 6$	—	—
功率/kW	0.24	—	—
风管内径/mm	$\phi 8$	$\phi 13$	$\phi 13$
全长（不包括砂轮）/mm	210	—	480
机重（不包括砂轮）/kg	0.7	2	3

（3）操作注意事项 为了保证风动砂轮的正常使用，并发挥其最大的效能和延长其使用寿命，必须注意合理地使用和维护。

1）使用维护。

①根据工作性质选用适当的砂轮，并认真检查砂轮的固定情况，经常加注润滑油（从接风管注入）。

②风管完好地接上风动砂轮机以前应先通气，吹净风管内的脏物；风管与工具连接应牢固、密封。

③使用气压应保持在 0.45～0.55MPa，气压太高则使风动砂轮机的零件磨损加剧、影响寿命，气压太低则效率下降。

④管路应设有气水滤清器、调压阀、油雾器；如在管路中没有设油雾器，则每天必须向接风管内孔注润滑油 2～4 次，夏天用 20 号机油，冬天用 10 号机油，轴承每月涂 2 号钙基润滑脂两次。

⑤工作中不得乱扔本工具，以免损坏机件，影响使用性能。

⑥发生故障时，禁止在现场（指不洁净处）拆开，而应及时送交修理部门检修。

⑦工具用完后应擦洗干净，注入适量润滑油，并在慢速运转数秒后妥善保存。

⑧注意对工具的维修保养。正常情况下每月应维修一次，每次都应把工具拆开，将零件用煤油清洗干净，在吹干后涂上润滑剂。损坏或磨

损的零件（尤其是气缸、转子、气缸前后盖、滑片等有明显磨损的），应及时修磨或更换。

2）技术与安全。

①应经常检查本工具是否完整，各螺纹部分是否旋紧，尤其是砂轮轴前端螺母必须拧紧、牢靠。

②应严格控制所使用的砂轮外圆直径，不能使之超过规定的尺寸；工作时砂轮与工件的接触压力不宜过大，更不能用砂轮冲击工件，以防止砂轮爆裂或砂轮轴弯曲。

③新装的砂轮在慢速磨削的旧砂轮上修整平衡后，才可磨削工件，否则工作时容易出现弹跳现象而冲击工件。

④使用时不可去除防护罩，以防因砂轮爆裂而伤人。

⑤工作结束时，应先关闭管路进气阀，后卸气管。

（4）常见故障及排除方法 S40型、S60型、S80型风动砂轮机常见故障及排除方法见表12-35。

表12-35 S40型、S60型、S80型风动砂轮机常见故障及排除方法

故障现象	故障原因	排除方法
开机不动或运动不正常	1. 管路气压太低； 2. 气动发动机的内腔浸水生锈或压缩空气未经过滤水分，使滑片在转子槽中粘住； 3. 转子两端面与气缸前后盖接触、卡住； 4. 滑片过长、过厚、磨损过甚、变形； 5. 轴承内圈的轴向窜动严重	1. 确保管路气压在0.45～0.55MPa； 2. 拆卸清洗，加注润滑油； 3. 调整圈与气缸后盖的高度，使其能保证转子两端与气缸前后盖间的间隙均匀，并保持单向间隙在0.02～0.03mm； 4. 修磨或更换滑片，使滑片在转子槽中进出灵活； 5. 换上合格的轴承
性能异常下降	1. 管路气压降低或气管内壁剥落，气路受阻； 2. 气动发动机的内部零件磨损过甚； 3. 润滑不良	1. 调整管路气压，更换气管； 2. 修磨或更换磨损零件； 3. 定时加注润滑剂

续表 12-35

故 障 现 象	故 障 原 因	排 除 方 法
耗气量增大	1. 管路及各连接处漏气； 2. 滑片不符合规定尺寸，或磨损过甚； 3. 转子与气缸前后盖的间隙太大	1. 检查管路及各连接处，杜绝漏气现象； 2. 换上合格的滑片； 3. 保持单向间隙在 0.02～0.03mm；如果气缸前后盖的端面磨损过甚，应修磨端面，并保持端面与中心线的垂直度为 0.02mm
局部发热	1. 气动发动机的内部间隙不当，零件表面有摩擦现象； 2. 润滑情况不良，发生干摩擦	1. 保持各相对运动零件间有合理的装配间隙； 2. 注意加注润滑剂

4. SZD100 型立式端面风动砂轮机

（1）结构原理及用途 SZD100 型立式端面风动砂轮机的结构如图 12-35 所示。

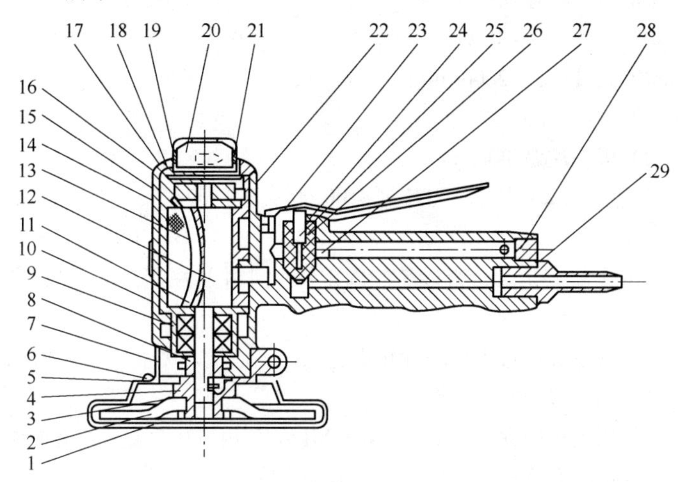

图 12-35 SZD100 型立式端面风动砂轮机的结构

1. 夹板螺母；2. 前衬垫；3. 后衬垫；4. 砂轮夹板；5. 衬圈；6. 防护罩壳；7. 防护罩环；8. 轴承盖；9. 垫片；10. 气缸前盖；11. 调整圈；12. 转子；13. 滑片；14. 气缸；15. 气缸后盖；16. 密封圈；17. 上盖；18. 衬垫；19. 橡胶垫圈；20. 排气罩；21. 排气网；22. 柄体；23、27、28. 塞头；24. 压柄；25. 节流阀；26. 节流阀套；29. 垫圈

这种风动砂轮机采用气动发动机轴线垂直于工作面的直立式结构，砂轮直接装在气动发动机转子轴的前端上。当压下压柄时，压缩空气经节流阀进入气动发动机的气缸内腔，推动滑片，迫使转子旋转，从而带动砂轮工作。

该风动砂轮机采用上部排气，可避免磨屑飞扬；其排气罩可以自由转动，以适应操作者对排气方向的不同需要。可用于焊前坡口和焊后焊缝表面的修磨，也可用于其他行业金属表面的修磨或金属薄板、小型钢的剖割；如果以钢丝轮代替砂轮则可清除金属表面的铁锈和旧漆层；换上布轮后还可进行抛光作业。

（2）技术参数　SZD100 型立式端面风动砂轮机技术参数如下。

①气体耗量：560L/min。

②使用气压：0.5MPa。

③最大砂轮直径：ϕ100mm 。

④气管内径：ϕ10mm 。

⑤空载转速：12000r/min。

⑥质量：1.4kg。

（3）操作注意事项

①使用的砂轮直径不得超过ϕ100mm；砂轮应在线速度为 60m/s 以上时工作。

②工作前应认真检查砂轮的固定情况，并加注润滑油（从接气管注入）。

③气管完好地接上风动砂轮机之前应先通气，吹净气管内脏物；气管与设备的连接应牢固、密封。

④使用气压应保持在 0.45～0.55MPa，使用气压过高，则磨损加剧，工具的使用寿命降低；气压过低则效能下降。

⑤管路内应设有气水滤清器、调压阀和油雾器。在管路中没有油雾器时，则每使用 8h，必须从接气管内孔注入润滑油两次，并从柄体背面拧下螺钉，对着螺孔注满润滑油。夏天用 10 号机油，冬天用 20 号机油，轴承每月涂 2 号钙基润滑脂两次。

⑥使用过程中应注意爱护工具，不能随意丢放，也不能以砂轮冲击

工件，以免影响性能和损坏机件。

⑦发生故障时，禁止在现场（指不洁净处）拆开，应及时送交修理部门检修。

⑧工作结束后应先关闭管路进气阀，后卸气管（使用快速接头时除外），并将工具擦干净，注入适量润滑油，在慢速运转数秒后妥善保存。

⑨注意对设备的维修保养，正常情况下，每月应保养一次。每次都应把工具拆开，将零件逐件用煤油清洗干净，在吹干后涂上润滑剂。损坏或磨损的零件（尤其是气缸、转子、气缸前后盖、滑片等），应及时修磨或更换。

(4)常见故障及排除方法　SZD100 型立式端面风动砂轮机常见故障及排除方法见表 12-36。

表 12-36　SZD100 型立式端面风动砂轮机常见故障及排除方法

故障现象	故障原因	排除方法
开机不动或运转不正常	1. 管路气压太低； 2. 气动发动机浸水或压缩空气未经过过滤，气缸内腔生锈，水分使滑片在转子槽中粘住； 3. 转子端面与气缸前后盖接触或相互卡住； 4. 滑片过长、过厚，磨损过甚、变形等； 5. 轴承内圈的轴向窜动严重； 6. 发动机进气槽槽口未对准压柄方向	1. 保持管路气压在 0.45～0.55MPa； 2. 拆卸清洗，加注润滑剂； 3. 调整转子与气缸前后盖的间隙； 4. 修磨或更换滑片，使滑片长度比气缸短 0.06mm 左右，使转子槽比转子外圆低 0.2mm 左右，并能进出灵活； 5. 换上合格的轴承； 6. 取出发动机，使槽口对准压柄方向，再装入柄体
性能异常或下降	1. 管路气压降低或气管内壁剥落，气路受阻； 2. 发动机内部零件磨损过甚； 3. 润滑不良； 4. 排气网内有脏物，排气不畅	1. 调整管路气压，排除内壁剥落物，排除气管受压、受折； 2. 修磨或更换零件； 3. 定时加注润滑剂； 4. 清洗排气网及填料

续表 12-36

故障现象	故障原因	排除方法
耗气量增大	1. 气路及连接处漏气； 2. 滑片不符合要求或磨损过甚； 3. 转子与气缸前后盖的间隙太大	1. 检查管路及各连接处，杜绝漏气现象； 2. 更换滑片； 3. 修磨气缸前后盖端面（保证端面与中心线的垂直度不超过0.02mm），调整片与气缸前后盖的高度
局部发热	1. 发动机内部间隙不当，零件表面之间摩擦严重； 2. 润滑不良，发生干摩擦	1. 保持各相对运动的零件之间有合理的装配间隙； 2. 注意加注润滑油

5. SD125 型、SD150 型、SD180 型角式端面风动砂轮机

（1）结构原理及用途 SD125 型角式端面风动砂轮机的结构如图 12-36 所示。

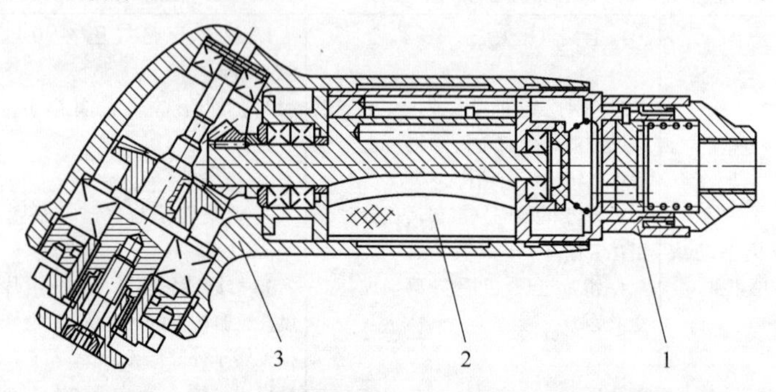

图 12-36 SD125 型角式端面风动砂轮机的结构

1. 开启部分；2. 发动机部分；3. 输出轴部分

这类风动砂轮机由开启部分、发动机部分和输出轴部分组成。开启由旋转节流阀控制。当顺时针方向转动开关套时，动阀片也随之转动，气路便接通，压缩空气经过开启部分进入了发动机。气缸的偏心内孔通气后，由于转子上的叶片受力不均，故产生了转矩，使转子转动。转子的头部装有螺旋伞齿轮，通过与它啮合的另一个配对齿轮，

使输出轴转动。适用于焊缝和金属表面的修整、磨光作业。若用钢丝刷代替砂轮还可进行抛光作业。在化工、造船、机械等各行各业中均有广泛的用途。

由于角式端面风动砂轮机的发动机轴线与砂轮输出轴成一定的角度，因此操作灵活、方便。因采用了一对螺旋伞齿轮，故在适当减速时，可增加转矩，从而提高了切削能力。发动机轴线与输出轴间的夹角有90°、110°和120°三种。

（2）技术参数 SD125型、SD150型、SD180型角式端面风动砂轮机技术参数见表12-37。

表12-37 SD125型、SD150型、SD180型角式端面风动砂轮机技术参数

技术参数 \ 型号		SD125型	SD150型	SD180型
最大砂轮直径/mm	高速树脂砂轮（>75m/s）	ϕ125	ϕ150	ϕ180
	普通陶瓷砂轮（<35m/s）	ϕ70	ϕ80	ϕ90
空载转速/（r/min）		9000	8000	7000
使用气压/MPa		0.5	0.5	0.5
最大耗气量/（L/min）		950	950	950
机重/kg		2	2.1	2.1
气管内径/mm		ϕ13	ϕ13	ϕ13

（3）操作注意事项 为保证风动砂轮机的正常使用，并发挥其最大的效能和延长其使用寿命，须注意如下事项。

①必须按基本参数所允许的最大尺寸来选择砂轮，不可以选择大于允许尺寸的砂轮，以防砂轮的线速度超过允许的值而造成危险。

②接近风动砂轮机处管道的压缩空气表所示压力应控制在0.45～0.55MPa，气压过高会造成零件磨损严重和砂轮线速度超过允许值，气压过低则会使风动砂轮机的输出功率明显下降。

③气路中要安置滤清器、调压阀和油雾器。若无此三大件，每隔2～

3h要从接管中注入润滑油一次，每次5cm³左右。夏天用20号机油，冬天用10号机油。

④砂轮安装在输出轴上的紧固力要适当，太紧和太松都不安全。质量不好，偏摆太大的砂轮不可采用。

⑤在把风动砂轮机接上气路以前，应先开启一下气路，以便排出气管中的脏物。

⑥把风动砂轮机接入气路后，应先让砂轮慢速转动（节流阀不开足），以观察砂轮及工具情况，如发现问题应及时关闭检查。

⑦使用时，用力要适当，不可用冲击的方法进行磨削。

⑧工具发生故障时，一般不宜在现场拆卸。

⑨工作结束时要及时关闭气路，工具不要随意丢放。

⑩一般情况下，累计实际使用60～80h后，应对工具进行保养。保养的目的在于使工具清洁，并检查易损件。保养时要将工具拆开，先用煤油清洗零件，在吹干后对一些易损件进行检查，发现严重磨损的零件要及时更换，在换上叶片和给滚动轴承加注润滑脂后再进行装配。该机在加注润滑油后，必须慢速试运转两分钟后，才可正式使用。

(4)常见故障及排除方法　SD125型角式端面风动砂轮机常见故障及排除方法见表12-38。

表12-38　SD125型角式端面风动砂轮机常见故障及排除方法

故障现象	故障原因	排除方法
开启不动	1. 零件装配不正确； 2. 气缸定位销装错； 3. 叶片太长、太宽； 4. 零件锈蚀	1. 重新装配； 2. 发动机重装； 3. 修磨叶片； 4. 拆下清洗
转速慢	1. 气压太低； 2. 进气管路孔径小； 3. 零件磨损严重； 4. 螺纹联接部件松动； 5. 转子与其他零件有磨损； 6. 叶片端面不平或太短	1. 把气压提高到规定值； 2. 更换进气管路； 3. 更换磨损严重的零件； 4. 拧紧部件； 5. 重新调整转子位置； 6. 修整平或更换叶片

12.4 焊接防护装置和用具

12.4.1 防护屏和密闭罩

1. 防护屏

防护屏是防止或减少弧光照射的一种防护装置，一般可用不燃材料（玻璃纤维布及薄铁板等）制成，其表面应涂刷成黑色或深灰色。高度应不低于 1.8m，下部留有 25cm 流通空气的空隙。防护屏一般装置如图 12-37 所示。

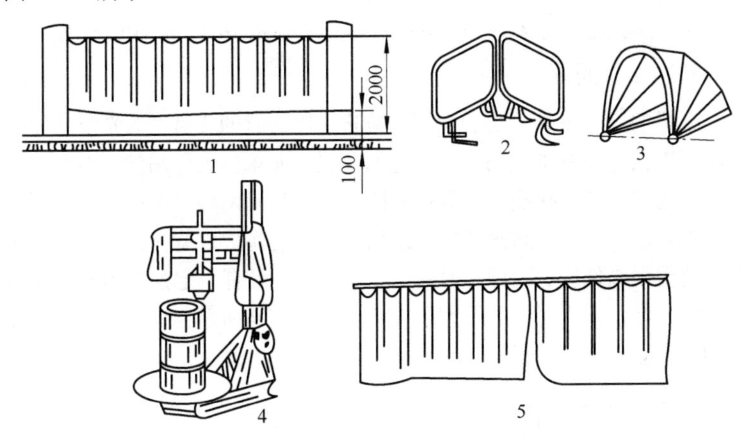

图 12-37 防护屏一般装置

1. 屏幕，挂在柱间的钢丝上；2、3. 安在框架上的活动保护屏和护帷；4. 挂在自动焊机头上的屏幔；5. 挂在活动杆上的屏帽

2. 密闭罩

对焊接弧光强烈的焊接区采用密闭罩加以隔离。采用密闭罩不但防护了强烈的弧光辐射，也可排除烟尘和有害气体。图 12-38 所示为等离子弧密闭罩及净化系统。

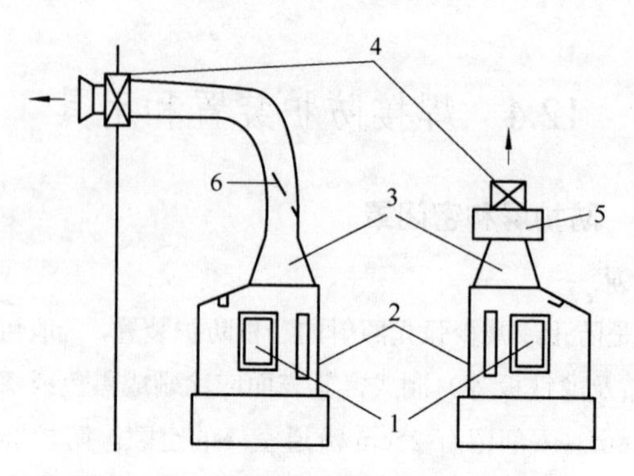

图 12-38　等离子弧密闭罩及净化系统

1. 观察窗；2. 封闭体；3. 导风管；4. 风机；5. 过滤净化器；6. 排烟调节板

12.4.2　面罩

面罩的全称是焊工防护面罩，是防止焊接时的飞溅、弧光及其他辐射对焊工面部和颈部损伤的一种遮蔽工具。面罩应表面清洁，不得有起皮、气泡和透光的缺陷。面罩有手持式和头戴式两种。焊接操作对面罩的要求是遮光性好、耐热性好、结构坚固、更换护目滤光镜方便。面罩必须使用耐高低温、耐蚀、耐潮湿，阻燃，并且有一定强度的不透光材料制作，除去镜片其质量不大于 500g。图 12-39 所示为手持式面罩，图 12-40 所示为头戴式面罩。

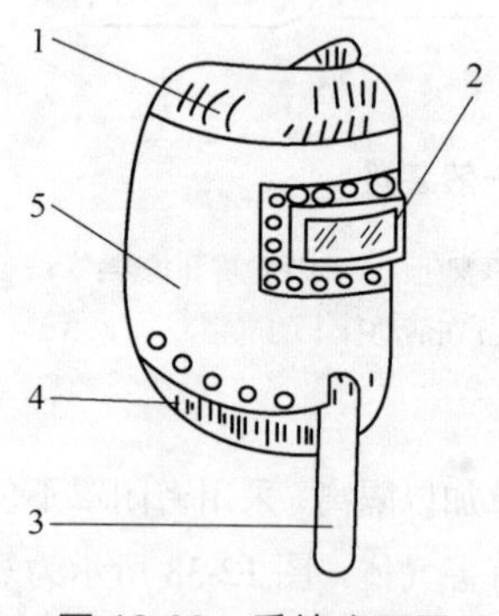

图 12-39　手持式面罩

1. 上弯司；2. 观察窗；3. 手柄；
4. 下弯司；5. 面罩主体

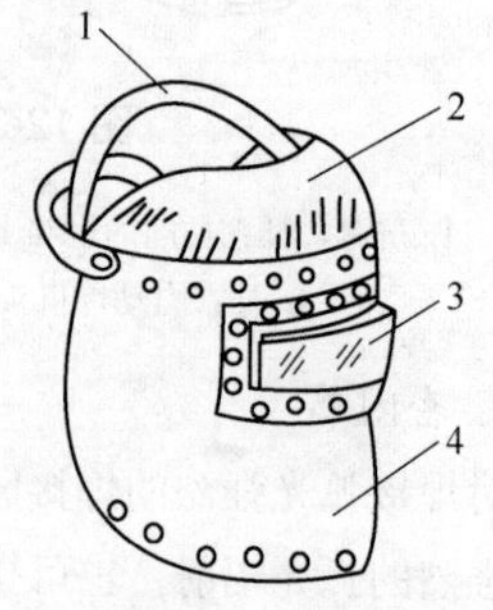

图 12-40　头戴式面罩

1. 头箍；2. 上弯司；
3. 观察窗；4. 面罩主体

根据人面部遮光的需要，GB/T 3609.1—2008《职业眼面部防护　焊接防护　第 1 部分：焊接防护具》规定了面罩各部位的尺寸见表 12-39。

表 12-39　面罩各部位的尺寸　　　　（mm）

面罩的长度 l_1	手持式	310	观察窗尺寸	宽 l_4	90
	头戴式	≥230		高 l_5	40
深度 l_3		≥120	宽度 l_2		≥210

最近制成的 GSZ 光控电焊面罩已经走向市场，它以全新面貌受到焊工欢迎并逐渐取代老式面罩。该面罩的主要功能是有效防止电光性眼炎；瞬间自动调光、遮光；防紫外线；彻底解决盲焊，省时省力，节能高效。该面罩的特点是焊接没引弧时，光电控制系统处于控制状态，光阀护目镜呈亮态，能清晰地看清焊件表面，具有最大透光度。引弧时，光敏件接受光强和变化，触发控制光阀在瞬间由亮态自动完成调光、遮光，光阀护目镜呈暗态，并保持最佳视觉条件。当焊接结束后，弧光熄灭光阀护目镜又自动返回待控状态，光阀护目镜又呈亮态，可以清晰地观察焊接效果，从而能有效地控制电光性眼炎的发病率，彻底解决了盲焊，大大提高了焊接质量和工作效率，减少了焊机空载耗电时间，能节电 30%左右。

①GSZ 光控电焊面罩技术参数见表 12-40。

表 12-40　GSZ 光控电焊面罩技术参数

项　目		技术参数
观察窗口尺寸/（mm×mm）		90×40
滤光玻璃（护目镜片）安装尺寸/（mm×mm）		96×48
自动调光遮光/s		0.012
亮态遮光号		4（可见光透过率 8%）
紫外线透过尺寸 210～365mm		<0.0002%
红外线透过尺寸	780～1300mm	<0.002%
	1300～2000mm	<0.002%
暗态遮光号		6、11、14
自动变态响应时间/s		<0.03

续表 12-40

项　　目	技术参数
电源电压/V	3
面罩壳燃烧速度/（mm/min）	＜50
工作温度/℃	－5～＋50
相对湿度	≤90%
面罩质量/g	500
规格尺寸	符合 GB/T 3609.1—2008 标准

②光控全塑电焊面罩系列产品技术参数见表 12-41。

表 12-41　光控全塑电焊面罩系列产品技术参数

型　　号	名　　称	技术参数	质量/g
GSZ-A11	光控手持式电焊面罩	适用于 200A 以下焊接电流； 遮光号 11 号； 响应时间＜30ms	460
GSZ-A14	光控手持式电焊面罩	适用于 200～400A 焊接电流； 遮光号 14 号； 响应时间＜30ms	490
GSZ-B11	光近头戴式电焊面罩	适用于逆变弧焊机、氩弧焊机； 遮光号 7～11 号； 响应时间＜15ms	570
GSZ-B14	光控头戴式电焊面罩	适用于 400A 以下焊接电流； 遮光号 11～14 号； 响应时间＜15ms	600
GSZ-C11	光控头戴式防护面罩	适用于等离子弧切割用； 遮光号 7～11 号； 响应时间＜15ms	570
BHP-A	特种外保护片	108mm×50mm 配 SZ-A、GSZ-A 及其他面罩。耐磨不粘焊渣，使用寿命 500h，比普通外保护片延长使用寿命 10～20 倍	—
BHP-B	特种外保护片	118mm×65mm 配 SZ-B 或 GSZ-B 面罩。不粘焊渣，使用寿命 500h，比普通外保护片可延长使用寿命 10～20 倍	—

12.4.3 护目镜和保护片

面罩上护目滤光片（焊接滤光片），即护目镜，有各种颜色。从人眼对颜色的适应性，以墨绿、蓝绿和黄褐色为好；距边缘 5mm 以内范围应平滑，着色均匀，无划痕、条纹、气泡、霉斑、橘皮、异物或有损光学性能的其他缺陷。

①电焊面罩上护目镜的尺寸见表 12-42。

表 12-42 电焊面罩上护目镜的尺寸 （mm）

矩形单镜片		双镜片	
长度	108	圆镜片直径	≥50
宽度	50	矩形镜片的尺寸	≥45×40
厚度	1.8	厚度	≥3.2

②选择护目镜亮度色号，可根据所使用的焊接电流大小，一般不宜太亮，以能清楚分辨熔池的铁水和熔渣为宜。焊工护目镜片的选用见表 12-43。

表 12-43 焊工护目镜片的选用

工作种类	护目镜片色号 适用电流/A			镜片尺寸 /（mm×mm×mm）
	30～75	80～200	≥200	
焊工	6～8	8～10	11～12	25×50×10
碳弧气刨	—	10～12	12～14	25×50×107
辅助焊工	3～4			2×50×107

在护目滤光片外侧，应加一块尺寸相同的普通玻璃，这块玻璃就是保护片。保护片放置在焊接滤光片前面，用于防止热粒子、灼热液体或融化金属飞溅物擦伤镜片。

气焊时必须戴护目镜，以免眼睛受弧光的刺激，并防止飞溅物溅入眼内。护目镜一般选 3～7 号黄绿色镜片。

12.4.4 其他防护用具

1. 防尘口罩

佩戴防尘口罩可以减少焊接烟尘和有害气体的危害。自吸过滤式防尘口罩如图 12-41 所示。

2. 护耳塞

护耳塞一般由软塑料和橡胶制作。常见护耳塞如图 12-42 所示。

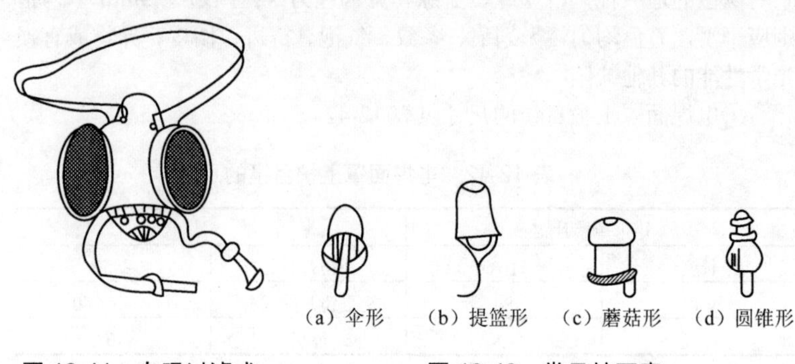

图 12-41　自吸过滤式防尘口罩

图 12-42　常见护耳塞

12.5　小型电焊排烟除尘机组

小型电焊排烟除尘机组是将排气罩、风管、净化装置、风机和控制系统组装成一个体积较小、可移动的整机，以适应焊接作业分散、移动范围较大的特点，因此，近几年发展较快。国内已研制成各种类型的小型机组，诸如供狭小空间使用的手提式轻便机组、供单工位使用的移动式机组、供多工位使用的排风量较大的移动式机组、供车间定点悬挂的机组、利用电磁铁在球罐和容器内移动悬挂的机组，以及供打磨焊道用的吸尘式打磨机组等。

部分国产小型电焊排烟除尘机组技术参数见表 12-44。

TWFF-210 净化机如图 12-43 所示。CY-21 型焊接烟尘净化器如图 12-44 所示。DPC-1500 机组如图 12-45 所示。DPC-1500 机组采用的可在空间随意支撑的自衡管如图 12-46 所示。球罐排烟机组如图 12-47 所示。YJX 型吸尘打磨机如图 12-48 所示。

表 12-44 部分国产小型电焊排烟除尘机组技术参数

技术参数＼机组型号	SWFF-1000	TWFF-210	DPC-1	HY-130	CY-21	HLI-600	HYJ-400-I
外形尺寸	630mm×630mm×1500mm	440mm×440mm×870mm	650mm×420mm×690mm	870mm×220mm×550mm	ϕ340mm×360mm	550mm×450mm×1180mm	905mm×512mm×750mm
风量/（m^3/h）	1000	210	240～300	130	500	300～900	220～580
风压/Pa	1430	真空度≥16500	3900～1400	4000	1050	资用压力 1600～600	2900～1300
功率/W	1100	900	750	1000	550	800	750
质量/kg	170	46	40	23	16	81	75
噪声/dB（A）	≤65	≤67	$<$6	—	$<$78	80	71
滤料	无纺布丙纶	无纺布丙纶	208 涤纶布	高效滤纸	208 涤纶布	无纺布高效滤纸	208 涤纶布
清灰方式	1 级清洗 2 级更换	1 级清洗 2 级更换	毛刷清灰	更换滤料	拍打清灰	1 级清洗 2 级更换	手工振打
技术参数＼机组型号	DPC-1500	JHC-10	SJC-160	YL-1	球罐排烟机	管式吸尘机	YJX 吸尘打磨机
外形尺寸	—	—	—	ϕ400mm×546mm	吸尘罩 24 个	ϕ300mm×900mm	—
风量/（m^3/h）	1500	600	9600	450	25000	225	15

续表 12-44

技术参数 \ 机组型号	DPC-1500	JHC-10	SJC-160	YL-1	球罐排烟机	管式吸尘机	YJX 吸尘打磨机
风压/Pa	4700	400	—	830	3300	400	160
功率/W	3000	590	2100	750	30000	120	370
质量/kg	185	100	—	20	—	20	2.5
噪声/dB（A）	76	—	—	77	＜80	＜80	＜80
滤料	静电凝聚＋滤料	双区电收尘	双区湿式电收尘	滤布	—	—	过滤呢
清灰方式	脉冲电磁振打	—	—	手工振打	—	—	—

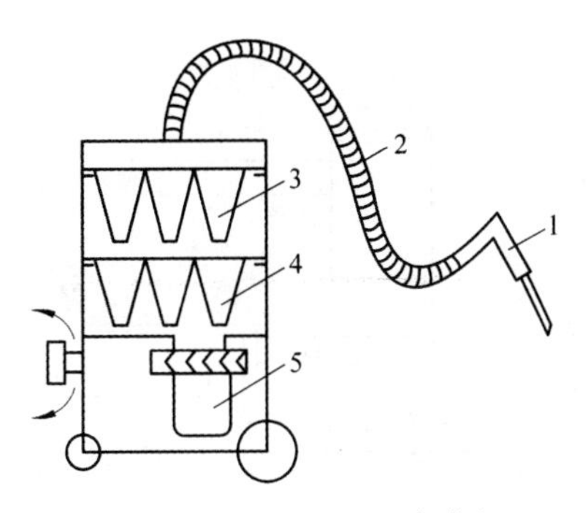

图 12-43 TWFF-210 净化机

1. 吸烟嘴；2. 软管；3、4. 滤袋；5. 风机

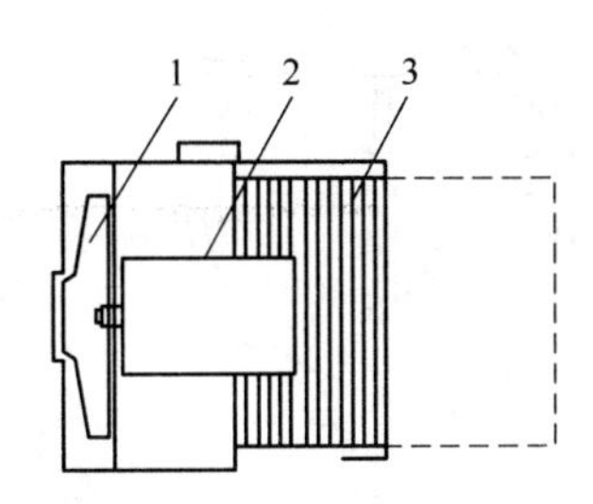

图 12-44 CY-21 型焊接烟尘净化器

1. 风机；2. 电动机；3. 可伸缩滤袋

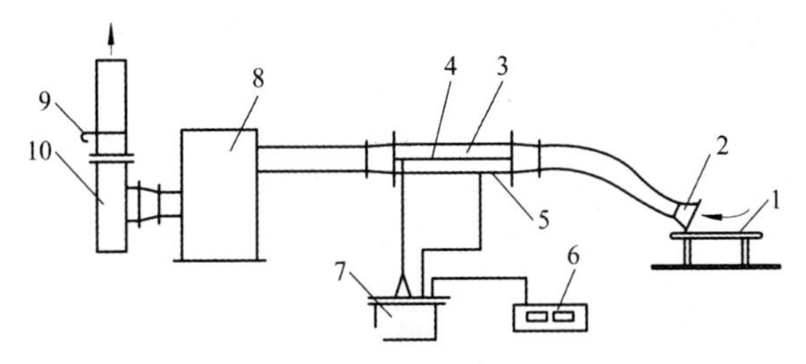

图 12-45 DPC-1500 机组

1. 焊接工作台；2. 罩口；3. 静电凝聚器；4. 电晕极；5. 极板；6. 控制器；7. 高压发生器；8. 净化器；9. 风量调节阀；10. 风机

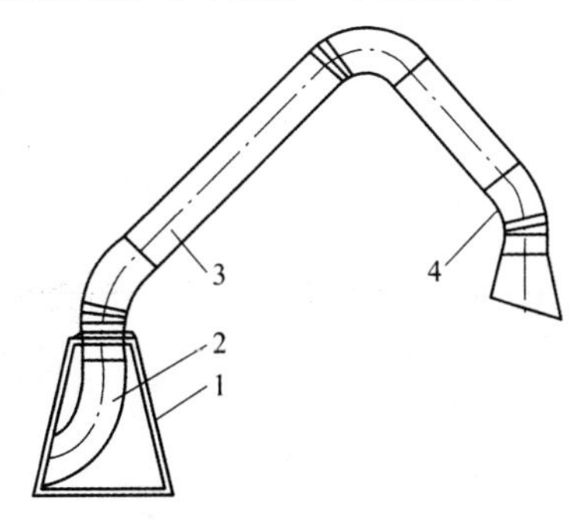

图 12-46 DPC-1500 机组采用的可在空间随意支撑的自衡管

1. 支架；2、4. 软管；3. 铁皮管

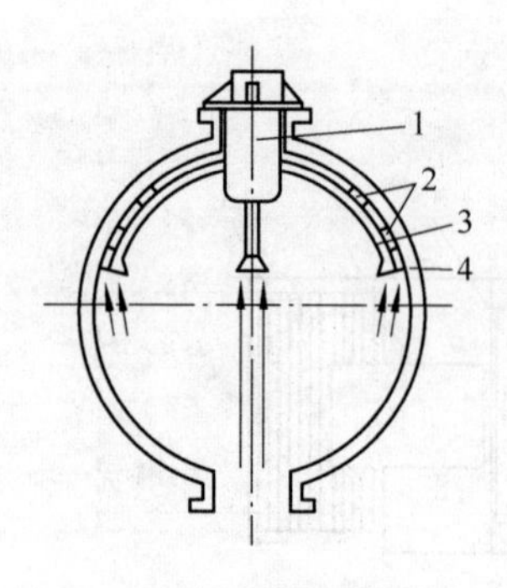

图 12-47　球罐排烟机组

1. 排烟机；2. 永久磁铁；
3. 通风软管；4. 吸尘罩

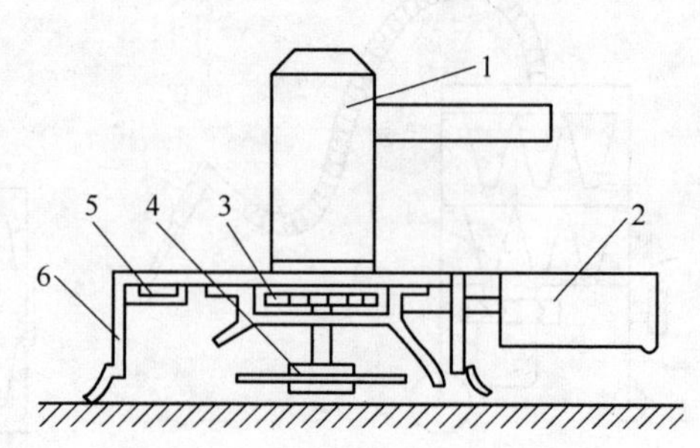

图 12-48　YJX 型吸尘打磨机

1. 高速电动机；2. 布袋除尘器；3. 风机；
4. 砂轮片；5. 观察孔；6. 密封罩

13 焊接检测和试验仪器

13.1 焊缝测量器

13.1.1 测量范围

焊缝测量器又称焊缝检测尺或焊缝量规，是测量焊接接头的坡口角度、间隙、错边，以及焊缝的宽度、余高、角焊缝厚度等尺寸的工具。

焊缝测量器由两块工具钢钢板组成，其制作关键是表面要磨平、转动要灵活，并且为了提高耐磨性，其表面要镀铬。为了保证测量精度，其刻度线粗细均应控制在 0.05mm 以内，使之测量精度达到±0.02mm。

如图 13-1 所示，焊缝测量器结构简单，使用方便，可以随身携带，是一种轻便和多用途的小型量具。焊缝测量器上正面有两排刻度，反面有一排表示角度的刻度和一排尺寸刻度，活动尺 2 能做水平移动，测角板 3 能以铆钉 5 为中心做转动。

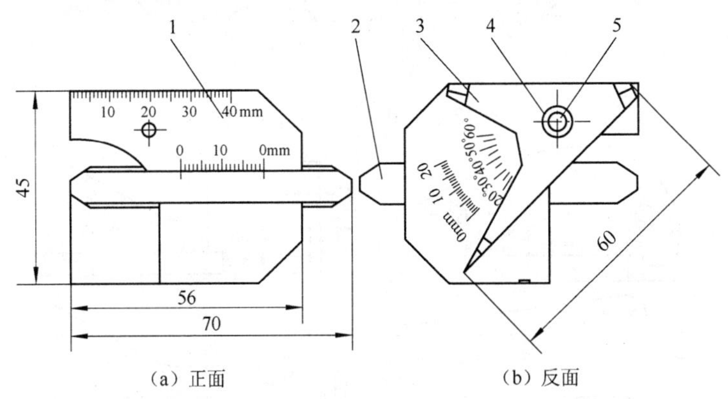

(a) 正面　　(b) 反面

图 13-1 焊缝测量器

1. 测量块；2. 活动尺；3. 测角板；4. 垫圈；5. 铆钉

焊缝测量器的测量范围见表 13-1。

表 13-1　焊缝测量器的测量范围

角度样板的角度/（°）	坡口角度/（°）	钢直尺的规格/mm	间隙/mm	错边/mm	焊缝宽度/mm	焊缝余高/mm	角焊缝的厚度/mm	角焊缝的余高/mm
15 20 45 60 92	≤150	40	1～5	1～20	≤40	≤20	1～20	≤20

13.1.2　检验方法

焊缝外形尺寸检验时，被检验的焊接接头应清理干净，不应有焊接熔渣和其他覆盖层。在测量焊缝外形尺寸时，可采用标准样板和量规。用样板组测量焊缝如图 13-2 所示。用样板测量焊缝如图 13-3 所示。用万能量规测量焊缝如图 13-4 所示。

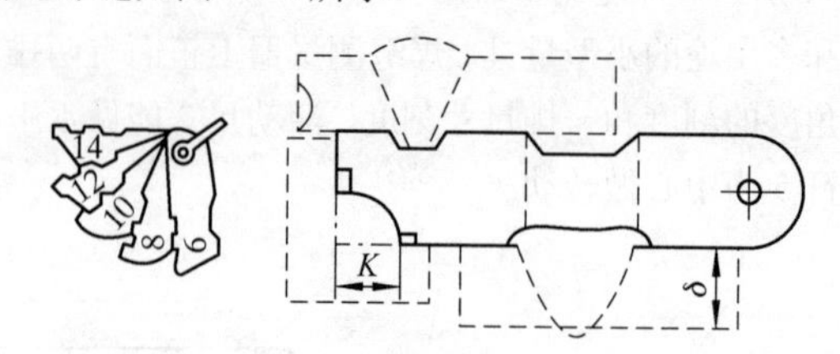

图 13-2　用样板组测量焊缝

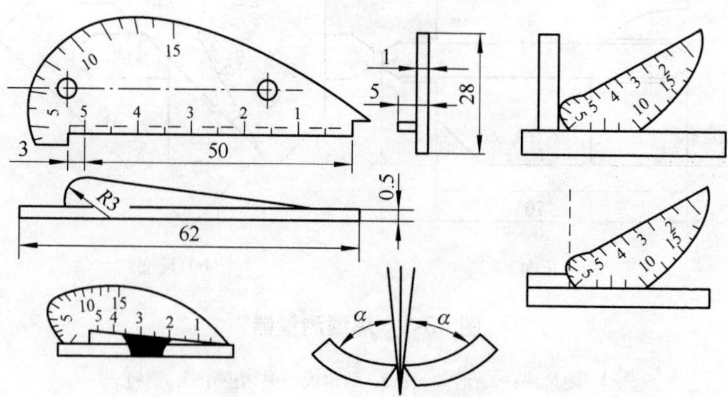

图 13-3　用样板测量焊缝

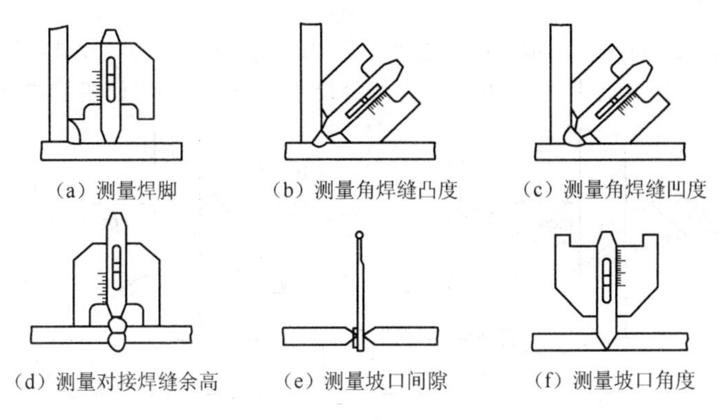
（a）测量焊脚　（b）测量角焊缝凸度　（c）测量角焊缝凹度

（d）测量对接焊缝余高　（e）测量坡口间隙　（f）测量坡口角度

图 13-4　用万能量规测量焊缝

1. 对接焊缝外形尺寸的检验

对接焊缝外形尺寸包括焊缝的余高 h、焊缝宽度 c、焊缝边缘直线度 f、焊缝宽度差和焊缝面凹凸度。焊缝的余高 h、焊缝宽度 c 是重点检查的外形尺寸，用焊缝测量器测量焊缝余高和宽度如图 13-5 所示。

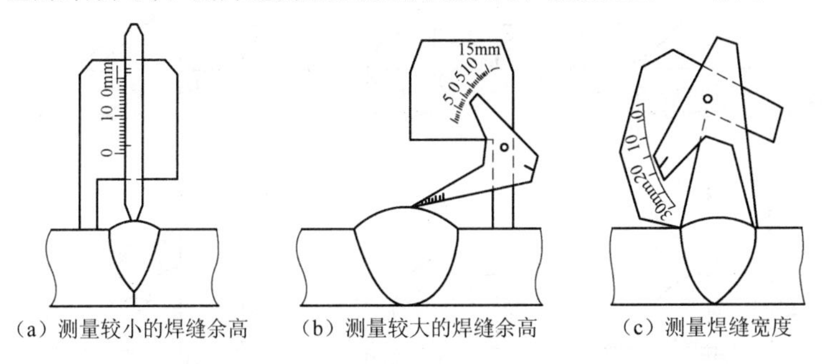

（a）测量较小的焊缝余高　（b）测量较大的焊缝余高　（c）测量焊缝宽度

图 13-5　用焊缝测量器测量焊缝余高和宽度

在多层焊时，要特别重视根部焊道的外观检查。对低合金高强度钢做外观检查时，常需进行两次，即焊后检查一次，经 15～30 天以后再检查一次，检查是否产生延迟裂纹。

对未填满的弧坑应特别仔细检查，以发现可能出现的弧坑裂纹。

2. 角焊缝外形尺寸的检验

角焊缝外形尺寸包括焊脚、焊脚尺寸、凹凸度和焊缝边缘直线度等。

大多数情况下，焊缝厚度不能进行实测，需要通过焊脚尺寸进行计算。角焊缝外形尺寸如图 13-6 所示。焊脚尺寸 K_1、K_2 的确定如图 13-7 所示。

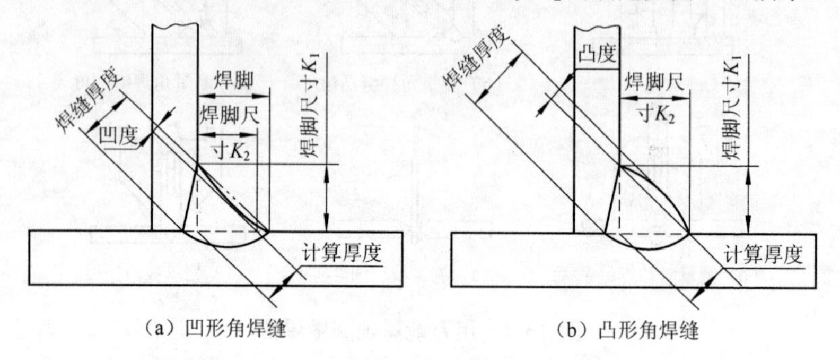

图 13-6　角焊缝外形尺寸

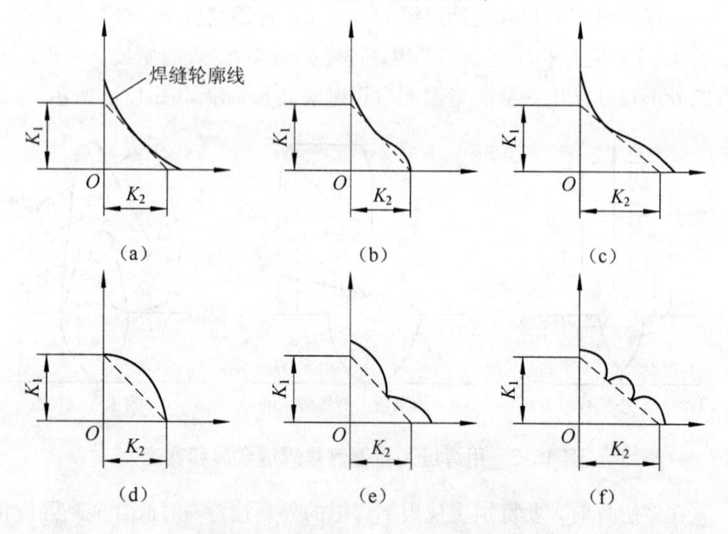

图 13-7　焊脚尺寸 K_1、K_2 的确定

复杂形状角焊缝表面几何形状很不规则，焊缝尺寸不能直接测定，只能用作图法确定。其步骤是先用焊缝测量器测出角焊缝两侧的焊脚尺寸，再根据外表面凹度情况，测量 1～2 个凹点到两侧直角面表面的距离，作出角焊缝横截面图。如图 13-7（c）、（e）和（f）所示，在角焊

缝横截面中画出最大等腰直角三角形，测得的直角三角形直角边边长就是该角焊缝的焊脚尺寸。

13.2 焊缝无损检测仪器

13.2.1 射线检测仪器

1. X 射线机

X 射线机按结构形式可分为便携式、移动式和固定式三种。

X 射线机的分类方法很多，但任何一台 X 射线机都由 X 射线管、高压发生装置、冷却系统、控制电路和保护电路等几个基本部分组成。

X 射线管是 X 射线机的核心，其基本结构是一个具有高真空度的二极管，一般由阴极、阳极和保持高真空度的玻璃外壳组成，如图 13-8 所示。

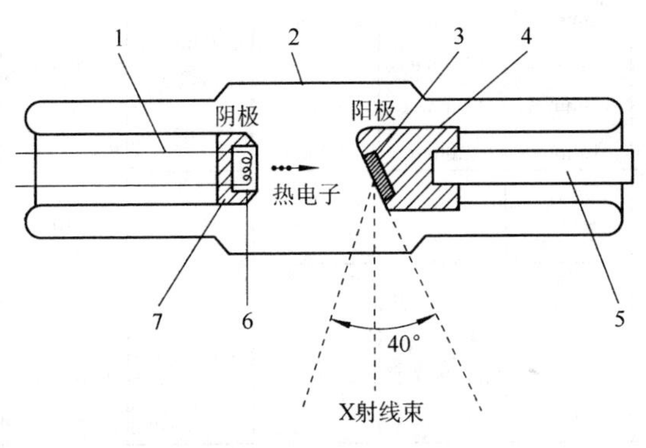

图 13-8 X 射线管的组成

1. 灯丝引出线；2. 玻璃外壳；3. 阳极靶；4. 阳极体（铜）；
5. 油冷；6. 灯丝；7. 电子集束筒

移动式 X 射线机中的 X 射线管置于射线柜内，射线柜内用强制循环油进行冷却，循环油用水冷却，高压发生器与 X 射线柜为两个独立部分，通过高压电缆相连；控制柜（操纵台）放在防辐射的操作室中，通过低压电缆与高压发生器相连，控制柜用来调节透照电压（kV）、电流

(mA）和时间（min)，控制柜内装有过载、过电流、过电压和过热保护装置。

①移动式 X 射线机一般体积大、质量大，在车间实验室中半固定使用，可对中、厚部件进行检测。由于其管电压较高，管电流大，因此可以透照较厚工件并可以节省透照时间。常用国产移动式 X 射线机技术参数见表 13-2。

表 13-2　常用国产移动式 X 射线机技术参数

型号 技术参数	TY0530-1	TY1512/4-1	TY1512/4-1	TY2020-1	TY2515	TY4010/4-2
管电压/kV	50	150	150	200	250	400
管电流/mA	30	12（大焦点） 4（小焦点）	12（大焦点） 4（小焦点）	20	15	10（大焦点） 4（小焦点）
焦点尺寸	1.5mm×1.5mm 或 1.8mm×1.2mm	2.5mm×2.5mm 1.0mm×1.0mm	2.5mm×2.5mm 1.0mm×1.0mm	ϕ10mm 或 6mm×6mm	4mm×4mm	4mm×4mm 1.8mm×1.8mm
射线角度/（°）	40±1	—	—	40±1	40	40±1
透照厚度/mm	30（Al）	20（Fe 铅箔增感） 30（Fe 荧光增感）	—	60（Fe）	74（Fe） 200（Al）	100（Fe 铅箔增感） 120（Fe 荧光增感）
外形尺寸/（mm×mm×mm）	1830×650×1810	1100×900×2100	1750×1000×1200	2200×2500×850	1500×750×650	1510×780×1940
总质量/kg	250	—	2500	800	500	1800

②便携式 X 射线机的 X 射线管和高压发生器为一个整体，没有高压电缆和整流装置，因此体积小、质量小，适用于流动性检测或对大型设备的现场检测。常用国产便携式 X 射线机技术参数见表 13-3。

表 13-3 常用国产便携式 X 射线机技术参数

技术参数	型号	TX-1005	TX-1505	TX-2005	TX-2505	TX-3005
输入	电压/V	220				
	频率/Hz	50				
	相数	单相				
	最大容量/（kV·A）	1	1.2	1.5	1.8	2.5
输出	X 射线管两端高压峰值/kV	100	150	200	250	300
	阳极电流（平均值）/mA	5				
射线管	型号	3BEYI-100，5mA	x1505	x2005	x2505	x3005
	焦点尺寸/(mm×mm)	2.3×2.3	2.5×2.5	3×3	3×3	3×3
	射线角度/（°）	38	38	40	40	40
	冷却方式	油浸自冷				
	最大容量最长连续工作时间/min	5				
	透照厚度钢铁[①]/mm	12	30	43	54	62
体积	控制箱/（mm×mm×mm）	385×305×179				
	射线柜	ϕ246mm×406mm	270mm×205mm×600mm	420mm×260mm×650mm	420mm×260mm×670mm	480mm×310mm×865mm
质量	控制箱/kg	22				
	射线柜/kg	23	35	55	63	97

注：①X 射线透照工作时的条件：焦距为 600mm，I=5mA，上海牌胶片 4F，双面荧光增感纸相对黑度为 0.8。

X 射线机也可按照射线束辐射方向分为定向辐射和周向辐射两种。

其中周向辐射 X 射线机适用于管道、锅炉和压力容器的环形焊缝检测。由于一次曝光可以检测整条焊缝，因此工作效率高。

2. γ射线机

γ射线机是射线探伤设备中的一个重要组成部分。γ射线机以放射性同位素作为γ射线源进行射线检测，因此与 X 射线机相比有许多不同的特点。

γ射线机所产生的γ射线能量高、穿透力强、探测厚度大。γ射线机设备较简单，体积小、质量小且不用水电，适用于野外现场探伤，在某些特殊场合，如高空、水下、狭窄空间等，尤为适宜。γ射线机所产生的γ射线向空间全方位进行辐射，对球罐和环焊缝可进行全景曝光和周向曝光，可极大地提高工作效率。此外，γ射线机不易损坏、设备故障率低，可连续使用，性能稳定且不受外界条件影响。

γ射线机所产生的γ射线能量单一且只集中在几个波长，不能根据试件厚度进行调节，因此只适用于一定厚度范围的材料。其不清晰度一般比 X 射线机大，因此在同样的检测条件下，灵敏度稍低于 X 射线机。γ射线机所选用的γ射线源都有一定的半衰期，有些半衰期短的射源如 lr192 更换频繁，γ射线源的放射性辐射不受人为因素的控制，因此对安全防护的要求和管理更加严格。

3. 加速器

在工业射线检测中 X 射线机的管电压一般不超过 450kV，常用γ射线源的能量不超过 2MeV，这种能量范围的射线不适用于透照较厚的材料，透照较厚的材料需要更高能量的射线。工业射线检测中一般采用加速器产生更高能量的射线。加速器是带电粒子加速器的简称，是利用电磁场加速带电粒子，从而使其获得高能量的装置。目前用于工业射线检测产生高能量 X 射线的加速器主要有电子感应加速器、电子直线加速器和电子回旋加速器。

目前在射线探伤中应用最多的是电子直线加速器。一些国家生产的无损检测用电子直线加速器技术参数见表 13-4。

表 13-4 一些国家生产的无损检测用电子直线加速器技术参数

国家	厂商	能量/MeV	剂量率/[rad/(min×m)]	焦点尺寸/mm	透照厚度钢/mm	工作方式	频率/MHz	微波功率源	备注
美国	Varian	2	200	$\phi 2$	38～208	驻波	2988	磁控管	
		4	500	$\phi 2$	51～254	驻波	2988	磁控管	
		6	1100	$\phi 2$	51～254	驻波	2988	磁控管	
		9,6,11	3000	$\phi 2$	76～780	驻波	2988	磁控管	
		15	6000	$\phi 2$	76～460	驻波	2988	速调管	
	Shonberg	1.5	30	$\phi 1.7$	125	行波	9303	磁控管	便携
		4	110	$\phi 1.7$	250	行波	9303	磁控管	便携
		6	300	$\phi 2$	300	驻波	9303	磁控管	便携
俄罗斯	H	6	1500	$\phi 3$	40～400	行波	2450	速调管	
		11	4000	$\phi 3$	50～500	行波	2450	磁控管	
		15	8000	$\phi 3$	75～600	行波	2450	速调管	
日本	三菱	3	240	—	30～150	行波	—	速调管	
		8	800	—	50～400	行波	—	磁控管	
		12	2000	—	70～500	行波	—	速调管	
中国	北京机械工业自动化研究所	4	500	$\phi 2$	50～250	驻波	2988	磁控管	
		9,6,11	3000	$\phi 2$	75～380	驻波	2988	磁控管	
	中国原子能科学研究院	3	—	$\phi 2$	40～200	驻波	2988	磁控管	
		4	350	$\phi 2$	50～250	驻波	2988	磁控管	

电子直线加速器属于大型高效射线源，一般情况下只能在专用探伤室内工作。

从表 13-4 的技术参数和实际运行效果看，中国原子能科学研究院和北京机械工业自动化研究所研制的电子直线加速器已达到国际同类产品的先进水平并已批量生产。

另外，丹东市无损检测设备有限公司销售的俄罗斯产 MIB 系列电子回旋加速器在 150mm 以下的（钢）焊缝射线照相中也取得了良好效果。

4. 射线胶片

射线胶片是一张可以弯曲的透明胶片（一般由醋酸纤维或硝酸纤维制成），两面涂以混于乳胶液中的溴化银或氯化银，涂层很薄（一般为10μm），溴化银（或氯化银）要求颗粒度小，粒度直径为1～5μm，并与软片平行且分布均匀。选择胶片时应考虑胶片的衬度、胶片的粒度、胶片的灰雾度，药膜（乳剂层）是否均匀，以及是否有缺欠。

为了得到较高的透照质量和较高的底片灵敏度，应选用高衬度、细颗粒、低灰雾度的胶片。工业X射线胶片技术参数见表13-5。

表13-5　工业X射线胶片技术参数

胶片系统等级和分类		粒度/μm	感光度	对比度	对应胶片					适用范围
					天津	Agfa	Kodak	Fuji	Do Pont	
C1 C2	T1	很细 0.07～0.25	很慢 4.1～10.1	很高 4.0～8.0	—	D2 D3	SR DR R	25 50	NDT 35 45	检查铝合金，铅屏增感或不增感
C3 C4	T2	细 0.27～0.46	慢 1.6～2.85	高 3.7～7.5	V	D4 D5	M MX T	59 80	NDT 55	检查细裂纹，也用来检查轻金属
C5	T3	中 0.57～0.66	中 1.0	中 3.5～6.8	III	D7 C7	AX AA CX	100	NDT 65 70	检查钢焊缝
C6	T4	粗 0.67～1.05	快 0.6～0.7	低 3.0～6.0	II	D8 D10	RP	150 400	NDT 75 89	采用荧光增感检验厚件，弥补射线穿透能力不足

5. 观片灯和光学密度计

观片灯的主要性能应符合GB/T 19802—2005的有关规定，光学密度计测量的最大黑度应>4.5，测量值的误差≤±0.5，光学密度计至少每6个月校验一次。

6. 增感屏

射线照射到某些物质（如钨酸钙、硫化锌镉、铅箔和锡箔等）时会产生荧光效应，将这些物质均匀地胶附在一张纸板上，就形成了荧光增感屏。如果纸板上胶附的是铅箔或锡箔，则称为金属增感屏。用这些增感屏夹着胶片，在射线的作用下，胶片不只受射线的感光作用，同时也受增感屏的荧光作用。因此，胶片在增感屏的作用下，与单独受射线作用时相比，曝光量大大增加。如果对胶片作用的曝光量为定值时，在有增感屏的情况下可大大减少曝光时间，从而提高检测速度。现广泛应用的是金属增感屏。选择增感屏应满足以下要求：厚度均匀，杂质少，增感效果好；表面平整光滑、无划伤、皱折及污物；有一定刚性，不易损伤。

①钢、铜和镍基合金射线照相所用的胶片系统类别和金属增感屏（GB/T 3323—2005）见表 13-6。

表 13-6　钢、铜和镍基合金射线照相所适用的胶片系统类别和金属增感屏（GB/T 3323—2005）

<table>
<tr><th rowspan="2">射线种类</th><th rowspan="2">穿透厚度/mm</th><th colspan="2">胶片系统类别①</th><th colspan="2">金属增感屏类型和厚度/mm</th></tr>
<tr><th>A 级</th><th>B 级</th><th>A 级</th><th>B 级</th></tr>
<tr><td>X 射线≤100kV</td><td rowspan="3">—</td><td rowspan="3">C5</td><td rowspan="2">C3</td><td colspan="2">不用屏或用铅屏（前后）≤0.03</td></tr>
<tr><td>X 射线＞（100～150kV）</td><td colspan="2">铅屏（前后）≤0.15</td></tr>
<tr><td>X 射线＞（150～250kV）</td><td>C4</td><td colspan="2">铅屏（前后）0.02～0.15</td></tr>
<tr><td>Yb169</td><td>$w<5$</td><td rowspan="2">C5</td><td>C3</td><td colspan="2">铅屏（前后）≤0.03，或不用屏</td></tr>
<tr><td>Tm170</td><td>$w\geqslant 5$</td><td>C4</td><td colspan="2">铅屏（前后）0.02～0.15</td></tr>
<tr><td rowspan="2">X 射线＞（250～500kV）</td><td>$w\leqslant 50$</td><td rowspan="2">C5</td><td>C4</td><td colspan="2">铅屏（前后）0.02～0.2</td></tr>
<tr><td>$w>50$</td><td>C5</td><td colspan="2">前铅屏 0.1～0.2②；后铅屏 0.02～0.2</td></tr>
<tr><td>Se75</td><td></td><td>C5</td><td>C4</td><td colspan="2">铅屏（前后）0.1～0.2</td></tr>
<tr><td rowspan="2">Ir192</td><td rowspan="2">—</td><td rowspan="2">C5</td><td rowspan="2">C4</td><td>前铅屏 0.02～0.2②</td><td>前铅屏 0.1～0.2②</td></tr>
<tr><td colspan="2">后铅屏 0.02～0.2</td></tr>
<tr><td rowspan="2">Co60</td><td>$w\leqslant 100$</td><td rowspan="2">C5</td><td>C4</td><td rowspan="2" colspan="2">钢或铜屏（前后）0.25～0.7③</td></tr>
<tr><td>$w>100$</td><td>C5</td></tr>
<tr><td rowspan="2">X 射线 1～4meV</td><td>$w\leqslant 100$</td><td rowspan="2">C5</td><td>C3</td><td rowspan="2" colspan="2">钢或铜屏（前后）0.25～0.7③</td></tr>
<tr><td>$w>100$</td><td>C5</td></tr>
<tr><td rowspan="3">X 射线＞（4～12meV）</td><td>$w\leqslant 100$</td><td>C4</td><td>C4</td><td rowspan="3" colspan="2">铜、钢或钽前屏≤1④
铜或钢后民屏≤1，钽后屏≤0.5④</td></tr>
<tr><td>$100<w\leqslant 300$</td><td rowspan="2">C5</td><td>C4</td></tr>
<tr><td>$w>300$</td><td>C5</td></tr>
</table>

续表 13-6

射线种类	穿透厚度/mm	胶片系统类别[1]		金属增感屏类型和厚度/mm	
		A 级	B 级	A 级	B 级
X 射线＞12meV	w≤100	C4	—	钽前屏≤1[5] 钽后屏不用	
	100＜x≤300	C5	C4		
	w＞300		C5	钽前屏≤1[5]；钽后屏≤0.5	

注：①也可使用更好的胶片系统类别；

②只要在工件与胶片之间加 0.1mm 附加铅屏，就可使用前铅屏≤0.03mm 的真空包装胶片；

③A 级也可使用 0.5～2mm 铅屏；

④经合同名方商定，A 级可用 0.5～1mm 铅屏；

⑤经合同名方商定可使用钨屏。

②铝和钛射线照相所适用的胶片系统类别和金属增感屏（GB/T 3323—2005）见表 13-7。

表 13-7　铝和钛射线照相所适用的胶片系统类别和金属增感屏（GB/T 3323—2005）

射线种类	胶片系统类别[1]		金属增感屏类型和厚度/mm
	A 级	B 级	
X 射线≤150kV	C5	C3	不用屏或铅前屏≤0.03，后屏≤0.15
X 射线＞150～250kV			铅屏（前后）0.02～0.15
X 射线＞250～500kV			铅屏（前后）0.1～0.2
Yb169			铅屏（前后）0.02～0.15
Se75			铅前屏 0.2[2]，后屏 0.1～0.2

注：①也可使用更好的胶片系统类别。

②可用 0.1mm 铅屏附加 0.1mm 滤光板取代 0.2mm 铅屏。

使用时必须将增感屏与胶片贴紧，否则会降低增感效果，或因接触程度不同产生底片黑度不均匀，增加底片灰雾度；增感屏应存放在干燥的地方，用前要检查表面有无尘埃、污点、伤痕，使用中小心爱护，保持整洁，经常用脱脂棉蘸纯酒精擦拭。

7. 像质计和检验级别

评价射线照相质量的重要指标是灵敏度，一般用工件中能被发现的最小缺欠尺寸或其在工件厚度上所占百分比表示。由于预先无法了解射线穿透方向上的最小缺欠尺寸，必须用已知尺寸的人工“缺欠”——像质计进行度量。像质计可以在给定的射线检测工艺条件下，在底片上显示人工“缺欠”影像，还可以检测底片的照相质量。用像质计得到的灵敏度并非是实际缺欠的灵敏度，而只是用来表征对某些人工“缺欠”（如金属丝等）发现的难易程度，但它完全可以对影像质量做出客观的评价。

①像质计有线型、孔型和槽型三种，不同材料像质计适用的工件材料范围见表 13-8。

表 13-8　不同材料像质计适用的工件材料范围

像质计材料代号	Fe	Ni	Ti	Al	Cu
像质计材料	碳钢、奥氏体不锈钢	镍-铬合金	工业纯钛	工业纯铝	纯铜
工件材料	碳钢、低合金钢、不锈钢	镍、镍合金	钛、钛合金	铝、铝合金	铜、铜合金

②底片上影像的质量与射线照相技术的器材有关，按照采用的射线源种类及其能量的高低、胶片类型、增感方式、底片黑度、射源尺寸及射源与胶片的距离等参数，可以把射线照相技术划分为若干个质量级别。例如，GB/T 3323—2005《金属熔化焊焊接接头射线照相》标准中就把射线照相技术的质量分为 A 级和 B 级，质量级别顺次增高，因此可根据产品的检验要求来选择合适的检验级别，其中 A 级为普通级，B 级为优化级。当 A 级灵敏度不能满足检测要求时，应采用 B 级透照技术。不同检验级别和透照厚度应达到的线型像质计数值（GB/T 3323——2005）见表 13-9。

表 13-9　不同检验级别和透照厚度应达到的线型像质计数值（GB/T 3323—2005）

像质计数值		公称厚度/mm		穿透厚度/mm			
应识别的丝号	应识别的孔径/mm	单壁透照（A 级）	单壁透照（B 级）	双壁双影（A 级）	双壁双影（B 级）	双壁单影或双影（A 级）	双壁单影或双影（B 级）
		像质计（IQI）置于射源侧		像质计（IQI）置于射源侧		像质计（IQI）置于胶片侧	
W19	0.050	—	$t \leqslant 1.5$	—	$w \leqslant 1.5$	—	$w \leqslant 1.5$
W18	0.063	$t \leqslant 1.2$	$1.5 < t \leqslant 2.5$	$w \leqslant 1.2$	$1.5 < w \leqslant 2.5$	$w \leqslant 1.2$	$1.5 < w \leqslant 2.5$

续表 13-9

像质计数值		公称厚度/mm		穿透厚度/mm			
应识别的丝号	应识别的孔径/mm	单壁透照（A级）	单壁透照（B级）	双壁双影（A级）	双壁双影（B级）	双壁单影或双影（A级）	双壁单影或双影（B级）
		像质计（IQI）置于射源侧		像质计（IQI）置于射源侧		像质计（IQI）置于胶片侧	
W17	0.80	$1.2<t\leqslant 2.0$	$2.5<t\leqslant 4.0$	$1.2<w\leqslant 2.0$	$2.5<w\leqslant 4.0$	$1.2<w\leqslant 2.0$	$2.5<w\leqslant 4.0$
W16	0.100	$2.0<t\leqslant 3.5$	$4.0<t\leqslant 6.0$	$2.0<w\leqslant 3.5$	$4.0<w\leqslant 6.0$	$2.0<w\leqslant 3.5$	$4.0<w\leqslant 6.0$
W15	0.125	$3.5<t\leqslant 5.0$	$6.0<t\leqslant 8.0$	$3.5<w\leqslant 5.0$	$6.0<w\leqslant 8.0$	$3.5<w\leqslant 5.0$	$6.0<w\leqslant 12$
W14	0.16	$5.0<t\leqslant 7.0$	$8.0<t\leqslant 12$	$5.0<w\leqslant 7.0$	$8.0<w\leqslant 15$	$5.0<w\leqslant 10$	$12<w\leqslant 18$
W13	0.20	$7.0<t\leqslant 10$	$12<t\leqslant 20$	$7.0<w\leqslant 12$	$15<w\leqslant 25$	$10<w\leqslant 15$	$18<w\leqslant 30$
W12	0.25	$10<t\leqslant 15$	$20<t\leqslant 30$	$12<w\leqslant 18$	$25<w\leqslant 38$	$15<w\leqslant 22$	$30<w\leqslant 45$
W11	0.32	$15<t\leqslant 25$	$30<t\leqslant 35$	$18<w\leqslant 30$	$38<w\leqslant 45$	$22<w\leqslant 38$	$45<w\leqslant 55$
W10	0.40	$25<t\leqslant 32$	$35<t\leqslant 45$	$30<w\leqslant 40$	$45<w\leqslant 55$	$38<w\leqslant 48$	$55<w\leqslant 70$
W9	0.50	$32<t\leqslant 40$	$45<t\leqslant 65$	$40<w\leqslant 50$	$55<w\leqslant 70$	$48<w\leqslant 60$	$70<w\leqslant 100$
W8	0.63	$40<t\leqslant 55$	$65<t\leqslant 120$	$50<w\leqslant 60$	$70<w\leqslant 100$	$60<w\leqslant 85$	$100<w\leqslant 180$
W7	0.80	$55<t\leqslant 85$	$120<t\leqslant 200$	$60<w\leqslant 85$	$100<w\leqslant 170$	$85<w\leqslant 125$	$180<w\leqslant 300$
W6	1.00	$85<t\leqslant 150$	$200<t\leqslant 350$	$85<w\leqslant 120$	$170<w\leqslant 250$	$125<w\leqslant 225$	$w>300$
W5	1.25	$150<t\leqslant 250$	$t>350$	$120<w\leqslant 220$	$w\geqslant 250$	$225<w\leqslant 375$	—
W4	1.60	$t>250$	—	$220<w\leqslant 380$	—	$w>375$	—
W3	2.00	—	—	$w>380$	—	—	—
W2	2.50	—	—	—	—	—	—
W1	3.20	—	—	—	—	—	—

③不同检验级别和透照厚度应达到的阶梯孔型像质计数值（GB/T 3323—2005）见表 13-10。

表 13-10　不同检验级别和透照厚度应达到的阶梯孔型像质计数值（GB/T 3323—2005）

像质计数值		公称厚度/mm		穿透厚度/mm			
应识别的丝号	应识别的孔径/mm	单壁透照（A级）	单壁透照（B级）	双壁双影（A级）	双壁双影（B级）	双壁单影或双影（A级）	双壁单影或双影（B级）
		像质计（IQI）置于射源侧		像质计（IQI）置于射源侧		像质计（IQI）置于胶片侧	
H1	0.125	—	—	—	—	—	—

续表 13-10

像质计数值		公称厚度/mm		穿透厚度/mm			
应识别的丝号	应识别的孔径/mm	单壁透照（A 级）	单壁透照（B 级）	双壁双影（A 级）	双壁双影（B 级）	双壁单影或双影（A 级）	双壁单影或双影（B 级）
		像质计（IQI）置于射源侧		像质计（IQI）置于射源侧		像质计（IQI）置于胶片侧	
H2	0.160	—	$t \leqslant 2.5$	—	$w \leqslant 1.0$	—	$w \leqslant 2.5$
H3	0.200	$t \leqslant 2.0$	$2.5 < t \leqslant 4.0$	$w \leqslant 1.0$	$1.0 < w \leqslant 2.5$	$w \leqslant 2.0$	$2.5 < w \leqslant 5.5$
H4	0.250	$2.0 < t \leqslant 3.5$	$4.0 < t \leqslant 8.0$	$1.0 < w \leqslant 2.0$	$2.5 < w \leqslant 4.0$	$2.0 < w \leqslant 5.0$	$5.5 < w \leqslant 9.5$
H5	0.320	$3.5 < t \leqslant 6.0$	$8.0 < t \leqslant 12$	$2.0 < w \leqslant 3.5$	$4.0 < w \leqslant 6.0$	$5.0 < w \leqslant 9.0$	$9.5 < w \leqslant 15$
H6	0.400	$6.0 < t \leqslant 10$	$12 < t \leqslant 20$	$3.5 < w \leqslant 5.5$	$6.0 < w \leqslant 11$	$9.0 < w \leqslant 14$	$15 < w \leqslant 24$
H7	0.500	$10 < t \leqslant 15$	$20 < t \leqslant 30$	$5.5 < w \leqslant 10$	$11 < w \leqslant 20$	$14 < w \leqslant 22$	$24 < w \leqslant 40$
H8	0.630	$15 < t \leqslant 24$	$30 < t \leqslant 40$	$10 < w \leqslant 19$	$20 < w \leqslant 35$	$22 < w \leqslant 36$	$40 < w \leqslant 60$
H9	0.800	$24 < t \leqslant 30$	$40 < t \leqslant 60$	$19 < w \leqslant 35$	—	$36 < w \leqslant 50$	$60 < w \leqslant 80$
H10	1.00	$30 < t \leqslant 40$	$60 < t \leqslant 80$	—	—	$50 < w \leqslant 80$	—
H11	1.250	$40 < t \leqslant 60$	$80 < t \leqslant 100$	—	—	—	—
H12	1.600	$60 < t \leqslant 100$	$100 < t \leqslant 150$	—	—	—	—
H13	2.000	$100 < t \leqslant 150$	$150 < t \leqslant 200$	—	—	—	—
H14	2.500	$150 < t \leqslant 200$	$200 < t \leqslant 250$	—	—	—	—
H15	3.200	$200 < t \leqslant 250$	—	—	—	—	—
H16	4.000	$250 < t \leqslant 320$	—	—	—	—	—
H17	5.000	$320 < t \leqslant 400$	—	—	—	—	—
H18	6.300	$t > 400$	—	—	—	—	—

13.2.2 超声波探伤仪器

1. 超声波探伤仪

目前工业上使用最广泛的超声波探伤仪是脉冲反射法 A 型显示探伤仪，它是利用焊缝及母材的正常组织与焊缝中的缺欠具有不同的声阻抗（材料密度与声速的乘积）和声波在不同声阻抗的异质界面上会产生不同反射现象的原理来发现缺欠。

（1）组成 超声波探伤仪由机体和探头两部分组成。机体主要由同步电路、时基电路、发射电路、接收放大电路、时标电路和示波器电路等部分组成，超声波探伤仪的电路如图 13-9 所示。仪器的主要参数有探伤频率、增益可衰减、发射脉冲、频率宽带等。在示波器的 CRT 屏幕上，横坐标代表超声波传播时间，纵坐标代表脉冲高度。

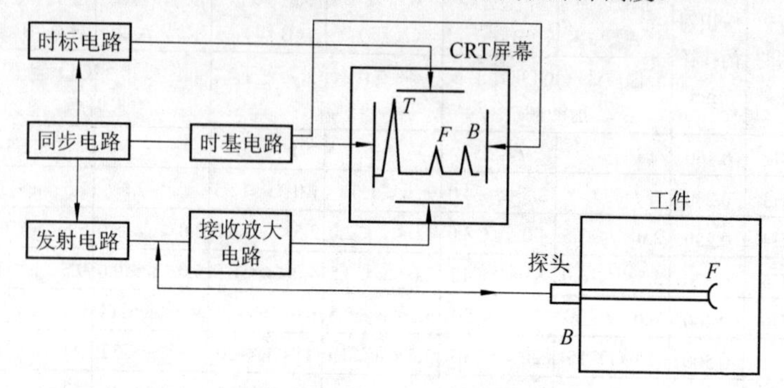

图 13-9 超声波探伤仪的电路

（2）技术参数 国产 CTS-22、CTS-23、CTS-24、J15-5、J15-6 等均属于脉冲反射法 A 型显示探伤仪，国产超声波探伤仪技术参数见表 13-11。

表 13-11 国产超声波探伤仪技术参数

型 号	工作频率/MHz	衰减器/dB	探测范围/mm	分辨力/mm
CTS-22	0.5～10	0～80	10～1200	3
CTS-23	0.5～20	0～90	5～5000	1.2
CTS-24	0.5～25	0～110	5～1000	—
JIS-5	1～15	0～80	10～3000	—
JIS-6	1～15	0～101	10～3000	—

近年已研发出具有参数显示、彩色显像和缺欠自动记录等功能的超声波探伤仪，如 SMART-20、CTS-8010、TIS-7 等型号超声波探伤仪。

正确的选择仪器和探头对有效地发现缺陷，提高缺陷定位、定量精度及判断缺陷性质至关重要。

（3）选用原则 探伤仪选择的一般原则如下。

①对于定位要求高的场合，应选择水平线性误差小的设备。

②对于幅度定量要求高的场合，应选择垂直线性好、衰减器精度高的设备。

③对于厚壁工件检测，应选择灵敏度余量大、信噪比高、发射功率强、重复频率低的设备。

④对于薄壁工件检测，为有效地发现近表面缺陷和相邻的区分，应选择盲区小、分辨率高、扫描线展开距离好的设备。

⑤对室外现场检测，应选择质量小、荧光屏亮度高，抗干扰能力强、图形记录方便的便携式设备。

2. 超声波探头

在超声波检测中，超声波的产生和接收过程是能量转换的过程，这种转换是通过探头实现的。探头具有将电能转换为超声能（发射超声波）和将超声能转换为电能（接收超声波）的作用，所以探头是一种声电换能器。超声波探头由压电晶片、透声楔块和吸收阻尼组成。超声波探头若按在被探材料中传播的波形分有直立的纵波探头（简称直探头）和斜角的横波探头、表面波探头、板波探头，即斜头；按与被探材料的耦合方式分有直接接触式探头和液（水）浸探头。此外，按工作的频谱分有宽频谱的脉冲波探头和窄频谱的连续波探头，以及在特殊条件下使用的探头，如高温探头、狭窄探伤面用的微型探头等。图 13-10 所示为超声波检测探头的结构。

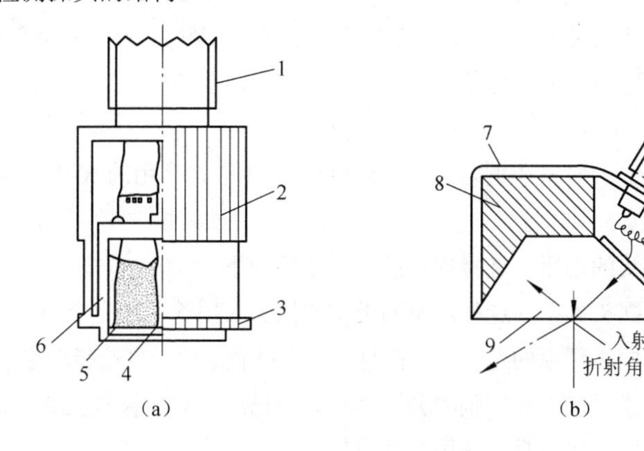

图 13-10 超声波检测探头的结构

1. 接插件；2. 外套；3. 内套；4. 保护膜；5. 晶片；6. 吸收块；7. 外壳；8、11. 背衬材料；9. 塑料斜楔；10. 压电元件；12. 同轴接头

（1）直探头　直探头是波束垂直于被探工件表面入射的探头，用来发射和接收纵波，一般用于手工操作接触法检测，既适用于单探头反射法，也适用于双探头穿透法。由于纵波在技术上发射和接收都较容易，且穿透能力强，故适用于厚件，如钢坯、铸件和锻件的内部缺欠检测。

（2）斜探头　斜探头是利用透声楔块使声束倾斜于工件表面入射的探头。斜探头分为横波探头、表面波探头和板波探头。探头上的压电晶片产生的是纵波，再用不同的斜楔块角度折射成横波、表面波或板波。横波多用于焊缝检测；表面波对表面缺欠非常敏感，分辨力也优于横波和纵波；板波能整体地检测薄板或带。

焊缝检测的基本方法有纵波检测法和横波检测法，经常使用的是横波（斜探头）检测法。因为焊缝有一定余高且表面凹凸不平，纵波（直探头）检测时探头难以放置，所以在焊缝两侧的母材上用斜角入射的方法进行检测。另外，焊缝中危险性缺欠大多垂直于焊缝表面，用斜角检测容易发现。

横波斜探头按入射角和折射角的不同有下列三种标称方式。

①以纵波入射角标称，常用的入射角有30°、45°、50°和55°等。

②以钢中的横波折射角标称，常用的折射角有40°、45°、50°、60°和70°等。

③以钢中折射角和正切值 K（$K=\tan\beta$）标称，常用的 K 值探头有1、1.5、2、2.5和3等。

（3）探头的选用　选择探头的注意事项如下。

①注意探头类型的选择，不同类型的探头其用途可能完全不同。

②注意探头频率的选择，工件材质晶粒度较细时，可选择频率较高的探头，这样可以提高缺陷的分辨率和定位精度。对晶粒较大的铸件、奥氏体不锈钢等材质只能选用频率较低的探头。

③要注意探头和探头晶片的尺寸，探头晶片尺寸越大、发射能力越强、声束截面积越大，越有利于提高检测效率。但晶片尺寸大的探头近

场盲区变大，对工件检测面的平稳度要求增高，对缺陷的分辨率降低，所以对于工件尺寸较小、检测面曲率较大的场合应选择晶片尺寸较小的探头。

④注意横波斜探头折射角β的选择。目前市场上销售的斜探头折射角（或K值）均是以CSK-IA钢质标准试块的测量值进行标注的。如果被检工件材质是其他材质，则要按相应材质的声速进行β值或K值的换算。

⑤在所有的超声波检验标准或检验规程中都对所使用的探头、仪器和它们的组合性能提出了明确要求，选择仪器和探头时要首先了解和满足检验规程的要求。

3. 试块

按一定用途设计制作的且有简单形状人工反射体的试件称为试块。试块和探伤仪器、探头一样，同是超声波检测的重要设备。试块的作用主要有以下几点。

①确定检测灵敏度。因为超声波的检测灵敏度是以发现与工件同厚度同材质对比试块上最小的人工缺欠来判定的。

②调节检测范围，确定缺欠位置。

③评价缺欠大小，对被检测工件评级和判废。

④测量材质衰减和确定耦合补偿等。

试块分标准试块（STB）和对比试块（RB）两类。标准试块由权威机构规定，其形状、尺寸和材质均由该机构统一规定。GB/T 11345—2013《焊缝无损检测超声检测技术、检测等级和评定》中规定了CSK-ZB标准试块的形状和尺寸，如图13-11所示，按ZBY232的要求制造。标准试块主要用于测定探伤仪、探头和系统性能。对比试块又称参考试块，它是由各部门按某些具体探伤对象规定的试块。GB/T 11345—2013标准中规定了RB-1、RB-2和RB-3三种对比试块的形状和尺寸，如图13-12所示。对比试块主要用于调整检测范围、确定检测灵敏度和评价缺陷大小，是对工件进行评价和判废的依据。

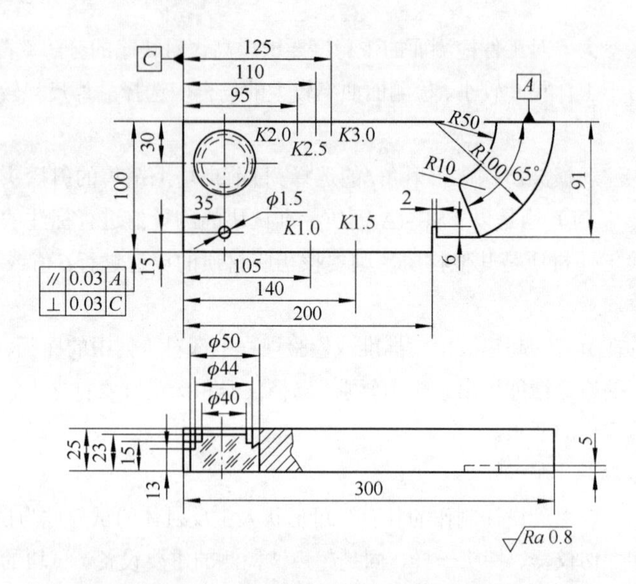

图 13-11 CSK-ZB 标准试块的形状和尺寸

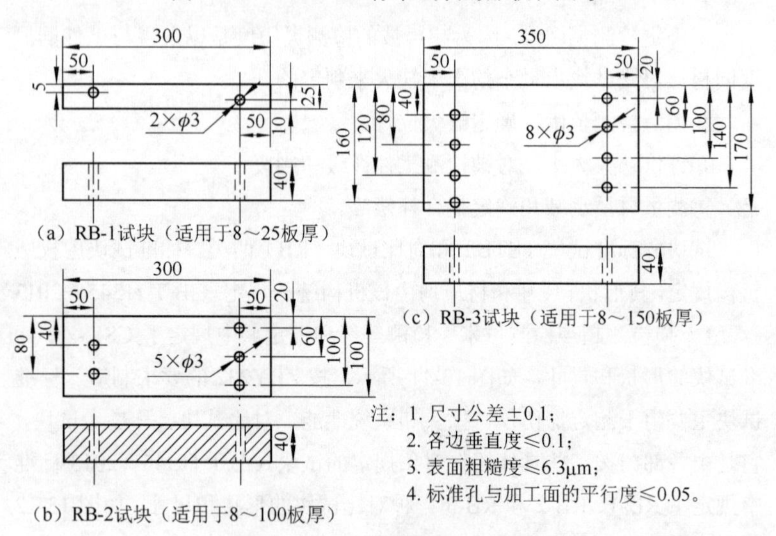

（a）RB-1试块（适用于8～25板厚）

（b）RB-2试块（适用于8～100板厚）

（c）RB-3试块（适用于8～150板厚）

注：1. 尺寸公差±0.1；
2. 各边垂直度≤0.1；
3. 表面粗糙度≤6.3μm；
4. 标准孔与加工面的平行度≤0.05。

图 13-12 对比试块的形状和尺寸

13.2.3 磁粉探伤仪器

1. 磁粉探伤机

根据磁粉检测的原理，人们制造了许多可以满足各种工件检测需求的磁粉检测设备。磁粉探伤机按移动性质分为固定式、移动式、便携式和专用设备等几大类。

（1）固定式磁粉探伤机 固定式磁粉探伤机一般指安装在固定场所的磁粉探伤机，其最大磁化电流为1～10kA，电流可以是直流电流，也可以是交流电流。随着电流的增大，固定式磁粉探伤机的输出功率、外形尺寸和质量都相应增大。最常用是湿法卧式探伤机，适用于中小型工件的磁粉探伤。

固定式磁粉探伤机一般包括磁化电源、工件夹持装置、指示装置、磁粉或磁悬液喷洒装置、照明装置和退磁装置等。根据检测方法的不同，有的还配以螺管磁化线圈、芯棒等；根据检测对象不同，设备的配置也可采用不同的组成方式。

固定式磁粉探伤机的使用功能较为全面，有分立式和一体式两种。各个主要部分都紧凑地安装在一台设备上的磁粉探伤机为一体型，在固定式磁粉探伤机中应用最多。

固定式磁粉探伤机一般装有一个低电压大电流的磁化电源和一个可移动的线圈（或线圈形成的磁轭），可以对被检工件进行多种方式的磁化，如直接通电法、中心导体法、线圈法、整体磁轭法等，也可以对工件进行多向磁化，使其产生复合磁场。固定式磁粉探伤机可以用交流电进行退磁，也可以用纵向磁化对周向磁场进行退磁等。磁化时，工件水平（卧式）或垂直（立式）夹持在磁化夹头之间，通过对磁化电流的调节获得所需要的磁场强度。磁化夹头间距可以调节，以适应不同长度工件的夹持。

固定式磁粉探伤机通常用于湿法检查，探伤机有储存磁悬液的容器及搅拌用的液压泵和喷枪。喷枪上有可调节的阀门，喷洒压力和流量可以调节。固定式磁粉探伤机还常常备有支杆触头和电缆，以便对大型及不便搬运的工件实施支杆法或绕电缆法进行磁粉探伤。

常见的国产通用固定式磁粉探伤机有 CJW、CEW、CXW、CZQ 等多种型号，它们的功能比较全面，能采取多种方法对工件实施磁粉探伤。

（2）移动式磁粉探伤机　移动式磁粉探伤机是一种分立式探伤设备，其体积、质量较固定式磁粉探伤机要小，能在许可范围内自由移动，便于满足不同的检测需求，适用于施工现场的流动作业。与固定式磁粉探伤机相比，移动式磁粉探伤机可以保留较完善的通电磁化功能，而将工件的夹紧、磁化方向的改变、磁悬液的喷洒、照明等辅助机构取消以减少设备的体积和质量。移动式磁粉探伤机采用手工操作，灵活方便，特别适用于大工件的局部检测。但其磁化电源的质量仍然较大，电极触头与工件接触不良时容易引起电弧烧损工件表面。移动式磁粉探伤机的磁化电流为 1～6kA，有的甚至可达到 10kA，磁化电流可采用交流和半波整流电。

（3）便携式磁粉探伤机　便携式磁粉探伤机常采用电磁铁对工件进行局部磁化，电磁铁的使用减小了磁化电源的质量和体积，其磁极与工件没有电接触，因此没有电弧烧损工件的危险。便携式磁粉探伤机比移动磁粉探伤机更灵活，更方便携带，特别适用于外场和空中作业。便携式磁粉探伤机一般多用于锅炉和压力容器的焊缝检测、飞机的现场检测，以及大中型工件的局部检测。

便携式磁粉探伤机包括磁化电源、工件磁化触头部分（合并照明装置）、指示装置等。

便携式磁粉探伤机有磁轭式、支杆式等。磁轭式有单磁轭式、十字交叉旋转磁轭式和永久磁铁磁轭式。

2. 标准试片

标准试片主要用于检测磁粉检测设备、磁粉和磁悬液的综合性能，检查被检工件表面有效磁场度和方向、有效检测区，以及磁化方法是否正确。标准试片有 A_1 型、C 型、D 型和 M_1 型，其规格、图形和尺寸见表 13-12。A_1 型、C 型和 D 型标准试片应符合 JB/T 6065—2004 的规定。

磁粉检测时应选用 A_1-30/100 型标准试片。当检测焊缝坡口等狭小部位时，由于尺寸关系，A_1 型标准试片使用不方便时，一般可选用 C-15/50 型标准试片。为了更准确地推断出被检工件表面的磁化状态，当用户需要或技术文件有规定时，可选用 D 型或 M_1 型标准试片。

表 13-12 标准试片的类型、规格、图形和尺寸

类 型	规格-缺陷槽深/试片厚度/μm		图形和尺寸/mm
A_1 型	A_1-7/50		A_1；6；ϕ10；20；6；7/50；20
	A_1-15/50		
	A_1-30/50		
	A_1-15/100		
	A_1-30/100		
	A_1-60/100		
C 型	C-8/50		C；10；8/50；5；5×5；分割线；人工缺陷
	C-15/50		
D 型	D-7/50		3；10；3；ϕ5；10；7/50；D；10；10；7/50
	D-15/50		
M_1 型	ϕ12mm	7/50	M_1；20；7/50；20
	ϕ9mm	15/50	
	ϕ6mm	30/50	

注：C 型标准试片可剪成五个小试片分别使用。

3. 检测显示介质

磁粉检测的显示介质主要是磁粉与磁悬液。

磁粉是干法检测的显示介质。磁粉检测的灵敏度除取决于磁场强度、磁力线方向、磁化方法、焊件磁导率及其表面粗糙度外，还与磁粉的质量，即磁粉的磁导率、粒度等有很大的关系。选择磁粉时，要求其具有很高的磁化能力，即磁阻小、高磁导率；具有极低的剩磁性，磁粉间不应相互吸引；磁粉的颗粒度应均匀，通常为 2～10μm（200～300

目)；杂质少，并应有较高的对比度；悬浮性能好。目前国产磁粉的颜色有黑色、白色、棕色、橙色、红色等。

磁悬液是湿法检测的显示介质。磁粉与水混合成为水磁悬液，磁粉与油混合则成为油磁悬液（通常采用煤油或变压器油)。水磁悬液的应用范围比油磁悬液广，其优点是检测灵敏度较高、运动黏度较小、便于快速检测。

磁悬液里的磁粒子数目称为浓度，如果磁悬液的浓度不适当，其检验结果也会不准确。浓度太低，将得不到应有的检测显示或显示很不清楚；浓度太高，检测显示会被掩盖或模糊不清。因此，需经常核对磁悬液的浓度。

13.2.4　渗透检测仪器

1. 便携式设备和压力喷罐

便携式渗透检测仪器通常由装在密闭喷罐内的渗透检测剂（包括渗剂、去除剂和显像剂）组成。压力喷罐一般由检测剂的盛装容器和检测剂的喷射机构两部分组成。

压力喷罐携带方便，适用于现场检测。罐内装有渗透检测剂和气雾剂，气雾剂通常采用乙烷或氟利昂，在液态时装入罐内，常温下汽化，形成高压。使用时只要按下头部的阀门，检测剂液体就会形成雾状从头部的喷嘴中喷出。喷罐内压力因检测剂和温度不同而不同，温度越高，罐内压力越高，40℃左右可产生 0.29～0.49MPa 的压力。

压力喷罐内盛装溶剂悬浮液或水悬浮显像剂时，喷罐内还会有玻璃弹子起搅拌作用，使用前应充分摇晃喷罐，使沉淀的固体显像剂粉末悬浮起来，形成均匀的悬浮液。

使用喷罐注意喷嘴应与工件表面保持一定距离，太近会使检测剂搅拌不均匀；喷罐不宜放在靠近火源、热源处，以防爆炸；处置空罐前，应先破坏其密封性。

2. 检测场地和光源

（1）检测场地　检测场地应为检测者目视评价检测结果提供一个良好的环境。

着色渗透检测时，检测场地内的白光照明应使被检工件表面光照强度不低于1000lx，野外检测时被检工件表面光照强度应不低于500lx。

荧光渗透检测时，应有暗室或满足要求的黑光强度，暗室或暗处的光照强度应不超过20lx，用于检测的黑光强度要足够，一般规定距离黑光灯380mm处，其黑光强度应不低于1000μW/cm^2。暗室或暗处还应备有白光照明装置，作为一般照明使用。

（2）检测光源

①白光灯用于着色渗透检测。光源可提供的光照强度应不低于1000lx。在没有照度计测量的情况下，可用80W日光灯在1m处的照度为500lx作为参考。

②黑光灯用于荧光渗透检测，所需要的中心波长为365nm。黑光灯由两个主电极、一个辅助启动电极、储有水银的内管（石英管水银蒸气可达4～5个大气压）和外管（深紫色玻璃罩）组成。

③黑光灯的使用要求荧光渗透检测时，黑光灯在工件表面的黑光强度应不小于1000μW/cm^2，波长为320～400mm，中心波长为365nm。

④使用黑光时应注意刚点燃时，输出黑光强度达不到最大，至少5min后使用；减少开关次数；使用一定时间后黑光强度下降，应定期测量黑光强度；电压波动对黑光影响大，必要时应装稳压器；滤光片如损坏或有污物时，应及时更换；避免溶液溅到黑光灯泡上发生炸裂；不要对着人眼直照；滤光片如果有裂纹，应及时更换，因为裂纹会使可见光和中短波紫外光通过，对人体造成伤害。

3. 检测光源测量设备

（1）黑光辐射强度计　直接测量法用来测量波长为320～400nm、中心波长为365nm的黑光强度。常用仪器为UV-A，量程是0～199.9mW/cm^2，分辨力为0.1mW/cm^2。

（2）黑光照度计　间接测量法可用来比较荧光渗透剂的亮度。

（3）白光亮度计　直接测量法用来测量被检工件表面的白光照度值。

（4）荧光亮度计　测量一定波长范围的可见光照度计。其主要用途是当比较两种荧光渗透检测材料性能时，做出较视觉更为准确的一些判断。荧光亮度计的测量结果不能作为荧光显示亮度的真实测定，所测得数值也不是真正的荧光亮度值。

4. 渗透检测试块

渗透检测试块是指带有人工缺陷或自然缺陷的试件。用于比较、衡量和确定渗透检测材料及渗透检测灵敏度等。

常用渗透检测试块有铝合金淬火试块和不锈钢镀铬试块。这两种试块上都带有人工缺陷。JB/T 6064—2006《无损检测　渗透检测用试块》中将渗透检测试块分为A型试块（铝合金淬火裂纹参考试块）、B型试块（镀铬辐射裂纹参考试块）和C型试块（镀镍铬横裂纹参考试块）。

（1）A型试块

①A型试块如图13-13所示，其裂纹要求：开口裂纹呈不规则分布；裂纹宽度为≤3μm、3～5μm、＞5μm；每块试块上，≤3μm的裂纹不得少于两条。

②A型试块质量要求：用金相法逐块测量试块上的裂纹宽度；把测量结果和测量位置记录在测试参数卡片上。

③A型试块的用途：在正常使用情况下，检验渗透检测剂能否满足要求；比较两种渗透检测剂性能的优劣；对用于非标准温度下的渗透检测方法进行鉴定。

④A型试块的保存：JB/T 9123—2010《印刷机械　热熔胶订包封皮机》标准建议将A型试块清洗后放入丙酮或乙醇溶液中浸渍30min，晾干或吹干后置入试块盒内，并放置在干燥处保存。

（2）B型试块　JB/T 6064—2006将B型试块分为五点式和三点式两种，其中三点式B型试块如图13-14所示。

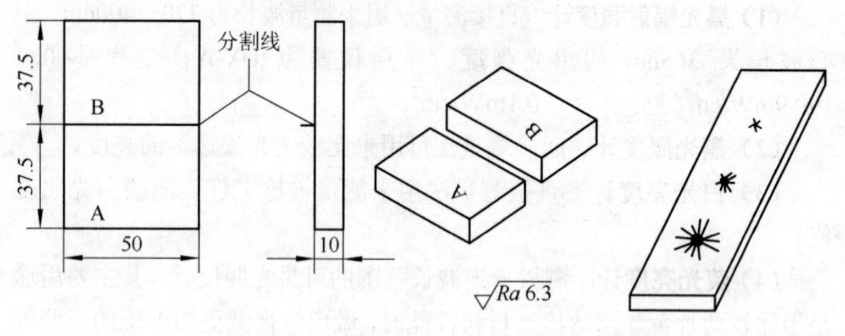

图13-13　A型试块　　　　图13-14　B型试块

五点式B型试块与JB/T 6064—1992形式上一致，但试块表面裂纹区长径进行了一定的放大，见表13-13。

表13-13　JB/T 6064—1992与JB/T 6064—2006五点式B型试块裂纹区长径比较　（mm）

标准	次序	1	2	3	4	5
JB/T 6064—1992	直径	4.5～5.5	3.5～4.5	2.4～3.0	1.6～2.0	0.8～1.0
JB/T 6064—2006	直径	5.5～6.3	3.7～4.5	2.7～3.5	1.6～2.4	0.8～1.6

三点式B型试块虽被纳入新标准中，但标准未对试块表面裂纹区长径尺寸做出要求，仅规定了辐射裂纹制作方法。由于新标准推荐的三点式B型试块厚度为3～4mm，因此在标准规定的三个固定负荷作用下产生的人工辐射裂纹长径尺寸对不同试块将是一个在较大范围内变动的不定值。

①B型试块的制作：不锈钢材料采用奥氏体不锈钢，单面磨光后镀硬铬。未镀层面参考布氏硬度法按不同质量用一定直径的钢球打三点或五点硬度，使在另一侧的镀层上形成三处或五处辐射状裂纹。

②B型试块的作用：确定检测灵敏度、检测渗透检测剂系统灵敏度及操作工艺的正确性。

③B型试块的保存：先用蘸有饱和状态清洗剂柔软的布擦拭试块，再用亲水的乳化剂进行适当的清洗，然后用喷射水漂洗，以消除试块上的显像剂和某些渗透剂；将试块浸没在丙酮中，以某种方式搅动几分钟，每隔几分钟再重复搅动一次，以将渗入裂纹的渗透剂清除；晾干或吹干后置入试块盒内，并放置在干燥处保存。

13.2.5　涡流检测仪器

1. 涡流检测线圈

涡流检测线圈又称探头。在涡流检测中，工件的情况是通过涡流检测线圈的变化反映出来的。涡流检测线圈的基本结构和功能如下。

（1）基本结构　涡流检测线圈由于用途和检测对象的不同，其外观和内部结构也各不相同，类型繁多。但是，不管什么类型的检测线圈其结构总是由激励绕组、检测绕组及其支架和外壳组成，有些还有磁心、磁饱和器等。

（2）功能　涡流检测线圈的功能有下列三个：

①激励形成涡流的功能，即能在被检工件中建立一个交变电磁场，使工件产生涡流；

②检取所需信号的功能，即检测获取工件质量情况的信号并把信号传送给仪器进行分析评价；

③抗干扰的功能，即要求涡流检测线圈具有抑制各种不需要信号的能力，如探伤时要抑制因直径、壁厚变化引起的信号，而测量壁厚时，要求抑制伤痕的信号等。

（3）分类　涡流检测线圈的类型多种多样，常见的分类方法有以下几种。

①按检测线圈输出信号的不同，涡流检测线圈可分为参量式和变压器式两种，如图13-15所示。参量式检测线圈又称自感式检测线圈，变压器式检测线圈又称互感式检测线圈。

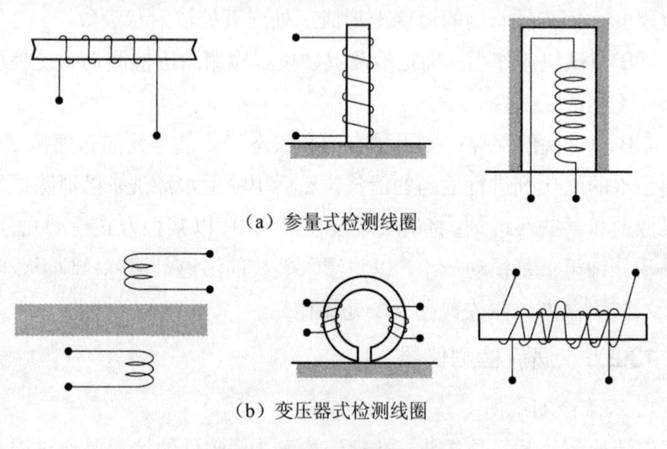

（a）参量式检测线圈

（b）变压器式检测线圈

图13-15　涡流检测线圈

②按检测线圈和工件的相对位置不同，可分为外穿过式、内通式和放置式三种。

如图 13-16 所示，外穿过式检测线圈是将工件插入线圈内部进行检测的线圈，外穿过式检测线圈广泛地应用于小直径的管材、棒材、线材等试件的表面质量检测。

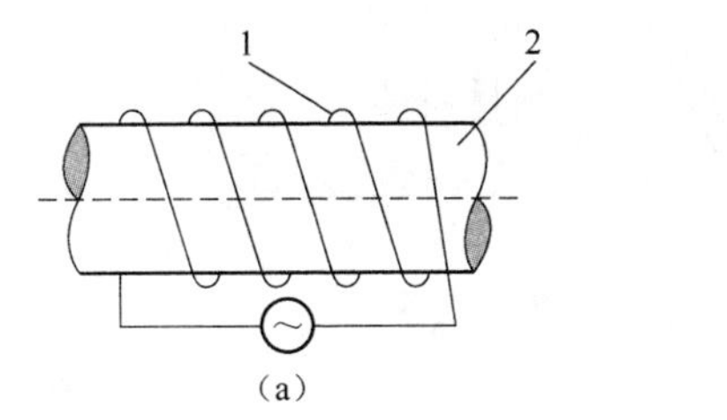

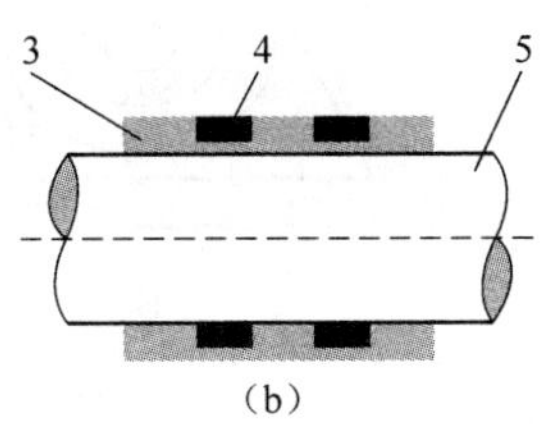

图 13-16　外穿过式检测线圈

1、4. 线圈；2、5. 试件；3. 线圈架

内通过式检测线圈是将探头插入试件内部进行检测的线圈，也称内穿过式线圈，如图 13-17 所示。内通过式检测线圈适用于冷凝器管道（如钛管、铜管等）的在役检测。

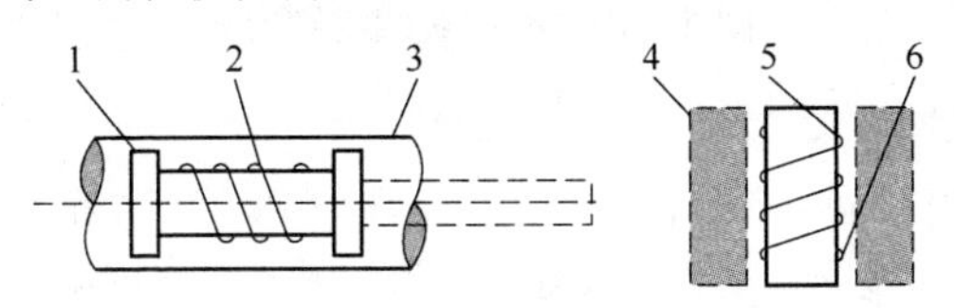

图 13-17　内通过式检测线圈

1、6. 线圈架；2、5. 线圈；3、4. 试件

放置式检测线圈是将线圈放置于被检测工件表面进行检测的线圈，又称点式线圈或探头，如图 13-18 所示。放置式检测线圈体积小，线圈内部一般带有磁心，因此具有磁场聚焦的性质，灵敏度高。放置式检测线圈适用于各种板材、带材和大直径管材、棒材表面的检测，还能对形状复杂工件的某一区域做局部检测。

③按检测线圈的绕制方式不同，可分为绝对式、标准比较式和自比较式三种。只有一个检测线圈工作的方式称为绝对式，使用两个线圈进行反接的方式称为差动式。差动式按试件的放置形式不同，又分为标准比较式和自比较式两种，如图 13-19 所示。

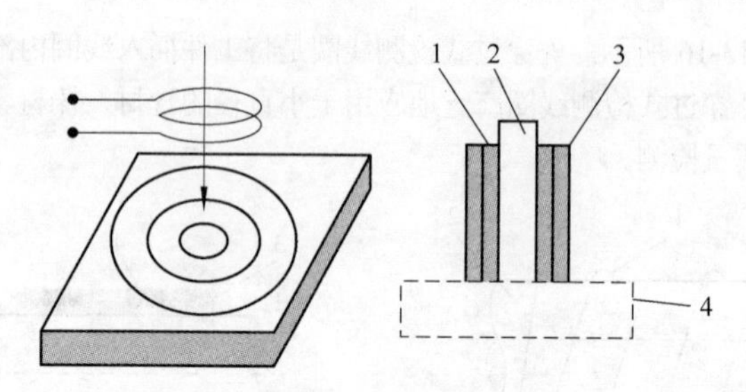

图 13-18　放置式检测线圈

1. 线圈；2. 磁心；3. 外壳；4. 试件

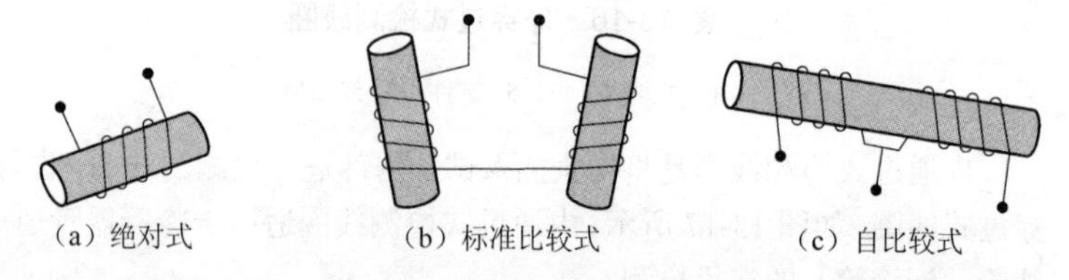

图 13-19　检测线圈绕制方式

2. 涡流探伤仪

图 13-20 是涡流探伤仪器的基本原理。振荡器产生的交变电流通过线圈，当探头线圈移动到裂纹处时，涡流减小，线圈阻抗发生变化并通过电表指示出（假设电流保持常数）。

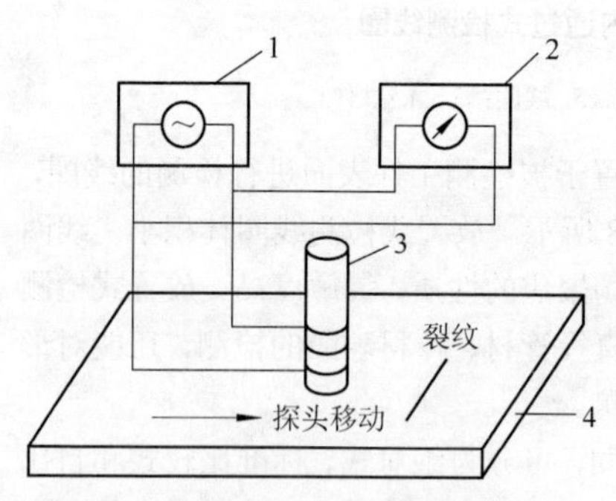

图 13-20　涡流探伤仪的基本原理

1. 振荡器；2. 电压表；3. 探头；4. 工件

常用的比较典型的涡流探伤仪有两种：一种是常用于管材、棒材、线材探伤的涡流探伤仪，其原理如图 13-21 所示；振荡器产生交变信号供给电桥和探头线圈构成电桥的一桥臂，一般在电桥的对应位置上有一个比较线圈构成另一桥臂；另一种仪器是以阻抗的平面分析为基础的，所以又称为阻抗分析仪，涡流阻抗平面分析系统如图 13-22 所示，正弦振荡器产生一个一定频率的正弦电流，通过变压器耦合到检测线圈，由于两个线圈的阻抗不可能完全相等，因此需要采用平衡电路以消除两个线圈之间的电压差。

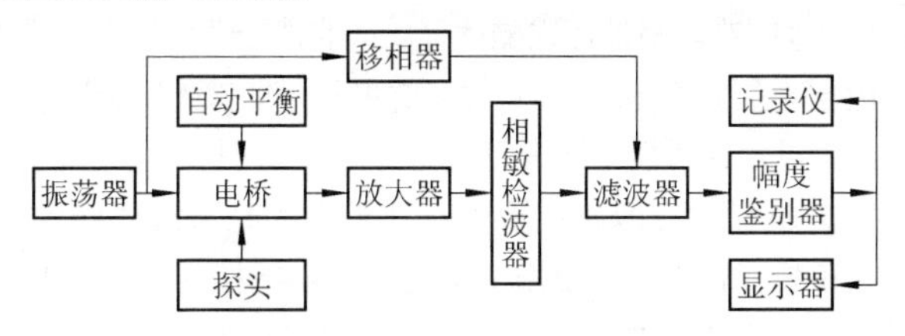

图 13-21 管材、棒材、线材涡流探伤仪原理

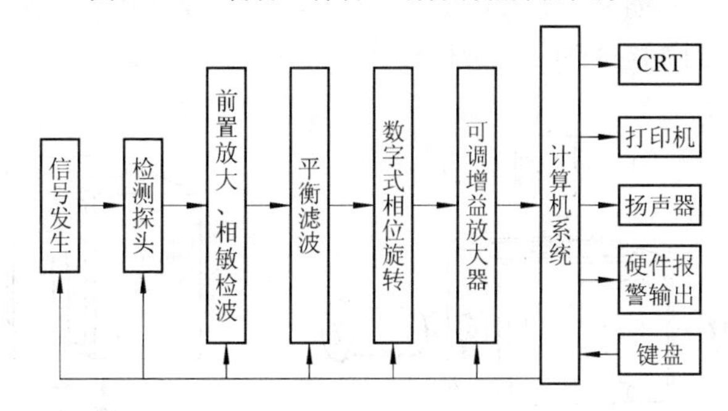

图 13-22 涡流阻抗平面分析系统

3. 涡流检测辅助装置

涡流检测仪器要对试件进行自动高效的检测，通常还包括一些辅助装置，如报警装置、磁饱和装置等。

（1）进给装置 进给装置主要用于自动检测，如试件的自动传送装置，探头绕试件做圆轨迹旋转的驱动装置，试件的自动上、下料装置，自动分选装置等。

（2）报警装置 在涡流探伤仪中装备报警器，可以在检测到大于标准伤痕的缺陷时提供音响或灯光指示信号，有的还可以输出信号使传动机构停止工作，因此操作人员就可以根据报警装置及时判断检测结果，对不符合质量要求的试件进行处理。

（3）磁饱和装置　铁磁性金属在经过加工处理后，会导致金属体内部磁导率分布不均匀。在涡流探伤中，金属磁导率的变化会产生噪声信号。一般来讲，磁噪声对线圈阻抗的影响远大于缺陷对线圈阻抗的影响，给缺陷的检出也带来困难。另外，铁磁性金属或非铁磁性金属带有磁性后，其趋肤效应很强但透入深度很浅，可探测深度只是非铁磁性金属的 1/1000～1/100。由此可见，铁磁性金属大而变化的磁导率对探伤有害无益。

涡流探伤使用的磁饱和装置中有代表性的是通过式磁饱和装置和磁轭式磁饱和装置，前者主要用于穿过式线圈的探伤，而后者主要用于扇形线圈或放置式线圈的探伤。这两种磁饱和装置如图 13-23 所示，它们都是利用线圈来产生稳恒磁场，并借助于导体或磁轭等高导磁部件将磁场疏导到被检试件的探伤部位，使之达到磁饱和状态。

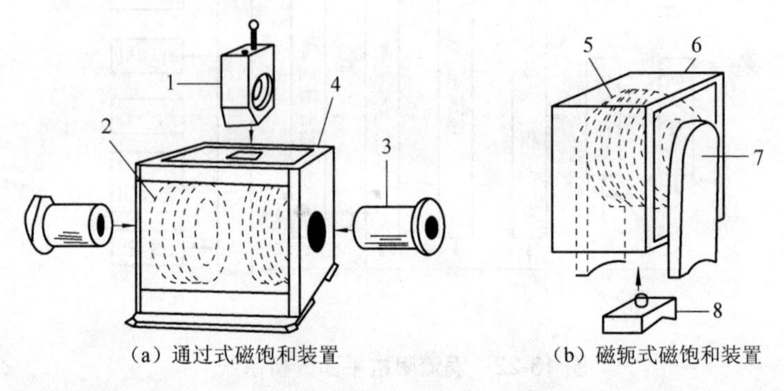

（a）通过式磁饱和装置　　（b）磁轭式磁饱和装置

图 13-23　磁饱和装置

1、8. 探头；2、5. 磁饱和线圈；3. 导套；4、6. 外壳；7. 磁轭

4. 标样工件

标样工件的意义及其用途如下。

（1）检验和鉴定设备的性能

①灵敏度。即检测能力，指仪器能够检测的最小缺陷尺寸。例如，探测各种不同类型伤痕的能力，对内部伤痕的检测能力、边缘效应的大小，对直径变化、应力变化等的抑制能力等。

②分辨力。指能够分辨两个缺陷的最小距离。图 13-24 所示是用于

管材探伤时测定分辨力的对比试件。

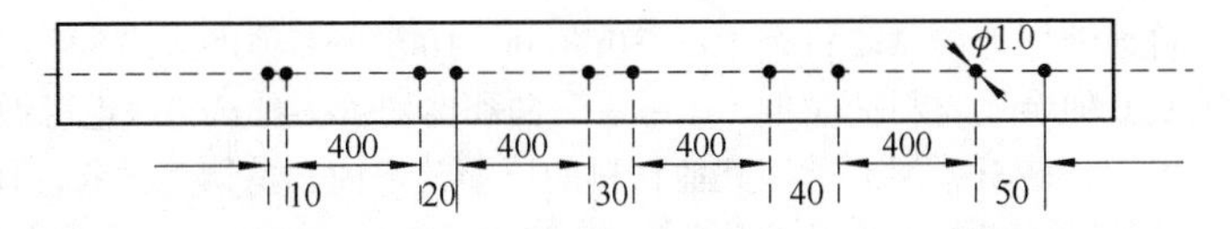

图 13-24　用于管材探伤时测定分辨力的对比试件

③末端不可检测长度。指由于末端效应引起的管棒材料端头、末端不可检测的区域长度。图 13-25 所示为用于检测末端效应的对比试件。

④其他性能。如内部缺陷的检测能力、区分不同种类缺陷的能力，以及缺陷位置的辨别能力等都可用相应对比试件进行测定。

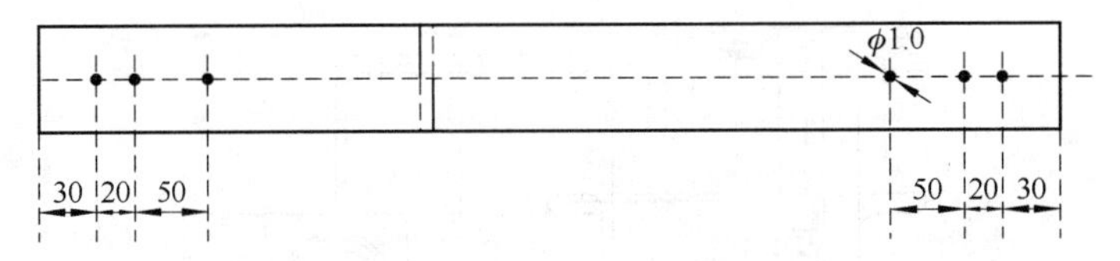

图 13-25　用于检测末端效应的对比试件

（2）设备的调节和检查　试验前，利用对比试件进行预调，选择试验条件，确定最佳试验状态；试验中，利用对比试件检查仪器的工作状态是否正常。

（3）产品的验收标准　涡流探伤是以标准（或规模）制定的对比试件人工缺陷（或标准伤）来调节仪器的，并以该缺陷的信号为基准判断试件是否合格。但是要注意，当试件有一个与人工缺陷相同的指示信号时，不能认为试件中的缺陷与人工缺陷几何尺寸相同，因为人工缺陷只是作为调整仪器的标准当量，而不是实际存在的自然尺寸的度量标准。

校准人工缺陷主要用来调整涡流探伤仪器；校验探伤性能用来鉴别不同涡流探伤方法或设备的性能好坏，以及做被检试件的判废或验收鉴定。

13.3　焊接接头力学试验设备

焊接接头力学试验设备类型较多，本节主要介绍普通液压万能试验机和 WAW-C、WAW-B 系列微机控制电液伺服万能试验机。

13.3.1　普通液压万能试验机

普通液压万能试验机有 10t、30t、60t、100t 等多种规格，主要用做钢铁及其他金属材料的拉伸、压缩、弯曲和剪切等多种试验，也可做木材、水泥、砖石、混凝土等其他材料的压缩、弯曲、剪切等试验，100t 液压万能试验机的外形及地基如图 13-26 所示。

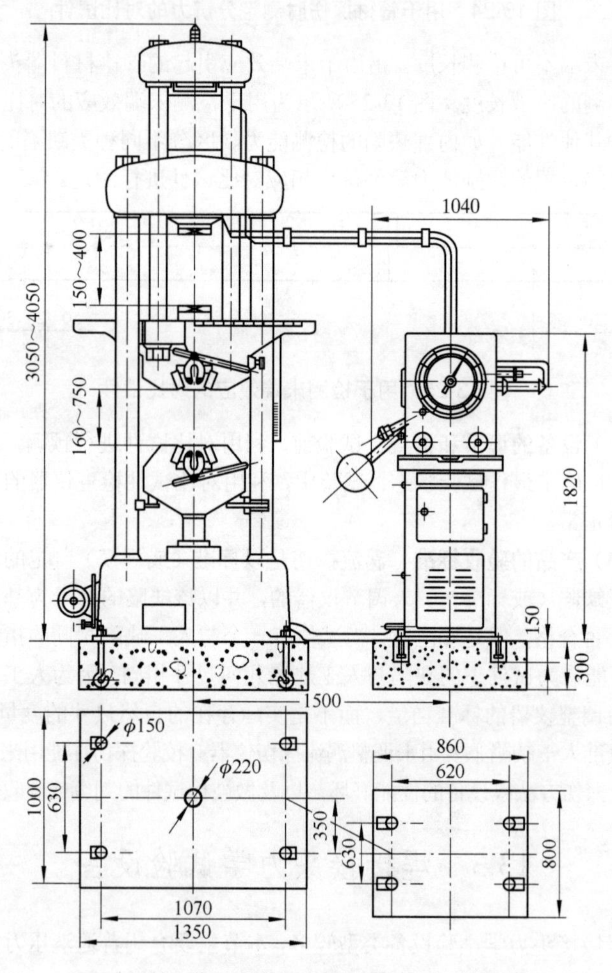

图 13-26　100t 液压万能试验机的外形及地基

1. 试验机的组成

（1）主体部分　普通液压万能试验机主体部分如图 13-27 所示，它的两根支柱固定在机座上。工作油缸固定在大横梁的中央，工作油缸内的工作活塞用防震调整球端轴支撑着小横梁。当油泵送来的油使工作活塞上升时，试台亦随之上升，试台前后两侧装有刻度尺，用以指示弯曲支座间的距离。下钳口座装在机座中心的丝杆上端，丝杆受蜗轮螺母控制。当开动下钳口座升降电动机时，由于蜗杆带动蜗轮旋转，使丝杆带动下钳口座升降，因此可以按试验要求把钳口迅速升降到需要位置。下钳口座的升降因为设有操纵电钮，因此可以控制它的升降距离。支座上装有刻度尺，可以看出试台的升降距离或试样的变形长度。

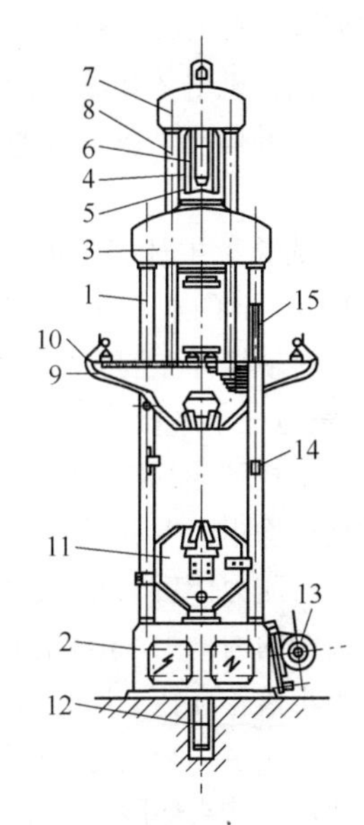

图 13-27　普通液压万能试验机主体部分

1. 支柱；2. 机座；3. 大横梁；4. 工作油缸；5. 工作活塞；6. 防震调整球端轴；7. 小横梁；8. 拉杆；9. 试台；10. 刻度尺；11. 下钳口座；12. 丝杆；13. 电动机；14. 操纵电钮；15. 刻度尺

油缸和活塞为主体的主要部分，两者的接触表面经过精密的加工留有一定的间隙，此间隙应保持一定的油膜，使活塞能够自由移动，从而使摩擦减到最低。使用时应特别注意油的清洁，不要使油内的杂质、铁屑等随油通过油泵、油管进入油缸内，否则会增大油缸和活塞接触表面的粗糙度。

（2）测力计部分　测力系统由载荷指示机构、自动描绘器、高压油泵及电动机、缓冲阀、液压传动系统、电开关及送油阀门、回油阀门等组成，是一个综合机构。为避免尘土接触及减少外界的影响，这些机构全部被封闭在一个钢板外壳内。测力计部分的工作原理与液压式压力试验机基本相同。

2. 试验机的安装

①试验机应安装在清洁、干燥、室温恒定的房间内。

②根据试件的需要（如长梁构件、使用镜式延伸计等），应在试验机的周围留有足够的空间。

③试验机主体和测力计安装时不需要特殊的基础，按地基图做好一般地基并留出地脚螺钉的位置，将机器找好水平和垂直后即可落地脚螺钉。

④试验机主体找平时可将水平仪放在油缸的外圆上，用精度为0.10/1000mm的水平仪，纵横两向找平到±1格。测力计的水平很重要，找水平时使摆杆左侧面与标准线板的引线对齐，使其不动，然后用弯尺（也可用方框水平仪）靠在摆杆上部的大面上用0.1/1000mm的水平仪放在弯尺上找到±2格。不平时在底座加垫铁，必须做到挂摆铊与不挂摆铊时指针均指正零点不动。

⑤将测力计后上方小铁门打开，检查小线锤的线是否绕在与指针同轴小齿轮的沟槽中，系线的长度应适当，最长不能碰到测力计的横隔板，最短为小齿轮旋转一周时小线锤不能碰到小齿轮。

⑥安装主体和测力计相通的油管时，要先用柴油将油管内的杂质洗净。要注意接头垫圈是否完整，以防高压时漏油。

⑦在液压传动中应采用优质的中等黏度矿物油，油中不得含有水、酸及其他杂质，在普通温度下应不分解、不变稠，在落入机器前要过滤。油的参考规格为相对密度0.86～0.94，凝固点－20℃～－15℃。根据情况可采用国产30～50号机油。

灌油时打开测力计旁的铁门，通过铜丝网过滤器将油注入油箱，一次灌入量以油箱外的油位指示器为准。

⑧开始使用试验机前，必须将油箱到油泵管路中的活栓打开，活栓的刻线与管路成直线时则油路畅通，反之则油路关闭。放油时，打开测力计旁底部的油嘴即可。

⑨一般试验机的输入电压为380V，输出电压为6V，线路图附在说明书内，按线路图接线后预先检验电动机旋转方向是否与油泵飞轮旋转方向一致。通电后要检查各种限位器是否可用。

3. 试运转

安装油泵后的初次运转，需先把油泵顶上的螺钉取下，在油泵中灌入与油箱内相同体积的油，灌满后把螺钉拧紧。若发现内部机油因使用过久性能下降时，可将油泵下面螺钉拧开放出旧油，灌入新油，一般每月换一次。

油泵初次运转时，油泵内部常存在少量空气，导致油液输出不规则、荷载的增加也不规则，以及指针产生间隙等现象。针对这种情况，可将测力计侧面盖板打开观察，若由放油阀流向油箱的油没有悸动现象，则可以认为油泵在正常工作。

通过工作油缸的上升速度可以判定油泵是否存在空气。为了排除油泵内的空气，可将油泵上方的螺钉松开，开动油泵一段时间，这样存在阀内的空气即可排出。一直到放出的油内不含气体时，再将螺钉拧紧。

试验机主体油缸接管后也会有空气进入管内，使指针转动不平稳。排除空气的方法是开动油泵，关闭回油阀，打开送油阀，使主体工作活塞上升一段距离后打开回油阀，使油从油泵经主体油缸通过回油阀流向油箱，这样循环一段时间就能将各处空气排净，排净后即可做正式试验。排除油泵内的空气是在第一次开动试验机之前进行的，以后除非换油或认为必要时才做排油操作。

4. 试验机的正确使用

（1）度盘选用　在试验前应对所做试验的最大载荷进行估计，选用合适的测量范围；同时调整缓冲阀的手柄，以使相应的测量范围对准标准线。

（2）摆锤的悬挂　一般试验机有三个测量范围，共有三个摆铊，分别刻有 A、B、C 字样，A 铊固定在摆锤上，使用时按表 13-14 的规定选用摆铊即可。

表 13-14　摆铊的选用　（t）

试验机吨位	摆　铊		
	A	A+B	A+B+C
30	0～6	0～15	0～30

续表 13-14

试验机吨位	摆 铊		
	A	A+B	A+B+C
600	0～12	0～30	0～60
100	0～20	0～50	0～100

（3）指针零点调整 试验前，当试样的上端已被夹住，但下端未被夹住时，开动油泵将指针调整到零点位置。

（4）平衡锤的调节 试验时，先将需要的摆锤挂好，打开送油阀，使立体工作活塞升起一段距离后关闭送油阀，调节平衡锤，使摆杆上的刻线与标定的刻线相重。此时如果指针没有对准零点位置，则需调整推杆，使指针对准刻度盘的零点位置。

（5）送油阀和回油阀的操作 在试台升起时送油阀可开大一些，为使油泵输出的油能进入油缸内，使试台以最快的速度上升，减少试验的辅助时间，手轮可转动四圈。试验时，必须平稳地做增减负荷操作；试样断裂后，关闭送油阀，然后慢慢打开回油阀以卸除载荷，并使试验机活塞落回到原来位置，使油回到油箱。当试样加载荷时，必须将回油阀关紧，不许有油漏回油箱。送油阀手轮不要拧得过紧，以免损伤油针的尖梢。回油阀手轮必须拧紧，因为油针端为较大的钝角，所以不易损伤。

（6）试样的装夹 做拉伸试验时，先开动油泵，打开送油阀，使立体工作活塞升起一段距离后关闭送油阀。将试样一端夹于上钳口，对准指针 0 点，再调整下钳口，夹住试样另一端，开始试验。

做压缩或弯曲试验时，将试样放置在试台的压板或弯曲支承滚上，即可进行试验。压板和支承滚与试样的接触面需经过热处理硬化，以免试验时出现压痕，损伤试样表面。

（7）应力应变图的示值

①试样试验后产生变形，传经弦线，使描绘筒转动，构成应变坐标，其放大比例有 1∶1、2∶1 和 4∶1 三种。

②推杆位移表示应力坐标见表 13-15。

表 13-15 推杆位移表示应力坐标

30t	60t	100t
0～6t 应力坐标上 1mm=0.03t	0～12t 应力坐标上 1mm=0.06t	0～20t 应力坐标上 1mm=0.1t
0～15t 应力坐标上 1mm=0.075t	0～30t 应力坐标上 1mm=0.15t	0～50t 应力坐标上 1mm=0.25t
0～30t 应力坐标上 1mm=0.15t	0～60t 应力坐标上 1mm=0.3t	0～100t 应力坐标上 1mm=0.50t

（8）操作程序 除拉伸、剪切、弯曲的试验部件不同外，其他操作程序与液压式压力试验机基本相同。

5. 试验机的保养

试验机主体各部位要经常擦拭，对没有喷漆的表面，擦净后应用纱布沾少量机油再次擦拭表面，以防生锈。擦拭完毕后用布罩罩上，以防尘土。

每次试验后试台下降时，活塞落到的位置要与油缸底稍留一点距离，以便下次使用。

测力计上所有阀门不应经常打开放置，以免尘土进入内部。禁止未经培训人员使用试验机，以免发生意外。

试验暂停时，应将油泵电动机关闭，以免磨损部件，浪费电力。

13.3.2 微机控制电液伺服万能试验机

1. 主要用途

WAW-C、WAW-B 系列微机控制电液伺服万能试验机采用油缸下置式主机，蜗轮蜗杆传动，主要用于各种金属、非金属材料的拉伸、压缩、弯曲和剪切试验，以及一些产品的特殊试验，适用于冶金、建筑、轻工、航空、航天、材料等领域，试验操作和数据处理必须符合 GB/T 228.1—2010《金属材料 拉伸试验 第 1 部分：室温试验方法》等标准的要求。

2. 基本构造及性能特点

WAW-C、WAW-B 系列微机控制电液伺服万能试验机如图 13-28 所示。

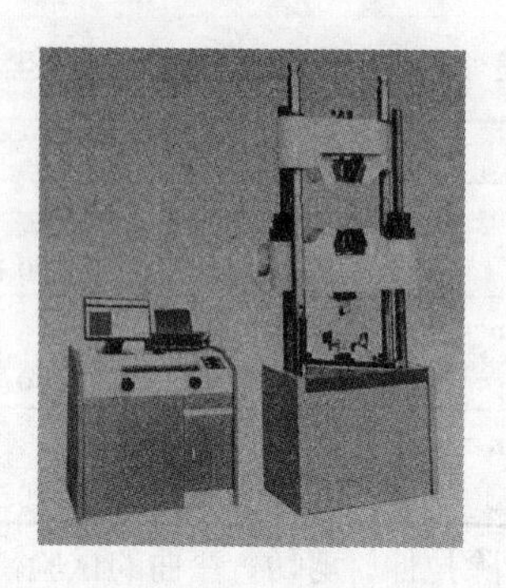

图 13-28　WAW-C、WAW-B 系列微机控制电液伺服万能试验机

（1）主机　采用油缸下置、蜗轮蜗杆传动主机，拉伸空间位于主机的上方，压缩、弯曲、剪切试验空间位于主机下横梁和工作台之间。

（2）传动系统　采用横穿移动横梁的蜗轮蜗杆传动机构来调整试验空间，使传动系统与定位系统彻底分离，加载系统几何中心与受力中心完全一致，保证了上下钳口的同轴度和主机的耐久性。

（3）液压系统（琴台式油源）

①采用进口高压齿轮泵，噪声低、压力平稳。

②动力系统与工作台一体化设计，便于操作，节省试验空间。

③表面经喷塑处理，外形美观。

（4）控制系统

①实现了试验力、试样变形、横梁位移和试验进程的四种闭环控制。

②数据采集系统由四路高精准 32 位 A/D 转换通道组成。最高分辨率达 1/500000，全程不分挡。

③选用 BB、AD、Xilinx 等原装名牌集成器件，全数字化设计。

④符合 PCI 总线标准，微机能够自动识别和安装，可以做到“即插即测”。

⑤电子测量系统无电位器等模拟元件，因此可以保证互换性，方便维修更换。

3. 技术参数

①WAW-C 系统微机控制电液伺服万能试验机技术参数见表 13-16。

表 13-16 WAW-C 系列微机控制电液伺服万能试验机技术参数

技术参数＼型号	WAW-300C	WAW-600C	WAW-1000C
最大试验力/kN	300	600	1000
试验力测量范围/kN	6～300	12～600	20～1000
试验力示值精度（%）	±1		
位移测量分辨力/mm	0.01		
变形测量精度（%）	±0.5		
恒力、恒变形、恒位移控制精度	设定值<10%*FS* 时，设定值的±1.0%以内 设定值≥10%*FS* 时，设定值的±0.5%以内		
变形速率控制精度	速率<0.05%*FS* 时为±2.0%设定值内 速率≥0.05%*FS* 时为±0.5%设定值内		
最大拉伸空间/mm	800		750
最大压缩空间/mm	700		600
扁试样夹持厚度/mm	0～15	0～30	0～40
圆试样夹持直径/mm	10～32	13～40	13～60
弯曲试验支滚间距/mm	350		
支滚宽度/mm	140		
支点直径/mm	30		
活塞行程/mm	250		
夹紧方式	内置式液压夹紧		
外形尺寸/（mm×mm×mm） 主机	920×580×2350		1250×700×2700
外形尺寸/（mm×mm×mm） 油源	1100×700×950		
整机质量/kg	2600	2700	4500

②WAW-B 系列微机控制电液伺服万能试验机技术参数见表 13-17。

表 13-17 WAW-B 系列微机控制电液伺服万能试验机型号和技术参数

技术参数＼型号	WAW-100B	WAW-300B	WAW-600B	WAW-1000B
最大试验力/kN	100	300	600	1000
试验力测量范围/kN	2～100	6～300	12～600	20～1000

续表 13-17

<table>
<tr><th colspan="2">型号
技术参数</th><th>WAW-100B</th><th>WAW-300B</th><th>WAW-600B</th><th>WAW-1000B</th></tr>
<tr><td colspan="2">试验力示值精度（%）</td><td colspan="4">±1</td></tr>
<tr><td colspan="2">位移测量分辨力/mm</td><td colspan="4">0.01</td></tr>
<tr><td colspan="2">变形测量精度（%）</td><td colspan="4">±0.5</td></tr>
<tr><td colspan="2">恒力、恒变形、恒位移控制范围</td><td colspan="4">0.4～100%FS</td></tr>
<tr><td colspan="2">恒力、恒变形、恒位移控制精度</td><td colspan="4">设定值<10%<i>FS</i>时，设定值的±1.0%以内
设定值≥10%<i>FS</i>时，设定值的±0.5%以内</td></tr>
<tr><td colspan="2">最大拉伸空间/mm</td><td>550</td><td colspan="2">650</td><td>700</td></tr>
<tr><td colspan="2">最大压缩空间/mm</td><td>380</td><td colspan="2">550</td><td>600</td></tr>
<tr><td colspan="2">夹紧方式</td><td>手动夹紧</td><td colspan="3">液压夹紧</td></tr>
<tr><td colspan="2">圆试样夹持直径/mm</td><td>6～26</td><td>6～26</td><td>13～40</td><td>13～60</td></tr>
<tr><td colspan="2">扁试样夹持厚度/mm</td><td>0～12</td><td>0～15</td><td colspan="2">0～30</td></tr>
<tr><td colspan="2">弯曲试验支滚间距/mm</td><td colspan="4">350</td></tr>
<tr><td colspan="2">支滚宽度/mm</td><td>100</td><td colspan="3">140</td></tr>
<tr><td colspan="2">支点直径/mm</td><td colspan="4">30</td></tr>
<tr><td colspan="2">活塞行程/mm</td><td>150</td><td colspan="2">200</td><td>200</td></tr>
<tr><td rowspan="2">外形尺寸/（mm×mm×mm）</td><td>主机</td><td>720×560×1850</td><td colspan="2">860×560×2100</td><td>1000×660×2200</td></tr>
<tr><td>油源</td><td colspan="4">1100×700×950</td></tr>
<tr><td colspan="2">整机质量/kg</td><td>1500</td><td>2200</td><td>2300</td><td>3200</td></tr>
</table>

14 焊接机器人

14.1 焊接机器人操控基础

焊接机器人是工业机器人中的一种，是能够自动控制、可重复编程，具有多功能、多自由度的焊接操作机。目前，在焊接生产中使用的焊接机器人主要有点焊机器人、弧焊机器人、切割机器人和喷涂机器人。

14.1.1 焊接机器人的特点

采用焊接机器人代替手工操作或一般机械操作已成为现代焊接生产的一个发展方向，它具有下列优点。

①稳定和提高焊接质量，保证其均匀性。

②提高生产率，一天可 24h 连续工作。

③缩短产品改型换代的装备周期，减少相应的设备投资。

④可实现小批量产品焊接自动化。

⑤为焊接柔性生产线提供技术基础。

⑥降低工人劳动强度，可在有害环境下长期工作。

⑦降低对工人操作技术的要求。

焊接机器人是焊接自动化的革命性进步，它突破了焊接刚性自动化的传统方式，开拓了一种柔性自动化的新方式。刚性的焊接自动化设备都是专用的，适用于中、大批量产品的自动化生产，因而在小批量产品焊接生产中，手工焊仍是主要的焊接方式。焊接机器人使小批量产品自动化焊接生产成为可能。由于机器人的示教再现功能，焊接机器人完成一项焊接任务，只需人对它做一次示教，它即可精确地再现示教的每一步操作；如果要使机器人去做另一项工作，无须改变任何硬件，只要对它再做一次示教即可。因此，在一条焊接机器人生产线上，可同时自动生产若干种焊件。

14.1.2　焊接机器人的组成和分类

1. 焊接机器人的组成

焊接机器人由操作机、控制器（控制装置）和驱动单元三部分组成，如图 14-1 所示。

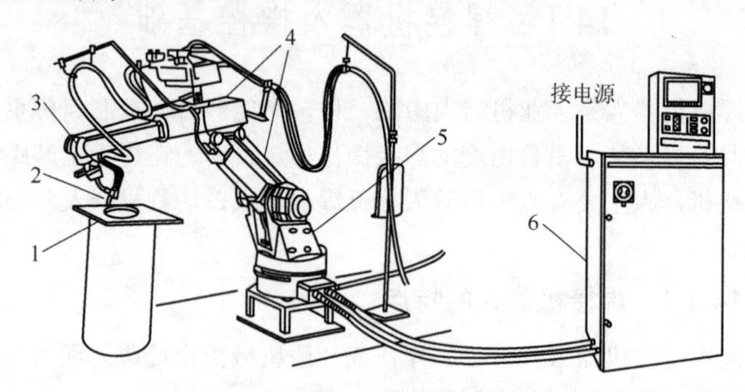

图 14-1　焊接机器人的组成

1. 工件；2. 末端执行器；3. 手腕；4. 手臂；5. 操作机座；6. 控制系统

（1）操作机　操作机是具有与人手臂相似的动作功能，可在空间抓放物体或进行其他操作的机械装置，由机座、手臂、手腕、末端执行器等组成。

①机座为机器人机构中相对固定，并承受相应力的基础部件。

②手臂由操作机的动力关节和连接杆件等组成，用于支承、调整手腕和末端执行器位置的部件，又称为主轴。

③手腕是支承和调整末端执行器姿态的部件，又称为次轴。

④末端执行器是操作机直接执行工作的装置，如弧焊枪、点焊钳、切割炬、喷枪等。

有些机器人还带有使操作机移动的机械装置，如移动机构和行走机构等。

（2）控制器　控制器是整个机器人系统的神经中枢，负责处理焊接机器人工作过程中的全部信息和控制其全部动作。它是由人操作起动、停机及示教机器人的一种装置。机器人控制器一般由计算机控制系统、伺服驱动系统、电源装置和操作装置（如操作面板、显示器、示教盒和操纵杆等）组成。典型焊接机器人控制系统如图 14-2 所示。

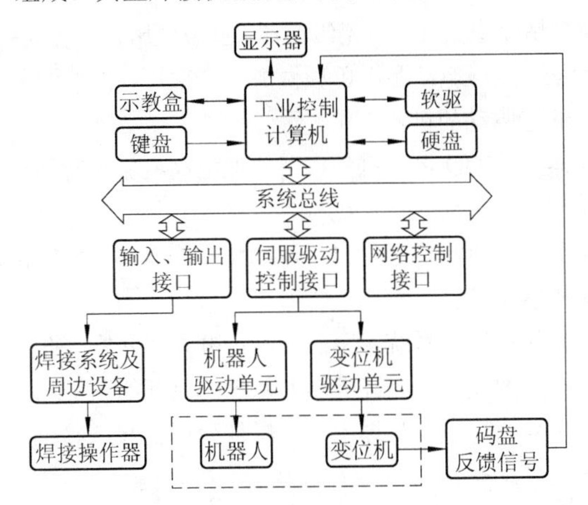

图 14-2 典型焊接机器人控制系统

机器人控制系统一般应具有记忆功能、示教功能、与外围设备联系功能、坐标设置功能、位置伺服功能、故障诊断安全保护功能，并具有人机接口、传感器接口等。

（3）驱动单元 驱动单元是由驱动器、减速器和检测器件等组成的组件。

①驱动器是将电能或液体能等转换成机械能的动力装置。按动力源分为电动驱动、液压驱动和气动驱动。焊接机器人多采用电动驱动器，个别重负载点焊机器人采用液压驱动器。

电动驱动器所用的电动机主要是直流（DC）伺服电动机、交流（AC）伺服电动机和直接驱动（DD）电动机等，均可采用位置闭环控制。优点是控制精度高、功率较大，能精确定位、反应灵敏，可实现高速、高精度的连续轨迹控制，变速范围大，伺服特性好。但控制系统复杂，除 DD 电动机外，难以进行直接驱动，一般需配置减速器。DD 电动机属新型伺服电动机，具有极高的精度和运行速度，无减速装置，用于高速、高精度要求的机器人中。电动驱动器比较适用于中、小负载，要求具有较高的位置控制精度和轨迹控制精度，以及速度较高的机器人中。

液压驱动器的输出功率很大，压力范围为50～1400N/cm^2，液体无压缩性，控制精度也较高，可无级调速，反应灵敏，但液压系统易漏油，对环境有污染，液压驱动源需单独做成一个部件，占地面积大，一般适用于重载、低速驱动的机器人中。

②减速器。除DD电动机外，用其他电动机驱动时需使用减速器，其传动机构与一般机械的传动机构类似。

③检测器件是检测机器人自身运动状态的器件，如位置、速度、加速度和平衡传感器等。

作为完整的机器人系统，除了上述各组成部分外，还包括机器人进行作业要求的外围设备，焊接机器人系统的原理如图14-3所示。例如，弧焊机器人必须有焊枪、弧焊电源、焊件变位机和送丝机等。

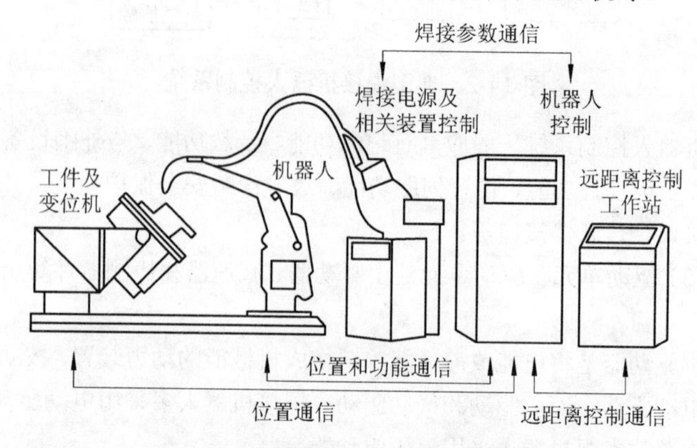

图14-3 焊接机器人系统的原理

2. 焊接机器人的分类

焊接机器人是一个机电一体化的设备，可以按用途、结构坐标系、受控运动方式、驱动方式、功能完善程度等对其进行分类。

（1）按用途分类

①弧焊机器人。由于弧焊工艺早已在诸多行业中得到普及，弧焊机器人在通用机械、金属结构等许多行业中得到广泛应用。弧焊机器人是

包括各种电弧焊附属装置在内的柔性焊接系统，而不只是一台以规划的速度和姿态携带焊枪移动的单机，因而对其性能有着特殊的要求。在弧焊作业中，焊枪应跟踪工件的焊道运动，并不断填充金属形成焊缝。因此，在运动过程中速度的稳定性和轨迹精度是两项重要指标。一般情况下，焊接速度取 5～50mm/s，轨迹精度为±（0.2～0.5）mm。由于焊枪的姿态对焊缝质量也有一定的影响，因此，在跟踪焊道的同时，焊枪姿态的可调范围应尽量大。

②点焊机器人。汽车工业是点焊机器人系统一个典型的应用领域，在装配每台汽车车体时，大约 60%的焊点是由机器人完成的。最初，点焊机器人只用于增强作业（向已拼接好的工件上增加焊点），后来为了保证拼接精度，又使机器人完成定位焊接作业。

（2）按结构坐标系分类

①直角坐标型。如图 14-4 所示，右角坐标型机器人的结构和控制方案与机床类似，其到达空间位置的三个运动（x、y、z）由直线运动组成。这种形式机器人的优点是运动学模型简单，各轴线位移分辨率在操作容积内的任一点上均为恒定，控制精度容易提高。缺点是机构庞大，工作空间小，操作灵活性较差。简易和专业焊接机器人常采用这种形式。

②圆柱坐标型。如图 14-5 所示，圆柱坐标型机器人在基座水平转台上装有立柱，水平臂可沿立柱做上下运动并可在水平方向伸缩。这种结构方案的优点是末端操作器可获得较高速度，缺点是末端操作器外伸离开立柱轴心越远，其线位移分辨精度越低。

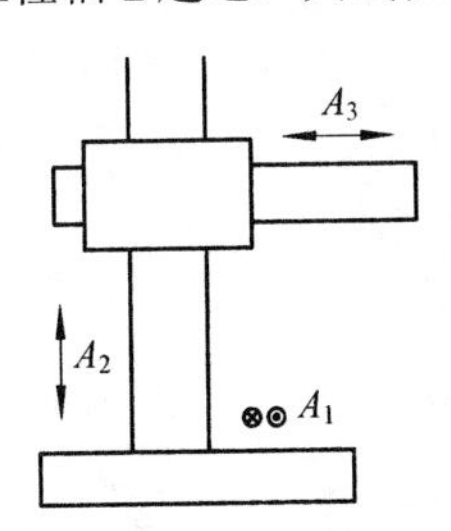

图 14-4 直角坐标型机器人

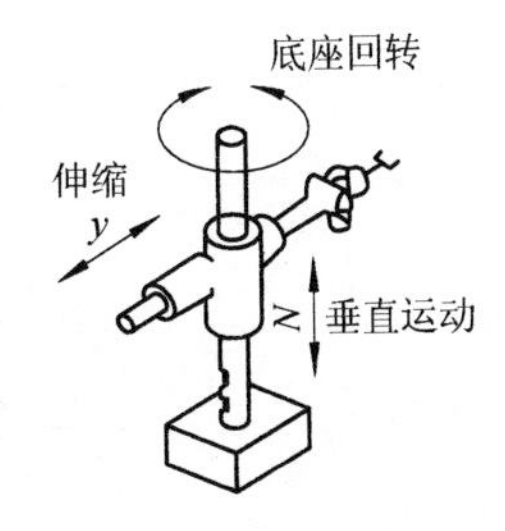

图 14-5 圆柱坐标型机器人

③球（极）坐标型。如图 14-6 所示，球（极）坐标型机器人与圆

柱坐标型结构相比较，这种结构形式更为灵活，但采用同一分辨率的码盘检测角位移时，伸缩关节的线位移分辨率恒定，而转动关节反映在末端操作器上的线位移分辨率则是一个变量，增加了控制系统的复杂性。

④关节型。关节型机器人由多个关节连接的机座、大臂、小臂和手腕等组成，分为全关节型和平面关节型两种，分别如图 14-7、图 14-8 所示。全关节型机器人的末端执行器全部由旋转运动实现，其特点是机构紧凑、灵活性最好，占地面积小，工作空间大，运动速度较高。但精度受手臂位置和姿态的影响，实现高精度运动较困难。目前的焊接机器人主要采用这种形式。平面关节型机器人运动机构的特点是上下运动由直线运动组成，其他运动均由旋转运动组成。这种机构垂直方向的刚度大，水平方向操作十分灵活，较适合以装插为主的装配作业。

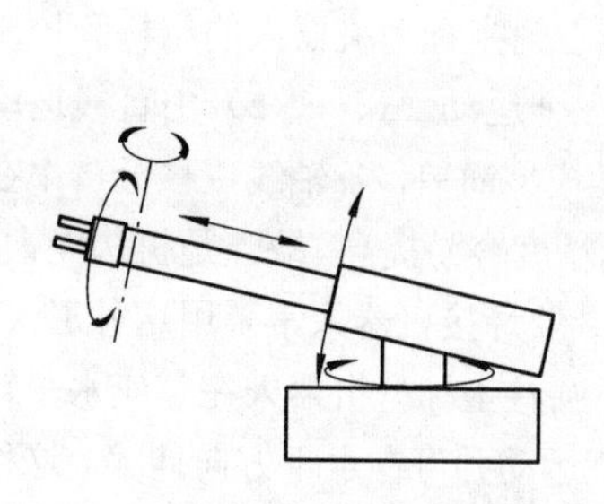

图 14-6　球（极）坐标型机器人

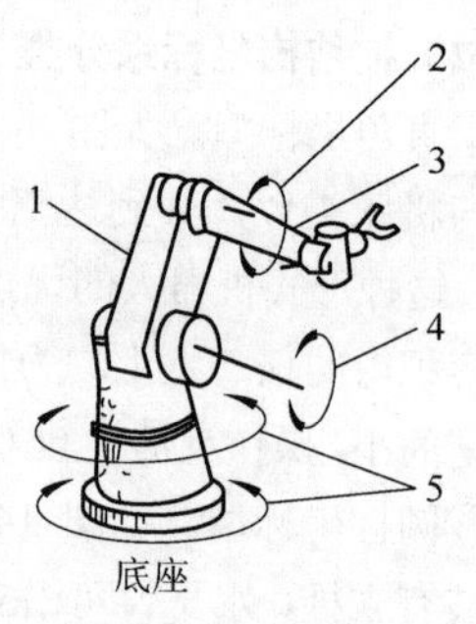

图 14-7　全关节型机器人

1. 上臂；2. 肘弯曲；3. 前臂；4. 肩弯曲；5. 水平回转

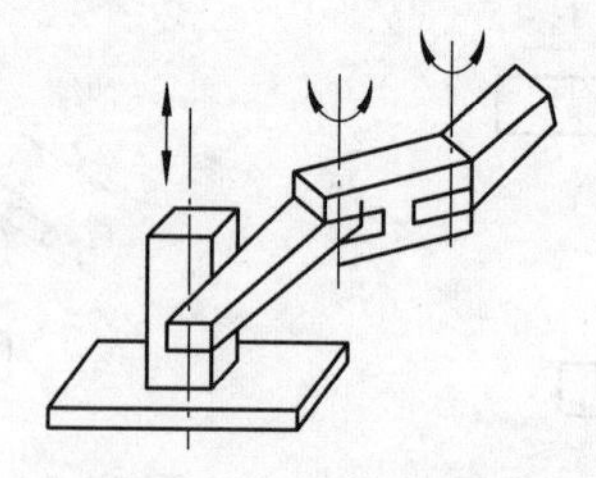

图 14-8　平面关节型机器人

按这四种坐标系设计的任何一种机器人臂部都有三个自由度，这样，机器人臂的端部就能达到其工作范围内的任何一点。但是，对焊接机器人来说，不但要求焊枪能到达其工作范围内的任何一点，而且还要求在该点不同方位上能进行焊接。为此，在臂端和焊枪之间，还需要设置一个“腕”部，以提供三个自由度，调整焊枪的姿态，保证焊接作业的实施。

焊接机器人的运动如图 14-9 所示，腕部的三个自由度，是绕空间相互垂直的三个坐标轴 x、y、z 的回转运动，通常把这三个运动分别称为滚转、俯仰、偏转运动。在结构不同的机器人中，这三个运动的布置顺序也不相同。焊接机器人有了臂部和腕部提供的六个自由度后，它的手部（焊枪）就可达到工作范围内的任何位置，并在位置的不同方位上，以所需的姿态完成焊接作业。

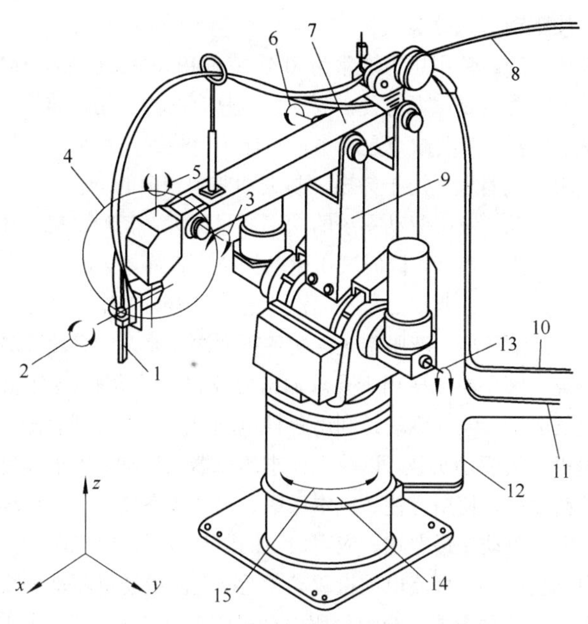

图 14-9　焊接机器人的运动

1. 焊枪；2. 滚转；3. 俯仰；4. 腕部；5. 偏转；6. 上臂俯仰；7. 上臂；8. 接焊丝盘；9. 下臂；10. 接气瓶；11. 接焊电源；12. 接控制柜；13. 下臂俯仰；14. 机身；15. 臂部回转

（3）按受控运动方式分类

①点位控制（PTP）型。机器人受控运动方式为自一个定位目标移向另一个点位目标，只在目标点上完成操作。要求机器人在目标点上有足够的定位精度，相邻目标点之间的运动方式之一是各关节驱动机以最快的速度趋近终点，各关节视其转角大小不同而到达终点的顺序有先有后；另一种运动方式是各关节同时趋近终点，由于各关节的运动时间相同，因此，角位移大的运动速度较高。点位控制型机器人主要用于点焊作业。

②连续轨迹控制（CP）型。机器人各关节同时做受控运动，使机器人终端按预期的轨迹和速度运动，为此各关节控制系统需要实时获取驱动机的角位移和角速度信号。连续控制主要用于弧焊机器人。

（4）按驱动方式分类

①气压驱动。使用压力通常为 0.4～0.6MPa，最高可达 1MPa。气压驱动的主要优点是气源方便，驱动系统具有缓冲作用，结构简单、成本低、易于保养；主要缺点是功率质量比小，装置体积小，定位精度不高。气压驱动机器人适用于易燃、易爆和灰尘较多的场合。

②液压驱动。液压驱动系统的功率质量比大，驱动平稳，且系统的固有效率高、快速性好，同时液压驱动调速比较简单，能在很大范围内实现无级高速；其主要缺点是易漏油，这不但影响工作的稳定性与定位精度，而且污染环境。液压系统需配备压力源及复杂的管路系统，因此成本也较高。液压驱动多用于要求输出力较大、运动速度较低的场合。

③电气驱动。电气驱动是利用各种电动机产生的力或转矩，直接或经过减速机构去驱动负载，以获得要求的机器人运动。由于具有易于控制、运动精度高、使用方便、成本低廉、驱动效率高、不污染环境等诸多优点，电气驱动是最普遍、应用最多的驱动方式。电气驱动又可细分为步进电动机驱动、直流电动机驱动、无刷直流电动机驱动和交流伺服电动机驱动等多种方式。交流伺服电动机驱动有着最大的转矩质量比，由于没有电刷，其可靠性极高，几乎不需任何维护。20 世纪 90 年代后生产的机器人大多采用这种驱动方式。

（5）按功能完善程度分类　按功能完善程度不同，焊接机器人可分为示教再现型机器人、感觉控制型机器人和智能机器人三类。这三类都随着技术的进步而形成，具有发展年代的特征，且后者比前者高级。目前广泛应用的焊接机器人多属示教再现型机器人，它是一种能按示教编程输入工作程序、自动重复地进行工作的机器人，它对环境变化没有应变能力；感觉控制型机器人则具有感知功能（有视觉和触觉等），利用感觉信息进行动作控制，对环境变化有应变能力；智能机器人则是由人工智能决定行动的机器人，能理解人的命令，感知周围环境，识别操作对象，并能自行规划操作顺序以完成赋予的任务，属于功能更完善，更接近人的高级机器人。

14.1.3 焊接机器人的工作原理和控制流程

1. 焊接机器人的工作原理

机器人的工作，通常是通过“示教再现”的方法为机器人作业程序生成运动命令，即由操作者通过示教盒，操作机器人使其动作，当认为动作合乎实际作业中要求的位置与姿态时，将这些位置点记录下来，生成动作命令，并在程序中的适当位置加入相应于焊接参数的作业命令及其他输入、输出命令。当程序运行时，机器人按要求进行动作，并进行作业的工作。在实际工作中，通常需要将示教的程序进行试运行，并进行修改、调整，这样才能得到有效的工作程序。目前，普遍使用的工业机器人，都是以这种“示教再现”的方式工作。

机器人操作机是机器人的工作执行部分，一般来说，作为工业机器人，操作机都需要与作业装置相结合，这样才能有效地进行工作。焊接机器人是工业机器人的一种应用形式，也需要与焊接装置相结合，才能完成焊接作业。

对于焊接作业来说，要求焊接工具末端可以在三维空间内以任意姿态接近工作点，因此焊接机器人操作机基本采用六个自由度垂直多关节结构，机器人的关节结构如图 14-10 所示。前面的三个轴（S、L、U）用于决定机器人的位置，后面三个轴用于决定机器人的姿态。在控制时，机器人的六个坐标分量分别定义为 X、Y、Z 三个位置坐标分量和 R_X、R_Y、R_Z 三个姿态坐标分量，机器人的坐标轴如图 14-11 所示。六轴的机器人，可以通过坐标变换，与六个坐标分量建立联系，使机器人的空间位置得以确定。

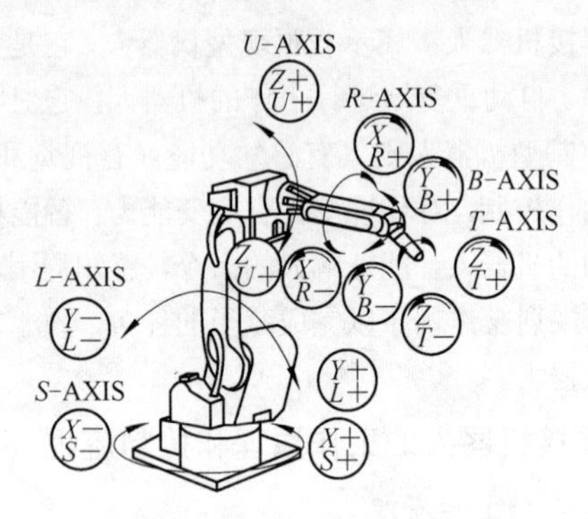

图 14-10　机器人的关节结构

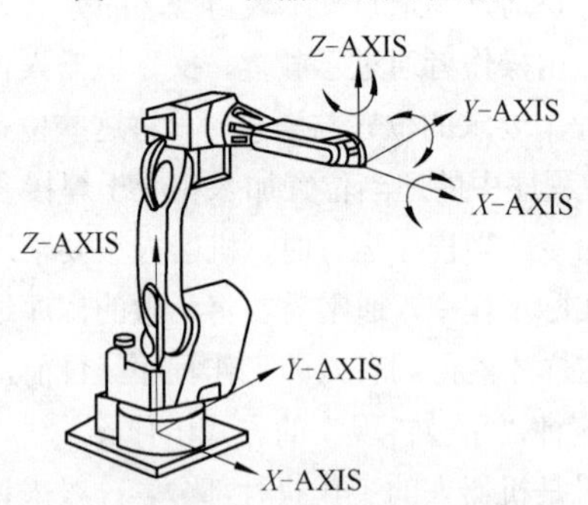

图 14-11　机器人的坐标轴

控制器主要用于机器人的坐标变换运算、位置及速度的伺服控制及输入输出控制。控制器主要由主控、伺服控制、I/O 单元等部分组成。主控用于机器人系统的管理与各种运算，伺服控制用于各轴的伺服驱动控制，I/O 单元用于输入、输出控制。图 14-12 所示为控制器。

示教盒用于操作机器人及人机信息交换，主要内容包括程序的生成、机器人的手动操作、各种状态信息的显示、命令菜单的显示、报警信息显示等。图 14-13 是示教盒。

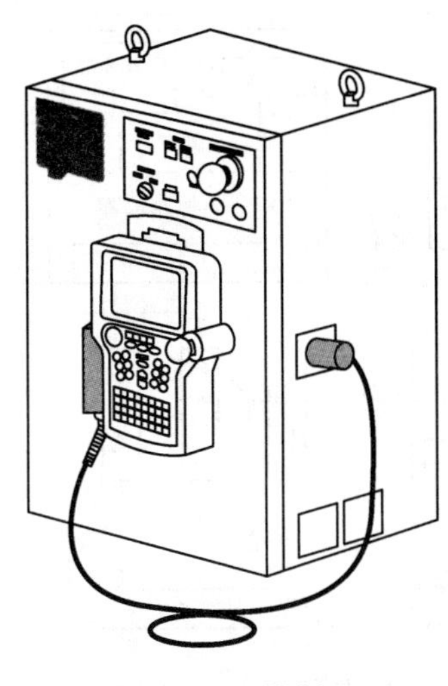

图 14-12 控制器

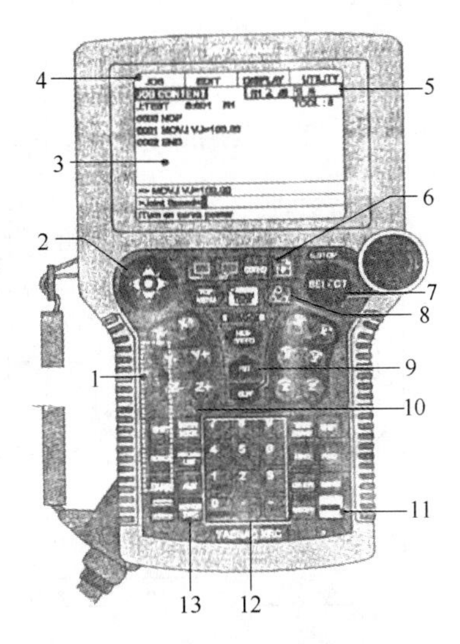

图 14-13 示教盒

1. 安全开关；2. 光标键；3. 通用显示区；
4. 菜单区；5. 状态区；6. 翻页键；
7. 选择键；8. 换区键；9. 手动速度；
10. 轴操作键；11. 回车键；
12. 数字特殊功能键；13. 运动类型键

2. 焊接机器人的控制流程

焊接机器人的控制流程是通过操作者对作业任务的了解，向机器人输入相应信息，由机器人通过运算、驱动控制来实现作业工作。焊接机器人的控制流程如图 14-14 所示。

(1) 程序的生成 程序均通过示教生成。示教时将首先生成一个新程序框架。

机器人通过示教盒进行示教。示教时，机器人在示教盒轴操作键的控制下，按指定的坐标或关节进行动作，机器人在操作者的操作下，向需要的目标点移动。当确定示教点有效时，控制器生成运动命令，同时记录当前各轴位置的数据，作为程序中相应运动命令的关联位置数据。此时，只需将各轴关节的位置记录下来，就可以计算出机器人在其他坐标系下的相应坐标值。

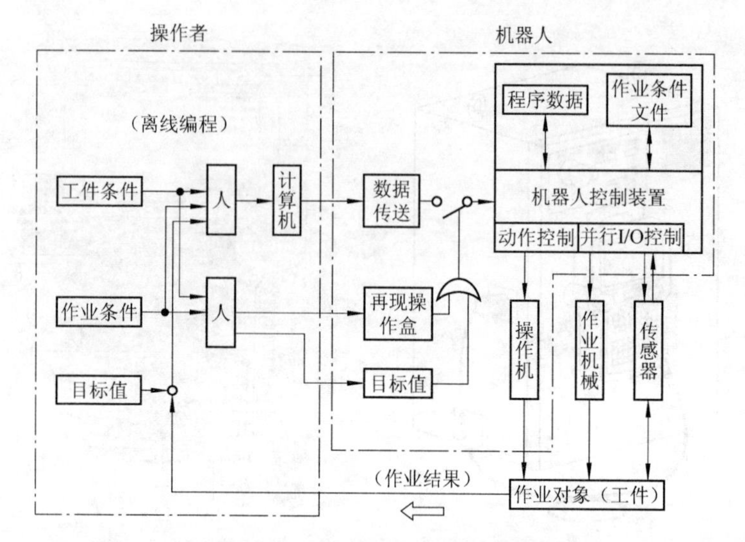

图 14-14　焊接机器人的控制流程

可供操作者选择的示教动作操作坐标有关节坐标、机器人直角坐标、用户设定直角坐标、工具坐标等。当操作坐标选定后，机器人以相应的动作方式接近示教目标点。

程序由各种命令组成，除了最基本的动作命令，还有输入、输出命令，控制命令、运算命令、作业命令、特殊功能命令等。在这些命令中还有不同的标志项，如控制命令中的调用作业程序命令，就可以分为各种有条件调用和无条件调用等。通过这些命令的不同组合，可以实现各种程序的控制。

经示教生成的程序，一般要经过试运行，对程序进行检查和调试。特别是对于弧焊焊接程序，其中的各种焊接参数与动作方式，往往要经过多次、反复的调试，才能取得良好的效果。

对于一些有规律性动作的焊接作业，也可以通过离线编程的方式来生成程序。离线编程需要机器人有准确的安装位置标定，以免产生误差。

（2）程序的运行　机器人运行经示教生成的程序，称为程序的再现。

程序再现时，可以选择单步、单循环、连续自动等循环模式。程序的启动可以通过几种形式进行。机器人有单品种连续生产、多品种轮换生产、不同品种随机生产等生产方式，因此有各种程序的启动方式。例如，单品种可以用程序循环或重复启动程序，多品种可以由程序顺序调用或指定启动，不同品种可以通过指定程序启动或者自动工件识别等方式。而对于指定程序又可分为指定条件调用与直接指定启动。各种启动方式的选择主要依据是否能够更好地实现作业的顺利进行。

14.1.4 焊接机器人的示教操作程序

存储机器人示教连续动作的单位称为“程序”，用来区分其他不同的动作。执行程序时，机器人会再现所记忆的动作，能够正确地重复进行焊接、加工等工作。

焊接机器人的示教操作程序如图 14-15 所示。

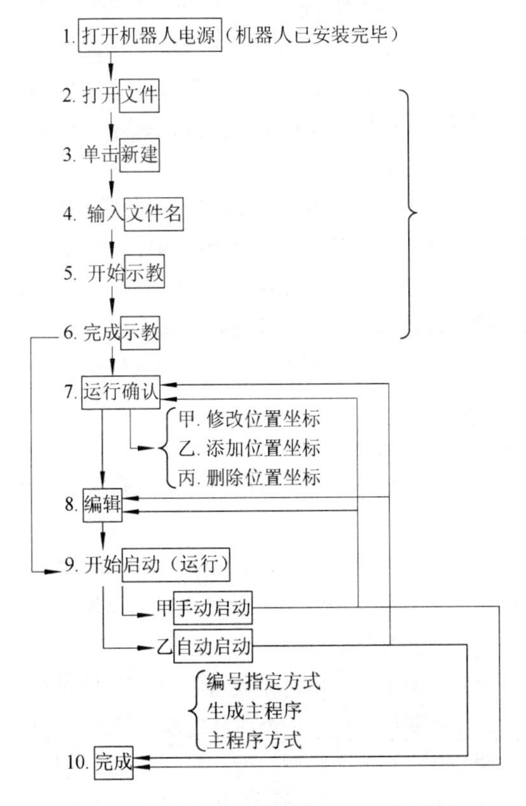

图 14-15 焊接机器人的示教操作程序

14.1.5　焊接机器人及配套设备的选用

1. 焊接机器人的选用

(1) 选用焊接机器人的前期论证　焊接机器人，特别是弧焊机器人，对其使用的技术生产环境要求较高。例如，焊件的结构形式、焊缝的多少和形状复杂程度、焊接产品的批量大小及其变化频率、采用的焊接方法及对焊接质量的要求、外围设备的性能及配套完备程度、调试及维修技术保障体系的健全程度等，都影响着使用机器人的合理性与经济性。因此，在选用焊接机器人之前，应从以下几个方面进行充分的论证。

①从拟生产焊件的品种和批量及其变化频率论证，确认焊件的生产类型，只有具有“多品种、小批量”生产性质的焊件才适宜采用焊接机器人。否则，使用焊接机械手或焊接操作机、专用焊接机床或通用机械化焊机较为适宜。

②仔细分析焊件的结构尺寸。如果是以中、小型焊接机器零件为主，则宜采用机器人焊接；如果是以大型金属结构件（如大型容器、金属构架、重架机床床身等）为主，则只能将焊接机器人安装在大型移动门式操作机或重型伸缩臂式操作机上才能进行焊接。

③如果焊件材质和厚度有利于采用点焊或气体保护焊工艺，则宜采用焊接机器人。

④考虑选用的焊接机器人是否能用于焊接产品的关键部位，对保证产品质量能否起决定性的作用；是否能将焊工从有害、单调、繁重的工作环境中解放出来。

⑤考虑由上游工序提供的坯件，在尺寸精度和装配精度方面能否满足机器人焊接的工艺要求。如果不能，则要考虑对上游工序的技术改造，否则将会影响机器人的使用。

⑥考虑与机器人配套使用的外围设备（上、下料设备、输送设备、焊接工装夹具、焊件变位机械）是否满足机器人焊接的需要，是否能与机器人联机协调动作，夹具的定位精度、变位机械的到位精度（非同步协调时）和运动精度（同步协调时）是否满足机器人焊接的工艺要求。如果上述外围设备不能满足机器人焊接的需要，则将极大地限制机器人

作用的发挥。

⑦目前，在我国许多工厂引进的弧焊机器人中，有些已具有机器人与焊件变位机械同步协调运动的功能，因而能使一些空间曲线焊缝或较复杂的焊缝能始终保持在水平位置上进行焊接，并能一次起弧就连续焊完整条焊缝。但是这些带同步协调运动控制的弧焊机器人系统，都是由国外机器人生产厂事先编程、调试好后交付使用的，目前国内还未掌握有关技术。因此，在引进该类机器人时，除注意针对当前产品需要提出同步协调控制要求外，还要适当考虑今后产品发展的需要，向外方提出给予后续编程、调试的要求。

⑧考虑工厂的现行管理水平、调度维修的技术水平和二次开发能力，是否能保证对焊接机器人高质、高效的应用，以达到保证产品质量、降低生产成本、提高生产率，实现自动化、省力化操作的目的。否则，应采取相应的完善和提高措施。

在确认和通过上述内容的论证后，再从焊接机器人对各种焊接方法的适应性、自由度（一般为 5～6 个）、空间作用范围（固定式机器人一般为 4～6m^3）、重复精度、储存容量等其本参数出发，结合具体产品要求，选用适合生产需要的焊接机器人。

（2）选用焊接机器人的基本原则　选用焊接机器人时需要注意遵循以下原则。

①机器人的可搬质量。机器人的可搬质量包括腕部的负重和背部（上臂）的负重。机器人用于弧焊时，其腕负重包括焊枪、把持器、防碰撞传感器及焊接集成电缆，其质量一般为 4～5kg，而安装在机器人背部的送丝机构其质量一般在 10kg 左右，因此，要求机器人的腕部具有 5kg 以上的负重能力，背部具备 10kg 以上的负重能力。机器人用于点焊时，因为焊钳质量差别较大，所以，对机器人可搬质量的选择也就更为重要。但是，常用点焊机器人腕部的握重能力一般在 100kg 以上。当使用大型焊钳时，就有必要选用 130kg、165kg 甚至具有更大握重能力的机器人。

②机器人的自由度数。机器人的焊接作业不同于搬运，由于焊接工艺的需要，要求机器人具有一定的灵活性。为了满足各种焊接姿态，一

般要求机器人具备六个自由度。

③机器人的动作范围。机器人的动作范围是指腕部回转中心能达到的最大空间。机器人安装焊枪或焊钳后，工具末端所能到达的空间范围会更大，但是，由于焊接姿态的需要，焊枪或焊钳末端经常会在机器人怀部空间作业。所以，在对机器人动作范围进行选择时，要根据焊枪或焊钳在机器人怀部空间作业时的可达范围进行考虑。

④机器人的重复精度。机器人的重复精度包括两个方面：一是点到点的重复精度；二量轨迹的重复精度。弧焊机器人的重复精度一般要求为±0.1mm，点焊机器人的重复精度一般要求为±0.5mm。轨迹重复精度对于机器人弧焊的应用和切割应用更为重要，因为有些机器人尽管到点的重复粗度很高，但由于其控制系统的计算速度有限，其轨迹重复精度不高，这将会影响焊接或切割质量。图 14-16 所示为三个等级机器人轨迹重复精度的比较。

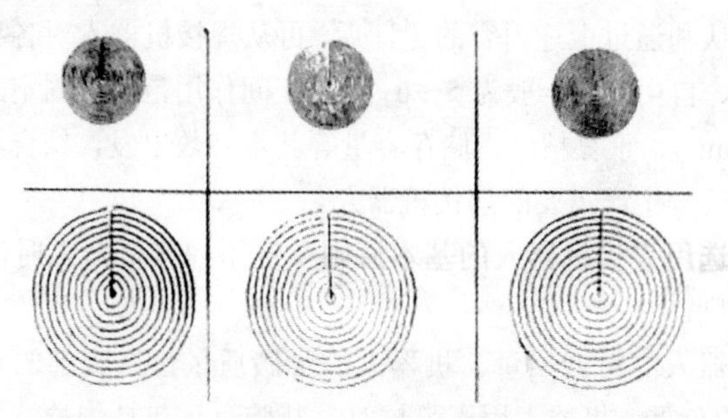

图 14-16　机器人轨迹重复精度的比较

⑤机器人的储存容量。机器人的储存容量一般是以所能储存示教程序的步数和动作指令的条数标注的。焊接机器人一般要求能够储存 3000 步程序、多于 1500 条指令。储存容量是可以追加的，但这是可选项。因此，在选择机器人时也要注意这一点。如果机器人的作业对象复杂、品种繁多，也可选购程序的复制设备，在焊接不同工件时复制相应的程序，而将其他持续保存在磁盘里。

⑥机器人的预留输入、输出点。机器人一般都为用户预留了部分用于连接或控制周边设备的输入、输出点，但这些点是非常有限的。如果

用户需要更多的输入、输出点，则需要机器厂家追加I/O基板，用户也可以自己追加PLC控制系统。

⑦机器人的安装形式。机器人的安装形式有落地式、壁挂式、倒挂式等，以壁挂和倒挂安装时，机器人的腰部要做特别处理。因此，用户在订货时要特别说明。为了安装和维修方便，用户还可以选择顶坐安装形式的机器人，这种安装形式的机器人有时与壁挂式和倒挂式机器人的应用效果相同。顶坐安装式弧焊机器人如图14-17所示。顶坐安装式点焊机器人如图14-18所示。

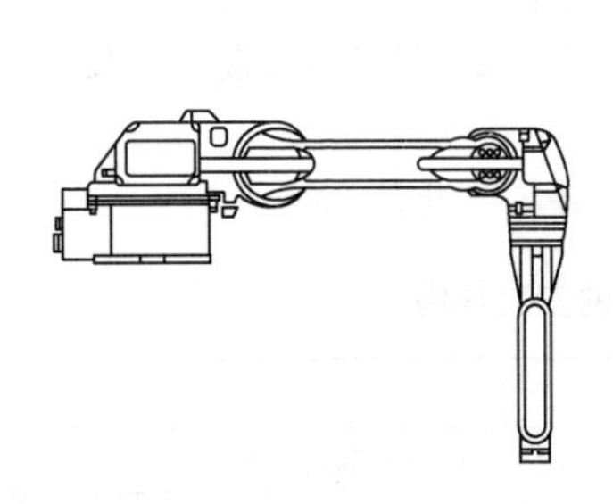

图14-17　顶坐安装式弧焊机器人

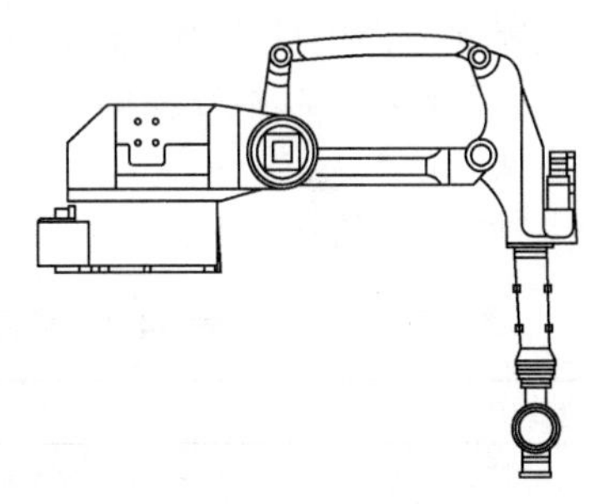

图14-18　顶坐安装式点焊机器人

⑧机器人的干涉性。机器人的上臂与工件、焊枪（焊钳）与工件、焊接电缆与工件、机器人的上臂与焊接电缆、焊接电缆与变位机构、机器人与机器人之间都会发生干涉。因此，机器人的干涉性也是一个重要的方面。如果机器人要伸入工件内部进行焊接作业或者需要高密度配置机器人，则应该选用干涉性较小的机器人，即焊接电缆内置型机器人。图14-19所示为电缆内置型弧焊机器人。

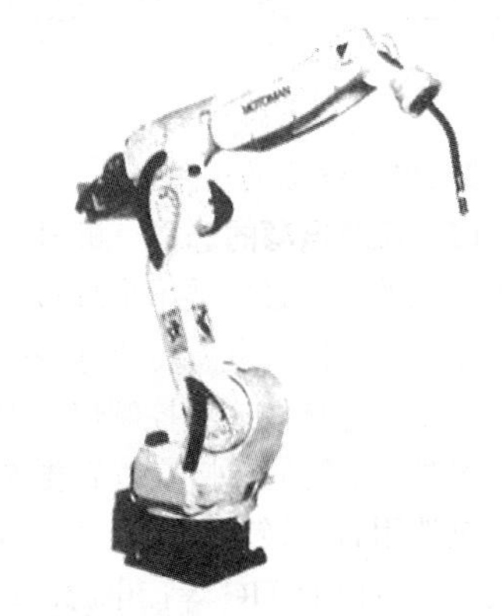

图14-19　电缆内置型弧焊机器人

⑨机器人的软件功能。弧焊机器人必须具备弧焊基本功能，如规范参数的设定、引弧熄弧、引弧熄

弧确认、再引弧、再起动、防粘丝、摆焊、手动送丝、手动退丝、再现时规范参数的修订、脉冲参数的任意设定等。如果需要，还要选加始端检出、焊缝跟踪、多层焊接等功能。如果应用于需要高频引弧的焊接方法，还必须具备防高频干扰功能。

点焊机器人在具备点焊功能的同时，还必须具备空打功能、手动点焊功能、电极粘连检出功能、自动修正电极修磨量功能等。

在操作中，机器人应该具备坐标系选择、示教点修正、点动操作、手动试运转、通信等功能。在安全方面，机器人应该具备安全速度设定、示教锁定、干涉领域监视、试运转检查、自诊断及报警显示等功能。

如果需要外部轴扩展，则需要确认机器人的外部轴控制轴数及外部轴协调能力等。

⑩机器人的安装环境。机器人的安装环境见表 14-1。

表 14-1　机器人的安装环境

安装环境	要　求
温度/℃	0～＋45（运转时）；－10～＋60（运输保管时）
湿度（%）	≤90（不允许结露）
振动	＜0.5g
电源/V	AC380（－15%～＋10%）
备注	避免易燃、腐蚀性气体、液体，勿溅水、油、粉尘等，勿近电气噪声源

在选用机器人时，要将机器人的安装环境与实际工厂的环境进行比较。

2. 配套设备的选用

（1）弧焊电源的选择　机器人焊接需要专门的弧焊电源，它与手工焊接电源的区别是需要增加焊接通信接口。因为各机器人的控制软件不同，焊接通信接口也需要针对各种不同的机器人。为了提高电弧的稳定性，这里推荐选用逆变控制焊接电源。

另外，不同的焊接材质需要选用不同的具有针对性的焊接电源。普通碳钢选用直流逆变焊接电源，不锈钢选用带脉冲的逆变焊接电源，TIG 焊接选用专门的 TIG 焊接电源。如果选用带脉冲的焊接电源，推荐选择脉冲参数可任意调节的焊接电源。

焊接电源功率的大小要按照焊接工艺给定焊接电流的大小选择，同时要考虑电源的持续负载率。一般有最大输出电流为 150A、200A、350A、500A 等系列的焊接电源。

（2）焊枪的选择 熔化极气体保护焊用焊枪有直颈枪、22° 弯颈枪、45° 弯颈枪等。直颈枪会出现焊丝尖端扰动而导致电弧不稳，所以一般不用；22° 弯颈枪与 45° 弯颈枪，主要是根据所焊工件的需要，哪种焊枪干涉小就选择哪种。

焊枪也有所能承受的焊接功率之分。一般有 200A 焊枪、350A 焊枪、500A 焊枪等系列。焊枪有水冷型和空冷型两种，小电流焊接时选用空冷型焊枪，大电流焊接时选用水冷型焊枪。

（3）送丝轮的选择 通常焊接板材厚度为 2.0～4.5mm 时，选用适合焊丝直径为 1.2mm 的送丝轮；厚板大电流焊接时，选用适合焊丝直径为 1.6mm 的送丝轮；薄板小电流焊接时，选用适合焊丝直径为 0.8mm 或为 1.0mm 的送丝轮。

（4）清枪、剪丝、喷硅油装置的选择 高效连续产生的焊接机器人系统应该用清枪、剪丝、喷硅油装置。

①清枪装置有刀片型和弹簧型。刀牌型清枪装置价格较高，但清枪过程稳定可靠；弹簧型清枪装置价格较低，但清枪过程不稳定，尤其是当大电流焊接有较大颗粒飞溅黏附在喷嘴内壁时经常会出现卡死现象。因此，飞溅较小的焊接可选用弹簧型清枪装置，飞溅较大的焊接则推荐选用刀片型清枪装置。无论是刀片型还是弹簧型清枪装置，大多是由气动电动机驱动的。

②剪丝装置比较简单，是由气缸带动一个刀头来剪断焊丝。如果使用始断检测功能，为了检测准确，则必须选用剪丝装置。

③喷硅油装置有外喷型和内喷型。外喷型就是由焊枪喷嘴触压硅油喷口，硅油喷进焊枪喷嘴内壁；内喷型就是硅油由喷油管从焊枪喷嘴内部直接喷出。内喷型还具有在喷油同时将飞溅物吹出喷嘴的作用，但内喷型的价格较高。还有一种形式是“沾油”，就是将焊枪喷嘴伸入油池内部使喷嘴内壁沾上油。这种应用形式简单，价格低，但会污损设备，浪费硅油，影响焊接质量，因此建议不要采用。

（5）焊钳的选择 随着阻焊变压器技术的发展，目前机器人点焊钳基本选用一体式焊钳。

准确地说，点焊钳是一种非标设备，要根据所焊工件的具体情况来选择C型焊钳或X型焊钳，以及焊钳的开口大小和喉深等。因此，在选择焊钳时，要对各个焊点的空间尺寸及所加压力进行测算，然后给出焊钳的结构形式，并且要对焊点所需要的焊接电流给出准确值以配备合适的阻焊变压器。

另外，点焊钳还有气缸驱动和伺服电动机驱动之分。伺服焊钳有压力可调、开口大小可调、动作节拍高等优点，但价格昂贵。

阻焊电源有单相交流式、单相二次整流式和逆变直流式等形式。目前常用的是单相交流式或单相二次整流式。逆变直流式阻焊电源具有阻焊变压器体积小、质量轻、电流控制精确、焊接质量稳定可靠、三相负载平衡、功率因数高、节能经济性好等优点，已有逐步取代其他阻焊电源之势，但价格比较昂贵。

（6）电极修磨装置和电极更换装置的选择 电极修磨装置和电极更换装置在自动化程度较高的点焊机器人系统中是必需的。因此，在机器人点焊生产线和大批量高效率机器人点焊工作站中应该选用该装置。

3. 其他辅助设备的选用

（1）焊接变位机的选择 变位机从结构形式上可分为单座翻转式、单座回转式、首尾单轴翻转式、首尾三轴翻转式、双工位回转式等；从驱动方式上可分为普通电动机驱动、伺服电动机驱动、气缸驱动等形式。

具体采用哪种形式，既要看工件焊接生产的需要，又要看资金规模。因此，不能一概而论。

（2）机器人行走机构的选择 机器人行走机构的驱动方式有气缸驱动、普通电动机驱动、伺服电动机驱动。气缸驱动的行走机构一般行程较小（≤2500mm），机器人的工作点一般在行走机构的两头。普通电动机驱动的行走机构一般需要附带气动插销。伺服电动机驱动的行走机构可以在任意位置准确定位，也可以边走边焊。

电动机驱动机器人行走机构的传动方式有齿轮齿条式、滚珠丝杠式。滚珠丝杠式行走机构的行程较短（≤2500mm），齿轮齿条行式行走机构可以有很长的行程。

14.2　焊接机器人的技术参数和指标

14.2.1　对焊接机器人的要求

在实际焊接中，焊接机器人一方面要能高精度地移动焊枪，使焊枪沿着焊缝运动并保证焊枪的姿态；另一方面，在运动中不断协调焊接参数，如焊接电流、电压、速度、气体流量、电动机高度和送丝速度等。焊接机器人是一个能实现焊接最佳工艺运动和参数控制的综合系统，它比一般通用机器人要复杂得多。焊接工艺对焊接机器人的基本要求可归纳如下。

①应具有高度灵活的运动系统，能保证焊枪实现各种空间轨迹的运动，并能在运动中不断调整焊枪的空间姿态。因此，运动系统至少应具有五或六个自由度。

②应具有高度发达的控制系统，能保证机器人执行机构同时沿若干坐标做规定的运动。其定位精度对点焊机器人应达到±1mm，对弧焊机器人应至少达到±0.5mm。其参数控制精度应达到 1%。

③焊接机器人应具有好的刚性。

④焊接机器人应具有简单而精确的示教系统，以尽量减少调整工人对机器人示教时所产生的主观误差。其示教记忆的容量至少能保证机器人能连续工作 1h。点焊机器人应能存储 200～1000 个点位置，弧焊机器人应能存储 5000～10000 个点位置。

⑤当焊接位置出现大的干扰时，焊接机器人的控制装置应具较高的抗干扰能力与可靠性，能在生产环境中正常工作，其故障率小于 1 次/1000h。

⑥应能自动适应毛坯相对给定的空间位置与方向的偏离。

⑦可设置和再现与运动相联系的焊接参数，并能与焊接辅助设备（如夹具、转台等）交换到位信息。

⑧焊接机器人可到位的工作空间应达到 4～6m^3。

⑨应具有可靠的自保护和自检查系统。例如，当焊丝或电动机与工件“粘住”时，系统能立即自动断电；焊接电源未接通或焊接电弧未建立时，机器人自动向前运动并自动再引弧。

14.2.2　焊接机器人的技术参数

各种焊接机器人的技术参数，主要由两部分表示：一部分是机器人本体的技术参数；另一部分是控制系统的技术参数。

①SG-MOTOMAN 系列的 SK6 型机器人本体的技术参数见表 14-2。

表 14-2　SG-MOTOMAN 系列的 SK6 型机器人本体的技术参数

<table>
<tr><td colspan="2">结　构</td><td>关节式六自由度</td><td rowspan="3">许用力矩/（N·m）</td><td>R 轴</td><td>11.8</td></tr>
<tr><td rowspan="6">最大动作范围/（°）</td><td>臂部绕 S 轴的回转</td><td>±170</td><td>B 轴</td><td>9.8</td></tr>
<tr><td>下臂绕 L 轴的俯仰</td><td>+170
−90</td><td>T 轴</td><td>5.9</td></tr>
<tr><td>上臂绕 U 轴的俯仰</td><td>+170
−125</td><td rowspan="3">许用转动惯量/（kg·m²）</td><td>R 轴</td><td>0.24</td></tr>
<tr><td>腕部绕 R 轴的偏转</td><td>±180</td><td>B 轴</td><td>0.17</td></tr>
<tr><td>腕部绕 B 轴的俯仰</td><td>±135</td><td>T 轴</td><td>0.06</td></tr>
<tr><td>腕部绕 T 轴的滚转</td><td>±320</td><td colspan="2">重复定位精度/mm</td><td>±0.1</td></tr>
<tr><td rowspan="6">最大速度</td><td>绕 S 轴的回转</td><td>2.09rad/s、120°/s</td><td colspan="2">驱动方式</td><td>交流伺服电动机</td></tr>
<tr><td>绕 L 轴的俯仰</td><td>2.09rad/s、120°/s</td><td colspan="2">腕部搭载能力/kg</td><td>6</td></tr>
<tr><td>绕 U 轴的俯仰</td><td>2.09rad/s、120°/s</td><td colspan="2">电源容量/（kV·A）</td><td>3.5</td></tr>
<tr><td>绕 R 轴的偏转</td><td>5.24rad/s、300°/s</td><td colspan="2" rowspan="3">质量/kg</td><td rowspan="3">145</td></tr>
<tr><td>绕 B 轴的俯仰</td><td>5.24rad/s、300°/s</td></tr>
<tr><td>绕 T 轴的滚转</td><td>7.85rad/s、450°/s</td></tr>
<tr><td rowspan="3">安装环境</td><td>温度/℃</td><td>0～45</td><td colspan="3" rowspan="3">避开易燃、腐蚀性气体、液体、勿溅水、油、粉尘等，勿近电气噪声源</td></tr>
<tr><td>湿度（%）</td><td>20～80（不能结露）</td></tr>
<tr><td>振动</td><td><0.5g</td></tr>
</table>

注：电源容量根据用途和动作类型的不同而异

②松下 AW-005C 型弧焊机器人控制系统技术参数见表 14-3。

表 14-3　松下 AW-005C 型弧焊机器人控制系统技术参数

规格		YA-1CCR51
控制方式	示教方式	示教盒示教
	驱动方式	交流伺服电动机
	控制轴数	六轴同步控制，外门六轴可选择控制
	坐标类型	直角型、关节型、圆柱型、吊挂型、移动型
存储	存储量	4000 点（2000 步、2000 序列）
	作业程序数	999
焊接条件设定	设定方式	内部设定功能，电流、电压数据直接输入示教盒功能，编辑时焊接参数直接修改功能
	焊接方法	CO_2、MAG

续表 14-3

规格		YA-1CCR51
外部控制用的输入、输出	专用的输入、输出	输入：13 位；输出：9 位
	通用的输入、输出	输入：16 位，根据作业要求最多可设 80 位；输出：16 位，根据作业要求最多可设 80 位
	输入、输出形式	输入：光电耦合；输出：开式极电极
作业程序的编辑功能	编辑指令的种类	1. 输入指令；2. 行程保护；3. 计数处理；4. 延时；5. 子程序；6. 其他
	编辑功能	复制、剪切、粘贴、删除、插入、修改等
	运行中的编辑	运行任务、程序外任务、可编辑程序
保护功能（自诊断）	机器人	1. 机械式制动；2. 行程保护；3. 软硬件保护；4. CPU 异常监控；5. 电源异常；6. 电缆连接监控；7. 仪表温度异常；8. 伺服系统异常（过速、过电流、过载、监视器异常）；9. 焊接异常；10. 误操作
	焊接电源	1. 一次侧过电流；2. 二次侧过电流；3. 温度异常；4. 一次侧过电压；5. 一次侧低电压
工作环境	温度/℃	0～45
	湿度（%）	20～90（不能结露）
控制柜外开尺寸/（mm×mm×mm）		600×580×1275
机器人与控制柜间的电缆长度		4m 专用电缆（最多可延长至 20m）
示教盒电缆		10m（从控制柜算起）
装饰色		5Y8/1 芒塞尔色
输入电源		三相交流，（200±20）V，25kV · A
质量/kg		约 170

14.2.3 焊接机器人的技术指标

为了正确地选择、购买和使用焊接机器人，必须全面和确切地了解它的技术指标。焊接机器人的主要技术指标可分成工业机器人的通用技术指标和焊接机器人的专用技术指标。

1. 通用技术指标

(1) 自由度 自由度是表示工业机器人动作灵活程度的参数，一般以沿轴线移动和绕轴线转动的独立运动数来表示。一般有三个自由度即可达到机器人工作空间任何一点，但由于焊接有方向性，焊枪（焊钳或割炬）不仅要到达某一位置，而且要确定它的空间姿态。因此，弧焊和切割机器人至少需要五个自由度，点焊机器人需要六个自由度。

（2）负载　负载是机器人所承受质量、惯性力矩和静、动态力的一种功能，在规定的速度和加速度条件下，用沿各运动轴方向作用于末端执行器处的力和转矩来表示。对焊接机器人来说，焊枪及其电缆、割炬及其气管、焊钳及电缆、冷却水管等，都属于负载。弧焊和切割机器人的负载能力为 6～10kg；点焊机器人若焊钳和变压器为一体形式，负载能力为 60～80kg，若为分离式负载能力为 40～50kg。

（3）工作空间　机器人正常运行时，手腕参考点能在空间活动的最大范围常用图形表示，厂家给出的工作空间是机器人未装任何末端执行器时的最大可达空间。用户装上焊枪后实际焊接空间可能比厂家给出的小一些，这点应注意。

（4）最大速度　最大速度是指工业机器人在额定负载、匀速运动过程中，机械接口（手腕末端处）中心或工具中心的最大速度，它是影响生产效率的重要指标。因对焊接机器人焊接速度要求较低，故最大速度只影响焊枪的到位、空行程和结束返回的时间。一般最大速度为 1～1.5m/s 已满足要求。切割机器人速度视切割方法而定。

（5）点到点重复精度　点到点重复精度是机器人最重要的性能指标。它是在相同的环境下，用相同的方法操作时，重复多次所测得的同一点的不一致程度。从工艺要求出发，对点焊机器人其精度应达到焊钳电极直径的 1/2 以下，即±（1～±2）mm；对弧焊机器人，则应小于焊丝直径的 1/2，即±（0.2～±0.4）mm。

（6）轨迹重复精度　轨迹重复精度是弧焊机器人和切割机器人十分重要的技术指标，是指机械接口中心沿同一轨迹运动，重复多次所测得轨迹的不一致程度。对弧焊和切割机器人，其精度应小于焊丝或割炬孔径的 1/2，一般应在±（0.3～±0.5）mm。

除上述六项外，还应注意机器人用户内存容量、插补功能、语言转换功能、自诊断功能和自保护及安全保障功能等。

2. 专用技术指标

（1）适用的焊接方法和切割方法 一般弧焊机器人只适用熔化极气体保护焊，不存在高频引弧会对机器人的控制和驱动系统产生干扰问题。能否用于钨极氩弧焊，则取决于该机器人有没有特殊抗干扰措施。

（2）摆动功能 弧焊机器人有摆动功能。现有弧焊机器人的摆动功能差别很大，最好选用能在空间（x–y–z）范围内任意设定摆动方式和参数的机器人。

（3）焊接 P 点示教功能 对机器人示教是先示教焊缝上某一点的位置，后调整该点焊枪（或焊钳）的姿态。当调整姿态时，原示教点的位置应保持不变，即机器人应能自动补偿因调整姿态所引起 P 点位置的变化，确保 P 点坐标，以方便示教操作者。

（4）焊接工艺故障自检和自处理功能 焊接时常出现一些工艺故障，如弧焊时的粘丝、断丝，点焊时的粘电极等。若不及时采取措施，则会发生机器人损坏或工件报废等大事故。机器人必须具有检出这类故障并实时自动停车警告的功能。

（5）引弧和收弧功能 为了确保焊接质量，引弧和收弧时需改变焊接参数，机器人在示教时应能设定和修改焊接参数。

14.3 焊接机器人的运动控制和命令体系

14.3.1 焊接机器人的运动控制

1. 运动控制数据流

为了实现机器人的示教动作再现，控制器内的数据流程如下。

机器人当前位置、机器人目标点位置→插补增量→插补点位置→各轴转角增量→新的当前位置。

①机器人当前位置数据——位置检测单元生成；机器人目标点位置数据——示教时生成。

②插补增量——再现时运算生成。

③插补点数据——再现时运算生成。

④各轴转角增量——再现时运算生成。

⑤新的当前位置——运动停止时生成。

2. 机器人的运动原理

（1）机器人的运动方式 机器人的运动分为操作运动和程序运动。操作运动是指用轴操作键使机器人动作；程序运动是指机器人按照程序的位置点进行运动。

轴操作键的动作有机器人各个关节单独动作、直角坐标方向的移动及绕坐标轴的转动。

机器人在程序运动时，以程序中记录的位置点为目标，逐步到达各个目标点，连接成整个作业运动，实现作业动作。

（2）PTP 控制与 CP 控制 在程序动作中，机器人从一点运动到另一点，分为 PTP 控制与 CP 控制。

机器人从一点移动到另一点，只关心目标点位置，不在意经由的路径，称为 PTP 控制。例如，不考虑路途干涉的点焊作业可视为这种控制。

机器人运动时，除了要到达目标点外，有时还要求经由路径为圆弧或直线等运行，这种称为 CP 控制。弧焊时的焊缝是典型的 CP 控制。

（3）PTP 控制与 CP 控制的插补方法 PTP 控制的插补方法是先算出在一条命令中每个轴以指定的速度到达目标点所需的时间，然后以花费时间最长的轴为基准，确定本条命令的实际执行时间，其他轴以此时间为准，调整各自的速度，每个轴都以匀速进行动作，所有的轴同步到达目标点。为此，运动控制时各轴有自己的速度，因而运动轨迹没有保证。

CP 控制的插补方法是将路径的各点用直线或者圆弧连接起来，各点连接线再现时，通过直线或圆弧插补运算生成连续的插补点，这些插补点组成机器人的运动轨迹。机器人逐步通过这些插补点，实现轨迹的插补控制。

直线插补由起点与终点进行计算，圆弧插补则至少需要三个示教点来进行计算，以得到插补点。任何复杂曲线的工件，都可由连续使用圆弧插补形成自由的曲线来实现。

（4）坐标变换与伺服指令 多关节机器人的示教位置数据一般用各关节的关节角来定义。六轴垂直多关节机器人有六个轴的关节数据，以这些关节为准的坐标系称为关节坐标系（连杆坐标系）。进行直线插补、圆弧插补等插补运算及进行手腕姿态控制时，首先要将关节坐标系变换成机器人的固有直角坐标系，并在此基础上进行插补计算。关节坐标与直角坐标的关系如图 14-20 所示。控制点的坐标数据（实际的表示量矢量表示）如图 14-21 所示。

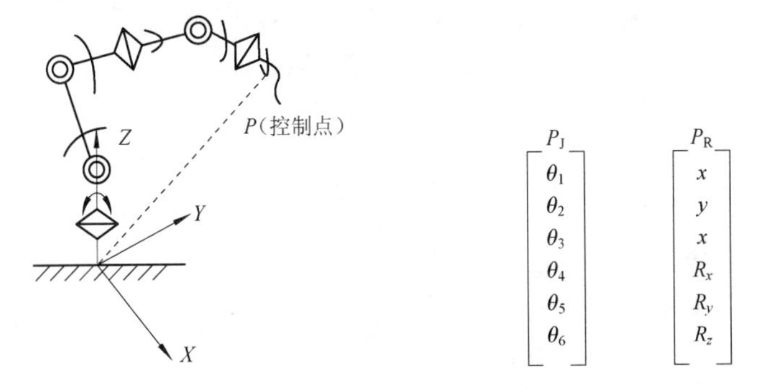

图 14-20　关节坐标与直角坐标的关系

图 14-21　控制点的坐标数据（实际的表示是矢量表示）

下面介绍机器人从示教点 P_1 到示教点 P_2 进行插补的运算方法，如图 14-22 所示。

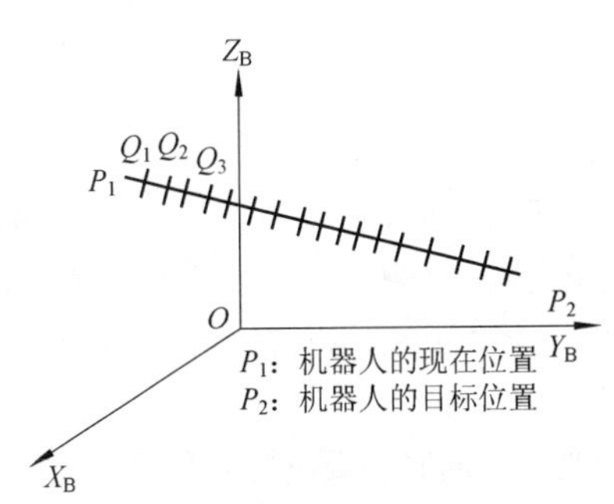

图 14-22　插补的运算方法

①将 P_1 点和 P_2 点从关节坐标系变为直角坐标系。

②用直角坐标系算出移动距离及移动时间。

③根据单位时间ΔT求出位置增量（Δx、Δy、Δz），再由此算出目标值Q_1、Q_2等每隔ΔT后的各目标值。

④将目标值与当前值变换成关节坐标。求出关节角度的增量，再算出针对伺服控制脉冲位置的增量。

⑤将脉冲位置的增量向各轴的伺服控制器发命令。

⑥为到达目标位置P_2，重复进行④～⑤的操作。

在机器人的控制器内，上述轨迹生成运算如图 14-23 所示。

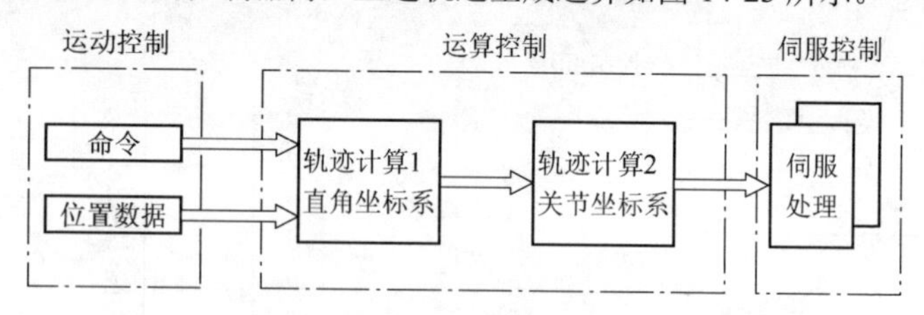

图 14-23　轨迹生成运算

机器人在两个插补点之间的运动，实际上是各关节的自由运动。为了使插补动作能够较好地实现要求的动作轨迹，需要插补点距离足够小，否则机器人的运动轨迹将不平滑。但另一方面，由于插补时需要不断进行机器人运动学计算，需要大量的运算时间，因此不能无限度地缩小插补点距离。综合各方面的因素，现在机器人的插补周期一般定位在10mm 左右。

3. 伺服控制驱动

（1）伺服控制　运动控制中得到的命令，发送到伺服单元，对各轴进行伺服控制。机器人伺服控制单元实行反馈控制，机器人的伺服控制系统如图 14-24 所示。控制回路中有位置环、速度环与电流环。位置环与速度环都由数值运算实现。

在反馈控制回路中，同时还要进行各种调节控制与补偿。这样可以提高响应速度，获得超调量，并且使系统运行稳定，处于最佳的工作状态。

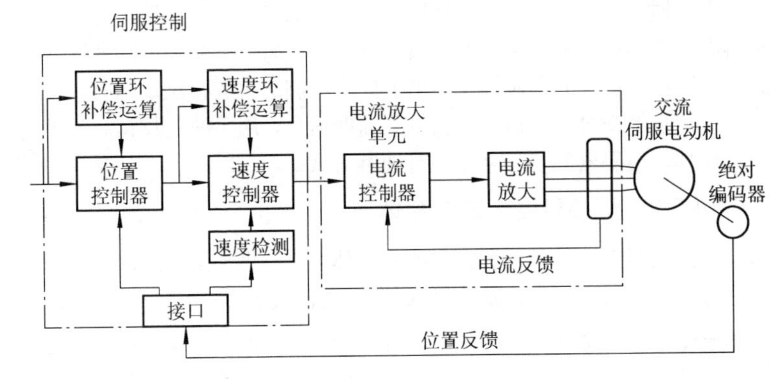

图 14-24 机器人的伺服控制系统

（2）伺服驱动放大 机器人的伺服放大驱动单元采用电流转换、逆变放大方式，并在逆变中进行矢量转换控制，使电动机的运行处于很好的受控状态。电流放大采用脉宽调制技术，伺服驱动放大原理如图 14-25 所示。

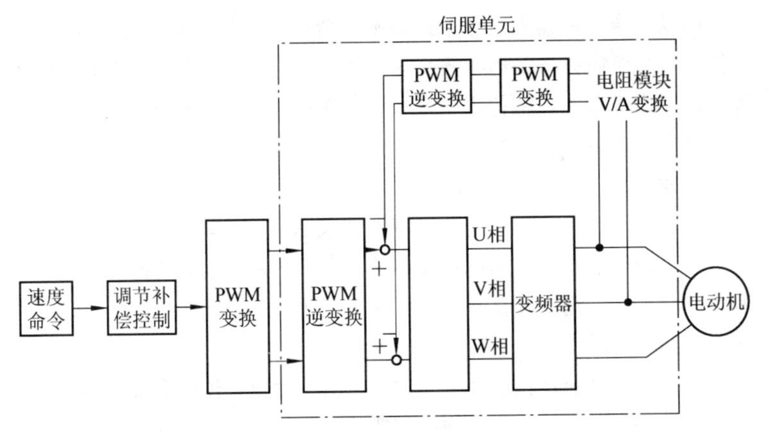

图 14-25 伺服驱动放大原理

（3）绝对位置编码器 在伺服控制系统中，位置检测是一个重要的环节，机器人在运行时几乎随时都在进行位置检测。进行位置检测的器件，现多采用绝对位置编码器。不同以往的位置检测器件绝对位置编码器包含了增量编码器的功能。

当机器人开机时，该编码器提供机器人的当前绝对位置信息，用于机器人开机的位置初始值检测；当机器人运行时，该编码器提供运动信息，即机器人位置的实时增量，用于伺服控制的位置反馈。同时，该位置增量信息经微分处理后，可以得到速度信息，用于速度反馈。为了提高可靠性，编码器的信号采用串行通行方式。

14.3.2　焊接机器人的命令体系

焊接机器人提供了一套完备的命令体系，可供使用者选用。这些命令被分成不同的命令组，除了最基本的 PTP、CP 的运动命令外，还有控制命令、运算命令、作业命令、输入、输出等各类命令，还有针对不同选项功能的专用命令。根据要求，可以对这些命令进行灵活的使用。但为了提高效率，命令的种类和数量都不能太多。

命令中带有各种标识符，这些标识符分为基本标识符与可选标识符。此外，命令中还包括一些必要的数字，如速度值等。

1. 运动命令

运动命令是机器人命令中最基本的命令，其中主要有关节运动、直线插补、圆弧插补与抛物线插补等。命令中的标识符有速度、到位级别等。运动命令分为目标位置型与增量位置型。由示教产生的运动命令，可以是以示教时机器人所在的位置点为命令执行的运动目标值，位置数据被隐含于程序之中；也可以由位置变量来表示动作的目标位置。增量位置型的运动命令，都是用位置变量来表示运动坐标增量的。

运动命令的速度分为比例型与线速度型。关节运动的速度值为最大速度的百分比，而直线插补与圆弧插补的速度为线速度。

2. 非运动命令

非运动命令包括控制命令、输入、输出命令、作业命令、运算命令等。控制命令用于程序的各种控制功能，常见的控制命令主要有程序调用命令、程序跳转命令、延时、暂停等。调用与跳转可以根据各种条件判断后进行；输入、输出命令可以对周边设备进行控制与检测；作业命令是与用途有关的工具或设备的命令。弧焊机器人的作业命令有起弧、熄弧、焊接电流与电压的设定等；点焊机器人的作业命令有点焊、空打点、行程转换、焊接条件等。运算命令有助于完成比较复杂的工作任务。

14.4 点焊机器人

14.4.1 点焊机器人系统的组成和技术参数

点焊机器人是由机器人本体、控制柜、示教盒和电缆四部分组成。图 14-26 所示为点焊机器人。图 14-27 所示为点焊机器人（带焊钳）。

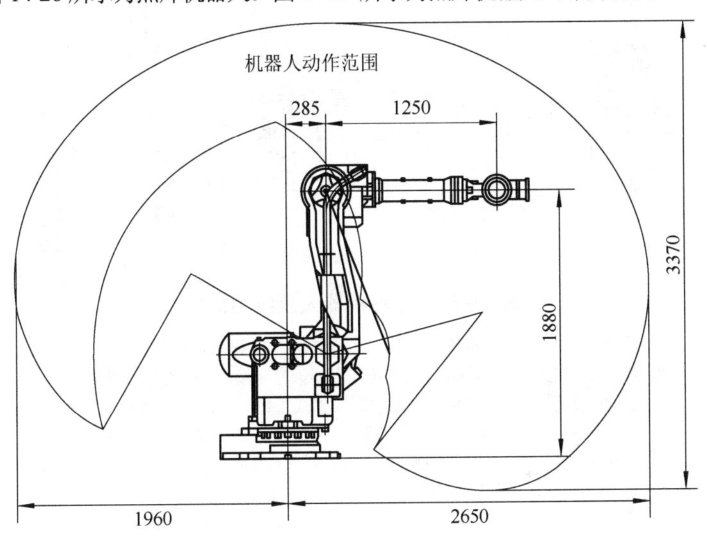

图 14-26 点焊机器人

1. 点焊机器人系统的组成

点焊机器人系统的主要组成设备有机器人和焊接设备，其中包括机器人本体、机器人控制矩、示教盒、点焊钳、点焊控制器及水、气、电等相关电缆和管线等。此外，在机器人点焊工作站和机器人点焊生产线上还配备电极修磨装置和电极更换装置。点焊机器人系统的组成如图 14-28 所示。

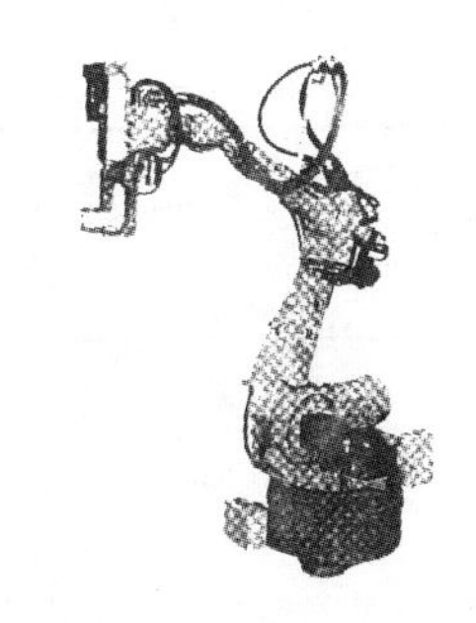

图 14-27 点焊机器人（带焊钳）

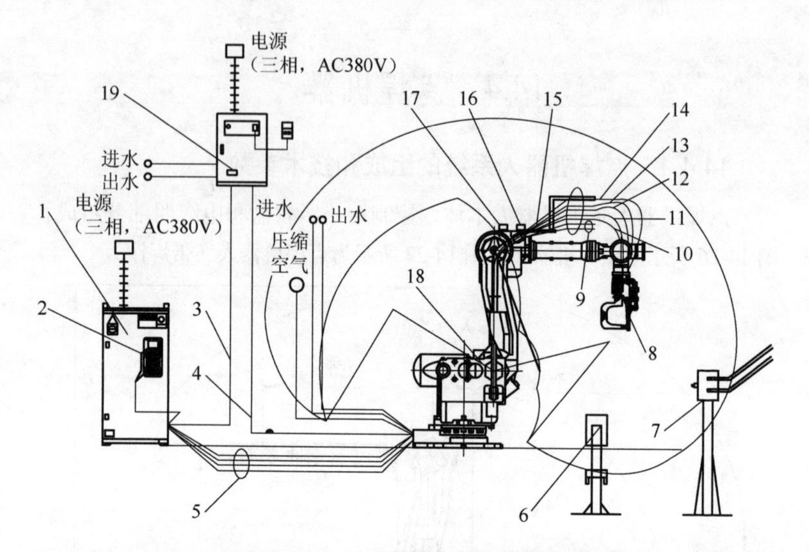

图 14-28　点焊机器人系统的组成

1. 机器人控制柜；2. 示教盒；3. 通信电缆（控制柜与点焊控制器之间）；
4. 焊接电源电缆；5. 机器人电缆（含点焊信号电缆）；6. 电极修磨装置；
7. 电极更换装置；8. 一体式焊钳；9. 伺服焊钳电缆（两根）；10. 进水管；
11. 出水管；12. 压缩空气管；13. 点焊信号电缆（双行程焊钳用）；
14. 焊接电源电缆；15. 水流检测开关；16. 强制排水阀；17. 焊钳控制电磁阀；
18. 机器人（MOTOMAN-UP130）；19. 点焊控制

2. 点焊机器人技术参数

典型点焊机器人技术参数见表 14-4。

表 14-4　典型点焊机器人技术参数

技术参数 \ 型号	MOTOMAN-UP130
构造	垂直多关节，六个自由度
最大动作范围/（°）	*S* 轴（本体回转）；±180 *L* 轴（下臂倾动）；−60～+240 *U* 轴（上臂倾动）；−130～+240 *R* 轴（上臂回转）；±360 *B* 轴（手腕俯仰）；±130 *T* 轴（手腕回转）；±360

续表 14-4

技术参数＼型号	MOTOMAN-UP130
最大动作速度	*S* 轴：2.27rad/s、130°/s *L* 轴：2.27rad/s、130°/s *U* 轴：2.27rad/s、130°/s *R* 轴：3.75rad/s、215°/s *B* 轴：3.14rad/s、180°/s *T* 轴：5.24rad/s、300°/s
重复定位精度/mm	±0.2
最大握重/kg	130
最大伸着半径（*P* 点）/mm	2646
本体概略质量/kg	1300

14.4.2　点焊机器人操作机的组成

点焊机器人的操作机应能满足焊钳要到达每个焊点和焊点质量应达到技术要求。

若满足第一个要求，点焊机器人的操作机应具有足够的运动自由度和适当长的手臂。以前应用较广的点焊机器人，其本体类型为直角坐标型和全关节型两种。前者可具有 1～3 个自由度，焊件及焊点位置受到限制；后者具有 5～6 个自由度，且分为 DC 伺服和 AC 伺服两种形式，能在可达的工作区内任意调整焊钳姿态，以适应多种结构形式的焊件焊接。

若满足第二个要求，点焊机器人焊钳所需的工作电流（一般都很大）应能安全可靠地送达手臂端部，而且焊钳工作压力达到相应相求。供电直接关系到点焊钳与点焊电源（点焊变压器）的结合形式，而不同的结合形式又对机器人的承载能力提出不同的要求。

目前，点焊机器人焊钳与点焊变压器的结合有分离式、内藏式和一体式三种，这三种形式点焊机器人及焊接系统的基本特点见表 14-5。

表 14-5　点焊机器人及焊接系统的基本特点

分类 项目	分离式点焊机器人系统	内藏式点焊机器人系统	一体式点焊机器人系统
系统图示	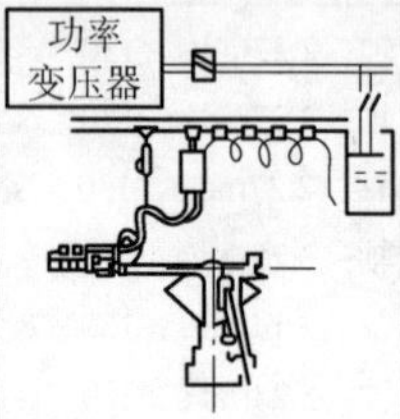 功率变压器	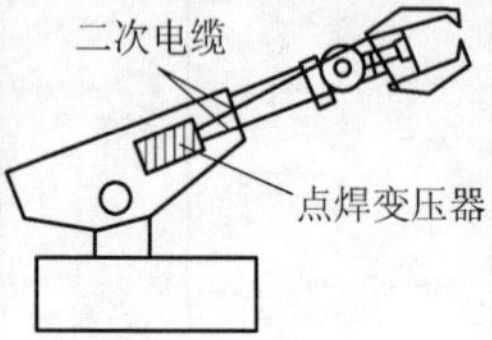 二次电缆 点焊变压器	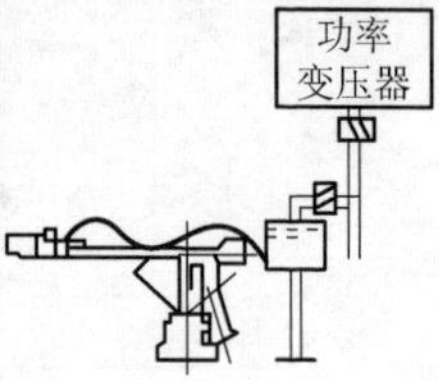 功率变压器
机器人载货要求[腕]	中	小	大
点焊电源功耗	大	大	小
机器人通用性	好	差	中
系统造价	高	中	低

分离式点焊机器人的焊钳与点焊变压器是通过二次电缆相连，点焊所需 10kA 以上的大电流不仅需要粗大的电缆线，而且还需要用水冷却，所以，这种电缆一般较粗，且质量大。点焊变压器无论装在机器人上还是装在机器人的边侧，都要影响焊钳运动的灵活性和范围。一般将点焊变压器悬挂在机器人上方，可在轨道上沿机器人手腕的移动方向移动。为了补偿长电缆能量损耗，必须加大变压器容量，其效率较低。

内藏式点焊机器人的二次电缆大为缩短，变压器容量可减小。这种机器人的本体设计需与变压器统一考虑，使结构变得复杂。

一体式焊钳机器人是将焊钳与点焊变压器安装在一起，共同固定在机器人手臂末端，省掉了粗大的二次电缆，这样节省能量。同样输出 12000A 电流，分离式焊钳需用 75kV · A 的变压器，而一体式焊钳只需用 25kV · A 的变压器。但一体式焊钳的质量显著增大，要求机器人本体承载能力＞60kg，这样会增加机器人造价。所以，发展轻小型一体式焊钳是方向，如逆变式焊钳近几年研究发展得很快。

对 20 余种点焊机器人统计的机械结构参数见表 14-6。

表 14-6 对 20 余种点焊机器人统计的机械结构参数

项　　目	参　　数
结构形式	大量为关节型，少量是直角坐标型、极坐标型和组合式
轴数	大量为六轴，其余 1～10 轴不等，6 轴以上为附加轴
重复性	大多数为±0.5mm，范围为±（0.1～1）mm
负载	大多为 588～980N（60～100kgf），范围为 49～24500N（5～2500kgf）
速度	2m/s 左右
驱动方式	绝大多数为 AC 伺服，少数为 DC 伺服，极少数为电液伺服

14.4.3 点焊机器人的焊接系统

点焊机器人的焊接系统主要由焊接控制器、焊钳（含阻焊变压器）及水、电、气等辅助部分组成，点焊机器人焊接系统工作原理如图 14-29 所示。

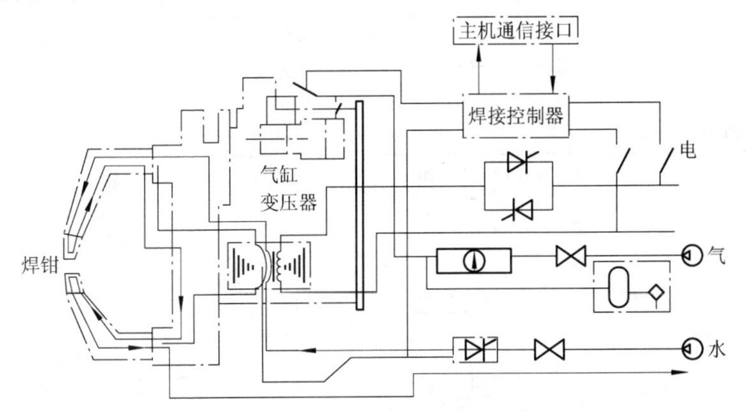

图 14-29 点焊机器人焊接系统工作原理

1. 焊钳

机器人点焊钳的分类比较见表 14-7。

表 14-7 机器人点焊钳的分类比较

项目 \ 分类	气动焊钳	伺服焊钳	固定点焊机
焊钳结构	C 型，X 型	C 型，X 型	C 型

续表 14-7

项目＼分类	气动焊钳	伺服焊钳	固定点焊机
行程大小	单行程，双行程	多行程	单行程
加压手段	气缸	伺服电动机	气缸
动作节拍	长	短	长
阻焊变压器的安装形式	一体式（其他形式已很少见）	一体式	阻焊变压器和本体组装在一起
是否需要压缩空气	需要	不需要	需要
是否需要冷却水	需要		
能否调节电极压力	需要加装压缩空气比例阀才可调节电极压力	电极压力在最大范围内可以任意调节	需要加装压缩空气比例阀才可调节电极压力
点焊时对工件的冲击	对工件的冲击力大，需要设计浮动机构	对工件的冲击力小，不需要设计浮动机构	对工件的冲击力大，需要设计浮动机构
焊钳质量（非逆变式）/kg	90～130	90～130	250～350

①机器人点焊钳从结构形式上分为 C 形和 X 形。如图 14-30 所示，C 形点焊钳用于垂直方向或近似垂直方向无干涉焊点的焊接；如图 14-31 所示，X 形点焊钳用于水平方向或近似水平方向无干涉焊点的焊接。

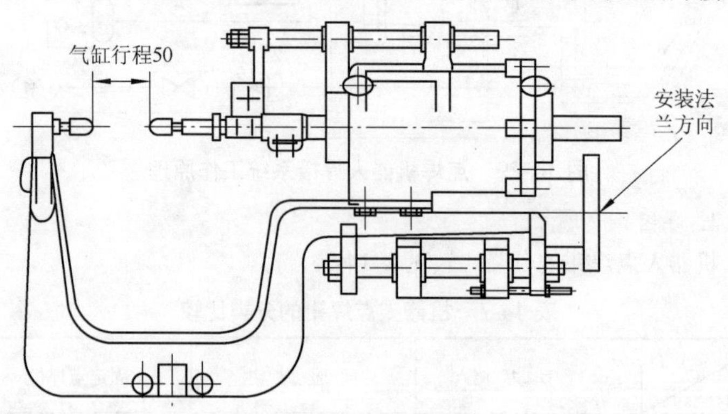

图 14-30　C 形点焊钳

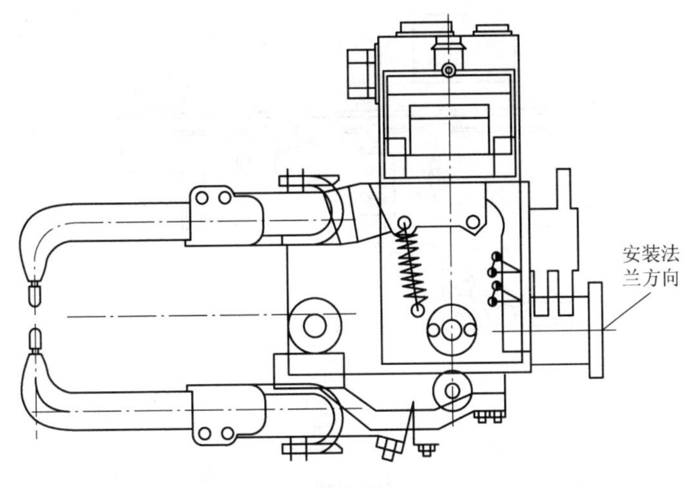

图 14-31　X 形点焊钳

②机器人点焊钳按开口大小不同分为单行程、双行程和多行程焊钳。单行程、双行程焊钳一般由气缸驱动，多行程焊钳由伺服焊钳驱动。

③机器人点焊钳按焊钳的驱动方式可分为气动焊钳和伺服焊钳。气动焊钳的电极是由气缸驱动的，伺服焊钳的电极是由伺服电极驱动的。具体区别见表 14-7。

④机器人点焊钳从阻焊变器与焊钳的结构关系上可分为分离式焊钳、内藏式焊钳和一体式焊钳。

分离式焊钳的特点是阻焊变压器与钳体相分离，焊钳安装在机器人手臂上，焊接变压器悬挂在机器人的上方，可在轨道上沿着机器人手腕移动的方向移动，两者之间用二次电缆相连，装有分离式焊钳的点焊机器人如图 14-32 所示。其优点是减小了机器人的负载，运动速度高，价格便宜；其主要缺点是需要大容量的焊接变压器，电力损耗较大，能源利用率低。此外，粗大的二次电缆在焊钳上引起的拉伸力和扭转力作用于机器人的手臂上，限制了点焊工作区间与焊接位置的选择。

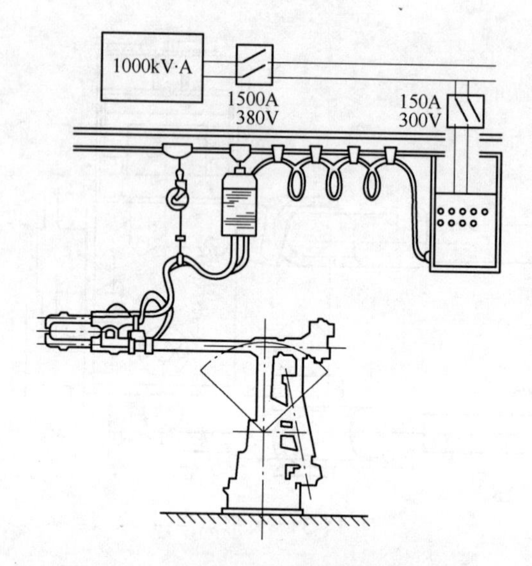

图 14-32　装有分离式焊钳的点焊机器人

分离式焊钳可采用普通的悬挂式焊钳和阻焊变压器，但二次电缆需要特殊制造，一般将两条导线做在一起，中间用绝缘层分开，每条导线还要做成空心的，以便通水冷却。此外，电缆还要有一定的柔性。

内藏式焊钳是将阻焊变压器安装到机器人手臂内，使其尽可能地接近钳体，变压器的二次电缆可以在内部移动，内藏式焊钳点焊机器人如图 14-33 所示。这种形式的焊钳时必须同机器人本体统一设计。另外，极坐标和球面坐标的点焊机器人也可以采用这种结构，其优点是二次电缆较短，变压器的容量可以减小，但是使机器人本体的设计变得复杂。

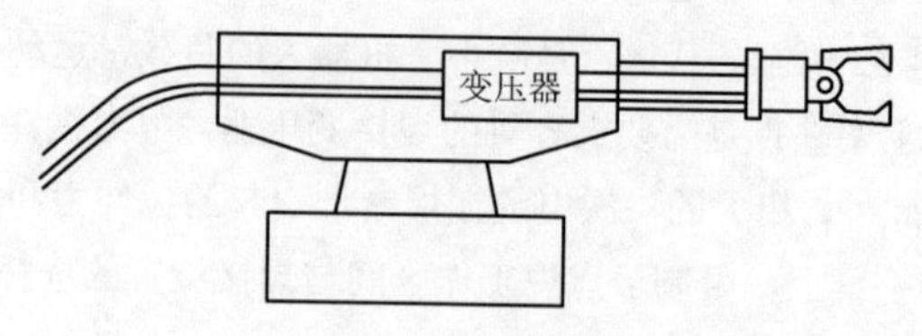

图 14-33　内藏式焊钳点焊机器人

一体式焊钳是将阻焊变压器和钳体安装在一起，然后共同固定在机器人手臂末端的法兰盘上，装有一体式焊钳的点焊机器人如图 14-34 所示。其主要优点是省掉了粗大的二次电缆及悬挂变压器的工作架，直接将焊接变压器的输出端连到焊钳与下机臂上。一体式焊钳另外一个优点是节省能量。例如，输出电流为 12000A 时，分离式焊钳需 75kV · A 容量，而一体式焊钳只需 25kV · A 容量。

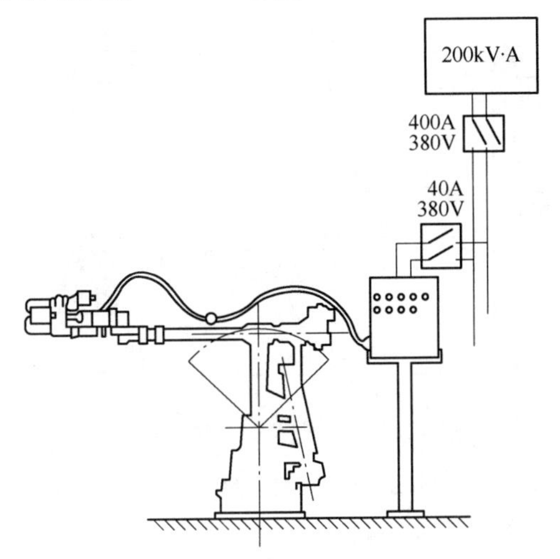

图 14-34 装有一体式焊钳的点焊机器人

一体式焊钳的缺点是焊钳质量显著增大，体积也变大，要求机器人本体的承载能力＞60kg。此外，焊钳质量在机器人活动手腕上产生惯性力易于引起过载。

目前，随着逆变阻焊电源技术的发展，逆变式焊钳也逐步得到了应有的进步。由于逆变变压器体积更小，逆变焊钳的体积也进一步减小。因此，相同握重能力的机器人可以满足更厚板材的点焊任务，或者一台机器人可同时握持多把焊钳进行作业。

2. 点焊控制器

点焊控制器可以根据预定的焊接监控程序，完成点焊时的焊接参数输入、点焊程序控制、焊接电流控制和焊接系统故障自诊断，并实现与本体计算机及手控示教盒的通信联系。图 14-35 所示为机器人点焊控制方式。

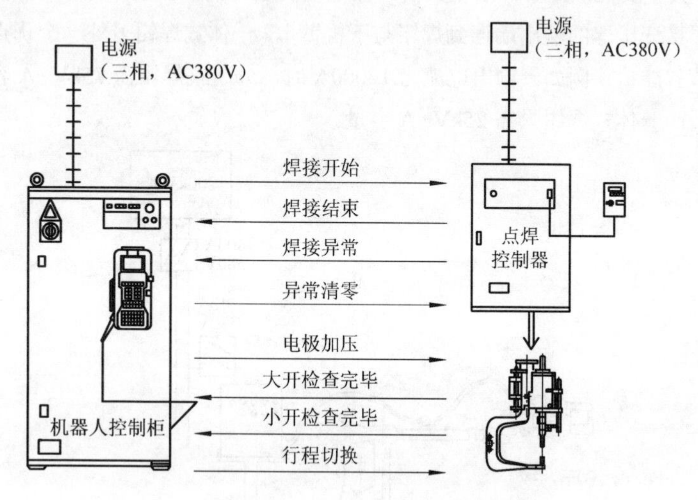

图 14-35 机器人点焊控制方式

不同制造商所生产的点焊控制器式样可能有所不同，但各种式样点焊控制器的控制时序是相同的，如图 14-36 所示。

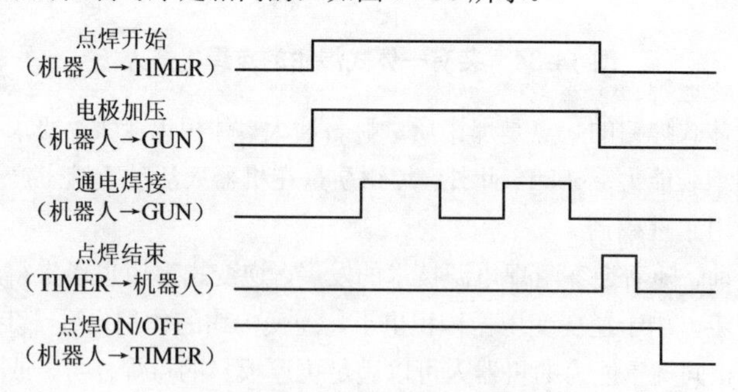

图 14-36 点焊控制器的控制

3. 电极修磨装置

焊钳电极会在点焊生产中不断受到磨损，如果使用磨损严重的电极就会影响焊接质量。因此，点焊机器人系统中一般要配备电极修磨装置。每修磨一次需要 7～10s。

4. 电极更换装置

点焊机器人连续生产时，电极帽会多次反复修磨而最终不能继续使用。因此，需要对电极帽进行自动更换。更换一次电极帽（包括更换自动传感检查）的周期是 25～30s。

5. 换手装置

在同一条生产线中或同一个工作站内，一台机器人对应多台点焊钳的应用形式也有很多，而多台焊钳的更换则需要换手装置。换手装置的对接和脱开可有效地解决压缩空气、冷却水、焊接电缆、信号电缆的断开与连接。换手装置的可搬质量一般是 150～200kg。另外，锁紧机构等安全措施也是换手装置不可缺少的。

点焊机器人更换焊钳的动作是按照事先示教的程序进行的。更换一把焊钳的时间需要 10～12s。

14.4.4 点焊机器人的控制系统

1. 控制系统的组成及控制时序

点焊机器人的控制系统由本体控制部分及焊接控制部分组成。本体控制部分主要是实现示教再现，对焊点位置及精度进行控制；焊接控制部分除了控制电极加压、通电焊接、维持等各程序段的时间及程序转换之外，还通过改变主电路晶闸管的导通角来实现焊接电流的控制。

2. 控制系统的结构形式

点焊机器人的控制系统主要有三种结构形式。

①中央结构型。它将焊接控制部分作为一个模块与机器人本体控制部分共同安装在一个控制柜内，由主计算机统一管理并为焊接模块提供数据，焊接过程控制由焊接模块完成。这种结构的优点是设备集成度高，便于统一管理。

③分散结构型。它是将焊接控制器与机器人本体控制柜分开，二者采用应答式通信联系，主计算机给出焊接信号后，其焊接过程由焊接控制器自行控制，焊接结束后向主机发出结束信号，以便主机控制机器人

移位，进入下一个焊接循环。这种控制系统应具有通信接口，能识别机器人本体及手控盒的各种信号，并做出相应的反应。分散结构型的优点是调试灵活，焊接系统可以单独使用，但需要一定距离通信，集成度不高。

③群控系统型。它是将多台点焊机器人焊机（或普遍点焊机）与群控计算机相连，以便对同时通电的数台焊机进行控制。实现部分焊机的焊接电流分时交错，限制电网瞬时负载，稳定电网电压，保证熔核质量。群控系统可以使车间供电变压器容量大大下降。此外，当某台机器人出现故障时，群控系统将启动备用的点焊机器人工作，以保证焊接生产正常进行。

为了适应群控需要，点焊机器人焊接系统都应增加“焊接请求”和“焊接允许”信号，并与群控计算机相连。

需要指出，点焊机器人工作特点虽然是“点至点”（PTP）的作业，但由于在许多工业应用场合是多台机器人同时作业，而它们的工作空间又互相交叉，为了防止碰撞，必须对它们的作业轨迹进行合理规划。因此，机器人需有连续轨迹控制功能。

此外，焊接控制系统应能对点焊变压器过热、晶闸管过热、晶闸管短路断路、气网失压、电网电压超限、粘电极等故障进行自诊断及自保护，除通知本体停机外，还应显示故障种类。

14.4.5　点焊机器人的选用

①点焊机器人实际可达到的工作空间应大于焊接所需的工作空间，该工作空间由焊点位置及其数量确定。

②点焊速度应与生产线速度相匹配，点速度应大于或等于生产线速度。

③按工件形状、焊缝位置等选用焊钳，垂直及近似于垂直的焊缝宜选C形焊钳；水平及水平倾斜的焊缝选用X形焊钳。

④应选用内存容量大、示教功能全、控制精度高的点焊机器人。

点焊机器人的主要应用领域是汽车工业。一条自动化程度较高的车身焊装线需要 40～50 台点焊机器人，完成的焊点数为 4000 个左右。在个性化要求越来越高的今天，多品种、多规格的生产模式是必需的。

目前，所应用的点焊机器人一般是由交流伺服电动机驱动的、具有六个自由度的垂直多关节型示教再现式机器人。机器人握重多为 120～180kg，重复定位精度为±0.5mm。安装形式有落地式、顶坐式、壁挂式或吊顶式等。点焊设备多采用一体式焊钳。

14.5 弧焊机器人

14.5.1 弧焊机器人的特点

通常，弧焊过程比点焊过程要复杂得多。工具中心点（TCP）即焊丝端头的运动轨迹、焊枪姿态、焊接参数都要求精确控制。所以，弧焊机器人除了应具有机器人的一般功能外，还必须具备一些适合弧焊要求的功能。

虽然从理论上讲，五轴机器人就可以用于电弧焊，但是对复杂形状的焊缝，用五轴机器人会有些困难。因此，除非焊缝比较简单，否则应尽量选用六轴机器人。

弧焊机器人除在做“之”字形拐角焊或小直径圆焊缝焊接时，其轨迹应贴近示教的轨迹之外，还应具备不同摆动样式的软件功能，供编程时选用，以便做摆动焊，而且摆动在每一周期中的停顿点处，机器人也应自动停止向前运动，以满足工艺要求。此外，还应有接触寻位、自动寻找焊缝起点位置、电弧跟踪及自动再引弧等功能。

14.5.2 弧焊机器人系统的组成和技术参数

1. 弧焊机器人系统的组成

典型弧焊机器人系统的组成如图 14-37 所示。如图 14-38 所示，弧焊机器人包括本体、控制系统、焊接装置、焊件夹持装置。夹持装置上有两组可以轮番进入机器人工作范围的旋转工作台。

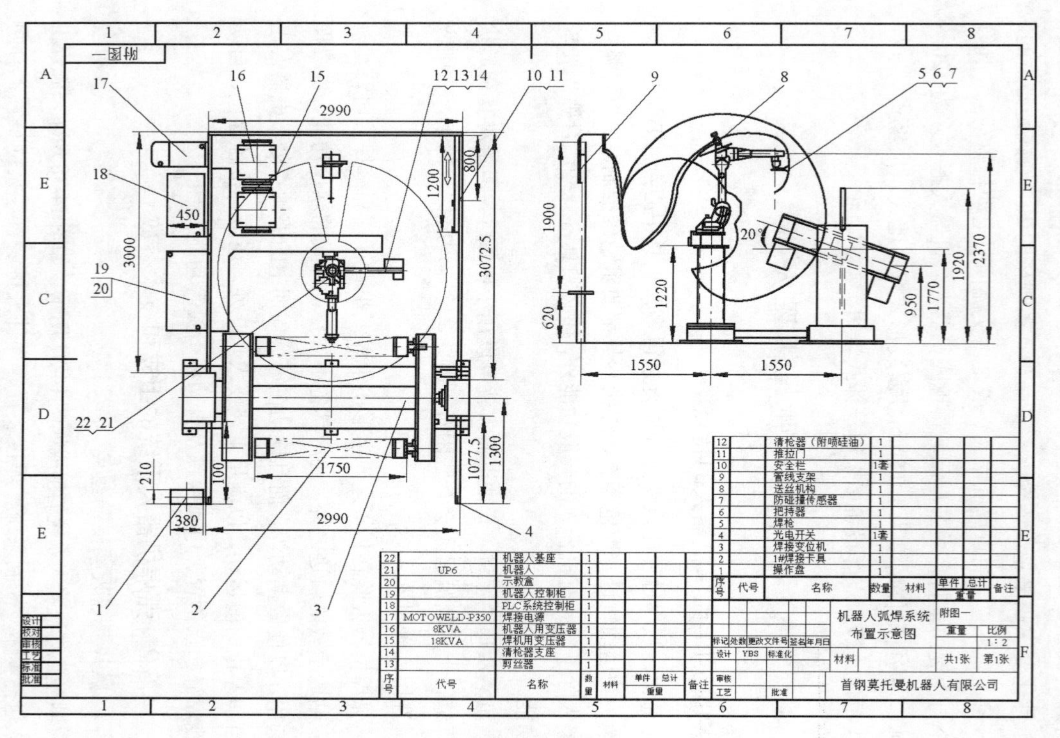

图 14-37　典型弧焊机器人系统的组成

图 14-38　弧焊机器人

弧焊机器人系统的设计一般遵循以下步骤。

（1）选择机器人机型　根据所焊工件的焊缝位置范围选择机器人的机型。焊接机器人机型不同，其最大伸出半径也不同，但所要选择的机器人其伸出半径必须要完全覆盖其所要焊接工件的焊缝位置范围。如果工件焊缝位置范围超过所选机器人的最大伸出半径，则必须选择具有更大伸出半径的机器人或者加选机器人行走机构或变位机，具体则需要对设备成本加以比较。另外，对机器人伸出半径进行规划时，必须综合考虑焊缝所处的空间位置；因为有时尽管机器人的动作范围覆盖了焊缝位置范围，但为了保证焊枪的最佳焊接姿态，就有可能出现机器人动作范围不够的情况。

在选择机器人机型时还应考虑以下两方面的问题。

①弧焊机器人的动作形态。弧焊机器人通常有五个以上的自由度，具有六个自由度的机器人可以保证焊枪的任意空间轨迹和姿态。以“点至点”方式移动时速度可达 60m/min 以上，其轨迹重复精度可达到±0.2mm，它们可以通过示教和再现方式或通过编程方式工作。目前，多采用全关节型弧焊机人，全关节型弧焊机器人操作机动作形态如图 14-39 所示。

②弧焊机器人的安装形式。机器人有地面、壁挂、吊顶等安装形式。机器人的安装形式对工件的装卸会带来影响，因此，在考虑安装形式时要考虑工件装卸方便性。如果机器人固定安装会对工件的装卸造成干涉，则必须使机器人能够移动以让出合适的空间用于工件的装卸。

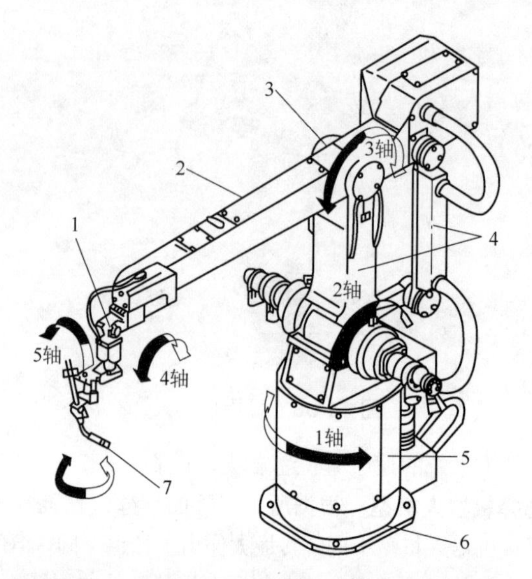

图 14-39　全关节型弧焊机器人操作机动作形态

1. 手腕；2. 小臂；3. 肘；4. 大臂；5. 腰；6. 机座；7. 焊枪

（2）选择焊接设备　由于参数选择，用于弧焊机器人的焊接电源及送丝设备必须由机器人控制器直接控制。为此，一般至少通过两个给定电压达到上述目的。更复杂的过程，如脉冲电弧焊或填丝钨极惰性气体保护焊时，可能需要 2～5 个给定电压。电源在其功率和接通持续时间上必须与自动过程相符合，必须安全地引燃，且工作时无故障。使用最多的焊接电源是晶闸管式整流弧焊电源。近几年，晶体管脉冲电源对于弧焊机器人具有特殊的意义，这种晶体管脉冲电源无论是模拟式的或是脉冲式的，通过其脉冲频率的无级调节，在结构钢、铬镍钢和铝焊接时都能保证实现接近无飞溅的焊接。与采用普通电源相比，可以使用更粗直径的焊丝，熔敷效率更高。

送丝系统必须保持恒定送丝，应设计成具有足够的功率，并能调节送丝速度。为了实现机器人的自由移动，必须采用软管，但软管应尽量短。弧焊机器人工作时，由于焊接持续时间长，因此经常采用水冷式焊枪。焊枪与机器人末端的连接处应便于更换，并具有柔性的环节或制动保护环节，防止示教和焊接时与焊件或周围物体碰撞而影响机器人的寿命。焊枪与机器人连接如图 14-40 所示。装卡焊枪时应注意焊枪伸出焊丝端部的位置应符合机器人使用说明书所规定的位置，否则示教再现后焊枪的位置和姿态将发生偏差。

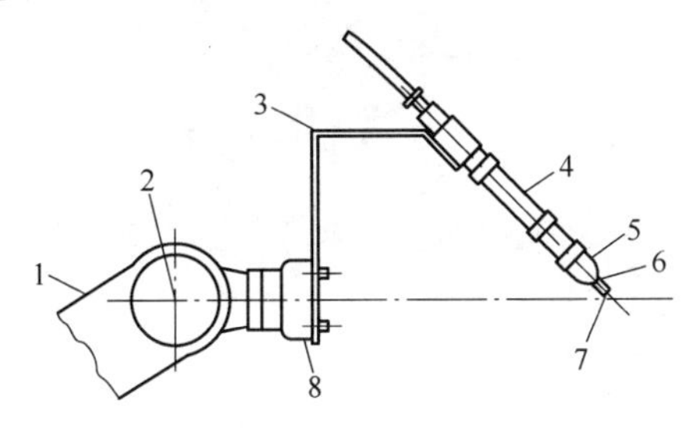

图 14-40 焊枪与机器人连接

1. 前臂；2. 转轴中心；3. 夹具；4. 焊枪；5. 导电嘴；6. 喷嘴；7. 焊丝；8. 调距垫

（3）选择周边设备 弧焊机器人只是整个焊接机器人系统的一部分，还应具有行走机构、小型和大型移动机架。通过这些机构来扩大机器人的工作范围，机器人倒置在移动门架上如图 14-41 所示。同时，还应具有各种用于接受、固定和定位焊件的转胎，弧焊机器人专用转胎如图 14-42 所示，以及定位装置和夹具。

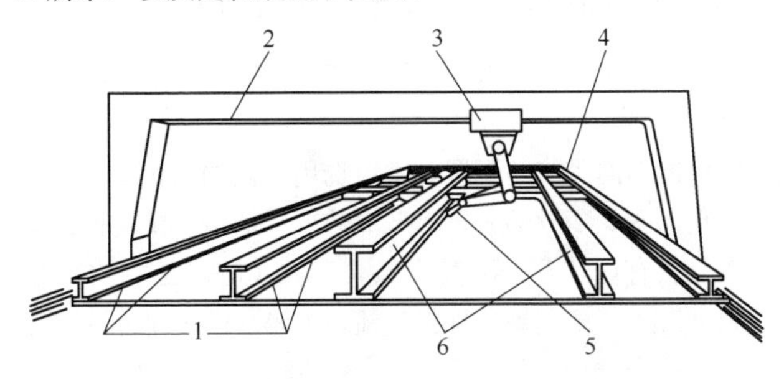

图 14-41 机器人倒置在移动门架上

1. 定位焊缝；2. 移动门形架；3. 机器人台车；4. 肋板；5. 焊枪；6. 工字钢

图 14-42　弧焊机器人专用转胎

在最常见的结构中，弧焊机器人固定于机（基）座上，焊件转胎则安装于其工作范围内。

另外，根据不同系统的配置要求可选用不同的周边设备。这些周边设备包括清枪装置、剪丝装置、喷硅油装置、烟尘净化装置、焊丝检测装置（检查是否有焊丝）、压缩空气检测装置（检查压缩空气气压）、焊接保护气检测装置（检测焊接保护气流量）等。这些周边设备可以单独选用，也可以多个选用。

（4）选择变位机构（变位机）　机器人焊接系统所用的变位机构种类很多，如机器人变位的直线行走机构，工件变位的直线行走机构和工件变位的变位机。机器人变位的直线行走机构有单轴、双轴和三轴三种形式；工件变位的直线行走机构以单轴形式居多。工件变位的变位机形式很多，按变位轴数不同分类有单轴、双轴、三轴及多轴，按变位形式不同分类有翻转、回转、翻转加回转，按动作形式不同分类有与机器人协调和非协调。具体选用哪种形式的变位机，主要由焊缝的空间位置决定。但总的一点是要使机器人具备焊接可达性和机器人在焊接时要使焊缝处在最佳焊接位置，并使焊枪能有效地避开一切干涉。

图 14-43 所示为几种与弧焊机器人配套用的双工位焊件变位器。图 14-44 所示为具有两工位回转工作台的焊件变位器。

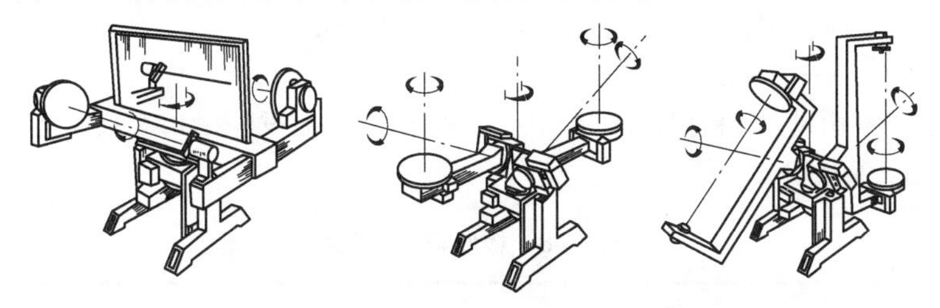

图 14-43 与弧焊机器人配套用的双工位焊件变位器

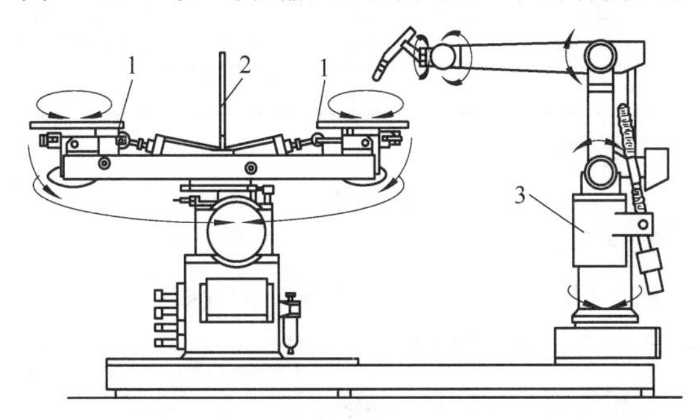

图 14-44 具有两工位回转工作台的焊件变位器

1. 工作台；2. 弧光——飞溅隔离屏；3. 机器人操作机

（5）弧焊机器人动作节拍的计算 在引入机器人系统前，机器人的生产能力和生产效率的评判是必需的。因此，机器人动作节拍的计算也是一项很重要的工作。

【例 14-1】 以 CO_2、MAG 方法焊接单工位系统形式为例进行说明。

1）机器人动作节拍周期（T）的组成：焊接时间（T_W）、机器人跳转时间（T_A）、变位机变位时间（T_P）和工件的装卸时间（T_f）

$$T=T_W+T_A+T_P+T_f \tag{14-1}$$

2）焊接时间（T_W）

$$T_W=\sum_{i=1}^{n}\frac{L_i}{v_i}\cdot 60+nt \tag{14-2}$$

式中：L_i——各条焊缝的长度（mm）；

v_i——各条焊缝的焊接速度（mm/min）；

t——每条焊缝的引弧和填弧坑时间（s）；

n——焊缝条数。

v_i 由设计者根据具体的焊接工艺得出。t 一般根据表 14-8 极厚与 t 的关系选用。

表 14-8 板厚与 t 的关系

板厚/mm	t/s
1.2～3.2	0.5
3.3～9.0	0.8
9.0 以上	3.0

3）机器人跳转时间（T_A）

$$T_A=nK_1+fK_2+0.3n \tag{14-3}$$

式中：n——焊缝条数；

K_1——两条焊缝之间的机器人跳转时间（s）；

f——焊枪姿态变化次数；

K_2——焊枪姿态变化时间（s）。

①K_1 的取值：卡具的机构对焊枪的干涉很少时，$K_1=0.9$；通常值 $K_1=1.0$；夹具的机构对焊枪的干涉严重，机器人跳转空间距离大时，$K_1\geqslant 1.1$。

②K_2 的取值：当姿态变化简单，并且姿态的变化是在机器人跳转中完成时，$K_2=0.2$；通常值，$K_2=0.3$；姿态变化复杂时 $K_2=0.4$。

依据经验，参照式（14-3）计算所得的机器人跳转平均时间为 1.6s。

4）变位机变位时间（T_P）：变位机的变位时间与变位机翻转速度和变位幅度有直接关系。变位机翻转速度是由电动机转速与减速机减速之比决定的。另外，在变位机变位时间中是否已包含了机器人的跳转时间，也是需要考虑的。

5）工件的装卸时间（T_f）：工件的装卸时间与卡具复杂程度和工件零部件的数量有关系。

当然，焊接机器人双工位应用形式是最常见的。因此，在设计机器人系统时，首先应该考虑双工位或多工位的应用形式。

2. 弧焊机器人技术参数

典型弧焊机器人技术参数见表 14-9。

表 14-9　典型弧焊机器人技术参数

技术参数 \ 型号	MOTOMAN-UP6
构造	垂直多关节，六个自由度
最大动作范围/（°）度	*S* 轴（本体回转）：±170 *L* 轴（下臂倾动）：−90～+155 *U* 轴（上臂倾动）：−140～+100 *R* 轴（上臂回转）：±180 *B* 轴（手腕俯仰）：−45～+255 *T* 轴（手腕回转）：±360
最大动作速度	*S* 轴：2.44rad/s、140°/s *L* 轴：2.79rad/s、160°/s *U* 轴：2.97rad/s、170°/s *R* 轴：5.85rad/s、335°/s *B* 轴：5.85rad/s、335°/s *T* 轴：8.73rad/s、500°/s
重复定位精度/mm	±0.08
最大握重/kg	6

续表 14-9

技术参数＼型号	MOTOMAN-UP6
最大伸出半径（P 点）/mm	1373
质量/kg	130

14.5.3　弧焊机器人的基本功能

1. 空间焊缝轨迹和与其相适应的焊枪姿态运动

空间焊缝轨迹和与其相适应的焊枪姿态运动是由机器人的机械执行机构和运动控制装置实现的。焊接机器人的机械机构是一个实现焊接接头各种运动的操作机。目前，焊接机器人的操作机有机床式和手臂式（关节式）两种形式。机床式焊接机器人的轨迹定位精度高，但其有效工作空间小于机器人本身占有的空间，主要用于焊接小型精密焊件。它可采用直角坐标系，因而其位置运动计算方程比较简单。手臂式焊接机器人实现高精度轨迹定位比较困难，但有效工作空间大，灵活性和通用性高。因此，其应用面广。手臂式焊接机器人采用球面坐标系，其运动计算方程比较复杂。

焊接机器人的操作机要保证焊接机头的运动轨迹、运动速度和机头姿态。因此，至少要五个方向的自由度，即 x、y、z 方向的直线运动以保证实现任意空间曲线的运动轨迹；两个方向的旋转运动以保证焊枪或焊钳的姿态。如果采用非熔化极焊填丝，则需要三个方向的旋转，即六个方向的自由度，这样才能保证填丝方向的合适角度。

几种弧焊机器人的运动系统结构如图 14-45 所示。机床式焊接机器人采用三个独立的直线运动坐标轴，以移动焊枪到空间任何预定点上，从而实现跟踪焊缝的任何空间轨迹。2～3 个旋转坐标轴转动焊枪处于焊接工艺所要求的空间姿态。这两类运动是相关联的。一方面，焊枪姿态是随焊缝轨迹的不同点而变化的；另一方面，当转动焊枪姿态时，焊枪头部所对的轨迹点必将产生位移，需要在保证焊枪姿态的条件下将焊枪头部调回原轨迹点。这个任务是由控制装置自动完成的。

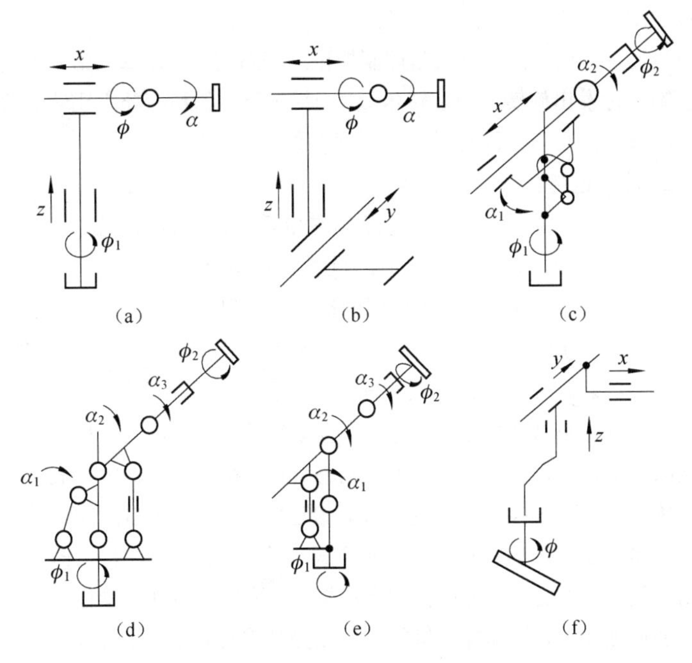

图 14-45 几种弧焊机器人的运动系统结构

手臂式焊接机器人是一个带有传动链和复杂作用的多连杆件空间机构。通常用三个旋转（或两个旋转和一个直线）运动（腰旋转、臂旋转、肘旋转）来完成机器人的手臂运动，以实现跟踪空间焊缝轨迹。另外三个旋转运动完成焊枪的空间姿态变化。它的特点是在操作机底座面积小的情况下具有较大的工作空间，其轨迹运动和姿态运动也需要建立相互联系。

实际上，上述两类运动的指挥机构就是机器人的控制装置。现代焊接机器人的控制装置是由微型计算机、接口和条件化电路组成的。微型计算机按照示教时建立的程序，顺序地再现每一条指令，其控制方式一般采用轨迹控制和点位控制复合系统。轨迹控制方式是控制三个主坐标运动，每条指令都给出各主坐标的分矢量运动方向和位移量，同时对位移量做细分插补（分直线、圆弧、二次曲线插补），从而实现要求的焊缝轨迹运动。点位控制方式是控制焊枪的姿态变化，在每条指令中向三个姿态坐标发出旋转方向和转角。由于焊枪姿态的精度要求比轨迹要求低，因此在点与点之间可以不进行插补处理。

2. 焊接速度控制

焊接机器人应具有良好的运动动态品质。焊接机器人操作机是一种多连杆立体机构，而工作机构的任意运动都是沿着各个坐标轴运动分量合成的。运动时沿每个坐标轴作用的动态力不仅取决于该方向给定的位移，还与各个连杆件的相互位置有关，即各连杆相互位置的变化将导致操作机驱动装置上的负荷变化和操作机固有振荡频率的改变。这样的机械结构是低阻尼低频振荡系统。当驱动装置停止时，过渡过程会出现低频衰减振动，它会引起定位误差的动态分量，在快速运动中将成为严重的干扰。因此，焊接机器人的允许焊接速度不仅与焊接工艺要求有关，还与机器人的机构形式和驱动控制方式有关。为了提高焊接机器人的运动动态品质，需要从多方面抑制上述振动。采取的措施是操作机工作机构增加反馈校正，增加操作机的刚性以提高固有频率，在每次从一点到另一点运动时间间隔中确定最合理的速度变化规律（焊接机器人从一点到另一点的运动过程中，其速度是变化的，有起动段和制动段，但其平均速度应符合规定焊接速度）。

3. 示教再现性

焊接机器人的示教再现是一项基本功能。示教即操作者应用从机器人控制箱上引出的手控匣，用手控制安装在焊接机器人上的焊枪使其沿焊缝运动，完成第一次冷态焊接循环（不引弧），同时逐点把焊缝位置、焊枪姿态和焊接条件（焊接速度、电流、送丝速度）记向微型计算机的内存，从而生成一个焊接该产品的焊接程序。示教完成后，按运行按钮，焊接机器人将再现示教的全部焊接操作。因此，这种方法是简单方便的，不需要任何附加装置，普通工人就能操作。

焊接机器人的示教控制匣分为机器人运动控制和焊接条件设定两部分。在示教匣上，焊接参数（如电流、电压和焊接速度）直接用数字键输入，并有数码管显示以供校核。由于焊接参数是预先试验设定的，而实际焊接情况和实际条件总有所不同，因此示教匣允许对已设定的焊接参数进行实时修正和调整。示教时，修正和调整的方法主要有以下几点。

①检查功能。在示教过程中可以随时显示已存入内存的各点位置和其他信息以便检查。

②修改已示教的数据。可以示教一个新的点以替代原来点的数据。

③对已示教段，可以任意增置新的示教点以修改原示教轨迹。

④对已示教段，可以任意取消示教点。取消后，程序将自动重新排列编号。

⑤在手控匣上设有“向前一步”和“后退一步”的按钮。它们将使示教者很方便地进行检查和修改。

⑥可以实现两个示教程序的连接。这可以减少部分重复的示教操作。

⑦出错提示。示教操作者有错误时，显示装置将显示提示信息。

4. 焊接条件设定

焊接机器人在逐点示教焊缝轨迹的同时设定焊接条件，而在焊接过程中将这些条件逐次读出和实施。

5. 外部设备控制

焊接机器人生产效率的发挥需要完善、配套外部设备，如夹紧工件的夹具、转动工件的转胎、翻动工件的翻转台、连续输送工件的输送带等。这些外部设备的运动和位置都是与焊接机器人相配合，应具有很高的精度。因此，现代焊接机器人都设有数个外部控制端口，其可以提供外部必要的信号。

6. 可操作性

操作者需对机器人进行轨迹示教、作业顺序设定、焊接条件设定等。因此，机器人必须具备一定的可操作性。弧焊机器人基本焊接功能见表 14-10。

表 14-10　弧焊机器人基本焊接功能

序号	功能名称	内容	备注
1	引弧功能	电弧产生命令	
2	熄弧功能	电弧熄灭命令	
3	再引弧功能	引弧失败后再次引弧条件的设定	
4	再起动功能	焊接中途断弧后机器人处理方式的设定	见详细说明
5	粘丝解除功能	熄弧粘丝后机器人处理方式的设定	
6	摆焊功能	摆焊命令和摆焊方式的设定	
7	电流设定功能	焊接电流输入命令和焊接电流大小的设定	
8	电压设定功能	焊接电压命令和焊接电压大小的设定	
9	电流、电压渐变功能	焊接途中焊接电流变化命令和电流变化方式的设定	见详细说明
10	弧坑填充功能	设定熄弧点的电流、电压、暂停时间，对弧坑进行填充	
11	焊接管理功能	判刑清枪、喷硅油、更换导电嘴的管理	见详细说明
12	焊接速度设定功能	焊接速度、暂停时间等内容的设定	
13	电弧发生确认功能	电弧发生确认	
14	提前送气时间设定功能	提前送气时间设定，最小以0.1s为单位	
15	滞后断气时间设定功能	滞后断气时间设定，最小以0.1s为单位	
16	气体流量检测功能	检测焊接保护气体是否属于正确焊接工艺所要求的流量（压力）范围	需另加气体流量（压力）开关
17	焊丝有无检测功能	检测焊丝盘或焊丝桶内的焊丝是否已使用完	需要在焊丝的送入端加设信号开关

对表 14-10 中一些内容的说明如下。

（1）引弧功能 引弧功能是机器人向焊机发出何时进行焊接引弧的命令。引弧命令可以后缀焊接电流、焊接电压、引弧点的暂停时间和引弧失败后的再引弧命令等。引弧命令也可以直接调用引弧条件文件，在该文件中可以设置焊接电流、焊接电压、焊接速度、引弧点的暂停时间和引弧失败后的再引弧命令等。同时，引弧条件文件有一般型文件和强化型文件，强化型文件中可以对引弧点的引弧电流、引弧电压、暂停时间进行专门设定（因为有些焊接材质或焊缝接头，要求引弧点的焊接参数比焊缝段的焊接参数更大或更小）。

引弧命令的编写举例如下：

ARCON AC＝180A AV＝23V（AVP＝100%） *T*＝0.2mes *V*＝55cm/min RETRY

或者：

ARCON ASF（1#）

其中，AC 是焊接电流，AV 是焊接电压，AVP 是一元化焊机的电压输入方式，*T* 是暂停时间，*V* 是焊接速度，RETRY 是再引弧命令，ASF（1#）是 1#焊接条件文件。

（2）熄弧功能 熄弧功能是机器人向焊机发出的何时进行焊接熄弧的命令。熄弧命令可以后缀熄弧电流。熄弧命令也可以直接调用熄弧条件文件，在该文件中可以设置熄弧电流、熄弧电压、熄弧点的暂停时间和粘丝解除命令等。同时，熄弧条件文件有一般型文件和强化型文件，强化型文件中可以将熄弧点的电流、电压、暂停时间设置为二级［如一级熄弧条件为 AC＝100A，AV＝19V（AVP＝95%），*T*＝0.2mes；二级熄弧条件为 AC＝70A，AV＝17V（AVP＝90%），*T*＝0.4mes］，这样可以更好地对弧坑进行填充并有效地防止弧坑硬化或出现弧坑裂纹。

熄弧命令的编写举例如下：

ARCON AC＝100A AV＝19V（AVP＝95%） *T*＝0.2mes *V*＝55cm/min ANSTICK

或者：

ARCON ASE（1#）

其中，ANSTICK 是粘丝解除命令，ASE（1#）是 1#焊接条件文件。

（3）再引弧功能 在工件引板点处有铁锈、油污、氧化皮等杂物时，可能会导致引弧失败。通常，如果引弧失败，机器人会发出“引弧失败”的信息，并报警停机。当机器人应用于生产线时，如果引弧失败，则有可能导致整个生产线的停机。为此，可利用再引弧功能来有效地防止这种情况的发生。

再引弧功能的动作如图 14-46 所示。与再引弧功能相关的最大引弧次数、退丝时间、平移量及焊接速度、电流、电压等参数均可在焊接管理条件文件中设定。

①起始点引弧失败。

②从引弧失败点处移开一点，进行再引弧（引弧电流、电压、速度等再引弧条件预先在引弧条件文件中设定）。

③引弧成功，返回起始点，之后继续以正常焊接条件进行焊接作业。

（4）再起动功能　因为工件缺陷或其他偶然因素，有可能出现焊接中途断弧的现象，并导致机器人报警停机。利用再起动功能可有效地防止这种情况的发生。

再起动功能的动作如图 14-47 所示。与再起动功能相关的最大引弧次数、焊缝搭接量及焊接速度、电流、电压等参数均可在焊接辅助条件文件中设定。

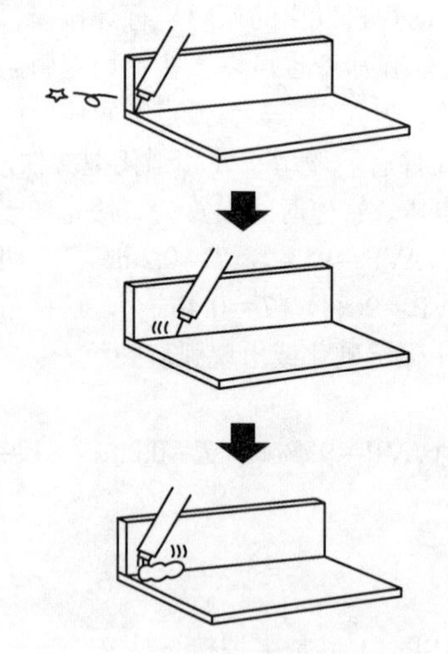

图 14-46　再引弧功能的动作

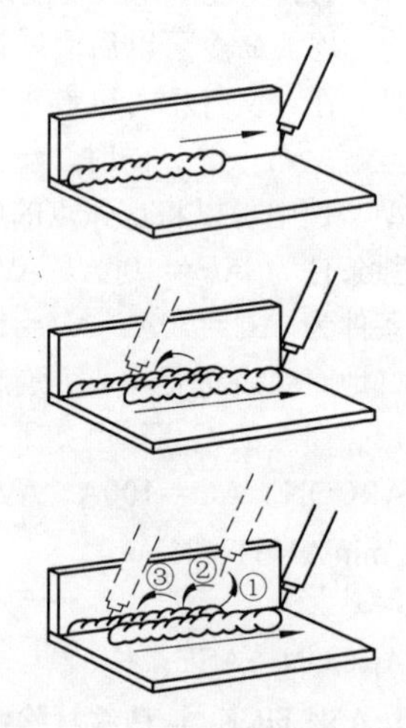

图 14-47　再起动功能的动作

①焊接中途发生断弧。

②机器人计算出断弧点到停机点的距离，再加上预先设定的搭接量，然后返回，引弧并进行焊接。在搭接焊缝段，机器人以预先在焊接辅助条件文件中设定的焊接条件进行焊接；在搭设焊缝段之后，再以正常焊接条件进行焊接。

③如果断弧是由机器人不可克服的因素导致的，则停机后必须由操作者手工介入。手工介入解决问题后，使机器人回到停机位置，然后按“起动”按钮，使其以预先设定的搭接量返回，之后再进行引弧、焊接等作业。

（5）粘丝解除功能　粘丝解除功能又称为防粘丝功能，对于大多数的自动焊机来说，都具有该功能，焊机防粘丝功能的动作如图 14-48 所示，即在熄弧时，焊机会输出一个瞬间相对较高的电压以进行粘丝解除。尽管如此，在焊接生产中仍会出现粘丝的现象，这就需要利用机器人的自动解除粘丝功能。自动解除粘丝功能也是利用一个瞬间相对高的电压，以使焊丝粘连部位爆断。至于自动解除粘丝的次数、电流、电压、时间等参数均可在焊接辅助条件文件中设定。

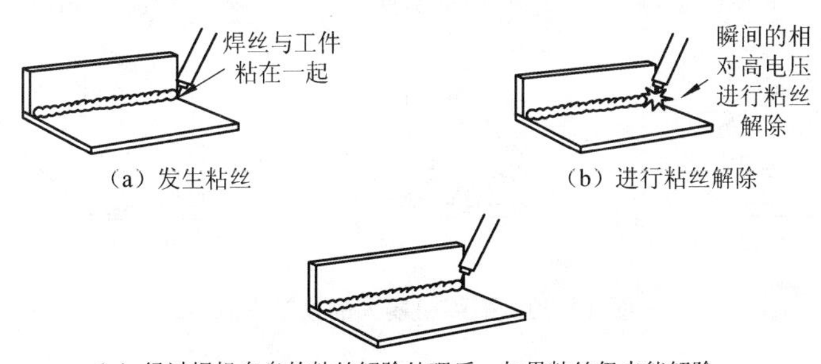

（a）发生粘丝　　（b）进行粘丝解除

（c）经过焊机自身的粘丝解除处理后，如果粘丝仍未能解除，则利用机器人的自动解除粘丝功能

图 14-48　焊机防粘丝功能的动作

自动解除粘丝功能的动作如图 14-49 所示。

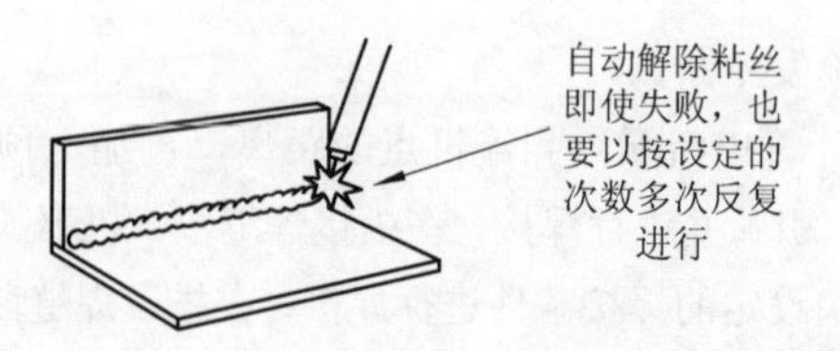

图 14-49 自动解除粘丝功能的动作

（6）摆焊功能 摆焊工艺是一些厚板焊接必不可少的，同时当应用电流传感的焊缝跟踪技术时，摆焊功能也必须同时使用。有关的摆焊条件可在机器人的摆焊条件文件中设定，如摆动方式、摆动频率、摆幅和角度等。机器人操作系统中可设定多个摆焊条件文件。

摆焊的摆动方式一般有单振摆、三角摆、L 摆等，如图 14-50 所示，并且其尖角可被设定为有无平滑过渡。

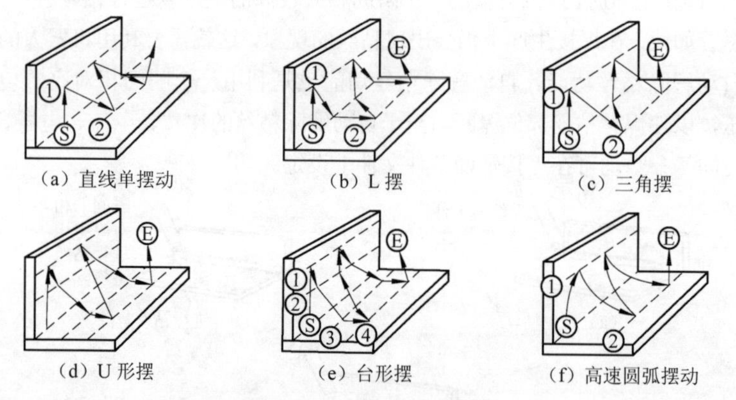

图 14-50 弧焊机器人的摆动方式

（7）电流、电压渐变功能 为了适应铝材、薄板及其他特殊材料的焊接，弧焊机器人还具有焊接规范参数渐变功能，即在某一区段内将电流（电压）由某一值渐变至另一值，焊接渐变功能如图 14-51 所示。

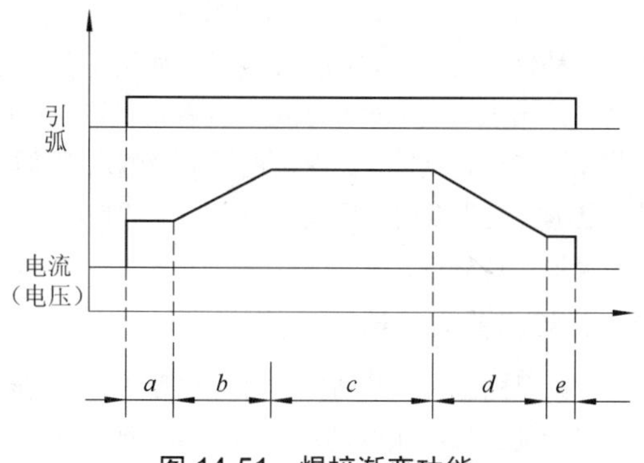

图 14-51 焊接渐变功能

a——以引弧条件文件中设定的规范参数引弧；*b*——焊接电流（电压）由小渐变大；
c——以恒定的规范参数焊接；*d*——焊接电流（电压）由大渐变小；
e——以熄弧条件文件中设定的规范参数熄弧

（8）焊接管理功能 弧焊机器人的操作系统还具有焊接管理功能。利用该功能可以进行清洗焊枪、喷硅油、更换导电嘴等维护事项的管理。由于焊接飞溅，需要对喷嘴进行定时清洗和喷硅油。另外，由于导电嘴的磨损，需要对导电嘴进行定时更换。一般情况下，可以在该管理文件中进行设定：当焊接时间达到某一设定值（如 30min）时，机器人自动对喷嘴进行清洗和喷硅油；当焊接时间达到某一设定值（如 240min）时，机器人便会对操作者发出信息，要求更换导电嘴。导电嘴更换时间的设定与操作者所使用导电嘴的品质有直接关系，操作者可以根据所使用导电嘴的磨损周期来设定更换时间。

7. 焊接异常检出

焊接机器人进行焊接作业时，由于操作者无须经常监视它的工作情况，因此一旦焊接过程不正常，机器人必须具有自动检出和报警的功能。否则，不但不能焊出优质的焊缝，而且会损坏工件或机器人本身。

断弧是一种容易发生的异常现象。它可以由于送丝卡住、钨极烧损、工件变形等多种因素造成。但是，断弧的电特征是明显的，即电流为零和电压跃升为空载电压。焊接机器人一旦检出上述特征，将立刻停止运动并发出警报，等待操作者处理和重新引弧。

焊丝和工件粘住是更为危险的异常现象，如果不及时处理，就有可能将工件从夹具拉出来而造成严重事故，或者将机器人损坏。因此，焊接机器人对此设定自保护功能。在焊接过程中检测出焊接电流急增为短路电流、焊接电压突变为 0 时，焊接机器人会立即切断焊接电源和停止运动，并发出警报等待处理。

14.5.4　弧焊机器人的选项功能

一般而言，弧焊机器人为了适应特殊焊接要求，还具有很多选项功能，如始端检出功能、焊缝跟踪功能、多层焊功能、协调焊接功能等。

1. 始端检出功能

如果工件加工精度和（或）装卡精度存在误差而不能保证焊缝起始点的一致性，则可以应用机器人的始端检出功能来弥补这个误差。当前使用最为普遍的检出方法是接触传感。通过焊丝尖端点接触工件表面，使机器人得到一个信号（机器人焊机的“＋”“－”两侧一般有 10V 左右的电压，在焊丝尖端点接触工件表面时，该电压为 0，由此机器人可获取该信号），然后机器人通过计算参考点与接触点之间的偏移量来寻找所要的焊接起始位置。始端检出功能可以对以下几种位置进行检出。

①检出焊接起始点，如图 14-52 所示。

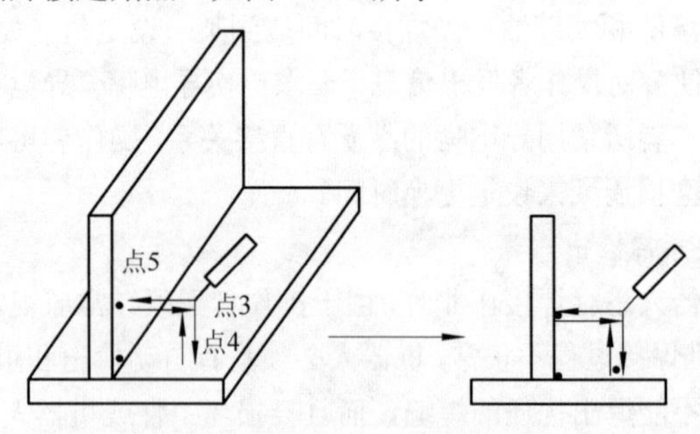

图 14-52　检出焊接起始点

②检出焊接起始断面，如图 14-53 所示。

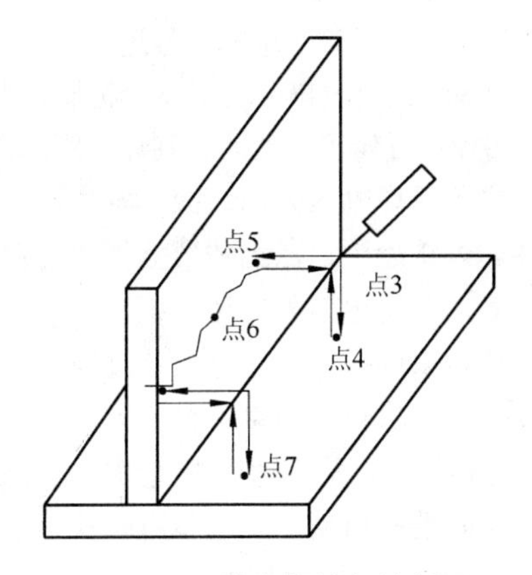

图 14-53　检出焊接起始断面

③检出隅点，如图 14-54 所示。

④检出圆心，如图 14-55 所示。

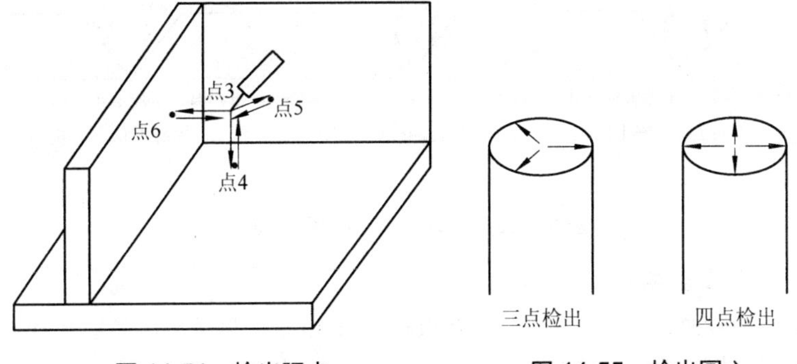

图 14-54　检出隅点　　　　　　　　　　图 14-55　检出圆心

2. 焊缝跟踪功能

目前，实际生产中焊接机器人所使用的焊缝跟踪方法有摆动电弧跟踪、旋转电弧跟踪、激光扫描跟踪等。但最常用的是摆动电弧跟踪。

摆动电弧跟踪的旋转电弧跟踪都需要弧焊机器人加装电弧传感器和相应的数据处理软件。焊接途中，当焊枪与工件焊缝之间的相对位置发生变化时，便可引起电弧自身电流参数的变化，由此可使电弧传感器获取与该变化情况相关的信号，然后，将该信号传送给机器人信号处理系统。机器人信号处理系统对传送来的信号进行误差过滤、调制解调、放大运算，最后经功率放大再输出驱动信息给机器人本体，之后，机器人本体便可对焊接路径进行修正，从而达到焊缝跟踪的目的。

激光扫描跟踪需要弧焊机器人加装激光发生器、激光传感器和相应的数据处理软件。焊接途中，激光传感器把通过扫描焊缝所获取的光信号转换为电信号，并将电信号传送给机器人信号处理系统。机器人信号处理系统对传送来的电信号进行误差过滤、调制解调、放大运算，最后经功率放大再输出驱动信息给机器人本体，之后，机器人本体便可对焊接路径进行修正，从而达到焊缝跟踪的目的。一般情况下，焊缝跟踪功能要协同始端检出功能一起使用。摆动电弧焊缝跟踪动作如图 14-56 所示。

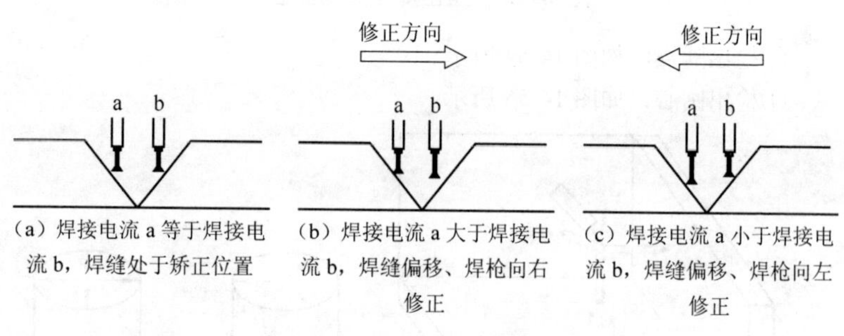

(a) 焊接电流 a 等于焊接电流 b，焊缝处于矫正位置　(b) 焊接电流 a 大于焊接电流 b，焊缝偏移、焊枪向右修正　(c) 焊接电流 a 小于焊接电流 b，焊缝偏移、焊枪向左修正

图 14-56　摆动电弧焊缝跟踪动作

3. *多层焊功能*

一般而言，当工件焊缝高要求超过 8mm 时，则要应用多层焊来满足工件焊缝的设计要求。

机器人多层焊内在功能见表 14-11。

表 14-11　机器人多层焊内在功能

序号	项　目	内　容	效　果
1	自动编程功能	在编写了初层焊程序后，再根据工件实际情况选择关键因子，则多层焊程序群便可自动生成	可以极大缩短示教编程时间

续表 14-11

序号	项　目	内　容	效　果
2	可以并同始端检出功能一起使用	可以同时使用始端检出功能	准确检出焊接起始点
3	利用采样程序确认焊接轨迹	利用采样程序确认初层的轨迹	可以得到正确的焊接轨迹
4	设定平移量	用数值设定各层的平移量	不用对各层的平移量进行示教
5	焊接顺序设定	可以对多个多层焊焊缝的焊接顺序自由设定	预防热积累过于集中所造成的焊接变形
6	梯状搭接功能	可以使各条焊缝的引弧点、熄弧点自由错开	改善焊缝质量
7	变更焊枪姿态功能	可以根据各层焊缝所处位置不同而变更焊枪姿态	使每条焊缝都以最佳焊接姿态进行焊接
8	初层焊缝跟踪异常后的继续功能	初层焊接异常后，再起动时焊接轨迹的记忆可以继续	异常发生时机器人可以继续进行焊接
9	各层焊接路径动作范围的检查功能	初层之后的轨迹路径自动生成时，对新的路径动作范围可以自动检查	减少故障报警，提高生产效率
10	协调功能	与外部轴协调使用时可以应用多层焊功能	应用范围更宽广
11	回程焊接功能	可以设定机器人焊完一层而返回时是否进行焊接	在工件还未冷却时即进行下层的焊接，可以改善焊缝表面质量，这种工艺对某些材料是非常必要的

4. 协调焊接功能

目前，机器人控制技术可以实现一套控制系统同时控制几个机器人本体和多个外部轴。MOTOMAN 机器人控制系统可以实现同时控制三台机器人本体和九个外部轴，共二十七个轴。

机器人与机器人之间或机器人与外部轴（变位机或机器人行走机构）之间通过协调动作进行作业，以使焊缝适时地处于最佳焊接姿态，称之为机器人的协调焊接功能。

生产中应用最为普遍的是机器人与由外部轴驱动的变位机之间的协调焊接作业，机器人与机器人之间的协调焊接也有大量应用。

14.5.5　弧焊机器人的焊接系统

1. 机器人用弧焊电源

目前，机器人专用逆变式弧焊电源大部分独立布置在弧焊机器人系统内，也有一些集成在机器人控制器中。新型机器人数字化逆变式弧焊电源系统的控制系统工作原理如图 14-57 所示。

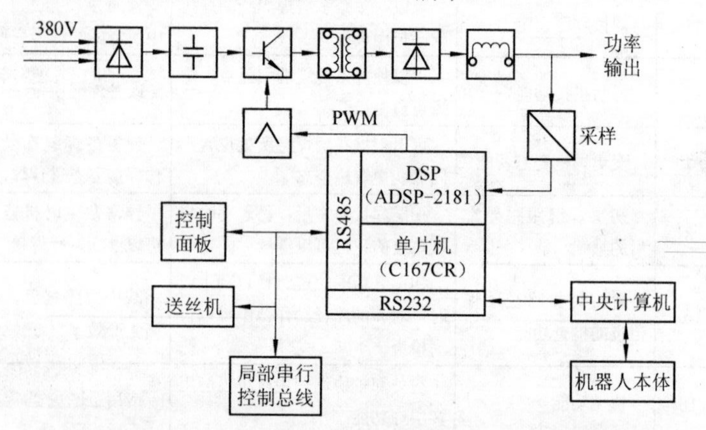

图 14-57　机器人数字化逆变式弧焊电源系统的控制系统工作原理

选择焊接电源时，首先要根据所焊工件的材质选择具有合理焊接方法的焊接电源。目前，机器人焊接电源有适合于普通碳钢的具备 CO_2 和 MAG 焊接方法的焊接电源，也有适合于不锈钢的具备脉冲焊接方法的焊接电源和用于薄板焊接的 TIG 焊接电源。其次要根据所焊工件的厚度和最大焊缝长度选择合理功率和负载率的焊接电源。一般而言，机器人焊接电源具有最大输出电流为 150A、200A、300A、350A、500A 等系统的焊机，持续负载率为 60%的最为广泛。设计者在考虑焊机功率的同时要考虑所选焊机的成本价格。一般，常用机型的焊接电源成本最低，而并非是功率最小的焊接电源或其他焊接电源。

如果选择大功率焊接电源，则同时要附加选用水冷焊枪和循环水冷装置。在循环水冷装置上还要加装水流检测开关。

2. 弧焊机器人焊缝跟踪传感器

弧焊机器人焊缝跟踪系统的结构一般包括传感器、PC处理机、机器人专用控制器、机器人本体和焊接设备等。传感器将采集到的信号传送到PC，经过一系列的数据处理过程和图像显示后，PC与机器人专用控制器进行数据通信，然后将控制信号传送给机器人本体，控制焊接过程的正确运行。弧焊机器人焊缝跟踪系统如图14-58所示。

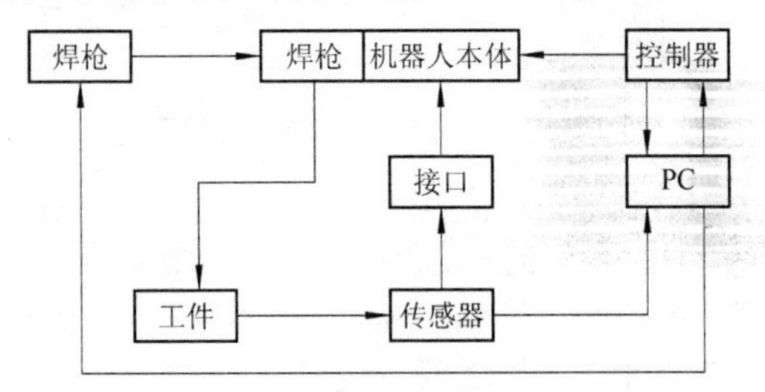

图14-58 弧焊机器人焊缝跟踪系统

在整个闭环系统中，传感器起着非常重要的作用，它决定着整个系统对焊缝的跟踪精度。在焊接过程中，传感器必须精确地检测出焊缝（坡口）的位置和形状信息，然后将其传送给控制器进行处理。传感器是指能够感受规定的被测量并能转换成可用信号，实现信息检测转换和传输的器件或装置。弧焊用传感器可分为直接电弧式、接触式和非接触式三大类。

电弧传感器是从焊接电弧自身直接提取焊缝位置偏差信号，实时性好，不需要在焊枪上附加任何装置，焊枪运动的灵活性和可达性最好，尤其符合焊接过程低成本、自动化的要求。电弧传感器的基本工作原理是当电弧位置变化时，电弧自身电参数相应地变化，从中反映出焊枪导电嘴至工件坡口表面距离的变化量，进而根据电弧的摆动形式及焊枪与工件的相对位置关系，推导出焊枪与焊缝间的相对位置偏差量。电参数的静态变化和动态变化都可以作为特征信号被提取出来，实现上下和水平两个方向的跟踪控制。目前，国外发达国家广泛采用的方法是通过测

量焊接电流 I、电弧电压 U 和磅丝速度 v 来计算工作与焊丝之间的距离 $H=f(I, U, v)$，并应用模糊控制技术实现焊缝跟踪。弧焊机器人焊缝纠偏系统如图 14-59 所示。

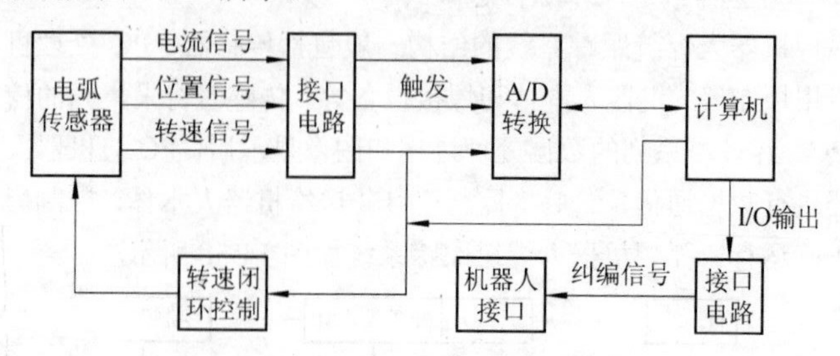

图 14-59　弧焊机器人焊缝纠偏系统

典型的接触式焊缝跟踪传感器是依靠在坡口中滚动或滑动的触指将焊枪与焊缝之间的位置偏差反映到检测器内，并利用检测器内装的微动开关判断偏差的极性，除微动开关式外，检测器判断偏差的极性和大小的方法还有电位计式、电磁式和光电式三种。

目前，用于焊缝跟踪的非接触式传感器很多，主要有电磁传感器、光电传感器、超声波传感器、红外传感器和 CCD 视觉传感器等。弧焊机器人使用的传感器特征比较见表 14-12。

表 14-12　弧焊机器人使用的传感器特征比较

传感器类型	抽象特征	功能	评价
触觉	接头坐标	轨迹移动	离线、耗时、减少工作循环
弧信号	接头坐标	焊缝跟踪	在线、无附加设备、低价、不针对所有接头和型号、搭接厚度大（2.5～3mm）
电感	接头坐标	焊缝跟踪	在线、要求最接近电磁界面
主动视觉	接头坐标、方向及几何形状焊缝形状	焊缝跟踪填充金属控制焊缝检测	在线、所有接头和工艺、极柔顺、易熔解、可编程视野使用强度数据
被动视觉	熔池表面形状焊丝情况	焊缝跟踪、熔透控制	视工艺而定，应用有限制

14.5.6 弧焊机器人的控制系统

如图 14-60 所示，弧焊机器人的控制系统在控制原理、功能和组成上与通用型机器人基本相同。目前，最流行的是采用分级控制的系统结构。一般分为两级：上级负责管理、坐标变换、轨迹生成等；下级由若干处理器组成，每一处理器负责一个关节的动作控制。这样实时性好，易于实现高速、高精度控制，还易于扩展。控制方式一般是点位控制（PTP 控制）或连续路径控制（CP 控制），前者只控制运动所达到的位置和姿态，而不控制其路径；后者不仅要控制行程的起点和终点，而且控制其路径。弧焊机器人周边设备的控制，如工件上料速度及定位夹紧、变位、送丝速度、电弧电压、焊接电流、保护气体供断等的调控，设有单独的控制装置，可以单独编程，同时又与机器人控制装置进行信息交换。由机器人控制系统实现全部作业的协调控制。

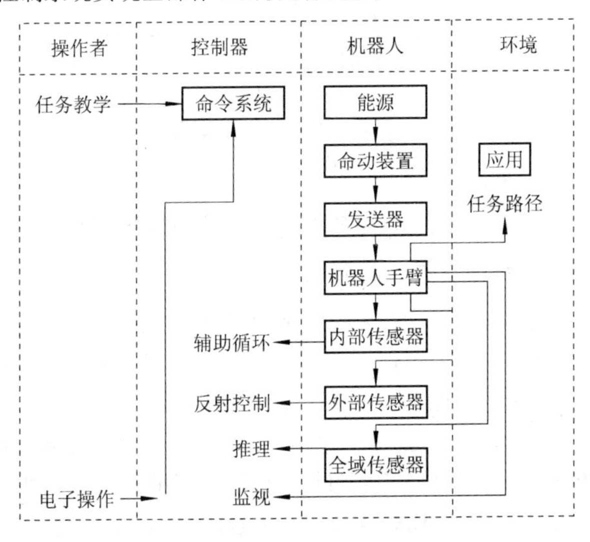

图 14-60 弧焊机器人的控制系统

控制系统不仅要控制机器人机构手的运动，还需控制外围设备的动作、开启、切断和安全防护，控制系统与外围设备的信号连接如图 14-61 所示。

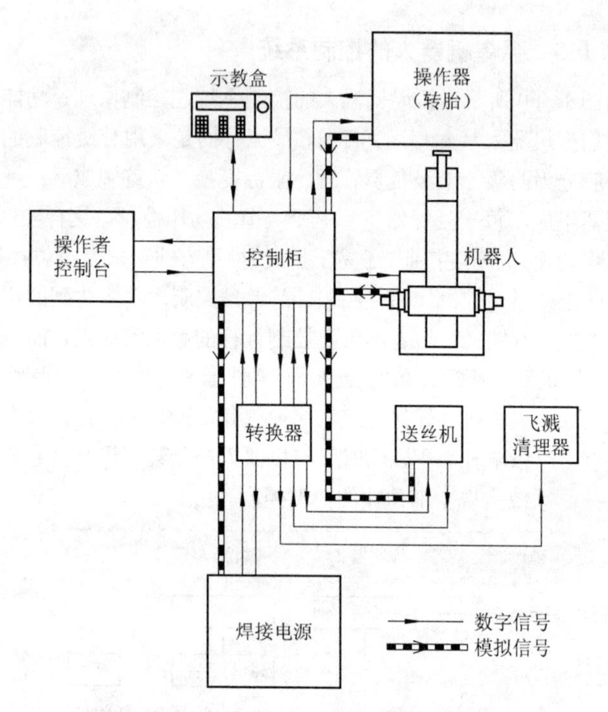

图 14-61　控制系统与外围设备的信号连接

14.5.7　弧焊机器人的应用

随着弧焊机器人应用技术的成熟，弧焊机器人的应用领域也越来越广。除汽车行业之外，弧焊机器人在工程机械、农业机械、家用电器、铁道车辆制造和金属结构等多个焊接加工领域都有应用。

目前，弧焊机器人可以被应用在所有电弧焊、切割技术范围及类似的工艺方法中。最常用的应用是结构钢和铬镍钢的熔化极活性气体保护焊（CO_2气体保护焊、MAG 焊）、铝和特殊合金熔化极惰性气体保护焊（MIG 焊）、铬镍钢和铝的加冷丝和不加冷丝的钨极惰性气体保护焊（TIG 焊）及埋弧焊。除气割、等离子弧焊接、等离子弧切割和等离子弧喷涂外，还实现了在激光切割上的应用。

国产 GJR-GI 自行车前三角架弧焊机器人焊接系统如图 14-62 所示，

该机器人技术参数见表 14-13。该机器人采用具有六个自由度的多关节型操作机和示教再现的操作方法。焊件变位器是具有双工位的回转台，可手动操作回转 180°。台中间加隔板，工人在一侧上、下料，机器人在另一侧施焊。利用气动定位锁紧功能，回转台夹具出现误动作时，机器人不动作，以保安全。焊接工艺的要点是焊枪起弧后快速移到起焊点并延时，以防虚焊；熄弧时电流逐渐衰减至零。采用直流电，电弧电压为 16～44V，焊接电流为 60～400A，焊接速度为 5～20mm/s，混合气体比例 CO_2：Ar 为 1：4。

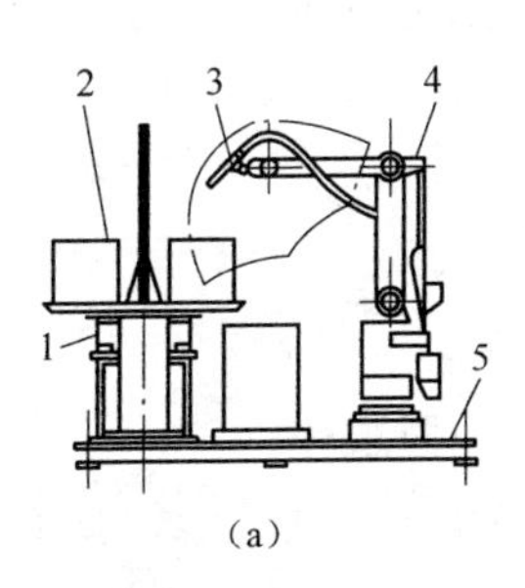

(a)

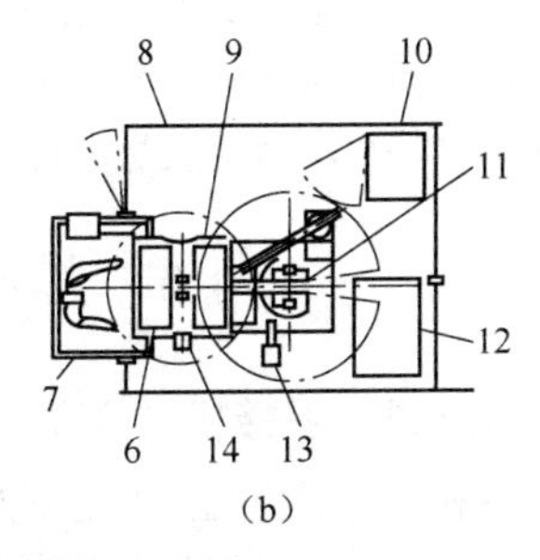

(b)

图 14-62　国产 GRJ-GI 自行车前三角架弧焊机器人焊接系统

1. 气动定位装置；2. 焊接夹具；3. 焊枪；4、11. 机器人；5. 共用基座；6. 焊接夹具；7. 安全门；8. 安全护栏；9. 阻尼器；10. 机器人控制器；12. 焊接设备；13. 焊枪自动清洗装置；14. 基座

表 14-13　GRJ-GI 机器人技术参数

结构形式	自由度数	腕部最大负载/N	驱动方式	位置重复性/mm	操作方法	位置控制方式
空间多关节式	6	49	直流伺服电动机	±0.2	示教再现	CTP，CP

由于采用弧焊机器人，由弧焊工艺代替了旧的管接头连接的盐浴钎焊工艺，因此降低了能耗，减轻了工人劳动强度，改善了劳动环境，产品质量提高，一次合格率从旧工艺的 93%上升到 99%；生产率从每件需 29min 减少到每件需 20min；金属材料定额也从 13.26kg/辆下降到 9.45kg/辆，按年产 40 万辆自行车计算，则节约原材料 1500t，每年节约 32 个工时。以往产品更新需要一年，而使用弧焊机器人后，两个月即可推出一种新车型，增强了产品竞争能力。

机器人用于 TIG 焊接时需要特别注意高频干扰。用于 TIG 焊接的机器人专门安装了防高频干扰的焊接基板，同时要求焊接夹具和机器人的其他周边设备具有良好的接地，接地电阻要求小于 100Ω。

机器人用于等离子弧焊接和等离子弧切割时需要要注意的是机器人控制系统能够有效地打开或切断焊接保护气和焊接等离子气两路气流，并且能够设定引导弧和主电弧两种电弧的规范参数。

机器人火焰切割应用比较简单，只需要注意机器人能够控制火焰的引燃，以及及时打开预热气流和切割气流。但是，由于机器人用于火焰切割时只是简单的 I/O 控制，因此，要特别注意操作安全。例如，操作者利用示教盒试运转机器人时，也会起动控制易燃气体的电磁阀，如果不注意这些事项就会发生燃烧或爆炸事故。

14.6　焊接机器人工作站

14.6.1　焊接机器人工作站的组成和要求

单独一台弧焊机器人是不能用于生产的，为了充分发挥其功能，必须在机器人的周边配备必要的设备，使之构成一个系统，相互协调地工作，称为弧焊柔性制造单元，俗称弧焊机器人工作站，如图 14-63 所示。

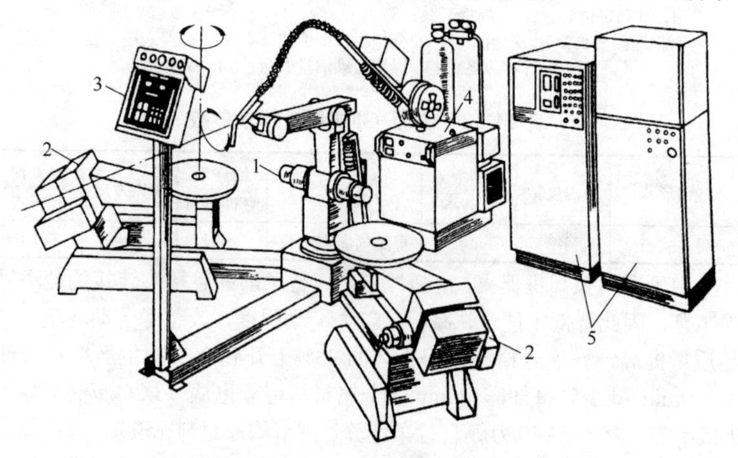

图 14-63　弧焊机器人工作站

1. 操作机；2. 焊件变位器；3. 控制盒；4. 焊接设备；5. 控制柜

弧焊机器人工作站由弧焊机器人操作机、焊件变位器、控制盒、焊接设备（包括焊枪、弧焊电源、送丝机和气瓶等）和控制柜等组成。实际上，该系统就是一个焊接中心（或焊接工作站）。操作机固定在基座上（也可根据需要做成移动式），为了更经济地使用机器人，至少应有两个工位轮番进行焊接。配备了两台焊件变位器，变位器的安装必须使工件变位均处在机器人工作范围之内。选用何种形式的焊件变位器，取决于工件的结构特点和工艺程序。通常，要合理地分解焊枪（操作机）和焊件变位器各自的职能，使两者按照统一的程序进行作业。这样，不但简化了机器人的运动和自由度，而且降低了对控制系统的要求。图 14-64 所示为另外几种可供弧焊机器人配套用的双工位焊件变位器；图 14-65 所示为配备具有两工位回转工作台的焊件变位器。该套系统的操作者和焊接机器人同时工作，两者之间用弧光-飞溅隔离屏隔开。操作者将工件装配好后，由回转台送入焊接工位；已焊接完的工件同时转回原位，经检查补焊后从工作台上卸下。这种配置使工装的运用得到简化，并能焊接很复杂的工件，生产效率大为提高。

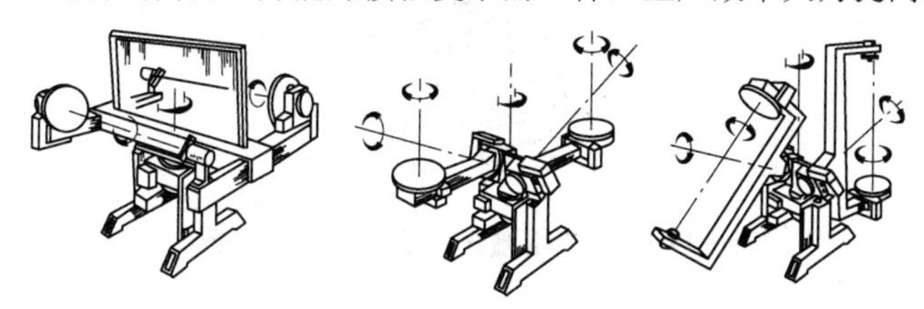

图 14-64 可供弧焊机器人配套用的双工位焊件变位器

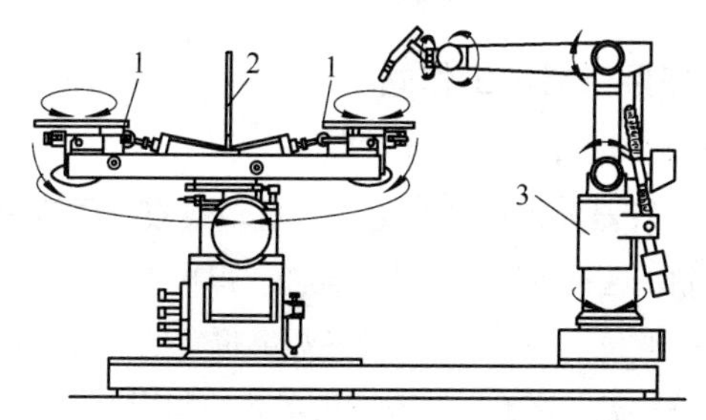

图 14-65 配备具有两工位回转工作台的焊件变位器

1. 工作台；2. 弧光——飞溅隔离屏；3. 机器人操作机

弧焊机器人一般应具有电弧摆动功能，才能满足弧焊工艺的需要。

为了提高焊接（特别是长焊缝）的精度，近年来发展了一种先进的三维激光焊缝识别跟踪装置，如图 14-66 所示。其工作原理是将轻巧紧凑的跟踪装置安装在弧焊机器人焊枪之前，引弧前，该装置的激光发射器对焊接起始处进行扫描；引弧后，边向前移动焊接，边做横向跨接缝扫描。由激光传感器获取接缝的有关数据（如坡口形式及走向、接缝横截面各处深度等），将数据输入机器人控制装置中进行处理，并与存入数据库中的接缝模型数据进行比较，把实时测得数据与模型数据之间的差值作为误差信号，从而去驱动机器人运动，修正焊枪的轨迹，以提高焊接精度。

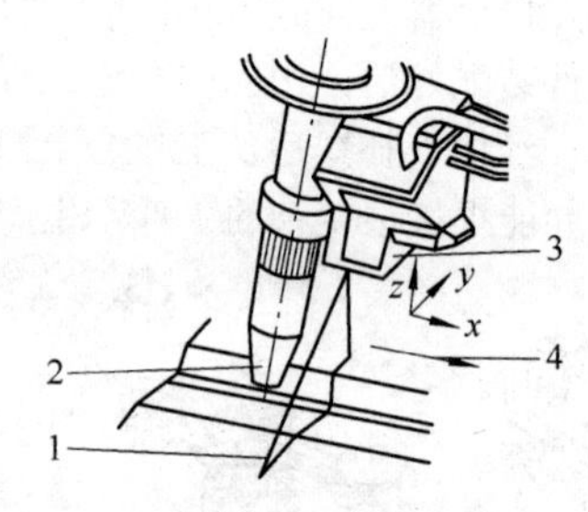

图 14-66　三维激光焊缝识别跟踪装置

1. 激光束；2. 焊枪；
3. 激光跟踪装置；4. 运动方向

14.6.2　焊接机器人工作站

1. 单工位焊接机器人工作站

单工位焊接机器人工作站是由一台单轴或双轴变位机与焊接机器人组成的工作站，这种应用方式比较简单，焊接夹具由变位机进行变位或与机器人联动变位，从而实现工件各焊缝位置的焊接。在装卸工件时，机器人处于等待状态。该工作站方式机器人的利用率一般低于 80%，所以该方式适用于批量不大的焊接生产应用，如工程车钢制油箱机器人焊接工作站。该工作站带有七套焊接工装夹具，满足七种油箱的焊接生产。

由于该种油箱焊缝位置涉及四个以上工作面，焊缝长度较长，因此工装平台采用了两轴变位方式以满足焊接工艺要求。

2. 单工位双机器人工作站

单工位双机器人工作站是由一台单轴或双轴变位机与两台焊接机器人组成的工作站，这种应用方式要求两台机器人协调工作，同时与外部轴变位机协调工作。焊接夹具由变位机进行变位，并与两台机器人联动来实现工件各焊缝位置的焊接。该工作站方式采用两台机器人，这样可提高生产效率，更主要的是利用两台机器人的对称焊接可减小工件的焊接变形，所以这种方式适用于工件焊缝量大、冲压件焊接变形大的焊接生产，主要在汽车车轿、摩托车车架、悬架等焊接生产中应用较广泛。

3. 双工位焊接机器人工作站

双工位焊接机器人工作站是由两台单轴变位机两套夹具单独布局或利用回转平台整体布局与一台或多台机器人组成的工作站。两个相同工件或不同工件在两副焊接夹具上通过焊接机器人转位或回转平台的变位实现交替焊接，工件在这样一副焊接夹具上焊接的同时，在另一副焊接夹具上对工件进行装卸，这种焊接方式可将机器人的利用率达到90%以上。目前，该工作站应用较为广泛。例如，越野车悬架双工位焊接机器人工作站，该工作站夹具为独立的夹具单元，气和电都采用快换接头形式，两套独立夹具单元定位安装在带外轴变位的翻转夹具平台上，该翻转夹具平台带回转机构实现工位的交替焊接，同时也满足柔性化焊接的生产要求。又如，空调压缩机三点塞焊双工位焊接机器人工作站，该工作站的特点是可与物流传输线接口以实现高效自动化焊接生产。

4. 四工位焊接机器人工作站

四工位焊接机器人工作站是由四台单轴变位机、回转平台与一台或两台机器人组成的工作站。它是在双工位焊接机器人工作站的基础上发展起来的，四台外部轴变位机带有四副夹具对称分布安装，通过外部控制实现对称交替焊接，这种焊接方式可提高机器人的利用率，同时提高机器人工作站的利用率。该工作站主要可满足多品种工件的焊接生产应用，如轿车座椅骨架的阻焊机器人工作站。另外，还有一种工作方式是夹具平台为滑台式，四个工作滑台将焊接工装夹具按控制要求自动送入机器人焊接，该方式工作站的特点是减小设备空间，同时可与物流传输线接口以实现高效自动化焊接生产，适合小型工件高效率焊接生产。

5. 定位运动滑台焊接机器人工作站

定位运动滑台焊接机器人工作站是由外部轴变位机、一轴或两轴运动滑台与焊接机器人组成的工作站。焊接机器人固定安装在一轴或两轴运动滑台上，在滑台上可进行水平、上下定位运动，从而扩大机器人的工作范围，适用于大工件的焊接应用。目前，该工作站在工程机械、机车车厢上应用广泛。

6. 机器人焊接生产线

机器人焊接生产线是由焊接自动物流线与焊接机器人工作站组成的自动生产线。工装夹具随物流传输线进行传输，在焊接机器人工位进行定位装夹。通过对工装夹具的合理设计，可实现多品种工件柔性化焊接生产，如摩托车车架机器人焊接和平线。该设备采用多层传输线方式，利用自动升降机将焊接工装自动分配，每个工装都带有编码识别系统。机器人焊接生产线因其高效率、高自动化和高柔性化特点，在现代制造业中越来越多地被采用。

14.7 焊接机器人常用工艺装备设计基础

14.7.1 焊件变位机械与焊接机器人的运动配合和精度

焊接机器人虽然有 5～6 个自由度，其焊枪可到达作业范围内的任意点以所需的姿态对焊件施焊，但在实际操作中，对于一些结构复杂的焊件，如果不将其适时变换位置，就有可能与焊枪发生结构干涉，使焊枪无法沿设定的路径进行焊接。另外，为了保证焊接质量，提高生产效率，往往要将焊缝调整到水平、船形等最佳位置进行焊接，因此，也需要焊件适时地变换位置。基于上述两个原因，焊接机器人几乎是配备了相应的焊件变位机械才实施焊接的，其中以翻转机、变位机和回转台为多。

生产中常见的是弧焊机器人与焊接翻转机的运动配合，或弧焊机器人与焊件变位机的运动配合。前已述及，焊件变位机械与焊接机器人之间的运动配合，分为非同步协调和同步协调两种。前者是机器人施焊时，焊件变位机械不运动，待机器人施焊结束时，焊件变位机械才根据指令动作，将焊件再调整到某一最佳位置，进行下一条焊缝的焊接。如此周而复始，直到将焊件上的全部焊缝焊完。后者不仅具有非同步协调的功能，而且在机器人施焊时，焊件变位机械可根据相应指令，带着焊件做协调运动，从而将待焊的空间曲线焊缝连续不断地置于水平或船形位置上，以利于焊接。由于在大多数焊接结构上都是空间直线焊缝和平面曲线焊缝，而且非同步协调运动的控制系统相对简单，因此焊件变位机械与机器人的运动配合，以非同步协调运动居多。

这两种协调运动，对焊件变位机械的精度要求是不同的，非同步协调要求焊件变位机械的到位精度高；同步协调除要求到位精度高之外，还要求高的轨迹精度和运动精度。这就是机器人用焊件变位机械与普通焊件变位机械的主要区别。

焊件变位机械的工作台，多是做回转和倾斜运动，焊件随工作台运动时，其焊缝上产生的弧线误差，不仅与回转运动和倾斜运动的转角误差有关，而且与焊缝微段的回转半径和倾斜半径成正比。焊缝距回转、倾斜中心越远，在同一转角误差情况下产生的弧线误差就越大。通常，焊接机器人的定位精度为 0.1～1mm，与此相匹配，焊件变位机械的定位精度也应在此范围内。现以定位精度为 1mm 计算，则对距离回转或倾斜中心 500mm 的焊缝，变位机械工作台的转角误差须控制在 0.36°以内；而对相距 1000mm 的焊缝，则须控制在 0.18° 以内。因此，焊件越大，其上的焊缝离回转或倾斜中心越远，要求焊件变位机械的转角精度就越高。这无疑增加了制造和控制大型焊件变位机械的难度。

14.7.2 焊件变位机械的结构原理

1. 机械的布置

焊接机器人用的焊件变位机械主要有回转台、翻转机、变位机三种。为了提高焊接机器人的利用率，常将焊件变位机械做成两个工位，对一些小型焊件使用的变位机做成多工位。另外，也可将多个焊件变位机械布置在焊接机器人的作业区以内，组成多个工位，焊件变位机械的布置如图 14-67 所示。

为了扩大焊接机器人的作业空间，可将焊接机器人设计成倒置式，如图 14-68 所示，安装在门式和重型伸缩臂式焊接操作机上，用来焊接大型结构或进行多工位焊接。除此之外，还可将焊接机器人置于滑座上，沿轨道移行，这样也可扩大机器人的作业空间，并使焊件的装卸更为方便。焊接长形构件的弧焊机器人加工单元如图 14-69 所示。在弧焊机器人移行轨道的两侧，布置两台翻转机，构成加工单元，用来焊接长形构件。

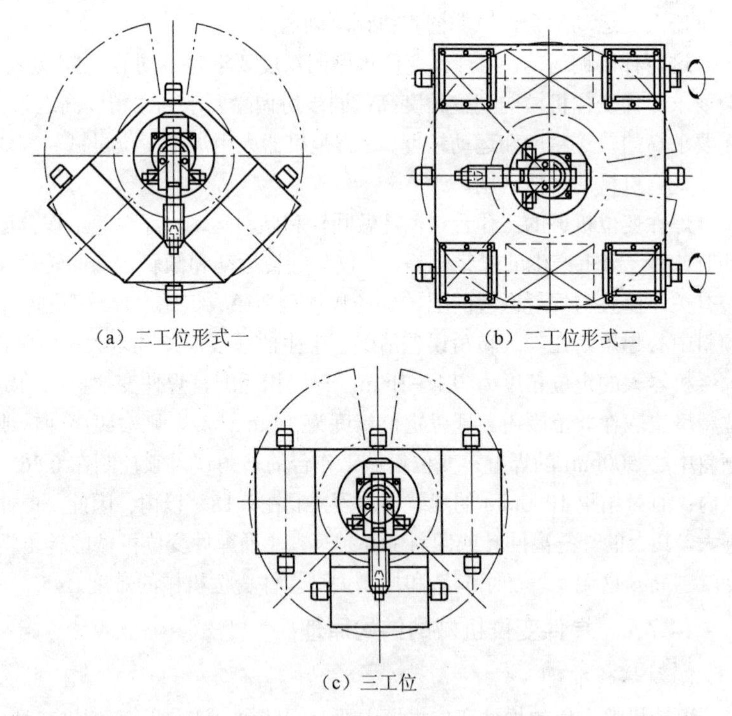

（a）二工位形式一　（b）二工位形式二

（c）三工位

图 14-67　焊件变位机械的布置

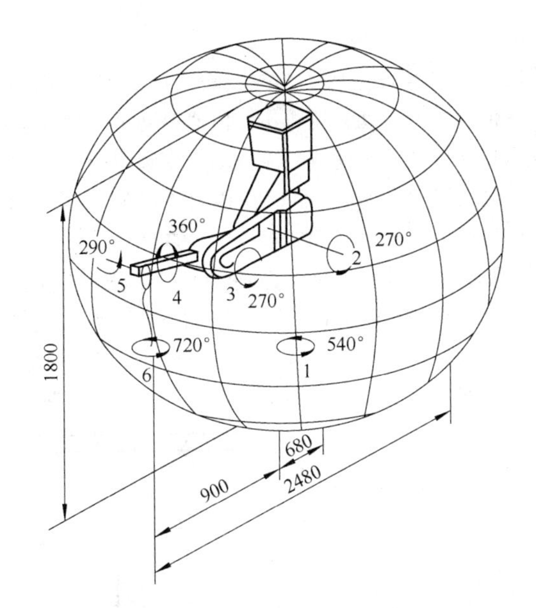

图 14-68 倒置式焊接机器人

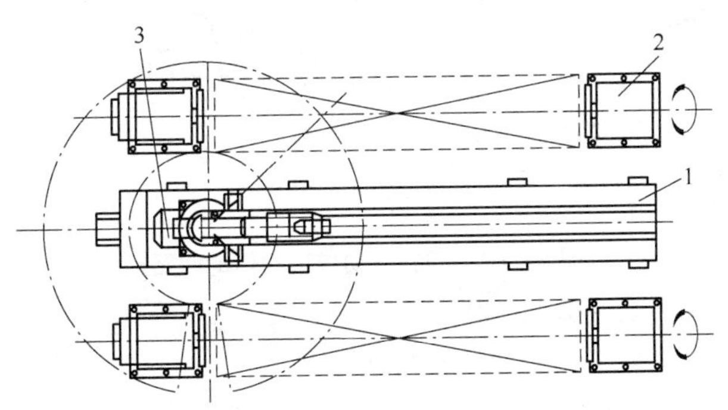

图 14-69 焊接长形构件的弧焊机器人加工单元

1. 移动导轨；2. 头尾架式焊接翻转机；3. 弧焊机器人

焊接机器人所用焊件变位机械的动力头，在国外已有系列标准，且在市售产品供应。焊接机器人移行用的精密导轨，在国外也有标准化、系列化的产品供应。

2. 非同步协调运动机构

用于非同步协调运动的焊件变位机械，因是点位控制，所以其传动系统与普通变位机械的传动系统相仿，恒速运动采用交流电动机驱动，变速运动采用直流电动机驱动或交流电动机变频驱动。但是为了精确到位，常采用带制动器的电动机，同时在传动链末端（工作台）设有气动锥销强制定位机构。定位点可视要求按每隔 30°、45° 或 90° 分布一个。图 14-70 所示的控制气动锥销动作的回路，气缸 2 的头部安有锥销 1，锥销的伸缩由电磁换向阀 3 控制，当工作台转到设定的角度后，工作台上的撞块与固定在机身上的行程开关接触，行程开关发出电信号使电磁换向阀切换阀位，改变气缸的进气方向，使气缸反向动作。

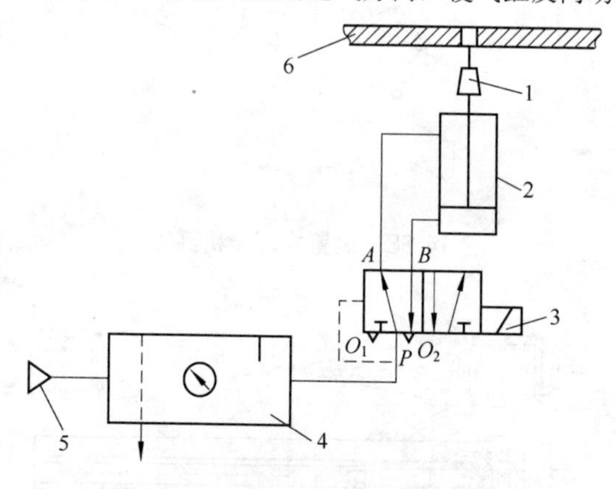

图 14-70　控制气动锥销动作的回路

1. 锥销；2. 气缸；3. 电磁换向阀；4. 三连体（空气水分滤气器、减压阀、油雾器）；5. 气压源；6. 回转工作台

3. 同步协调运动机构

用于同步协调运动的焊件变位机械，因为是轨迹控制，所以传动系统的运动精度和控制精度，是保证焊枪轨迹精度、速度精度和工作平稳性的关键。因此，多采用交流伺服电动机驱动，闭环、半闭环数控。在传动机构上，采用精密传动副，并将其布置在传动链的末端。有的在传动系统中还采用了双蜗杆预紧式传动机构如图 14-71 所示，以消除齿

侧间隙对运动精度的影响。另外，为了提高控制精度，在控制系统中应采用每转高脉冲数的编码器，通过编码器位置传感器件和工作台上作为计数基准的零角度标定孔，使工作台的回转或倾斜与编码器发出的脉冲数联系在一起。为了提高焊枪运动的响应速度，要降低变位机的运动惯性，为此应尽量减小传动系统的飞轮矩。

采用伺服驱动后，若选用输出转矩较大的伺服电动机，则可使传动链大大缩短，传动机构可进一步简化，有利于传动精度的提高；若采用闭环控制，则对传动机构制造精度的要求相对半闭环控制低，并会获得较高的控制精度，但控制系统相对复杂，造价也高。

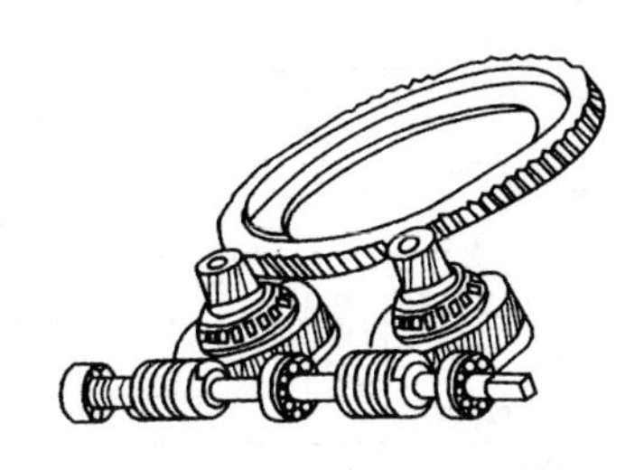

图 14-71 双蜗杆预紧式传动机构

图 14-72 所示为一弧焊机器人工作站的 0.5t 数控焊接变位机传动系统，由计算机通过工控机控制其运动，以保证与焊接机器人的协调动作。数控焊接变位机技术参数见表 14-14。

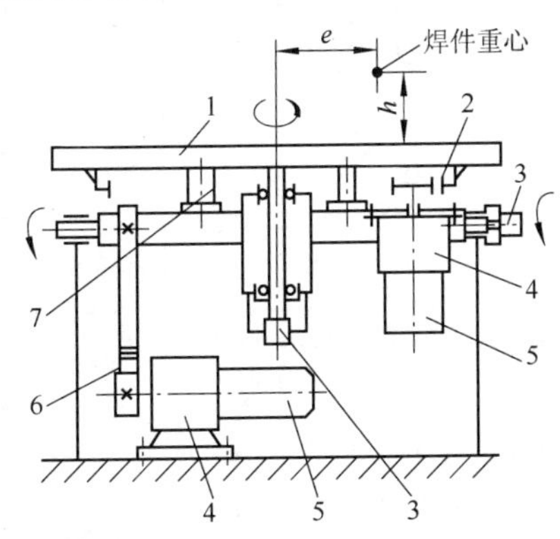

图 14-72 0.5t 数控焊接变位机传动系统

1. 工作台；2. 内啮合齿轮副；3. 编码器；4. 谐波减速器；
5. 交流伺服电动机；6. 外啮合齿轮副；7. 导电装置

表 14-14　数控焊接变位机技术参数

项　目			技术参数	项　目			技术参数
载货量/kg			500	谐波减速器	回转用	型号	XBI 立-100-80-I-6/6
允许焊件重心高 h/mm			400			减速比	80
允许焊件信心距 e/mm			160			输出转矩/（N · m）	200
工作台直径/mm			1000			输出转速/（r/min）	38
工作台回转速度/（r/min）			0.05～1.6		倾斜用	型号	XBI 卧-120-100-I-6/6
工作台倾斜速度/（r/min）			0.02～0.7			减速比	100
工作台最大回转力矩/（N · m）			784			输出转矩/（N · m）	450
工作台最大倾斜力矩/（N · m）			2572			输出转速/（r/min）	30
交流伺服电动机	回转用	型号	1FT5071-OAF71-2-ZZ:45G	内啮合齿轮副		模数/mm	4
		额定转矩/（N · m）	4.5			齿数	z_1＝37、z_2＝178
		额定转速/（r/min）	3000	外啮合齿轮副		模数/mm	5
	倾斜用	型号	IF5071-OAC71-2-ZZ:45G			齿数	z_1＝35、z_2＝196
		额定转矩/（N · m）	14	编码器		型号	LFA-501A-20000
		额定转速/（r/min）	2000			每转输出脉冲数	20000
伺服电动机驱动器型号			611A			电源电压	DC5V

14.7.3 弧焊机器人焊接工装夹具的设计原则

机器人主要依据被焊产品的结构尺寸特点，选用相应作业半径的机器人和配套相应焊接方法的焊接电源、焊枪或点焊钳等。

要充分发挥整个机器人系统的生产效率，并保证焊接产品质量的稳定性，从目前使用情况看，焊接工装夹具系统的合理性、可靠性是重要的环节之一，也是目前最薄弱的环节，同时也是容易被忽视的环节。此外，还要考虑机器人及其外围工装的售后服务和维修管理问题。由于制造行业广，产品结构差异大，加之产品的批量不同，工装夹具的特点也不尽相同。根据多年来为机器人焊接生产线配套焊接工装的实践经验，现针对弧焊机器人焊接工装设计提出以下几点原则，仅供参考。

①结合产品批量大小，对产品进行焊接工艺分析。冲压五金件一般批量大、品种多且焊缝密集，可以将焊接工序细分，采用焊接流水线形式，并用机器人与焊接专用机床相结合的形式，达到节省投资的目的，即规则焊缝（如圆环形和长直线焊缝）采用焊接专机。对于异形零件上任意位置的平面环形焊缝，也可采用焊接专机，其他不规则焊缝采用机器人焊接。

②机器人焊接工装采用双工位形式，即一台机器人配置两套独立的工装。工件的装配、卸料和焊接可以交叉进行，这样可大大提高机器人的使用率。

③为节约成本，提高效率，对于相近产品采用模块化、通用化夹具，通过更换少量的定位器件，即可焊接相近产品，同时尽量用公用夹紧机构及夹紧器件，达到快速换模的目的。在同一夹具上，定位器和夹紧器的结构形式不宜过多，并且尽量选用一种动力源。例如，REIS 机器人使用四套相同的简易工装，采用 TIG 焊焊接不锈钢压力表的外壳，工装上装有快速夹紧器，焊缝背面通氩气保护，设置纯铜衬垫，以加快焊缝的冷却速度。

④对于产品试制或小批量生产，可以采用组合夹具。例如，REIS 机器人使用三维组合夹具焊接试制产品。

⑤在设计夹具时需考虑工序时间平衡问题，同时尽量保证装配、卸料时间与机器人焊接时间匹配。

⑥焊接工装夹具应动作迅速、操作方便，并确保操作者的安全。

⑦机器人焊接工装夹具应考虑焊枪的可达性，且工件的定位姿态能确保焊枪焊接的最佳角度。焊接工装夹具应具有足够的装配、焊接空间，所有的定位器件和夹紧机构应与焊缝保持适当的距离。

⑧尽量满足焊接工艺对夹具在导热、导电、隔磁和绝缘等方面提出的特殊要求。考虑焊接飞溅对夹具定位部位的影响和对气源管道的防护要求。工装夹具本身应具有较好的制造工艺性和较高的工作效率。例如，采用 REIS 机器人焊接重型卡车铝合金油箱时，采用 MIG 焊焊接方法，配备激光跟踪焊缝系统，使用变位机双工位焊接，每个工位上可以焊接的油箱长度为 600～3000mm，横截面面积为（350mm×350mm）～（700mm×700mm），横截面形状为圆形，四角带圆弧的矩形或其他形状。该套机器人油箱焊接系统已成功地应用于国内外数家卡车制造厂。

焊接变位机为固定式，尾架为移动式，头架与尾架之间设置了油箱中间筒体的上、下料气动托架。头架与尾架上装有胎具，胎具上装有聚四氟乙烯或胶木等非金属材料加工的定位块，其根据油箱封头形状加工而成。此外，胎具上装有真空吸盘，便于装夹时吸住油箱封头。尾架上的胎具采用液压缸推进，最大行程为 300mm。

油箱的装配过程为首先根据油箱长度调整好尾架与头架之间的距离，并用销钉锁紧尾架；将油箱封头放置在头架胎具的定位块上定位，用真空吸盘将油箱封头吸住；升起气动托架，将油箱筒体调节到位，并将筒体套入头架上的油箱封头中；将另一个油箱封头放置在尾架胎具的定位块上固定好，用真空吸盘将油箱封头吸住；起动液压推进装置，推力约为 15kN，将尾架上的封头推入筒体中，将两个封头和筒体压紧，直到筒体边缘和封头上的台阶止口紧密接触为止，此时即可起动机器人进行焊接。

例如，采用 REIS 机器人焊接高档汽车油箱时，其特殊之处在于客户要求在塑料内胆外面焊接金属护套，金属护套由四件冲压件组成，其中箱体上、下两件，进油口两件。采用 MIG 焊，要求焊缝成形美观，不渗漏，焊接时不能损坏塑料内胆，因此在夹具上装有水冷铜衬垫，以便工件迅速散热。

14.8 国内外典型焊接机器人

14.8.1 DSY-200 型点焊机器人

DSY-200 型点焊机器人用于轿车生产自动线的底盘点焊工序。该机器人由电液伺服系统、数控装置组成，系直角坐标式。

1. 技术参数

DSY-200 型点焊机器人技术参数见表 14-15。

表 14-15 DSY-200 型点焊机器人技术参数

项目			技术参数
手臂运动参数	横向（x 轴）	距离/mm	1200
		速度/（mm/s）	70
	升降（z 轴）	距离/mm	400
		速度/（mm/s）	70
	伸缩（y 轴）	距离/mm	800
		速度/（mm/s）	70
	回转（θ轴）		约 15°
焊钳参数	伸臂长度/mm		650
	电极臂间距离/mm		240
	电极工作行程/mm		30
	电极最大张口/mm		1000
	电极压力/kg		300～420
	焊接低碳钢最大厚度/mm		（2+2）
控制系统	控制方式		点位
	驱动方式		电-液
	程序编制方式		示教
	信息存储装置		托销板
	存储容量		96×75
	行程检测装置		电位器、光电脉冲发生器

2. 主要结构

点焊机器人是由手臂横向运动（x 轴）部分、升降运动（z 轴）部分、伸缩运动（y 轴）部分和手腕回转运动（θ轴）部分和焊钳部分组成。

①手臂横向运动（x 轴）部分由底座、滚珠丝杆副、导轨、传动齿轮和电液脉冲电动机等组成。

②手臂升降运动（z 轴）部分由箱体、滚珠丝杆副、传动齿轮、导柱、滚动轴承组和电液脉冲电动机等组成。

③手臂伸缩运动（y 轴）部分由底板、导柱、油缸、伸缩油管、导轨、精密滤油器和电液伺服阀等组成。

④手腕回转运动（θ轴）部分由回转油缸、回转传动轴、连接板、电液伺服阀、电位器等组成。

⑤焊钳由电极臂、电极、软导线、加压油缸和辅助平衡缸组成。焊钳电极臂是由黄铜铸成的“II”字形构架。焊钳的外形尺寸为 999mm×200mm×520mm。工作时，电极张开距离为 30mm；当跳越焊接区障碍时，电极张开距离为 240～300mm；当与焊接自动线协调工作时，焊钳最大张开间距为 1000mm。为克服焊接时遇到焊点或部分焊区水平位置波动的影响，在加压机构中设有平衡油缸，使焊钳在一定的水平范围内可以上下浮动，并使焊接加压时能自由调整，保证焊接质量。

焊钳的动作是液压传动。当油温超过 50℃时，应使冷动系统工作，以保持正常工作油温。焊接变压器采用 DN_5–200（200kV · A）型，控制箱为 KD–7 型（控制焊接周期）。

焊钳泵站的技术参数见表 14-16。

表 14-16　焊钳泵站的技术参数

项　　目	技 术 参 数
输出压力/MPa	6.3
工作压力/MPa	3.0
总输出流量/（L/min）	32

3. 电气控制

DSY-200 型点焊机器人每焊接一块底板，焊点为 2×120 个，焊点分布在不同的空间位置上，这就要求机器人能在空间的任意点上精确定位。重复定位精度为±1mm。

根据焊接对象，机器人可在 x、y、z 三个直角坐标轴和一个 θ 轴、手腕围绕 y 轴旋转。其脉冲当量 x 轴为 0.02mm/脉冲，y 轴为 0.04mm/脉冲，z 轴为 0.01mm/脉冲，θ 轴为 0.15°/脉冲。

该机器人的电气控制能提供八个动作信息，即焊枪大张口、张口、复位、焊接四个信号及各个轴走空程、各轴自动回零、第一工区焊接结束、全部焊接结束八个信号。前四个信号是与焊枪工作相联系的；最后两个信号是与生产线相联系的。

该机器人执行机构的控制除 y、θ 轴本身有局部反馈外，其他的控制形式属增量值开环系统。这种系统在运动过程中某一点的位置都是与其前一点的位置相比较而言，而与原点无关。所以，机器人运动过程中如果在某一点发生与原设定位置较大偏差，其后的点也都随之发生偏差，以致影响工作的可靠性，这是该系统的一个缺点。

14.8.2　华宇-1 型弧焊机器人

华宇-1 型弧焊机器人是由哈尔滨工业大学和国营风华机器厂共同研制成功的，它是我国自行研制的第一台弧焊机器人试验样机。

1. 机器人本体结构

本体是弧焊机器人的执行机构，其结构设计合理与否、工艺性优劣直接影响机器人的动态特性，对实现弧焊机器人的技术参数，保证其工作的可靠性是十分重要的。

华宇-1 型弧焊机器人有五个自由度。机器人的开链机构可看成由基座、腰部、大臂、小臂、手腕、手端组成，如图 14-73 所示。

华宇-1 型弧焊机器人技术参数见表 14-17。

表 14-17　华宇-1 型弧焊机器人技术参数

项　目		技术参数
自由度数		5
结构形式		关节式
各关节运动范围	腕回转	240
	大臂摆动	80
	小臂摆动	60
	腰摆动	200
最大合成速度/（m/s）		1
最大负荷能力/kg		15
再现定位精度/mm		1
驱动方式		直流伺服电动机

按照本体的技术指标要求，采用五个直流伺服电动机系统来实现五个轴的运动和动力传递。整个结构布局较紧凑合理，传动范围能满足要求。

本体共有 194 个件号共 274 个零件。为提高机器人运动的灵敏度和精度，提高机器人的动态响应速度，机器人的运动部件尽量采用了铝合金材料制造。例如，机器人的腰部、大臂、小臂等都是采用铸造铝合金或铝合金板焊接结构，减轻了机器人的质量，减小了转动惯量。

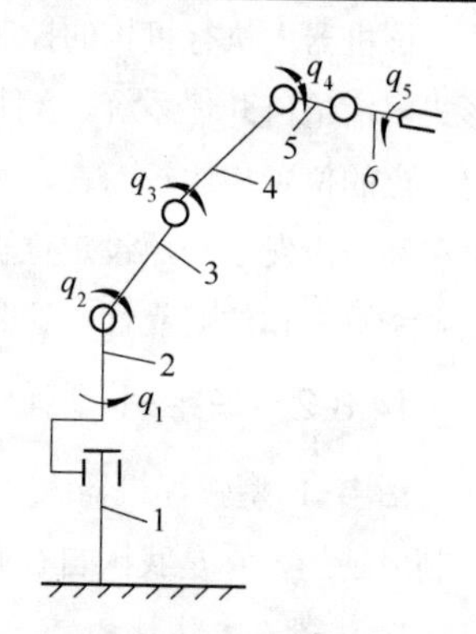

图 14-73　华宇-1 型弧焊机器人的组成

1. 基座；2. 腰部；3. 大臂；4. 小臂；5. 手腕；6. 手端

2. 计算机控制系统和软件设计

（1）机器人控制系统的主要要求

①可控轴数：5 轴。

②运动控制：点位（PTP）和连续轨迹（CP）。

③示教方式：示教盒及键盘示教。

④控制功能：位置、速度、姿态分别独立控制；示教程序可检查和

修改；程序可存储；误动作报警及保护功能。

（2）控制系统的接口和硬件 根据上述要求，华宇-1 型弧焊机器人采用了 IBM-PC 微型计算机作为控制计算机。

电动转速的控制电压由计算机通过 D/A 输出给速度伺服控制单元，通过多路开关分别输出五个电动机的控制电压，实现位置和速度的分别控制。

工作时，首先由示教盒或键盘根据焊缝的轨迹和速度要求进行示教，给出轨迹上某些点的空间位置，决定其进行直线插补或圆弧插补，给出其速度。这些数据通过总线输入 IMB-PC，通过数学计算得到机器人运动到各点时各关节电动机的转角和速度的目标值。目标值决定后，通过接口板测得实际数据，与目标值进行比较，由计算机进行实时控制。

（3）软件设计 机器人的计算机软件包括：实时控制程序和数学运算两大部分。

1）实时控制程序部分中，机器人编程控制方式是示教再现方式，编程方式是采用示教盒示教。点位示教时，用三种方式来实现任意空间位置姿态。

①方式一：用数字键盘输入杆矢量目标姿态的坐标值，一次性计算并实现相应的电动机转角，同步实现位置姿态的转变。

②方式二：用五个单坐标进给键之一输入焊枪矢量某一坐标值的改变量，计算并实现各电动机的转角改变量。

③方式三：用五个关节转角值独立进给键之一输入某关节转角的改变量，自动算出并实现有关电动机相应的转角。

连续轨迹示教时，可以仅给机器人示教有限个关键点，然后根据线性插补和带姿态圆弧插补获得轨迹点。在示教过程中，示教点数据可随时修改。为了提高工作效率，该机器人在焊接段实行 CP 控制；而当焊缝拐角焊枪姿态突变及高速移向下轨迹时，则采用 PTP 控制。

2）数学运算部分包括坐标转换和插补计算。整个控制软件采用模块结构，用汇编语言和高级语言混合编制。这样既满足实时控制中对计算速度的要求，又可以进行人机对话，便于使用、修改和扩展。

14.8.3　微型计算机控制弧焊机器人

近二十年来，国内外工作者不断地开发研制配有微型计算机的弧焊机器人，它能自动依次焊接，精度高、质量好。在此只做简单的介绍。

1. 弧焊机器人的功能

弧焊机器人具有多个功能，如焊条横摆运条（宽 40mm）、多层焊接（12 焊道）、焊接口处理和焊道形状的修正等。

（1）焊条横摆运条　机器人在再现工作时，手腕的三个自由度中就有一个自由度系焊条横摆，运条的最大距离为 40mm。横摆运条的波形如图 14-74 所示，规定的时间为 $T_1 \sim T_4$，振幅为 W。

（2）多层焊接　弧焊机器人能进行多层焊接。在一次示教的动作中能够进行 12 条焊道的自动多层焊接，各焊道的焊接条件可用自动焊接条件设定，并能对六个自由度 x、y、z 轴的方向上设定各个焊道位置，如图 14-75 所示。

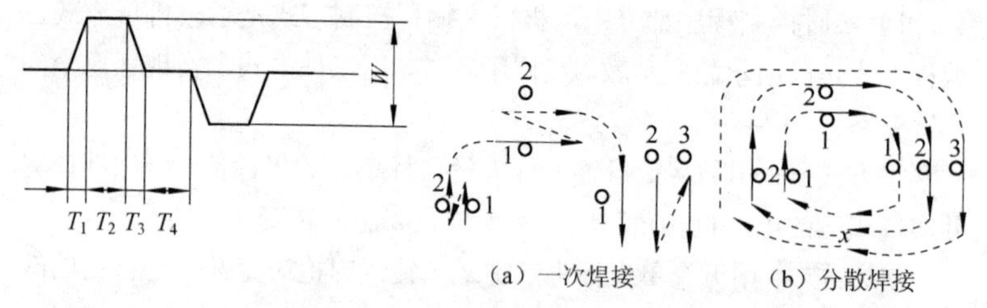

图 14-74　横摆运条的波形　　图 14-75　多层焊接的每层顺序

（3）焊接口处理功能　机器人能自动进行焊口处理，做距离为 10mm 的往复处理。

2. 弧焊机器人的结构

①弧焊机器人是采用多关节加 x、y、z 机构的形式，示教连续轨迹控制，具有六个自由度。其手臂能做旋转、前后、俯仰动作；手腕能做摆动、弯曲、扭转动作。该机器人由车体、液压装置、焊接电源及控制装置、焊接用转动换位器等组成。

②弧焊机器人的控制装置包括控制盘、机侧操纵盘、数据设定器、自动焊接条件设定盘等。控制盘内装有微型计算机、接口电路及作为外

部存储装置的软磁盘；机侧操作盘内装有动作选择和程序号码设定器、显示器等，以操作机器人，数据设定器可通过操作键开关来表示或改变焊接条件；自动焊接条件设定盘是将预先设定的自动控制焊接条件存储在软磁盘内。

③弧焊机器人的手臂机构采用悬吊机构，由弹簧平衡，采用自动离合油缸，使示教操作力非常小，只需 9.8N 左右。除手臂及手腕的六个自由度外装，有一个回转装置，下设 x、y 轴方向滑动机构；手腕 z 轴方向的滑动机构，通过多层焊接的位置滑动及信号感觉来实现位置修正。

机器人依靠回转装置能在三个方向内做 90° 回转。借助这个机构，使点位点焊、焊接、输送工序同时进行，因此效率很高。机器人的动作范围为其占地面积的两倍以上，比直角坐标式的工作范围大得多。

弧焊机器人技术参数见表 14-18。

表 14-18 弧焊机器人技术参数

名称	项目		技术参数
机械部分	机构		多关节连杆机构，+x、y、z 机构
	驱动方式		电-液伺服系统
	动作范围	臂	旋转 60°、前后 70°、俯仰 36° (2500mm)、(1880mm)、(1800mm)
		手腕	摆动 240°、弯曲 70°、扭转 120°
	本体质量/kg		1150
	焊接机		500A 半自动焊接机
	焊接转位器		任意点定位（选择）
控制部分	控制装置、微型计算机存储装置		16 位/字码、存储 11K
	示教		人工 CP（选择）
	动作再现		自动、单动、重复
	伺服控制：位置控制、速度控制		位置精度±1mm、1～100cm/min、精度±2%

续表 14-18

名　称	项　目		技术参数
控制部分	存储功能	程序数	25
		位置数据	定时每 10min 采样一次、定距 60mm 采样一次
		焊接条件	电流电压速度，摆动焊道位移量（x，y，z）
	焊接功能		焊接横摆动条（40mm）、多层焊接（12 焊道）、焊接口处理、焊道形状修正
	位置修正功能		用金属丝接地、两点修整或一点修整
	程序处理		数据编制（消去、表示）分程序编制（设定、表示、衰减）

3. 弧焊机器人的控制功能和装置

（1）功能　弧焊机器人采用每发一个脉冲，便在焊接线上移动一定距离（L/mm）的示教滚轮来描绘焊接线，它具有以下控制功能：

①手臂三个自由度的电-液伺服控制。

②手腕及 x、y、z 轴的直流伺服控制。

③液压部件起动、停止等程序控制。

④外部设定数据的输出、输入。

⑤机器人工作状态及异常显示。

⑥焊接条件输入、输出及印刷输出。

⑦焊接转位器焊接横摆运条控制。

（2）控制装置　弧焊机器人的控制装置包括微型计算机、存储器、软磁盘、输入和输出控制部分、伺服控制接口、接点信号的输入和输出、数字设定器接口等，在此不做详细的介绍。

14.8.4　带传感器弧焊机器人

日本发展了一种带传感器弧焊机器人，称为 Mr.AROS。它采用耐热非接触式传感器及小型肘节，配以微型计算机。该机器人在自动焊接中、厚钢板时可以根据工件形状的变化而变更焊接位置。它具有修正工件的切断误差、安置误差和由于热变形而引起的误差的功能。机器人采用直角坐标、箱型结构，机器人本体系由三个四棱柱组合在一起，能在轨道上运动。

机器人能在 x、y、z 三个方向运动，并与肘节的两个自由度合在一起，共有五个自由度。采用油压往复运动式传动器件进行驱动，以提高其可靠性和维护性。另外，在肘节方面，发展了使两个自由度一体化的两轴摆动电动机，不需要软管，因而装置较小。

Mr.AROS 机器人技术参数见表 14-19。

表 14-19 Mr.AROS 机器人技术参数

项目			行程	速度/（mm/min）	快速/（mm/min）
机器人本体	臂	垂直（Z）	1300mm	70～7000	8000
		纵向（Y）	1100mm	70～7000	8000
		横向（X）	2000 mm	70～7000	8000
	肘节	摆动（SW）	±90°	70～7000	8000
		弯曲（BO）	−5°～50°（由垂直下向算）	70～7000	8000
	位置再现精度/mm		±1.0		
	油压源		常用压力为 7MPa、流量为 21L/min、油池容量为 100L		
	空气源/MPa		＞4.0		
	占地面积/（mm×mm）		1380×4690		
	质量/kg		1500（机器人本体）		
控制装置	驱动方式		电气-油压伺服系统		
	控制方式		PTP（点位），利用示教方式 CP（连续）控制		
	运算功能		实物仿行运算、角度位置连续运算、角部位置自动算出		
	外部符号		28 种（选择焊接规范 8 种，选择焊接速度 6 种，选择变位机停止点 7 种，其他 7 种）		
	记忆容量/步		512		
	位置信息的自动		PTP 修正各记录点		
	修正		CP 按区段单位修正		
	电源		200×(1±10%)V，三相，50/60Hz，35kV·A；100×(1±10%)V，50/60Hz，2.5kV·A		

该机器人采用的非接触式传感器能尽量避免电弧焊特有的电弧热、弧光、烟雾、飞溅、外界噪声、工作表面状态等影响。

该机器人以点位控制加直线插补方式为基本控制方式。它和传感器配合后可使机器人具有感觉功能、自动定位功能、校验功能。因而可以按照规定的数据进行焊接。如果发生焊接变形时，也能修正数据进行正确焊接。

该机器人具有下列控制功能。

①感觉功能：焊枪对准焊缝进行自动定位的功能。

②仿行功能：利用仿行联机，修正轨迹的功能。

③校验功能：适应工件尺寸误差和安置误差，脱机修正轨道的功能。

④角点坐标运算功能：运算角度位置数据的功能。

⑤肘节补偿功能：肘节回转时焊枪前端即停止的功能。

该机器人的传感器小而轻，装卸方便，只要工件是金属材料就可以使用。传感器技术参数见表 14-20。

表 14-20　传感器技术参数

项　目	技术参数	项　目	技术参数
非接触设定距离/mm	2～6	控制回路使用温度/℃	−10～60
标准设定距离/mm	5	设定精度	±10
控制输出电压/（V/mm）	2	传感器尺寸（直径×长）/mm	13×15
最高使用温度/℃	200	传感器质量/g	19

该机器人的控制装置是以微信息处理机为中心，使上述功能大部分软件化，以减小部件数量，提高可靠性。

该机器人的记忆装置有联机使用的磁心存储器和在脱机时用于保存作业程序的暗盒。因此，即使有多种工件在流水线上生产，也可交替使用。

14.8.5　ИЭС-690 焊接机器人

ИЭС-690 工业机器人是原苏联第一台焊接机器人试验样机。它是由乌克兰科学院巴东电焊研究所研制的，可以进行必要的接触点焊与弧焊。样机的结构适合于高尔基汽车厂生产的汽车车身与驾驶室部件的焊接。用该机器人焊接的汽车毛坯车身零件，厚度为 0.8～1.5mm。当焊点间距为 50mm 以下时，相应地保证焊接速度为 60 次/min。

该机器人具有五个自由度，机器人手臂的位移符合球面坐标系。绕垂直轴的方位回转，在垂直平面内倾斜，以及径向位移。手爪及固定在其上的焊钳，可以绕机器人手臂平面内的平轴倾斜，同时又可以绕本身轴线回转。沿每个坐标轴的运动，是靠步进电-液传动机构根据存储器在机器人存储装置中的程序控制实现的。

该机器人采用带有相对读数的闭环数字程序控制系统与磁带存储装置。这种控制系统有相当高的工作可靠性，具有带译码程序存入的装置。这样，每一个控制脉冲与确定的位移量相对应。其主要缺点是相对读数系统的特征——当失误时出现累计误差。这种缺点通过机器人在每一运动循环结束时自动回到固定的初始位置来补偿。因此，在多次再现工艺循环时，随机干扰引起的误差不会转移到下一工作循环，工作循环总是从工作机构的同一位置开始。

机器人具有自动重复程序；以慢速手动完成工作循环的手控示教；用专门示教装置的手控示教；由电子计算机外部编程四种工况。为了保证高焊接速度，规定沿每个坐标运动时有可控的加速与制动，并能够检测从一点到另一点的总移动速度。

该机器人的操作机由可回转的方柱、带可伸缩手臂的摇臂、安装于手臂末端的手爪和驱动减速器组成，采用步进电-液驱动装置。这种驱动装置的主要优点是高速性，在高速工作时起动平稳而无冲击，快速动作（过渡过程时间为 1/10s 数量级），高的动力学参数，质量轻、尺寸小，控制简单；具有大范围调速的可能性，寿命长，可靠性高。

控制系统包括存储装置及驱动控制装置、工况转换单元与辅助装置。控制系统能够实现自动控制、手工控制、慢速示教和用示教装置编制程序。系统保证工业机器人工作机构沿五个坐标同时运动，并发出接通焊钳的工艺指令。

ИЭС 焊接机器人技术参数见表 14-21。

表 14-21　ИЭС 焊接机器人技术参数

项　　目		技 术 参 数
工作范围/m^3		8.4
主坐标系		球面坐标
自由度数		5
沿坐标位移量与速度	手臂回转	220°，40°/s
	手臂倾斜	−25°～+30°，40°/s
	径向运动	1000mm，0.8m/s
	手爪倾斜	±90°，270°/s
	手爪回转	±180°，270°/s
最大运动速度/（m/s）		1.8
额定负荷/kg		20
沿每一坐标定位精度/mm		±1
控制系统		轮廓控制
存储装置		磁带，有累加器
卷绕磁带辅助时间		5%工作时间
外部联系形式与数量		来自机器人的两个指令
示教方法		点位法
质量/kg		1900
外形尺寸/(mm×mm×mm)		1300×2525×1600
占地面积/（mm×mm）		1300×2200
电源		交流回路，380/220V，50Hz，12.5kW
噪声电平/dB		80～90
无故障工作时间/h		600
计算使用寿命/h		10000
对周围环境的要求	温度/℃	10～35
	湿度（%）	<80

参 考 文 献

[1] 张应立. 新编焊工实用手册[M]. 北京：金盾出版社，2004.
[2] 张应立. 现代焊接技术[M]. 北京：金盾出版社，2011.
[3] 张应立. 特种焊接技术[M]. 北京：金盾出版社，2012.
[4] 张应立. 焊工便携手册[M]. 北京：中国电力出版社，2007.
[5] 陈祝年. 焊接工程师手册. 2版[M]. 北京：机械工业出版社，2010.
[6] 王云鹏. 焊接结构生产[M]. 北京：机械工业出版社，2002.
[7] 朱小兵，张祥生. 焊接结构制造工艺及实施[M]. 北京：机械工业出版社，2011.
[8] 成都电焊机研究所等. 焊接设备选用手册[M]. 北京：机械工业出版社，2006.
[9] 张博虎. 新型电焊机维修技术[M]. 北京：金盾出版社，2011.
[10] 王洪光. 实用焊接设备手册[M]. 北京：化学工业出版社，2012.
[11] 简明焊工手册编写组. 简明焊工手册. 3版[M]. 北京：机械工业出版社，2000.
[12] 李亚江，等. 切割技术及应用[M]. 北京：化学工业出版社，2004.
[13] 张应立，罗建祥，张梅，等. 金属切割实用技术[M]. 北京：化学工业出版社，2005.
[14] 刘森. 气焊工[M]. 北京：金盾出版社，2003.
[15] 孙景荣，等. 实用焊工手册[M]. 北京：化学工业出版社，2002.
[16] 天津市机电工业总公司. 电焊工必读[M]. 天津：天津科学技术出版社，2001.
[17] 贺文雄，张洪涛，周利. 焊接工艺及应用[M]. 北京：国防工业出版社，2010.
[18] 张应立，周玉华. 焊接试验与检验实用手册[M]. 北京：中国石化出版社，2012.
[19] 王纯祥. 焊接工装夹具设计及应用[M]. 北京：化学工业出版社，2011.
[20] 朱学忠. 焊工（中级）[M]. 北京：人民邮电出版社，2003.